AutoCAD 工程设计系列丛书

AutoCAD 2016 电气设计

第5版

舒 飞　郭 浩　等编著

机 械 工 业 出 版 社

AutoCAD 2016 提供了强大的平面绘图功能，适用于电气工程中各种电气系统图、框图、电路图、接线图、电气平面图、设备布置图、大样图、元器件表格等的绘制。

本书介绍了使用计算机辅助设计软件 AutoCAD 2016 进行电气工程设计的方法和技巧。内容涵盖了从输变电工程到使用电力的各种工程，是一本全面、系统地学习使用 AutoCAD 2016 进行电气设计的优秀读物。

本书在讲解 AutoCAD 2016 的有关知识点时，通过各种电气设计实例，非常实用地阐明了各个知识点的内涵、使用方法和使用场合。本书所附网盘资料在演示各种电气设计实例时，灵活地应用了 AutoCAD 2016 的各种绘图技巧，充分体现了高效、准确、完备设计的要求。

本书既可以作为电气设计培训教材，也可以作为电气设计人员的参考书。

图书在版编目（CIP）数据

AutoCAD 2016 电气设计 / 舒飞等编著. —5 版. —北京：机械工业出版社，2016.4

（AutoCAD 工程设计系列丛书）

ISBN 978-7-111-55333-5

Ⅰ. ①A… Ⅱ. ①舒… Ⅲ. ①电气设备-计算机辅助设计-AutoCAD 软件 Ⅳ. ①TM02-39

中国版本图书馆 CIP 数据核字（2016）第 267451 号

机械工业出版社（北京市百万庄大街 22 号 邮政编码 100037）
策划编辑：张淑谦 责任编辑：张淑谦
责任校对：张艳霞 责任印制：李 洋

中教科（保定）印刷股份有限公司印刷

2017 年 1 月第 5 版 • 第 1 次印刷
184mm×260mm • 23.25 印张 • 568 千字
0001－3000 册
标准书号：ISBN 978-7-111-7-55333-5
定价：59.00 元

凡购本书，如有缺页、倒页、脱页，由本社发行部调换

电话服务
服务咨询热线：（010）88361066
读者购书热线：（010）68326294
（010）88379203

网络服务
机 工 官 网：www.cmpbook.com
机 工 官 博：weibo.com/cmp1952
教育服务网：www.cmpedu.com
金 书 网：www.golden-book.com

封面无防伪标均为盗版

前　言

随着科学技术的迅猛发展以及计算机技术的广泛应用，设计领域也在不断变革，各种新的设计制图工具的不断涌现，使设计手段更科学和系统。AutoCAD 作为一种电气图样设计工具，以其方便快捷的特点而被广泛使用。经过近些年的发展，AutoCAD 系列软件在电气行业赢得了较大的市场占有率。AutoCAD 2016 是当前最新版的 AutoCAD 软件，相对于以前版本的 AutoCAD 软件，它具有更加强大的功能以及更友好的设计界面。

本书把 AutoCAD 和电气制图结合起来，使读者把 AutoCAD 电气制图作为一个整体看待，既了解了 AutoCAD 2016 的制图方法，又可以掌握电气制图原理以及应用方面的基本知识。

本书可以作为电气设计、制图人员的入门书籍，也可以作为熟练使用 AutoCAD 以前版本的设计人员的参考书。在本书的编写过程中，作者咨询了很多经验丰富的电气行业专家，并参考了很多实际的工程图样。从内容上，本书更加强调知识的实用性、整体性、科学性和先进性，力求做到通俗易懂，深入浅出，并结合工程实例尽可能详细地讲述了绘制的步骤。

AutoCAD 2016 作为一款强大的绘图工具，可以让用户方便地绘制电气工程中的各种电气图样。为了帮助读者更加直观地学习本书，随书配套了制作精美的动画教学光盘，使本书具有很好的可读性。

本书的第 1 版是当时市面上第一本关于 AutoCAD 电气设计方面的书籍，随着版本的更新，作者也不断根据读者的反馈意见和作者自身的实践经验对内容进行了优化升级。升级后本书内容将更精练实用。

本书主要由舒飞、郭浩编写，参加本书编写工作的还有杜吉祥、郭海霞、李华、宋平、于道学、王杰辉、王永凯、王琳、杜守国、蒋志江、李松、杨文毅、孙长虹、陈辉、张耀坤、李毅、刘季凯、刘仲凯和张立敏等。在编写过程中，作者力图使本书的知识性和实用性相得益彰，但由于水平有限，书中错误、纰漏之处难免，欢迎广大读者、同仁批评指正。

作　者

目　录

前言
第1章　软件知识和基本绘图……1
1.1　安装AutoCAD 2016的软硬件要求及安装启动过程……1
1.1.1　硬件环境要求……1
1.1.2　软件环境要求……1
1.1.3　三维绘图的硬件建议……2
1.1.4　安装过程……2
1.1.5　起动过程……3
1.2　操作界面……4
1.3　AutoCAD 2016的基本操作……6
1.3.1　文件操作……6
1.3.2　坐标系介绍……6
1.3.3　使用帮助……7
1.4　平面图形绘制命令……8
1.4.1　直线段……8
1.4.2　多段线……11
1.4.3　圆……13
1.4.4　圆弧……16
1.4.5　椭圆……21
1.4.6　多边形……22
1.4.7　矩形……23
1.4.8　图案填充……25
1.4.9　表格……27
1.4.10　图块……30
1.4.11　绘制三相变压器……34
1.4.12　绘制绝缘子……35
1.4.13　绘制二极管……38
1.4.14　绘制联动按钮……38
第2章　图形编辑与标注……41
2.1　平面图形编辑命令……41
2.1.1　直接复制……42
2.1.2　使用剪贴板……43
2.1.3　偏移……43
2.1.4　镜像……45
2.1.5　阵列……47
2.1.6　移动……49
2.1.7　旋转……50
2.1.8　对齐……51
2.1.9　拉伸……53
2.1.10　缩放……54
2.1.11　延伸……56
2.1.12　修剪……58
2.1.13　拉伸……60
2.1.14　打断于点……60
2.1.15　打断……61
2.1.16　倒角……63
2.1.17　圆角……65
2.1.18　绘制放大器电路图……66
2.2　尺寸标注……75
2.2.1　尺寸元素……75
2.2.2　线性尺寸标注……75
2.2.3　对齐尺寸标注……76
2.2.4　角度尺寸标注……77
2.2.5　连续标注……78
2.2.6　多重引线标注……82
2.2.7　关联标注……83
2.2.8　绘制和标注低压电气柜……83
2.3　文字与编辑文字……89
2.3.1　多行文字……89
2.3.2　单行文字……91
2.4　绘制电机支路及说明图……94
2.4.1　绘制电机支路……94
2.4.2　标注说明文字……98
第3章　电气元器件设计……101
3.1　用户坐标系……101
3.1.1　上一个UCS……101

3.1.2 世界 UCS………102
3.1.3 原点 UCS………102
3.1.4 Z 轴矢量 UCS………103
3.1.5 绘制高压瓷绝缘子………103
3.1.6 3 点 UCS………106
3.1.7 绕 X 轴旋转用户坐标系………107
3.1.8 绕 Y 轴旋转用户坐标系………107
3.1.9 绕 Z 轴旋转用户坐标系………108
3.2 三维建模………108
3.2.1 长方体………109
3.2.2 球体………109
3.2.3 圆柱体………110
3.2.4 圆锥体………110
3.2.5 圆环体………111
3.2.6 拉伸………111
3.2.7 旋转………112
3.2.8 绘制低压绝缘子………113
3.3 三维实体编辑命令………117
3.3.1 并集………117
3.3.2 差集………118
3.3.3 交集………118
3.3.4 拉伸面………119
3.3.5 旋转面………120
3.3.6 复制面………120
3.3.7 分割………121
3.3.8 抽壳………122
3.4 综合实例………122
3.4.1 绘制拉线开关座………123
3.4.2 设计接线片………135
第 4 章 电气工程图的基本知识………140
4.1 电气工程图的种类及特点………140
4.1.1 电气工程图的种类………140
4.1.2 电气工程图的一般特点………142
4.2 电气工程 CAD 制图的规范………144
4.3 电气图形符号的构成和分类………147
4.3.1 电气图形符号的构成………147
4.3.2 电气图形符号的分类………147
4.4 电机电气原理图………148
4.4.1 绘制左部支路………148
4.4.2 绘制右部支路………151
4.5 继电器电气原理图………152
4.5.1 绘制左部支路………152
4.5.2 绘制右部支路………155
4.6 电力盒电气接线图………158
4.6.1 绘制元件盒零件………158
4.6.2 绘制下部元件………163
4.6.3 绘制右部元件………168
4.6.4 绘制线路………170
4.7 电机自动起动电路图………175
4.7.1 设置绘图环境………175
4.7.2 绘制电机电路………177
4.7.3 绘制控制电路………182
第 5 章 变电和输电工程设计………189
5.1 10kV 线路平面图………189
5.1.1 主线………189
5.1.2 细节………195
5.2 10kV 变电所系统图………198
5.2.1 系统图………198
5.2.2 电气主接线图………200
5.3 低压配电系统图………205
5.3.1 进线………205
5.3.2 支线………206
5.4 变电站布置立面图………216
5.4.1 电线杆设备………216
5.4.2 变压设备………223
5.4.3 线路布置和标注………225
第 6 章 建筑电气设计………228
6.1 实验室照明平面图………228
6.1.1 绘制轴线和墙线………228
6.1.2 照明电气设计………243
6.2 某宾馆楼共用天线系统图………256
6.2.1 绘制主线………256
6.2.2 绘制支线………259
6.2.3 标注文字………264
6.3 多层住宅电话系统图………270
6.3.1 绘制主线………270
6.3.2 绘制分线………271
6.3.3 标注文字………274

6.4 车间动力平面布置图 279
6.4.1 绘制轴线与墙线 279
6.4.2 配电设计 285
6.4.3 标注代号与型号 287
第7章 数字信号电路设计 293
7.1 数字接收机电路图 293
7.1.1 绘制电容等元件 293
7.1.2 绘制 PLC 元件 294
7.1.3 绘制线路 296
7.2 收音机电路图 299
7.2.1 绘制所有元件 299
7.2.2 绘制线路 302
7.3 对称数字信号电路图和表格 306
7.3.1 绘制对称数字信号电路图 306
7.3.2 绘制电路图表格 311
第8章 车辆、机床电气设计 314
8.1 电动车电气图 314
8.1.1 绘制控制部分 314
8.1.2 绘制电机电路 317
8.2 空压机电气图 319
8.2.1 绘制主电机电路 319
8.2.2 绘制散热风机支路 323
8.2.3 绘制 PLC 电路 325
8.3 钻床电气主电路图 327
8.3.1 绘制第 1、2 个电动机接线 327
8.3.2 绘制第 3、4 个电动机接线 333
第9章 通用电机和电动机控制设计 343
9.1 车床控制电路图 343
9.1.1 电机电路绘制 343
9.1.2 控制电路绘制 347
9.1.3 低压控制电路绘制 348
9.1.4 标注文字符号 350
9.2 电动机变频控制电路图 351
9.2.1 主变频器电路绘制 351
9.2.2 辅变频器电路绘制 355
9.2.3 标注文字符号 362

第1章 软件知识和基本绘图

知识导引

本章简要介绍了安装 AutoCAD 2016 的软硬件要求，AutoCAD 2016 的安装启动过程，AutoCAD 2016 的基本操作，并介绍了如何使用 AutoCAD 2016 绘制平面图形单元。

1.1 安装 AutoCAD 2016 的软硬件要求及安装启动过程

要安装 AutoCAD 2016，计算机的硬件和软件环境必须达到一定的要求，只有在符合这些要求的计算机中使用 AutoCAD 2016，才能充分发挥软件的性能。一定要确保安装 AutoCAD 2016 的计算机满足系统需求，否则会出现很多问题。

下面分别介绍硬件环境要求、软件环境要求以及安装启动过程。

1.1.1 硬件环境要求

（1）中央处理器：①32bit：Intel 或 AMD 处理器主频 2.2GHz 或更高，Intel 或 AMD 双核处理器主频 1.6GHz 或更高；②64bit：AMD64 或 Intel EM64T 处理器。

（2）内存：①32bit：2GB（建议使用 3GB）或更大；②64bit：4GB（建议使用 8GB）或更大。

（3）硬盘：需要 6GB 的安装空间，除用于安装的空间之外，可用闲置空间不少于 6GB。

（4）图形卡：具有 128MB 或更大显存，Pixel Shader 3.0 或更高版本，支持 Direct3D 工作站级图形卡。

（5）光盘驱动器：DVD-ROM。

（6）定点设备：鼠标、轨迹球或其他定点设备。

（7）可选硬件：可兼容 OpenGL 的三维视频卡、打印机或绘图仪、数字化仪、调制解调器或其他访问 Internet 连接的设备、网卡。

1.1.2 软件环境要求

（1）操作系统：Microsoft Windows 7 Enterprise、Microsoft Windows 7 Ultimate、Microsoft Windows 7 Professional、Microsoft Windows 7 Home Premium、Microsoft Windows 8/8.1、Microsoft Windows 8/8.1 Pro 和 Microsoft Windows 8/8.1 Enterprise 或更高版本。

（2）Web 浏览器：Microsoft Internet Explorer 9.0 Service Pack 1（或更高版本）。

1.1.3　三维绘图的硬件建议

（1）内存：4GB（或更高）。

（2）图形卡：具有 128MB 或更大显存，Pixel Shader 3.0 或更高版本，支持 Direct3D 工作站级图形卡。

（3）硬盘：6GB（除安装系统所需的 6GB 或更大空间之外）。

1.1.4　安装过程

用户必须有计算机管理员权限才能安装 AutoCAD。安装 AutoCAD 需要 AutoCAD 2016 的安装光盘（DVD 光盘），该软件归 Autodesk 公司所有，本书不提供该软件。

单机安装 AutoCAD 的步骤如下。

（1）将 AutoCAD 2016 光盘（DVD 光盘）放入计算机的 DVD-ROM 驱动器自动启动，或者直接打开光盘，双击“setup”图标。

（2）在 AutoCAD 安装向导界面中单击“安装”按钮，如图 1-1 所示。

图 1-1　安装向导界面

（3）选择要安装的产品，然后单击“下一步”按钮。

（4）查看适用于用户所在国家/地区的 Autodesk 软件许可协议。用户必须接受协议才能继续安装。选择用户所在的国家/地区，单击“我接受”按钮后再单击“下一步”按钮。

（5）在“用户和产品信息”页面中，输入序列号和用户信息，然后单击“下一步”按钮。

（6）在“选择许可类型”页面中，可以选择安装单机许可或网络许可，然后单击“下一步”按钮。

（7）如果不希望对默认配置进行任何更改，请选择“安装”按钮，如图 1-2 所示。如果需要修改，可以选择安装的组件，或者在“安装路径”中修改。“安装路径”：指定要将 AutoCAD 安装到的驱动器和位置。

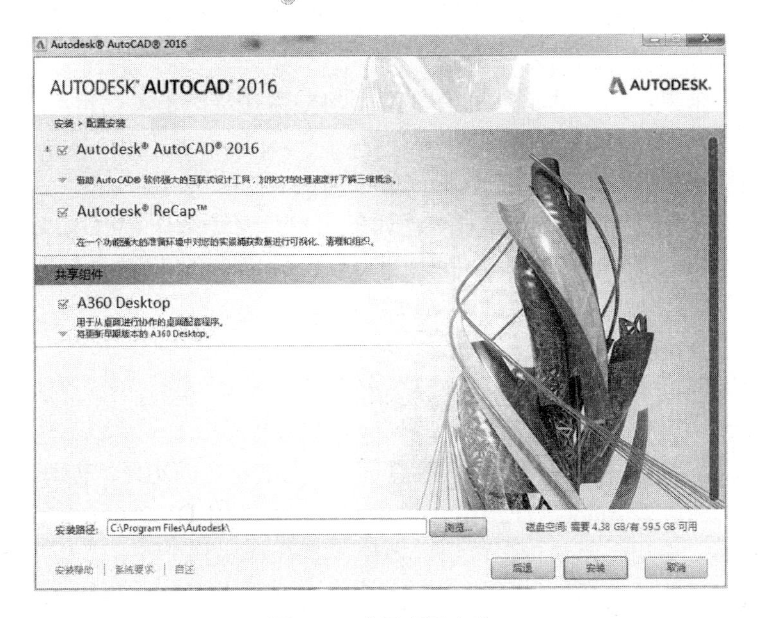

图 1-2　选择配置安装

（8）开始安装，并显示安装进度，如图 1-3 所示。

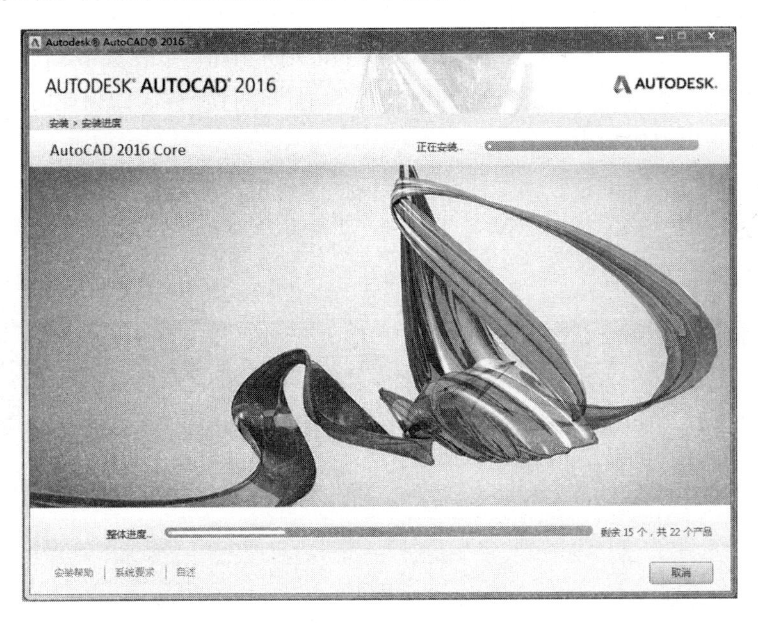

图 1-3　安装进度

（9）安装完成后，将显示“安装完成”页面，接着单击“完成”按钮。

1.1.5　起动过程

全部安装过程完成之后，可以通过以下几种方式启动 AutoCAD 2016。

（1）桌面快捷方式图标：安装 AutoCAD 2016 时，将在桌面上放置一个“AutoCAD 2016”快捷方式图标。双击“AutoCAD 2016–简体中文（Simplified Chinese）”图标可以启动

AutoCAD 2016。

（2）“开始”菜单：在“开始”菜单（Windows 操作系统）上，依次单击“程序”（或“所有程序”）→“Autodesk”→“AutoCAD 2016–简体中文（Simplified Chinese）”→“AutoCAD 2016–简体中文（Simplified Chinese）”命令。

（3）AutoCAD 2016 的安装位置启动：如果用户具有超级用户权限或计算机管理员权限，则可以从 AutoCAD 2016 的安装位置运行该程序。如果仅仅是有限权限用户，必须从“开始”菜单或桌面快捷方式启动 AutoCAD 2016。

1.2 操作界面

安装结束后重新启动计算机，双击桌面上“AutoCAD 2016–简体中文（Simplified Chinese）”快捷图标启动 AutoCAD 2016 中文版系统。AutoCAD 2016 中文版的操作窗口是一个标准的 Windows 应用程序窗口，包括标题栏、菜单栏、工具栏、状态栏和绘图窗口等。操作界面窗口中还包含命令行和文本窗口，通过它们用户可以和 AutoCAD 系统之间进行人机交互。启动 AutoCAD 2016 以后，系统将自动创建一个新的图形文件，并将该图形文件命名为“Drawing1.dwg”。因此，在 AutoCAD 2016 启动之后，它的主窗口中就自动包含了一个名为“Drawing1.dwg”的绘图窗口。

要退出 AutoCAD 2016 系统，直接单击 AutoCAD 2016 系统窗口标题栏上的按钮☒即可。如果图形文件没有被保存，系统退出时将提示用户进行保存。如果此时还有命令未执行完毕，系统会要求用户先结束命令。

AutoCAD 2016 二维草图与注释操作界面的主要组成元素有：标题栏、菜单浏览器、快速访问工具栏、绘图区域、面板、命令行窗口、坐标系图标和功能按钮，如图 1-4 所示。

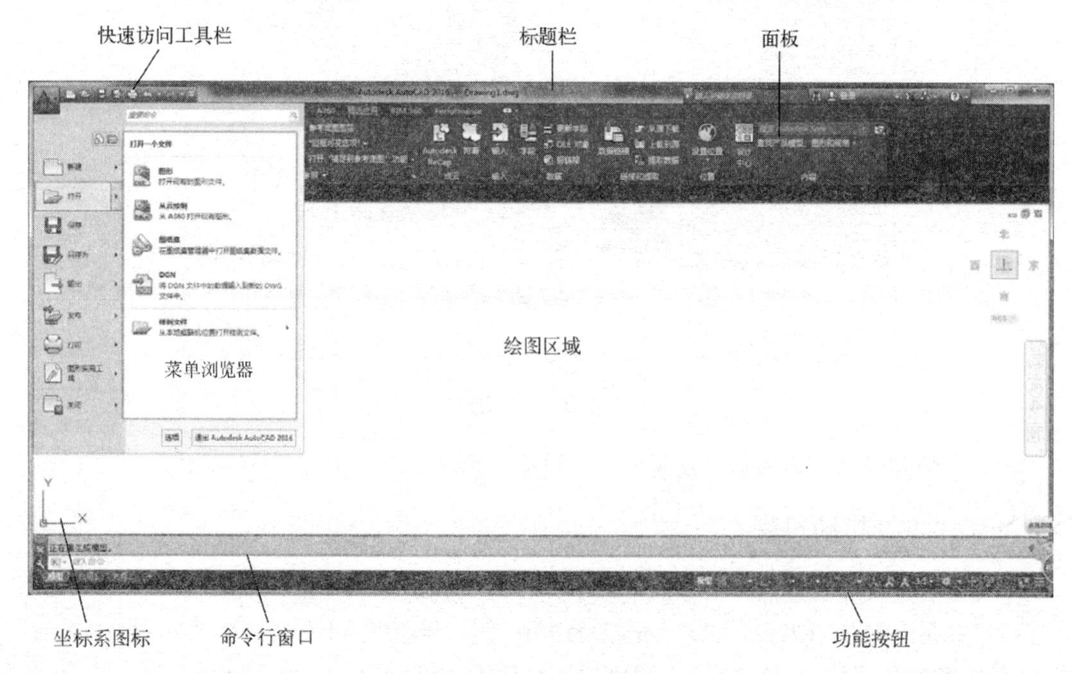

图 1-4 基本的操作界面

AutoCAD 2016 还有两个操作界面，可以通过单击右下角的“切换工作空间”按钮进行切换，三维建模和三维基础界面分别如图 1-5 和图 1-6 所示。

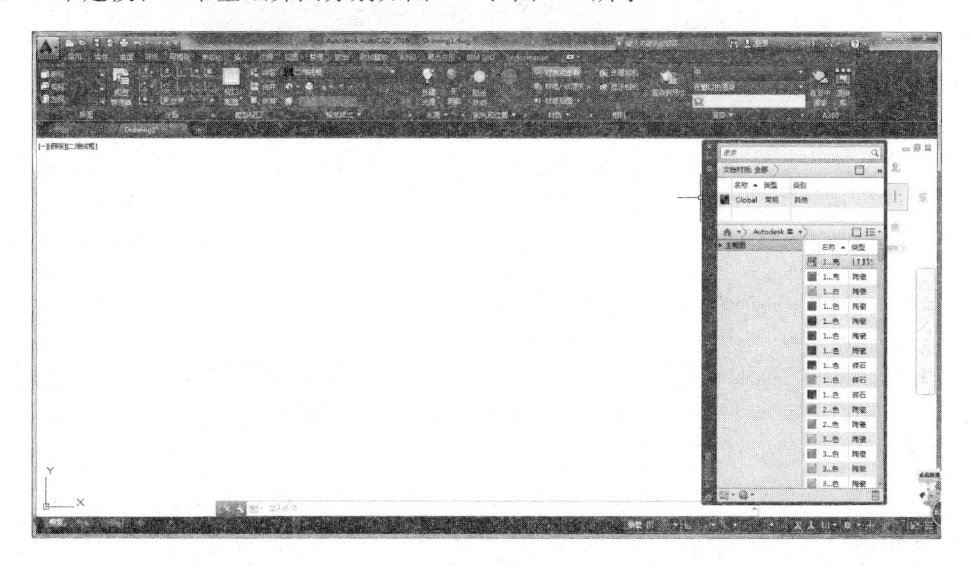

图 1-5　三维建模界面

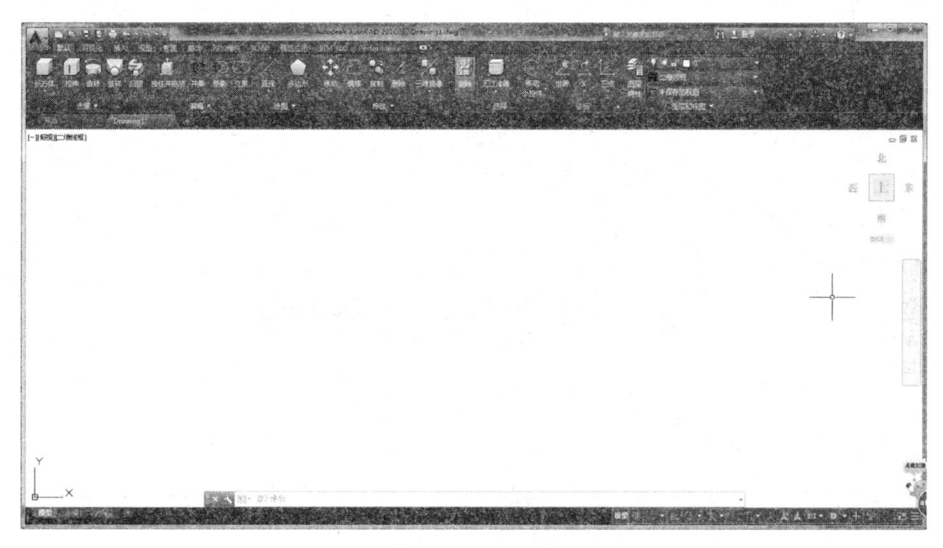

图 1-6　三维基础界面

AutoCAD 2016 把常用命令制作成各种图标按钮，用户可以把这些按钮布置在图形编辑窗口中的任何位置。AutoCAD 2016 提供了多个选项卡和数十个工具面板，其中常用的命令集中在如图 1-7 所示“绘图”面板栏和图 1-8 所示“修改”面板中。

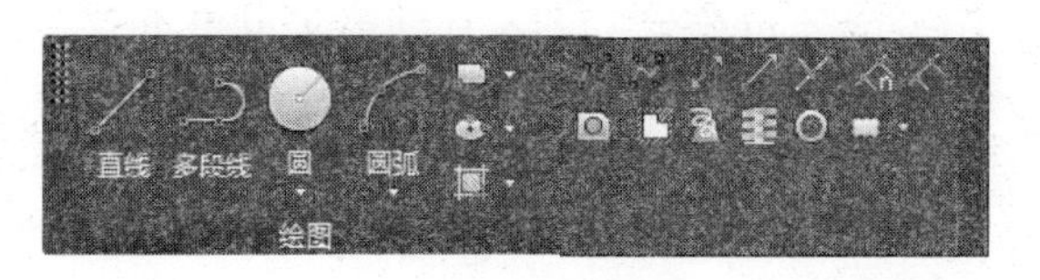

图 1-7　“绘图”面板栏

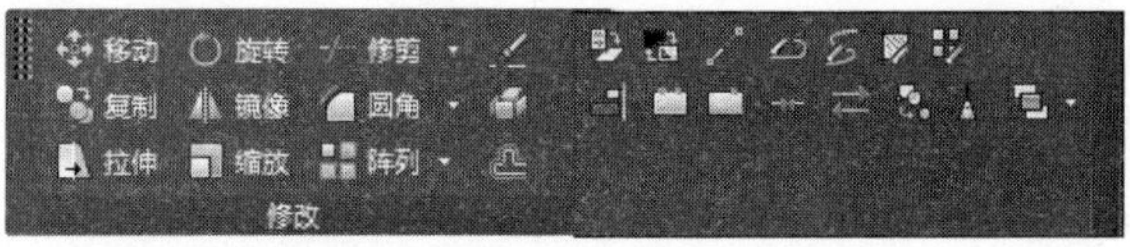

图 1-8 “修改”面板

“绘图”面板提供了常用的绘图命令。熟练掌握绘图工具，是学好 AutoCAD 2016 的基本要求；“修改”面板用于编辑和修改已经绘制好的图形，包括“删除”“复制”“移动”和“修剪”等命令。

1.3　AutoCAD 2016 的基本操作

AutoCAD 2016 的基本操作包括文件操作、坐标系操作和使用帮助。AutoCAD 2016 是应用于 Windows 操作系统上的应用软件包，与众多类似的软件包一样，文件操作是 AutoCAD 2016 的基本操作。AutoCAD 2016 的基本功能是绘制图形，它默认一切绘图操作都是在某种坐标系中进行的。要正确绘制图形，必须先熟悉坐标系操作。用户在使用 AutoCAD 2016 中若遇到问题，则可以随时查询帮助文件，获得解答。

1.3.1　文件操作

AutoCAD 2016 对图形文件和非图形文件的操作与 Windows 是兼容的。没有任何文件的 AutoCAD 2016 窗口是一个 Windows 窗口。文件的“新建”“打开”“保存”命令位于“文件”下拉菜单中。

在 AutoCAD 2016 的命令中，还有两种方法操作文件。一是单击快速访问工具栏中文件“新建”“打开”“保存”按钮，如图 1-9 所示；二是直接在命令行中输入“new”“open”“save”。

图 1-9　快速访问工具栏

AutoCAD 2016 允许使用 Windows 关于文件的其他操作命令。这些命令放在鼠标命令菜单中。在 AutoCAD 2016 的绘图区域单击鼠标右键，屏幕将出现包含这些文件操作命令的菜单，如图 1-10 所示。

AutoCAD 2016 具有强大的图像、文字处理功能，可以直接对这些非图形文件及其内容进行操作。

图 1-10　文件操作命令菜单

1.3.2　坐标系介绍

在 AutoCAD 2016 中有两个坐标系：一个是被称为世界坐标系（WCS）的固定坐标系；另一个是被称为用户坐标系（UCS）的可移动坐标系。默认情况下，这两个坐标系在新图形中是重合的。

通常在 AutoCAD 2016 二维视图中，WCS 的水平向右为 *X*

轴正向，垂直向上为 *Y* 轴正向（垂直于 *XY* 平面指向用户的是 *Z* 轴正向，可在三维视图中看到）。WCS 的原点为 *X* 轴和 *Y* 轴的交点（0,0）。图形文件中的所有对象均由其 WCS 坐标定义。

WCS 总是出现在用户图样上，是基准坐标系。而其他的坐标系都是相对于它来确定的，这些坐标系被称为用户坐标系（User Coordinate System，UCS），可以通过“UCS”命令创建，使用可移动的 UCS 创建和编辑对象通常更方便。尽管 WCS 是固定的，但用户仍然可以在不改变坐标系的情况下，从各个方向，各个角度观察实体。当视角改变后，坐标系图标也会随之改变。图 1-11 所示为绘图常用视角的坐标系图标。

坐标系是可以改变的。AutoCAD 2016 系统提供了相关面板，可以实现视角不变、坐标系改变，如图 1-12 所示。用户将在三维造型中大量使用坐标系命令。

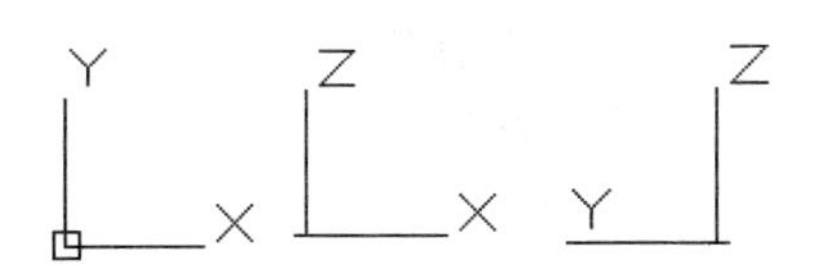

图 1-11　俯视图、前视图、左视图的坐标系图标

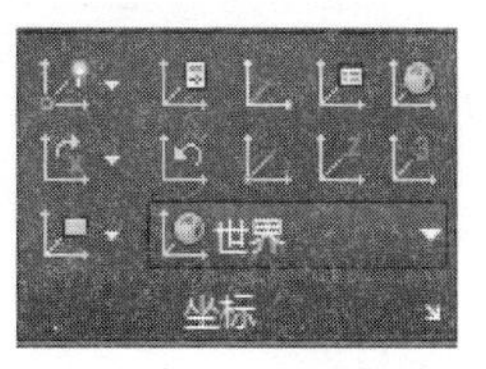

图 1-12　“坐标”面板

1.3.3　使用帮助

AutoCAD 2016 提供了强大的帮助功能。

在菜单浏览器中打开“帮助”菜单，选择其中的“帮助”命令，即出现 Autodesk AutoCAD 2016 - 帮助界面，如图 1-13 所示。

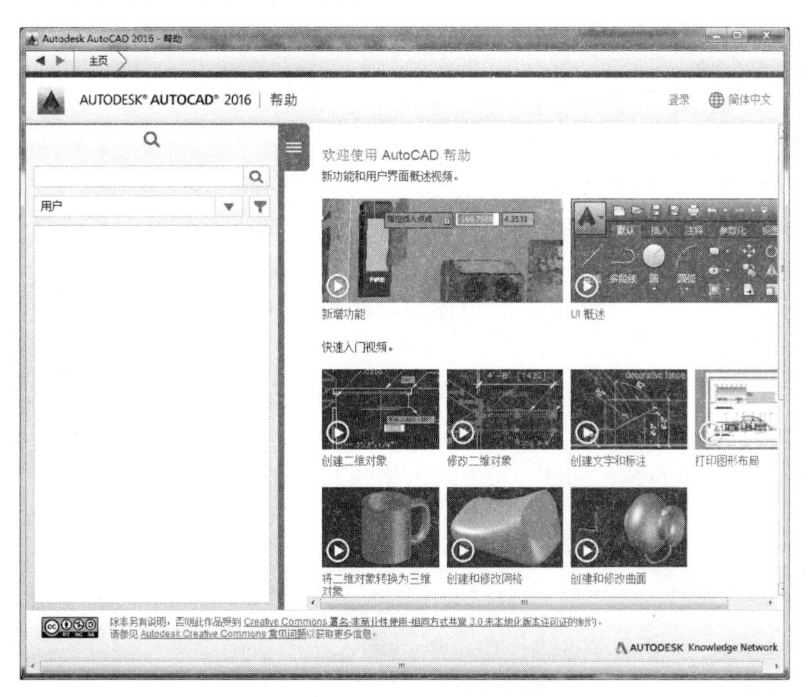

图 1-13　Autodesk AutoCAD 2016 - 帮助界面

帮助功能界面左边是搜索框。在文字框中键入需要了解的命令拼写或内容，系统就会立即在下面列表框中列出相关内容供选择，这对初学者十分有利，如图1-14所示。

界面最右边是有关新功能的各种视频，选择相应项目可以打开新功能学习。

图1-14 选择需要帮助的命令或内容

▷▷ 1.4 平面图形绘制命令

利用 AutoCAD 2016 的平面图形绘制功能，可以绘制各种电气图样。平面图形都由直线和曲线组合而成，AutoCAD 2016 提供了很多绘制直线图形、曲线图形的命令，包括直线段、射线等直线图形的绘制命令和圆、圆弧、多边形等曲线图形的绘制命令，还可以填充图形、绘制表格，以便绘制建筑墙面和图样的明细表。

使用最方便的绘制平面图形的命令是图标按钮格式。AutoCAD 2016 把它们集中放在“绘图”面板中，如图1-15所示。使用其中的命令可以绘制直线、曲线、填充、表格等图形，下面介绍常用的几种命令。

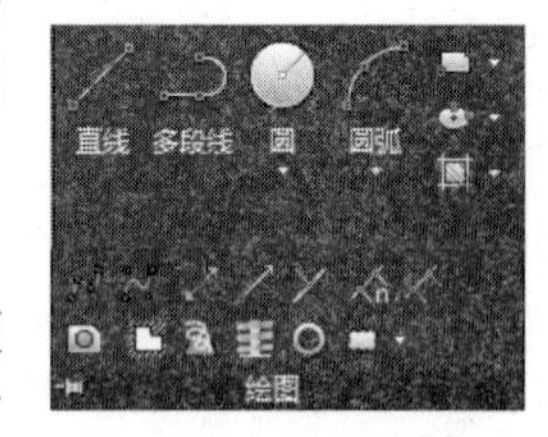

图1-15 “绘图”面板

▷▷▷ 1.4.1 直线段

如图1-16所示，单击“直线”命令按钮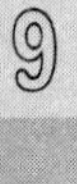，即可根据命令行的提示连续绘制指定长度、角度的直线段。

直线的要素是起点和终点，或者长度与角度。输入直线的起点、终点坐标即可绘制直

线。下面通过不同的坐标输入法绘制直线。

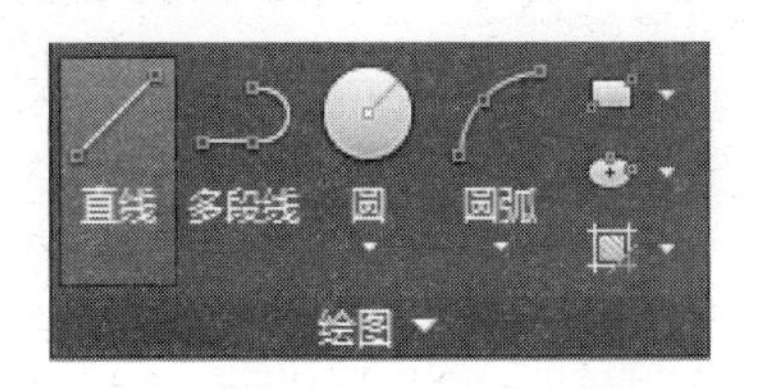

图 1-16 “直线”命令按钮

【示例 1】 用绝对坐标输入直线起点和端点，绘制直线段，按命令行的提示操作。

```
命令: _line
指定第一点: 0,0（按绝对坐标输入直线段的起点）
指定下一点或 [放弃(U)]: 100,30（按绝对坐标输入直线段的端点）
指定下一点或 [放弃(U)]:（按〈Enter〉键）
```

效果如图 1-17 所示。

【示例 2】 用相对坐标输入直线的端点绘制直线段，按命令行的提示操作。

```
命令: _line
指定第一点:（单击确定直线段的起点）
指定下一点或 [放弃(U)]: @100,30（按相对坐标输入直线段的端点）
指定下一点或 [放弃(U)]:（按〈Enter〉键）
```

效果如图 1-18 所示。

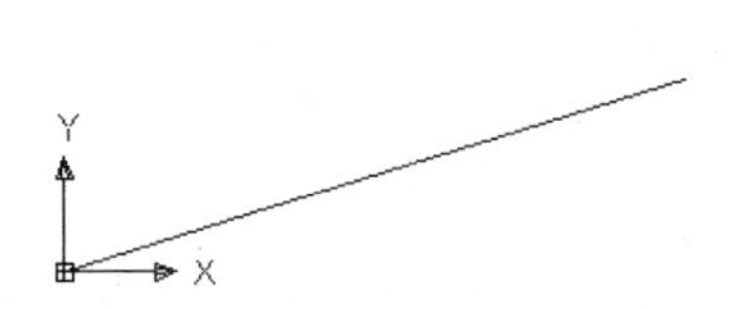

图 1-17　按绝对坐标绘制直线段

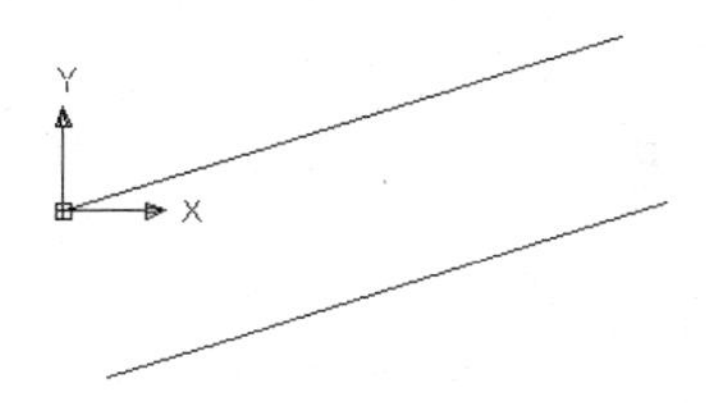

图 1-18　按相对坐标绘制直线段

【示例 3】 用极坐标输入直线端点，用确定长度与角度的方法绘制直线段，按命令行的提示操作。

```
命令: _line
指定第一点: （捕捉上一例绘制的直线左端点）
指定下一点或 [放弃(U)]: @100<30（按极坐标输入直线段的端点，长度 100，与水平夹角 30°）
指定下一点或 [放弃(U)]:（按〈Enter〉键）
```

效果如图 1-19 所示。

【电气图示例】 绘制二极管符号。

操作步骤如下。

（1）单击“绘图”面板中的“直线”命令按钮▨准备绘制直线，按命令行的提示进行操作。

命令: _line
指定第一点:（单击确定直线的起点）
指定下一点或 [放弃(U)]:@0,5（按相对坐标确定直线端点）
指定下一点或 [放弃(U)]:（按〈Enter〉键）

效果如图 1-20 所示。

（2）单击“绘图”面板中的“直线”命令按钮，绘制起点在垂直直线中点，长度为 5 的水平直线，效果如图 1-21 所示。

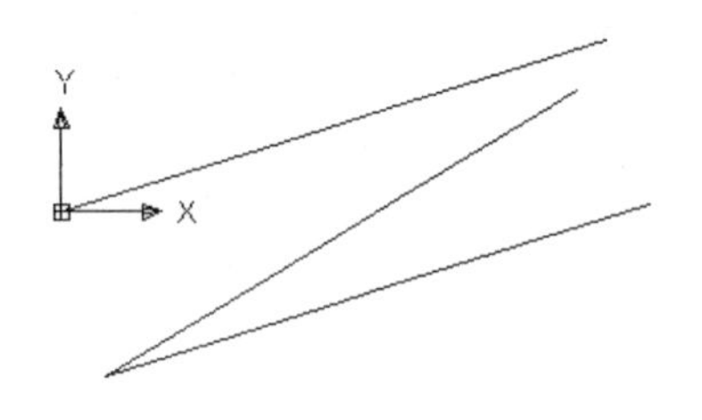

图 1-19　按极坐标绘制直线段

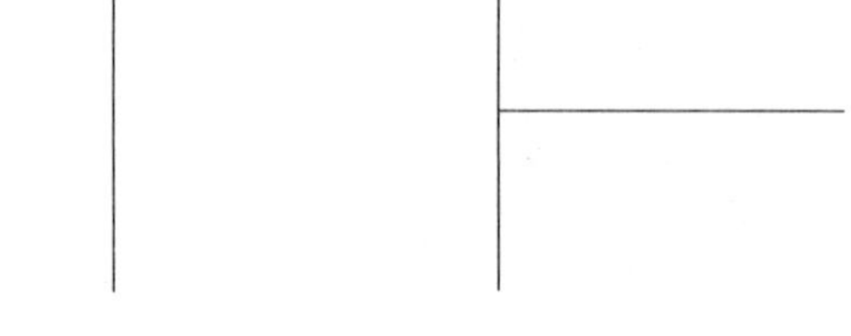

图 1-20　绘制垂直直线　　图 1-21　绘制水平直线

（3）单击“绘图”面板中的“直线”命令按钮，绘制垂直直线上端点和水平直线右端点连线，效果如图 1-22 所示。

（4）单击“绘图”面板中的“直线”命令按钮，绘制垂直直线下端点和水平直线右端点连线，效果如图 1-23 所示。

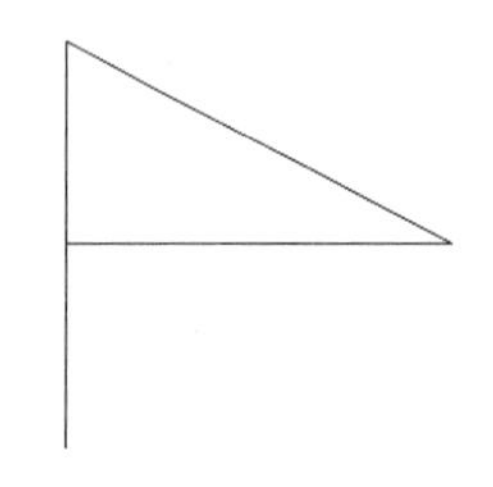

图 1-22　绘制上边的斜线

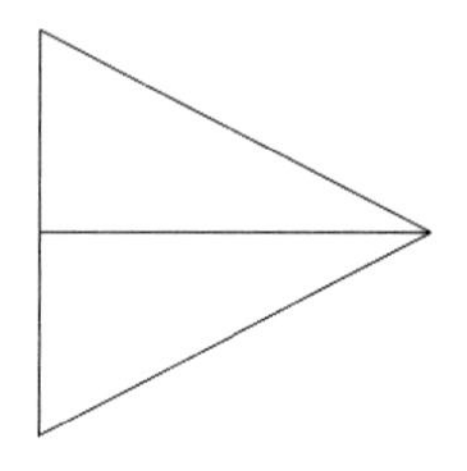

图 1-23　绘制下边的斜线

（5）单击“绘图”面板中的“直线”命令按钮，绘制起点在水平直线右端点，长度为 2.5，方向向上的垂直直线，效果如图 1-24 所示。

（6）单击“绘图”面板中的“直线”命令按钮，绘制起点在水平直线右端点，长度为 2.5，方向向下的垂直直线，效果如图 1-25 所示。

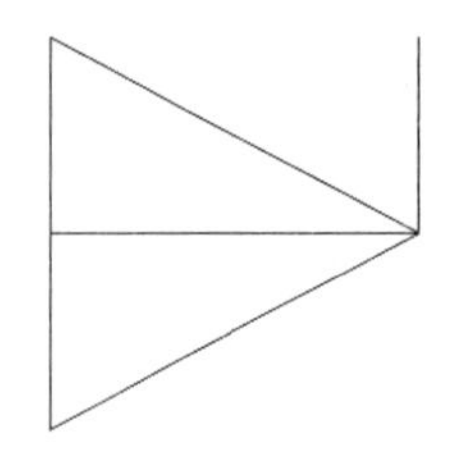

图 1-24　绘制向上的垂直直线

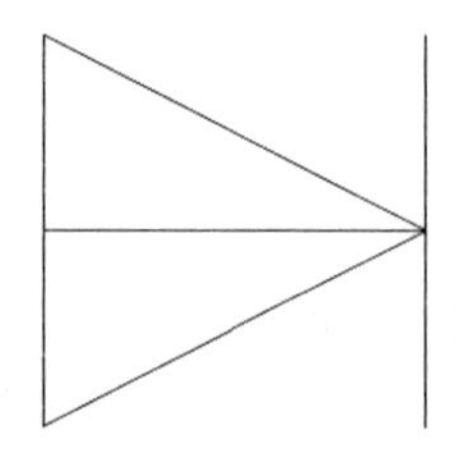

图 1-25　绘制向下的垂直直线

（7）单击“绘图”面板中的“直线”命令按钮，绘制起点在如图 1-26 所示端点，长

度为 2.5 的水平直线，效果如图 1-27 所示。

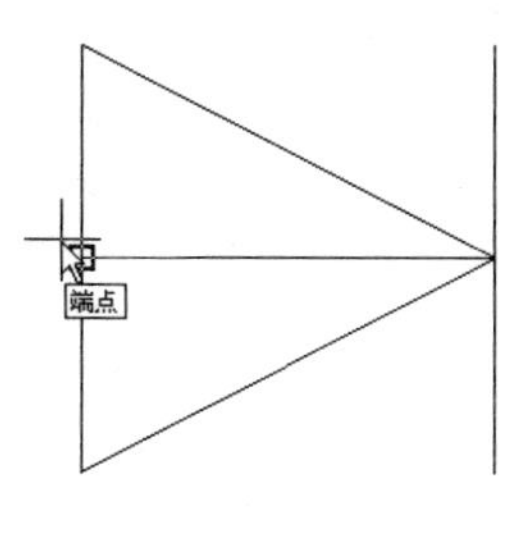

图 1-26 捕捉端点

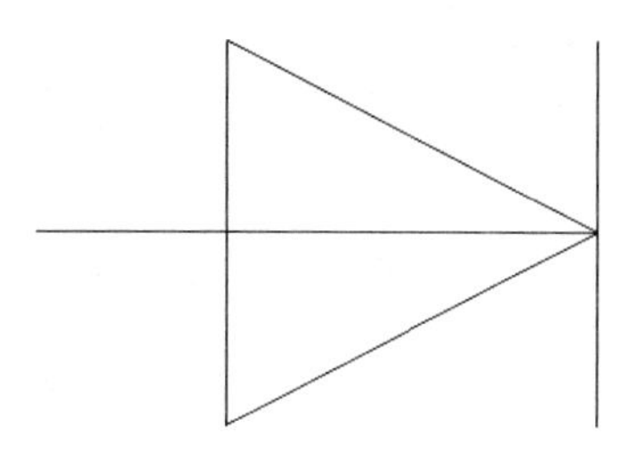

图 1-27 绘制水平直线

（8）单击“绘图”面板中的“直线”命令按钮，绘制起点在如图 1-28 所示端点，长度为 2.5 的水平直线，效果如图 1-29 所示。

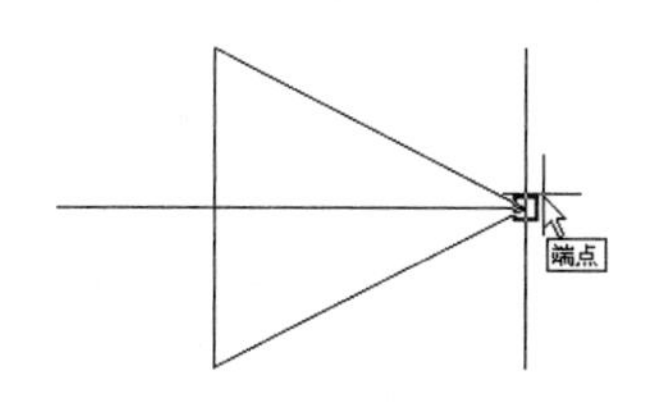

图 1-28 再次捕捉端点

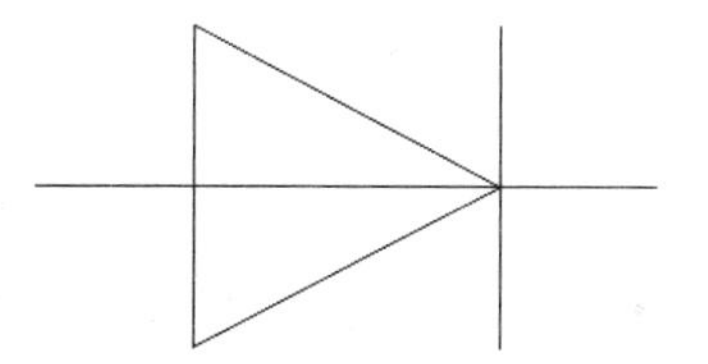

图 1-29 绘制水平向右的直线

1.4.2 多段线

用户单击“多段线”命令按钮，即可根据命令行的提示连续绘制指定长度、角度的多段线。图 1-30 所示为“多段线”绘制命令在“绘图”面板中的位置。

【示例】 按命令行的提示，绘制曲折的多段线。

```
命令: _pline
指定起点: 0,0
当前线宽为 0.0000
指定下一个点或 [圆弧(A)/半宽(H)/长度(L)/放弃(U)/宽度(W)]: 10,0
指定下一点或 [圆弧(A)/闭合(C)/半宽(H)/长度(L)/放弃(U)/宽度(W)]: @0,10
指定下一点或 [圆弧(A)/闭合(C)/半宽(H)/长度(L)/放弃(U)/宽度(W)]: @10,0
指定下一点或 [圆弧(A)/闭合(C)/半宽(H)/长度(L)/放弃(U)/宽度(W)]: @0,10
指定下一点或 [圆弧(A)/闭合(C)/半宽(H)/长度(L)/放弃(U)/宽度(W)]: *取消*（按〈Esc〉键）
```

效果如图 1-31 所示。

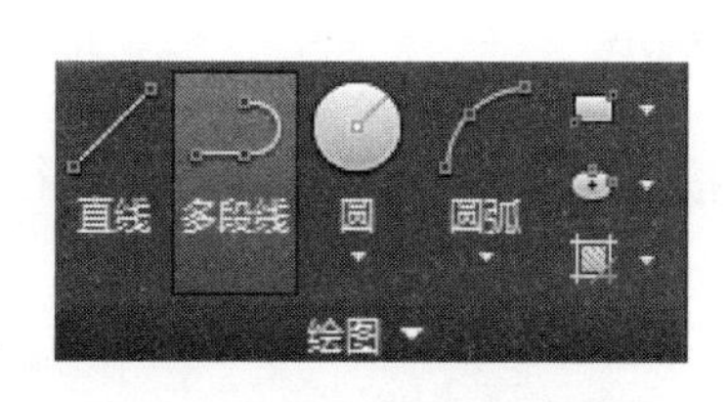

图 1-30 “多段线”命令按钮

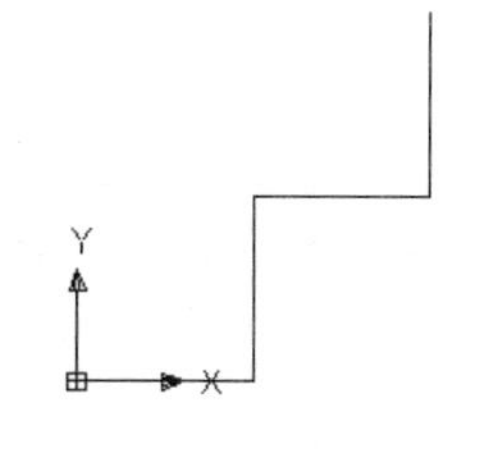

图 1-31 绘制多段线

【电气图示例】 绘制避雷器符号。

操作步骤如下。

（1）单击“绘图”面板中的“多段线”命令按钮，按命令行的提示绘制矩形。

```
命令: _pline
指定起点:（单击确定一点）
当前线宽为 0.0000
指定下一个点或 [圆弧(A)/半宽(H)/长度(L)/放弃(U)/宽度(W)]: @0,10（以下按相对坐标输入线段端点）
指定下一点或 [圆弧(A)/闭合(C)/半宽(H)/长度(L)/放弃(U)/宽度(W)]: @5,0（阶段效果如图 1-32 所示）
指定下一点或 [圆弧(A)/闭合(C)/半宽(H)/长度(L)/放弃(U)/宽度(W)]: @0,-10
指定下一点或 [圆弧(A)/闭合(C)/半宽(H)/长度(L)/放弃(U)/宽度(W)]: @-5,0
指定下一点或 [圆弧(A)/闭合(C)/半宽(H)/长度(L)/放弃(U)/宽度(W)]:（按〈Enter〉键）
```

效果如图 1-33 所示。

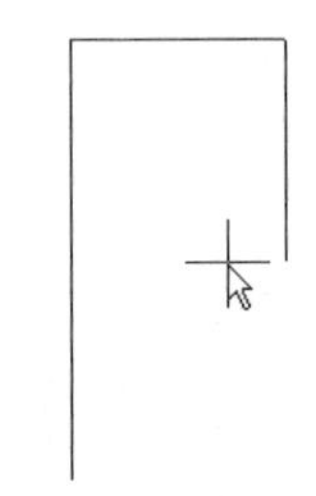

图 1-32　绘制折线

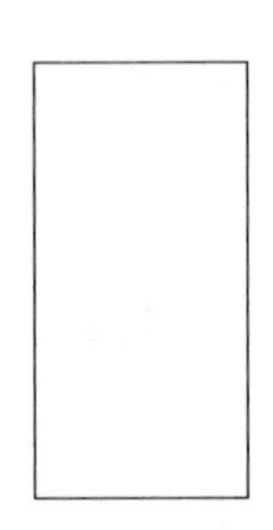

图 1-33　绘制矩形

（2）单击“绘图”面板中的“多段线”命令按钮，绘制起点在如图 1-34 所示中点，垂直向上的直线，长度为 8，效果如图 1-35 所示。

（3）单击“绘图”面板中的“多段线”命令按钮，绘制起点在矩形下边中点，垂直向下的直线，长度为 8，效果如图 1-36 所示。

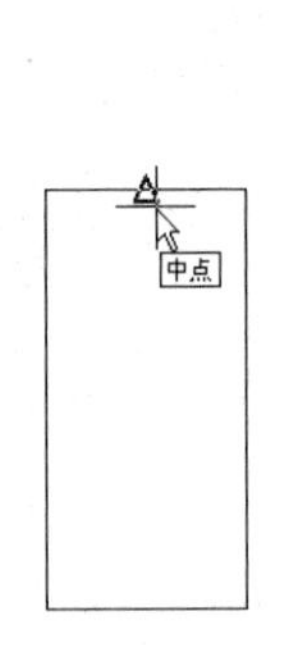

图 1-34　捕捉中点

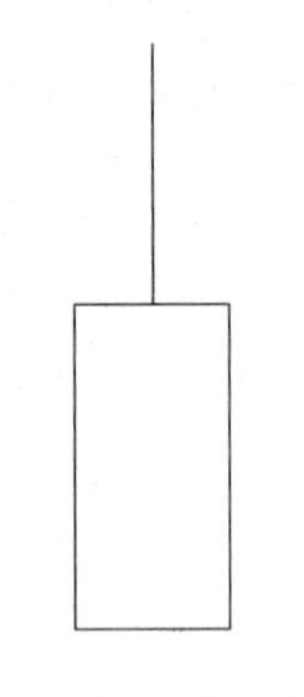

图 1-35　绘制向上的直线

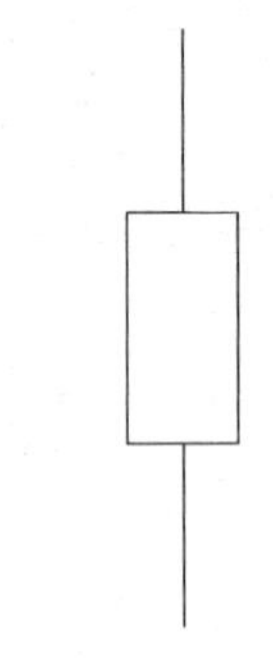

图 1-36　绘制向下的直线

（4）单击“绘图”面板中的“多段线”命令按钮，按命令行的提示进行操作绘制箭头。

```
命令: _pline
指定起点:（捕捉如图 1-37 所示端点）
```

```
当前线宽为 0.0000
指定下一个点或 [圆弧(A)/半宽(H)/长度(L)/放弃(U)/宽度(W)]: @0,5
指定下一点或 [圆弧(A)/闭合(C)/半宽(H)/长度(L)/放弃(U)/宽度(W)]: w
指定起点宽度 <0.0000>: 2
指定端点宽度 <2.0000>: 0
指定下一点或 [圆弧(A)/闭合(C)/半宽(H)/长度(L)/放弃(U)/宽度(W)]: @0,3
指定下一点或 [圆弧(A)/闭合(C)/半宽(H)/长度(L)/放弃(U)/宽度(W)]:（按〈Enter〉键）
```

效果如图 1-38 所示。

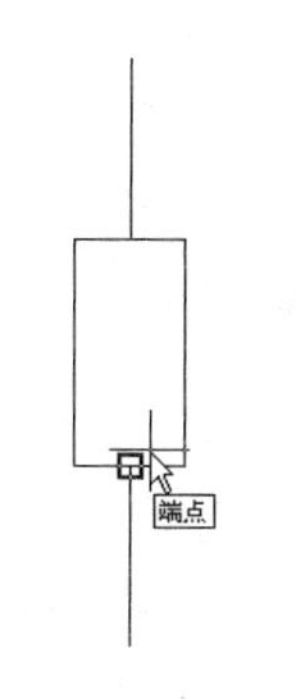

图 1-37 捕捉端点

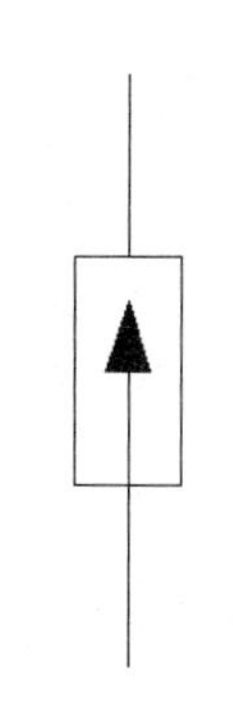

图 1-38 绘制箭头

1.4.3 圆

圆是构成图形的基本元素，单击“圆”命令按钮，即可根据命令行的提示绘制指定圆心和半径的圆。图 1-39 所示为“圆”绘制命令在“绘图”面板中的位置。

可以根据不同的条件绘制圆，在“圆”命令按钮下侧单击小三角打开命令下拉菜单，单击其中的命令按钮就可以进行圆绘制，如图 1-40 所示。下面通过具体示例演示绘制圆的不同方法。

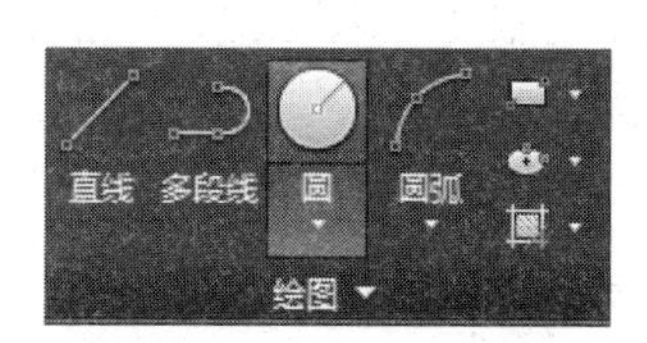

图 1-39 “圆”绘制命令按钮

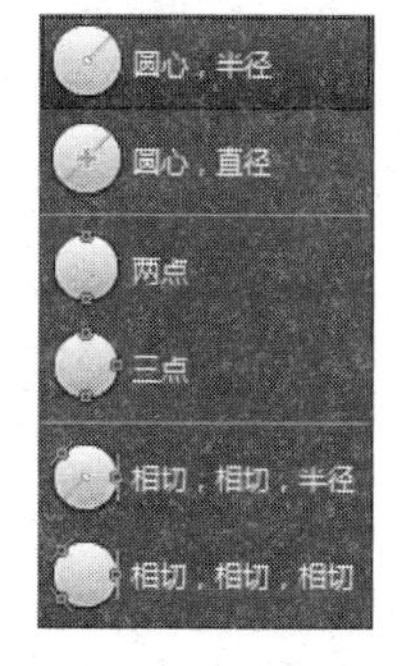

图 1-40 “圆”命令下拉菜单

【示例 1】 通过圆心和半径绘制圆，按命令行的提示操作。

```
命令: _circle
指定圆的圆心或 [三点(3P)/两点(2P)/相切、相切、半径(T)]:0,0（输入圆心坐标）
指定圆的半径或 [直径(D)]: 2（输入半径值）
```

第 1 章

效果如图 1-41 所示。

【示例 2】 通过圆心和直径绘制圆。单击“圆心，直径”命令按钮，按命令行的提示操作。

```
命令: _circle
指定圆的圆心或 [三点(3P)/两点(2P)/相切、相切、半径(T)]:0,0（输入圆心坐标）
指定圆的半径或 [直径(D)]: _d 指定圆的直径: 10（输入直径值）
```

效果如图 1-42 所示。

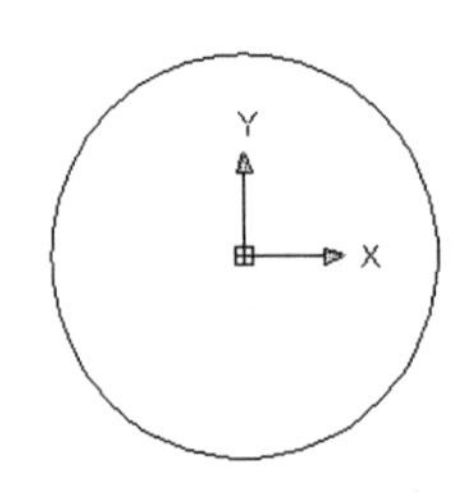

图 1-41　通过圆心和半径绘制圆

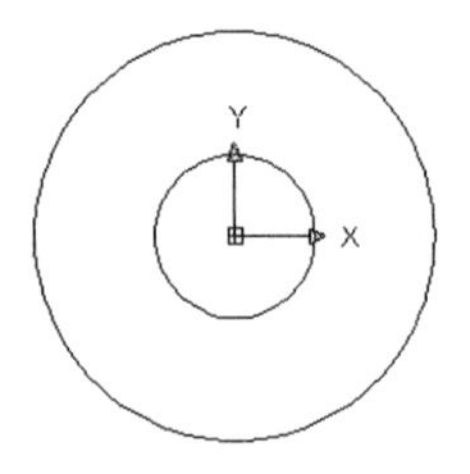

图 1-42　通过圆心和直径绘制圆

【示例 3】 通过圆上的三个点绘制圆。单击“三点”命令按钮，按命令行的提示操作。

```
命令: _circle
指定圆的圆心或 [三点(3P)/两点(2P)/切点、切点、半径(T)]: _3p 指定圆上的第一个点:（如图 1-43 所示，把光标靠近三角形的一个顶点，单击输入该端点的坐标）
指定圆上的第二个点:（如图 1-44 所示，把光标靠近三角形的第二个顶点，单击输入该端点的坐标）
指定圆上的第三个点:（如图 1-45 所示，把光标靠近三角形的第三个顶点，单击输入该端点的坐标）
```

效果如图 1-46 所示。

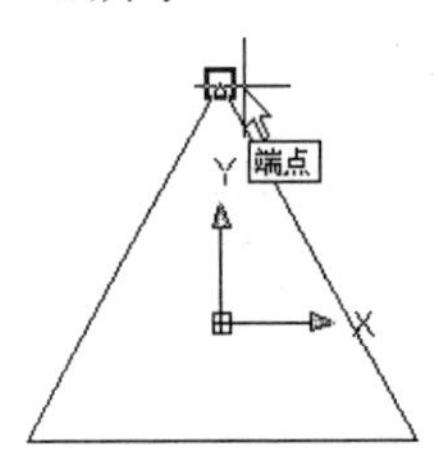

图 1-43　捕捉第一个端点

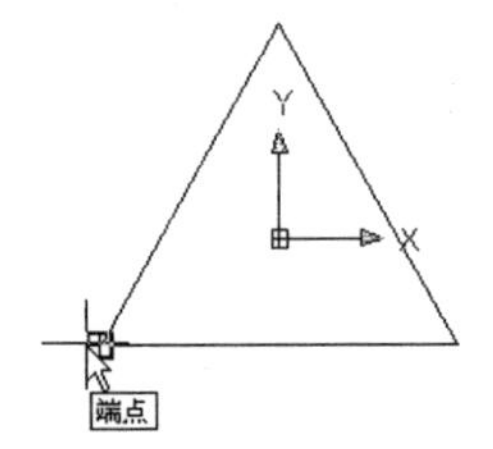

图 1-44　捕捉第二个端点

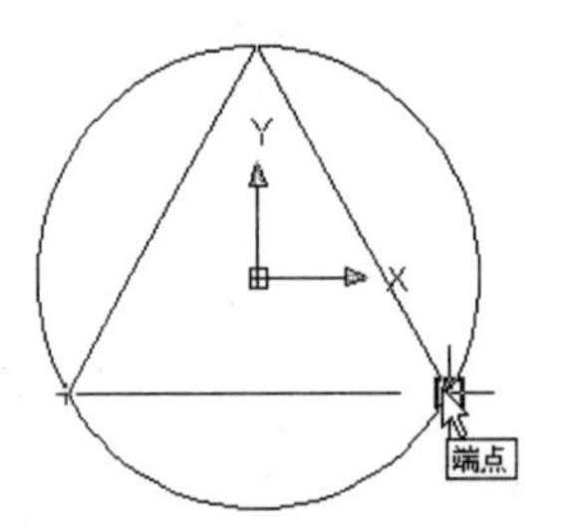

图 1-45　捕捉第三个端点

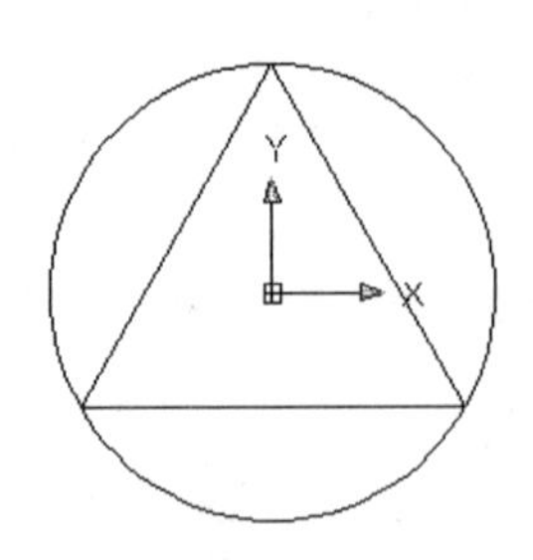

图 1-46　通过三个点绘制圆

【示例4】 通过圆直径上的端点绘制圆。单击“两点”命令按钮，按命令行的提示操作。

命令: _circle
指定圆的圆心或 [三点(3P)/两点(2P)/切点、切点、半径(T)]: _2p 指定圆直径的第一个端点:（如图 1-47 所示，把光标靠近六边形顶边的中点，单击输入该中点的坐标）
指定圆上的第二个点:（如图 1-48 所示，把光标靠近六边形底边的中点，单击输入该中点的坐标）

效果如图 1-49 所示。

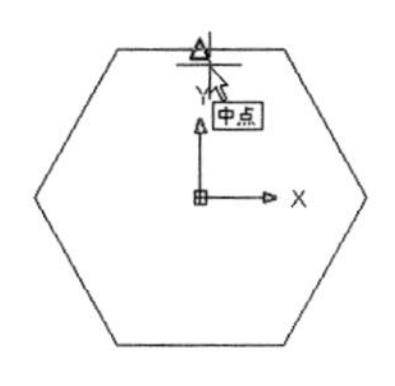

图 1-47　捕捉第一个中点

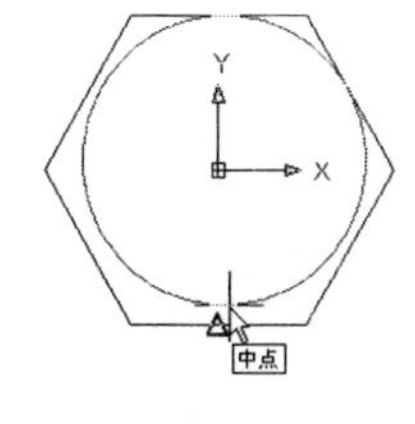

图 1-48　捕捉第二个中点

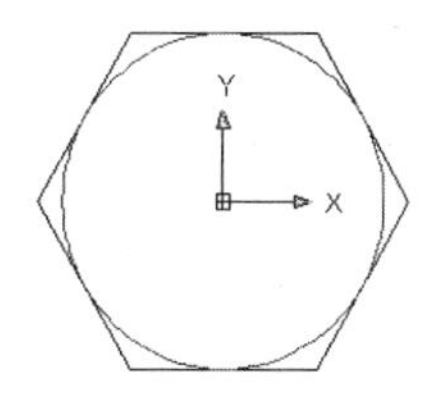

图 1-49　通过两个点绘制圆

【示例5】 通过圆上三个要素：相切、相切和半径绘制圆。单击“相切、相切、半径”命令按钮，按命令行的提示操作。

命令: _circle
指定圆的圆心或 [三点(3P)/两点(2P)/切点、切点、半径(T)]: _ttr
指定对象与圆的第一个切点:（如图 1-50 所示，把光标靠近六边形一条边，单击输入该切点的坐标）
指定对象与圆的第二个切点:（如图 1-51 所示，把光标靠近六边形另一条边，单击输入该切点的坐标）
指定圆的半径 <80.4412>:10（输入圆的半径值）

效果如图 1-52 所示。

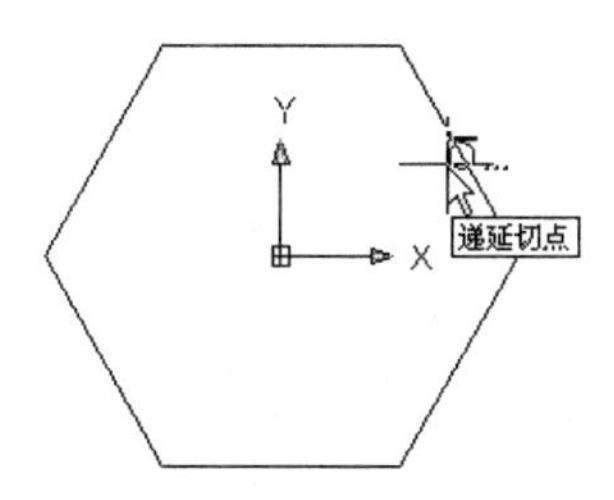

图 1-50　捕捉第一个切点

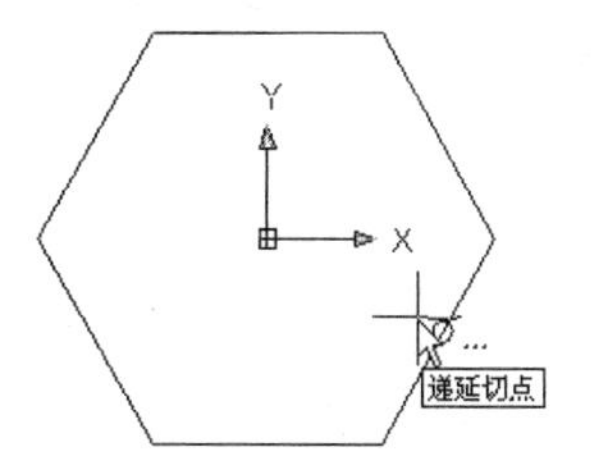

图 1-51　捕捉第二个切点

【电气图示例】 绘制双绕组变压器符号。

操作步骤如下。

（1）单击“绘图”面板中的“圆”命令按钮，绘制ϕ10 圆。

（2）单击“修改”面板中的“复制”命令按钮，把ϕ10 圆垂直向上复制一份，复制距离为 8，效果如图 1-53 所示。

（3）单击“绘图”面板中的“直线”命令按钮，绘制起点在如图 1-54 所示象限点，长度为 3 并且垂直向上的直线，效果如图 1-55 所示。

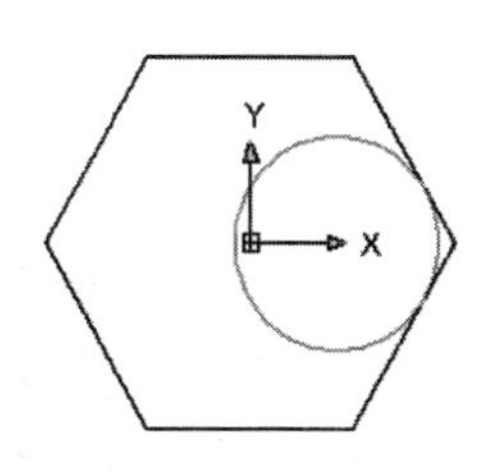

图 1-52　绘制出圆

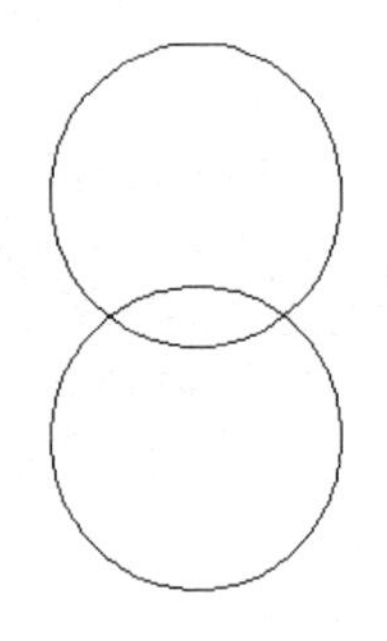

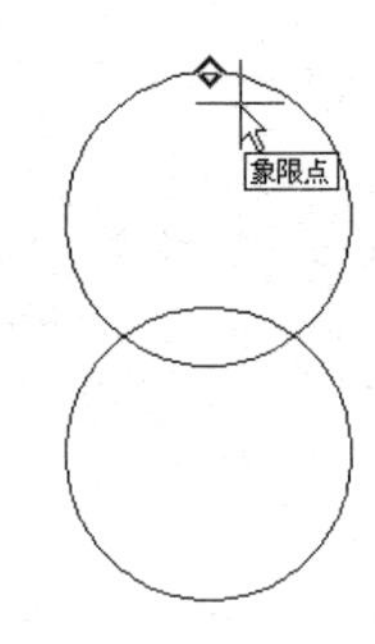

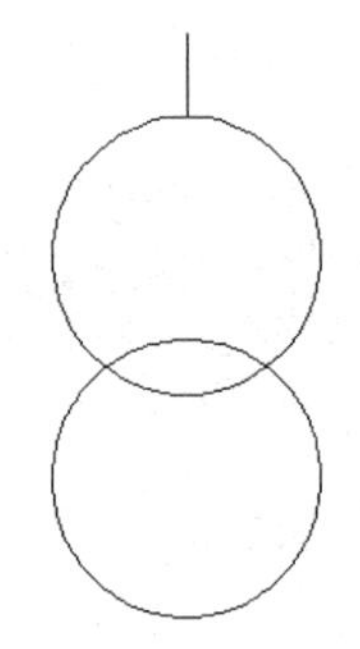

图 1-53 绘制并复制圆　　图 1-54 捕捉象限点　　图 1-55 绘制向上直线

（4）单击“绘图”面板中的“直线”命令按钮，绘制起点在如图 1-56 所示象限点，长度为 3 并且垂直向下的直线，效果如图 1-57 所示。

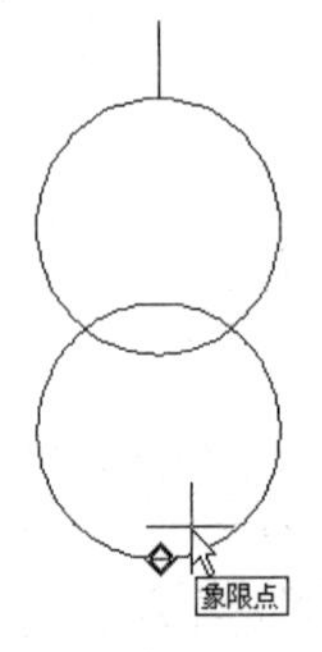

图 1-56 捕捉另一个象限点

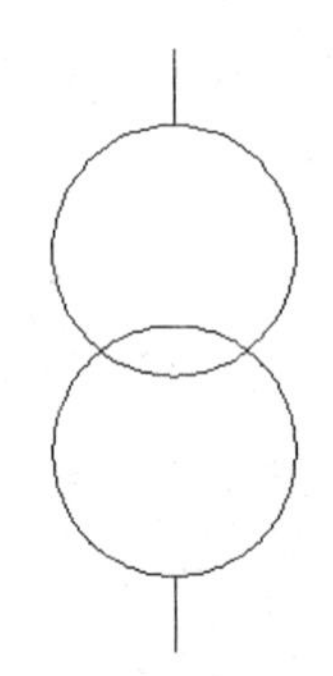

图 1-57 绘制向下的直线

1.4.4 圆弧

图 1-58 所示为“圆弧”命令按钮在“绘图”面板中的位置。

根据不同的绘制条件，圆弧也有多种绘制方法，用户可以根据具体的绘图需要自行选择。在“圆弧”命令按钮下侧单击小三角打开命令下拉菜单，单击其中的命令按钮就可以进行圆弧绘制，如图 1-59 所示。下面通过示例来让读者熟悉这些方法。

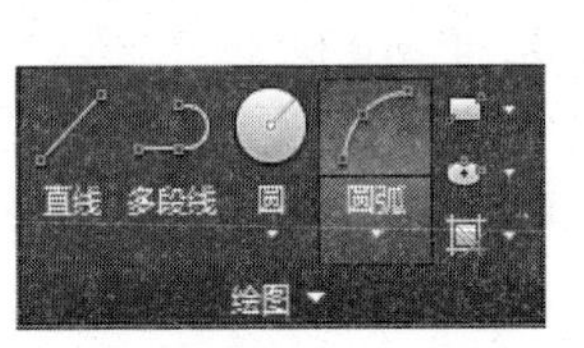

图 1-58 “圆弧”命令按钮

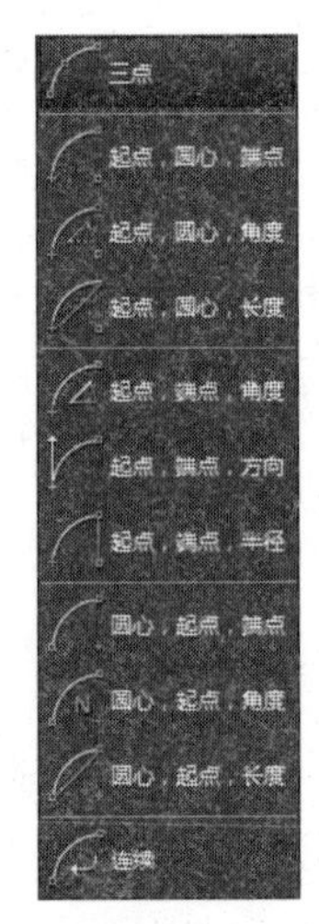

图 1-59 “圆弧”命令下拉菜单

【示例 1】 通过圆弧上 3 个点绘制圆弧，按命令行的提示操作。

```
命令: _arc
指定圆弧的起点或 [圆心(C)]:（捕捉如图 1-60 所示的中点）
指定圆弧的第二个点或 [圆心(C)/端点(E)]:（捕捉如图 1-61 所示的中点）
指定圆弧的端点:（捕捉如图 1-62 所示的中点）
```

效果如图 1-63 所示。

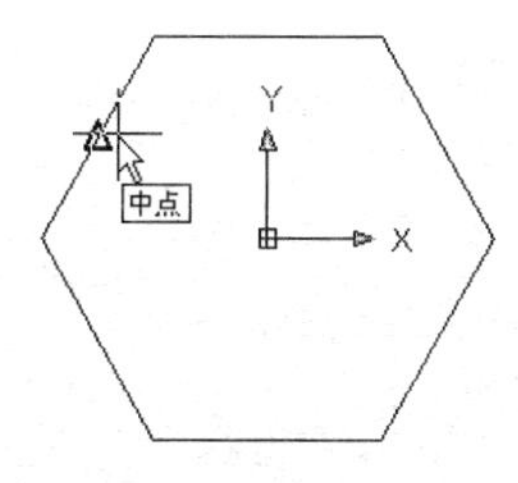

图 1-60　捕捉第 1 个点

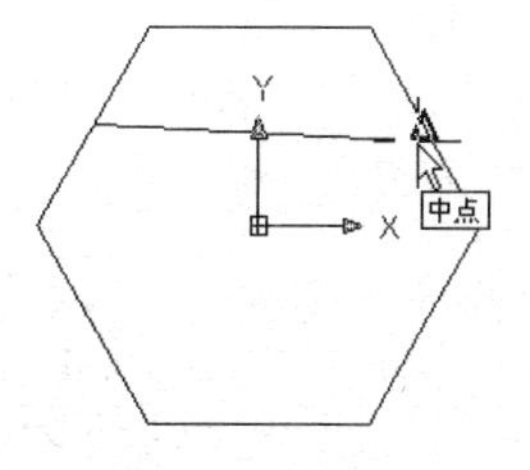

图 1-61　捕捉第 2 个点

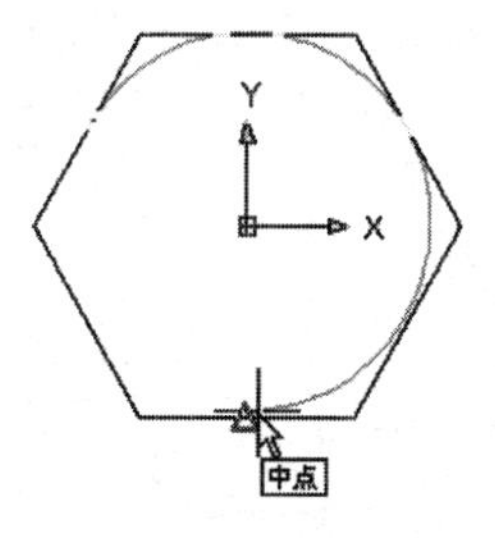

图 1-62　捕捉第 3 个点

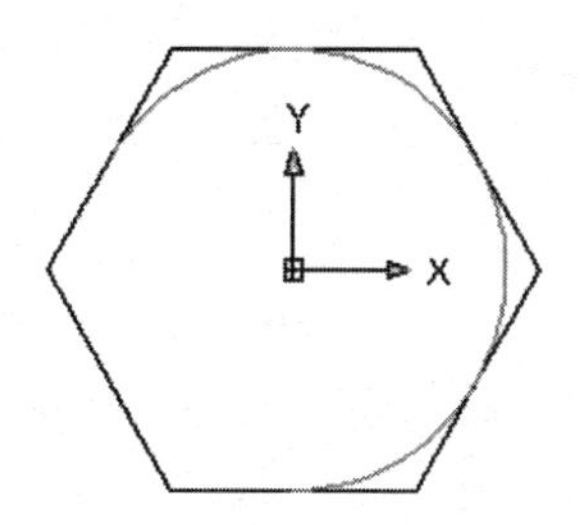

图 1-63　根据 3 点绘制圆弧

【示例 2】 根据圆弧的起点、圆心和端点绘制圆弧。单击“起点、圆心、端点”命令按钮，按命令行的提示操作。

```
命令: _arc
指定圆弧的起点或 [圆心(C)]:（捕捉如图 1-64 所示的端点）
指定圆弧的第二个点或 [圆心(C)/端点(E)]: _c 指定圆弧的圆心:（捕捉如图 1-65 所示的端点）
指定圆弧的端点或 [角度(A)/弦长(L)]:（捕捉如图 1-66 所示的端点）
```

效果如图 1-67 所示。

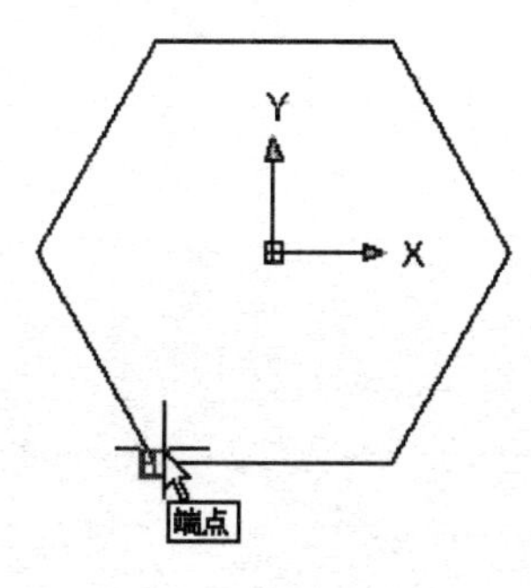

图 1-64　捕捉圆弧的起点

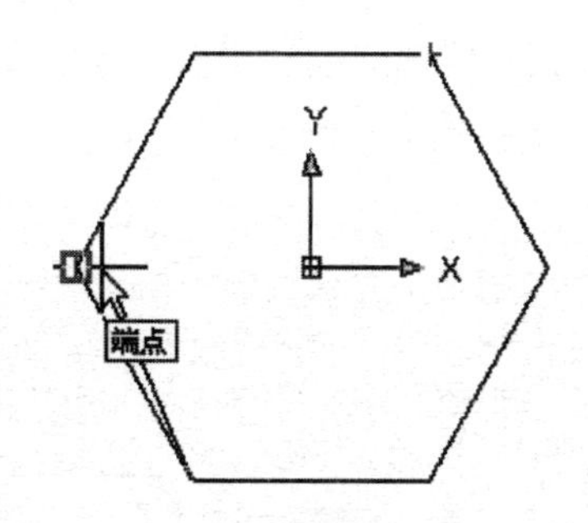

图 1-65　捕捉圆弧的圆心

第1章

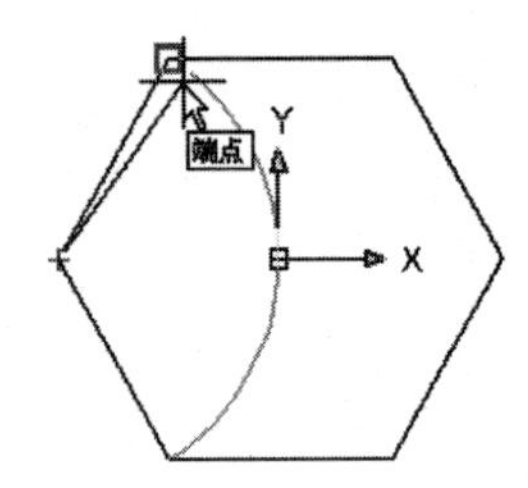

图 1-66　捕捉圆弧的端点

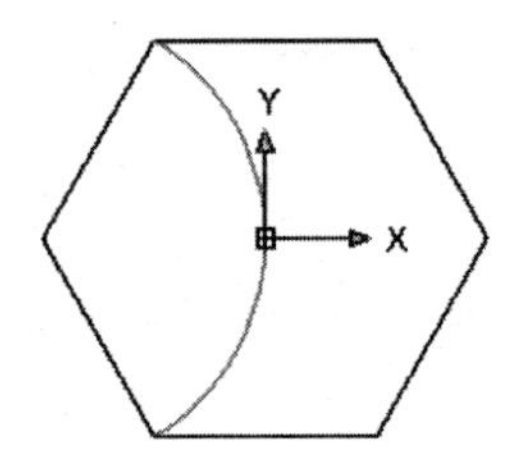

图 1-67　根据起点、圆心和端点绘制圆弧

【示例 3】 根据圆弧的起点、端点和角度绘制圆弧。单击“起点、端点、角度”命令按钮，按命令行的提示操作。

```
命令: _arc
指定圆弧的起点或 [圆心(C)]:（捕捉如图 1-68 所示的端点）
指定圆弧的第二个点或 [圆心(C)/端点(E)]: _e 指定圆弧的端点:（捕捉如图 1-69 所示的端点）
指定圆弧的圆心或 [角度(A)/方向(D)/半径(R)]: _a（出现如图 1-70 所示随光标闪动的过渡圆弧）
指定包含角: 190（输入角度值）
```

效果如图 1-71 所示。

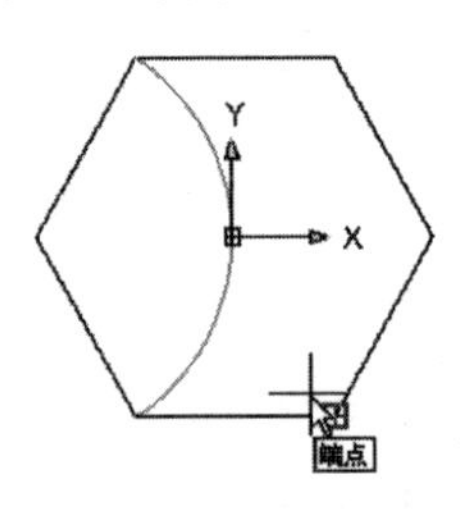

图 1-68　捕捉圆弧的起点

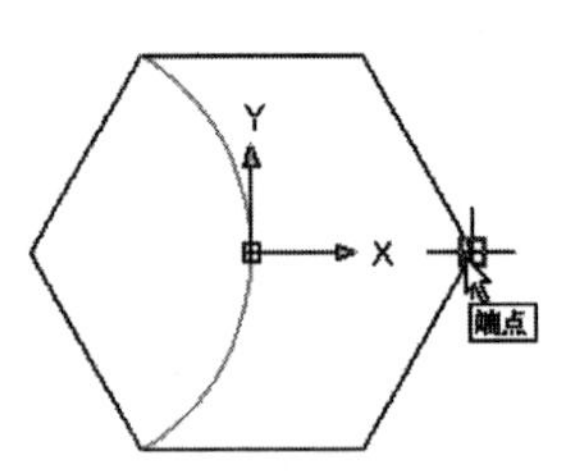

图 1-69　捕捉圆弧的端点

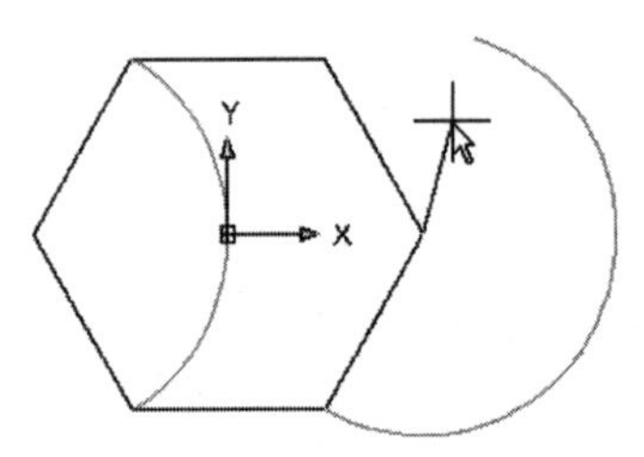

图 1-70　随光标闪动的过渡圆弧

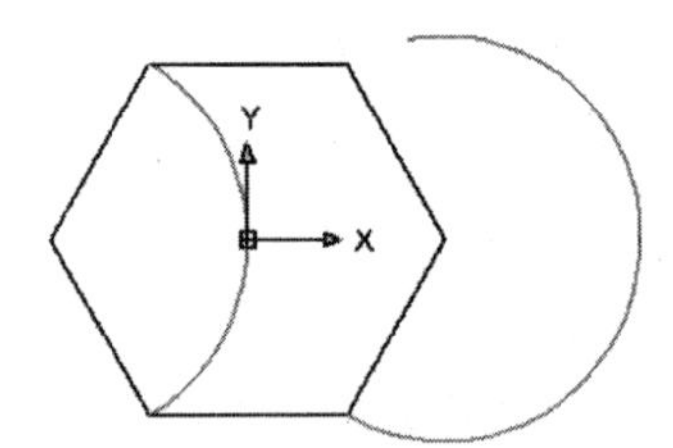

图 1-71　根据起点、端点和角度绘制圆弧

【示例 4】 根据圆弧的起点、圆心和长度绘制圆弧。单击“起点、圆心、长度”命令按钮，按命令行的提示操作。

```
命令: _arc
指定圆弧的起点或 [圆心(C)]:（捕捉如图 1-72 所示的端点）
指定圆弧的第二个点或 [圆心(C)/端点(E)]: _c
指定圆弧的圆心:（捕捉端点，系统立即绘制出随光标闪动的过渡圆弧，如图 1-73 所示。）
指定圆弧的端点或 [角度(A)/弦长(L)]: _l
指定弦长: 15（输入弦长值）
```

效果如图 1-74 所示。

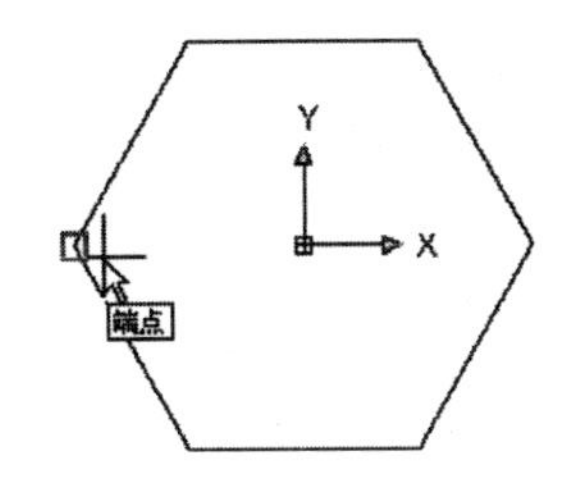

图 1-72　捕捉圆弧的起点

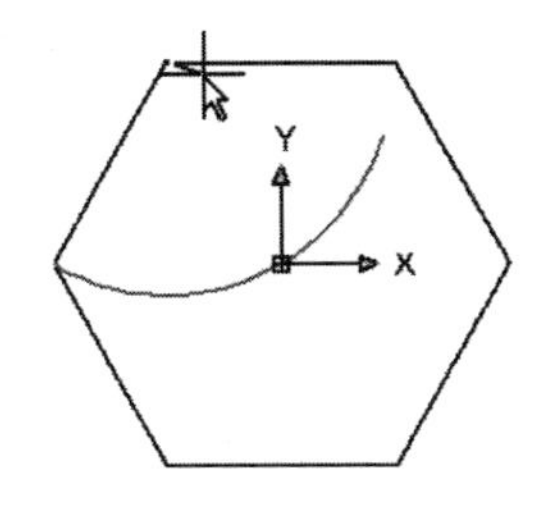

图 1-73　随光标闪动的过渡圆弧

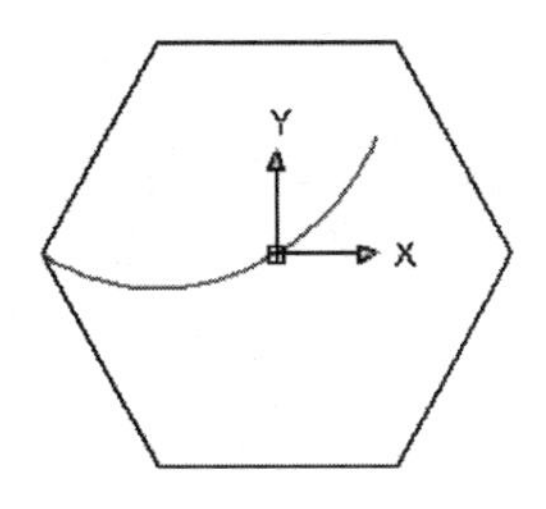

图 1-74　根据起点、圆心和长度绘制圆弧

【示例 5】 根据圆弧的起点、端点和半径绘制圆弧，单击“起点、端点、半径”命令按钮，按命令行的提示操作。

命令: _arc
指定圆弧的起点或 [圆心(C)]:（捕捉如图 1-75 所示的端点）
指定圆弧的第二个点或 [圆心(C)/端点(E)]: _e
指定圆弧的端点:（捕捉如图 1-76 所示的端点，系统出现随光标闪动的过渡圆弧，如图 1-77 所示）
指定圆弧的圆心或 [角度(A)/方向(D)/半径(R)]: _r
指定圆弧的半径: 15（输入半径值）

效果如图 1-78 所示。

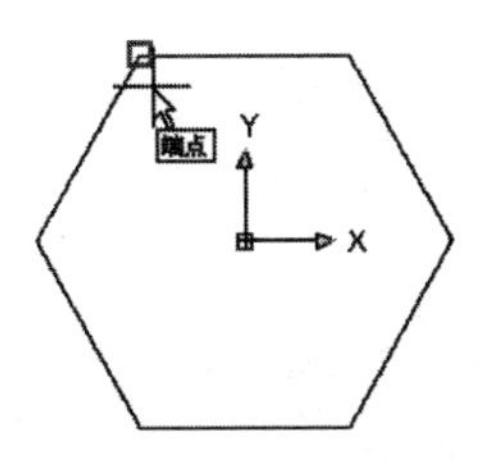

图 1-75　捕捉圆弧的起点

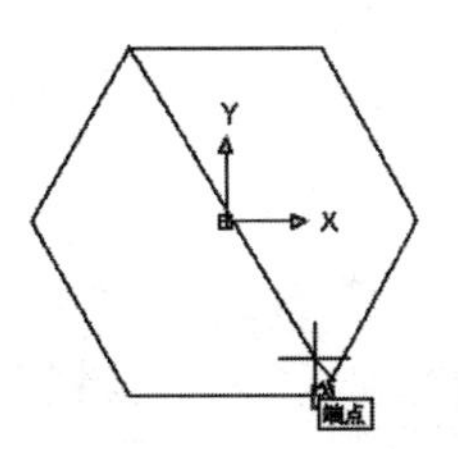

图 1-76　捕捉圆弧的端点

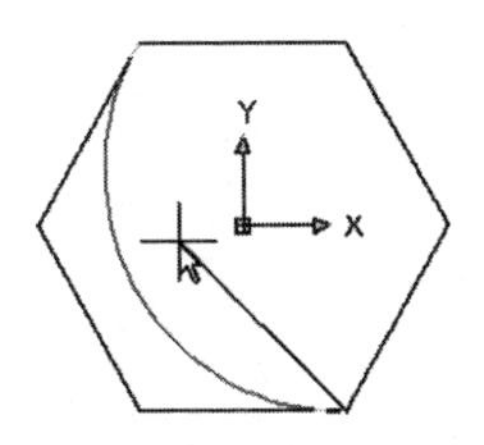

图 1-77　随光标闪动的过渡圆弧

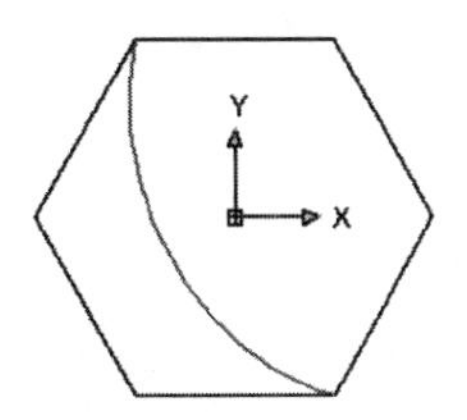

图 1-78　根据起点、端点和半径绘制圆弧

绘制完一段圆弧后，可以单击“圆弧”命令下拉菜单中的“连续”命令按钮，继续绘制下一段圆弧。

【示例6】 单击“连续”命令按钮，按命令行的提示绘制圆弧。

命令: _arc
指定圆弧的起点或 [圆心(C)]:（系统默认上一次绘制的圆弧端点为新圆弧的起点，如图 1-79 所示）
指定圆弧的端点:（捕捉六边形右边的端点）

效果如图 1-80 所示。

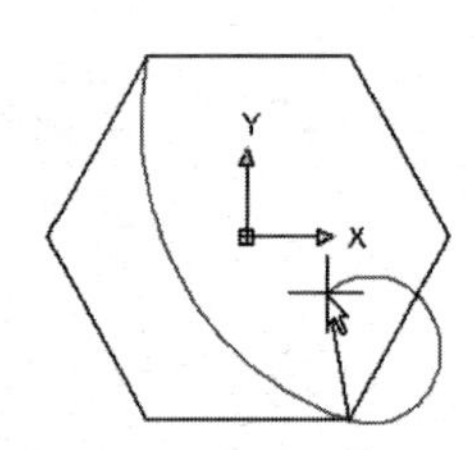

图 1-79　选择圆弧起点

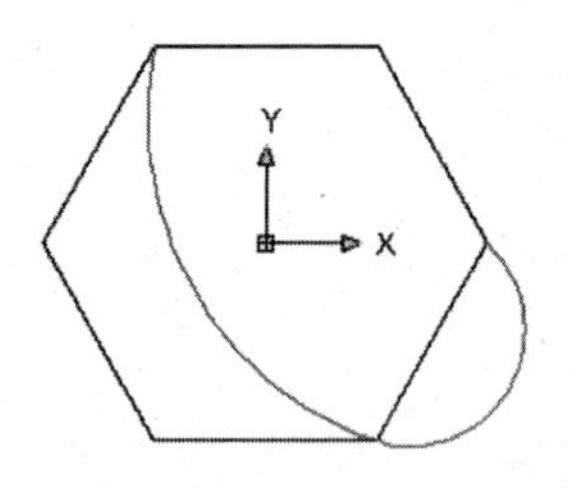

图 1-80　连续绘制圆弧

【电气图示例】 绘制长圆形外壳符号。

操作步骤如下。

（1）单击“绘图”面板中的“直线”命令按钮，绘制起点在原点，长度为 10 的水平直线，效果如图 1-81 所示。

（2）单击“绘图”面板中的“直线”命令按钮，绘制起点在点（0，4），长度为 10 的水平直线，效果如图 1-82 所示。

图 1-81　绘制一条直线

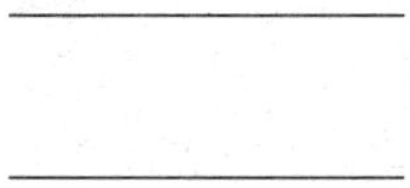

图 1-82　再绘制一条直线

（3）单击“绘图”面板中的“圆弧”命令按钮，绘制起点在如图 1-83 所示端点，终点在如图 1-84 所示端点，半径为 2 的圆弧。按命令行的提示进行操作：

```
命令: _arc 指定圆弧的起点或 [圆心(C)]:
指定圆弧的第二个点或 [圆心(C)/端点(E)]: _e
指定圆弧的端点:
指定圆弧的圆心或 [角度(A)/方向(D)/半径(R)]: _r 指定圆弧的半径: 2
```

效果如图 1-85 所示。

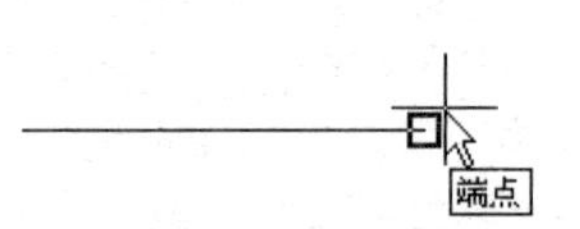

图 1-83　捕捉右边圆弧的起点

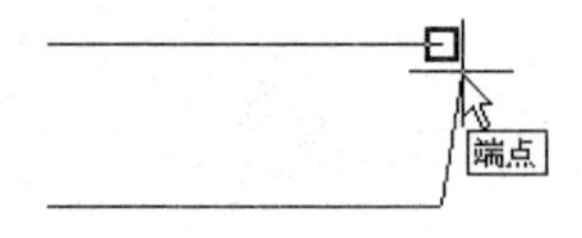

图 1-84　捕捉右边圆弧的端点

（4）单击“绘图”面板中的“圆弧”命令按钮，绘制起点在如图 1-86 所示端点，终点在如图 1-87 所示端点，半径为 2 的圆弧，效果如图 1-88 所示。

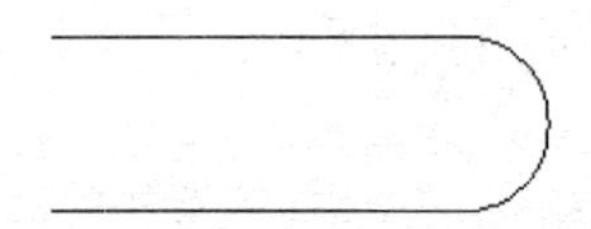

图 1-85　绘制右边圆弧

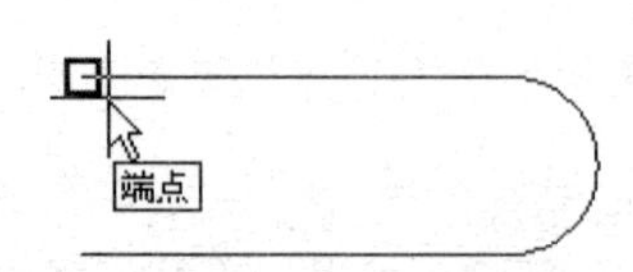

图 1-86　捕捉左边圆弧的起点

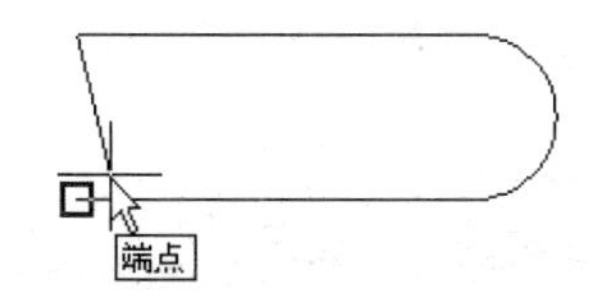

图 1-87　捕捉左边圆弧的端点

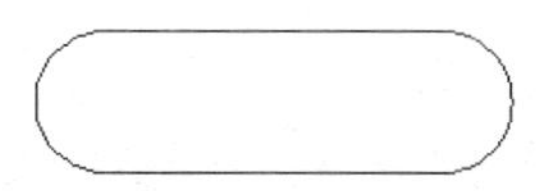

图 1-88　绘制左边圆弧

1.4.5　椭圆

“椭圆”命令按钮在“绘图”面板中的位置如图 1-89 所示。可以根据多种参数条件绘制出椭圆，下面通过具体示例学习这些绘制方法。

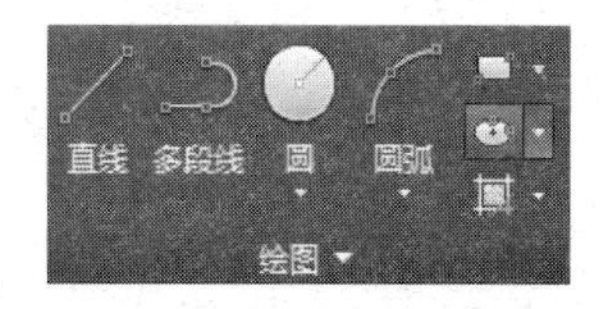

图 1-89　“椭圆”命令按钮

【示例 1】 根据椭圆的两个轴绘制椭圆，按命令行的提示操作。

```
命令: _ellipse
指定椭圆的轴端点或 [圆弧(A)/中心点(C)]:-100,0（输入一个轴的一个端点）
指定轴的另一个端点:10,0（输入该轴的另一个端点，屏幕出现如图 1-90 所示随光标闪动的过渡椭圆）
指定另一条半轴长度或 [旋转(R)]:6（输入另一条半轴长度值）
```

效果如图 1-91 所示。

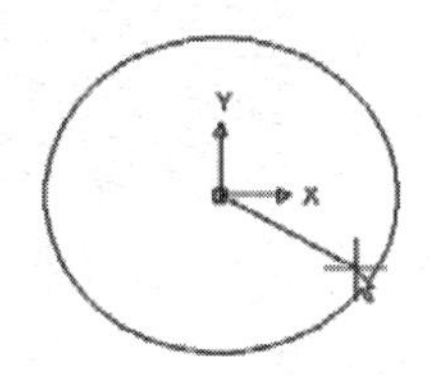

图 1-90　随光标闪动的过渡椭圆

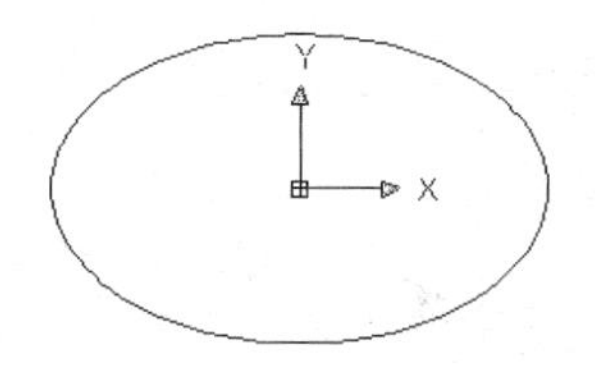

图 1-91　根据两个轴绘制椭圆

【示例 2】 根据椭圆的长轴和转角绘制椭圆，按命令行的提示操作。

```
命令: _ellipse
指定椭圆的轴端点或 [圆弧(A)/中心点(C)]:0,0（输入一个轴的一个端点）
指定轴的另一个端点:10,0（输入该轴的另一个端点，屏幕出现如图 1-92 所示随光标闪动的过渡椭圆）
指定另一条半轴长度或 [旋转(R)]: r（执行输入转角选项）
指定绕长轴旋转的角度: 50（输入转角角度值）
```

效果如图 1-93 所示。

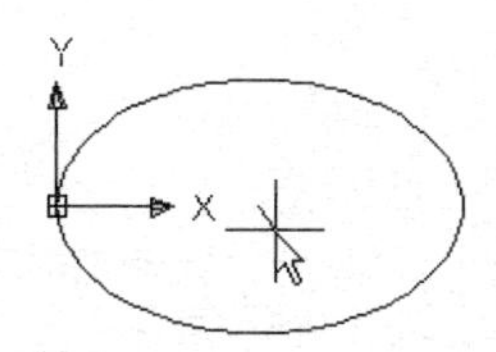

图 1-92　随光标闪动的过渡椭圆

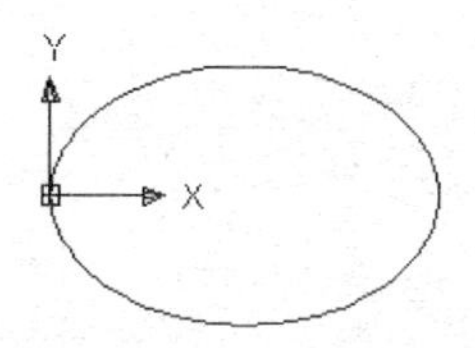

图 1-93　根据长轴和转角绘制椭圆

【示例 3】 根据椭圆的中心和两轴绘制椭圆，按命令行的提示操作。

命令: _ellipse
指定椭圆的轴端点或 [圆弧(A)/中心点(C)]: c（执行输入椭圆中心点选项）
指定椭圆的中心点:0,0（输入中心点坐标）
指定轴的端点:15,0（出现如图 1-94 所示随光标闪动的过渡椭圆）
指定另一条半轴长度或 [旋转(R)]: 5（输入另一条半轴长度值）

效果如图 1-95 所示。

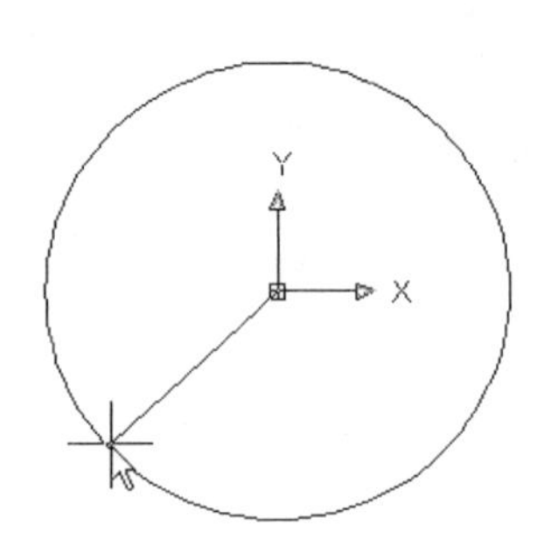

图 1-94　随光标闪动的过渡椭圆

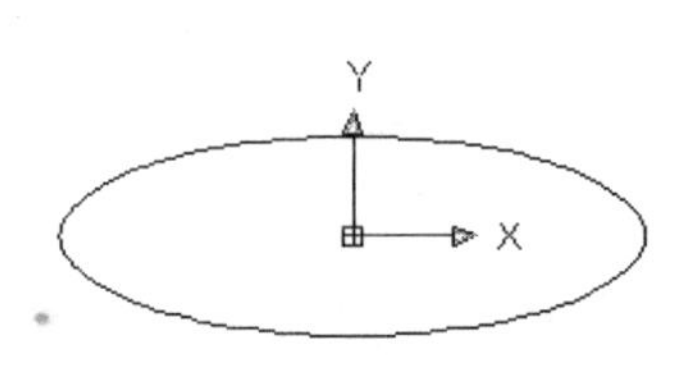

图 1-95　根据中心和两轴绘制椭圆

椭圆弧的绘制方法与椭圆类似，图 1-96 所示为“椭圆弧”命令按钮在“绘图”面板中的位置。

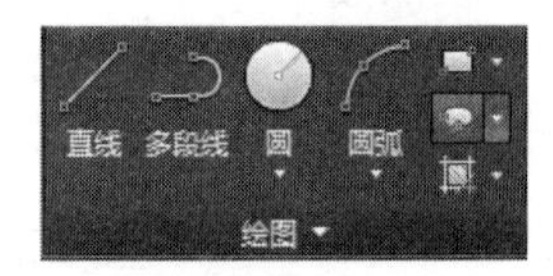

图 1-96 “椭圆弧”命令按钮

1.4.6　多边形

“多边形”命令按钮在“绘图”面板中的位置如图 1-97 所示。可以根据多边形的内接圆半径、外接圆半径和边长绘制指定边数的多边形。下面通过两个示例来学习多边形的绘制方法。

图 1-97 “多边形”命令按钮

【示例 1】 根据多边形边数和内接于圆半径绘制多边形，按命令行的提示操作。

命令: _polygon
输入边的数目 <6>: 11（准备绘制 11 边形）
指定正多边形的中心点或 [边(E)]: 0,0（输入中心点坐标，屏幕出现如图 1-98 所示随光标闪动的 11 边形）
输入选项 [内接于圆(I)/外切于圆(C)] <I>:（执行输入内接圆半径选项）
指定圆的半径: 10（输入半径值）

效果如图 1-99 所示。

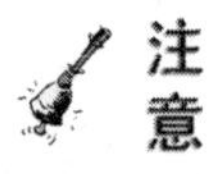

注意　根据内接于圆和外切圆绘制多边形过程中，出现的随光标闪动的 11 边形是不同的，光标分别在边的顶点、中点上，如图 1-100 所示。

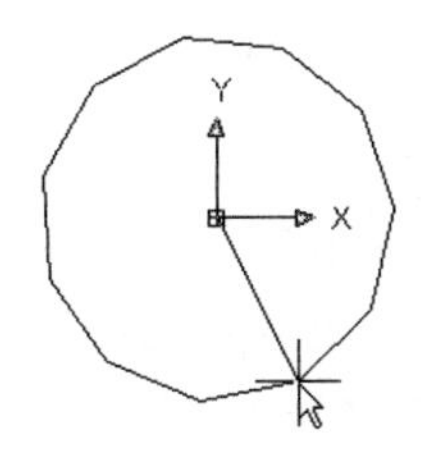

图 1-98　随光标闪动的 11 边形（内接于圆）

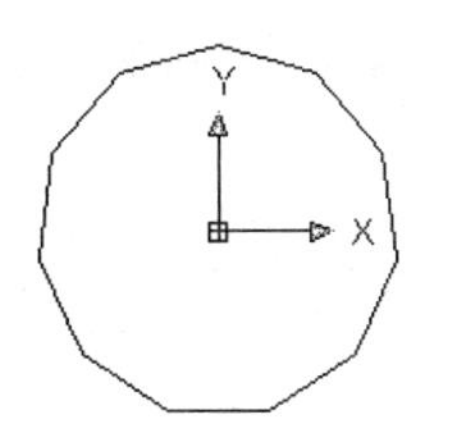

图 1-99　11 边形

【示例 2】 根据多边形边数和边长绘制多边形，根据命令行的提示操作。

命令: _polygon
输入边的数目 <6>:7（准备绘制 7 边形）
指定正多边形的中心点或 [边(E)]: e（执行输入边的选项）
指定边的第一个端点: 0,0（指定边的起点）
指定边的第二个端点: 5,0（指定边的端点）

效果如图 1-101 所示。

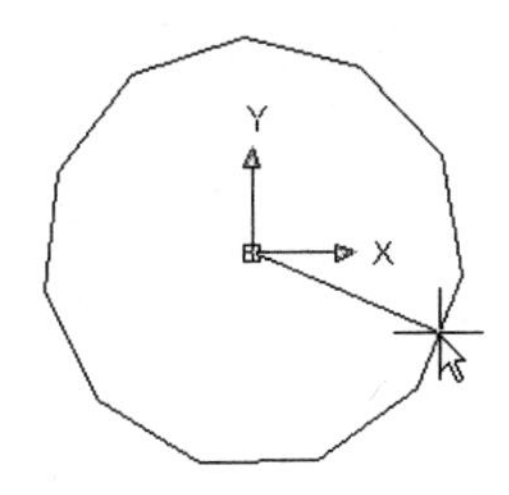

图 1-100　随光标闪动的 11 边形（外切圆）

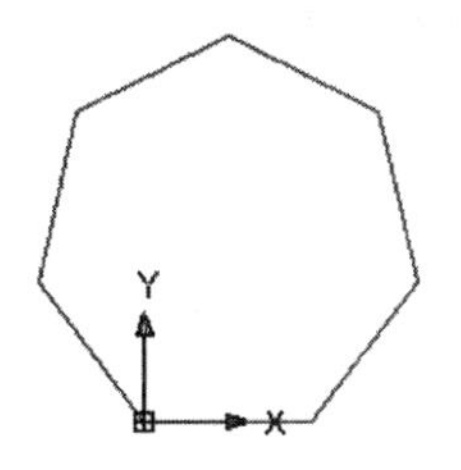

图 1-101　7 边形

1.4.7　矩形

矩形是一种特殊的多边形，“矩形”命令按钮在“绘图”面板中的位置如图 1-102 所示。常用的矩形可以分为矩形、圆角矩形、倒角矩形 3 种，下面通过示例来学习如何绘制这 3 种矩形。

【示例 1】 根据命令行的提示，绘制一个标准矩形。

命令: _rectang
指定第一个角点或 [倒角(C)/标高(E)/圆角(F)/厚度(T)/宽度(W)]:0,0（输入矩形的第一个角点坐标）
指定另一个角点或 [尺寸(D)]: 100,200（输入矩形的第二个角点坐标）

效果如图 1-103 所示。

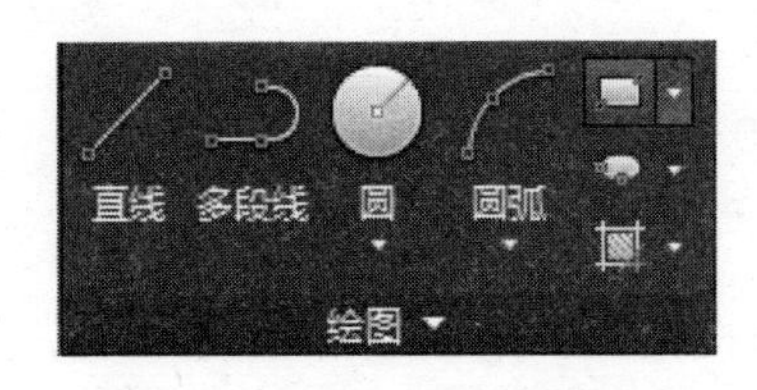

图 1-102 “矩形”命令按钮

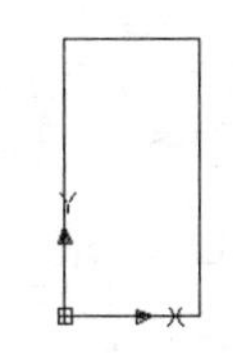

图 1-103　标准矩形

【示例2】 根据命令行的提示，绘制一个圆角矩形。

```
命令: _rectang
指定第一个角点或 [倒角(C)/标高(E)/圆角(F)/厚度(T)/宽度(W)]: f（执行绘制圆角矩形选项）
指定矩形的圆角半径<0.0000>: 20（输入圆角半径）
指定第一个角点或 [倒角(C)/标高(E)/圆角(F)/厚度(T)/宽度(W)]: -100,-100（输入矩形的第一个角点坐标）
指定另一个角点或 [尺寸(D)]: 50,100（输入矩形的第二个角点坐标）
```

效果如图 1-104 所示。

【示例3】 根据命令行的提示，绘制一个倒角矩形。

```
命令: _rectang
指定第一个角点或 [倒角(C)/标高(E)/圆角(F)/厚度(T)/宽度(W)]:c（执行绘制倒角矩形选项）
指定矩形的第一个倒角距离 <0.0000>: 20（输入第一个倒角距离）
指定矩形的第二个倒角距离 <5.0000>: 40（输入第一个倒角距离）
指定第一个角点或 [倒角(C)/标高(E)/圆角(F)/厚度(T)/宽度(W)]: -150,-150（输入矩形的第一个角点坐标）
指定另一个角点或 [尺寸(D)]: 150,150（输入矩形的第二个角点坐标）
```

效果如图 1-105 所示。

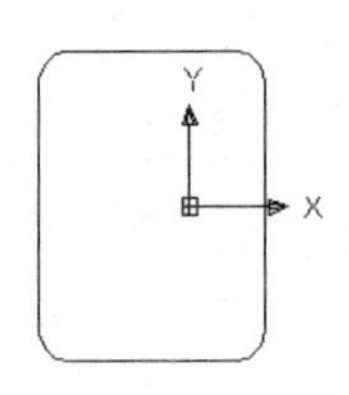

图 1-104 圆角矩形

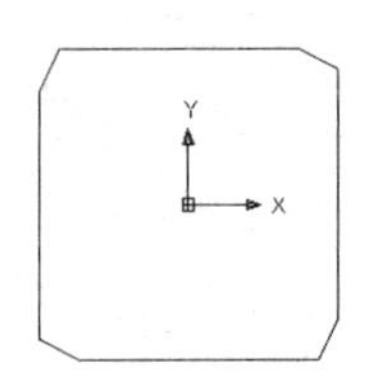

图 1-105 倒角矩形

【电气图示例】 绘制电缆密封终端符号。

操作步骤如下。

1）单击“绘图”面板中的“直线”命令按钮，绘制长度为 10 的垂直直线，效果如图 1-106 所示。

2）单击“绘图”面板中的“多边形”命令按钮，以直线为边，按命令行的提示绘制等边三角形。

```
命令: _polygon

输入边的数目 <4>: 3（确定绘制三角形）
指定正多边形的中心点或 [边(E)]: e（使用边绘制三角形）
指定边的第一个端点: （捕捉直线下端点）
指定边的第二个端点: （如图 1-107 所示捕捉直线上端点）
```

效果如图 1-108 所示。

3）单击“绘图”面板中的“直线”命令按钮，绘制起点在三角形左边顶点，长度为 10，水平向左的直线，效果如图 1-109 所示。

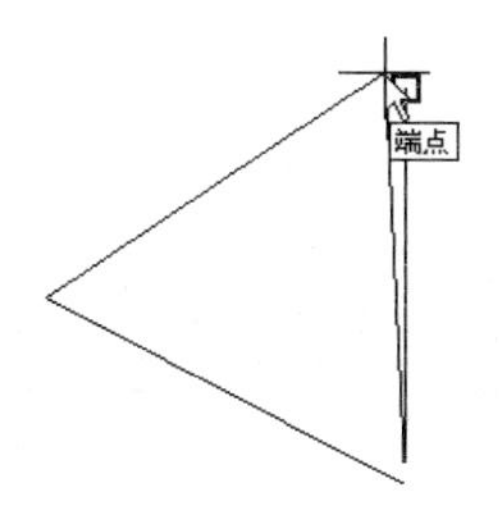

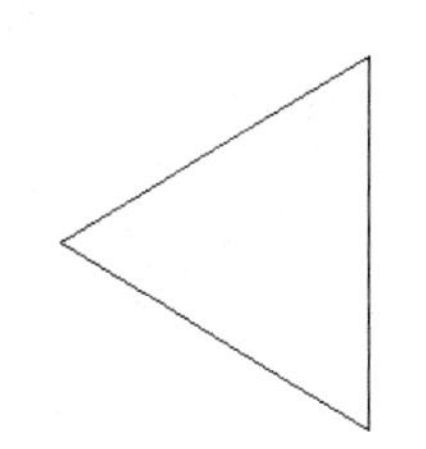

图 1-106　绘制直线　　图 1-107　捕捉端点　　图 1-108　绘制三角形

4）单击“绘图”面板中的“直线”命令按钮，绘制起点在三角形右边中点，长度为10，水平向右的直线，效果如图 1-110 所示。

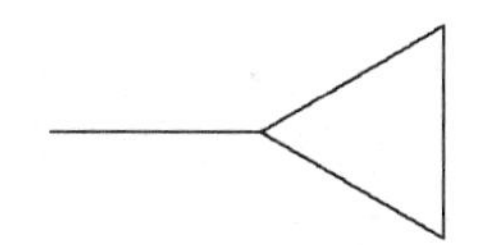

图 1-109　绘制水平向左的直线

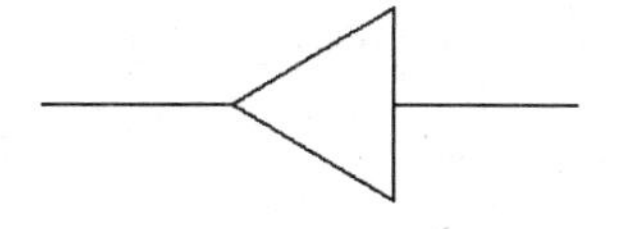

图 1-110　绘制水平向右的直线

5）单击“修改”面板中的“复制”命令按钮，把右边的直线向上复制一份，复制距离为 3，效果如图 1-111 所示。

6）单击“修改”面板中的“复制”命令按钮，把右边的直线向下复制一份，复制距离为 3，效果如图 1-112 所示。

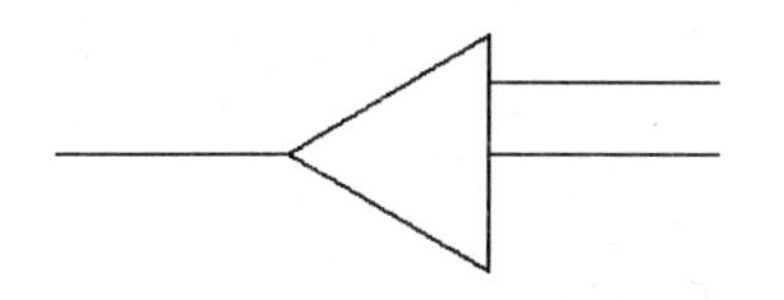

图 1-111　向上复制直线

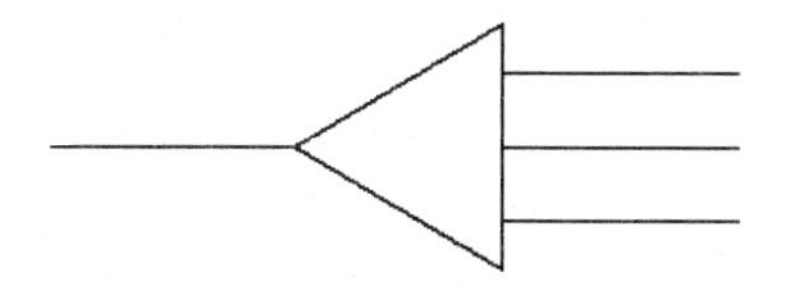

图 1-112　向下复制直线

1.4.8　图案填充

图案填充广泛应用于表达剖面、墙体的用料情况，图 1-113 所示为“图案填充”命令按钮在“绘图”面板中的位置。

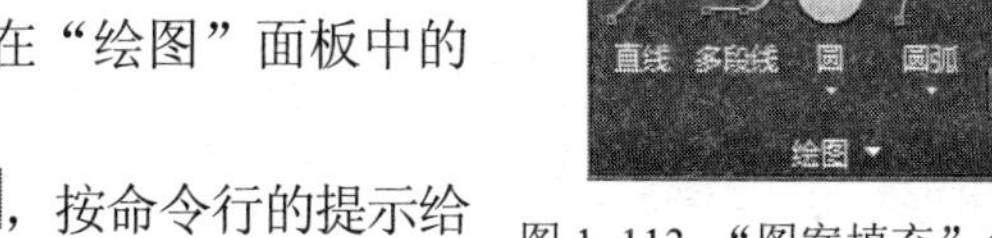

图 1-113　“图案填充”命令按钮

【示例】 单击“图案填充”命令按钮，按命令行的提示给一个不规则截面填上剖面线。

命令: _bhatch（屏幕出现如图 1-114 所示“图案填充和渐变色”对话框，单击 “边界”选项区中的“添加：拾取点”按钮，在如图 1-115 所示被填充图案内部单击，此图案应是闭合区域）
拾取内部点或 [选择对象(S)/删除边界(B)]:　正在选择所有对象...
正在选择所有可见对象...
正在分析所选数据...
正在分析内部孤岛...（单击“图案”右侧的按钮，在弹出的如图 1-116 所示“填充图案选项板”对话框中选择图案“ANSI31”）

图 1-114 “图案填充和渐变色”对话框

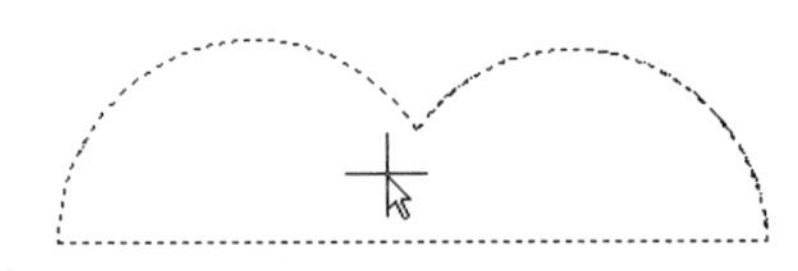

图 1-115 选择边界

单击“确定”按钮，返回“图案填充和渐变色”对话框，在“角度和比例”选项区中，选择合适的图案比例，单击“确定”按钮，效果如图 1-117 所示。

图 1-116 “填充图案选项板”对话框

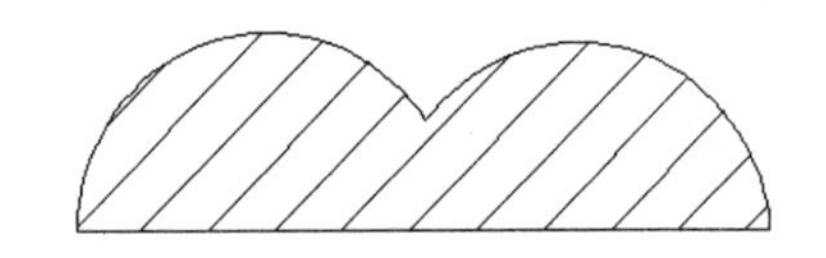

图 1-117 图案填充

【电气图示例】 绘制运行的移动变电站符号。

操作步骤如下。

1）单击“绘图”面板中的“圆”命令按钮，绘制$\phi 2$圆。

2）单击“修改”面板中的“复制”命令按钮，把$\phi 2$圆向右复制一份，复制距离为10，效果如图 1-118 所示。

3）单击“绘图”面板中的“圆”命令按钮，绘制相切的大圆。按命令行的提示进行操作。

```
命令: _circle
指定圆的圆心或 [三点(3P)/两点(2P)/切点、切点、半径(T)]: _ttr
```

指定对象与圆的第一个切点:（捕捉如图 1-119 所示切点）
指定对象与圆的第二个切点:（捕捉如图 1-120 所示切点）
指定圆的半径 <1.0000>: 5（输入圆半径）

效果如图 1-121 所示。

图 1-118 绘制并复制圆　　图 1-119 捕捉左边切点

图 1-120 捕捉右边切点

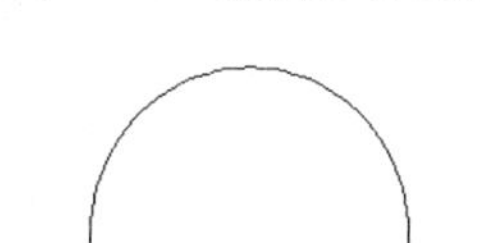
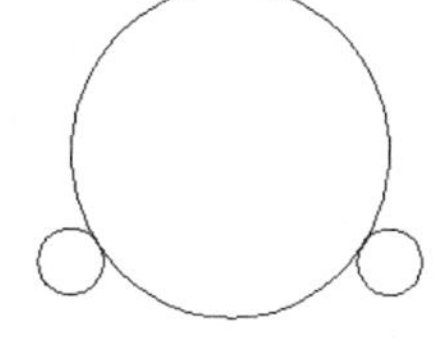

图 1-121 绘制相切的大圆

4）单击“绘图”面板中的“图案填充”命令按钮，弹出“图案填充创建”选项卡。使用如图 1-122 所示图案和比例给刚才绘制的大圆填充斜剖面线，效果如图 1-123 所示。

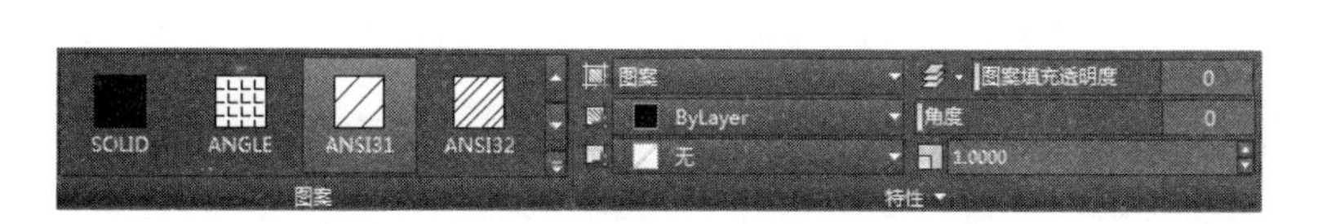

图 1-122 “图案填充创建”选项卡设置

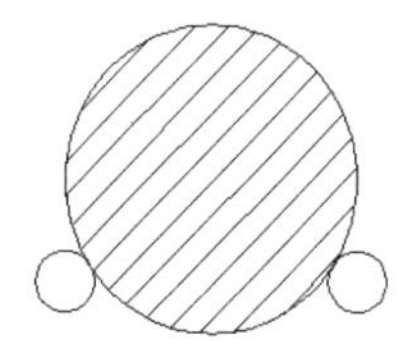

图 1-123 填充大圆

1.4.9 表格

AutoCAD 2016 中绘制表格的命令按钮在“注释”面板中的位置如图 1-124 所示。

在“注释”面板中单击“表格”命令按钮，屏幕出现如图 1-125 所示的“插入表格”对话框。该对话框可以指定插入点或者插入窗口来插入表格，下面详细介绍这两种插入方式。

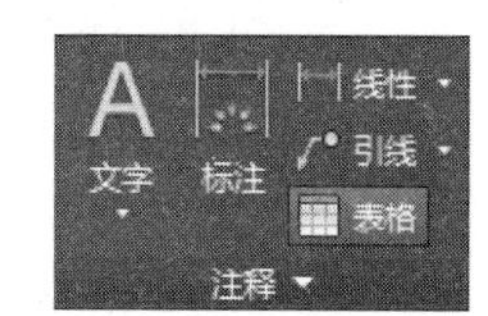

图 1-124 “表格”命令按钮

（1）指定插入点：指定表左上角的位置。可以使用定点设备，也可以在命令行输入坐标值。如果将表的方向设置为由下而上读取，则插入点位于表的左下角。

（2）指定窗口：指定表的大小和位置。可以使用定点设备，也可以在命令行输入坐标值。选定此选项时，行数和列宽取决于窗口的大小以及列和行设置。

不论选择哪种方式插入表格，系统都将显示文本输入框让用户输入标题中的文字。若要在其他栏框中输入文字，选择该栏框即可。如果要修改表格样式，可以单击“插入表格”对话框中“表格样式”右边的按钮，即可打开“表格样式”对话框，如图 1-126 所示。

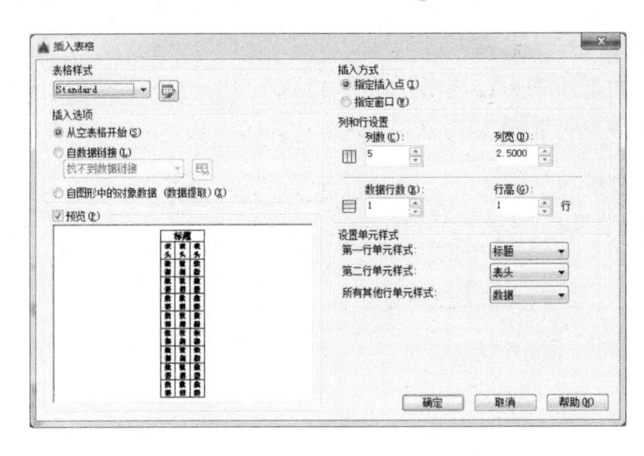

图 1-125 “插入表格”对话框

可以单击“新建”按钮建立一个新的表格样式，也可以单击“修改”按钮修改正在使用的“Standard”样式，系统将弹出如图 1-127 所示的“修改表格样式:Standard”对话框。其中显示的“单元样式”是“数据”，用于修改表格中的数据。用户也可以在“单元样式”下拉列表中选择“表头”修改表头，如图 1-128 所示，或者在“单元样式”下拉列表中选择“标题”修改标题，如图 1-129 所示。

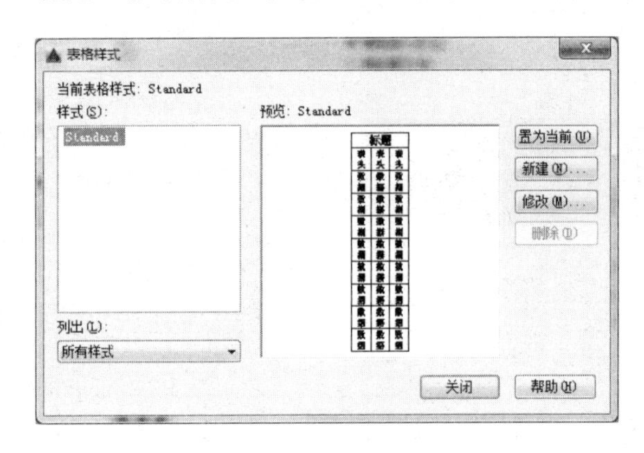

图 1-126 “表格样式”对话框

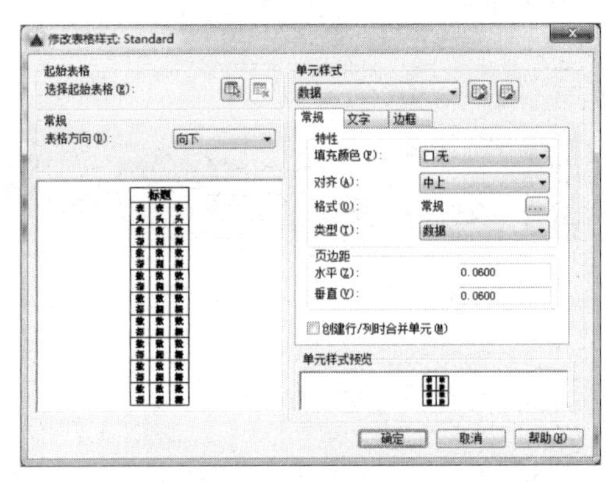

图 1-127 选择修改“数据”

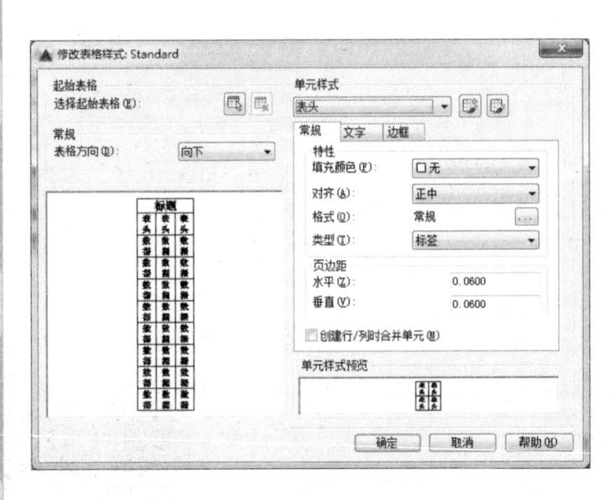

图 1-128 选择修改“表头”

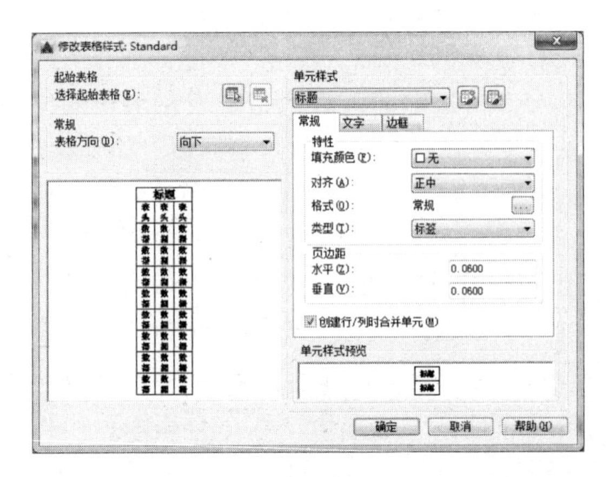

图 1-129 选择修改“标题”

【电气图示例】 绘制线路配线方式符号表。

操作步骤如下。

（1）在“注释”面板中单击“表格”命令按钮，准备绘制表格。屏幕出现如图 1-130 所示“插入表格”对话框。在“列数”“列宽”“数据行数”和“行高”文本框中分别输入相应的数字。单击“确定”按钮，屏幕出现如图 1-131 所示虚拟表格，等待确定表格的位置。

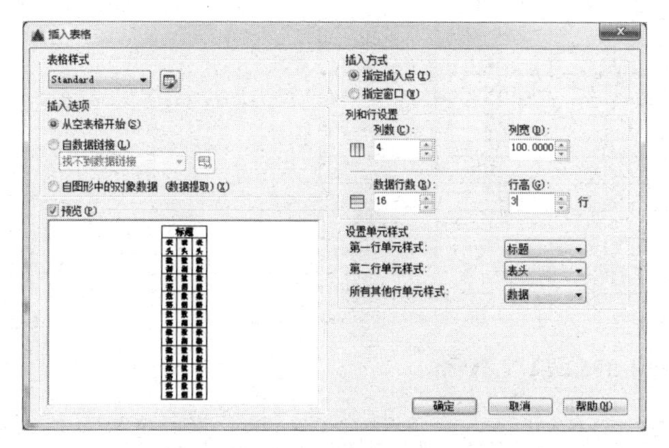

图 1-130 “插入表格”对话框

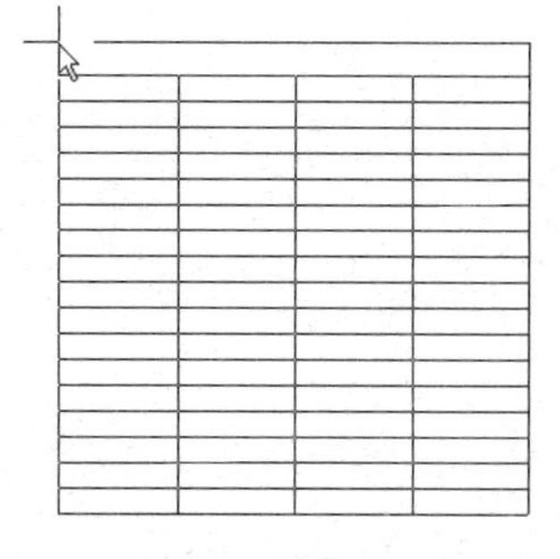

图 1-131 虚拟表格

（2）在适当位置单击，确定表格位置后，即出现如图 1-132 所示的“文字编辑器”面板，可以填写表格中的第一行。

图 1-132 “文字编辑器”面板

（3）在表格的第一行中写入文字“线路配线方式符号表”，如图 1-133 所示。然后按〈Enter〉键，即可填写表格中左边第一列的第一栏，如图 1-134 所示。对于其他的每一个格子，只要双击，就会出现图 1-135 所示“文字编辑器”面板，可以填写表格中的每一个对应项目。

图 1-133 填写标题

图 1-134 准备填写第一列的第一栏

（4）顺次填写完表格即可，效果如图 1-135 所示。

线路配线方式符号表			
中文名称	旧符号	新符号	备注
暗敷	A	C	
明敷	M	E	
铝皮线卡配线	QD	AL	
电缆桥架配线		CT	
金属软管配线		F	
水煤气管配线	G	G	
瓷夹配线	CP	K	
钢索配线	S	M	
金属线槽配线	GC	MP	
电线管配线	DG	T	
塑料管配线	SG	P	
塑料夹配线		PL	含尼龙夹
塑料线槽配线	XC	PR	
钢管配线	GG	S	
槽板配线	CB		

图 1-135　填写完表格

▷▷▷ 1.4.10　图块

许多图形绘制一次即可，下次在别的图形中要使用它，可以通过复制、插入等方法调用，如电气制图中的各种电气符号、电气图组，建筑制图中的桌椅、坐便器。各种各样的图形可以结合成一个整体，称为图块。使用图块可以快速绘制一些复杂图形，如机械装配图、建筑平面图等。还可以删除、替换这些图块，对修改设计而言非常方便。

1．图块的定义

如图 1-136 所示，在“块”面板中单击“创建”命令按钮，屏幕出现如图 1-137 所示“块定义”对话框，即可按需要创建图块。

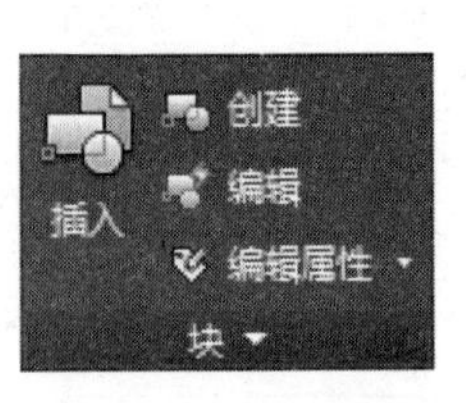

图 1-136　“块”面板

图 1-137　“块定义”对话框

根据“块定义”对话框的要求，选择要定义成图块的图形，指定拾取点，输入图块名称和块单位后即可创建图块。这种方法创建的图块被称为“内部块”，只能在本次绘图过程中使用。

例如，要把如图 1-138 所示三相绕线转子电动机符号创建成一个图块，可以进行如下操作。

（1）在“块”面板中单击“创建”命令按钮，屏幕出现如图 1-137 所示的“块定义”对话框，即可按需要创建图块。

（2）在该对话框的“名称”下拉列表框中输入“三相线绕转子电动机”，指定图块名称。

（3）在“对象”选项区中单击“选择对象”按钮，系统返回绘图区中，选择三相绕线转子电动机符号图形，按〈Enter〉键返回“块定义”对话框。

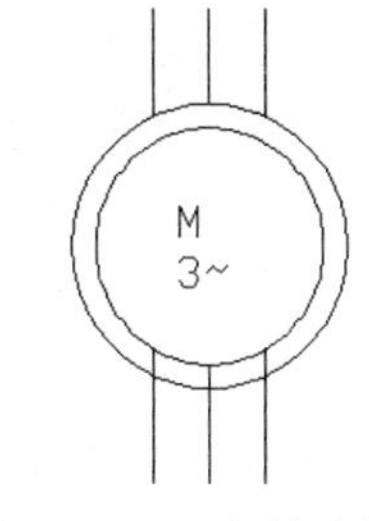

图 1-138　三相绕线转子电动机符号

（4）在“对象”选项区中选中“转换为块”单选项，将所选图形定义为块，如图 1-139 所示。

（5）在“基点”选项区中单击“拾取点”按钮，返回绘图区中，拾取一个点，系统自动返回“块定义”对话框。

（6）在“块单位”下拉列表框中选择图块的单位，在此选择“毫米”选项，即以毫米（mm）为单位插入图块，最后单击“确定”按钮即可。

至此就创建了一个名称为“三相绕线转子电动机”的图块，以后在需要绘制三相绕线转子电动机符号的场合，即可插入该图块，不必每次再绘制了。

要创建供以后绘图使用的图块，即“外部块”，可以在命令行窗口输入命令“WBLOCK”，将所创建的图块以图形文件的形式保存在计算机中，作为供外部引用的外部图块。这样形成的图形文件与其他图形文件一样可以打开、编辑和插入。具体操作如下。

（1）在命令行中输入“WBLOCK”命令，系统打开如图 1-140 所示的“写块”对话框。

图 1-139　选择“转换为块”

图 1-140　“写块”对话框

（2）在“源”选项区中选中“对象”单选项，以选择对象的方式指定外部图块。

（3）在“对象”选项区中单击“选择对象”按钮，系统返回绘图区中，以窗选方式选择需要的图形，按〈Enter〉键返回“写块”对话框。

（4）在“基点”选项区中单击“拾取点”按钮，返回绘图区中，拾取一个点，返回

“写块”对话框。

（5）在“目标”选项区中的“文件名和路径”文本框中输入“三相绕线转子电动机(外)”，作为外部图块的名称。

（6）在“文件名和路径”下拉列表框右侧，单击[...]按钮，在打开的“浏览文件夹”对话框中指定图块保存的位置。

（7）在“插入单位”下拉列表框中选择“毫米”选项，指定图块的插入单位。

（8）单击“确定”按钮。

使用“WBLOCK”命令定义的外部块实际是一个 DWG 图形文件，它不会保留图形中未用的层定义、块定义、线型定义等，因此可以将图形文件中的整个图形定义成外部块，并写入一个新文件。

如果用户要将内部图块保存到计算机中供其他图形调用，也可使用“WBLOCK”命令来完成。在“写块”对话框的“源”选项区中选中“块”单选项，在其后的下拉列表框中选择已定义的内部图块名称，然后按照前面介绍的相应的操作方法进行设置即可。

2. 图块的应用

如图 1-141 所示，单击“块”面板中的“插入”命令按钮，屏幕将出现如图 1-142 所示的“插入”对话框，即可在图形中插入图块。

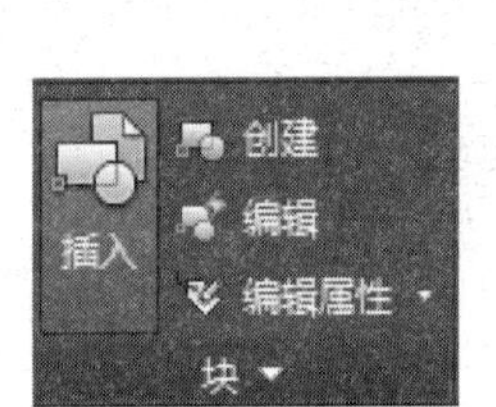

图 1-141 “插入”命令按钮

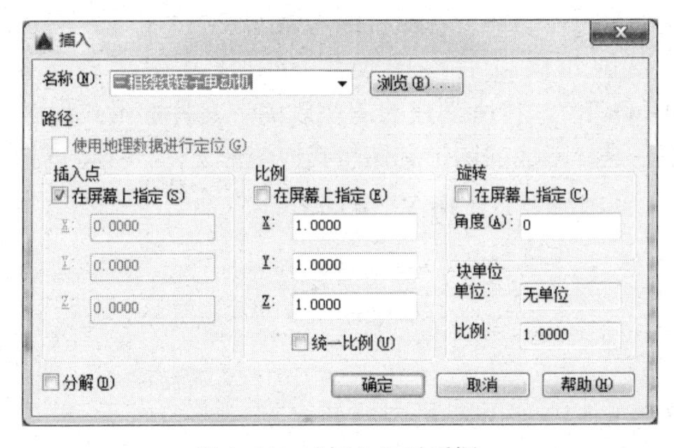

图 1-142 “插入”对话框

例如，要将前面定义的“三相绕线转子电动机（外）”外部图块插入当前正在绘制的图形中，具体操作如下。

（1）单击“插入”命令按钮，屏幕出现“插入”对话框。

（2）在该对话框中单击“浏览”按钮，系统打开如图 1-143 所示“选择图形文件”对话框。在该对话框中选择刚才创建的“三相绕线转子电动机（外）”外部图块文件，单击“打开”按钮。

（3）在“插入”对话框的“旋转”选项区的“角度”文本框中输入“180”，将图块旋转 180°。

（4）单击“确定”按钮，系统返回绘图区中，根据系统提示指定图块插入。

```
命令: _insert
指定插入点或 [比例(S)/X/Y/Z/旋转(R)/预览比例(PS)/PX/PY/PZ/预览旋转(PR)]:（单击确定一点即可）
```

如果要插入内部图块，可在“插入”对话框的“名称”下拉列表框中选择相应的图块即可。

3．图块分解（EXPLODE）

图块插入之后，不能与其他图形进行运算，也不能进行修改操作。为了能进行修改操作，必须把图块还原成组成它的图形对象。执行这种功能的命令称为“分解”命令，放在“修改”面板中，如图1-144所示。

图1-143　选择外部图块文件

图1-144　“分解”命令按钮

例如，把如图1-145所示夹窗图块分解为独立的图形对象，可按命令行的提示操作。

```
命令: _explode
选择对象: 指定对角点: 找到 1 个（使用窗口选择图形）
按〈Enter〉键确认
```

效果如图1-146所示。

注意分解之前整个图块只有左上角一个夹点，分解之后将出现各个独立图形的夹点。

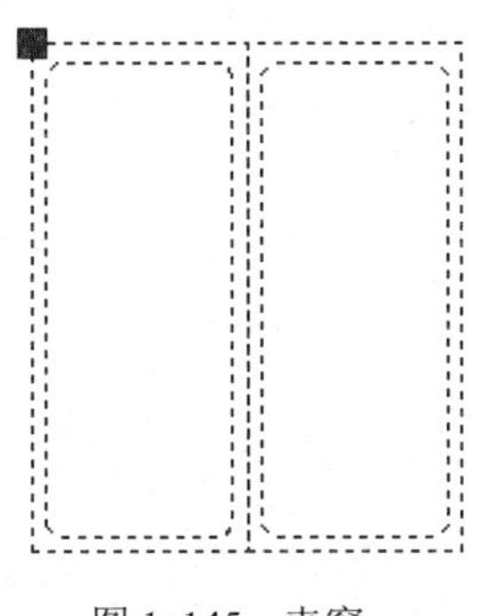

图1-145　夹窗

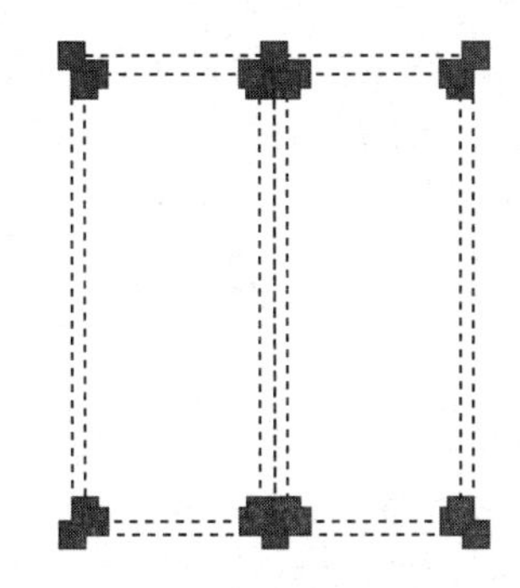

图1-146　分解后的图形

注意　使用“分解”命令分解带属性的图块后，将使图块的属性值消失，还原为属性定义的标签。用“MINSERT”命令插入的图块或外部参照对象不能用“EXPLODE”命令分解。具有宽度的多段线分解后，AutoCAD将放弃多段线的宽度和切线信息，分解后的多段线的宽度、线型、颜色将随当前层而改变。

▷▷▷ 1.4.11　绘制三相变压器

操作步骤如下。

（1）单击“绘图”面板中的“圆”命令按钮，绘制ϕ20 的圆，效果如图 1-147 所示。

（2）单击“绘图”面板中的“直线”命令按钮，绘制起点在如图 1-148 所示象限点，垂直向上的直线段，效果如图 1-149 所示。

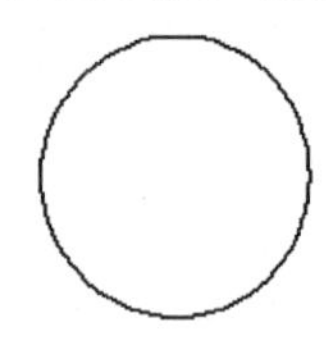

图 1-147　绘制圆

图 1-148　捕捉起点

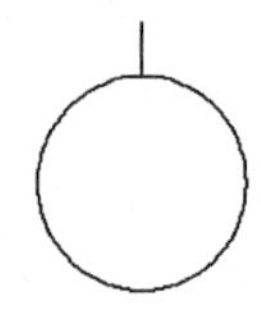

图 1-149　绘制直线段

（3）单击“修改”面板中的环形“阵列”命令按钮，屏幕出现如图 1-150 所示的“阵列创建”选项卡，设置好各项数值，以如图 1-151 所示点为阵列中心，把ϕ20 圆环形阵列 3 个，效果如图 1-152 所示。

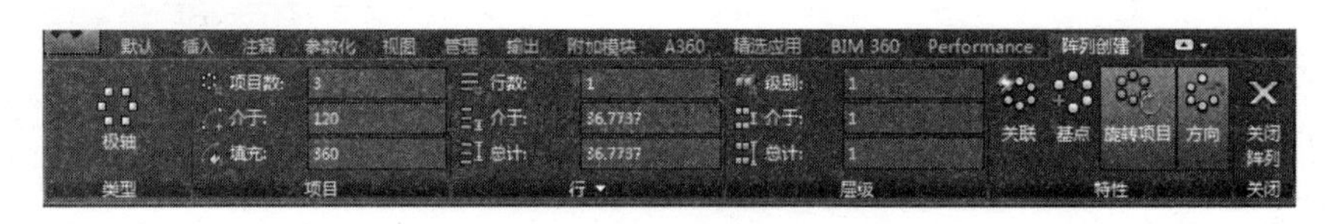

图 1-150　“阵列创建”选项卡

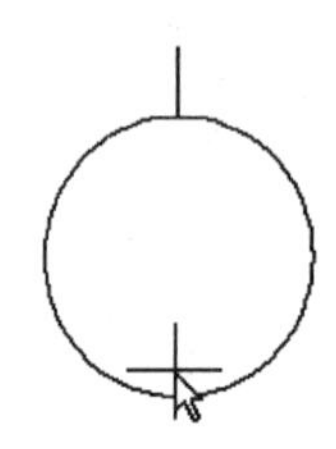

图 1-151　捕捉点

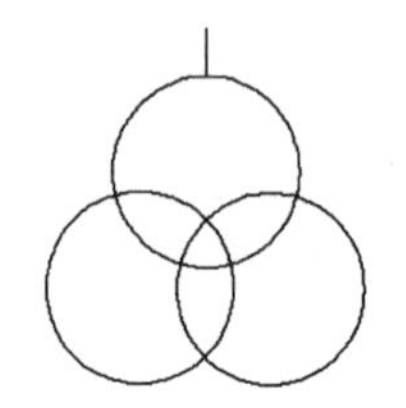

图 1-152　环形阵列

（4）单击“修改”面板中的“复制”命令按钮，以直线段上端点为复制基准点，如图 1-153 和图 1-154 所示的圆的象限点为复制目标点，把直线段向下复制两份，效果如图 1-155 所示。

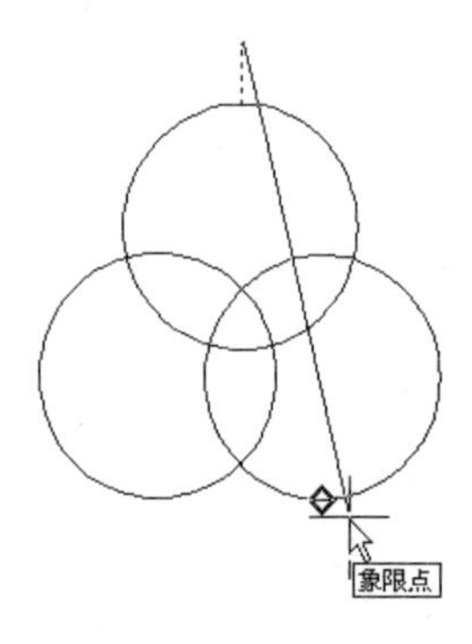

图 1-153　捕捉第一个复制目标点

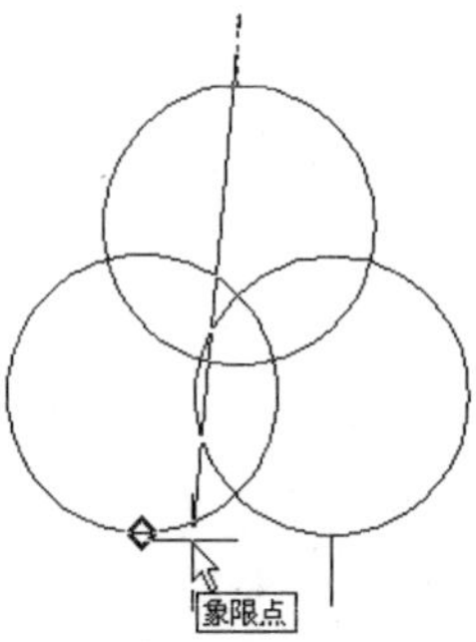

图 1-154　捕捉第二个复制目标点

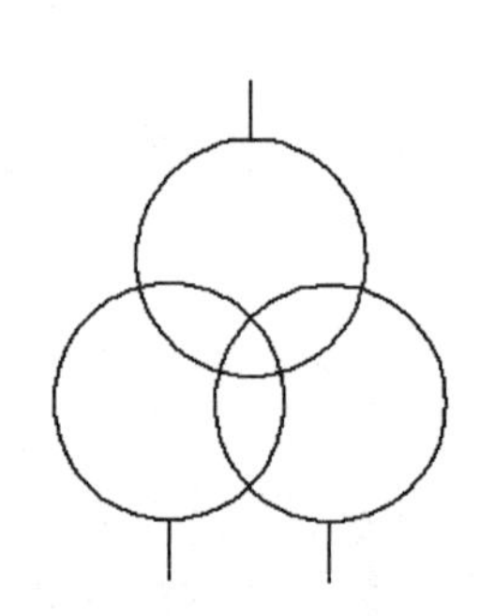

图 1-155　复制直线段

（5）单击“块”面板中“创建”命令按钮，屏幕出现如图 1-156 所示“块定义”对话框。

1）在该对话框的“名称”下拉列表框中输入“三相变压器”，指定图块名称。

2）在“对象”选项区中单击“选择对象”按钮，系统返回绘图区中，选择三相变压器图形，按〈Enter〉键返回“块定义”对话框。

3）在“对象”选项区中选中“转换为块”单选项，将所选图形定义为块。

4）在“基点”选项区中单击“拾取点”按钮，返回绘图区中，如图 1-157 所示，拾取一个点，系统自动返回“块定义”对话框。

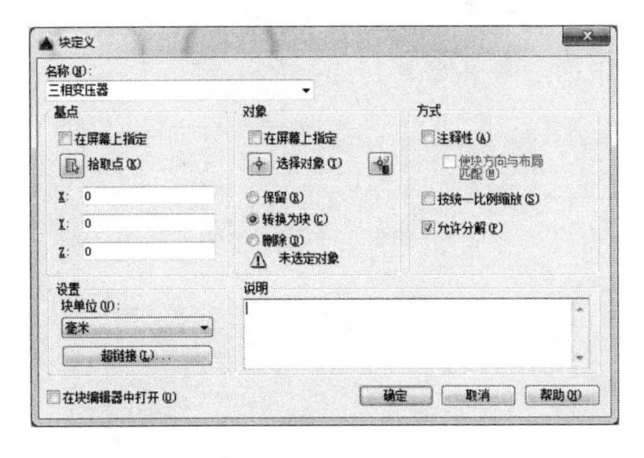

图 1-156　“块定义”对话框

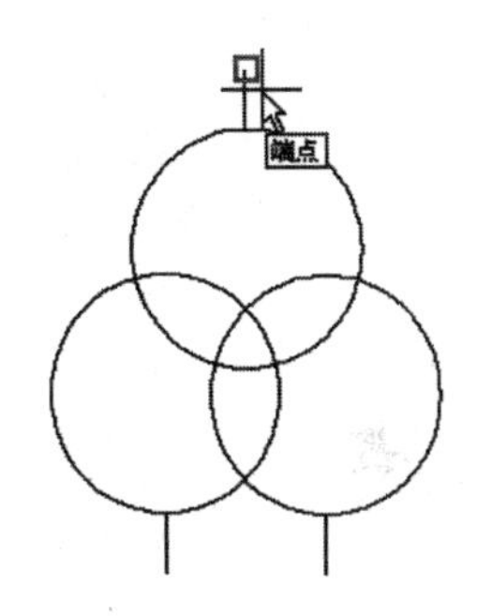

图 1-157　捕捉端点

5）在“块单位”下拉列表框中选择图块的单位，在此，选择“毫米”选项，即以毫米（mm）为单位缩放图块，最后单击“确定”按钮即可形成图块，如图 1-158 所示。

（6）单击“块”面板中的“插入”命令，屏幕将出现如图 1-159 所示的“插入”对话框，按提示操作即可在图形中插入图块。

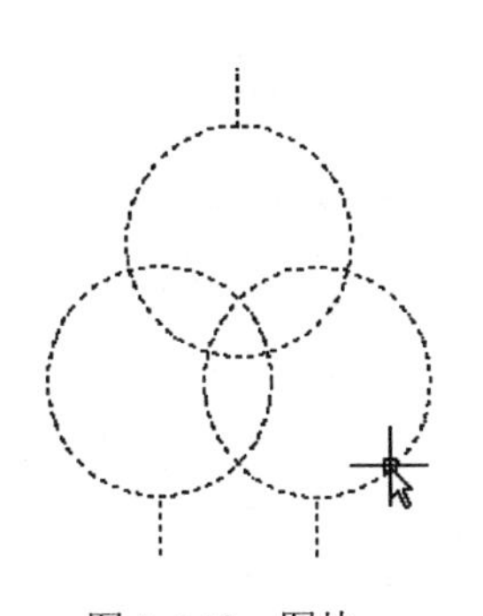

图 1-158　图块

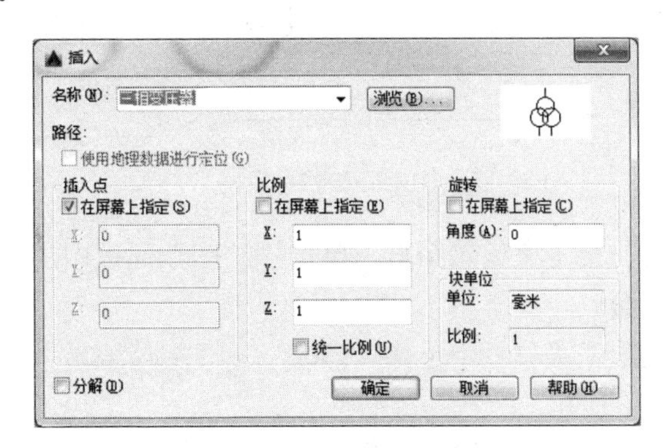

图 1-159　“插入”对话框

▷▷▷ 1.4.12　绘制绝缘子

操作步骤如下。

（1）首先绘制绝缘子的头部。单击“绘图”面板中的“直线”命令按钮，绘制长度为 180 的水平直线，效果如图 1-160 所示。

（2）单击“绘图”面板中的“圆弧”命令按钮，使用三点方式绘制起点在直线左端

点，终点在直线右端点的圆弧，效果如图 1-161 所示。

图 1-160　绘制直线

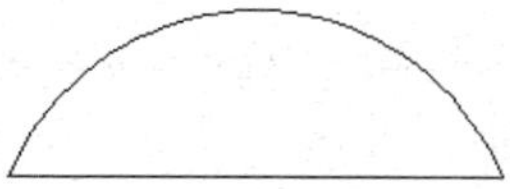

图 1-161　绘制圆弧

（3）单击“绘图”面板中的“矩形”命令按钮，绘制 90×110 的矩形，效果如图 1-162 所示。

（4）单击“修改”面板中的“移动”命令按钮，以矩形下边中点为移动基准点，以如图 1-163 所示直线中点为移动目标点移动矩形，效果如图 1-164 所示。

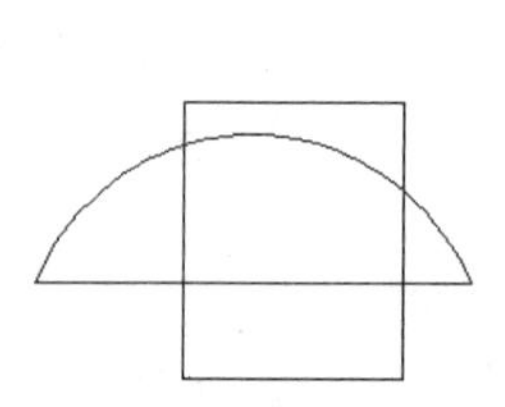

图 1-162　绘制矩形

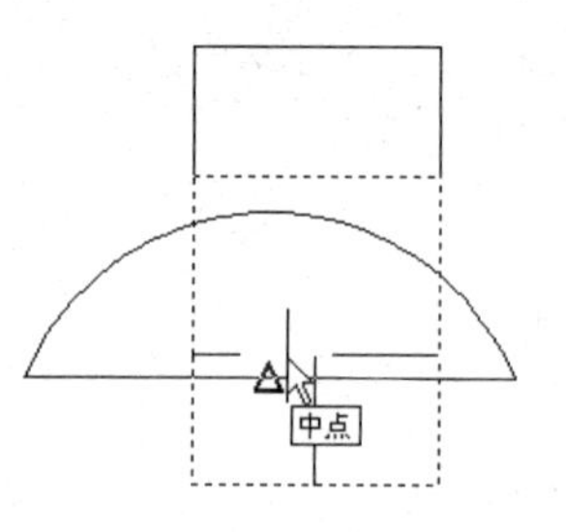

图 1-163　捕捉中点

（5）单击“修改”面板中的“移动”命令按钮，把矩形向下垂直移动，移动距离为 20，效果如图 1-165 所示。

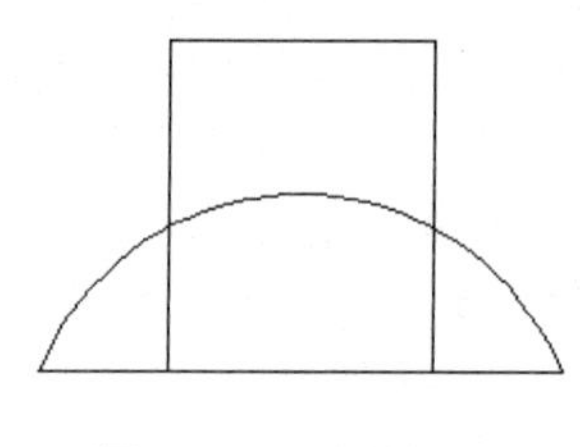

图 1-164　移动矩形

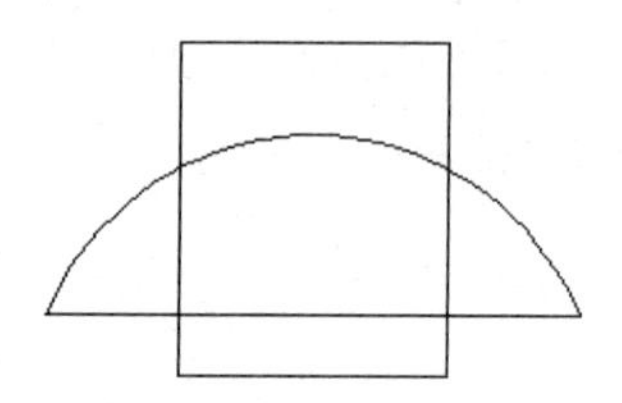

图 1-165　再次移动矩形

（6）接下来编辑图形。单击“绘图”面板中的“面域”命令按钮，把所有的图形转变成两个面域。

（7）在菜单栏中选择“修改”→“实体编辑”→“并集”命令，合并所有面域，效果如图 1-166 所示。

（8）单击“绘图”面板中的“直线”命令按钮，绘制如图 1-167 和图 1-168 所示两个端点的连线，效果如图 1-169 所示。

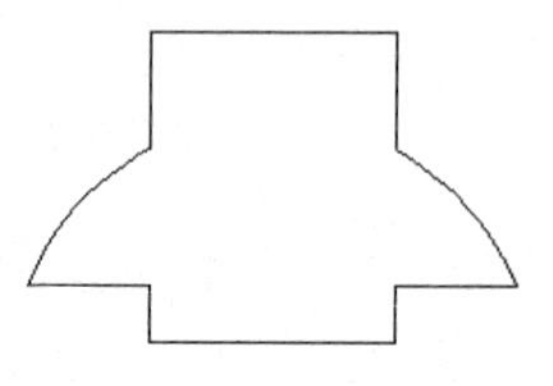

图 1-166　合并面域

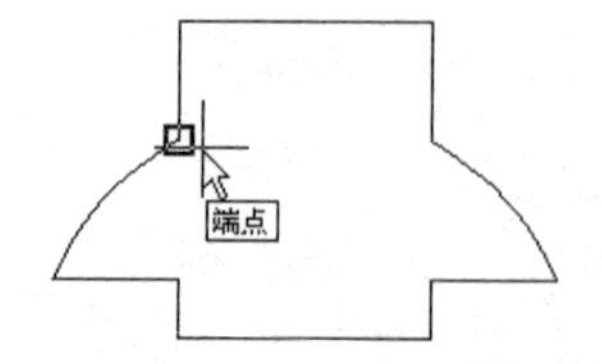

图 1-167　捕捉起点

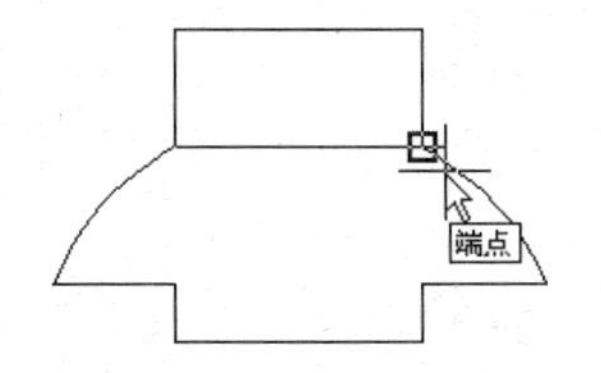

图 1-168　捕捉端点

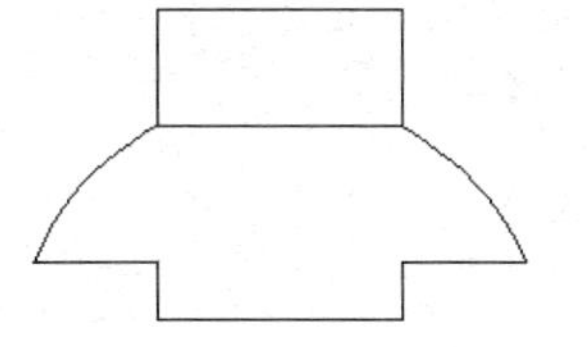

图 1-169　绘制直线

（9）单击“绘图”面板中的“直线”命令按钮，绘制如图 1-170 所示端点位置的连线，效果如图 1-171 所示。

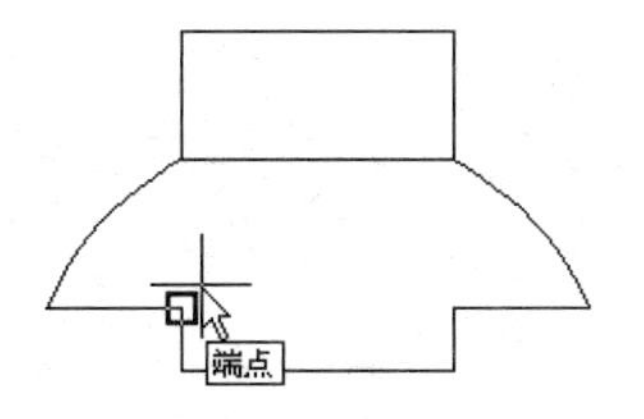

图 1-170　再次捕捉端点

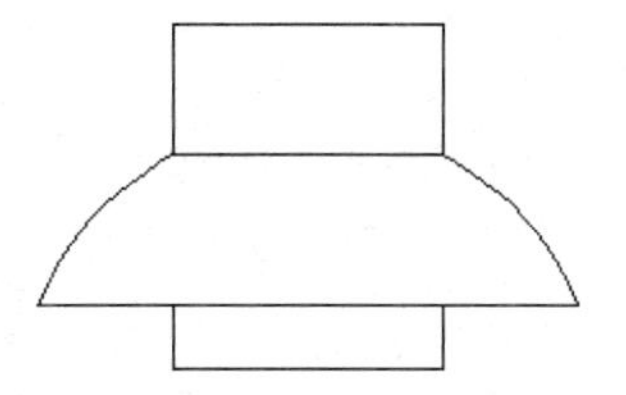

图 1-171　绘制连线

（10）单击“绘图”面板中的“矩形”命令按钮，绘制起点在如图 1-172 所示中点的矩形，尺寸为 20×100，效果如图 1-173 所示。

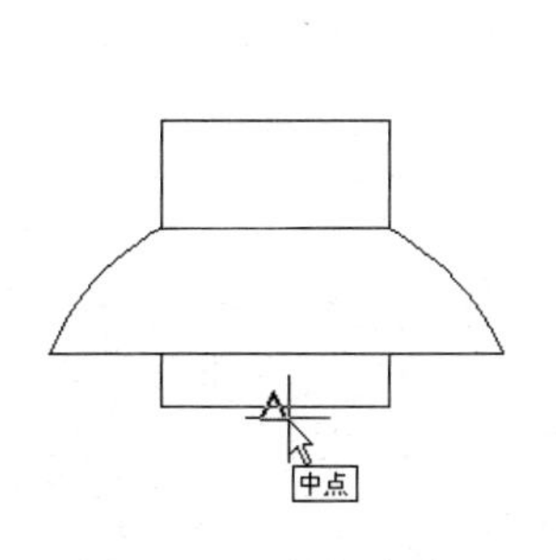

图 1-172　捕捉中点

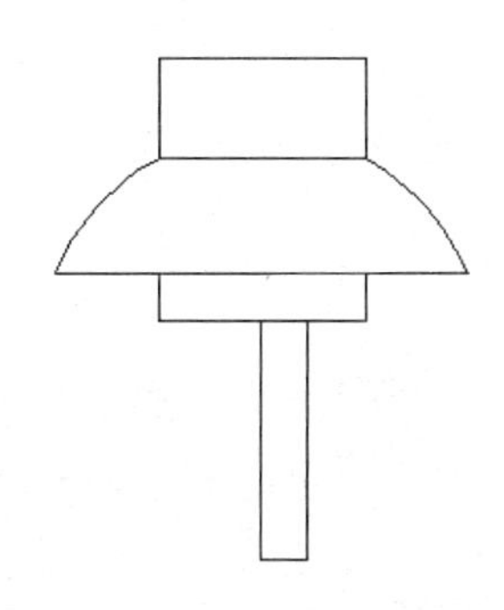

图 1-173　绘制矩形

（11）最后绘制绝缘子的尾部。单击“修改”面板中的“镜像”命令按钮，以矩形左边为对称轴对称复制一份，效果如图 1-174 所示。

（12）单击“绘图”面板中的“面域”命令按钮，把两个矩形转变成两个面域。

（13）在菜单栏中选择“修改”→“实体编辑”→“并集”命令，合并刚才转变的面域，效果如图 1-175 所示。

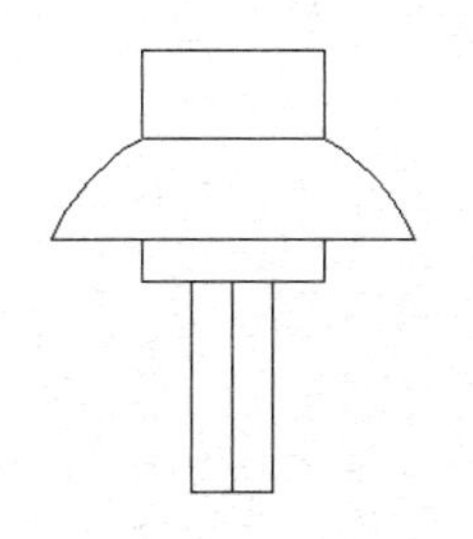

图 1-174　对称复制矩形

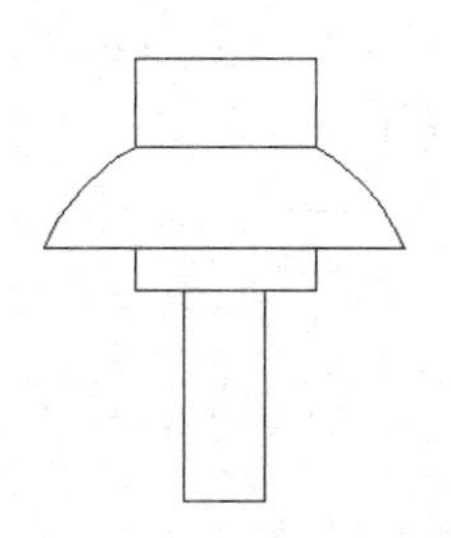

图 1-175　合并面域

1.4.13　绘制二极管

操作步骤如下。

（1）单击“绘图”面板中的“直线”命令按钮，绘制长度为 10 的水平直线，效果如图 1-176 所示。

（2）单击“绘图”面板中的“直线”命令按钮，绘制长度为 5 的竖直直线，位置关系如图 1-177 所示。

图 1-176　绘制水平直线

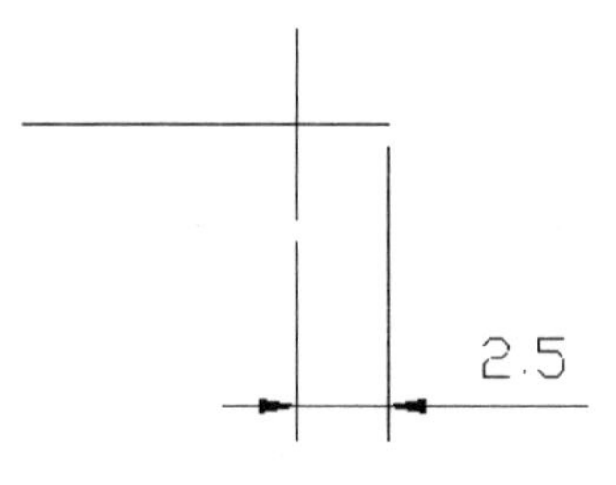

图 1-177　绘制竖直直线

（3）单击“绘图”面板中的“直线”命令按钮，绘制长度为 5 的竖直直线，位置关系如图 1-178 所示。

（4）单击“绘图”面板中的“直线”命令按钮，绘制斜线，如图 1-179 所示。

（5）单击“绘图”面板中的“直线”命令按钮，绘制斜线，完成的二极管效果如图 1-180 所示。

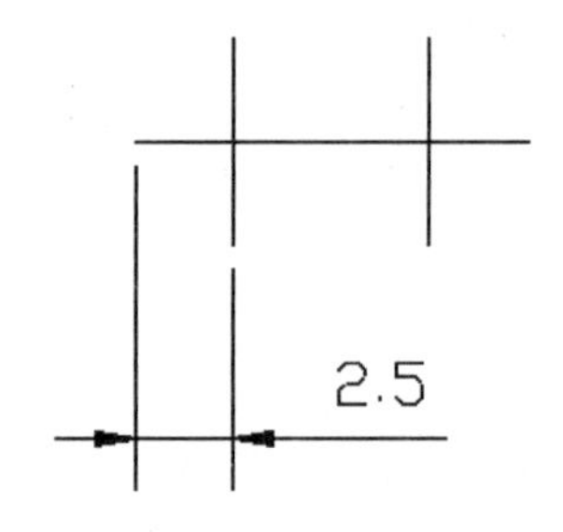

图 1-178　绘制竖直直线

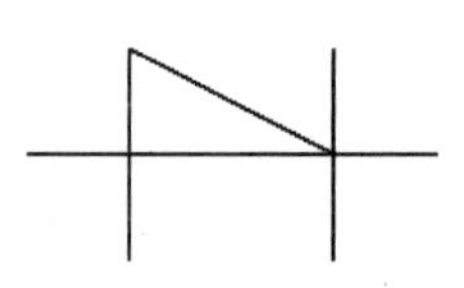

图 1-179　绘制斜线

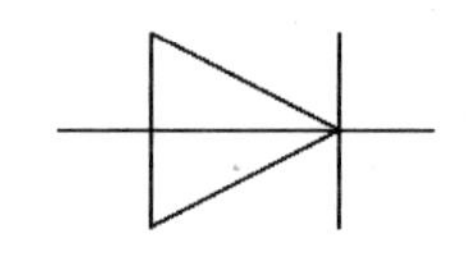

图 1-180　完成的二极管效果图

1.4.14　绘制联动按钮

操作步骤如下。

（1）首先绘制一个电路及开关。单击“绘图”面板中的“直线”命令按钮，绘制长度为 20 的水平直线，效果如图 1-181 所示。

（2）单击“绘图”面板中的“直线”命令按钮，绘制长度为 20 的水平直线，位置如图 1-182 所示。

图 1-181　绘制直线 1

图 1-182　绘制直线 2

（3）单击“绘图”面板中的“直线”命令按钮，绘制长度为 10 的斜线。水平位置夹角为 45°，如图 1-183 所示。完成的斜线如图 1-184 所示。

图 1-183　绘制斜线　　　图 1-184　绘制的斜线效果

（4）单击“绘图”面板中的“直线”命令按钮，绘制长度为 10 的水平线，如图 1-185 所示。

（5）单击“绘图”面板中的“直线”命令按钮，绘制长度为 2 的竖直线，如图 1-186 和图 1-187 所示。

图 1-185　绘制水平线　　　图 1-186　绘制竖直线 1

（6）框选图形，如图 1-188 所示。单击“修改”面板中的“复制”命令按钮，将图形向下方复制，复制距离为 20，如图 1-189 所示，完成的复制效果如图 1-190 所示。

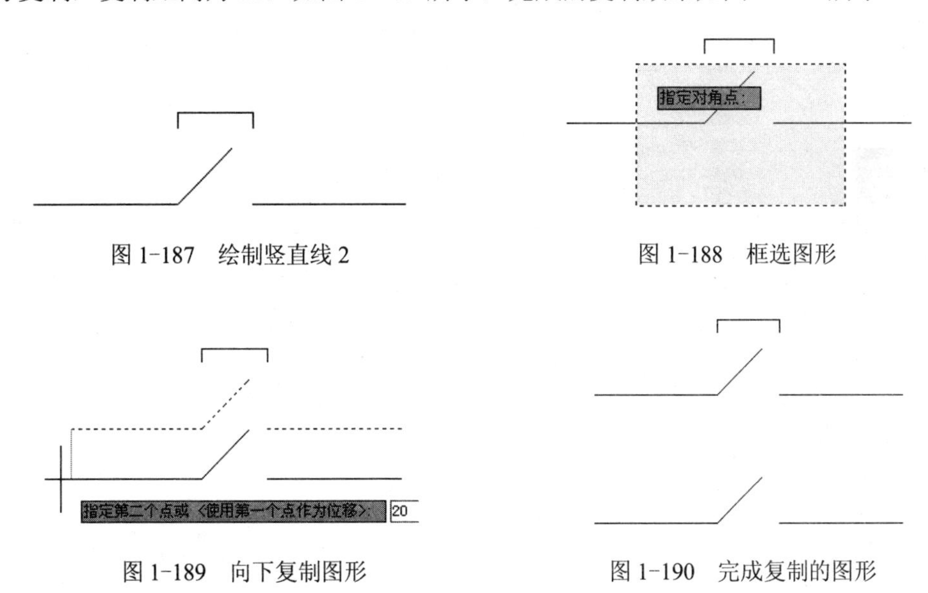

图 1-187　绘制竖直线 2　　　图 1-188　框选图形

图 1-189　向下复制图形　　　图 1-190　完成复制的图形

（7）单击“特性”面板中的“线型”下拉列表，选择“其他”选项，弹出“线型管理器”对话框，如图 1-191 所示。单击“加载”按钮，弹出“加载或重载线型”对话框，如图 1-192 所示，选择“JIS_02_1.2”选项，单击“确定”按钮，再单击“线型管理器”对话框的“确定”按钮。

图 1-191 “线型管理器”对话框

（8）单击“特性”面板中的“线型”下拉列表，选择“JIS_02_1.2”选项。单击“绘图”面板中的“直线”命令按钮，绘制竖直线，效果如图 1-193 所示。

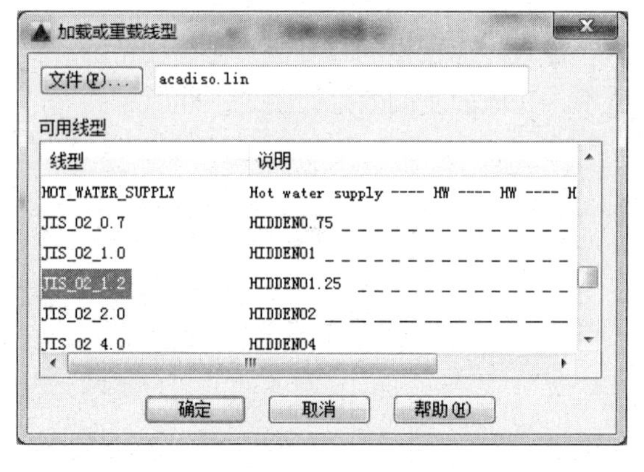

图 1-192 “加载或重载线型”对话框

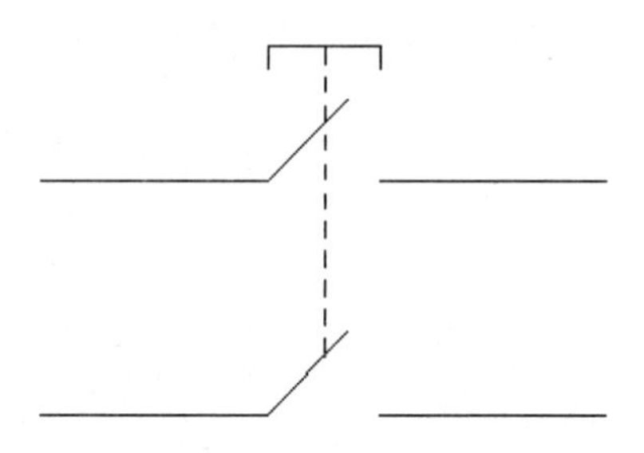

图 1-193 最终效果图

第 2 章　图形编辑与标注

知识导引

在电气图样中绘制了图形之后，还需要对图形进行编辑，以修整成需要的图形。有时候还要标注若干安装尺寸，便于施工。至于文字，则是任何图样都少不了的。本章将介绍三部分内容，即平面图形编辑命令、尺寸标注以及文字与编辑文字。

2.1　平面图形编辑命令

在理解了绘图原理，掌握了绘制简单图形方法的基础上，本节将讲解如何编辑基本图形，并将其绘制成复杂的工程图形。图形的编辑方法主要有复制、镜像、移动、修剪、偏移、阵列、旋转、圆角，以及对多段线、样条曲线的修改。

编辑图形的命令主要位于如图 2-1 所示的“默认”选项卡下的“修改”面板中。

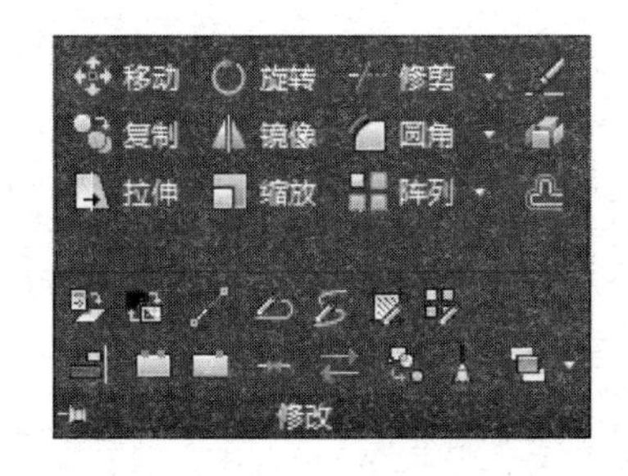

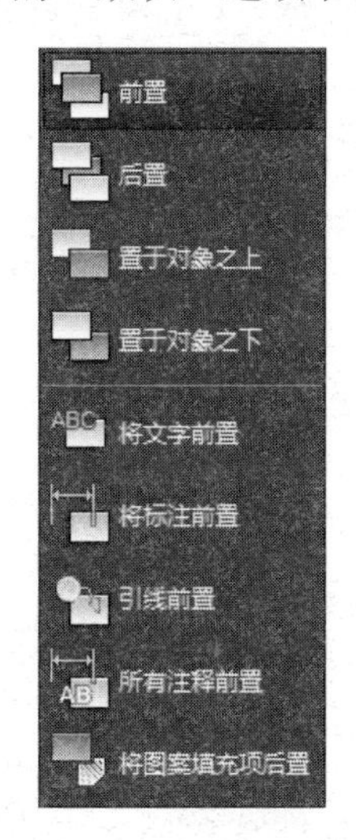

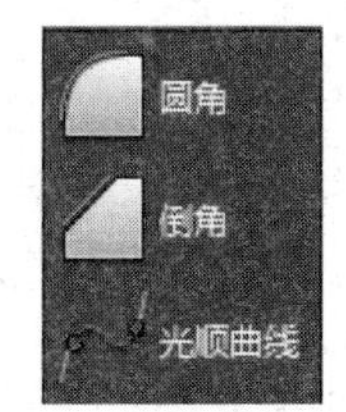

图 2-1　“修改”面板及其两个下拉列表

“修改”面板中的命令是平面操作命令，它们运行的默认平面是 *XY* 平面。各个命令按钮的图标、名称分别是：移动、复制、旋转、拉伸、缩放、偏移、镜像、删除、分解、修剪、延伸、打断、设置为 ByLayer、更改空间、阵列、打断于点、合并、拉长、编辑多段线、编辑样条曲线和编辑图案填充，其中部分下拉列表中的按钮图标的名称如图 2-1 所示。

复制图形对象的方法有多种，既可以直接复制，也可以通过剪贴板复制。其他体现复制功能的方法还有偏移、镜像和阵列。

2.1.1 直接复制

“复制”命令按钮在“修改”面板中的位置如图2-2所示。

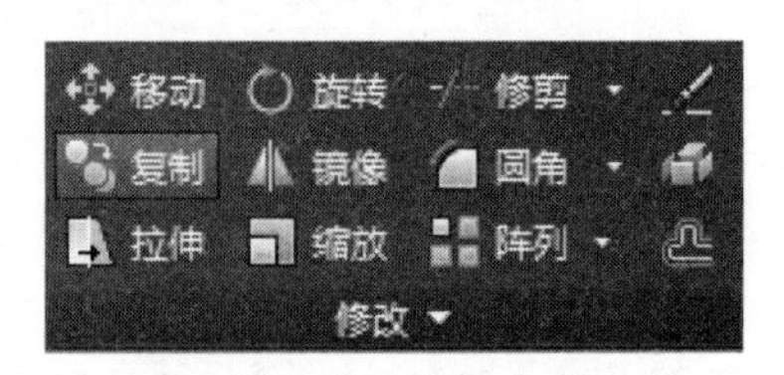

图2-2 “复制”命令按钮

【示例】 把如图2-3所示避雷器图形向右复制一份。单击“复制”命令按钮，按照命令行的提示操作。

```
命令: _copy
选择对象: 指定对角点: 找到 4 个（把光标移动到图形上然后
选择它，如图2-4所示）
选择对象:（按〈Enter〉键）
当前设置: 复制模式=多个
指定基点或[位移(D)/模式(O)] <位移>: （单击确定复制基准点，如图2-5所示）指定第二个点或
<使用第一个点作为位移>: （单击确定复制目标点）
指定第二个点或[退出(E)/放弃(U)] <退出>:（按〈Enter〉键）
```

效果如图2-6所示。

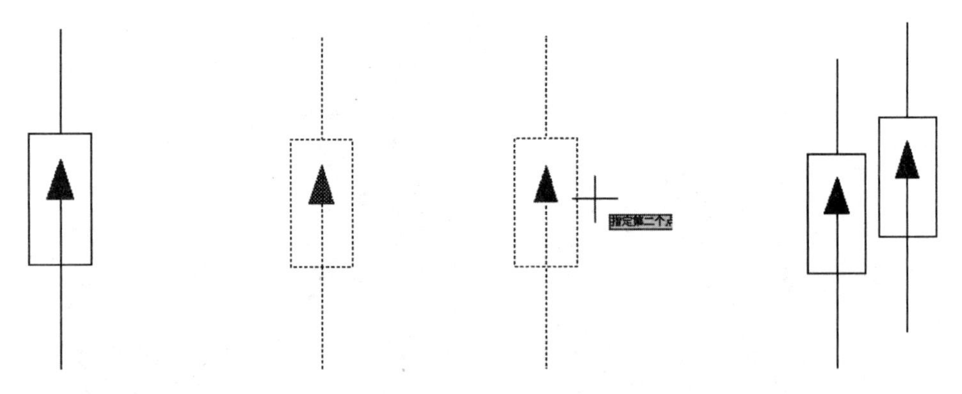

图2-3 避雷器图形　　图2-4 选择图形　　图2-5 确定复制基准点　　图2-6 确定复制目标点

【电气图示例】 绘制变压器符号。

操作步骤如下。

（1）单击“绘图”面板中的“圆”命令按钮，绘制$\phi 10$圆，效果如图2-7所示。

（2）单击“修改”面板中的“复制”命令按钮，把$\phi 10$圆向右复制一份，复制距离为16，效果如图2-8所示。

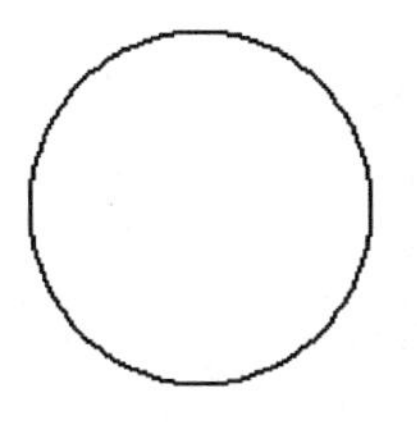

图 2-7　绘制圆

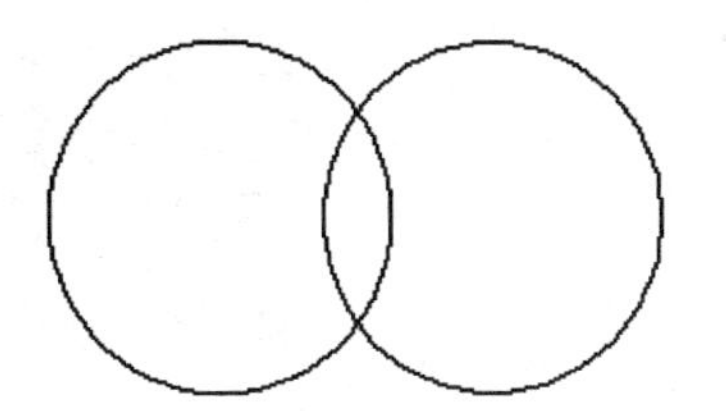

图 2-8　复制圆

2.1.2　使用剪贴板

要向剪贴板中输入图形，可以在“剪贴板”面板中单击“复制剪裁”和“粘贴”按钮，也可以选择图形后，按〈Ctrl+C〉组合键。从剪贴板中输出图形，按〈Ctrl+V〉组合键即可，效果是一样的。“粘贴”命令在“剪贴板”面板上的位置如图 2-9 所示。

【示例 1】 向剪贴板中输入电缆密封终端图形。可以先选择图形，如图 2-10 所示，然后按〈Ctrl+C〉组合键。命令行的提示如下。

```
命令: _copyclip 找到 6 个
```

图 2-9　“剪贴板”面板

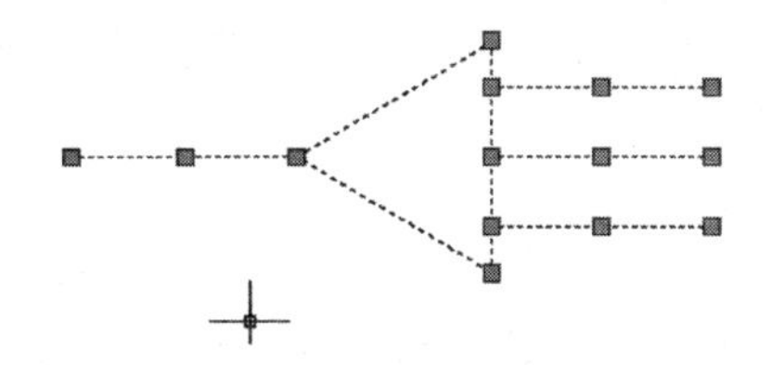

图 2-10　选择图形

【示例 2】 从剪贴板中输出复制的电缆密封终端图形。按〈Ctrl+V〉组合键，屏幕立即出现随光标闪动的图形，如图 2-11 所示。命令行的提示如下。

```
命令: _pasteclip 指定插入点:（单击确定图形的位置）
```

效果如图 2-12 所示。

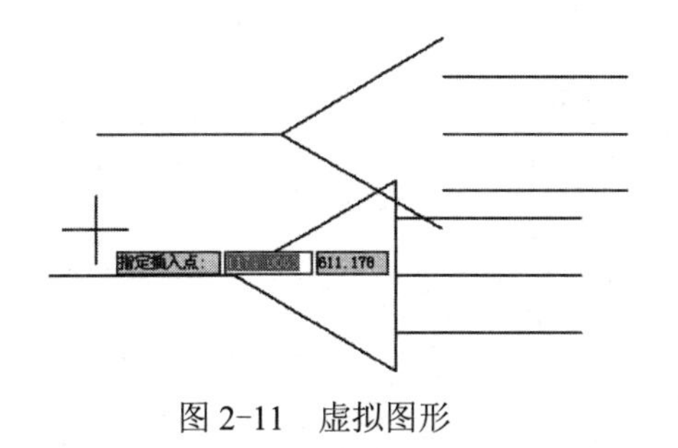

图 2-11　虚拟图形

图 2-12　确定图形的位置

2.1.3　偏移

偏移是指在指定方向上将所得到的图形相对原图形偏移复制指定的距离，是一种特别的复制方式。图 2-13 所示为“偏移”命令按钮在“修改”面板中的位置。

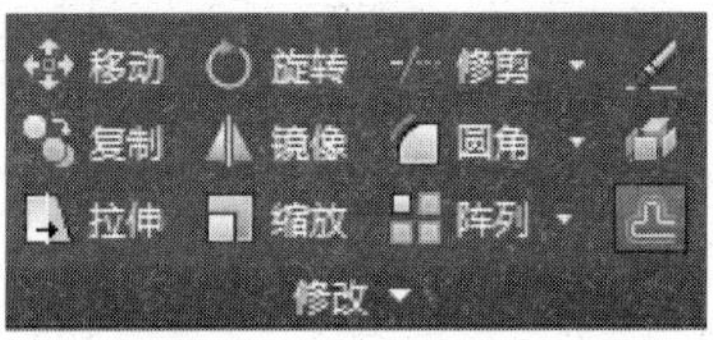

图 2-13　“偏移”命令按钮

【示例】 把如图 2-14 所示五边形向里偏移复制一份。单击“偏移”命令按钮，按照命令行的提示操作。

```
命令: _offset
当前设置: 删除源=否　图层=源　OFFSETGAPTYPE=0
指定偏移距离或 [通过(T)/删除(E)/图层(L)] <通过>: 5（输入偏移值）
选择要偏移的对象，或[退出(E)/放弃(U)]<退出>:（单击五边形）
指定要偏移的那一侧上的点，或[退出(E)/多个(M)放弃(U)]<退出>:（在五边形的中心单击）
选择要偏移的对象或 <退出>: *取消*（按〈Esc〉键）
```

效果如图 2-15 所示。

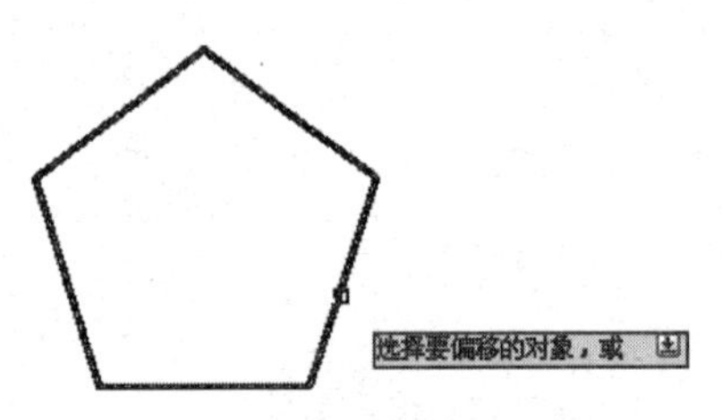

图 2-14　选择图形

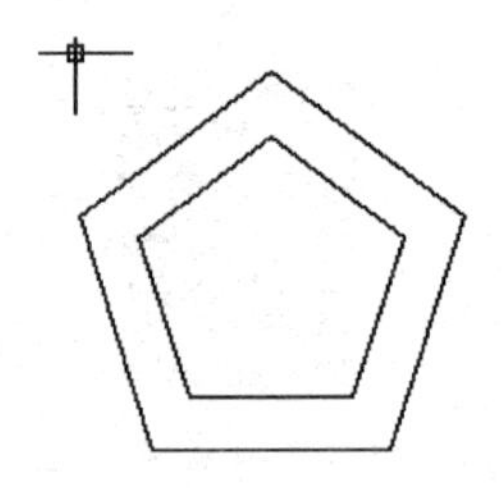

图 2-15　偏移复制图形

偏移复制命令也适于其他非直线类型的图形，如图 2-16～图 2-18 所示。

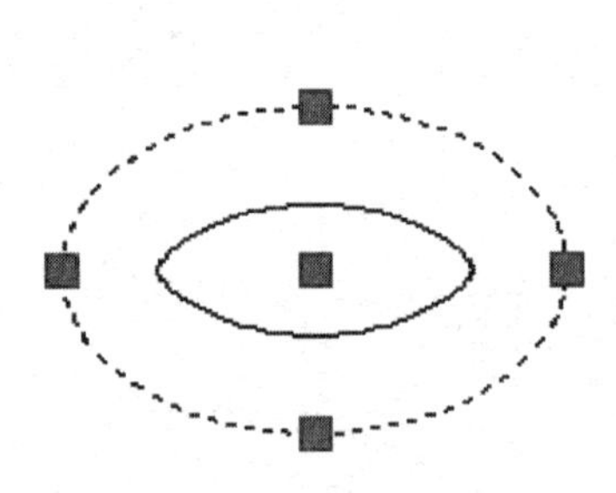

图 2-16　偏移复制椭圆

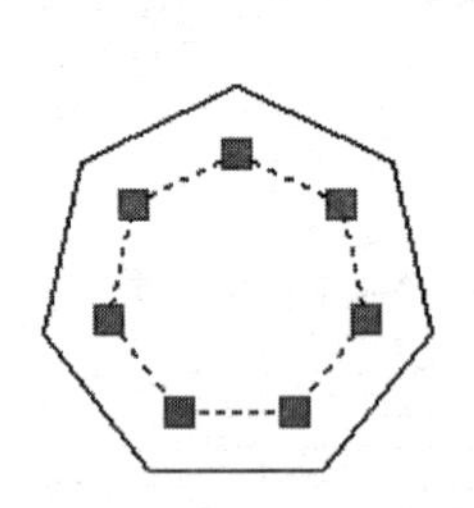

图 2-17　偏移复制正七边形

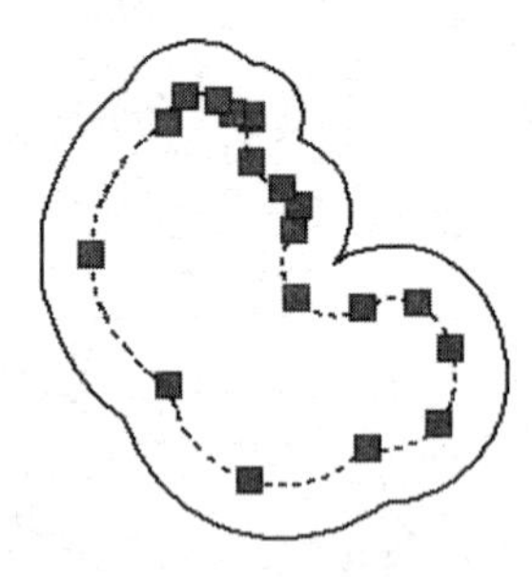

图 2-18　偏移复制云线

【电气图示例】 绘制配电中心符号。

操作步骤如下。

（1）单击“绘图”面板中的“矩形”命令按钮，绘制尺寸为 10×4 的矩形，效果如图 2-19 所示。

（2）单击“绘图”面板中的“直线”命令按钮，以如图 2-20 所示中点为起点，绘制垂直向下的直线，长度为 5，效果如图 2-21 所示。

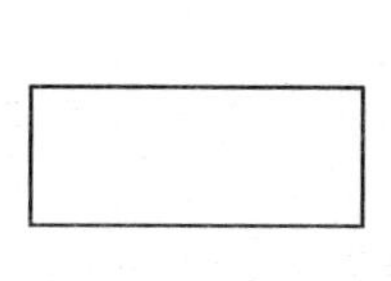

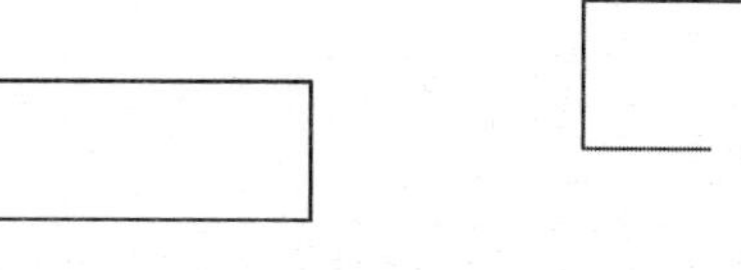

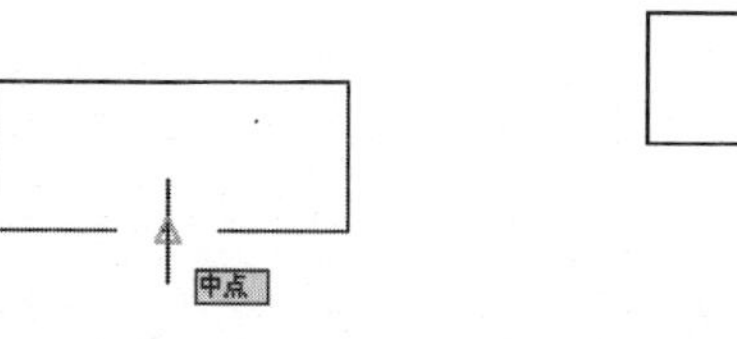

图 2-19　绘制矩形　　图 2-20　捕捉中点　　图 2-21　绘制直线

（3）单击“修改”面板中的“偏移”命令按钮，把步骤（2）绘制的直线向两边各偏移复制一份，偏移复制距离为 1，效果如图 2-22 所示。

（4）单击“修改”面板中的“偏移”命令按钮，把步骤（3）偏移复制得到的直线向两边各偏移复制一份，偏移复制距离为 2，效果如图 2-23 所示。

（5）单击“修改”面板中的“移动”命令按钮，以如图 2-24 所示端点为移动基准点，以如图 2-25 所示垂足为移动目标点，把虚线所示的 4 条直线向上移动，效果如图 2-26 所示。

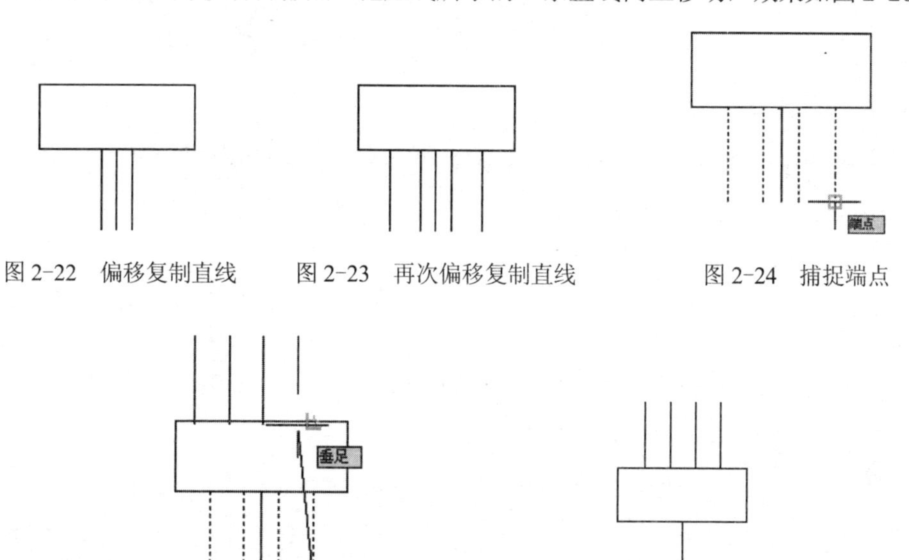

图 2-22　偏移复制直线　　图 2-23　再次偏移复制直线　　图 2-24　捕捉端点

图 2-25　捕捉垂足　　图 2-26　移动直线组

2.1.4　镜像

镜像复制命令以对称轴为中位，像照镜子一样映照出图形。“镜像”命令按钮在“修改”面板中的位置如图 2-27 所示。

图 2-27　“镜像”命令按钮

【示例】 把三角形向右镜像复制一份。单击“镜像”命令按钮，按照命令行的提示操作。

```
命令: _mirror
选择对象: 找到 1 个（单击如图 2-28 所示三角形）
选择对象:（按〈Enter〉键结束）
指定镜像线的第一点:（捕捉如图 2-29 所示的中点为对称线的
起点）指定镜像线的第二点: （向下牵拉对称线，如图 2-30 所示，然后单击“确认”按钮）
要删除源对象吗？[是(Y)/否(N)] <N>:（按〈Enter〉键，保留源实体）
```

效果如图 2-31 所示。

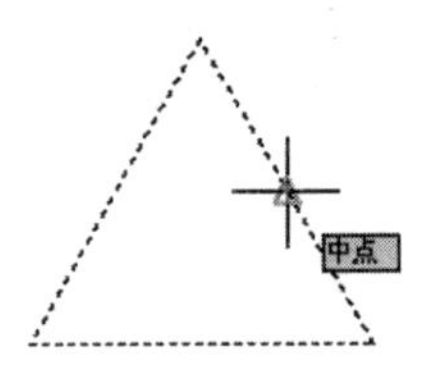

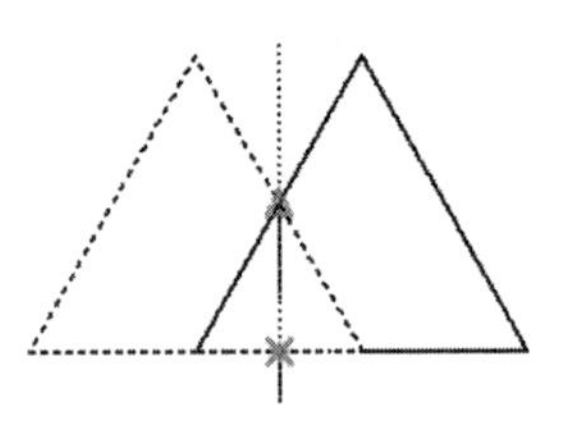

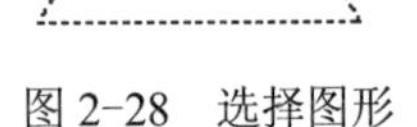

图 2-28　选择图形　　图 2-29　捕捉对称线的起点　　图 2-30　牵拉出对称线

【电气图示例】 绘制电容符号。

操作步骤如下。

（1）单击“绘图”面板中的“直线”命令按钮，绘制长度为 10 的垂直直线，效果如图 2-32 所示。

（2）单击“绘图”面板中的“直线”命令按钮，以垂直直线中点为起点，绘制水平向左的直线，长度为 15，效果如图 2-33 所示。

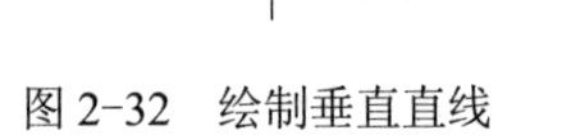

图 2-31　镜像复制图形　　图 2-32　绘制垂直直线　　图 2-33　绘制水平直线

（3）单击“修改”面板中的“镜像”命令按钮，把图形对称复制一份。按命令行的提示进行操作。

```
命令: _mirror
选择对象: 指定对角点: 找到 2 个
选择对象:（按〈Enter〉键结束）
指定镜像线的第一点: （在垂直直线右边单击确定一点）指定镜像线的第二点: （如图 2-34 所示，垂直向下牵拉出对称轴，然后单击）
要删除源对象吗？[是(Y)/否(N)] <N>:（按〈Enter〉键，保留源实体）
```

效果如图 2-35 所示。

图 2-34　牵拉出对称轴　　　　图 2-35　对称复制图形

2.1.5　阵列

阵列操作可以按照矩形、环形一次复制出多个图形，“阵列”命令按钮在“修改”面板中的位置如图 2-36 所示。

图 2-36 “阵列”命令按钮

“阵列”命令可以执行矩形阵列和环形阵列，下面通过示例分别学习。

【示例 1】 把一个圆向上、向右矩形阵列复制一份，距离都是 10。单击“修改”面板中的矩形“阵列”命令按钮，出现如图 2-37 所示的矩形“阵列创建”选项卡，设置各项数值，选择对象，即可以按照命令行的提示进行操作。

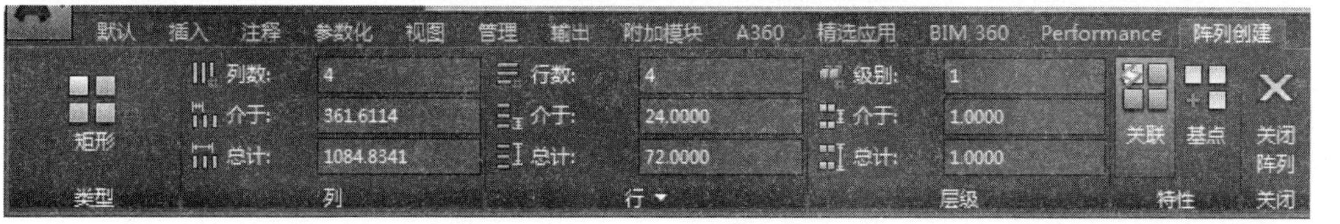

图 2-37　矩形“阵列创建”选项卡

```
命令: _array
选择对象: 指定对角点: 找到 1 个 (选择圆)
选择对象: (按〈Enter〉键结束选择)
```

最后按〈Enter〉键结束，效果如图 2-38 所示。

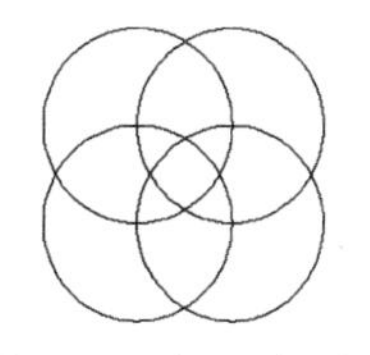

图 2-38　矩形阵列圆

【示例 2】 把一个圆环形阵列复制一份。单击“修改”面板中的环形“阵列”命令按钮，出现如图 2-39 所示的环形“阵列创建”选项卡，设置各项数值，选择对象，即可以按照命令行的提示进行操作。

```
命令: _array
选择对象: 找到 1 个 (选择圆)
选择对象: (按〈Enter〉键结束选择)
指定阵列中心点: (捕捉如图 2-40 所示的象限点)
```

最后按〈Enter〉键结束，效果如图 2-41 所示。

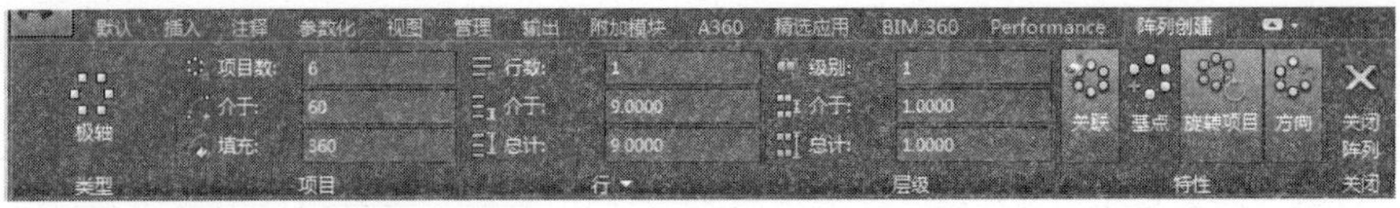

图 2-39 环形“阵列创建”选项卡

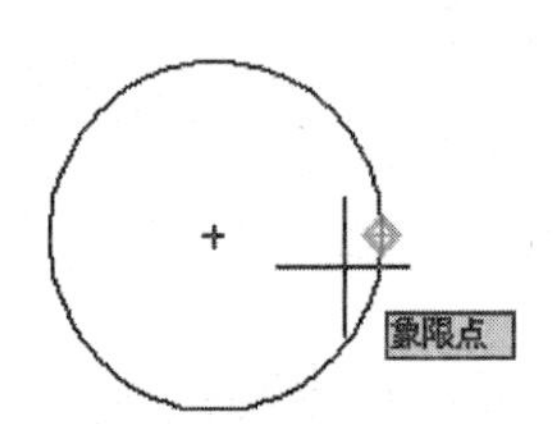

图 2-40 选择象限点

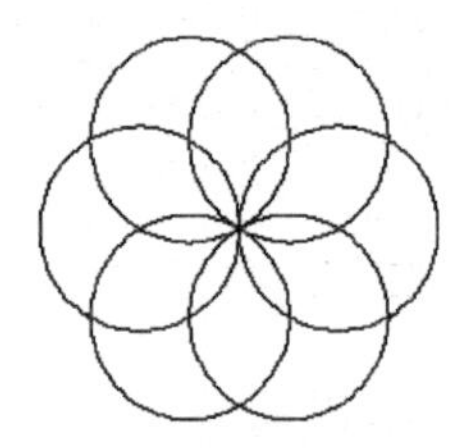

图 2-41 环形阵列图形

“阵列”命令能够使复制结果均匀分布，是一种复制图形对象的技巧，使用十分广泛，应该熟练掌握它的使用方法和操作细节。现在通过一个实际的例子学习如何使用“阵列”命令提高绘图效率。

注意 “阵列”命令是一种特别的复制命令，同坐标系相联系，可以执行三维阵列任务。

【电气图示例】 绘制花灯符号。

操作步骤如下。

（1）单击“绘图”面板中的“圆”命令按钮，绘制ϕ20 的圆，效果如图 2-42 所示。

（2）单击“绘图”面板中的“直线”命令按钮，绘制起点在圆心，终点在如图 2-43 所示象限点的直线，效果如图 2-44 所示。

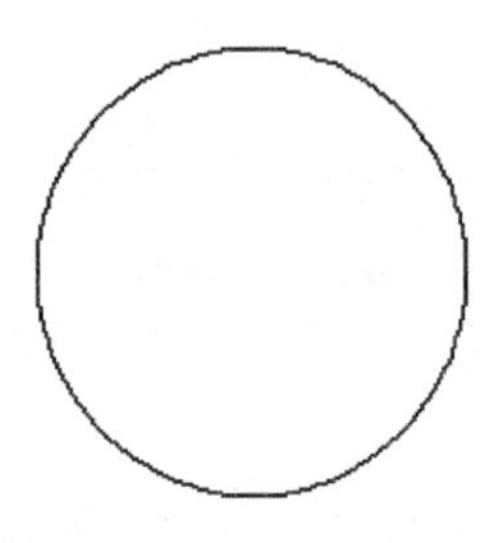

图 2-42 绘制圆

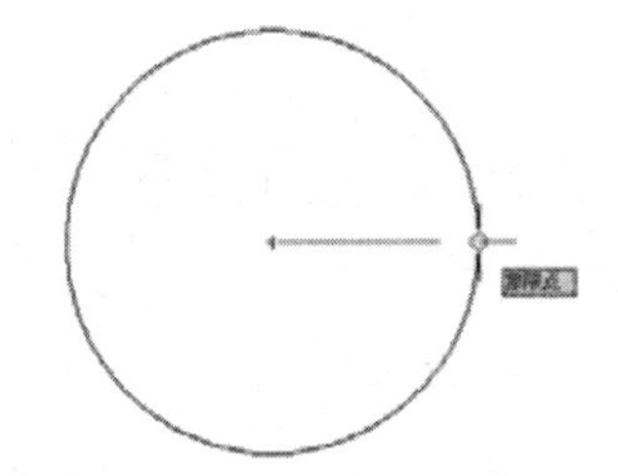

图 2-43 选择象限点

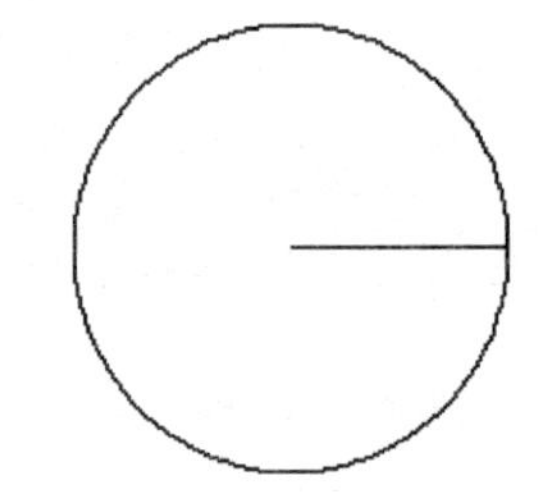

图 2-44 绘制直线

（3）单击“修改”面板中的环形“阵列”命令按钮，屏幕出现环形“阵列创建”选项卡，如图 2-45 所示。在环形“阵列创建”选项卡中设置参数，以圆心为阵列中心，把直线环形阵列 12 个，效果如图 2-46 所示。

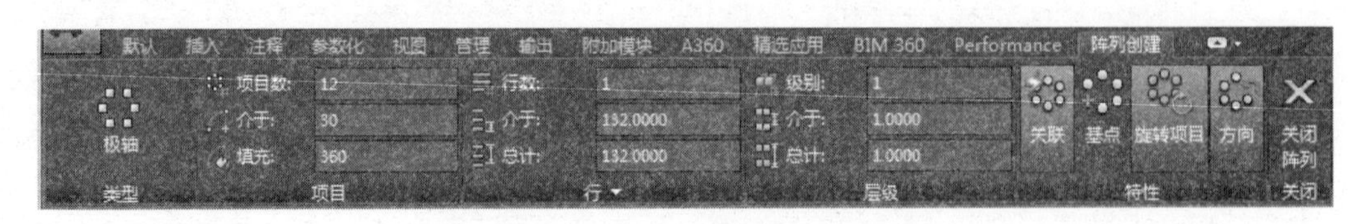

图 2-45 环形“阵列创建”选项卡

（4）单击“修改”面板中的“删除”命令按钮，删除如图 2-47 所示虚线，效果如图 2-48 所示。

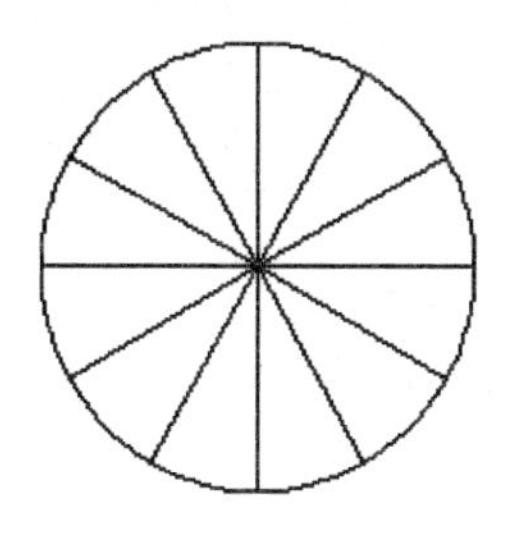
图 2-46　环形阵列直线

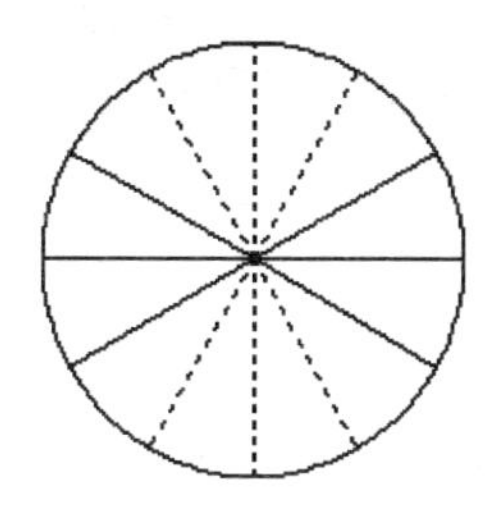
图 2-47　选择直线

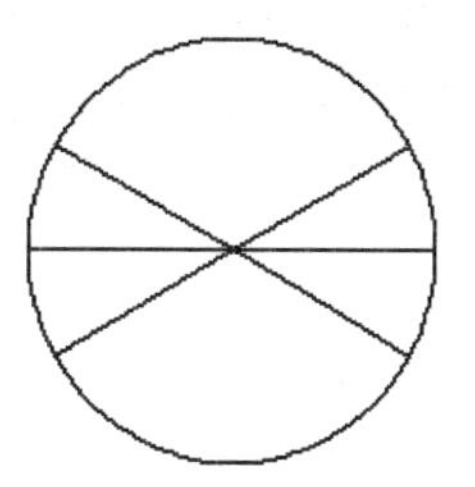
图 2-48　删除直线

2.1.6　移动

图 2-49 所示为“移动”命令按钮在“修改”面板中的位置。

【示例】 单击“修改”面板中的“移动”命令按钮，把一个矩形向上移动，按命令行的提示进行操作。

图 2-49　“移动”命令按钮

命令: _move
选择对象: 找到 1 个（选择矩形）
选择对象: （按〈Enter〉键）
指定基点或[位移(D)] <位移>:（单击确定移动基准点，如图 2-50 所示，出现随光标闪动的矩形）
指定第二点或 <使用第一点作为位移>:（单击确定移动目标点）

结果如图 2-51 所示。

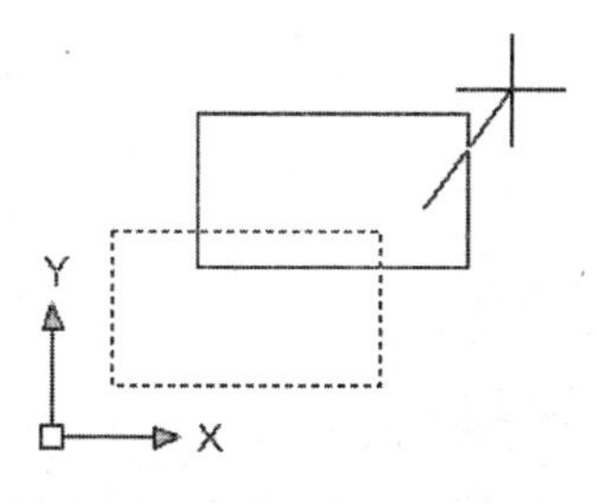

图 2-50　随光标闪动的矩形

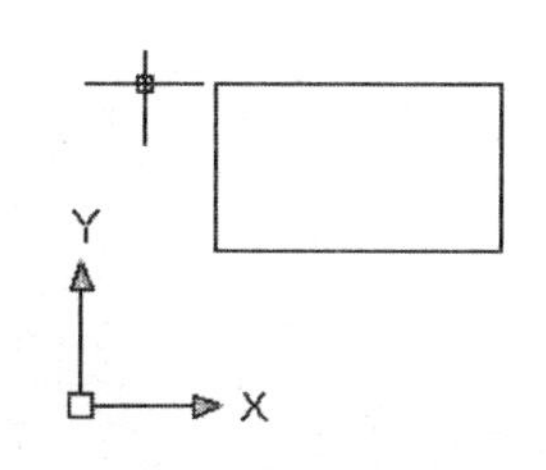

图 2-51　移动矩形

【电气图示例】 绘制熔断器符号。

操作步骤如下。

（1）单击“绘图”面板中的“矩形”命令按钮，绘制尺寸为 5×10 的矩形，效果如

图 2-52 所示。

（2）单击“绘图”面板中的“直线”命令按钮，绘制长度为 20 的垂直直线，效果如图 2-53 所示。

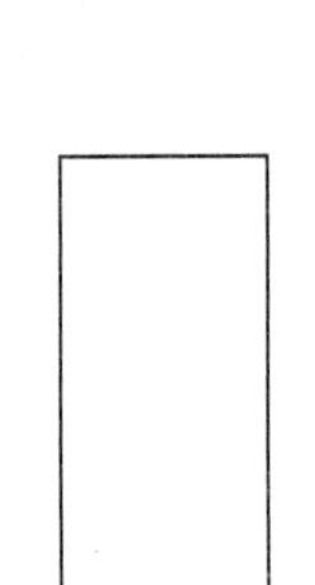

图 2-52　绘制矩形

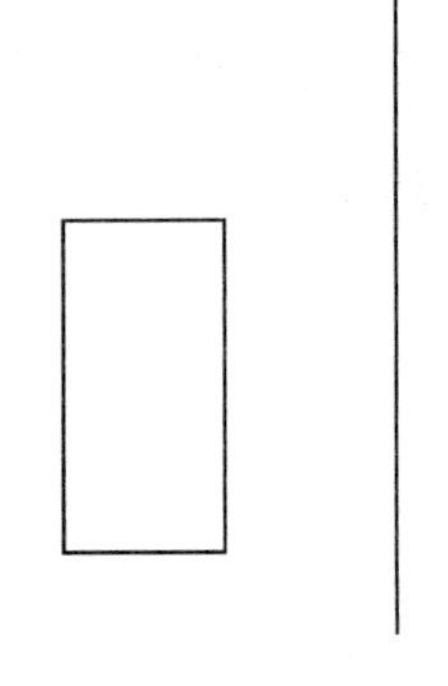

图 2-53　绘制直线

（3）单击“修改”面板中的“移动”命令按钮，把矩形以如图 2-54 所示矩形上边中点为移动基准点，以如图 2-55 所示最近点为移动目标点进行移动，效果如图 2-56 所示。

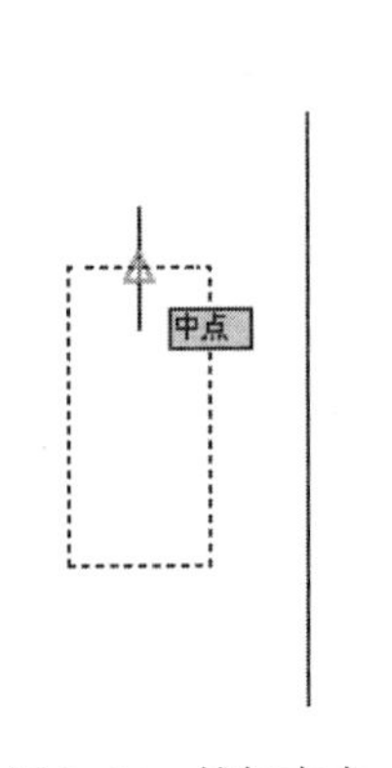

图 2-54　捕捉中点

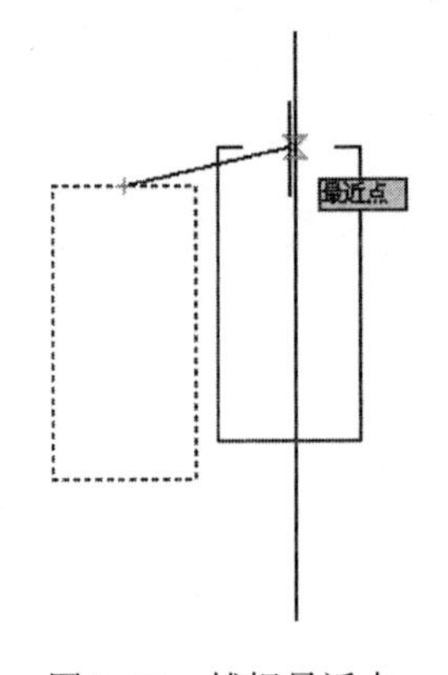

图 2-55　捕捉最近点

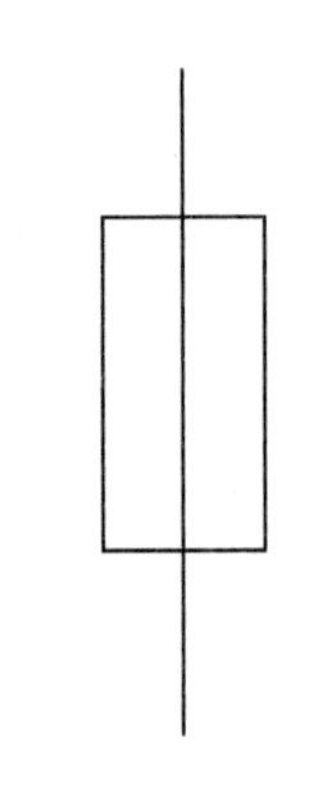

图 2-56　移动矩形

2.1.7　旋转

图 2-57 所示为“旋转”命令按钮在“修改”面板中的位置。

图 2-57　“旋转”命令按钮

【示例】 单击“修改”面板中的“旋转”命令按钮，把一个矩形旋转 30°，按照命令行的提示进行操作。

```
命令: _rotate
UCS 当前的正角方向:  ANGDIR=逆时针   ANGBASE=0
选择对象: 找到 1 个（选择矩形）
选择对象:（按〈Enter〉键结束选择）
指定基点:（选择如图 2-58 所示的端点，出现如图 2-59 所示随光标旋转的矩形）
指定旋转角度或 [复制(C)/参照(R)]<0>: 30（输入旋转角度值）
```

效果如图 2-60 所示。

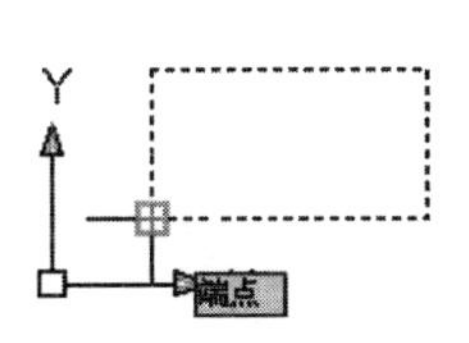

图 2-58　捕捉旋转中心

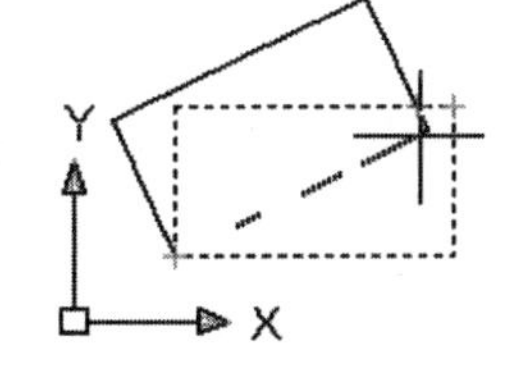

图 2-59　随光标旋转的矩形

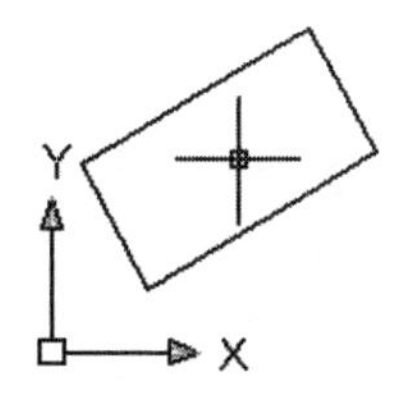

图 2-60　旋转后的矩形

【电气图示例】 绘制信号灯符号。

操作步骤如下。

（1）单击“绘图”面板中的“圆”命令按钮，绘制ϕ20 圆，效果如图 2-61 所示。

（2）单击“绘图”面板中的“直线”命令按钮，绘制ϕ20 圆的水平直径，效果如图 2-62 所示。

（3）单击“修改”面板中的“旋转”命令按钮，以如图 2-63 所示中点为旋转中心，把直径逆时针旋转 45°，效果如图 2-64 所示。

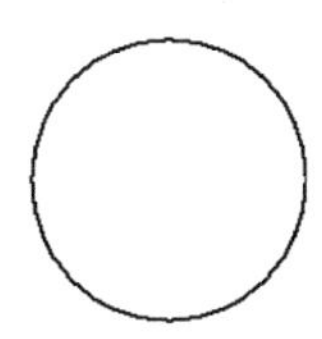

图 2-61　绘制圆

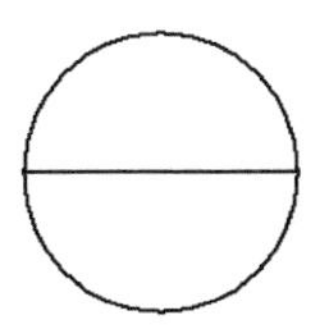

图 2-62　绘制直径

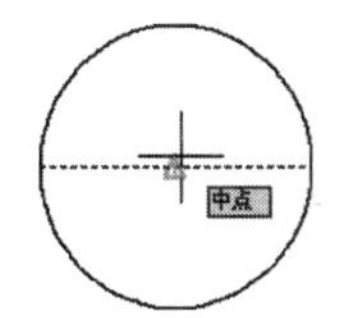

图 2-63　捕捉中点

（4）单击“绘图”面板中的“直线”命令按钮，再次绘制ϕ20 圆的水平直径，效果如图 2-65 所示。

（5）单击“修改”面板中的“旋转”命令按钮，以如图 2-63 所示中点为旋转中心，把直径顺时针旋转 45°，效果如图 2-66 所示。

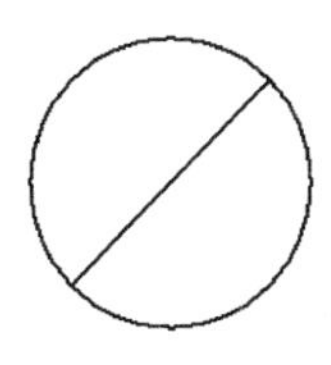

图 2-64　旋转直径

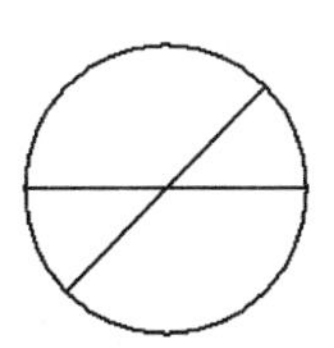

图 2-65　再次绘制水平直径

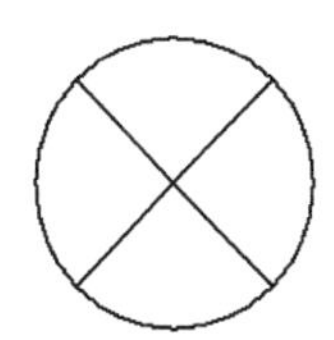

图 2-66　再次旋转直径

2.1.8　对齐

图 2-67 所示为“对齐”命令按钮在“修改”面板中的位置。

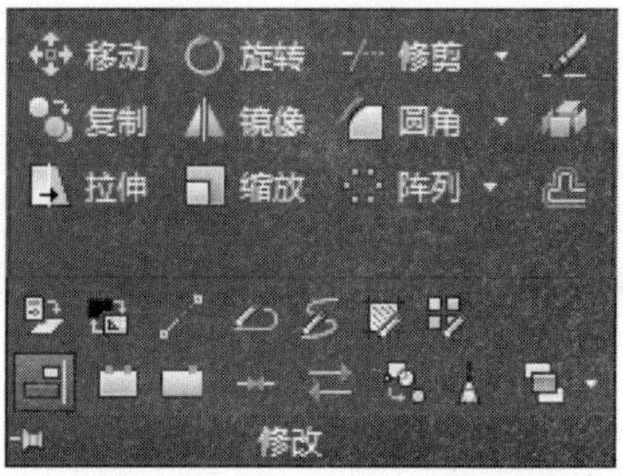

图 2-67 “对齐”命令按钮

【示例】 使如图 2-68 所示的三角形和矩形对齐，需按命令行的提示进行操作。

```
命令: _align
选择对象: 找到 1 个（选择矩形，如图 2-69 所示）
选择对象:（按〈Enter〉键）
指定第一个源点: （捕捉矩形左边中点）
指定第一个目标点: （捕捉三角形左边的中点，如图 2-70 所示）
指定第二个源点: （捕捉矩形右边的中点，如图 2-71 所示）
指定第二个目标点: （捕捉三角形右边的中点，如图 2-72 所示）
指定第三个源点或 <继续>:（按〈Enter〉键）
是否基于对齐点缩放对象？[是(Y)/否(N)] <否>:（按〈Enter〉键）
```

效果如图 2-73 所示。

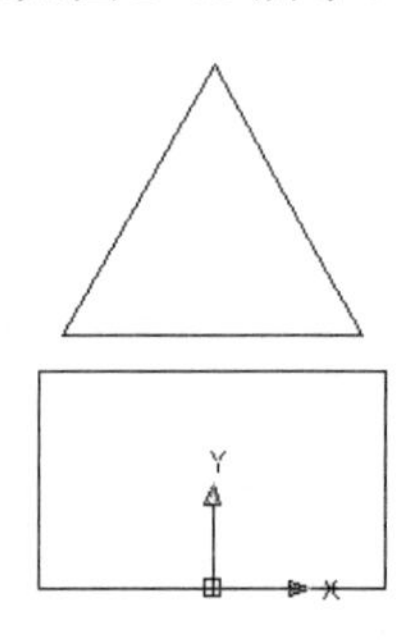
图 2-68 矩形和三角形

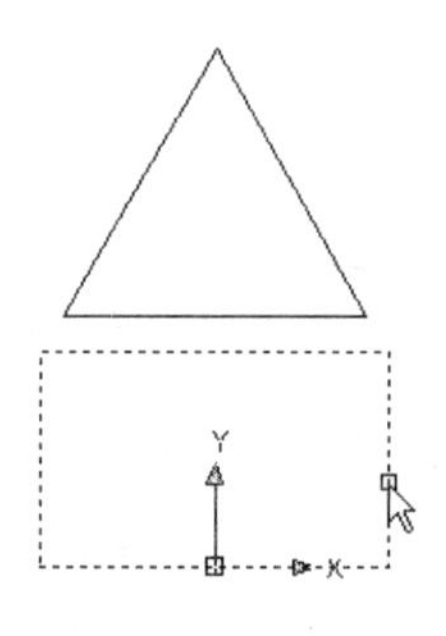
图 2-69 选择矩形

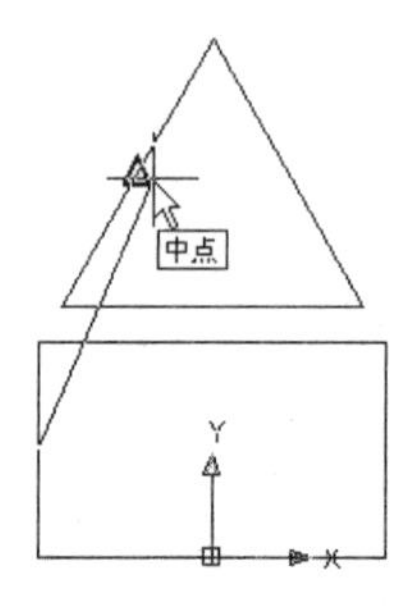

图 2-70 捕捉三角形左边的中点

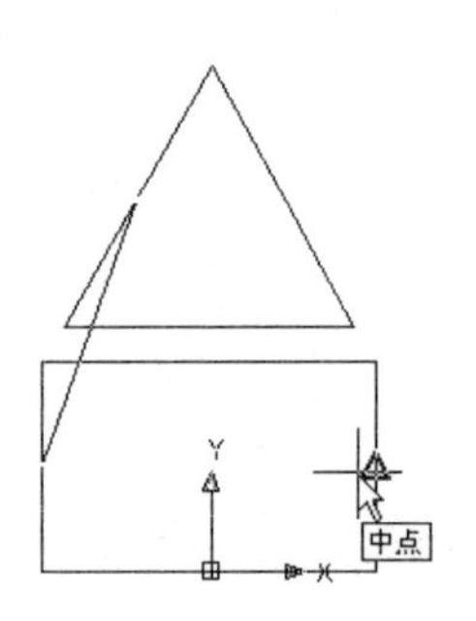

图 2-71 捕捉矩形右边的中点

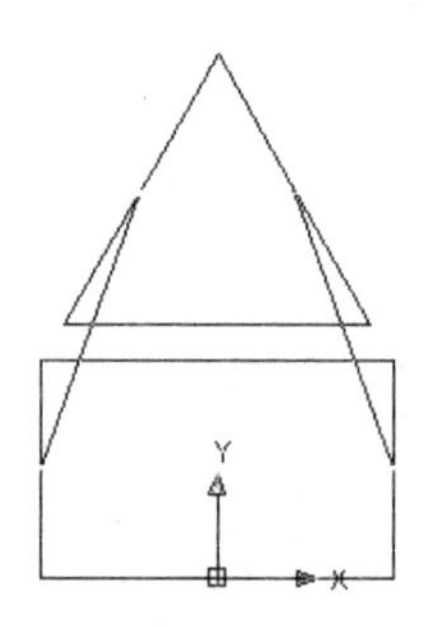
图 2-72 确定第二个对称目标点

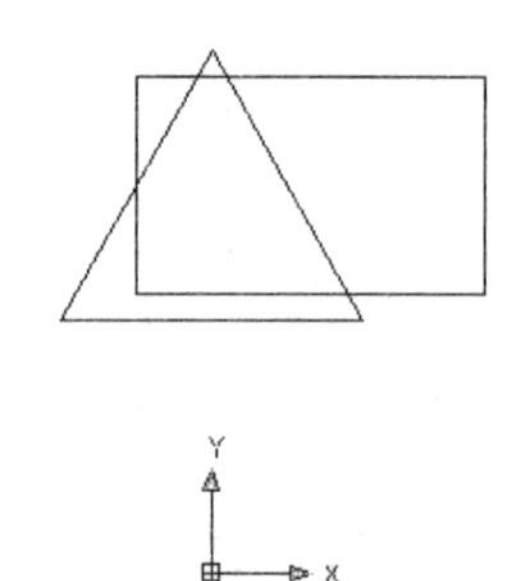
图 2-73 对齐图形

对图形对象的修改操作包括拉伸、缩放、延伸、修剪、拉长、打断于点、倒角、圆

角等。

2.1.9　拉伸

拉伸是指按照指定的距离和角度拉长图形，“拉伸”命令按钮在“修改”面板中的位置如图 2-74 所示。

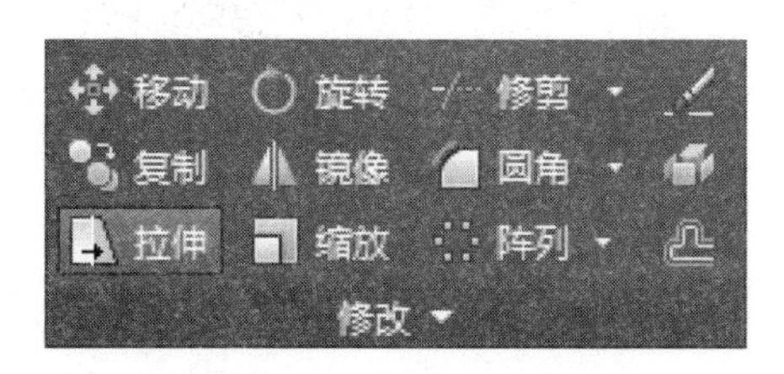

图 2-74 “拉伸”命令按钮

【示例】 按命令行的提示，把六边形适当拉长。

```
命令: _stretch
以交叉窗口或交叉多边形选择要拉伸的对象...
选择对象: 指定对角点: 找到 1 个（选择六边形，如图 2-75 所示）
选择对象:（按〈Enter〉键）
指定基点或[位移(D)]<位移>:（单击一点）
指定第二个点或 <使用第一个点作为位移>:（适当移动光标，如图 2-76 所示，然后单击）
```

效果如图 2-77 所示。

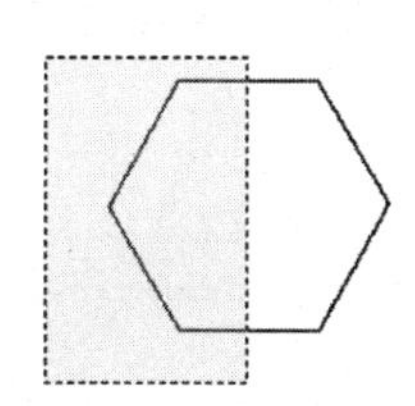

图 2-75　选择六边形

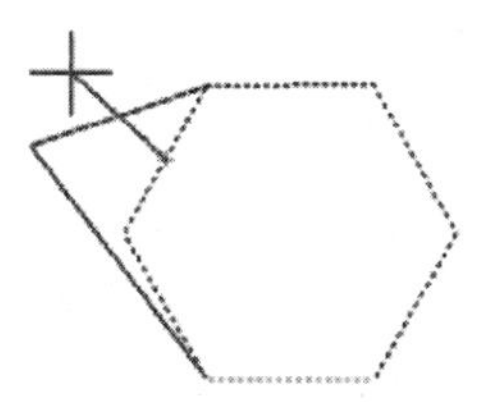

图 2-76　牵拉图形

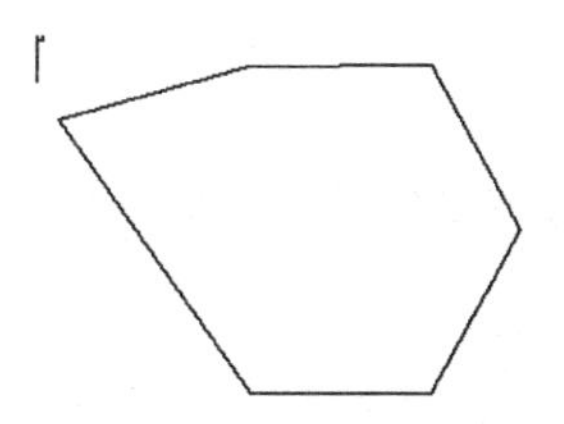

图 2-77　拉伸图形

【电气图示例】 绘制熔断电阻器符号。

操作步骤如下。

（1）单击“绘图”面板中的“矩形”命令按钮，绘制尺寸为 6×4 的矩形，效果如图 2-78 所示。

（2）单击“绘图”面板中的“直线”命令按钮，绘制矩形的垂直中线，效果如图 2-79 所示。

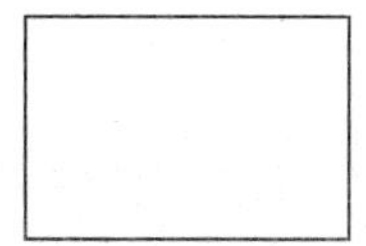

图 2-78　绘制矩形

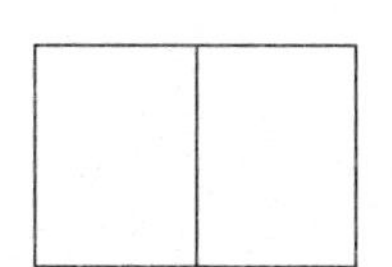

图 2-79　绘制垂直中线

（3）单击“绘图”面板中的“直线”命令按钮，绘制起点在垂直中线中点，水平向左，长度为7的水平直线，效果如图2-80所示。

（4）单击“绘图”面板中的“直线”命令按钮，绘制起点在矩形右边中点，水平向右，长度为4的水平直线，效果如图2-81所示。

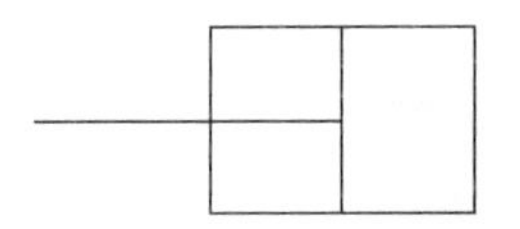

图2-80　绘制左边直线

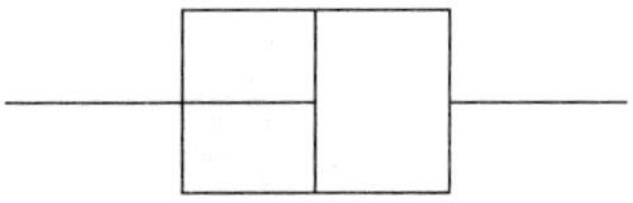

图2-81　绘制右边直线

（5）单击“修改”面板中的“拉伸”命令按钮，把如图2-82所示框选的图形水平拉长4，效果如图2-83所示。

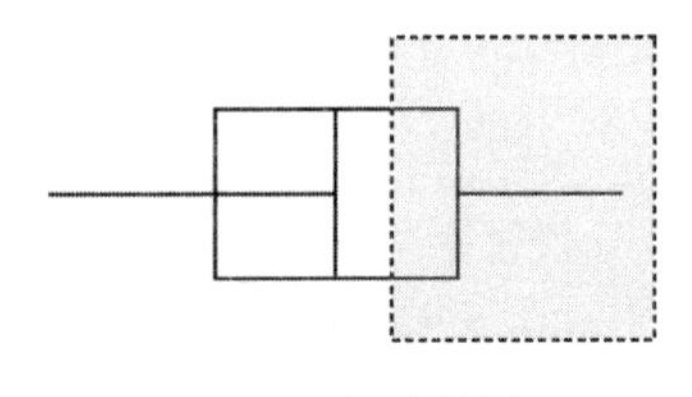

图2-82　框选的图形

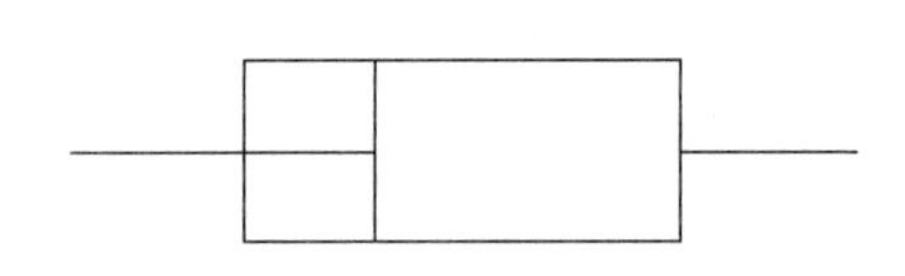

图2-83　拉长图形

2.1.10　缩放

“缩放”命令按钮用于按照指定的比例缩小、放大图形，它在“修改”面板中的位置如图2-84所示。

图2-84　“缩放”命令按钮

【示例】　按命令行的提示操作，以原点为中心，把如图2-85所示的圆缩小到原来的3/4。

```
命令: _scale
选择对象: 找到 1 个（选择圆）
选择对象:（按〈Enter〉键）
指定基点:0,0（输入原点）
指定比例因子或 [复制(C)/参照(R)]<1.0000>: 0.75
```

效果如图2-86所示。

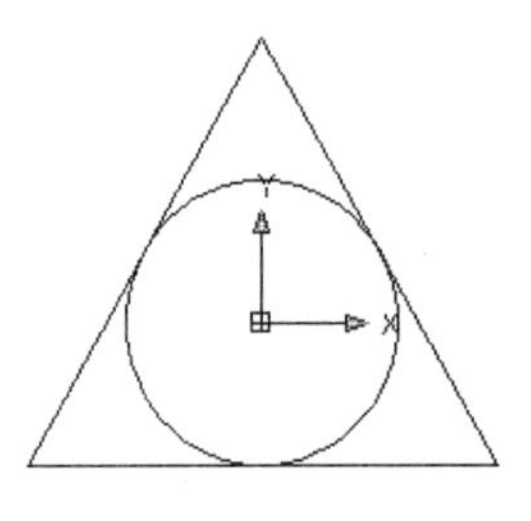

图2-85　圆和三角形

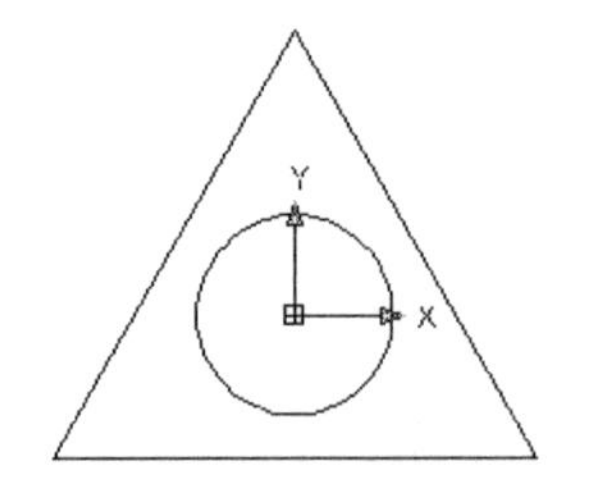

图2-86　缩小圆

【电气图示例】　绘制三相绕线转子电动机。

操作步骤如下。

（1）单击“绘图”面板中的“圆”命令按钮，绘制ϕ20 圆，效果如图 2-87 所示。

（2）单击“绘图”面板中的“直线”命令按钮，绘制起点在ϕ20 圆的上象限点，长度为 10，方向垂直向上的直线，效果如图 2-88 所示。

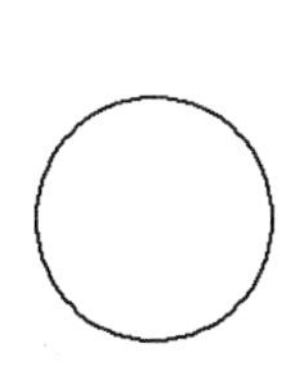

图 2-87　绘制圆

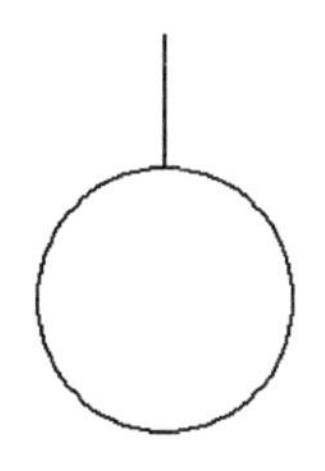

图 2-88　绘制垂直直线

（3）单击“修改”面板中的“偏移”命令按钮，把垂直直线分别向两边偏移复制一份，偏移距离为 5，效果如图 2-89 所示。

（4）单击“修改”面板中的“延伸”命令按钮，以ϕ20 圆为延伸边界线，延伸偏移复制得到的垂直直线，效果如图 2-90 所示。

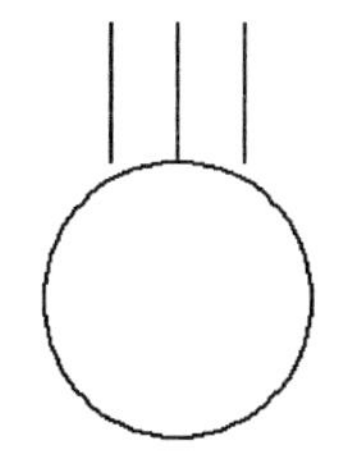

图 2-89　偏移复制直线

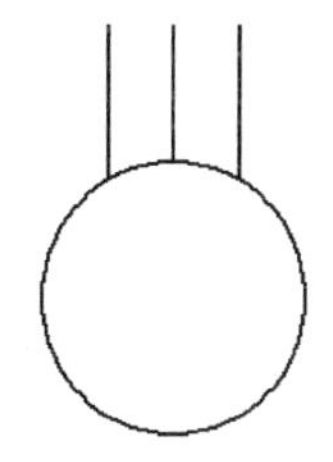

图 2-90　延伸偏移的直线

（5）单击“绘图”面板中的“圆”命令按钮，以ϕ20 圆的圆心为圆心，绘制ϕ20 圆。

（6）单击“修改”面板中的“镜像”命令按钮，以ϕ20 圆的水平直径为对称轴，把 3 条垂直直线对称复制一份，效果如图 2-91 所示。

（7）单击“修改”面板中的“缩放”命令按钮，以圆心为中心，按图 2-92 所示单击一个ϕ20 圆，并把圆放大 0.2 倍，效果如图 2-93 所示。

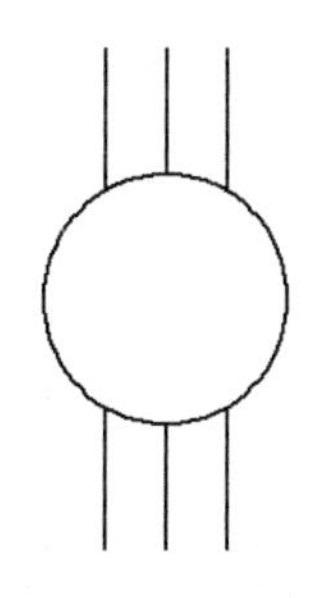

图 2-91　对称复制直线

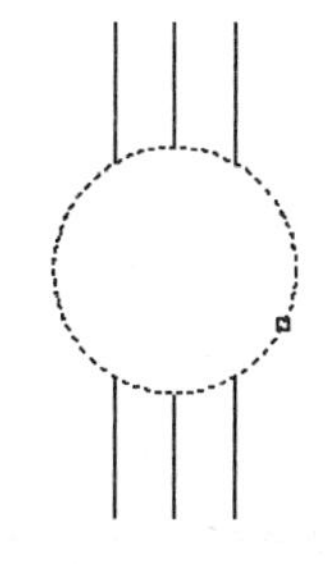

图 2-92　单击一个圆

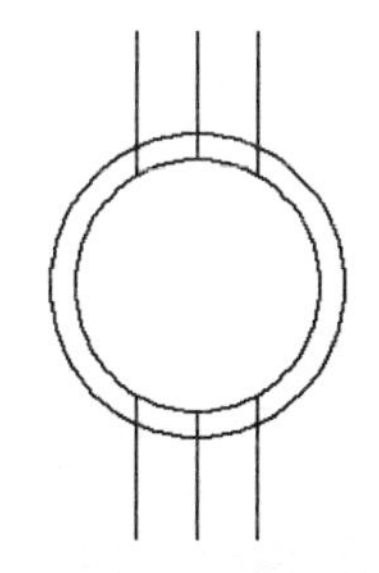

图 2-93　放大圆

（8）单击“修改”面板中的“修剪”命令按钮，以放大的圆为修剪边，修剪掉它内部上边的线头，效果如图 2-94 所示。

（9）单击“注释”面板中的“单行文字”命令按钮，按命令行的提示标注文字。

```
命令: _dtext
当前文字样式: “Standard”  文字高度: 2.5000  注释性: 否
指定文字的起点或 [对正(J)/样式(S)]:（单击确定一点为文字起点）
指定高度 <2.5000>:（按〈Enter〉键）
指定文字的旋转角度 <0>:（按〈Enter〉键）
```

输入文字“M”和“3～”后的效果如图 2-95 所示。

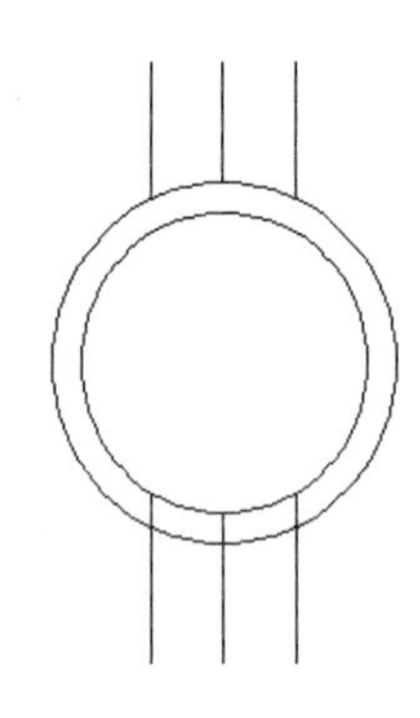

图 2-94　修剪线条

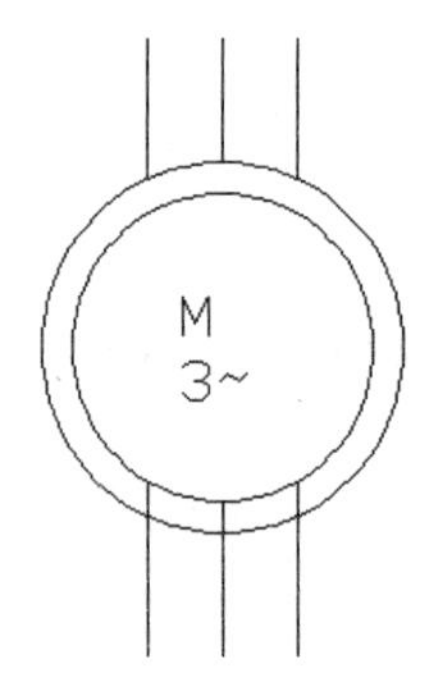

图 2-95　标注文字

2.1.11　延伸

“延伸”命令按钮在“修改”面板中的位置如图 2-96 所示。

图 2-96 “延伸”命令按钮

【示例】 按命令行的提示对如图 2-97 所示图形进行延伸操作。

```
命令: _extend
当前设置:投影=UCS,边=无
选择边界的边...
选择对象或<全部选择>: 找到 1 个（选择如图 2-98 所示的
矩形）
选择对象:（按〈Enter〉键）
选择要延伸的对象,或按住〈Shift〉键选择要修剪的对象,或
[栏选(F)/窗交(C)/投影(P)/边(E)/放弃(U)]: （如图 2-99 所示单击直线右边部分，延伸效果如
图 2-100 所示）
选择要延伸的对象,或按住〈Shift〉键选择要修剪的对象,或
[栏选(F)/窗交(C)/投影(P)/边(E)/放弃(U)]: （以下依次单击直线靠近矩形的部分）
选择要延伸的对象,或按住〈Shift〉键选择要修剪的对象,或
```

[栏选(F)/窗交(C)/投影(P)/边(E)/放弃(U)]:
选择要延伸的对象,或按住〈Shift〉键选择要修剪的对象,或
[栏选(F)/窗交(C)/投影(P)/边(E)/放弃(U)]:
选择要延伸的对象,或按住〈Shift〉键选择要修剪的对象,或
[栏选(F)/窗交(C)/投影(P)/边(E)/放弃(U)]:
选择要延伸的对象,或按住〈Shift〉键选择要修剪的对象,或
[栏选(F)/窗交(C)/投影(P)/边(E)/放弃(U)]:（按〈Enter〉键）

效果如图 2-101 所示。

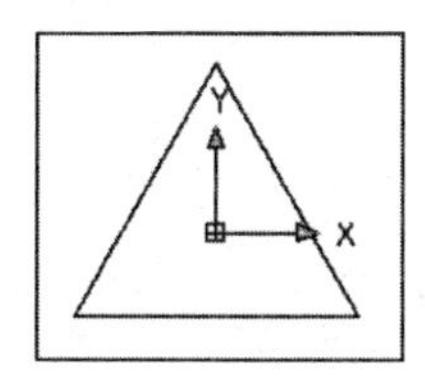

图 2-97　原始图形

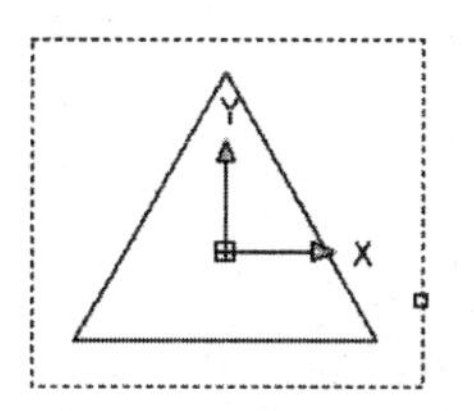

图 2-98　选择矩形

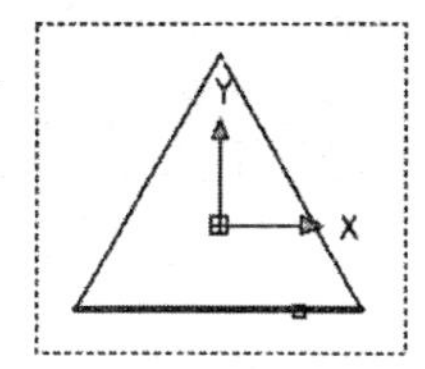

图 2-99　选择一根直线

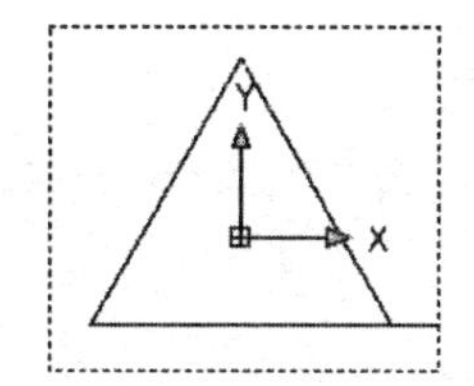

图 2-100　延伸直线的一端

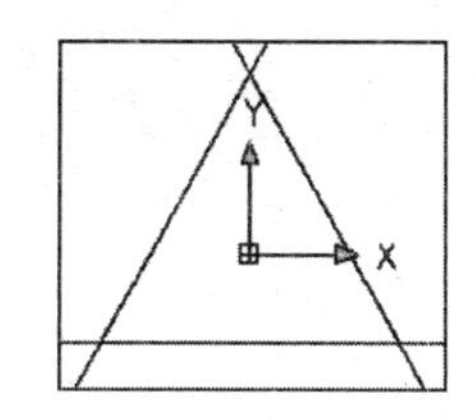

图 2-101　延伸 3 根直线的 6 个端点

【电气图示例】 绘制扼流圈符号。

操作步骤如下。

（1）单击“绘图”面板中的“直线”命令按钮，绘制长度为 30 的垂直直线，效果如图 2-102 所示。

（2）单击“绘图”面板中的“圆”命令按钮，绘制圆心在垂直直线中点的ϕ15 圆，效果如图 2-103 所示。

（3）单击“修改”面板中的“修剪”命令按钮，以垂直直线为修剪边，修剪掉它左边的圆弧，效果如图 2-104 所示。

（4）单击“绘图”面板中的“直线”命令按钮，绘制起点在直线中点，长度为 7.5，水平向左的直线，效果如图 2-105 所示。

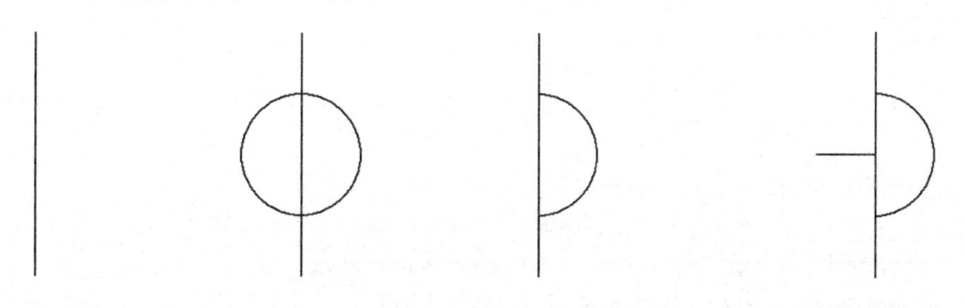

图 2-102　绘制直线　图 2-103　绘制圆　图 2-104　修剪圆　图 2-105　绘制水平直线

（5）单击“修改”面板中的“延伸”命令按钮，以水平直线为延伸边界线，延伸如图 2-106 所示光标捕捉的圆弧上端，效果如图 2-107 所示。

（6）单击“修改”面板中的“修剪”命令按钮，以如图 2-108 虚线所示线条为修剪边，修剪光标捕捉的线头，效果如图 2-109 所示。

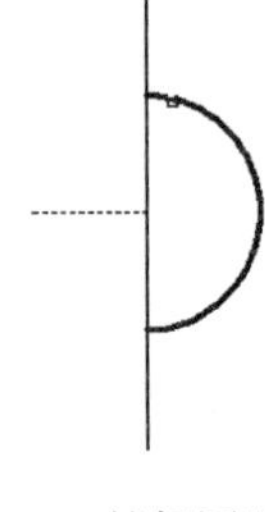
图 2-106　捕捉圆弧

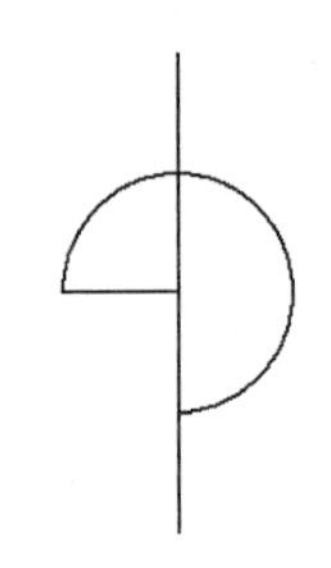
图 2-107　延伸圆弧

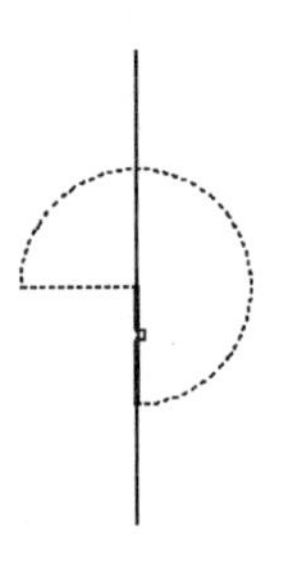
图 2-108　捕捉线头

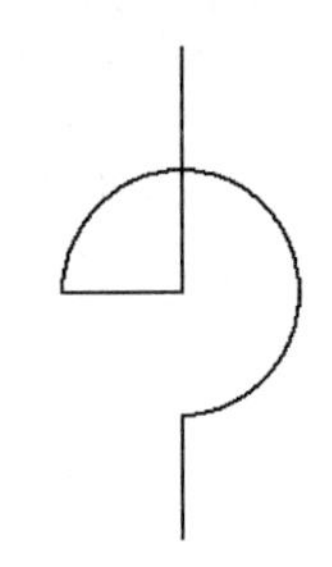
图 2-109　修剪线头

2.1.12　修剪

“修剪”命令按钮在“修改”面板中的位置如图 2-110 所示。

图 2-110　“修剪”命令按钮

【示例】 修剪如图 2-111 所示的六角星内部的线条。按命令行的提示操作。

```
命令: _trim
当前设置:投影=UCS,边=无
选择剪切边...
选择对象或<全部选择>: 找到 1 个（选择如图 2-112 所示的直线）

选择对象: 找到 1 个,总计 2 个（顺次选择如图 2-113 所示的直线）
选择对象: 找到 1 个,总计 3 个
选择对象: 找到 1 个,总计 4 个
选择对象: 找到 1 个,总计 5 个
选择对象:（按〈Enter〉键,效果如图 2-114 所示）
选择要修剪的对象,或按住〈Shift〉键选择要延伸的对象,或
[栏选(F)/窗交(C)/投影(P)/边(E)/删除(R)/放弃(U)]: （选择如图 2-115 所示的直线段作为修剪掉的线条）
选择要修剪的对象,或按住〈Shift〉键选择要延伸的对象,或
[栏选(F)/窗交(C)/投影(P)/边(E)/删除(R)/放弃(U)]: （顺次选择类似的直线段）
选择要修剪的对象,或按住〈Shift〉键选择要延伸的对象,或
[栏选(F)/窗交(C)/投影(P)/边(E)/删除(R)/放弃(U)]:
选择要修剪的对象,或按住〈Shift〉键选择要延伸的对象,或
[栏选(F)/窗交(C)/投影(P)/边(E)/删除(R)/放弃(U)]:
```

```
选择要修剪的对象,或按住〈Shift〉键选择要延伸的对象,或
[栏选(F)/窗交(C)/投影(P)/边(E)/删除(R)/放弃(U)]:
选择要修剪的对象,或按住〈Shift〉键选择要延伸的对象,或
[栏选(F)/窗交(C)/投影(P)/边(E)/删除(R)/放弃(U)]: （按〈Enter〉键）
```

效果如图 2-116 所示。

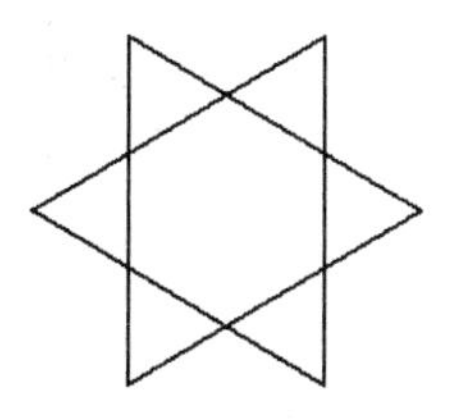
图 2-111　带隔线的六角星

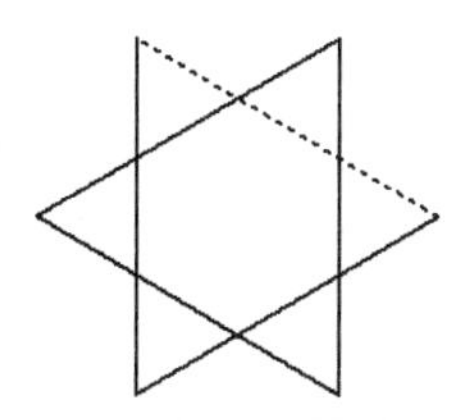
图 2-112　选择第一条修剪边

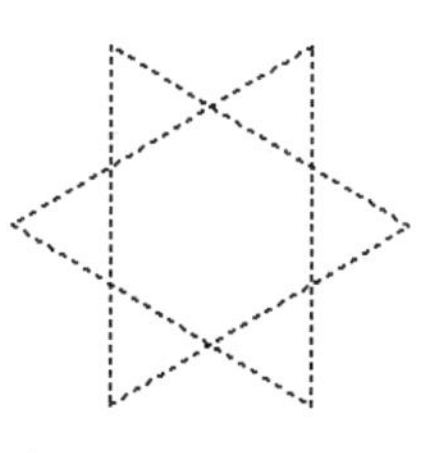
图 2-113　选择所有的修剪边

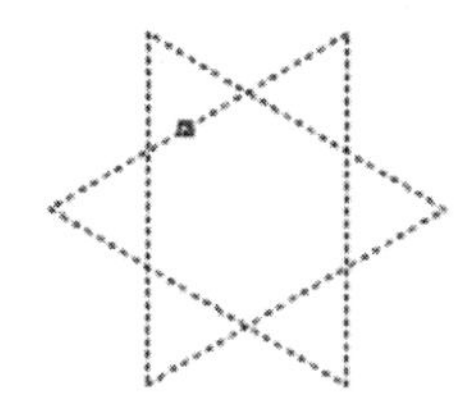
图 2-114　选择第一条隔线

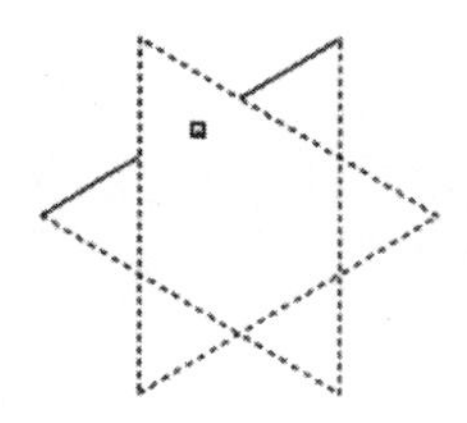
图 2-115　剪去第一条隔线

图 2-116　剪去所有隔线

【电气图示例】 绘制三相笼型电动机符号。

操作步骤如下。

（1）单击“绘图”面板中的“直线”命令按钮，绘制长度为 20 的垂直直线，效果如图 2-117 所示。

（2）单击“修改”面板中的“偏移”命令按钮，把垂直直线向两边各偏移复制一份，偏移距离为 5，效果如图 2-118 所示。

（3）单击“绘图”面板中的“圆”命令按钮，绘制圆心在中间垂直直线中点的ϕ15 圆，效果如图 2-119 所示。

图 2-117　绘制垂直直线

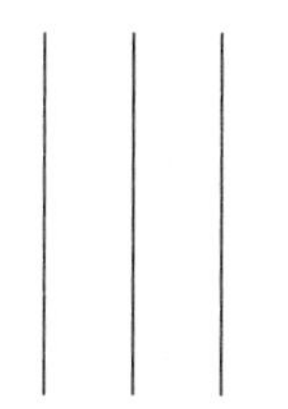
图 2-118　偏移垂直直线

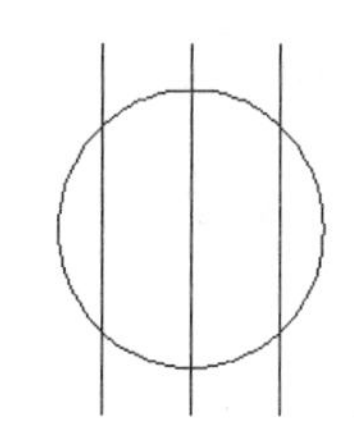
图 2-119　绘制圆

（4）单击“修改”面板中的“修剪”命令按钮，以ϕ15 圆为修剪边，修剪掉它下边和内部的线头，结果如图 2-120 所示。

（5）单击“注释”面板中的“单行文字”命令按钮，在ϕ15 圆中标注文字“M”和“3～”，效果如图 2-121 所示。

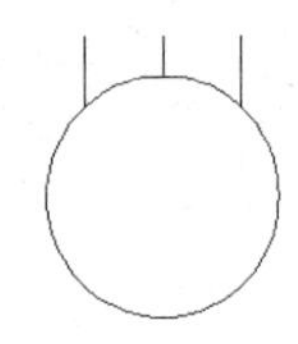

图 2-120　修剪线头

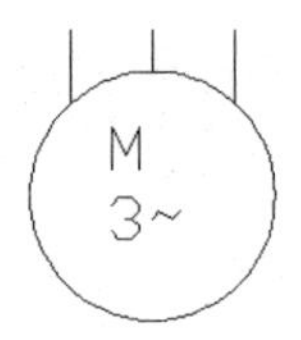

图 2-121　标注文字

2.1.13　拉伸

使用“拉伸”命令可以按照指定的长度拉长图形，图 2-122 所示为“拉伸”命令按钮在“修改”面板中的位置。

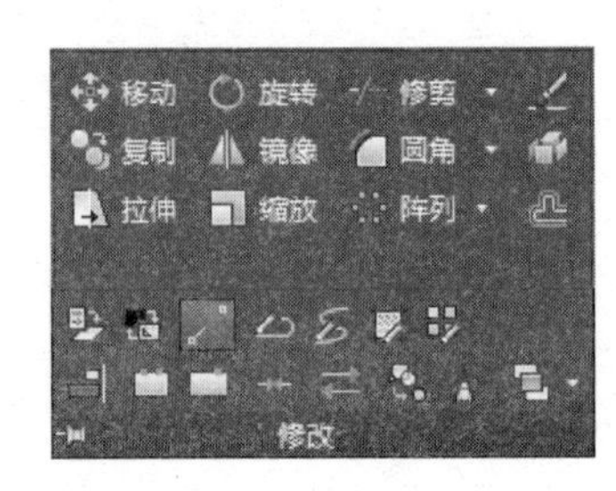

图 2-122　“拉伸”命令按钮

【示例】 拉伸一个曲线五角星的边。按命令行的提示操作。

```
命令: _lengthen
选择对象或 [增量(DE)/百分数(P)/全部(T)/动态(DY)]: de（执行增量选项）
输入长度增量或 [角度(A)] <0.0000>: 3（输入拉长量）
选择要修改的对象或 [放弃(U)]:（选择如图 2-123 所示曲边，单击实现拉长，如图 2-124 所示）
选择要修改的对象或 [放弃(U)]:（顺次单击需要拉伸的曲边）
选择要修改的对象或 [放弃(U)]:
选择要修改的对象或 [放弃(U)]:
选择要修改的对象或 [放弃(U)]:
选择要修改的对象或 [放弃(U)]: *取消*（按〈Esc〉键）
```

效果如图 2-125 所示。

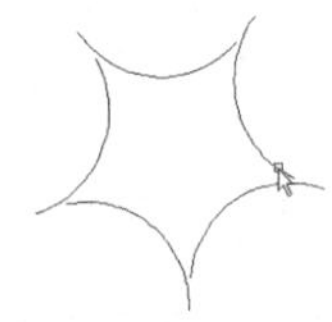

图 2-123　选择需要拉伸的对象

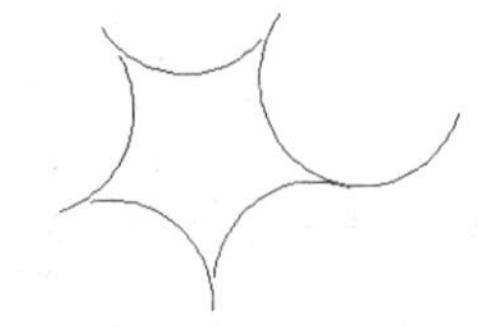

图 2-124　拉伸曲线边

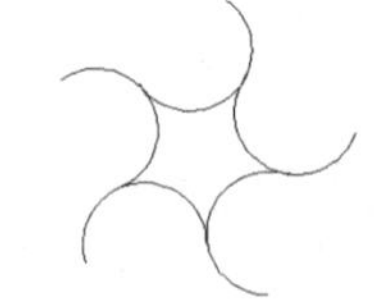

图 2-125　拉伸所有曲线边

2.1.14　打断于点

本命令用于在指定的位置截断线条。图 2-126 所示为“打断于点”命令按钮在“修

改”面板中的位置。

【示例】 在右边中点处打断如图2-127所示的一个三角形，按命令行的提示操作。

```
命令: _break
选择对象:（选择三角形，如图2-128所示）
指定第二个打断点或 [第一点(F)]: _f
指定第一个打断点:（选择右边中点，如图2-129所示）
指定第二个打断点: @
```

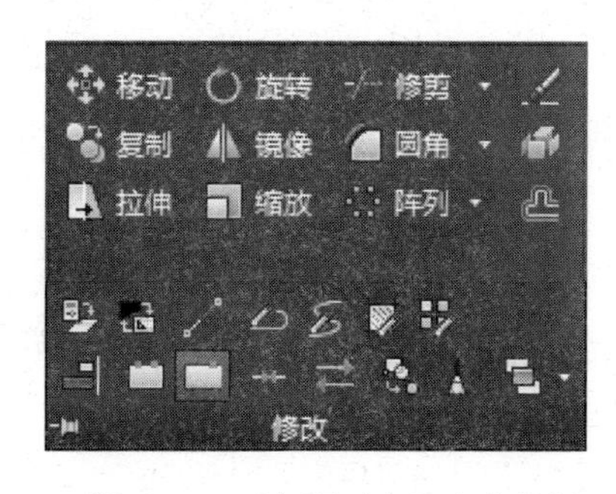

图2-126 “打断于点”命令按钮

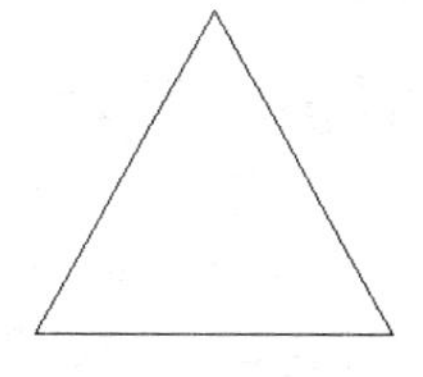

图2-127 三角形

单击右边线条，效果如图2-130所示，可见确实已经打断。

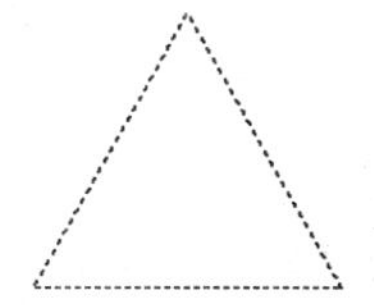

图2-128 选择三角形

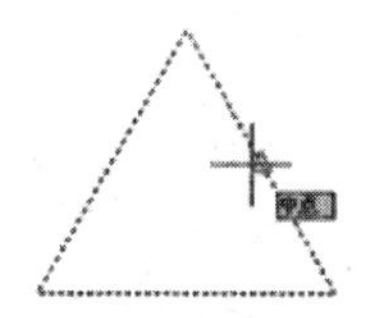

图2-129 选择中点

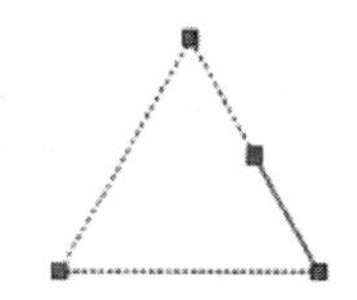

图2-130 打断线条

2.1.15 打断

该命令用于截除指定位置的线条。图2-131所示为“打断”命令按钮在“修改”面板中的位置。

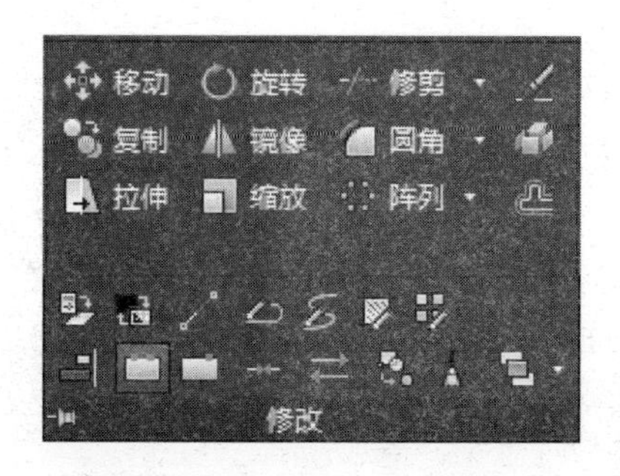

图2-131 “打断”命令按钮

【示例】 打断椭圆上指定的线段，按命令行的提示操作。

命令: _break
选择对象: （捕捉如图 2-132 所示的点作为截除线段的起点）
指定第二个打断点或 [第一点(F)]:（捕捉如图 2-133 所示象限点作为截除线段的终点）

效果如图 2-134 所示。

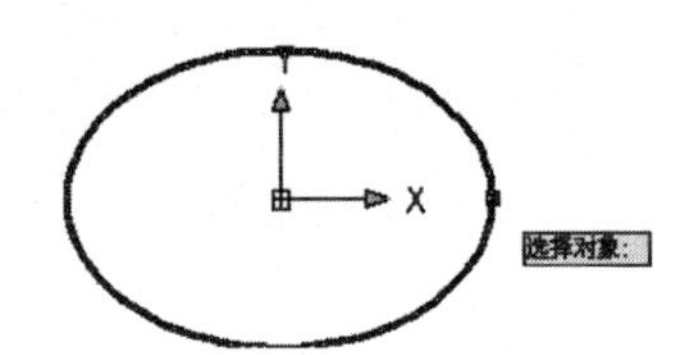

图 2-132　捕捉截除线段的起点

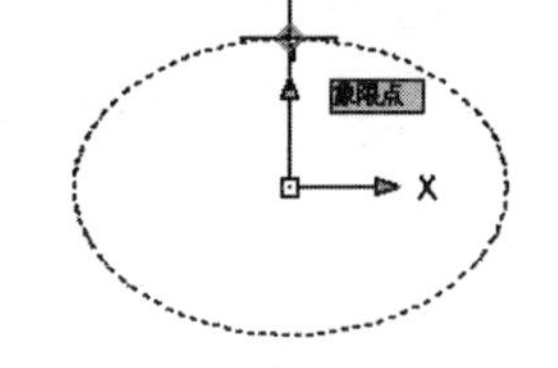

图 2-133　捕捉截除线段的终点

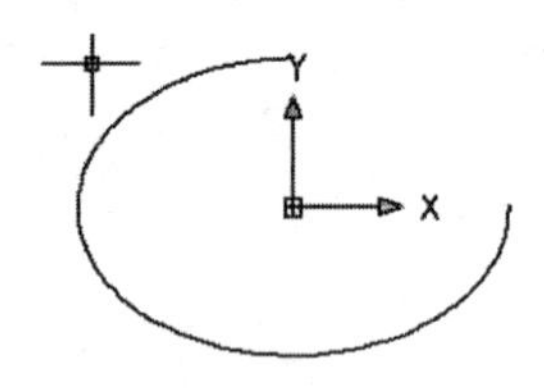

图 2-134　截除线段

【电气图示例】 绘制局部照明灯符号。

操作步骤如下。

（1）单击“绘图”面板中的“圆”命令按钮，绘制ϕ20 圆，效果如图 2-135 所示。

（2）单击“绘图”面板中的“圆”命令按钮，绘制与ϕ20 圆同心的ϕ3 圆，效果如图 2-136 所示。

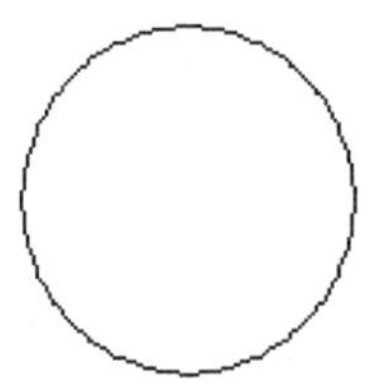
图 2-135　绘制圆

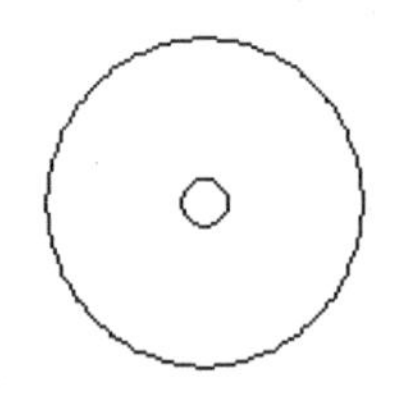
图 2-136　绘制同心圆

（3）单击“绘图”面板中的“图案填充”命令按钮，屏幕出现“图案填充创建”选项卡。使用如图 2-137 所示图案和比例给ϕ3 圆填上剖面线，效果如图 2-138 所示。

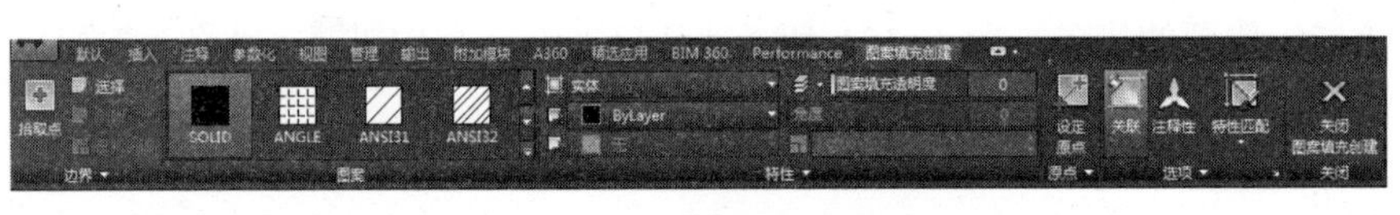

图 2-137 “图案填充创建”选项卡

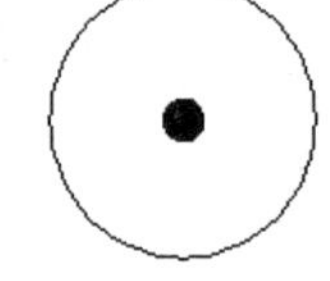
图 2-138　填充圆

（4）单击“修改”面板中的“打断”命令按钮，按命令行的提示把ϕ20 圆适当打断成圆弧。

命令: _break
选择对象:（如图 2-139 所示，单击ϕ20 圆，单击位置即是打断起始位置）
指定第二个打断点或 [第一点(F)]:（如图 2-140 所示单击一点，系统自动以单击位置到ϕ20 圆上最近的位置为打断终点）

效果如图 2-141 所示。

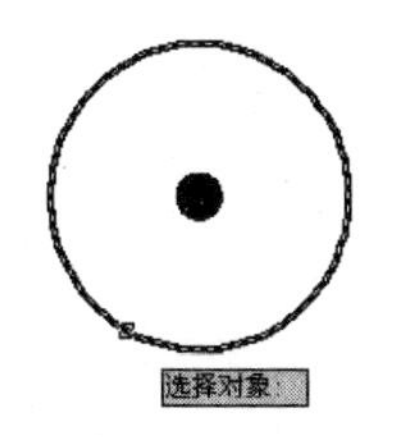

图 2-139　单击圆

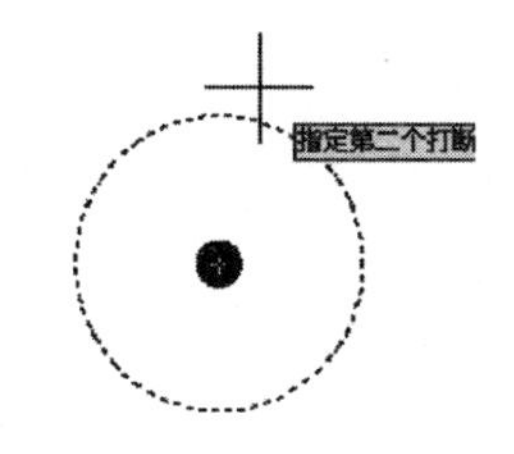

图 2-140　确定打断位置

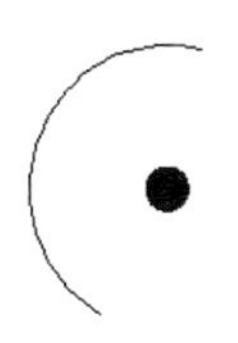

图 2-141　打断圆

▷▷▷ 2.1.16　倒角

该命令用于使两条直线之间按照指定的倒角距离倒角，“倒角”命令按钮在“修改”面板中的位置如图 2-142 所示。

图 2-142 “倒角”命令按钮

【示例】 把三角形的一个角倒角，按命令行的提示操作。

命令: _chamfer

(“修剪”模式) 当前倒角距离 1 = 0.0000，距离 2 = 0.0000

选择第一条直线或 [放弃(U)/多段线(P)/距离(D)/角度(A)/修剪(T)/方式(E)/多个(M)]: d（执行修改倒角距离的选项）

指定第一个倒角距离 <0.0000>: 60（确定新倒角距离）

指定第二个倒角距离 <60.0000>:（按〈Enter〉键）

选择第一条直线或 [放弃(U)/多段线(P)/距离(D)/角度(A)/修剪(T)/方式(E)/多个(M)]:（如图 2-143 所示选择第一条直线）

选择第二条直线:（如图 2-144 所示选择第二条直线）

效果如图 2-145 所示。

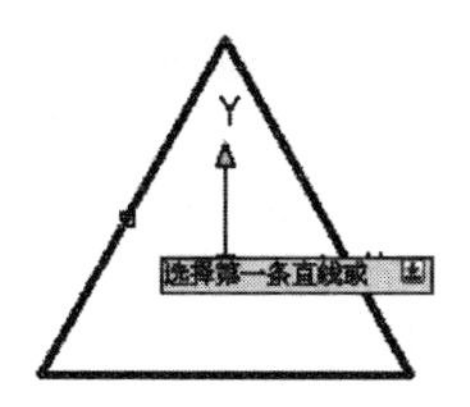

图 2-143　选择第 1 条直线

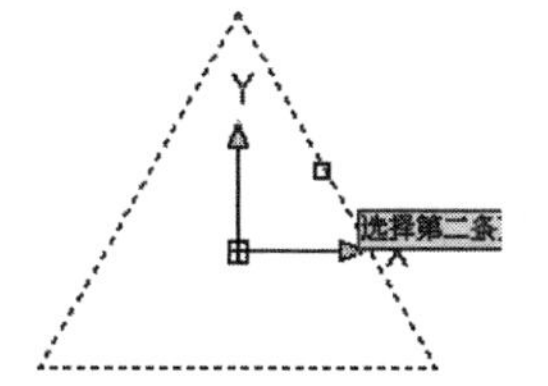

图 2-144　选择第 2 条直线

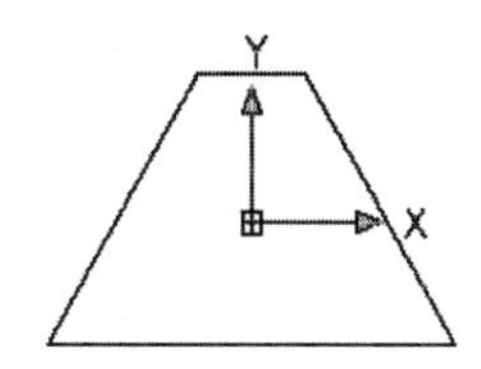

图 2-145　倒角

【电气图示例】 绘制多线型电缆接线盒符号。

操作步骤如下。

（1）单击“绘图”面板中的“矩形”命令按钮，绘制尺寸为 10×5 的矩形，效果如图 2-146 所示。

（2）单击“绘图”面板中的“直线”命令按钮，绘制矩形的水平中线，效果如图 2-147 所示。

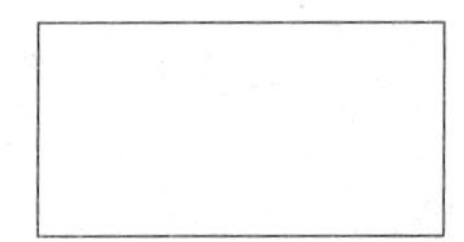
图 2-146　绘制矩形

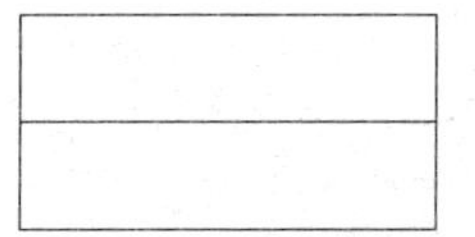
图 2-147　绘制水平中线

（3）在命令行输入命令“LENGTHEN”，把水平中线各向两边延伸，延伸长度为 5，效果如图 2-148 所示。

（4）单击“修改”面板中的“偏移”命令按钮，把水平直线向两边各偏移复制一份，偏移距离为 2，效果如图 2-149 所示。

图 2-148　延长直线

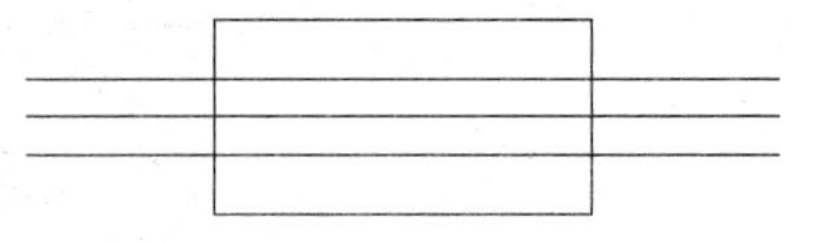
图 2-149　偏移复制直线

（5）单击“修改”面板中的“倒角”命令按钮，按命令行的提示将步骤（1）创建的矩形进行倒角，倒角距离为 1。

```
命令: _chamfer
(“修剪”模式) 当前倒角距离 1 = 10.0000，距离 2 = 10.0000
选择第一条直线或 [放弃(U)/多段线(P)/距离(D)/角度(A)/修剪(T)/方式(E)/多个(M)]: d（执行修改倒角距离的选项）
指定第一个倒角距离 <10.0000>: 1（确定新倒角距离）
指定第二个倒角距离 <1.0000>:5（按〈Enter〉键）
选择第一条直线或 [放弃(U)/多段线(P)/距离(D)/角度(A)/修剪(T)/方式(E)/多个(M)]:（选择如图 2-150 所示边）
选择第二条直线:（选择如图 2-151 所示边）
```

阶段效果如图 2-152 所示。

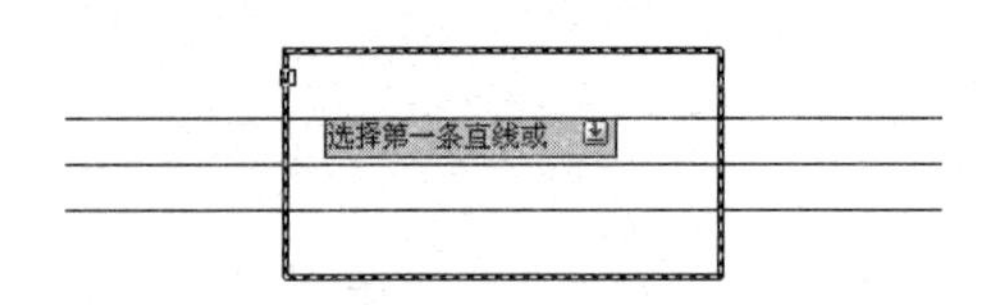

图 2-150　选择一条边

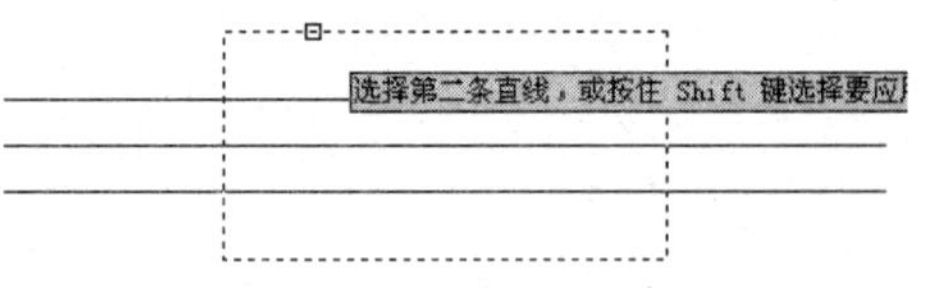

图 2-151　选择另一条边

（6）参考步骤（5），把其他 3 个角进行倒角，效果如图 2-153 所示。

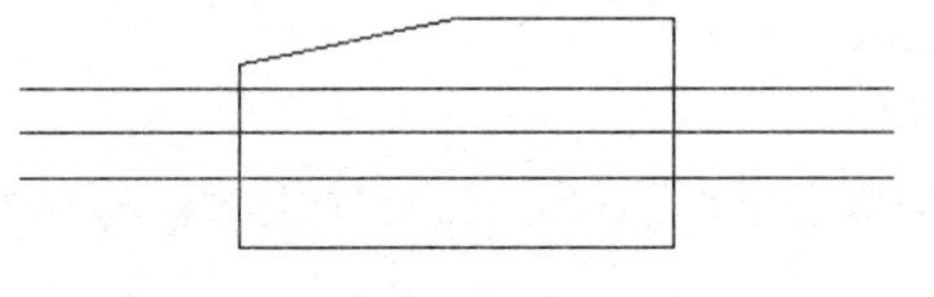
图 2-152　1 个角倒角

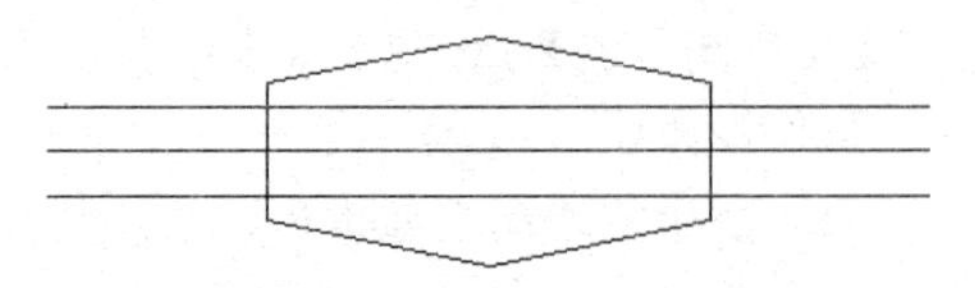
图 2-153　另外 3 个角倒角

2.1.17　圆角

该命令用于在两条直线之间按照指定的圆角半径创建圆角，“圆角”命令按钮在“修改”面板中的位置如图 2-154 所示。

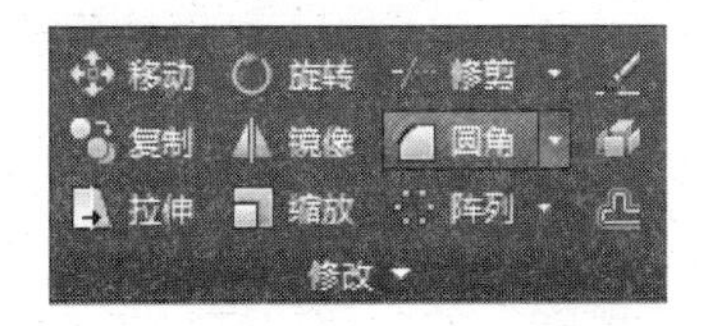

图 2-154　“圆角”命令按钮

【示例】 把五边形的上角倒圆角，按命令行的提示操作。

```
命令: _fillet
当前设置: 模式 = 修剪，半径 = 0.0000
选择第一个对象或 [放弃(U)/多段线(P)/半径(R)/修剪
(T)/多个(M)]: r（执行确定新圆角半径的选项）
指定圆角半径 <10.0000>:50（输入新圆角半径）
选择第一个对象或 [放弃(U)/多段线(P)/半径(R)/修剪(T)/多个(M)]:（选择如图 2-155 所示直线）
选择第二个对象，或按住〈Shift〉键选择要应用角点的对象:（选择如图 2-156 所示直线）
```

效果如图 2-157 所示。

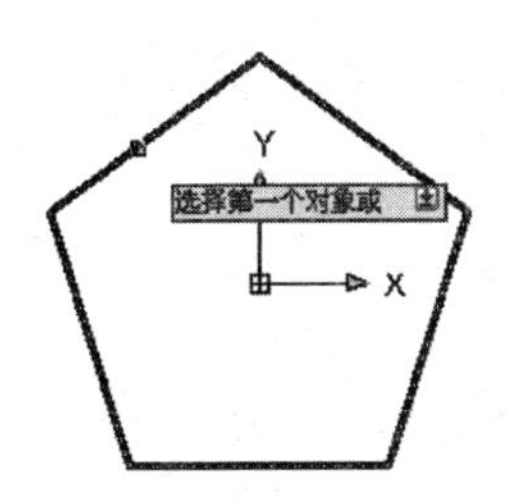

图 2-155　选择左边直线

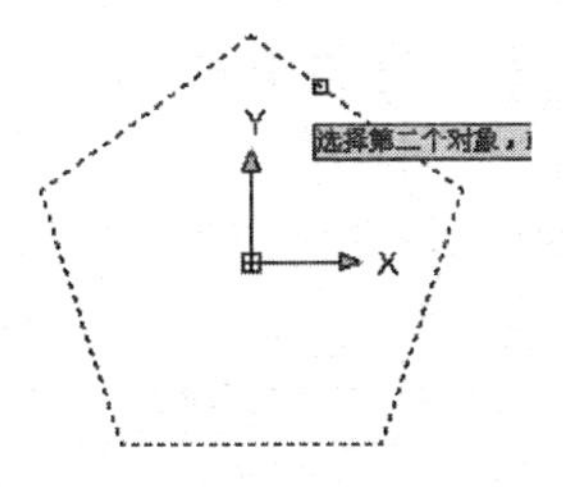

图 2-156　选择右边直线

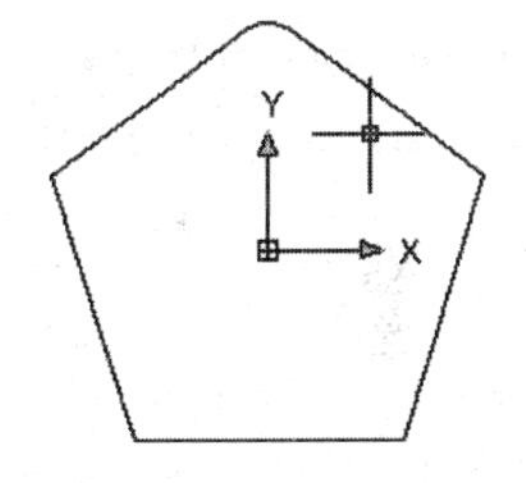

图 2-157　五边形倒圆角

【电气图示例】 绘制电感器符号。

操作步骤如下。

（1）单击“绘图”面板中的“直线”命令按钮，绘制长度为 5 的垂直直线，效果如图 2-158 所示。

图 2-158　绘制直线

（2）单击“修改”面板中的“阵列”命令按钮，屏幕出现“阵列创建”选项卡。如图 2-159 所示设置参数，把直线阵列 5 列，列距为 1.25，效果如图 2-160 所示。

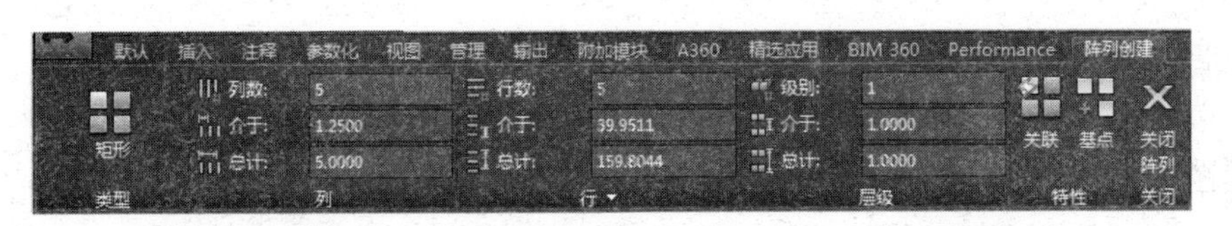

图 2-159　“阵列创建”选项卡

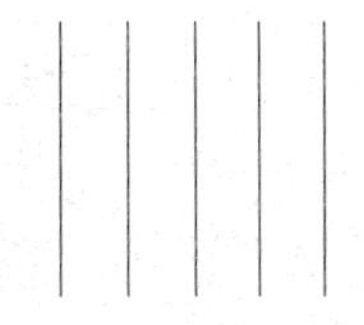

图 2-160　阵列直线

（3）单击“修改”面板中的“圆角”命令按钮，按命令行的提示创建圆角。

```
命令: _fillet
当前设置: 模式 = 修剪，半径 = 10.0000
选择第一个对象或 [多段线(P)/半径(R)/修剪(T)]:（选择如图 2-161 所示虚线）
选择第二个对象,或按住〈Shift〉键选择要应用角点的对象:（选择如图 2-161 所示直线）
```

阶段效果如图 2-162 所示。

（4）参考上面的步骤，创建其他圆角，阶段效果如图 2-163 所示。

（5）单击“修改”面板中的“删除”命令按钮，删除中间 3 条直线，效果如图 2-164 所示。

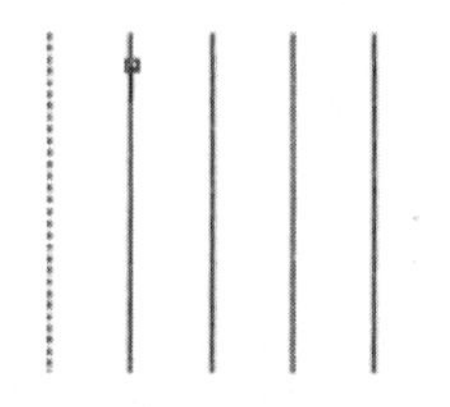

图 2-161　选择直线

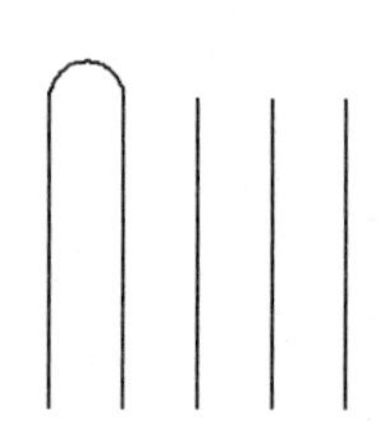

图 2-162　绘制圆角

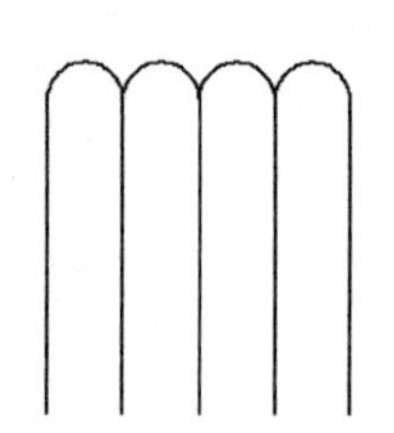

图 2-163　创建其他圆角

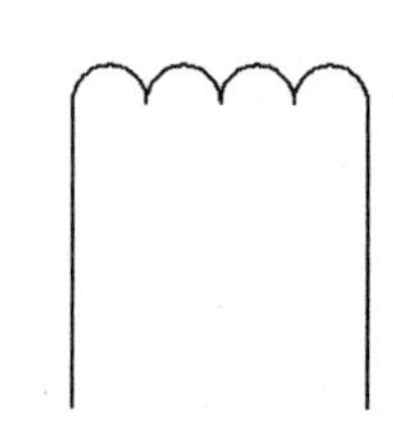

图 2-164　删除中间三条直线

2.1.18　绘制放大器电路图

操作步骤如下。

（1）首先绘制左支路。单击“绘图”面板中的“直线”命令按钮，绘制长度分别为 20、30、30、30 和 5 的连续直线，如图 2-165 所示。

（2）单击“绘图”面板中的“直线”命令按钮，绘制长度为 4 的水平线，如图 2-166 所示。

（3）单击“绘图”面板中的“直线”命令按钮，绘制如图 2-167 所示的三角形，完成二极管绘制。

图 2-165　绘制连续直线

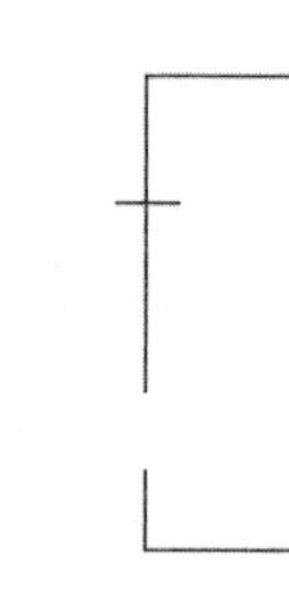

图 2-166　绘制水平线

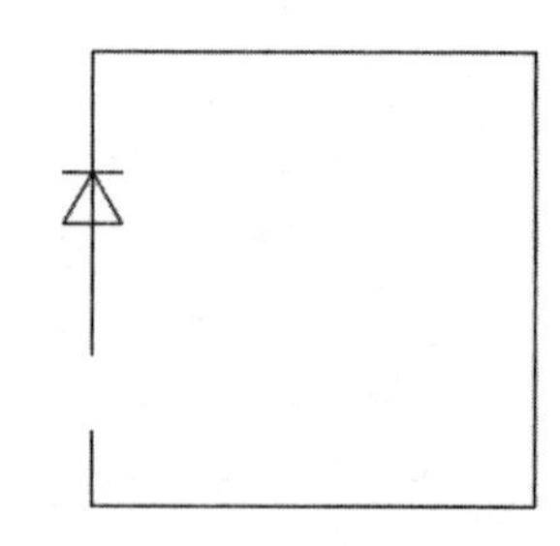

图 2-167　绘制二极管

（4）单击“绘图”面板中的“圆”命令按钮，绘制半径为 0.3 的两个圆，如图 2-168 所示。

（5）单击“绘图”命令中的“图案填充”命令按钮，完成如图 2-169 所示圆的图案填充。

（6）单击“绘图”面板中的“直线”命令按钮，绘制如图 2-170 所示的垂线。

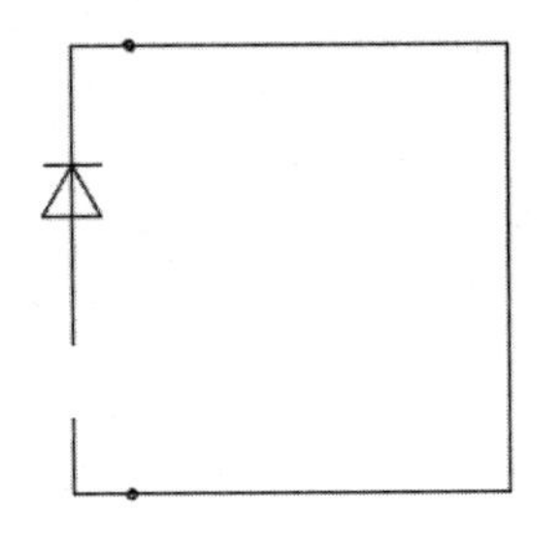

图 2-168　绘制两个圆

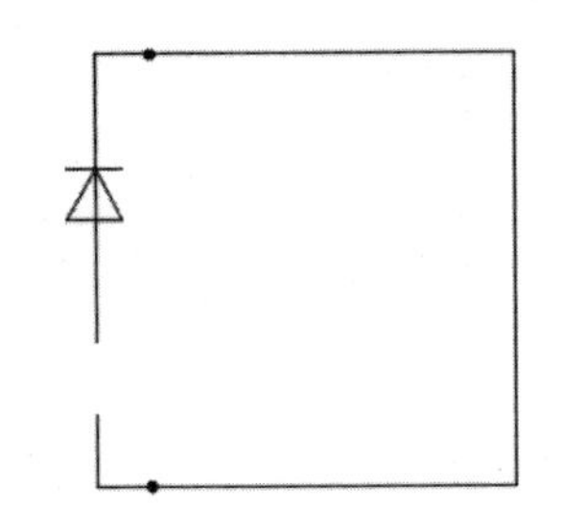

图 2-169　完成圆的图案填充

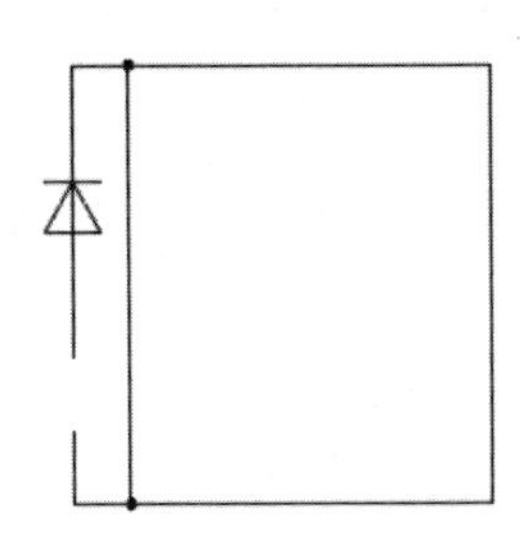

图 2-170　绘制垂线

（7）单击“绘图”面板中的“直线”命令按钮，绘制直线，如图 2-171 所示。

（8）单击“绘图”面板中的“直线”命令按钮，绘制直线，并单击“修改”中的“修剪”命令按钮，快速修剪图形，如图 2-172 所示。

（9）单击“绘图”面板中的“直线”命令按钮，绘制长度为 1 的正极符号，完成左支路的绘制，如图 2-173 所示。

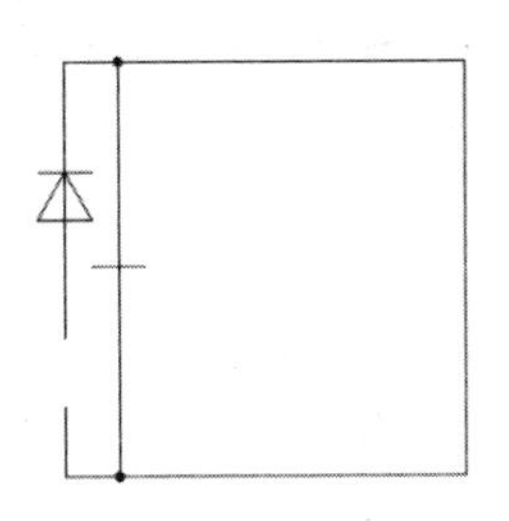

图 2-171　绘制直线

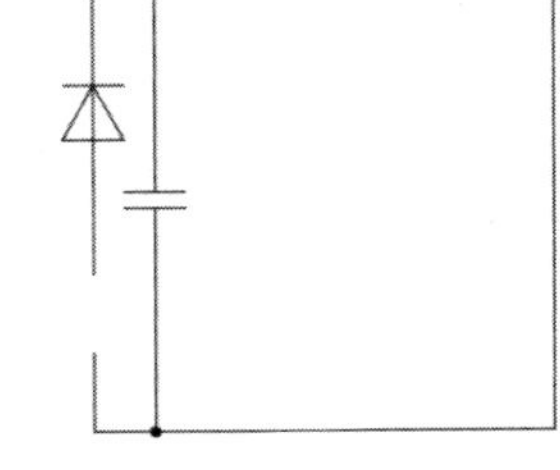

图 2-172　绘制直线并修剪图形

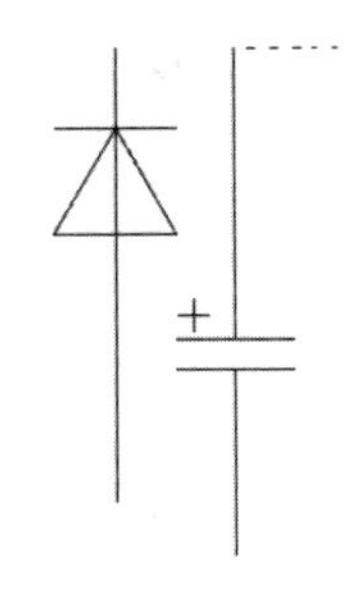

图 2-173　绘制正极符号

（10）接着绘制上支路，单击“绘图”面板中的“圆”命令按钮，绘制半径为 0.3 的圆，如图 2-174 所示。

（11）单击“绘图”面板中的“图案填充”命令按钮，完成如图 2-175 所示的圆形图案填充。

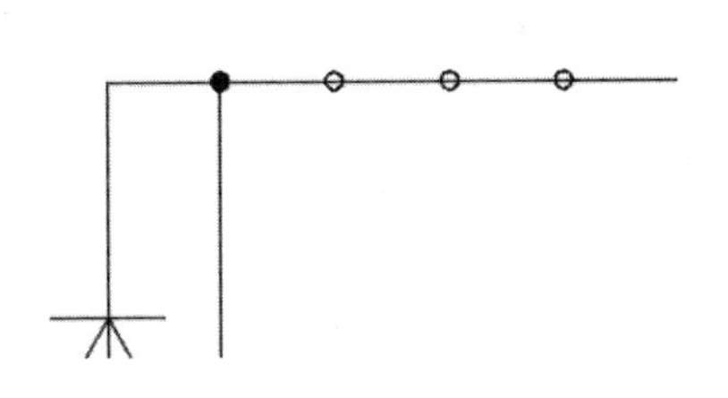

图 2-174　绘制半径为 0.3 的圆

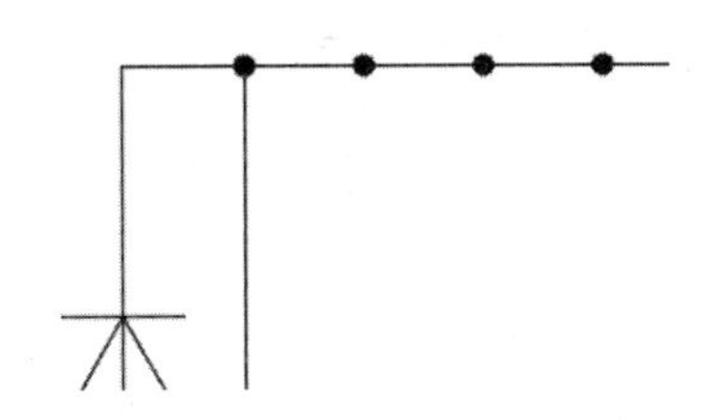

图 2-175　完成圆形图案填充

（12）单击“绘图”面板中的“矩形”命令按钮，绘制尺寸为 3×1 的电阻，如图 2-176 所示。

（13）单击“绘图”面板中的“圆”命令按钮，绘制半径为 0.3 的节点圆并填充，如图 2-177 所示。

（14）单击“默认”选项卡“绘图”工具栏中的“直线”按钮，绘制长度分别为 3 和 2 的直线，如图 2-178 所示。

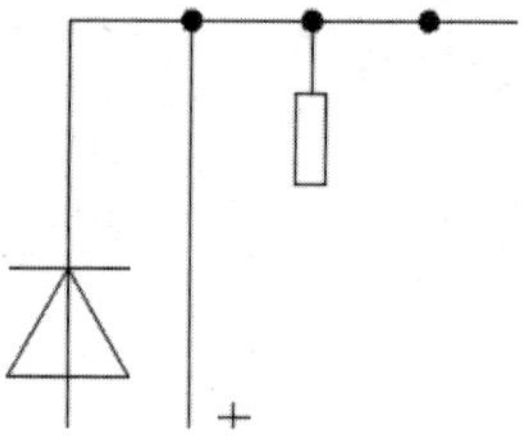

图 2-176　绘制电阻

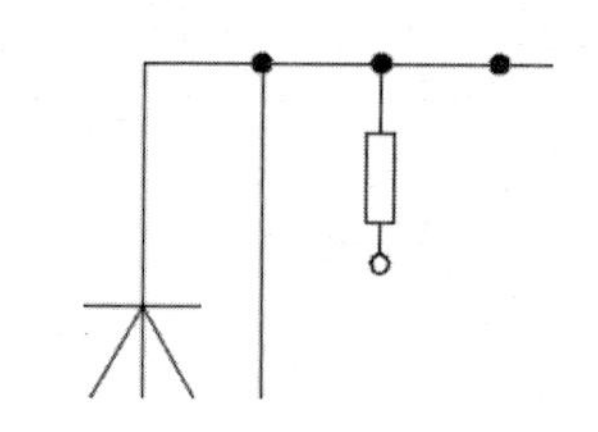

图 2-177　绘制节点圆并填充

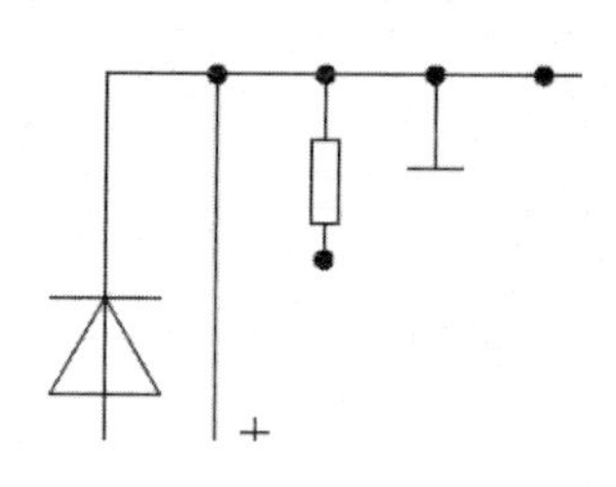

图 2-178　绘制直线

（15）单击“绘图”面板中的“直线”命令按钮，绘制直线，如图 2-179 所示。

（16）单击“绘图”面板中的“直线”命令按钮，绘制如图 2-180 所示的线路。

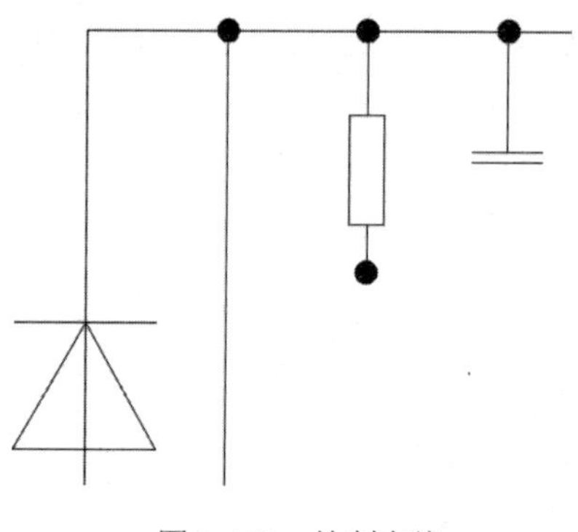

图 2-179　绘制直线

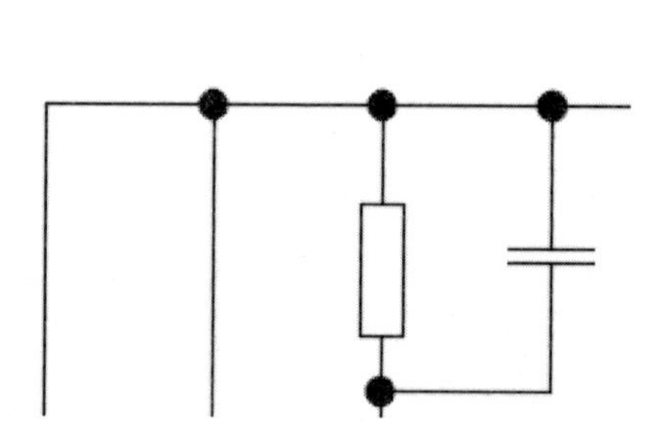

图 2-180　绘制线路

（17）单击“绘图”面板中的“直线”命令按钮，绘制长度为 0.5 的正极符号，如图 2-181 所示。

（18）单击“绘图”面板中的“圆”命令按钮，绘制半径为 0.3 的节点圆并填充，如图 2-182 所示。

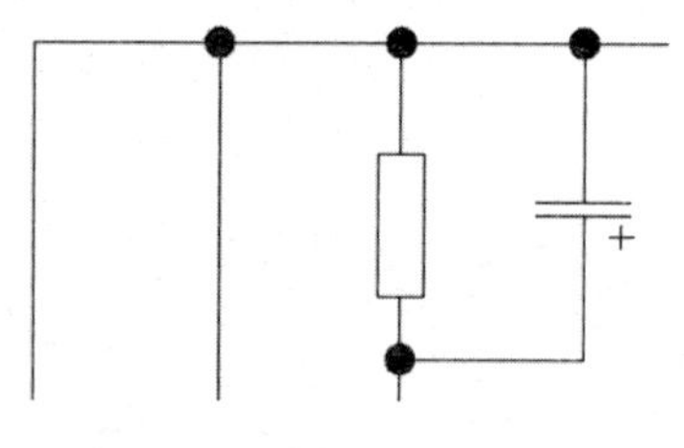

图 2-181　绘制正极符号

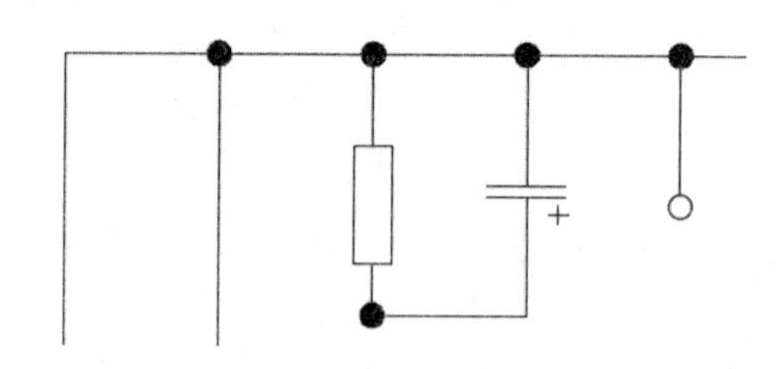

图 2-182　绘制节点圆

（19）单击“绘图”面板中的“直线”命令按钮，绘制长度为 2 的电容，如图 2-183 所示。

（20）单击“绘图”面板中的“直线”命令按钮，绘制如图 2-184 所示的连续线路。

（21）单击“绘图”面板中的“直线”命令按钮，绘制如图 2-185 所示的二极管。

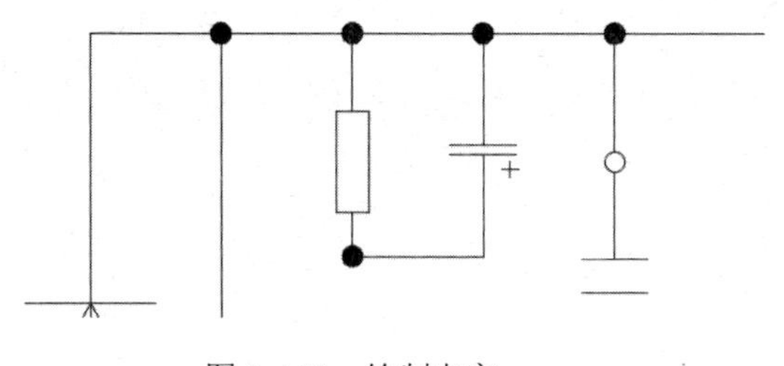

图 2-183　绘制电容

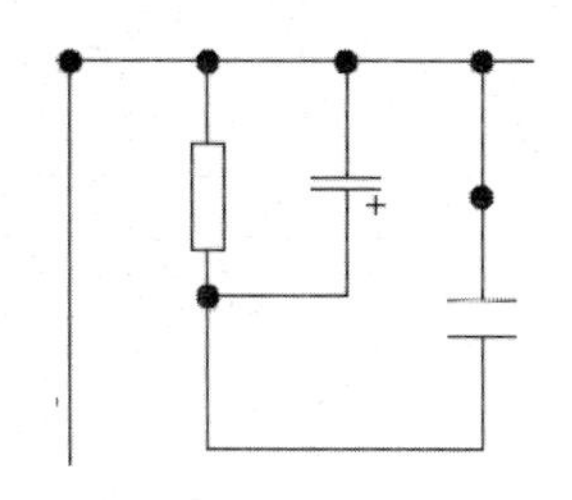

图 2-184　绘制连续线路

（22）单击“绘图”面板中的“圆”命令按钮，绘制半径为 0.3 的圆，并单击“绘图”面板中的“图案填充”命令按钮，完成如图 2-186 所示的图案填充。

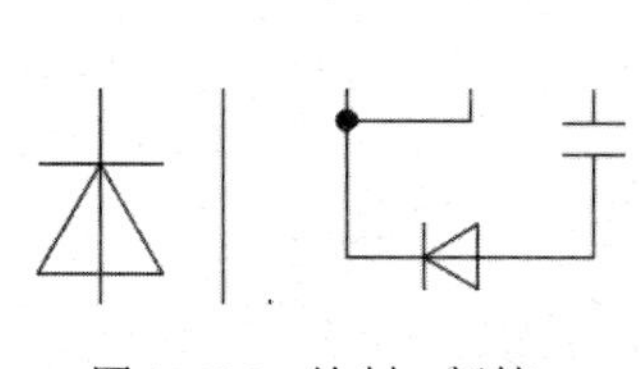

图 2-185　绘制二极管

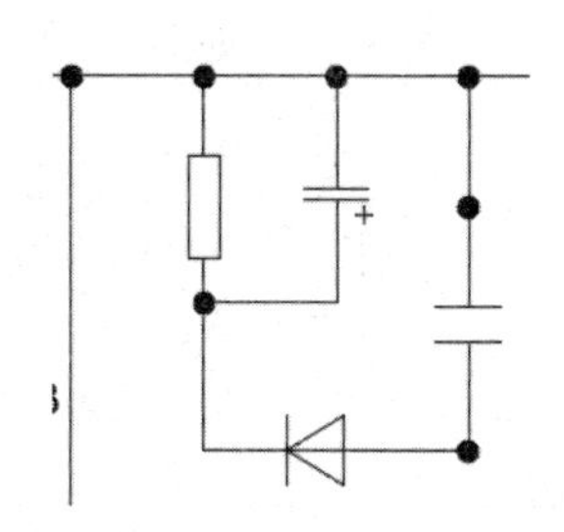

图 2-186　完成节点

（23）单击“绘图”面板中的“矩形”命令按钮，绘制尺寸为 2×3.7 的矩形表示电阻，如图 2-187 所示。

（24）单击“绘图”面板中的“直线”命令按钮，绘制长度为 7 的平行直线，如图 2-188 所示。

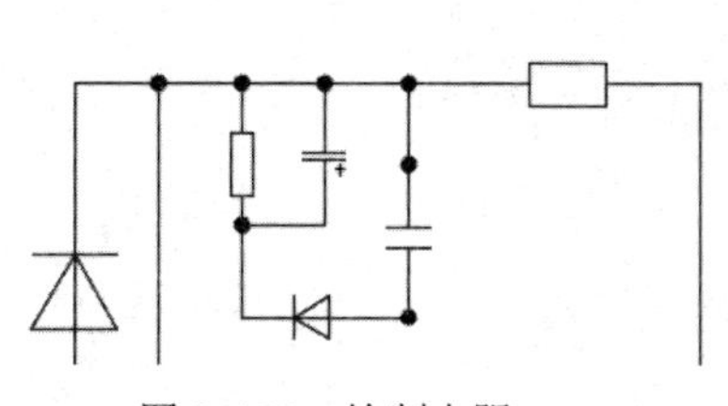

图 2-187　绘制电阻

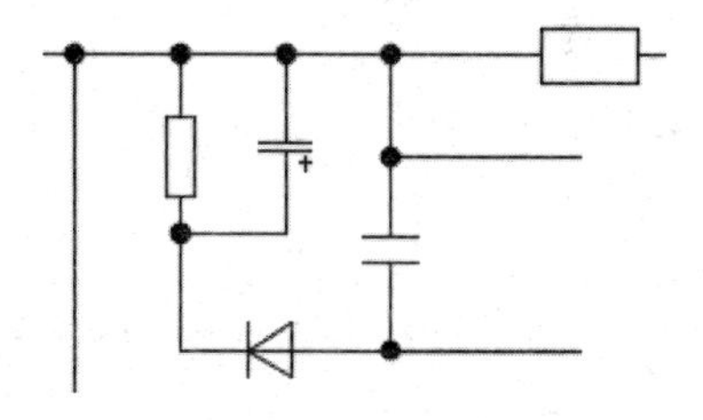

图 2-188　绘制平行线

（25）单击“绘图”面板中的“圆弧”命令按钮，绘制如图 2-189 所示的左侧圆弧。

（26）单击“修改”面板中的“复制”命令按钮，选择圆弧，完成复制，如图 2-190 所示。

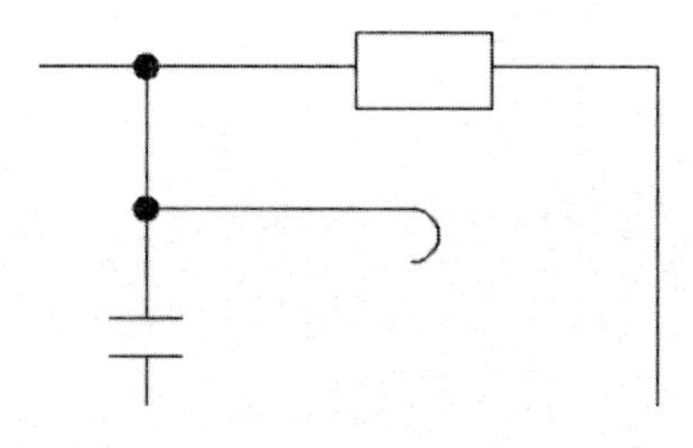

图 2-189　绘制左侧圆弧

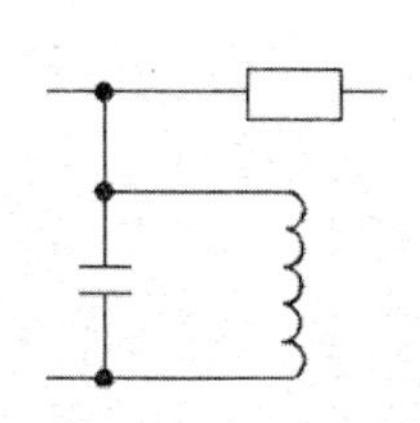

图 2-190　复制左侧圆弧

（27）单击“绘图”面板中的“圆弧”命令按钮，绘制如图 2-191 所示的右侧圆弧。

（28）单击“修改”面板中的“复制”命令按钮，选择右侧圆弧，完成复制，如图 2-192 所示。

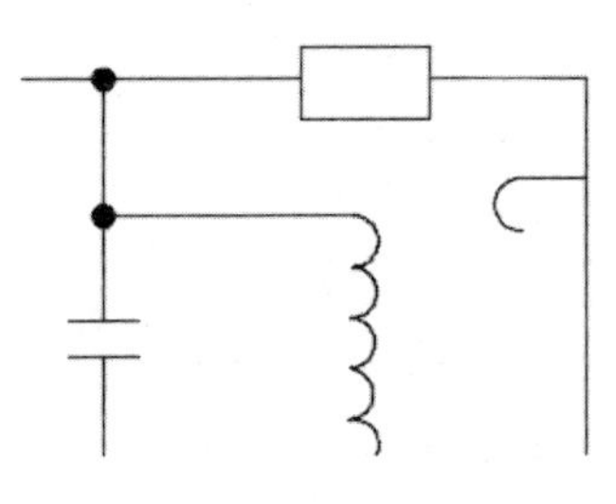

图 2-191　绘制右侧圆弧

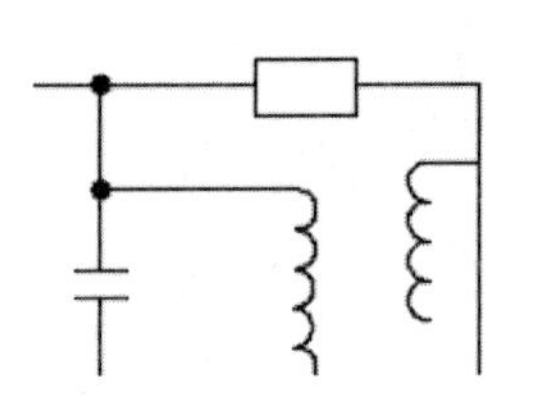

图 2-192　复制右侧圆弧

（29）单击“绘图”面板中的“直线”命令按钮，绘制直线，并单击“绘图”面板中的“圆弧”命令按钮，绘制如图 2-193 所示的图形。

（30）单击“绘图”面板中的“圆”命令按钮，绘制半径为 0.3 的圆，并单击“绘图”面板中的“图案填充”命令按钮，完成如图 2-194 所示的节点图案填充。

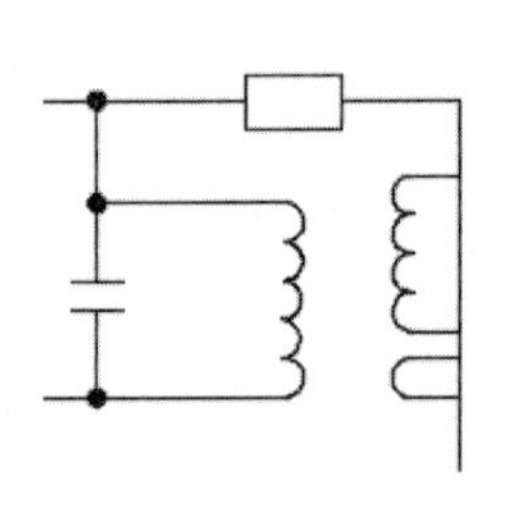

图 2-193　绘制图形

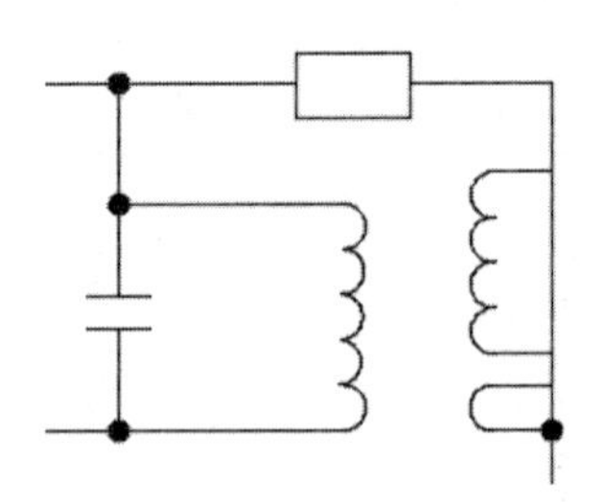

图 2-194　绘制节点并填充

（31）单击“绘图”面板中的“直线”命令按钮，绘制长度为 8.9 的垂线，如图 2-195 所示。

（32）单击“绘图”面板中的“圆”命令按钮，绘制半径为 0.3 的圆，并单击“绘图”面板中的“图案填充”命令按钮，完成如图 2-196 所示的节点图案填充，完成上支路的绘制。

（33）开始绘制晶体管，单击“绘图”面板中的“圆”命令按钮，绘制半径为 0.3 的圆，并单击“绘图”面板中的“图案填充”命令按钮，完成图 2-197 所示的节点图案填充。

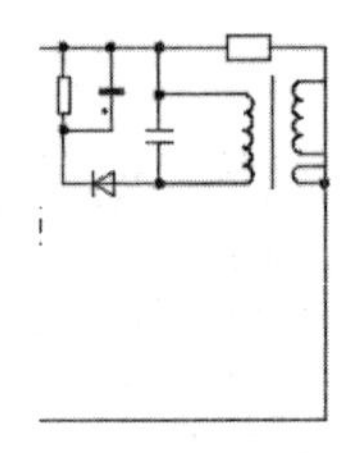

图 2-195　绘制长度为 8.9 的垂线

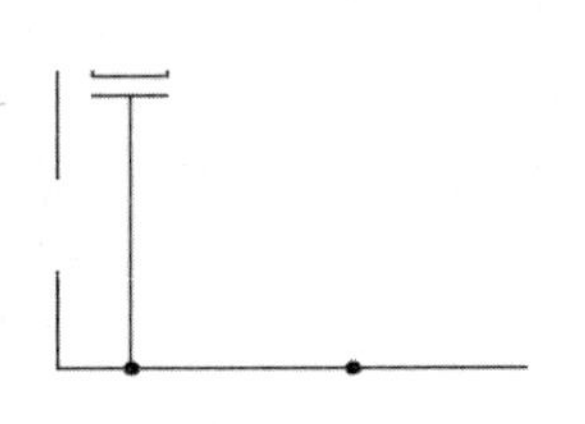

图 2-196　绘制节点并填充

（34）单击“绘图”面板中的“矩形”命令按钮，绘制尺寸 8×0.5 的矩形，如图 2-198 所示。

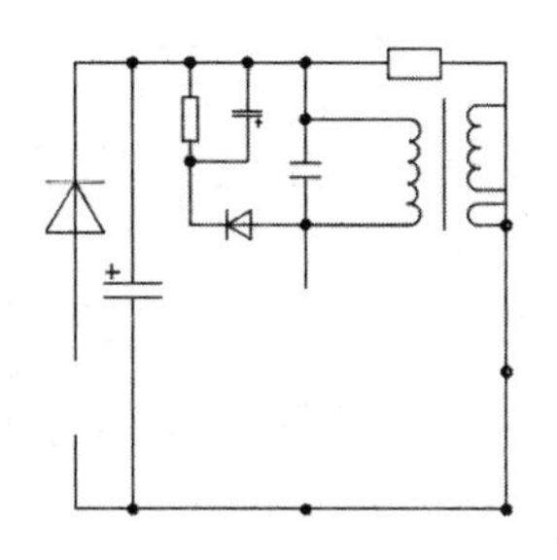

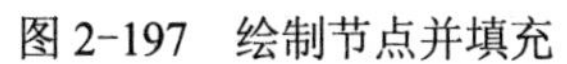

图 2-197　绘制节点并填充

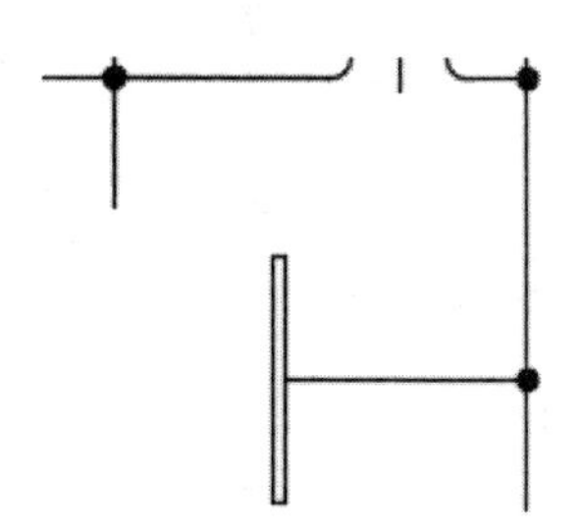

图 2-198　绘制尺寸 8×0.5 的矩形

（35）单击“绘图”面板中的“图案填充”命令按钮，完成如图 2-199 所示的矩形填充。

（36）单击“绘图”面板中的“直线”命令按钮“多段线”命令按钮，完成绘制如图 2-200 所示的晶体管。

（37）开始绘制晶体管线路。单击“绘图”面板中的“直线”命令按钮，绘制长度为 2 的电容，如图 2-201 所示。

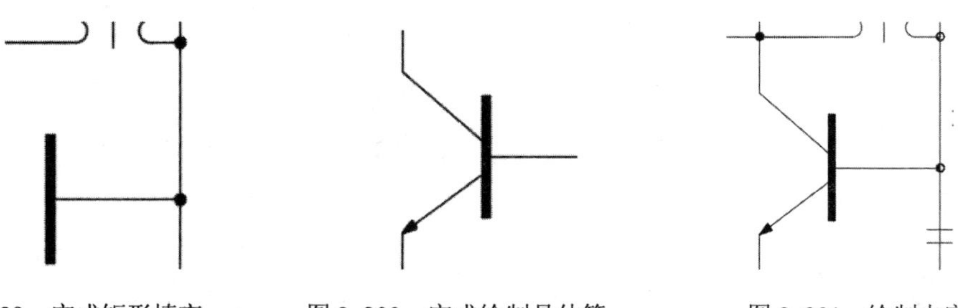

图 2-199　完成矩形填充　　图 2-200　完成绘制晶体管　　图 2-201　绘制电容

（38）单击“修改”面板中的“修剪”命令按钮，快速修剪图形，如图 2-202 所示。

（39）单击“绘图”面板中的“圆”命令按钮，绘制半径为 0.3 的圆，并单击“绘图”面板中的“图案填充”命令按钮，完成如图 2-203 所示的节点图案填充。

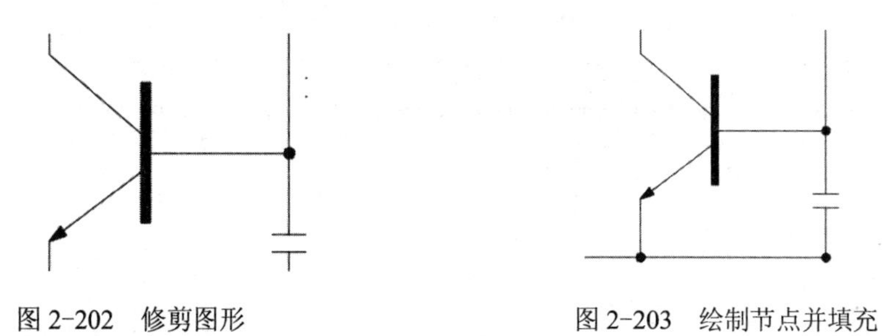

图 2-202　修剪图形　　图 2-203　绘制节点并填充

（40）单击“绘图”面板中的“直线”命令按钮，绘制长度分别为 2 和 20.6 的直线，如图 2-204 所示。

（41）单击“绘图”面板中的“直线”命令按钮，绘制长度为 2 的电容，如图 2-205 所示。

图 2-204　绘制长度分别为 2 和 20.6 的直线

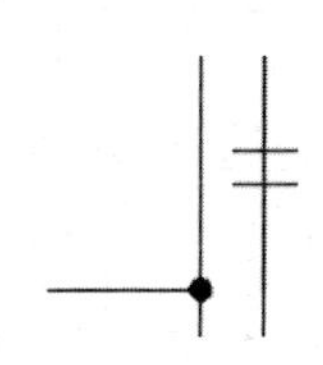

图 2-205　绘制长度为 2 的电容

（42）单击“修改”面板中的“修剪”命令按钮，快速修剪图形，如图 2-206 所示。

（43）单击“绘图”面板中的“直线”命令按钮，绘制长度为 10 的两条水平平行直线，如图 2-207 所示。

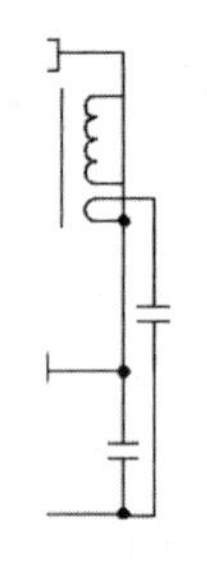

图 2-206　修剪图形

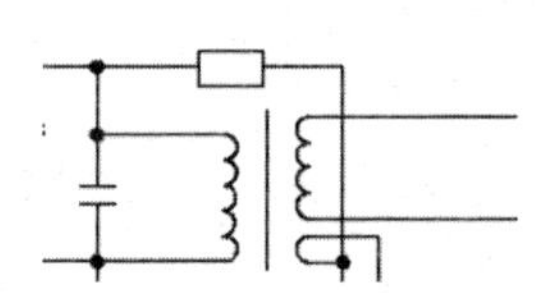

图 2-207　绘制平行线

（44）单击“绘图”面板中的“直线”命令按钮，绘制如图 2-208 所示的三角形。

（45）单击“绘图”面板中的“直线”命令按钮，绘制长度为 2 的垂线，完成二极管绘制，如图 2-209 所示。

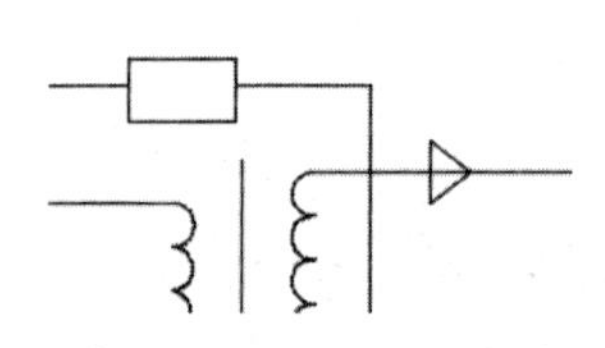

图 2-208　绘制三角

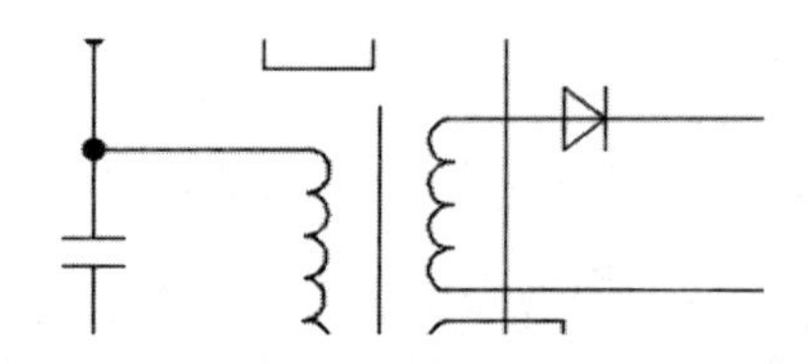

图 2-209　完成绘制二极管

（46）单击“绘图”面板中的“圆”命令按钮，绘制半径为 0.3 的圆，并单击“绘图”面板中的“图案填充”命令按钮，完成如图 2-210 所示的节点填充。

（47）单击“绘图”中的“圆”命令按钮，绘制半径为 0.3 的圆，并单击“绘图”中的“图案填充”命令按钮，完成如图 2-211 所示的节点填充。

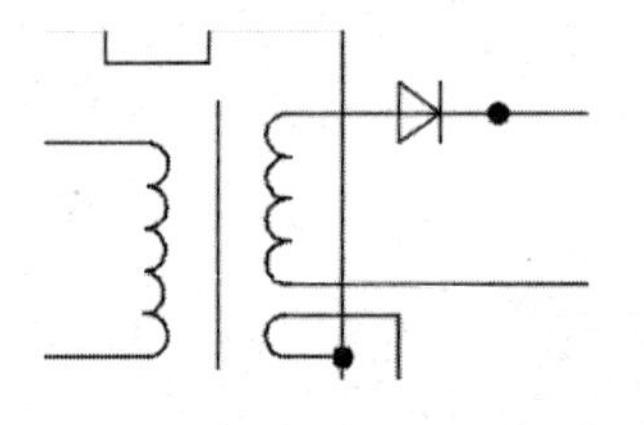

图 2-210　绘制节点并填充

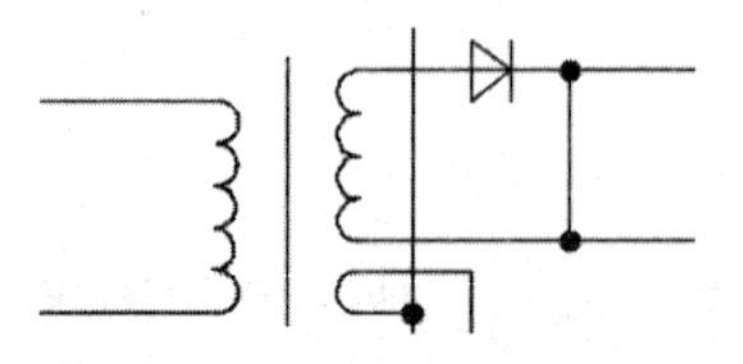

图 2-211　绘制下部的节点并填充

（48）单击“绘图”面板中的“直线”按钮，绘制两条直线，如图 2-212 所示。

（49）单击“修改”面板中的“修剪”命令按钮，快速修剪图形，如图 2-213 所示。

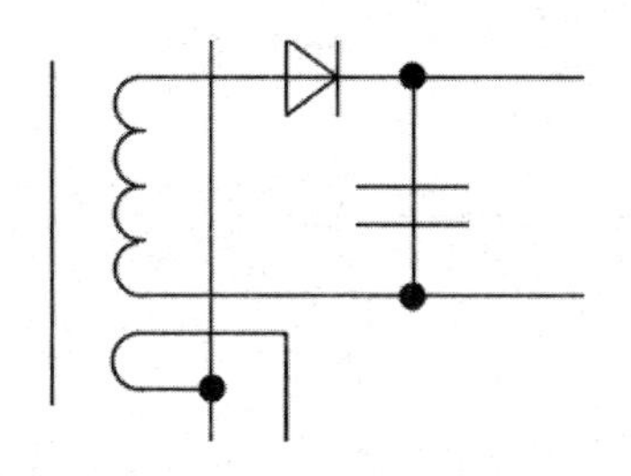

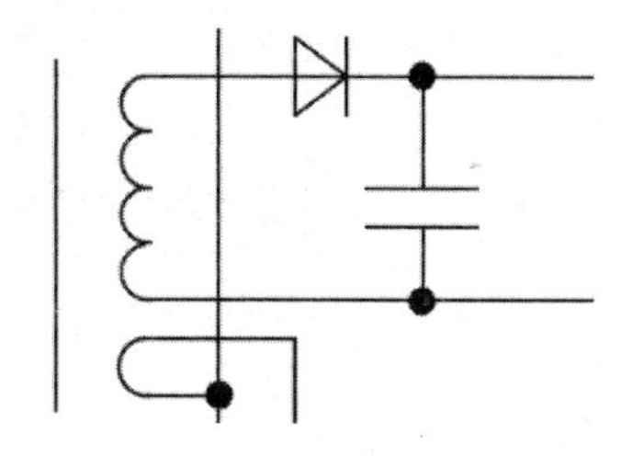

图 2-212　绘制尺寸为 1×3 的矩形

图 2-213　修剪图形

（50）单击“绘图”面板中的“直线”命令按钮，绘制长度为 0.5 的正极符号，完成晶体管及其线路的绘制，如图 2-214 所示。

（51）最后进行文字标注。单击“注释”面板中的“多行文字”命令按钮，绘制如图 2-215 所示的电源文字。

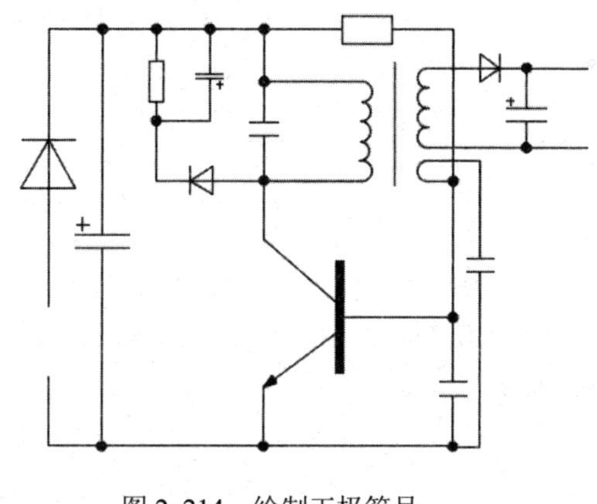

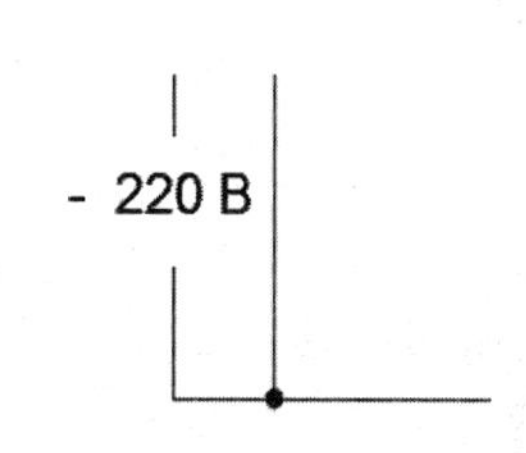

图 2-214　绘制正极符号

图 2-215　绘制电源文字

（52）单击“注释”面板中的“多行文字”命令按钮，绘制如图 2-216 所示的电容文字。

（53）单击“注释”面板中的“多行文字”命令按钮，绘制如图 2-217 所示的电阻文字。

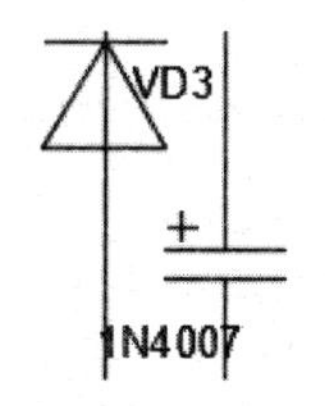

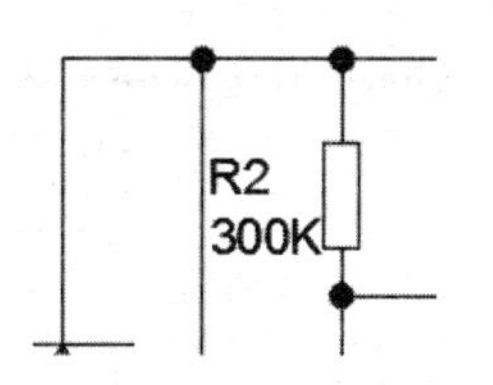

图 2-216　绘制电容文字

图 2-217　绘制电阻文字

（54）单击“注释”面板中的“多行文字”命令按钮，绘制如图 2-218 所示的电容“C6”文字。

（55）单击“注释”面板中的“多行文字”命令按钮，绘制如图 2-219 所示的二极管等文字。

图 2-218　绘制电容“C6”文字

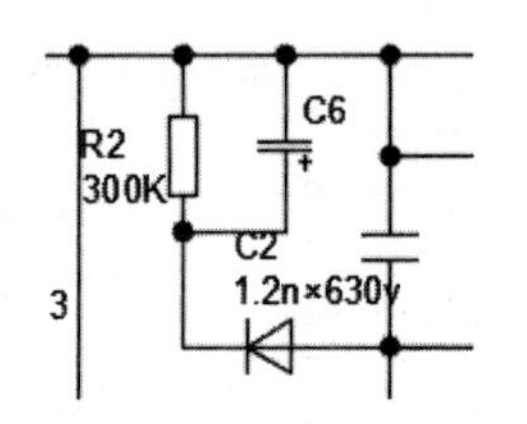

图 2-219　绘制二极管文字

（56）单击“注释”面板中的“多行文字”命令按钮，绘制如图 2-220 所示的电感等文字。

（57）单击“注释”面板中的“多行文字”命令按钮，绘制如图 2-221 所示的二极管等文字。

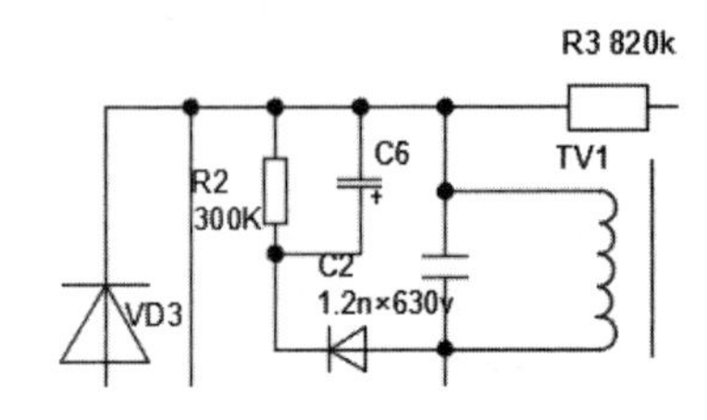

图 2-220　绘制电感等文字

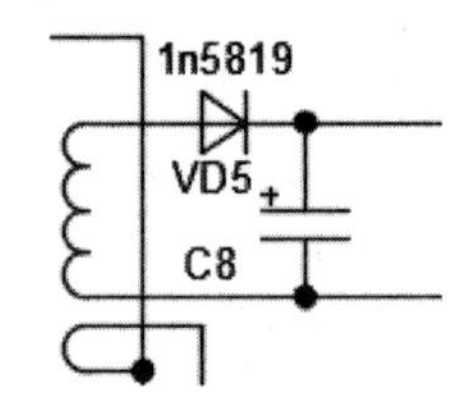

图 2-221　绘制二极管等文字

（58）单击“注释”面板中的“多行文字”命令按钮，绘制如图 2-222 所示的晶体管文字。

（59）单击“注释”面板中的“多行文字”命令按钮，绘制如图 2-223 所示的两个电容文字。至此完成放大器电路的绘制，效果如图 2-224 所示。

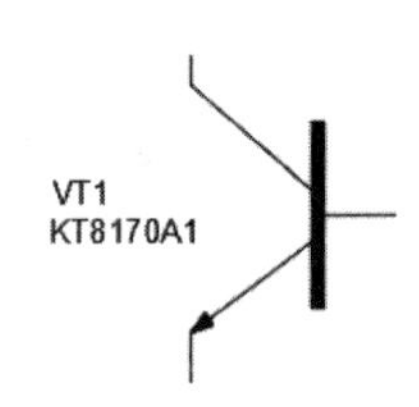

图 2-222　绘制晶体管文字

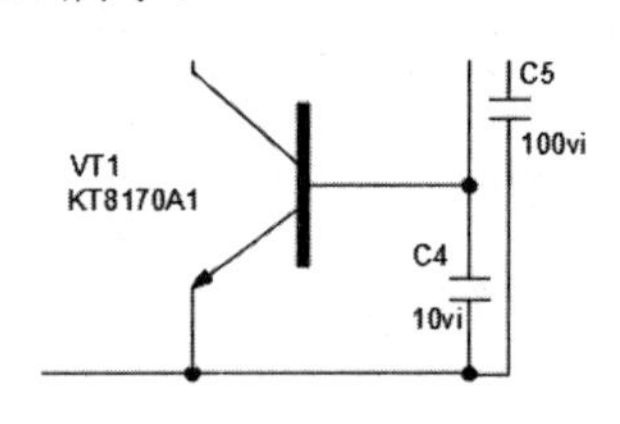

图 2-223　绘制两个电容文字

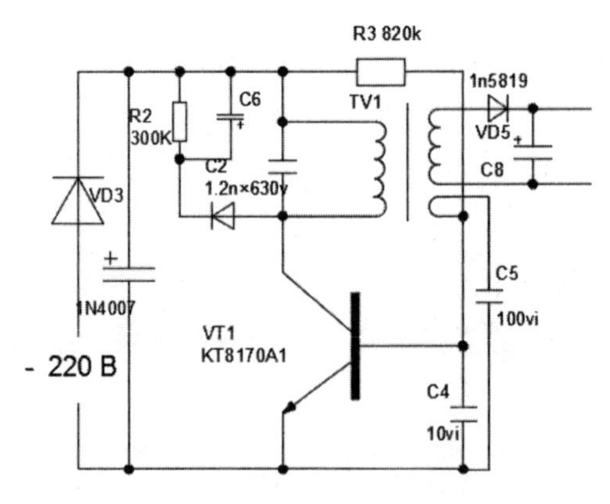

图 2-224　完成放大器电路绘制

2.2 尺寸标注

尺寸标注可分为长度方向的尺寸标注、圆周尺寸标注和角度尺寸标注，标注尺寸的方法有单独标注、基线标注、连续标注和引线标注。读者应熟练掌握本节的内容，以便完成图样的尺寸标注。本节包括尺寸元素、线性尺寸标注、对齐尺寸标注、角度尺寸标注、基线标注、连续标注、多重引线标注和关联标注。

2.2.1 尺寸元素

如图 2-225 所示，一个尺寸标注单元由尺寸线、尺寸界线、尺寸箭头和尺寸文字 4 部分组成。构成尺寸的尺寸线、尺寸界线、尺寸箭头和尺寸文字是一个块，因此需要先炸开才能对它们分别进行编辑。

尺寸标注分为线性尺寸标注、对齐尺寸标注、弧长尺寸标注、坐标尺寸标注、半径尺寸标注、直径尺寸标注、角度尺寸标注、基线标注和连续标注等，线性尺寸标注又分水平标注、垂直标注和旋转标注 3 种。图 2-226 所示为部分常用尺寸标注类型。

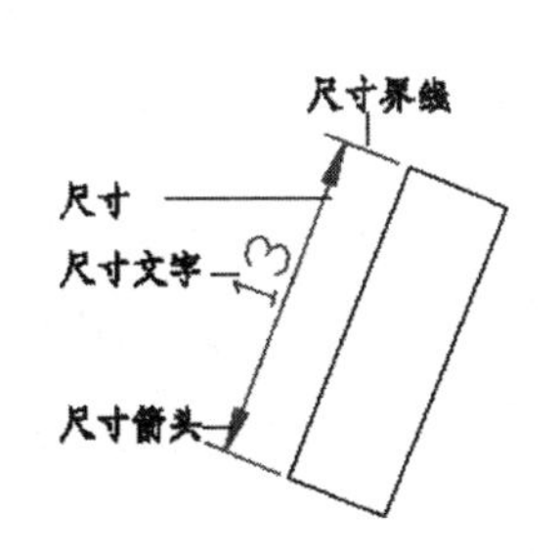

图 2-225 尺寸标注的组成

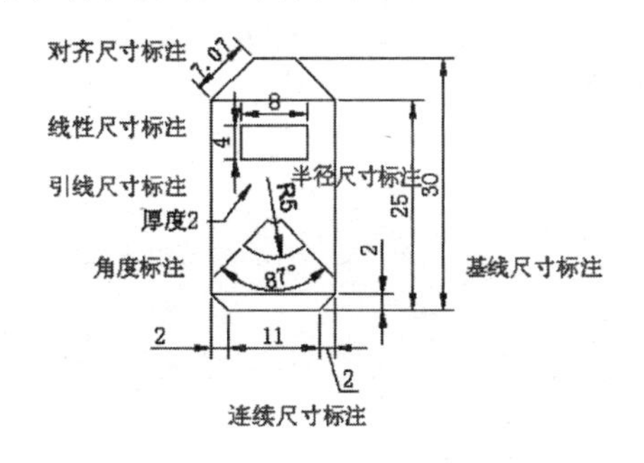

图 2-226 部分常用尺寸标注类型

各种类型的尺寸标注命令集中在如图 2-227 所示的“注释”选项卡下的“标注”面板和“引线”面板中。

2.2.2 线性尺寸标注

“标注”面板中的“线性”标注命令用于标注在 *X* 轴、*Y* 轴方向上的尺寸。图 2-228 所示为“线性”标注命令按钮在“标注”面板中的位置。

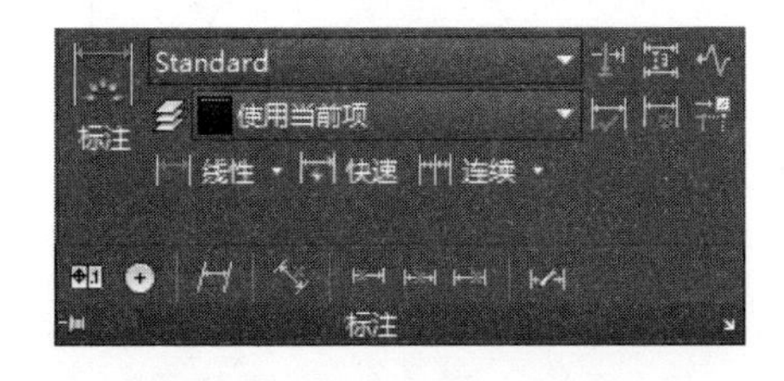

图 2-227 “标注”面板

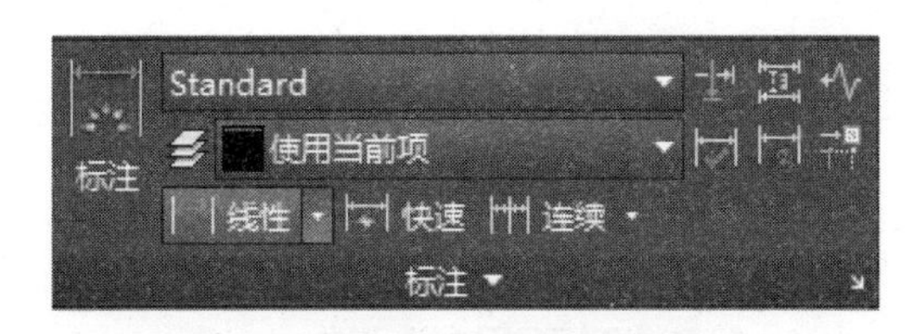

图 2-228 “线性”尺寸标注命令按钮

【示例】 给如图 2-229 所示的圆锥体标注直径与高度，操作步骤如下。

（1）标注底面直径。单击“线性”标注命令按钮，按以下提示进行操作。

```
命令：_dimlinear
指定第一条延伸线原点或 <选择对象>:（选择圆锥体左下方的端点）
指定第二条延伸线原点:（选择圆锥体右下方的端点）
指定尺寸线位置或
[多行文字(M)/文字(T)/角度(A)/水平(H)/垂直(V)/旋转(R)]: （确定尺寸标注的位置）
标注文字 =51.96
```

效果如图 2-229 所示。

（2）重复步骤（1），标注直径符号。在“指定尺寸线位置或[多行文字(M)/文字(T)/角度(A)/水平(H)/垂直(V)/旋转(R)]”这一步输入“m”后按〈Enter〉键，将打开如图 2-230 所示的“文字编辑器”面板，其中深色数字是系统标出的长度值，可以删除该值并写入需要的文字。现在要在“尺寸”前加直径符号“ϕ”。如图 2-231 所示单击“文字编辑器”面板中的“符号”命令按钮@，在弹出的下拉菜单中选择“直径（I）%%c”命令，效果如图 2-232 所示。

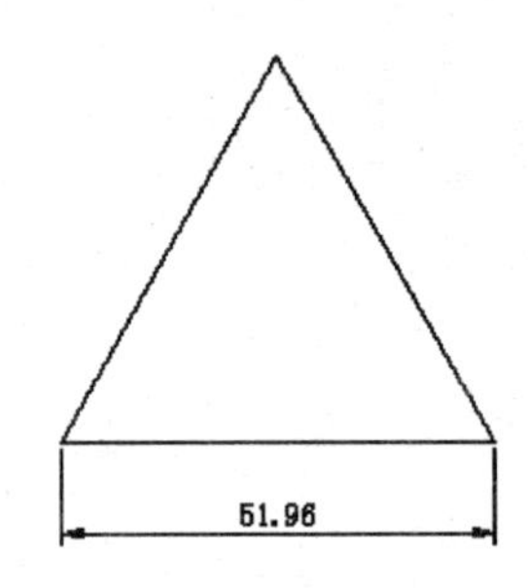

图 2-229　系统自动标注的尺寸

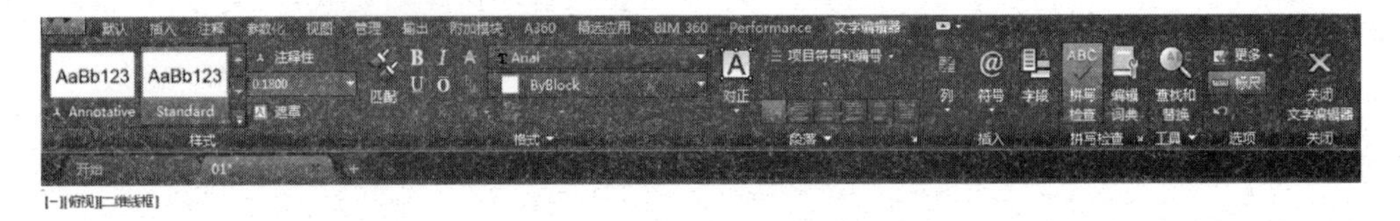

图 2-230　在“文字编辑器”面板中修改文字

（3）单击“线性”标注命令按钮，标注高度，效果如图 2-233 所示。

图 2-231　“符号”命令按钮

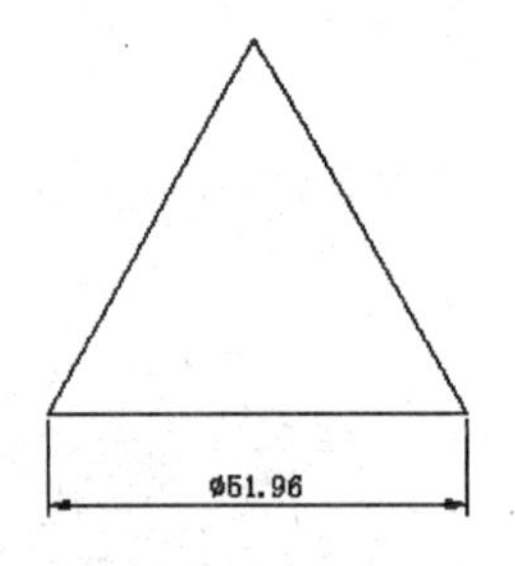

图 2-232　圆锥体的直径尺寸标注

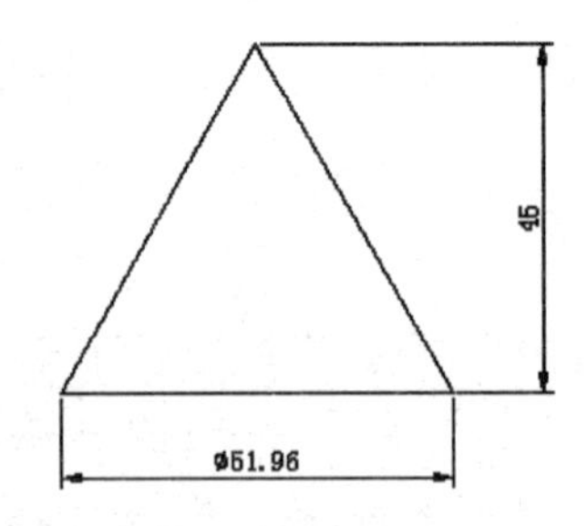

图 2-233　圆锥体的高度尺寸标注

2.2.3　对齐尺寸标注

对齐尺寸标注用于标注沿尺寸起点、终点连线方向上的尺寸，“对齐”标注命令按钮在“标注”面板中的位置如图 2-234 所示。

【示例】 给如图 2-235 所示的三角形标注斜边长度尺寸。单击“对齐”标注命令按钮 ，按命令行提示操作。

图 2-234 “对齐”尺寸标注命令按钮

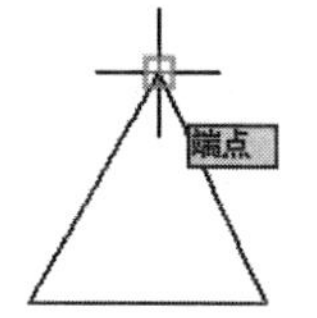

图 2-235 捕捉标注起点

命令: _dimaligned
指定第一条延伸线原点或 <选择对象>:（选择如图 2-235 所示三角形上端点）
指定第二条延伸线原点:（选择如图 2-236 所示三角形下端点，出现如图 2-237 所示随光标浮动的虚拟标注）
指定尺寸线位置或
[多行文字(M)/文字(T)/角度(A)]:（单击确定标注的位置）
标注文字 =29.08

效果如图 2-238 所示。

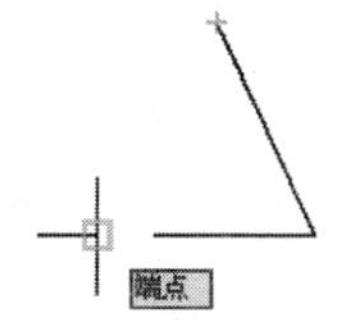

图 2-236 捕捉标注终点

图 2-237 浮动的尺寸标注

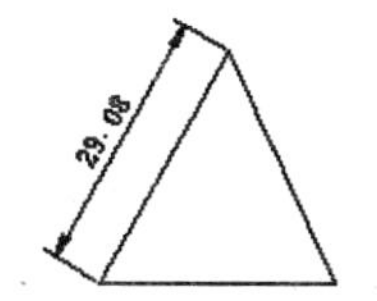

图 2-238 完成尺寸标注

2.2.4 角度尺寸标注

角度尺寸标注用于标注两条斜线的角度，它在“标注”面板中的位置如图 2-239 所示。

图 2-239 “角度”尺寸标注命令按钮

【示例】 给一个电气零件的圆弧部分标注包含角，按命令行提示操作。

命令: _dimangular
选择圆弧、圆、直线或 <指定顶点>:（选择如图 2-240 所示的第 1 条直线）
选择第二条直线: （选择如图 2-241 所示的第 2 条直线，出现如图 2-242 所示随光标浮动的虚拟角度标注）
指定标注弧线位置或 [多行文字(M)/文字(T)/角度(A)/象限点(Q)]:（单击确认角度标注的位置）
标注文字 =63°

效果如图 2-243 所示。

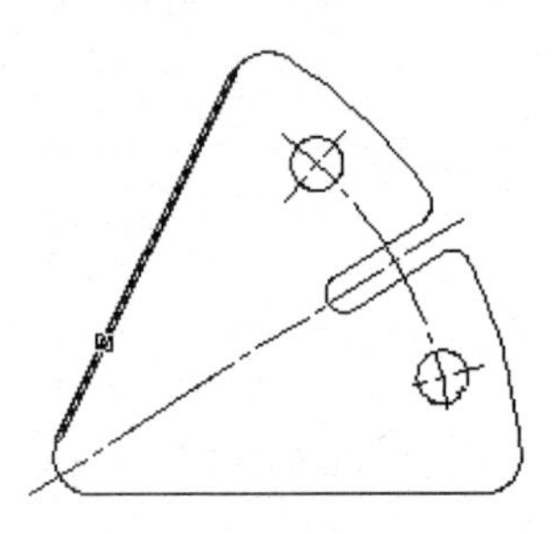

图 2-240　选择第 1 条直线

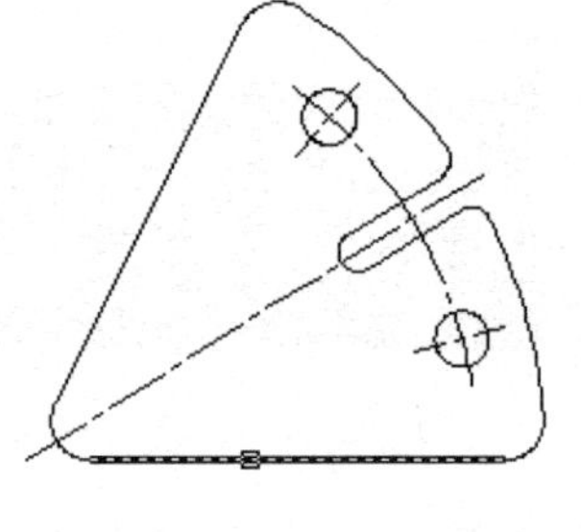

图 2-241　选择第 2 条直线

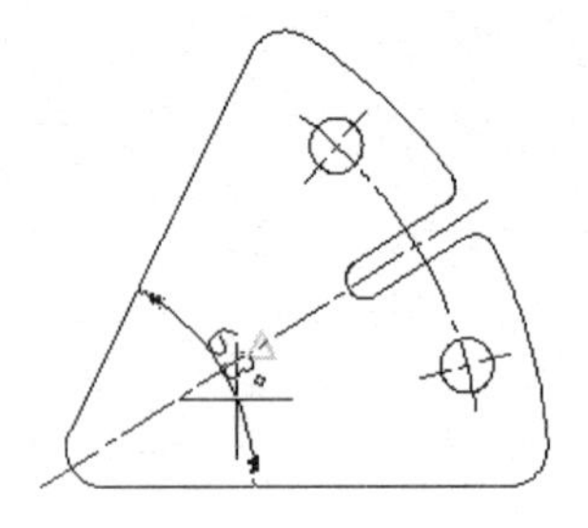

图 2-242　虚拟角度标注

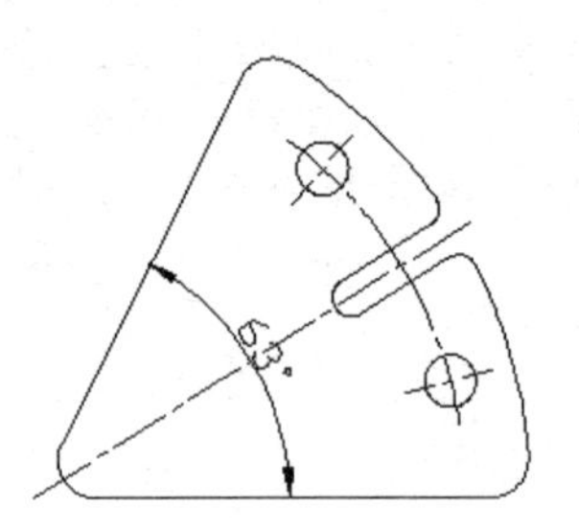

图 2-243　完成角度标注

2.2.5　连续标注

连续标注共用尺寸界线，可以标注电气图样的建筑轴线。该命令在“标注”面板中的位置如图 2-244 所示。

图 2-244 “连续”标注命令按钮

【示例】标注如图 2-245 所示照明施工图中左边轴线之间的距离，操作步骤如下。

（1）单击“线性”尺寸标注命令按钮，标注 D、C 轴线之间的距离，效果如图 2-246 所示。

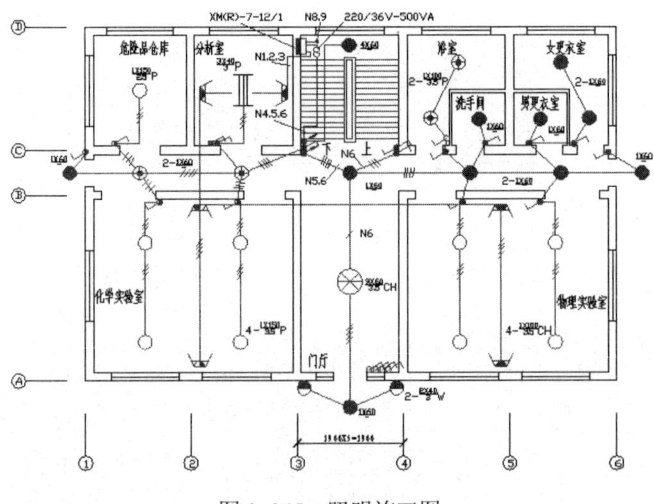

图 2-245　照明施工图

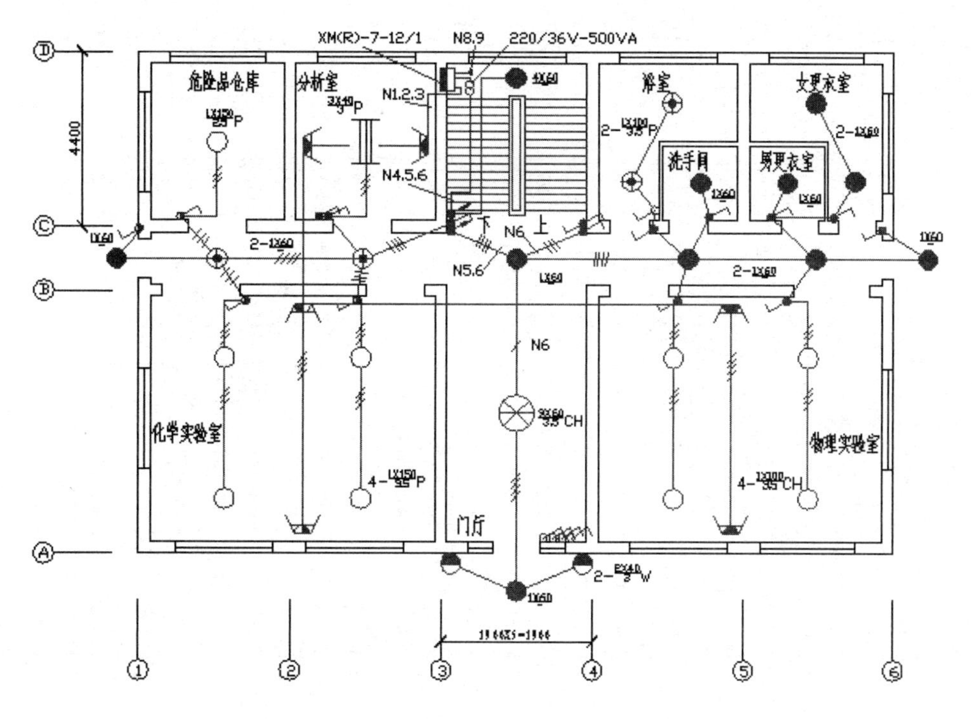

图 2-246　第 1 个标注

（2）单击“连续”标注命令按钮，出现随光标浮动的尺寸标注，如图 2-247 所示。

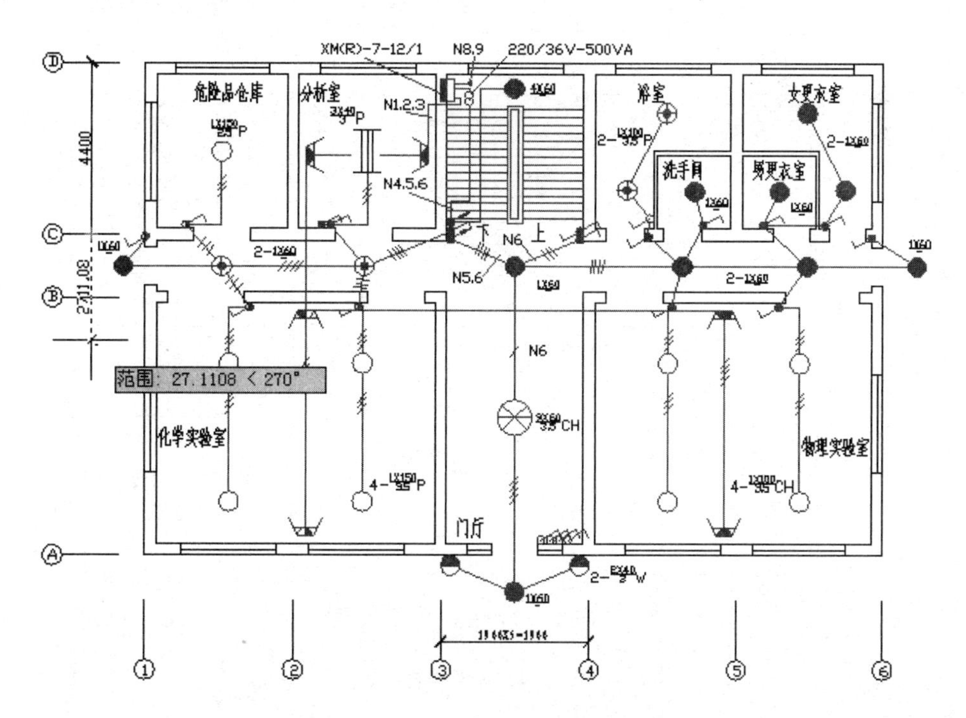

图 2-247　随光标浮动的尺寸标注

捕捉如图 2-248 所示垂足作为第 2 个尺寸的终点，单击完成标注，同时出现第 3 个虚拟尺寸标注，如图 2-249 所示。

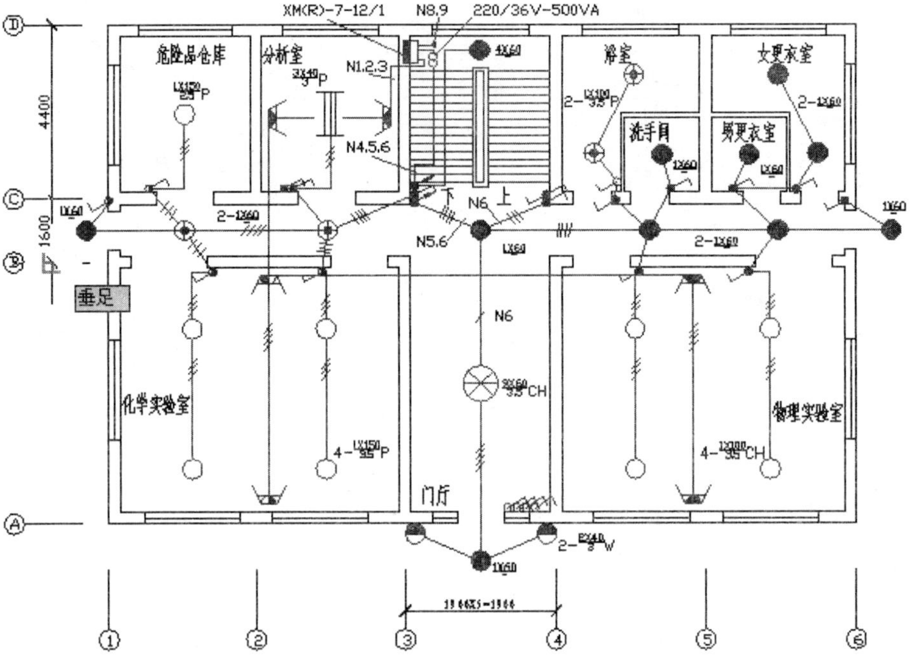

图 2-248　捕捉一个端点

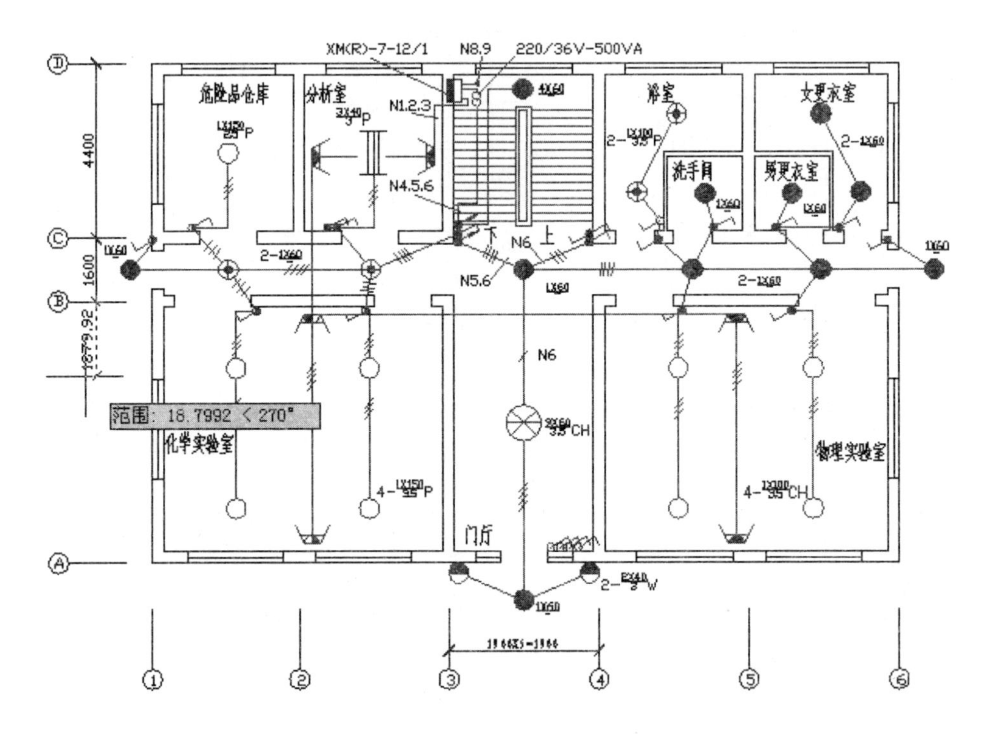

图 2-249　第 2 个标注

（3）捕捉如图 2-250 所示垂足作为第 3 个尺寸的终点，单击完成标注，同时出现第 4 个虚拟尺寸标注，如图 2-251 所示。

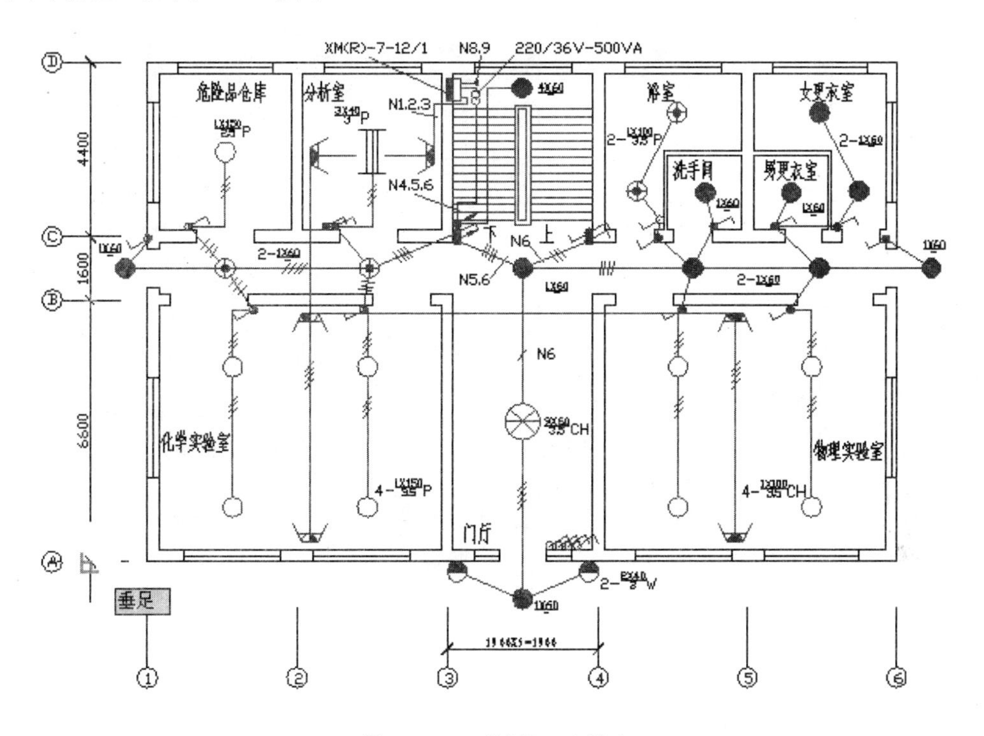

图 2-250　再捕捉一个端点

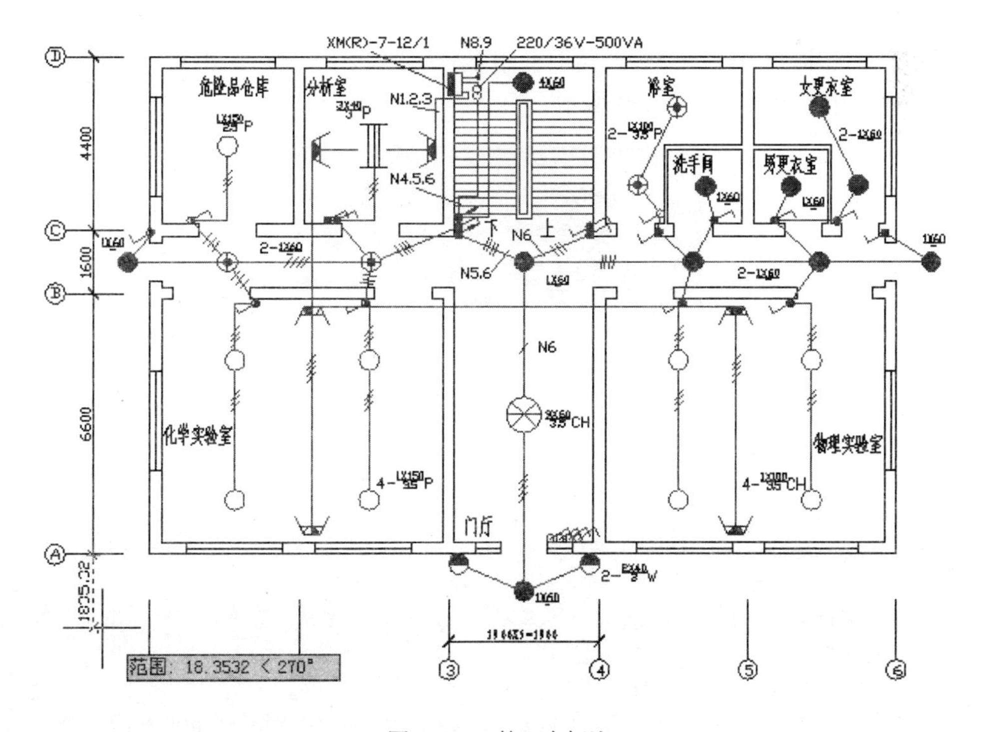

图 2-251　第 3 个标注

（4）连续按两次〈Enter〉键结束连续尺寸标注，效果如图 2-252 所示。

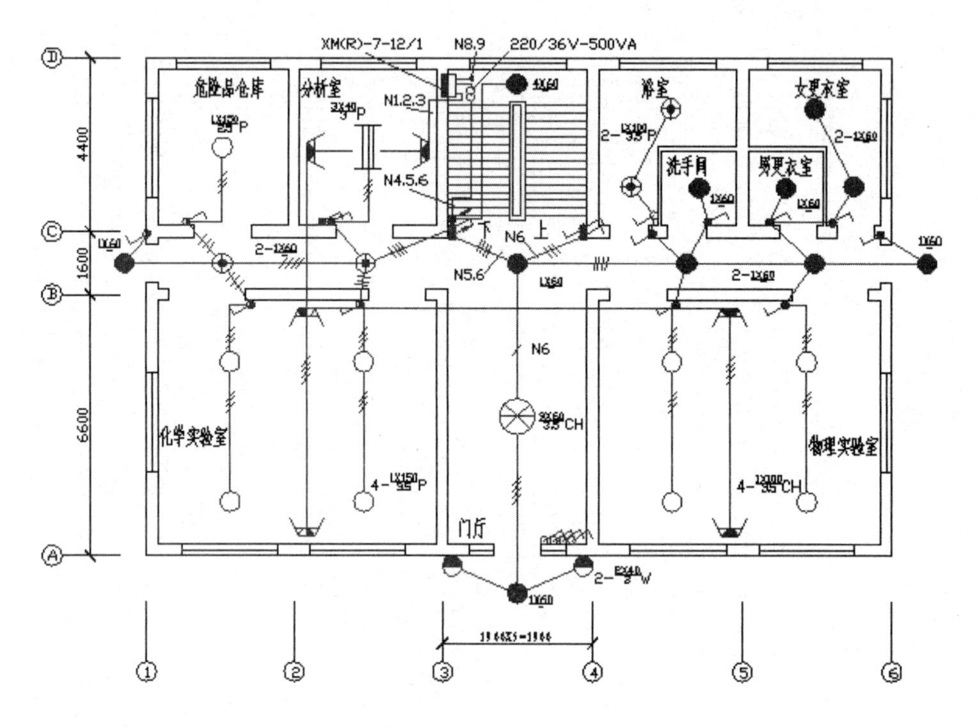

图 2-252　完成标注

▷▷▷ 2.2.6　多重引线标注

在标注厚度和标明零件序号时，需要使用多重引线标注，“多重引线”标注命令按钮在“引线”面板中的位置如图 2-253 所示。

图 2-253　“引线”命令按钮

【示例】 给一件如图 2-254 所示的某电气冲压零件标注厚度，厚度为 0.4mm。单击“多重引线”标注命令按钮，按命令行的提示操作。

```
命令: _mleader
指定引线箭头的位置或 [引线基线优先(L)/内容优先(C)/ 选项(O)] <选项>:（按〈Enter〉键，默认“选项”设置）
输入选项[引线类型(L)/引线基线(A)/ 内容类型(C)/最大节点数(M)/第一个角度(F)/第二个角度(S)/退出选项(X)] <退出选项>:m（这里选择最大节点数）
输入引线的最大节点数 <2>:3（这里选择 3 个节点）
输入选项[引线类型(L)/引线基线(A)/ 内容类型(C)/最大节点数(M)/第一个角度(F)/第二个角度(S)/
```

退出选项(X)] <最大节点数>:x（这里选择退出选项）
指定引线基线的位置: (图 2-255 所示为选择第一个节点和第二个节点的位置)

当 3 个节点确定好后，在出现的“多行文字编辑器”中输入“厚度 0.4”，然后单击“关闭”按钮，完成操作，效果如图 2-256 所示。

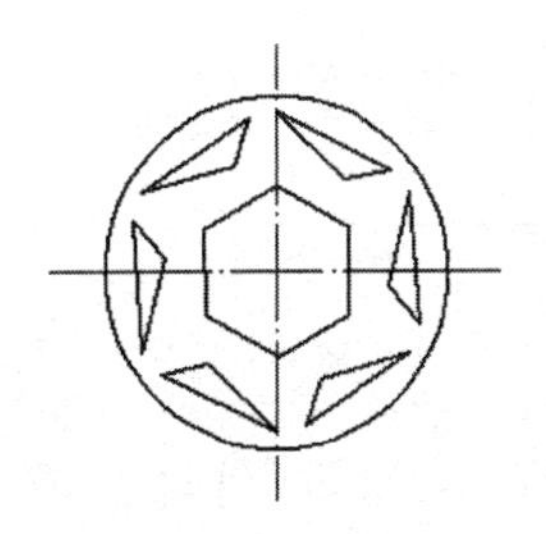

图 2-254　零件

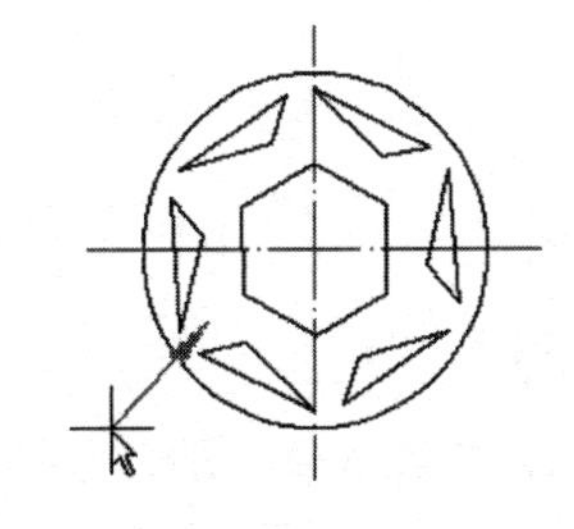

图 2-255　选择节点的位置

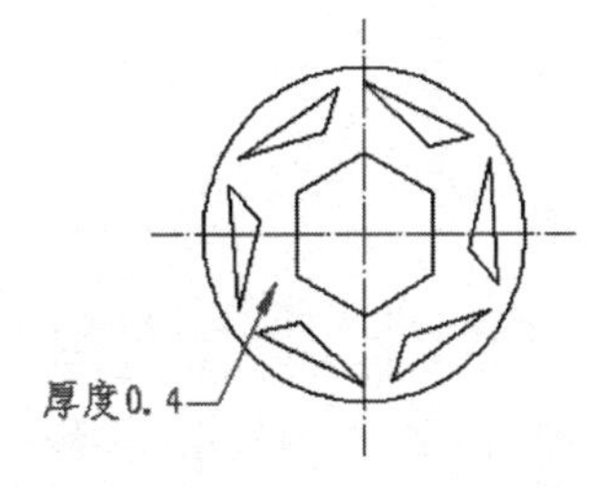

图 2-256　完成厚度标注

提示　在使用 AutoCAD 2016 版本时，建议用户使用“多重引线”标注命令进行操作，若需要运用“快速引线”标注命令，可通过在命令行中输入“_qleader”命令，再按照命令行的提示操作。

2.2.7　关联标注

如果所标注尺寸与被标注对象之间有关联关系，则称为尺寸关联。如果标注的尺寸是按自动测量值进行标注的，且符合尺寸关联模式，那么改变图形的尺寸后，其标注尺寸也发生改变，尺寸界线、尺寸线的位置自动变更到新位置，尺寸值也改变成新的测量值。改变尺寸界线起始点的位置，图形尺寸也会发生相应变化。尺寸关联功能使用户的尺寸标注和图形编辑操作更加高效。

要查看尺寸标注是否为关联标注，可以在“特性”工具选项板中查看。双击尺寸对象，打开“特性”工具选项板，工具选项板中的“关联”特性值为“是”，则说明该尺寸标注是关联标注，如图 2-257 所示。

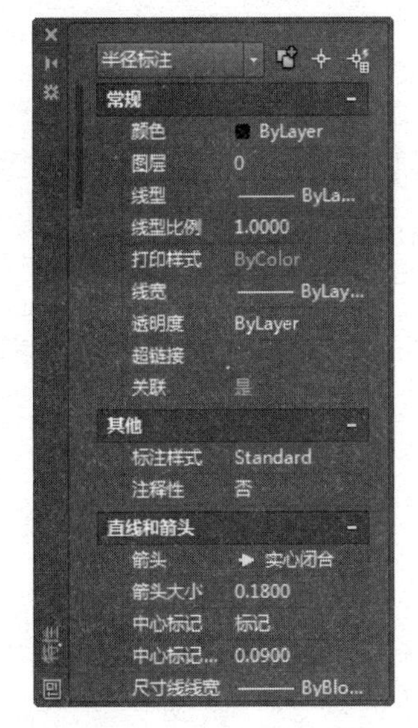

图 2-257　“特性”工具选项板

2.2.8　绘制和标注低压电气柜

操作步骤如下。

（1）单击“绘图”面板中的“矩形”命令按钮，绘制尺寸为 100×100 的矩形，如图 2-258 所示。

（2）单击“修改”面板中的“偏移”命令按钮，设置偏移距离为 5，偏移矩形，如图 2-259 所示。

（3）绘制内部元件。单击“绘图”面板中的“矩形”命令按钮，绘制尺寸为 5×30 的矩形，如图 2-260 所示。

图 2-258 绘制尺寸为 100×100 的矩形

图 2-259 偏移矩形

（4）单击“绘图”面板中的“直线”命令按钮，绘制如图 2-261 所示的水平线。

（5）单击“绘图”面板中的“矩形”按钮，绘制尺寸为 1×1 的矩形，如图 2-262 所示。

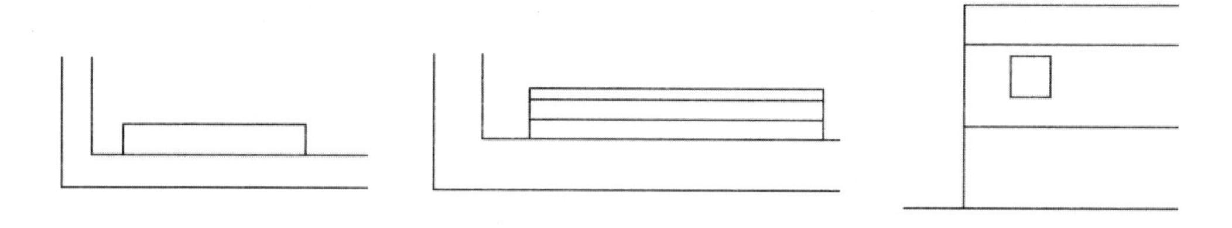

图 2-260 绘制尺寸为 5×30 的矩形

图 2-261 绘制水平线

图 2-262 绘制尺寸为 1×1 的矩形

（6）单击“绘图”面板中的“圆”命令按钮，绘制半径为 0.5 的圆，如图 2-263 所示。

（7）单击“修改”面板中的“矩形阵列”命令按钮，选择矩形和圆形，创建阵列，如图 2-264 所示。

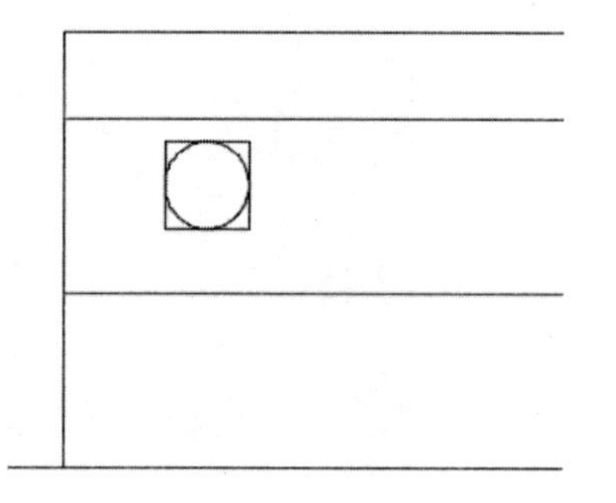

图 2-263 绘制半径为 0.5 的圆

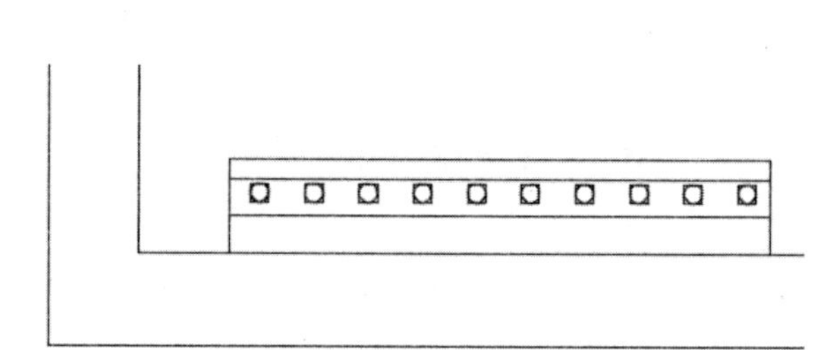

图 2-264 创建阵列

（8）单击“修改”面板中的“镜像”命令按钮，镜像成如图 2-265 所示的两个接线柱。

（9）单击“修改”面板中的“镜像”命令按钮，镜像成如图 2-266 所示的 4 个接线柱。

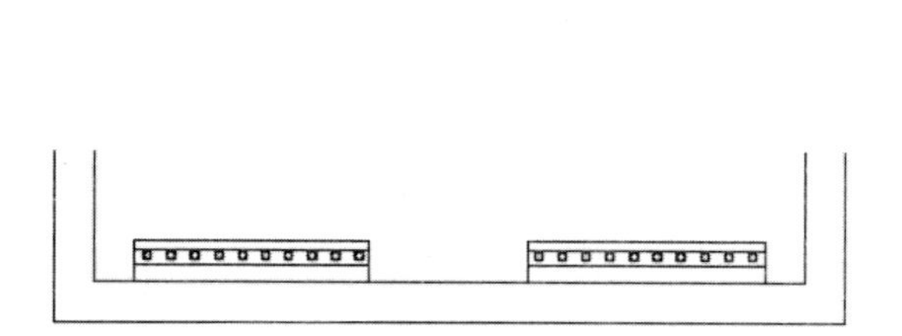

图2-265　镜像接线柱

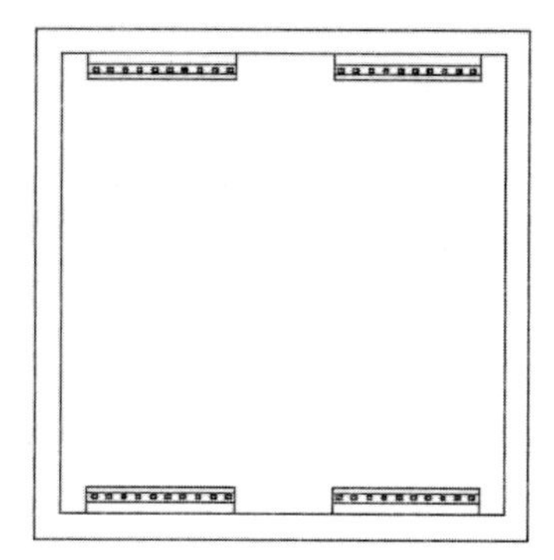

图2-266　镜像成4个接线柱

（10）单击“绘图”面板中的“直线”命令按钮，绘制如图2-267所示的水平线。

（11）单击“绘图”面板中的“直线”命令按钮，绘制如图2-268所示的垂线。

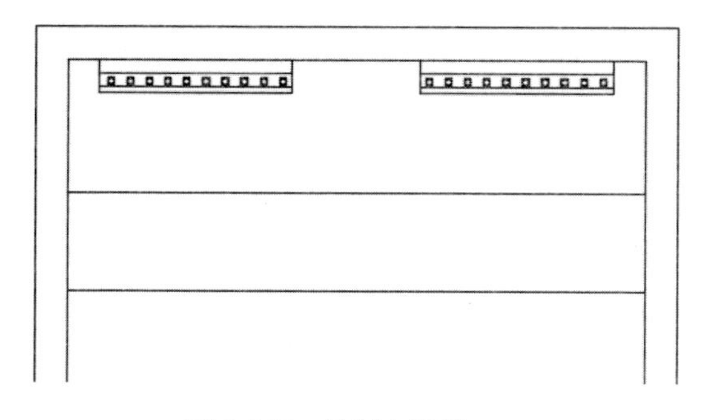

图2-267　绘制水平线

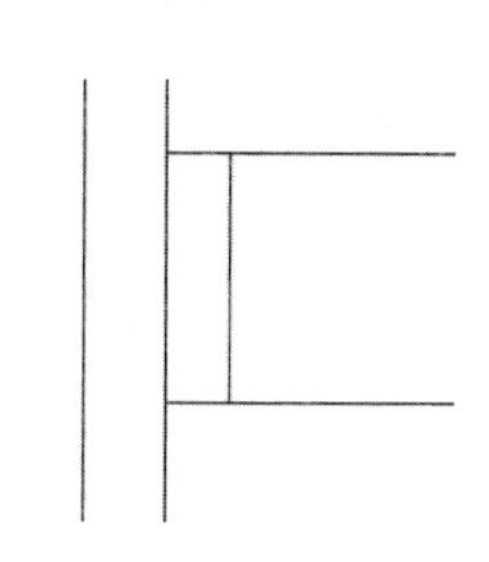

图2-268　绘制垂线

（12）单击“绘图”面板中的“圆”命令按钮，绘制半径为1的圆，如图2-269所示。

（13）单击“绘图”面板中的“矩形”命令按钮，绘制尺寸为50×17的矩形，如图2-270所示。

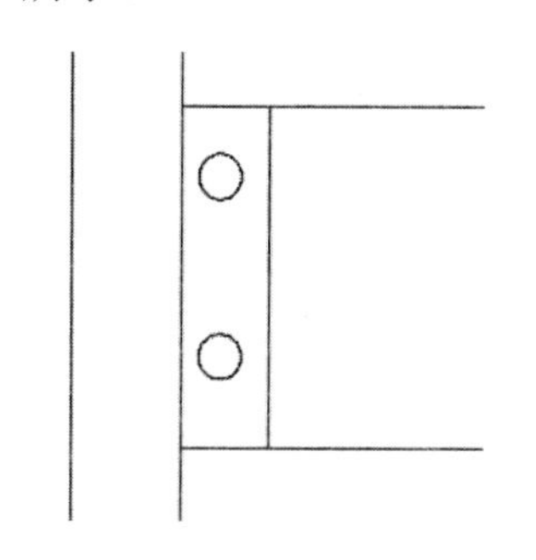

图2-269　绘制半径为1的圆

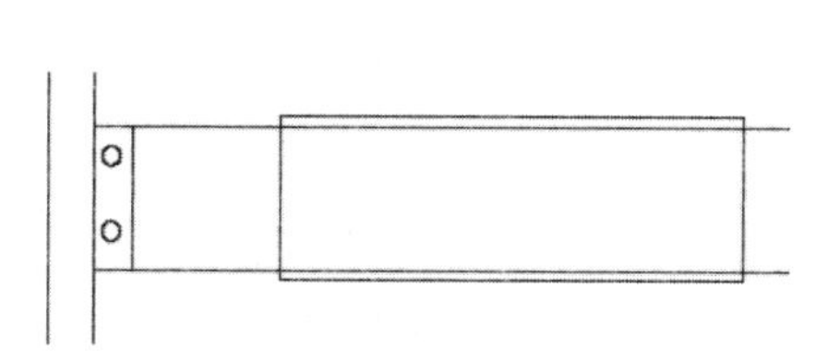

图2-270　绘制尺寸为50×17的矩形

（14）单击“绘图”面板中的“矩形”命令按钮，绘制尺寸为60×5的矩形，如图2-271所示。

（15）单击“修改”面板中的“偏移”命令按钮，选择尺寸为60×5的矩形，设置偏移距离为1，偏移矩形，如图2-272所示。

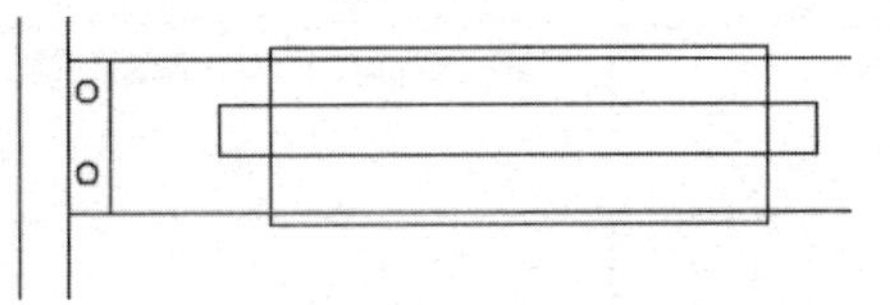

图 2-271　绘制尺寸为 60×5 的矩形

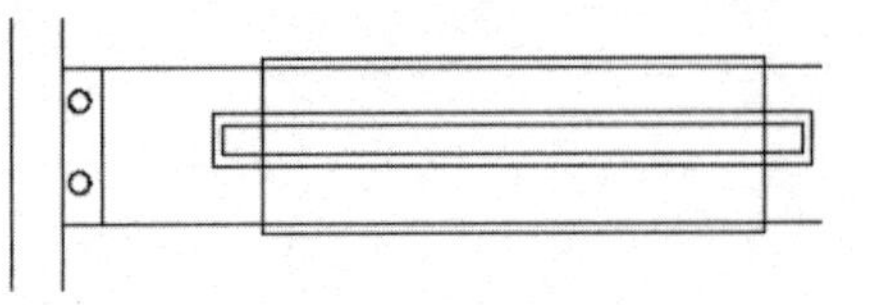

图 2-272　偏移矩形

（16）单击“修改”面板中的“修剪”命令按钮，快速修剪矩形，如图 2-273 所示。

（17）单击“绘图”面板中的“矩形”命令按钮，绘制尺寸为 5×5 的矩形，如图 2-274 所示。

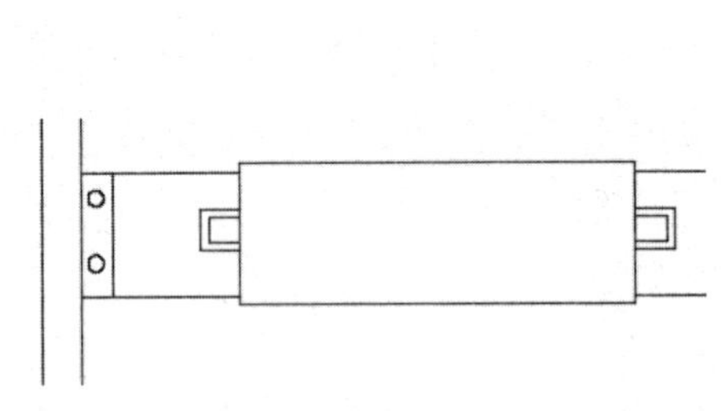

图 2-273　修剪矩形

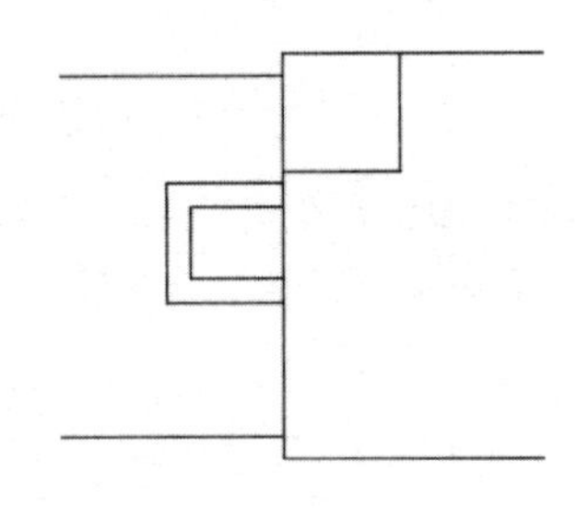

图 2-274　绘制尺寸为 5×5 的矩形

（18）单击“绘图”面板中的“圆”命令按钮，绘制半径为 1 的圆，如图 2-275 所示。

（19）单击“修改”面板中的“矩形阵列”命令按钮，选择圆形和矩形，创建阵列，如图 2-276 所示。

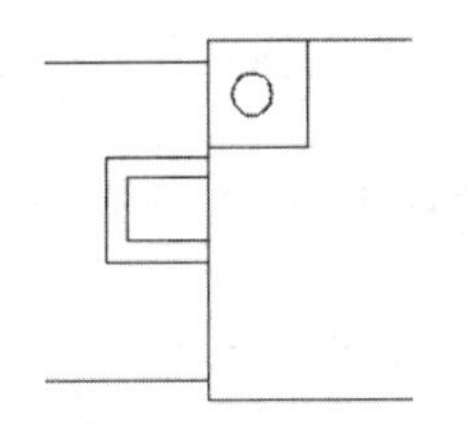

图 2-275　绘制半径为 1 的圆

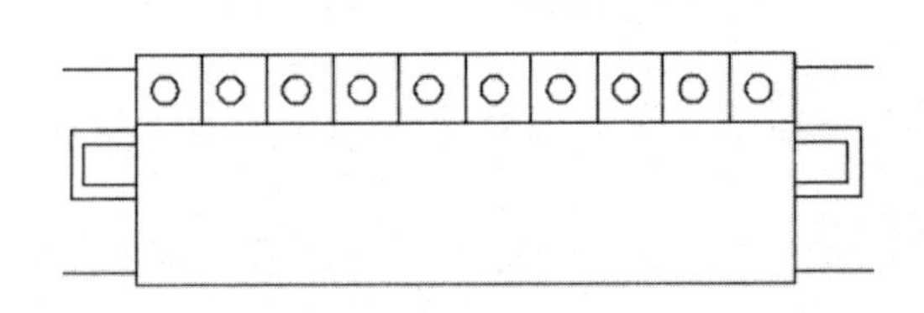

图 2-276　创建阵列

（20）单击“修改”面板中的“镜像”命令按钮，选择矩形和圆形，如图 2-277 所示，完成镜像。

（21）单击“绘图”面板中的“直线”命令按钮，绘制如图 2-278 所示的垂线。

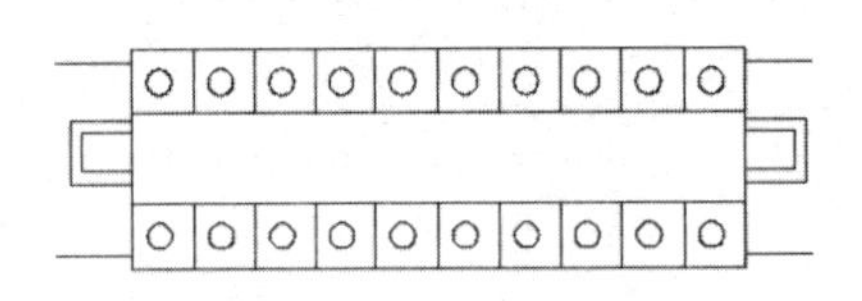

图 2-277　镜像矩形和圆形

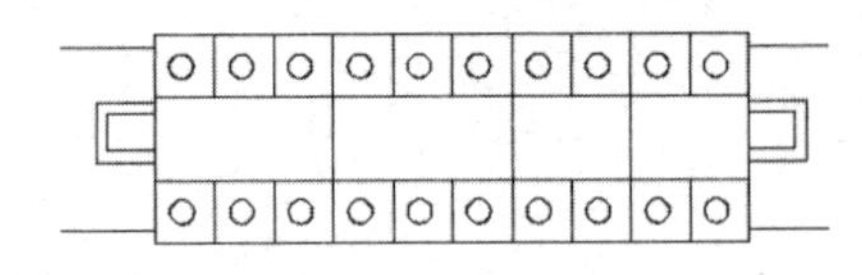

图 2-278　绘制垂线

（22）单击“修改”面板中的“镜像”命令按钮，选择两个小圆，创建镜像，如图 2-279 所示。

（23）单击“修改”面板中的“镜像”命令按钮，选择接线盒，创建镜像，如图 2-280

所示。

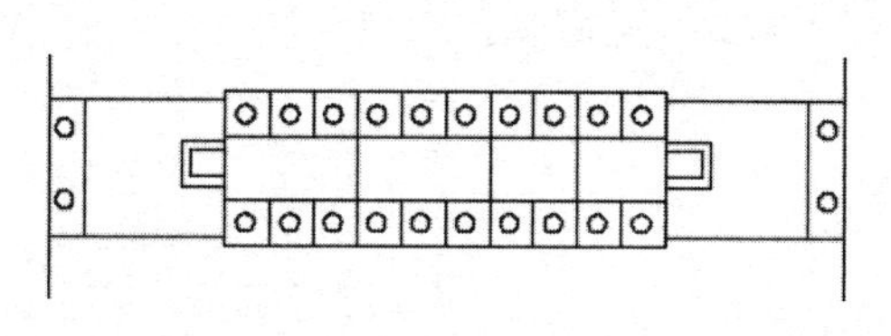

图 2-279 镜像两个小圆

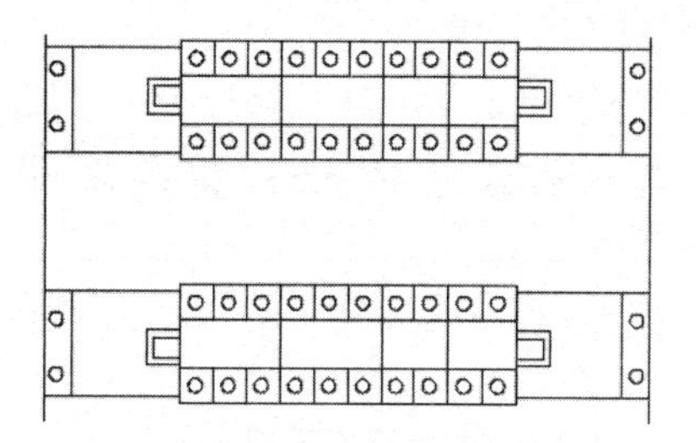

图 2-280 镜像接线盒

（24）绘制侧视图。单击“绘图”面板中的“矩形”命令按钮，绘制尺寸为 40×100 的矩形，如图 2-281 所示。

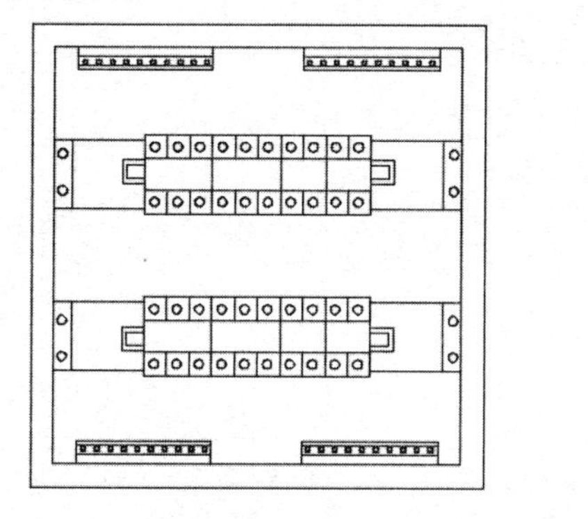

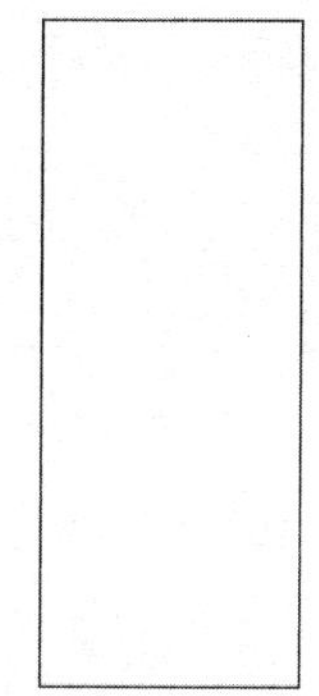

图 2-281 绘制尺寸为 40×100 的矩形

（25）单击“修改”面板中的“偏移”命令按钮，设置偏移距离为 5，创建偏移矩形，如图 2-282 所示。

（26）单击“注释”面板中的“线性”标注命令按钮，添加如图 2-283 所示的柜子线性尺寸标注。

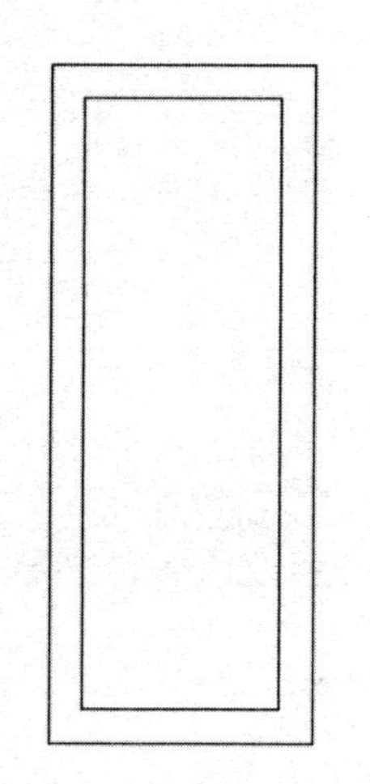

图 2-282 创建偏移矩形

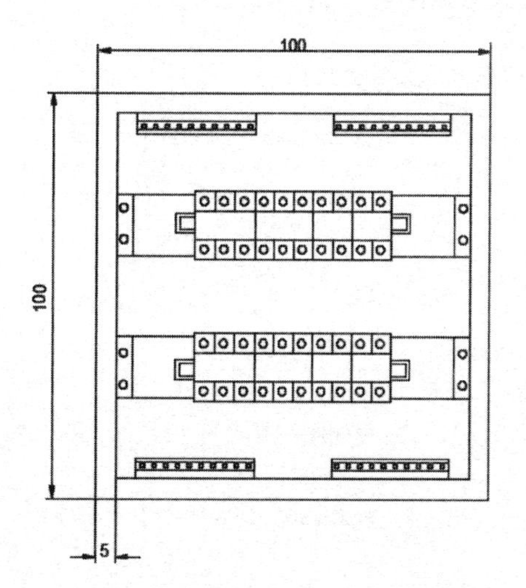

图 2-283 添加柜子尺寸标注

（27）单击“注释”面板中的“线性”标注命令按钮，添加如图 2-284 所示的元件线性尺寸标注。

（28）单击“注释”面板中的“线性”标注命令按钮，添加如图 2-285 所示的侧视图线性尺寸标注。至此就完成低压电气柜的绘制，如图 2-286 所示。

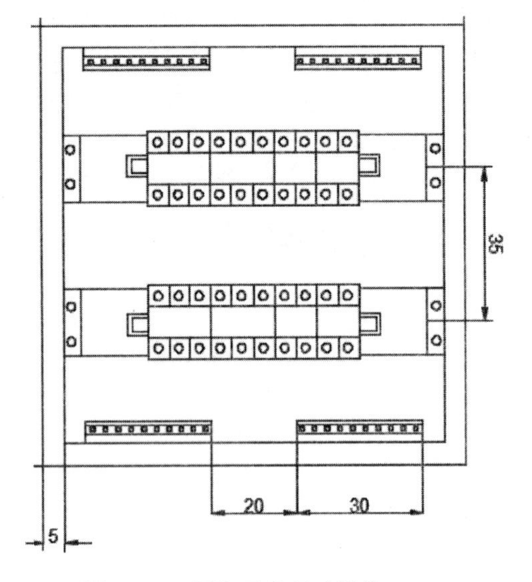

图 2-284　添加元件尺寸标注

图 2-285　添加侧视图尺寸标注

提示　如果需要修改标注的文字内容，则双击文字内容并在文字“特性”工具选项板内修改，如图 2-287 所示。

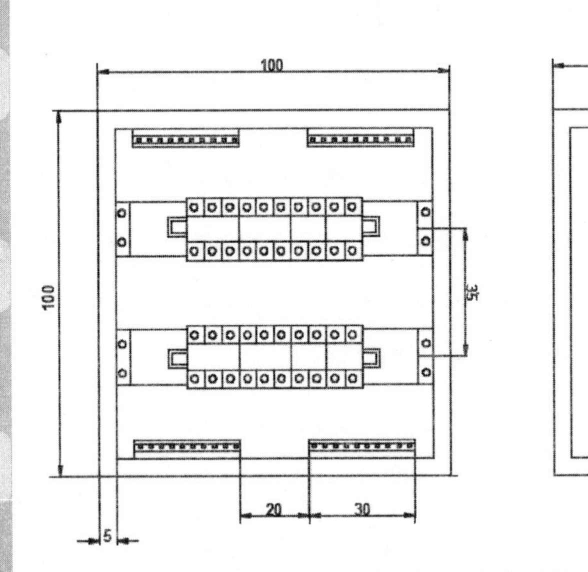

图 2-286　完成低压电气柜绘制

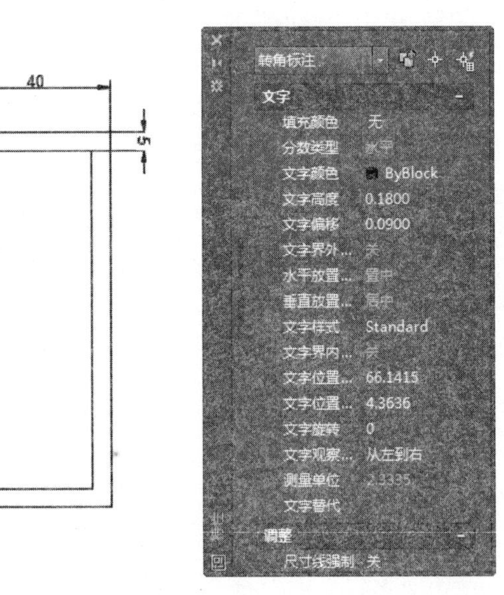

图 2-287　文字“特性”工具选项板

▷▷ 2.3 文字与编辑文字

说明、列表、标题等项目是电气工程图样必不可少的文字内容。这些内容既有单行的，也有多行的。在 AutoCAD 2016 中，既可以一次输入一行文字，也可以一次输入多行文字。输入文字的内容、大小、样式都可以修改。工程图样中的文字有若干国家标准，用户可以在 AutoCAD 2016 中选择符合国标的文字样式。通过本节的学习，读者可以学会单行文字、多行文字的输入方法，以及修改文字的方法。用户还可以修改、新建文字样式，使输入的文字符合统一的要求。

在 AutoCAD 2016 中，文字命令集中安排在“注释”选项卡下的“文字”面板中，如图 2-288 所示。其中包括输入“多行文字”、“单行文字”等命令。下面介绍常用的文字命令。

▷▷▷ 2.3.1 多行文字

多行文字是指一段文字，它们宽度一定，行数不限。“多行文字”命令按钮在“文字”面板中的位置如图 2-289 所示。

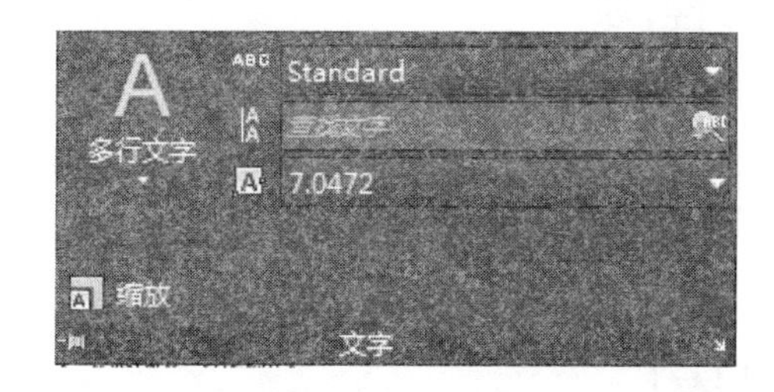

图 2-288 “文字”面板

图 2-289 “多行文字”命令按钮位置

单击“多行文字”命令按钮，AutoCAD 2016 弹出如图 2-290 所示“文字编辑器”面板，即可输入文字。

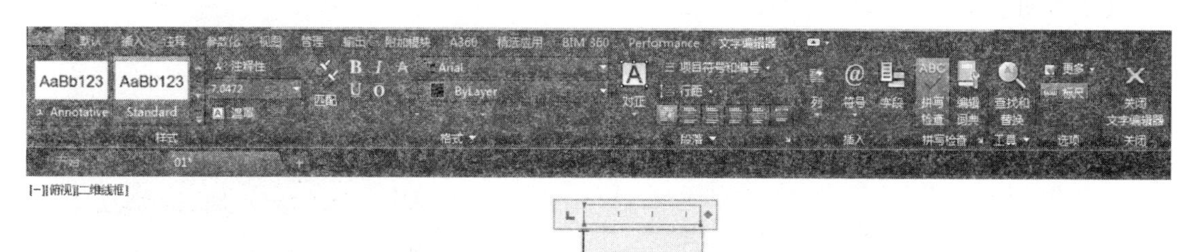

图 2-290 “文字编辑器”面板

【示例】 使用“多行文字”命令撰写一行文字，学习“多行文字”命令的使用方法。

单击“多行文字”命令按钮，屏幕出现带“指定第一角点”的选择光标，用于指定文字位置，如图 2-291 所示。单击鼠标，然后拖动，再单击“确定”按钮，将出现如图 2-292 所示文字框位置。

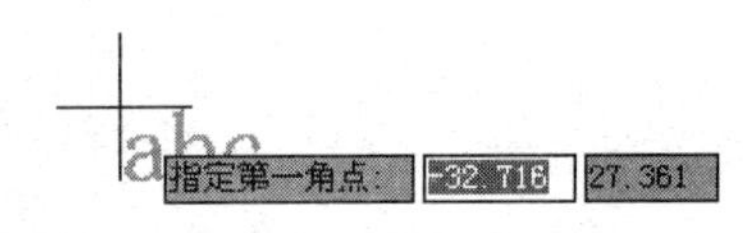

图 2-291 文字位置选择光标

图 2-292 文字框

屏幕出现如图 2-293 所示的“文字编辑器”面板。在设置格式下拉列表框中选择“宋体”字体输入。随后光标在文字框左侧闪动，输入文字“建筑电气工程图”，单击“文字编辑器”面板右边的“关闭”按钮 ✕ ，完成输入。效果如图 2-294 所示。

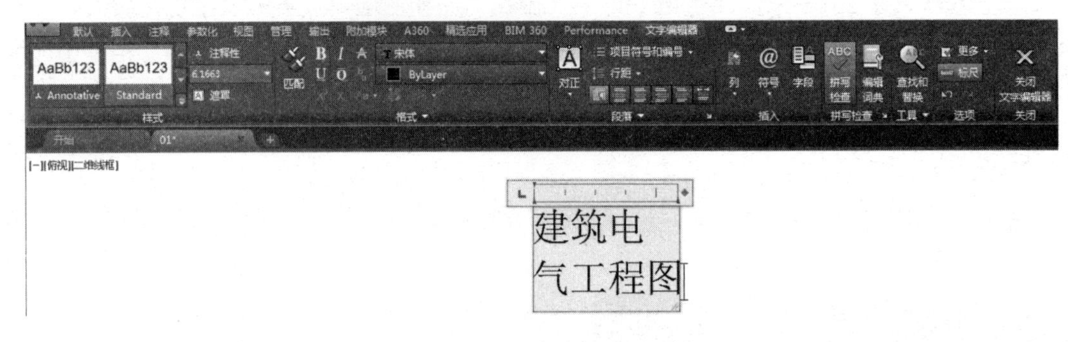

图 2-293 “文字编辑器”面板

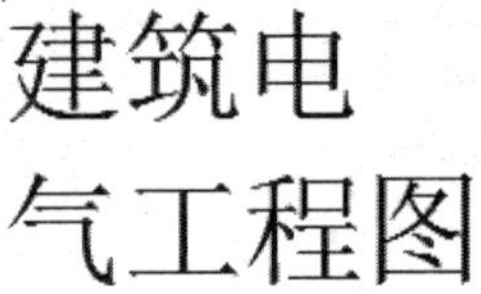

建筑电
气工程图

图 2-294 输入文字“建筑电气工程图”

【电气图示例】 撰写电气施工说明。

使用“多行文字”命令撰写多行文字“设备要求：1.防震 2.密封”。

单击“多行文字”命令按钮 A，命令行的提示如下。

```
命令: _mtext 当前文字样式:"Standard" 文字高度:1 注释性:否（系统显示当前多行文字系统的设置为标准设置，字高为 1）
指定第一角点:（系统要求输入多行文字书写范围的第一个角点）
指定对角点或 [高度(H)/对正(J)/行距(L)/旋转(R)/样式(S)/宽度(W)/栏(C)]:l （执行确定标注文字的行间距）
输入行距类型 [至少(A)/精确(E)] <至少(A)>: （按〈Enter〉键，确认最小文字的行间距）
输入行距比例或行距 <1x>:（按〈Enter〉键，确认行间距为 1 倍字宽）
指定对角点或 [高度(H)/对正(J)/行距(L)/旋转(R)/样式(S)/宽度(W) 栏(C)]: h（执行修改文字字高选项）
指定高度 <1>: 3（输入新字高 3）
指定对角点或 [高度(H)/对正(J)/行距(L)/旋转(R)/样式(S)/宽度(W) 栏(C)]: r
指定旋转角度 <0>: （按〈Enter〉键确认不旋转）
```

> 指定对角点或 [高度(H)/对正(J)/行距(L)/旋转(R)/样式(S)/宽度(W) 栏(C)]: w（执行修改文字字宽选项）
> 指定宽度: 10

屏幕出现“文字编辑器”面板，按图 2-295 所示输入参数和文字，单击“文字编辑器”面板右边的“关闭”按钮 ×，完成操作。效果如图 2-296 所示。

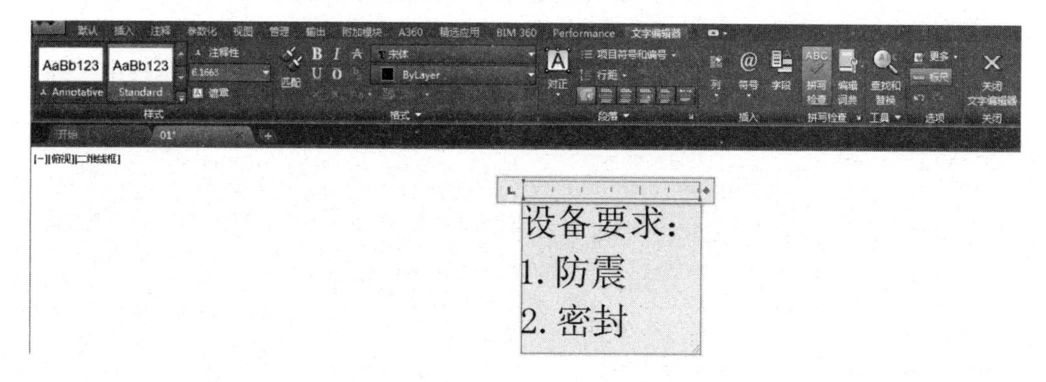

图 2-295 “文字编辑器”面板

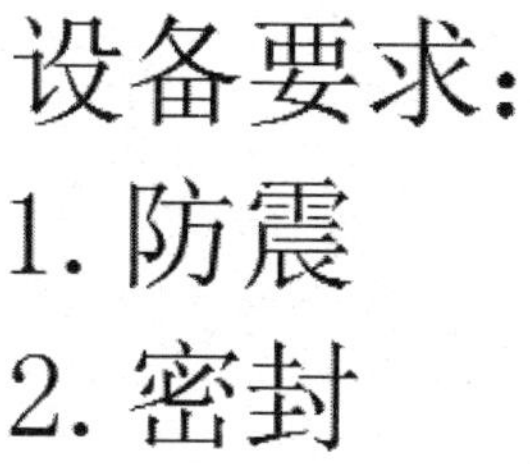

设备要求：
1. 防震
2. 密封

图 2-296 多行文字输入效果

“指定对角点”选项可以确定文字的起始角点，如果用户确定另一角点，AutoCAD 2016 将以这两个点之间的横向宽度作为文字行的宽度，以第一个角点作为文字行顶线的起点。“高度（H）”选项用于确定文字的高度，在“指定高度”后输入高度值即可。“行距（L）”“旋转（R）”“宽度（W）”选项的值都可以修改，按提示操作即可。

“对正（J）”选项决定所标注段落文字的排列形式。如果执行该选项，命令行窗口有如下提示。

> 输入对正方式 [左上(TL)/中上(TC)/右上(TR)/左中(ML)/正中(MC)/右中(MR)/左下(BL)/中下(BC)/右下(BR)] <左上(TL)>:

各选项表示的排列形式在对应的中文中指明。

2.3.2 单行文字

“单行文字”命令按钮 A 用于创建一行或者多行文字，但每行文字是一个独立的图形对象，可以参与图形编辑，如移动、旋转、调整格式等。“单行文字”命令按钮 A 在“文字”面板中的位置如图 2-297 所示。

图 2-297 “单行文字”命令按钮

【电气示例】 逐行编写继电器名称与符号。

本例用于学习单行文字的输入步骤。按命令行的提示进行操作。

```
命令: _dtext
当前文字样式: "Standard"  文字高度: 2.5000  注释性: 否
指定文字的起点或 [对正(J)/样式(S)]: (在图形编辑窗口中单击确定文字起点)
指定高度 <2.5000>:(按〈Enter〉键，默认文字高度为 2.5)
指定文字的旋转角度 <0>: (按〈Enter〉键，确认文字不旋转)

就可以输入文字: 电流继电器 LJ
电压继电器 YJ
温度继电器 WJ
压力继电器 YJ
时间继电器 SJ
中间继电器 ZJ
信号继电器 XJ
差动继电器 CJ
功率继电器 GJ (按〈Enter〉键，结束操作)
```

效果如图 2-298 所示。

命令行中其他选项简介如下。

“指定文字的起点或 [对正(J)/样式(S)]:”提示中的“对正(J)”选项用于使输入的文字以某种方式排列对齐。执行该选项，进入下一级选项组。

```
输入选项
[对齐(A)/布满(F)/居中(C)/中间(M)/右对齐(R)/左上(TL)/中上(TC)/右上(TR)/左中(ML)/正中(MC)/右中(MR)/左下(BL)/中下(BC)/右下(BR)]:
```

电流继电器 LJ
电压继电器 YJ
温度继电器 WJ
压力继电器 YJ
时间继电器 SJ
中间继电器 ZJ
信号继电器 XJ
差动继电器 CJ
功率继电器 GJ

图 2-298 输入单行文字

其中“对齐（A）”选项要求确定所标注文字行基线的起点位置与终点位置。使用该选项写一行文字，命令行的提示如下。

```
命令: _dtext
当前文字样式: "Standard"  文字高度:2.5000  注释性: 否
指定文字的起点或 [对正(J)/样式(S)]: j
输入选项 [对齐(A)/布满(F)/居中(C)/中间(M)/右对齐(R)/左上(TL)/中上(TC)/右上(TR)/左中(ML)/正中(MC)/右中(MR)/左下(BL)/中下(BC)/右下(BR)]: a (执行"对齐(A)"选项)
指定文字基线的第一个端点: (单击确认文字起始点)
```

指定文字基线的第二个端点:（单击确认文字终点，如图 2-299 所示）

输入文字“双断路器双母线”后，按〈Enter〉键结束操作，效果如图 2-300 所示。

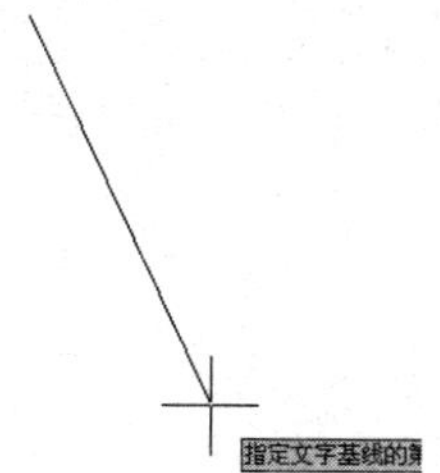

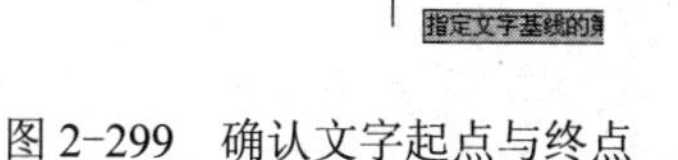

图 2-299　确认文字起点与终点

图 2-300　执行“对齐(A)”选项的效果

“布满(F)”选项用于确定文字行基线的始点位置、终点位置以及文字的字高，使用“布满(F)”选项的命令行提示如下。

命令: _dtext
当前文字样式: “Standard”　文字高度: 2.5000　　注释性: 否
指定文字的起点或 [对正(J)/样式(S)]: j
输入选项 [对齐(A)/布满(F)/居中(C)/中间(M)/右对齐(R)/左上(TL)/中上(TC)/右上(TR)/左中(ML)/正中(MC)/右中(MR)/左下(BL)/中下(BC)/右下(BR)]: f（执行“布满(F)”选项）
指定文字基线的第一个端点:（在上一段文字边单击确认文字起始点）
指定文字基线的第二个端点:（单击确认文字终点，如图 2-301 所示）
指定高度 <2.5000>: 80（输入文字高度）

输入文字“线路变压器路”（图 2-302）后按〈Enter〉键结束操作，效果如图 2-303 所示。

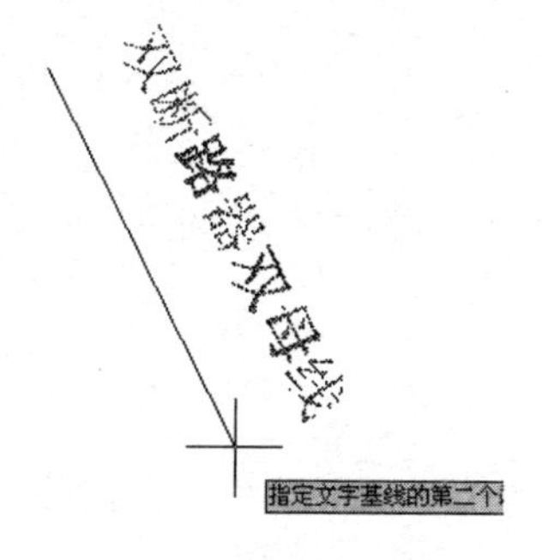

图 2-301　确定新一行文字的起点与终点

图 2-302　输入文字的效果

比较以上输入结果可知，执行“对齐(A)”选项的结果是输入的字符均匀分布于两点之间，文字行的旋转角度由两点间的倾斜角度确定，字高、字宽根据两点间的距离、字符的多少按文字宽度的比例自动确定；执行“布满(F)”选项的结果是文字字符均匀分布于指定的两点之间，其他与“对齐(A)”选项是一样的。

图 2-303　文字输入的最终效果

文字输入过程中的其他技巧如下。

- 在一个“单行文字”命令下，可书写若干行单行文字。每输入一行文字后，按〈Enter〉键，文字输入点自动换行，然后即可输入第二行文字。
- 在输入文字的过程中，可以移动光标到新位置并按拾取键，原文字行结束，用户可以在新的位置输入文字。
- 要改正刚才输入的字符，只要按一次〈←〉键就能把该字符删除，然后输入新的字符。

工程绘图中某些常用符号不能直接输入，AutoCAD 2016 提供了某些工程绘图中常用符号的控制符，例如，要在一段文字的上方或下方加画线、标注°（度）、±、ϕ 等符号，可以输入相应的控制符。AutoCAD 2016 常用工程符号的控制符见表 2-1。

表 2-1　工程符号的控制符

控　制　符	功　　能
%%O	打开或关闭文字上画线
%%U	打开或关闭文字下画线
%%D	标注度（°）符号
%%P	标注正负公差（±）符号
%%C	标注直径（ϕ）符号

AutoCAD 2016 的控制符中，%%O 和%%U 分别是上画线与下画线的开关。当第一次出现这两个符号时，表明打开上画线或下画线。当第二次出现时，则会关闭上画线或下画线。

在“输入文字”提示下输入控制符时，这些控制符将临时显示在屏幕上。一旦结束文字输入，控制符将从屏幕上消失，换成相应的符号。

2.4　绘制电机支路及说明图

本节电机支路分为两条，熔断器都对支路产生作用，并增加有支路说明。绘制电机支路及说明图的操作步骤如下。

2.4.1　绘制电机支路

（1）绘制线路的熔断器部分。单击“绘图”面板中的“矩形”命令按钮，绘制长度为 1×3 电阻，如图 2-304 所示。

（2）单击“修改”面板中的“复制”命令按钮，复制电阻，如图 2-305 所示。

（3）单击“绘图”面板中的“直线”命令按钮，绘制如图 2-306 所示的直线。

图 2-304　绘制电阻　　图 2-305　复制电阻　　图 2-306　绘制直线

（4）单击“修改”面板中的“复制”命令按钮，复制直线，如图 2-307 所示。

（5）单击“注释”中的“多行文字”命令按钮，绘制如图 2-308 所示的文字“FU1”。

（6）绘制线路上半部分。单击“绘图”面板中的“直线”命令按钮，绘制如图 2-309 所示的斜线。

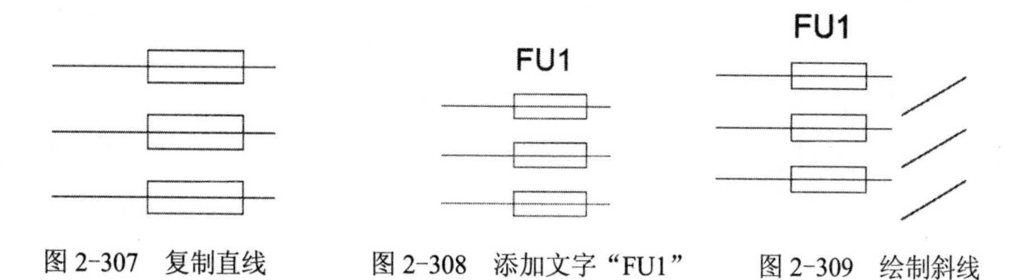

图 2-307　复制直线　　图 2-308　添加文字“FU1”　　图 2-309　绘制斜线

（7）选择虚线图层。单击“绘图”面板中的“直线”命令按钮，绘制如图 2-310 所示的虚线。

（8）单击“绘图”面板中的“直线”命令按钮，完成开关绘制，如图 2-311 所示。

图 2-310　绘制虚线　　图 2-311　完成绘制的开关

（9）单击“修改”面板中的“复制”命令按钮，复制电阻，如图 2-312 所示。

（10）单击“绘图”面板中的“直线”命令按钮，绘制如图 2-313 所示的水平线路。

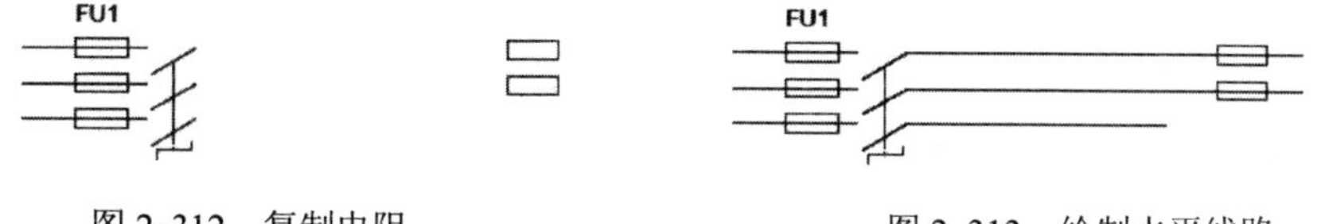

图 2-312　复制电阻　　图 2-313　绘制水平线路

（11）单击“绘图”面板中的“直线”命令按钮，绘制如图 2-314 所示的垂直线路。

（12）单击“绘图”面板中的“圆”命令按钮，绘制半径为 0.3 的圆，如图 2-315 所示。

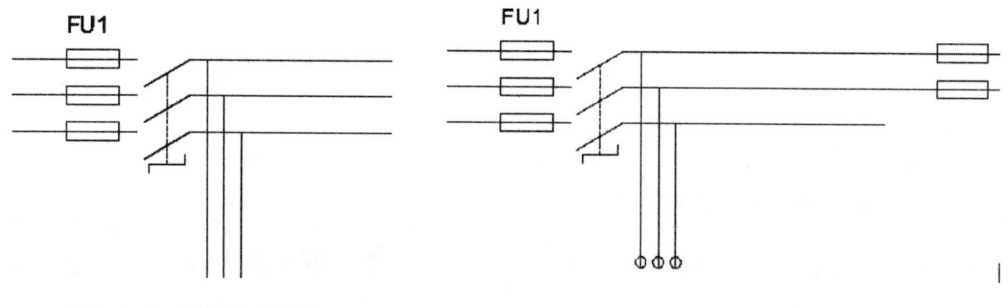

图 2-314　绘制垂直线路　　图 2-315　绘制圆

(13）单击“修改”面板中的“修剪”命令按钮，快速修剪节点圆，如图 2-316 所示。

(14）单击“绘图”面板中的“直线”命令按钮，绘制如图 2-317 所示的 3 条线路。

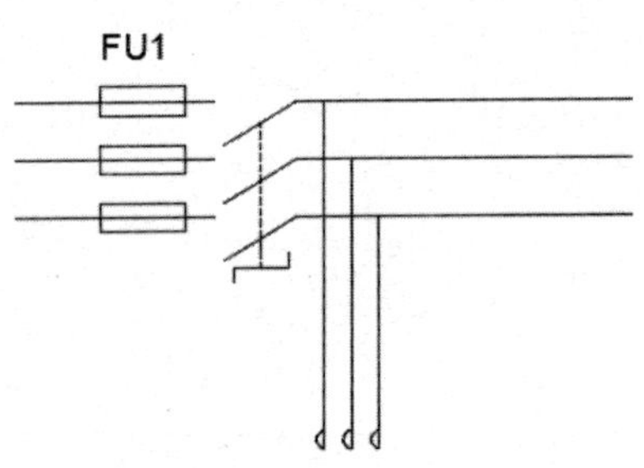

图 2-316 修剪节点圆

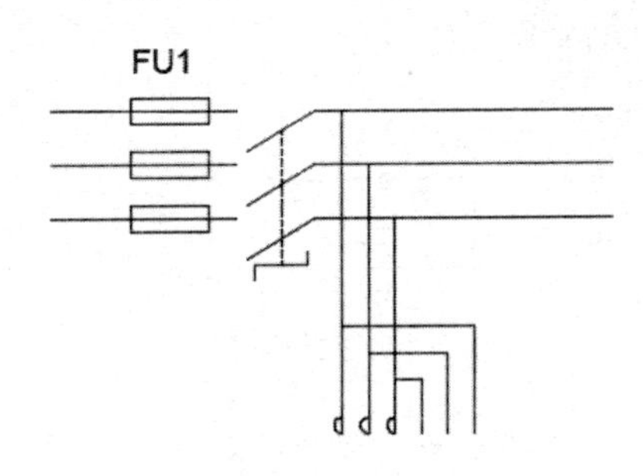

图 2-317 绘制 3 条线路

(15）单击“绘图”面板中的“圆”命令按钮，绘制半径为 0.3 的节点圆，如图 2-318 所示。

(16）单击“修改”面板中的“修剪”命令按钮，快速修剪节点圆，如图 2-319 所示。

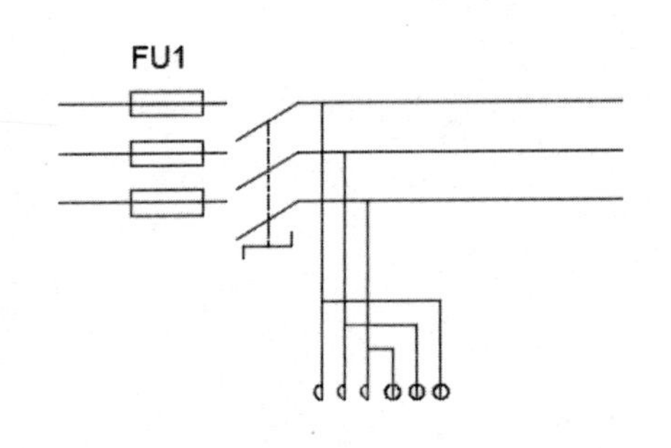

图 2-318 绘制节点圆

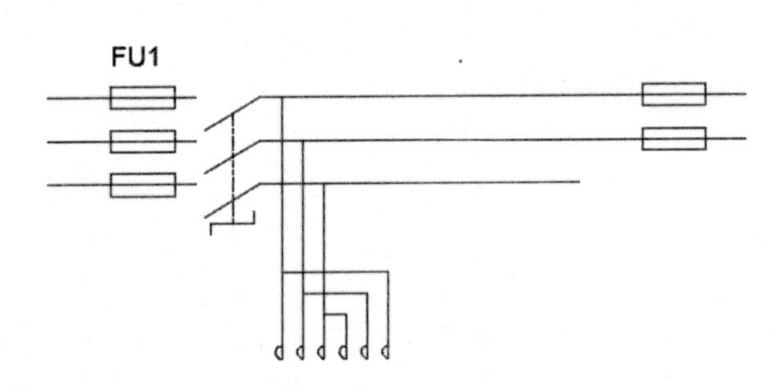

图 2-319 修剪节点圆

(17）单击“修改”面板中的“复制”命令按钮，复制线路，如图 2-320 所示。

(18）单击“绘图”面板中的“圆”命令按钮，绘制半径为 0.3 的节点圆，如图 2-321 所示。

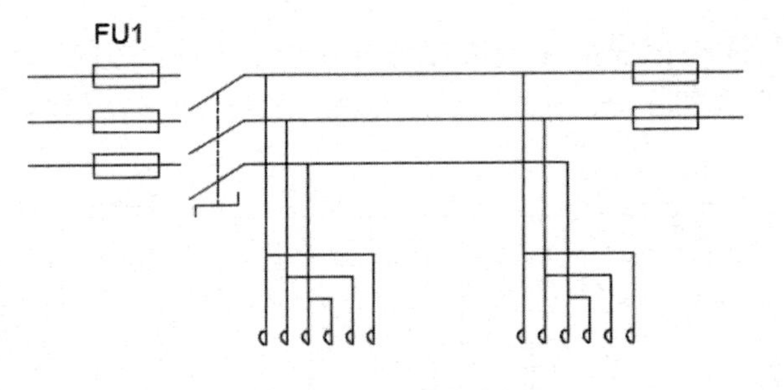

图 2-320 复制线路

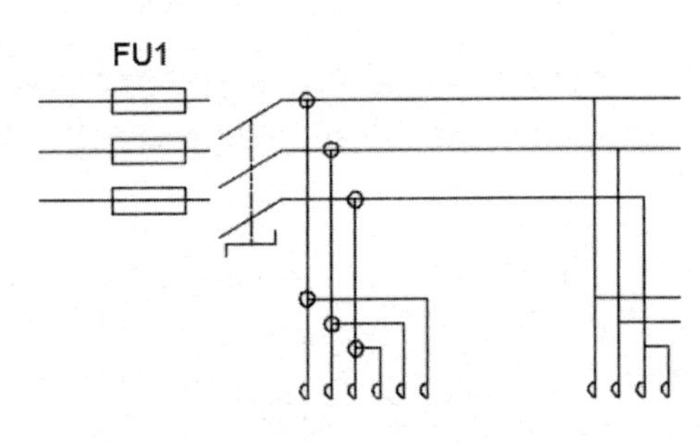

图 2-321 绘制节点圆

(19）单击“绘图”面板中的“图案填充”命令按钮，填充节点，如图 2-322 所示。

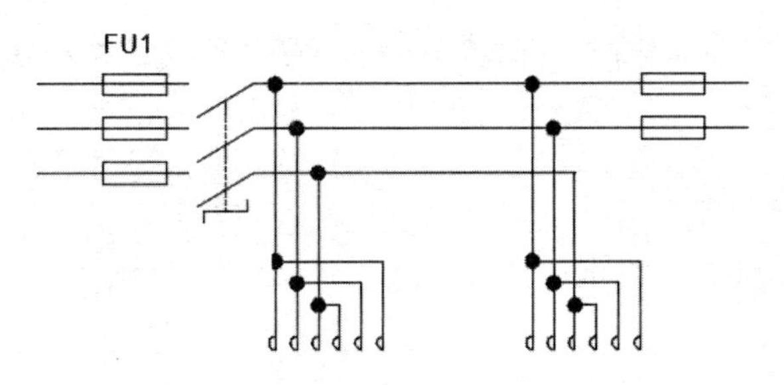

图 2-322　填充节点

（20）单击“注释”面板中的“多行文字”命令按钮，绘制如图 2-323 所示的文字“QS、KM2、FU2”。

（21）绘制线路下半部分。单击“绘图”面板中的“直线”命令按钮，绘制如图 2-324 所示的斜线。

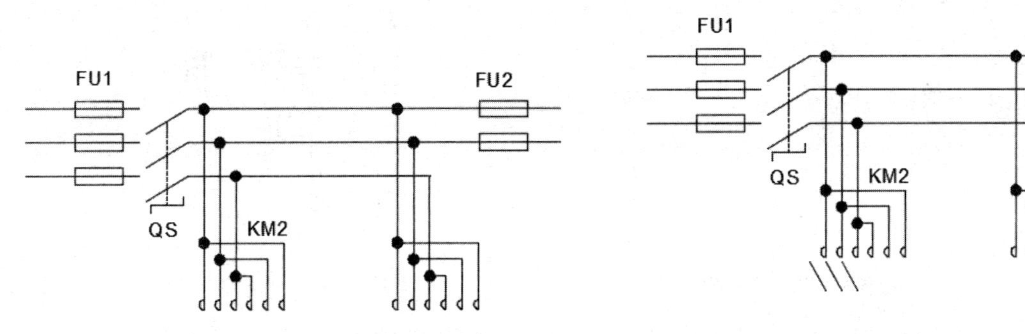

图 2-323　添加文字“QS、KM2、FU2”　　图 2-324　绘制斜线

（22）选择虚线图层。单击“绘图”面板中的“直线”命令按钮，绘制如图 2-325 所示的虚线。

（23）单击“绘图”面板中的“圆”按钮，绘制半径为 2 的圆表示电机，如图 2-326 所示。

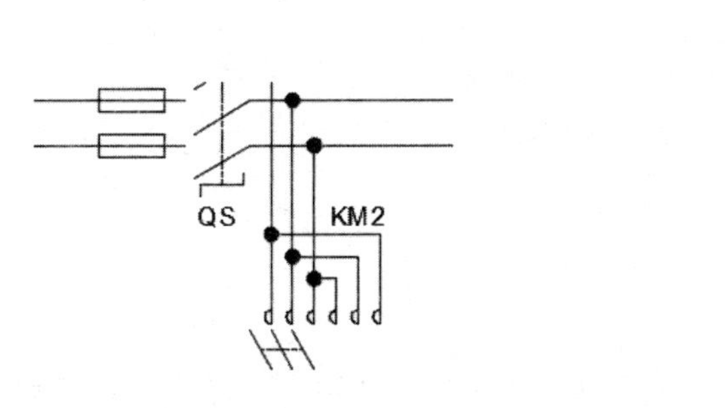

图 2-325　绘制虚线

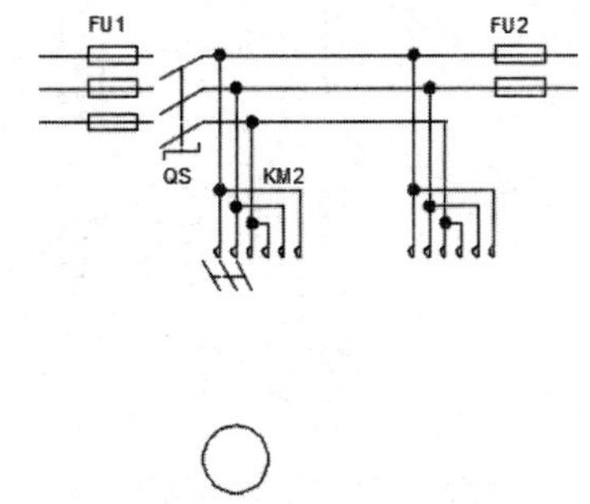

图 2-326　绘制电机

（24）单击“注释”面板中的“多行文字”命令按钮，绘制如图 2-327 所示的文字“M”和“3～”。

（25）单击“绘图”面板中的“直线”命令按钮，绘制如图 2-328 所示的电机线路。

（26）单击“修改”面板中的“复制”命令按钮，复制开关，如图 2-329 所示。

（27）单击“绘图”面板中的“直线”命令按钮，绘制如图 2-330 所示的开关线路。

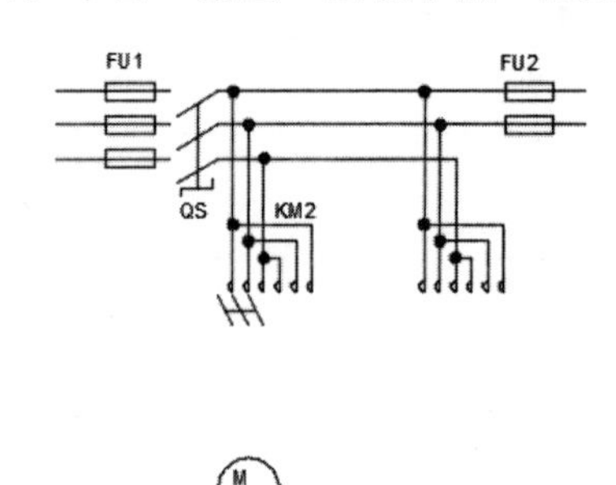

图 2-327　添加文字“M”和“3～”

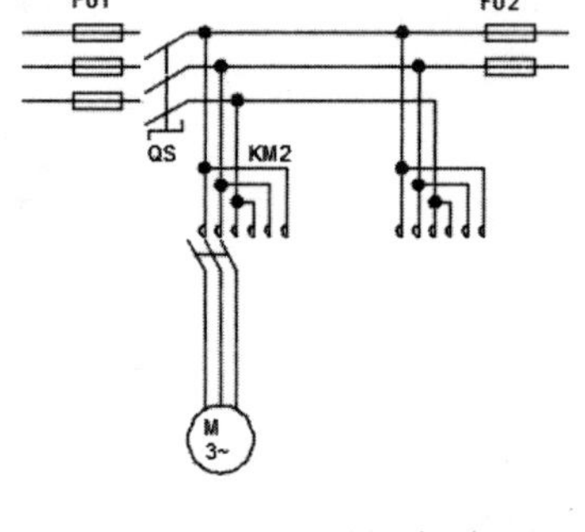

图 2-328　绘制电机线路

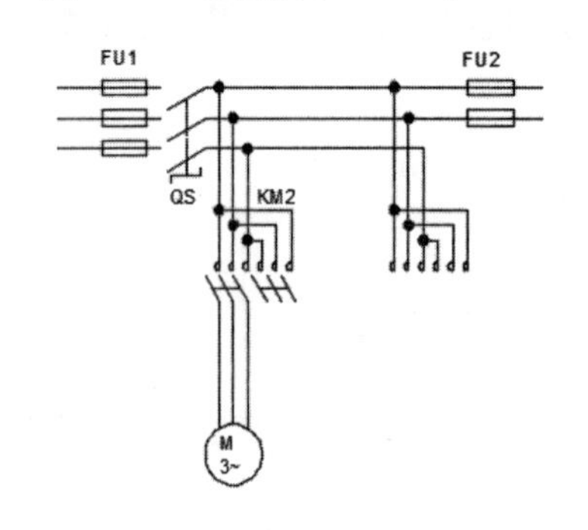

图 2-329　复制开关

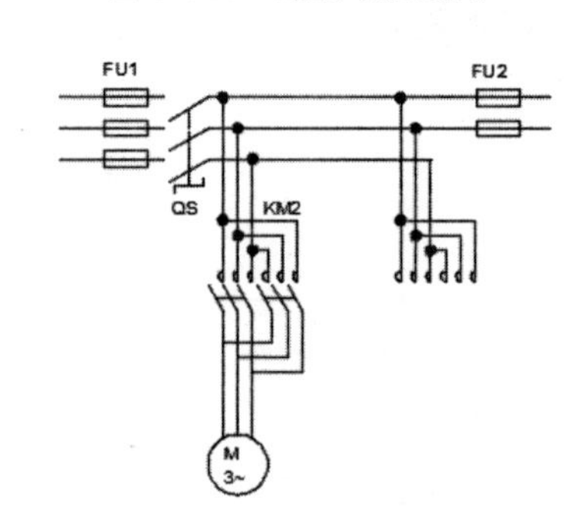

图 2-330　绘制开关线路

（28）单击“修改”面板中的“复制”命令按钮，复制线路和电机，如图 2-331 所示。

（29）单击“绘图”面板中的“矩形”命令按钮，绘制尺寸为 1×1.5 的矩形，如图 2-332 所示。

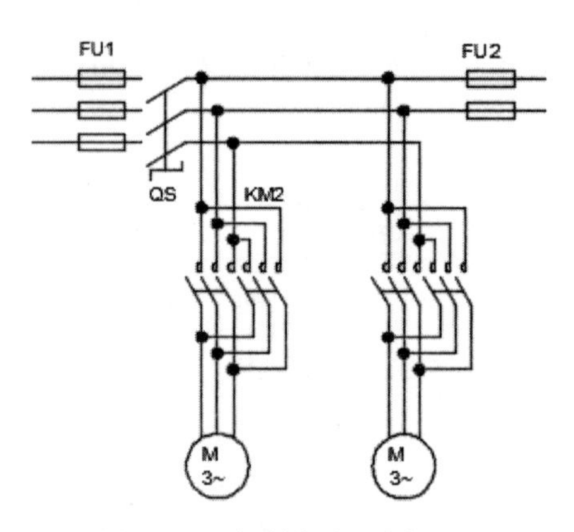

图 2-331　复制线路和电机

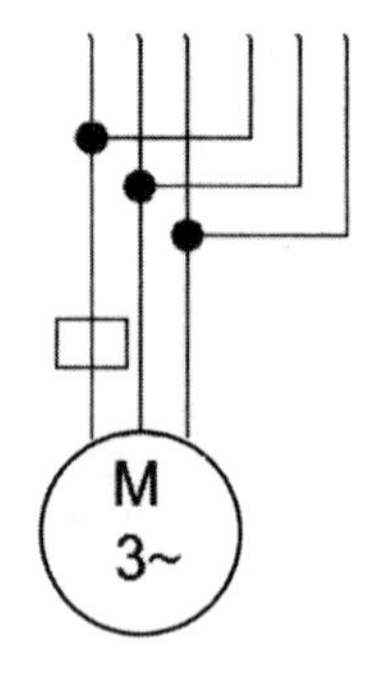

图 2-332　绘制尺寸为 1×1.5 的矩形

（30）单击“修改”面板中的“修剪”命令按钮，快速修剪电机线路，如图 2-333 所示，完成下半部分线路的绘制。

2.4.2　标注说明文字

（1）单击“注释”面板中的“多行文字”命令按钮，绘制如图 2-334 所示的文

字“1>”。

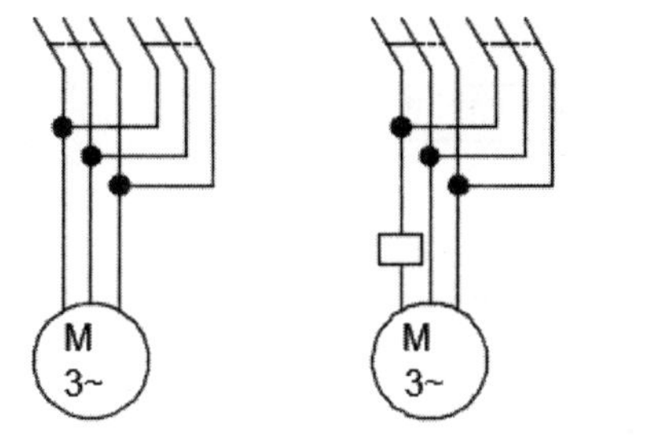

图 2-333　修剪电机线路

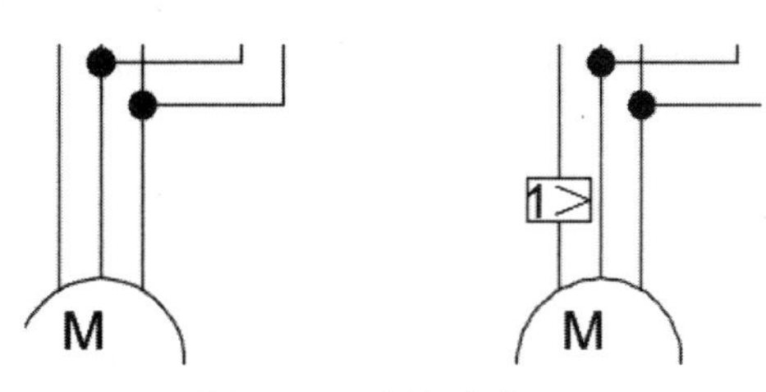

图 2-334　添加文字“1>”

（2）单击“注释”面板中的“多行文字”命令按钮A，绘制如图 2-335 所示的线路其他文字，完成电机图样部分。

（3）单击“绘图”面板中的“矩形”按钮，绘制尺寸为 5×33 的矩形，如图 2-336 所示。

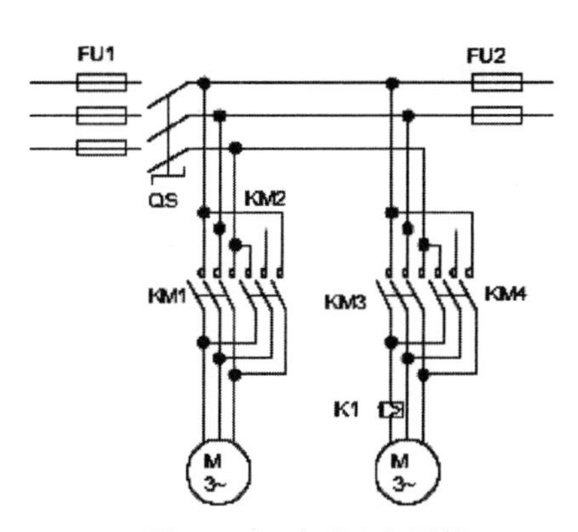

图 2-335　完成电机图样

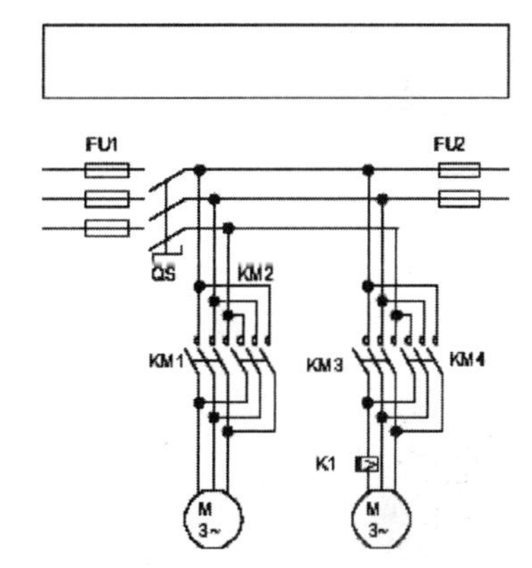

图 2-336　绘制尺寸为 5×33 的矩形

（4）单击“绘图”面板中的“直线”命令按钮，绘制如图 2-337 所示的表格。

（5）单击“注释”面板中的“多行文字”命令按钮A，添加如图 2-338 所示的表格文字。

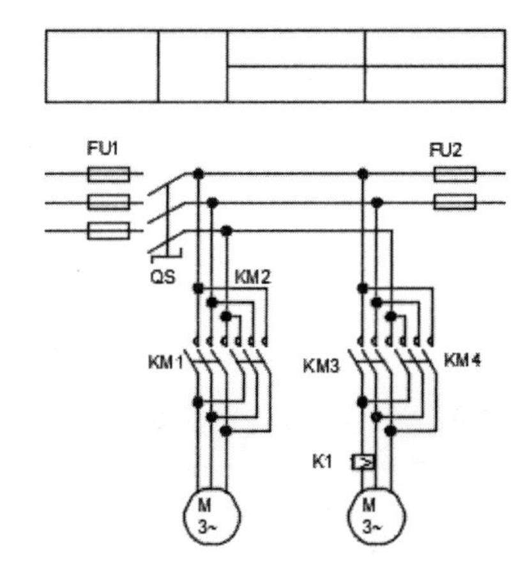

图 2-337　绘制表格

电源保护	开关	移动电机		夹紧电机	
		正转	反转	正转	反转

FU1　FU2

图 2-338　添加表格文字

（6）完成电机支路及说明的绘制，如图 2-339 所示。

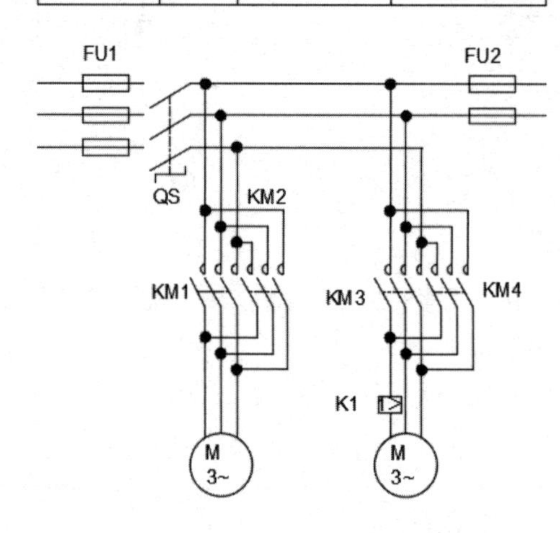

图 2-339　完成电机支路及说明

第3章 电气元器件设计

知识导引

本章介绍如何使用 AutoCAD 2016 进行电气元器件的三维设计。许多电气设备，如开关、插座、灯具，具有丰富多样的外形。先形象、直观地进行三维设计，再创建出合格的平面图形，是绘制这些电气元器件图样的有效方法。在电气元器件的三维设计工作中，需要经常使用坐标系命令。本章先介绍在 AutoCAD 2016 中如何操作坐标系，然后介绍如何创建基本的几何造型，最后介绍如何编辑加工这些简单几何造型，从而绘制出复杂的电气元器件工业造型。

3.1 用户坐标系

AutoCAD 2016 系统规定用户总是在一定的三维空间中绘图，平面绘图只是在三维空间的某个平面上绘制图形而已。只要启动 AutoCAD 2016，系统就自动配置好一种绘图坐标，用户也可以根据自己的需要改变坐标系。

要使用三维命令，首先要进入三维工作空间。在 AutoCAD 2016 界面的右下角单击“切换工作空间”按钮，选择菜单中的“三维建模”命令，就进入到三维工作空间中。打开“常用”选项卡，常用的关于坐标系的命令在如图 3-1 所示的“坐标”面板中，用户只要单击其中的按钮即可启动对应的坐标系命令。UCS 即“用户坐标系”的英文的第一个字母组合。下面介绍“坐标”面板中常用的按钮。

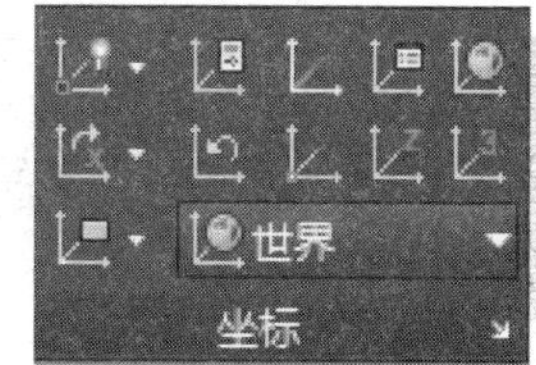

图 3-1 “坐标”面板

3.1.1 上一个 UCS

图 3-2 所示为“UCS，上一个”命令按钮在“坐标”面板中的位置，该命令按钮用于恢复到最后一次坐标系改变之前的状态。

【示例】 如果坐标系本来是如图 3-3 所示的世界坐标系，但是用户把它绕 *Z* 轴旋转了 90°，如图 3-4 所示。现在要恢复到世界坐标系，只要单击“UCS，上一个”按钮即可。命令行的提示如下。

```
命令: _ucs
当前 UCS 名称: *没有名称*
指定 UCS 的原点或 [面(F)/命名(NA)/对象(OB)/上一个(P)/视图(V)/世界(W)/X/Y/Z/Z 轴(ZA)] <世界>: _p
```

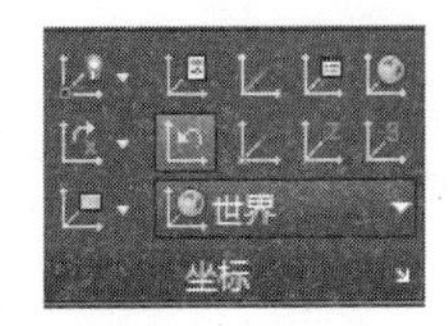

图 3-2 “UCS，上一个”按钮

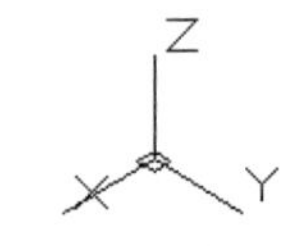

图 3-3　世界坐标系

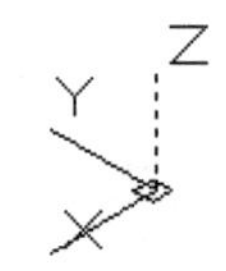

图 3-4　改变了的坐标系

3.1.2　世界 UCS

单击“UCS，世界”命令按钮可以使处于任何状态的坐标系恢复到世界 UCS 状态，图 3-5 所示为“UCS，世界”命令按钮在“坐标”面板中的位置。

【示例】 单击“UCS，世界”命令按钮，命令行将提示命令的执行内容。

```
命令: _ucs
当前 UCS 名称: *没有名称*
指定 UCS 的原点或 [面(F)/命名(NA)/对象(OB)/上一个(P)/视图(V)/世界(W)/X/Y/Z/Z 轴(ZA)]
<世界>: _w
```

坐标系立即恢复到世界 UCS。

3.1.3　原点 UCS

用于在新的原点建立坐标系，而 *X* 轴、*Y* 轴和 *Z* 轴的指向不变。图 3-6 所示为“原点”命令按钮在“坐标”面板中的位置。

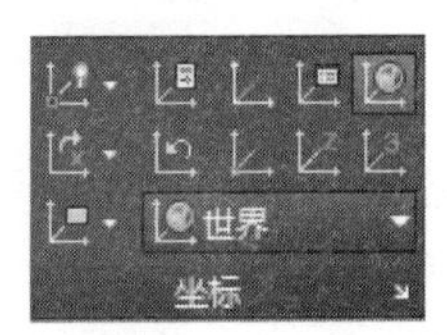

图 3-5 “UCS，世界”命令按钮

图 3-6 “原点”命令按钮

【示例】 把坐标系移动到如图 3-7 所示端面的圆心。单击“原点”命令按钮，按命令行的提示进行操作。

```
命令: _ucs
当前 UCS 名称: *俯视*
指定 UCS 的原点或 [面(F)/命名(NA)/对象(OB)/上一个(P)/视图(V)/世界(W)/X/Y/Z/Z 轴(ZA)]
<世界>: _o
指定新原点 <0,0,0>:（如图 3-8 所示捕捉圆的圆心）
```

效果如图 3-9 所示。

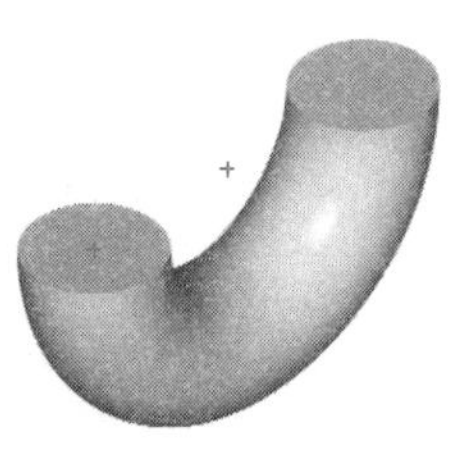

图 3-7　端面圆

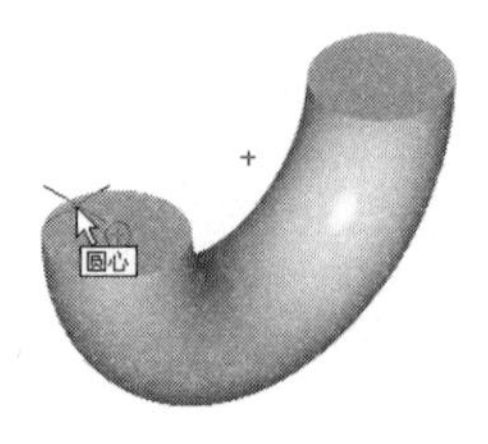

图 3-8　捕捉圆心

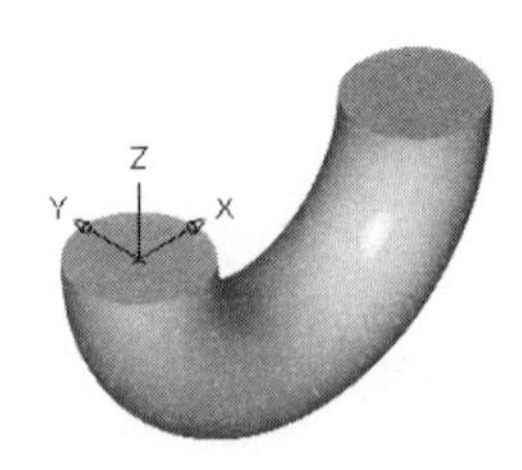

图 3-9　移动坐标系

3.1.4 Z轴矢量 UCS

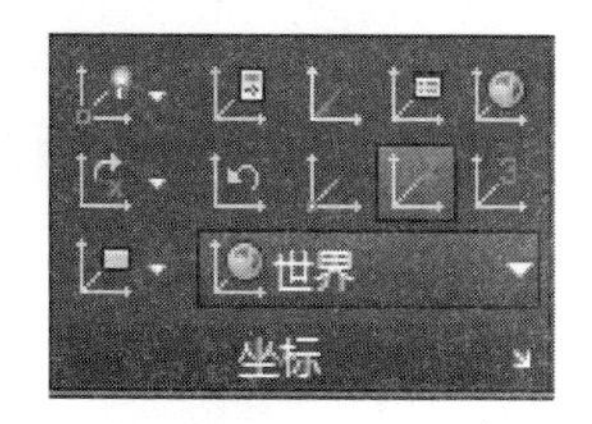

图 3-10 “Z 轴矢量”命令按钮

该命令用于在新的原点和 Z 轴的新指向建立坐标系，而 X 轴、Y 轴并不绕 Z 轴旋转。图 3-10 所示为“Z 轴矢量”命令按钮在“坐标”面板中的位置。

【示例】 通过指定 Z 轴的位置确定一个新坐标系。单击“Z 轴矢量”命令按钮，按命令行的提示进行操作。

```
命令: _ucs
当前 UCS 名称: *没有名称*
指定 UCS 的原点或 [面(F)/命名(NA)/对象(OB)/上一个(P)/视图(V)/世界(W)/X/Y/Z/Z 轴(ZA)]
<世界>: _zaxis
指定新原点或 [对象(O)] <0,0,0>: （捕捉如图 3-11 所示的最近点，光标牵引出如图 3-12 所示
新 Z 轴矢量的跟踪线）
在正 Z 轴范围上指定点 <-33.7731, -101.4609,1.0000>: @10,0,0（按相对坐标确定新 Z 轴的指向）
```

效果如图 3-13 所示。

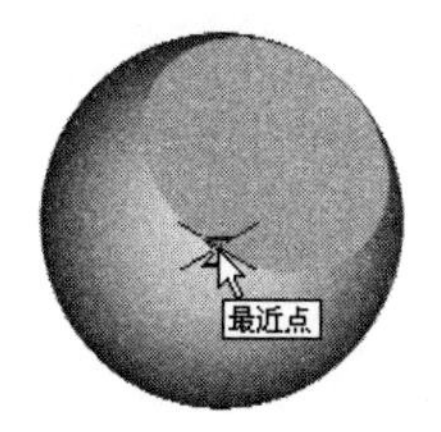

图 3-11 捕捉最近点

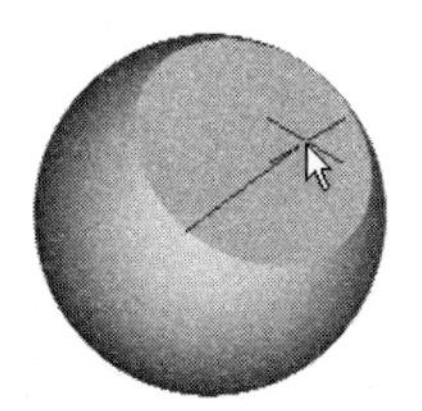

图 3-12 新 Z 轴矢量的跟踪线

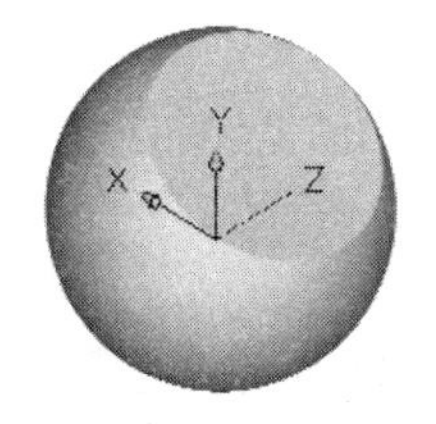

图 3-13 按新 Z 轴矢量设置的坐标系

3.1.5 绘制高压瓷绝缘子

操作步骤如下。

（1）绘制高压瓷绝缘子上半边的基本形体。单击“建模”面板中的“球体”命令按钮，以点（0,0,0）为球心，绘制ϕ500 的球，阶段效果如图 3-14 所示。

（2）单击“建模”面板中的“圆柱体”命令按钮，以原点为底面圆心绘制尺寸为ϕ180×300 的圆柱体，效果如图 3-15 所示。

（3）单击“实体编辑”面板中的“交集”命令按钮，创建ϕ500 的球和ϕ180×300 的圆柱体的交集实体，效果如图 3-16 所示。

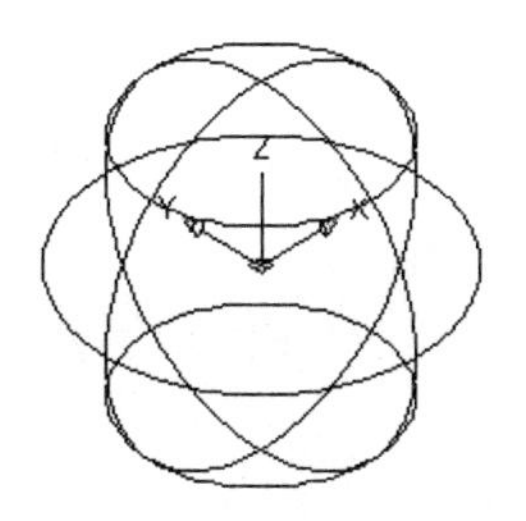

图 3-14 绘制球

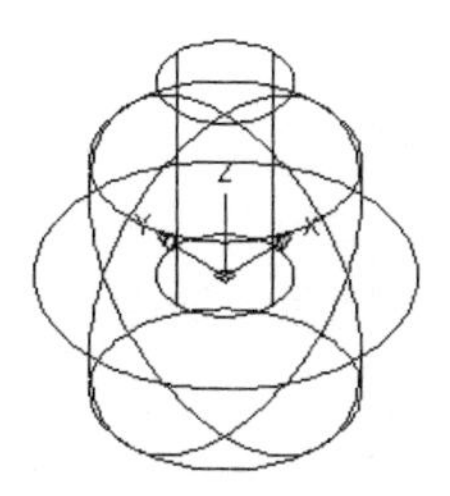

图 3-15 绘制圆柱体

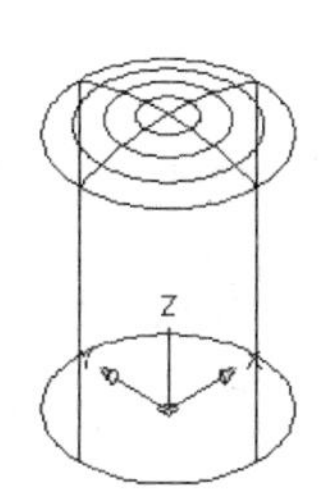

图 3-16 创建交集实体

（4）单击“实体编辑”面板中的“剖切”命令按钮，使用平行于 *XY* 平面并通过如图 3-17 所示圆心的平面对半剖切实体，保留上一半，效果如图 3-18 所示。

（5）单击“坐标”面板中的“原点 UCS”命令按钮，把坐标系移动到球缺的底面中心，如图 3-19 所示。

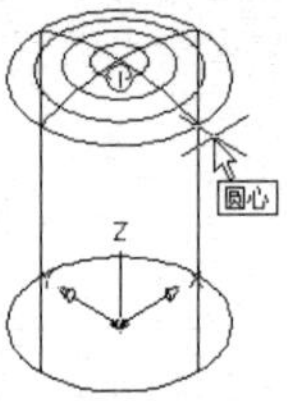

图 3-17　捕捉圆心

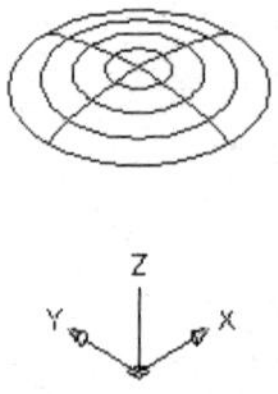

图 3-18　剖切实体

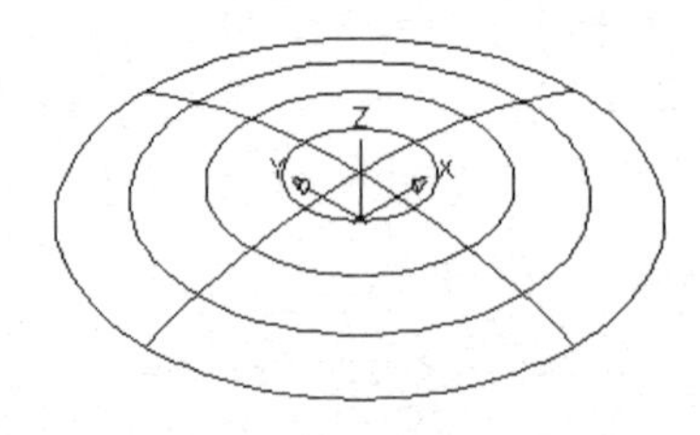

图 3-19　移动坐标系

（6）单击“建模”面板中的“圆柱体”命令按钮，以点（0，0，-30）为底面圆心绘制尺寸为ϕ100×60 的圆柱体，效果如图 3-20 所示。

（7）单击“建模”面板中的“圆环体”命令按钮，绘制中心在原点的尺寸为ϕ140×ϕ10 的圆环体，效果如图 3-21 所示。

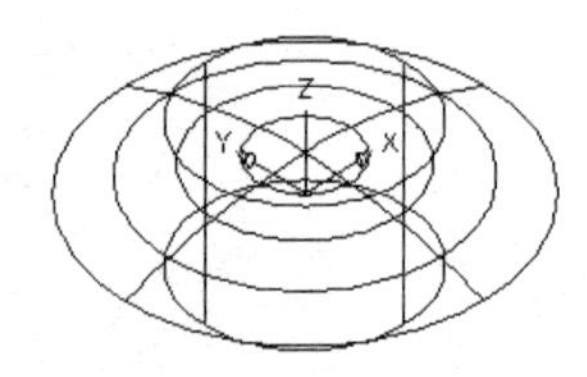

图 3-20　绘制圆柱体

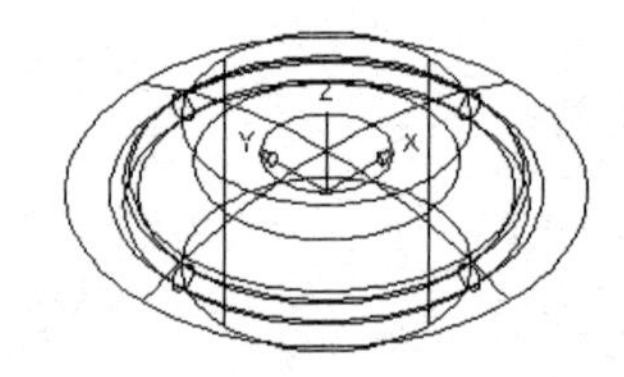

图 3-21　绘制圆环体

（8）单击“实体编辑”面板中的“并集”命令按钮，合并所有实体，效果如图 3-22 所示。

（9）修整局部特征。单击“修改”面板中的“圆角”命令按钮，把如图 3-23 光标所示边倒圆角，圆角半径为 12，效果如图 3-24 所示。

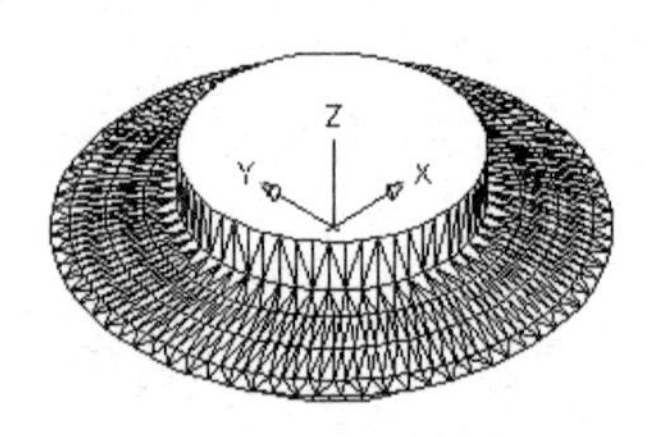

图 3-22　合并所有实体

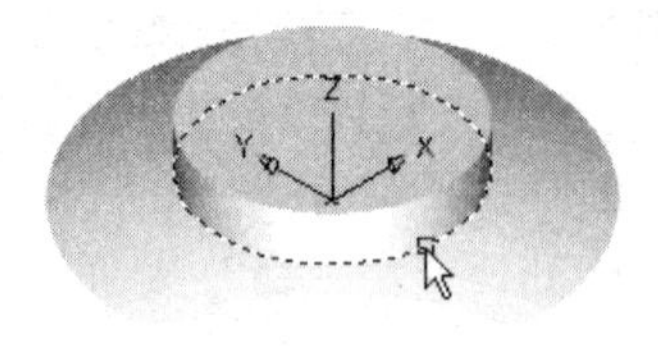

图 3-23　指示边

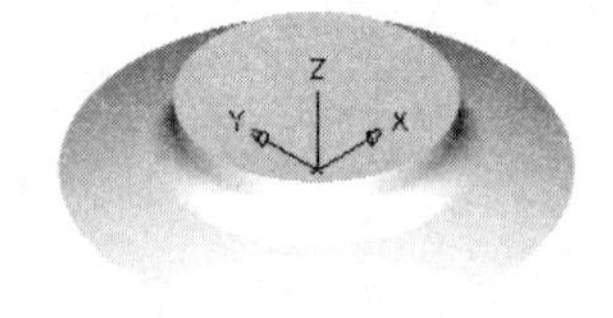

图 3-24　倒圆角

（10）为了在背面操作，在菜单浏览器中选择“视图”→“动态观察”→“受约束的动态观察”菜单命令，适当旋转造型，翻转出背面，效果如图 3-25 所示。

（11）单击“修改”面板中的“圆角”命令按钮，把并集操作产生的边倒圆角，圆角半径为 5，效果如图 3-26 所示。

（12）从菜单浏览器中选择“视图”→“三维视图”→“西南等轴测视图”菜单命令，

恢复视图。

（13）单击“坐标”面板中的“原点 UCS”命令按钮，把坐标系移动到如图 3-27 所示底面中心。

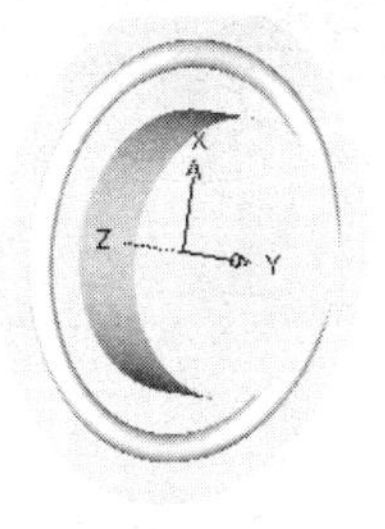

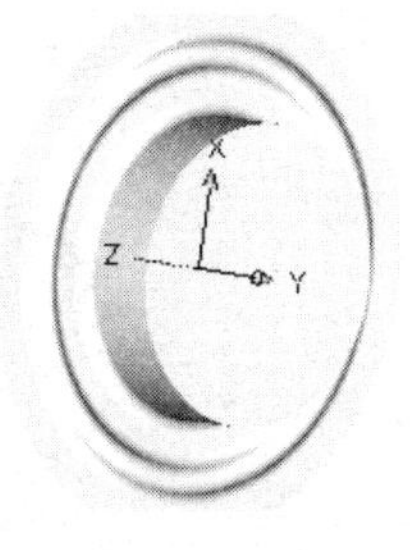

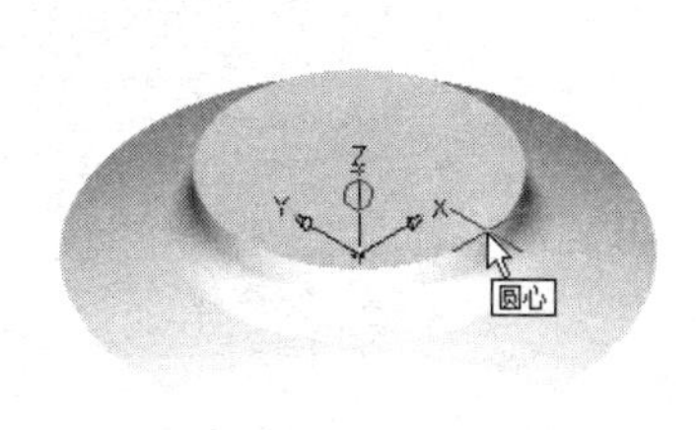

图 3-25　翻转造型　　图 3-26　边倒圆角　　图 3-27　移动坐标系

（14）绘制高压瓷绝缘子中间的凸节。单击“建模”面板中的“圆柱体”命令按钮，以原点为底面圆心绘制尺寸为ϕ120×20 的圆柱体，效果如图 3-28 所示。

（15）绘制高压瓷绝缘子的下半边，并修整局部细节。单击“修改”面板中的“复制”命令按钮，以下边实体的底面圆心为复制基准点，ϕ120×20 的圆柱体上底面圆心为复制目标点，把下边实体向上复制一份，效果如图 3-29 所示。

（16）为了便于操作，可以从菜单浏览器中选择“视图”→“动态观察”→“受约束的动态观察”菜单命令，适当旋转造型，效果如图 3-30 所示。

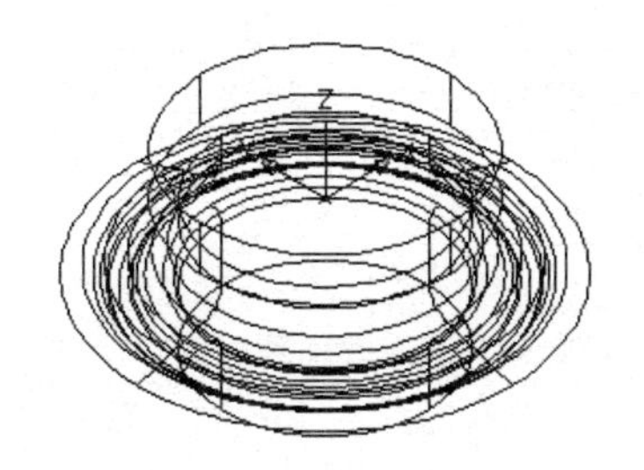

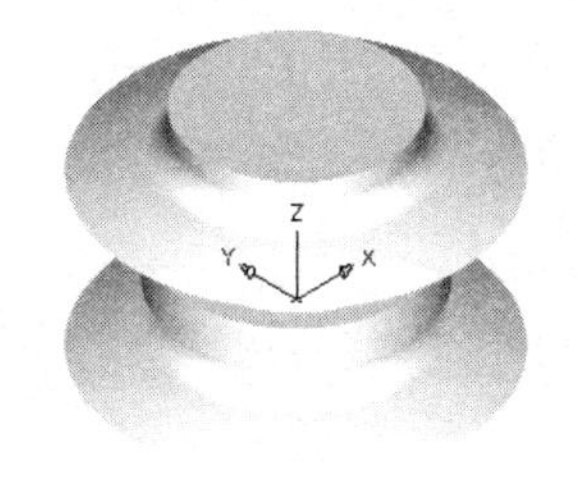

图 3-28　绘制圆柱体　　图 3-29　复制实体　　图 3-30　旋转造型

（17）单击“修改”面板中的“圆角”命令按钮，把如图 3-31 虚线所示边倒圆角，圆角半径为 3，效果如图 3-32 所示，渲染效果如图 3-33 所示。

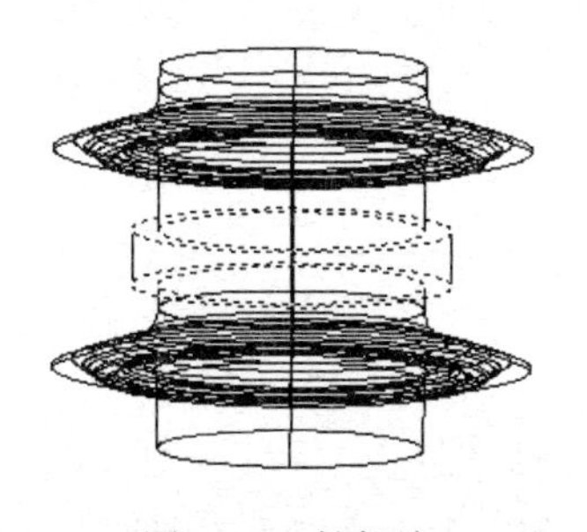

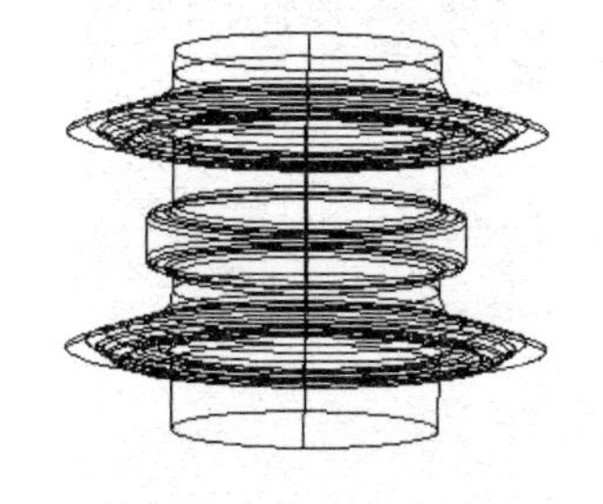

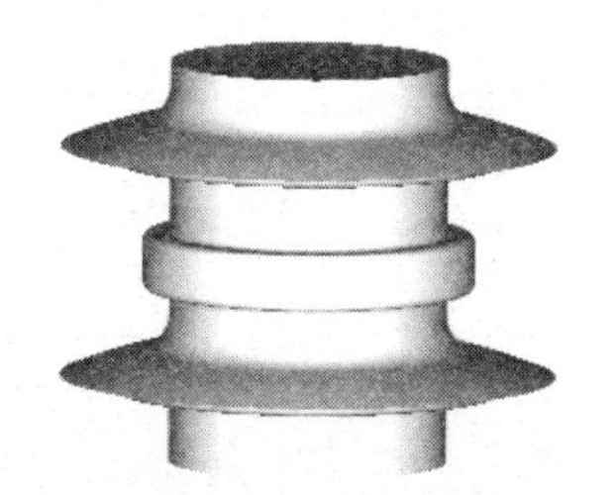

图 3-31　捕捉边　　图 3-32　倒圆角　　图 3-33　渲染效果

（18）单击“建模”面板中的“圆柱体”命令按钮，以实体底面中心为底面圆心绘制尺寸为ϕ11×150 的圆柱体，效果如图 3-34 所示。

（19）单击“实体编辑”面板中的“差集”命令按钮，使用实体剪切ϕ11×150 的圆柱体，形成安装孔，效果如图 3-35 所示。

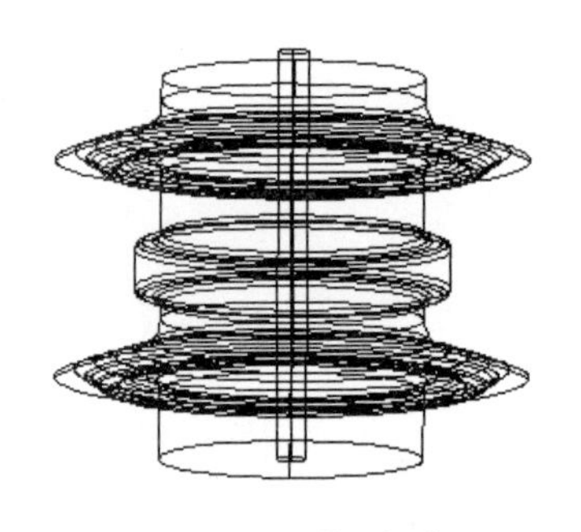

图 3-34 绘制圆柱体

图 3-35 剪切圆柱体

（20）单击“修改”面板中的“圆角”命令按钮，把其他锐边倒圆角，圆角半径为 3，效果如图 3-36 所示。

（21）从菜单浏览器中选择“视图”→“三维视图”→“西南等轴测视图”菜单命令，恢复视图，渲染效果如图 3-37 所示。

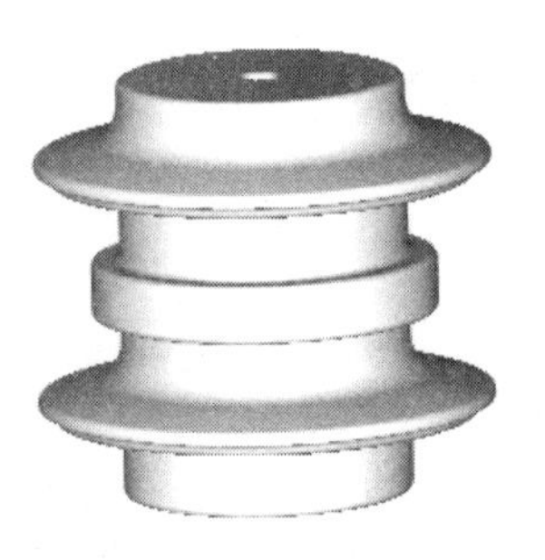

图 3-36 锐边倒圆角

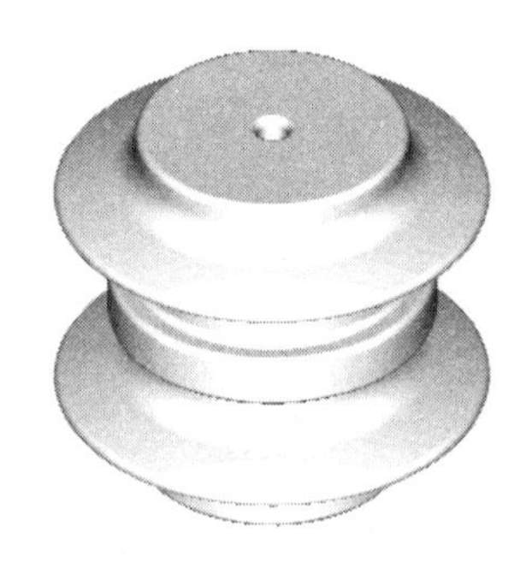

图 3-37 西南等轴测视图

3.1.6 3 点 UCS

该命令用于按照给定的原点及 *X* 轴、*Y* 轴通过的点建立坐标系。图 3-38 所示为“三点”命令按钮在“坐标”面板中的位置。

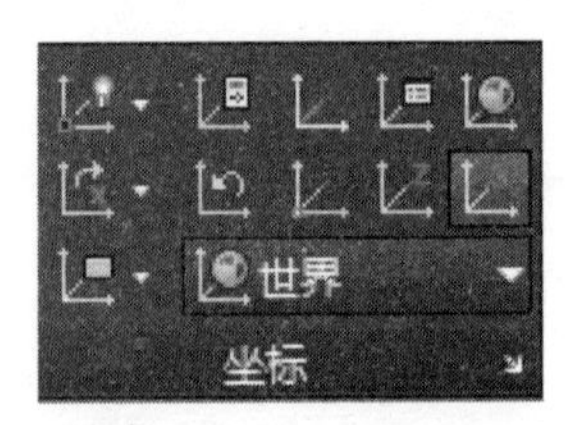

图 3-38 “三点”命令按钮

【示例】 指定一个原点和 *X* 轴、*Y* 轴的方向，确定一个新坐标系。单击“三点”命令按钮，按命令行的提示进行操作。

```
命令: _ucs
```

当前 UCS 名称: *没有名称*
指定 UCS 的原点或 [面(F)/命名(NA)/对象(OB)/上一个(P)/视图(V)/世界(W)/X/Y/Z/Z 轴(ZA)]<世界>: _3
指定新原点 <0,0,0>:（捕捉如图 3-39 所示的最近点）
在正 X 轴范围上指定点 <1.0000, -106.9343,0.0000>: @0,10,0（按相对坐标确定 *X* 轴通过的点）
在 UCS XY 平面的正 Y 轴范围上指定点 <-1.0000, -106.9343,0.0000>: @-10,0,0（按相对坐标确定 Y 轴通过的点）

效果如图 3-40 所示。

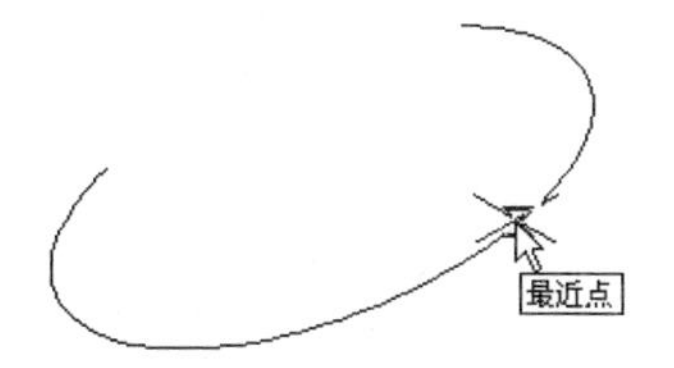

图 3-39　捕捉最近点

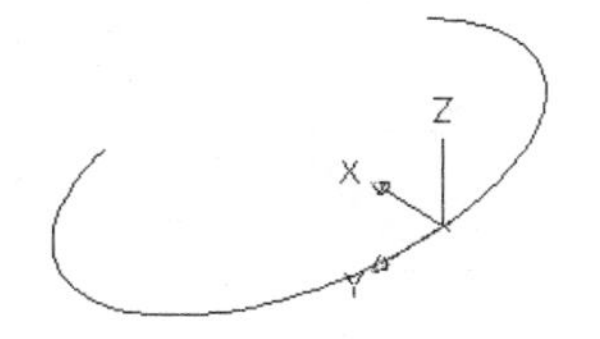

图 3-40　3 点确定 UCS

3.1.7　绕 X 轴旋转用户坐标系

该命令用于将原 UCS 绕 X 轴旋转指定的角度，得到新的 UCS。图 3-41 所示为“绕 X 轴旋转用户坐标系”命令按钮在“坐标”面板中的位置。

【示例】 把坐标系绕 X 轴旋转 90°。单击“绕 X 轴旋转用户坐标系”命令按钮，按命令行的提示进行操作。

命令: _ucs
当前 UCS 名称: *世界*
指定 UCS 的原点或 [面(F)/命名(NA)/对象(OB)/上一个(P)/视图(V)/世界(W)/X/Y/Z/Z 轴(ZA)]<世界>: _X
指定绕 X 轴的旋转角度 <90>:（按〈Enter〉键）

效果如图 3-42 所示。

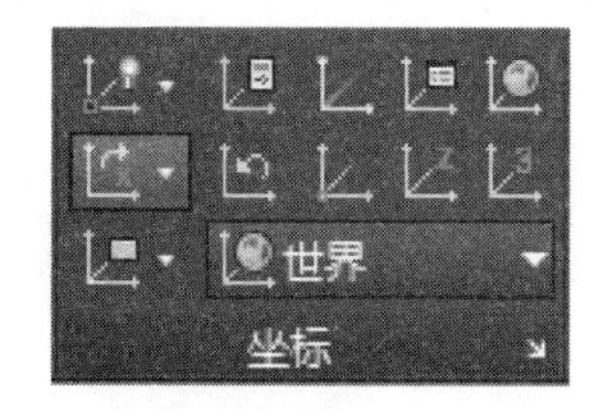

图 3-41　“绕 X 轴旋转用户坐标系”命令按钮

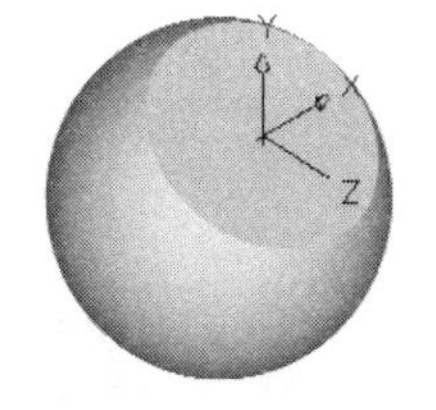

图 3-42　绕 *X* 轴旋转 90°

3.1.8　绕 Y 轴旋转用户坐标系

该命令用于将原 UCS 绕 Y 轴旋转指定的角度，得到新的 UCS。图 3-43 所示为“绕 Y 轴旋转用户坐标系”命令按钮在“坐标”面板中的位置。

【示例】 把坐标系绕 Y 轴旋转 90°。单击“绕 Y 轴旋转用户坐标系”命令按钮，按命令行的提示进行操作。

```
命令: _ucs
当前 UCS 名称: *世界*
指定 UCS 的原点或 [面(F)/命名(NA)/对象(OB)/上一个(P)/视图(V)/世界(W)/X/Y/Z/Z 轴(ZA)]
<世界>: _Y
指定绕 Y 轴的旋转角度 <90>:（按〈Enter〉键）
```

效果如图 3-44 所示。

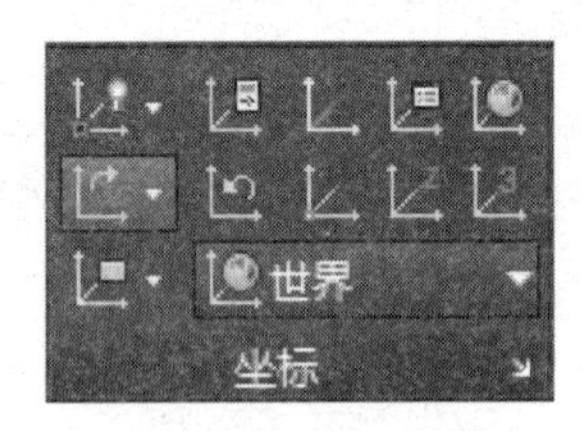

图 3-43 “绕 Y 轴旋转用户坐标系”命令按钮

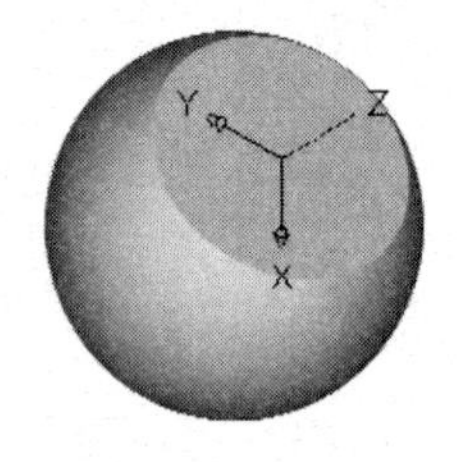

图 3-44　绕 Y 轴旋转 90°

3.1.9　绕 Z 轴旋转用户坐标系

该命令用于将原 UCS 绕 Z 轴旋转指定的角度，得到新的 UCS。图 3-45 所示为“绕 Z 轴旋转当前用户坐标系”命令按钮在“坐标”面板中的位置。

【示例】 把坐标系绕 Z 轴旋转 90°。单击“绕 Z 轴旋转用户坐标系”命令按钮，按命令行的提示进行操作。

```
命令: _ucs
当前 UCS 名称: *没有名称*
指定 UCS 的原点或 [面(F)/命名(NA)/对象(OB)/上一个(P)/视图(V)/世界(W)/X/Y/Z/Z 轴(ZA)]
<世界>: _z
指定绕 Z 轴的旋转角度 <90>:（按〈Enter〉键）
```

效果如图 3-46 所示。

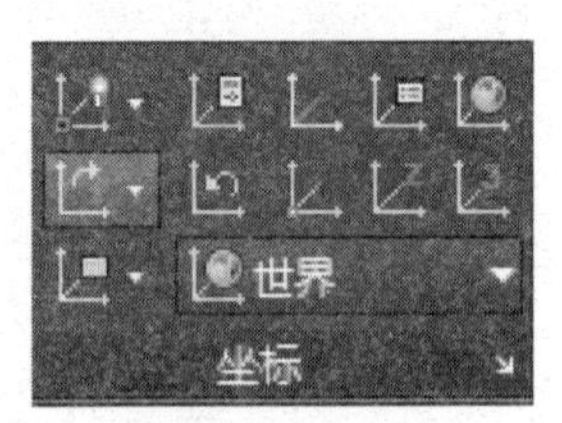

图 3-45 “绕 Z 轴旋转用户坐标系”命令按钮

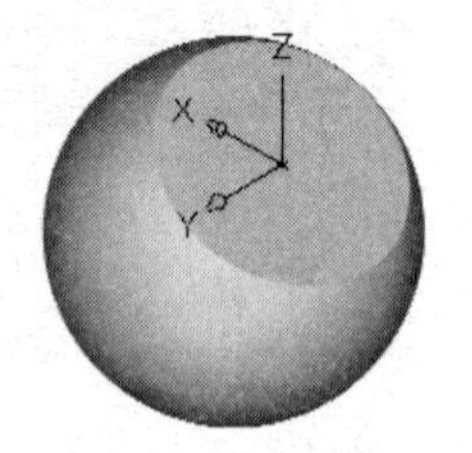

图 3-46　绕 Z 轴旋转 90°

3.2　三维建模

三维模型在设计工作中具有重要作用，它可以生成工程图样。所有的三维模型都是由基

本的三维实体通过并集、差集、交集以及其他平面编辑方法创建出来的。图 3-47 所示为“常用”选项卡中的“建模”面板，集中了绘制基本三维实体的命令，下面通过示例来学习各个命令的使用方法。

3.2.1　长方体

如图 3-48 所示，单击“建模”面板中的“长方体”命令按钮，绘制尺寸为 150×50×300 的长方体，按命令行的提示进行操作。

```
命令: _box
指定第一个角点或 [中心(C)]: 0,0,0（单击，确定长方体的起始角点）
指定角点或 [立方体(C)/长度(L)]: l（执行输入长方体“长度”选项）
指定长度: 150（输入长度值 150）
指定宽度: 50（输入宽度值 50）
指定高度或 [两点(2P)]: 300（输入高度值 300）
```

效果如图 3-49 所示。

图 3-47　“建模”面板

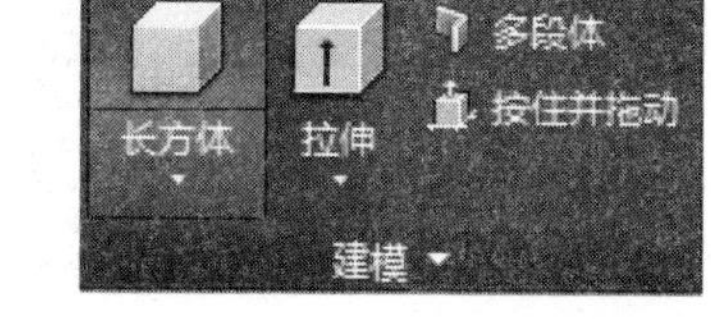

图 3-48　单击“长方体”命令按钮

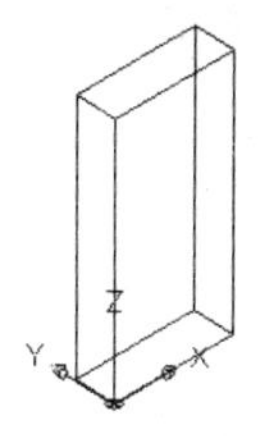

图 3-49　绘制长方体 150×50×300

3.2.2　球体

如图 3-50 所示，单击“建模”面板中的“球体”命令按钮，以原点为球心，绘制 ϕ1000 的球。按命令行的提示进行操作。

```
命令: _sphere
指定中心点或 [三点(3P)/两点(2P)/相切、相切、半径(T)]: 0,0,0
指定球体半径或 [直径(D)]: 500
```

效果如图 3-51 所示。

图 3-50　单击“球体”命令按钮

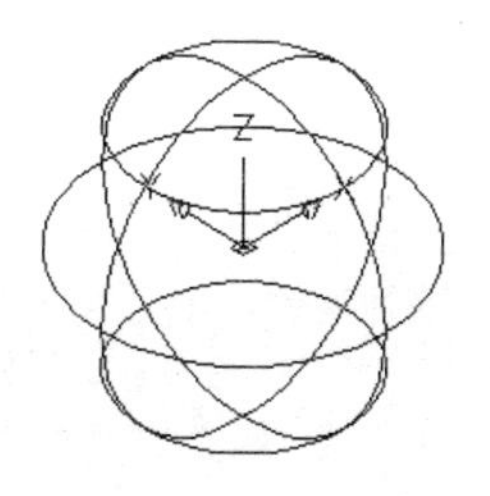

图 3-51　绘制球体

3.2.3　圆柱体

单击如图 3-52 所示的“圆柱体”命令按钮，绘制尺寸为ϕ600×500 的圆柱体，按命令行的提示进行操作。

```
命令: _cylinder
指定底面的中心点或 [三点(3P)/两点(2P)/相切、相切、半径(T)/椭圆(E)]:<0,0,0>（直接按〈Enter〉键，确定以坐标原点为圆柱体φ600×500 的底面中心）
指定底面半径或 [直径(D)]: d
指定直径: 600（输入直径值 600）
指定高度或 [两点(2P)/轴端点(A)]:500（输入高度值 500）
```

效果如图 3-53 所示。

也可以绘制椭圆柱体，按命令行的提示绘制尺寸为 100×40×100 的椭圆柱体。

```
命令: _cylinder
指定底面的中心点或 [三点(3P)/两点(2P)/相切、相切、半径(T)/椭圆(E)]: e（执行绘制“椭圆”柱体选项）
指定第一个轴的端点或 [中心(C)]: c（执行“中心”点选项）
指定中心点: 0,0,0（按〈Enter〉键）
指定到第一个轴的距离 <15.0000>: @50,0
指定第二个轴的端点: 20
指定高度或 [两点(2P)/轴端点(A)] <20.0000>:100
```

效果如图 3-54 所示。

图 3-52 “圆柱体”命令按钮

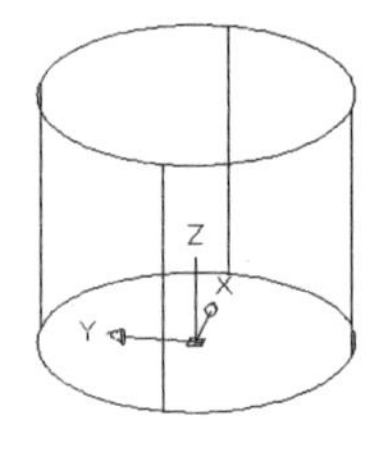

图 3-53　绘制圆柱体

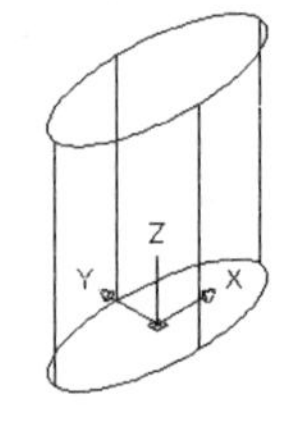

图 3-54　绘制椭圆柱体

3.2.4　圆锥体

如图 3-55 所示，单击“建模”面板中的“圆锥体”命令按钮，绘制尺寸为ϕ40×20 的圆锥体，按命令行的提示进行操作。

```
命令: _cone
指定底面的中心点或 [三点(3P)/两点(2P)/相切、相切、半径(T)/椭圆(E)]: 0,0（输入原点）
指定底面半径或 [直径(D)] <15.0000>: d（执行确定圆锥底面“直径”的选项）
指定直径 <30.0000>: 40（输入直径值 40）
指定高度或 [两点(2P)/轴端点(A)/顶面半径(T)] <53.8185>: 20（输入圆锥高度值 20）
```

效果如图 3-56 所示。

也可以绘制椭圆锥体，按命令行的提示绘制尺寸为 100×40×100 的椭圆锥体。

```
命令: _cone
指定底面的中心点或 [三点(3P)/两点(2P)/相切、相切、半径(T)/椭圆(E)]: e（执行绘制“椭圆”锥体选项）
指定第一个轴的端点或 [中心(C)]: c（执行“中心”点选项）
指定中心点: 0,0,0（按〈Enter〉键）
指定到第一个轴的距离 <20.0000>: 100,0
指定第二个轴的端点: 20
指定高度或 [两点(2P)/轴端点(A)/顶面半径(T)] <20.0000>: 100
```

效果如图 3-57 所示。

图 3-55 “圆锥体”命令按钮

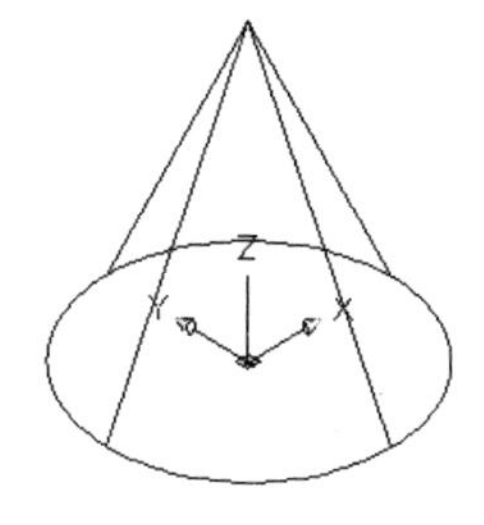

图 3-56 绘制圆锥体

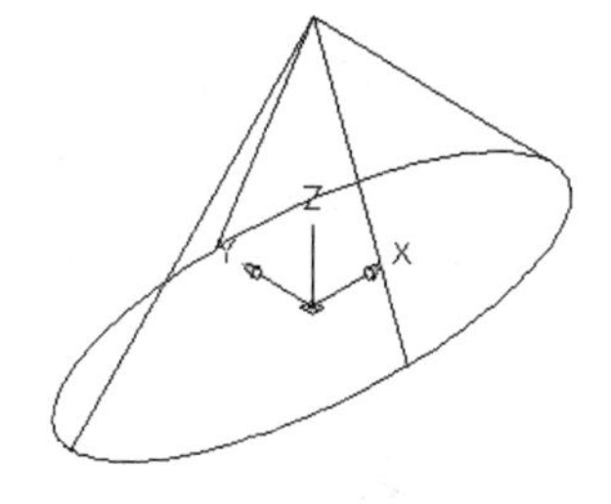

图 3-57 绘制椭圆锥体

▷▷▷ 3.2.5 圆环体

如图 3-58 所示，单击“建模”面板中的“圆环体”命令按钮，绘制尺寸为ϕ170×ϕ30 的圆环体，按命令行的提示进行操作。

```
命令: _torus
指定中心点或 [三点(3P)/两点(2P)/相切、相切、半径(T)]: 0,0,0（按〈Enter〉键）
指定半径或 [直径(D)] <20.0000>: d（执行确定圆环体“直径”选项）
指定圆环体的直径 <40.0000>: 170（输入圆环体直径值 170）
指定圆管半径或 [两点(2P)/直径(D)]: d（执行确定圆管“直径”选项）
指定圆管直径 <0.0000>: 30 （输入圆管直径值 30）
```

效果如图 3-59 所示。

图 3-58 “圆环体”命令按钮

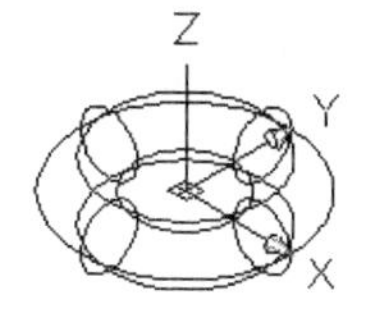

图 3-59 绘制圆环

▷▷▷ 3.2.6 拉伸

如图 3-60 所示，单击“建模”面板中的“拉伸”命令按钮，拉伸云线。拉伸高度为 30，拉伸角度为 10°，按命令行的提示进行操作。

```
命令: _extrude
```

当前线框密度: ISOLINES=4
选择要拉伸的对象: 找到 1 个（选择如图 3-61 所示云线）
选择要拉伸的对象: （按〈Enter〉键结束选择）
指定拉伸的高度或 [方向(D)/路径(P)/倾斜角(T)] <-30.0000>: t
指定拉伸的倾斜角度 <0>: 10（输入拉伸的倾斜角度 10°）
指定拉伸的高度或 [方向(D)/路径(P)/倾斜角(T)] <-30.0000>: 30（执行系统默认的“指定拉伸的高度”选项，输入高度值 30）

阶段效果如图 3-62 所示。

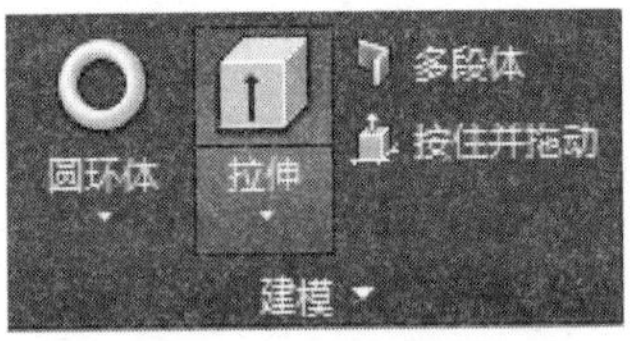

图 3-60 “拉伸”命令按钮

图 3-61 云线

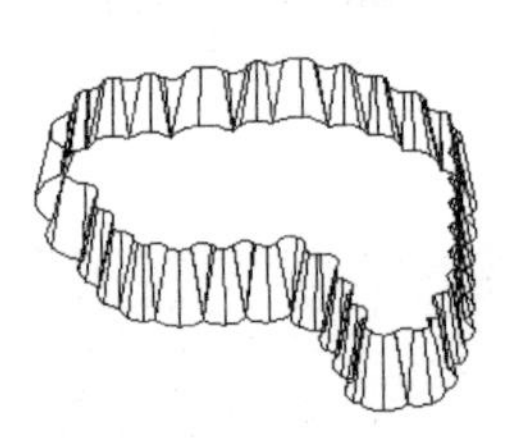

图 3-62 拉伸云线

▷▷▷ 3.2.7 旋转

如图 3-63 所示，单击“建模”面板中的“旋转”命令按钮，以 Y 轴为旋转轴旋转五边形，创建三维实体。按命令行的提示进行操作。

命令: _revolve
当前线框密度: ISOLINES=4
选择要旋转的对象: 找到 1 个（选择如图 3-64 所示五边形）
选择要旋转的对象: （按〈Enter〉键）
指定轴起点或根据以下选项之一定义轴 [对象(O)/X/Y/Z] <对象>: y（以 Y 轴为旋转轴）
指定旋转角度或 [起点角度(ST)] <360>: 250（输入旋转角度值）

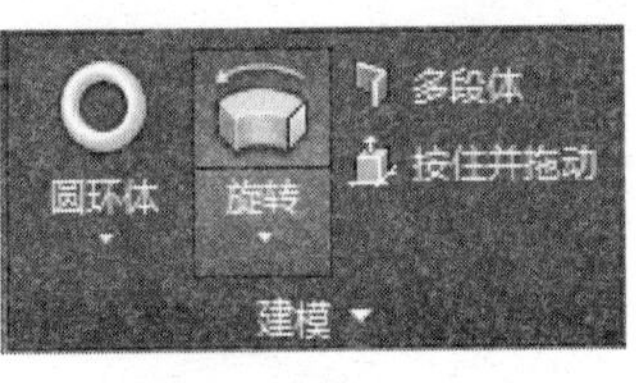

图 3-63 “旋转”命令按钮

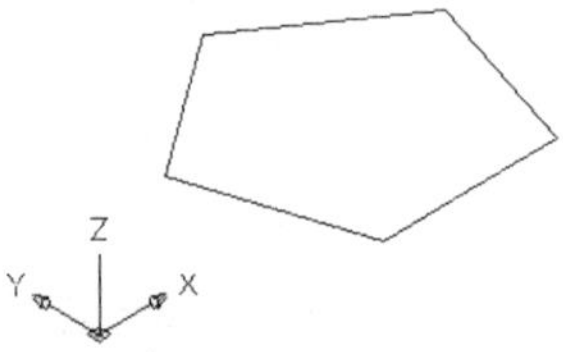

图 3-64 五边形

效果如图 3-65 所示，消隐效果如图 3-66 所示。

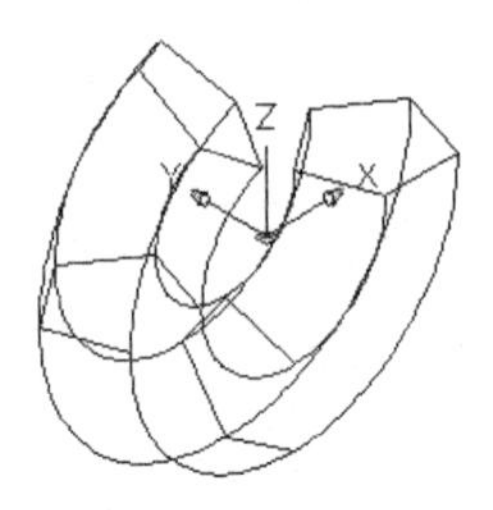

图 3-65 旋转五边形

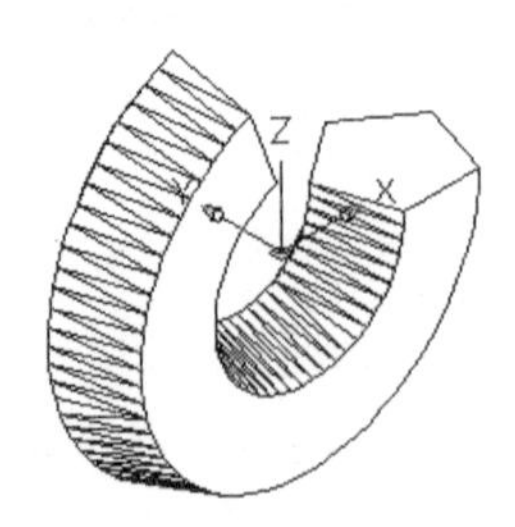

图 3-66 消隐效果

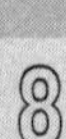

使用“旋转”命令可以创建一些 AutoCAD 2016 没有直接提供的造型。下面例子中创建的方环就是“建模”面板中未提供的造型。绘制步骤如下。

（1）单击“多边形”绘制命令，按命令行的提示操作。

命令: _polygon
输入边的数目 <6>:4 （系统提示输入多边形的边数，输入边数“4”按〈Enter〉键确认）
指定正多边形的中心点或 [边(E)]: 0,0（系统提示输入多边形的中心，输入原点）
输入选项 [内接于圆(I)/外切于圆(C)] <C>:（系统提示将输入四边形的内接圆半径还是外切圆半径。按〈Enter〉键默认将输入四边形的内接圆半径）
指定圆的半径:50（系统提示输入四边形内接圆半径。输入半径 50）

效果如图 3-67 所示。

（2）单击“移动”按钮，按命令行的提示操作。

命令: _move（输入移动命令）
选择对象:（系统提示选择被移动的实体，使用选择框选择正方形）
选择对象:（系统继续提示选择被移动的实体，按〈Enter〉键结束选择）
指定基点或 [位移(D)] <位移>:（系统提示输入移动操作的基准点，在图形编辑窗口内单击一点作为基准点）
指定第二个点或 <使用第一个点作为位移>: @400,0（系统提示输入移动操作的目标点，输入相对点@400,0）

（3）旋转成形。单击“旋转”按钮，按命令行的提示操作。

命令: _revolve（输入旋转命令）
当前线框密度: ISOLINES=10（系统提示当前线框密度，系统参数 ISOLINES 为 10）
选择要旋转的对象: 找到 1 个（系统提示选择被旋转的实体，使用光标捕捉方框选取正方形）
选择要旋转的对象: （系统继续提示选择被旋转的实体，按〈Enter〉键结束选择）
指定轴起点或根据以下选项之一定义轴 [对象(O)/X/Y/Z] <对象>: y（系统提示输入旋转轴，这里按 *Y* 轴旋转，输入“y”）
指定旋转角度或 [起点角度(ST)] <360>:（系统提示输入旋转的角度，按〈Enter〉键，默认为 360°）

效果如图 3-68 所示。

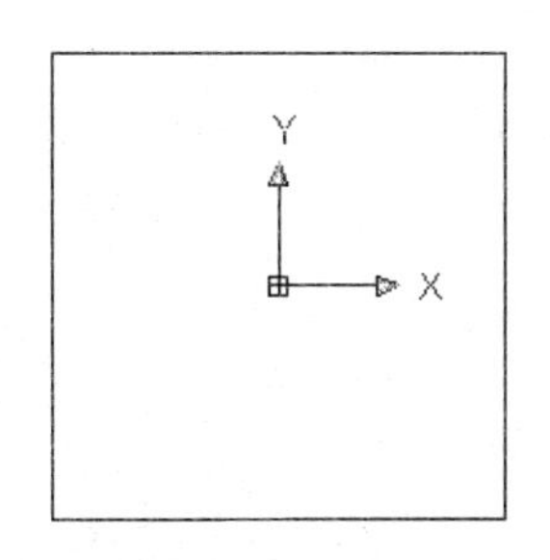

图 3-67　绘制正方形

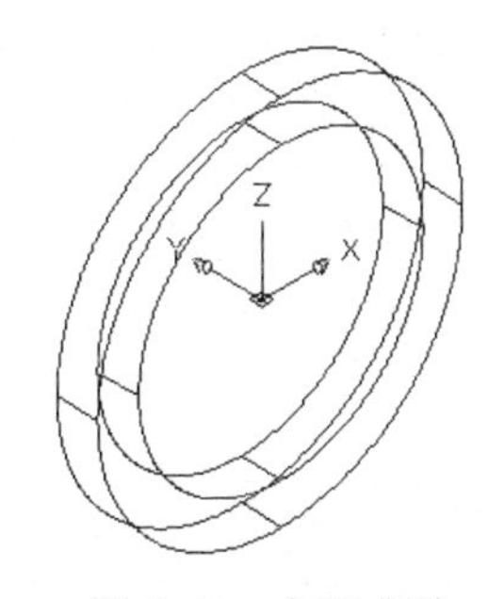

图 3-68　方环成型

3.2.8　绘制低压绝缘子

操作步骤如下。

（1）首先绘制低压绝缘子的基本形体。单击“绘图”面板中的“多段线”命令按钮，按命令行的提示绘制多段线。

```
命令: _pline
指定起点: 60,0
当前线宽为 0.0000
指定下一个点或 [圆弧(A)/半宽(H)/长度(L)/放弃(U)/宽度(W)]: 0,0
指定下一点或 [圆弧(A)/闭合(C)/半宽(H)/长度(L)/放弃(U)/宽度(W)]: 0,100
指定下一点或 [圆弧(A)/闭合(C)/半宽(H)/长度(L)/放弃(U)/宽度(W)]: 48,100
指定下一点或 [圆弧(A)/闭合(C)/半宽(H)/长度(L)/放弃(U)/宽度(W)]: 60,0
指定下一点或 [圆弧(A)/闭合(C)/半宽(H)/长度(L)/放弃(U)/宽度(W)]:（按〈Enter〉键）
```

阶段效果如图3-69所示。

（2）单击“建模”面板中的“旋转”命令按钮，以 *Y* 轴为旋转轴旋转多段线，创建三维实体，阶段效果如图3-70所示。

（3）在菜单栏中选择“视图”→“三维视图”→“西南等轴测”命令，把视图转到如图3-71所示的方向。

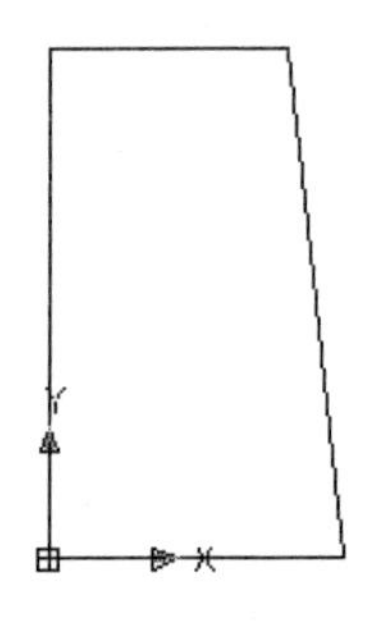

图3-69　绘制多段线

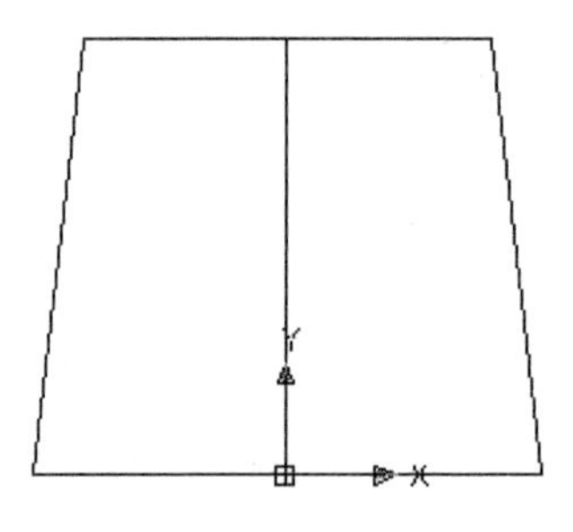

图3-70　旋转多段线

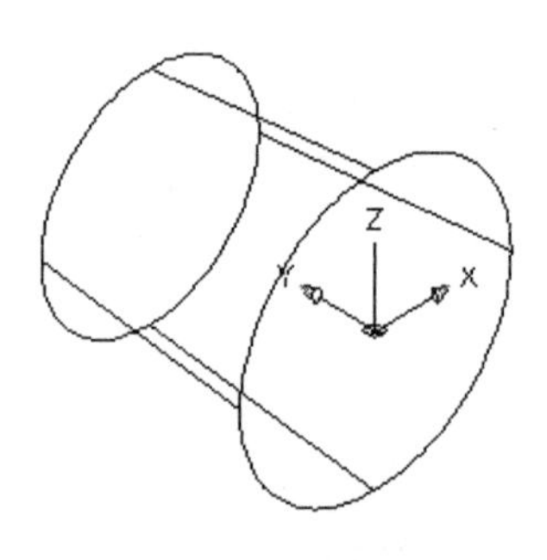

图3-71　西南等轴测视图

（4）单击“实体编辑”面板中的“抽壳”命令按钮，把实体创建成壁厚为10的壳体，注意如图3-72光标所示的表面不抽壳，效果如图3-73所示。

（5）在“常用”选项卡“坐标”面板中单击“绕X轴旋转用户坐标系”命令按钮，把坐标系绕X轴旋转90°，效果如图3-74所示。

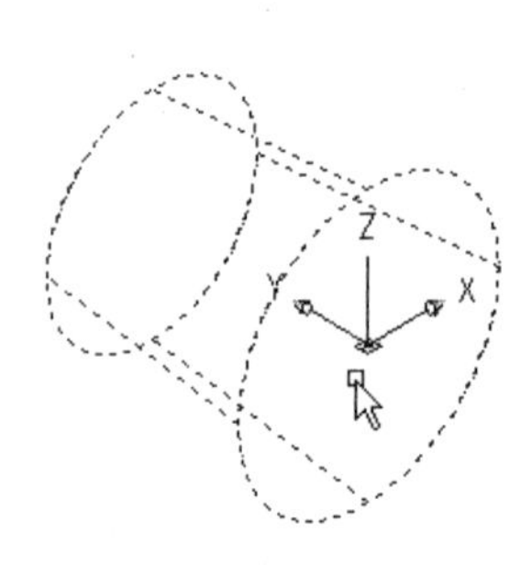

图3-72　选择表面

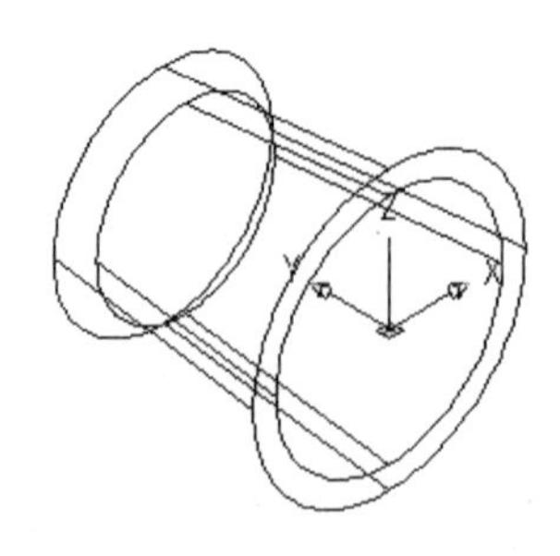

图3-73　抽壳

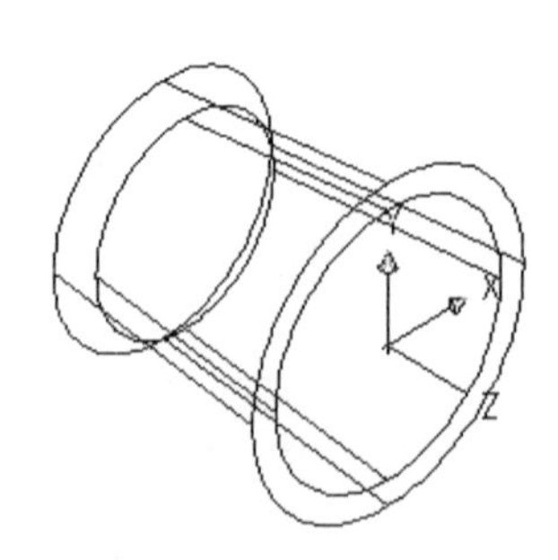

图3-74　旋转坐标系

（6）单击“建模”面板中的“圆柱体”命令按钮，以原点为底面圆心绘制尺寸为ϕ80 × (-100)的圆柱体，效果如图 3-75 所示。

（7）单击“实体编辑”面板中的“并集”命令按钮，合并所有实体，效果如图 3-76 所示。

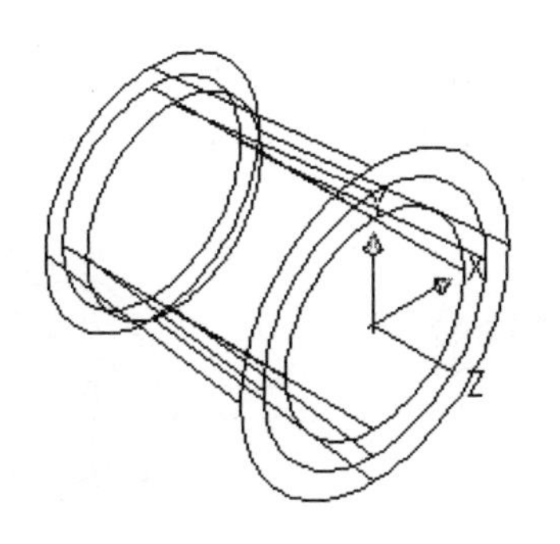

图 3-75　绘制圆柱体

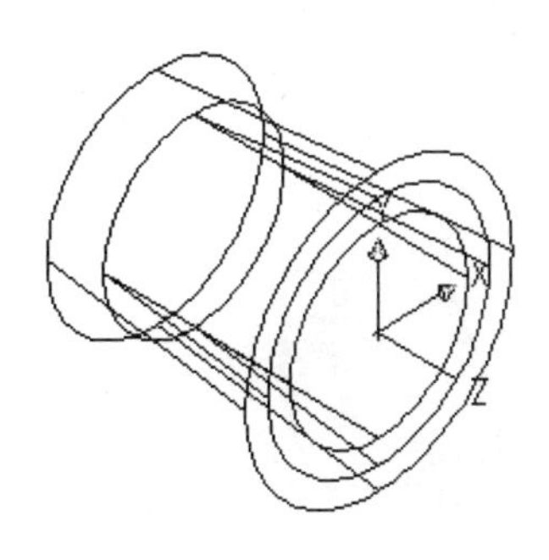

图 3-76　合并实体

（8）单击“修改”面板中的“圆角”命令按钮，把如图 3-77 虚线所示边倒圆角，圆角半径为 3，阶段效果如图 3-78 所示。

（9）单击“实体编辑”面板中的“拉伸面”命令按钮，拉伸如图 3-79 光标所示端面。拉伸长度为-10，拉伸角度为 40°，阶段效果如图 3-80 所示。

（10）单击“修改”面板中的“圆角”命令按钮，把如图 3-81 虚线所示边倒圆角，圆角半径为 2，阶段效果如图 3-82 所示。

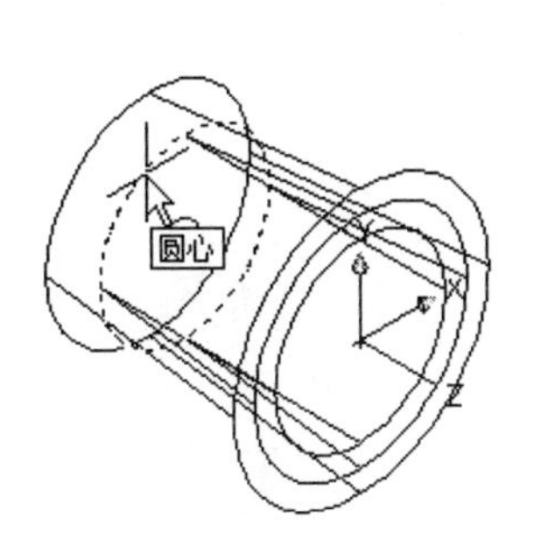

图 3-77　指示边

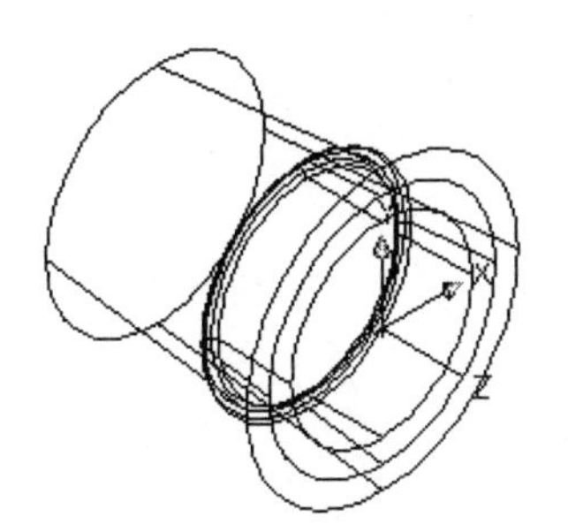

图 3-78　圆角操作

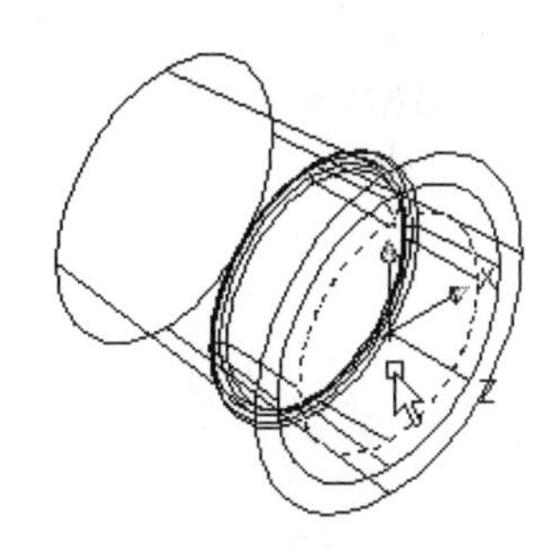

图 3-79　指示端面

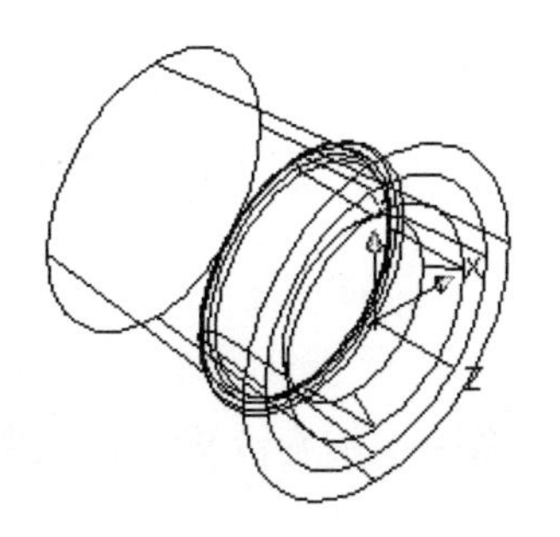

图 3-80　拉伸端面

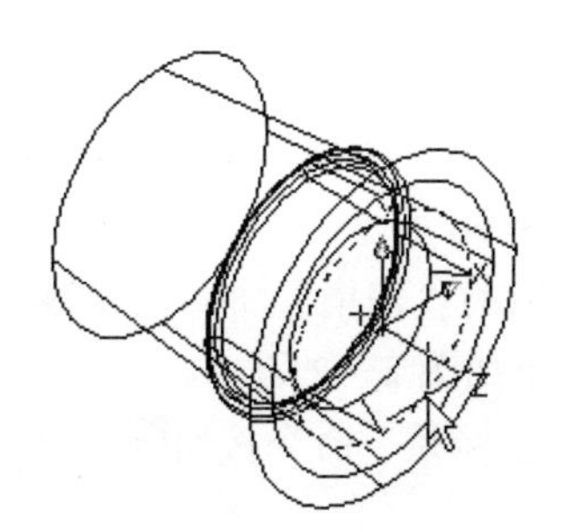

图 3-81　选择边

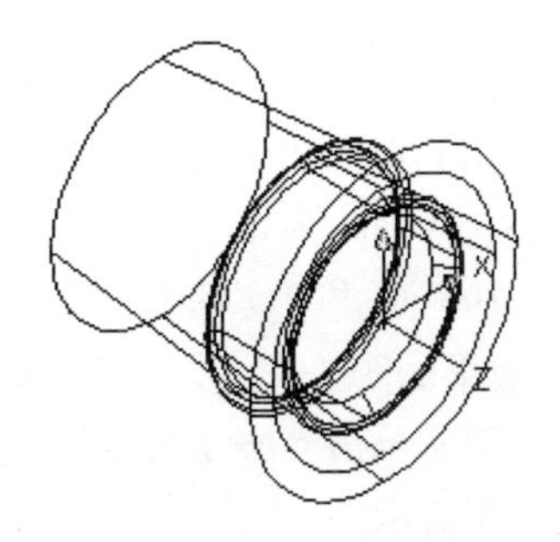

图 3-82　倒圆角

（11）单击“建模”面板中的“圆柱体”命令按钮，以原点为底面圆心绘制尺寸为ϕ50×（-45)的圆柱体，效果如图 3-83 所示。

（12）单击“实体编辑”面板中的“差集”命令按钮，使用毛坯剪切ϕ50×(-45)的圆柱体，效果如图 3-84 所示。

（13）绘制低压绝缘子上的凹槽，此凹槽用于安装电线。单击“建模”面板中的“圆环体”命令按钮，以点（0，0，-80）为圆心绘制尺寸为ϕ103×ϕ6 的圆环体。效果如图 3-85 所示。

图 3-83　绘制圆柱体

图 3-84　剪切圆柱体

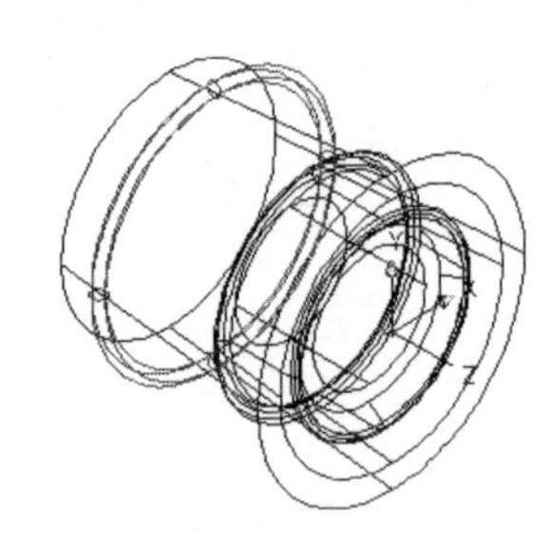

图 3-85　绘制圆环体

（14）单击“实体编辑”面板中的“差集”命令按钮，使用毛坯剪切ϕ103×ϕ6 的圆环体，效果如图 3-86 所示。

（15）绘制低压绝缘子顶端的工艺凹槽，它可减轻高温烧制过程中的温度应力危害。单击“绕 *Y* 轴旋转用户坐标系”命令按钮，把坐标系绕 *Y* 轴旋转 90°，效果如图 3-87 所示。

（16）单击“建模”面板中的“圆柱体”命令按钮，以实体后端面中心为底面圆心绘制尺寸为ϕ6×50 的圆柱体，效果如图 3-88 所示。

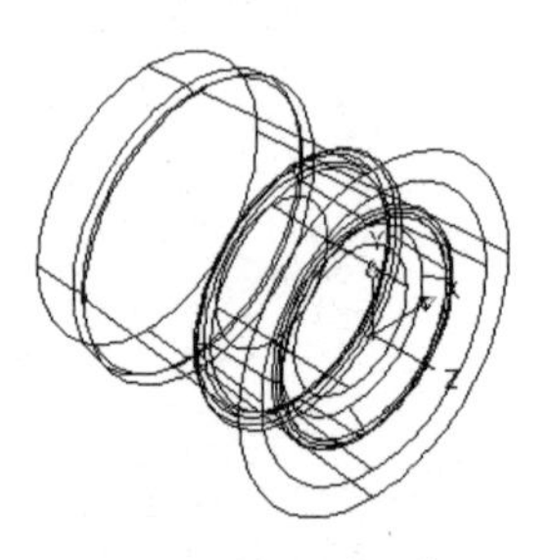

图 3-86　剪切圆环体

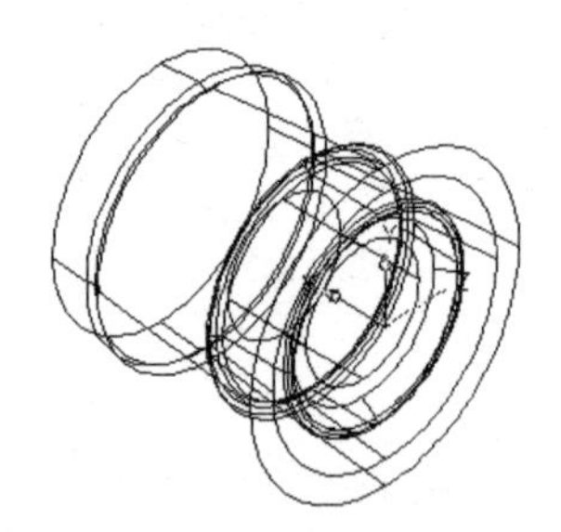

图 3-87　绕 *Y* 轴旋转坐标系

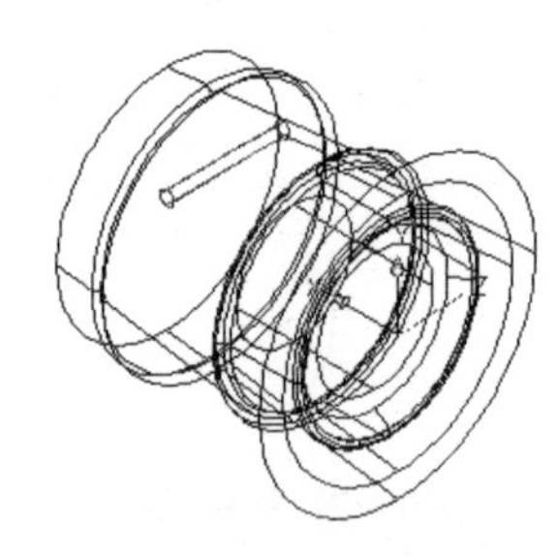

图 3-88　绘制圆柱体

（17）单击“UCS，上一个”按钮，恢复以前的坐标系，效果如图 3-89 所示。

（18）单击“修改”面板中的环形“阵列”命令按钮，以原点为阵列中心，把圆柱体ϕ6×50 环形阵列 4 个，效果如图 3-90 所示。

（19）单击“实体编辑”面板中的“差集”命令按钮，使用毛坯剪切 4 个圆柱体ϕ6×50，效果如图 3-91 所示，渲染效果如图 3-92 所示。

（20）单击“绕 *Y* 轴旋转用户坐标系”命令按钮，把坐标系绕 *Y* 轴旋转 90°，效果如图 3-93 所示。

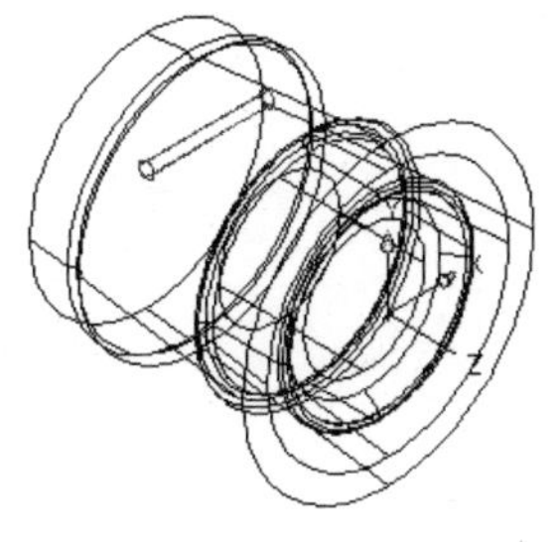

图 3-89　恢复以前的坐标系

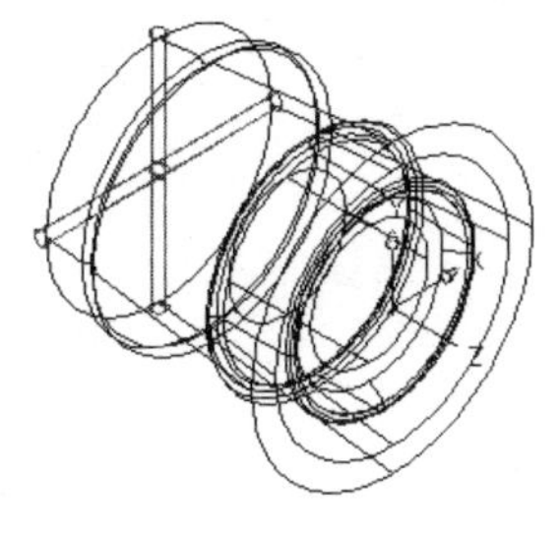

图 3-90　阵列圆柱体

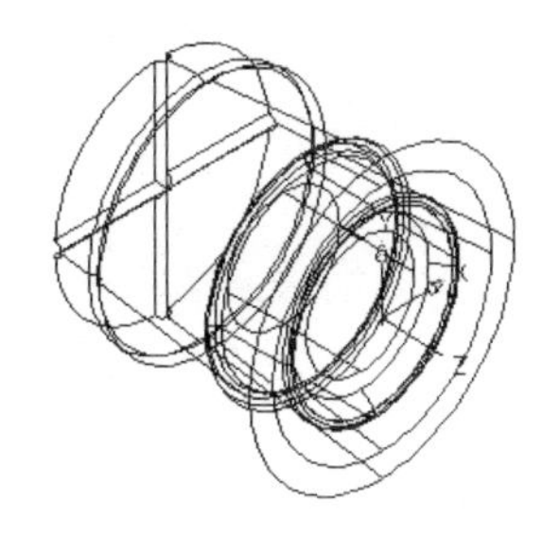

图 3-91　剪切圆柱体

（21）单击“修改”面板中的“旋转”命令按钮，以原点为旋转中心，把绝缘子旋转 90°，效果如图 3-94 所示。

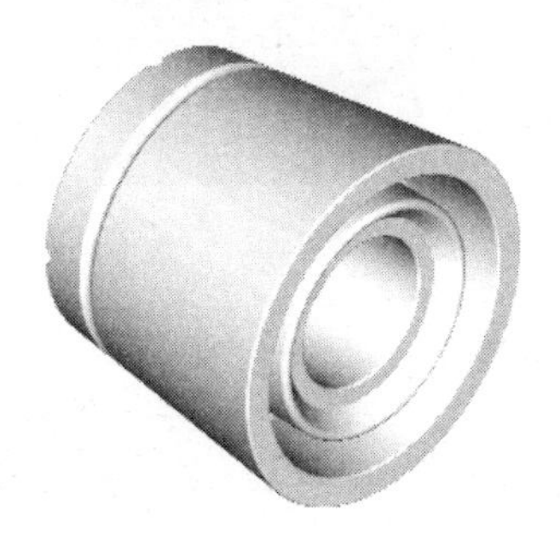

图 3-92　渲染效果

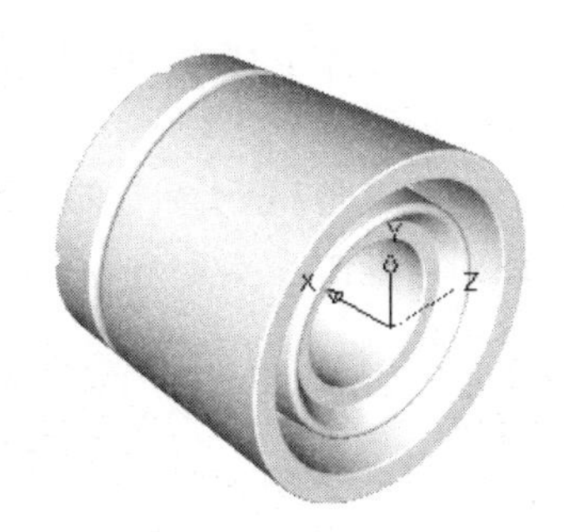

图 3-93　旋转坐标系

图 3-94　旋转实体

3.3　三维实体编辑命令

图 3-95 “实体编辑”面板

编辑三维实体的命令几乎都集中在如图 3-95 所示的“实体编辑”面板中。本节介绍其中几个常用的命令，然后补充介绍电气设计中使用的一些三维实体编辑命令。

下面通过具体示例操作来介绍各个命令按钮的用法。

3.3.1　并集

图 3-96 “并集”命令按钮

用于合并多个独立的实体，如果所得到的实体的点、线、面的数量关系符合欧拉公式，就能合并成功。“并集”命令按钮在“实体编辑”面板的位置如图 3-96 所示。

【示例】 单击“并集”命令按钮，合并如图 3-97 所示两个圆锥体。按命令行的提示进行操作。

```
命令: _union
选择对象: 指定对角点: 找到 2 个（使用捕捉窗口捕捉目标实体）
选择对象:（按〈Enter〉键）
```

效果如图 3-98 所示（注意产生了相贯线）。

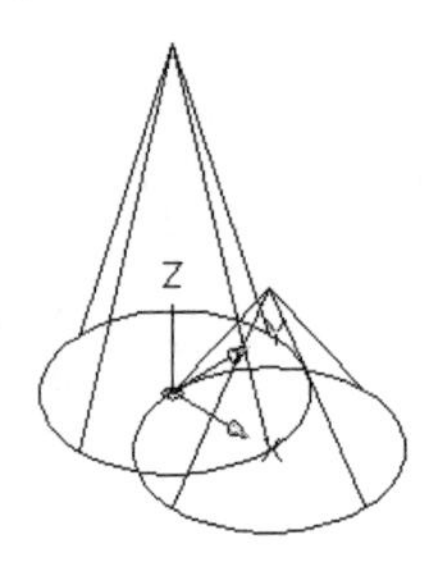

图 3-97　两个圆锥体

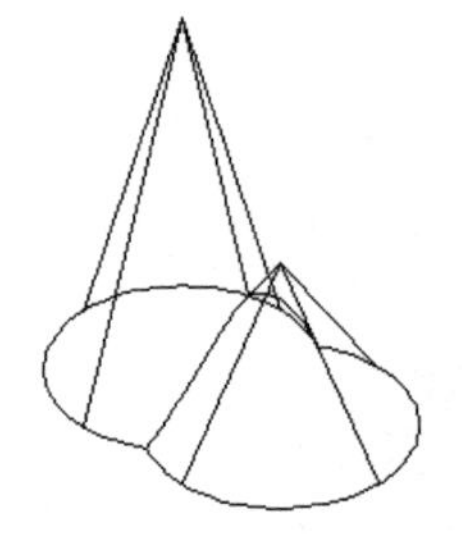

图 3-98　合并圆锥体

3.3.2　差集

“差集”命令按钮用于在一个实体上切除一部分，它在“实体编辑”面板的位置如图 3-99 所示。

图 3-99　“差集”命令按钮

单击“差集”命令按钮，用如图 3-97 所示后边的圆锥体剪切前边的圆锥体，按命令行的提示进行操作。

```
命令: _subtract
选择要从中减去的实体或面域...
选择对象: 找到 1 个（选择如图 3-100 所示后边的圆锥体）
选择对象:（按〈Enter〉键）
选择要减去的实体或面域…
选择对象: 指定对角点：找到 1 个（选择如图 3-101 所示前边的圆锥体）
选择对象: （按〈Enter〉键）
```

效果如图 3-102 所示。

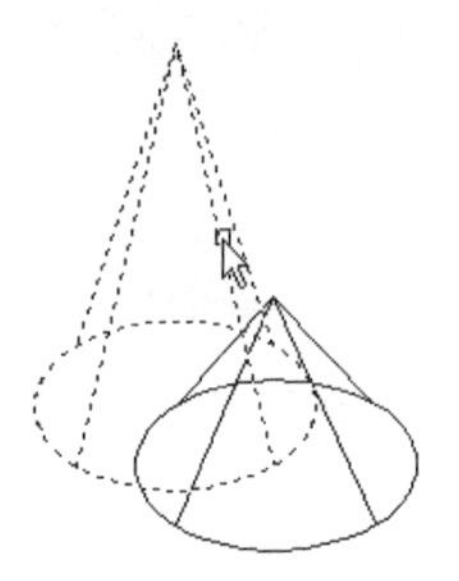

图 3-100　选择被剪切体

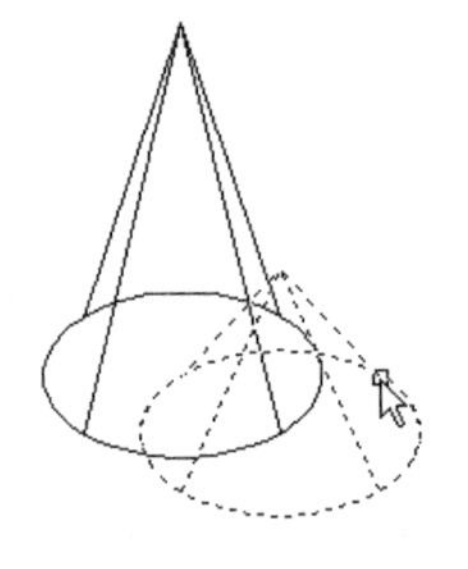

图 3-101　选择剪切体

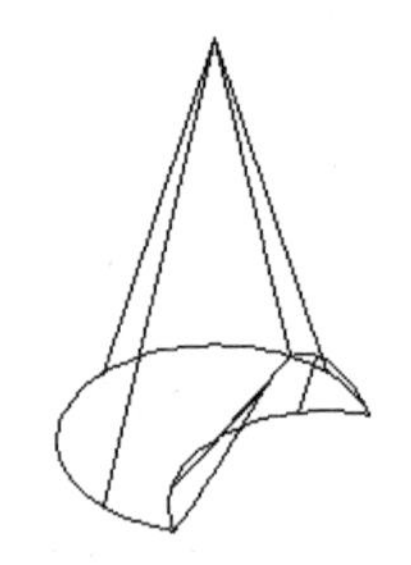

图 3-102　差集操作

3.3.3　交集

“交集”命令按钮用于创建多个实体之间相交的部分，它在“实体编辑”面板的位置如图 3-103 所示。

【示例】 单击“交集”命令按钮，创建如图 3-104 所示两个球体的交集实体，按命令行的提示进行操作。

```
命令: _intersect
选择对象: 找到 1 个（选择后边的球体）
```

选择对象: 找到 1 个，总计 2 个（选择前边的球体）
选择对象:（按〈Enter〉键）

效果如图 3-105 所示。

图 3-103 “交集”命令按钮

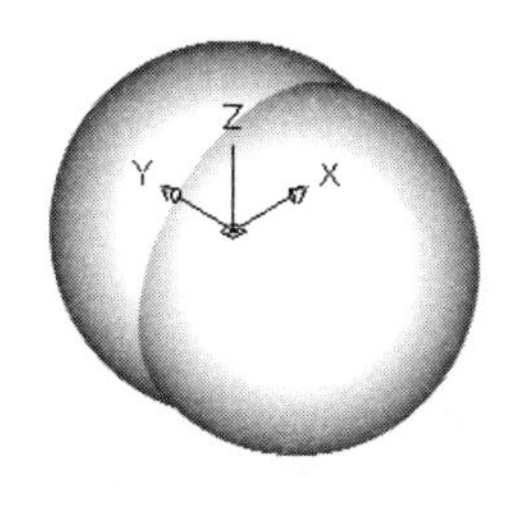

图 3-104　两个球体

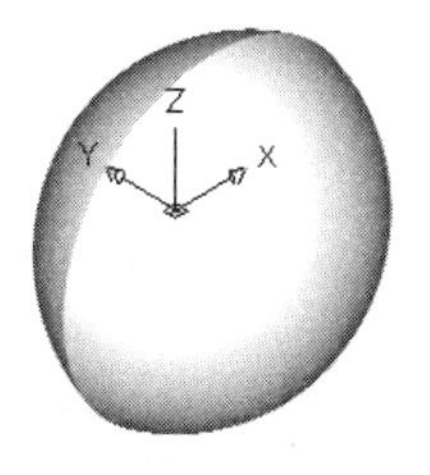

图 3-105　交集实体

3.3.4　拉伸面

“拉伸面”命令用于拉伸实体上一个表面，使其伸长一段。图 3-106 所示是“拉伸面”命令按钮在“实体编辑”面板中的位置。

【示例】 反向拉伸如图 3-107 所示长方体的上底面。单击“拉伸面”命令按钮，按命令行的提示进行操作。

```
命令: _solidedit
实体编辑自动检查:  SOLIDCHECK=1
输入实体编辑选项 [面(F)/边(E)/体(B)/放弃(U)/退出(X)] <退出>: _face
输入面编辑选项
[拉伸(E)/移动(M)/旋转(R)/偏移(O)/倾斜(T)/删除(D)/复制(C)/颜色(L)/材质(A)/放弃(U)/退出(X)]
<退出>: _extrude
选择面或 [放弃(U)/删除(R)]:找到一个面（选择长方体的上底面）
选择面或 [放弃(U)/删除(R)/全部(ALL)]:（按〈Enter〉键）
指定拉伸高度或 [路径(P)]: -30（输入拉伸高度-30）
指定拉伸的倾斜角度 <0>: 30（输入拉伸倾斜角度为 30°）
已开始实体校验。
已完成实体校验。
```

操作结果如图 3-108 所示。

图 3-106 “拉伸面”命令按钮

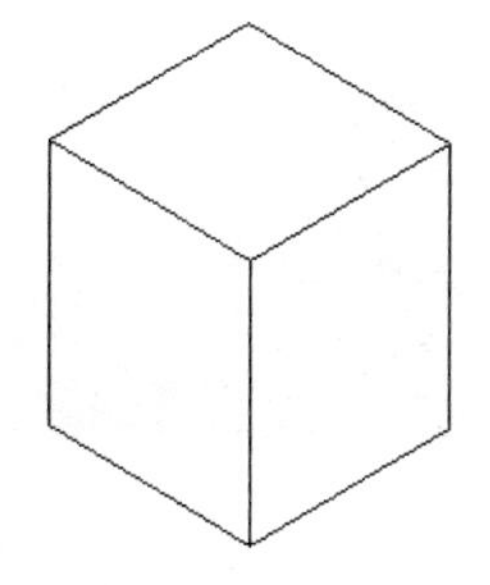

图 3-107　长方体

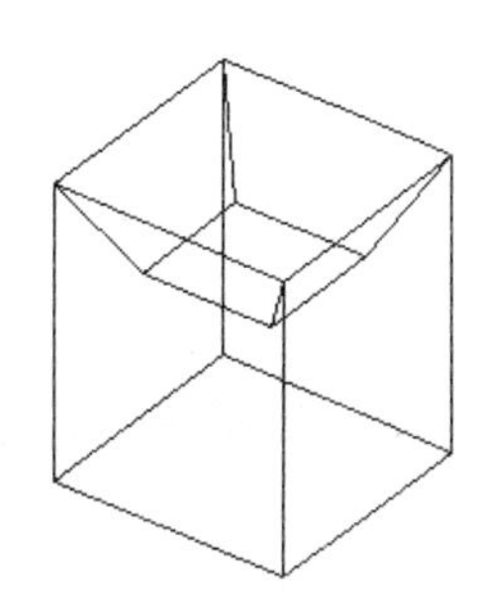

图 3-108　拉伸面

3.3.5 旋转面

“旋转面”命令用于根据指定的旋转轴、旋转角度旋转实体的一个表面。“旋转面”命令按钮在“实体编辑”面板中的位置如图 3-109 所示。

【示例】 单击“旋转面”命令按钮，旋转球缺的一个表面。按命令行提示进行操作。

```
命令: _solidedit
实体编辑自动检查:  SOLIDCHECK=1
输入实体编辑选项 [面(F)/边(E)/体(B)/放弃(U)/退出(X)] <退出>: _face
输入面编辑选项 [拉伸(E)/移动(M)/旋转(R)/偏移(O)/倾斜(T)/删除(D)/复制(C)/颜色(L)/ 材质(A)/放弃(U)/退出(X)] <退出>: _rotate
选择面或 [放弃(U)/删除(R)]: 找到一个面（选择球缺的左边表面）
选择面或 [放弃(U)/删除(R)/全部(ALL)]:（按〈Enter〉键）
指定轴点或 [经过对象的轴(A)/视图(V)/X 轴(X)/Y 轴(Y)/Z 轴(Z)] <两点>:y（确定旋转轴的方向）
指定旋转原点 <0,0,0>: _cen 于（捕捉球体的球心）
指定旋转角度或 [参照(R)]: 20（输入角度 20°）
已开始实体校验。
已完成实体校验。
```

操作结果如图 3-110 所示。

图 3-109 “旋转面”命令按钮

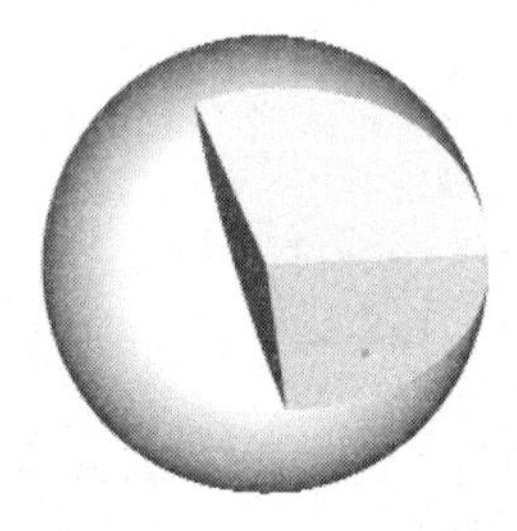

图 3-110 旋转表面

3.3.6 复制面

“复制面”命令可以复制实体上的一个表面，得到一个面域。“复制面”命令按钮在“实体编辑”面板中的位置如图 3-111 所示。

图 3-111 “复制面”命令按钮

【示例】 单击“复制面”按钮，复制球缺上的一个表面。按命令行的提示进行操作。

命令: _solidedit
实体编辑自动检查: SOLIDCHECK=1
输入实体编辑选项 [面(F)/边(E)/体(B)/放弃(U)/退出(X)] <退出>: _face
输入面编辑选项 [拉伸(E)/移动(M)/旋转(R)/偏移(O)/倾斜(T)/删除(D)/复制(C)/ 颜色(L)/材质(A)/放弃(U)/退出(X)] <退出>: _copy
选择面或 [放弃(U)/删除(R)]: 找到一个面（选择如图 3-112 的表面）
选择面或 [放弃(U)/删除(R)/全部(ALL)]:（按〈Enter〉键）
指定基点或位移:(在图形编辑窗口单击“确定”按钮复制基准点)
指定位移的第二点: (在图形编辑窗口单击“确定”按钮复制目标点，牵拉出移动距离矢量，如图 3-113 所示)

渲染结果如图 3-114 所示。

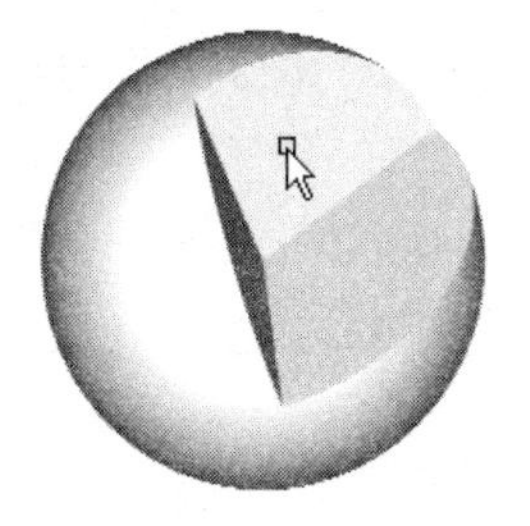

图 3-112 选择表面

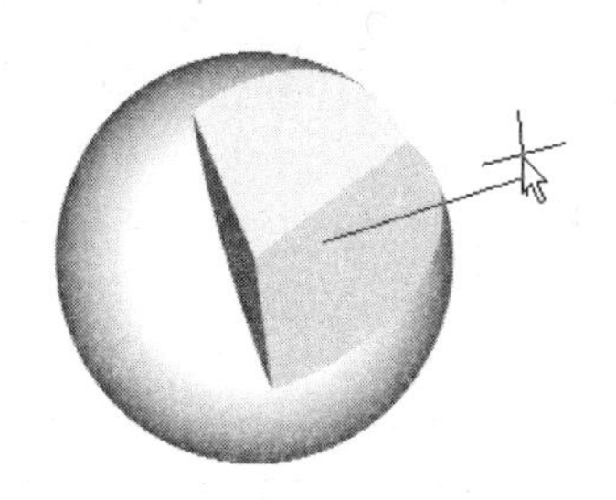

图 3-113 牵拉出移动距离矢量

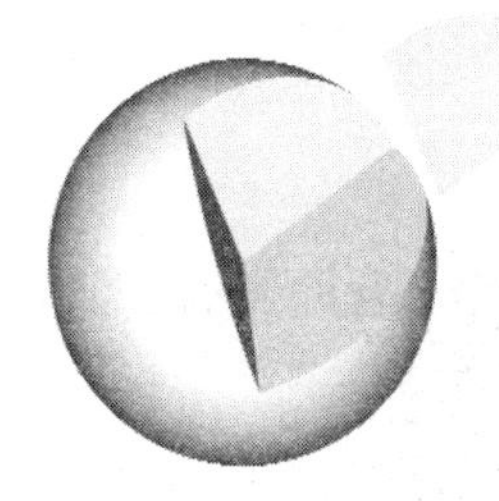

图 3-114 复制表面

3.3.7 分割

该操作可以使同一个实体上不相连的部分分离成独立的实体。“分割”命令按钮在“实体编辑”面板中的位置如图 3-115 所示。

图 3-115 “分割”命令按钮

【示例】 分割一个中断的圆环体。单击“分割”命令按钮，按命令行的提示进行操作。

命令: _solidedit
实体编辑自动检查: SOLIDCHECK=1
输入实体编辑选项 [面(F)/边(E)/体(B)/放弃(U)/退出(X)] <退出>: _body
输入体编辑选项 [压印(I)/分割实体(P)/抽壳(S)/清除(L)/检查(C)/放弃(U)/退出(X)] <退出>: _separate
选择三维实体:（选择如图 3-116 所示一个中断的圆环体）

操作结果如图 3-117 所示。通过选择实体可以看到如图 3-117 所示 1 和 2 两部分已成为两个独立的实体。

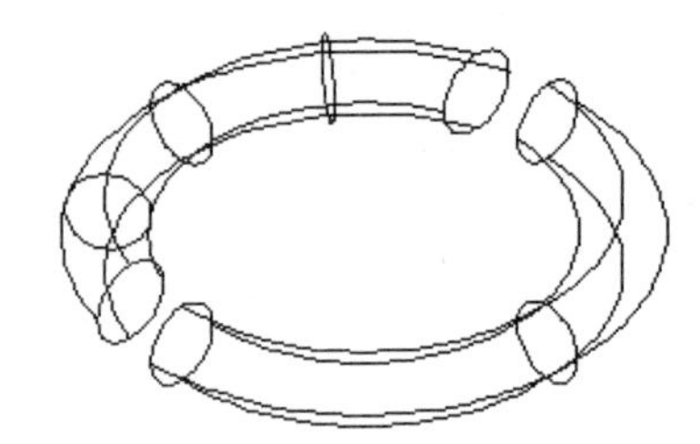

图 3-116　圆环体

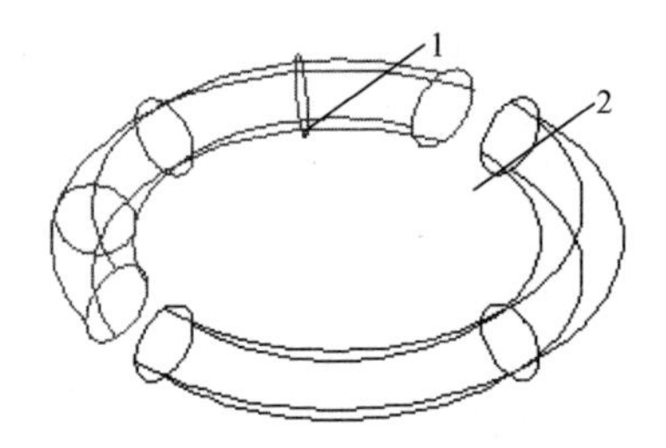

图 3-117　分割实体

3.3.8　抽壳

“抽壳”命令用于按照不变的壁厚创建壳体，能否抽壳成功取决于所得到的实体的点、线、面的数量关系是否符合欧拉公式。“抽壳”命令按钮在“实体编辑”面板中的位置如图 3-118 所示。

【示例】 单击“抽壳”命令按钮，把如图 3-119 所示球缺体创建成壁厚为 0.5 的壳体，按命令行的提示进行操作。

```
命令: _solidedit
实体编辑自动检查:  SOLIDCHECK=1
输入实体编辑选项 [面(F)/边(E)/体(B)/放弃(U)/退出(X)] <退出>: _body
输入体编辑选项[压印(I)/分割实体(P)/抽壳(S)/清除(L)/检查(C)/放弃(U)/退出(X)] <退出>: _shell
选择三维实体:（选择球缺体）
删除面或 [放弃(U)/添加(A)/全部(ALL)]: 找到一个面，已删除 1 个。（单击球缺体的端面）
删除面或 [放弃(U)/添加(A)/全部(ALL)]:（按〈Enter〉键）
输入抽壳偏移距离: 0.5（输入壳体壁厚度 0.5）
已开始实体校验。
已完成实体校验。
输入体编辑选项[压印(I)/分割实体(P)/抽壳(S)/清除(L)/检查(C)/放弃(U)/退出(X)] <退出>: *取消*
（按〈Esc〉键）
```

渲染效果如图 3-120 所示。

图 3-118 “抽壳”命令按钮

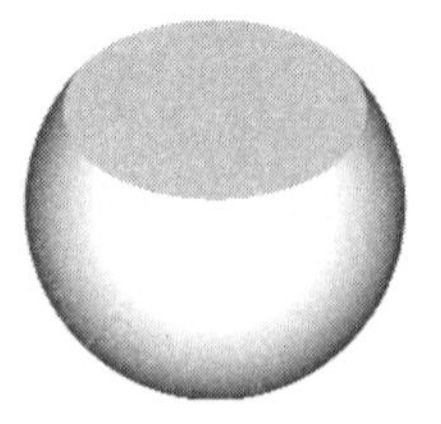

图 3-119　球缺体

图 3-120　抽壳操作效果

3.4　综合实例

本节通过介绍电气元器件的设计实例，使读者熟悉 AutoCAD 2016 的三维设计功能。它们分别是拉线开关座和接线片。

3.4.1　绘制拉线开关座

拉线开关是传统的开关设备之一，广泛应用于民用照明电路中。它的电气元器件全部安装在拉线开关座中，下面首先绘制拉线开关座的基本形体，再绘制拉线孔，最后绘制主螺栓座和电气螺栓座。

1. 绘制基本形体

绘制步骤如下。

（1）绘制基本轮廓。单击“建模”面板中的“圆柱体”命令按钮，以原点为底面圆心绘制尺寸为ϕ80×30 的圆柱体，效果如图 3-121 所示。

（2）单击“建模”面板中的“圆柱体”命令按钮，以ϕ 80×30 的圆柱体上底面圆心为底面圆心绘制尺寸为ϕ90×(-10)的圆柱体，效果如图 3-122 所示。

（3）单击“建模”面板中的“圆柱体”命令按钮，以ϕ90×(-10)的圆柱体上底面圆心为底面圆心绘制尺寸为ϕ70×(-10) 的圆柱体，效果如图 3-123 所示。

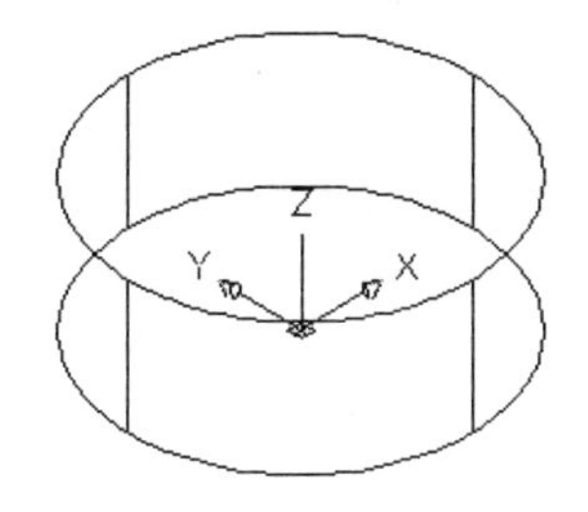

图 3-121　绘制圆柱体 1

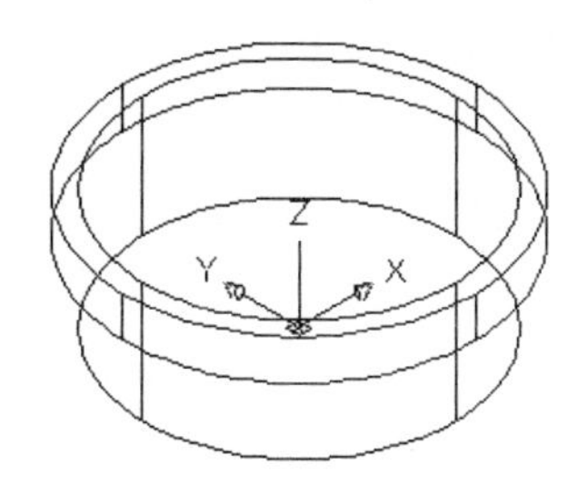

图 3-122　绘制圆柱体 2

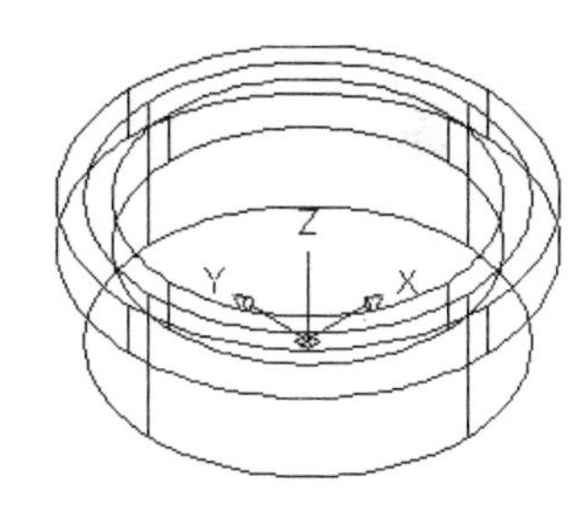

图 3-123　绘制圆柱体 3

（4）单击“实体编辑”面板中的“差集”命令按钮，使用圆柱体ϕ90×(-10)剪切圆柱体ϕ70×(-10)，效果如图 3-124 虚线所示。

（5）单击“实体编辑”面板中的“差集”命令按钮，使用圆柱体ϕ80×30 剪切方圆环，效果如图 3-125 所示。

（6）单击“建模”面板中的“圆柱体”命令按钮，以原点为底面圆心绘制尺寸为ϕ70×15 的圆柱体，效果如图 3-126 所示。

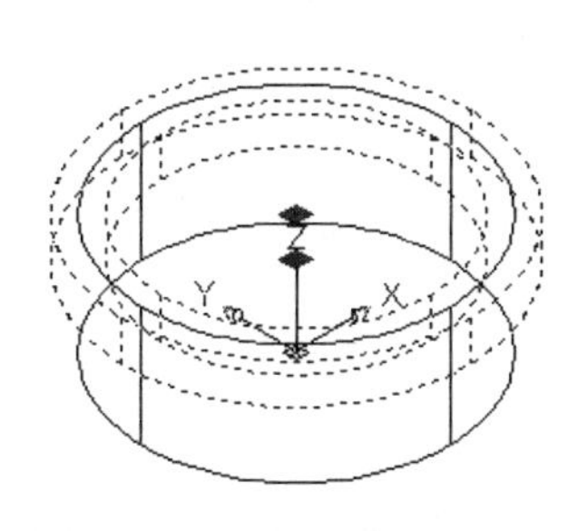

图 3-124　创建方圆环

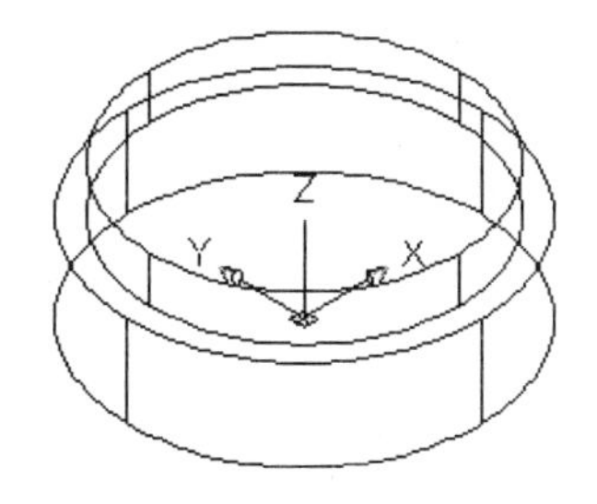

图 3-125　剪切方圆环

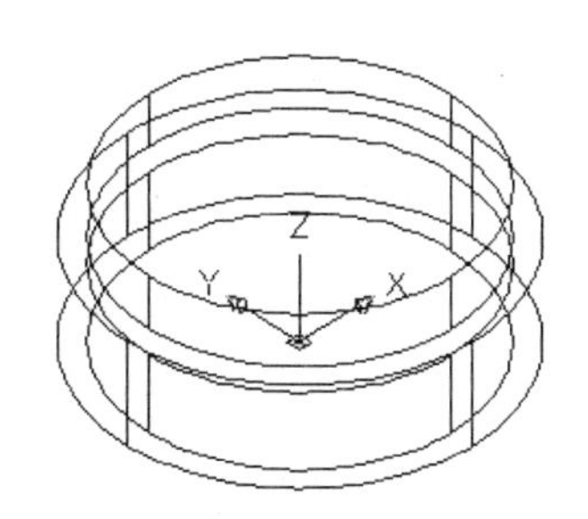

图 3-126　绘制圆柱体 4

（7）单击“建模”面板中的“圆柱体”命令按钮，以原点为底面圆心绘制尺寸为ϕ40×15 的圆柱体，效果如图 3-127 所示。

（8）单击“实体编辑”面板中的“差集”命令按钮，使用圆柱体ϕ70×15 剪切圆柱体ϕ40×15，效果如图 3-128 虚线所示。

（9）为了观察差集效果，可以从菜单栏中选择 “视图”→“动态观察”→“受约束的动态观察”命令，适当旋转造型，露出底部，效果如图 3-129 所示。

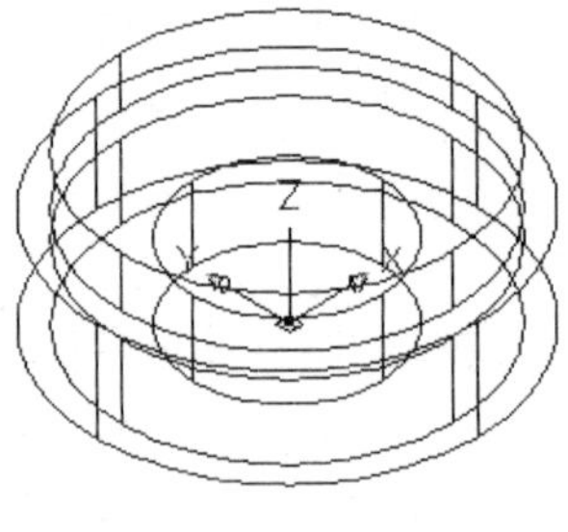

图 3-127　绘制圆柱体 5

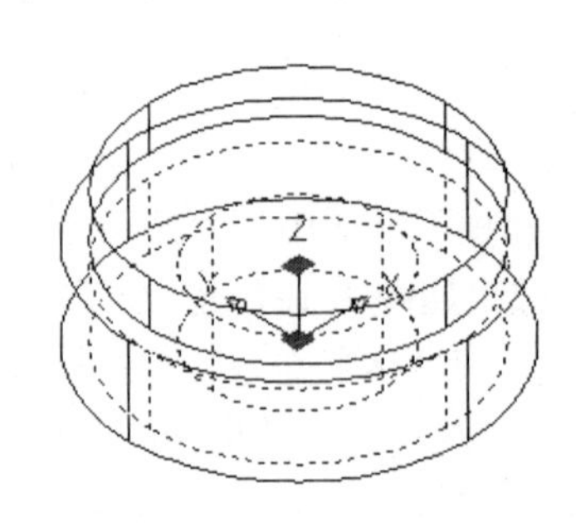

图 3-128　剪切圆柱体

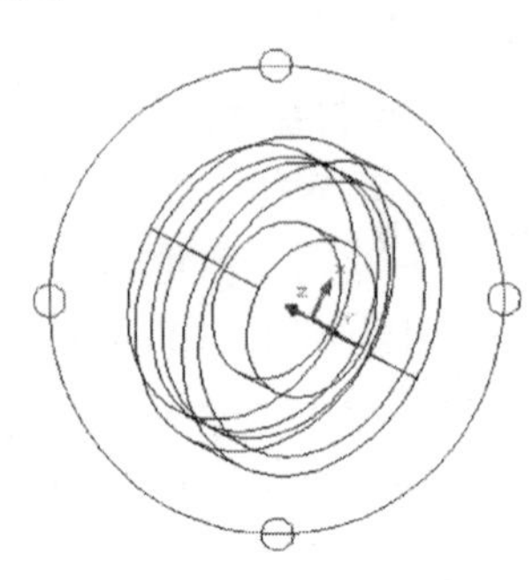

图 3-129　旋转造型

（10）为了观察造型效果，在菜单栏中选择“视图”→“消隐”命令，创建底部的消隐效果图，如图 3-130 所示。

（11）绘制中间的方坑。单击“建模”面板中的“长方体”命令按钮，以造型的上底面圆心为起点，绘制尺寸为 13×13×(-25)的长方体，效果如图 3-131 所示。

（12）单击“修改”面板中的环形“阵列”命令按钮，以原点为阵列中心，把长方体 13×13×(-25)环形阵列 4 个，效果如图 3-132 所示。

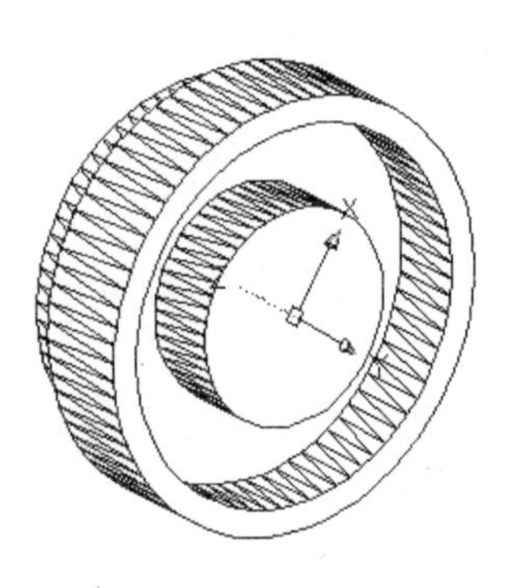

图 3-130　消隐效果图

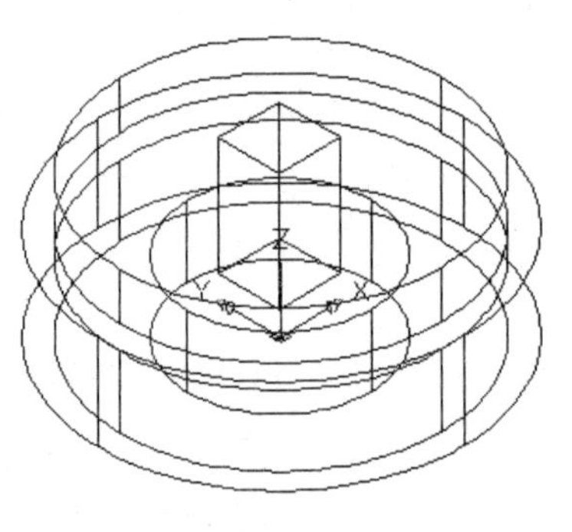

图 3-131　绘制长方体

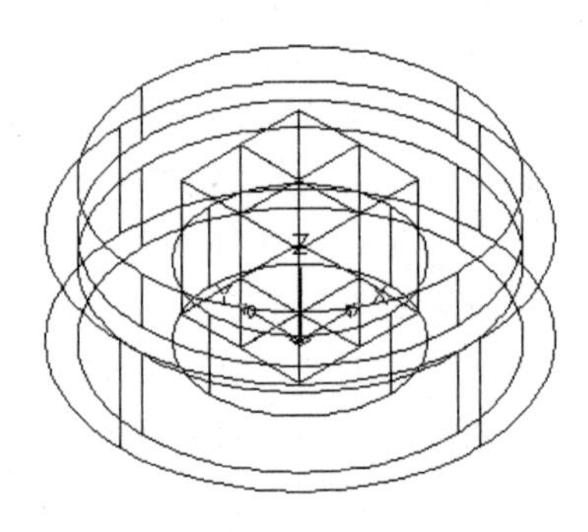

图 3-132　阵列长方体

（13）单击“实体编辑”面板中的“差集”命令按钮，使用 4 个长方体剪切造型毛坯，消隐效果如图 3-133 所示。

（14）绘制安装转轴的凹槽。单击“建模”面板中的“长方体”命令按钮，以如图 3-134 所示中点为起点，绘制尺寸为 1.5×1.5×(-15)的长方体，效果如图 3-135 所示。

（15）单击“修改”面板中的“镜像”命令按钮，以 Y 轴为对称轴，把长方体 1.5×1.5×(-15)对称复制一份，效果如图 3-136 所示。

（16）单击“坐标”面板中的“绕 X 轴旋转用户坐标系”命令按钮，把坐标系绕 X 轴旋转 90°，效果如图 3-137 所示。

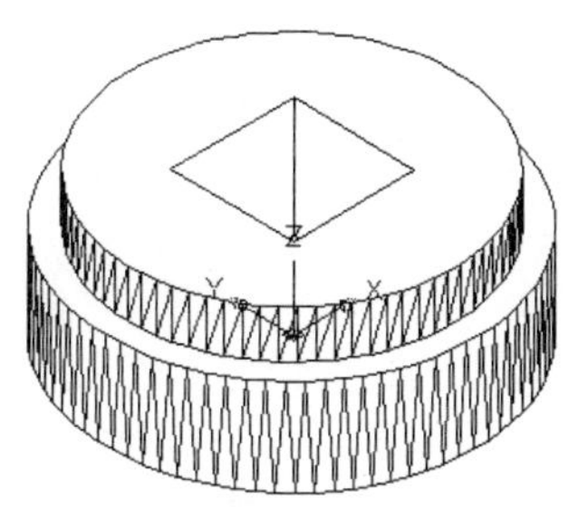

图 3-133　剪切四个长方体

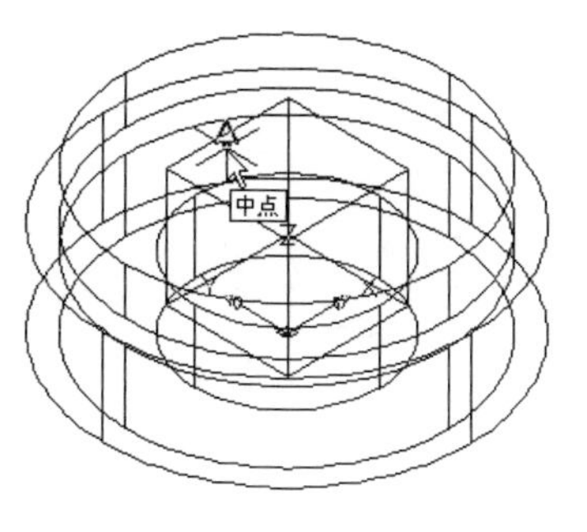

图 3-134　捕捉中点

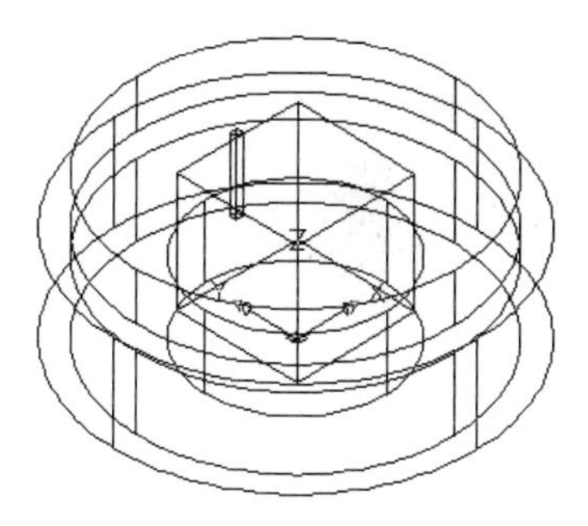

图 3-135　绘制长方体

（17）单击“建模”面板中的“圆柱体”命令按钮，以如图 3-138 所示端点为底面圆心绘制尺寸为$\phi 3\times(-1.5)$的圆柱体，效果如图 3-139 所示。

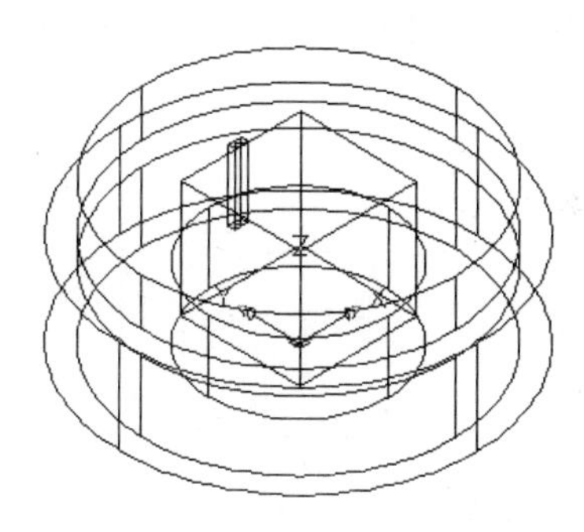

图 3-136　对称复制长方体

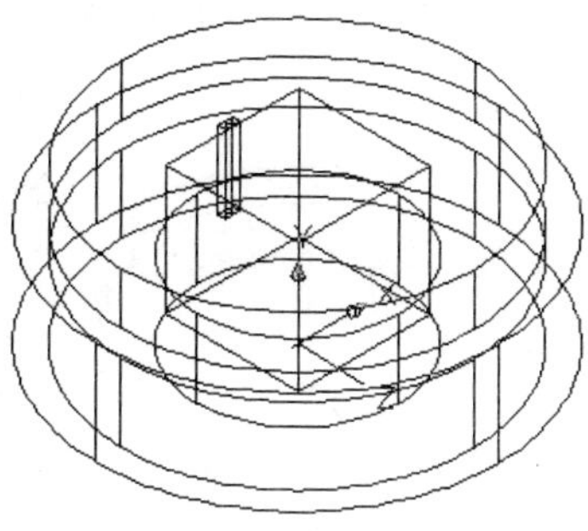

图 3-137　旋转坐标系

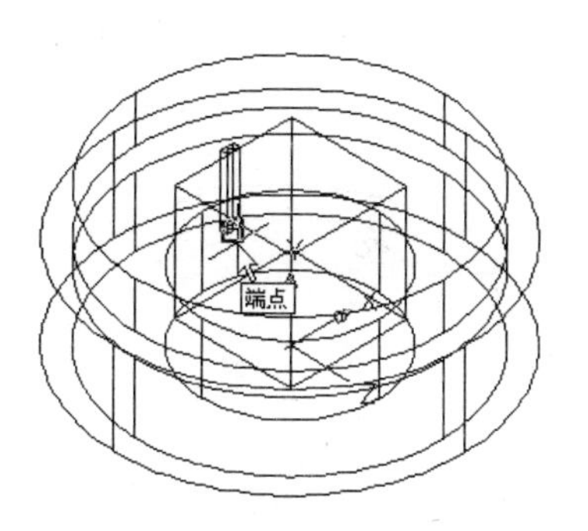

图 3-138　捕捉端点

（18）单击“修改”面板中的“复制”命令按钮，以如图 3-140 所示端点为复制基准点，以如图 3-141 所示垂足为复制目标点，把虚线所示的图形向前复制一份，效果如图 3-142 所示。

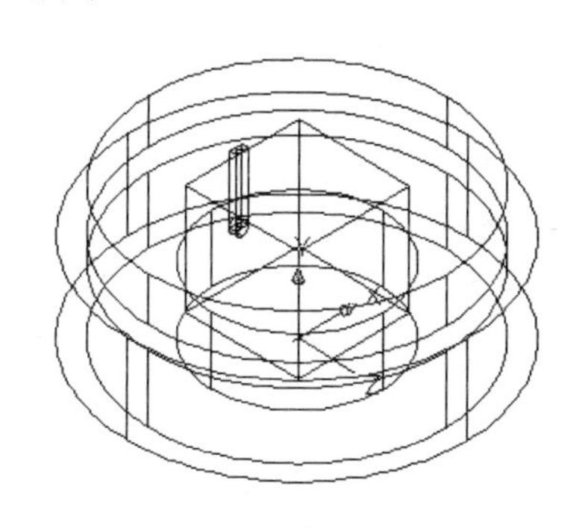

图 3-139　绘制圆柱体

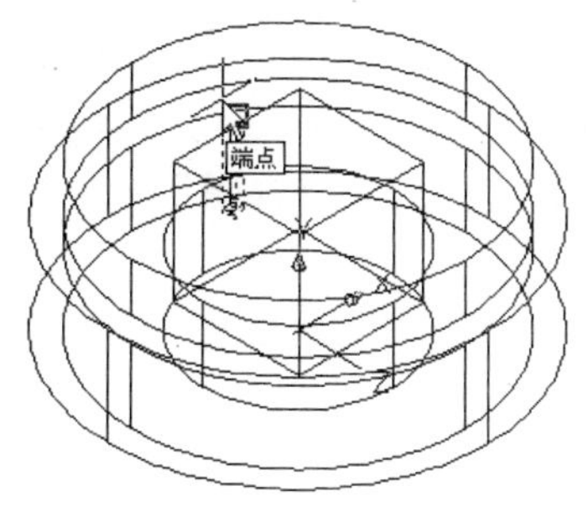

图 3-140　捕捉端点

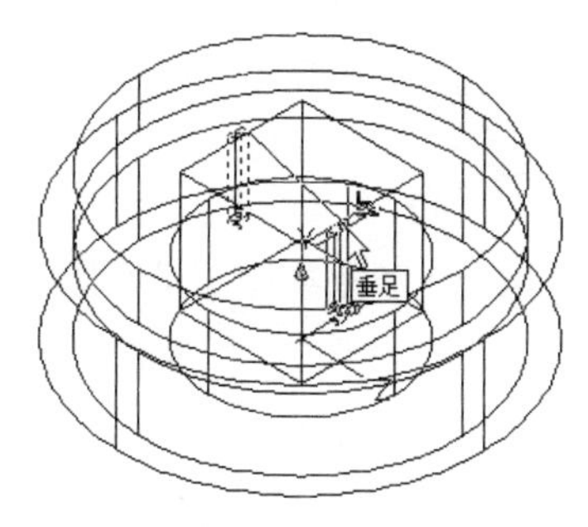

图 3-141　捕捉垂足

（19）单击“实体编辑”面板中的“差集”命令按钮，使用造型毛坯剪切 4 个长方体和两个圆柱体，效果如图 3-143 所示。

（20）单击“坐标”面板中的“UCS，世界”命令按钮，恢复坐标系，效果如图 3-144 所示。

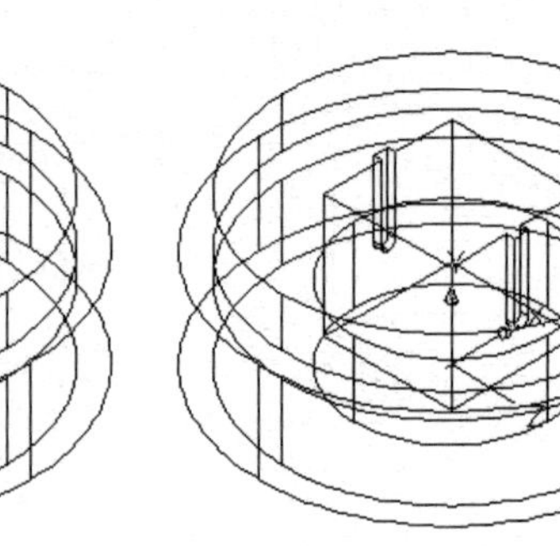
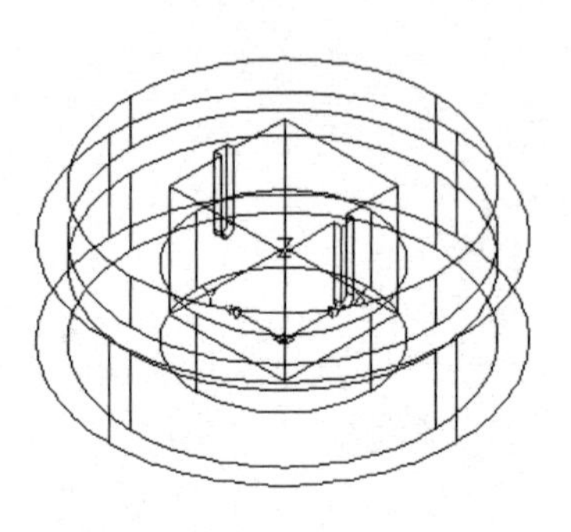

图 3-142 复制图形 图 3-143 剪切毛坯 图 3-144 恢复坐标系

（21）绘制凹槽旁边的凸起。单击“建模”面板中的“长方体”命令按钮，以如图 3-145 所示端点为起点，绘制尺寸为-2×2×(-25)的长方体，效果如图 3-146 所示。

（22）单击“修改”面板中的“移动”命令按钮，把长方体-2×2×(-25)沿 *X* 轴方向移动距离-1，效果如图 3-147 所示。

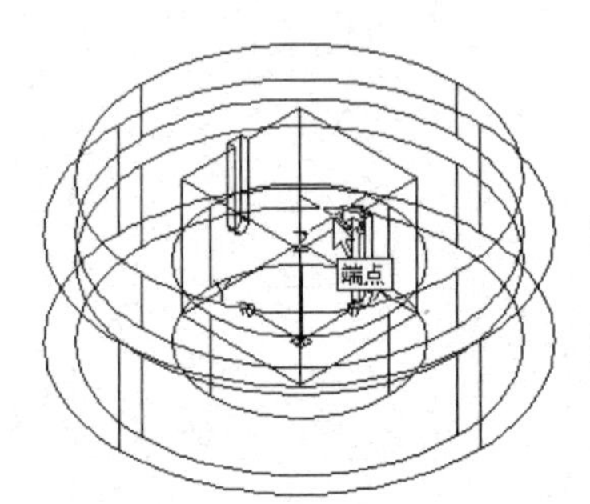

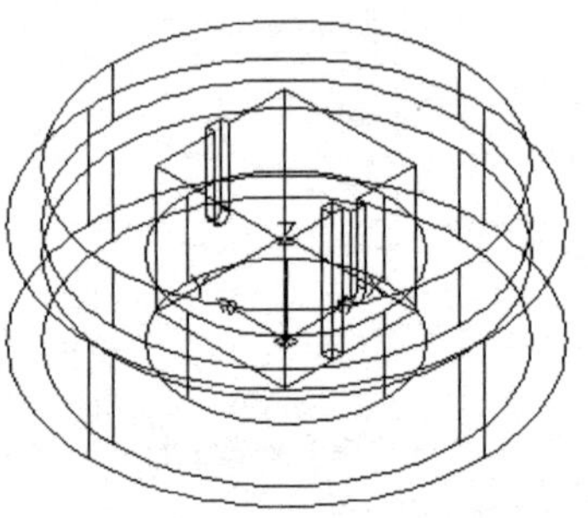
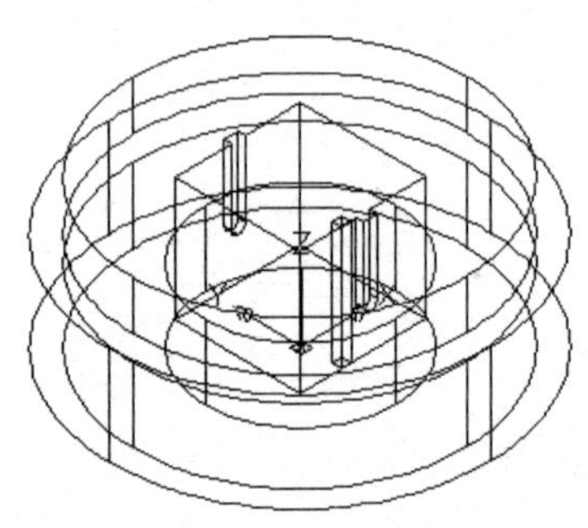

图 3-145 捕捉端点 图 3-146 绘制长方体 图 3-147 移动长方体

（23）单击“修改”面板中的“镜像”命令按钮，以 Y 轴为对称轴，把长方体-2×2×(-25)对称复制一份，效果如图 3-148 所示。

（24）单击“实体编辑”面板中的“并集”命令按钮，合并所有实体，消隐效果如图 3-149 所示。

（25）在菜单栏中选择“视图”→“三维视图”→“东北等轴测”命令，察看这个视角的造型，效果如图 3-150 所示。

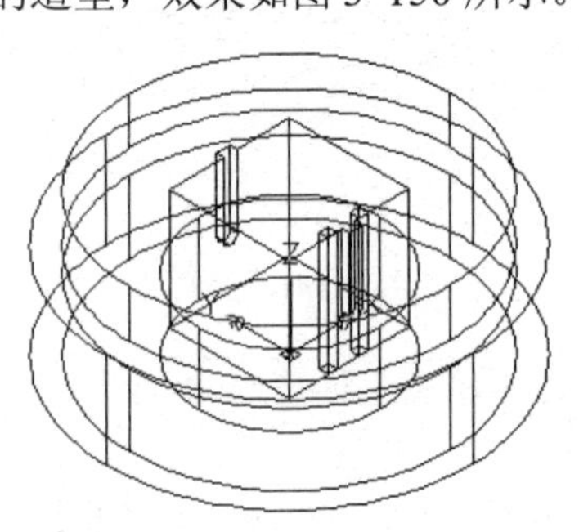
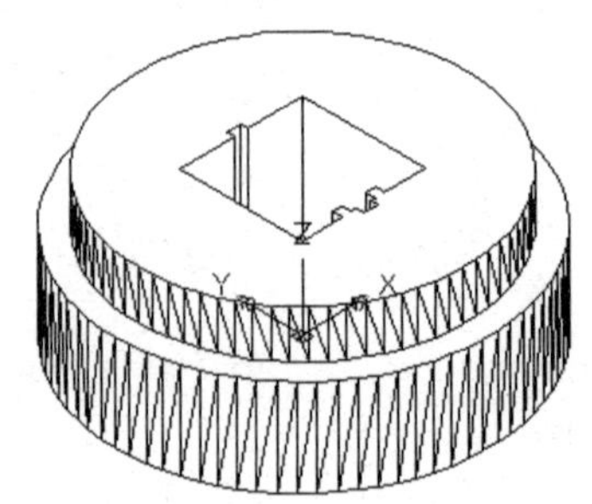
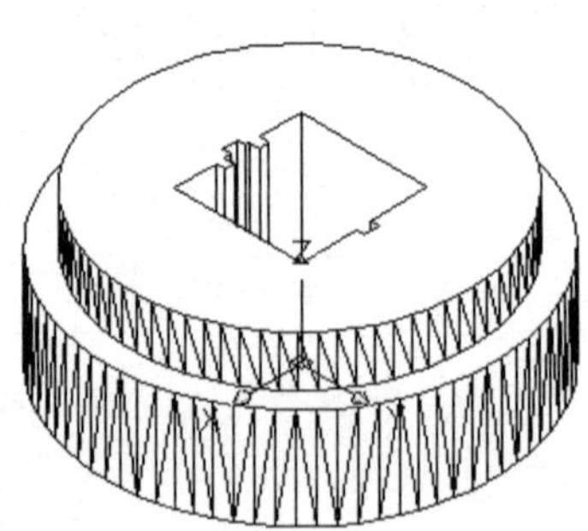

图 3-148 对称复制长方体 图 3-149 合并造型 图 3-150 东北等轴测视图

2. 绘制拉线孔

绘制步骤如下。

（1）绘制方坑边缘的方缺口，它用于卡紧簧片。单击“建模”面板中的“长方体”命令按钮，以如图 3-151 所示端点为起点，绘制尺寸为 1×10×(-2)的长方体，效果如图 3-152 所示。

（2）单击“实体编辑”面板中的“差集”命令按钮，使用造型毛坯剪切长方体 1×10×(-2)，消隐效果如图 3-153 所示。

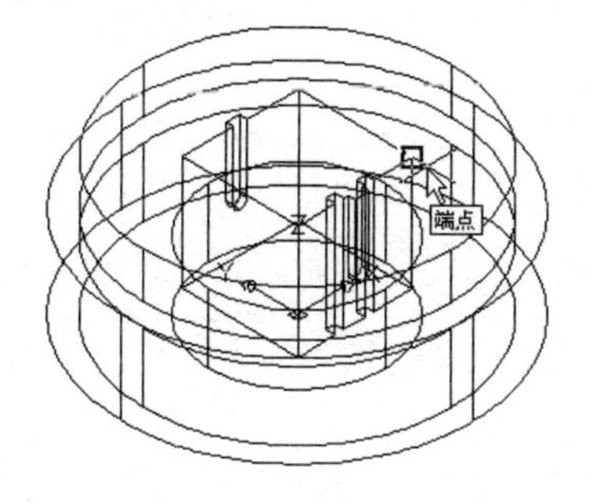

图 3-151　捕捉端点

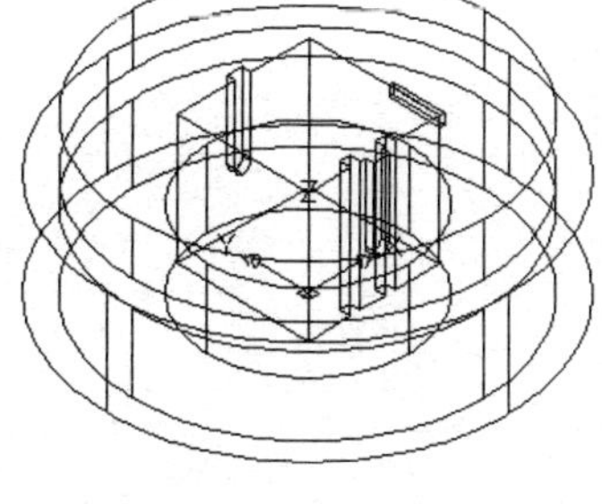

图 3-152　绘制长方体

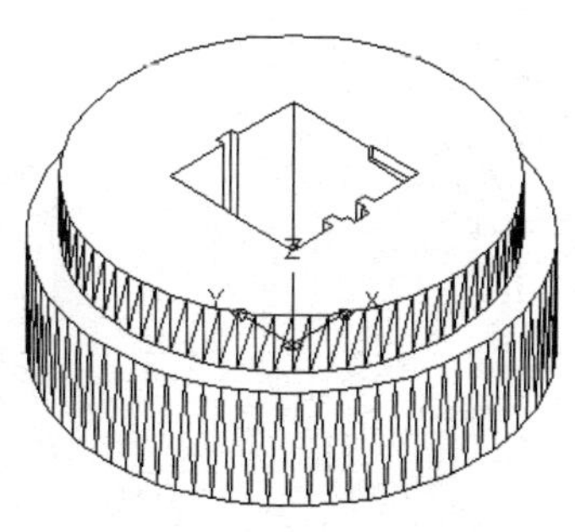

图 3-153　剪切长方体

（3）单击“建模”面板中的“长方体”命令按钮，以如图 3-154 所示端点为起点，绘制尺寸为-10×5×(-10)的长方体，效果如图 3-155 所示。

（4）单击“实体编辑”面板中的“差集”命令按钮，使用造型毛坯剪切长方体-10×5×(-10)，消隐效果如图 3-156 所示。

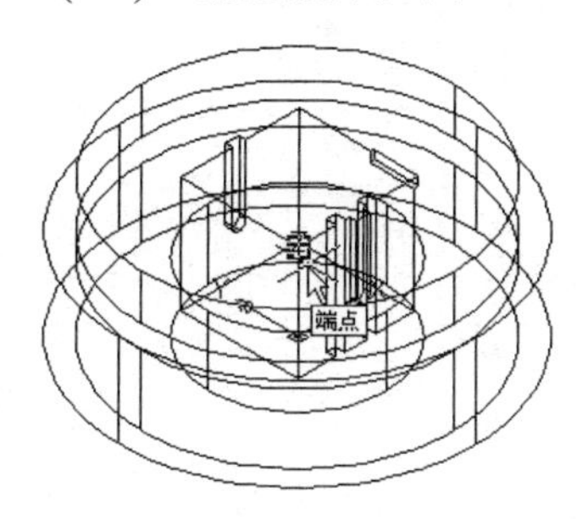

图 3-154　捕捉端点

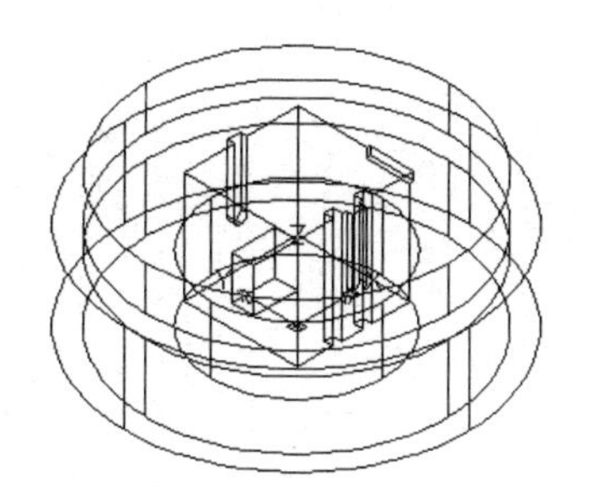

图 3-155　绘制长方体

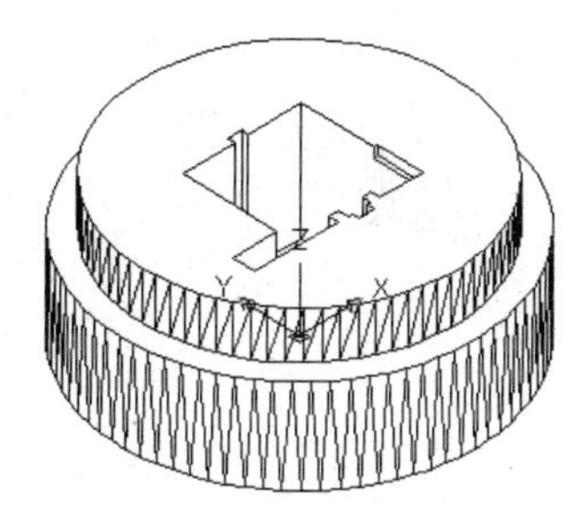

图 3-156　剪切长方体

（5）绘制拉线孔上部的圆角。单击“建模”面板中的“圆柱体”命令按钮，以如图 3-157 所示中点为底面圆心绘制尺寸为ϕ5×(-10)的圆柱体，效果如图 3-158 所示。

（6）单击“实体编辑”面板中的“差集”命令按钮，使用造型毛坯剪切圆柱体ϕ5×(-10)，消隐效果如图 3-159 所示。

（7）绘制拉线孔。单击“建模”面板中的“圆柱体”命令按钮，以如图 3-157 所示中点为底面圆心绘制尺寸为ϕ3×(-30)的圆柱体，效果如图 3-160 所示。

（8）单击“实体编辑”面板中的“差集”命令按钮，使用造型毛坯剪切圆柱体ϕ3×(-30)，效果如图 3-161 所示。

（9）把拉线孔边缘圆角化，以免割伤拉线。单击“修改”面板中的“圆角”命令按钮，把步骤（8）创建的圆孔上边缘倒圆角，圆角半径为 3，效果如图 3-162 所示。

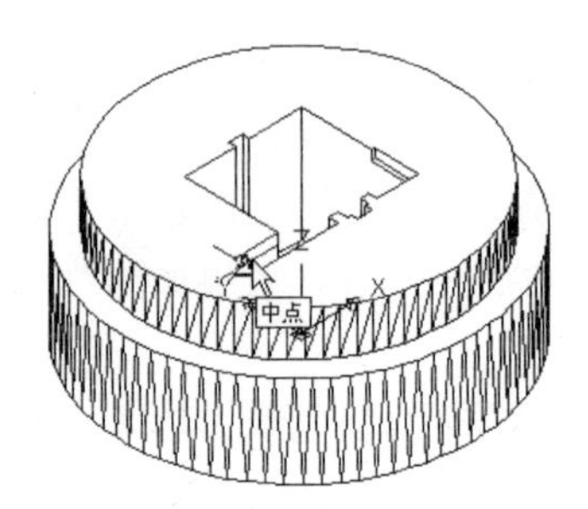

图 3-157　捕捉中点

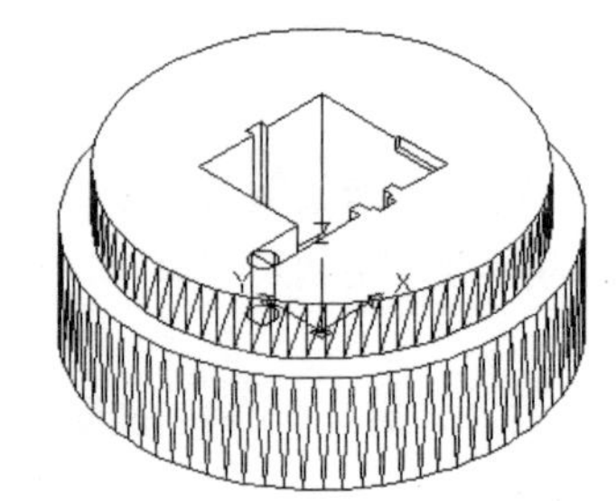
图 3-158　绘制圆柱体

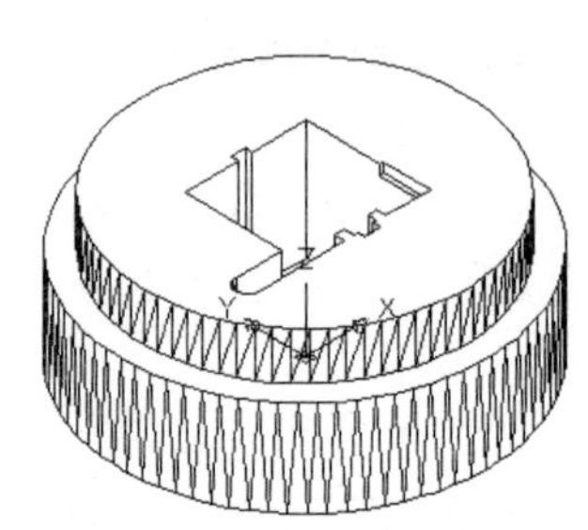
图 3-159　剪切圆柱体

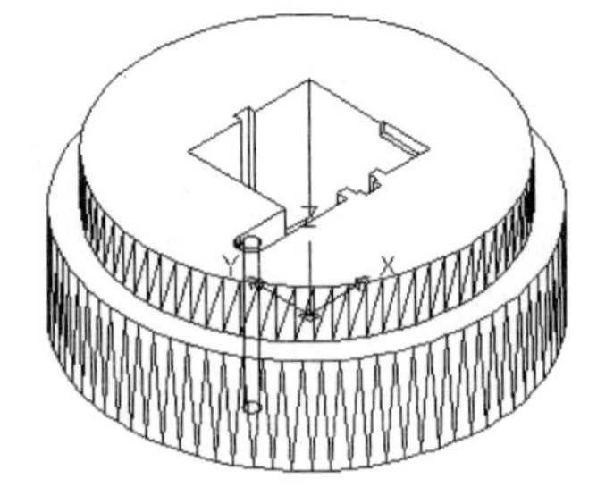
图 3-160　绘制圆柱体

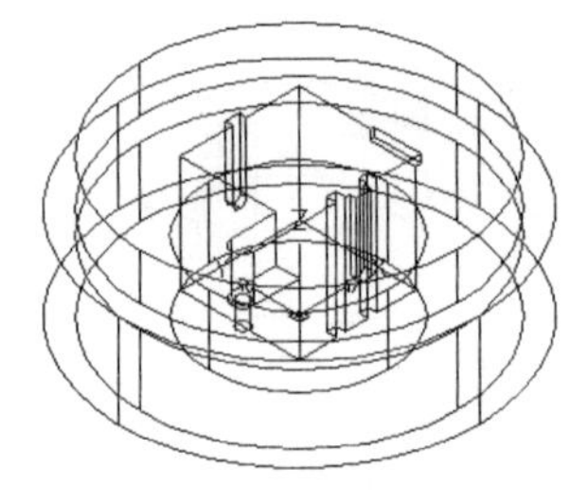
图 3-161　剪切圆柱体

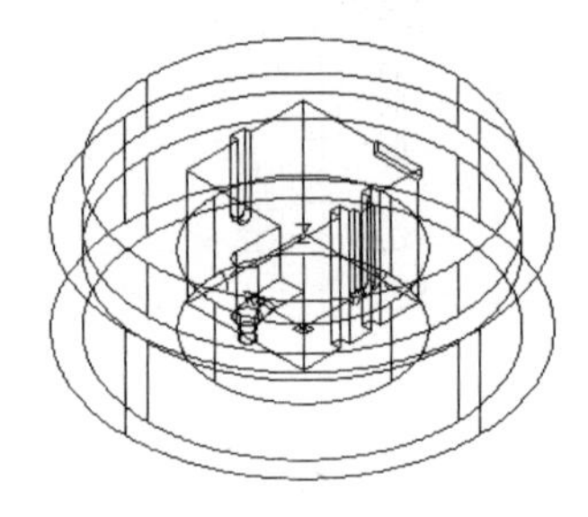
图 3-162　倒圆角

（10）单击“修改”面板中的“圆角”命令按钮，把如图 3-163 虚线所示边缘线倒圆角，圆角半径为 3，效果如图 3-164 所示。

（11）绘制拉线孔的下部。单击“建模”面板中的“圆柱体”命令按钮，以如图 3-165 所示孔的下底圆心为底面圆心绘制尺寸为ϕ12×(-15)的圆柱体，效果如图 3-166 所示。

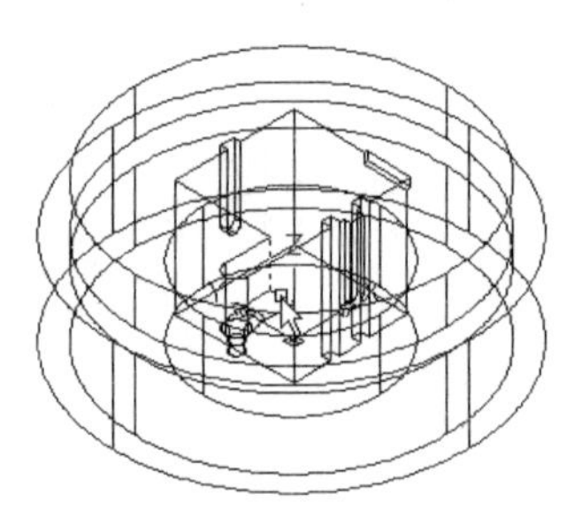
图 3-163　捕捉边

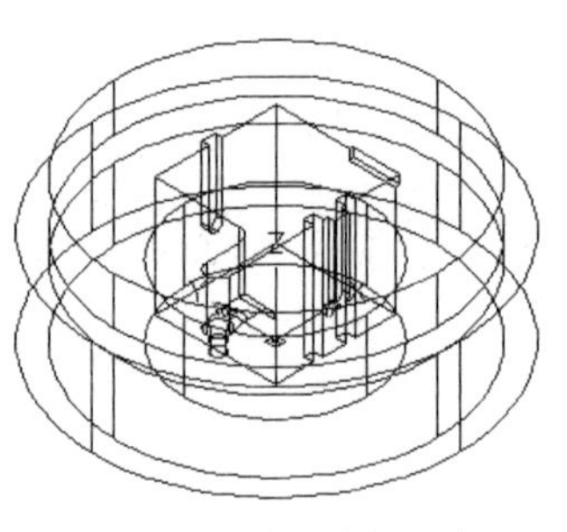
图 3-164　边倒圆角

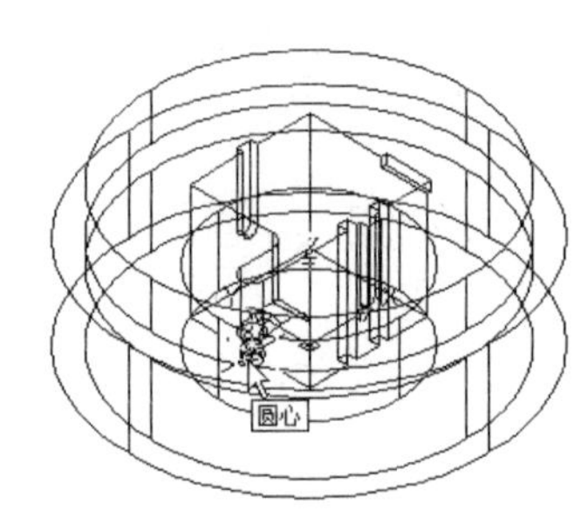

图 3-165　捕捉圆心

（12）单击“建模”面板中的“长方体”命令按钮，以如图 3-167 所示象限点为起点，绘制尺寸为-13×12×15 的长方体，效果如图 3-168 所示。

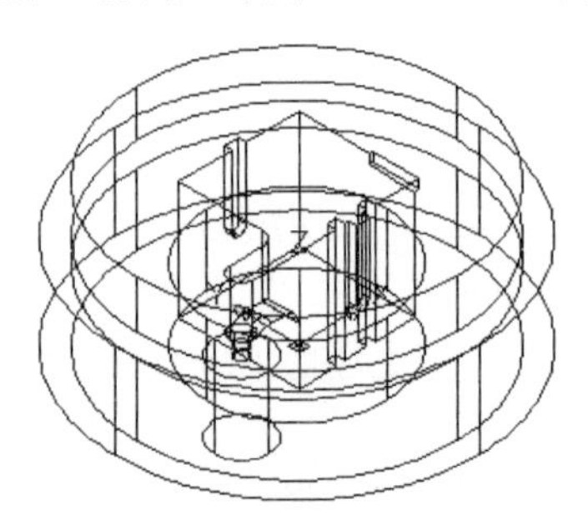
图 3-166　绘制圆柱体

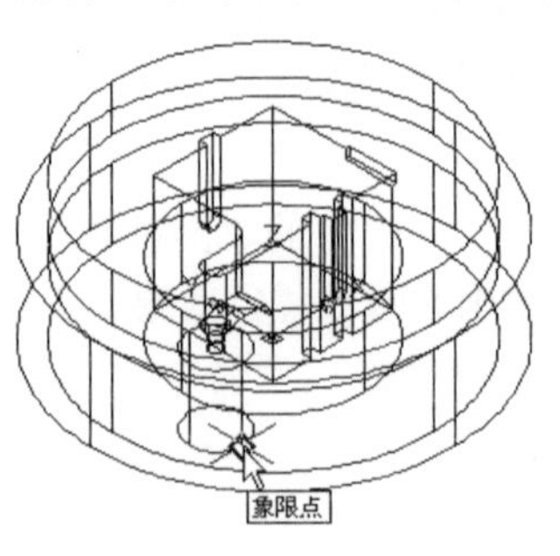

图 3-167　捕捉象限点

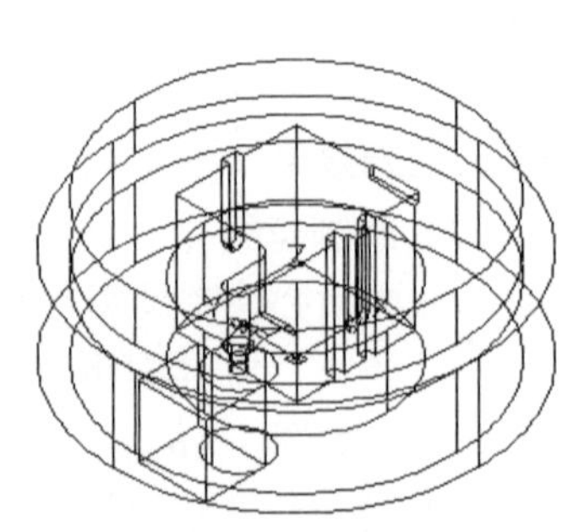
图 3-168　绘制长方体

（13）单击“实体编辑”面板中的“并集”命令按钮，合并所有实体，效果如图 3-169 所示。

（14）单击“建模”面板中的“圆柱体”命令按钮，以如图 3-170 所示圆心为底面圆心绘制尺寸为$\phi 3\times 30$的圆柱体，效果如图 3-171 所示。

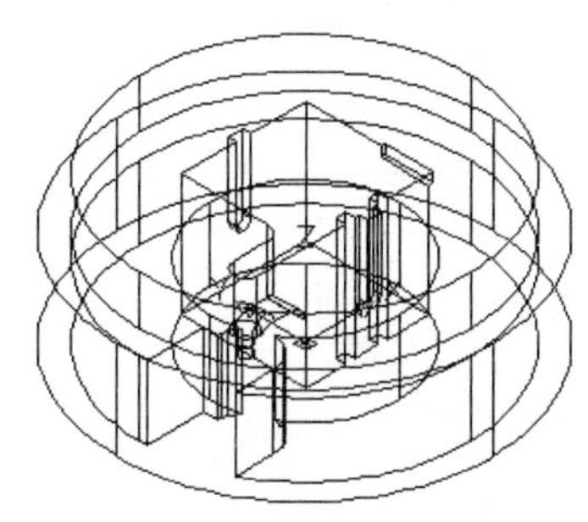

图 3-169　合并实体

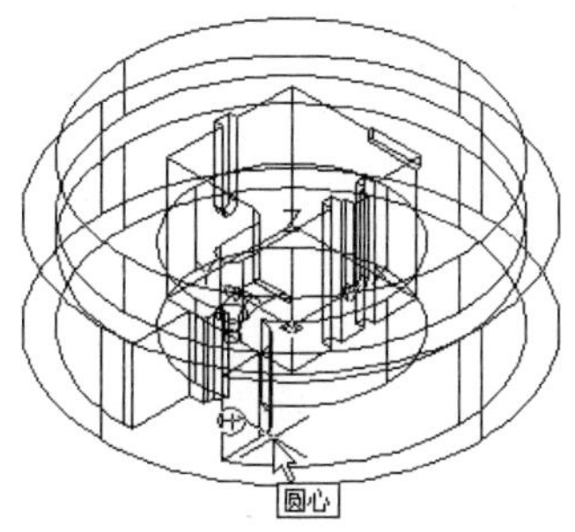

图 3-170　捕捉圆心

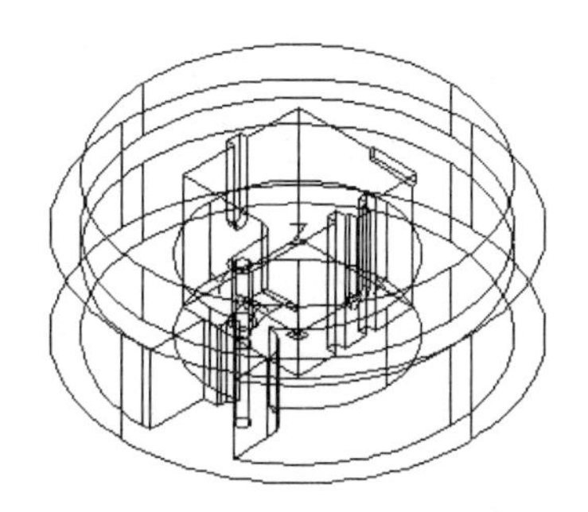

图 3-171　绘制圆柱体 1

（15）单击“建模”面板中的“圆柱体”命令按钮，以如图 3-170 所示圆心为底面圆心绘制尺寸为$\phi 10\times 15$的圆柱体，效果如图 3-172 所示。

（16）单击“建模”面板中的“长方体”命令按钮，以圆柱体$\phi 10\times 15$的前下边象限点为起点，绘制尺寸为-20×10×10 的长方体，效果如图 3-173 所示。

（17）单击“实体编辑”面板中的“差集”命令按钮，使用造型毛坯剪切圆柱体$\phi 3\times 30$、圆柱体$\phi 10\times 15$和长方体-20×10×10，效果如图 3-174 所示。

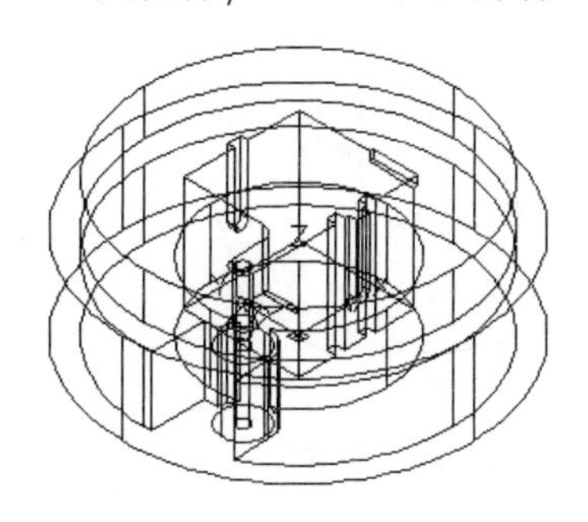

图 3-172　绘制圆柱体 2

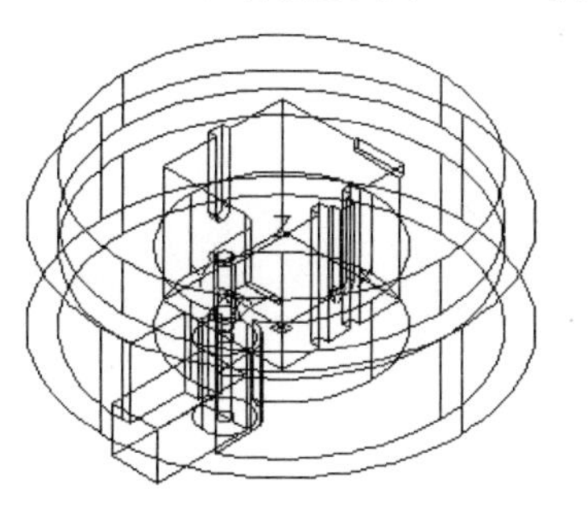

图 3-173　绘制长方体

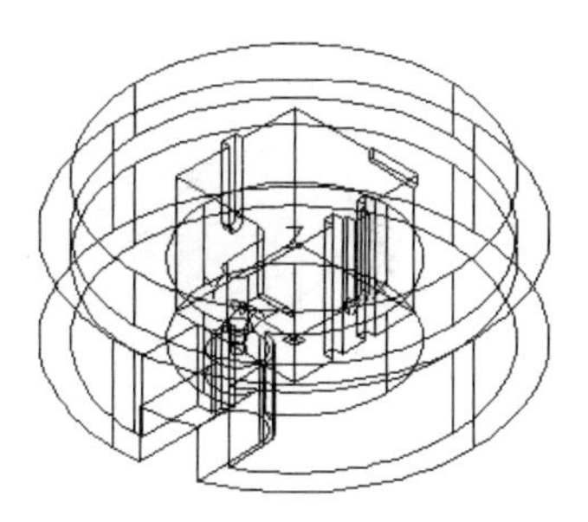

图 3-174　剪切毛坯

（18）把拉线孔下部边缘圆角化，以免割伤拉线。在菜单栏中选择“视图”→“缩放”→“窗口”命令，局部放大如图 3-175 所示造型，预备下一步操作，效果如图 3-176 所示。

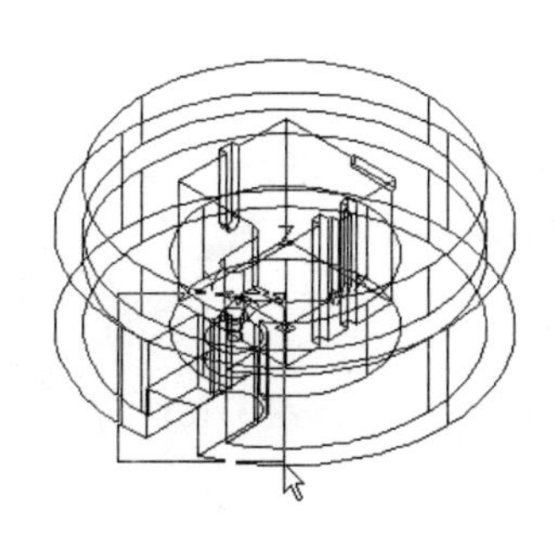

图 3-175　选择造型

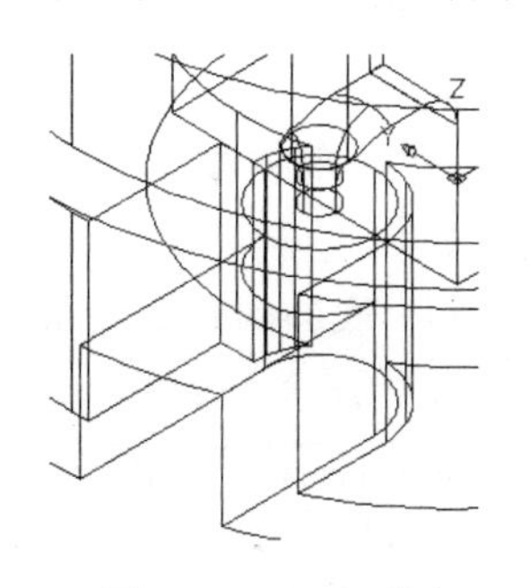

图 3-176　局部放大

（19）单击“修改”面板中的“圆角”命令按钮，把如图 3-177 虚线所示边倒圆角，圆角半径为 2，效果如图 3-178 所示。

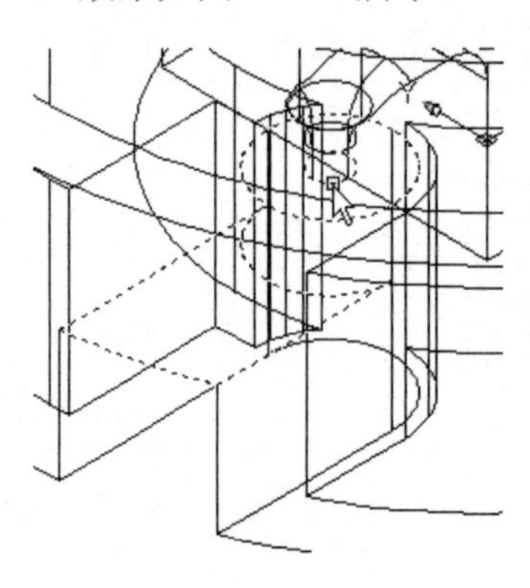

图 3-177　选择边

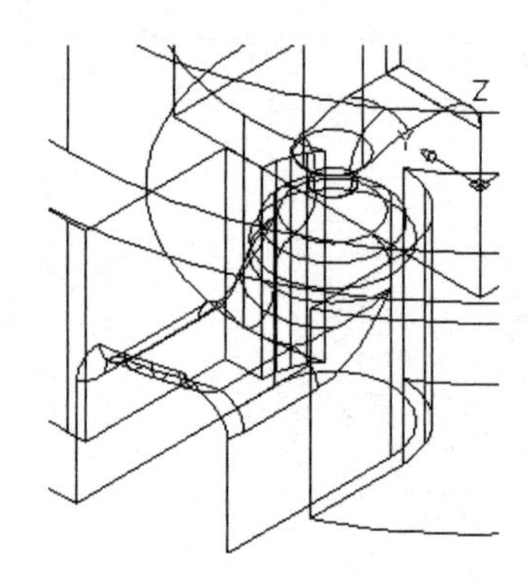

图 3-178　倒圆角

（20）在菜单栏中选择“视图”→“缩放”→“上一个”命令，恢复视图，效果如图 3-179 所示。

（21）在菜单栏中选择“视图”→“三维视图”→“俯视”命令，把当前视图转换为俯视图，查看造型的位置是否适当，消隐效果如图 3-180 所示。

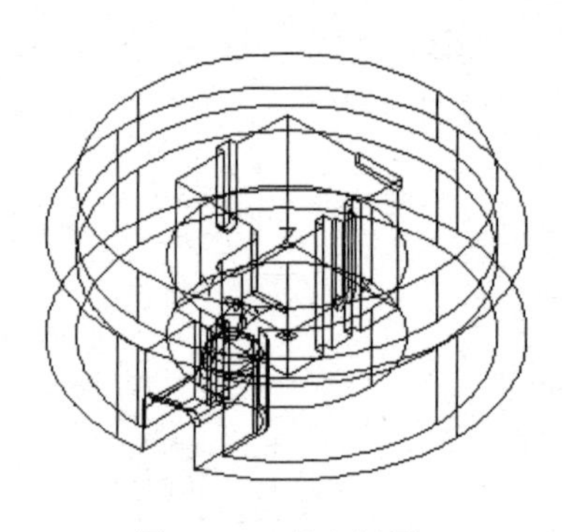

图 3-179　恢复视图

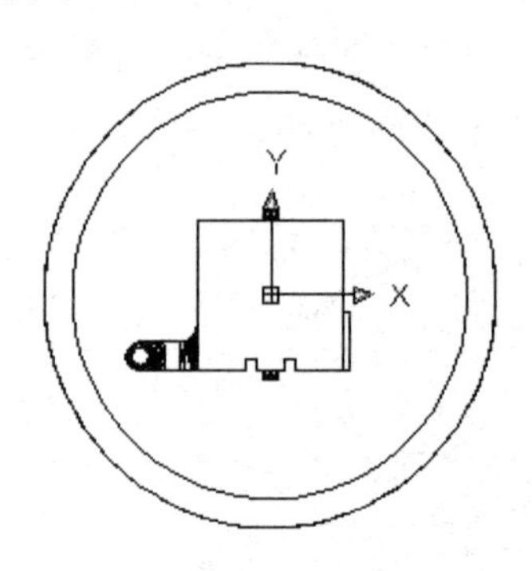

图 3-180　俯视图

（22）为了清晰地观察沉孔结构，可以从菜单栏中选择“视图”→“动态观察”→“受约束的动态观察”命令，适当旋转造型，露出背面，渲染效果如图 3-181 所示。

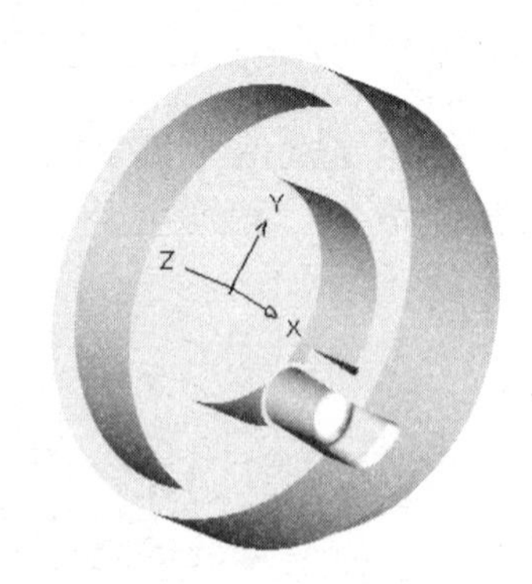

图 3-181　适当旋转造型

3．绘制主螺栓座

绘制步骤如下。

（1）创建螺栓座座体。单击“建模”面板中的“圆柱体”命令按钮，绘制尺寸为$\phi 6\times 15$ 的圆柱体，然后以圆柱体$\phi 6\times 15$ 的上底面圆心为底面圆心绘制尺寸为$\phi 8\times(-12)$的圆柱体，效果如图 3-182 所示。

（2）单击“实体编辑”面板中的“并集”命令按钮，合并两个圆柱体，效果如图 3-183 所示。

（3）单击“修改”面板中的“移动”命令按钮，把合并的实体以如图 3-184 所示象限

点为移动基准点，以如图 3-185 所示象限点为移动目标点进行移动，效果如图 3-186 所示。

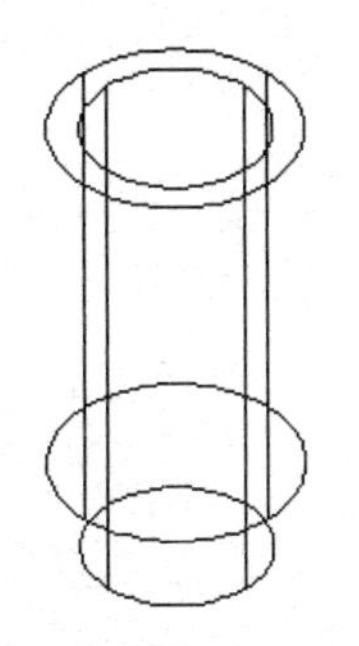
图 3-182　绘制圆柱体

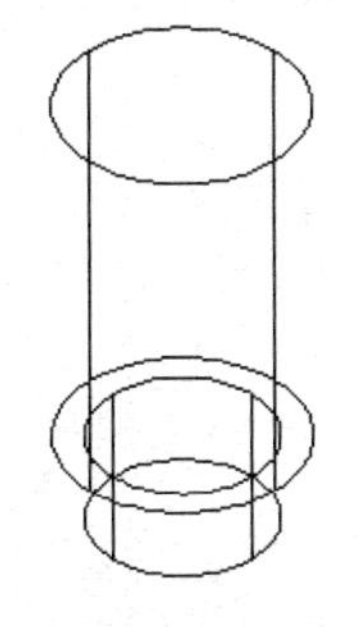
图 3-183　合并造型

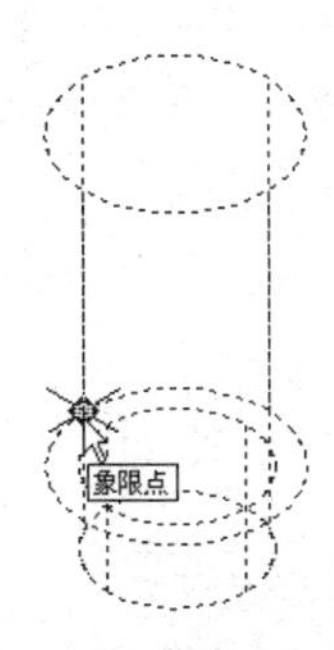

图 3-184　捕捉移动基准点

（4）单击“修改”面板中的“移动”命令按钮，把移动过来的实体向上移动，移动距离 3，效果如图 3-187 所示。

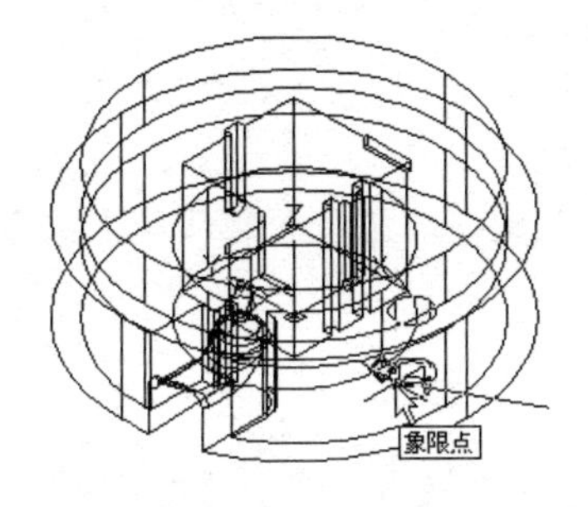

图 3-185　捕捉移动目标点

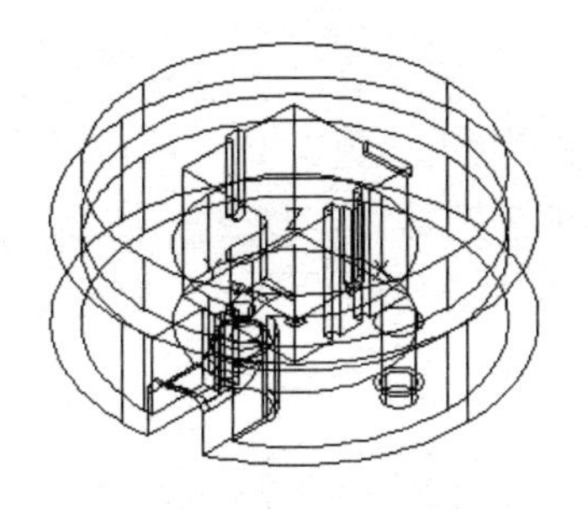
图 3-186　定位造型

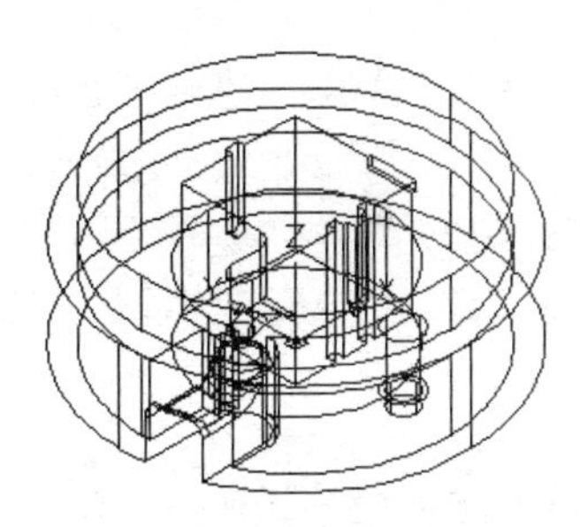
图 3-187　移动造型

（5）单击“修改”面板中的“旋转”命令按钮，以原点为旋转中心，把刚才移动的造型旋转-43°，效果如图 3-188 所示。

（6）单击“修改”面板中的环形“阵列”命令按钮，以原点为阵列中心，把刚才旋转的造型环形阵列 2 个，效果如图 3-189 所示。

（7）单击“实体编辑”面板中的“并集”命令按钮，合并所有实体。

（8）创建螺栓座上的孔。单击“建模”面板中的“圆柱体”命令按钮，以如图 3-190 所示圆心为底面圆心绘制尺寸为$\phi 4\times 40$的圆柱体，效果如图 3-191 所示。

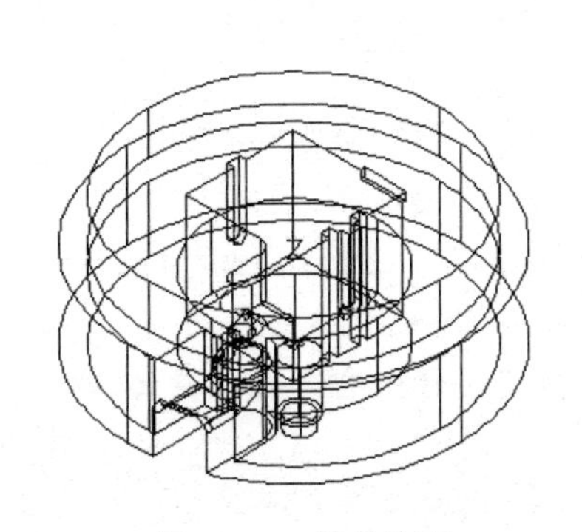
图 3-188　旋转造型

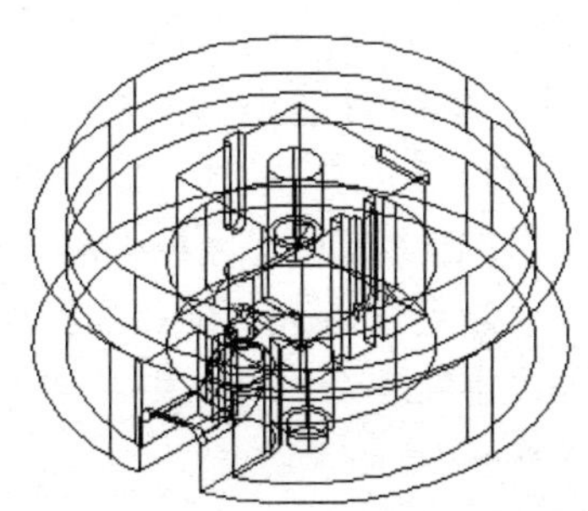
图 3-189　阵列造型

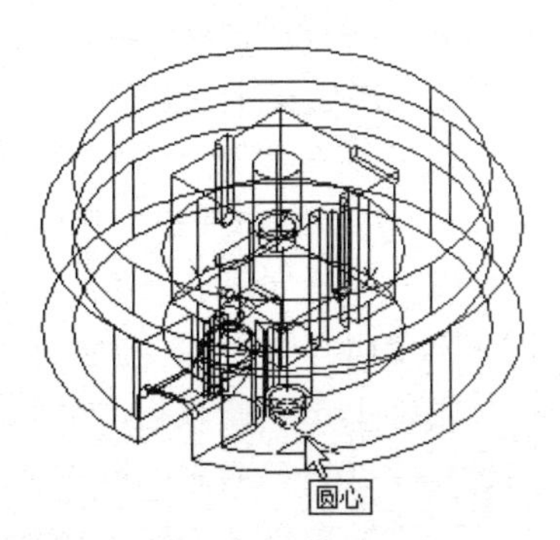

图 3-190　捕捉圆心

（9）单击“建模”面板中的“圆柱体”命令按钮，类似地在后边一个螺栓座上绘制尺寸为$\phi 4\times 40$的圆柱体，效果如图 3-192 所示。

（10）单击“实体编辑”面板中的“差集”命令按钮，使用造型毛坯剪切两个圆柱体 $\phi 4\times 40$，效果如图 3-193 所示。

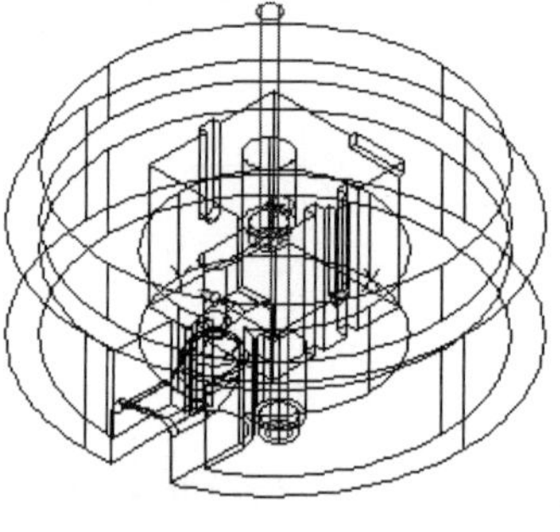

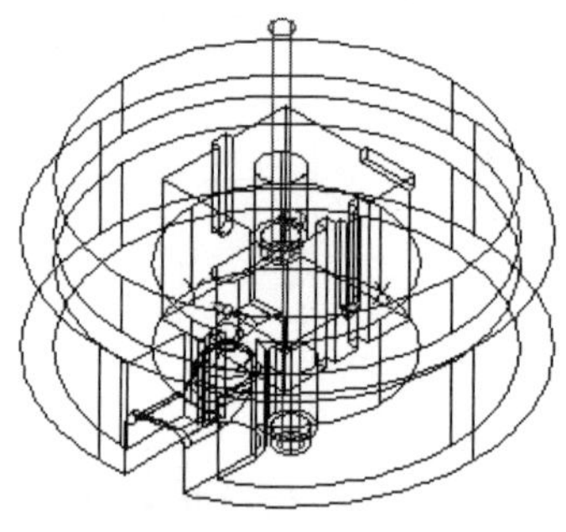

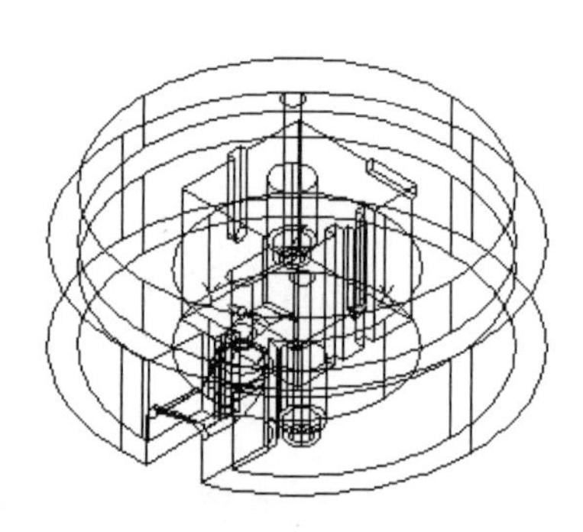

图 3-191　绘制圆柱体　　图 3-192　绘制另一个圆柱体　　图 3-193　剪切两个圆柱体

（11）单击“建模”面板中的“圆柱体”命令按钮，以如图 3-194 所示圆心为底面圆心绘制尺寸为$\phi 6\times(-26)$的圆柱体，效果如图 3-195 所示。

（12）单击“建模”面板中的“圆柱体”命令按钮，类似地在前边一个螺栓座上绘制尺寸为$\phi 6\times(-26)$的圆柱体，效果如图 3-196 所示。

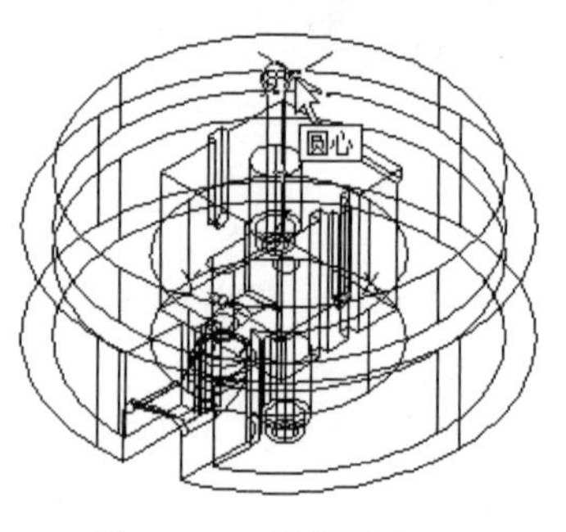

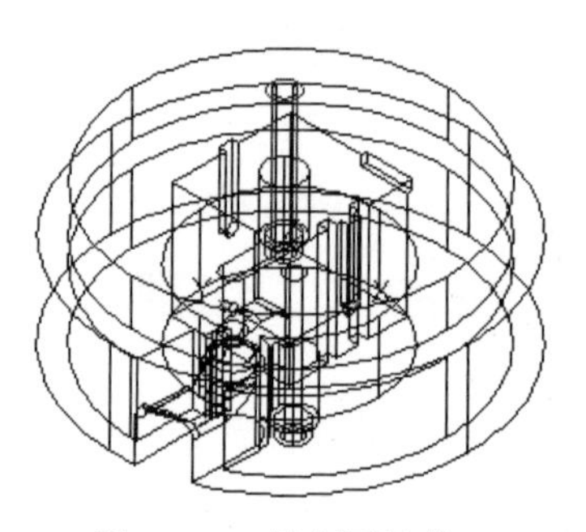

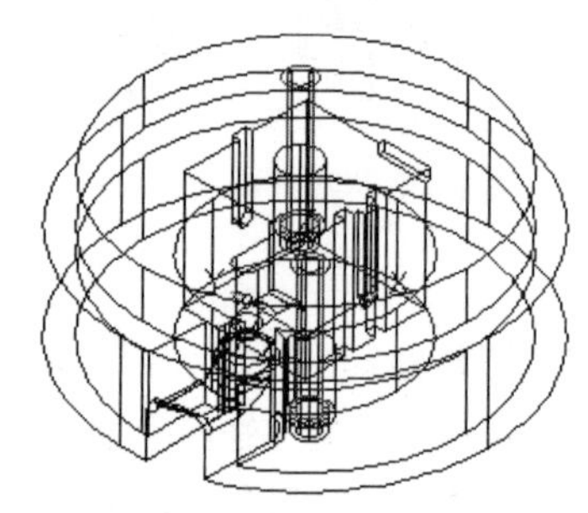

图 3-194　捕捉圆心　　图 3-195　绘制圆柱体　　图 3-196　绘制另一个圆柱体

（13）单击“实体编辑”面板中的“差集”命令按钮，使用造型毛坯剪切两个圆柱体$\phi 6\times(-26)$，效果如图 3-197 所示。

4．绘制电气螺栓座

绘制步骤如下。

（1）准备创建卡紧簧片的孔。单击“建模”面板中的“圆柱体”命令按钮，以点（27.5，0）为底面圆心绘制尺寸为$\phi 3\times 30$的圆柱体，效果如图 3-198 所示。

（2）准备创建进出电线的孔。单击“建模”面板中的“圆柱体”命令按钮，以圆柱体$\phi 3\times 30$的上表面圆心为底面圆心绘制尺寸为$\phi 6\times(-10)$的圆柱体，效果如图 3-199 所示。

（3）单击“修改”面板中的“旋转”命令按钮，以原点为旋转中心，把圆柱体$\phi 6\times(-10)$旋转 20°，效果如图 3-200 所示。

（4）准备创建安装电线螺钉的孔。单击“建模”面板中的“圆柱体”命令按钮，以圆柱体$\phi 6\times(-10)$的上表面圆心为底面圆心绘制尺寸为$\phi 6\times(-30)$的圆柱体，效果如图 3-201 所示。

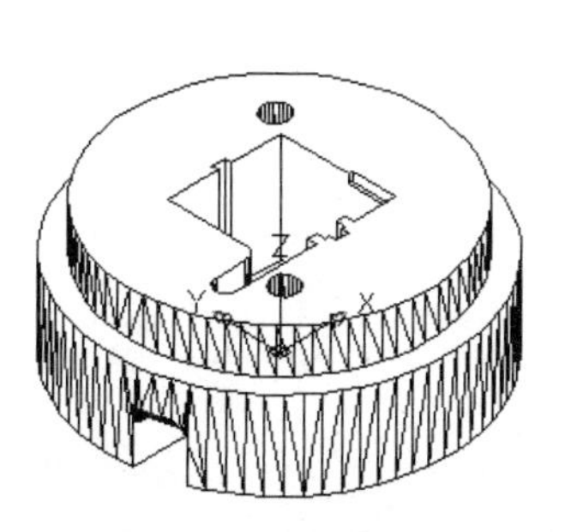

图 3-197 剪切两个圆柱体

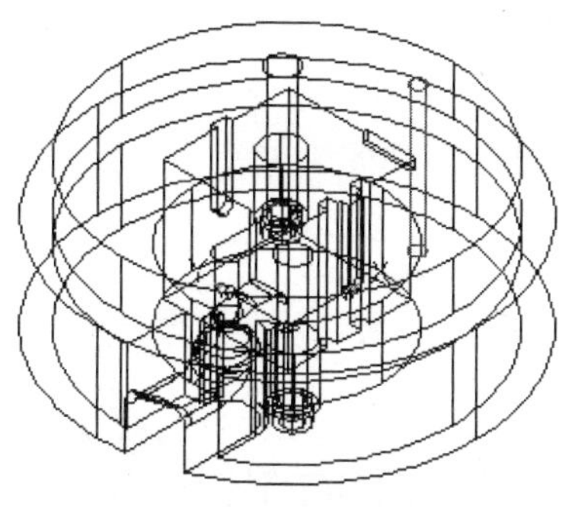

图 3-198 绘制圆柱体 1

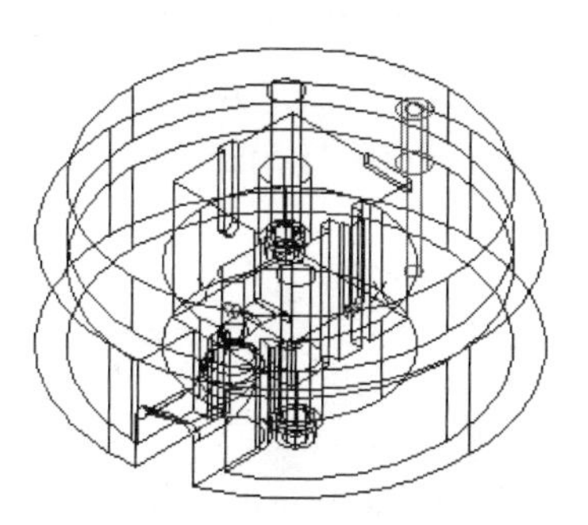

图 3-199 绘制圆柱体 2

（5）单击“修改”面板中的“旋转”命令按钮，以原点为旋转中心，把圆柱体$\phi6\times(-30)$旋转 20°，效果如图 3-202 所示。

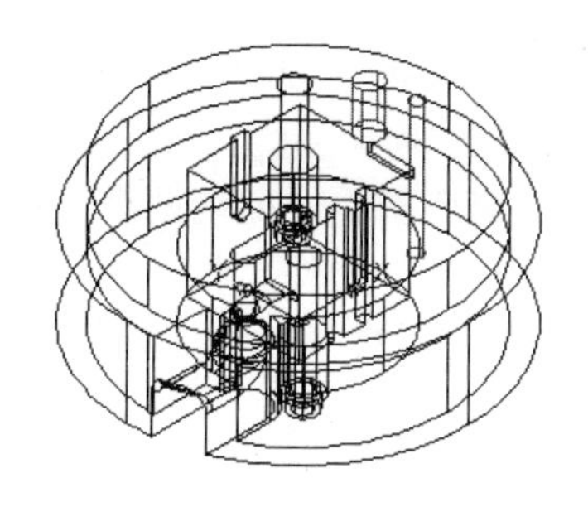

图 3-200 旋转圆柱体

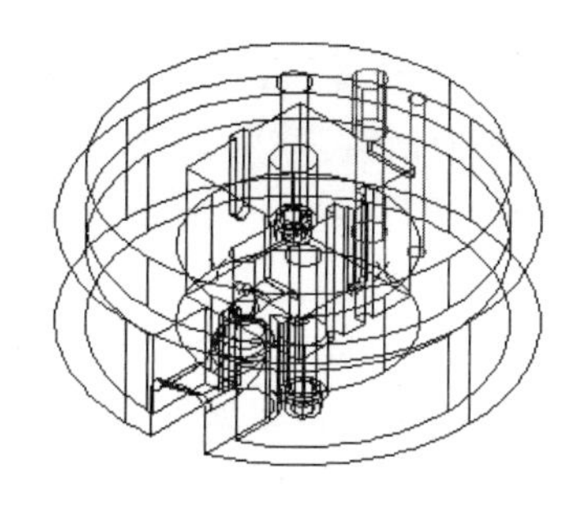

图 3-201 绘制圆柱体 3

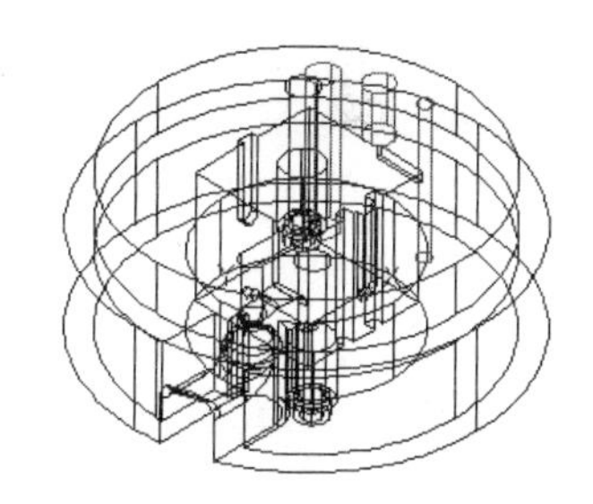

图 3-202 旋转圆柱体

（6）单击“修改”面板中的“旋转”命令按钮，以原点为旋转中心，把 3 个圆柱体旋转 60°，效果如图 3-203 所示。

（7）导线应该有两根，下面创建另一根导线的安装结构。单击“修改”面板中的“镜像”命令按钮，以 X 轴为对称轴，把 3 个圆柱体对称复制一份，效果如图 3-204 所示。

（8）单击“修改”面板中的“旋转”命令按钮，以原点为旋转中心，把复制出来的 3 个圆柱体旋转 60°，效果如图 3-205 所示。

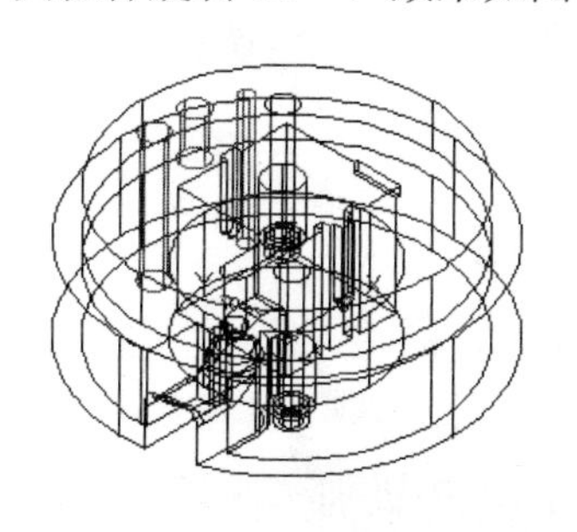

图 3-203 旋转 3 个圆柱体

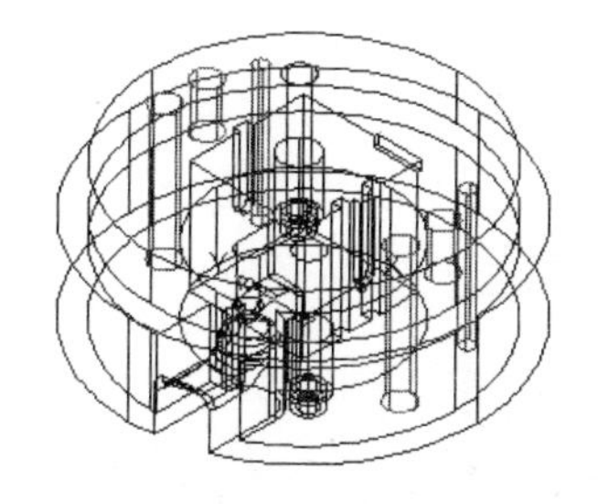

图 3-204 对称复制实体

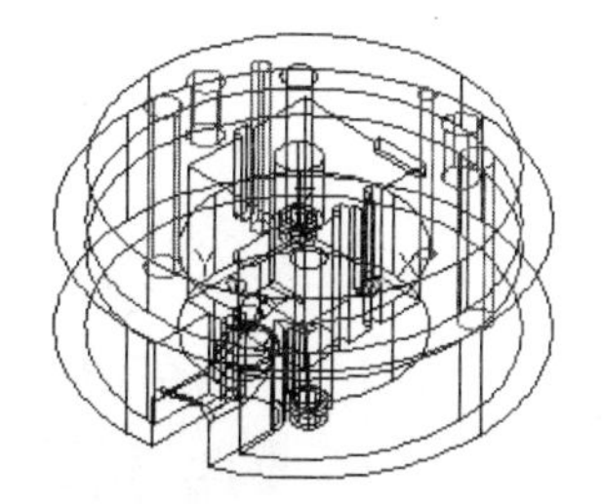

图 3-205 旋转 3 个圆柱体

（9）单击“实体编辑”面板中的“差集”命令按钮，使用造型毛坯剪切 6 个圆柱体，效果如图 3-206 所示。

（10）创建压紧转子的簧片的安装结构。单击“原点”命令按钮，把坐标系向上移动，移动距离 30，效果如图 3-207 所示。

（11）单击“建模”面板中的“圆柱体”命令按钮，以点（-27.5，0）为底面圆心绘制尺寸为ϕ6×(-5)的圆柱体，效果如图 3-208 所示。

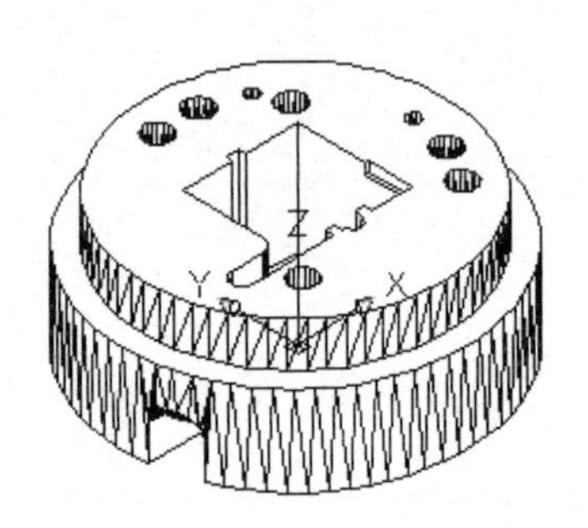

图 3-206　剪切毛坯实体

图 3-207　移动坐标系

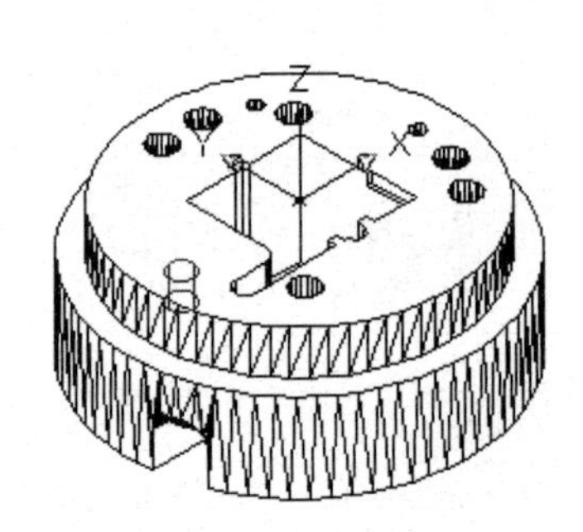

图 3-208　绘制圆柱体 1

（12）单击“建模”面板中的“圆柱体”命令按钮，以圆柱体ϕ6×(-5)的上表面圆心为底面圆心绘制尺寸为ϕ10×(-1)的圆柱体，效果如图 3-209 所示。

（13）单击“实体编辑”面板中的“差集”命令按钮，使用造型毛坯剪切两个圆柱体，消隐效果如图 3-210 所示。

（14）单击“建模”面板中的“长方体”命令按钮，以如图 3-211 所示象限点为起点，绘制尺寸为 15×(-10)×(-1)的长方体，效果如图 3-212 所示。

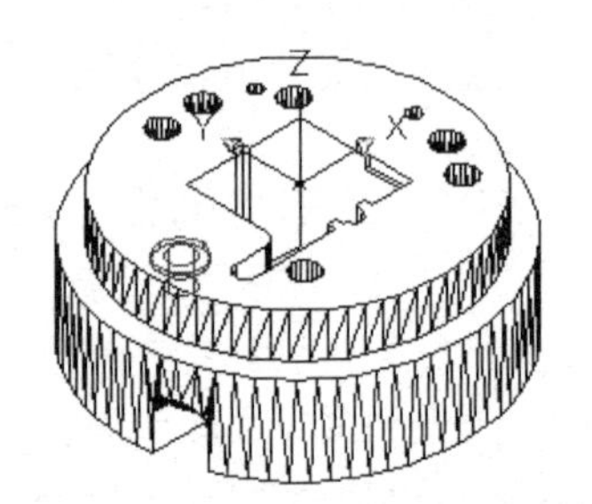

图 3-209　绘制圆柱体 2

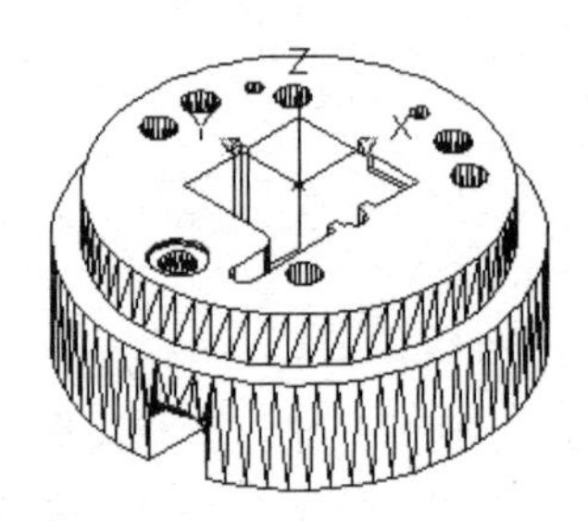

图 3-210　剪切两个圆柱体

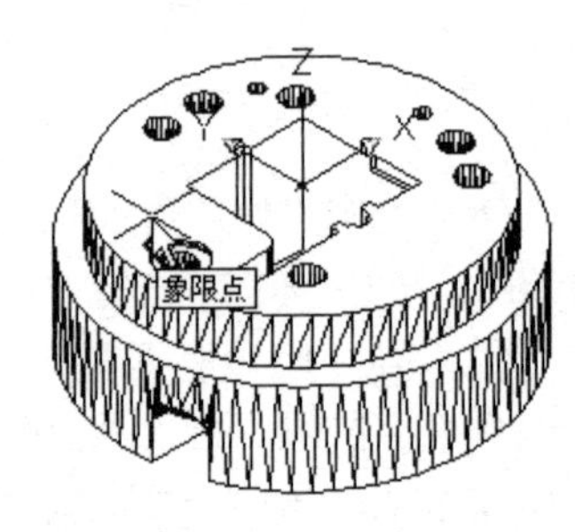

图 3-211　捕捉象限点

（15）单击“实体编辑”面板中的“差集”命令按钮，使用造型毛坯剪切长方体 15×(-10)×(-1)，消隐效果如图 3-213 所示。

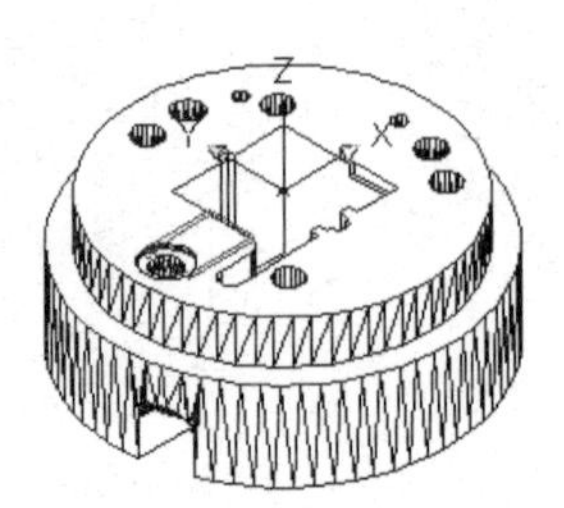

图 3-212　绘制长方体

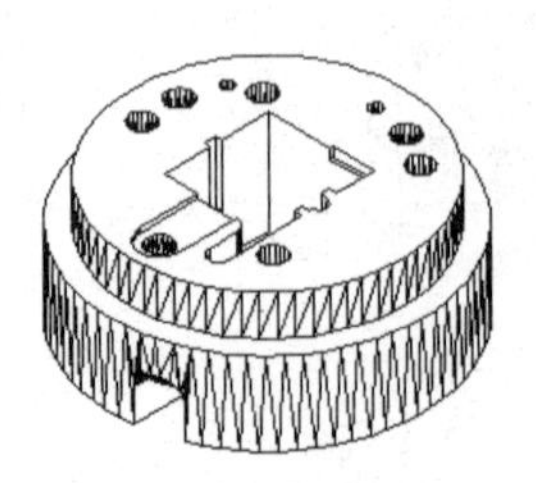

图 3-213　剪切长方体

（16）单击“建模”面板中的“圆柱体”命令按钮，以如图 3-214 所示端点为底面圆心绘制尺寸为ϕ3×2 的圆柱体，效果如图 3-215 所示。

（17）单击“修改”面板中的“移动”命令按钮，把圆柱体$\phi 3 \times 2$ 以相对坐标（@5, -5）进行移动，效果如图 3-216 所示。

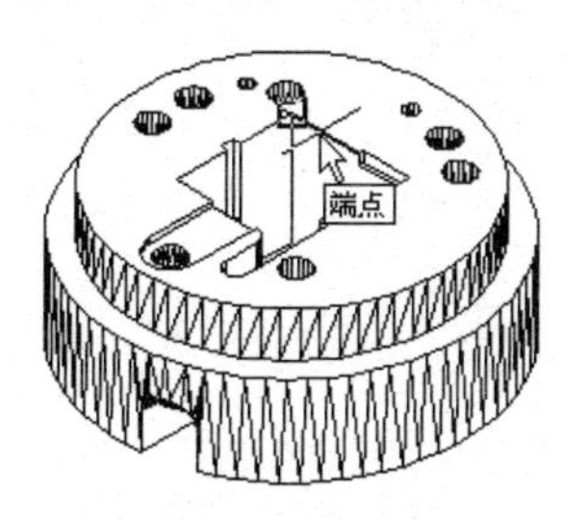

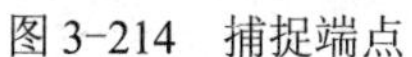

图 3-214　捕捉端点

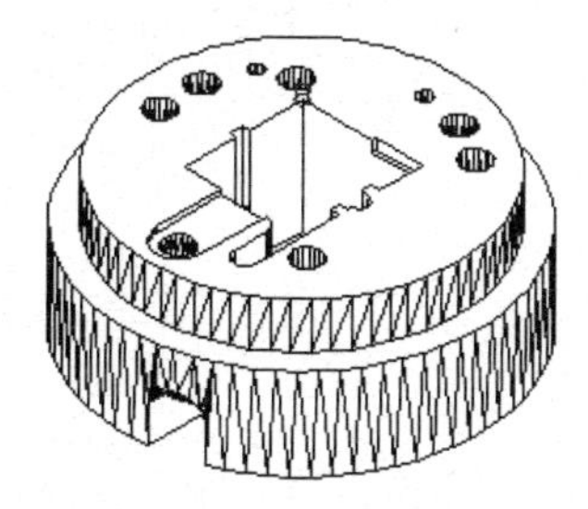

图 3-215　绘制圆柱体

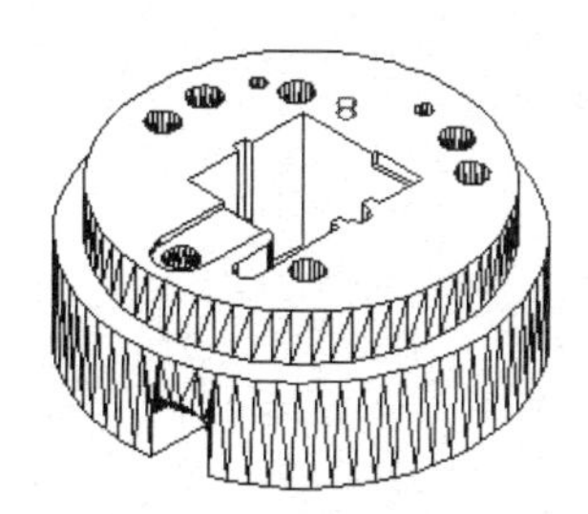

图 3-216　移动圆柱体

（18）单击“实体编辑”面板中的“并集”命令按钮，合并所有实体，消隐效果如图 3-217 所示，渲染效果如图 3-218 所示。

（19）从菜单栏中选择“视图”→“动态观察”→“受约束的动态观察”命令，适当旋转造型，以便观察造型底面，消隐效果如图 3-219 所示。

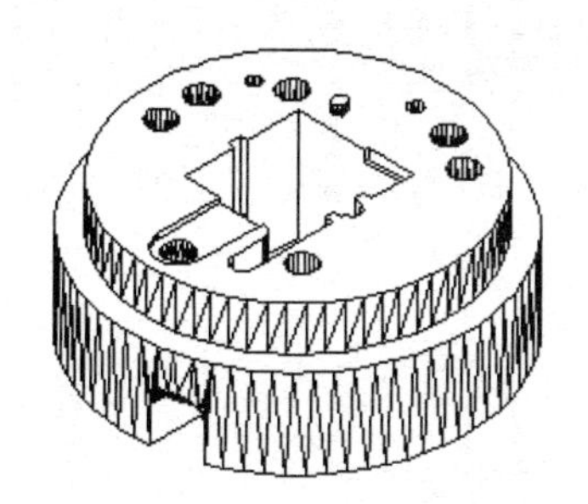

图 3-217　合并所有实体

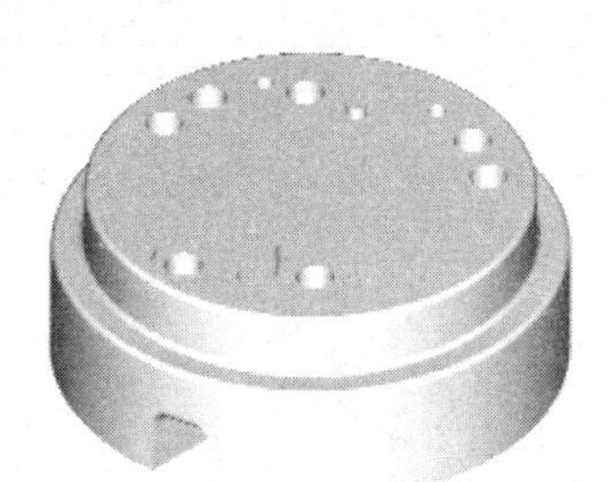

图 3-218　渲染效果

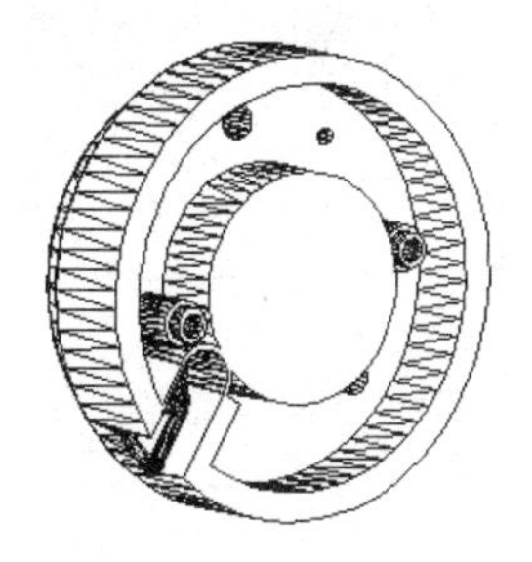

图 3-219　底面消隐效果

3.4.2　设计接线片

众多电气线路的导线与接线柱之间都通过接线片连接。它是圆圈和圆筒的组合体。圆圈用于连接接线柱，圆筒用于连接导线。把导线头部去皮，然后把裸线伸进圆筒中，用电工钳夹扁圆筒即可。绘制步骤如下。

（1）创建接线片的头部。单击“建模”面板中的“圆柱体”命令按钮，以原点为底面圆心绘制尺寸为$\phi 4 \times 0.2$ 的圆柱体，效果如图 3-220 所示。

（2）单击“建模”面板中的“长方体”命令按钮，以原点为起点，绘制尺寸为 1×(-8)×0.2 的长方体，效果如图 3-221 所示。

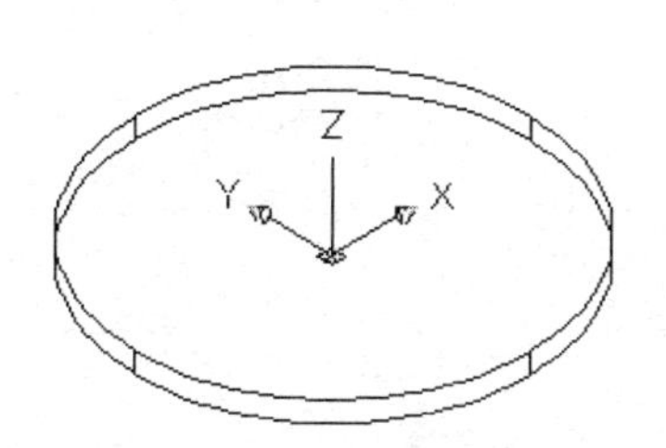

图 3-220　绘制圆柱体

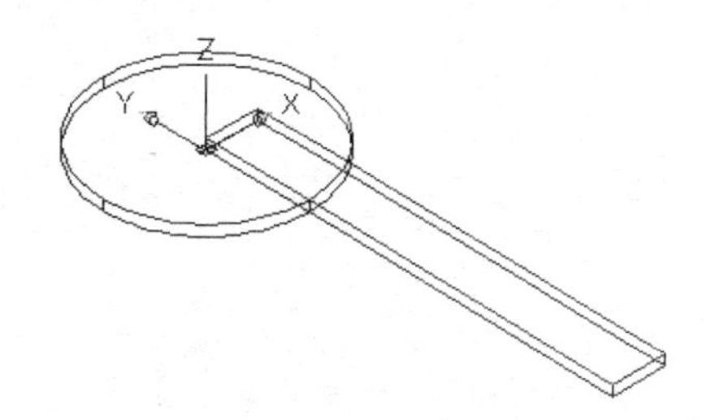

图 3-221　绘制长方体

（3）单击“修改”面板中的“镜像”命令按钮，以 Y 轴为对称轴，把长方体 1×(-8)×0.2 对称复制一份，效果如图 3-222 所示。

（4）单击“实体编辑”面板中的“并集”命令按钮，合并所有实体，效果如图 3-223 所示。

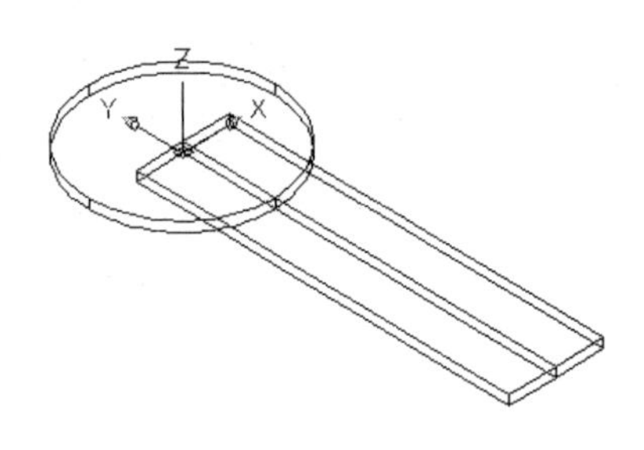

图 3-222　对称复制长方体

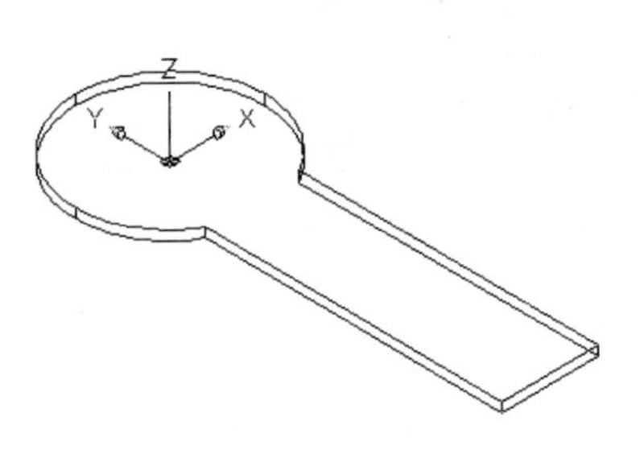

图 3-223　合并实体

（5）单击“建模”面板中的“圆柱体”命令按钮，以原点为底面圆心绘制尺寸为ϕ2.5×1 的圆柱体，效果如图 3-224 所示。

（6）单击“实体编辑”面板中的“差集”命令按钮，使用造型毛坯剪切圆柱体ϕ2.5×1，效果如图 3-225 所示。

（7）创建接线片的尾部。单击“绕 X 轴旋转用户坐标系”命令按钮，把坐标系绕 X 轴旋转 90°，效果如图 3-226 所示。

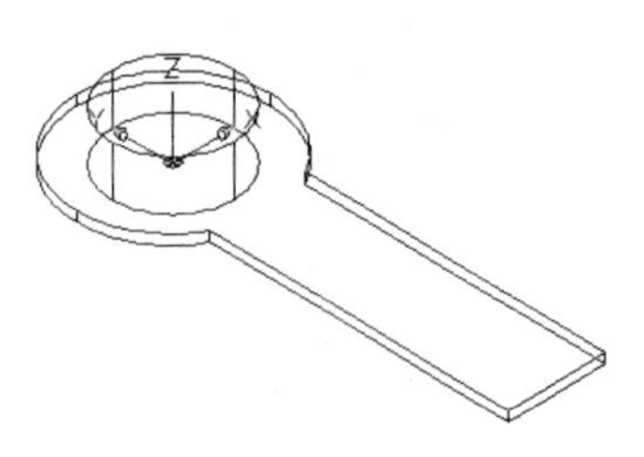

图 3-224　绘制圆柱体

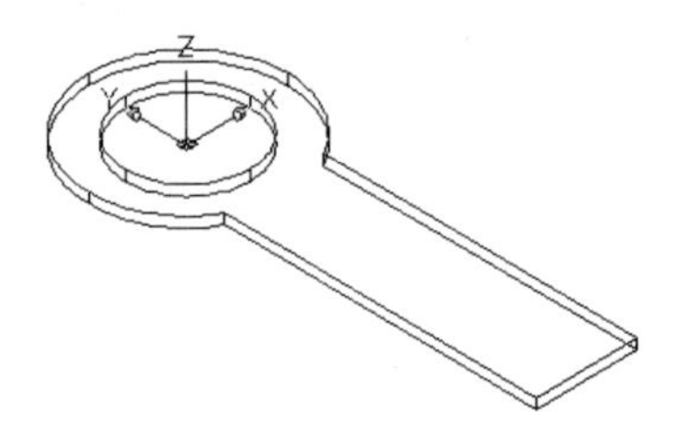

图 3-225　剪切圆柱体

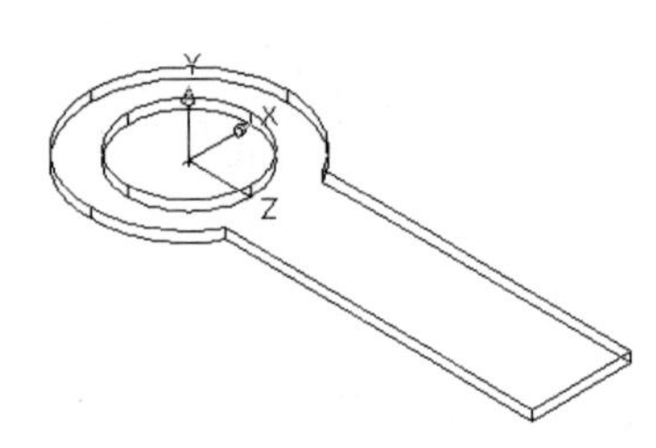

图 3-226　旋转坐标系

（8）单击“建模”面板中的“圆柱体”命令按钮，以原点为底面圆心绘制尺寸为ϕ3×4 的圆柱体，效果如图 3-227 所示。

（9）单击“修改”面板中的“移动”命令按钮，把圆柱体ϕ3×4 以如图 3-228 所示象限点为移动基准点，以如图 3-229 所示端点为移动目标点进行移动，效果如图 3-230 所示。

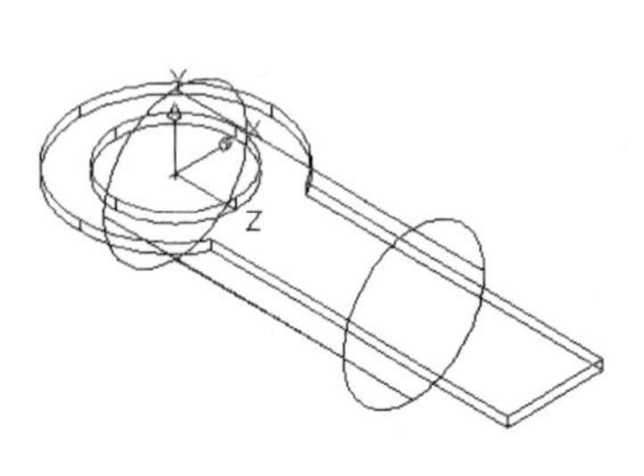

图 3-227　绘制圆柱体

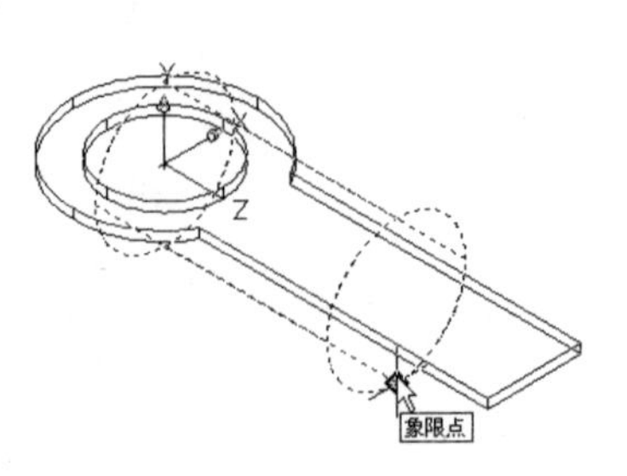

图 3-228　捕捉象限点

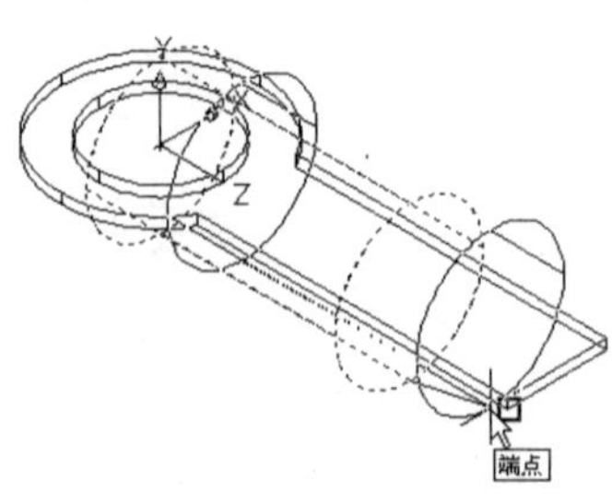

图 3-229　捕捉端点

（10）单击“实体编辑”面板中的“剖切”命令按钮，使用平行于 YZ 平面，通过如图 3-231 所示端点的平面对半剖切圆柱体$\phi 3\times 4$，效果如图 3-232 所示。

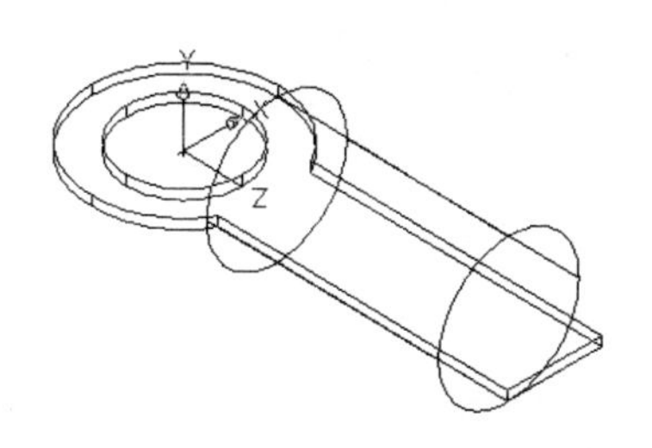

图 3-230　移动圆柱体

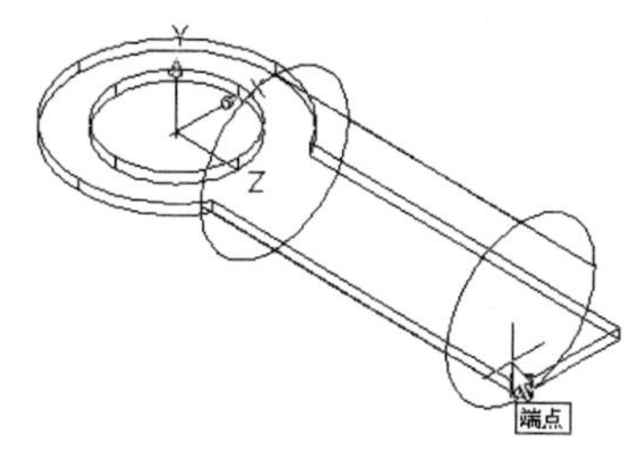

图 3-231　捕捉端点

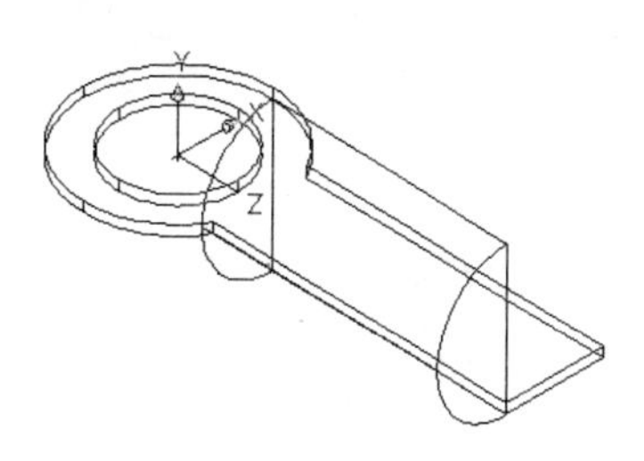

图 3-232　剖切圆柱体

（11）从菜单栏中选择“视图”→“动态观察”→“受约束的动态观察”命令，适当旋转造型，效果如图 3-233 所示。

（12）单击“实体编辑”面板中的“抽壳”命令按钮，在系统提示“选择要删除的表面”时，在如图 3-234 所示半圆柱体$\phi 3\times 4$ 端面上单击，然后在前端面双击，把它创建成壁厚为 0.2 的壳体，效果如图 3-235 所示。

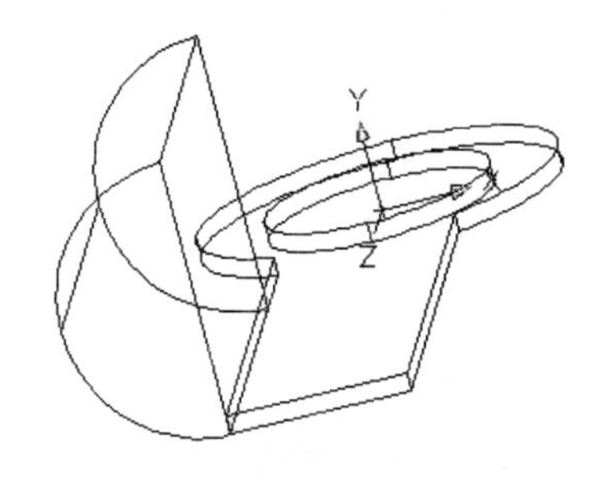

图 3-233　旋转造型

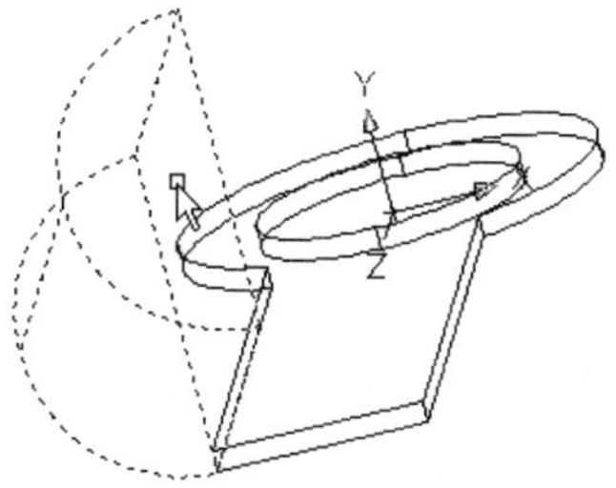

图 3-234　选择表面

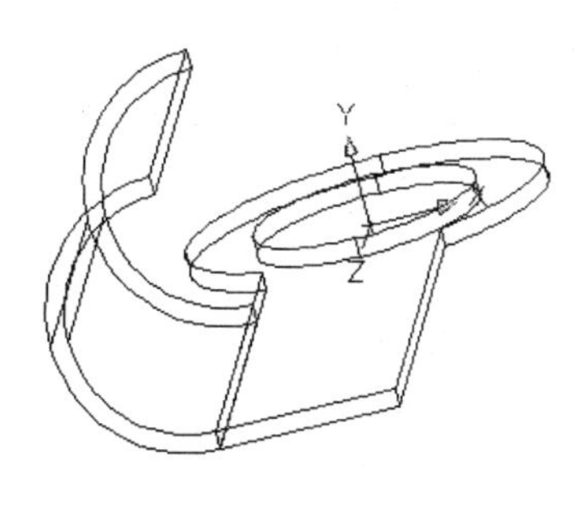

图 3-235　创建壳体

（13）单击“实体编辑”面板中的“拉伸面”命令按钮，拉伸如图 3-236 光标所示端面。拉伸长度为 0.9，拉伸角度为 0°，效果如图 3-237 所示。

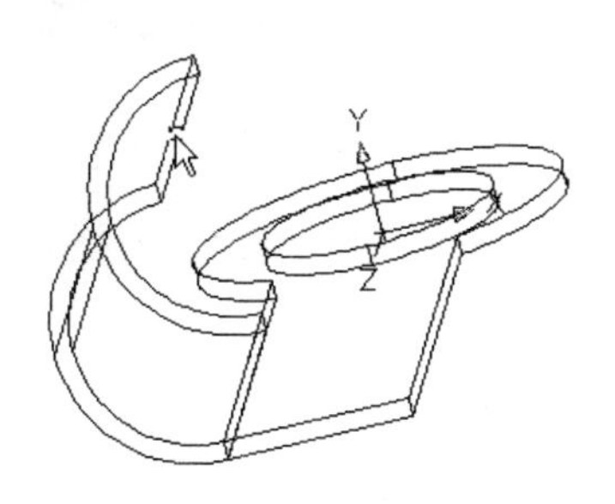

图 3-236　选择端面

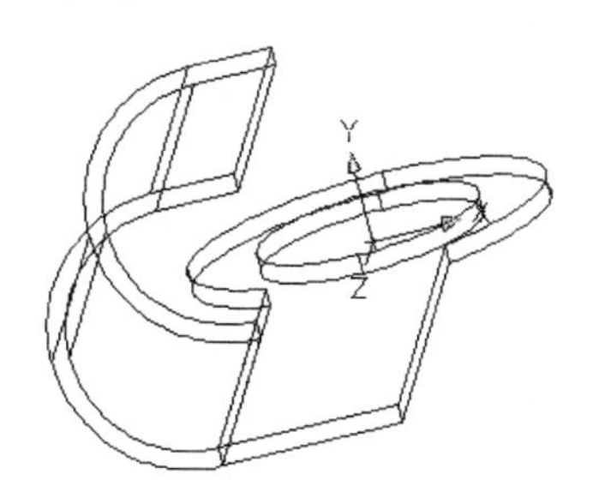

图 3-237　拉伸端面

（14）单击“修改”面板中的“镜像”命令按钮，以 Z 轴为对称轴把左边的半个壳体对称复制一份，效果如图 3-238 所示。

（15）在菜单栏中选择“视图”→“三维视图”→“西南等轴测”命令，恢复视图，效果如图 3-239 所示。

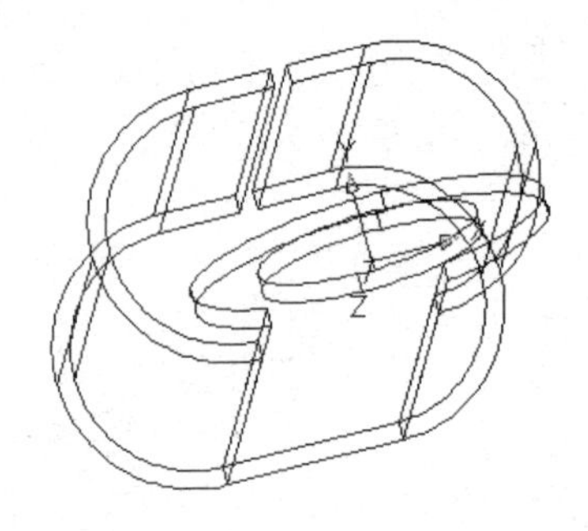

图 3-238　对称复制壳体

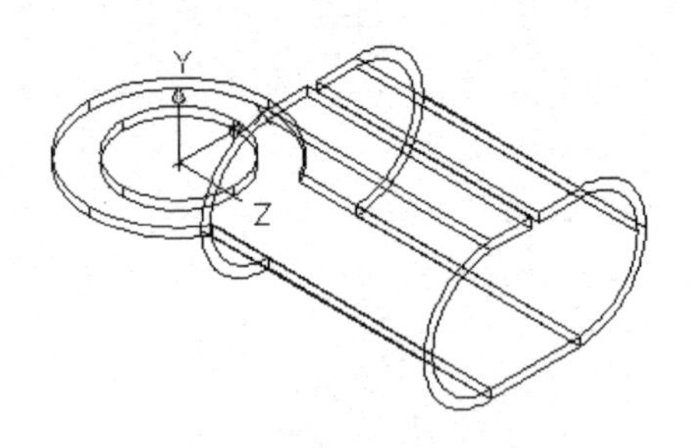

图 3-239　恢复视图

（16）通过“材质”工具选项板将材质应用于对象或面。通过逐一查看“材质”工具选项板中的选项卡查找所需的材质（图 3-240）。可以将材质工具从选项板拖动到对象或面，也可以单击材质，然后使用画笔光标选择对象或面。

通过“材质”工具选项板中的材质工具，赋予接线片铜材质。选择“金属”材质（图 3-241），单击“金属-铜”按钮，然后用画笔光标选择接线片，给接线片赋予铜材质。

图 3-240　“材质”工具选项板

图 3-241　选择“金属”材质

（17）在菜单栏中选择 “视图”→“渲染”→“渲染”命令，创建接线片的渲染效果图，如图 3-242 所示。

（18）如果觉得颜色太暗，也可以选择其他材质渲染，如黄色塑料，渲染效果如图 3-243 所

示，“东北等轴测视图”方向的渲染效果如图3-244所示。

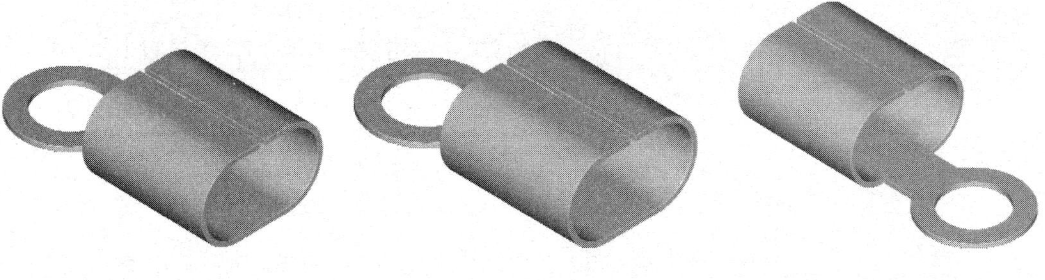

图3-242　铜材质　　图3-243　黄色塑料　　图3-244　“东北等轴测视图”方向

第 4 章　电气工程图的基本知识

知识导引

本章主要介绍电气工程图的基本知识，包括电气工程图的种类及特点、电气工程 CAD 制图的规范、电气图形符号的构成和分类等。绘制电气工程图需要遵循众多的规范，但这不应该被读者看成是学习绘制电气工程图的障碍。正是因为电气工程图是规范的，所以设计人员可以大量借鉴以前的工作成果，将旧图样中使用的标题栏、表格、元器件符号甚至经典线路照搬到新图样中，稍加修改即可使用。为此，本章最后将绘制若干简单的电气工程图，供以后的章节借鉴。

4.1　电气工程图的种类及特点

电气工程图既可以根据功能和使用场合分为不同的类别，也具有某些共同的特点，这些都有别于建筑工程图和机械工程图。

4.1.1　电气工程图的种类

电气工程图用来阐述电气工程的构成和功能，描述电气装置的工作原理，提供安装和维护使用的信息。电气工程的规模不同，该项工程的电气图的种类和数量也不同。一项工程的电气图通常装订成册，主要包含以下内容。

1. 目录和前言

目录便于检索图样，由序号、图样名称、编号、张数等构成。

前言中包括设计说明、图例、设备材料明细表、工程经费概算等。

设计说明的主要目的在于阐述电气工程设计的依据、基本指导思想与原则，图样中未能清楚表明的工程特点、安装方法、工艺要求、特殊设备的安装使用说明，以及有关的注意事项等的补充说明。图例即图形符号，一般只列出本套图样涉及的一些特殊图例。设备材料明细表列出该项电气工程所需的主要电气设备和材料的名称、型号、规格及数量，可供经费预算和购置设备材料时参考。工程经费概算用于大致统计出电气工程所需的费用，可以作为工程经费预算和决算的重要依据。

2. 电气系统图

电气系统图用于表示整个工程或该工程中某一项目的供电方式和电能输送的关系，也可表示某一装置各主要组成部分的关系。例如，一个电动机的供电关系，可采用如图 4-1 所示的电气系统图。该电气系统由电源 L1、L2、L3、熔断器 FU、交流接触器 KM、热继电器 K 和电动机 M 构成，并通过连线表示如何连接这些元件。

3. 电路图

电路图主要表示一个系统或装置的电气工作原理，又称为电气原理图。例如，为了描述如图 4-1 所示电动机的控制原理，要使用如图 4-2 所示的电路图清楚地表示其工作原理。按钮 S1 用于起动电动机，按下它可让交流接触器 KM 的电磁线圈通电，闭合交流接触器 KM 的主触头，电动机运转；按钮 S2 用于使电动机停止运转，按下它电动机就停转。

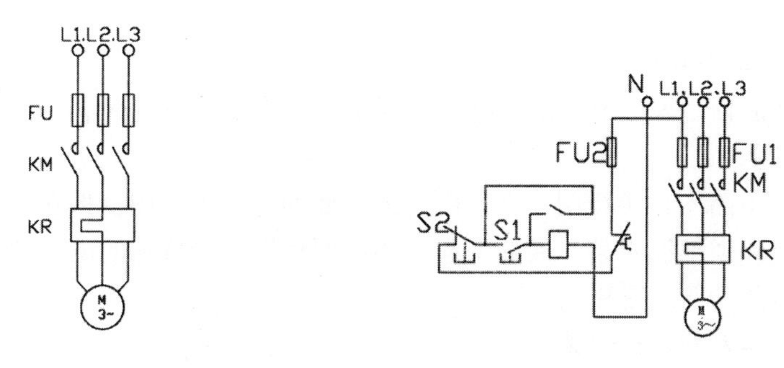

图 4-1　电动机电气系统图　　　　图 4-2　电动机控制电路原理图

4. 接线图

接线图主要用于表示电气装置内部各元器件之间及其与外部其他装置之间的连接关系，有单元接线图、互连接线圈端子接线图、电线电缆配置图等类型。如图 4-3 所示电动机主回路接线图清楚地表示了各元器件之间的实际位置和连接关系。图中，电源（L1、L2、L3）由型号为 BX-3×6 的导线，顺序接至端子排 X、熔断器 FU、交流接触器 KM 的主触头，再经热继电器 K 的热元器件，接至电动机 M 的接线端子 U、V、W。这幅图与实际电路是完全对应的。

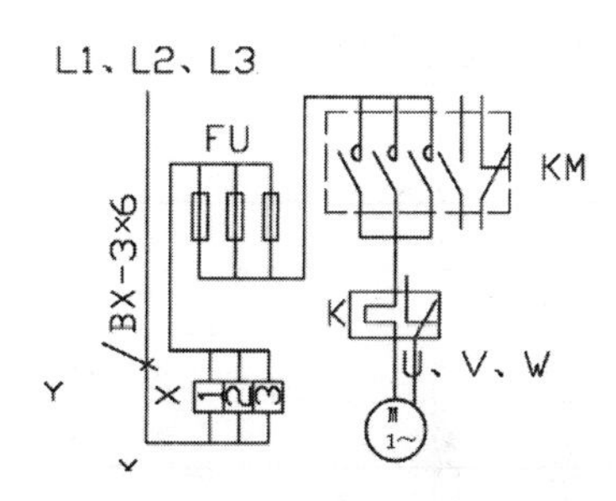

图 4-3　电动机主回路接线图

5. 电气平面图

电气平面图表示电气工程中电气设备、装置和线路的平面布置，一般在建筑平面图中绘制出来。根据用途不同，电气工程平面图可分为线路平面图、变电所平面图、动力平面图、照明平面图、弱电系统平面图和防雷与接地平面图等。图 4-4 所示是一个车间的电气平面布置图，图中从配电柜引出的导线接到上下两组配电箱，各个配电箱再分别连接电动机。

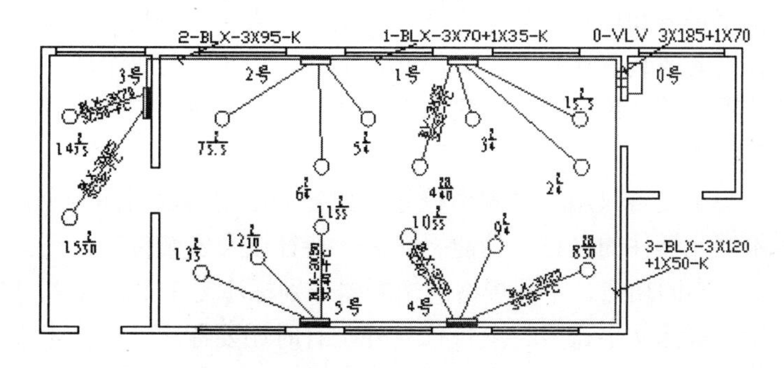

图 4-4　电气平面图示例

1
2
3
第4章
5
6
7
8
9

6．设备布置图

设备布置图主要表示各种电气设备和装置的布置形式、安装方式及相互位置之间的尺寸关系，通常由平面图、立面图、断面图、剖面图等组成。

7．大样图

大样图用于表示电气工程某一部件、构件的结构，用于指导加工与安装，部分大样图为国家标准图。

8．产品使用说明书用电气图

厂家往往在产品使用说明书中附上电气工程中选用的设备和装置电气图。

9．其他电气图

电气系统图、电路图、接线图、平面图是最主要的电气工程图。但在一些较复杂的电气工程中，为了补充和详细说明某一局部工程，还需要使用一些特殊的电气图，如功能图、逻辑图、印制板电路图、曲线图和表格等。

10．设备元器件和材料明细表

设备元器件和材料明细表是把电气工程所需主要设备、元器件、材料和有关的数据列成表格，用以表示其名称、符号、型号、规格和数量。这种表格主要用于说明图上符号所对应的元件名称和有关数据，应与图联系起来阅读。以如图 4-2 所示的电路图为例，编制的设备元器件表见表 4-1。

表 4-1 设备元器件表

设备材料明细表							
序 号	符 号	名 称	型 号	规 格	单 位	数 量	备 注
1	M	异步电动机	Y	380V，15kW	台	1	
2	KM	交流接触器	CJ10	380V，40A	个	1	
3	FU2	熔断器	RT18	250V，1A	个	1	配熔芯 1A
4	FU1	熔断器	RT0	380V，40A	个	3	配熔芯 32A
5	K	热继电器	JR3	40A	个	1	整定值 25A
6	S1，S2	按钮	LA2	250V，3A	个	2	-常开、-常闭触点

▷▷▷ 4.1.2 电气工程图的一般特点

1．图形符号、文字符号和项目代号是构成电气图的基本要素

图形符号、文字符号和项目代号是电气图的基本要素，一些技术数据也是电气图的主要内容。电气系统、设备或装置通常由许多部件、组件、功能单元等组成。一般用一种图形符号描述和区分这些项目的名称、功能、状态、特征、相互关系、安装位置和电气连接等，不必画出它们的外形结构。

在一张图上，一类设备只用一种图形符号。如各种熔断器都用同一个符号表示。为了区别同一类设备中不同元器件的名称、功能、状态、特征以及安装位置，还必须在符号旁边标注文字符号。例如，不同功能、不同规格的熔断器分别标注为 FUl、FU2、FU3、FU4。为了更具体地区分，除了标注文字符号、项目代号外，有时还要标注一些技术数据，像图中熔断器的有关技术数据，如 RL-15 / 15A 等。

2. 简图是电气工程图的主要形式

简图是用图形符号、带注释的围框或简化外形表示系统或设备中各组成部分之间相互关系的一种图。电气工程图绝大多数都采用简图这种形式。

简图并不是指内容简单，而是指形式的简化，它是相对于严格按几何尺寸、绝对位置等绘制的机械图而言的。电气工程图中的系统图、电路图、接线图、平面布置图等都是简图。

3. 元器件和连接线是电气图描述的主要内容

一般电气装置主要由电气元器件和电气连接线构成，因此，无论是说明电气工作原理的电路原理图，表示供电关系的电气系统图，还是表明安装位置和接线关系的平面图和接线图等，都是以电气元器件和连接线作为描述的主要内容。也因为对元器件和连接线描述方法不同，构成了电气图的多样性。

连接线在电路图中通常有多线表示法、单线表示法和混合表示法。每根连接线或导线各用一条图线表示的方法，称为多线表示法；两根或两根以上的连接线只用一条图线表示的方法，称为单线表示法；在同一图中，单线和多线同时使用的表示方法称为混合表示法。

4. 电气元器件在电路图中的3种表示方法

电气元器件的表示方法有集中表示法、半集中表示法和分开表示法。

集中表示法是把一个元器件各组成部分的图形符号绘制在一起的方法。例如，可以把交流接触器的主触头和辅助触头、热继电器的热元器件和触点集中绘制在一起；分开表示法是把一个元器件的各组成部分分开布置。对同一个交流接触器，将驱动线圈、主触头、辅助触头、热继电器的热元器件、触点分别画在不同的电路中，用同一个符号KM或K将各部分联系起来。

半集中表示法是介于集中表示法和分开表示法之间的一种表示法。其特点是在图中把一个项目的某些部分的图形符号分开布置，并用机械连接线表示出项目中各部分的关系。其目的是得到清晰的电路布局。在这里，机械连接线可以是直线，也可以折弯、分支或交叉。

5. 表示连接线去向的两种方法

在接线图和某些电路图中，通常要求表示连接线的两端各引向何处。表示连接线去向一般有连续线表示法和中断线表示法两种。

表示两接线端子（或连接点）之间导线的线条是连续的，称为连续线表示法；表示两接线端子或连接点之间导线线条中断的方法，称为中断线表示法。

6. 功能布局法和位置布局法是电气工程图两种基本的布局方法

功能布局法是指电气图中元器件符号的布置，只考虑便于看出它们所表示的元器件之间功能关系而不考虑实际位置的一种布局方法。电气工程图中的系统图、电路原理图都是采用这种布局方法。例如，图4-1中，各元器件按供电顺序（电源→负载）排列，图4-2中，各元器件按动作原理排列，至于这些元件的实际位置怎样布置则不表示。这样的图就是按功能布局法绘制的图。

位置布局法是指电气图中元器件符号的布置对应于该元器件实际位置的布局方法。电气工程图中的接线图、平面图通常采用这种布局方法。例如，图4-3中，控制箱内各元器件基本上都是按元器件的实际相对位置布置和接线的。如图 4-4 所示的平面图中，配电箱、电动机及其连接导线都按实际位置布置。这样的图就是按位置布局法绘制的图。

7. 对能量流、信息流、逻辑流、功能流的不同描述方法，构成了电气图的多样性

在某一个电气系统或电气装置中，各种元器件、设备、装置之间，从不同角度、不同侧面去考察，存在着不同的关系，构成4种物理流。

能量流——电能的流向和传递。

信息流——信号的流向、传递和反馈。

逻辑流——表征相互间的逻辑关系。

功能流——表征相互间的功能关系。

物理流有的是实有的或有形的，如能量流、信息流等；有的则是抽象的，表示的是某种概念，如逻辑流、功能流等。

在电气技术领域内，往往需要从不同的目的出发，对上述 4 种物理流进行研究和描述，而作为描述这些物理流的工具之一——电气图，当然也需要采用不同的形式。这些不同的形式，从本质上揭示了各种电气图内在的特征和规律。工程上将电气图分成若干种类，从而构成了电气图的多样性。例如，描述能量流和信息流的电气图，有系统图、框图、电路图、接线图等；描述逻辑流的电气图有逻辑图等；描述功能流的有功能表图、程序图、电气系统说明书用图等。

4.2　电气工程 CAD 制图的规范

电气工程设计部门设计、绘制图样，施工单位按图样组织工程施工，所以图样必须有设计和施工等部门共同遵守的一定的格式和一些基本规定、要求。这些规定包括建筑电气工程图自身的规定和机械制图、建筑制图等方面的有关规定。

1. 图纸的格式与幅面尺寸

（1）图纸的格式。一张图纸的完整图面是由边框线、图框线、标题栏、会签栏组成的，其格式如图 4-5 所示。

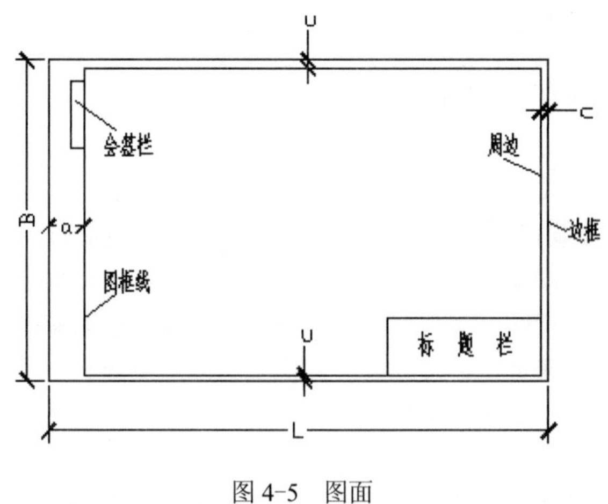

图 4-5　图面

（2）幅面尺寸。图纸的幅面就是由边框线所围成的图面。幅面尺寸共分 5 等：A0～A4，具体的尺寸要求见表 4-2。

表 4-2　基本幅面尺寸　（单位：mm）

幅 面 代 号	A0	A1	A2	A3	A4
宽×长（B×L）	841×1189	594×841	420×594	297×420	210×297
边宽（C）	10			5	
装订侧边宽	25				

2．标题栏

标题栏是指包括图样的名称、图号、张次、更改和有关人员签署等内容的栏目，位于图样的下方或右下方。图样中的说明、符号均应以标题栏的文字方向为准。

目前我国尚未统一规定的标题栏格式，各设计部门标题栏格式不一定相同。通常采用的标题栏格式应有以下内容：设计单位名称、工程名称、项目名称、图名、图别和图号等，图 4-6 所示是一种标题栏格式，可供读者借鉴。

<table>
<tr><td colspan="4" rowspan="2">设计单位名称</td><td>工程名称</td><td>设计号</td><td></td></tr>
<tr><td></td><td>图号</td><td></td></tr>
<tr><td>总工程师</td><td></td><td>主要设计人</td><td></td><td colspan="3" rowspan="3">项目名称</td></tr>
<tr><td>设计总工程师</td><td></td><td>技　　核</td><td></td></tr>
<tr><td>专业工程师</td><td>制图</td><td></td><td></td></tr>
<tr><td>组长</td><td></td><td>描　　图</td><td></td><td colspan="3" rowspan="2">图　　名</td></tr>
<tr><td>日期</td><td>比例</td><td></td><td></td></tr>
</table>

图 4-6　标题栏格式

3．图幅分区

如果电气图上的内容很多，尤其是一些幅面大、内容复杂的图，应进行分区，以便在读图或更改图的过程中，迅速找到相应的部分。

图幅分区的方法是等分图纸相互垂直的两边。分区的数目视图的复杂程度而定，但要求每边必须为偶数。每一分区的长度一般不小于 25mm，不大于 75mm。分区代号，竖直方向用大写英文字母从上到下编号，水平方向用阿拉伯数字从左往右编号，如图 4-7 所示。分区代号用字母和数字表示，字母在前，数字在后，如 B2、C3 等。

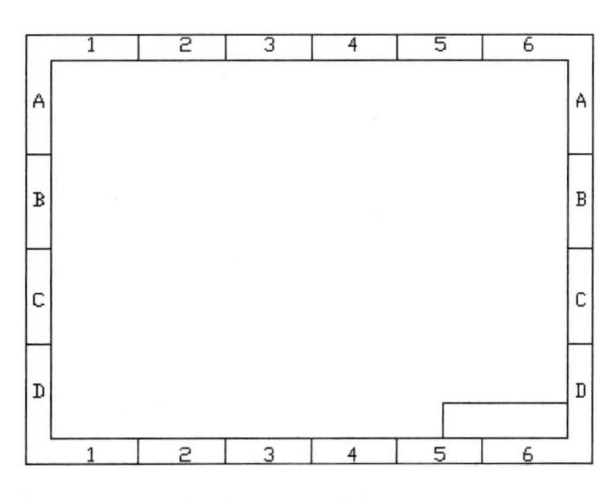

图 4-7　图幅分区

4．图线

图线是绘制电气图所用的各种线条的统称，常用的图线见表 4-3。

表 4-3　图线形式与应用

图线名称	图线形式	图线应用	图线名称	图线形式	图线应用
粗实线	▬▬▬▬▬	电气线路，一次线路	点画线	——·——·——	控制线，信号线，围框线
细实线	————————	二次线路，一般线路	点画线，双点画线	——·——·—— ——··——··——	辅助围框线
虚　线	— — — — — —	屏蔽线，机械连线	双点画线	——··——··——	辅助围框线，36V 以下线路

5．字体

电气图中的字体必须符合国家标准，一般汉字常用仿宋体、宋体，字母、数字用正体、罗马字体表示。字体的大小一般为 2.5~4.0mm，也可以根据不同的场合使用更大的字体，根据文字所代表的内容不同应用不同大小的字体。一般来说，电气元器件触点号最小，线号次之，元器件名称号最大。具体也要根据实际调整。

6．比例

由于图幅有限，而实际的设备尺寸大小不同，需要按照不同的比例绘制才能安置在图中。图形与实物尺寸的比值称为比例。大部分电气工程图是不按比例绘制的，某些位置图则按比例绘制或部分按比例绘制。

电气工程图采用的比例一般为 1∶10，1∶20，1∶50，1∶100，1∶200，1∶500。例如，图样比例为 1∶100，图样上某段线路长度为 15cm，则实际长度为 15cm×100=1500cm。

7．方位

一般来说，电气平面图按上北下南，左西右东来表示建筑物和设备的位置和朝向。但外电总平面图中用方位标记（指北针方向）来表示朝向。这是因为外电总平面图表现的图形不能总是刚好符合某规格的图纸幅面，需要旋转一个角度才行。

8．安装标高

在电气平面图中，电气设备和线路的安装高度是用标高来表示的，这与建筑制图类似。标高有绝对标高和相对标高两种表示方法。绝对标高是我国的一种高度表示方法，又称为海拔高度。相对标高是选定某一参考面为零点而确定的高度尺寸。建筑工程图上采用的相对标高，一般是选定建筑物室外地坪面为±0.00m，标注方法为根据这个高度标注出相对高度。

在电气平面图中，也可以选择每一层地坪面或楼面为参考面，电气设备和线路安装，敷设位置高度均以该层地坪面为基准，一般称为敷设标高。

9．定位轴线

电力、照明和电信平面布置图通常是在建筑物平面图上完成的。由于在建筑平面图中，建筑物都标有定位轴线，因此电气平面布置图也带有轴线。定位轴线编号的原则是：在水平方向采用阿拉伯数字，由左向右注写；在垂直方向采用英文字母（其中 I、O、Z 不用），由下往上注写，数字和字母分别用点画线引出。通过定位轴线可以帮助人们了解电气设备和其他设备的具体安装位置，也可以更方便地找到设备的位置，对修改、设计变更图样有利。

10．详图

电气设备中某些零部件、连接点等的结构、做法、安装工艺要求，有时需要单独放大，详细表示，这种图称为详图。

电气设备的某些部分的详图可以画在同一张图样上，也可画在另一张图样上。为了将它们联系起来，需要使用一个统一的标记。标注在总图某位置上的标记称详图索引标志；标注在详图位置上的标记称详图标志。

4.3　电气图形符号的构成和分类

按简图形式绘制的电气工程图中，元器件、设备、装置、线路及其安装方法等都是借用图形符号、文字符号和项目代号来表达的。分析电气工程图，首先要明了这些符号的形式、内容、含义以及它们之间的相互关系。

4.3.1　电气图形符号的构成

电气图形符号包括一般符号、符号要素、限定符号和方框符号。

1. 一般符号

一般符号是用来表示一类产品或此类产品特征的简单符号，如电阻、开关、电容等。

2. 符号要素

符号要素是一种具有确定意义的简单图形，必须同其他图形组合构成一个设备或概念的完整符号。例如，真空二极管由外壳、阴极、阳极和灯丝 4 个符号要素组成。符号要素一般不能单独使用，只有按照一定方式组合起来才能构成完整的符号。符号要素的不同组合可以构成不同的符号。

3. 限定符号

一种用以提供附加信息的加在其他符号上的符号，称为限定符号。限定符号一般不代表独立的设备、元器件，仅用来说明某些特征、功能和作用等。当一般符号加上不同的限定符号时，可得到不同的专用符号。例如，在开关的一般符号上加不同的限定符号可分别得到隔离开关、断路器、接触器、按钮开关、转换开关。

限定符号通常不能单独使用，但一般符号有时也可用作限定符号，如电容器的一般符号加到传声器符号上，即可构成电容式传声器的符号。

4. 方框符号

用以表示元器件、设备等的组合及其功能，既不给出元器件、设备的细节，也不考虑所有连接的一种简单的图形符号。

方框符号在框图中使用最多。电路图中的外购件、不可修理件也可用方框符号表示。

4.3.2　电气图形符号的分类

新的《电气简图用图形符号　第 1 部分：一般要求》国家标准代号为 GB/T4728.1—2005，采用国际电工委员会（IEC）标准，在国际上具有通用性，有利于对外技术交流。GB/T4728.1—2005 电气图用图形符号共分 13 部分。

1. 总则

包括有该标准内容提要、名词术语、符号的绘制、编号使用及其他规定。

2. 符号要素、限定符号和其他常用符号

内容包括轮廓和外壳、电流和电压的种类、可变性、力或运动的方向、流动方向、材料的类型、效应或相关性、辐射、信号波形、机械控制、操作件和操作方法、非电量控制、接地、接机壳和等电位、理想电路元件等。

3. 导体和连接件

内容包括电线、屏蔽或绞合导线、同轴电缆、端子与导线连接、插头和插座、电缆终端头等。

4. 基本无源元器件

内容包括电阻器、电容器、电感器、铁氧体磁心、压电晶体等。

5. 半导体管和电子管

如二极管、晶体管、晶闸管、电子管等。

6. 电能的发生与转换

内容包括绕组、发电机、变压器等。

7. 开关、控制和保护器件

内容包括触点、开关、开关装置、控制装置、起动器、继电器、接触器和保护器件等。

8. 测量仪表、灯和信号器件

内容包括指示仪表、记录仪表、热电偶、遥测装置、传感器、灯、电铃、蜂鸣器、喇叭等。

9. 电信：交换和外围设备

内容包括交换系统、选择器、电话机、电报和数据处理设备、传真机等。

10. 电信：传输

内容包括通信电路、天线、波导管器件、信号发生器、激光器、调制器、解调器、光纤传输线路等。

11. 建筑安装平面布置图

内容包括发电站、变电所、网络、音响和电视的分配系统、建筑用设备、露天设备。

12. 二进制逻辑元件

内容包括计数器、存储器等。

13. 模拟元器件

内容包括放大器、函数器、电子开关等。

4.4 电机电气原理图

制作思路

电机电气原理图是典型电气原理图图样，绘制过程包含了典型电路图操作步骤，从绘制元件开始，之后绘制线路，最后添加文字。绘制时要大量运用复制命令，以便绘制重复的元件。

4.4.1 绘制左部支路

绘制步骤如下。

（1）单击“绘图”面板中的“直线”命令按钮，绘制长度为2的直线，如图4-8所示。

（2）单击“绘图”面板中的“矩形”命令按钮，绘制尺寸为 2×1 的矩形表示电阻，

如图4-9所示。

图4-8　绘制长度为2的直线　　　　图4-9　绘制电阻

（3）单击“修改”面板中的“复制”命令按钮，选择矩形和直线进行复制，如图4-10所示。

（4）单击“绘图”面板中的“直线”命令按钮，绘制长度为1的斜线数个表示开关，如图4-11　所示。

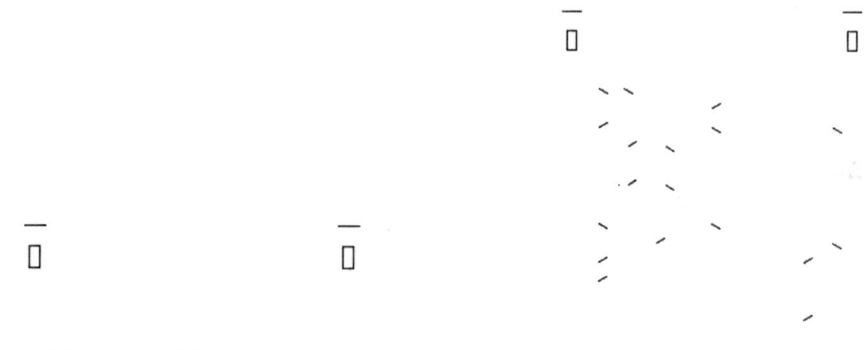

图4-10　复制矩形和直线　　　　图4-11　绘制开关

（5）单击“修改”面板中的“复制”命令按钮，复制电阻，如图4-12所示。

（6）单击“绘图”面板中的“矩形”命令按钮，绘制尺寸为1×3的矩形表示电阻，如图4-13所示。

图4-12　复制电阻　　　　图4-13　绘制尺寸为1×3的电阻

（7）单击“绘图”面板中的“圆”命令按钮，绘制两个半径为0.3的圆，如图4-14所示。

（8）单击“修改”面板中的“复制”命令按钮，选择矩形和圆进行复制，如图4-15所示。

（9）单击“绘图”面板中的“圆”命令按钮，绘制4个半径为0.6的圆，如图4-16所示。

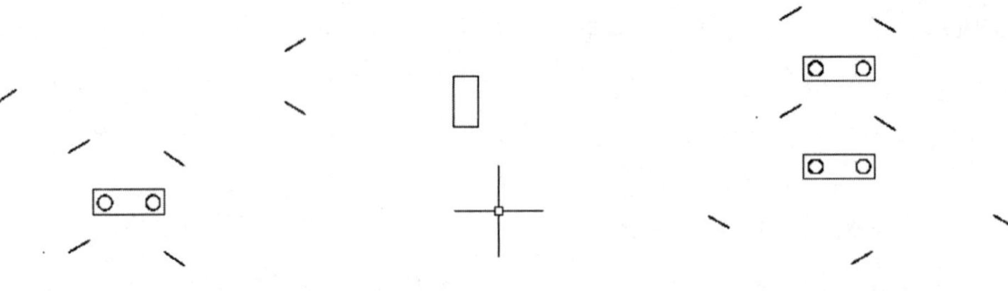

图 4-14　绘制半径为 0.3 的圆　　　　图 4-15　复制矩形和圆

（10）单击“注释”面板中的“多行文字”命令按钮，绘制如图 4-17 所示的文字“1”～“4”。

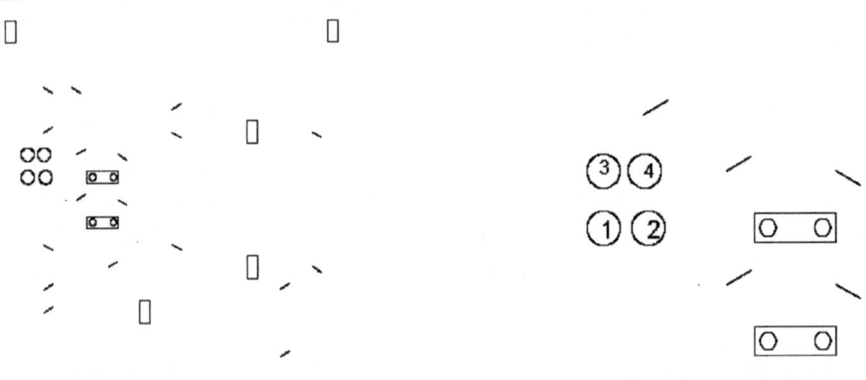

图 4-16　绘制半径为 0.6 的圆　　　　图 4-17　添加文字“1”～“4”

（11）单击“绘图”面板中的“圆”命令按钮，绘制半径为 1 的圆，如图 4-18 所示。

（12）单击“注释”面板中的“多行文字”命令按钮，绘制如图 4-19 所示的文字“M”。

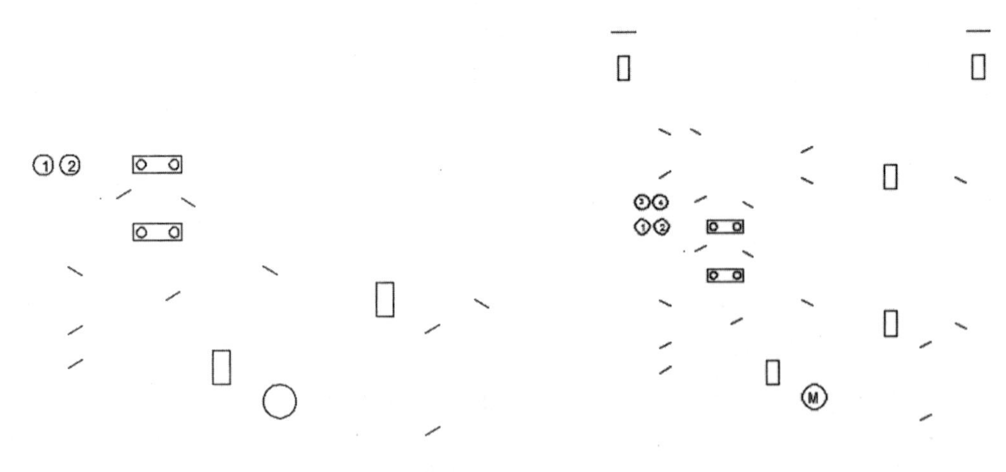

图 4-18　绘制半径为 1 的圆　　　　图 4-19　添加文字“M”

（13）单击“绘图”面板中的“直线”命令按钮，绘制如图 4-20 所示的线路，完成左部支路的绘制。

4.4.2　绘制右部支路

绘制步骤如下。

（1）单击“绘图”面板中的“直线”命令按钮，绘制如图 4-21 所示的线路。

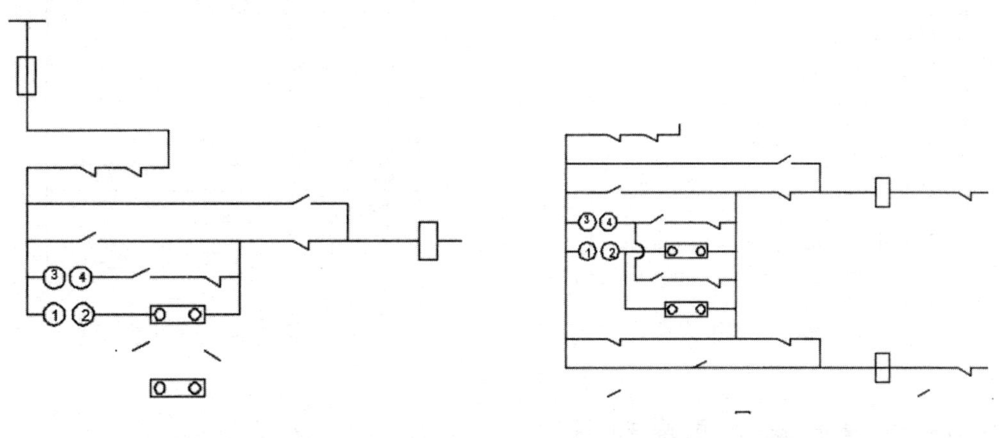

图 4-20　绘制左部支路的线路　　　　图 4-21　绘制右部支路的线路

（2）单击“绘图”面板中的“直线”命令按钮，绘制如图 4-22 所示线路，完成右部支路的绘制。

（3）单击“注释”面板中的“多行文字”命令按钮，绘制如图 4-23 所示的电路上部文字。

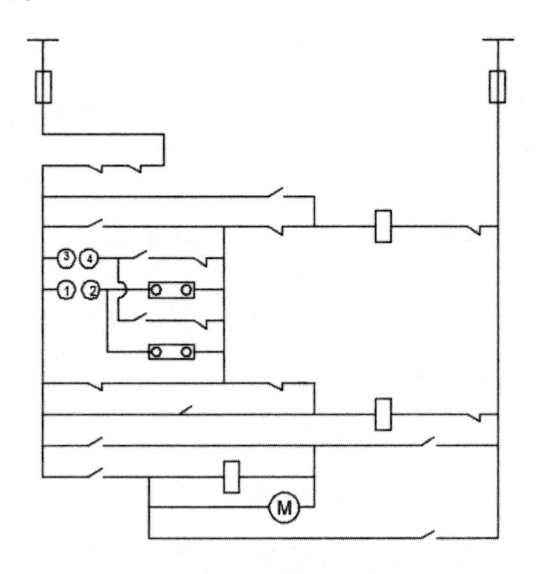

图 4-22　完成绘制的右部支路

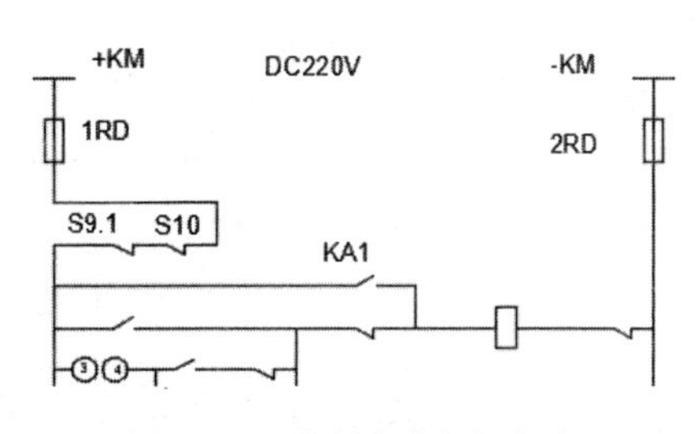

图 4-23　绘制电路上部文字

（4）单击“注释”面板中的“多行文字”命令按钮，绘制如图 4-24 所示的电路下部文字。

（5）至此完成电机支路图样的绘制，如图 4-25 所示。

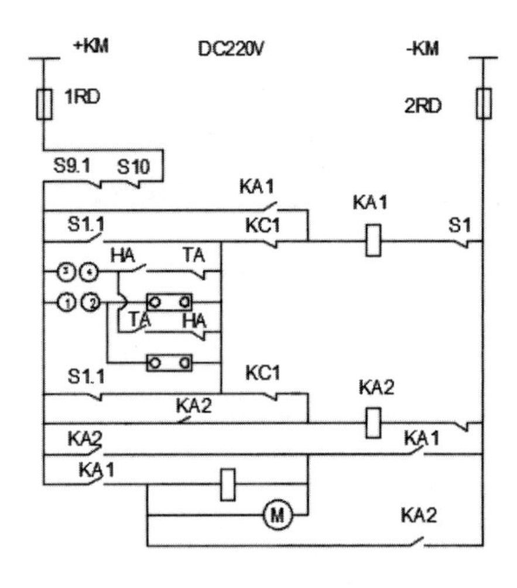

图 4-24　绘制电路下部文字

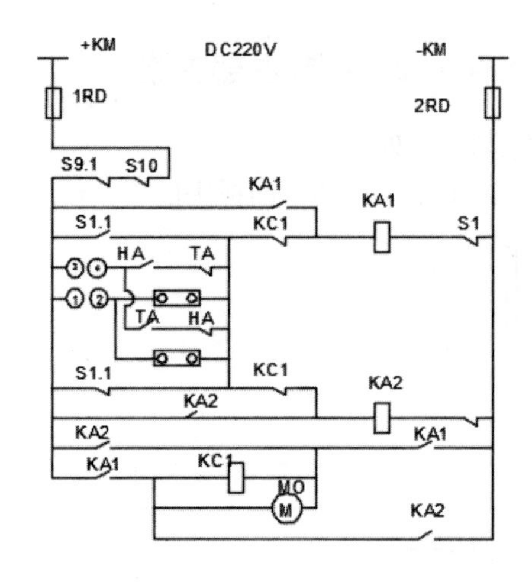

图 4-25　完成电机电路图样

4.5　继电器电气原理图

制作思路

继电器是控制电路，具有二极管、晶体管、电阻等多种元件，晶体管又会分出多个支路。本节绘制继电器电气原理图，首先从电路元件绘制开始，之后绘制线路，相同的元件进行复制，最后添加文字。

绘制步骤如下。

4.5.1　绘制左部支路

绘制步骤如下。

（1）单击“绘图”面板中的“直线”命令按钮，绘制如图 4-26 所示的电阻。

（2）单击“注释”面板中的“多行文字”命令按钮，绘制如图 4-27 所示的文字“R2”。

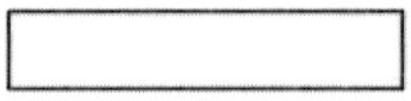

图 4-26　绘制电阻

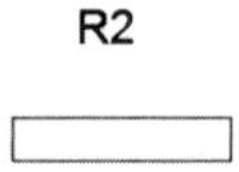

R2

图 4-27　添加文字“R2”

（3）单击“绘图”面板中的“直线”命令按钮，绘制如图 4-28 所示的三角形。

（4）单击“绘图”面板中的“样条曲线拟合”命令按钮，绘制如图 4-29 所示曲线。

图 4-28　绘制三角

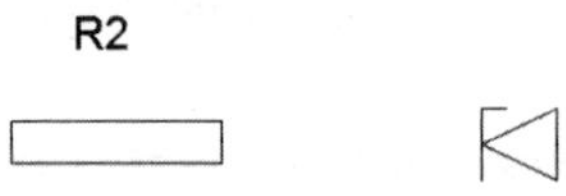

R2

图 4-29　绘制曲线

（5）单击“修改”面板中的“复制”按钮，选择三角形，完成元件复制，如图 4-30 所示。

（6）单击“修改”面板中的“旋转”命令按钮，选择三角形，完成旋转，如图 4-31 所示。

图 4-30　复制三角形 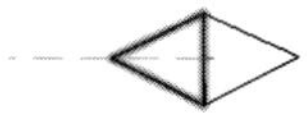　　　　图 4-31　旋转三角形

（7）单击“绘图”面板中的“直线”命令按钮，绘制长度为 2 的垂线，如图 4-32 所示。

（8）单击“修改”面板中的“复制”命令按钮，复制垂线，如图 4-33 所示。

图 4-32　绘制垂线 　　　　图 4-33　复制垂线

（9）单击“注释”面板中的“多行文字”命令按钮，绘制如图 4-34 所示的文字“Z”和“D2”。

（10）单击“绘图”面板中的“直线”命令按钮，绘制如图 4-35 所示的二极管。

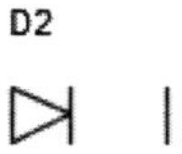

D2

图 4-34　添加文字“Z 和 D2”

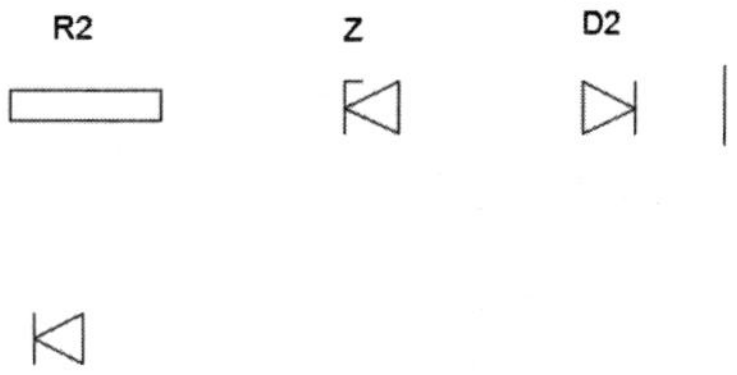

R2　Z　D2

图 4-35　绘制二极管

（11）单击“注释”面板中的“多行文字”命令按钮，绘制如图 4-36 所示的文字“D1”。

（12）单击“绘图”面板中的“直线”命令按钮，绘制长为 2 的直线表示电容，如图 4-37 所示。

图 4-36　添加文字“D1”　　　　图 4-37　绘制电容

（13）单击“注释”面板中的“多行文字”命令按钮，绘制如图 4-38 所示的文字“C1”和“C”。

（14）单击“修改”面板中的“复制”命令按钮，选择电阻进行复制，如图 4-39 所示。

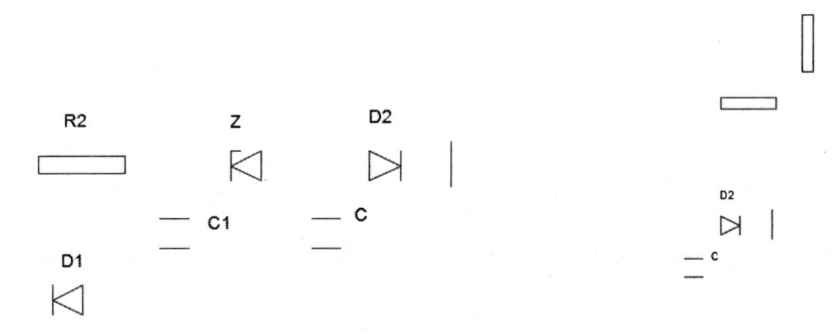

图 4-38　添加文字“C1 和 C”　　图 4-39　复制电阻

（15）单击“绘图”面板中的“直线”命令按钮，绘制如图 4-40 所示的晶体管。

（16）单击“默认”选项卡“绘图”工具栏中的“图案填充”按钮，填充三角形，如图 4-41 所示。

图 4-40　绘制晶体管　　图 4-41　填充三角形

（17）单击“修改”面板中的“复制”命令按钮，复制二极管，如图 4-42 所示。

（18）单击“绘图”面板中的“椭圆”命令按钮，绘制如图 4-43 所示的椭圆。

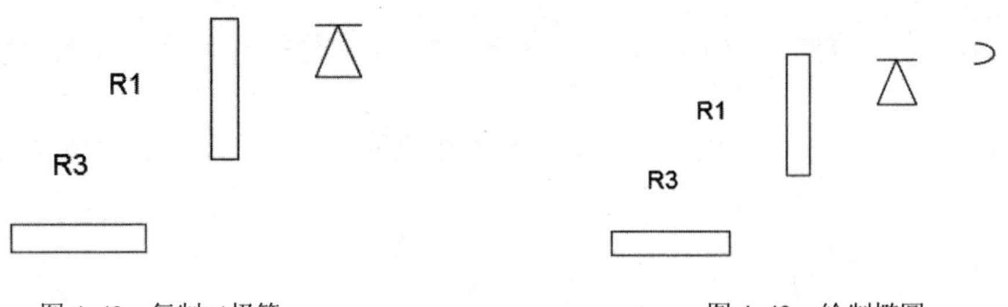

图 4-42　复制二极管　　图 4-43　绘制椭圆

（19）单击“修改”面板中的“矩形阵列”命令按钮，阵列椭圆，如图 4-44 所示。

（20）单击“修改”面板中的“修剪”命令按钮，快速修剪图形，完成变阻器，如图 4-45 所示。

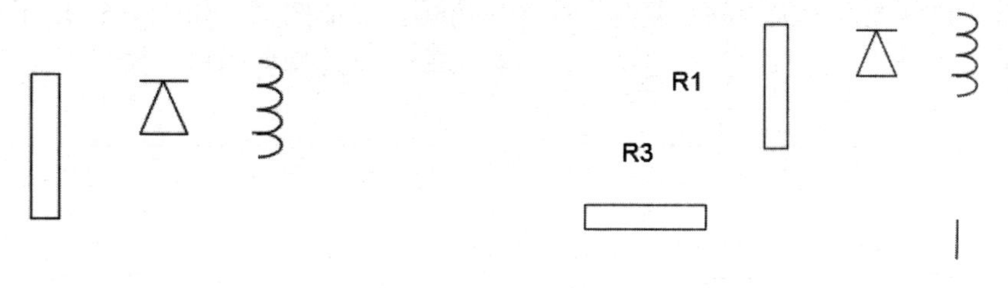

图 4-44　阵列椭圆　　　　图 4-45　修剪变阻器

（21）单击“默认”选项卡“修改”工具栏中的“复制”按钮，复制晶体管，如图 4-46 所示。

（22）单击“默认”选项卡“绘图”工具栏中的“直线”按钮，完成绘制如图 4-47 所示的左部支路。

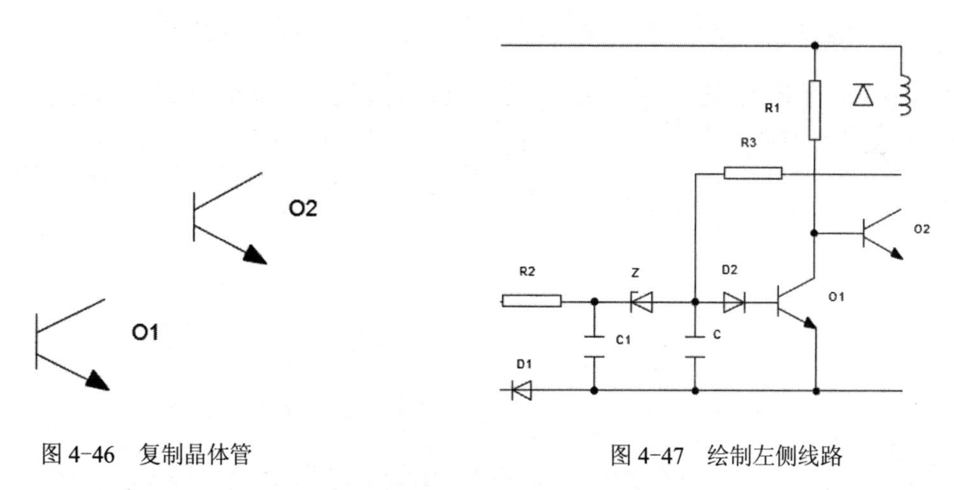

图 4-46　复制晶体管　　　　图 4-47　绘制左侧线路

4.5.2　绘制右部支路

绘制步骤如下。

（1）单击“绘图”面板中的“直线”命令按钮，绘制如图 4-48 所示上边的线路。

（2）单击“绘图”面板中的“直线”命令按钮，绘制如图 4-49 所示的右侧线路。

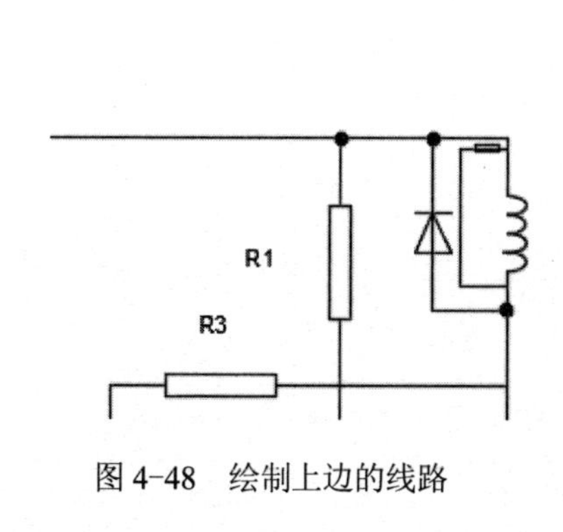

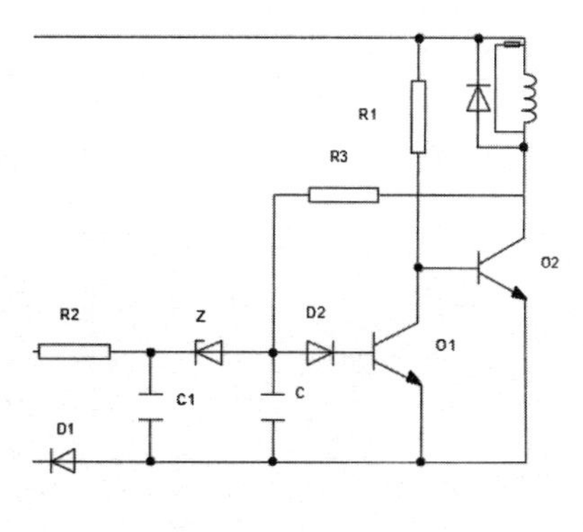

图 4-48　绘制上边的线路　　　　图 4-49　绘制右侧线路

（3）单击“修改”面板中的“复制”命令按钮，复制圆形，如图 4-50 所示。

（4）单击“修改”面板中的“修剪”命令按钮，快速修剪图形，如图 4-51 所示。

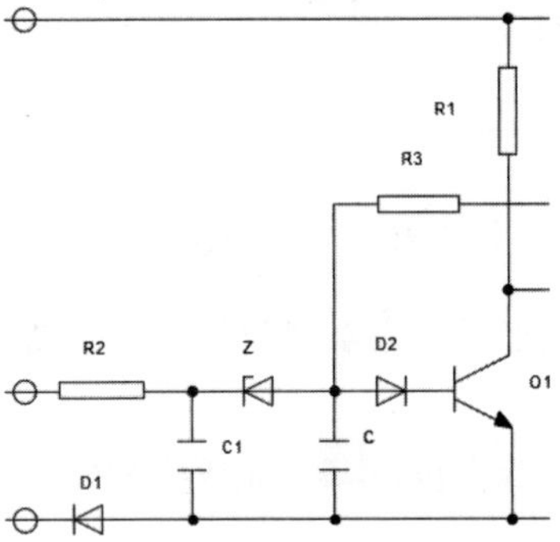

图 4-50　复制圆形

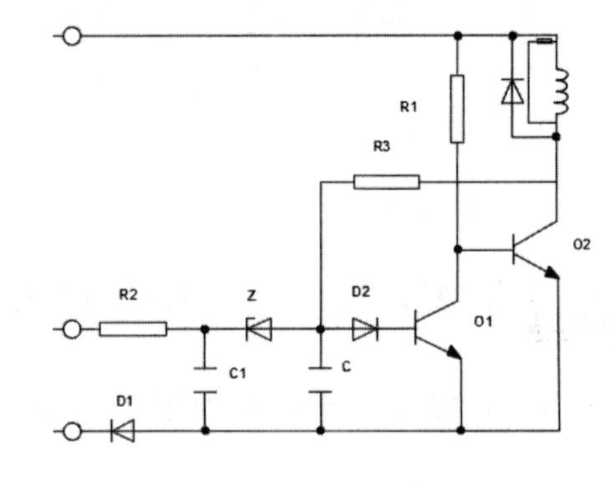

图 4-51　修剪图形

（5）单击“绘图”面板中的“圆”命令按钮，绘制半径为 0.3 的圆，并进行填充，完成如图 4-52 所示的节点绘制。

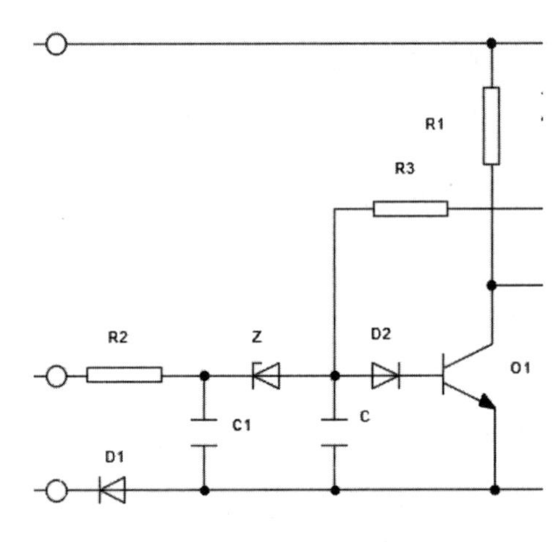

图 4-52　绘制节点并填充

（6）单击“绘图”面板中的“圆”按钮，绘制半径为 0.8 的圆，如图 4-53 所示。

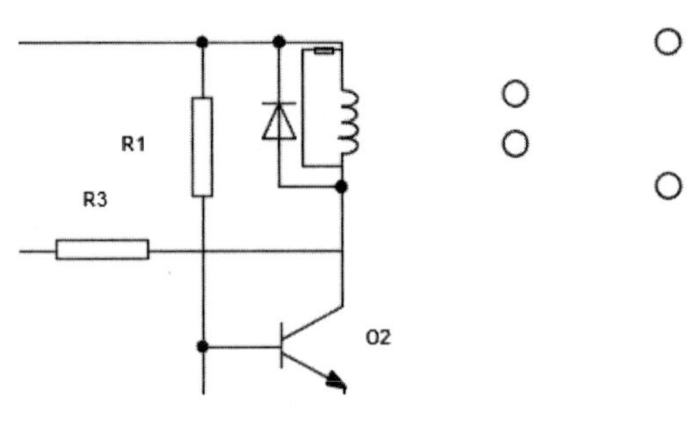

图 4-53　绘制半径为 0.8 的圆

（7）单击“绘图”面板中的“直线”命令按钮，绘制如图4-54所示的支路线路。

（8）选择虚线图层。单击“绘图”面板中的“矩形”命令按钮，绘制长度为65×49的矩形，如图4-55所示。

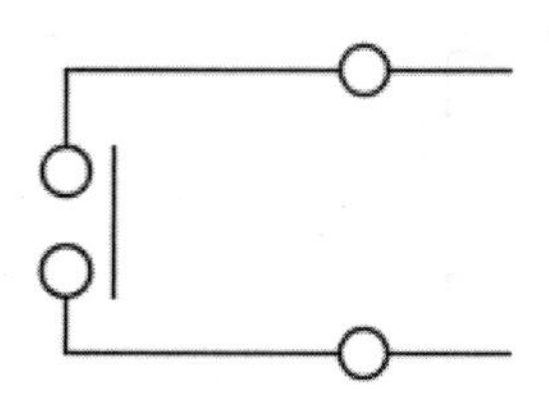

图4-54　绘制支路线路

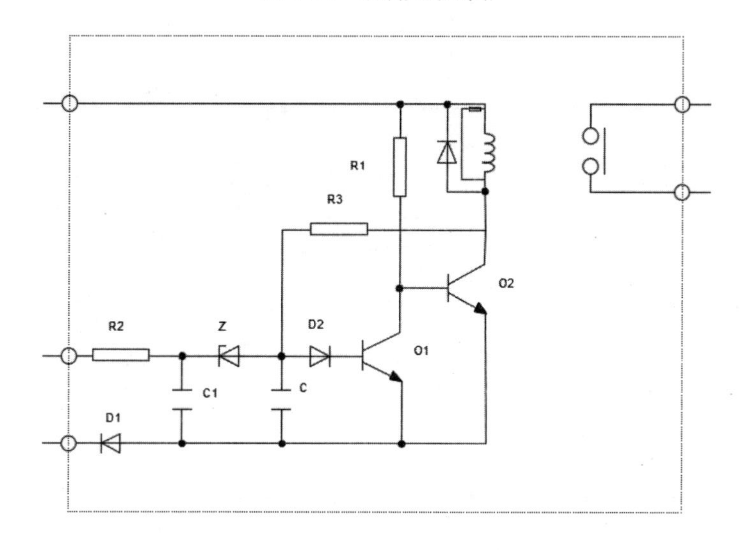

图4-55　绘制矩形

（9）单击“修改”面板中的“修剪”命令按钮，快速修剪图形，如图4-56所示。

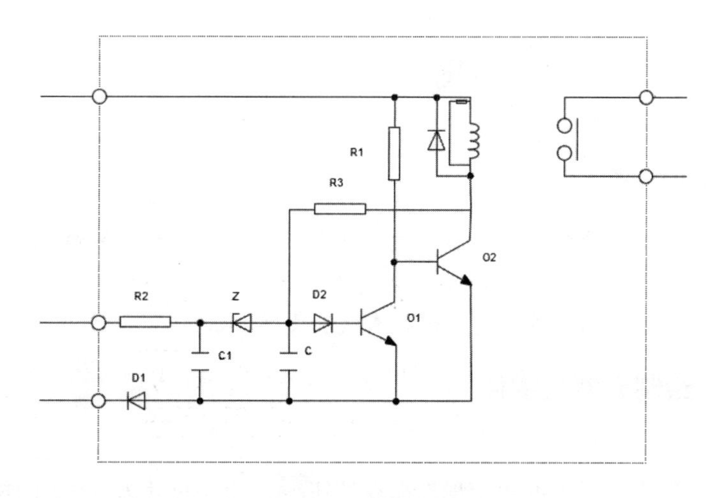

图4-56　修剪图形

（10）单击“注释”面板中的“多行文字”命令按钮A，绘制如图 4-57 所示的支路中的文字。至此继电器电气原理图绘制完成，如图 4-58 所示。

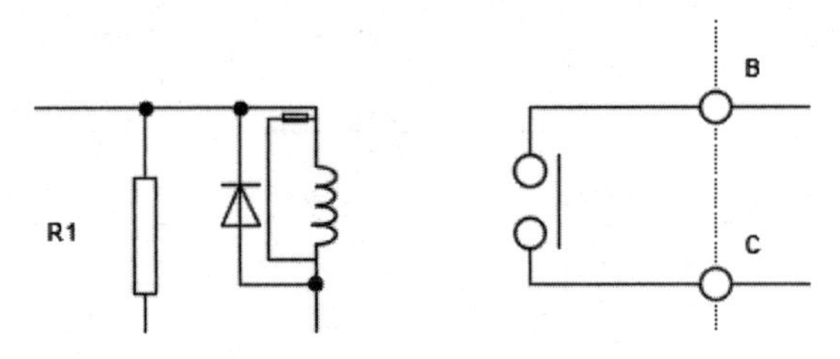

图 4-57 添加支路文字

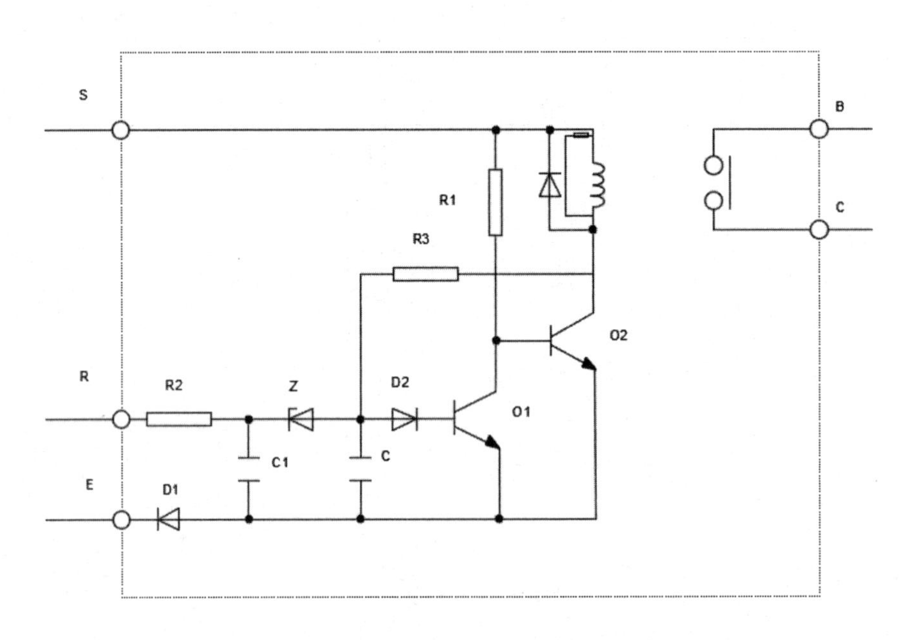

图 4-58 完成继电器电气原理图

4.6 电力盒电气接线图

制作思路

电力盒电气接线图是根据电气设备和电器元件的实际位置和安装情况绘制的，主要用于安装接线、线路的检查维修和故障处理。电气接线图由多种元件组成，首先要绘制不同的元件，之后绘制元件盒外部的元件，最后进行布线和文字添加。

4.6.1 绘制元件盒零件

绘制步骤如下。

（1）单击“绘图”面板中的“矩形”命令按钮，绘制尺寸为 4×2 的矩形，如图 4-59 所示。

（2）单击“绘图”面板中的“矩形”命令按钮，绘制尺寸为 35×61 的矩形，如图 4-60 所示。

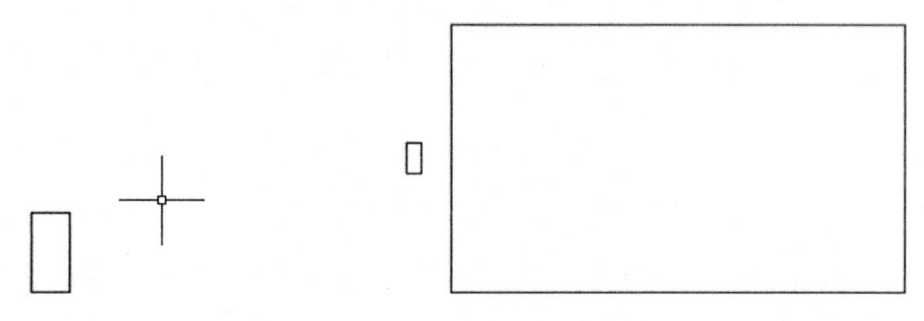

图 4-59　绘制尺寸为 4×2 的矩形　　　图 4-60　绘制尺寸为 35×61 的矩形

（3）单击“修改”面板中的“圆角”命令按钮，绘制半径为 5 的圆角，如图 4-61 所示。

（4）单击“绘图”面板中的“矩形”命令按钮，绘制上部的矩形，如图 4-62 所示。

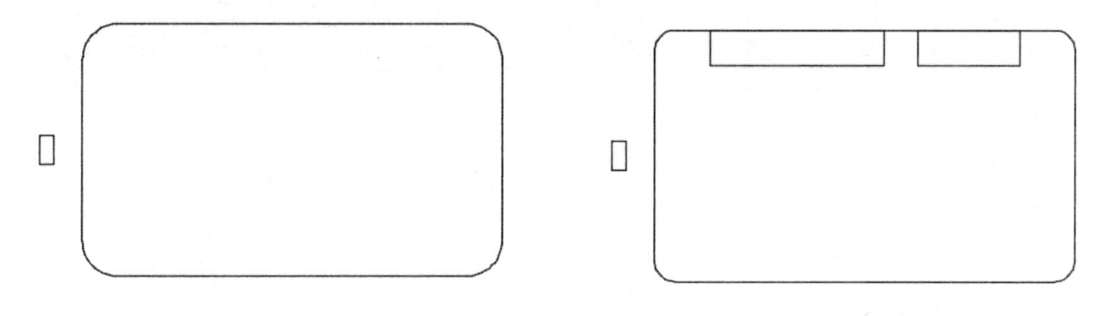

图 4-61　绘制圆角　　　图 4-62　绘制上部的矩形

（5）单击“绘图”面板中的“圆”命令按钮，绘制如图 4-63 所示的圆。

（6）单击“修改”面板中的“矩形阵列”命令按钮，完成如图 4-64 所示的阵列图形。

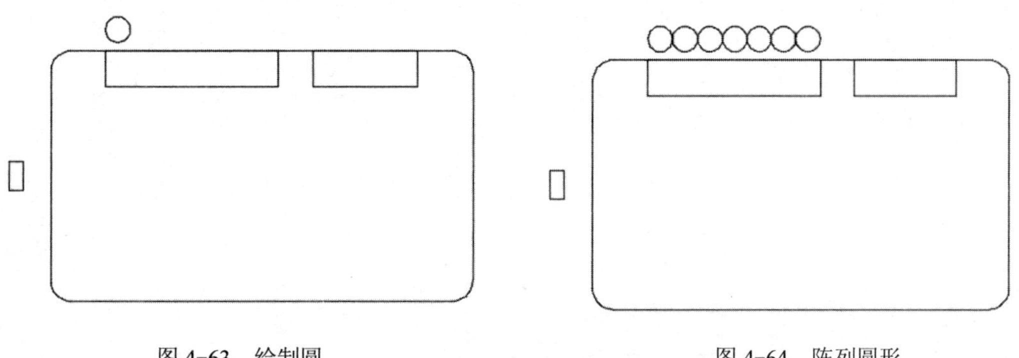

图 4-63　绘制圆　　　图 4-64　阵列圆形

（7）单击“修改”面板中的“复制”命令按钮，复制 3 个圆形，如图 4-65 所示。

（8）单击“绘图”面板中的“圆”命令按钮，绘制如图 4-66 所示的矩形内的圆。

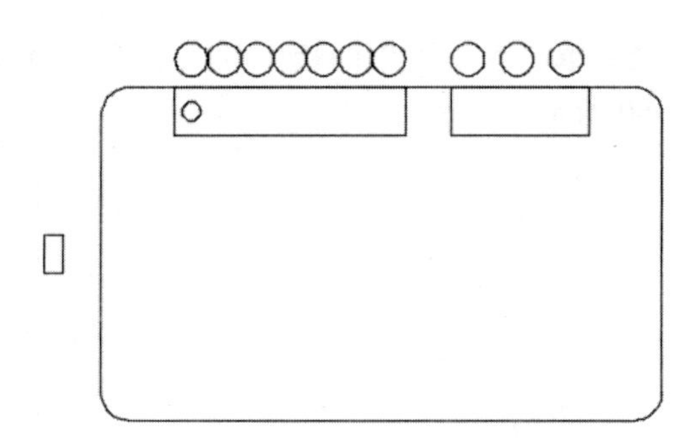

图 4-65　复制 3 个圆形　　　图 4-66　绘制矩形内的圆

（9）单击“修改”面板中的“矩形阵列”命令按钮，完成矩形内的圆形阵列，如图 4-67 所示。

（10）单击“修改”面板中的“复制”命令按钮，复制矩形内的 3 个圆形，如图 4-68 所示。

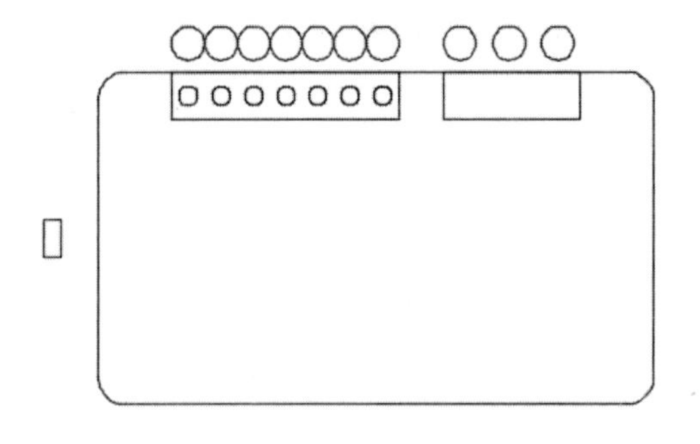

图 4-67　阵列圆形　　　图 4-68　复制矩形内的 3 个圆形

（11）单击“绘图”面板中的“直线”命令按钮，绘制如图 4-69 所示的斜线。

（12）单击“修改”面板中的“复制”命令按钮，复制斜线，如图 4-70 所示。

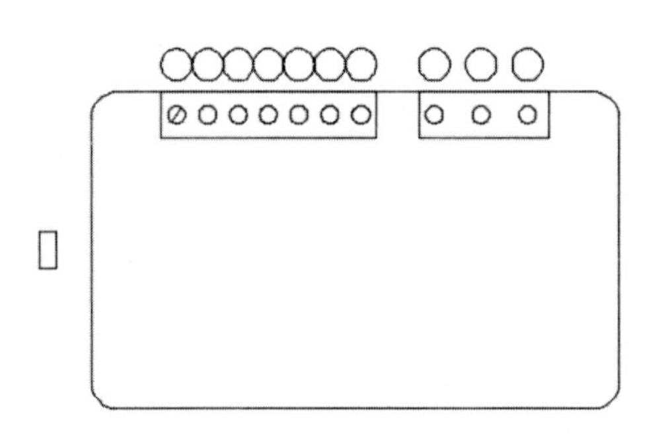

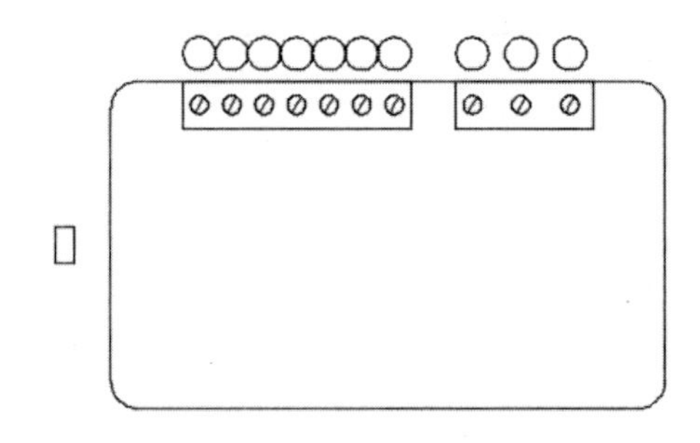

图 4-69　绘制斜线　　　图 4-70　复制斜线

（13）单击“修改”面板中的“复制”命令按钮，复制圆形和矩形，如图 4-71 所示。

（14）单击“绘图”面板中的“矩形”命令按钮，绘制尺寸为 7.5×14 的矩形，如图 4-72 所示。

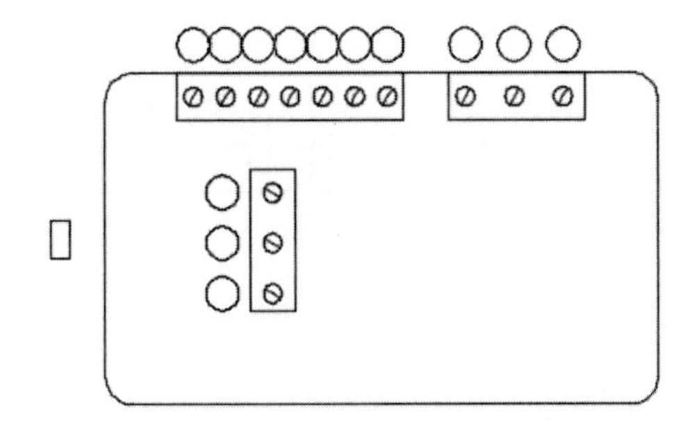

图 4-71 复制圆形和矩形

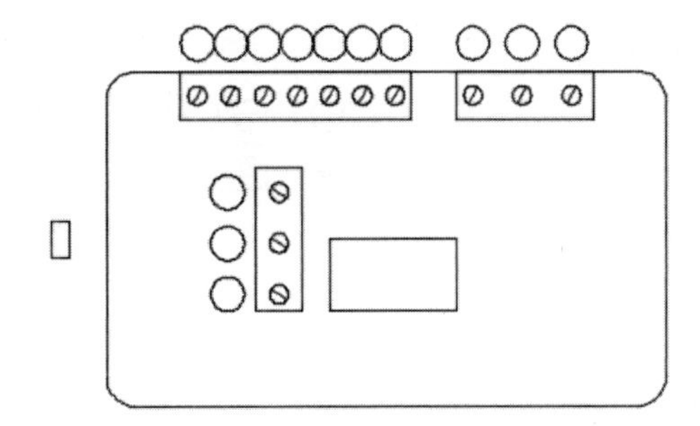

图 4-72 绘制 7.5×14 的矩形

（15）单击“绘图”面板中的“直线”命令按钮，绘制如图 4-73 所示的矩形内线段。

（16）单击“绘图”面板中的“圆”命令按钮，绘制半径为 1.5 的圆，如图 4-74 所示。

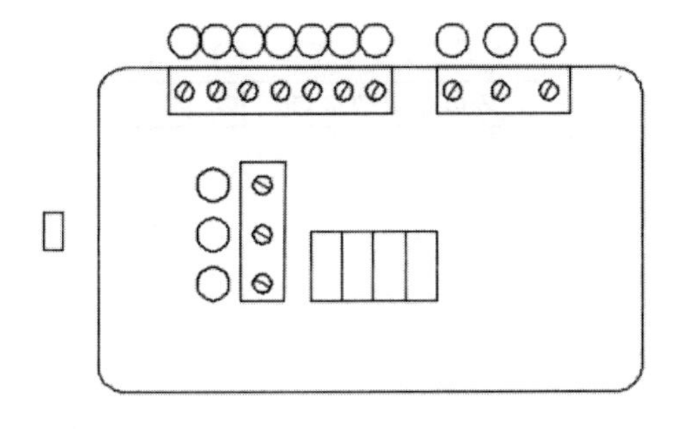

图 4-73 绘制矩形内线段

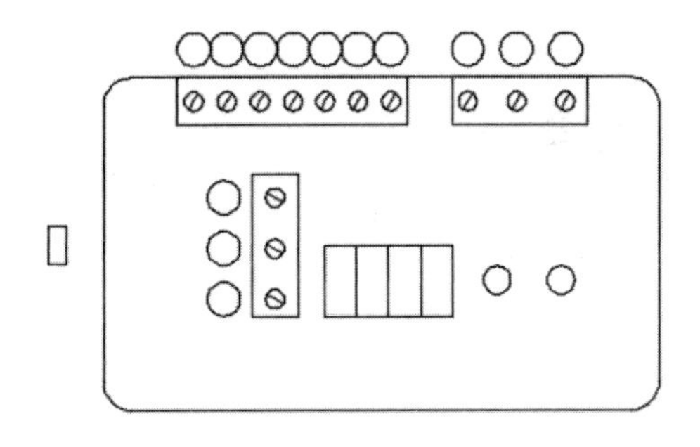

图 4-74 绘制半径为 1.5 的圆

（17）单击“绘图”面板中的“矩形”命令按钮，绘制尺寸为 5×12 和 5×13 的两个矩形，如图 4-75 所示。

（18）单击“绘图”面板中的“矩形”命令按钮，绘制尺寸为 1×10 的矩形，如图 4-76 所示。

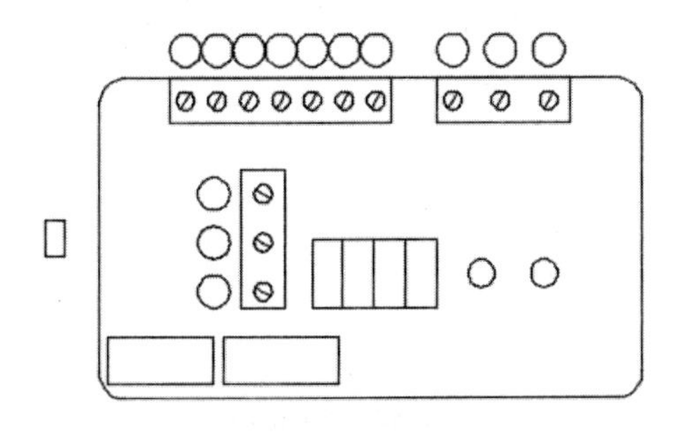

图 4-75 绘制两个矩形

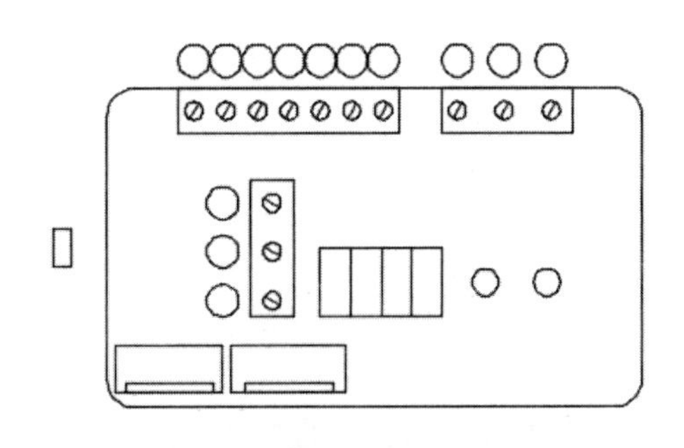

图 4-76 绘制尺寸为 1×10 的矩形

（19）单击“绘图”面板中的“圆”命令按钮，绘制如图 4-77 所示的矩形内小圆。

（20）单击“修改”面板中的“矩形阵列”命令按钮，选择圆形，完成如图 4-78 所示

的阵列。

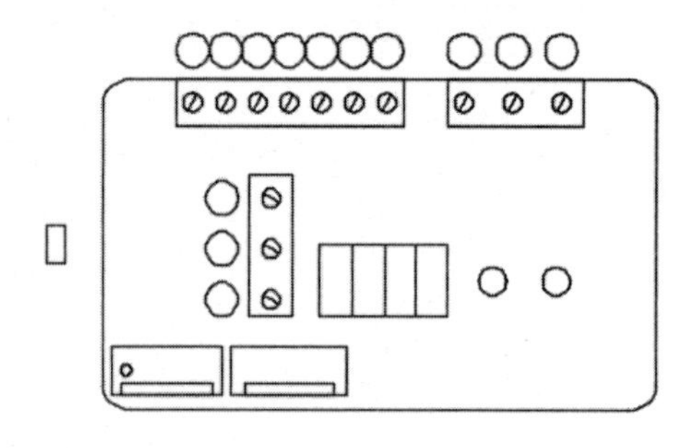

图 4-77 绘制矩形内小圆

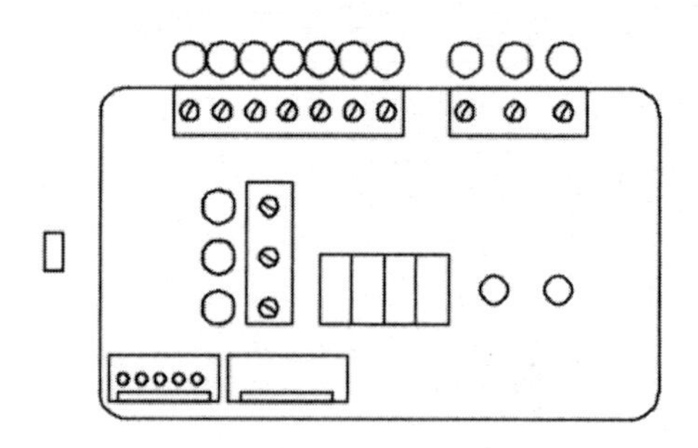

图 4-78 阵列圆形

（21）单击“绘图”面板中的“圆”命令按钮，绘制如图 4-79 所示的矩形内小圆。

（22）单击“修改”面板中的“矩形阵列”命令按钮，选择圆形，完成如图 4-80 所示的阵列。

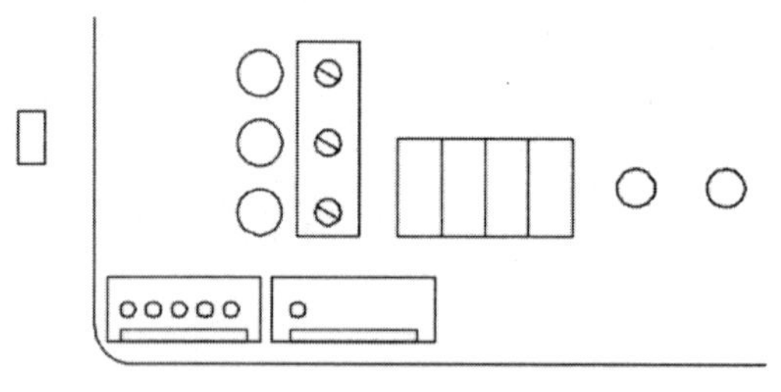

图 4-79 绘制矩形内小圆

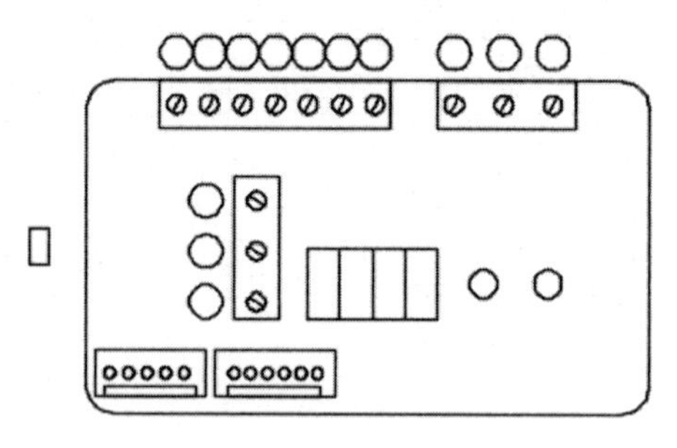

图 4-80 阵列圆形

（23）单击“绘图”面板中的“矩形”命令按钮，绘制尺寸为 7×18 的矩形，如图 4-81 所示。

（24）单击“修改”面板中的“复制”命令按钮，复制圆形，如图 4-82 所示。

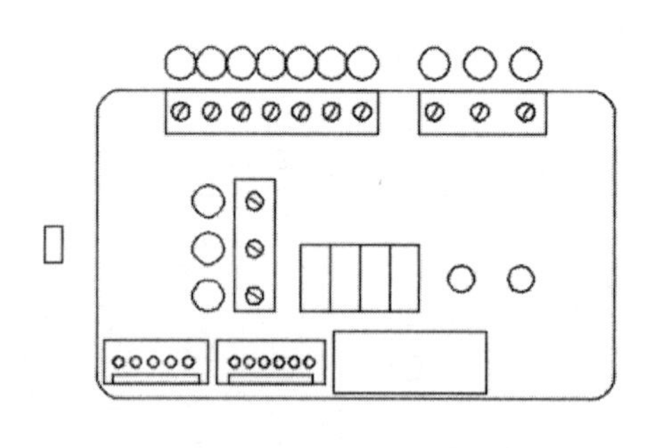

图 4-81 绘制尺寸为 7×18 的矩形

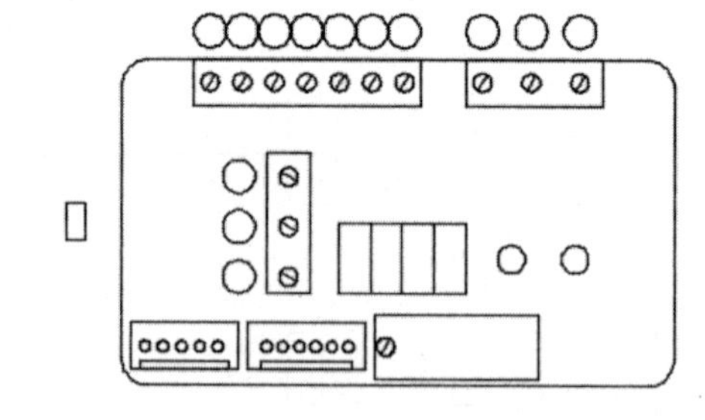

图 4-82 复制圆形

（25）单击“修改”面板中的“矩形阵列”命令按钮，选择圆形，完成如图 4-83 所示的阵列。至此完成元件盒零件绘制。

4.6.2　绘制下部元件

绘制步骤如下。

（1）单击“修改”面板中的“复制”命令按钮，选择元件盒外的圆形，进行复制，如图4-84所示。

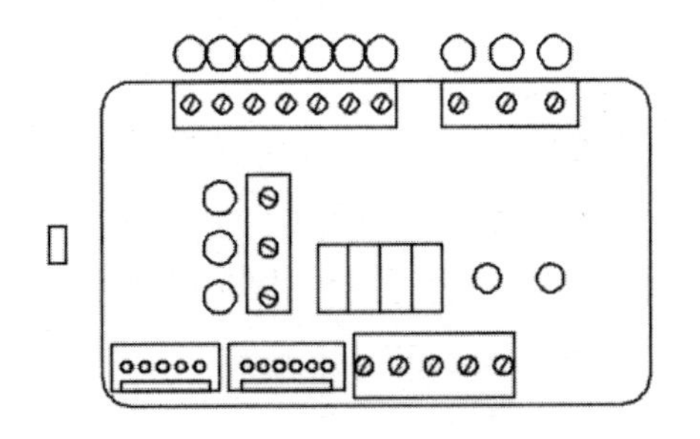

图4-83　阵列圆形

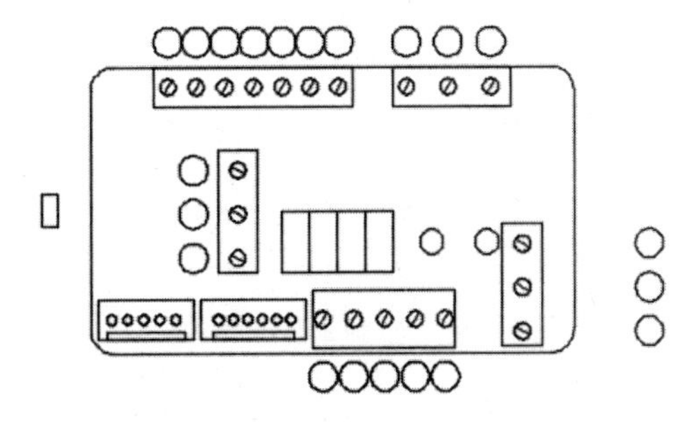

图4-84　复制元件盒外的圆形

（2）单击“注释”面板中的“多行文字”命令按钮，绘制如图4-85所示的顶部数字。

（3）单击“注释”面板中的“多行文字”命令按钮，绘制如图4-86所示的底部数字。

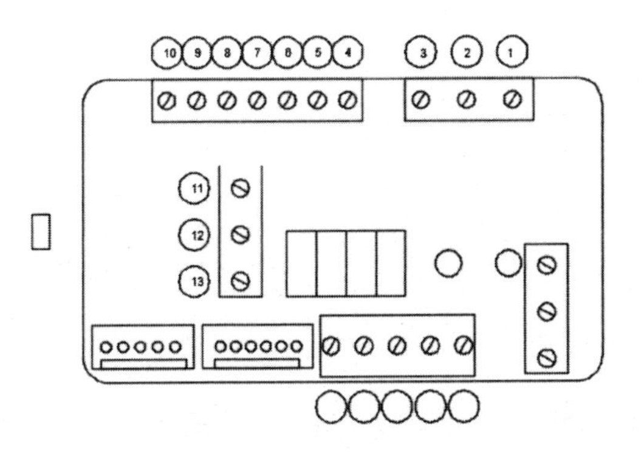

图4-85　添加顶部数字

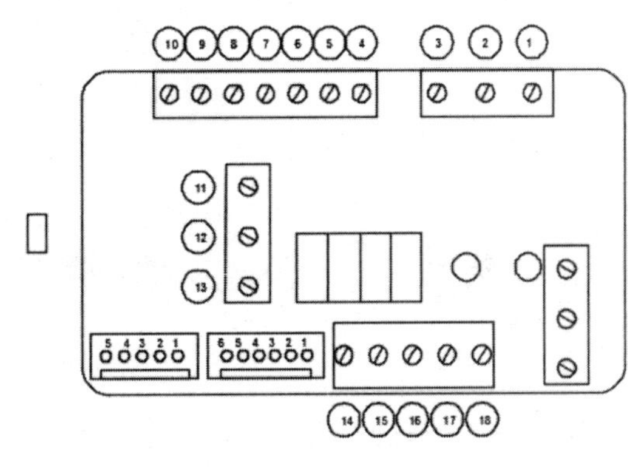

图4-86　添加底部数字

（4）单击“注释”面板中的“多行文字”命令按钮，绘制如图4-87所示的矩形内的文字。

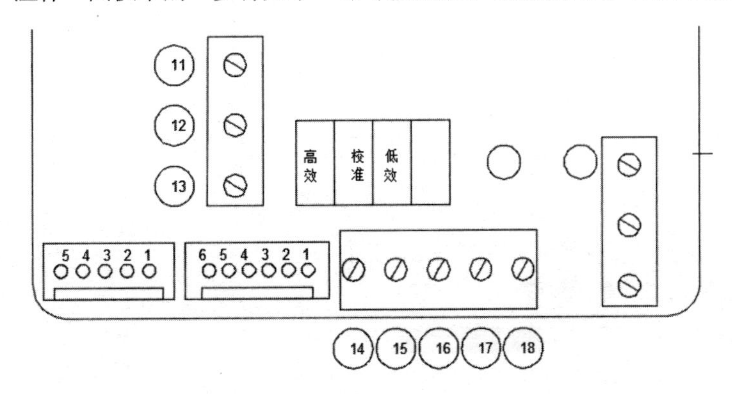

图4-87　添加矩形内的文字

（5）单击“绘图”面板中的“矩形”命令按钮，绘制如图 4-88 所示的 4 个矩形。

（6）单击“绘图”面板中的“图案填充”命令按钮，完成如图 4-89 所示的矩形填充。

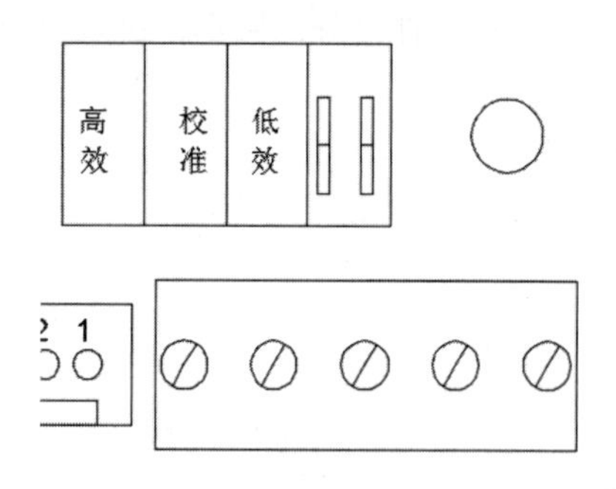

图 4-88　绘制 4 个矩形

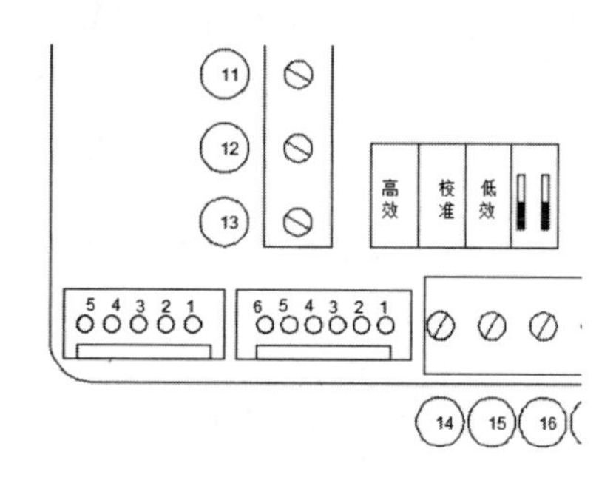

图 4-89　矩形填充

（7）单击“修改”面板中的“复制”命令按钮，复制圆形，并单击“修改”面板中的“缩放”命令按钮，放大圆形，如图 4-90 所示。

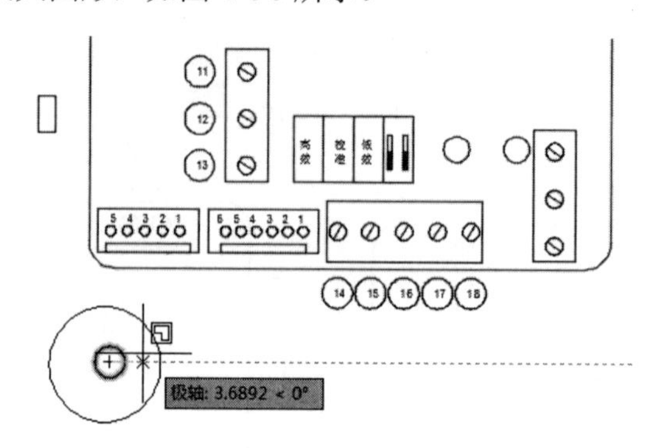

图 4-90　复制放大圆形

（8）单击“修改”面板中的“移动”命令按钮，移动圆形，如图 4-91 所示。

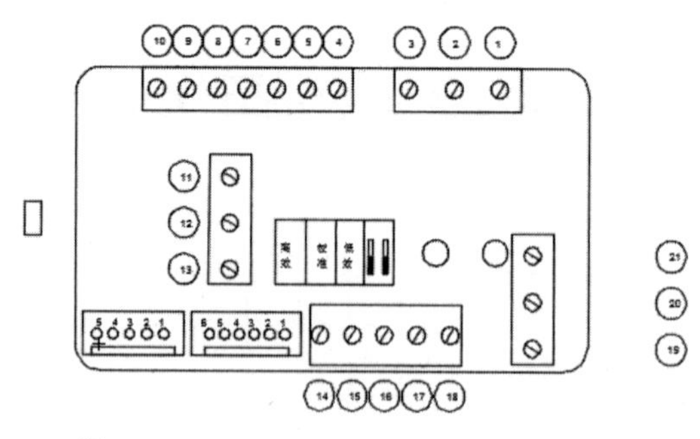

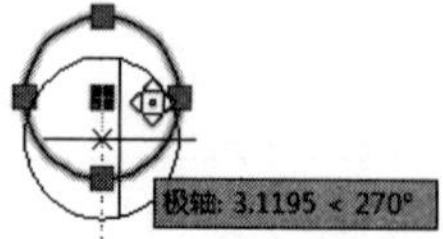

图 4-91　移动圆形

（9）完成的电气元件盒部分，如图 4-92 所示。

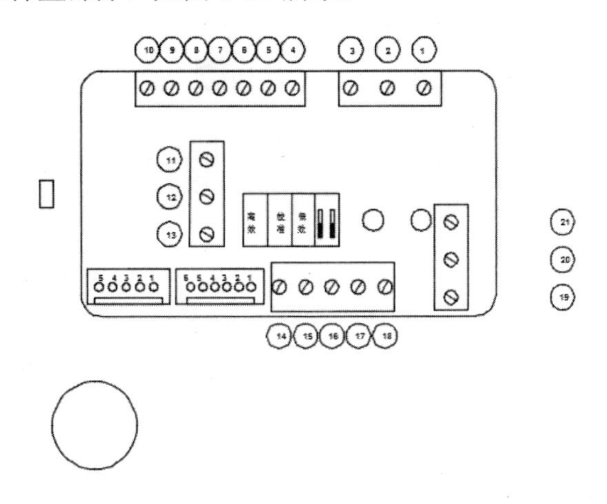

图 4-92　完成的电气元件盒

（10）单击“修改”面板中的“复制”命令按钮，复制圆形，再单击“修改”面板中的“缩放”命令按钮，放大圆形，如图 4-93 所示。

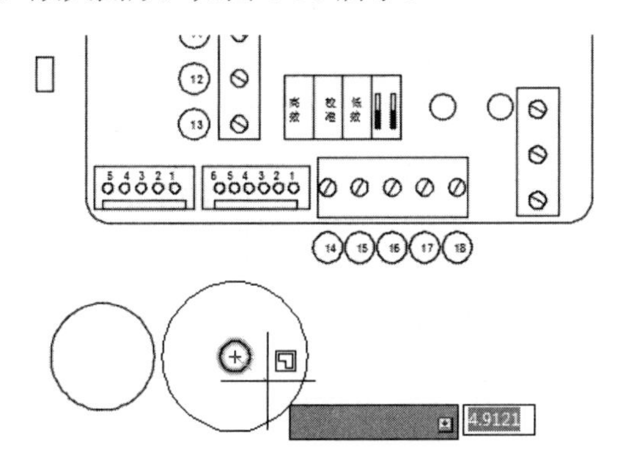

图 4-93　复制放大圆形

（11）单击“修改”面板中的“移动”命令按钮，移动圆形，如图 4-94 所示。

（12）单击“绘图”面板中的“矩形”命令按钮，绘制如图 4-95 所示的矩形。

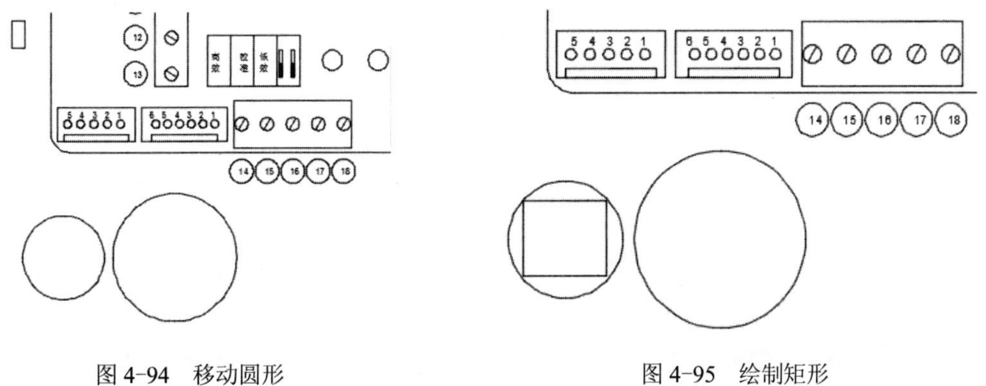

图 4-94　移动圆形

图 4-95　绘制矩形

（13）单击 注释”面板中的“多行文字”命令按钮，绘制如图 4-96 所示的文字“100%”。

（14）单击“绘图”面板中的“矩形”命令按钮，绘制如图 4-97 所示的两个矩形。

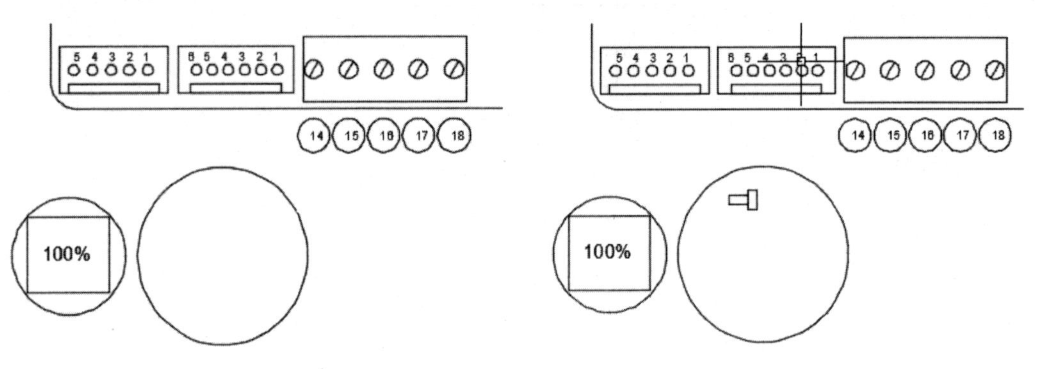

图 4-96 添加文字“100%”　　图 4-97 绘制两个矩形

（15）单击“绘图”面板中的“圆”命令按钮，绘制如图 4-98 所示的两个圆。

（16）单击“绘图”面板中的“圆”命令按钮，绘制如图 4-99 所示的圆内的两个圆。

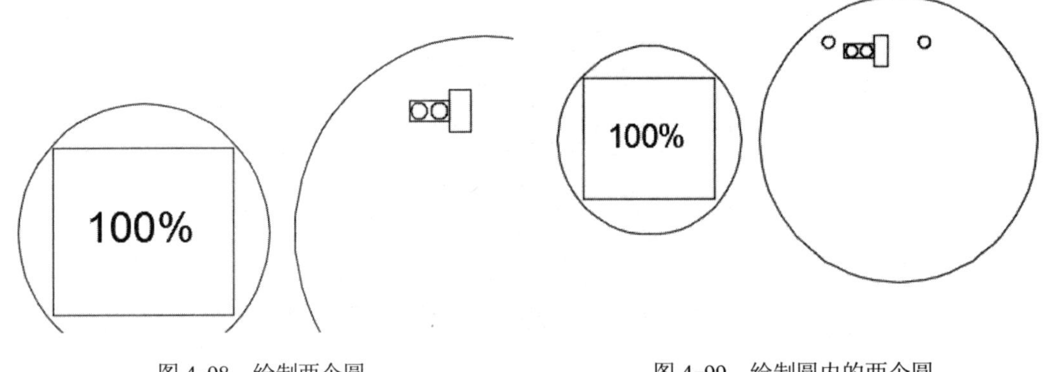

图 4-98 绘制两个圆　　图 4-99 绘制圆内的两个圆

（17）单击“修改”面板中的“复制”命令按钮，复制圆形和矩形，如图 4-100 所示。

（18）单击“绘图”面板中的“矩形”命令按钮，绘制如图 4-101 所示的圆内的矩形。

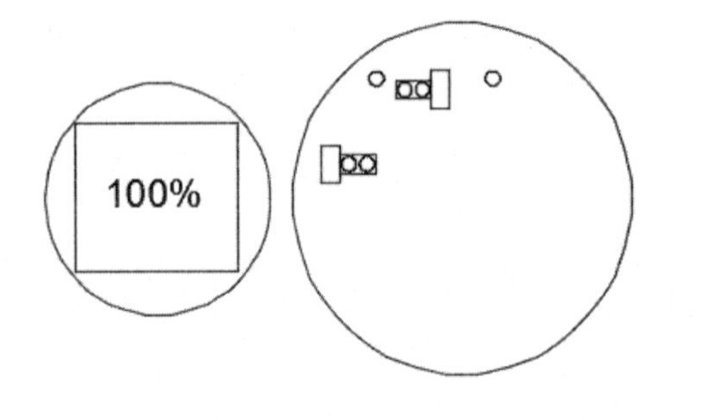

图 4-100 复制圆形和矩形

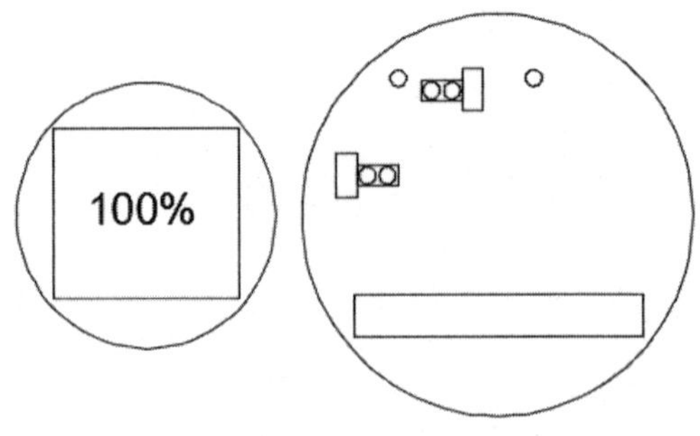

图 4-101 绘制圆内的矩形

（19）单击“绘图”面板中的“圆”命令按钮，绘制如图4-102所示的矩形内的圆。

（20）单击“修改”面板中的“矩形阵列”命令按钮，选择矩形内的圆，进行如图4-103所示的阵列。

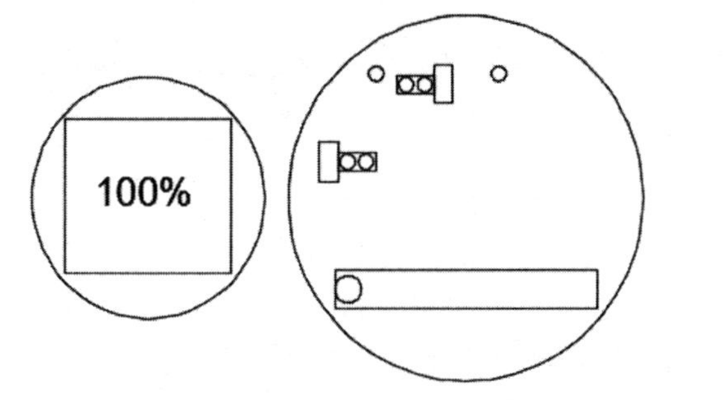

图4-102　绘制矩形内的圆

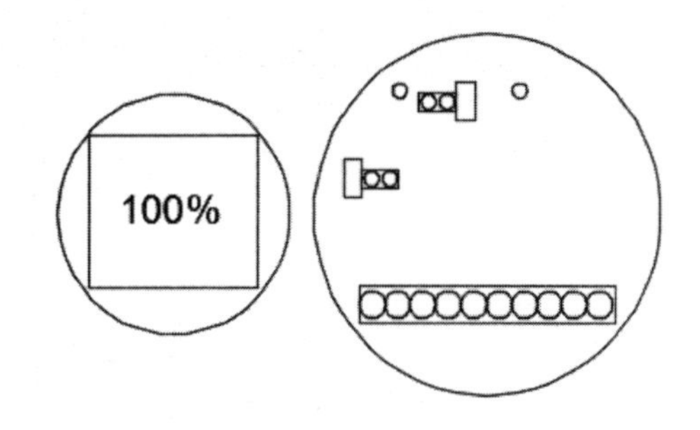

图4-103　阵列矩形内的圆

（21）单击“注释”面板中的“多行文字”命令按钮，绘制如图4-104所示的文字“1”～“6”。

（22）单击“绘图”面板中的“直线”命令按钮，绘制如图4-105所示的直线图形。

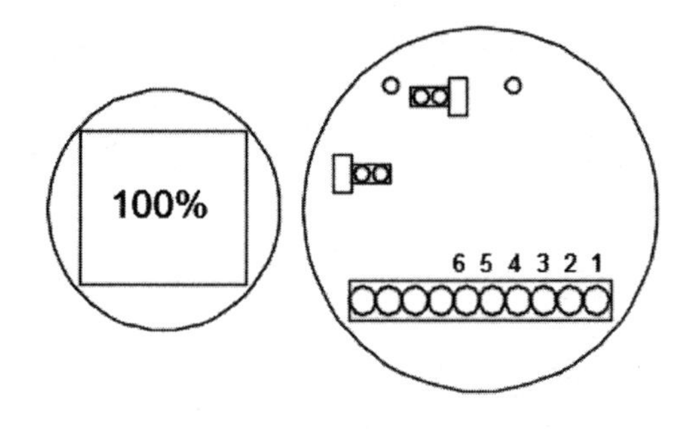

图4-104　添加文字“1”～“6”

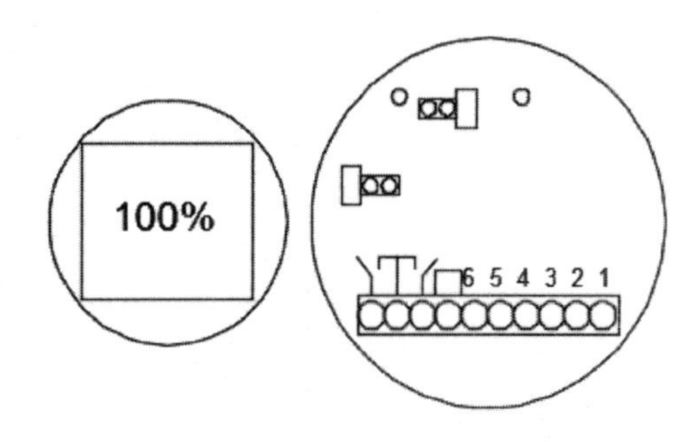

图4-105　绘制直线图形

（23）单击“注释”面板中的“多行文字”命令按钮，绘制如图4-106所示的文字“J2”。

（24）单击“修改”面板中的“复制”命令按钮，复制两个圆形，如图4-107所示。

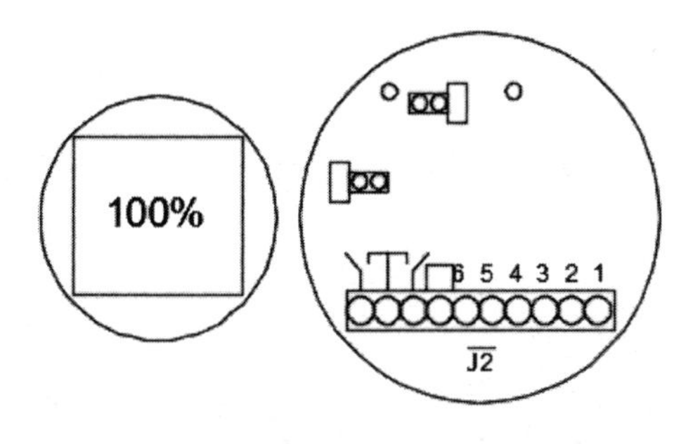

图4-106　添加文字“J2”

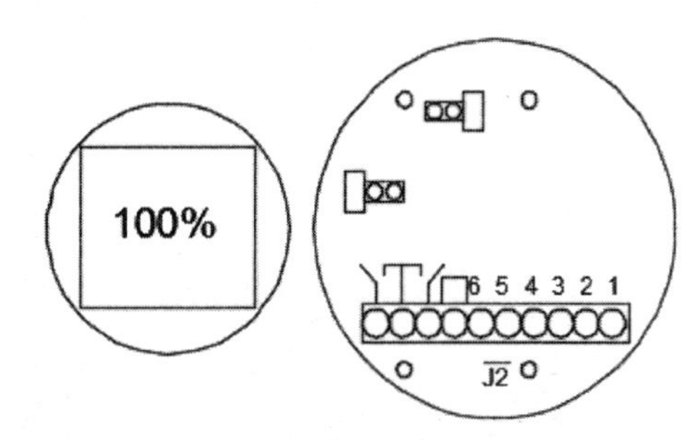

图4-107　复制两个圆形

（25）单击“绘图”面板中的“直线”命令按钮，绘制4条斜线，如图4-108所示。至此完成下部元件绘制。

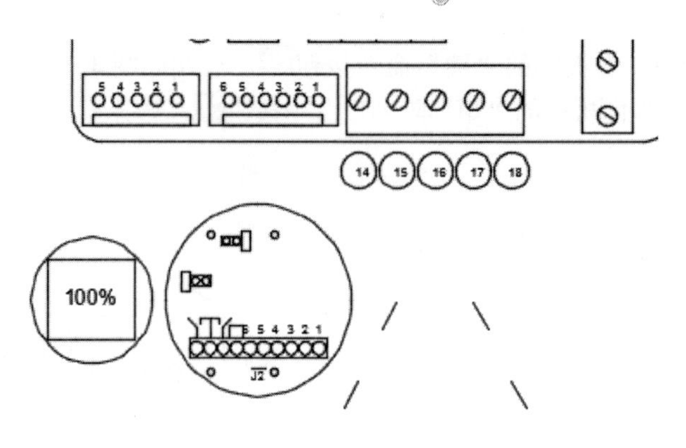

图 4-108　绘制 4 条斜线

▷▷▷ 4.6.3　绘制右部元件

绘制步骤如下。

（1）单击“绘图”面板中的“直线”命令按钮，绘制两条斜线，如图 4-109 所示。

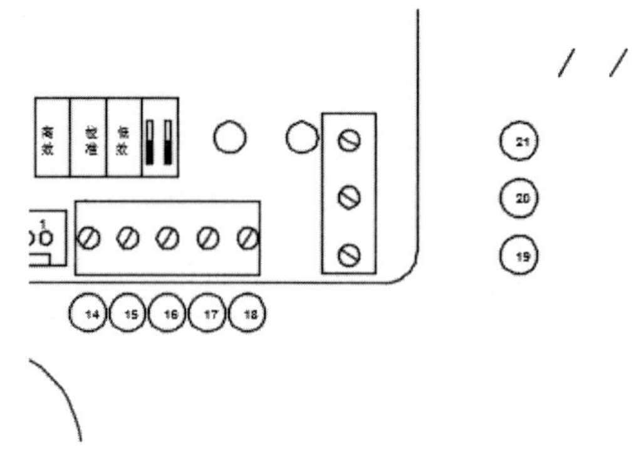

图 4-109　绘制两条斜线

（2）单击“绘图”面板中的“矩形”命令按钮，绘制尺寸为 1×3 的矩形两个，如图 4-110 所示。

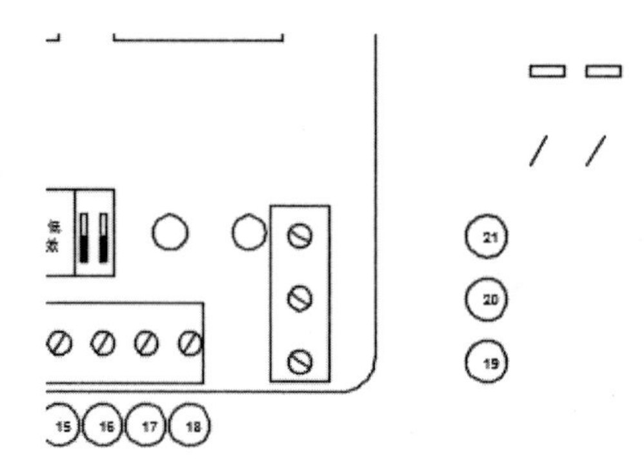

图 4-110　绘制尺寸为 1×3 的矩形两个

（3）单击“绘图”面板中的“直线”命令按钮，绘制如图4-111所示的6条斜线。

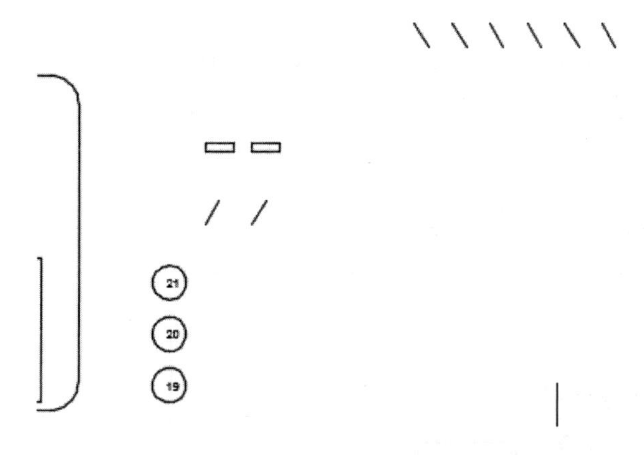

图4-111　绘制6条斜线

（4）单击“修改”面板中的“复制”命令按钮，复制圆形，再单击“修改”面板中的“缩放”命令按钮，放大圆形，如图4-112所示。

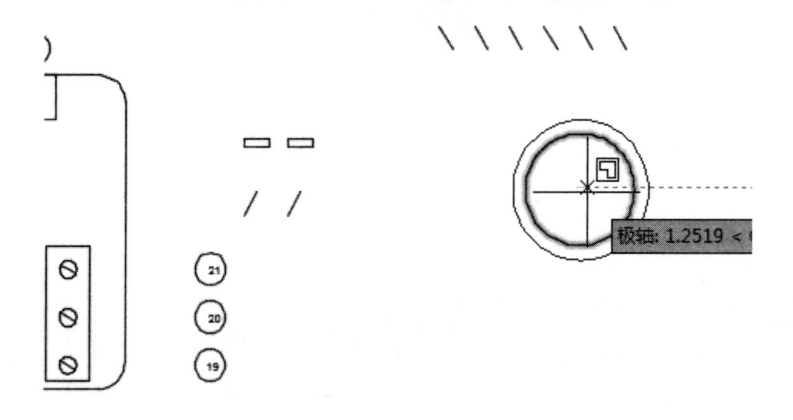

图4-112　复制并放大圆形

（5）单击“注释”面板中的“多行文字”命令按钮，绘制如图 4-113 所示的文字“3M”，完成右部元件的绘制。

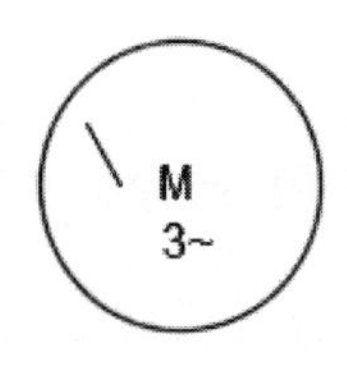

图4-113　添加文字

4.6.4　绘制线路

绘制步骤如下。

（1）单击“绘图”面板中的“直线”命令按钮，绘制如图 4-114 所示的开关。

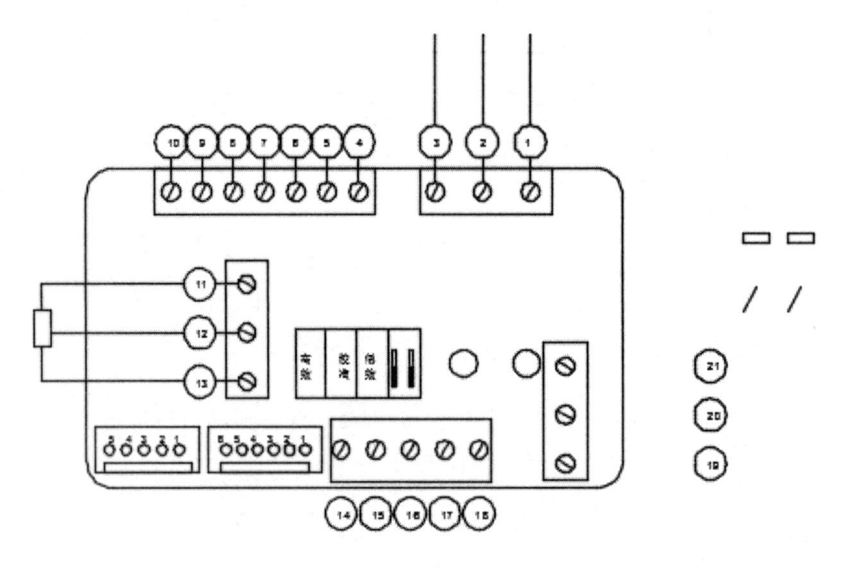

图 4-114　绘制开关

（2）单击“绘图”面板中的“直线”命令按钮，绘制如图 4-115 所示的下部支路线路。

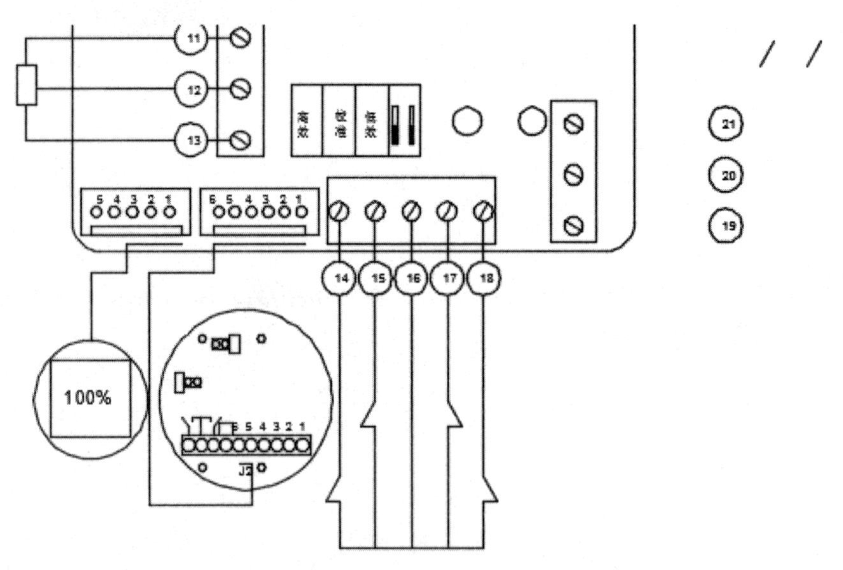

图 4-115　绘制下部支路线路

（3）单击“绘图”面板中的“直线”命令按钮，绘制如图 4-116 所示的右侧支路线路。

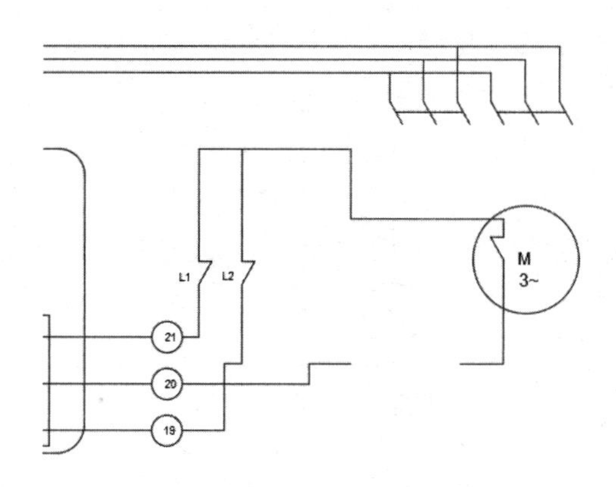

图 4-116　绘制右侧支路线路

（4）完成基本线路的绘制，如图 4-117 所示。

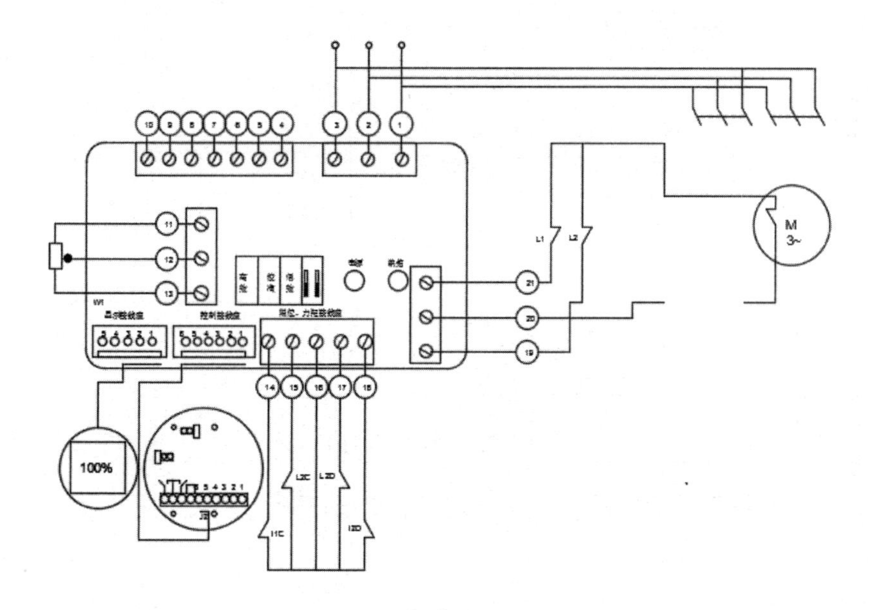

图 4-117　完成基本线路

（5）单击“绘图”面板中的“圆”命令按钮，绘制半径为 0.5 的圆，如图 4-118 所示。

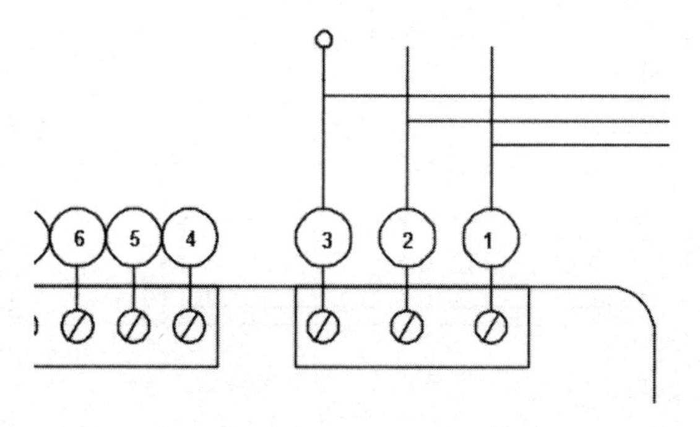

图 4-118　绘制半径为 0.5 的圆

（6）单击“修改”面板中的“复制”命令按钮，复制圆形，如图 4-119 所示。

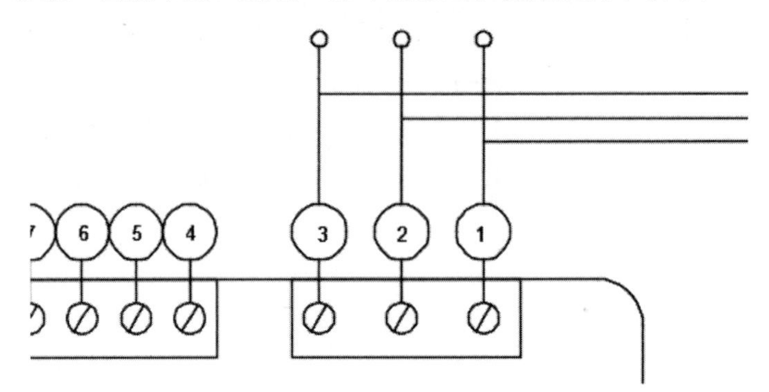

图 4-119　复制圆形

（7）单击“修改”面板中的“复制”命令按钮，复制节点圆，如图 4-120 所示。

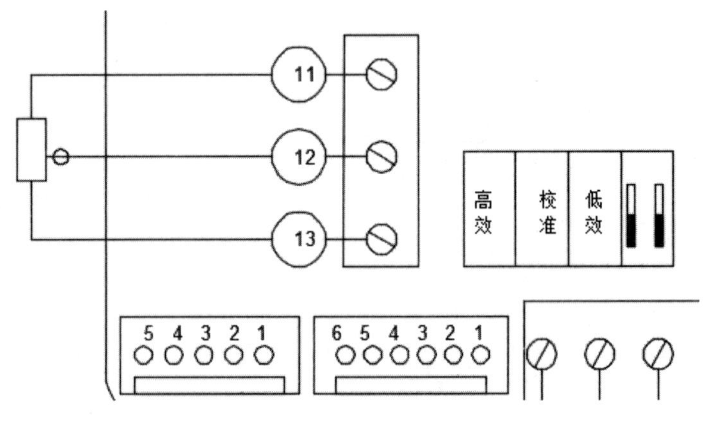

图 4-120　复制节点圆

（8）单击“绘图”面板中的“图案填充”命令按钮，完成如图 4-121 所示的圆形填充。

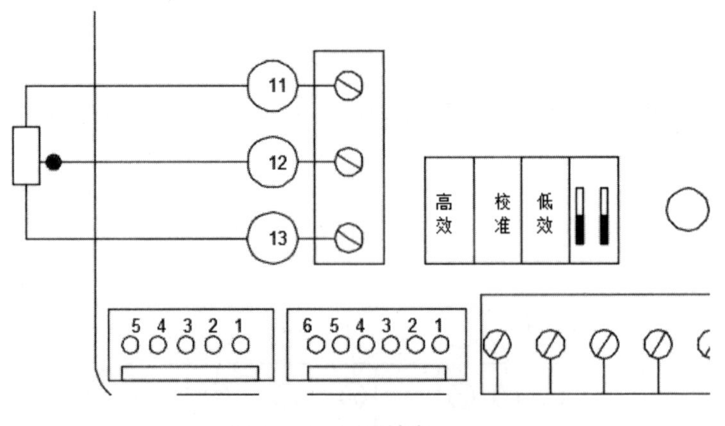

图 4-121　圆形填充

（9）单击“修改”面板中的“复制”命令按钮，复制节点圆，如图 4-122 所示。

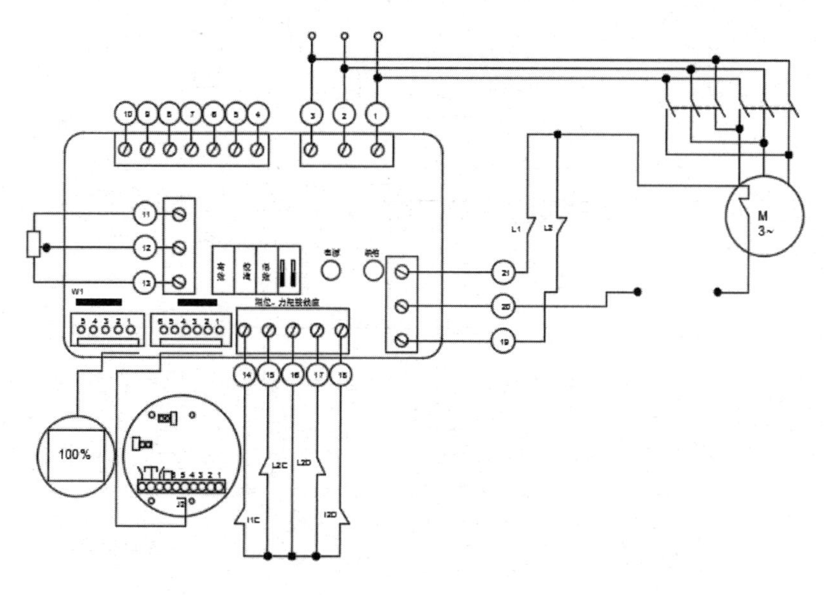

图 4-122　复制节点圆

（10）单击“注释”面板中的“多行文字”命令按钮A，绘制如图 4-123 所示的元件盒中的文字。

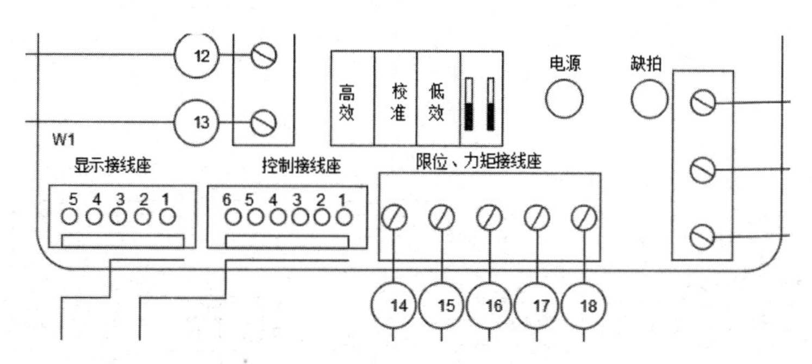

图 4-123　添加元件盒中的文字

（11）单击“注释”面板中的“多行文字”命令按钮A，绘制如图 4-124 所示的下部支路中的文字。

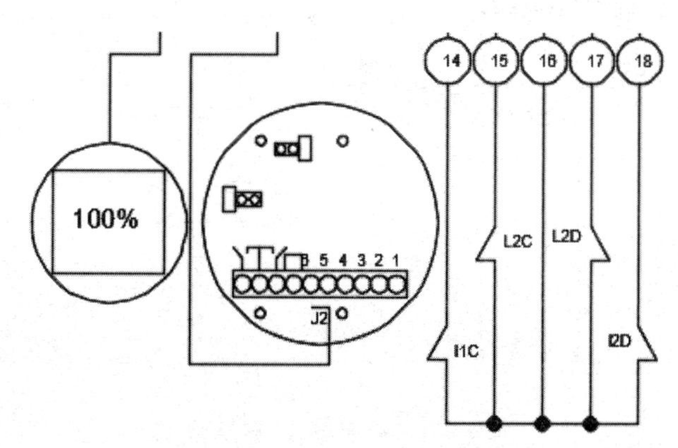

图 4-124　添加下部支路中的文字

（12）单击“注释”面板中的“多行文字”命令按钮A，绘制如图 4-125 所示的右侧支路中的文字。至此完成电力盒电气接线图的绘制，如图 4-126 所示。

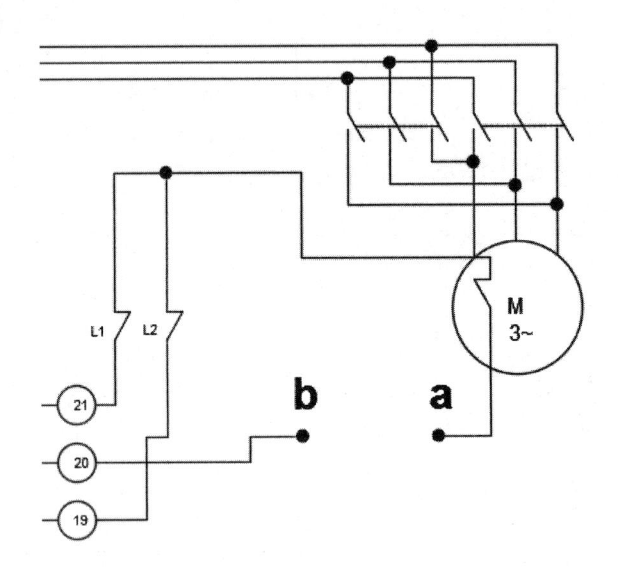

图 4-125　添加右侧支路文字

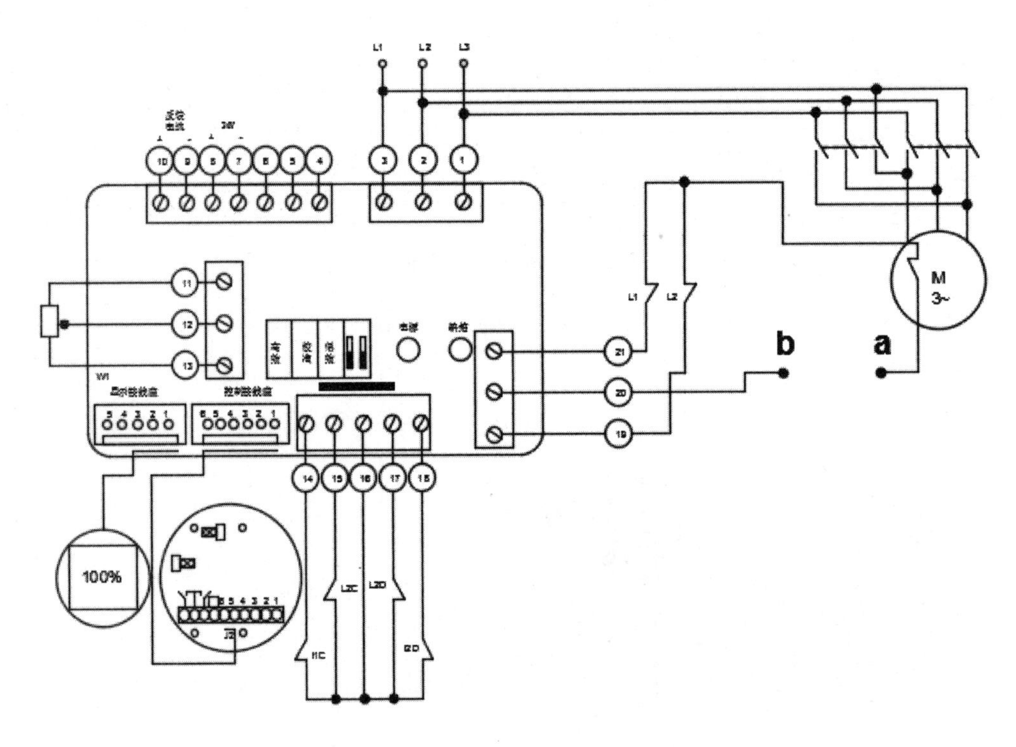

图 4-126　电力盒电气接线图

4.7　电机自动起动电路图

制作思路

电机自动起动电路用于安全环境，可以保证人员不直接接触电机的高压电路。在绘制电路图之前首先设置绘图环境，之后依次绘制电机电路、控制电路。文字一般在最后添加。

4.7.1　设置绘图环境

绘制步骤如下。

（1）在菜单栏中选择“格式”→“颜色”命令，如图4-127所示。

（2）在弹出的“选择颜色”对话框中选择颜色，如图4-128所示，单击“确定”按钮。

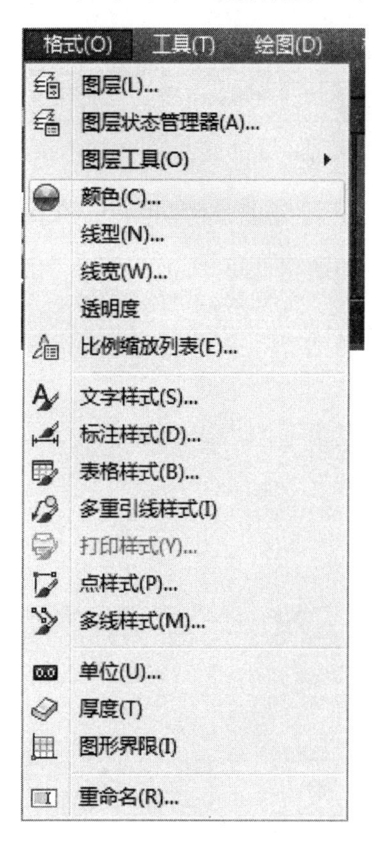

图4-127　选择“颜色”命令

图4-128　“选择颜色”对话框

（3）在菜单栏中选择“格式”→“线型”命令，如图4-129所示。

（4）在弹出的“线型管理器”对话框中选择默认线型，如图4-130所示，单击“确定”按钮。

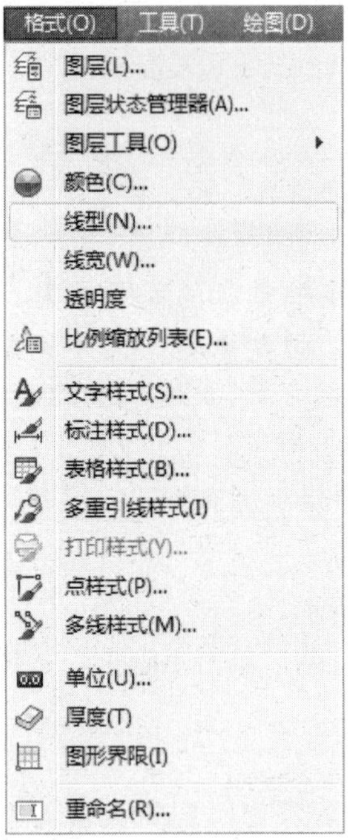

图 4-129　选择“线型”命令

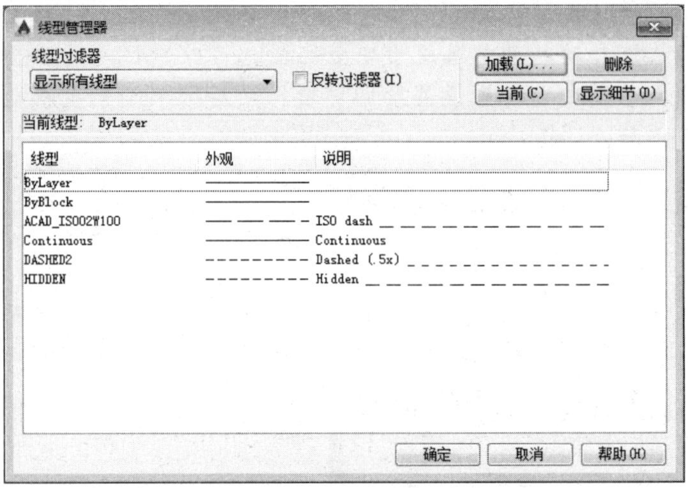

图 4-130　“线型管理器”对话框

（5）在菜单栏中选择“格式”→“线宽”命令，如图 4-131 所示。

（6）在弹出的“线宽设置”对话框中选择默认线宽，如图 4-132 所示，单击“确定”按钮。

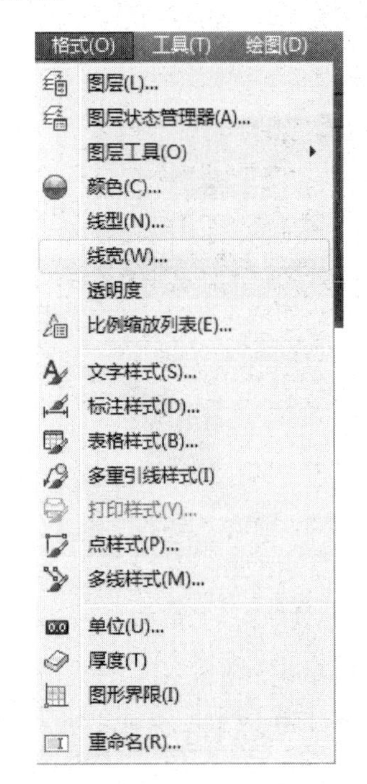

图 4-131　选择“线宽”命令

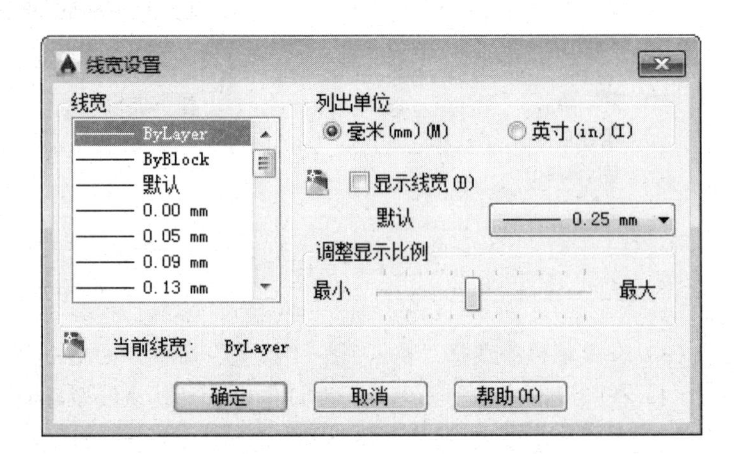

图 4-132　“线宽设置”对话框

（7）在菜单栏中选择“格式”→“文字样式”命令，如图4-133所示。

（8）在弹出的“文字样式”对话框中设置默认的文字样式，如图4-134所示，单击“应用”按钮。

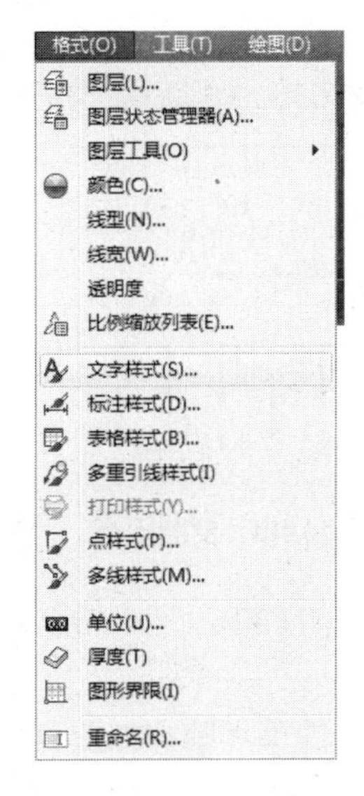

图4-133　选择“文字样式”命令

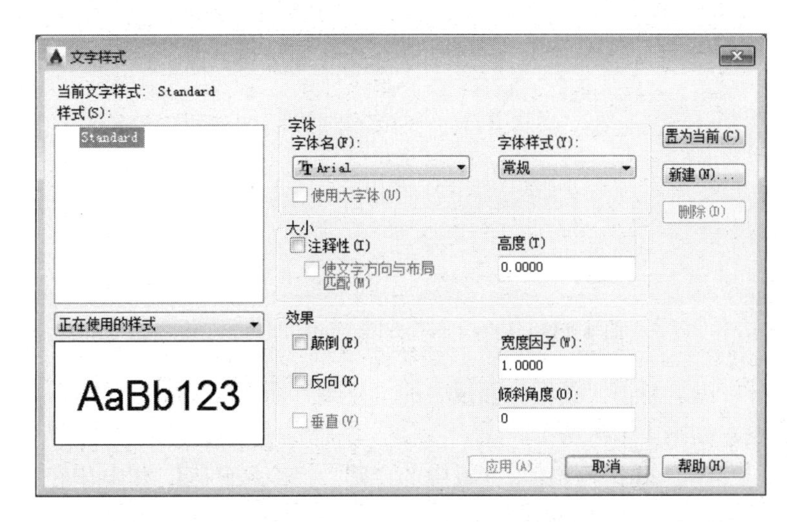

图4-134　“文字样式”对话框

4.7.2　绘制电机电路

绘制步骤如下。

（1）单击“绘图”面板中的“直线”命令按钮，绘制长度为2的直线，如图4-135所示。

（2）单击“修改”面板中的“复制”命令按钮，选择直线进行复制，如图4-136所示。

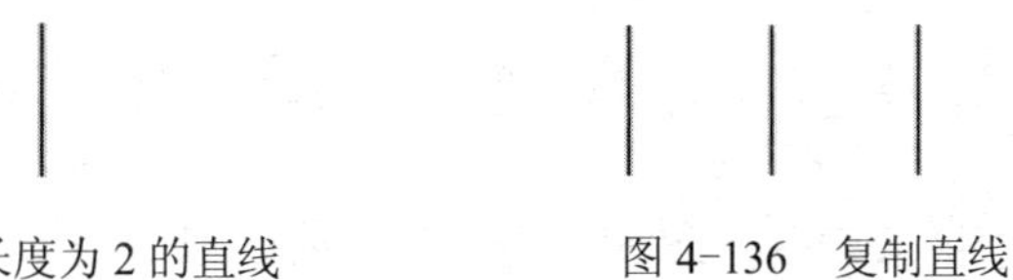

图4-135　绘制长度为2的直线　　　图4-136　复制直线

（3）单击“绘图”面板中的“直线”命令按钮，绘制长度为2的斜线，如图4-137所示。

（4）选择虚线图层。单击“绘图”面板中的“直线”命令按钮，绘制长度为3.5的虚线，完成刀开关绘制，如图4-138所示。

图4-137　绘制斜线　　　图4-138　刀开关

（5）单击“绘图”面板中的“矩形”命令按钮，绘制尺寸为 1×2 的矩形，如图 4-139 所示。

（6）单击“修改”面板中的“复制”命令按钮，选择矩形进行复制，如图 4-140 所示。

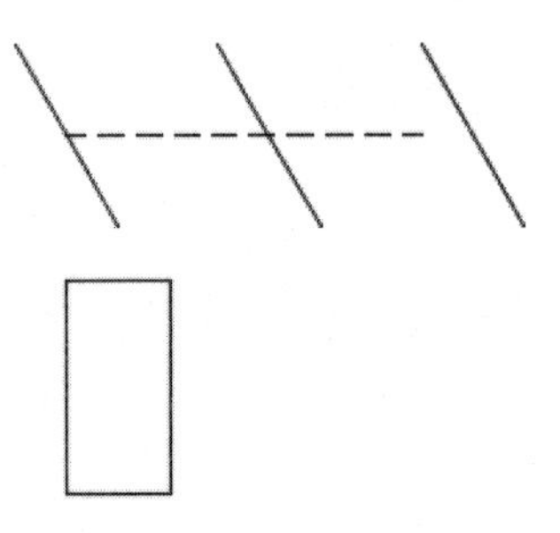

图 4-139 绘制矩形

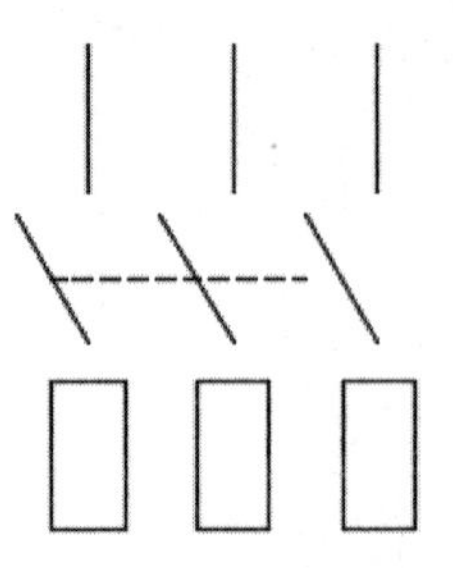

图 4-140 复制矩形

（7）单击“绘图”面板中的“直线”命令按钮，绘制长度为 6 的直线，完成熔断器绘制，如图 4-141 所示。

（8）单击“绘图”面板中的“圆”命令按钮，绘制半径为 0.3 的节点圆，如图 4-142 所示。

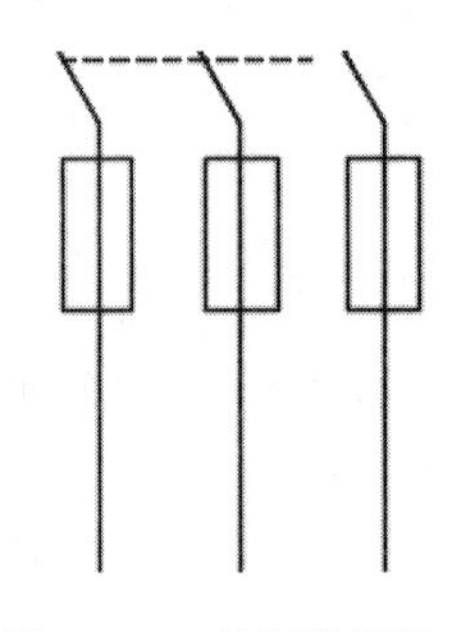

图 4-141 绘制熔断器

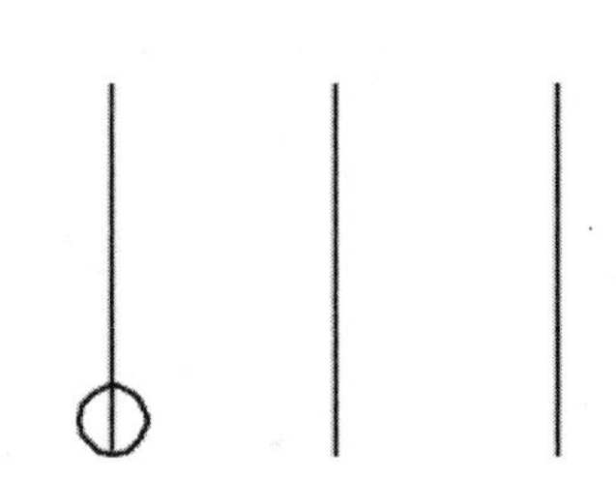

图 4-142 绘制节点圆

（9）单击“修改”面板中的“复制”命令按钮，选择圆形进行复制，如图 4-143 所示。

（10）单击“修改”面板中的“修剪”命令按钮，快速修剪图形，完成触点绘制，如图 4-144 所示。

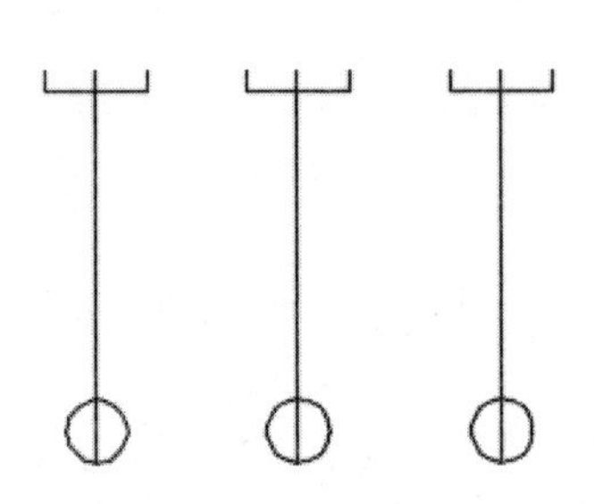

图 4-143 复制圆形

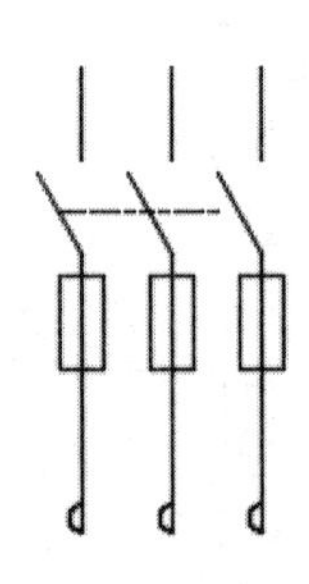

图 4-144 修剪触点图形

（11）单击“注释”面板中的“多行文字”命令按钮A，绘制如图 4-145 所示的文字“L1”。

（12）单击“注释”面板中的“多行文字”命令按钮A，绘制如图 4-146 所示的文字“L2”和“L3”。

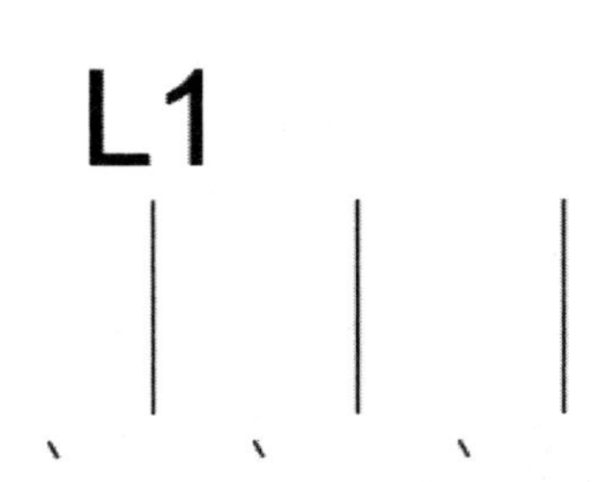

图 4-145　添加文字“L1”

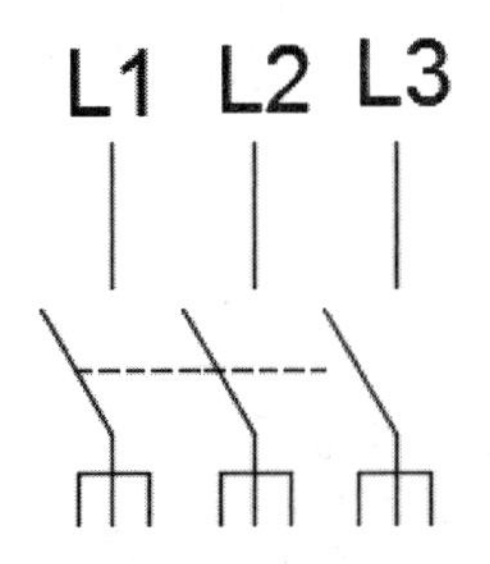

图 4-146　添加文字“L2”和“L3”

（13）单击“注释”面板中的“多行文字”命令按钮A，绘制如图 4-147 所示的文字“QS”。

（14）单击“注释”面板中的“多行文字”命令按钮A，绘制如图 4-148 所示的文字“FU1”。

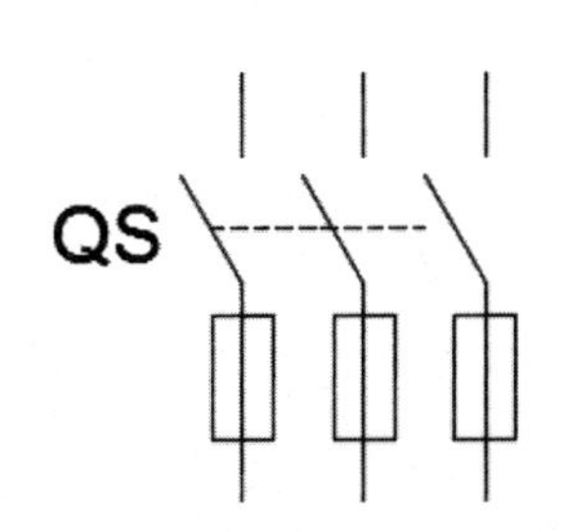

图 4-147　添加文字“QS”

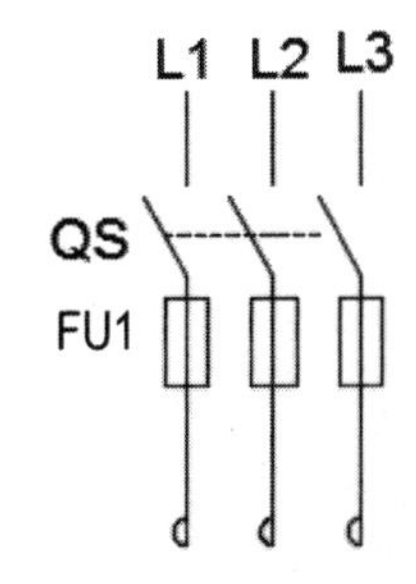

图 4-148　添加文字“FU1”

（15）单击“绘图”面板中的“直线”命令按钮，绘制长度为 2 的斜线，如图 4-149 所示。

（16）选择虚线图层。单击“绘图”面板中的“直线”命令按钮，绘制长度为 3.5 的虚线，如图 4-150 所示。

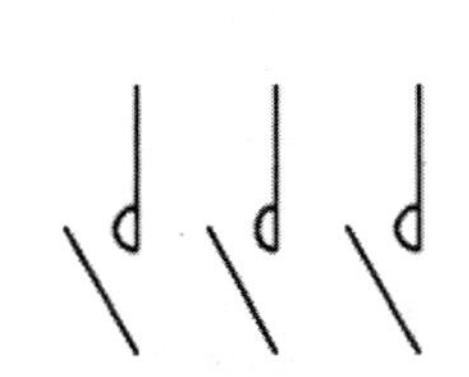

图 4-149　绘制长度为 2 的斜线

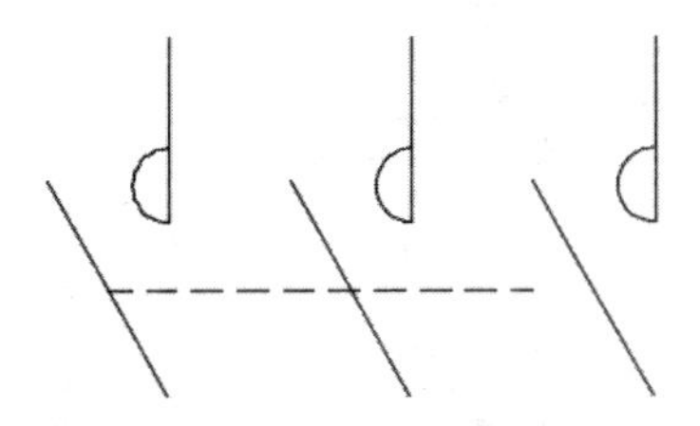

图 4-150　绘制虚线

（17）单击“绘图”面板中的“直线”命令按钮，绘制长度分别为 4 和 6 的直线，完成开关绘制，如图 4-151 所示。

（18）单击“绘图”面板中的“直线”命令按钮，绘制如图 4-152 所示的两条斜线。

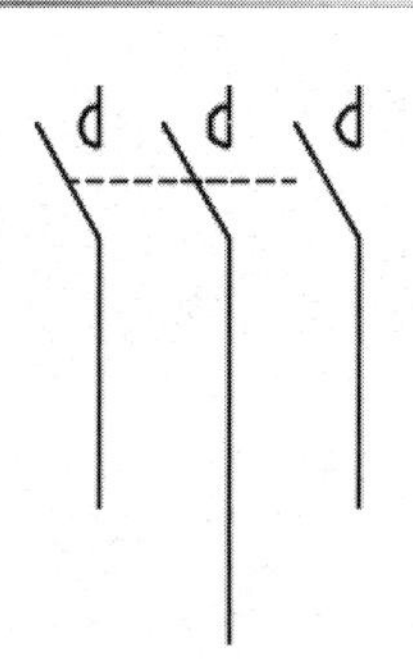

图 4-151　完成绘制开关

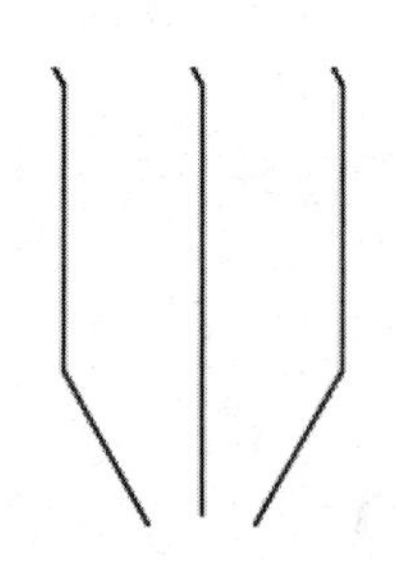

图 4-152　绘制两条斜线

（19）单击“绘图”面板中的“圆”命令按钮，绘制半径为 2 的圆，完成电机绘制，如图 4-153 所示。

（20）单击“注释”面板中的“多行文字”命令按钮，绘制如图 4-154 所示的文字“KM”。

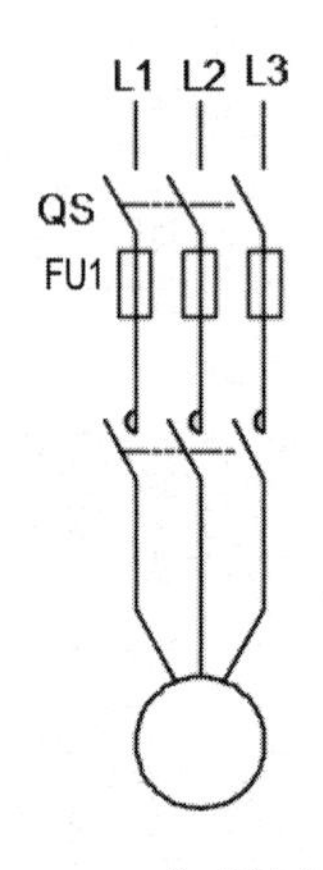

图 4-153　完成绘制电机

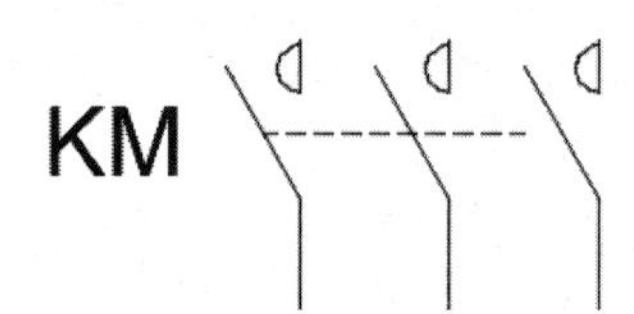

图 4-154　添加文字“KM”

（21）单击“注释”面板中的“多行文字”命令按钮，绘制如图 4-155 所示的文字“U1”。

（22）单击“注释”面板中的“多行文字”命令按钮，绘制如图 4-156 所示的电机文字。

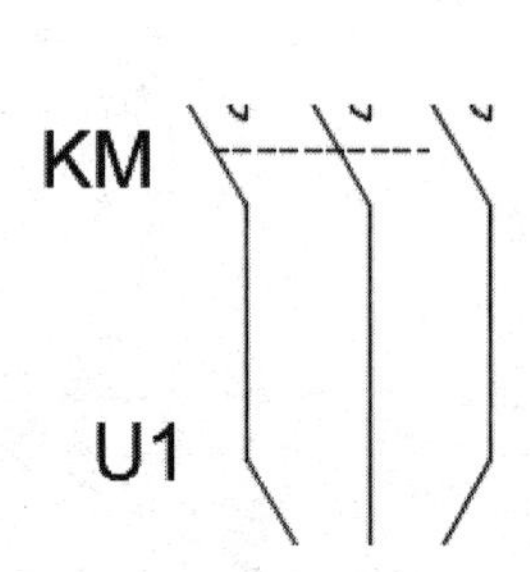

图 4-155　添加文字“U1”

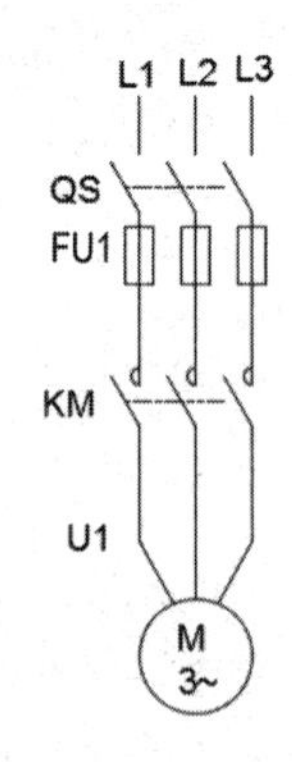

图 4-156　添加电机文字

（23）单击“修改”面板中的“复制”命令按钮，选择电机上的线路进行复制，完成如图4-157所示的图形。

（24）单击“绘图”面板中的“圆”命令按钮，绘制半径为0.3的节点圆，如图4-158所示。

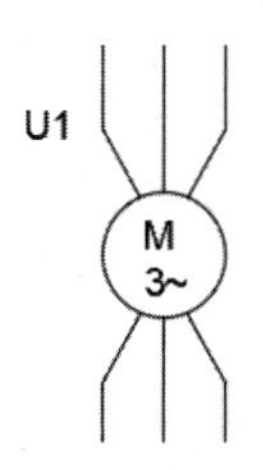

图4-157　复制线路图形

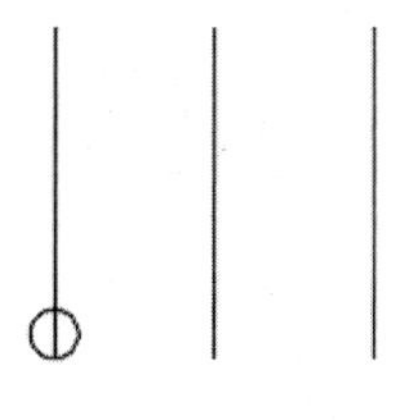

图4-158　绘制节点圆

（25）单击“修改”面板中的“复制”命令按钮，选择圆形进行复制，如图4-159所示。

（26）单击“修改”面板中的“修剪”命令按钮，快速修剪图形，完成触点绘制，如图4-160所示。

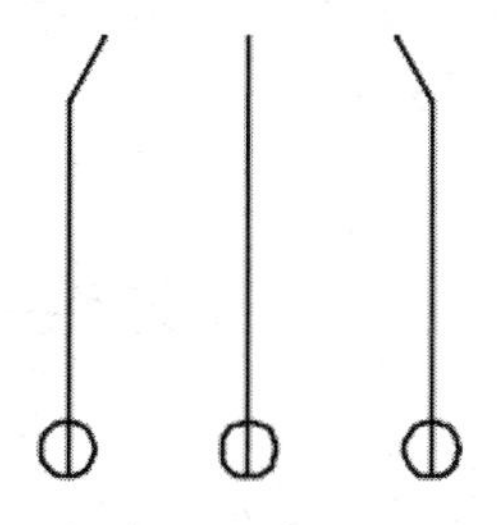

图4-159　复制圆形

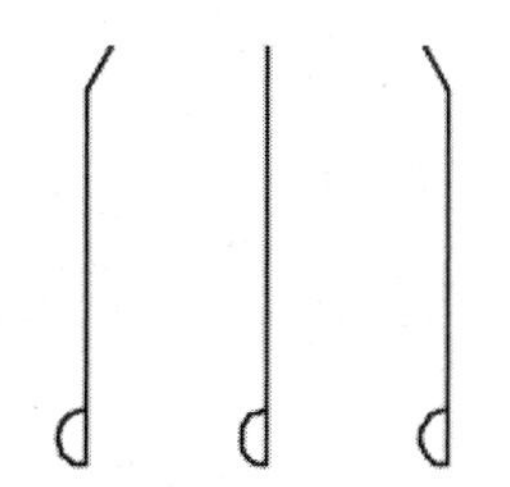

图4-160　完成触点绘制

（27）单击“注释”面板中的“多行文字”命令按钮，绘制如图4-161所示的文字“U2”。

（28）单击“绘图”面板中的“直线”命令按钮，绘制如图4-162所示的斜线。

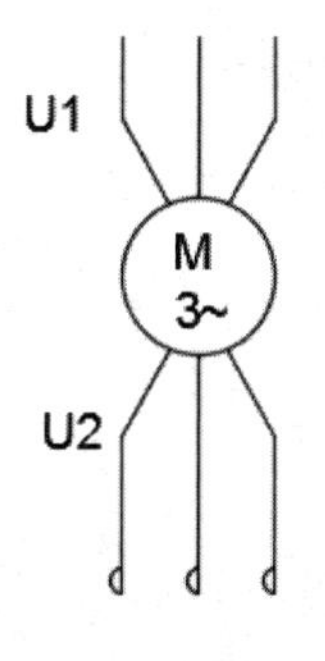

图4-161　添加文字“U2”

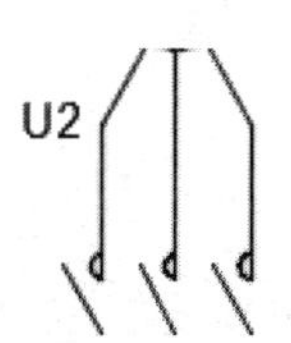

图4-162　绘制角度线

（29）单击“绘图”面板中的“直线”命令按钮，绘制如图 4-163 所示的开关线路。

（30）修改图层设置。单击“绘图”面板中的“直线”命令按钮，绘制长度为 3.5 的虚线，如图 4-164 所示。

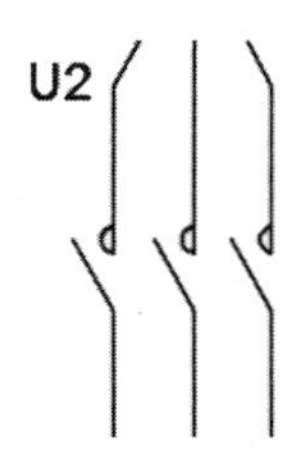

图 4-163　绘制开关线路

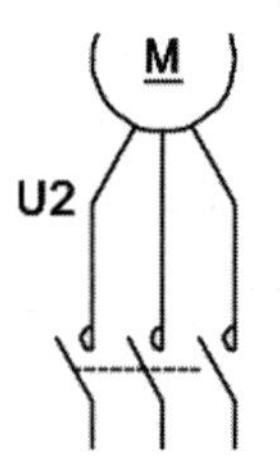

图 4-164　绘制虚线

（31）单击“绘图”面板中的“直线”命令按钮，绘制如图 4-165 所示的直线。

（32）单击“绘图”面板中的“圆”命令按钮，绘制半径为 0.3 的圆，并单击“绘图”面板中的“图案填充”命令按钮，完成如图 4-166 所示的节点绘制。

（33）单击“注释”面板中的“多行文字”命令按钮，绘制如图 4-167 所示的文字“KMy”，完成电机电路的绘制。

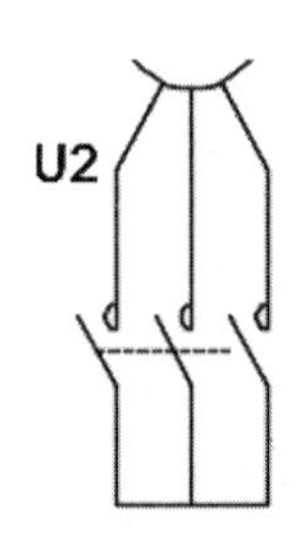

图 4-165　绘制直线

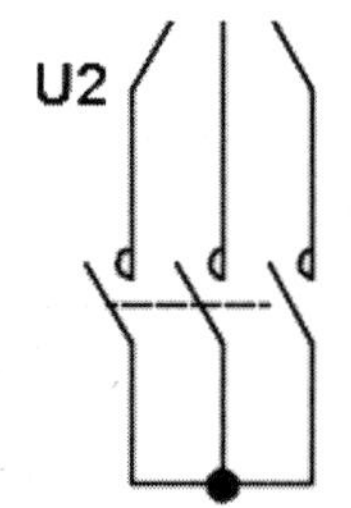

图 4-166　绘制节点

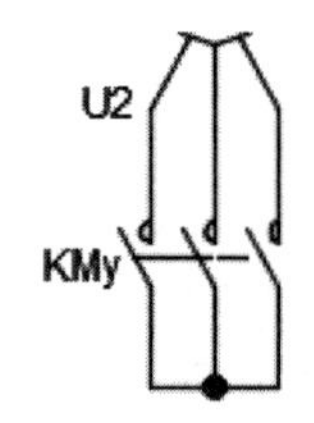

图 4-167　添加文字“KMy”

4.7.3　绘制控制电路

绘制步骤如下。

（1）单击“绘图”面板中的“直线”命令按钮，绘制如图 4-168 所示的第 1 条线路。

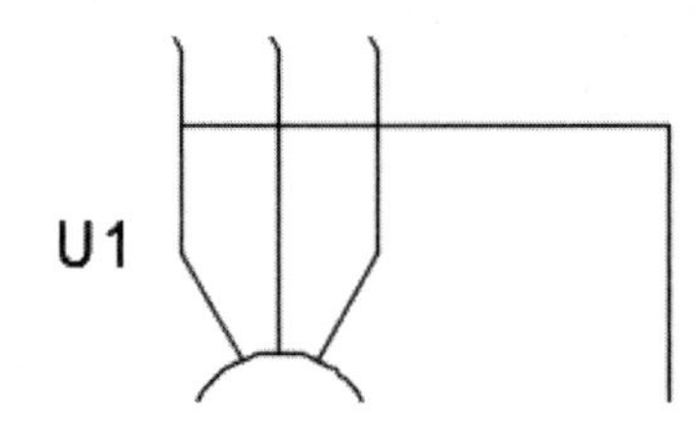

图 4-168　绘制第 1 条线路

（2）单击“绘图”面板中的“直线”命令按钮，绘制如图 4-169 所示的第 2 条线路。

（3）单击“绘图”面板中的“直线”命令按钮，绘制如图 4-170 所示的第 3 条线路。

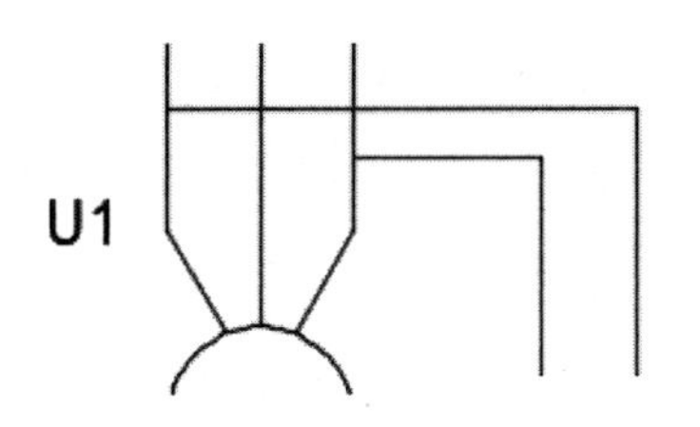

图4-169　绘制第2条线路

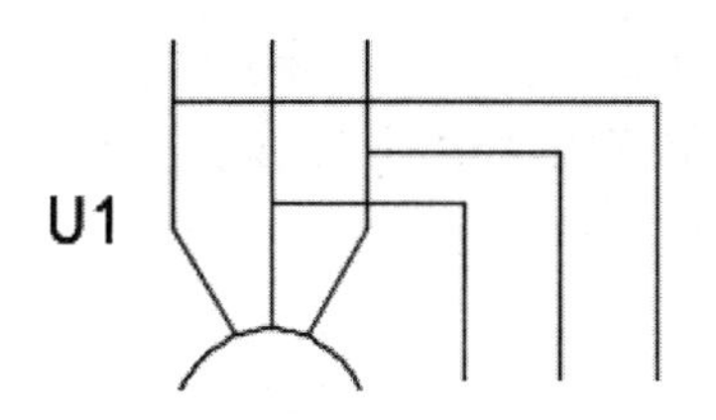

图4-170　绘制第3条线路

（4）单击“绘图”面板中的“圆”命令按钮，绘制半径为0.3的节点圆，如图4-171所示。

（5）单击“修改”面板中的“修剪”命令按钮，快速修剪图形，完成触点绘制，如图4-172所示。

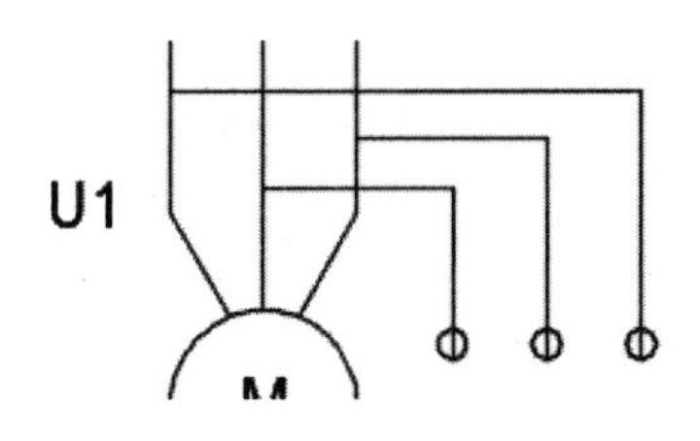

图4-171　绘制节点圆

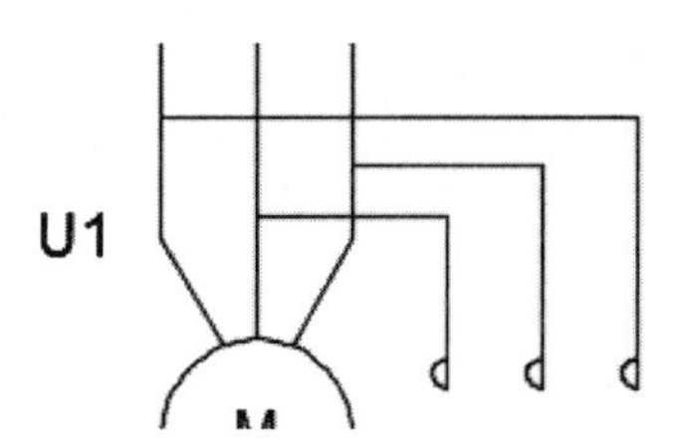

图4-172　完成触点绘制

（6）单击“绘图”面板中的“圆”命令按钮，绘制半径为0.3的3个圆，如图4-173所示。

（7）单击“绘图”面板中的“图案填充”命令按钮，填充圆形，如图4-174所示。

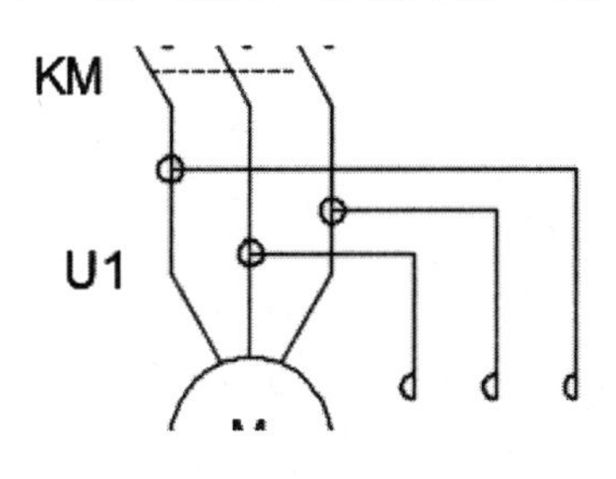

图4-173　绘制3个圆

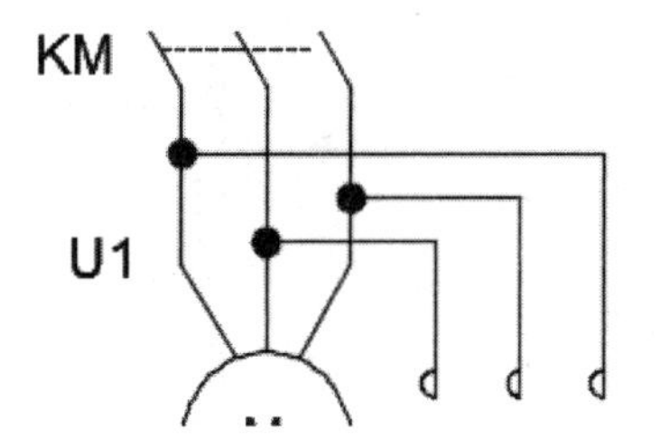

图4-174　填充圆形

（8）单击“绘图”面板中的“直线”命令按钮，绘制如图4-175所示的斜线。

（9）选择虚线图层。单击“绘图”面板中的“直线”命令按钮，绘制长度为3.5的开关连接线，完成开关绘制，如图4-176所示。

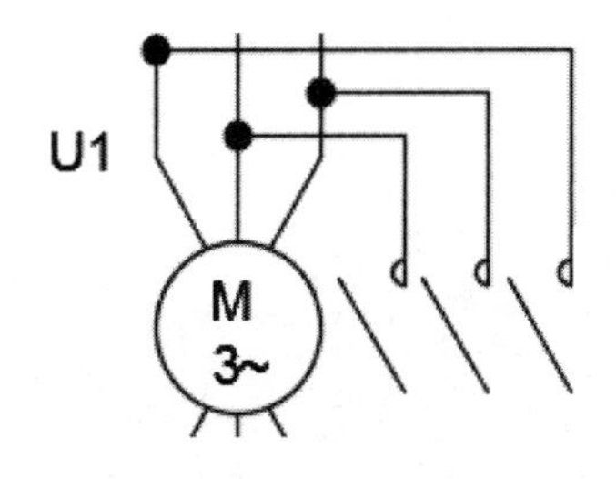

图4-175　绘制角度线

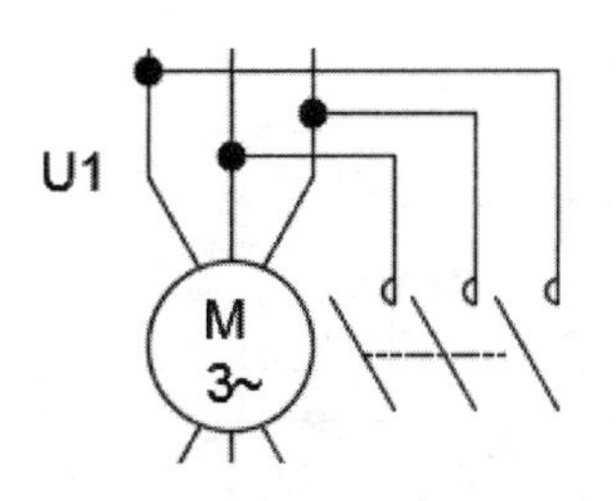

图4-176　绘制开关连接线

（10）单击“绘图”面板中的“直线”命令按钮，绘制如图 4-177 所示的 3 条线路。

（11）单击“绘图”面板中的“圆”命令按钮，绘制半径为 0.3 的圆，并进行填充，如图 4-178 所示。

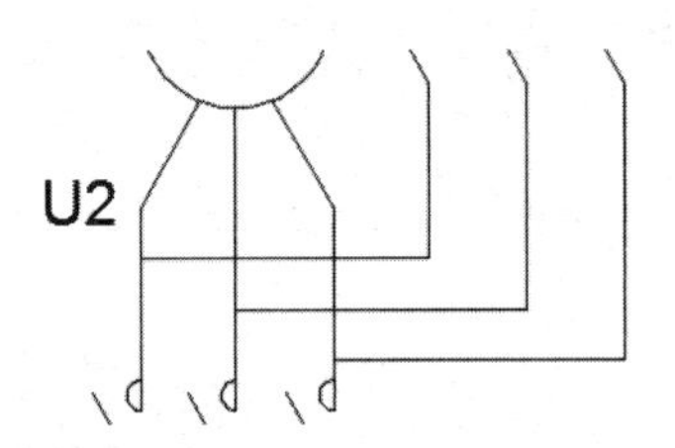

图 4-177　绘制 3 条线路

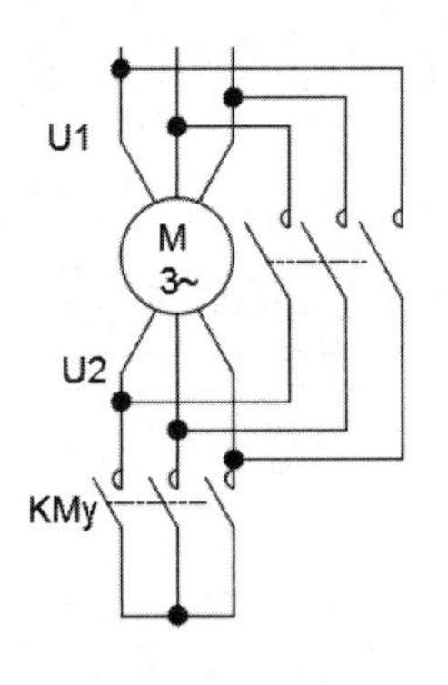

图 4-178　绘制圆并填充

（12）单击“注释”面板中的“多行文字”命令按钮，绘制如图 4-179 所示的文字“V1”。

（13）单击“注释”面板中的“多行文字”命令按钮，绘制如图 4-180 所示的文字“W1”。

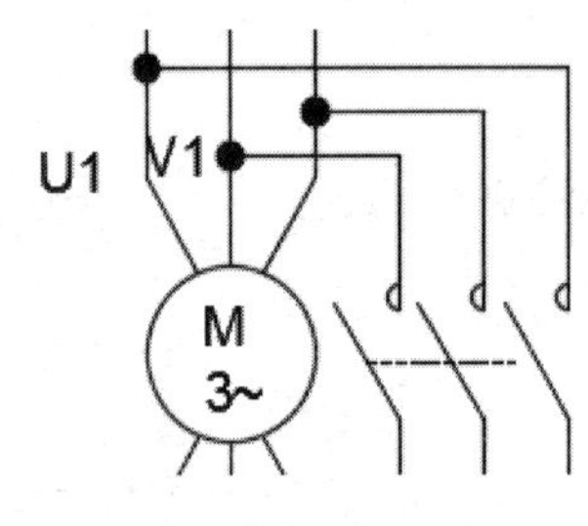

图 4-179　添加文字“V1”

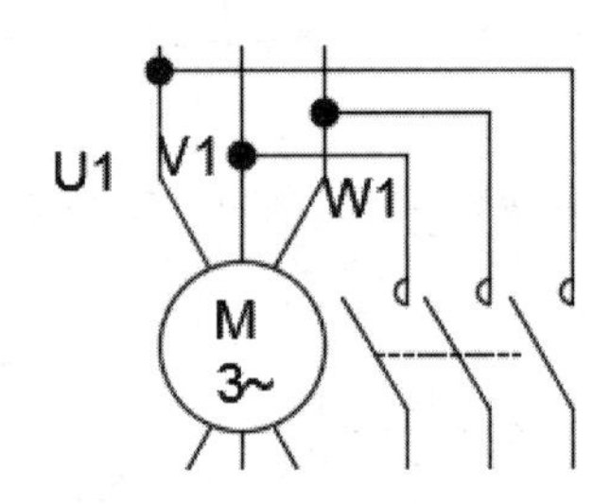

图 4-180　添加文字“W1”

（14）单击“注释”面板中的“多行文字”命令按钮，绘制如图 4-181 所示的文字“W2”。

（15）单击“注释”面板中的“多行文字”命令按钮，绘制如图 4-182 所示的文字“KMΔ”。

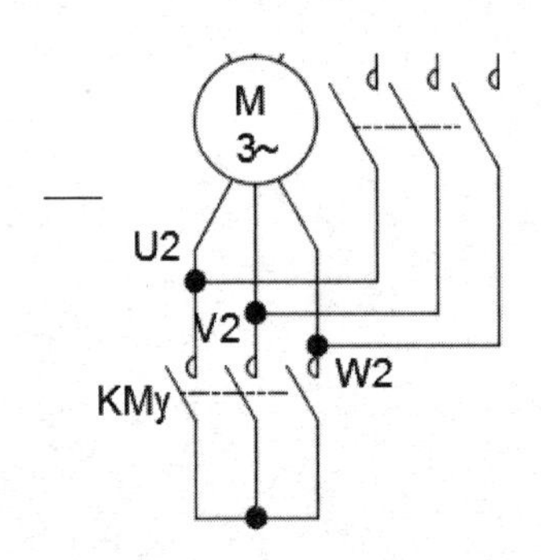

图 4-181　添加文字“W2”

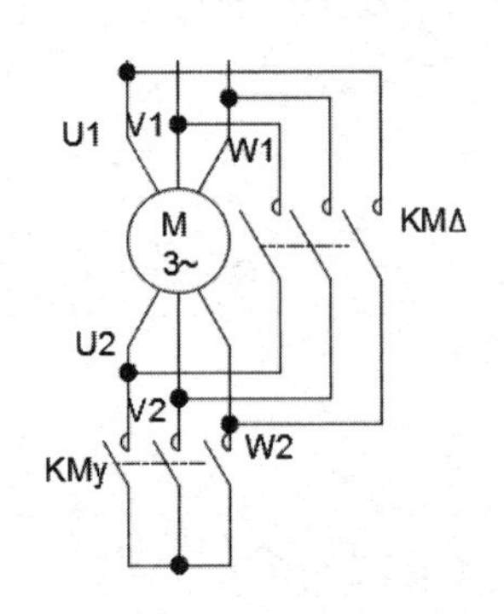

图 4-182　添加文字“KMΔ”

（16）单击“绘图”面板中的“矩形”命令按钮，绘制尺寸为 1×3 的矩形表示电阻，如图 4-183 所示。

（17）单击“修改”面板中的“复制”命令按钮，选择电阻进行复制，如图 4-184 所示。

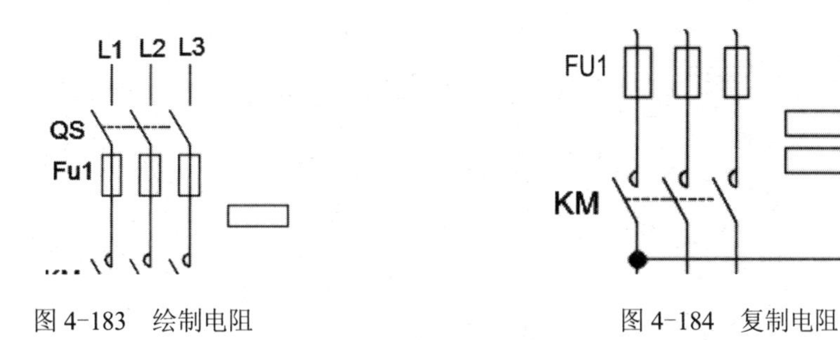

图 4-183　绘制电阻　　图 4-184　复制电阻

（18）单击“绘图”面板中的“直线”命令按钮，绘制如图 4-185 所示的斜线。

（19）选择虚线图层。单击“绘图”面板中的“直线”命令按钮，绘制如图 4-186 所示的虚线。

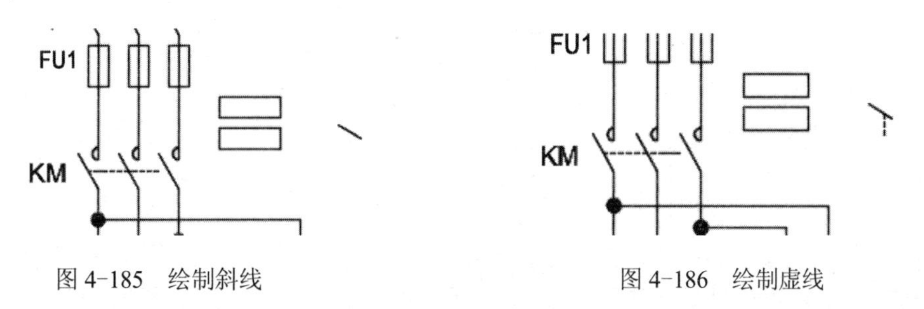

图 4-185　绘制斜线　　图 4-186　绘制虚线

（20）单击“绘图”面板中的“直线”命令按钮，完成开关绘制，如图 4-187 所示。

（21）单击“修改”面板中的“复制”命令按钮，选择开关进行复制，并单击“修改”面板中的“旋转”命令按钮，旋转开关图形，如图 4-188 所示。

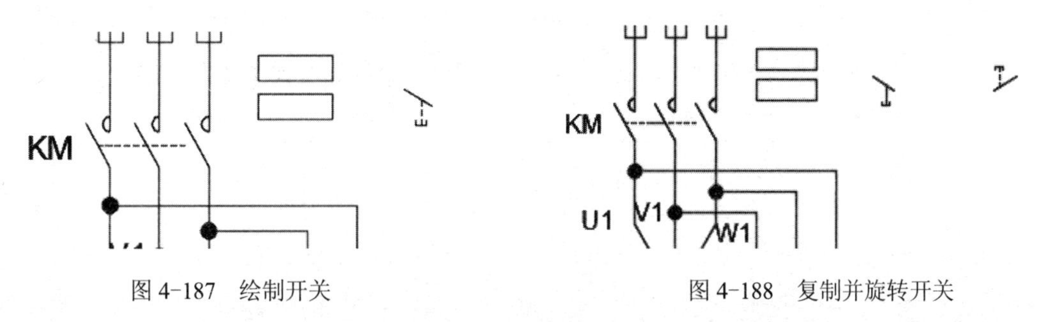

图 4-187　绘制开关　　图 4-188　复制并旋转开关

（22）单击“绘图”面板中的“直线”命令按钮，绘制如图 4-189 所示的斜线。

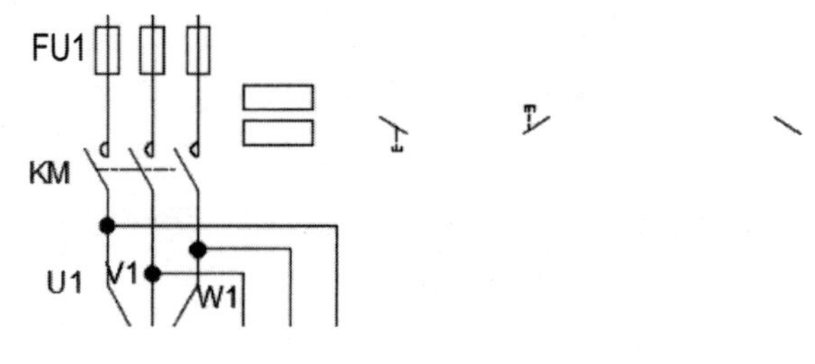

图 4-189 绘制角度线

（23）单击“绘图”面板中的“矩形”命令按钮，绘制尺寸为 2×1 的矩形表示电阻，如图 4-190 所示。

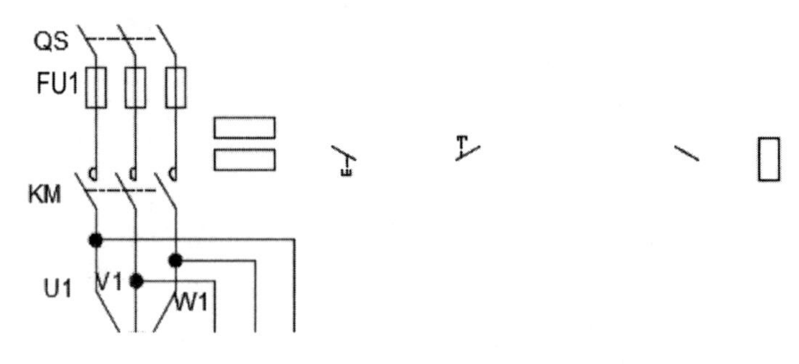

图 4-190 绘制电阻

（24）单击“修改”面板中的“复制”命令按钮，选择电阻和开关图形，进行元件复制，如图 4-191 所示。

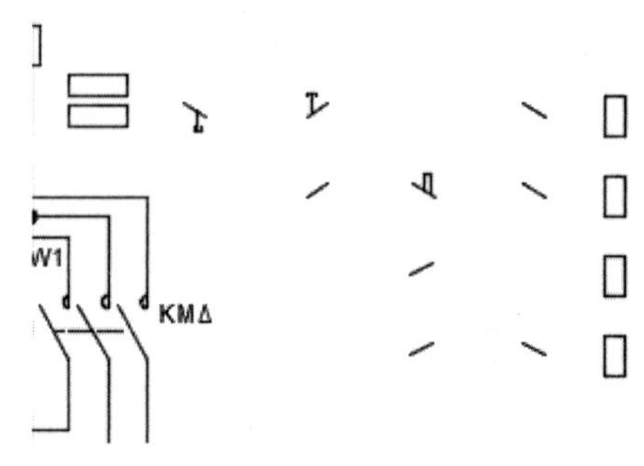

图 4-191 复制元件

（25）单击“绘图”面板中的“直线”命令按钮，绘制如图 4-192 所示的线路 1、2。

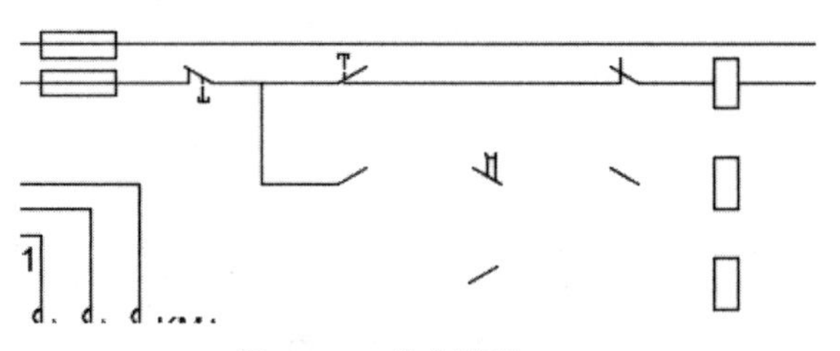

图 4-192 绘制线路 1、2

（26）单击“绘图”面板中的“直线”命令按钮，绘制如图 4-193 所示的线路 3。

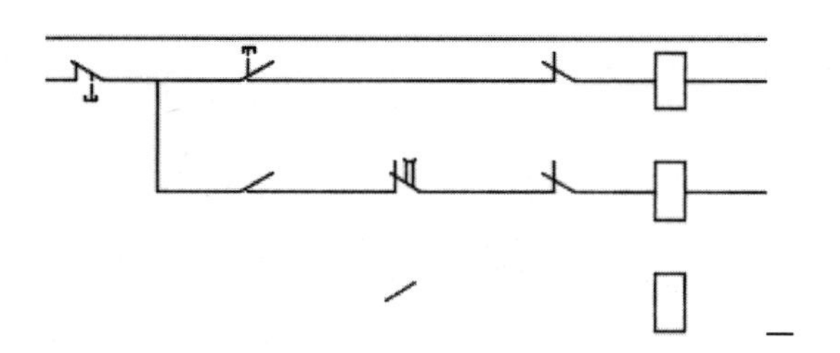

图 4-193　绘制线路 3

（27）单击“绘图”面板中的“直线”命令按钮，绘制如图 4-194 所示的线路 4、5。

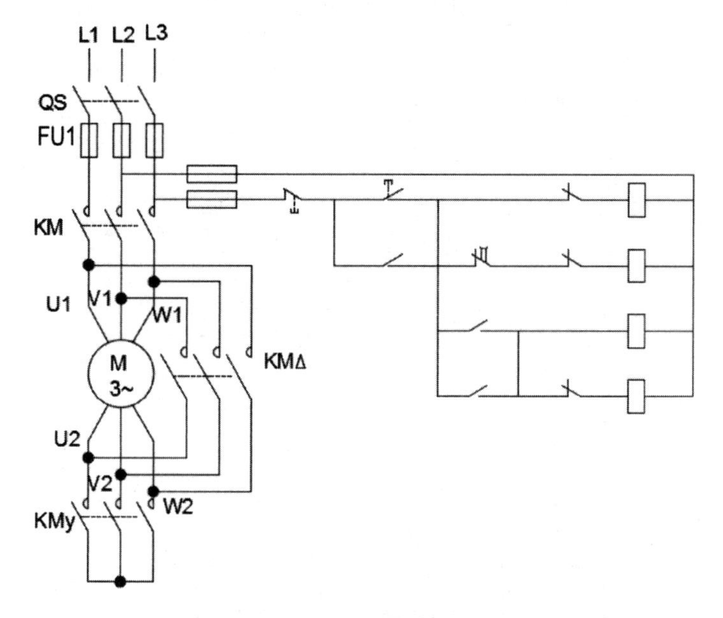

图 4-194　绘制线路 4、5

（28）单击“绘图”面板中的“直线”命令按钮，绘制如图 4-195 所示的直线。

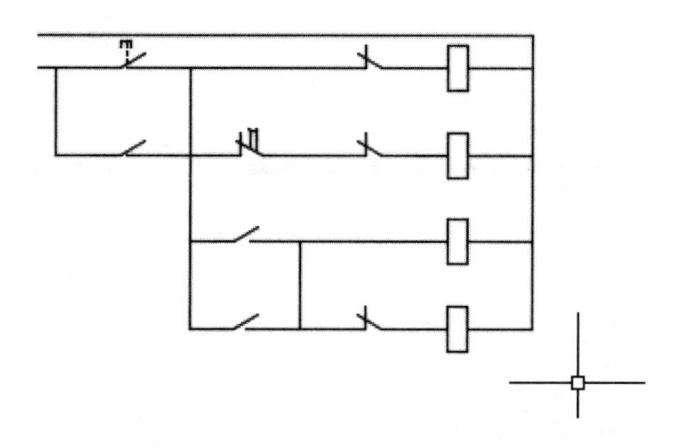

图 4-195　绘制直线

（29）单击“绘图”面板中的“圆”命令按钮，绘制半径为 0.3 的节点圆，如图 4-196 所示。

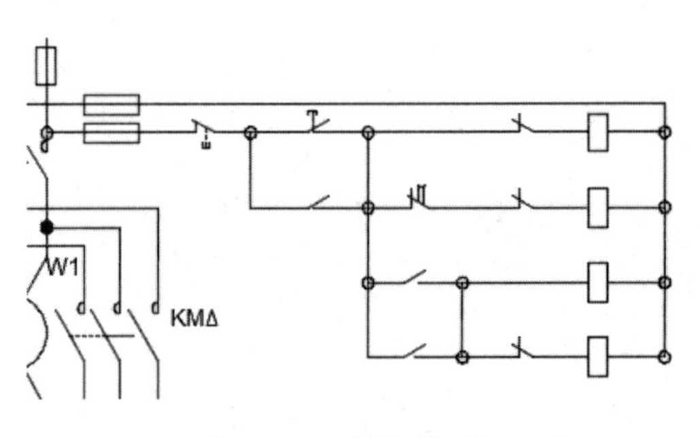

图 4-196　绘制节点圆

（30）单击“绘图”面板中的“图案填充”命令按钮，完成如图 4-197 所示的节点填充。

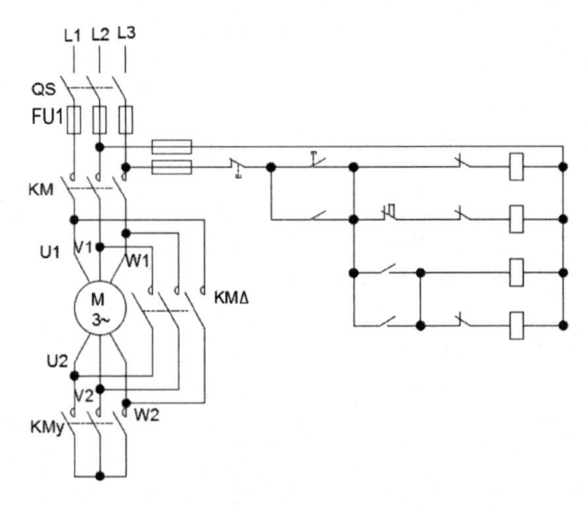

图 4-197　填充节点

（31）单击“注释”面板中的“多行文字”命令按钮，完成支路文字绘制。这样就完成了电机自动起动电路图的绘制，如图 4-198 所示。

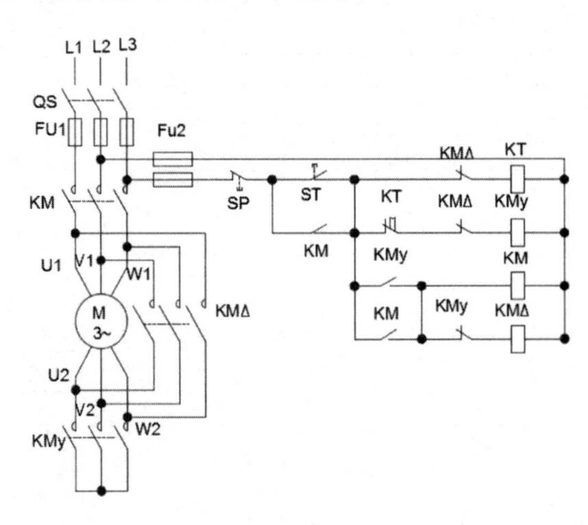

图 4-198　电机自动起动电路图

第 5 章　变电和输电工程设计

知识导引

电力从发电厂出来，需要升压后输送给遥远的用户。输电电压一般都很高，从几千伏到几十万伏、上百万伏，用户一般不能直接使用。高压电要先经过变电所变压成为 380V、220V 才能供给厂矿和居民使用。根据这个顺序，本章将详细介绍如何绘制 10kV 线路平面图、10kV 变电所系统图以及低压配电系统图，最后还将介绍如何绘制变电站布置立面图。

5.1　10kV 线路平面图

制作思路

输送电力是第一项电气工程，电力一般通过电线杆上的高压线输送。在绘制电力输送图时，不仅要绘制线路的主线走向，还要详细绘制每根电线杆的拉线方向。所受拉力不平衡的电线杆，还需要设置拉线进行平衡。

5.1.1　主线

主线是电力送出变压器和电力输入变压器之间的线路。主线可能要跨越高山大河、公路桥梁，这些都需要绘制清楚。绘制步骤如下。

（1）绘制输电变压器符号。单击“绘图”面板中的“圆”命令按钮，绘制ϕ15 圆，效果如图 5-1 所示。

图 5-1　绘制圆

（2）单击“绘图”面板中的“图案填充”命令按钮，屏幕出现“图案填充创建”面板，按图 5-2 所示设置参数，给ϕ15 圆填充斜剖面线，效果如图 5-3 所示。

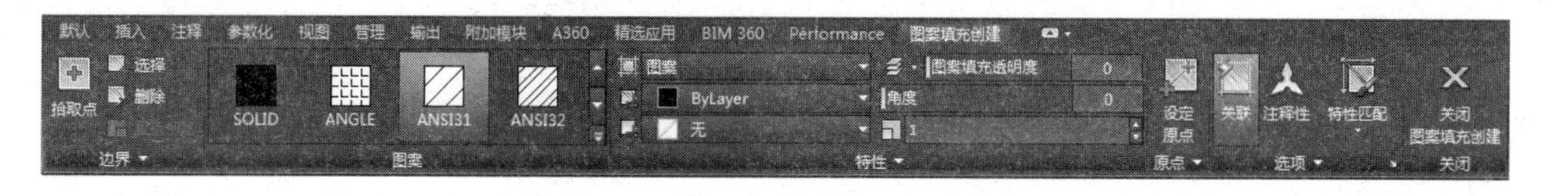

图 5-2　“图案填充创建”面板

（3）绘制电线杆符号。单击“绘图”面板中的“圆”命令按钮，绘制与ϕ15 圆同心的ϕ5 圆，效果如图 5-4 所示。

（4）单击“修改”面板中的“移动”命令按钮，把ϕ5 圆向右边移动，移动距离为

15，效果如图 5-5 所示。

（5）单击“修改”面板中的“复制”命令按钮，把$\phi5$ 圆向右复制一份，复制距离为 20，效果如图 5-6 所示。

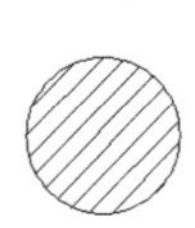

图 5-3 图案填充

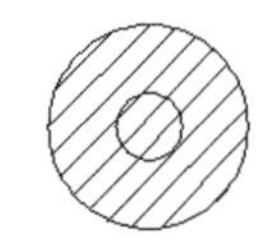

图 5-4 绘制同心圆

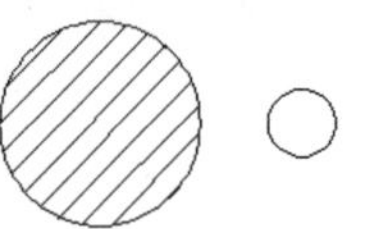

图 5-5 移动圆

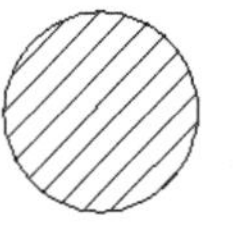
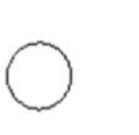

图 5-6 复制圆

（6）绘制电线。单击“绘图”面板中的“直线”命令按钮，绘制起点在如图 5-7 所示象限点，端点在如图 5-8 和图 5-9 所示象限点的直线，效果如图 5-10 所示。

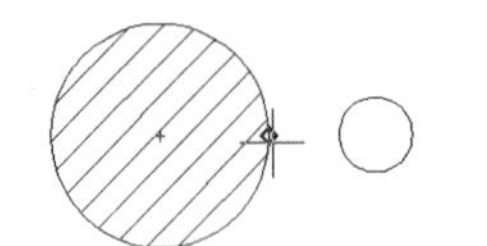

图 5-7 捕捉起点

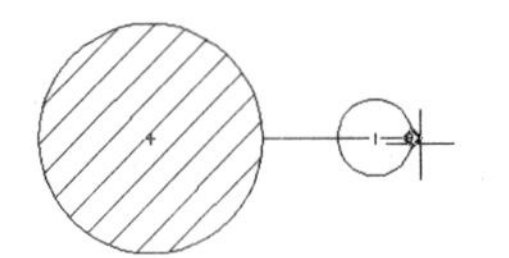

图 5-8 捕捉一个端点

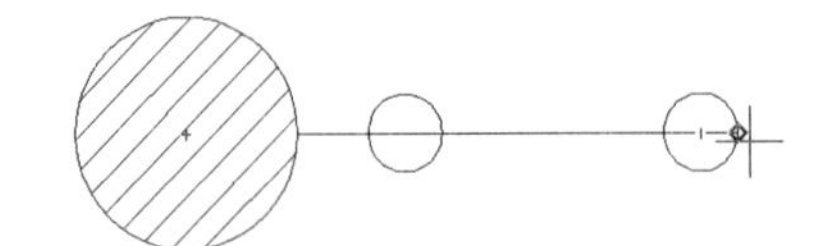

图 5-9 捕捉另一个端点

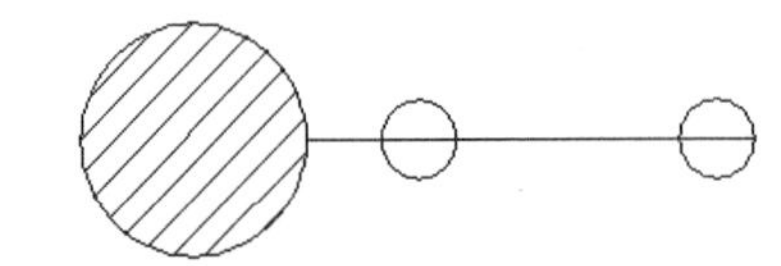

图 5-10 绘制直线

（7）单击“修改”面板中的矩形“阵列”命令按钮，屏幕出现如图 5-11 所示的“阵列创建”面板，设置各项数值，把如图 5-10 所示右边的$\phi5$ 圆和其左边的直线阵列 4 列，列距为 20，效果如图 5-12 所示。

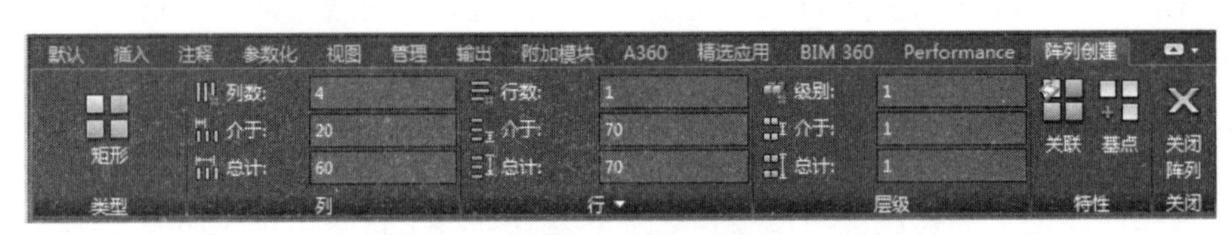

图 5-11 “阵列创建”面板

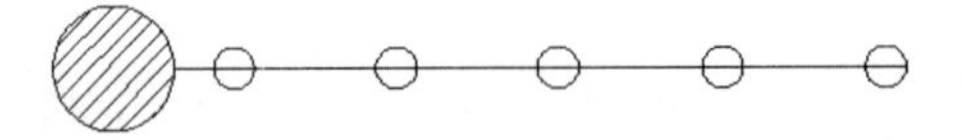

图 5-12 阵列图形

（8）单击“修改”面板中的“修剪”命令按钮，以如图 5-13 所示两个虚线$\phi5$ 圆为修剪边，修剪掉它里边的线头，结果如图 5-14 所示。

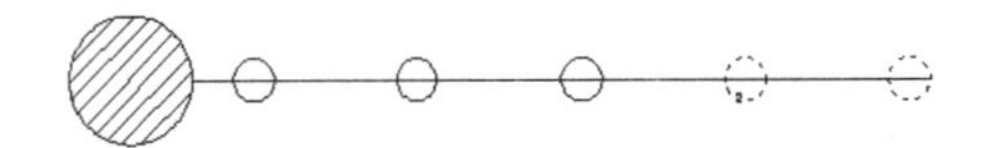

图 5-13 捕捉线头

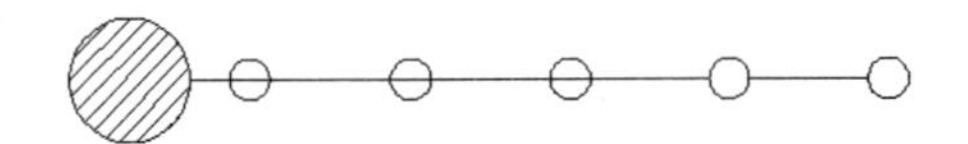

图 5-14 修剪线头

（9）单击“修改”面板中的“旋转”命令按钮，以如图 5-15 光标所示的圆心为旋转基点，把虚线所示的图形旋转-3°，结果如图 5-16 所示。

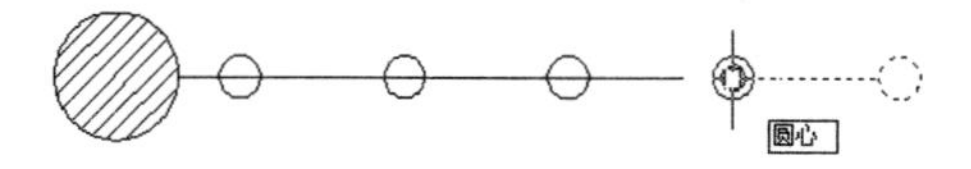

图 5-15　捕捉圆心

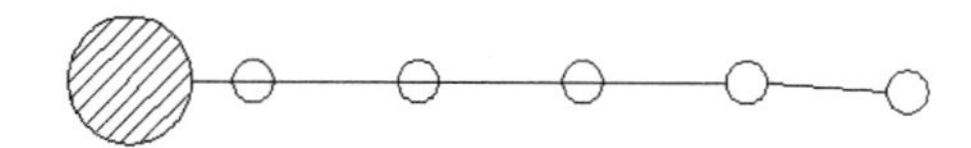

图 5-16　旋转图形

（10）绘制平衡拉线，它用于平衡电线杆受到的拉力。单击“修改”面板中的“偏移”命令按钮，把右边第 2 个圆向外边偏移复制一份，偏移距离为 3，效果如图 5-17 所示。

（11）单击“绘图”面板中的“直线”命令按钮，绘制两端分别在右边两段直线与偏移复制的圆的交点处的连线，效果如图 5-18 所示。

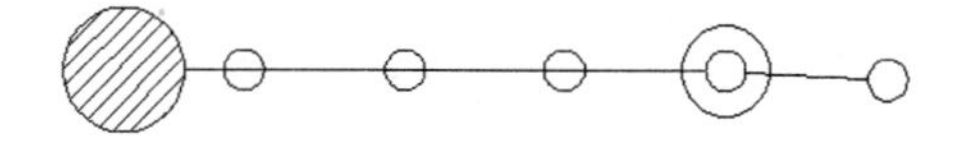

图 5-17　偏移复制圆

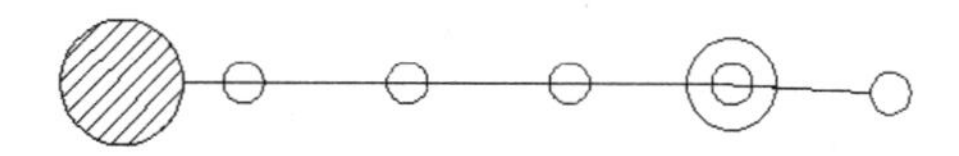

图 5-18　绘制直线

（12）单击“绘图”面板中的“直线”命令按钮，绘制起点在如图 5-19 所示位置，终点在如图 5-20 所示垂足处的直线，效果如图 5-21 所示。

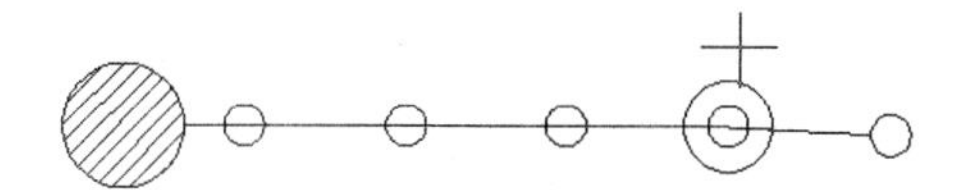

图 5-19　捕捉起点

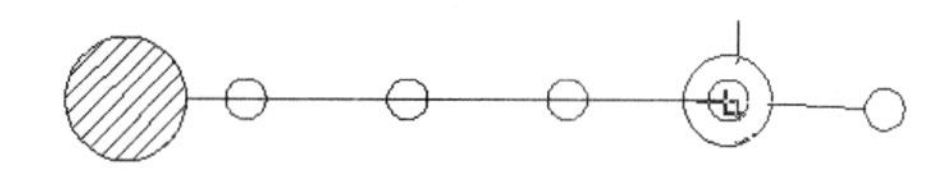

图 5-20　捕捉垂足

（13）单击“修改”面板中的“删除”命令按钮，删除如图 5-22 所示虚线图形，效果如图 5-23 所示。

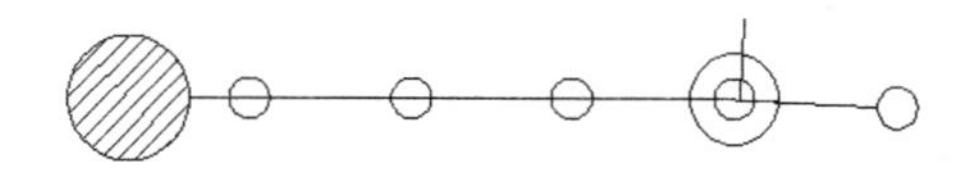

图 5-21　绘制垂线

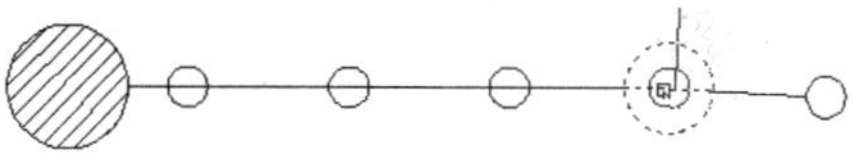

图 5-22　指示图形

（14）单击“修改”面板中的“移动”命令按钮，把所绘制的垂线以如图 5-24 所示下边端点为移动基准点，以圆心为移动目标点进行移动，效果如图 5-25 所示。

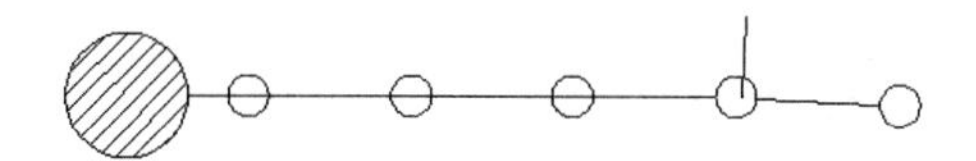

图 5-23　删除图形

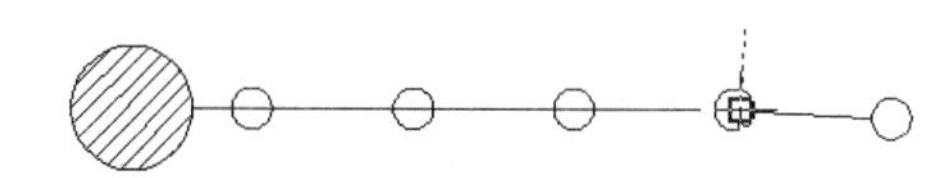

图 5-24　捕捉端点

（15）单击“绘图”面板中的“直线”命令按钮，绘制一条垂直于所绘垂线的短直线，效果如图 5-26 所示。

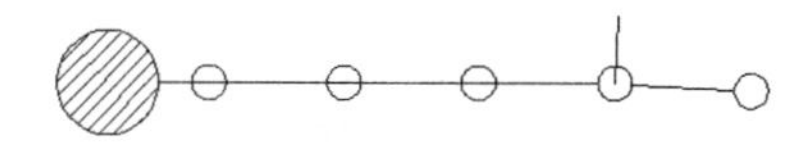

图 5-25　移动垂线

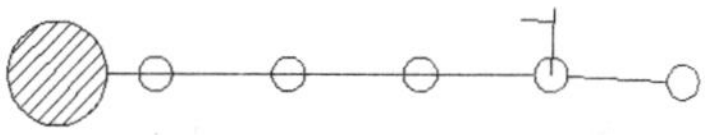

图 5-26　绘制短直线

（16）单击“修改”面板中的“移动”命令按钮，以刚才绘制短直线的中点为移动基准点，以如图 5-27 所示端点为移动目标点进行移动，效果如图 5-28 所示。

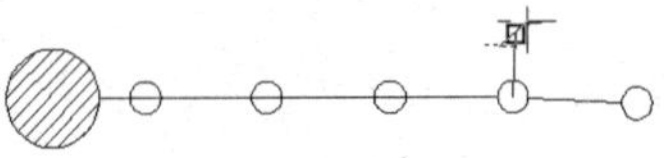

图 5-27　捕捉端点

图 5-28　移动直线

（17）单击“修改”面板中的“修剪”命令按钮，以如图 5-29 虚线所示圆为修剪边，修剪掉它里边的线头作为平衡拉线，结果如图 5-30 所示。

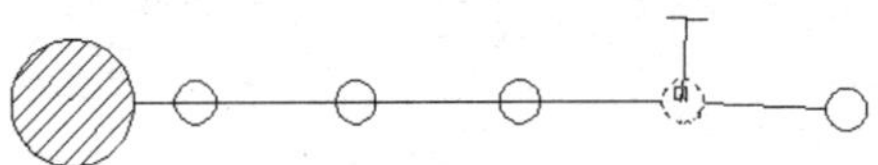
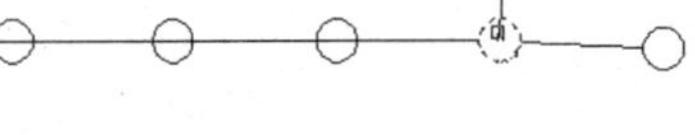

图 5-29　捕捉线头

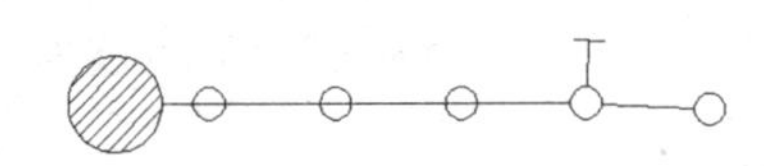

图 5-30　修剪线头

（18）绘制电线杆和导线。单击“修改”面板中的“复制”命令按钮，以如图 5-31 所示端点为复制基准点，以如图 5-32 所示的象限点为复制目标点，把虚线所示的图形向右复制一份，效果如图 5-33 所示。

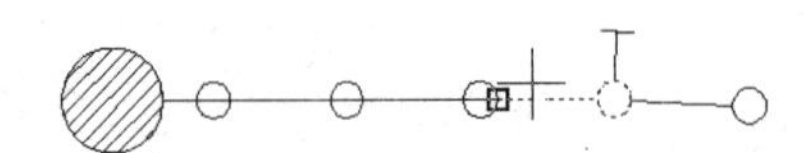

图 5-31　捕捉端点

图 5-32　捕捉象限点

（19）单击“修改”面板中的“旋转”命令按钮，以如图 5-34 光标所示的圆心为旋转基点，把虚线所示的图形顺时针旋转 21°，结果如图 5-35 所示。

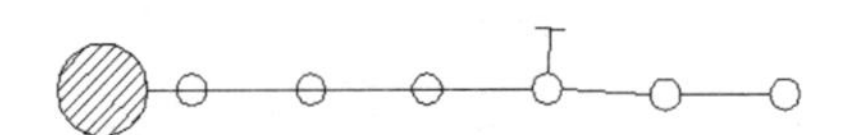

图 5-33　复制图形

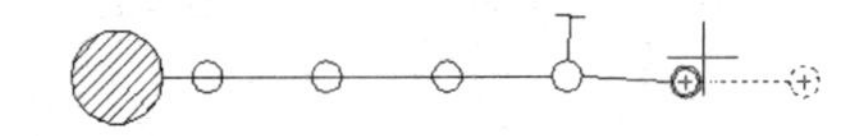

图 5-34　捕捉圆心

（20）单击“修改”面板中的“复制”命令按钮，以如图 5-36 所示端点为复制基准点，以如图 5-37 所示的端点为复制目标点，把虚线所示的图形向右复制一份，效果如图 5-38 所示。

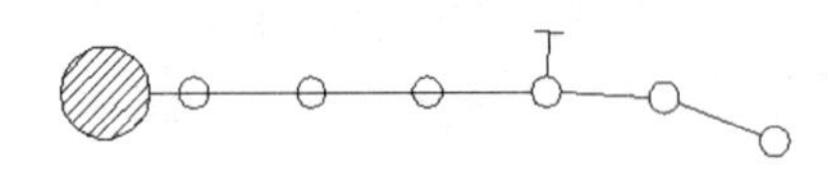

图 5-35　旋转图形

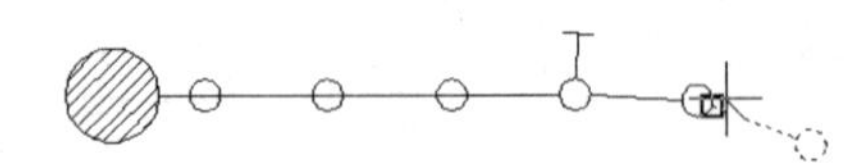

图 5-36　捕捉复制基准点

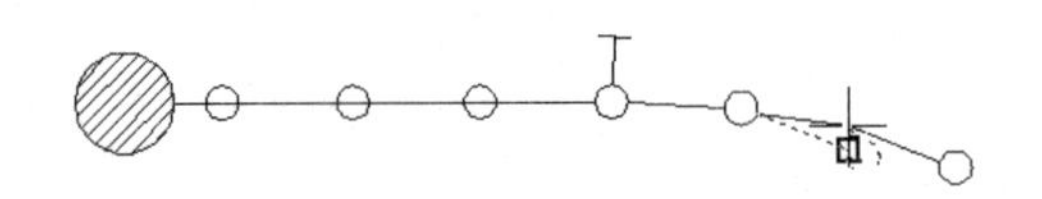

图 5-37　捕捉复制目标点

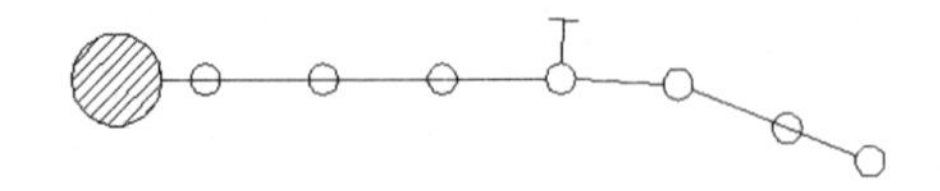

图 5-38　复制图形

（21）单击“修改”面板中的“复制”命令按钮，以如图 5-39 所示端点为复制基准点，以如图 5-40 所示的端点和图 5-41 所示的交点为复制目标点，把虚线所示的图形向右复制一份，效果如图 5-42 所示。

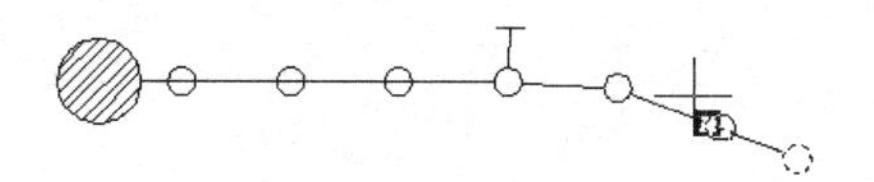

图 5-39　捕捉端点

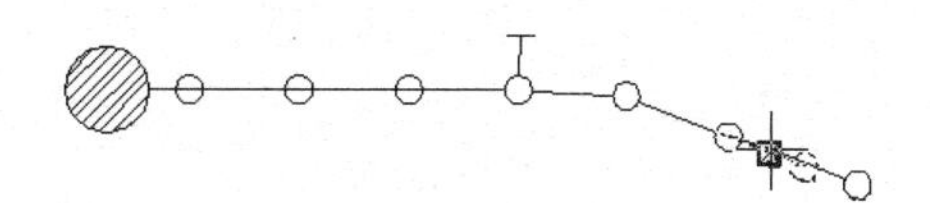

图 5-40　捕捉延伸外观交点

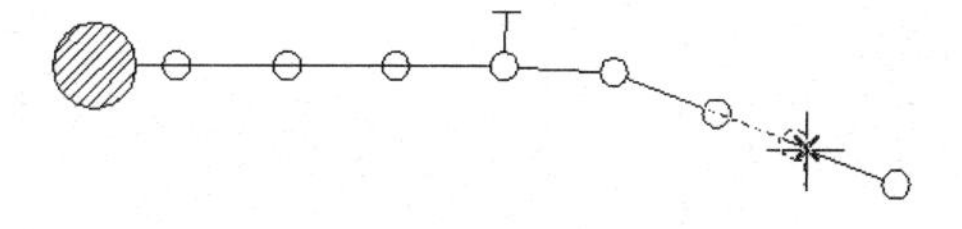

图 5-41　捕捉交点

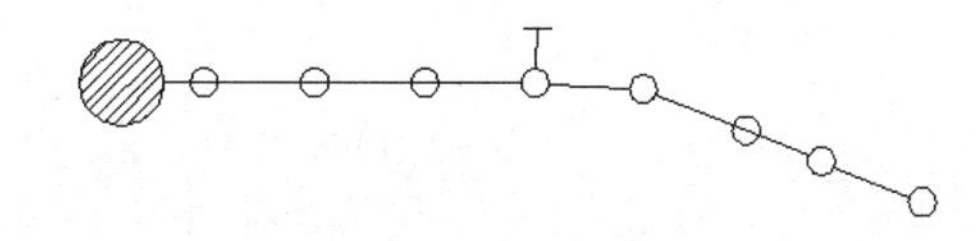

图 5-42　复制图形

（22）单击“修改”面板中的“旋转”命令按钮，以如图 5-43 光标所示的圆心为旋转基点，把虚线所示的图形顺时针旋转 47°，结果如图 5-44 所示。

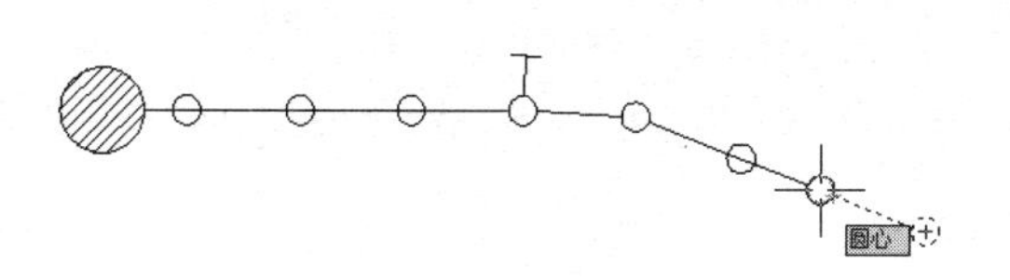

图 5-43　捕捉圆心

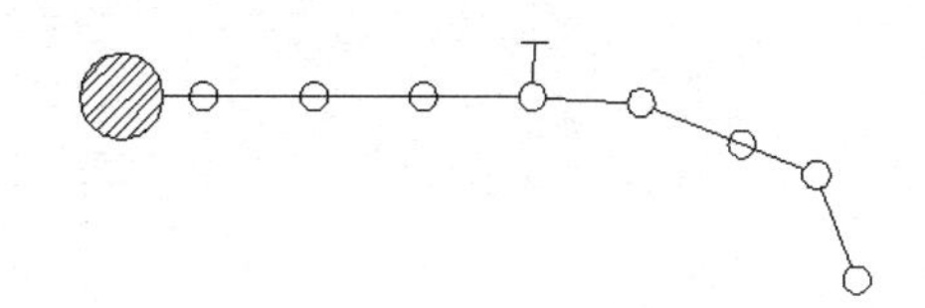

图 5-44　旋转图形

（23）单击“修改”面板中的“复制”命令按钮，以如图 5-45 所示端点为复制基准点，以如图 5-46 所示的端点为复制目标点，把虚线所示的图形向右复制一份，效果如图 5-47 所示。

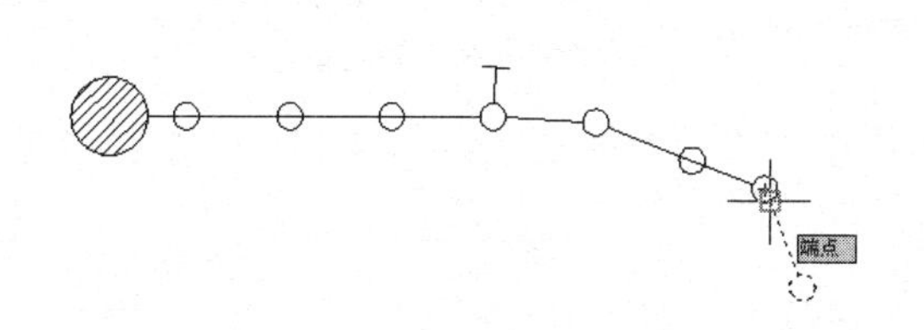

图 5-45　捕捉端点

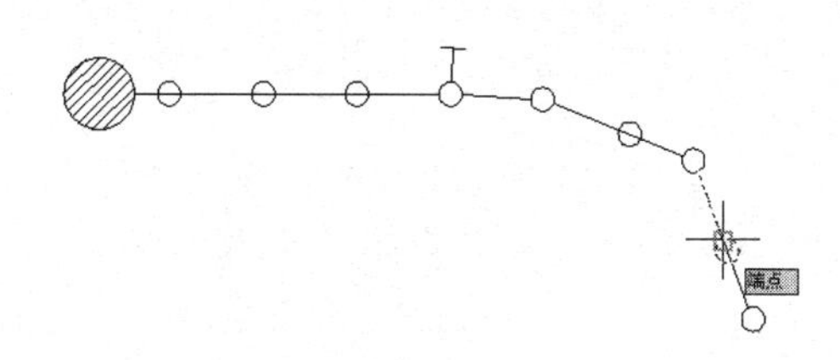

图 5-46　捕捉复制目标点

（24）单击“修改”面板中的“复制”命令按钮，以如图 5-48 所示端点为复制基准点，以如图 5-49 和图 5-50 所示的延伸外观交点、交点为复制目标点，把虚线所示的图形向右复制一份，效果如图 5-51 所示。

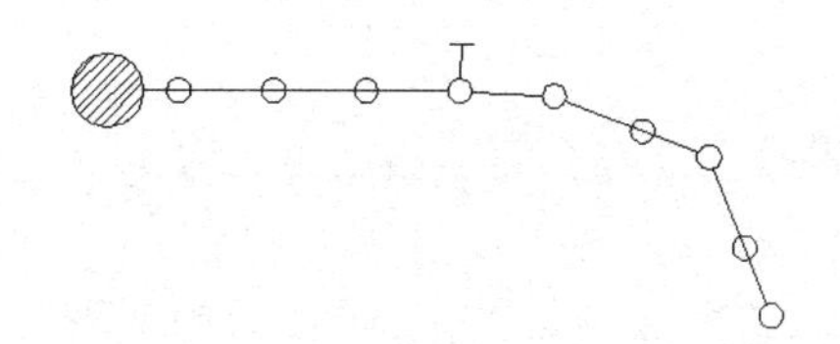

图 5-47　复制图形

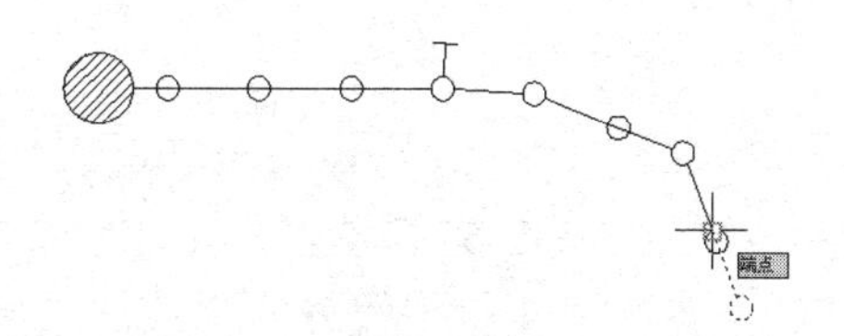

图 5-48　捕捉端点

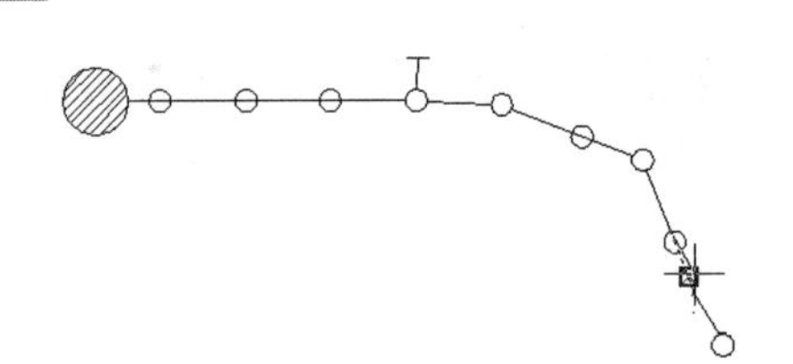

图 5-49 捕捉延伸外观交点

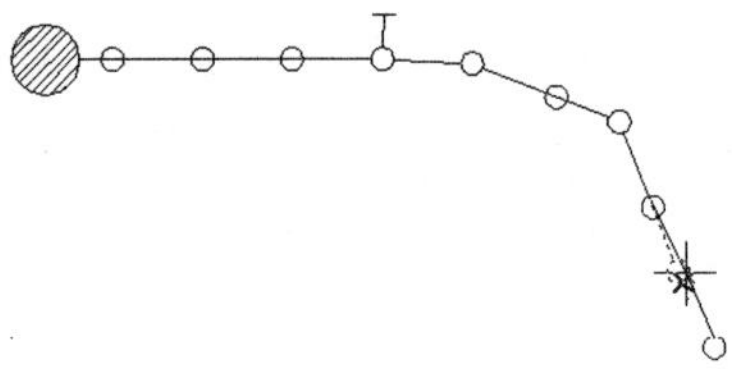

图 5-50 捕捉交点

（25）单击“修改”面板中的“旋转”命令按钮，以如图 5-52 光标所示的圆心为旋转中心，把虚线所示的图形逆时针旋转 45°，结果如图 5-53 所示。

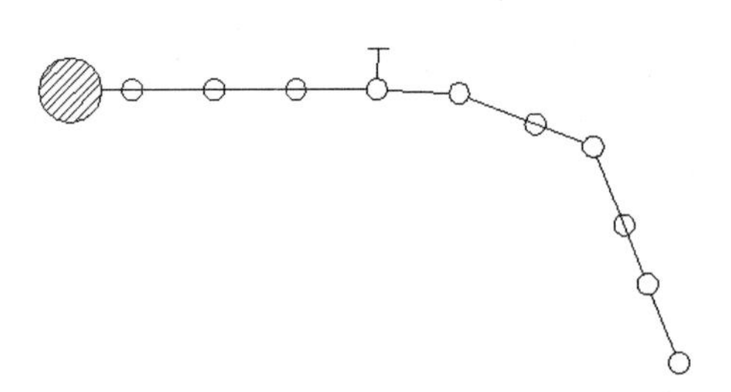

图 5-51 复制图形

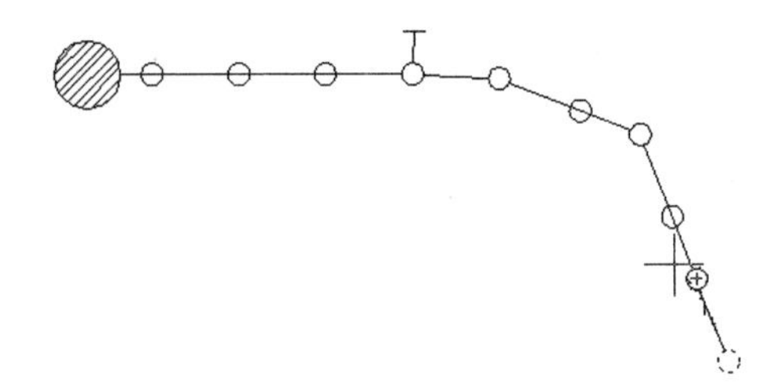

图 5-52 捕捉圆心

（26）在命令行窗口输入命令“lengthen”，把如图 5-54 光标所示的线头拉长 20，结果如图 5-55 所示。

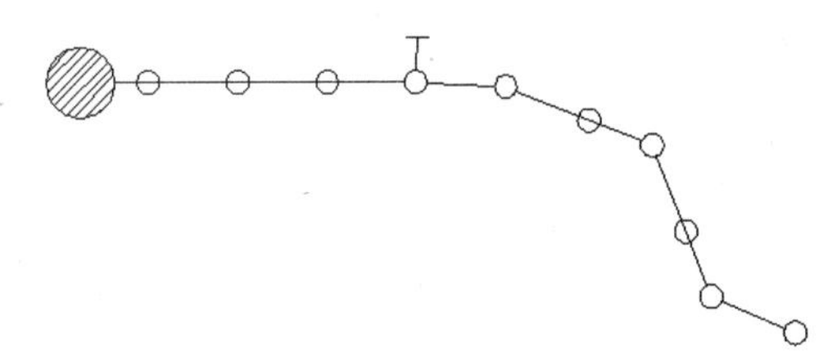

图 5-53 旋转图形

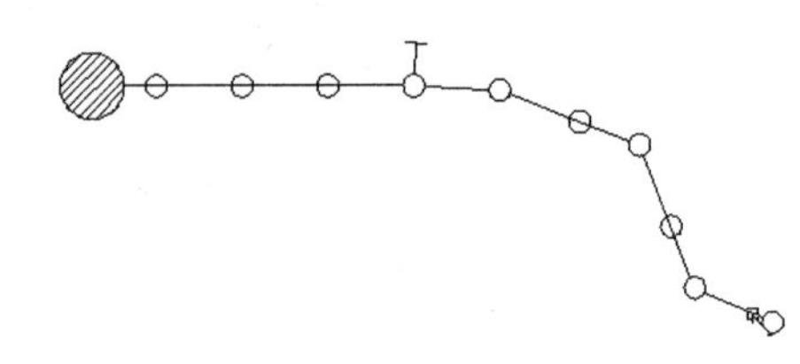

图 5-54 捕捉线头

（27）绘制用电变压器。单击“绘图”面板中的“圆”命令按钮，绘制圆心在右边直线端点的ϕ15 圆，效果如图 5-56 所示。

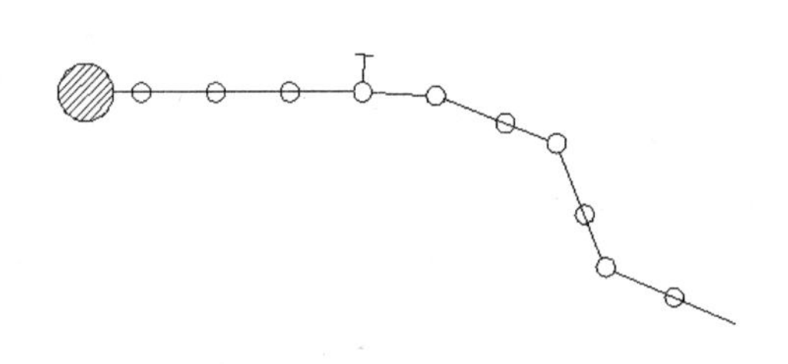

图 5-55 拉长线头

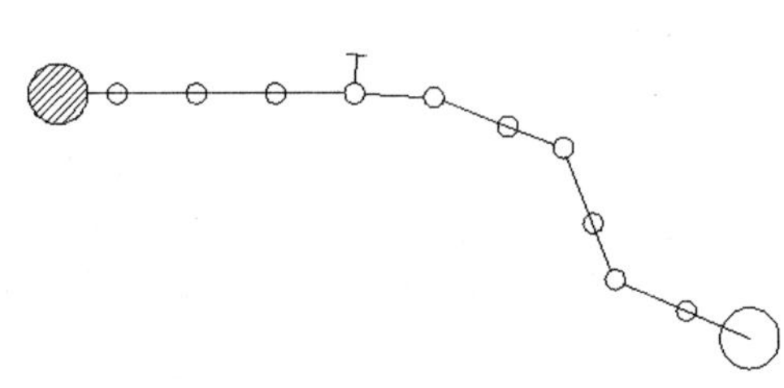

图 5-56 绘制圆

（28）单击“修改”面板中的“修剪”命令按钮，以ϕ15 圆为修剪边，修剪掉它里边的线头，结果如图 5-57 所示。

（29）参考第 4 根电线杆的平衡拉线绘制方法，绘制第 5 根电线杆的平衡拉线，结果如图 5-58 所示。

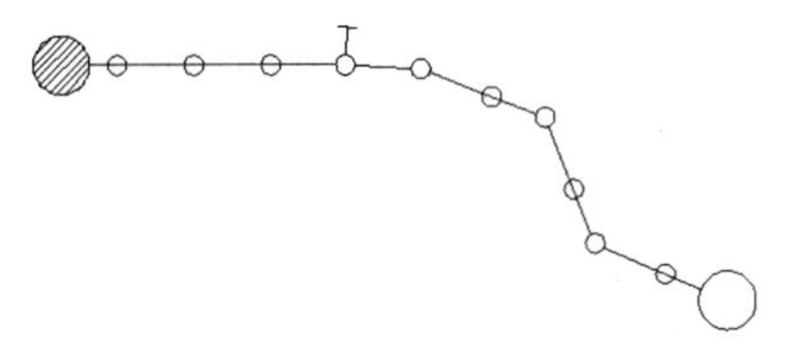

图 5-57　修剪线头

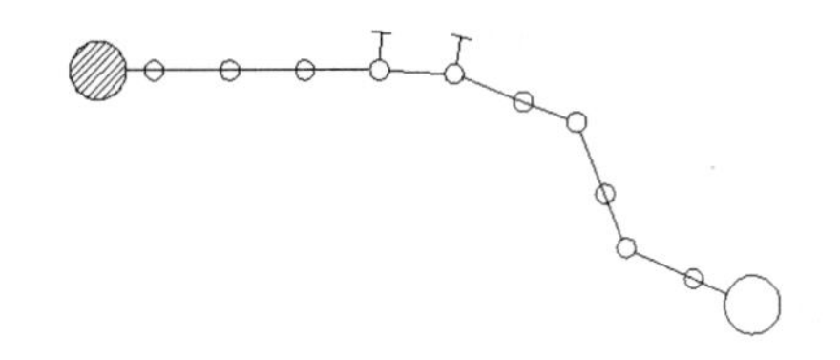

图 5-58　绘制平衡拉线

5.1.2　细节

每根电线杆之间的线路长度，电线杆的受力情况和角度都是需要表达清楚的。下面的绘图操作中详细绘制了这些细节。

（1）绘制转角大的电线杆的平衡拉线，这里需要绘制两条平衡拉线。局部放大如图 5-59 所示的框选图形，预备下一步操作，效果如图 5-60 所示。

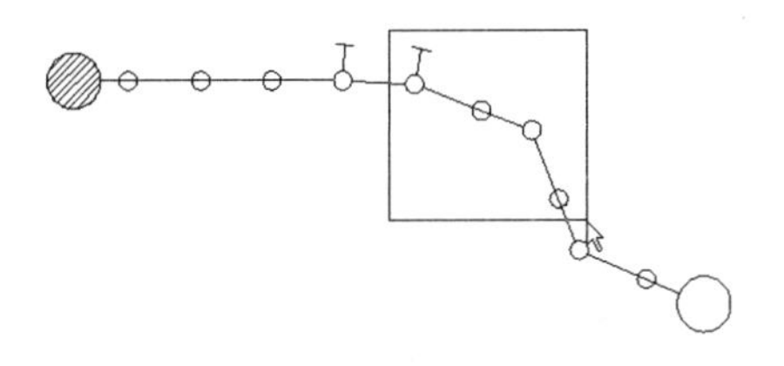

图 5-59　框选图形

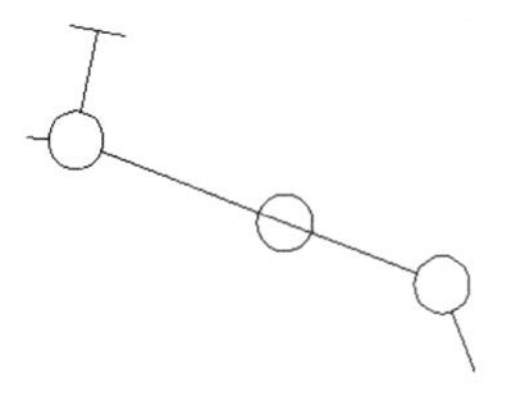

图 5-60　局部放大

（2）单击“修改”面板中的“复制”命令按钮，把左边的平衡拉线向右复制两份，效果如图 5-61 所示。

（3）在菜单栏中，选择“修改”→“三维操作”→“对齐”命令，按命令行的提示操作，把一个平衡拉线对齐到线路上。

```
命令: _align
选择对象: 指定对角点: 找到 2 个（选择平衡拉线）
选择对象:（按〈Enter〉键）
指定第一个源点: （捕捉如图 5-62 所示端点）
指定第一个目标点: （捕捉如图 5-63 所示最近点）
指定第二个源点: （捕捉如图 5-64 所示端点）
指定第二个目标点: （捕捉如图 5-65 所示端点）
指定第三个源点或 <继续>:（按〈Enter〉键）
是否基于对齐点缩放对象？[是(Y)/否(N)] <否>:（按〈Enter〉键）
```

过程效果如图 5-66 所示，对齐效果如图 5-67 所示。

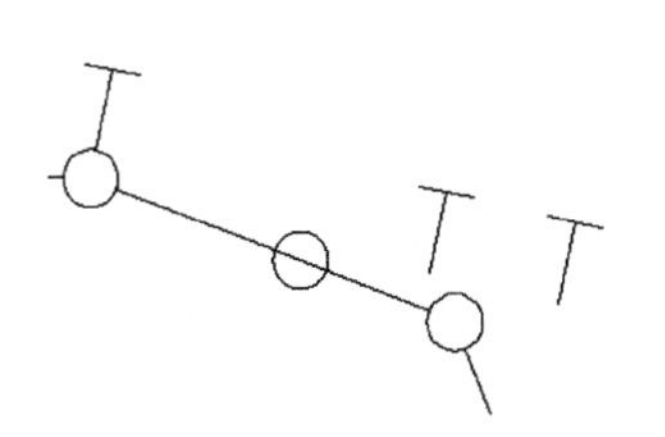

图 5-61　复制图形

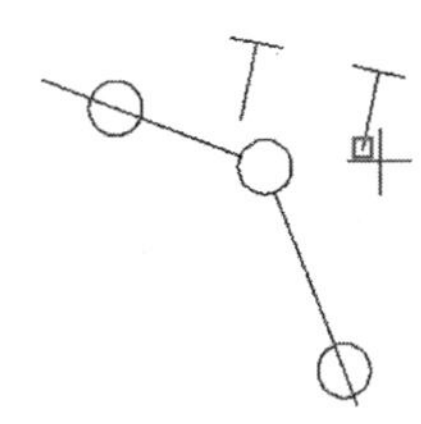

图 5-62　捕捉第一个源点

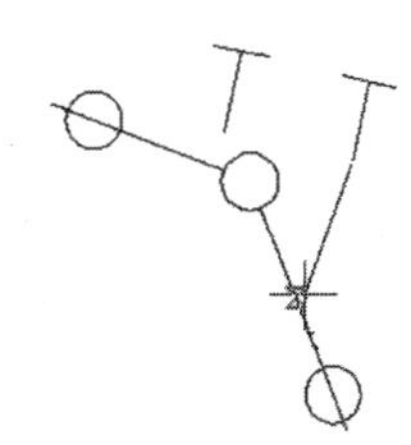

图 5-63　捕捉第一个目标点

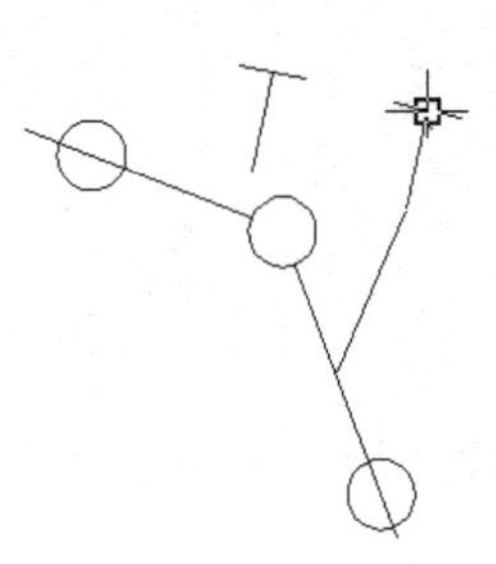
图 5-64　捕捉第二个源点

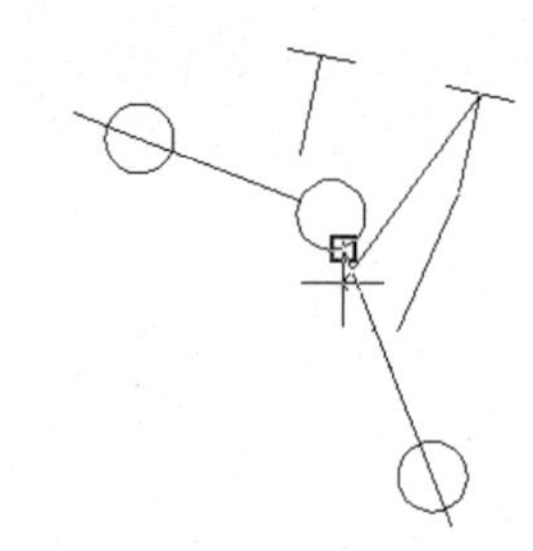
图 5-65　捕捉第二个目标点

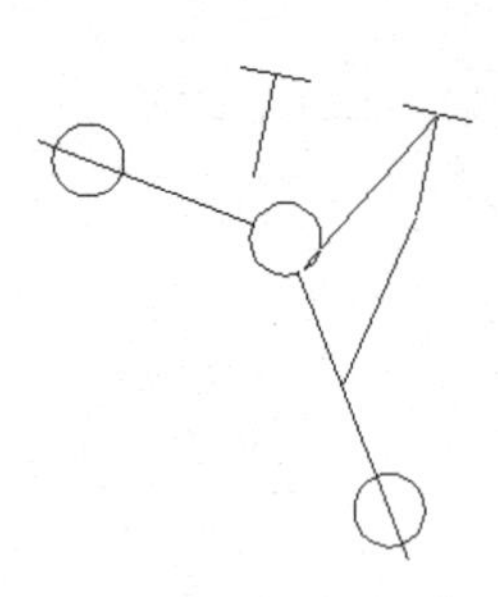
图 5-66　对齐线

（4）单击“修改”面板中的“移动”命令按钮，把对齐的平衡拉线以如图 5-68 所示端点为移动基准点，以下边线路在如图 5-69 所示位置的延伸交点为移动目标点进行移动，效果如图 5-70 所示。

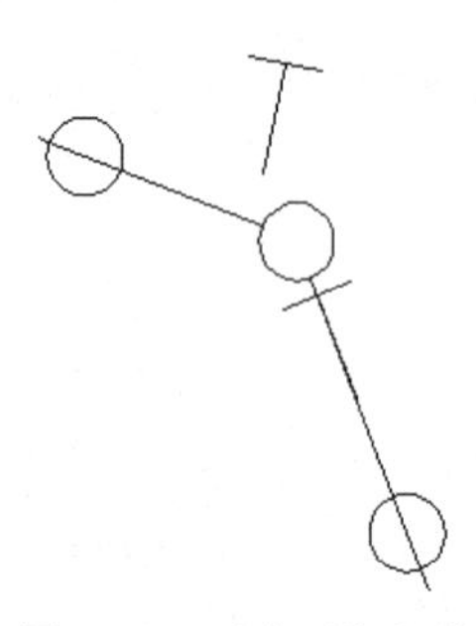
图 5-67　对齐平衡拉线

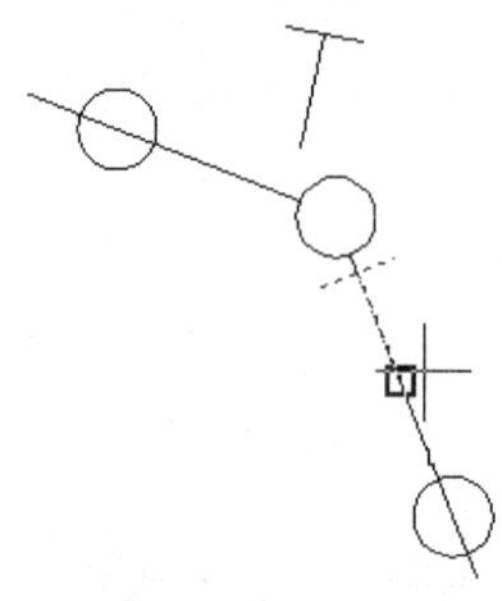
图 5-68　捕捉移动基准点

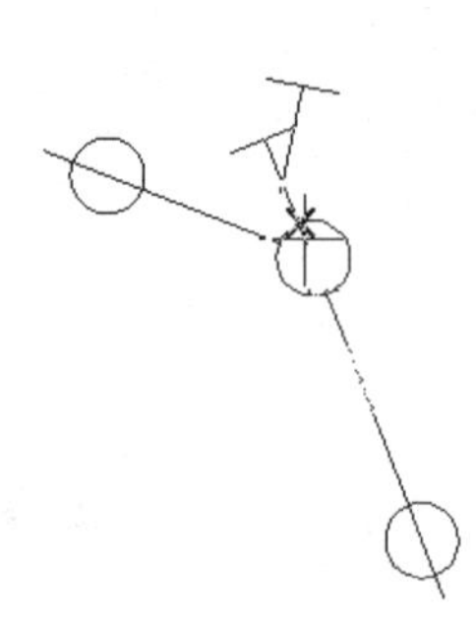
图 5-69　捕捉移动目标点

（5）参考以上操作方法，绘制左边线路的平衡拉线，效果如图 5-71 所示。

（6）参考以上绘制平衡拉线的操作方法，绘制如图 5-72 光标所示电线杆的平衡拉线，效果如图 5-73 所示。

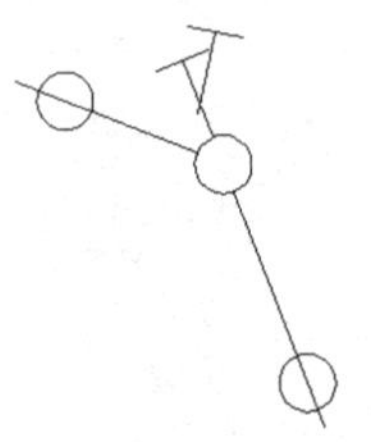
图 5-70　移动平衡拉线

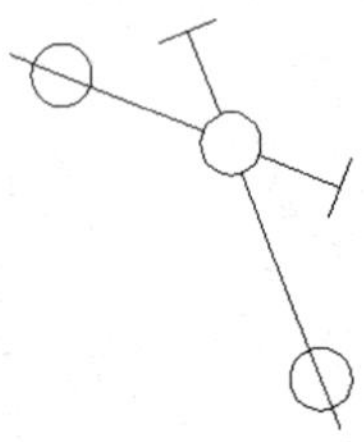
图 5-71　绘制平衡拉线

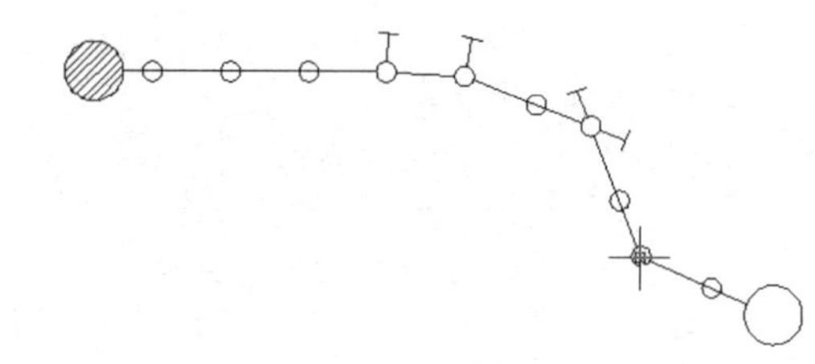
图 5-72　指示电线杆

（7）单击“绘图”面板中的“直线”命令按钮，绘制两个变压器旁边线路上的垂直短线，表示接线排，效果如图 5-74 所示。

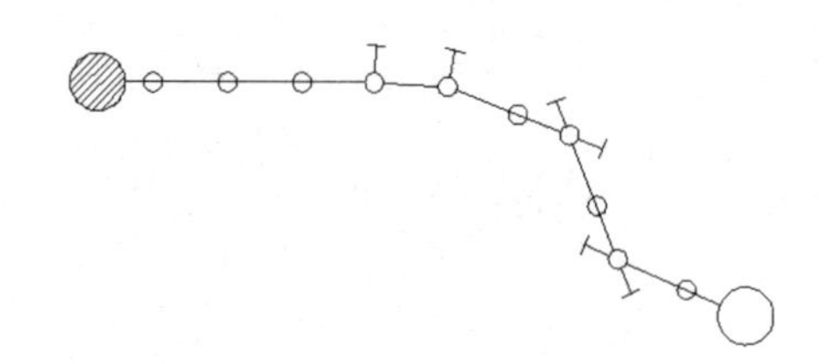
图 5-73　绘制新平衡拉线

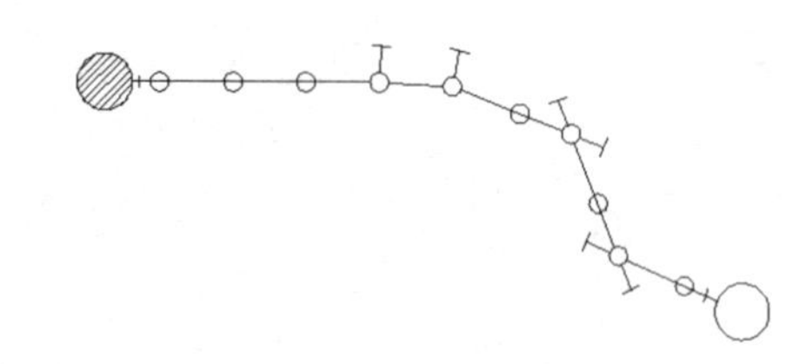
图 5-74　绘制垂直短线

（8）单击“绘图”面板中的“直线”命令按钮，绘制第 2 根电线杆右边的两条垂直线，表示公路，效果如图 5-75 所示。

（9）单击“注释”面板中的“多行文字”命令按钮，在两个变压器附近标注变压器的参数，效果如图 5-76 所示。

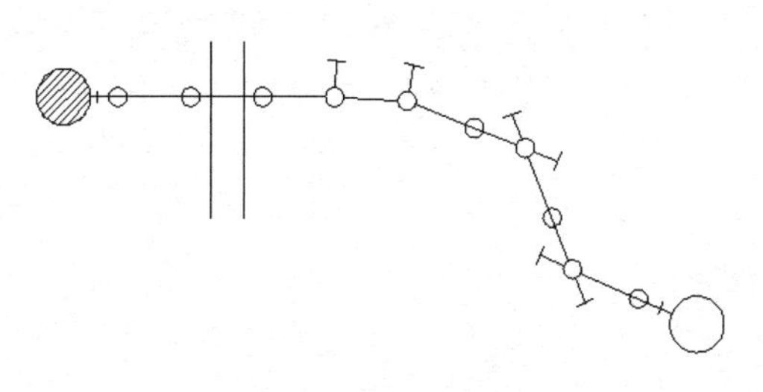

图 5-75　绘制公路

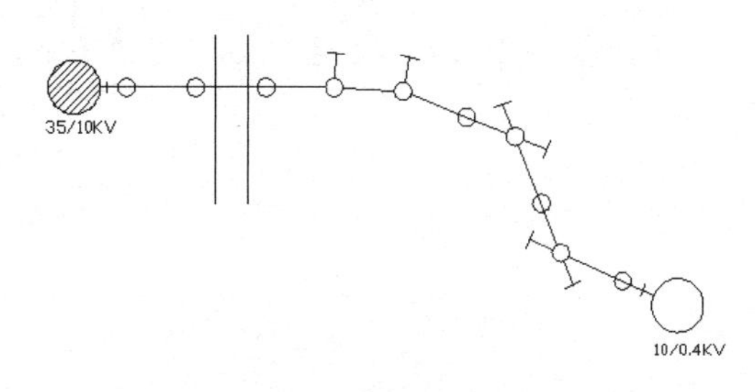

图 5-76　标注参数

（10）单击“注释”面板中的“多行文字”命令按钮，在各个电线杆附近标注其序号和型号，效果如图 5-77 所示。

（11）单击“注释”面板中的“多行文字”命令按钮，标注各条线路的长度，效果如图 5-78 所示。

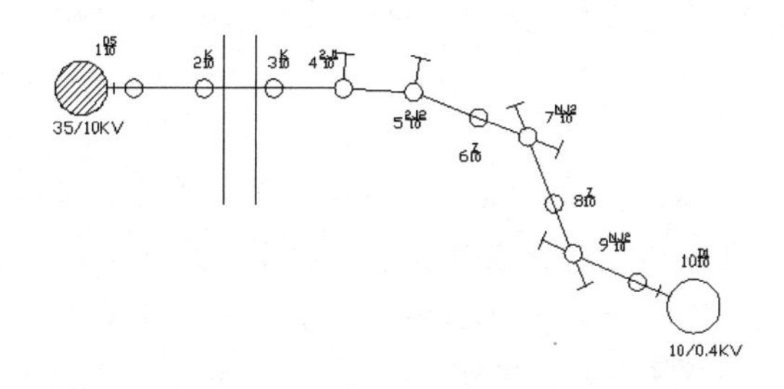

图 5-77　标注电线杆参数

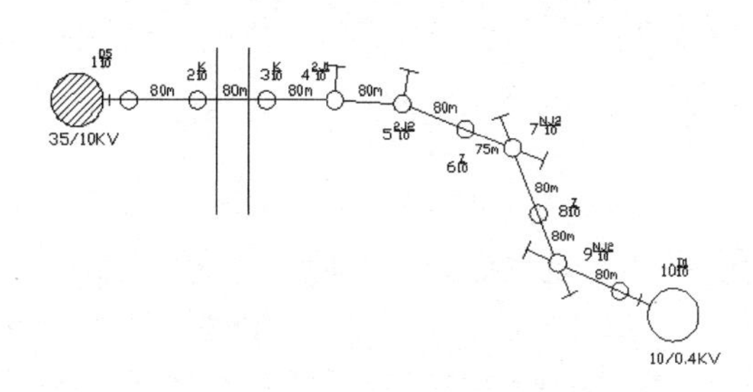

图 5-78　标注线路长度

（12）单击“注释”面板中的“角度”命令按钮，标注线路的转角，阶段效果如图 5-79 所示。

（13）单击“注释”面板中的“多行文字”命令按钮，标注导线的型号，效果如图 5-80 所示。

（14）单击“绘图”面板中的“直线”命令按钮，绘制导线型号文字指向导线的直线，效果如图 5-81 所示。

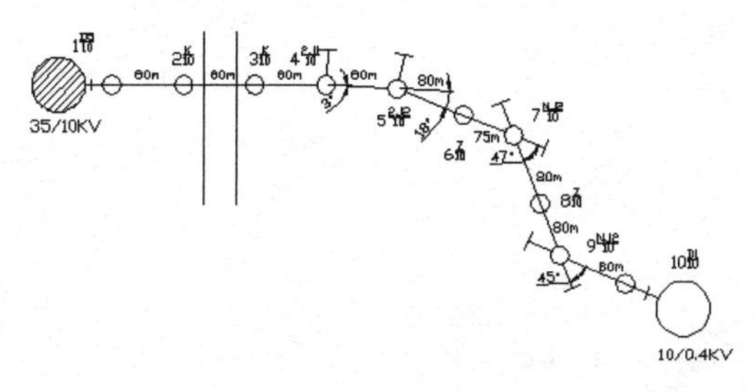

图 5-79　标注线路的转角

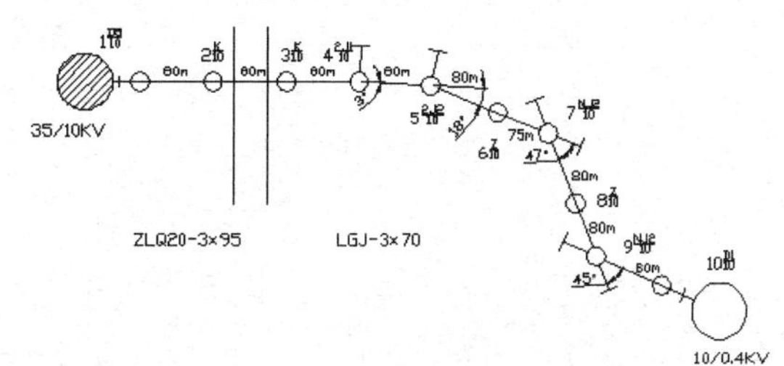

图 5-80　标注导线的型号

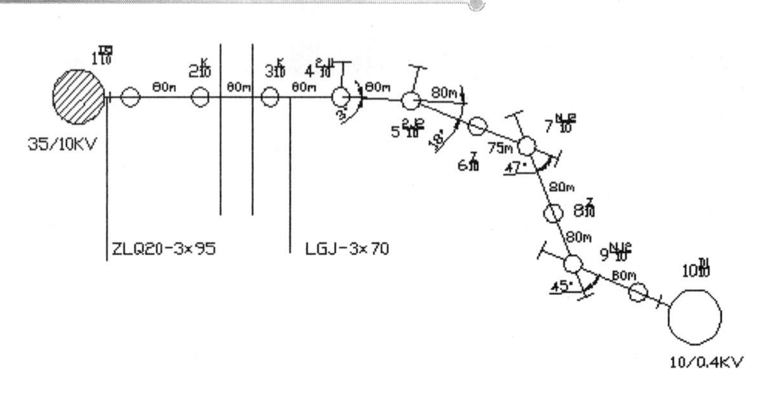

图 5-81　绘制直线

5.2　10kV 变电所系统图

制作思路

变电所的电气原理图有两种：一种是简单的系统图，表明变电所的大致工作原理；一种是更详细阐述电气原理的接线图。本例先绘制系统图，再绘制电气主接线图。

5.2.1　系统图

变电所的工作原理是，电力通过具有自保护功能的高压开关接入变压器进行变压。整套设备都要接地良好。在下面系统图的绘制工作中清晰地表达了这些要求。绘制步骤如下。

（1）完善开关。从以前绘制的图形中复制如图 5-82 所示的元器件符号，准备绘制线路。

（2）单击“绘图”面板中的“矩形”命令按钮，在开关旁边绘制一个矩形，效果如图 5-83 所示。

（3）在菜单栏中选择“修改”→“三维操作”→“对齐”命令，按命令行的提示操作，把一个平衡拉线对齐到线路上。

```
命令: _align
选择对象: 指定对角点: 找到 1 个（选择平衡拉线）
选择对象:（按〈Enter〉键）
指定第一个源点: （捕捉矩形上边中点）
指定第一个目标点: （捕捉如图 5-84 所示最近点）
指定第二个源点: （捕捉矩形下边中点）
指定第二个目标点: （捕捉如图 5-85 所示最近点）
指定第三个源点或 <继续>:（按〈Enter〉键）
是否基于对齐点缩放对象？[是(Y)/否(N)] <否>:（按〈Enter〉键）
```

中间过程如图 5-86 所示，矩形对齐效果如图 5-87 所示。

（4）单击“绘图”面板中的“直线”命令按钮，绘制如图 5-87 所示的短直线为接地线。

（5）单击“绘图”面板中的“直线”命令按钮，绘制起点在如图 5-88 所示位置，与矩形垂直的直线，效果如图 5-89 所示。

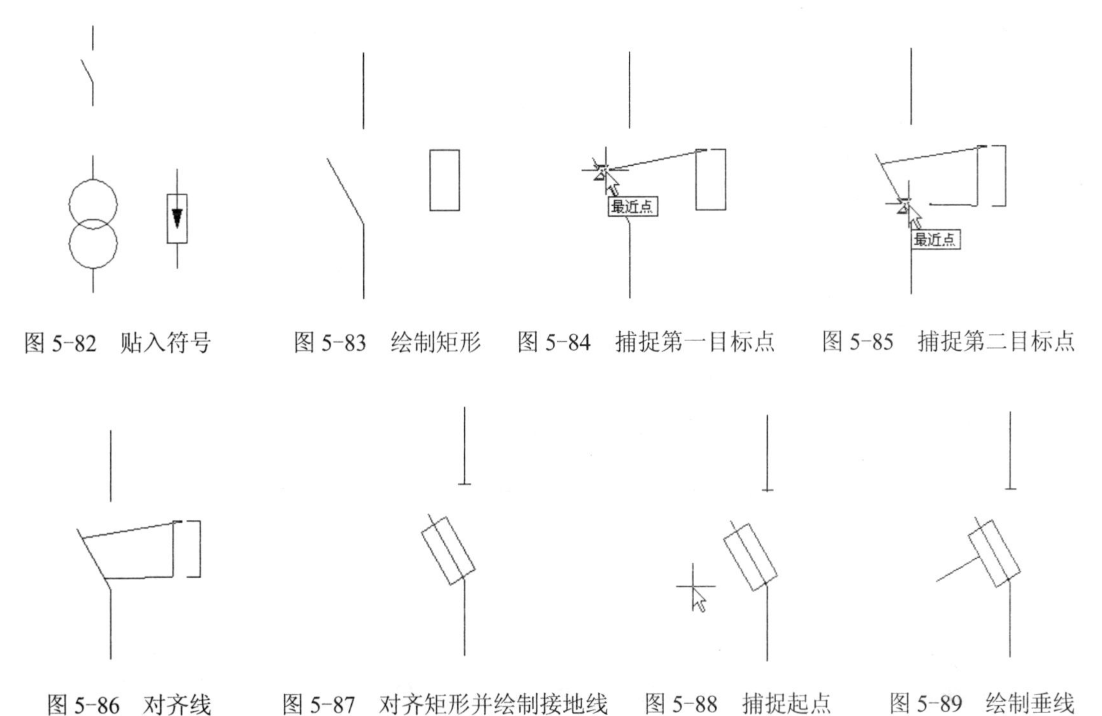

图 5-82　贴入符号　　图 5-83　绘制矩形　　图 5-84　捕捉第一目标点　　图 5-85　捕捉第二目标点

图 5-86　对齐线　　图 5-87　对齐矩形并绘制接地线　　图 5-88　捕捉起点　　图 5-89　绘制垂线

（6）单击“修改”面板中的“复制”命令按钮，把箭头复制到开关旁边，效果如图 5-90 所示。

（7）参考以前对齐平衡拉线的方法，对齐箭头，效果如图 5-91 所示。

（8）在命令行窗口输入命令“lengthen”，把上边的线头适当拉长，效果如图 5-92 所示。

（9）绘制表示电力输入方向的箭头。单击“修改”面板中的“复制”命令按钮，把箭头向上复制一份，效果如图 5-93 所示。

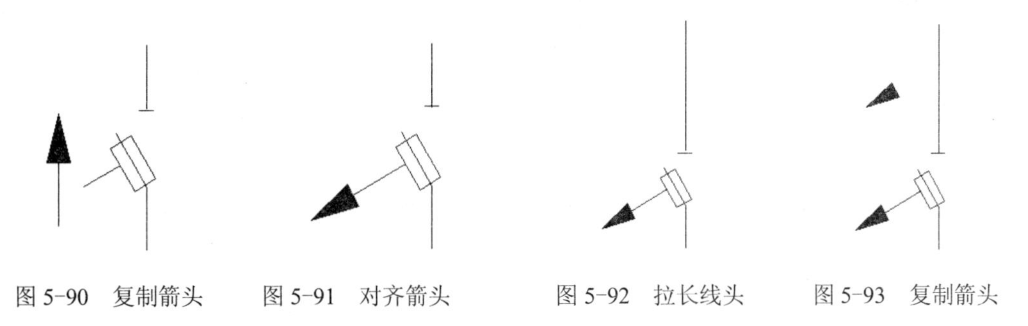

图 5-90　复制箭头　　图 5-91　对齐箭头　　图 5-92　拉长线头　　图 5-93　复制箭头

（10）参考以前对齐平衡拉线的方法，把复制的箭头对齐到上边线头上，效果如图 5-94 所示。

（11）单击“绘图”面板中的“直线”命令按钮，在上边线头上绘制3条短斜线表示此线路实际为三相线，效果如图 5-95 所示。

（12）在菜单栏中选择“视图”→“三维视图”→“俯视”命令，显示全部图形，效果如图 5-96 所示。

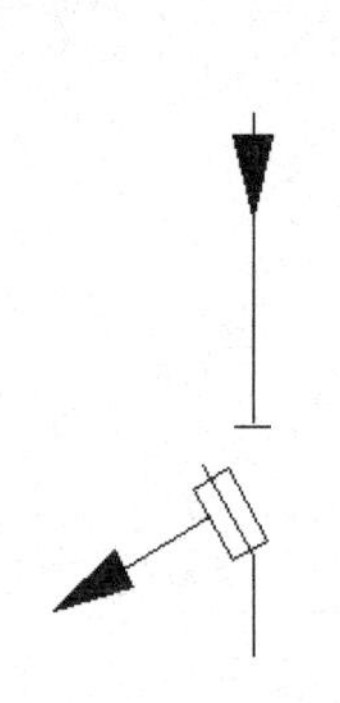

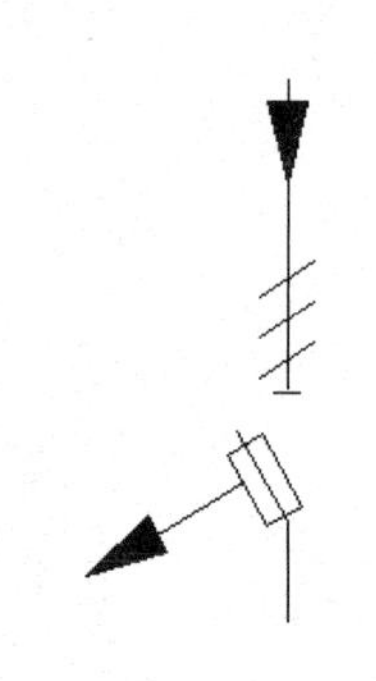

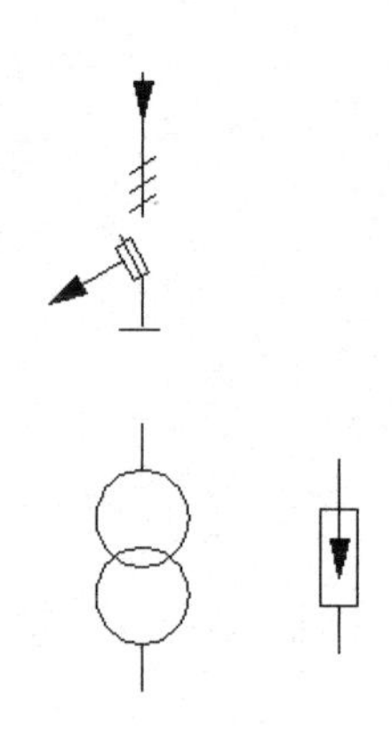

图 5-94　对齐箭头　　　图 5-95　绘制 3 条短斜线　　　图 5-96　显示全部图形

（13）单击“绘图”面板中的“直线”命令按钮，使用直线连接各个元器件组织线路，效果如图 5-97 所示。

（14）单击“绘图”面板中的“直线”命令按钮，在下边线头上绘制 3 条短斜线表示出线也为三相线，效果如图 5-98 所示。

（15）从以前绘制的图形中复制一个接地线符号，并安装在避雷器下边，如图 5-99 所示。

（16）单击“注释”面板中的“多行文字”命令按钮，标注各个元器件的代号，结果如图 5-100 所示。

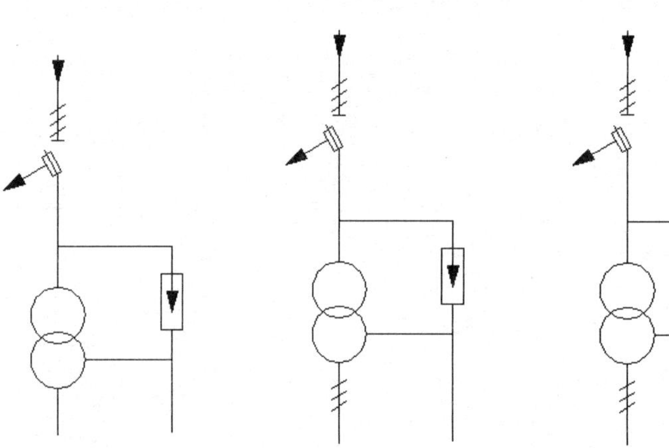

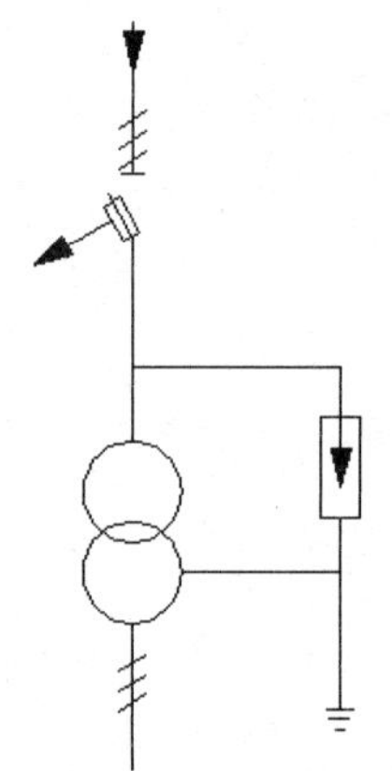

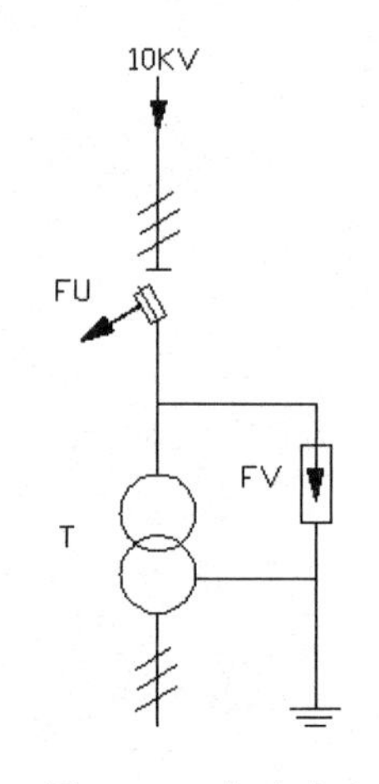

图 5-97　连接元器件　　图 5-98　绘制 3 条短斜线　　图 5-99　安装接地线　　图 5-100　标注文字

5.2.2　电气主接线图

高压电需要经过配电设备接入变压器才能变压。高压配电设备接入高压母线，然后接入高压监测设备、变压设备。变压设备可能不只一套。每套变压设备输出的低压电力接入各自的低压母线，然后输送给用电设备。

1．高压 10kV 配电装置

高压电进入变电所，需要经过若干高压电气设备。为了避免雷暴袭击，要使高压线通过避雷设备。为了在过载、过流等情况下自动断开线路，需要使高压线通过保护线路。下面绘

制的高压10kV配电装置电气图清晰地表达了这些要求。绘制步骤如下。

（1）从以前绘制的图形中复制如图5-101所示的元器件符号，准备绘制隔离开关线路。

（2）单击“修改”面板中的“复制”命令按钮，以接地线符号中的一条短直线中点为复制基准点，如图5-102和图5-103所示的端点为复制目标点，把短直线复制两份，形成两个自动断路器开关，效果如图5-104所示。

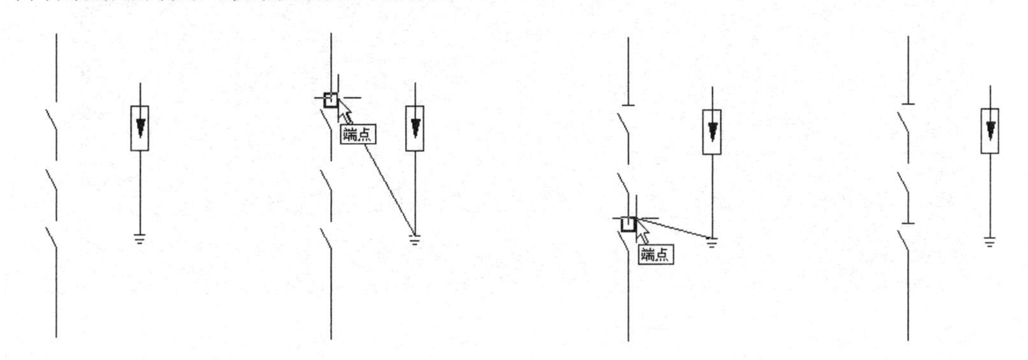

图5-101　贴入元器件符号　图5-102　捕捉一个端点　图5-103　捕捉另一个端点　图5-104　复制短直线

（3）绘制一个断路器。单击“绘图”面板中的“直线”命令按钮，在如图5-105所示端点绘制交叉的斜直线，效果如图5-106所示。

（4）单击“绘图”面板中的“圆”命令按钮，在线路中绘制一个圆，然后单击“绘图”面板中的“直线”命令按钮，从圆的左边象限点绘制水平向左的短直线，表示电流互感器，效果如图5-107所示。

（5）单击“移动”命令按钮和“拉伸”命令按钮，适当调整图形，使其紧凑整齐。然后单击“绘图”面板中的“直线”命令按钮绘制直线，效果如图5-108所示。

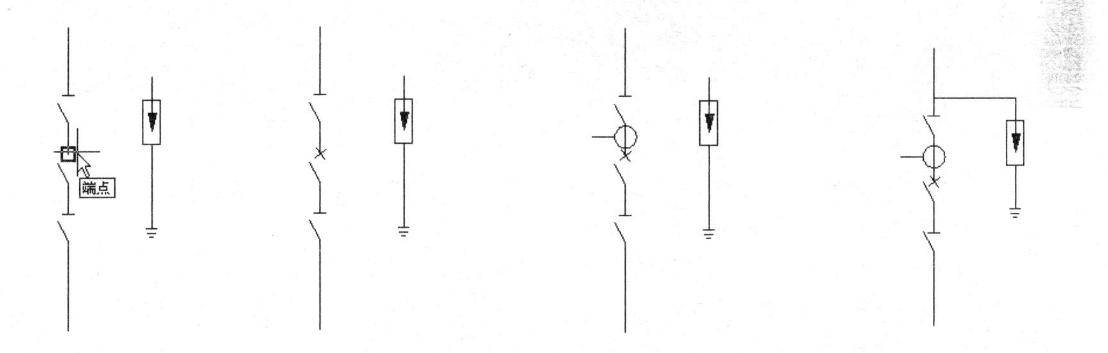

图5-105　指示端点　图5-106　绘制交叉斜直线　图5-107　绘制电流互感器　图5-108　调整图形

（6）单击“图层”面板中的“图层特性”命令按钮，设置一个使用点画线的“功能框”图层，如图5-109所示，单击“置为当前”按钮，使它转为当前图层。

（7）单击“绘图”面板中的“矩形”命令按钮，绘制包含所有元器件的矩形，效果如图5-110所示。

2．变压设备

变压设备是变电所的主要工作设备，其中心设备是变压器。为了使变压器长期、正常地工作，要给变压器配备各种保护设备、接地设备、电压、电流和负载监测设备。绘制步骤如下。

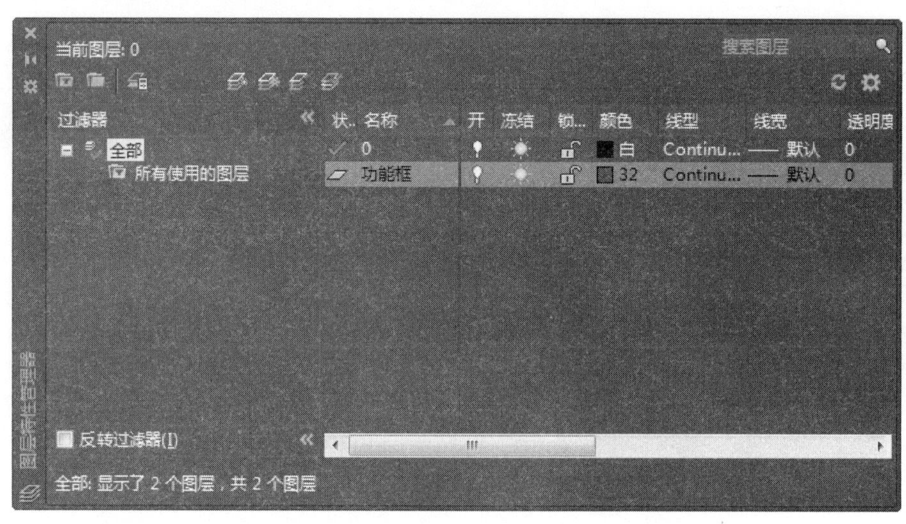

图 5-109　设置“功能框”图层

（1）在“图层”面板中的“图层控制”下拉列表框中选择“0”图层，如图 5-111 所示，使其转为当前图层。

（2）单击“绘图”面板中的“直线”命令按钮，绘制一条横线作为高压母线，效果如图 5-112 所示。

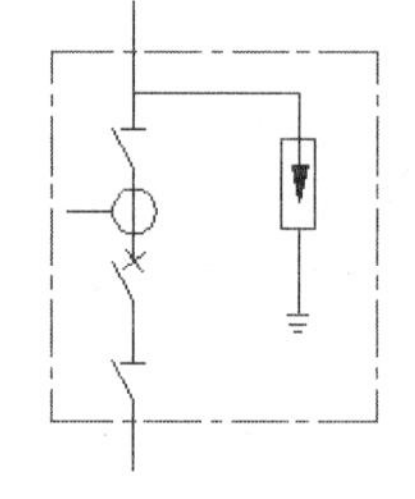

图 5-110　绘制矩形

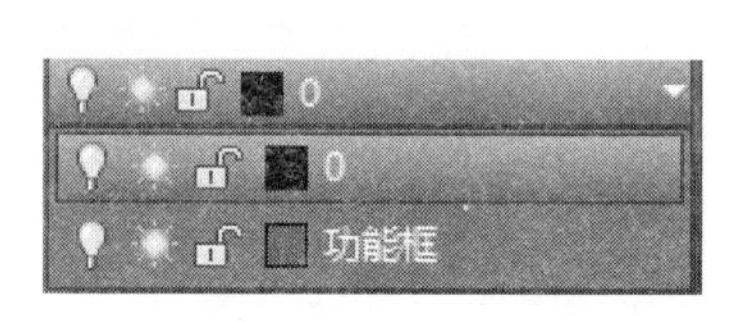

图 5-111　选择图层

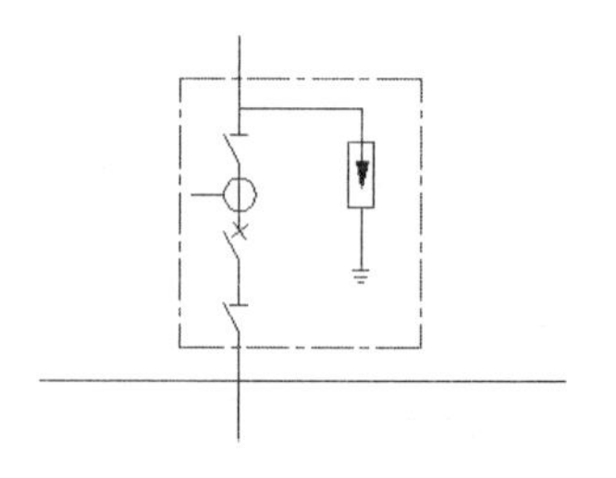

图 5-112　绘制母线

（3）绘制高压母线的引出线。单击“绘图”面板中的“直线”命令按钮，在母线左边绘制一条向下的垂直直线，效果如图 5-113 所示。

（4）绘制直接连接高压母线的三相电抗器，用于改善功率因数。单击“修改”面板中的“复制”命令按钮，以如图 5-114 所示象限点为复制基准点，以之前绘制的直线下端点为复制目标点，把虚线所示的圆复制一份，效果如图 5-115 所示。

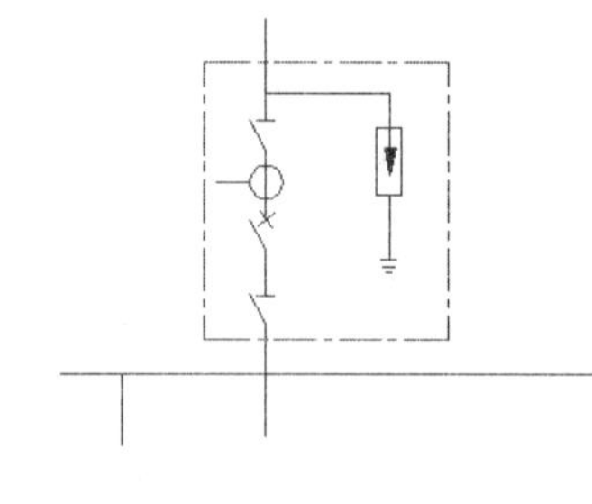

图 5-113　绘制直线

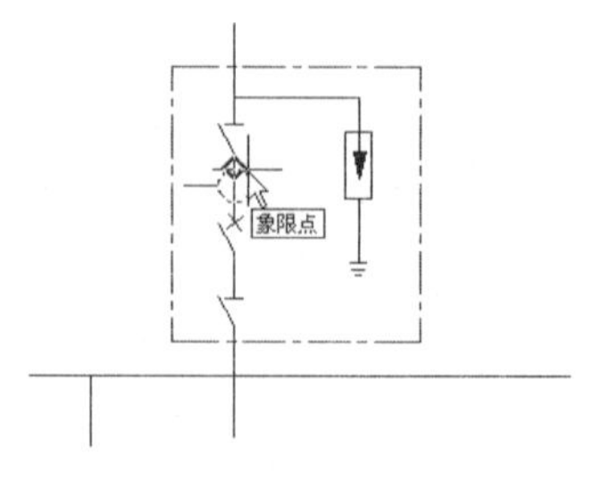

图 5-114　捕捉象限点

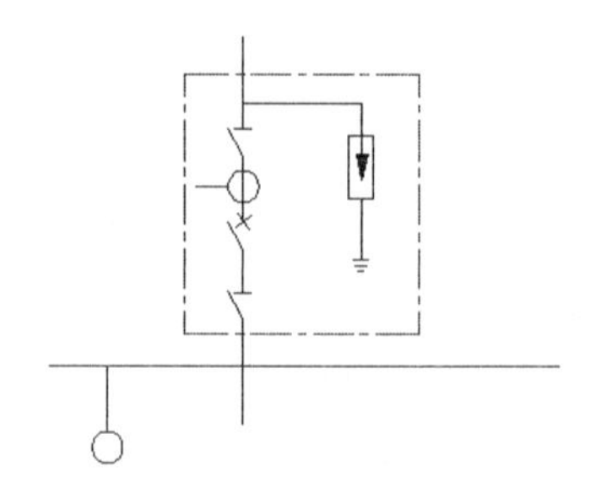

图 5-115　复制圆

（5）单击“修改”面板中的环形“阵列”命令按钮，以所复制的圆的下边象限点为阵列中心，把该圆环形阵列3个，效果如图5-116所示。

（6）单击“绘图”面板中的“多段线”命令按钮，绘制一条封闭的多段线把母线和阵列的圆框起来，效果如图5-117所示。

（7）单击“特性”面板中的“特性匹配”命令按钮，把刚才绘制的线框转换成褐色点画线，效果如图5-118所示。

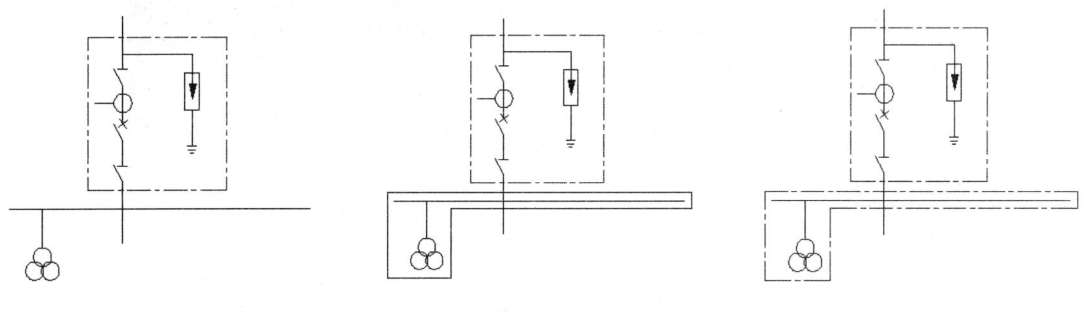

图5-116　阵列圆　　图5-117　绘制线框　　图5-118　转换线型

（8）从以前绘制的图形中复制如图5-119所示的元器件符号，组成第一条变压线路。

（9）单击“修改”面板中的“拉伸”命令按钮，调整线路上的图形，使其紧凑，效果如图5-120所示。

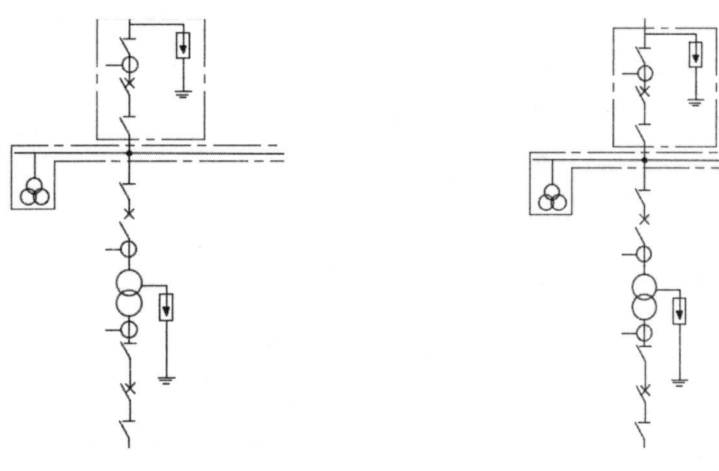

图5-119　第一条变压线路　　图5-120　调整图形

（10）单击“绘图”面板中的“矩形”命令按钮，绘制包含第一条变压线路所有元器件的矩形，然后把该线框转换成褐色点画线，效果如图5-121所示。

（11）单击“修改”面板中的“复制”命令按钮，把刚才绘制的线框向右复制一份，作为第二条变压线路的线框，效果如图5-122所示。

（12）单击“绘图”面板中的“直线”命令按钮，从母线上向第二条变压线路线框内绘制一条直线，以示该线路存在，效果如图5-123所示。

（13）单击“修改”面板中的“复制”命令按钮，把母线框以及内部其他元器件向下复制一份，并绘制低压母线，效果如图 5-124 所示。

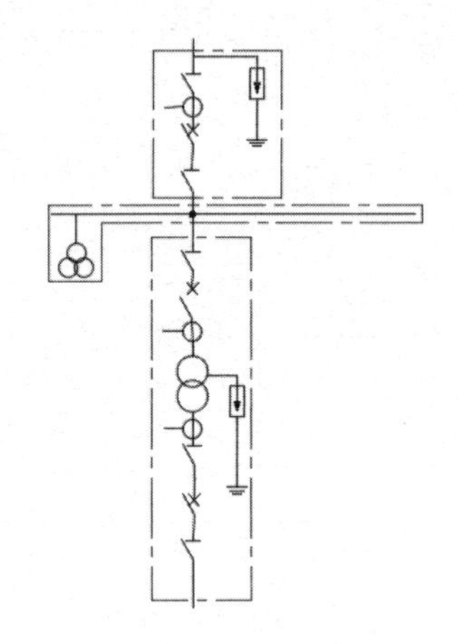

图 5-121 绘制线框

图 5-122 复制线框

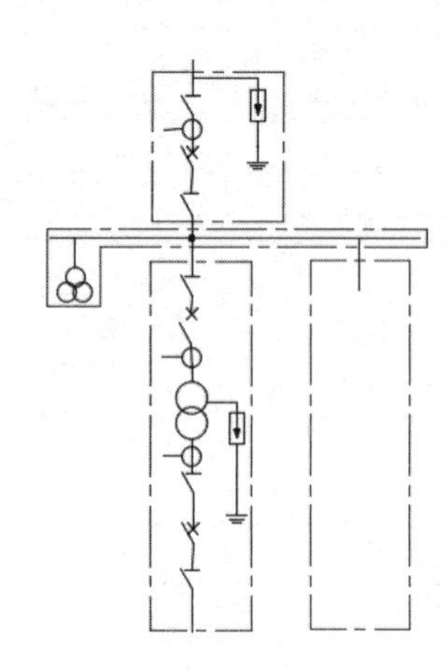

图 5-123 绘制直线

（14）单击“修改”面板中的“复制”命令按钮，把低压母线框内的圆向下复制一份，形成变压器符号，效果如图 5-125 所示。

（15）单击“绘图”面板中的“直线”命令按钮，从低压母线上绘制一条垂直向下的直线，效果如图 5-126 所示。

（16）单击“修改”面板中的矩形“阵列”命令按钮，把刚才绘制的直线向右阵列 5 列，列距为 8，效果如图 5-127 所示。

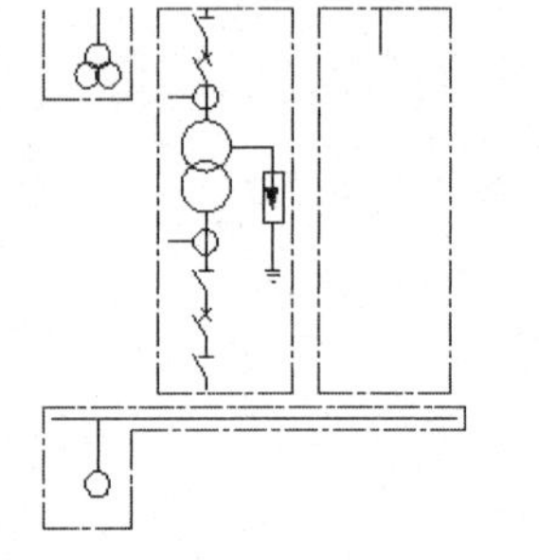

图 5-124 复制母线框

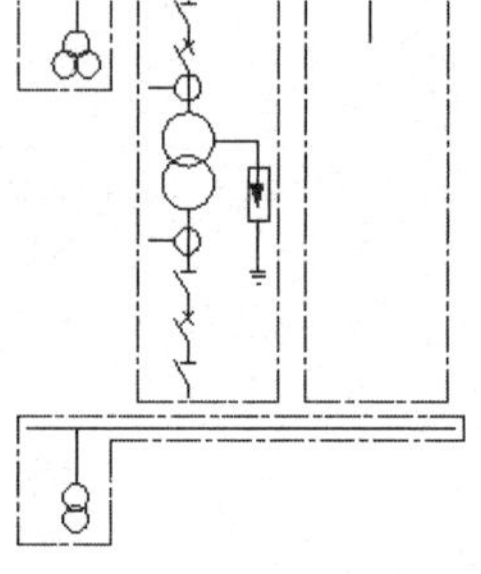

图 5-125 复制圆

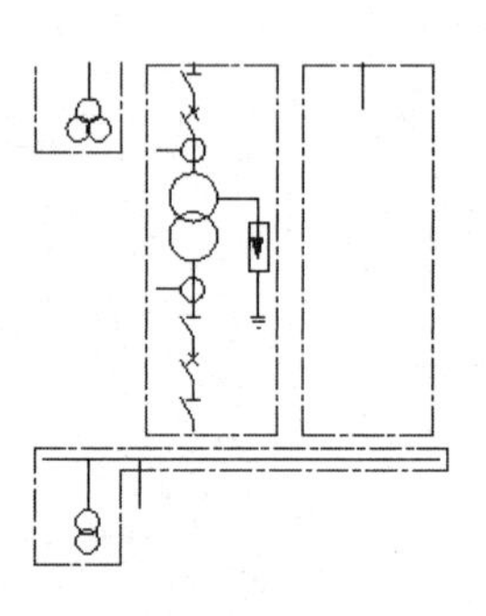

图 5-126 绘制直线

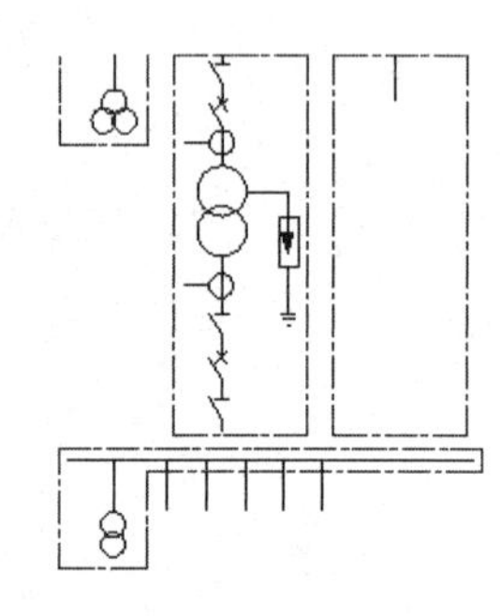

图 5-127 阵列直线

（17）单击“修改”面板中的“延伸”命令按钮，把第一条变压线路下边直线延伸到低压母线上，效果如图 5-128 所示。

（18）单击“注释”面板中的“多行文字”命令按钮，在高压隔离开关框上标注代号“=WL1”，以及高压母线的代号和参数，结果如图 5-129 所示。

（19）单击“修改”面板中的“拉伸”命令按钮，调整线路上的图形，使其整齐紧凑，又可以留出标注文字的位置，效果如图 5-130 所示。

（20）单击“注释”面板中的“多行文字”命令按钮，在图中标注其他文字，结果如图 5-131 所示。

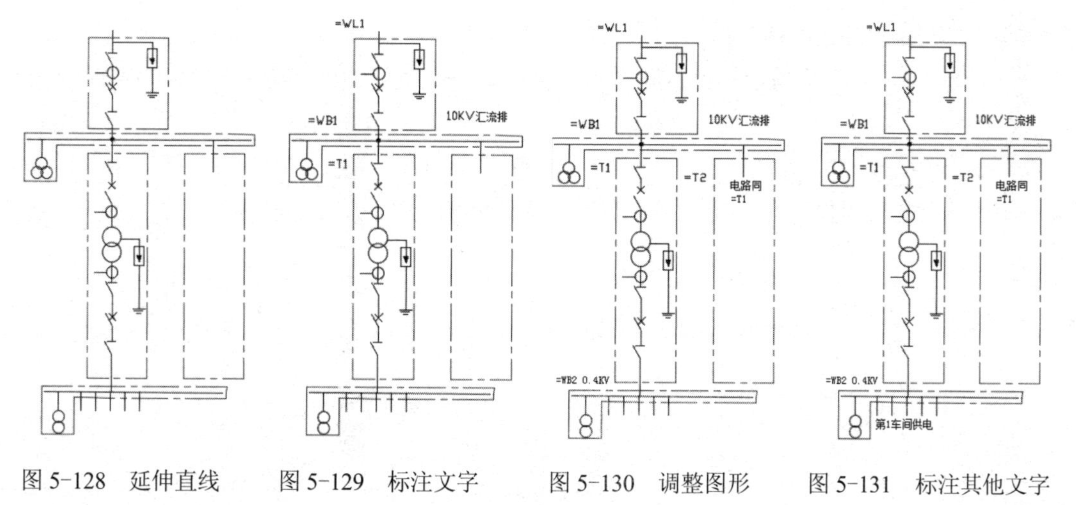

图 5-128　延伸直线　　图 5-129　标注文字　　图 5-130　调整图形　　图 5-131　标注其他文字

5.3　低压配电系统图

制作思路

变电所输出的低压电可以直接输送给用电设备使用。可以使低压电先通过隔离变压器进行 1∶1 变压，然后汇流到低压母线上。从母线上接出各条低压线路，供用户使用，同时还需要安装保护、检测电路，以便监测、保护电网。本例先绘制进线图，再绘制支线图。

5.3.1　进线

低压进线也需要进行保护和接地，绘制步骤如下。

（1）从以前绘制的图形中复制如图 5-132 所示元器件符号，准备绘制进线主线路。

（2）单击“移动”命令按钮和“直线”命令按钮，把元器件符号组装成线路，效果如图 5-133 所示。

（3）单击“注释”面板中的“多行文字”命令按钮，在线路中标注元器件的代号等文字，结果如图 5-134 所示。

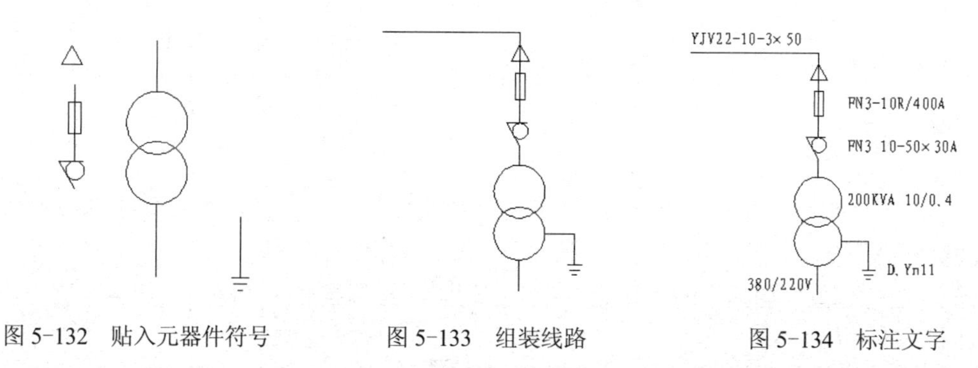

图 5-132　贴入元器件符号　　图 5-133　组装线路　　图 5-134　标注文字

（4）单击“绘图”面板中的“直线”命令按钮，绘制一条横直线作为变压器出线上的汇流线，效果如图 5-135 所示。

（5）单击“注释”面板中的“多行文字”命令按钮，标注汇流线的型号，结果如图 5-136 所示。

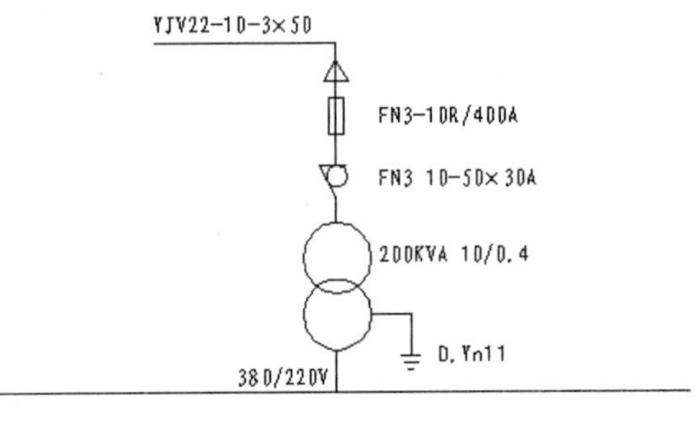

图 5-135　绘制汇流线

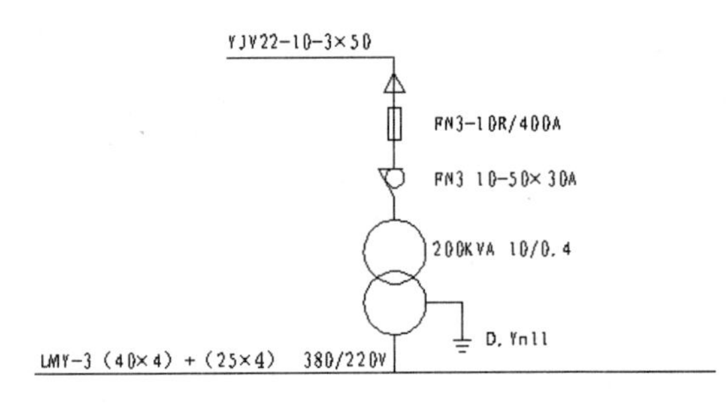

图 5-136　标注汇流线的型号

5.3.2　支线

由于用电设备的需求不同，即使同一电压的线路也要安装不同的保护、检测设备。绘制步骤如下。

（1）从以前绘制的图形中复制如图 5-137 所示元器件符号，放在低压母线下面，准备绘制一条支路。

（2）单击“修改”面板中的“移动”命令按钮，把这些元器件符号组织成线路，效果如图 5-138 所示。

（3）单击“修改”面板中的“复制”命令按钮，把线路向右复制 5 份，效果如图 5-139 所示。

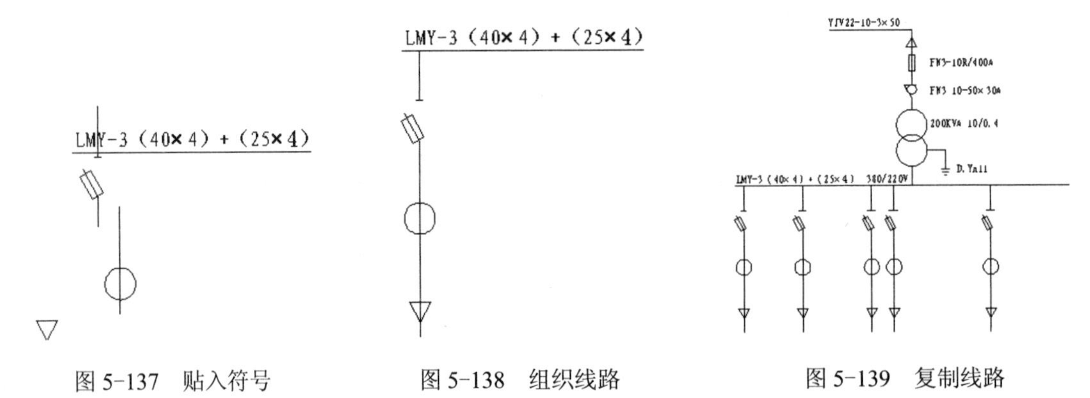

图 5-137　贴入符号　　图 5-138　组织线路　　图 5-139　复制线路

（4）单击“修改”面板中的“拉伸”命令按钮，把左边第 2 条线路适当调整成如图 5-140 所示样式。

（5）单击“修改”面板中的“复制”命令按钮，把调整后的线路向两边各复制一份，效果如图 5-141 所示。

（6）单击“绘图”面板中的“直线”命令按钮，绘制连接左边 3 条支路的连线，效果如图 5-142 所示。

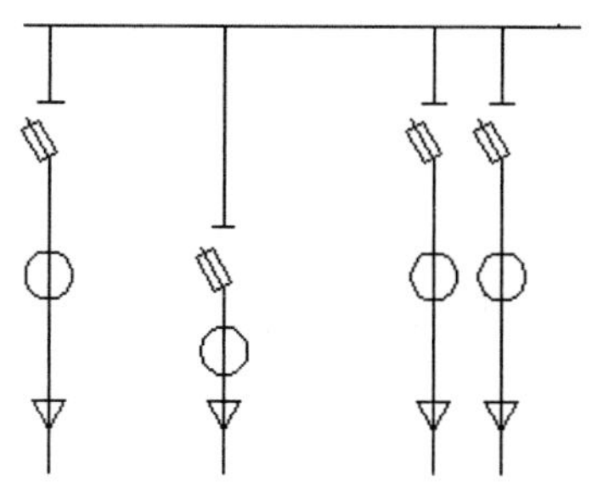

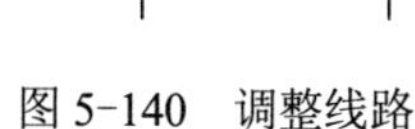

图 5-140　调整线路

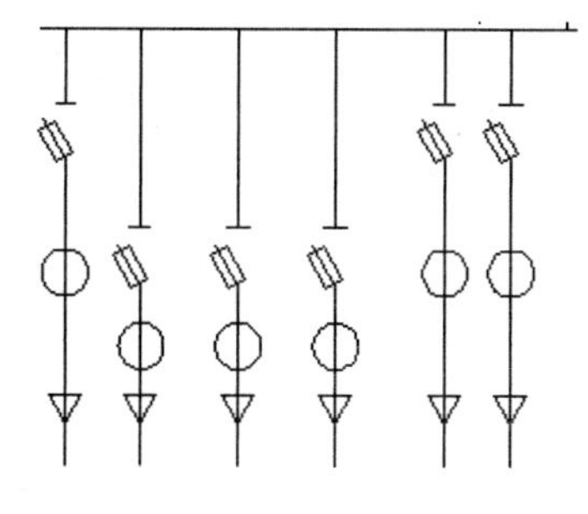

图 5-141　复制线路

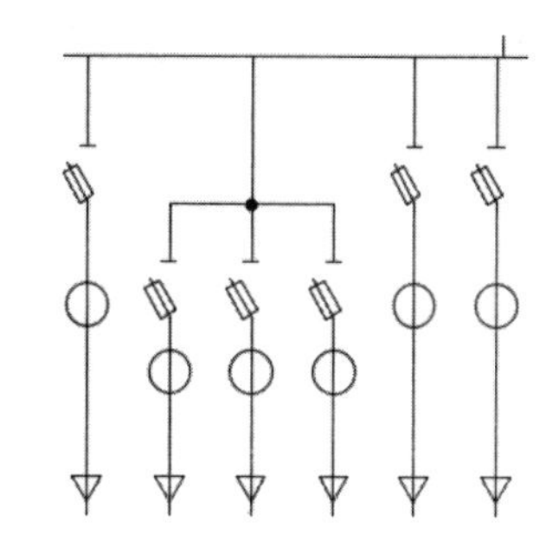

图 5-142　连接线路

（7）单击“修改”面板中的“修剪”命令按钮，以刚才绘制的直线为修剪边，修剪掉它上边多余的线头，形成组合的支线，结果如图 5-143 所示。

（8）单击“修改”面板中的“复制”命令按钮，把组合支线向右边复制两份，效果如图 5-144 所示。

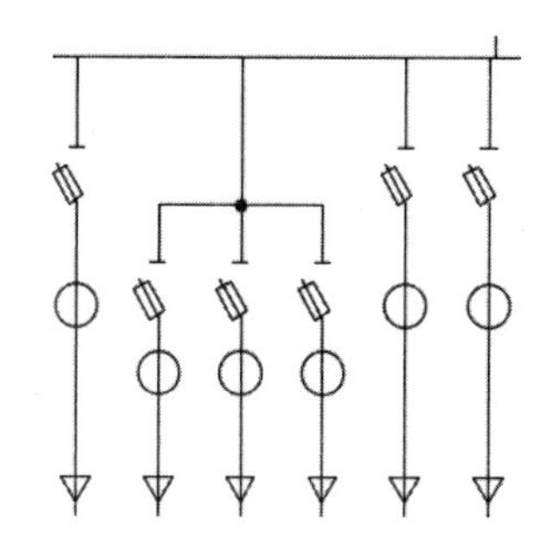

图 5-143　形成组合支线

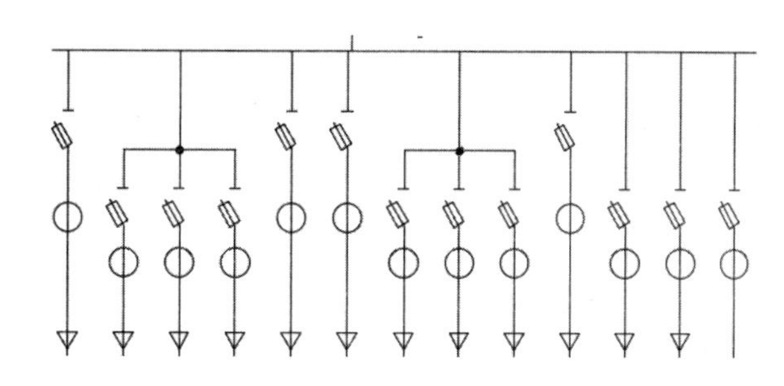

图 5-144　复制组合支线

（9）局部放大图形右边，预备下一步操作，效果如图 5-145 所示。

（10）单击“绘图”面板中的“直线”命令按钮，从所拉长的直线端点绘制垂直向母线的连线，效果如图 5-146 所示。

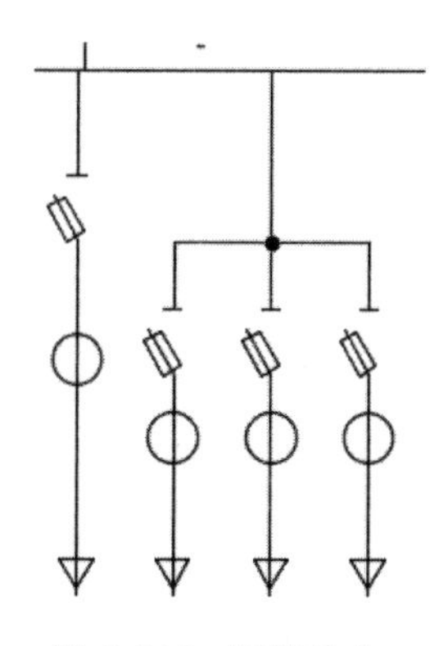

图 5-145　局部放大

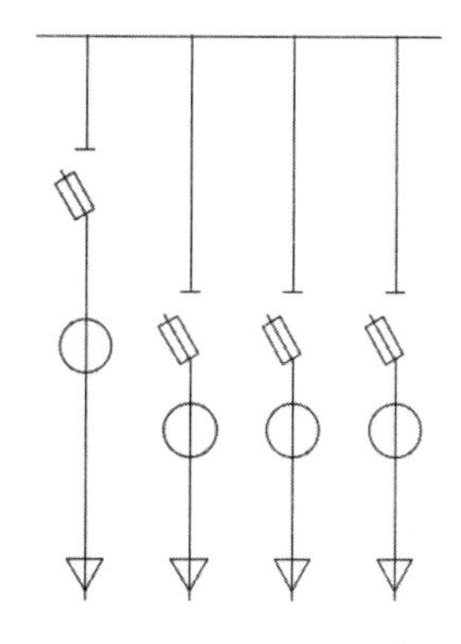

图 5-146　绘制垂线

（11）从以前绘制的图形中复制如图 5-147 所示元器件符号，放在组合线路的中线上。

（12）单击“修改”面板中的“修剪”命令按钮，把中线上开关内的直线修剪掉，形成断路器符号，结果如图 5-148 所示。

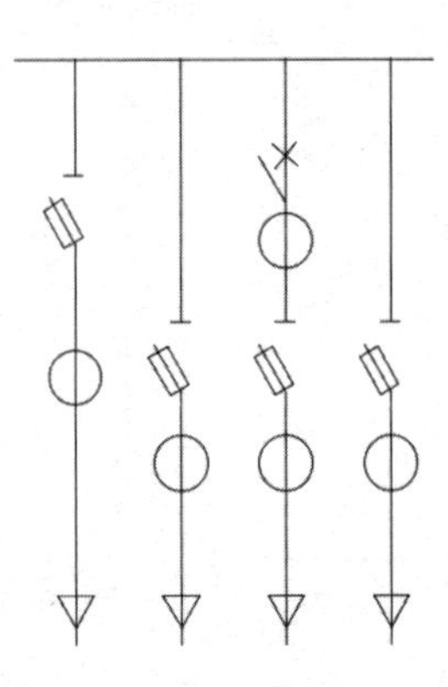
图 5-147　复制图形

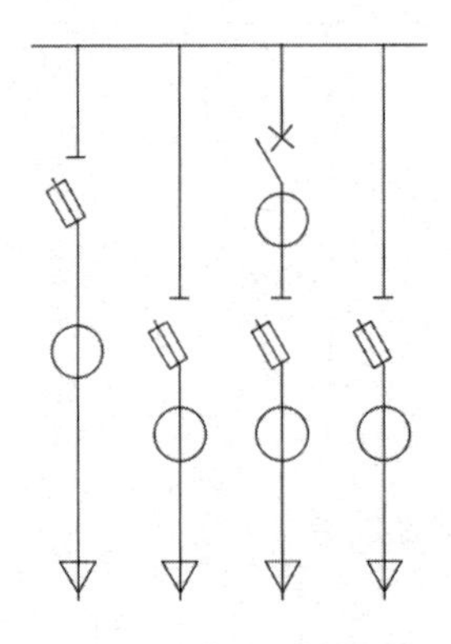
图 5-148　修剪图形

（13）从以前绘制的图形中复制如图 5-149 所示元器件符号，放在母线的右边。

（14）单击“移动”命令按钮和“复制”命令按钮，把这些元器件符号组织成线路，效果如图 5-150 所示。

（15）绘制电感器。单击“绘图”面板中的“直线”命令按钮，绘制如图 5-151 所示圆心和象限点之间的连线，效果如图 5-152 所示。

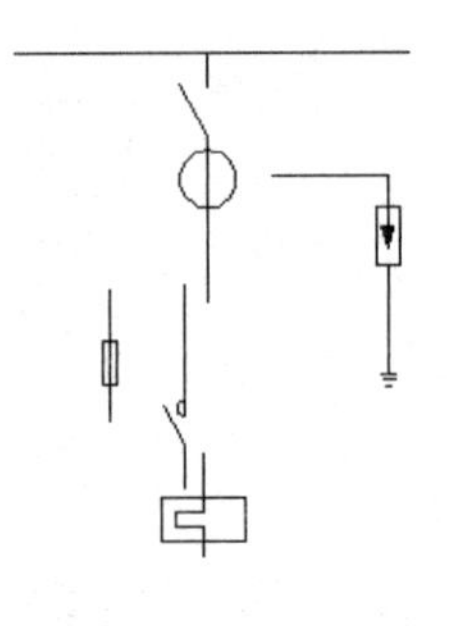
图 5-149　复制元器件

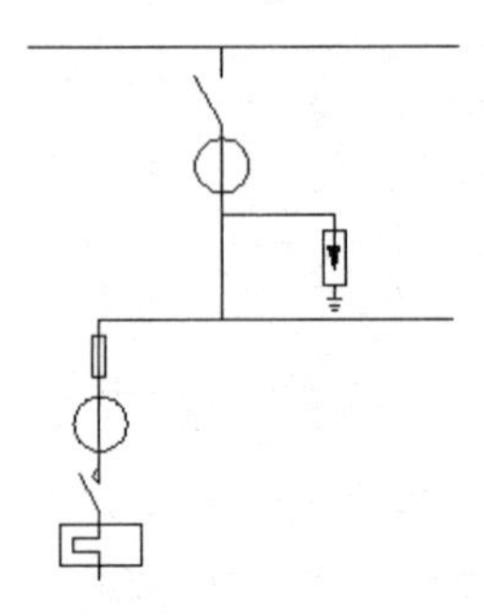
图 5-150　组织元器件

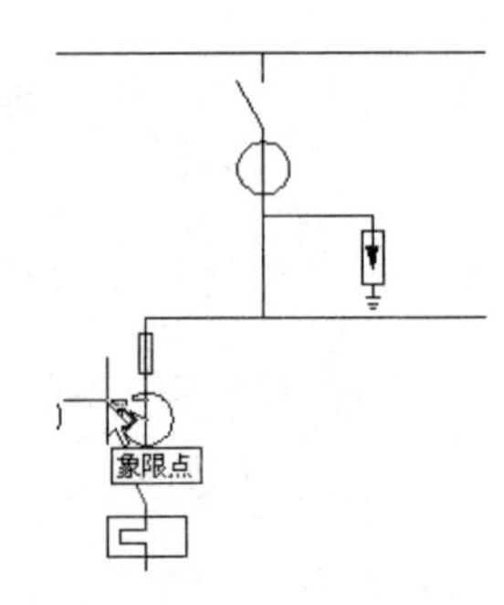

图 5-151　捕捉象限点

（16）单击“修改”面板中的“修剪”命令按钮，把左下角的圆修剪成电感器符号，结果如图 5-153 所示。

（17）从以前绘制的图形中复制一个信号灯符号，放在热继电器的右边，效果如图 5-154 所示。

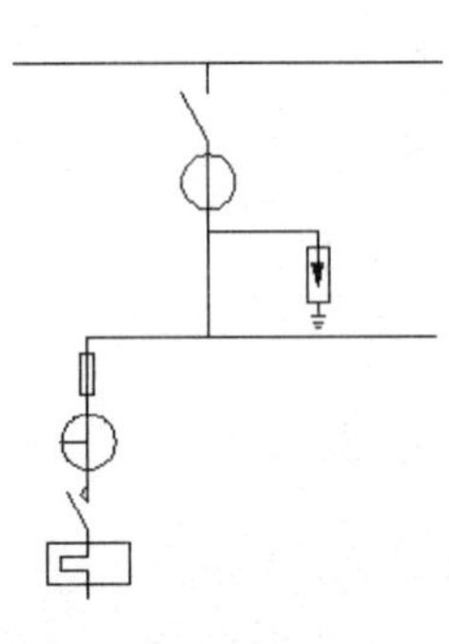
图 5-152　绘制直线

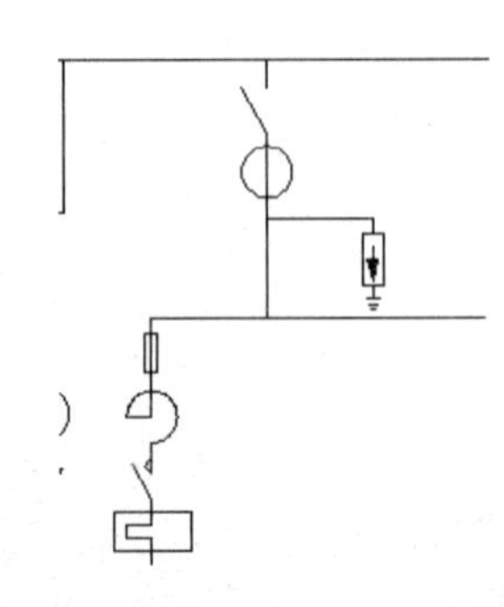
图 5-153　修剪图形

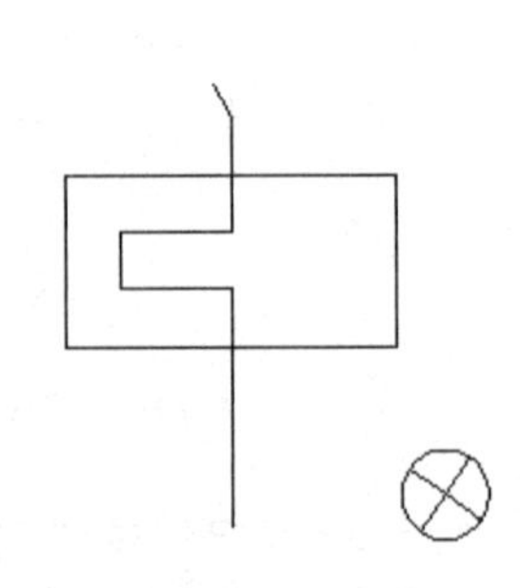
图 5-154　复制图形

（18）单击“绘图”面板中的“直线”命令按钮，绘制从信号灯左边象限点到线路的垂线，效果如图5-155所示。

（19）绘制三相电容器，用于改善功率因数。单击“绘图”面板中的“圆”命令按钮，绘制$\phi 8$圆，然后单击“修改”面板中的“移动”命令按钮，以$\phi 8$圆上边象限点为移动基准点，以线路下边端点为移动目标点进行移动，效果如图5-156所示。

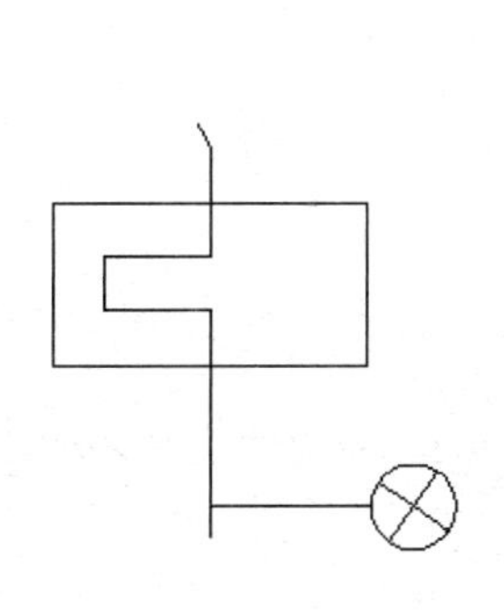

图5-155　绘制垂线

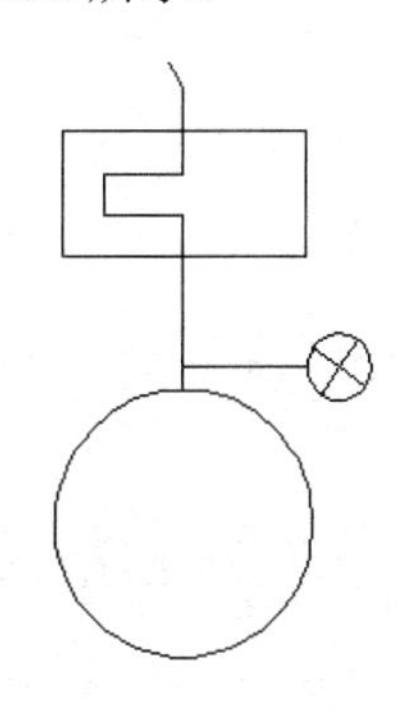

图5-156　绘制并移动圆

（20）单击“绘图”面板中的“正多边形”命令按钮，绘制$\phi 8$圆的内接等边三角形，效果如图5-157所示。

（21）单击“绘图”面板中的“直线”命令按钮，绘制三角形底边上的两条垂直短直线，效果如图5-158所示。

（22）单击“修改”面板中的环形“阵列”命令按钮，以圆心为阵列中心，把垂直短直线环形阵列3个，效果如图5-159所示。

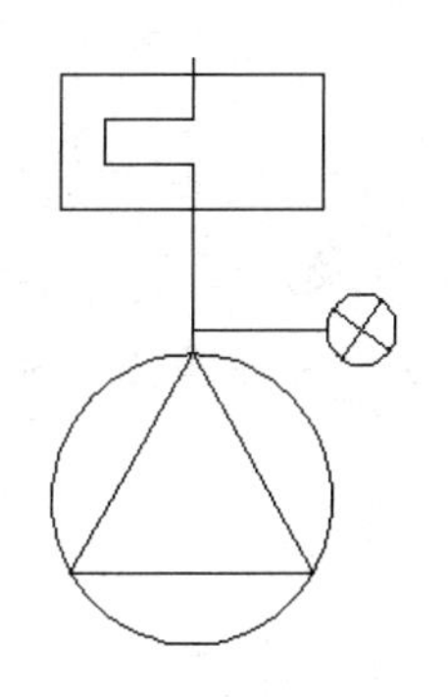

图5-157　绘制等边三角形

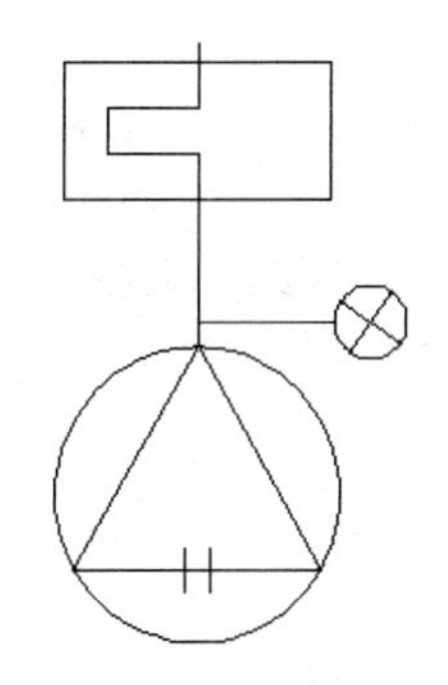

图5-158　绘制短直线

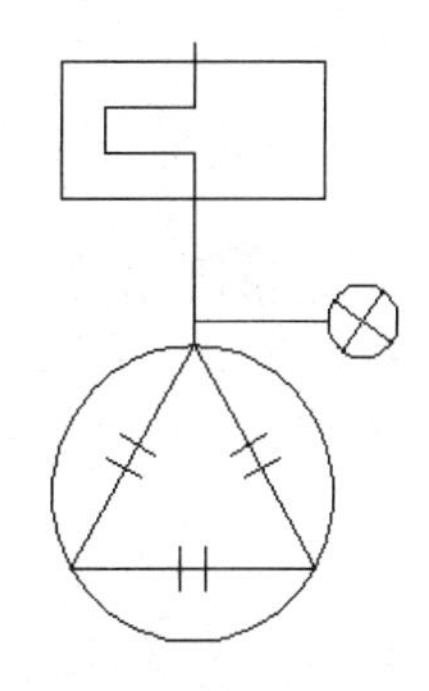

图5-159　阵列短直线

（23）单击“修改”面板中的“删除”命令按钮，删除$\phi 8$圆，效果如图5-160所示。

（24）单击“修改”面板中的“修剪”命令按钮，以短直线为修剪边，修剪掉它里边的线头，结果如图5-161所示。

（25）单击“修改”面板中的“旋转”命令按钮，以热继电器上端点为旋转中心，把按键适当旋转，使其转变成常闭按键，结果如图5-162所示。

（26）在菜单栏中选择“视图”→“缩放”→“上一个”命令，恢复图形显示，结果如图5-163所示。

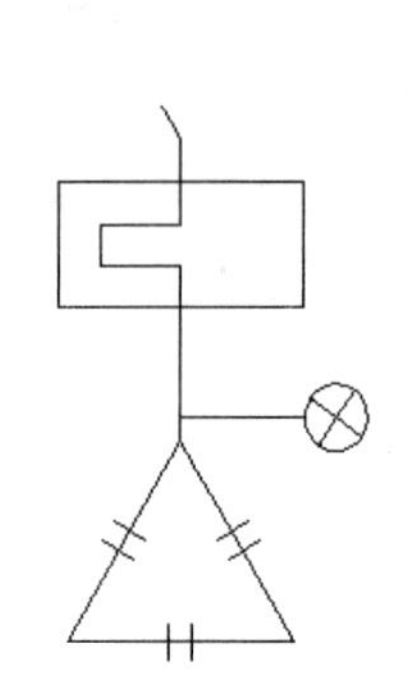
图 5-160　删除圆

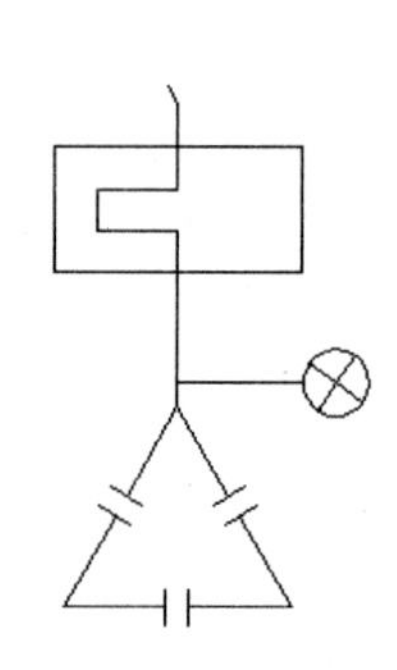
图 5-161　修剪线头

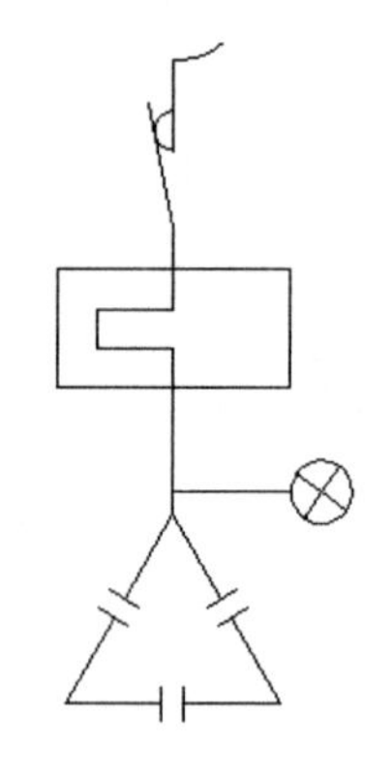
图 5-162　转变按键

（27）绘制该支线的其他引线。单击“修改”面板中的“复制”命令按钮，把如图 5-164 所示直线向右复制 5 份，效果如图 5-165 所示。

（28）单击“修改”面板中的“修剪”命令按钮，以最后复制得到的直线为修剪边，修剪掉它右边的线头，结果如图 5-166 所示。

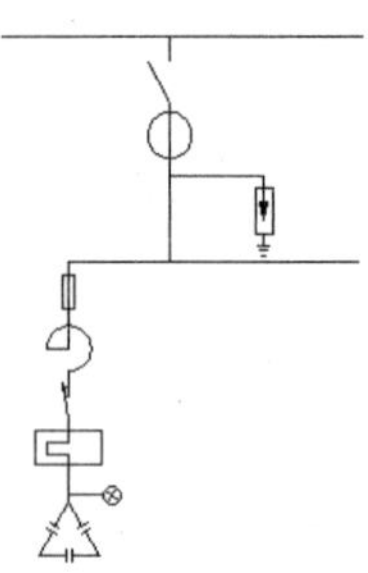
图 5-163　恢复图形显示

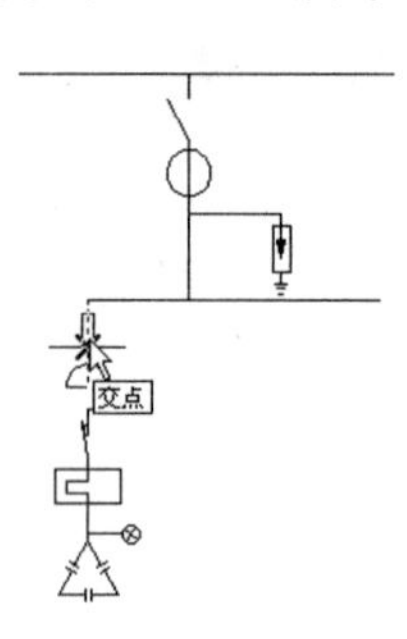

图 5-164　捕捉线头

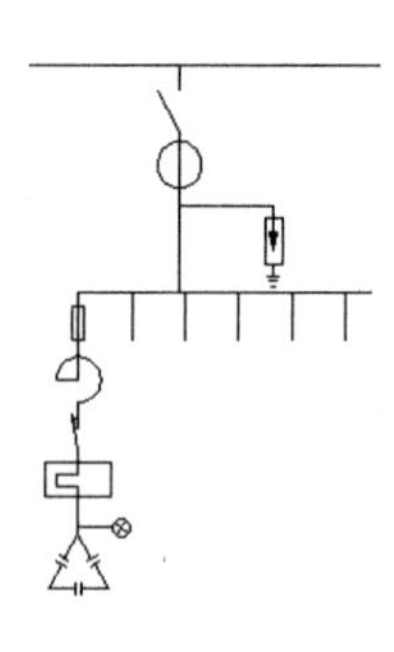
图 5-165　复制线头

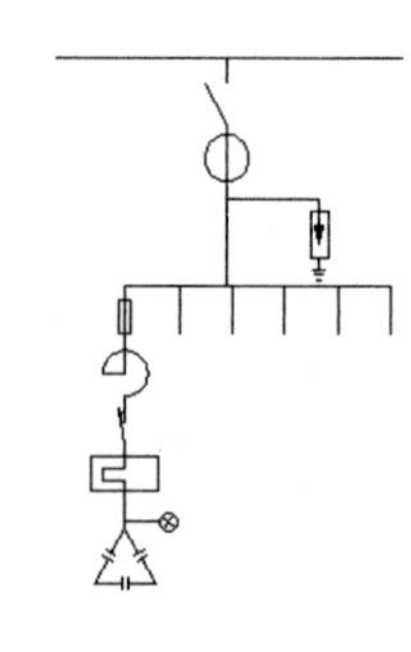
图 5-166　修剪线头

（29）调整线路，使其居中。单击“修改”面板中的“移动”命令按钮，把如图 5-167 虚线所示图形以光标捕捉的中点为移动基准点，以如图 5-168 光标所示端点为移动目标点向下进行移动，效果如图 5-169 所示。

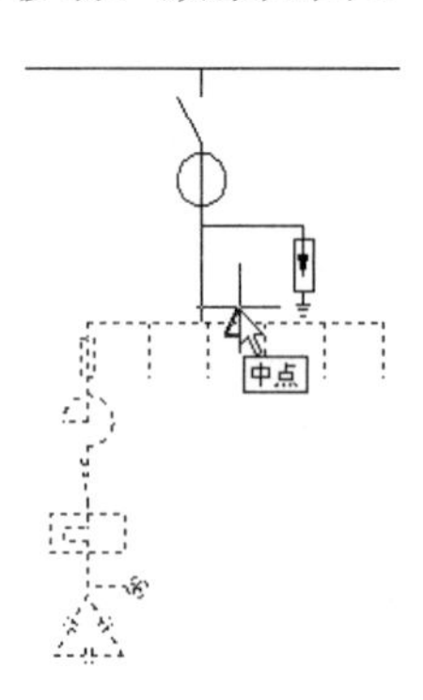

图 5-167　捕捉中点

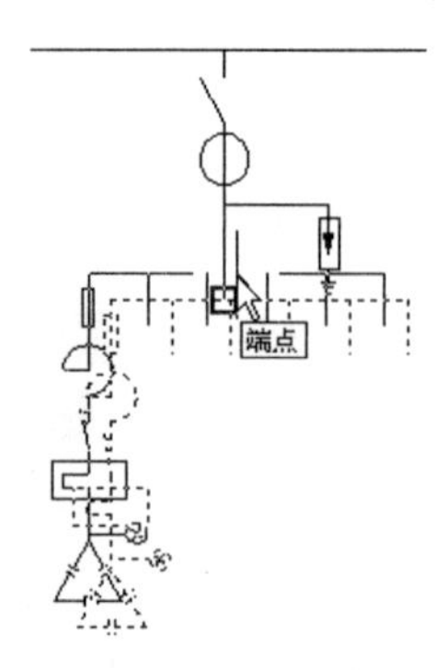

图 5-168　捕捉端点

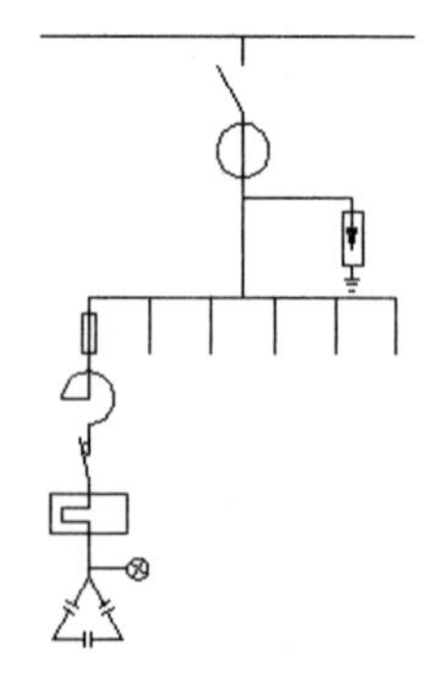
图 5-169　移动图形

（30）在菜单栏中选择“视图”→“三维视图”→“俯视”命令，显示全部图形，效果如图 5-170 所示。

（31）绘制表格，作为低压线的接线排，用于分配各条支线。单击“修改”面板中的“复制”命令按钮，把低压母线向下复制 3 份，效果如图 5-171 所示。

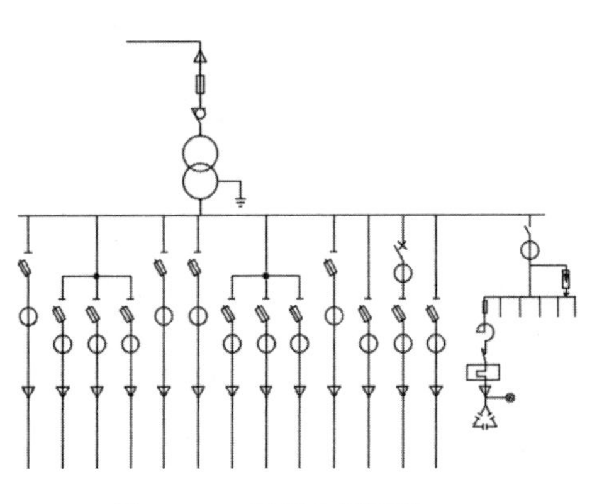

图 5-170　显示全部图形

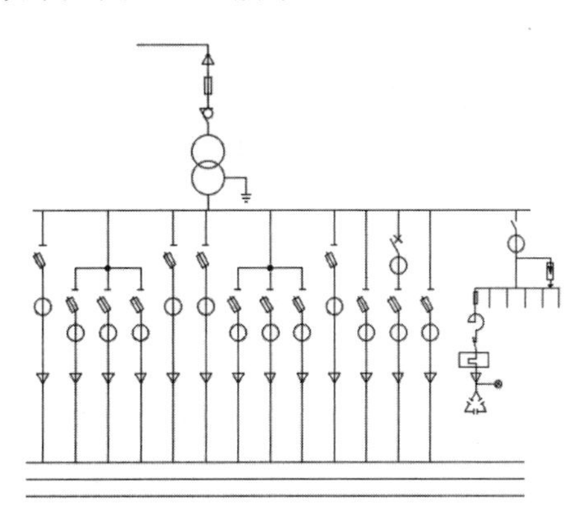

图 5-171　复制图形

（32）单击“绘图”面板中的“直线”命令按钮，绘制左边 3 个端点的上下两段连线，效果如图 5-172 所示。

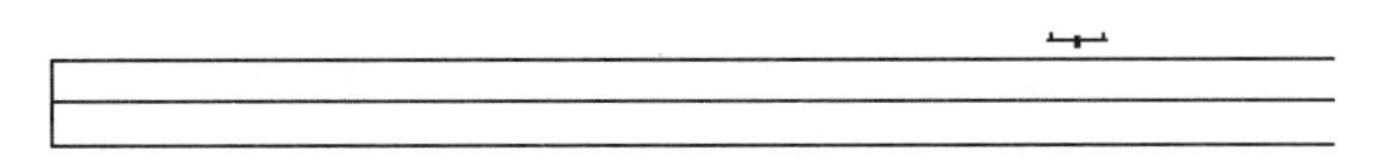

图 5-172　绘制端点连线

（33）单击“修改”面板中的矩形“阵列”命令按钮，屏幕出现如图 5-173 所示的“阵列创建”面板，设置各项数值，把上边端点的连线阵列 13 列，列距为 10，效果如图 5-174 所示。

（34）单击“修改”面板中的“延伸”命令按钮，把所有支路的下端延伸到下边表格上，效果如图 5-175 所示。

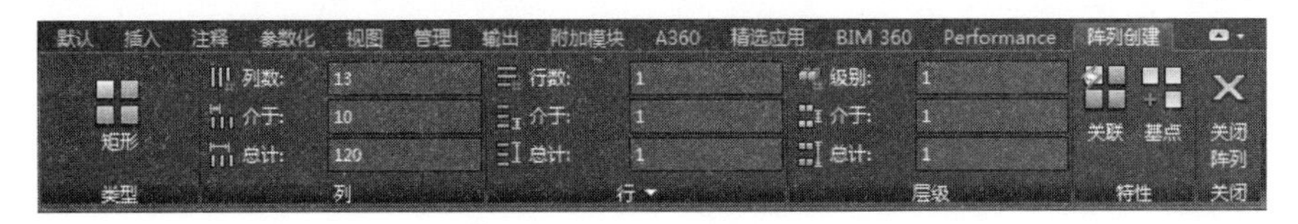

图 5-173　“阵列创建”面板

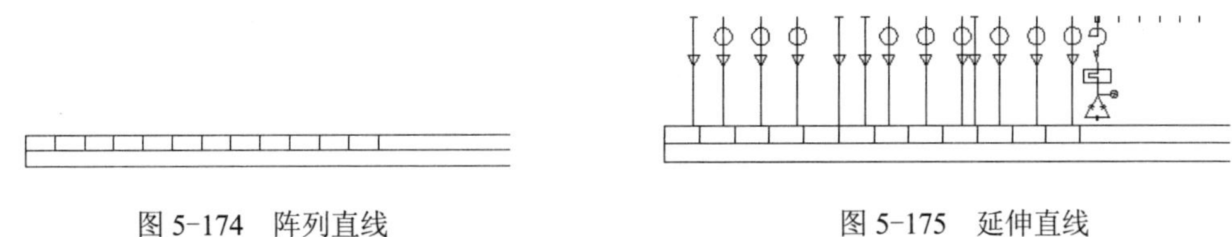

图 5-174　阵列直线

图 5-175　延伸直线

（35）单击“修改”面板中的“移动”命令按钮，以表格为参照，按间距 10 调整线路之间的距离，效果如图 5-176 所示。

（36）单击“修改”面板中的“移动”命令按钮，调整表格，使其与调整后的线路相适应，效果如图 5-177 所示。

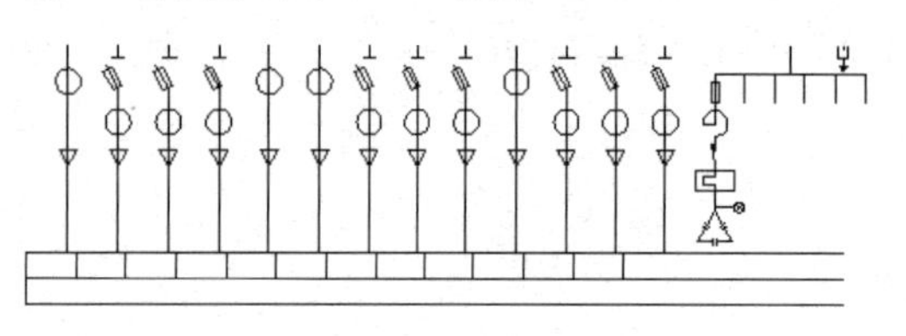

图 5-176　调整线路

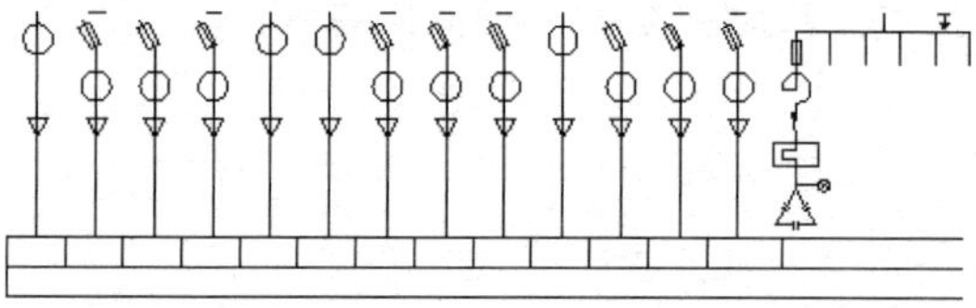

图 5-177　调整表格

（37）单击“绘图”面板中的“直线”命令按钮，绘制表格右边端点的连线，效果如图 5-178 所示。

（38）单击“修改”面板中的“延伸”命令按钮，以表格底边为延伸边界线，延伸中间若干垂直隔断线，效果如图 5-179 所示。

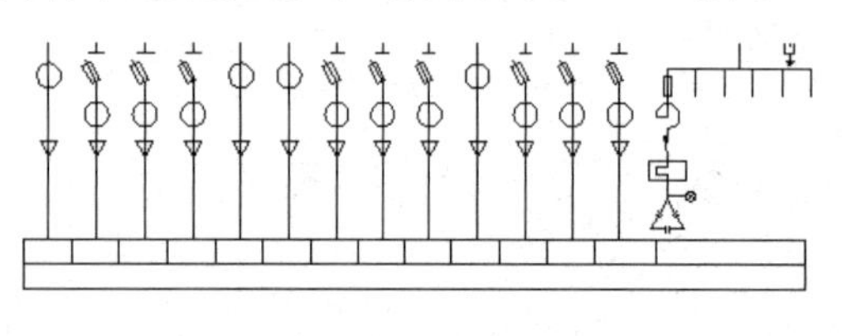

图 5-178　绘制端点连线

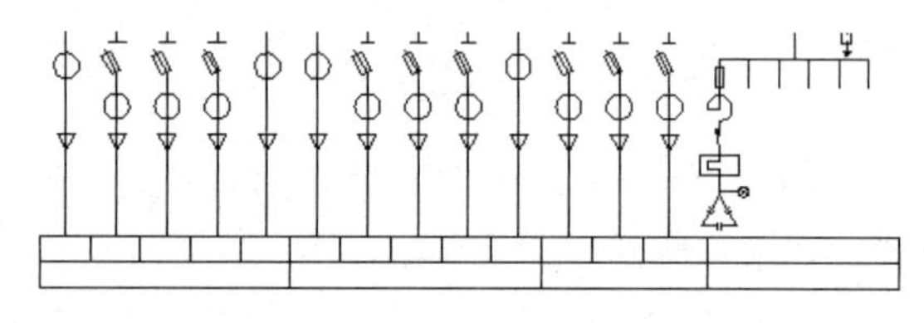

图 5-179　延伸直线

（39）绘制电流表和电压表。单击“绘图”面板中的“圆”命令按钮，在第一条线路左上角绘制ϕ4 圆，效果如图 5-180 所示。

（40）单击“注释”面板中的“多行文字”命令按钮，在ϕ4 圆中标注文字“A”表示电流表，效果如图 5-181 所示。

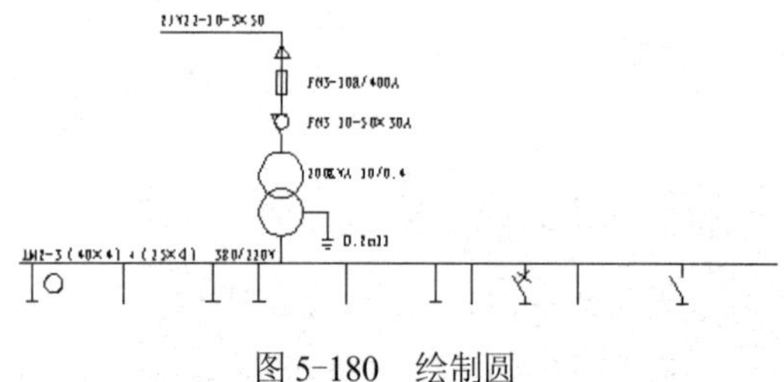

图 5-180　绘制圆

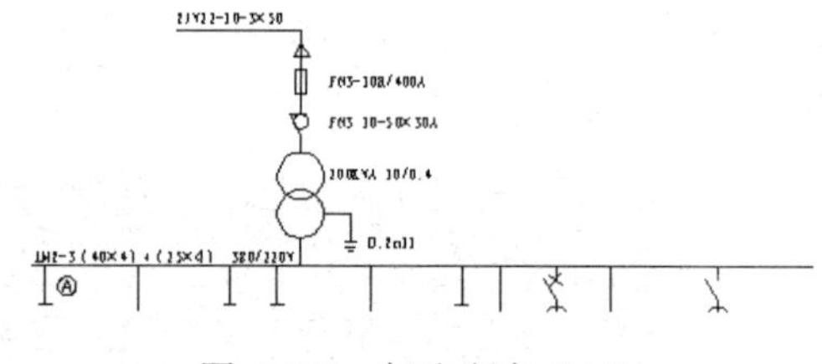

图 5-181　标注文字“A”

（41）单击“修改”面板中的“复制”命令按钮，把电流表符号向右复制，在每条线路上配置一个，效果如图 5-182 所示。

（42）单击“修改”面板中的“复制”命令按钮，把电流表符号向右复制，在如图 5-183 光标所示线路左边位置配置一个，效果如图 5-184 所示。

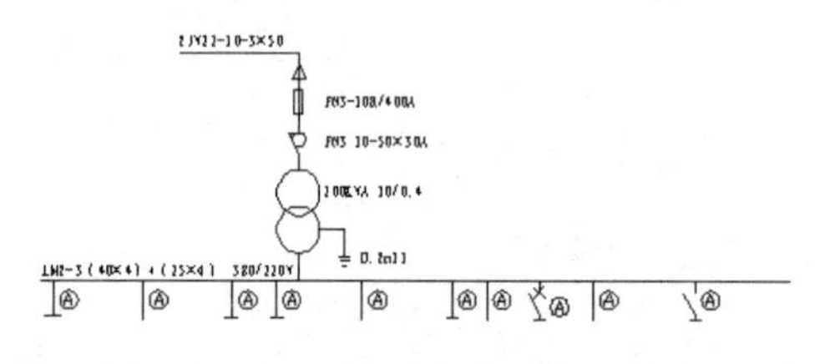

图 5-182　配置电流表符号

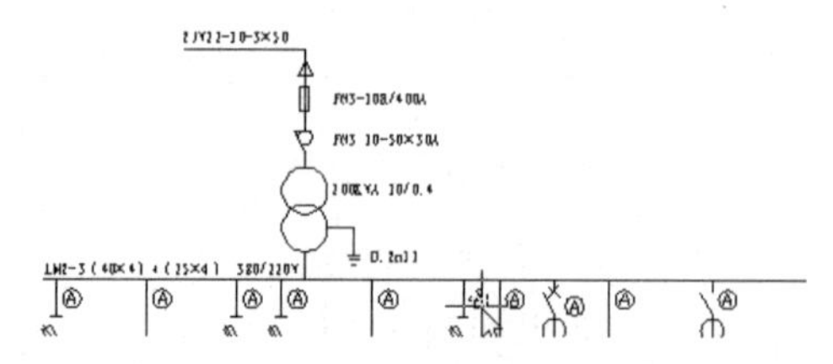

图 5-183　指示位置

（43）双击刚配置的线路右边电流表符号中的文字，并将“A”改成“V”形成电压表符号，效果如图 5-185 所示。

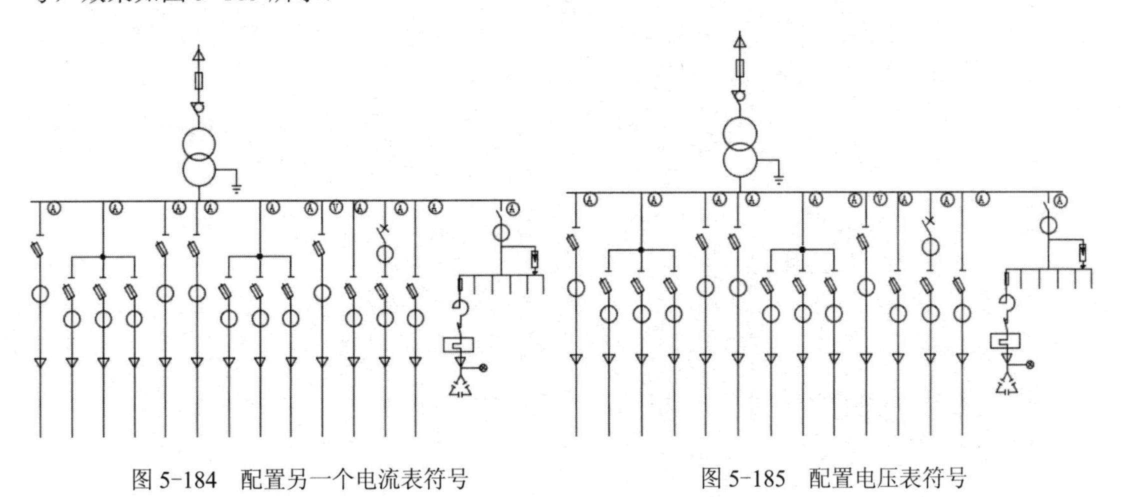

图 5-184　配置另一个电流表符号　　　　图 5-185　配置电压表符号

（44）在菜单栏中选择“视图”→“缩放”→“窗口”命令，局部放大图形左边，预备下一步操作，效果如图 5-186 所示。

（45）单击“注释”面板中的“多行文字”命令按钮，标注第一条线路上元器件的代号，效果如图 5-187 所示。

（46）单击“注释”面板中的“多行文字”命令按钮，标注第一条线路上、下端导线的型号，效果如图 5-188 所示。

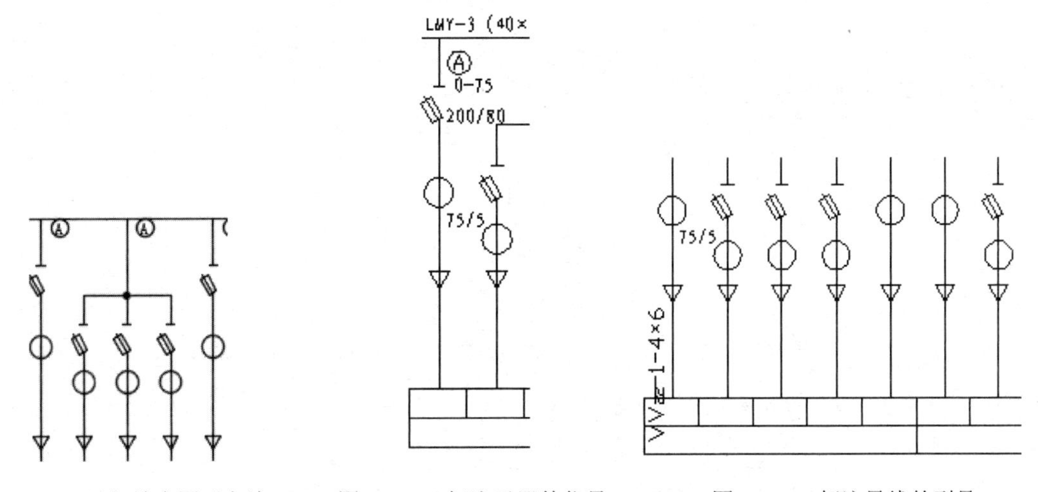

图 5-186　局部放大图形左边　　图 5-187　标注元器件代号　　图 5-188　标注导线的型号

（47）单击“注释”面板中的“多行文字”命令按钮，标注其他线路上元器件符号和导线的型号，效果如图 5-189 所示。

（48）单击“移动”命令按钮，把表格向下适当移动。然后单击“延伸”命令按钮，使线路延伸到表格上，以使文字落在导线旁边，效果如图 5-190 所示。

1
2
3
4
第 5 章
6
7
8
9

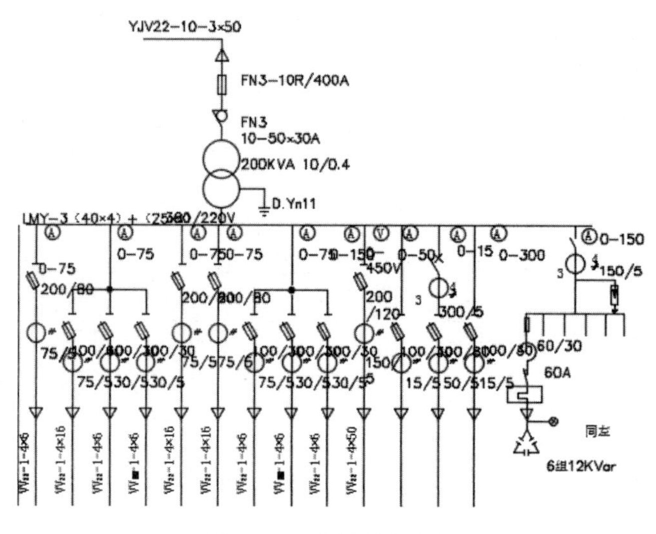

图 5-189　标注其他文字

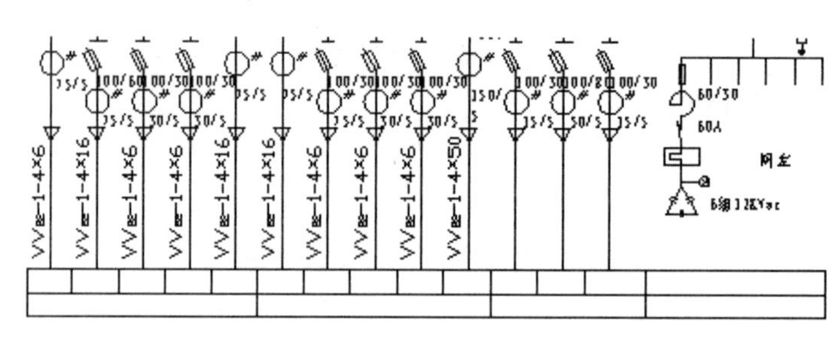

图 5-190　调整表格

（49）单击“注释”面板中的“多行文字”命令按钮A，在表格中标注各个支路的代号和组号，效果如图 5-191 所示。

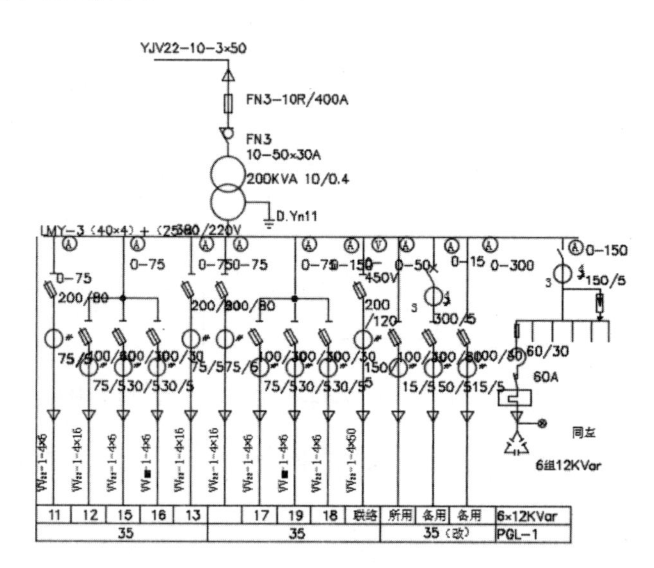

图 5-191　标注电路代号

（50）绘制左边的表格，用于填写各层元器件的文字。单击“绘图”面板中的“矩形”命令按钮，绘制起点在如图 5-192 所示端点的矩形，效果如图 5-193 所示。

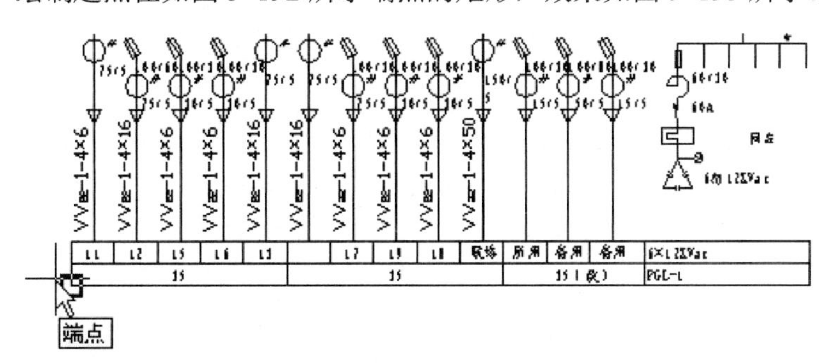

图 5-192　捕捉端点

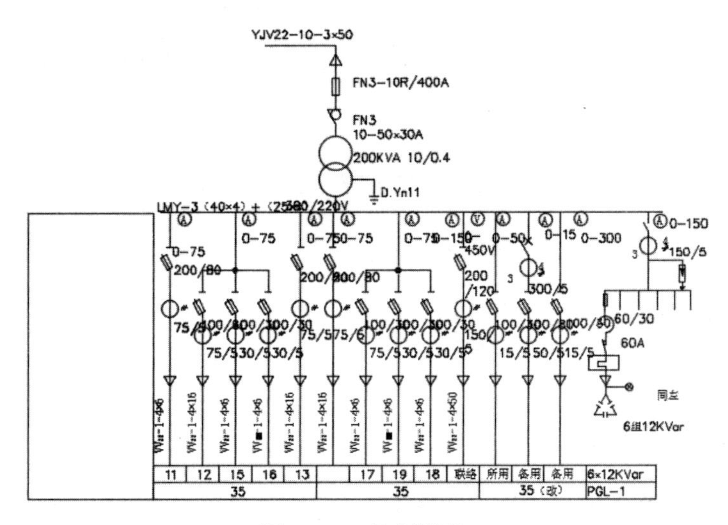

图 5-193　绘制矩形

（51）单击“修改”面板中的“分解”命令按钮，把矩形分解成 4 段直线。然后单击“修改”面板中的矩形“阵列”命令按钮，把矩形下边阵列 17 行，行距为 5，效果如图 5-194 所示。

（52）单击“修改”面板中的“删除”命令按钮，删除如图 5-195 虚线所示的线条，效果如图 5-196 所示。

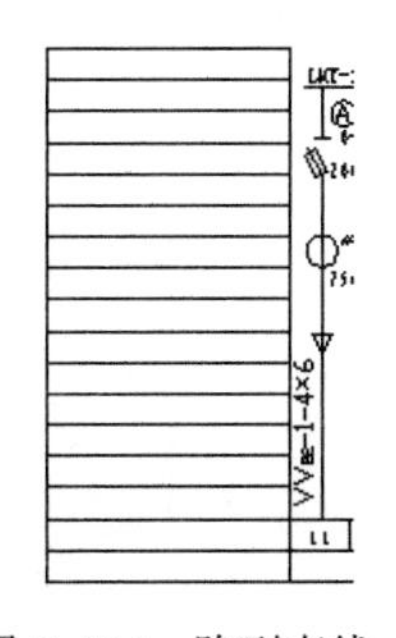

图 5-194　阵列直线

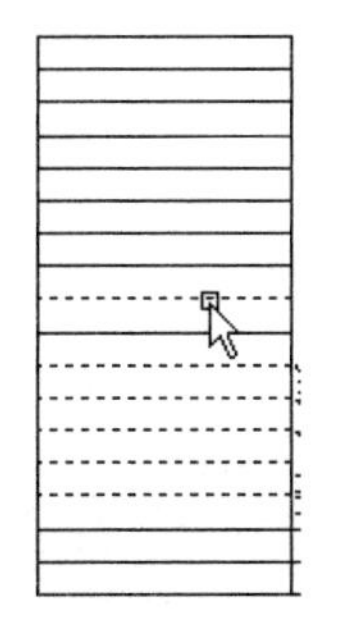

图 5-195　捕捉线条

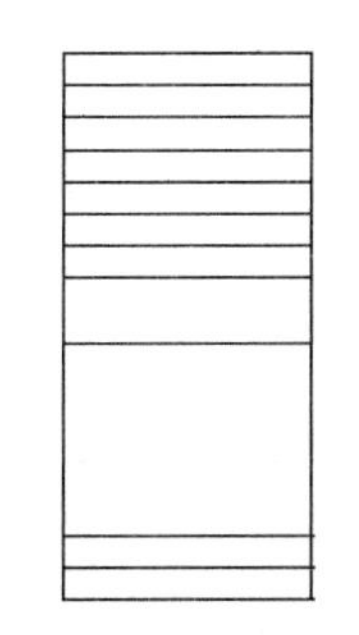

图 5-196　删除直线后效果

（53）单击“注释”面板中的“多行文字”命令按钮A，在左边表格中标注各行元器件名称，效果如图5-197所示。

（54）在菜单栏中选择“视图”→“三维视图”→“俯视”命令，显示全部图形，效果如图5-198所示。

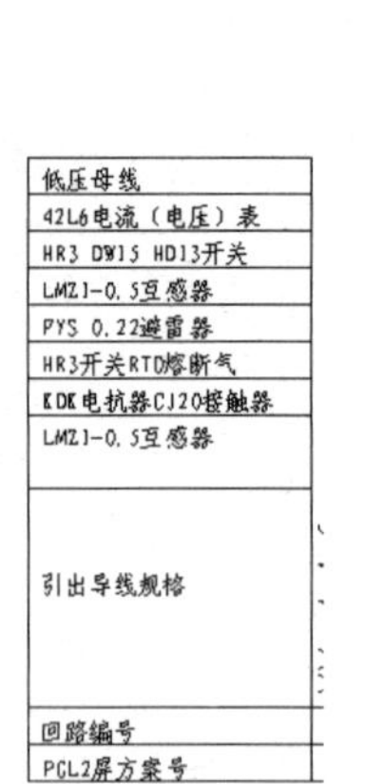

图5-197 标注文字

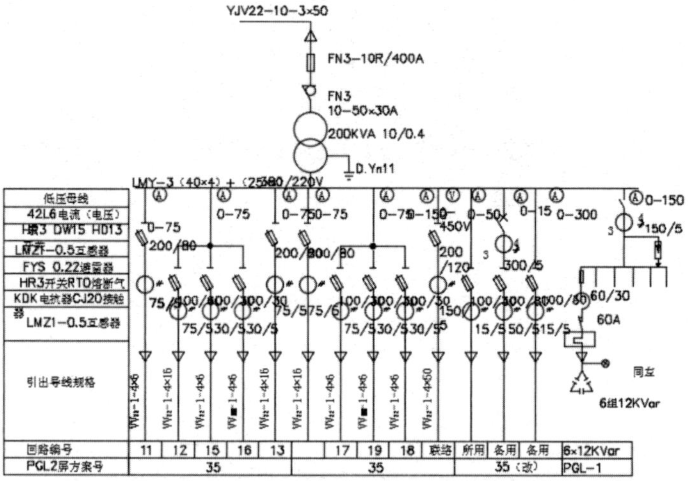

图5-198 显示全部图形

5.4 变电站布置立面图

制作思路

变电站是改变电压的场所，变电站的主要设备是开关和变压器。变电站布置立面图绘制过程是，先绘制电线杆等设备，然后绘制变压器，最后进行线路布置并标注。

5.4.1 电线杆设备

首先绘制电线杆等设备，绘制步骤如下。

（1）单击“绘图”面板中的“直线”命令按钮，绘制长度为250的水平线，如图5-199所示。

（2）单击“绘图”面板中的“直线”命令按钮，绘制长度为70的垂线，如图5-200所示。

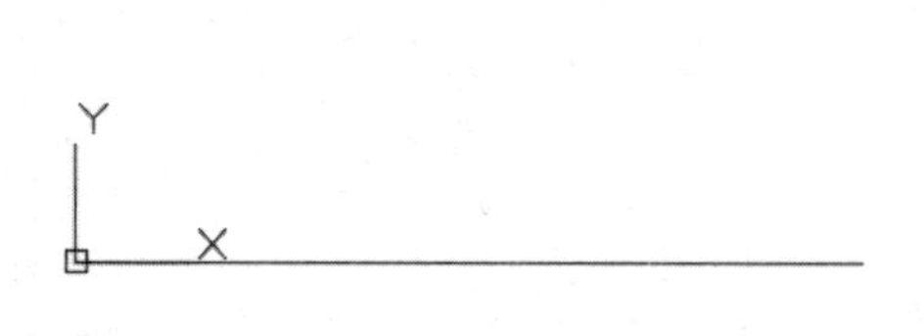

图5-199 绘制水平线

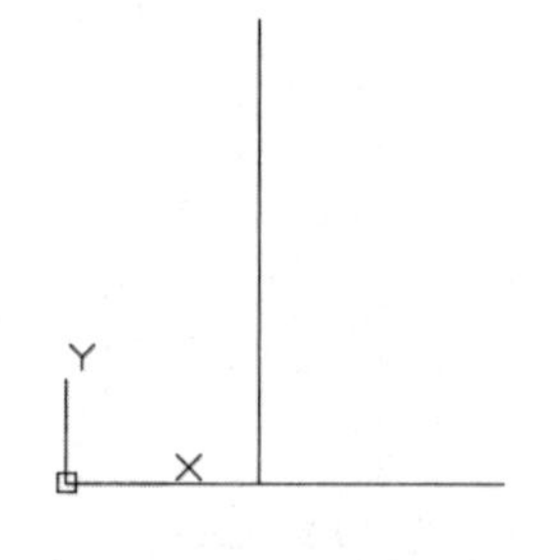

图5-200 绘制垂线

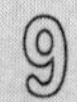

（3）单击“修改”面板中的“偏移”命令按钮，偏移直线，偏移距离为2，如图5-201所示。

（4）单击“绘图”面板中的“直线”命令按钮，绘制矩形，尺寸如图5-202所示。

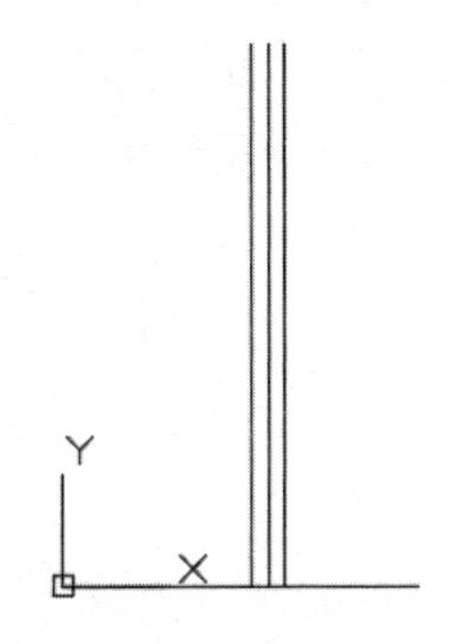

图5-201　偏移直线

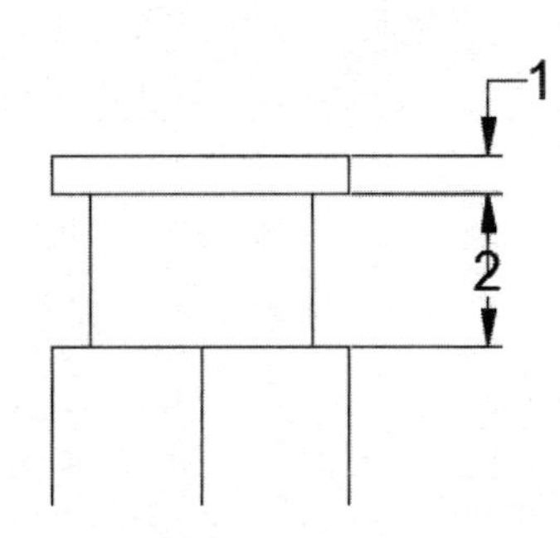

图5-202　绘制矩形

（5）单击“绘图”面板中的“样条曲线拟合”命令按钮，绘制高压环，如图5-203所示。

（6）单击“修改”面板中的“镜像”命令按钮，镜像高压环，如图5-204所示。

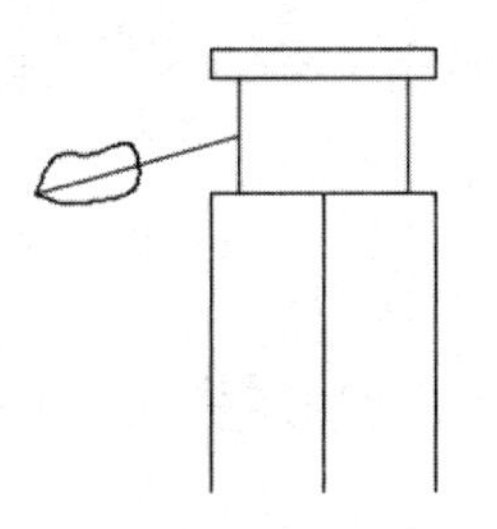

图5-203　绘制高压环

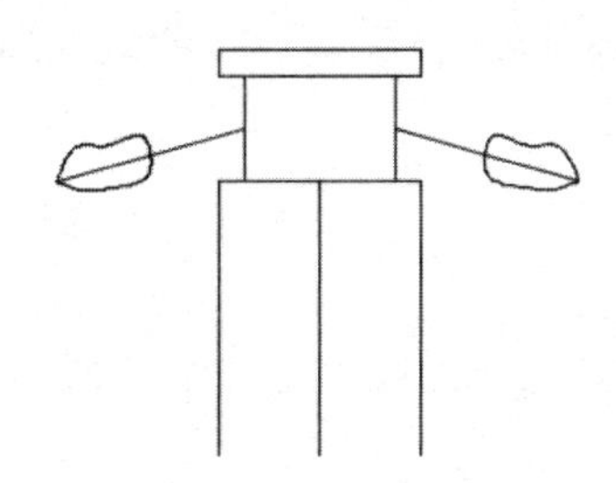

图5-204　镜像高压环

（7）单击“绘图”面板中的“直线”命令按钮，绘制水平线，如图5-205所示。

（8）单击“修改”面板中的“矩形阵列”命令按钮，创建直线的矩形阵列，完成电线杆的绘制，如图5-206所示。

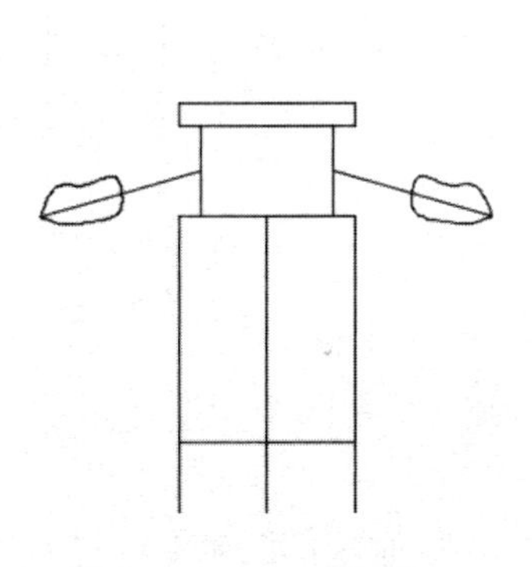

图5-205　绘制水平线

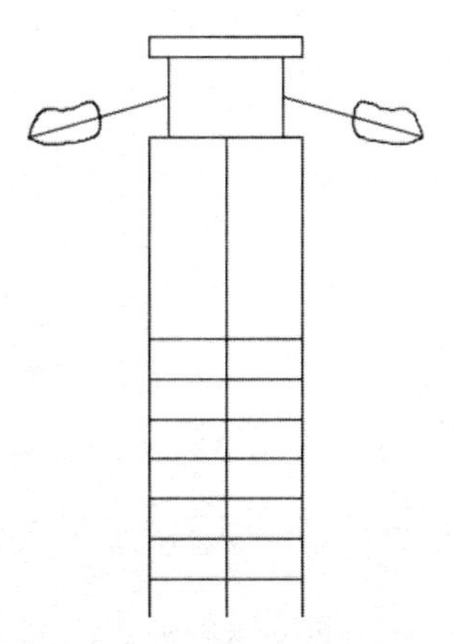

图5-206　阵列直线完成电线杆绘制

（9）单击“绘图”面板中的“直线”命令按钮，绘制垂线，与电线杆间距为 25，高为 45，如图 5-207 所示。

（10）单击“修改”面板中的“复制”命令按钮，复制电线杆，如图 5-208 所示。

（11）单击“修改”面板中的“拉伸”命令按钮，选择电线杆进行缩短，如图 5-209 所示。

图 5-207　绘制垂线　　图 5-208　复制电线杆

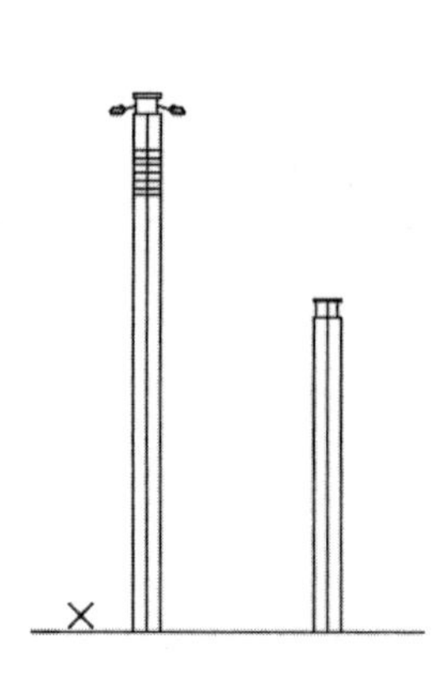

图 5-209　缩短电线杆

（12）单击“修改”面板中的“复制”命令按钮，复制直线，复制距离为 15，如图 5-210 所示。

（13）单击“修改”面板中的“偏移”命令按钮，偏移直线，偏移距离为 4，如图 5-211 所示。

（14）单击“默认”选项卡“绘图”工具栏中的“直线”按钮，绘制底部矩形，如图 5-212 所示。

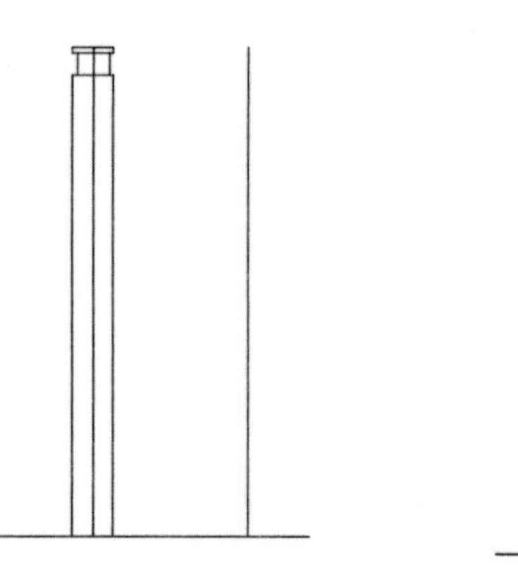

图 5-210　复制直线

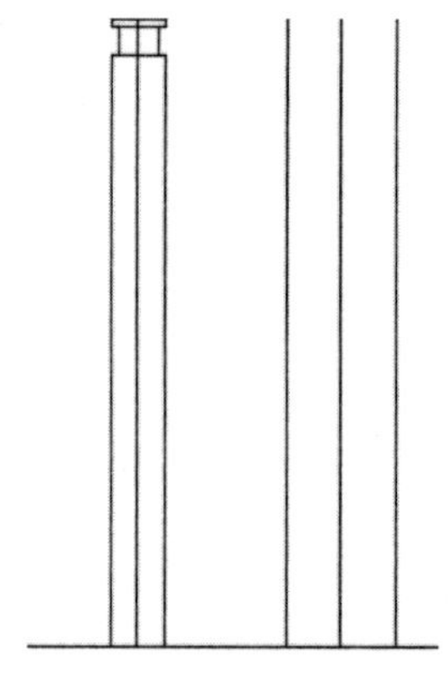

图 5-211　偏移直线

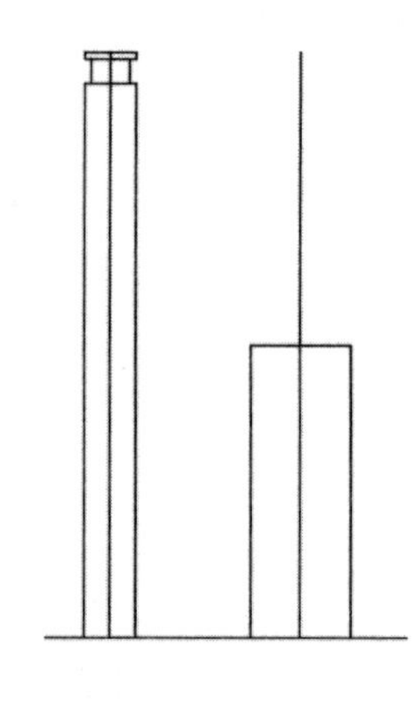

图 5-212　绘制底部矩形

（15）单击“绘图”面板中的“直线”命令按钮，绘制两个矩形，尺寸如图 5-213 所示。

（16）单击“绘图”面板中的“直线”命令按钮，绘制顶部的矩形，尺寸如图 5-214 所示。

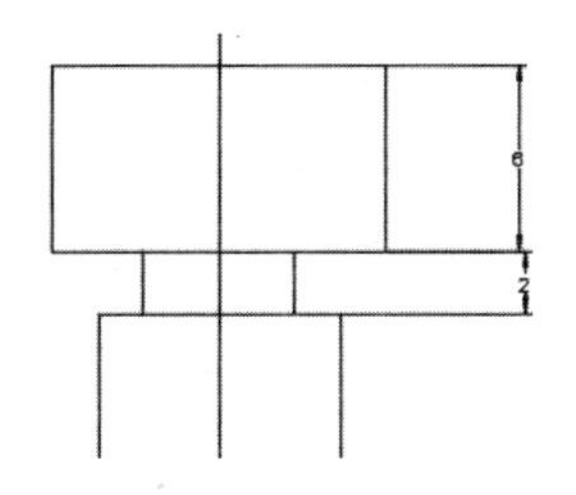

图 5-213　绘制两个矩形

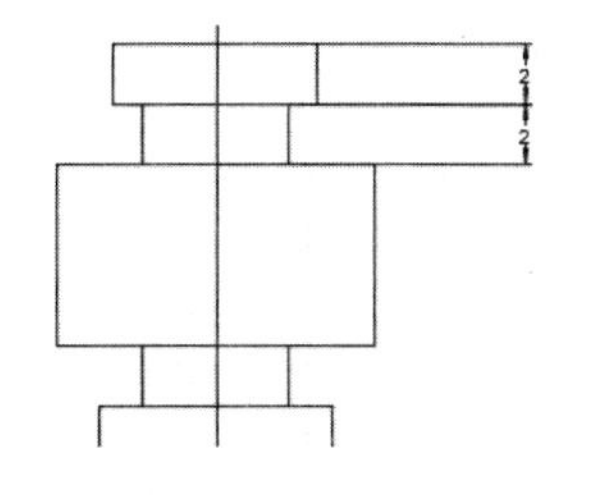

图 5-214　绘制顶部的矩形

（17）单击“修改”面板中的“矩形阵列”命令按钮，创建直线的矩形阵列，如图 5-215 所示。

（18）单击“修改”面板中的“复制”命令按钮，复制高压环，完成电线杆和变压器的绘制，如图 5-216 所示。

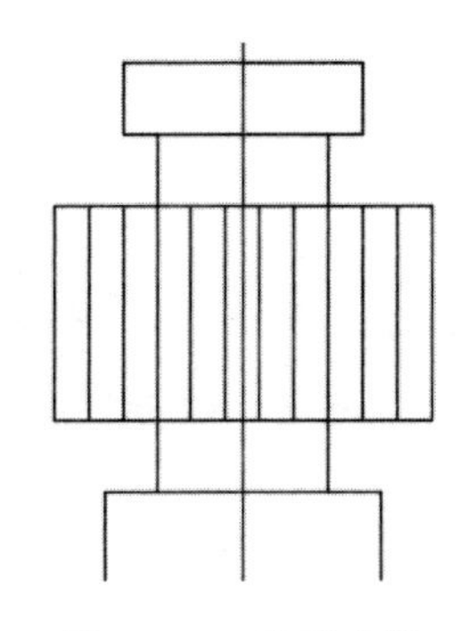

图 5-215　阵列直线

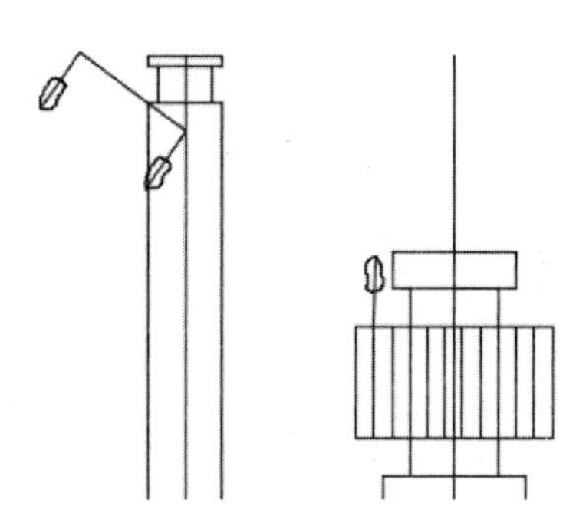

图 5-216　复制高压环完成电线杆和变压器的绘制

（19）单击“修改”面板中的“复制”命令按钮，复制电线杆，复制距离为 65，如图 5-217 所示。

（20）单击“绘图”面板中的“直线”命令按钮，绘制 3×1 的矩形，如图 5-218 所示。

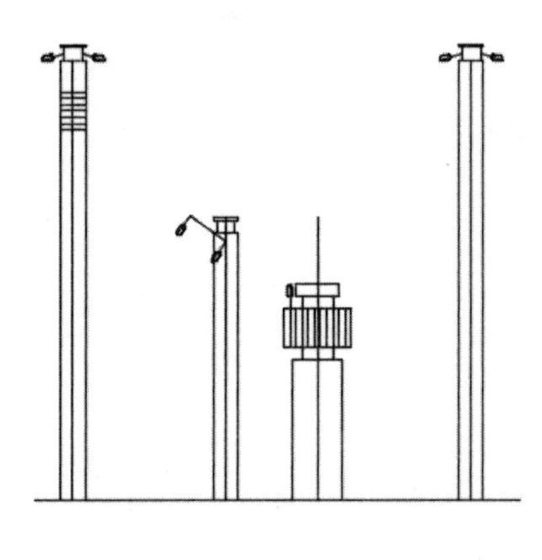

图 5-217　复制电线杆

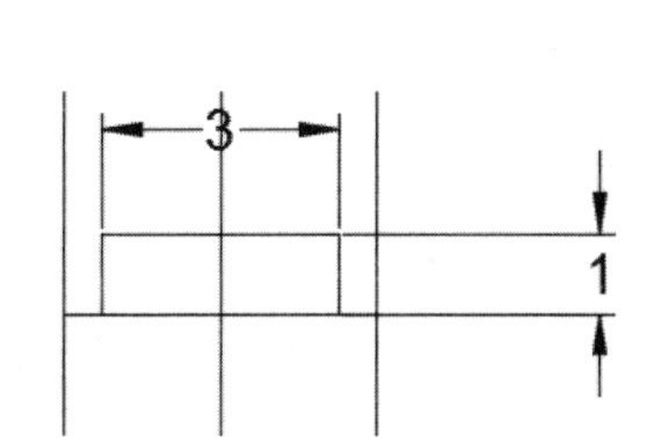

图 5-218　绘制 3×1 的矩形

（21）单击“绘图”面板中的“直线”命令按钮，绘制两个矩形，尺寸如图 5-219 所示。

（22）单击“绘图”面板中的“直线”命令按钮，绘制顶部的两个矩形，尺寸如图 5-220 所示。

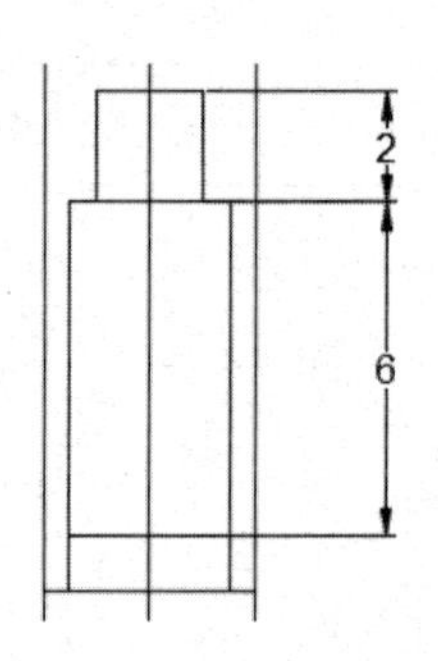

图 5-219 绘制两个矩形

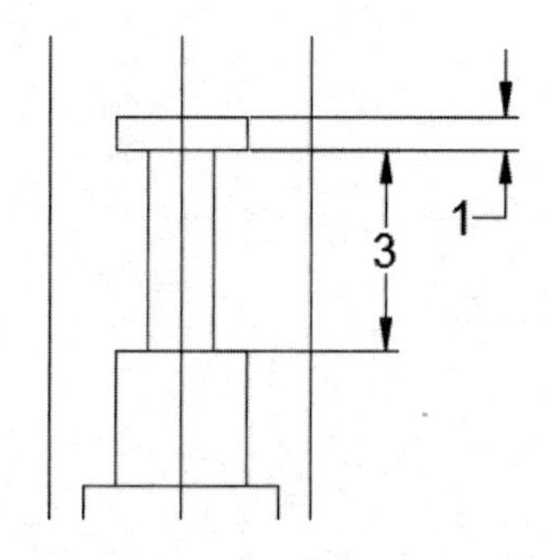

图 5-220 绘制顶部的两个矩形

（23）单击“修改”面板中的“旋转”命令按钮，将接线柱旋转 45°，如图 5-221 所示。

（24）单击“修改”面板中的“镜像”命令按钮，镜像接线柱，如图 5-222 所示。

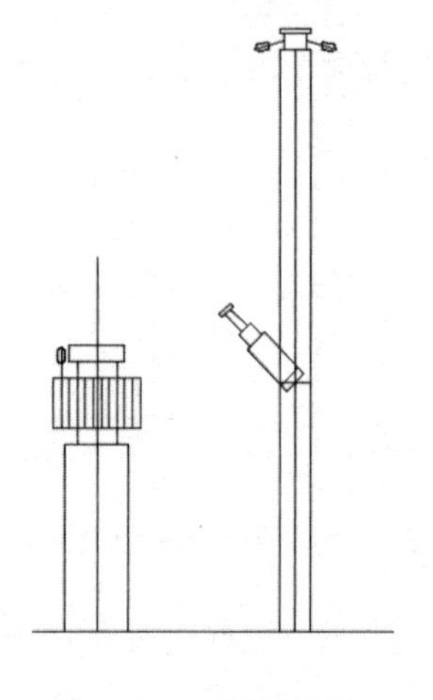

图 5-221 旋转接线柱

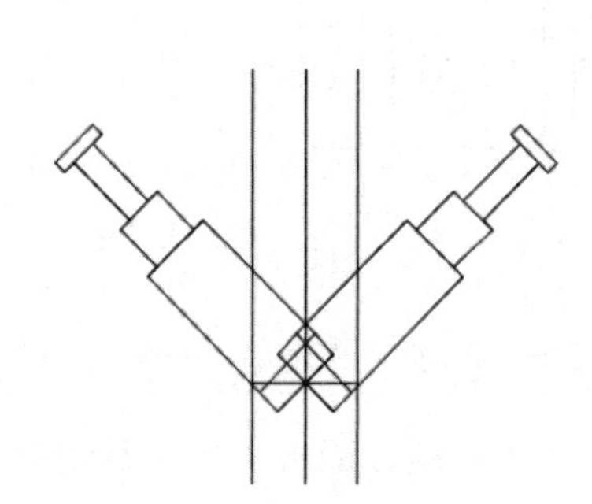

图 5-222 镜像接线柱

（25）单击“修改”面板中的“修剪”命令按钮，快速修剪图形，效果如图 5-223 所示。

（26）单击“修改”面板中的“复制”命令按钮，复制电线杆，距离为 50，如图 5-224 所示。

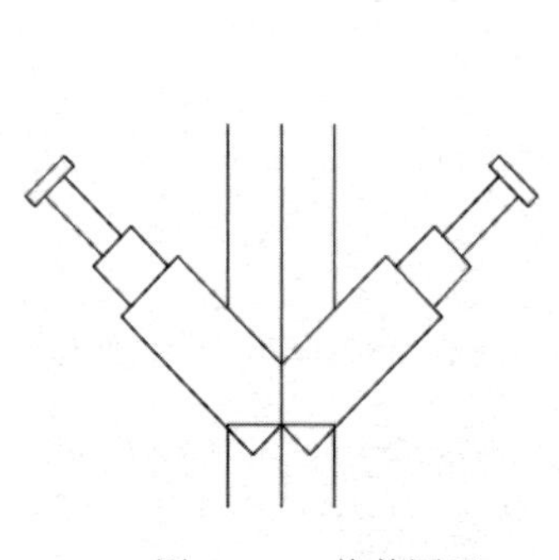

图 5-223 修剪图形

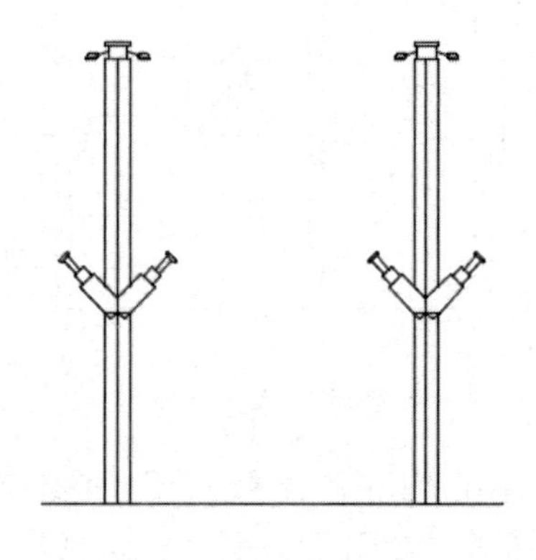

图 5-224 复制电线杆

（27）单击“绘图”面板中的“矩形”命令按钮，绘制尺寸为 50×2 的矩形，如图 5-225 所示。

（28）单击“绘图”面板中的“直线”命令按钮，绘制直线，如图 5-226 所示。

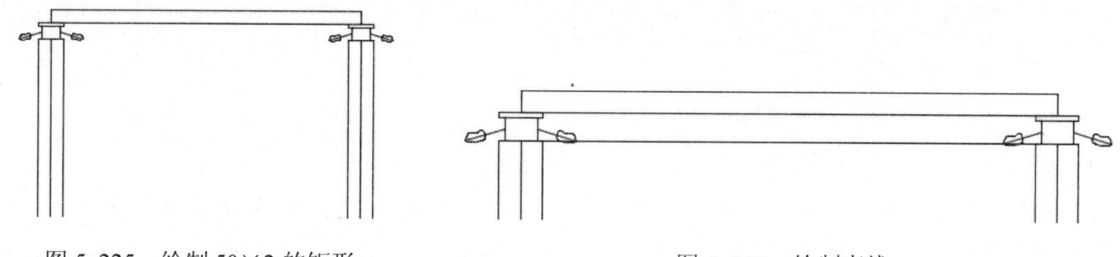

图 5-225　绘制 50×2 的矩形

图 5-226　绘制直线

（29）单击“绘图”面板中的“直线”命令按钮，绘制接线柱，尺寸如图 5-227 所示。

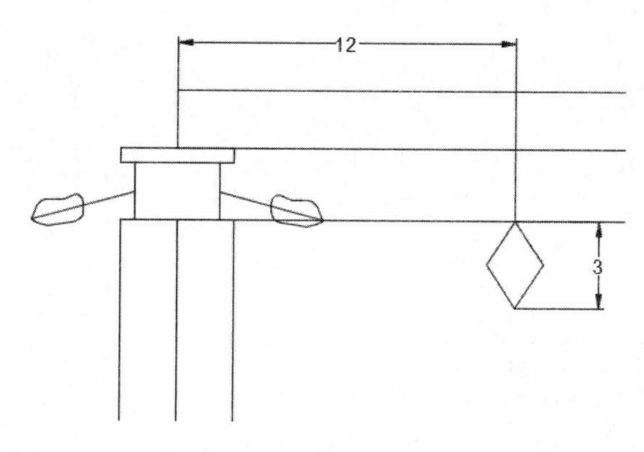

图 5-227　绘制接线柱

（30）单击“修改”面板中的“复制”命令按钮，复制接线柱，间距分别为 13、26，如图 5-228 所示。

（31）单击“绘图”面板中的“直线”命令按钮，绘制连线，完成分线电线杆绘制，如图 5-229 所示。

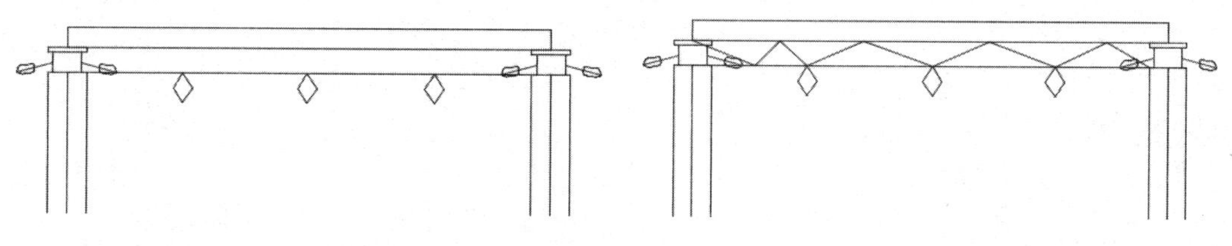

图 5-228　复制接线柱

图 5-229　绘制连线完成分线电线杆

（32）单击“修改”面板中的“复制”命令按钮，复制直线，复制距离为 100，如图 5-230 所示。

（33）单击“修改”面板中的“偏移”命令按钮，偏移直线，偏移距离为 5，如图 5-231 所示。

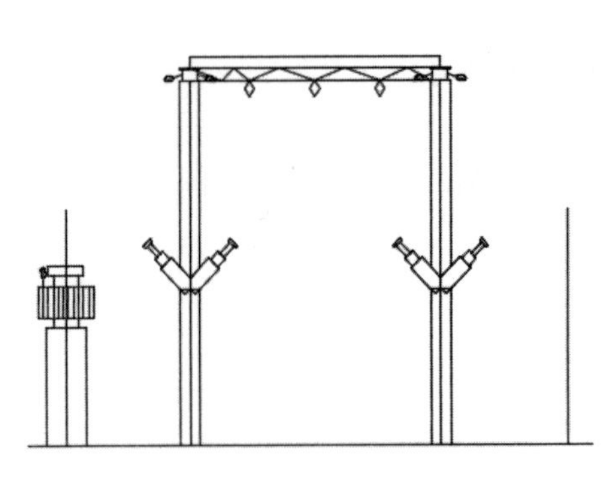

图 5-230　复制直线

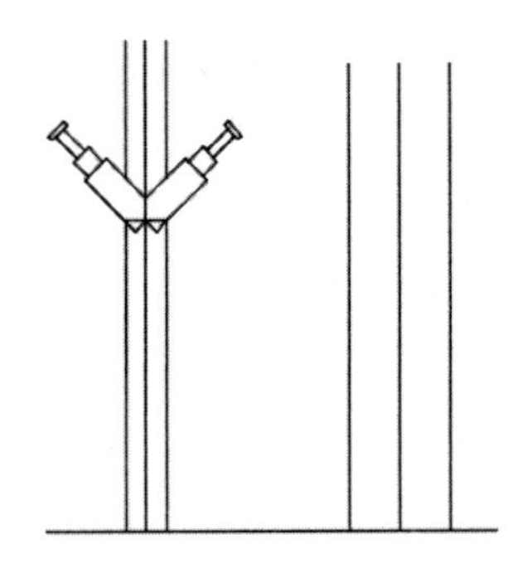

图 5-231　偏移直线

（34）单击“绘图”面板中的“矩形”命令按钮，绘制矩形，如图 5-232 所示。

（35）单击“修改”面板中的“偏移”命令按钮，偏移直线，偏移距离为 0.5，如图 5-233 所示。

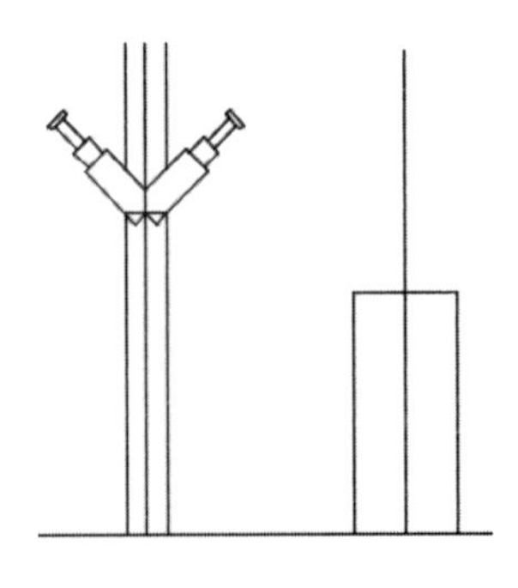

图 5-232　绘制矩形

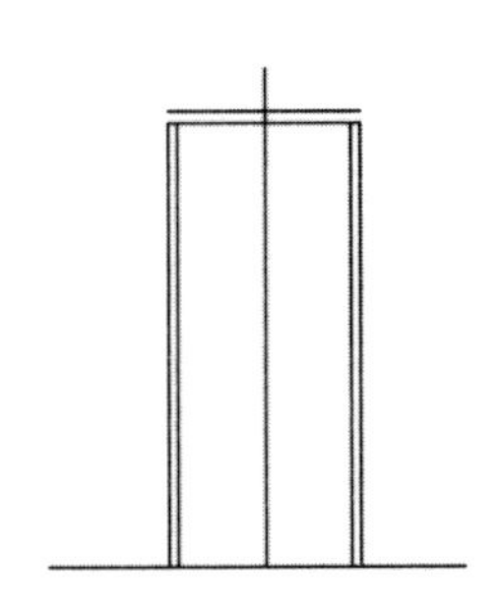

图 5-233　偏移直线

（36）单击“修改”面板中的“圆角”命令按钮，创建圆角，半径为 1，如图 5-234 所示。

（37）单击“修改”面板中的“偏移”命令按钮，偏移直线，偏移距离为 2，如图 5-235 所示。

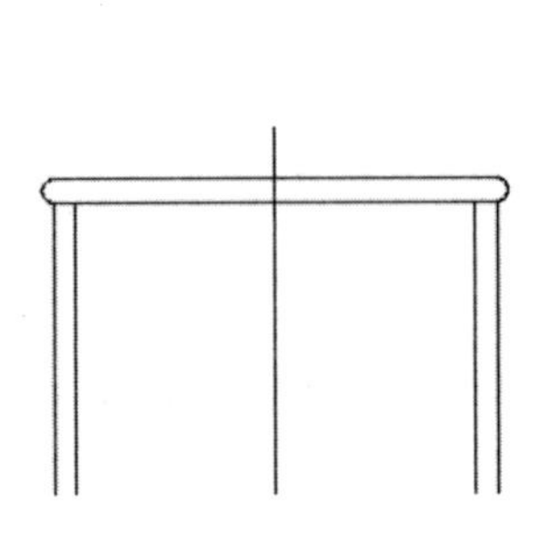

图 5-234　绘制圆角

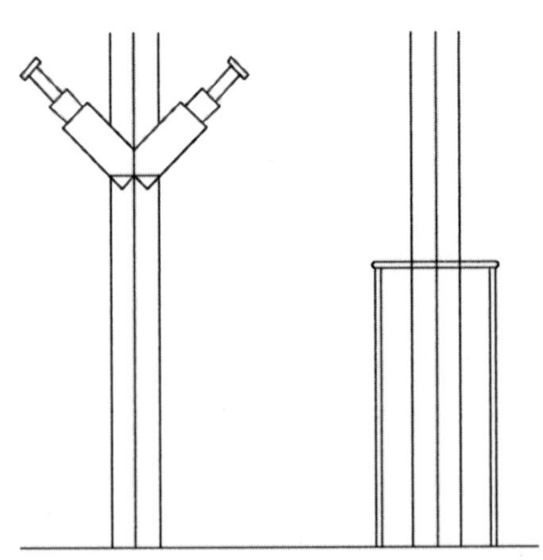

图 5-235　偏移直线

（38）单击“绘图”面板中的“矩形”命令按钮，绘制尺寸为 10×2 的 3 个矩形，如图 5-236 所示。

（39）单击“修改”面板中的“修剪”命令按钮，快速修剪图形，如图 5-237 所示。

（40）单击“默认”选项卡“绘图”工具栏中的“直线”按钮，绘制底座，完成支撑柱的绘制，如图 5-238 所示。

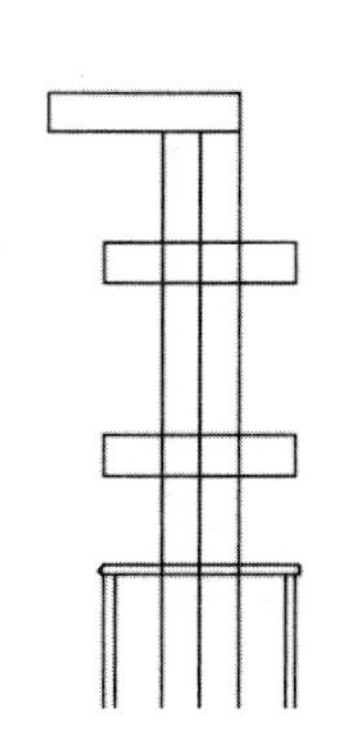

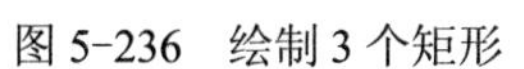
图 5-236　绘制 3 个矩形

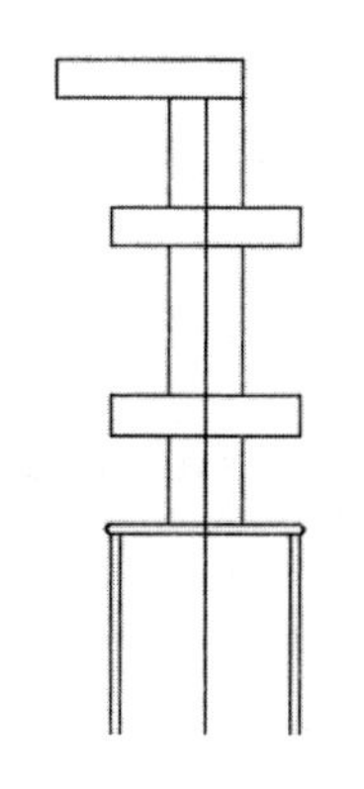

图 5-237　修剪图形

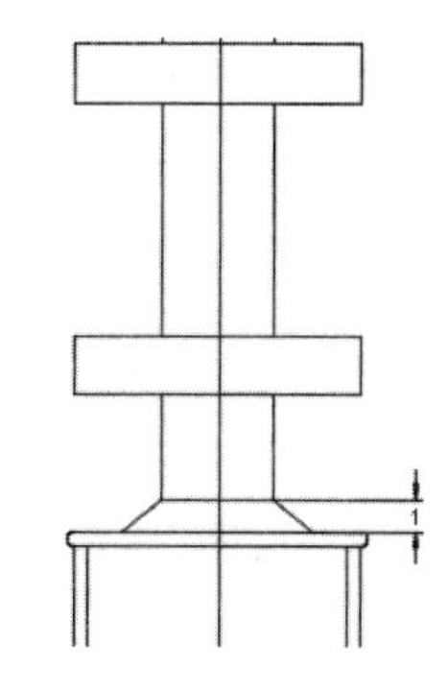

图 5-238　绘制底座完成支撑柱

5.4.2　变压设备

变压设备是指电力的输入线、变压器、输出线等运载电力的设备。下面详细介绍其绘制步骤。

（1）单击“修改”面板中的“复制”命令按钮，复制直线，距离为 35，如图 5-239 所示。

（2）单击“绘图”面板中的“矩形”命令按钮，绘制尺寸为 20×4 的矩形，如图 5-240 所示。

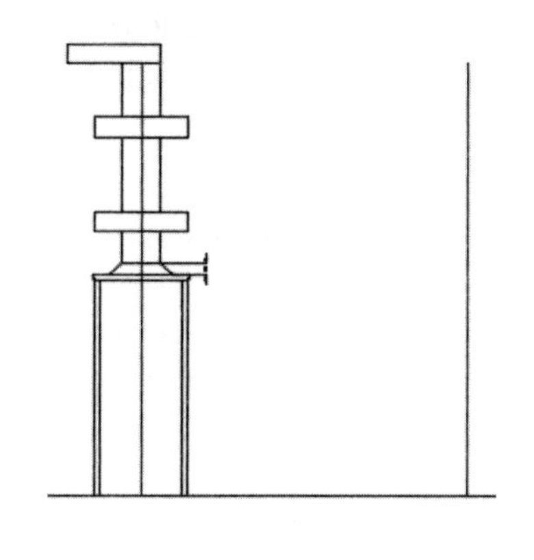

图 5-239　复制直线

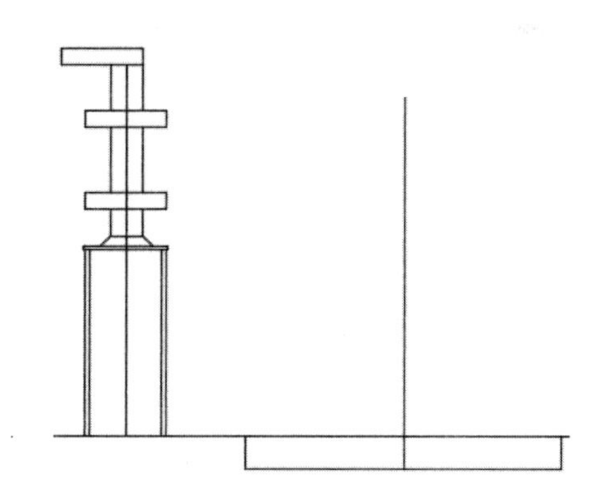

图 5-240　绘制 20×4 的矩形

（3）单击“绘图”面板中的“矩形”命令按钮，绘制尺寸为 10×2 的矩形，如图 5-241 所示。

（4）单击“绘图”面板中的“矩形”命令按钮，绘制尺寸为 10×20 的矩形，如图 5-242 所示。

（5）单击“绘图”面板中的“直线”命令按钮，绘制斜线，如图 5-243 所示。

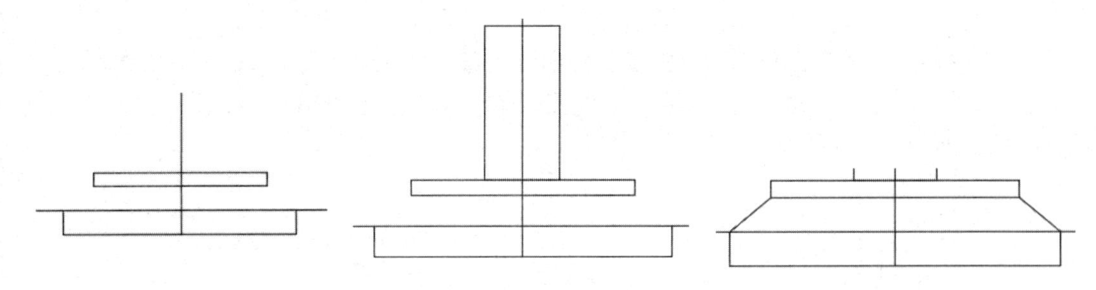

图 5-241 绘制 10×2 的矩形　　图 5-242 绘制 10×20 的矩形　　图 5-243 绘制斜线

（6）单击“绘图”面板中的“矩形”命令按钮，绘制尺寸为 1×2 的矩形，如图 5-244 所示。

（7）单击“绘图”面板中的“矩形”命令按钮，绘制尺寸为 6×14 的矩形，如图 5-245 所示。

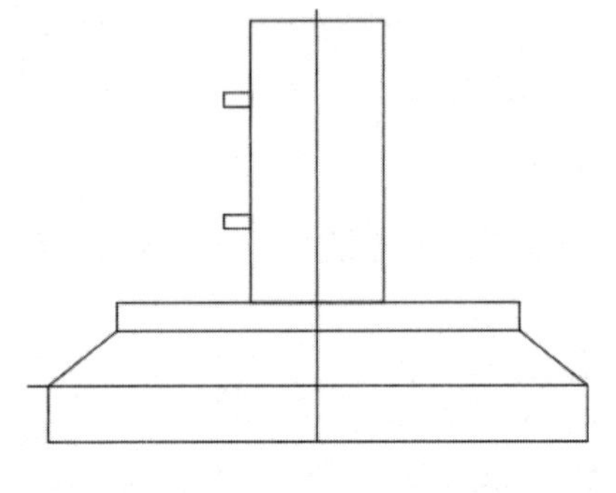

图 5-244 绘制 1×2 的矩形

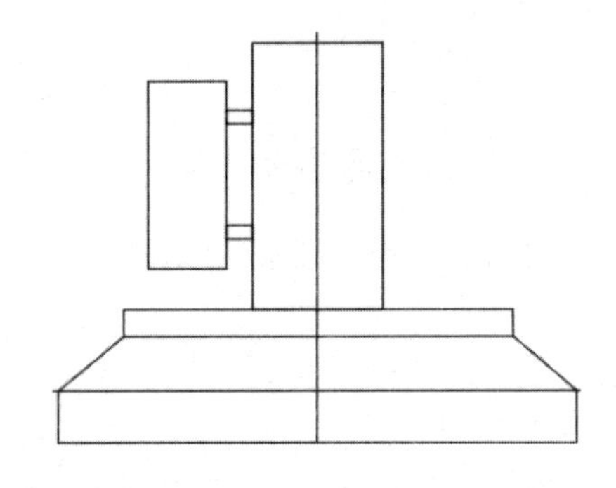

图 5-245 绘制 6×14 的矩形

（8）单击“绘图”面板中的“直线”命令按钮，绘制垂线，如图 5-246 所示。

（9）单击“修改”面板中的“镜像”命令按钮，镜像散热器，如图 5-247 所示。

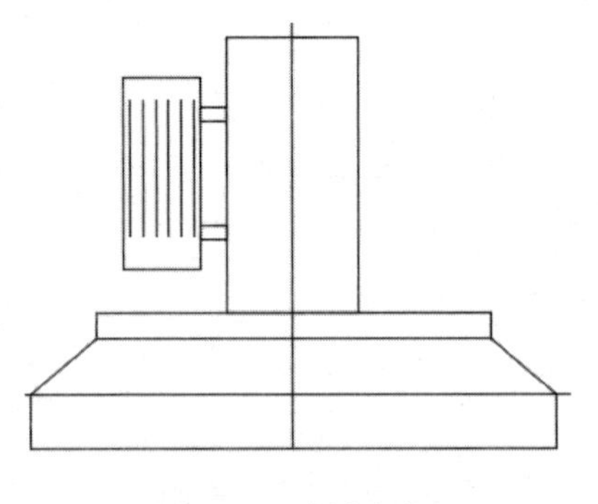

图 5-246 绘制垂线

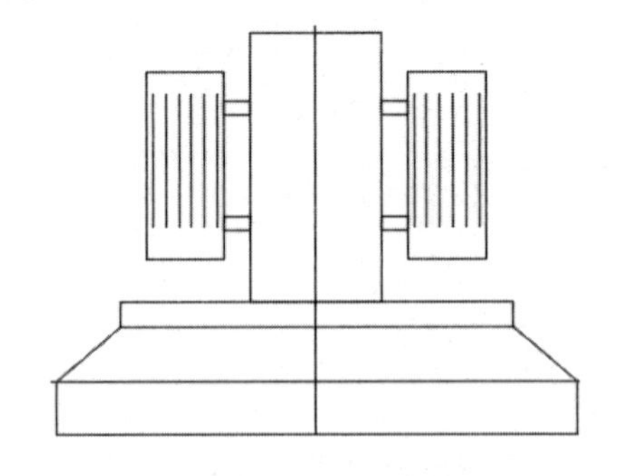

图 5-247 镜像散热器

（10）单击“绘图”面板中的“矩形”命令按钮，绘制尺寸为 12×0.5 的矩形，如图 5-248 所示。

（11）单击“绘图”面板中的“直线”命令按钮，绘制接线柱，如图 5-249 所示。

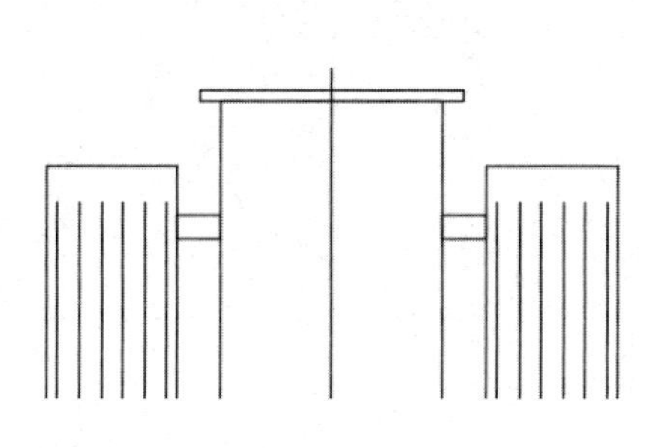

图 5-248　绘制 12×0.5 的矩形

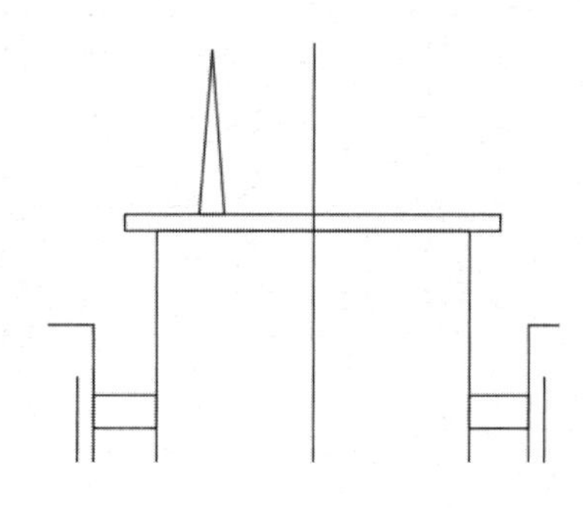

图 5-249　绘制接线柱

（12）单击“绘图”面板中的“矩形”命令按钮，绘制矩形，如图 5-250 所示。

（13）单击“绘图”面板中的“圆”命令按钮，绘制圆，如图 5-251 所示。

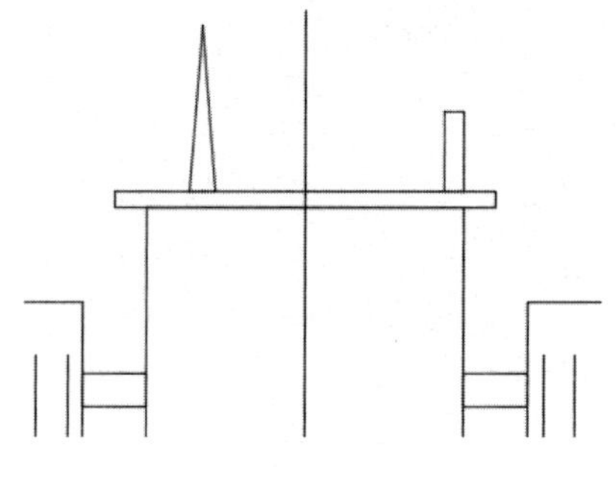

图 5-250　绘制矩形

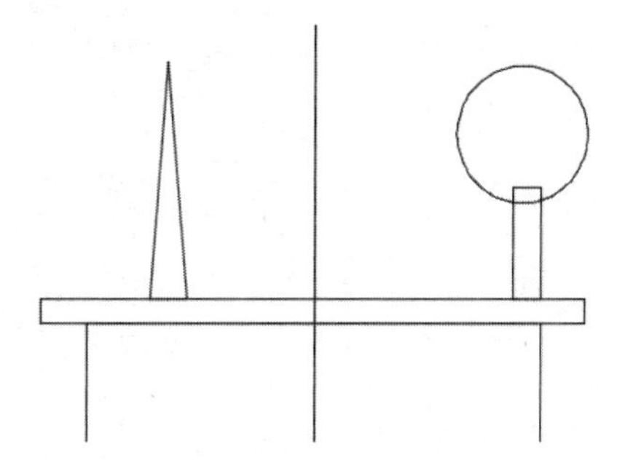

图 5-251　绘制圆形

（14）单击“修改”面板中的“修剪”命令按钮，快速修剪图形，如图 5-252 所示。

（15）单击“绘图”面板中的“直线”命令按钮，绘制两条直线，完成变电站的绘制，如图 5-253 所示。

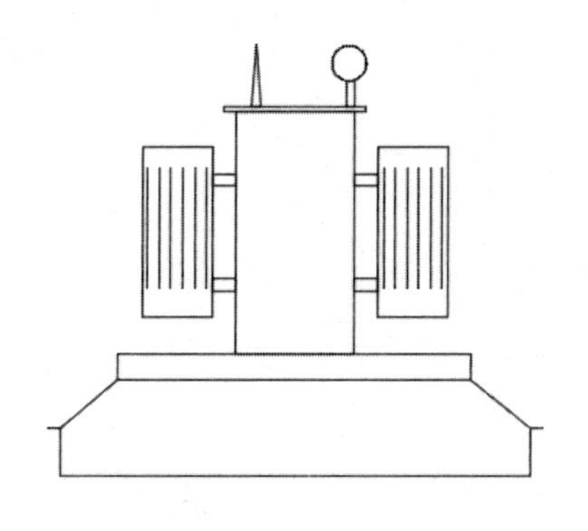

图 5-252　修剪图形

图 5-253　绘制直线完成变电站

5.4.3　线路布置和标注

设备图形绘制完毕后，下面进行线路的布置和标注。具体绘制步骤如下。

（1）单击“绘图”面板中的“直线”命令按钮，进行变压器布线，如图 5-254 所示。

（2）单击“绘图”面板中的“直线”命令按钮，进行接线柱布线，如图 5-255 所示。

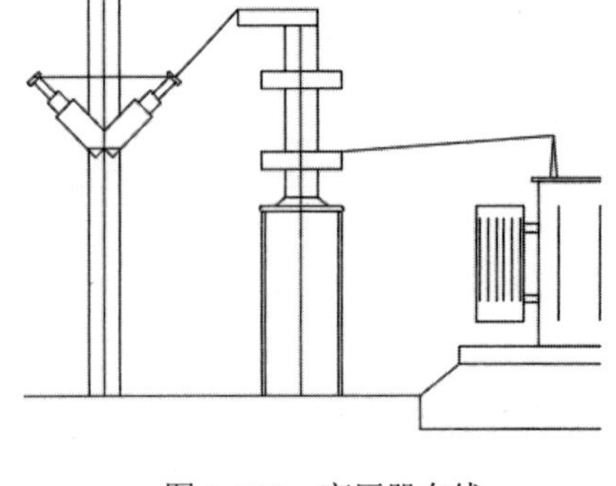

图 5-254　变压器布线

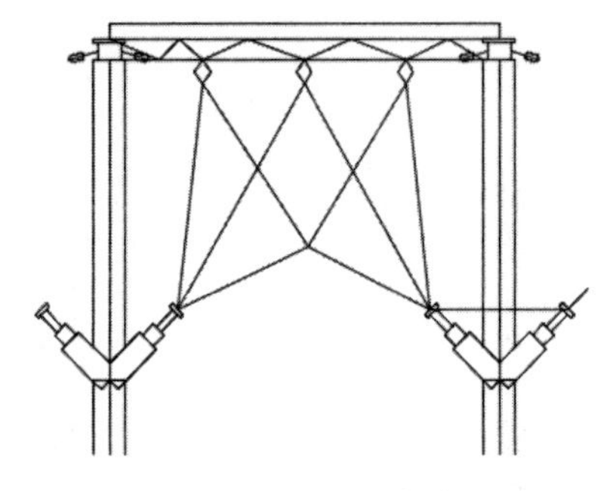

图 5-255　接线柱布线

（3）单击“绘图”面板中的“直线”命令按钮，进行电线杆间布线，如图 5-256 所示。

（4）单击“绘图”面板中的“直线”命令按钮，进行小散热器布线，如图 5-257 所示。

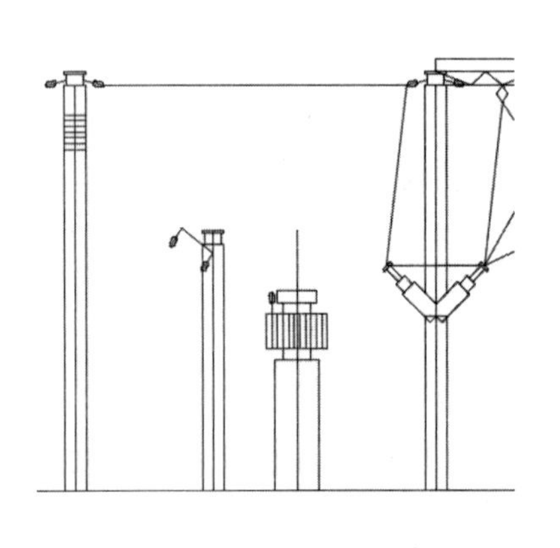

图 5-256　电线杆间布线

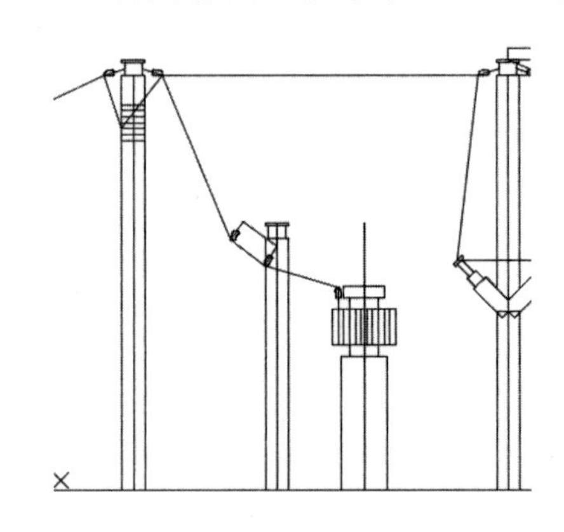

图 5-257　小散热器布线

（5）完成的线路绘制效果如图 5-258 所示。

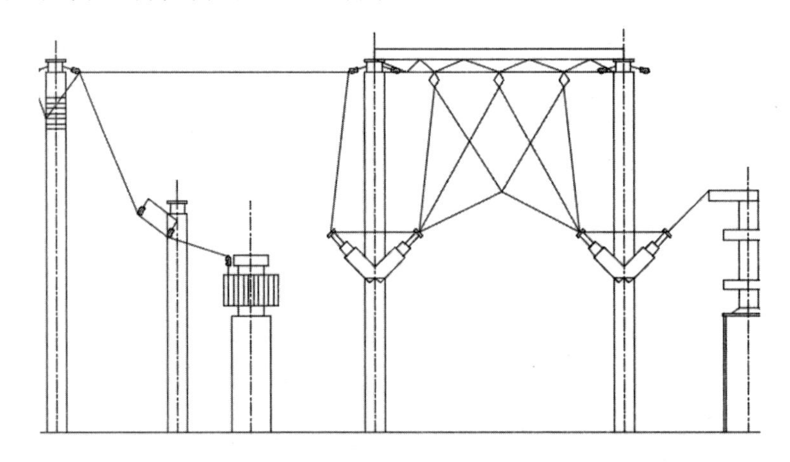

图 5-258　完成线路绘制

（6）单击“绘图”面板中的“图案填充”命令按钮，对底座进行填充，样式如图 5-259 所示。

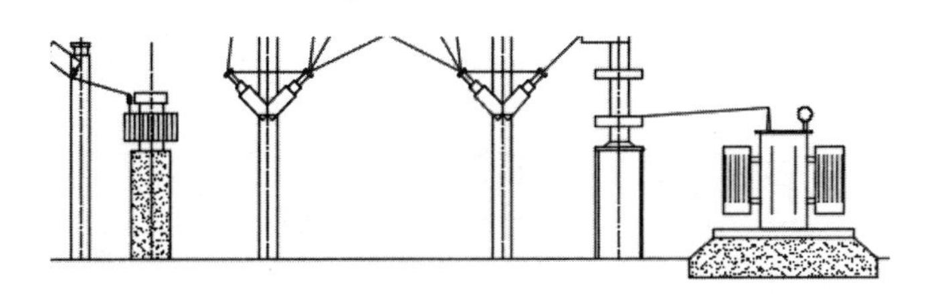

图 5-259　填充底座

（7）最后进行标注。单击“注释”面板中的“线性”命令按钮，添加电线杆间距尺寸，如图 5-260 所示。

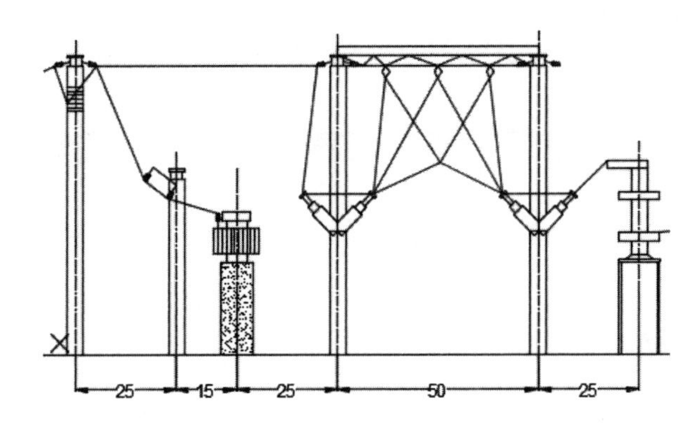

图 5-260　添加电线杆间距尺寸

（8）单击“注释”面板中的“线性”命令按钮，添加交叉线路间距尺寸，如图 5-261 所示。至此完成变电站布置立面图的绘制，效果如图 5-262 所示。

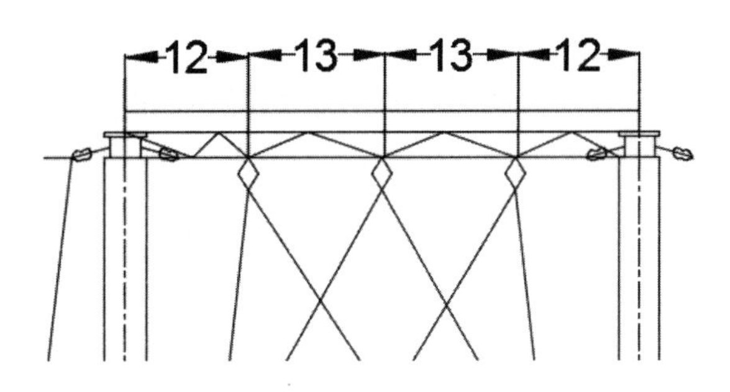

图 5-261　添加交叉线路间距尺寸

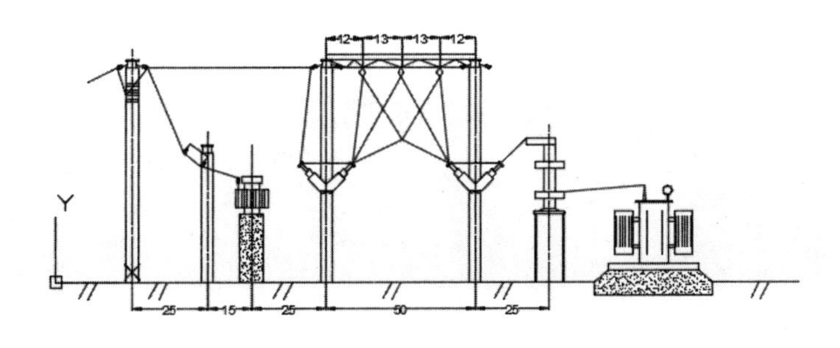

图 5-262　完成变电站布置图

第 6 章　建筑电气设计

知识导引

建筑电气中配备着多种电气系统，包括动力、照明、电话、宽带网、闭路电视和火灾报警等。本章列举了 3 种住宅电气设计，有属于强电的照明设计、动力平面布置设计，还有属于弱电的天线系统设计、电话系统设计。读者可以仔细研究、学习和借鉴。

6.1　实验室照明平面图

制作思路

以前的电气图都是在已经完成的建筑图中绘制的。但是如果没有建筑图，就需要设计单位自行测绘建筑平面图，并在此基础上绘制出电气图。本例将先绘制建筑图，然后绘制照明电气系统。

6.1.1　绘制轴线和墙线

绘制建筑图时，先绘制有轴线和墙线的基本图，然后绘制门洞和窗洞，即可完成绘制电气图需要的建筑图。本例建筑是某中学的一层实验室，其中有配电用的电工间，进行物理、化学试验的实验室，存储化学物质的房间以及厕所、更衣室、浴室等，对电气性能有不同的要求。

1. 基本图

绘制步骤如下。

（1）从以前绘制的图形中复制如图 6-1 所示的两条轴线。

（2）单击“修改”面板中的矩形“阵列”命令按钮，屏幕出现如图 6-2 所示的“阵列创建”面板，填好各项数值，把纵向轴线阵列 6 列，列距为 39，效果如图 6-3 所示。

图 6-1　贴入轴线

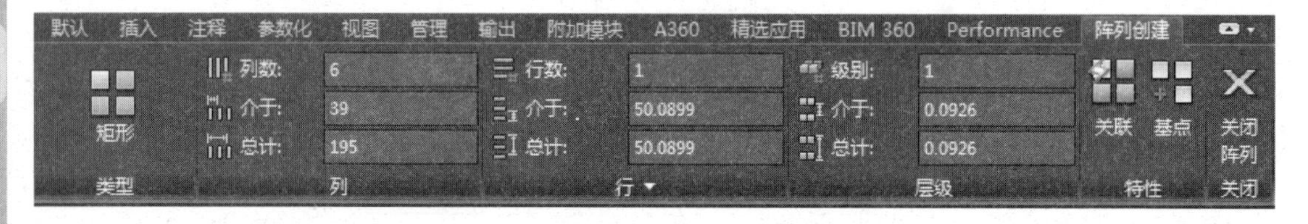

图 6-2 “阵列创建”面板

（3）单击“修改”面板中的“复制”命令按钮，把横向轴线向上复制 3 份，复制距离分别为 66、82 和 126，效果如图 6-4 所示。

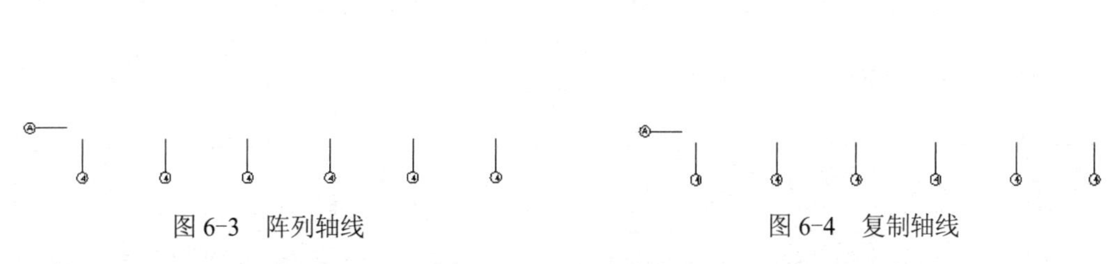

图 6-3　阵列轴线　　　　图 6-4　复制轴线

（4）双击轴线圆圈内的文字，在“多行文字编辑器”中把这些文字改成“A”“B”“C”“D”和“1”“2”“3”“4”“5”“6”，效果如图 6-5 所示。

（5）绘制外墙线。单击“绘图”面板中的“矩形”命令按钮，绘制起点在轴线“1”和“A”交点，终点在轴线“6”和“D”交点的矩形，效果如图 6-6 所示。

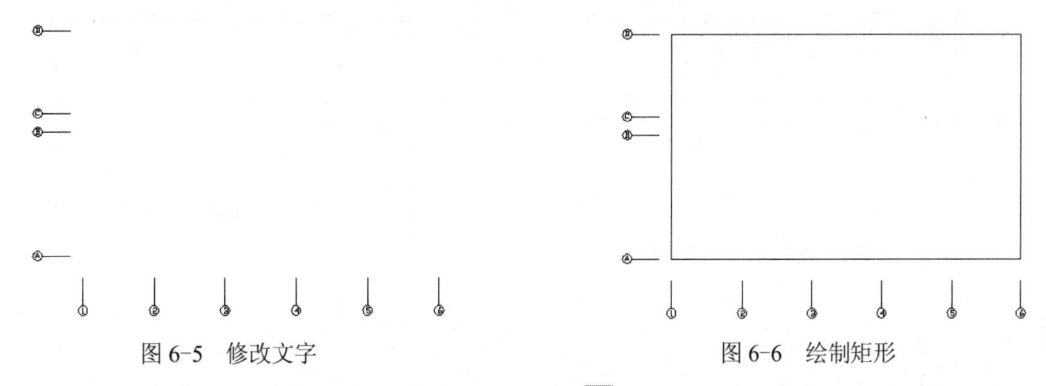

图 6-5　修改文字　　　　图 6-6　绘制矩形

（6）单击“修改”面板中的“偏移”命令按钮，把矩形向里边偏移复制一份，偏移距离为 3，效果如图 6-7 所示。

（7）绘制内墙线。单击“绘图”面板中的“矩形”命令按钮，绘制尺寸为 195×3 的矩形，效果如图 6-8 所示。

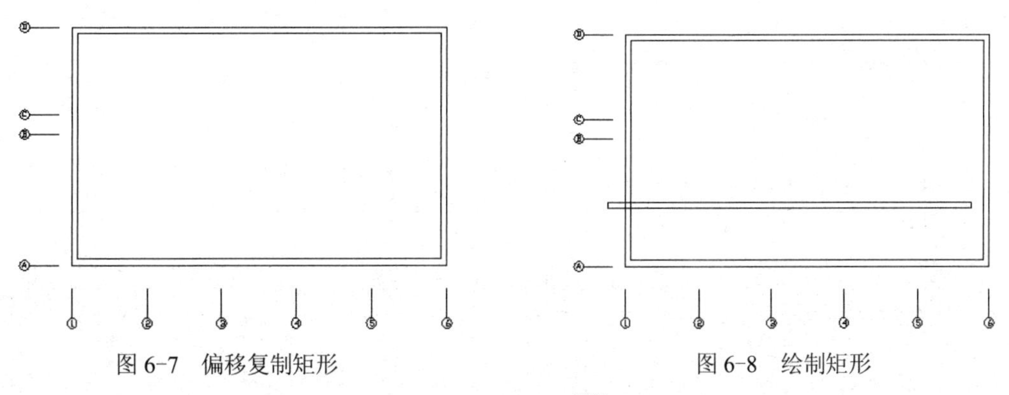

图 6-7　偏移复制矩形　　　　图 6-8　绘制矩形

（8）单击“修改”面板中的“移动”命令按钮，把矩形 195×3 以左边中点为移动基准点，以如图 6-9 所示轴线 B 的延伸线与大矩形的交点为移动目标点进行移动，效果如图 6-10 所示。

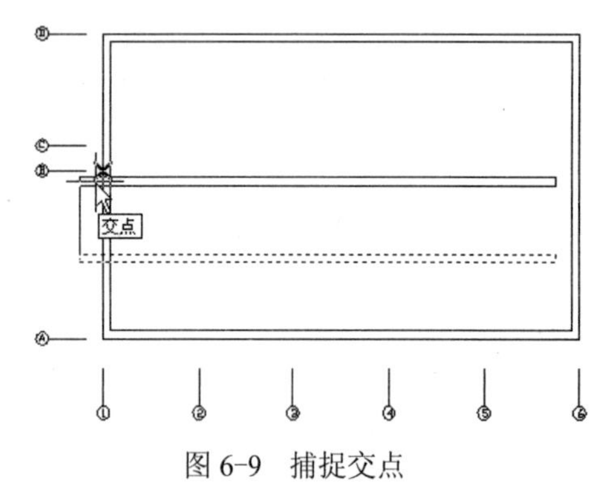

图 6-9 捕捉交点

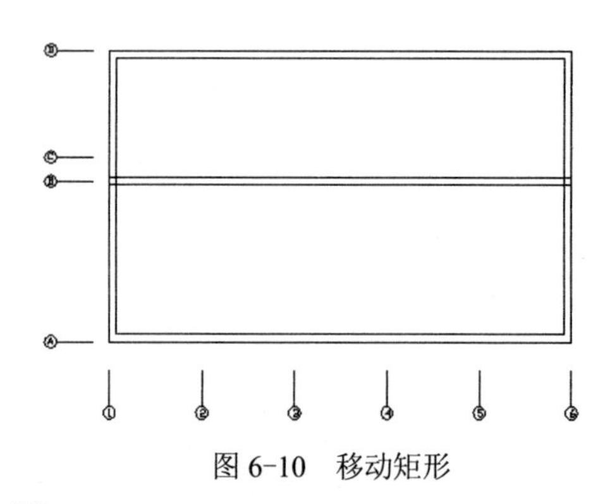

图 6-10 移动矩形

（9）单击“修改”面板中的“复制”命令按钮，把矩形 195×3 以左边中点为复制基准点，以如图 6-11 所示轴线 C 的延伸线与大矩形的交点为复制目标点，向上复制一份，效果如图 6-12 所示。

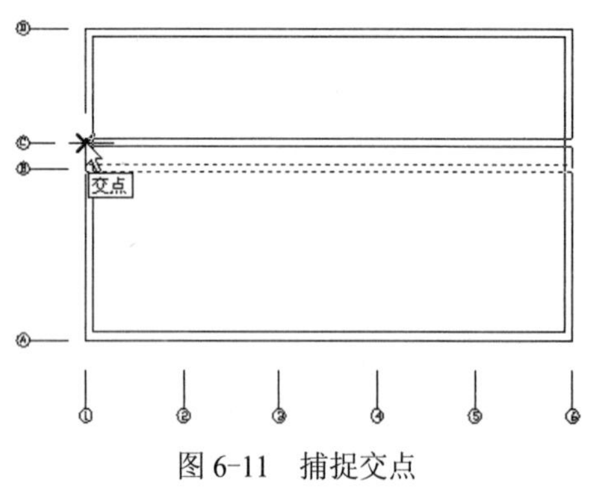

图 6-11 捕捉交点

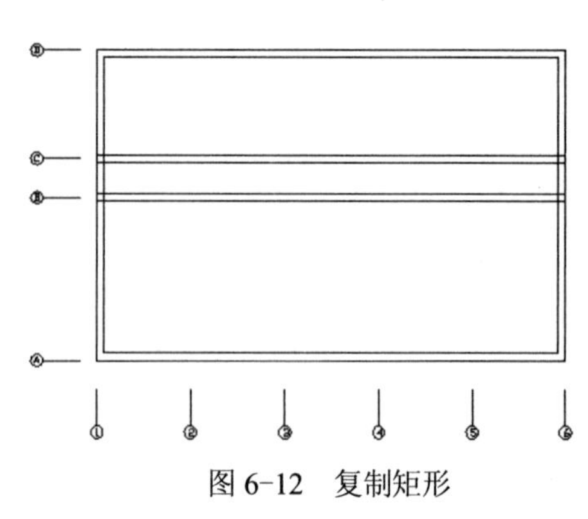

图 6-12 复制矩形

（10）单击“绘图”面板中的“矩形”命令按钮，绘制尺寸为 3×126 的矩形，效果如图 6-13 所示。

（11）单击“修改”面板中的“移动”命令按钮，把矩形 3×126 以底边中点为移动基准点，以如图 6-14 所示轴线 3 的延伸线与大矩形的交点为移动目标点进行移动，效果如图 6-15 所示。

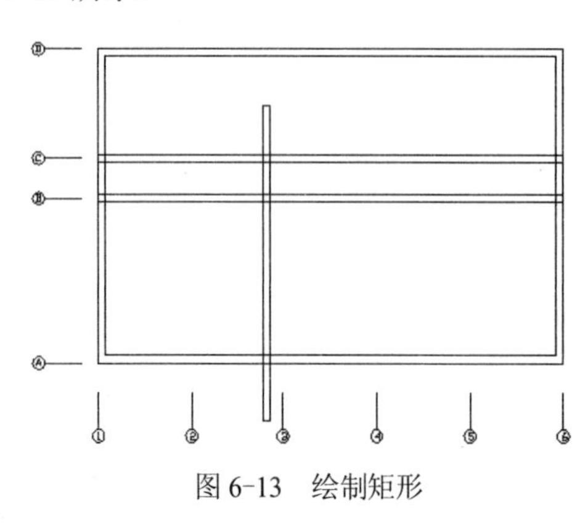

图 6-13 绘制矩形

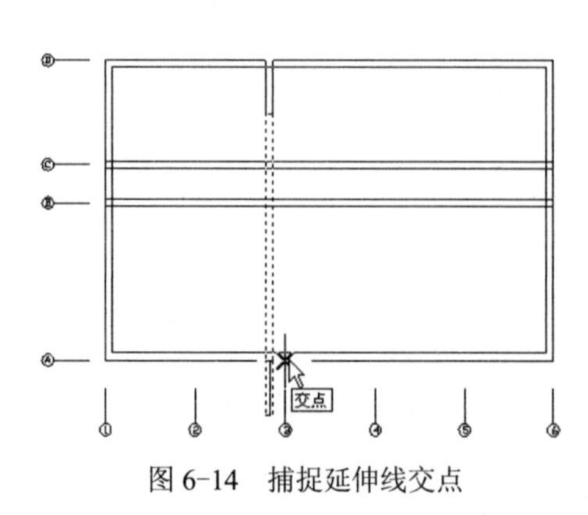

图 6-14 捕捉延伸线交点

（12）单击“修改”面板中的“复制”命令按钮，把矩形 3×126 以底边中点为复制基准点，以如图 6-15 所示轴线 4 的延伸线与大矩形的交点为复制目标点，向右复制一份，效果如图 6-16 所示。

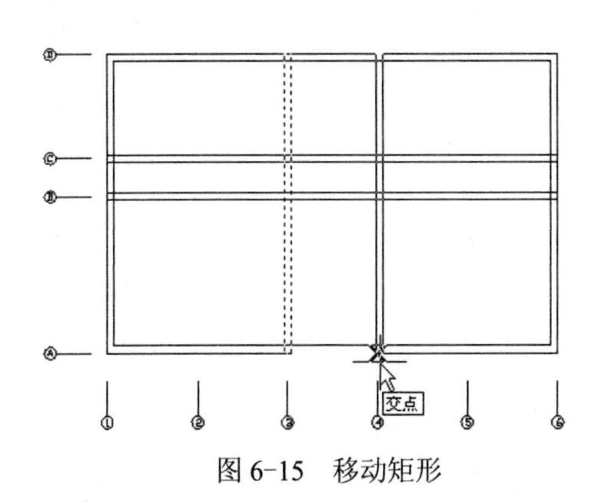

图 6-15　移动矩形

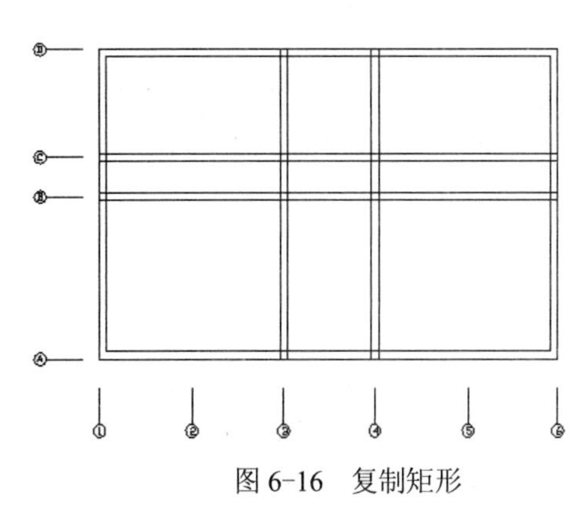

图 6-16　复制矩形

（13）单击“绘图”面板中的“矩形”命令按钮，绘制尺寸为 3×45.5 的矩形，效果如图 6-17 所示。

（14）单击“修改”面板中的“移动”命令按钮，把矩形 3×45.5 以底边中点为移动基准点，以如图 6-18 所示轴线 2 的延伸线与矩形的交点为移动目标点进行移动，效果如图 6-19 所示。

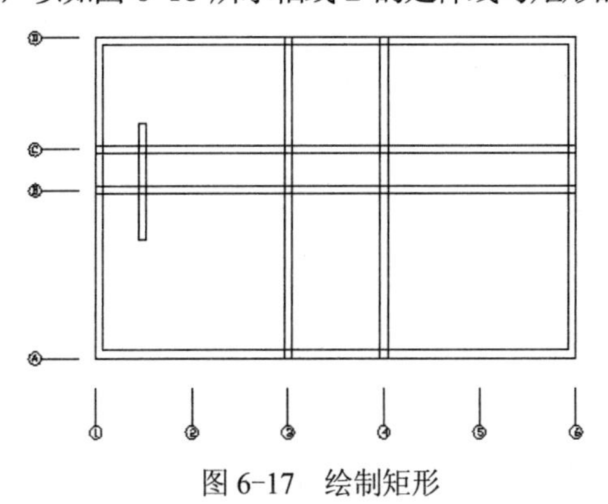

图 6-17　绘制矩形

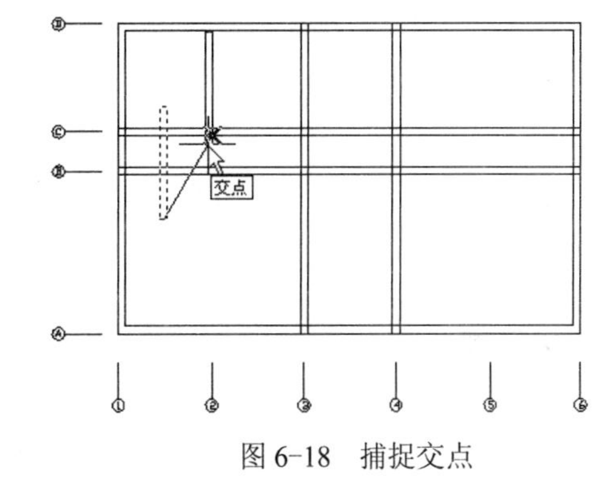

图 6-18　捕捉交点

（15）单击“修改”面板中的“复制”命令按钮，把矩形 3×45.5 以底边中点为复制基准点，以如图 6-20 所示轴线 5 的延伸线与大矩形的交点为复制目标点，向右复制一份，效果如图 6-21 所示。

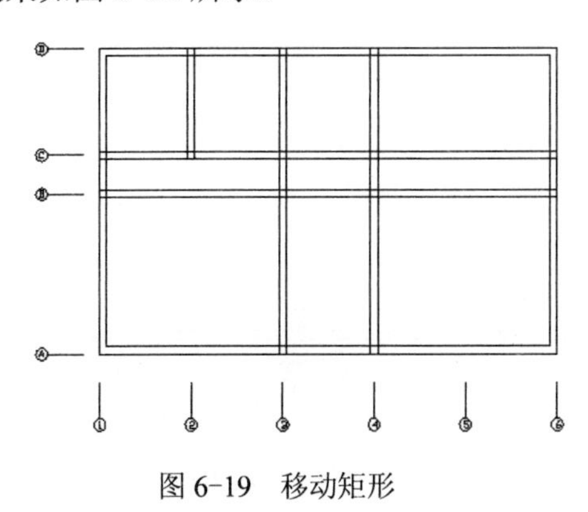

图 6-19　移动矩形

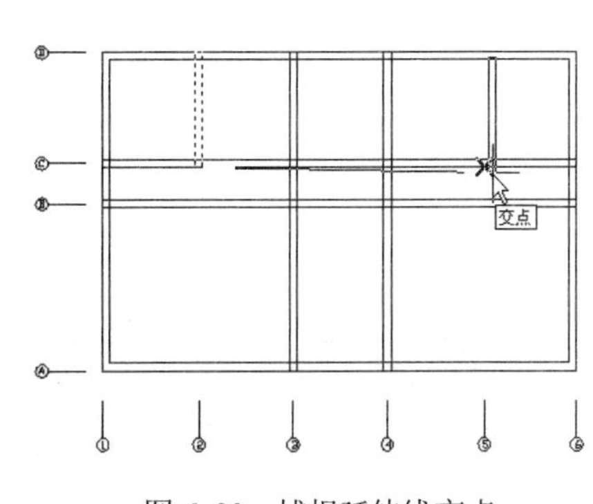

图 6-20　捕捉延伸线交点

（16）单击“修改”面板中的“修剪”命令按钮，以如图 6-22 所示虚线矩形为修剪边，修剪掉光标所示的线头，结果如图 6-23 所示。

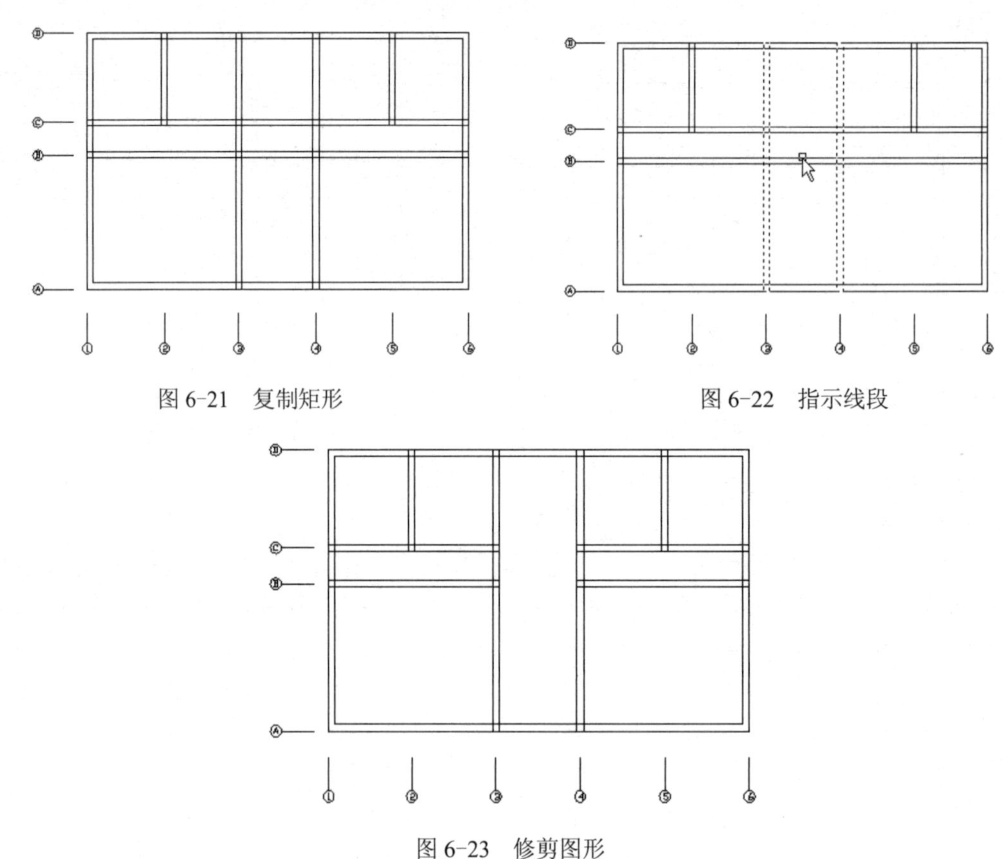

图 6-21　复制矩形　　图 6-22　指示线段

图 6-23　修剪图形

2. 门洞

绘制步骤如下。

（1）单击“绘图”面板中的“矩形”命令按钮，绘制尺寸为 12×5 的矩形作为修剪出门洞的工具，效果如图 6-24 所示。

（2）单击“修改”面板中的“移动”命令按钮，把矩形 12×5 以其底边中点为移动基准点，以如图 6-25 所示中点为移动目标点进行移动，效果如图 6-26 所示。

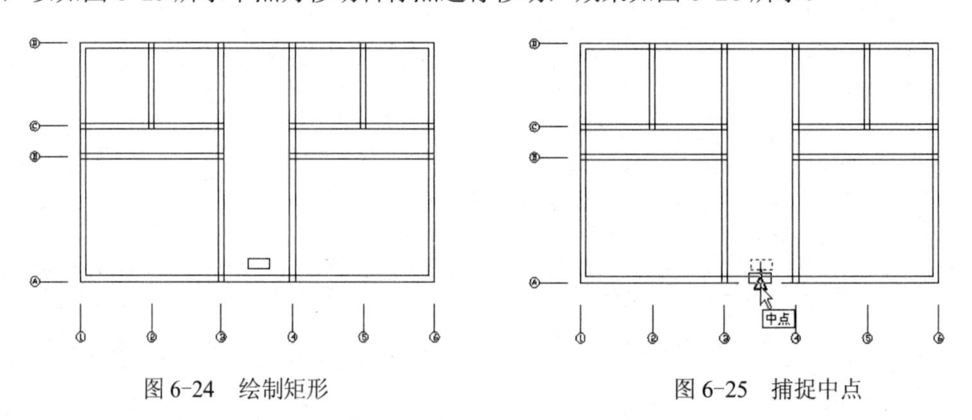

图 6-24　绘制矩形　　图 6-25　捕捉中点

（3）单击“修改”面板中的“修剪”命令按钮，以墙线为被修剪边，以矩形 12×5 为修剪边修剪出门洞，结果如图 6-27 所示。

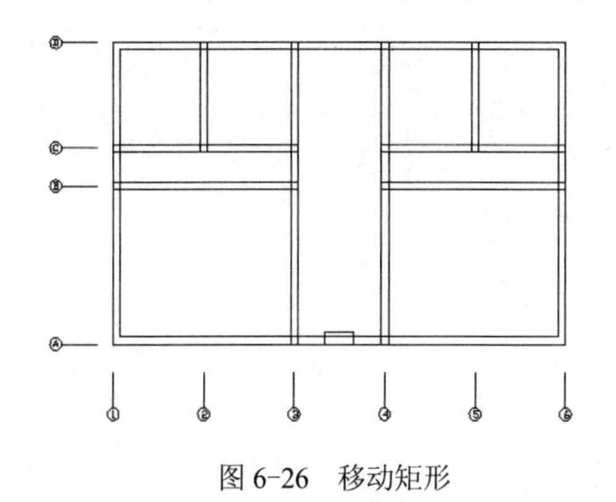

图 6-26　移动矩形

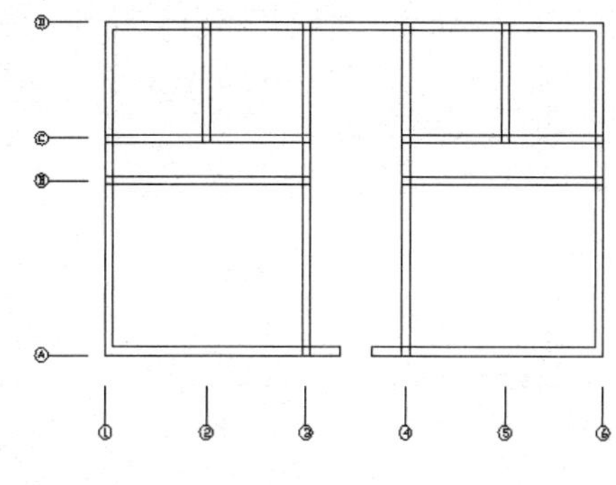

图 6-27　修剪出门洞

（4）单击“绘图”面板中的“矩形”命令按钮，以如图 6-28 所示端点为起点绘制尺寸为 5×10 的矩形，效果如图 6-29 所示。

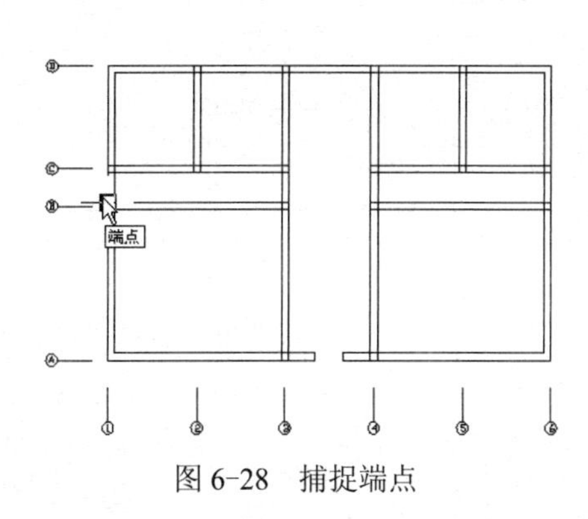

图 6-28　捕捉端点

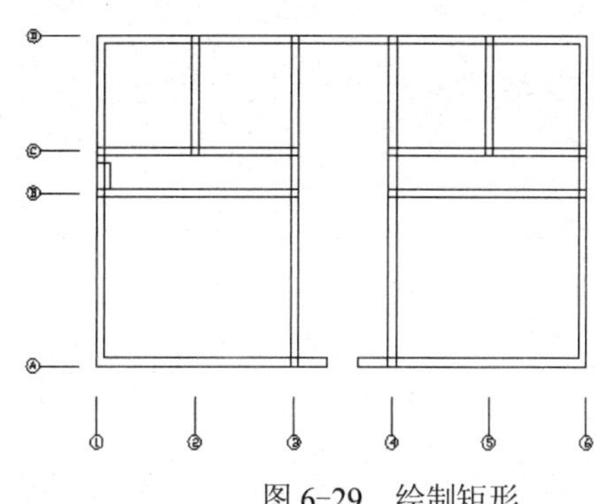

图 6-29　绘制矩形

（5）单击“修改”面板中的“移动”命令按钮，把矩形 5×10 向上移动，移动距离为 1.5，效果如图 6-30 所示。

（6）单击“修改”面板中的“镜像”命令按钮，以墙线的左右对称轴为对称轴，把矩形 5×10 对称复制一份，效果如图 6-31 所示。

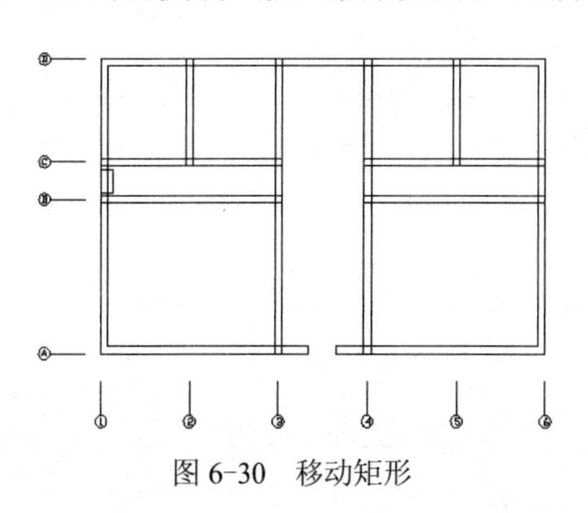

图 6-30　移动矩形

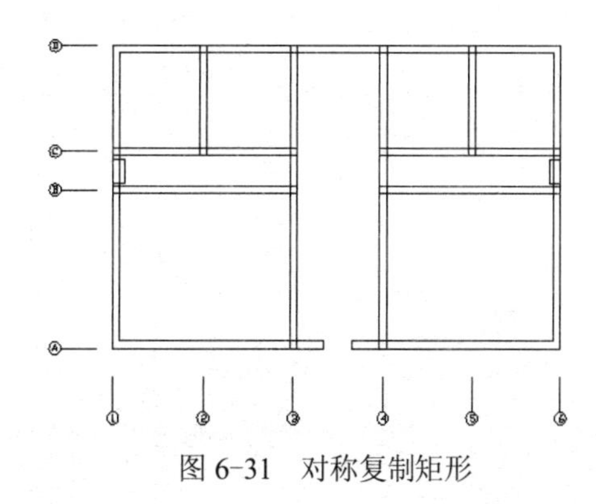

图 6-31　对称复制矩形

（7）单击“修改”面板中的“修剪”命令按钮，以墙线为被修剪边，两个矩形 5×10 为修剪边修剪出门洞，结果如图 6-32 所示。

（8）单击“修改”面板中的“修剪”命令按钮，以如图 6-33 虚线所示墙线为被修剪边，修剪掉光标指示的部分，形成通道，结果如图 6-34 所示。

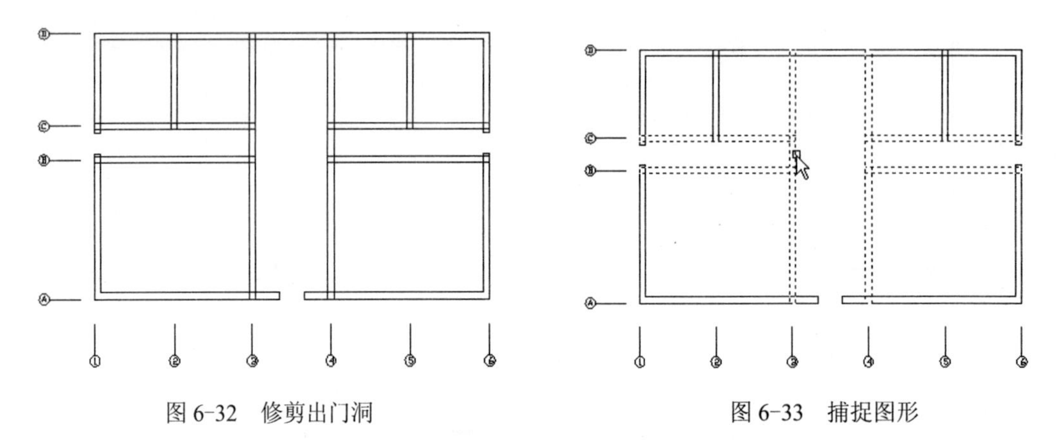

图 6-32　修剪出门洞　　　　图 6-33　捕捉图形

（9）单击“绘图”面板中的“矩形”命令按钮，以如图 6-35 所示交点为起点绘制尺寸为 20×5 的矩形，效果如图 6-36 所示。

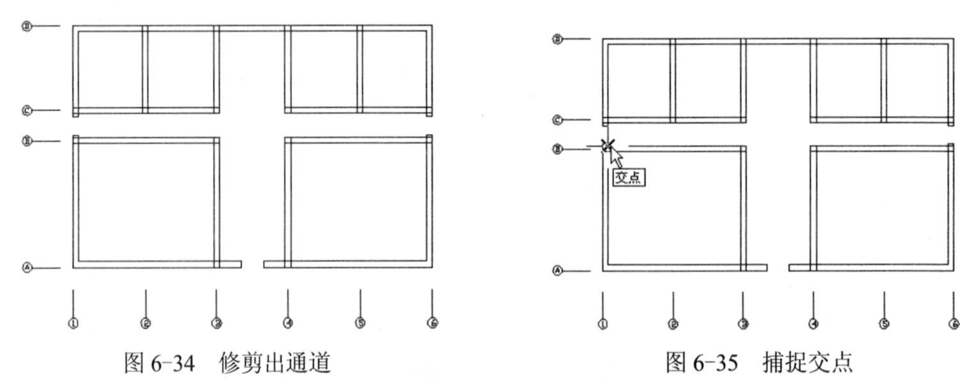

图 6-34　修剪出通道　　　　图 6-35　捕捉交点

（10）单击“修改”面板中的“移动”命令按钮，把矩形 20×5 向右移动，移动距离为 3，效果如图 6-37 所示。

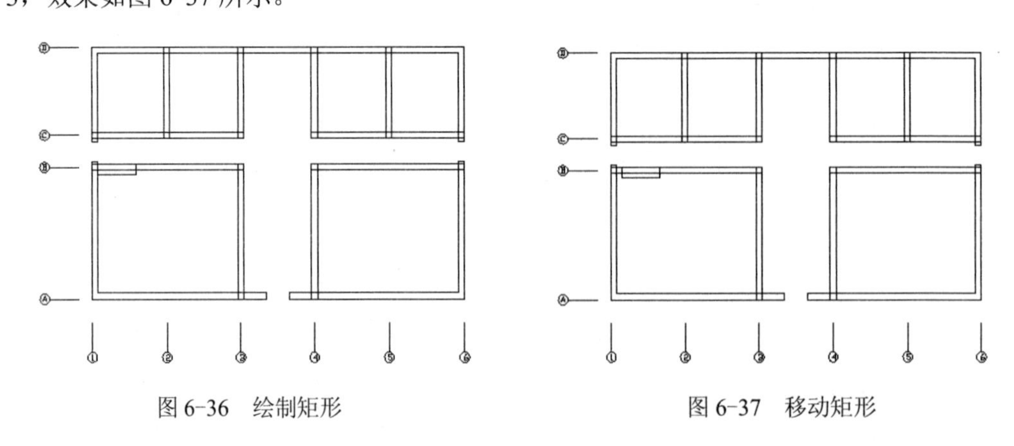

图 6-36　绘制矩形　　　　图 6-37　移动矩形

（11）单击“绘图”面板中的“矩形”命令按钮，以如图 6-38 所示交点为起点绘制尺寸为 15×5 的矩形，效果如图 6-39 所示。

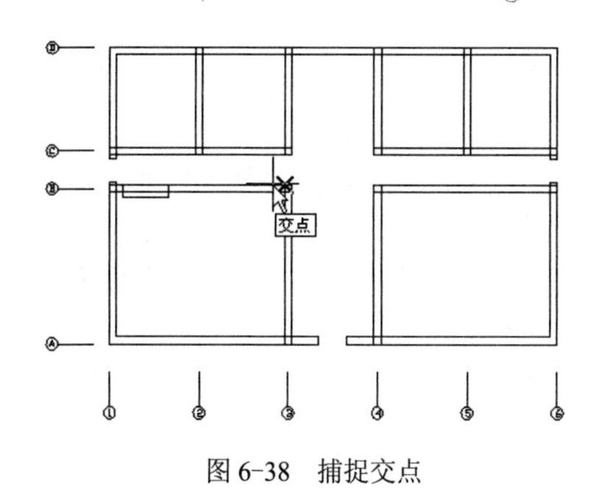

图6-38　捕捉交点

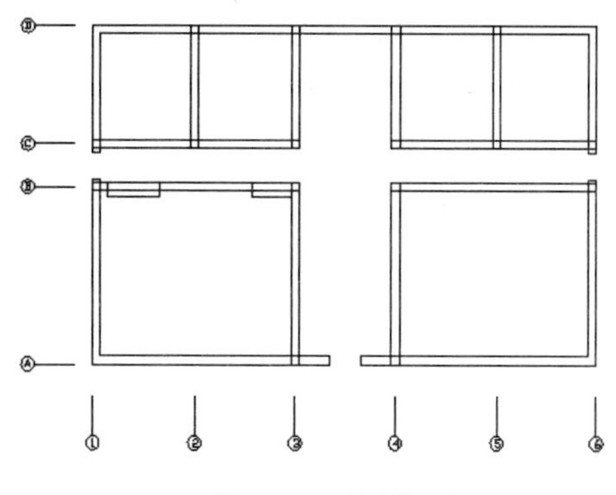

图6-39　绘制矩形

（12）单击“修改”面板中的“移动”命令按钮，把矩形 15×5 向左移动，移动距离为3，效果如图6-40所示。

（13）单击“修改”面板中的“镜像”命令按钮，以墙线的左右对称轴为对称轴，把两个矩形20×5和15×5各对称复制一份，效果如图6-41所示。

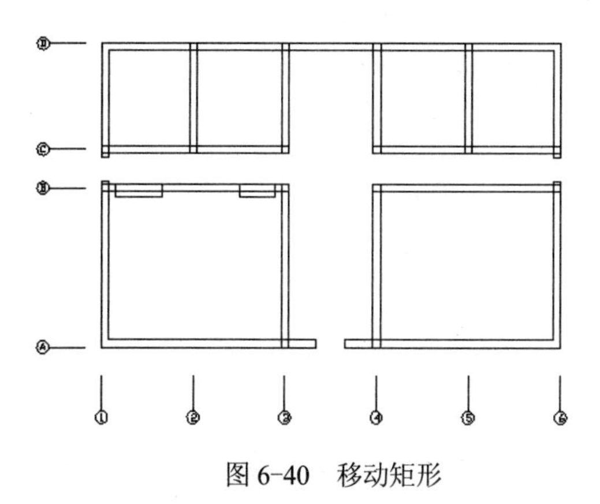

图6-40　移动矩形

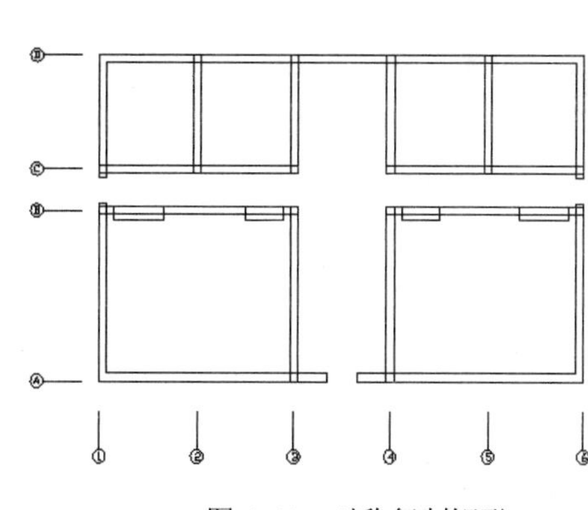

图6-41　对称复制矩形

（14）单击“修改”面板中的“修剪”命令按钮，以墙线为被修剪边，4 个矩形为修剪边修剪出门洞，效果如图6-42所示。

（15）单击“绘图”面板中的“矩形”命令按钮，以如图 6-43 所示交点为起点绘制尺寸为15×5的矩形，效果如图6-44所示。

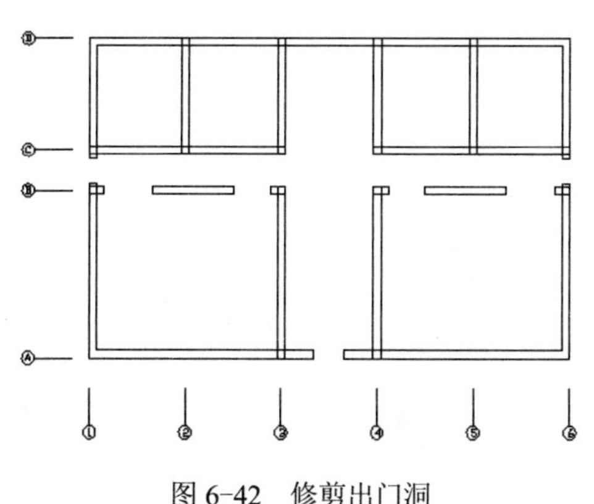

图6-42　修剪出门洞

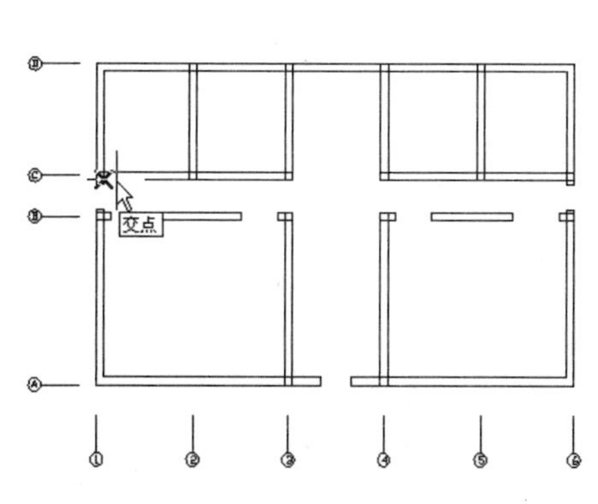

图6-43　捕捉交点

（16）单击“修改”面板中的“移动”命令按钮，把矩形 15×5 向右移动，移动距离为 9.75，效果如图 6-45 所示。

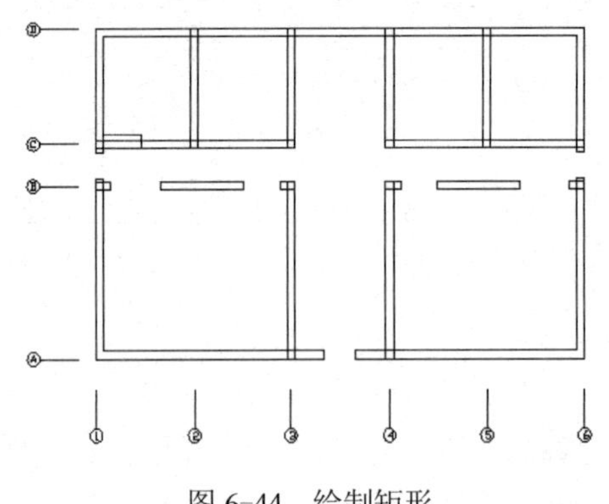

图 6-44　绘制矩形

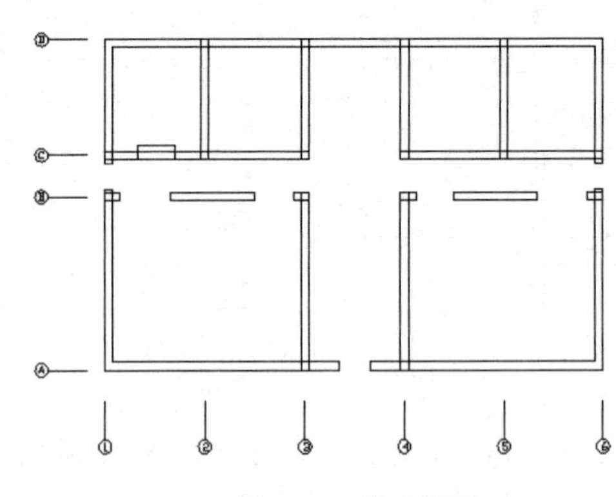

图 6-45　移动矩形

（17）单击“修改”面板中的“镜像”命令按钮，以通过如图 6-46 所示中点的垂直直线为对称轴，把矩形 15×5 对称复制一份，效果如图 6-47 所示。

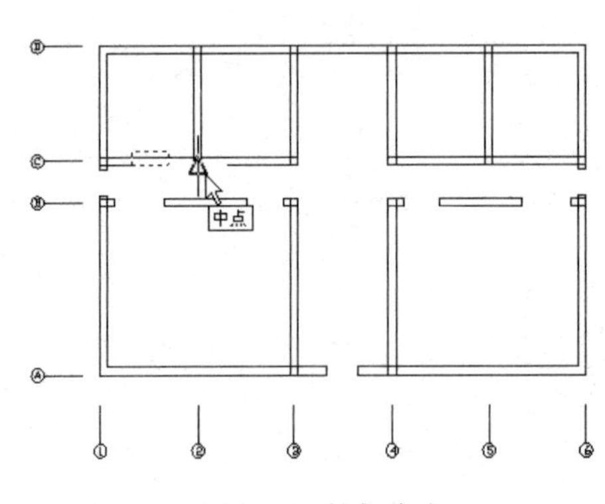

图 6-46　捕捉中点

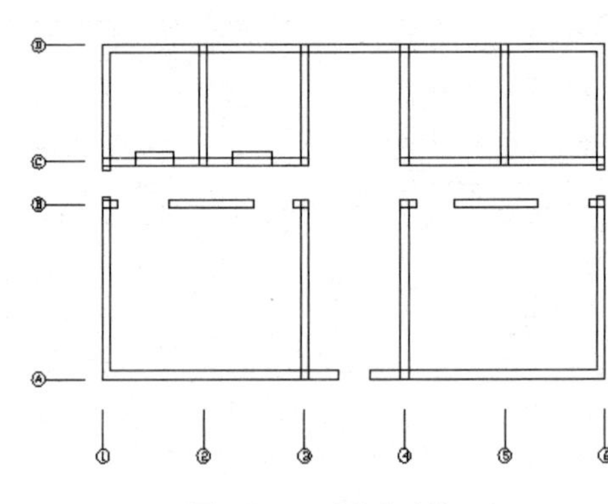

图 6-47　对称复制矩形

（18）单击“修改”面板中的“修剪”命令按钮，以墙线为被修剪边，两个矩形 15×5 为修剪边修剪出门洞，结果如图 6-48 所示。

（19）单击“绘图”面板中的“矩形”命令按钮，以如图 6-49 所示交点为起点绘制尺寸为 10×5 的矩形，效果如图 6-50 所示。

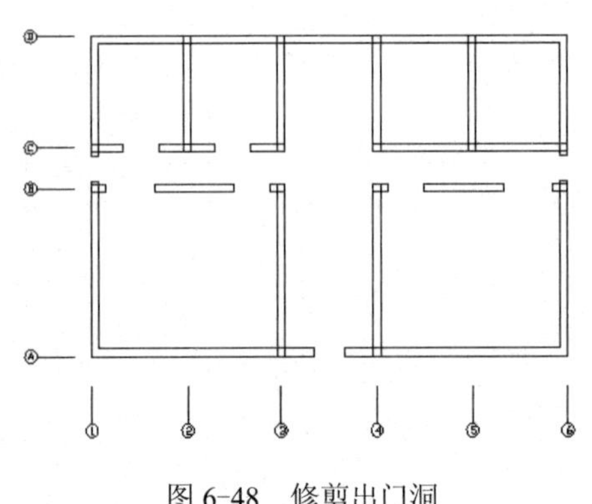

图 6-48　修剪出门洞

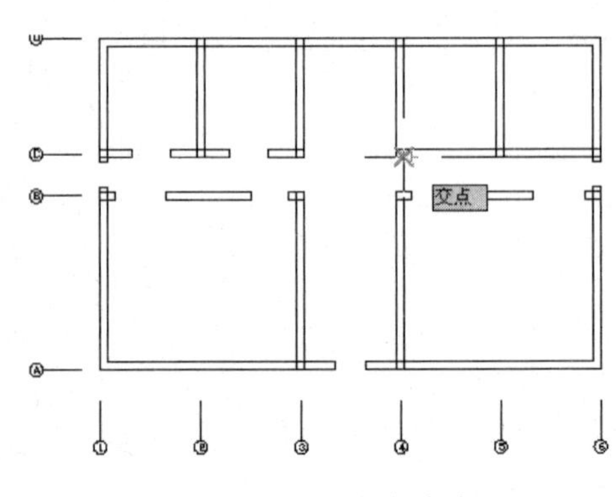

图 6-49　捕捉交点

（20）单击“修改”面板中的“移动”命令按钮，把矩形 10×5 向右移动，移动距离为 3，效果如图 6-51 所示。

（21）单击“修改”面板中的“复制”命令按钮，把矩形 10×5 向右复制一份，复制距离为 15，效果如图 6-52 所示。

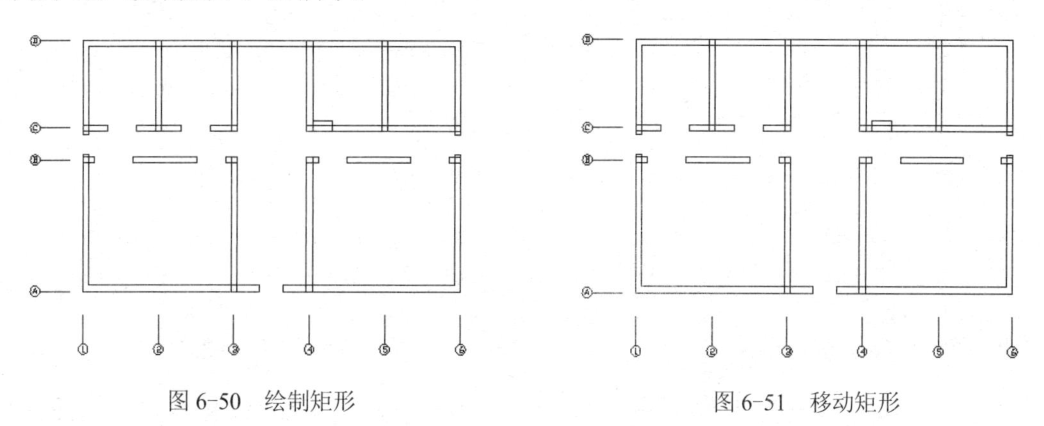

图 6-50　绘制矩形　　图 6-51　移动矩形

（22）单击“修改”面板中的“镜像”命令按钮，以通过如图 6-53 所示中点的垂直直线为对称轴，把两个矩形 10×5 对称复制一份，效果如图 6-54 所示。

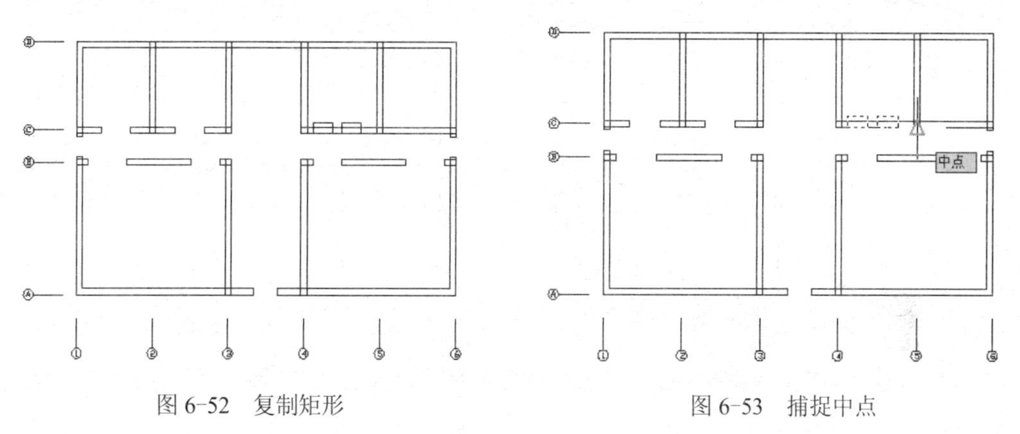

图 6-52　复制矩形　　图 6-53　捕捉中点

（23）单击“修改”面板中的“修剪”命令按钮，以墙线为被修剪边，4 个矩形 10×5 为修剪边修剪出门洞，效果如图 6-55 所示。

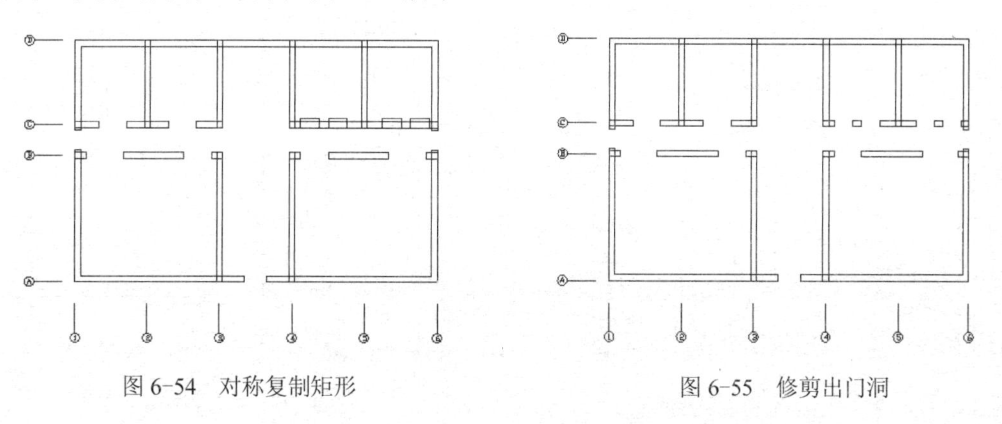

图 6-54　对称复制矩形　　图 6-55　修剪出门洞

（24）绘制洗手间的遮壁。在菜单栏中选择“绘图”→“多线”命令，以如图 6-56 所示中点为起点，绘制高为 20，终点在如图 6-57 所示垂足处的折线，宽度为 1，效果如图 6-58 所示。

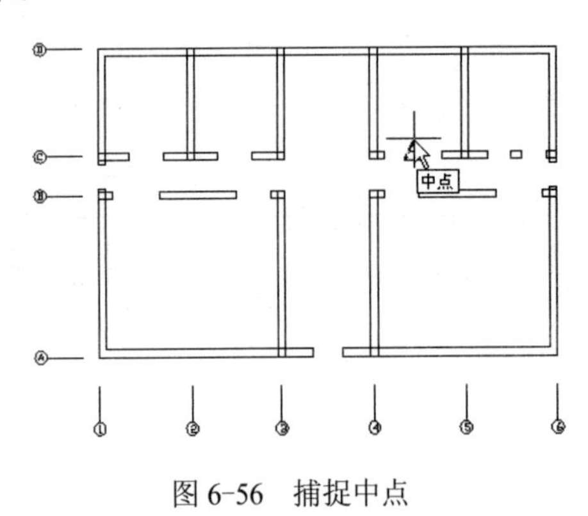

图 6-56 捕捉中点

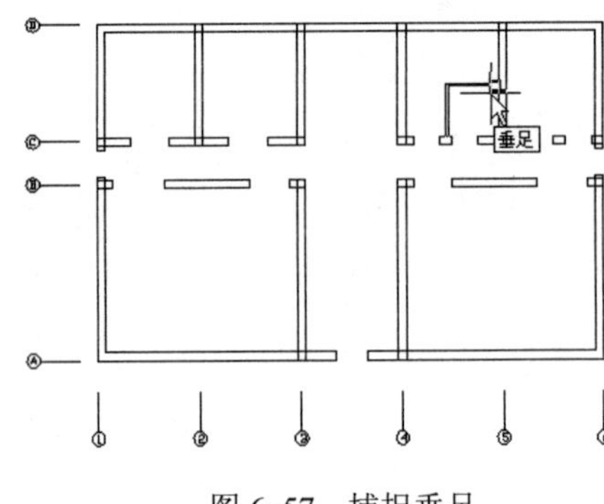

图 6-57 捕捉垂足

（25）在菜单栏中选择“视图”→“缩放”→“窗口”命令，局部放大刚才绘制的图形部分，预备下一步操作，效果如图 6-59 所示。

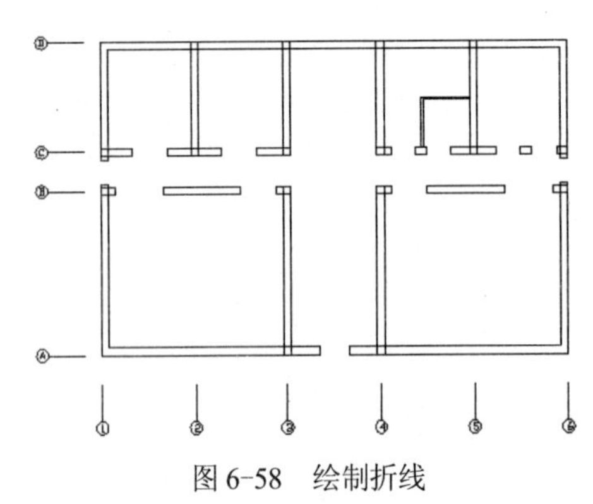

图 6-58 绘制折线

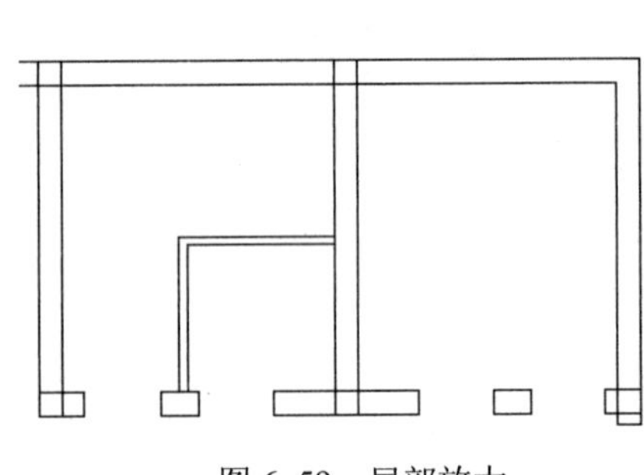

图 6-59 局部放大

（26）单击“修改”面板中的“镜像”命令按钮，以该局部图形的中轴为对称轴，把折线对称复制一份，效果如图 6-60 所示。

（27）在菜单栏中选择“视图”→“缩放”→“上一个”命令，恢复视图，效果如图 6-61 所示。

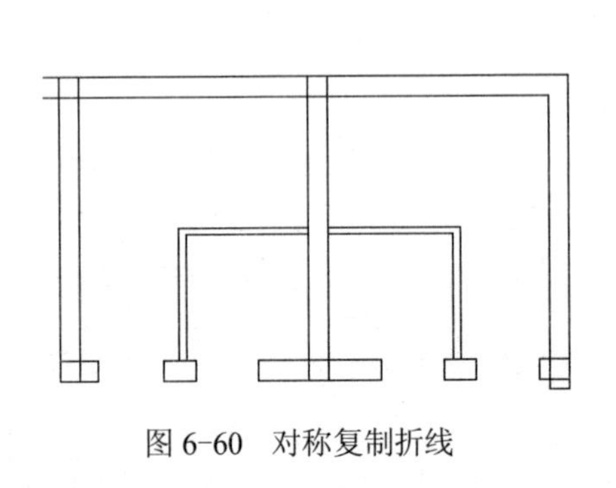

图 6-60 对称复制折线

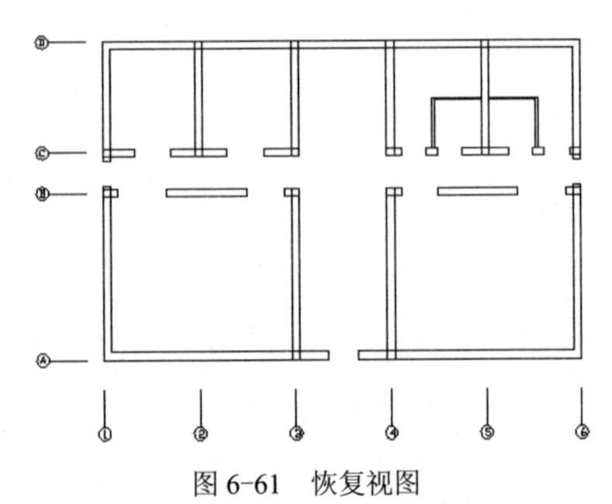

图 6-61 恢复视图

（28）单击“修改”面板中的“分解”命令按钮，把墙线分解成直线。

（29）单击“绘图”面板中的“面域”命令按钮，把墙线图形转变成面域。

（30）在菜单栏中选择“修改”→“实体编辑”→“并集”命令，合并所有面域，效果如图6-62所示。

（31）单击“修改”面板中的“修剪”命令按钮，修剪掉墙线内的线头，结果如图6-63所示。

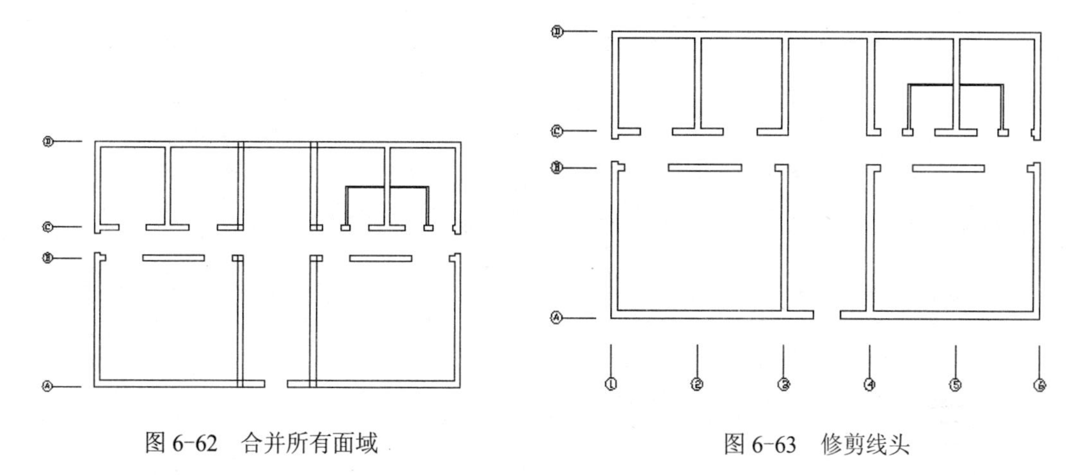

图6-62　合并所有面域　　　图6-63　修剪线头

3. 窗洞

绘制步骤如下。

（1）单击“绘图”面板中的“矩形”命令按钮，在墙线左下角内绘制尺寸为25×3的矩形作为绘制窗洞的工具，效果如图6-64所示。

（2）单击“绘图”面板中的“直线”命令按钮，绘制矩形25×3的左、右边中点连线，效果如图6-65所示。

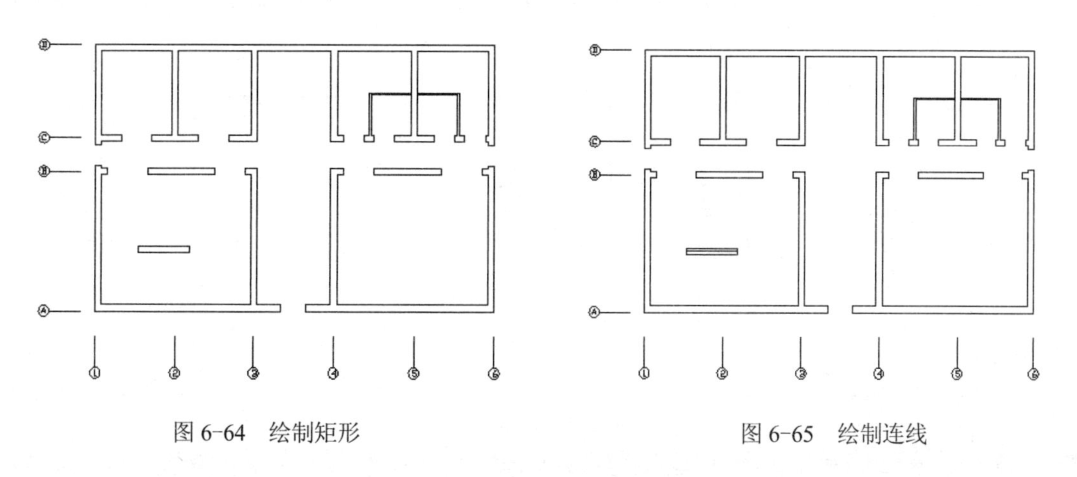

图6-64　绘制矩形　　　图6-65　绘制连线

（3）单击“修改”面板中的“复制”命令按钮，以如图6-66所示矩形25×3底边中点为复制基准点，以如图6-67所示的墙线上边内线中点为复制目标点，把窗洞复制5份，效果如图6-68所示。

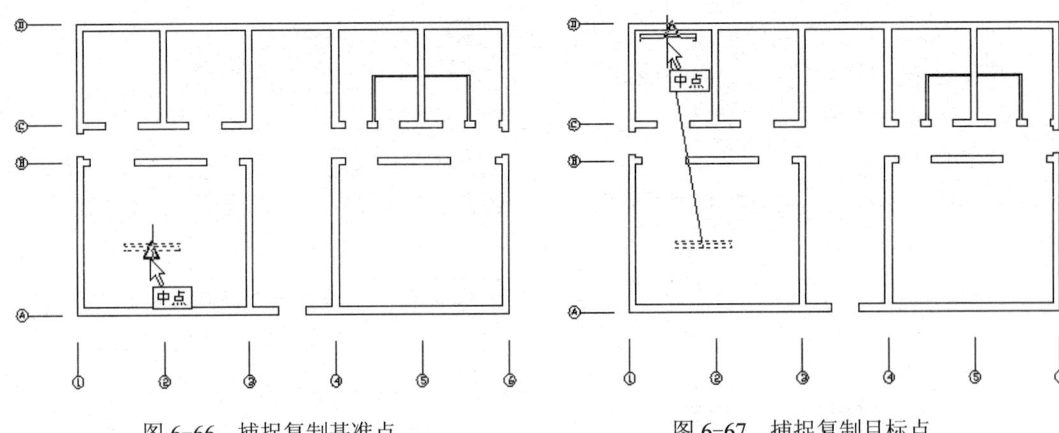

图 6-66　捕捉复制基准点　　　　图 6-67　捕捉复制目标点

继续以如图 6-69 所示中点为一个复制目标点复制一个窗洞，效果如图 6-70 所示。

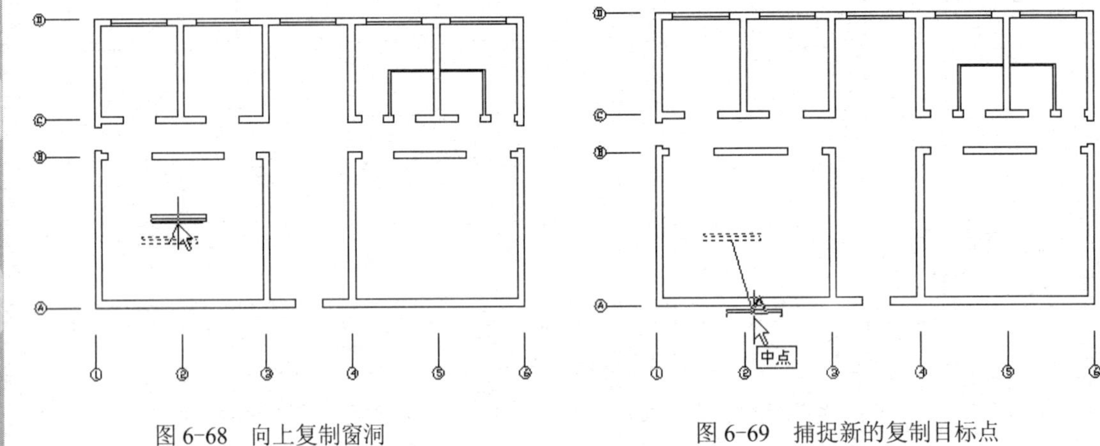

图 6-68　向上复制窗洞　　　　图 6-69　捕捉新的复制目标点

（4）单击“修改”面板中的“移动”命令按钮，把下边的窗洞向右移动，移动距离为 10，效果如图 6-71 所示。

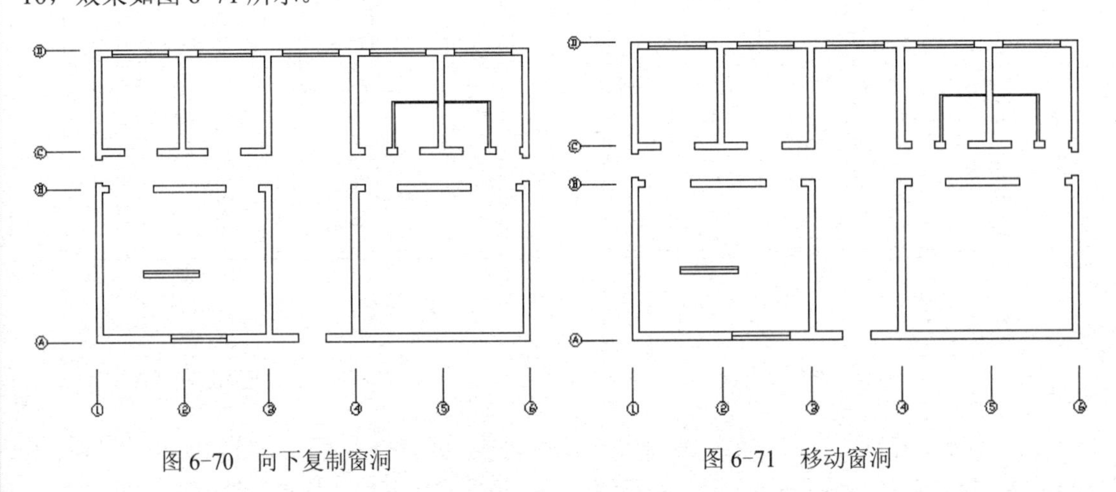

图 6-70　向下复制窗洞　　　　图 6-71　移动窗洞

（5）单击“修改”面板中的“镜像”命令按钮，以过图 6-72 所示中点的垂直直线为对称轴，把下边的窗洞对称复制一份，效果如图 6-73 所示。

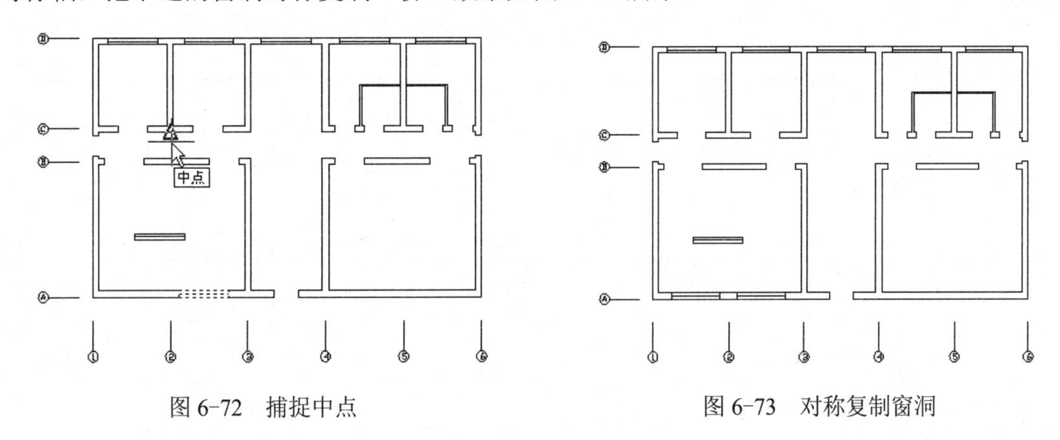

图 6-72　捕捉中点　　　　图 6-73　对称复制窗洞

（6）单击“修改”面板中的“镜像”命令按钮，以过墙线的垂直中轴为对称轴，把下边的窗洞对称复制一份，效果如图 6-74 所示。

（7）单击“修改”面板中的“复制”命令按钮，以如图 6-75 所示端点为复制基准点，以如图 6-76 所示垂足为复制目标点，把上边中间的窗洞复制一份，效果如图 6-77 所示。

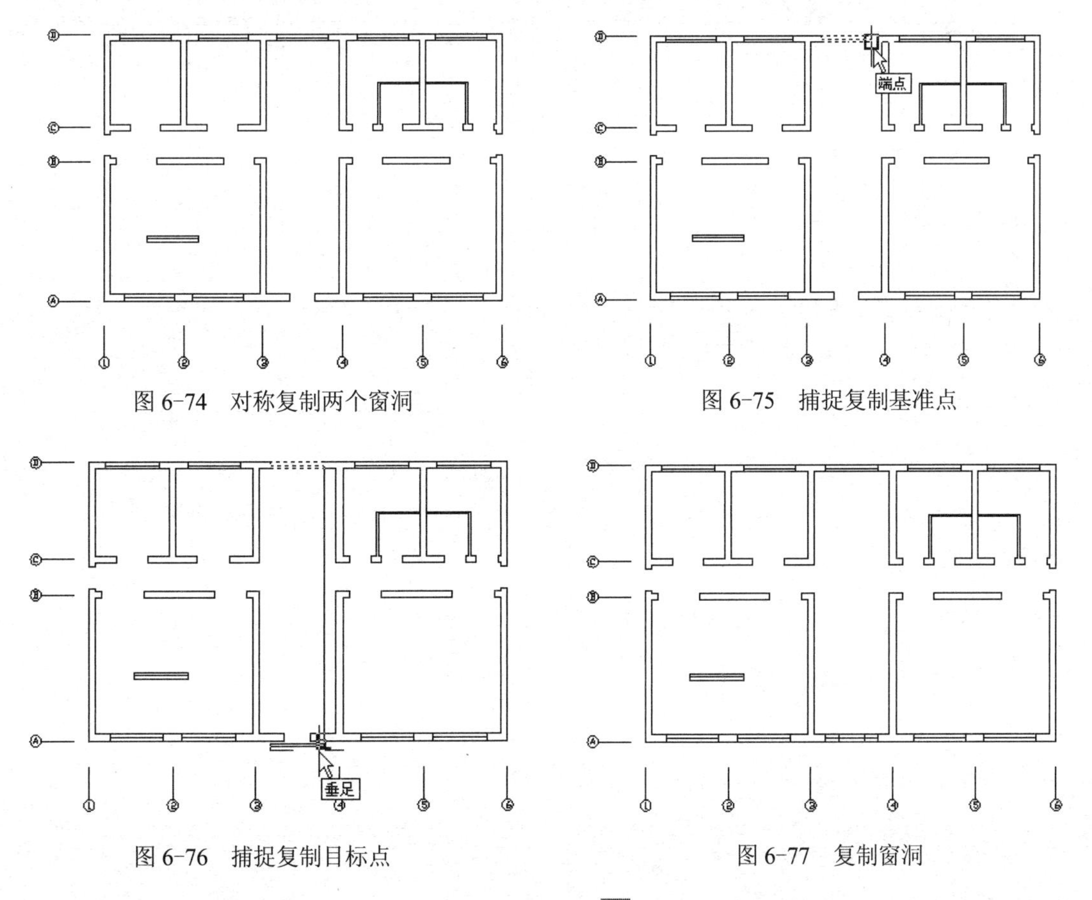

图 6-74　对称复制两个窗洞　　　　图 6-75　捕捉复制基准点

图 6-76　捕捉复制目标点　　　　图 6-77　复制窗洞

（8）单击“修改”面板中的“修剪”命令按钮，以墙线为修剪边修剪复制的窗洞，结果如图 6-78 所示。

（9）单击“修改”面板中的“旋转”命令按钮，把左下角的窗洞旋转 90°，结果如图 6-79 所示。

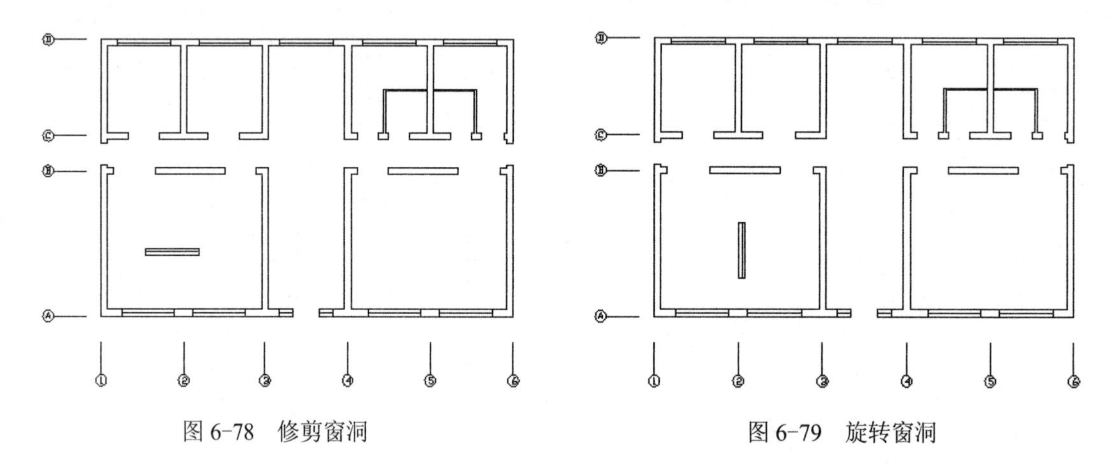

图 6-78　修剪窗洞　　　图 6-79　旋转窗洞

（10）单击“修改”面板中的“移动”命令按钮，以如图 6-80 所示垂直窗洞的右边中点为移动基准点，以如图 6-81 所示中点为移动目标点移动垂直窗洞，效果如图 6-82 所示。

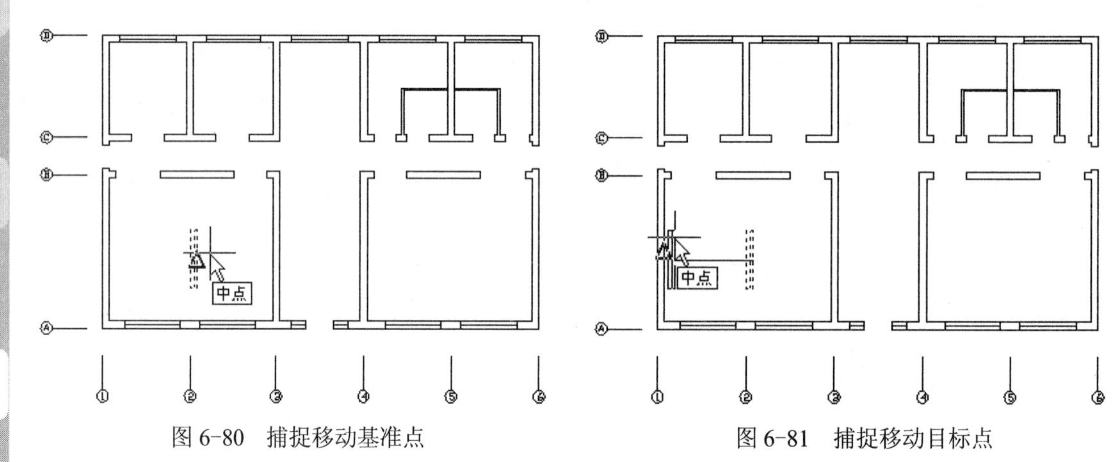

图 6-80　捕捉移动基准点　　　图 6-81　捕捉移动目标点

（11）单击“修改”面板中的“复制”命令按钮，以垂直窗洞的右边中点为复制基准点，以如图 6-83 所示中点为复制目标点，把垂直窗洞复制一份，效果如图 6-84 所示。

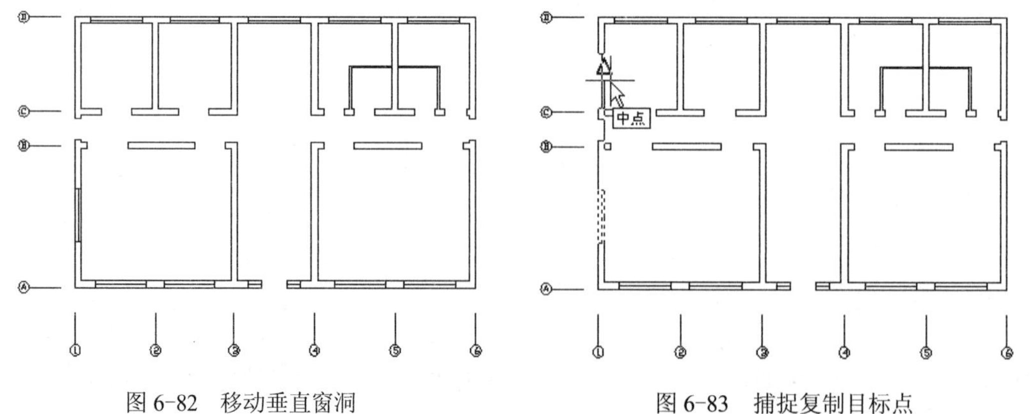

图 6-82　移动垂直窗洞　　　图 6-83　捕捉复制目标点

（12）单击“修改”面板中的“镜像”命令按钮，以过墙线的垂直中轴为对称轴把垂直窗洞对称复制一份，效果如图 6-85 所示。

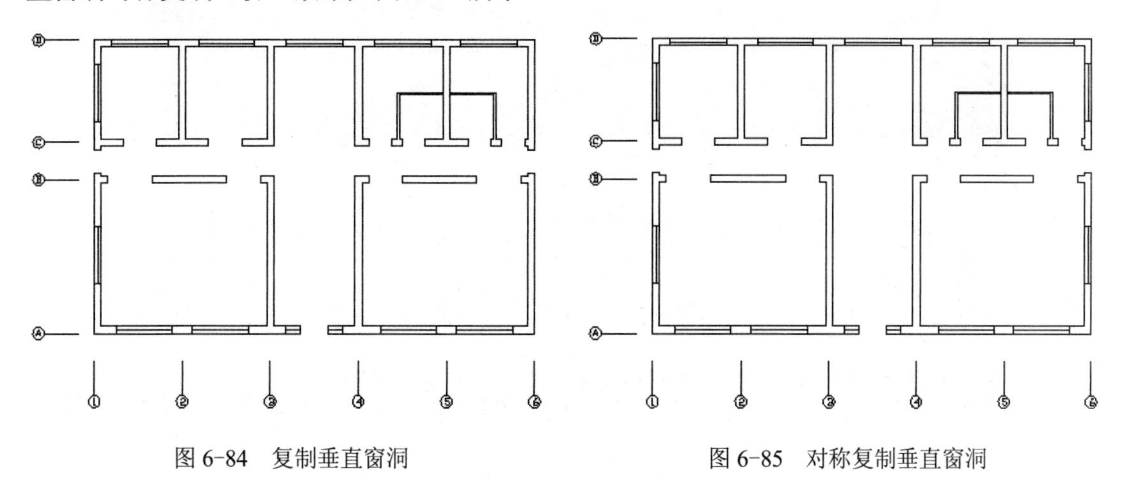

图 6-84　复制垂直窗洞　　　图 6-85　对称复制垂直窗洞

（13）单击“注释”面板中的“多行文字”命令按钮，标注各个房间的文字代号，结果如图 6-86 所示。

（14）单击“注释”面板中的“线性”标注命令按钮，标注轴线的间距尺寸，阶段效果如图 6-87 所示。

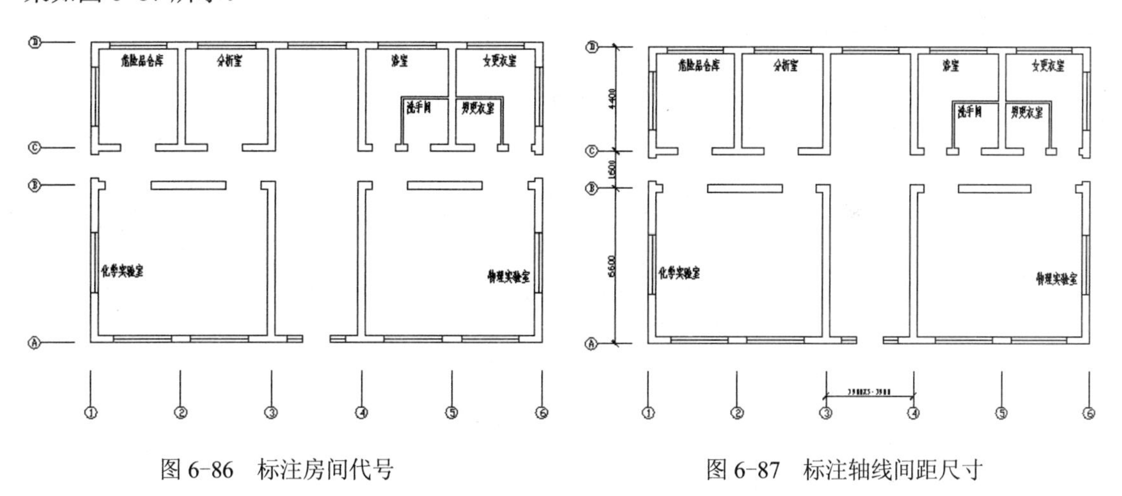

图 6-86　标注房间代号　　　图 6-87　标注轴线间距尺寸

6.1.2　照明电气设计

本例中，电气系统包括灯具、开关、插座。每类元器件还有不同类别，分别安装在不同的场合。为了读者学习方便，绘制过程分两部分。

1. 第一部分

绘制步骤如下。

（1）在“图层”面板中单击“图层特性”命令按钮，设置一个使用蓝色直线的“电气层”图层，并单击“置为当前”按钮，将它置为当前图层，效果如图 6-88 所示。

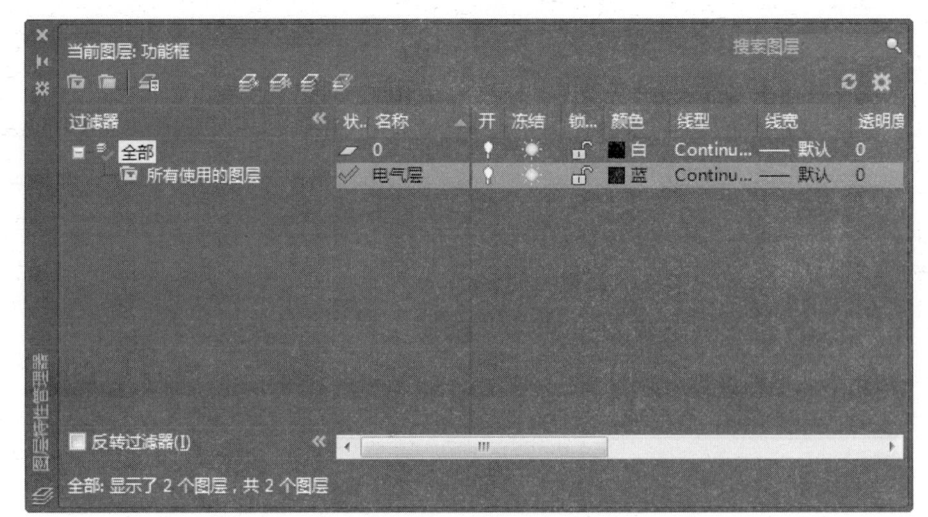

图 6-88　设置“电气层”图层

（2）绘制配电室的电气设施。在菜单栏中选择“视图”→“缩放”→“窗口”命令，局部放大墙线中上部，预备下一步操作，效果如图 6-89 所示。

（3）单击“绘图”面板中的“矩形”命令按钮，绘制尺寸为 4×30 的矩形，效果如图 6-90 所示。

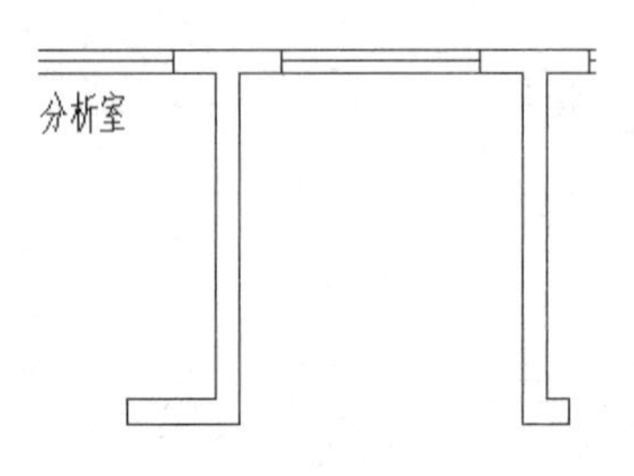

图 6-89　局部放大墙线中上部

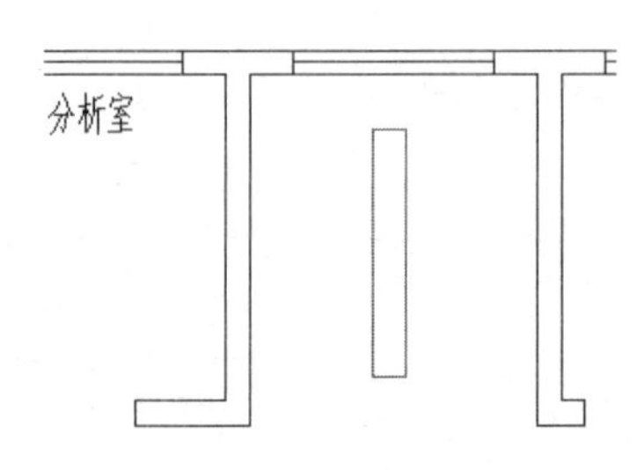

图 6-90　绘制矩形

（4）单击“修改”面板中的“移动”命令按钮，以矩形 4×30 上边中点为移动基准点，以如图 6-91 所示中点为移动目标点进行移动，效果如图 6-92 所示。

（5）单击“修改”面板中的“移动”命令按钮，把矩形 4×30 正交地向下移动适当距离即可，效果如图 6-93 所示。

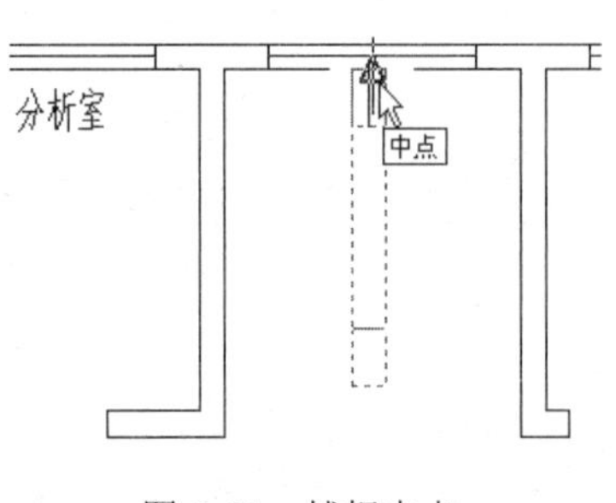

图 6-91　捕捉中点

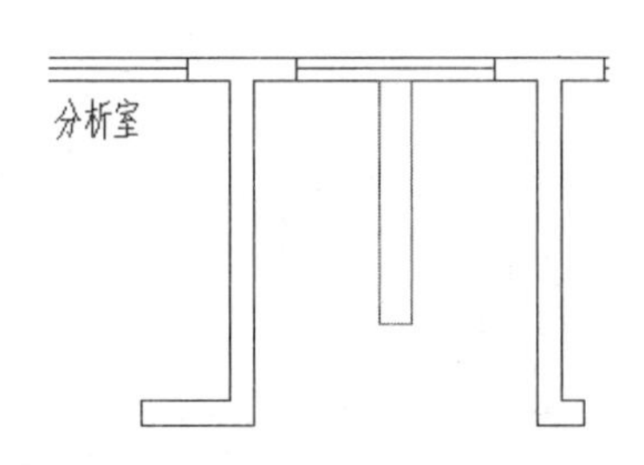

图 6-92　对正矩形

（6）单击“修改”面板中的“偏移”命令按钮，把矩形 4×30 向里边偏移复制一份，

偏移距离为 1，效果如图 6-94 所示。

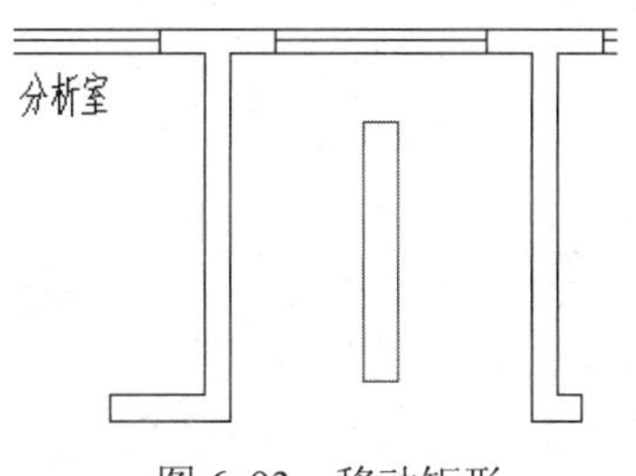

图 6-93　移动矩形

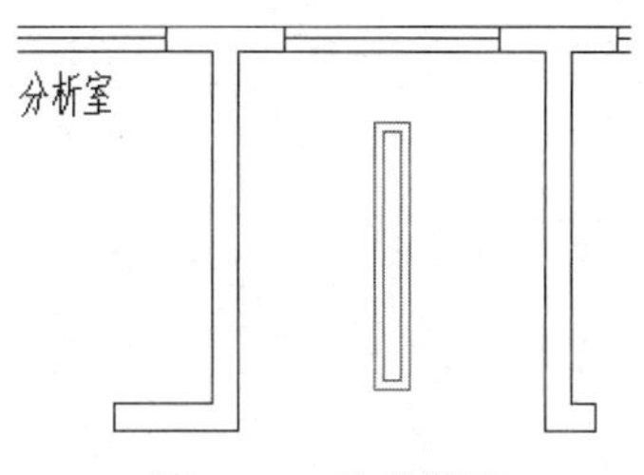

图 6-94　偏移矩形

（7）单击“绘图”面板中的“直线”命令按钮，绘制起点在矩形 4×30 右边中点，终点在如图 6-95 所示垂足处的连线，效果如图 6-96 所示。

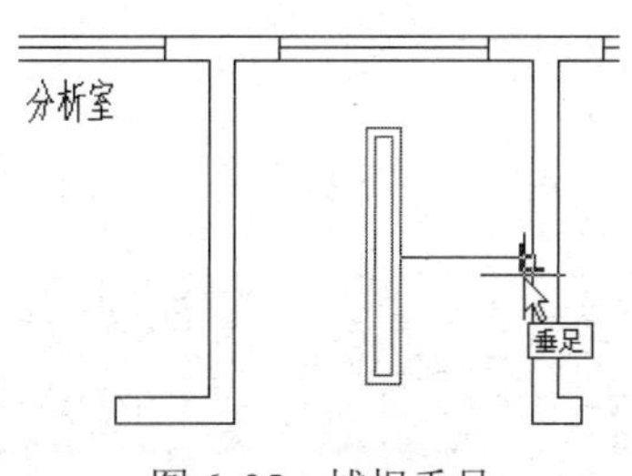

图 6-95　捕捉垂足

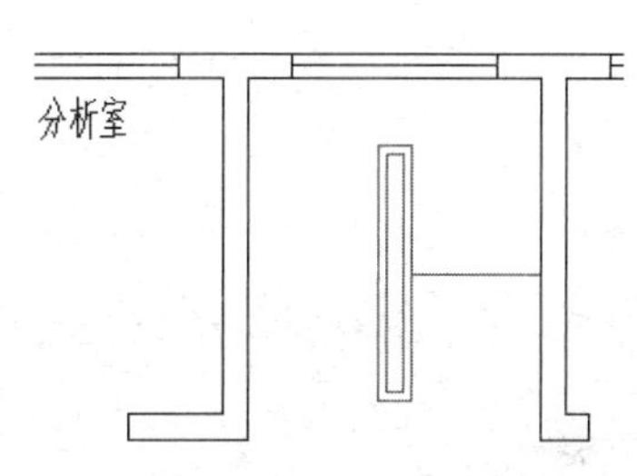

图 6-96　绘制连线

（8）单击“修改”面板中的矩形“阵列”命令按钮，屏幕出现如图 6-97 所示的“阵列创建”面板，设置各项数值，把所绘制的直线阵列 8 行，行距为 2，效果如图 6-98 所示。

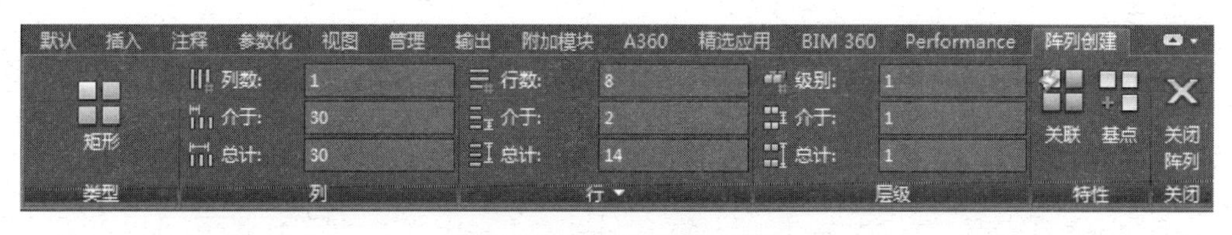

图 6-97　“阵列创建”面板

（9）单击“修改”面板中的“镜像”命令按钮，以矩形 4×30 水平中轴为对称轴，把阵列的连线对称复制一份，效果如图 6-99 所示。

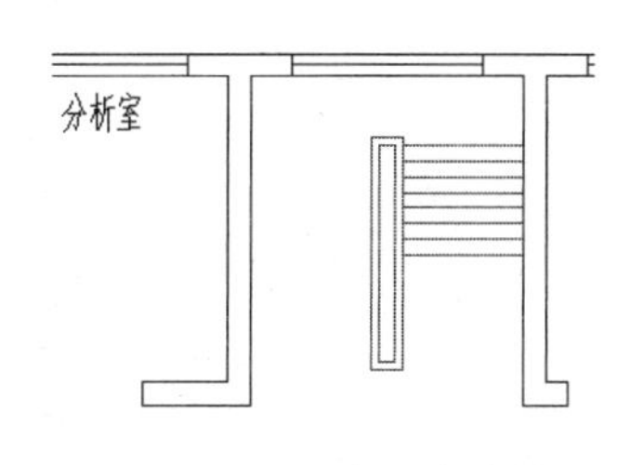

图 6-98　阵列连线

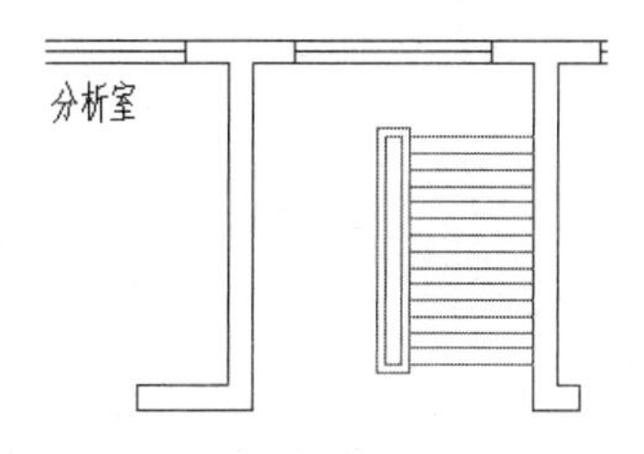

图 6-99　上下对称复制连线

（10）单击“修改”面板中的“镜像”命令按钮，以矩形 4×30 垂直中轴为对称轴，把右边的连线对称复制一份，效果如图 6-100 所示。

（11）绘制开关箱。单击“绘图”面板中的“矩形”命令按钮，绘制起点在本房间左上角点的尺寸为 2×6 的矩形，效果如图 6-101 所示。

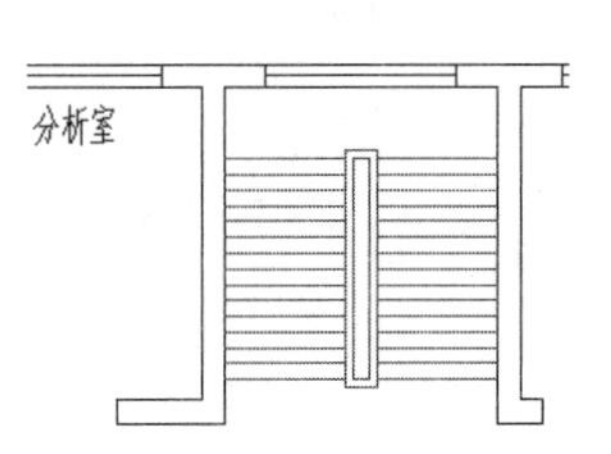

图 6-100　左右对称复制连线

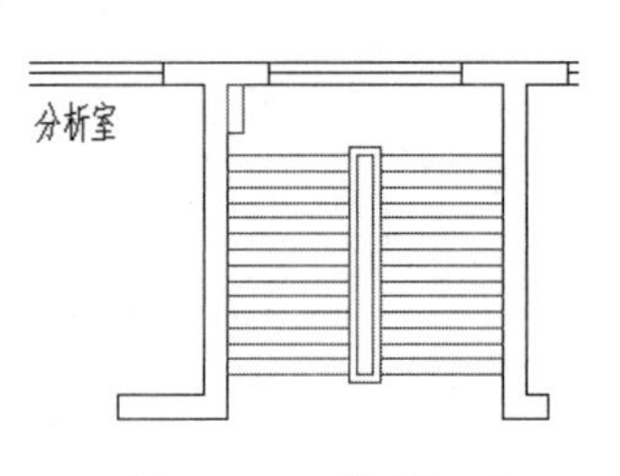

图 6-101　绘制矩形

（12）单击“修改”面板中的“复制”命令按钮，把矩形 2×6 向左复制一份，复制距离为 2，效果如图 6-102 所示。

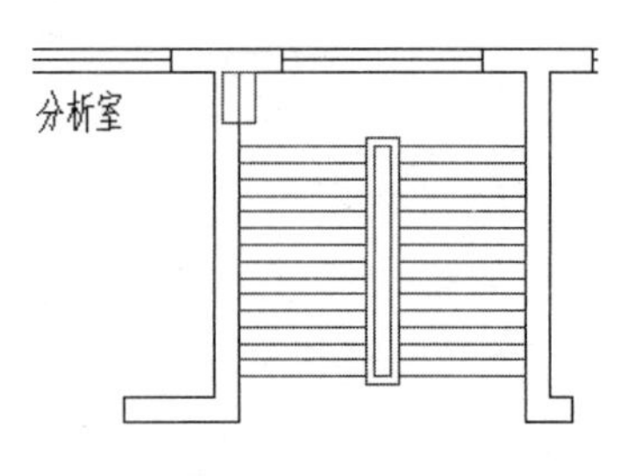

图 6-102　复制绘制矩形

（13）单击“绘图”面板中的“图案填充”命令按钮，屏幕出现“图案填充创建”面板，按图 6-103 所示设置参数，使用该层颜色给左边矩形 2×6 填充颜色，效果如图 6-104 所示。

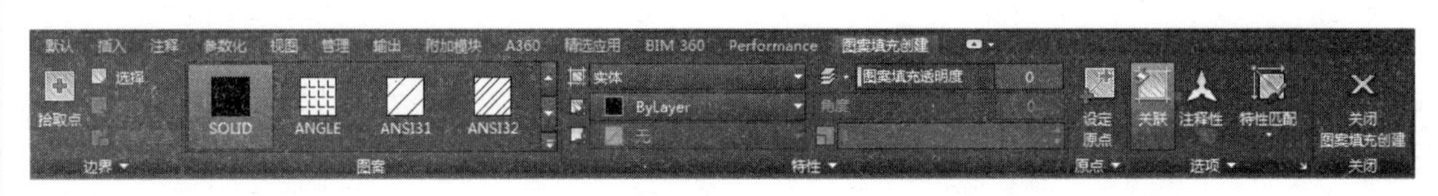

图 6-103　“图案填充创建”面板

（14）单击“修改”面板中的“移动”命令按钮，把两个矩形 2×6 垂直向下移动，移动距离为 1，效果如图 6-105 所示。

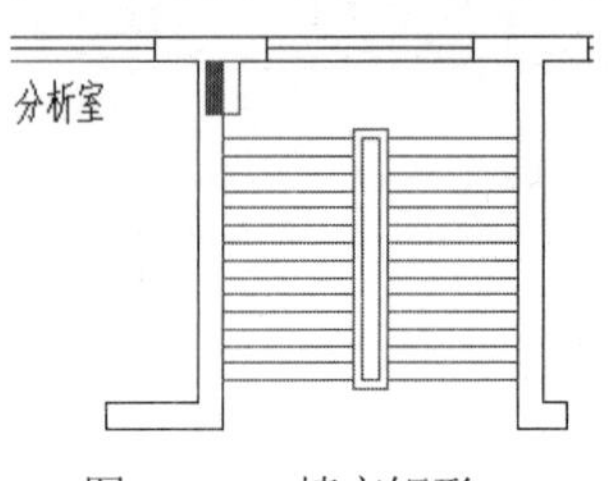

图 6-104　填充矩形

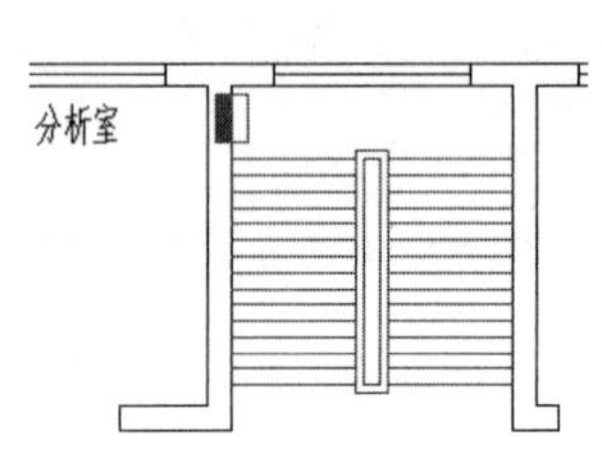

图 6-105　移动两个矩形

（15）绘制操作手柄。单击“绘图”面板中的“圆”命令按钮，在开关箱右边绘制ϕ1 圆，然后单击“绘图”面板中的“图案填充”命令按钮，使用该层颜色填充它，效果如图 6-106 所示。

（16）单击“绘图”面板中的“直线”命令按钮，绘制ϕ1 圆到开关箱上的垂直连线，效果如图 6-107 所示。

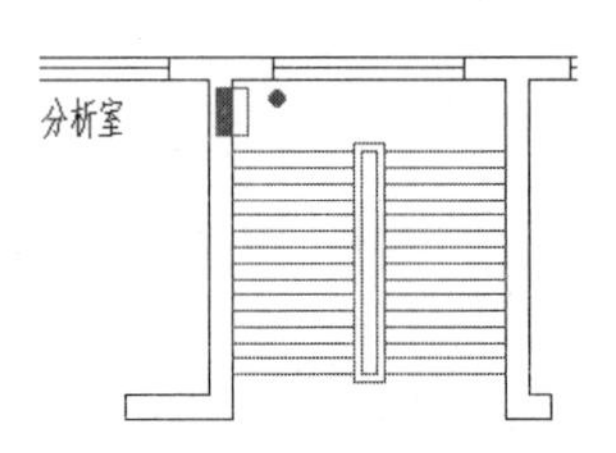

图 6-106　绘制并填充圆

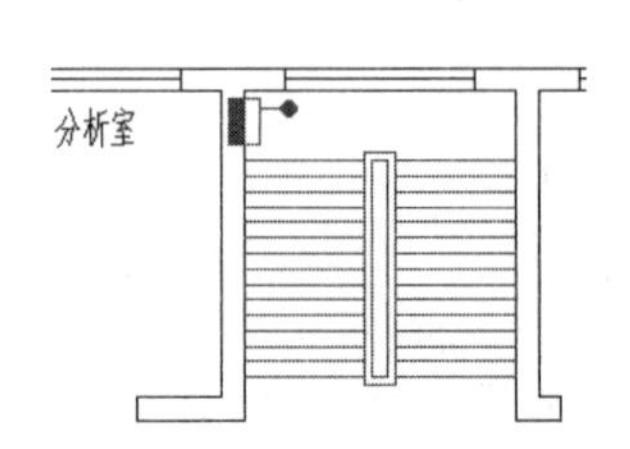

图 6-107　绘制垂直连线

1
2
3
4
5
第 6 章
7
8
9

（17）绘制低压变压器。单击“绘图”面板中的“圆”命令按钮，在开关箱右边绘制两个ϕ2圆作为变压器符号，效果如图6-108所示。

（18）单击“绘图”面板中的“圆”命令按钮，在里边中部绘制ϕ5圆，然后单击“绘图”面板中的“图案填充”命令按钮，使用该层颜色填充它，作为该房间球形照明灯，效果如图6-109所示。

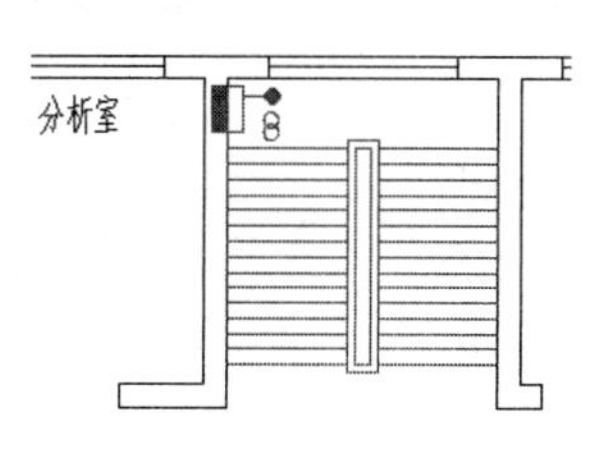

图6-108　绘制变压器符号

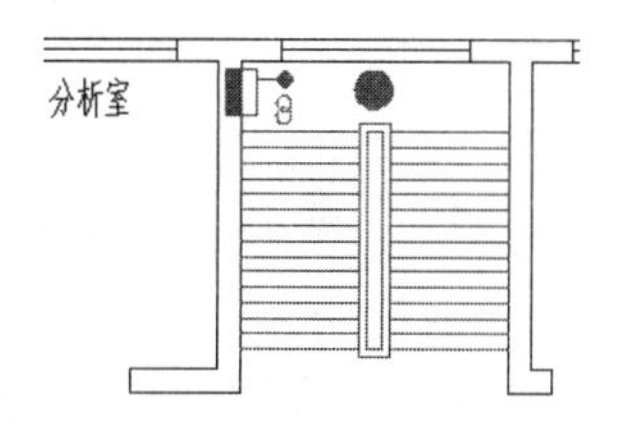

图6-109　绘制并填充圆

（19）单击“绘图”面板中的“圆”命令按钮，在左边下部绘制ϕ2圆，然后单击“绘图”面板中的“图案填充”命令按钮，使用该层颜色填充它，作为开关，效果如图6-110所示。

（20）单击“绘图”面板中的“直线”命令按钮，按命令行的提示绘制折线，形成一个单极暗装开关。

```
命令: _line
指定第一点: （选择绘制折线的起点，如图6-111所示）
指定下一点或 [放弃(U)]: @5<30
指定下一点或 [放弃(U)]: @2<-60
指定下一点或 [闭合(C)/放弃(U)]:（按〈Enter〉键）
```

效果如图6-111所示。

（21）单击“绘图”面板中的“圆”命令按钮，在开关下部绘制ϕ2圆，然后单击“绘图”面板中的“图案填充”命令按钮，使用该层颜色填充它，效果如图6-112所示。

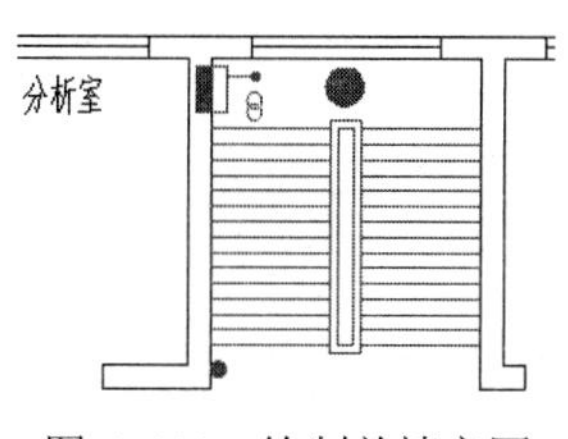

图6-110　绘制并填充圆

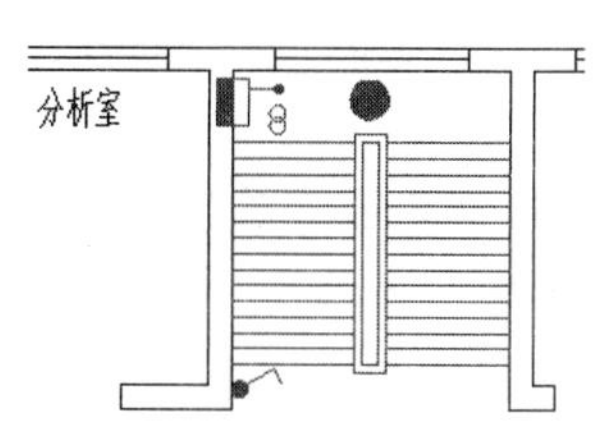

图6-111　绘制折线

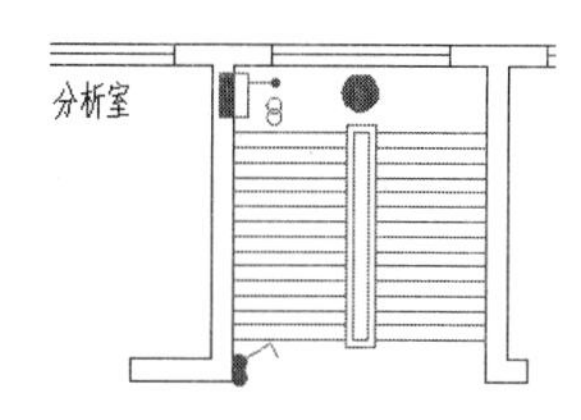

图6-112　绘制并填充圆

（22）单击“绘图”面板中的“多段线”命令按钮，按命令行的提示绘制多段线，形成单极暗装拉线开关。

```
命令: _pline
指定起点: （捕捉刚才绘制的φ2圆）
当前线宽为 0.0000
指定下一个点或 [圆弧(A)/半宽(H)/长度(L)/放弃(U)/宽度(W)]: @3<30
指定下一点或 [圆弧(A)/闭合(C)/半宽(H)/长度(L)/放弃(U)/宽度(W)]: w
```

```
指定起点宽度 <0.0000>: 1
指定端点宽度 <1.0000>: 0
指定下一点或 [圆弧(A)/闭合(C)/半宽(H)/长度(L)/放弃(U)/宽度(W)]: @3<30
指定下一点或 [圆弧(A)/闭合(C)/半宽(H)/长度(L)/放弃(U)/宽度(W)]:（按〈Enter〉键）
```

效果如图 6-113 所示。

（23）单击“修改”面板中的“复制”命令按钮，把单极暗装开关向右边墙角复制一份，效果如图 6-114 所示。

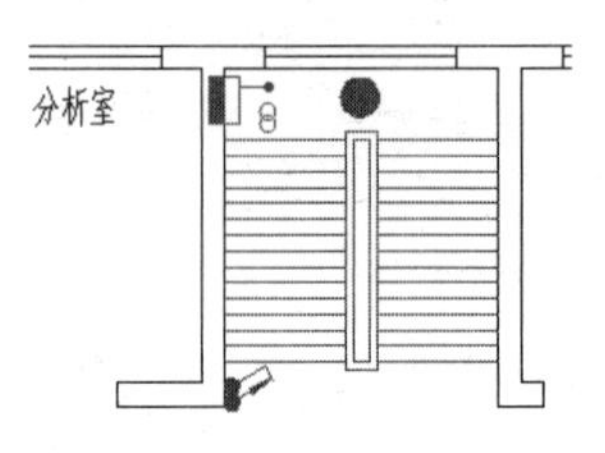

图 6-113　绘制单极暗装拉线开关

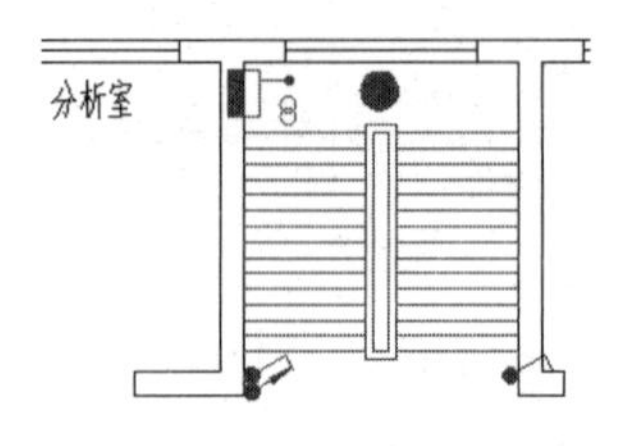

图 6-114　复制开关

（24）单击“修改”面板中的“复制”命令按钮，把刚才复制的单极开关向下边垂直复制一份，效果如图 6-115 所示。

（25）单击“绘图”面板中的“直线”命令按钮绘制折线，效果如图 6-116 所示。

（26）在菜单栏中选择“视图”→“平移”→“实时”命令，显示配电室左边的分析室，预备下一步操作，效果如图 6-117 所示。

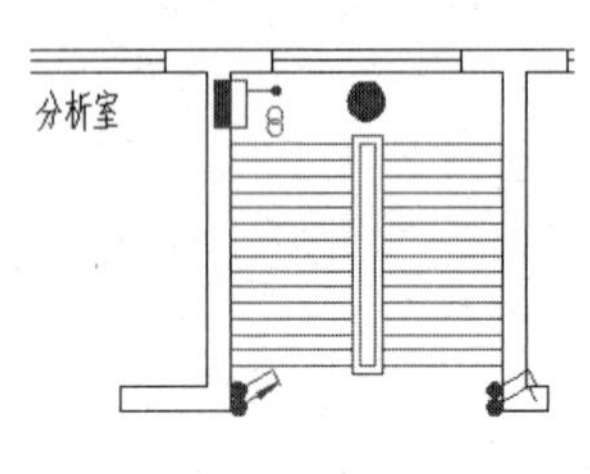

图 6-115　垂直复制开关

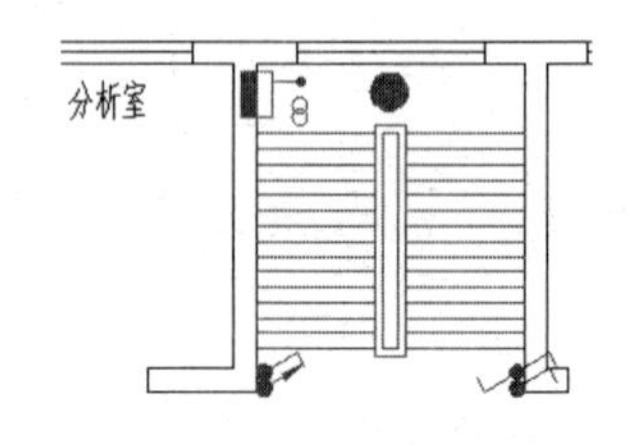

图 6-116　绘制折线

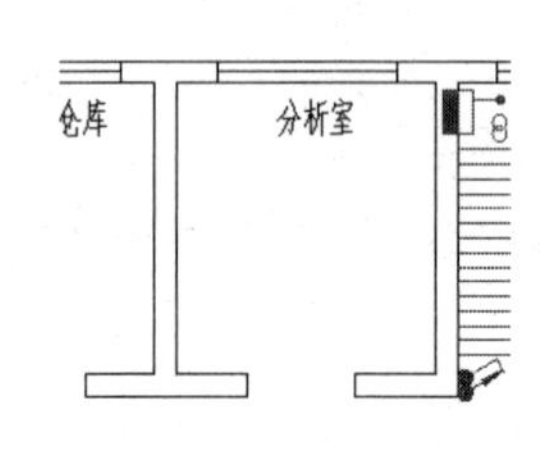

图 6-117　移动图形

（27）单击“绘图”面板中的“直线”命令按钮，绘制如图 6-118 所示折线，准备绘制防爆三相四孔插座。

（28）单击“修改”面板中的“镜像”命令按钮，以过折线下端点的水平直线为对称轴，把折线对称复制一份，效果如图 6-119 所示。

（29）单击“修改”面板中的“复制”命令按钮，把折线中的垂直直线向左复制一份，效果如图 6-120 所示。

图 6-118　绘制折线　　图 6-119　对称复制图形　　图 6-120　复制垂直直线

（30）单击“修改”面板中的“延伸”命令按钮，以如图 6-121 虚线所示斜线为延伸边界线，向两边延伸光标所示的垂直直线，效果如图 6-122 所示。

（31）单击“绘图”面板中的“圆弧”命令按钮，绘制起点在右边垂直直线上端点，并且通过如图 6-123 所示端点，终点在右边垂直直线下端点的半圆，效果如图 6-124 所示。

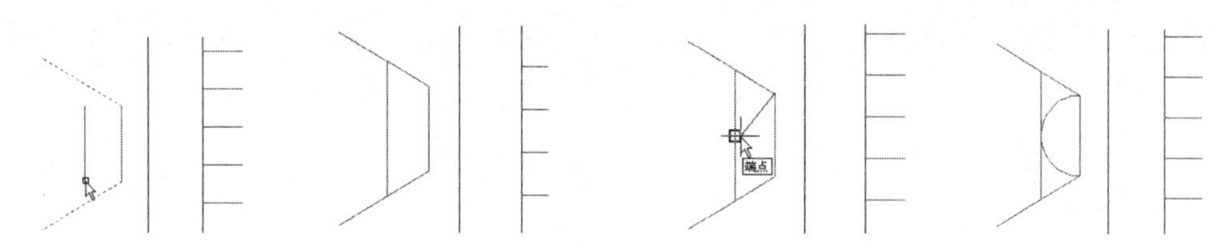

图 6-121 捕捉线头　　图 6-122 延伸直线　　图 6-123 捕捉端点　　图 6-124 绘制半圆

（32）单击“绘图”面板中的“图案填充”命令按钮，使用该层颜色为半圆填充颜色，效果如图 6-125 所示。

（33）缩小图形，预备下一步操作。效果如图 6-126 所示。

（34）单击“修改”面板中的“镜像”命令按钮，以该房间的垂直中轴为对称轴，把插座图形对称复制一份，效果如图 6-127 所示。

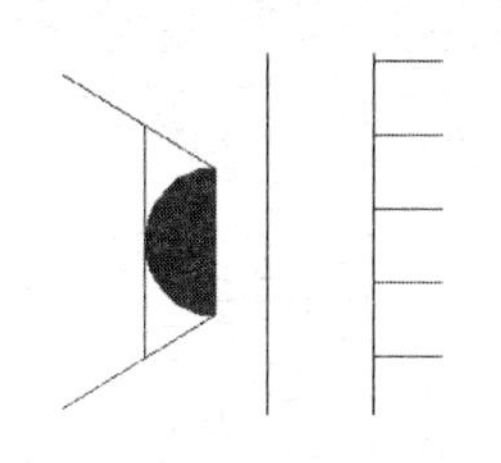

图 6-125 填充半圆

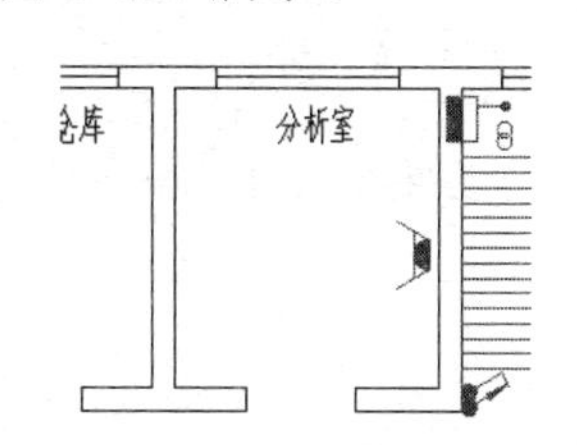

图 6-126 缩小图形

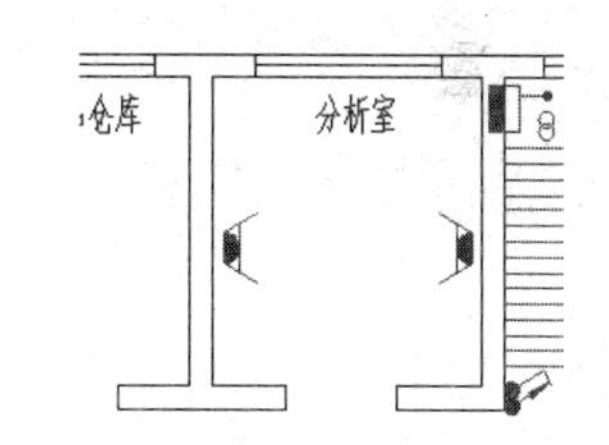

图 6-127 对称复制插座图形

（35）单击“修改”面板中的“复制”命令按钮，把一个窗洞复制进该房间，当作日光灯符号，效果如图 6-128 所示。

（36）单击“修改”面板中的“拉伸”命令按钮，把日光灯符号适当缩短，效果如图 6-129 所示。

（37）单击“修改”面板中的“分解”命令按钮，把日光灯符号分解成直线。准备下一步操作。

（38）在命令行窗口输入命令“lengthen”，把日光灯符号中的横线适当拉长，效果如图 6-130 所示。

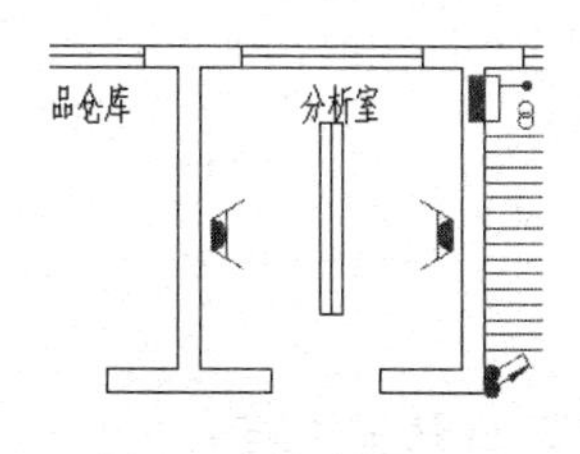

图 6-128 放置日光灯

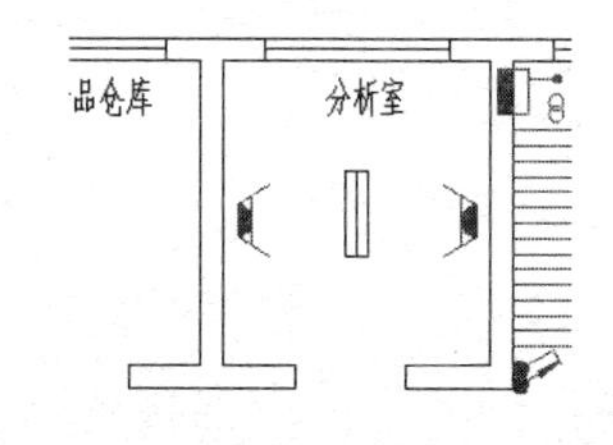

图 6-129 适当缩短日光灯符号

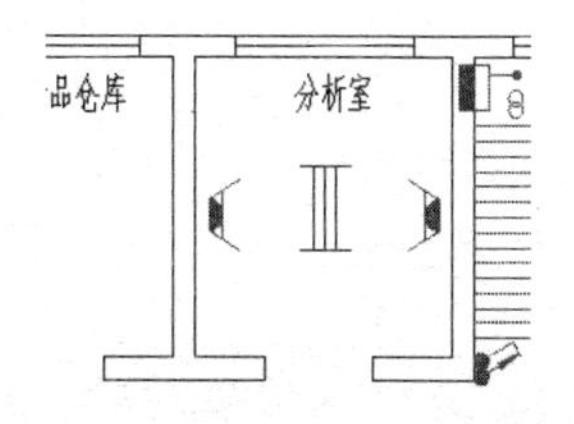

图 6-130 适当拉长横线

2. 第二部分

绘制步骤如下。

（1）绘制防水防尘灯。单击“绘图”面板中的“圆”命令按钮，在房间外边走道里绘制$\phi 5$圆，效果如图 6-131 所示。

（2）单击“修改”面板中的“偏移”命令按钮，把$\phi 5$ 圆向里边偏移复制一份，偏移距离为 1.5，效果如图 6-132 所示。

（3）单击“绘图”面板中的“直线”命令按钮，绘制$\phi 5$ 圆水平向右的半径，效果如图 6-133 所示。

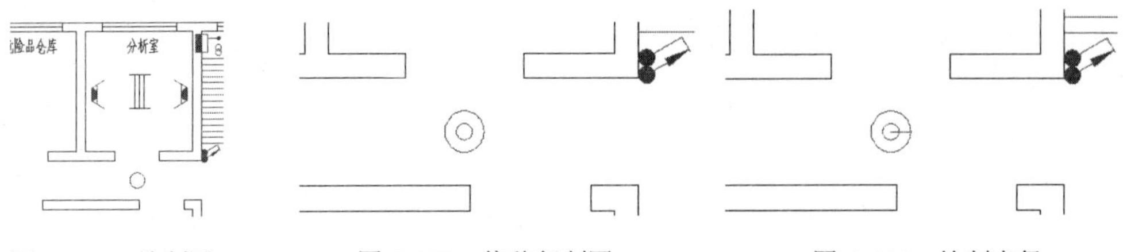

图 6-131　绘制圆　　图 6-132　偏移复制圆　　图 6-133　绘制半径

（4）单击“修改”面板中的环形“阵列”命令按钮，以$\phi 5$ 圆的圆心为阵列中心，把半径环形阵列 4 个，效果如图 6-134 所示。

（5）单击“绘图”面板中的“图案填充”命令按钮，使用该层颜色填充$\phi 2$ 圆，效果如图 6-135 所示。

（6）缩小图形，预备下一步操作。效果如图 6-136 所示。

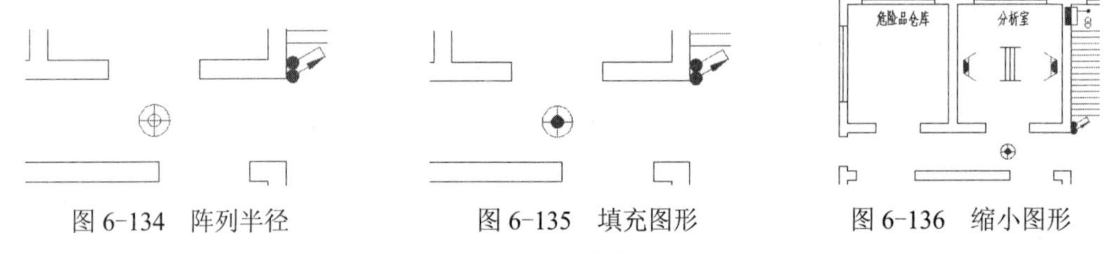

图 6-134　阵列半径　　图 6-135　填充图形　　图 6-136　缩小图形

（7）单击“绘图”面板中的“圆”命令按钮，在危险品仓库中绘制$\phi 5$ 圆，作为普通吊灯，效果如图 6-137 所示。

（8）在菜单栏中选择“视图”→“三维视图”→“俯视”命令，显示全部图形，效果如图 6-138 所示。

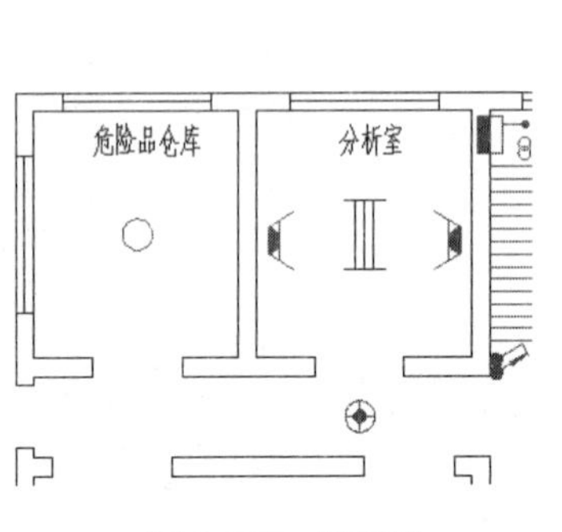

图 6-137　绘制圆

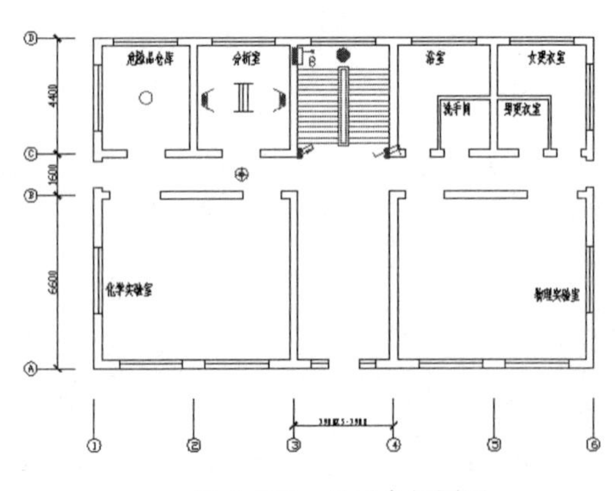

图 6-138　显示全部图形

（9）单击“修改”面板中的“复制”命令按钮，把球形灯按图 6-139 中所示位置复制。

（10）单击“修改”面板中的“复制”命令按钮，把防水防尘灯按图 6-140 中所示位置复制。

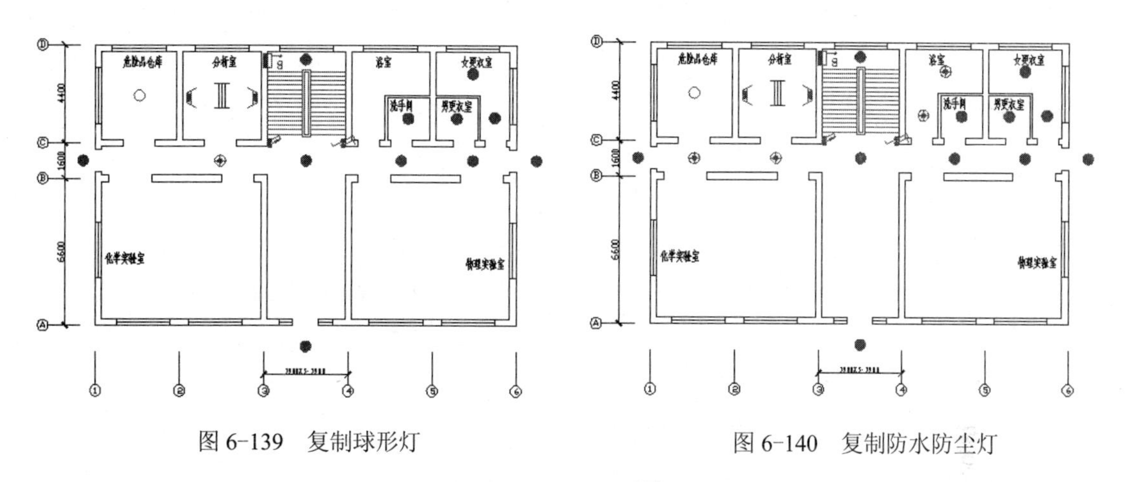

图 6-139　复制球形灯　　　　图 6-140　复制防水防尘灯

（11）单击“修改”面板中的“复制”命令按钮，把普通吊灯按图 6-141 中所示位置复制。

（12）从以前绘制的图形中复制一个花灯安装在门厅中，效果如图 6-142 所示。

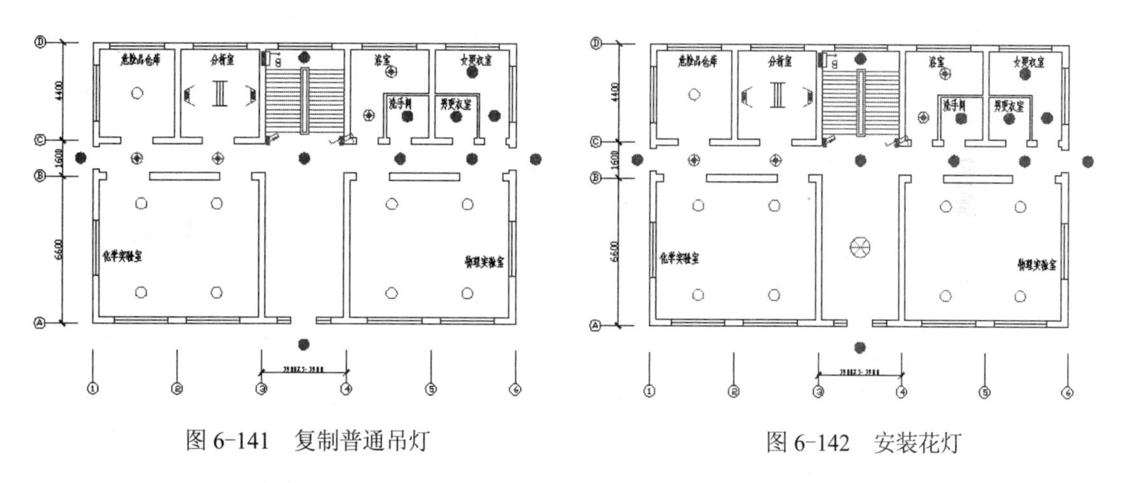

图 6-141　复制普通吊灯　　　　图 6-142　安装花灯

（13）单击“修改”面板中的“复制”命令按钮，以如图 6-143 所示端点为复制基准点，以如图 6-144 所示中点为复制目标点，把防爆三相四孔插座复制一份，效果如图 6-145 所示。

（14）单击“修改”面板中的“旋转”命令按钮，把如图 6-145 所示复制来的插座逆时针旋转 90°，效果如图 6-146 所示。

（15）单击“修改”面板中的“移动”命令按钮，把插座向下适当移动，效果如图 6-147 所示。

（16）单击“修改”面板中的“镜像”命令按钮，以右下角房间的水平中轴为对称轴，把插座图形对称复制一份，效果如图 6-148 所示。

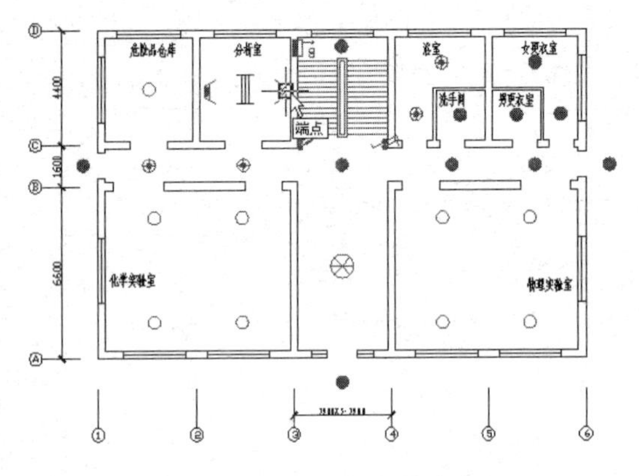

图 6-143　捕捉复制基准点

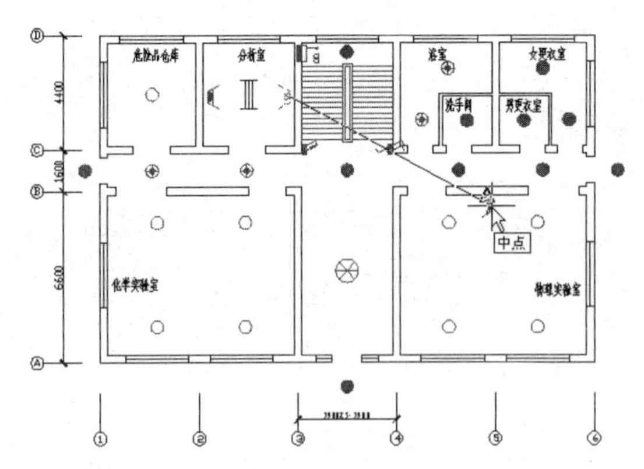

图 6-144　捕捉复制目标点

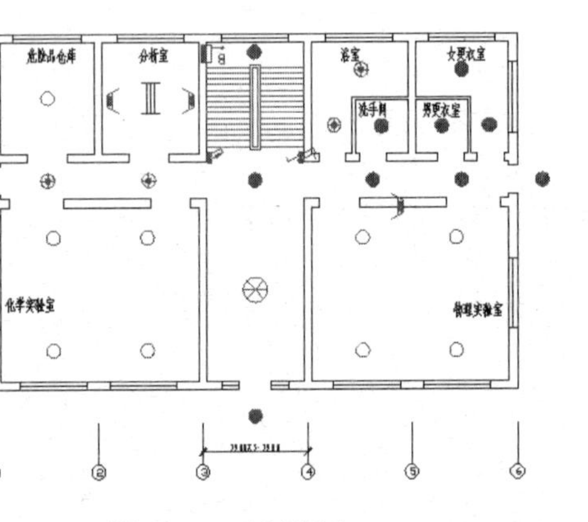

图 6-145　复制插座

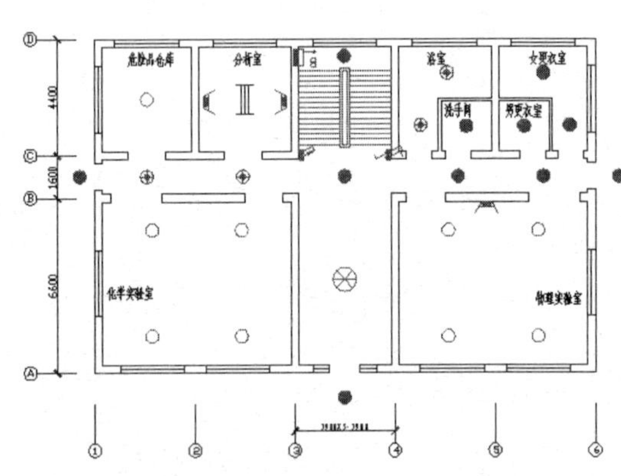

图 6-146　旋转插座

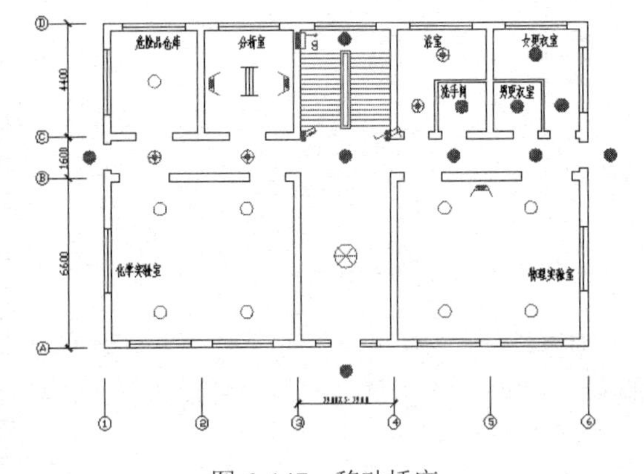

图 6-147　移动插座

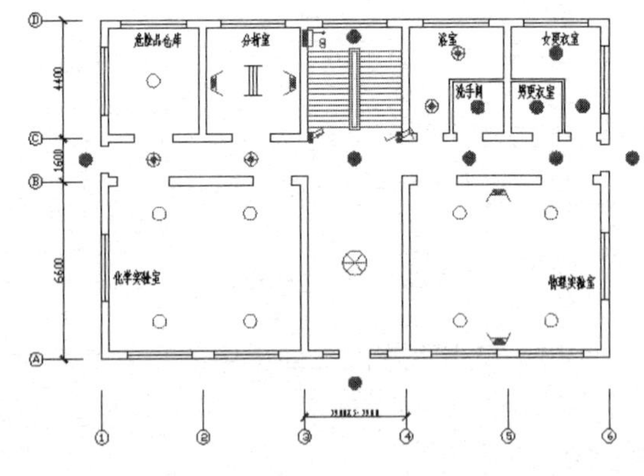

图 6-148　对称复制插座

（17）单击“修改”面板中的“复制”命令按钮，把右下角房间中防爆三相四孔插座外形复制到左边房间中，效果如图 6-149 所示。

（18）单击“绘图”面板中的“直线”命令按钮，绘制密闭三相四孔插座底边中点之间的连线，效果如图 6-150 所示。

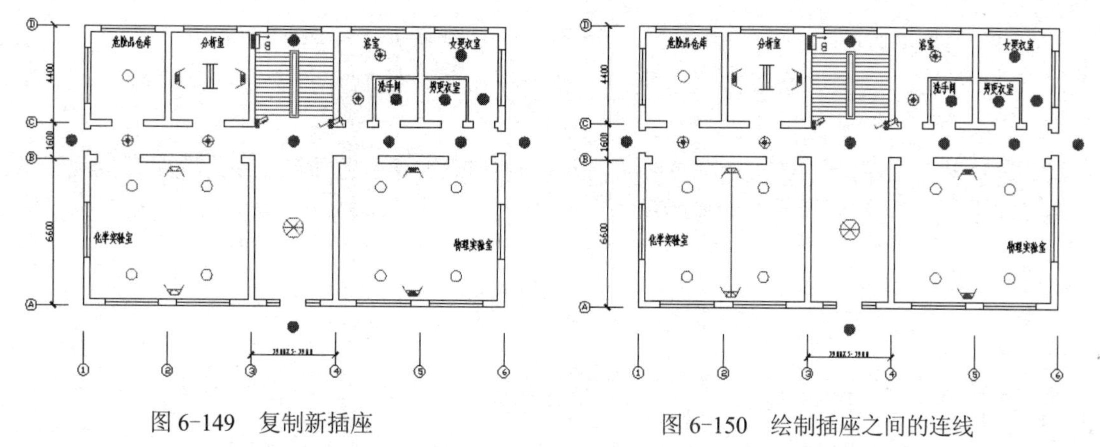

图 6-149 复制新插座

图 6-150 绘制插座之间的连线

（19）单击“绘图”面板中的“图案填充”命令按钮，给两个插座 1/4 圆填充上该图层颜色，形成暗装插座，效果如图 6-151 所示。

（20）单击“修改”面板中的“复制”命令按钮，把单极暗装开关复制几份在其他房间中，效果如图 6-152 所示。

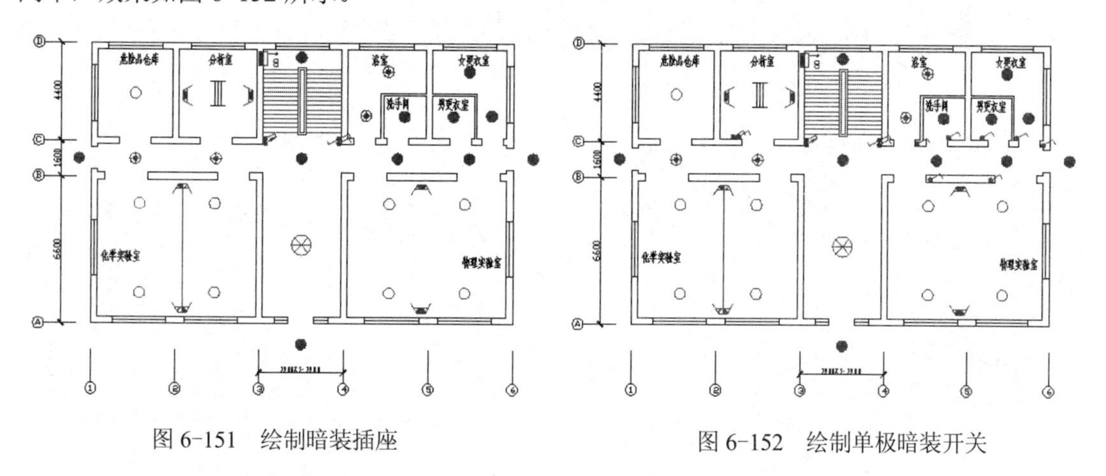

图 6-151 绘制暗装插座

图 6-152 绘制单极暗装开关

（21）单击“修改”面板中的“复制”命令按钮，继续复制单极暗装开关的轮廓，分别安装在门厅、危险品仓库、化学实验室中和右门边，效果如图 6-153 所示。

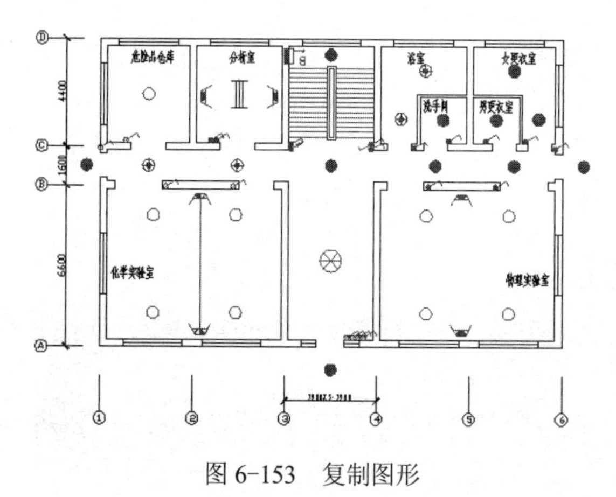

图 6-153 复制图形

（22）局部放大图形左边，预备下一步操作。效果如图 6-154 所示。

（23）单击“绘图”面板中的“直线”命令按钮，绘制开关中圆的垂直直径，效果如图 6-155 所示。

（24）单击“绘图”面板中的“图案填充”命令按钮，使用该层颜色填充右半圆，形成防爆单极开关，效果如图 6-156 所示。

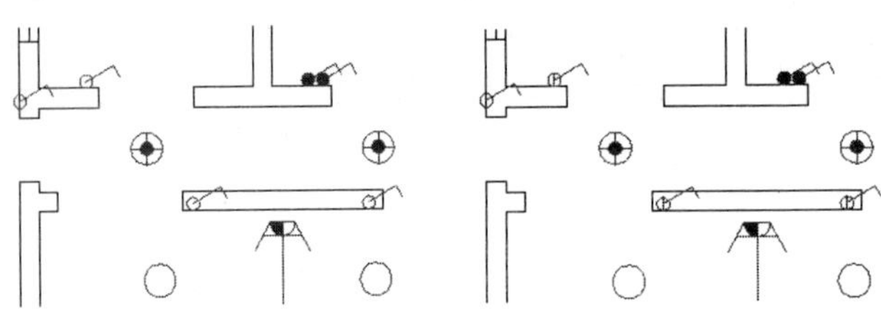

图 6-154　局部放大　　图 6-155　绘制垂直直径

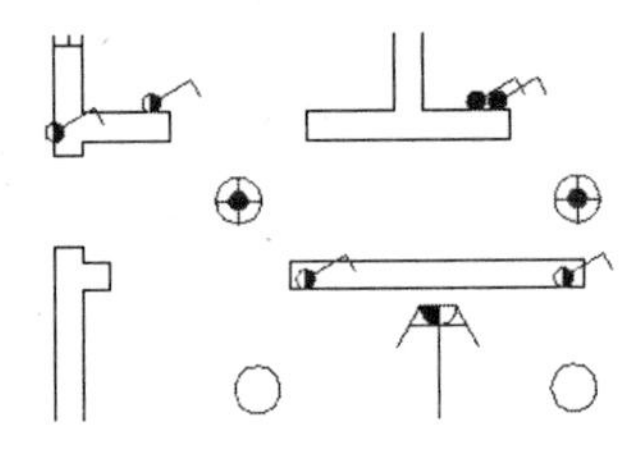

图 6-156　绘制防爆单极开关

（25）缩小查看全图，单击“修改”面板中的“旋转”命令按钮，旋转若干开关，使其朝向墙外，效果如图 6-157 所示。

（26）单击“绘图”面板中的“直线”命令按钮，连接各个灯具、开关，效果如图 6-158 所示。

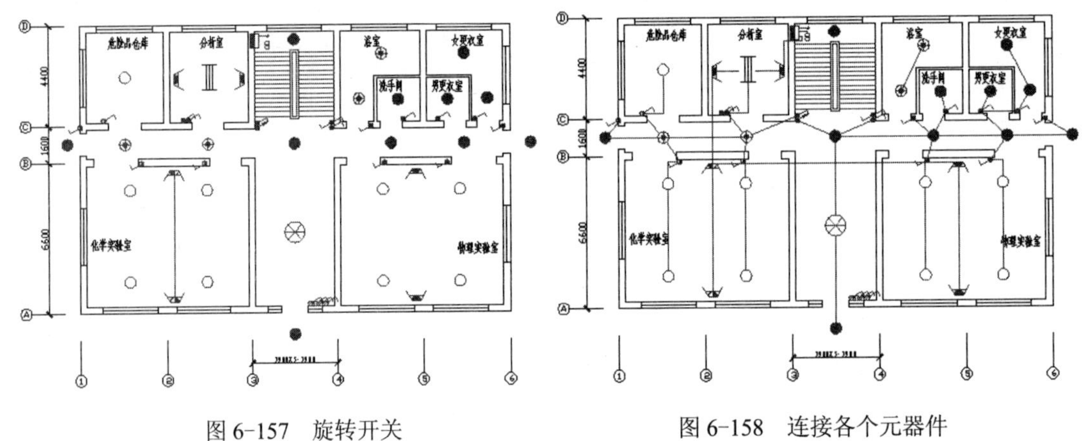

图 6-157　旋转开关　　图 6-158　连接各个元器件

（27）检查图形，浴室外缺明装防水开关，门厅外缺壁灯两个，配电室缺开关一个，通过复制和绘制直线补齐它们，效果如图 6-159 所示。

（28）单击“绘图”面板中的“直线”命令按钮，在如图 6-160 所示导线上绘制平行的斜线，表示它们的相数。

（29）单击“注释”面板中的“多行文字”命令按钮A，标注“上”“下”文字和“门厅”文字，结果如图 6-161 所示。

（30）单击“注释”面板中的“多行文字”命令按钮A，标注各个电气元器件的代号，结果如图 6-162 所示。

（31）单击“注释”面板中的“多行文字”命令按钮A，标注导线编号，结果如图 6-163 所示。

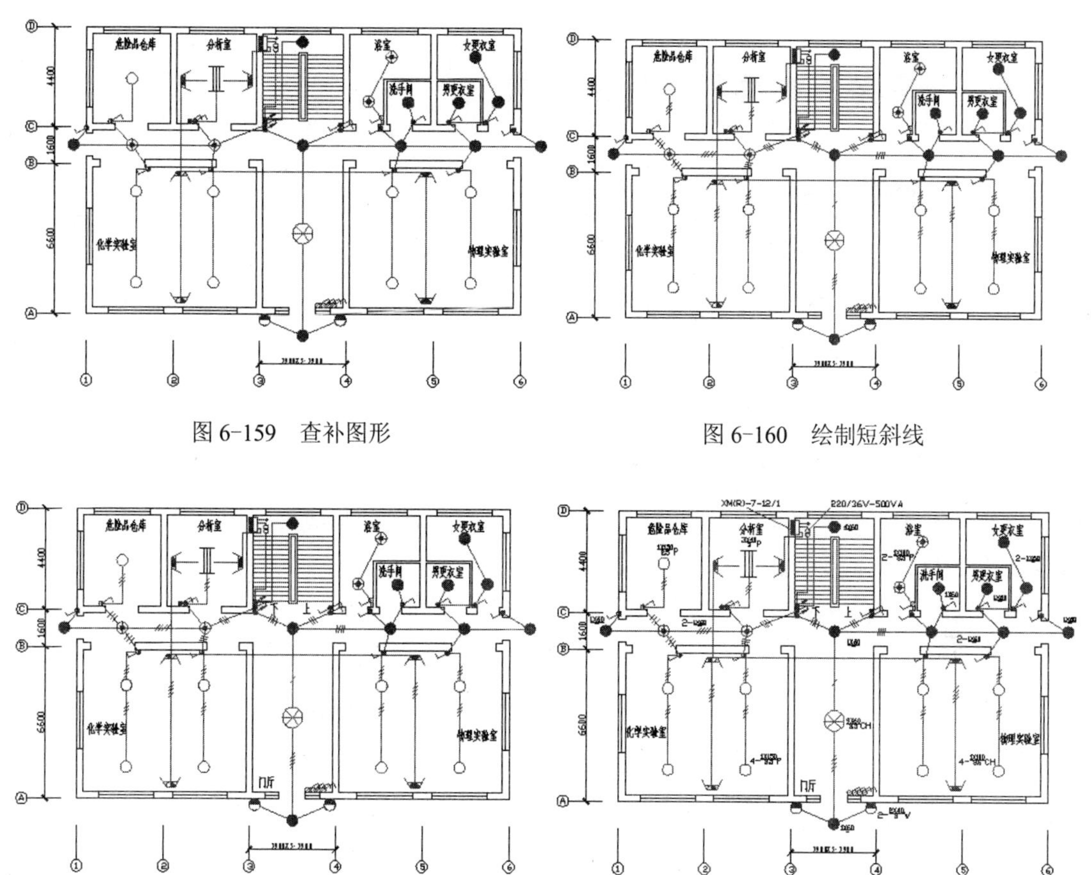

图 6-159 查补图形

图 6-160 绘制短斜线

图 6-161 标注文字

图 6-162 标注元器件的代号

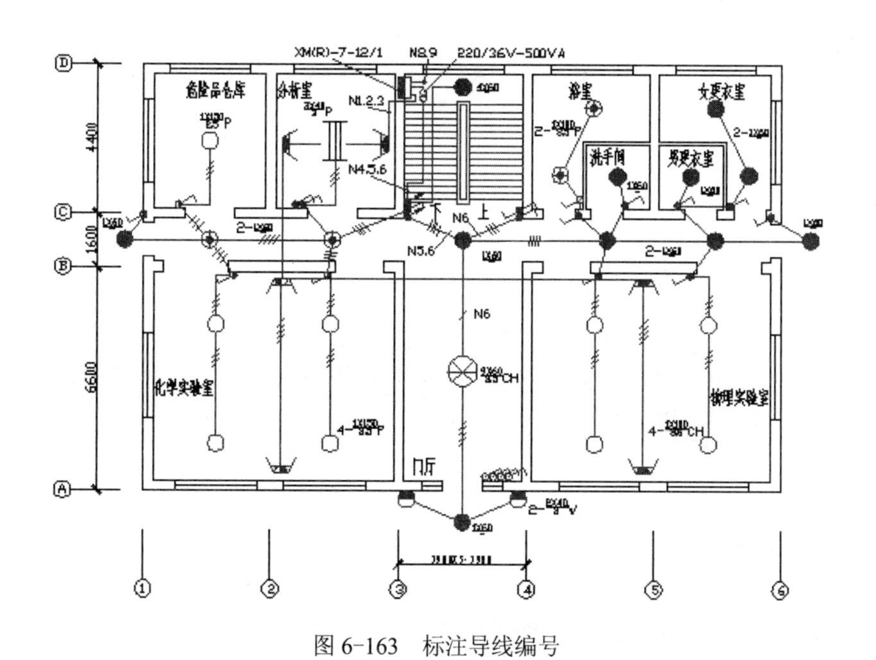

图 6-163 标注导线编号

6.2　某宾馆楼共用天线系统图

制作思路

相比强电系统，作为弱电系统的天线系统不需要很多不同类别的元器件。天线信号从一条主线引来后，即可分配到各条支线。如果线路过长，使信号衰减得太多，可以在适当的位置配置信号补偿设备。本例中，先绘制了天线的主线图，然后绘制支线图，最后标注文字。

6.2.1　绘制主线

天线的主线可能是多个信号源，但是也要汇流，经放大后形成可用的信号，然后分配给各条线路使用。绘制步骤如下。

（1）绘制一条主天线。单击“绘图”面板中的“直线”命令按钮，按命令行的提示绘制直线段。

```
命令: _line
指定第一点:（选择任意的一点）
指定下一点或 [放弃(U)]: @0,-10
指定下一点或 [放弃(U)]: @0,-30
指定下一点或 [闭合(C)/放弃(U)]:（按〈Enter〉键）
```

效果如图 6-164 所示。

（2）单击“修改”面板中的环形“阵列”命令按钮，屏幕出现如图 6-165 所示的“阵列创建”面板，填好各项数值，以上段直线的下端点为阵列中心，把它环形阵列 9 个，效果如图 6-166 所示。

图 6-164　绘制直线

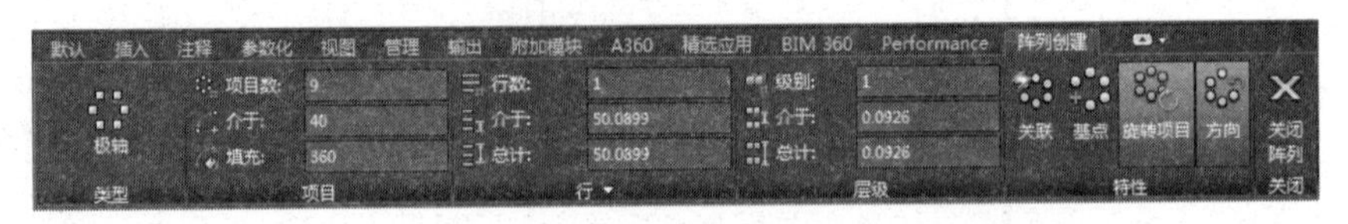

图 6-165　“阵列创建”面板

（3）单击“修改”面板中的“删除”命令按钮，删去图 6-167 所示的虚线，效果如图 6-168 所示。

（4）绘制汇流盒。单击“绘图”面板中的“矩形”命令按钮，绘制尺寸为 40×10 的矩形，效果如图 6-169 所示。

图 6-166　环形阵列直线

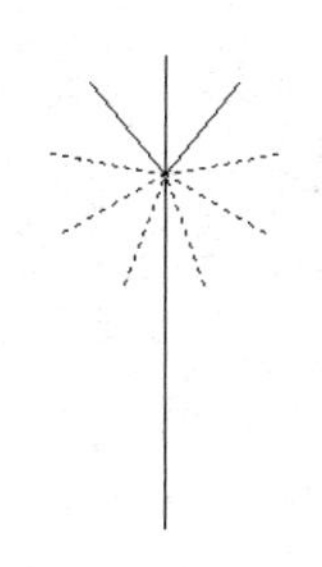
图 6-167　选择线条

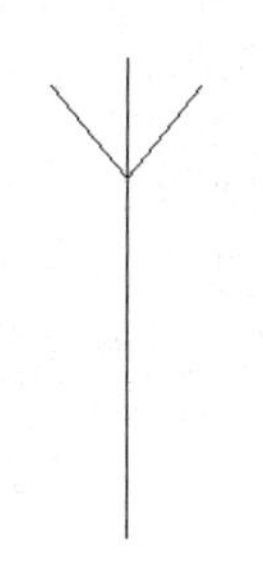
图 6-168　删除线条

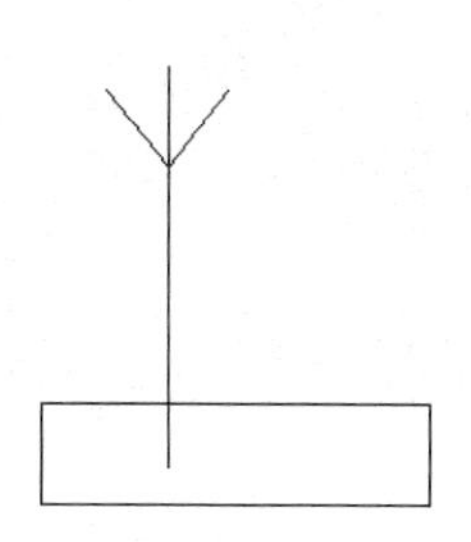
图 6-169　绘制矩形

（5）单击“修改”面板中的“移动”命令按钮，以矩形 40×10 的上边中点为移动基准点，以如图 6-170 所示端点为移动目标点移动矩形，效果如图 6-171 所示。

（6）绘制其他两条主天线。单击“修改”面板中的“复制”命令按钮，把直线表示的天线头部向左复制一份，效果如图 6-172 所示。

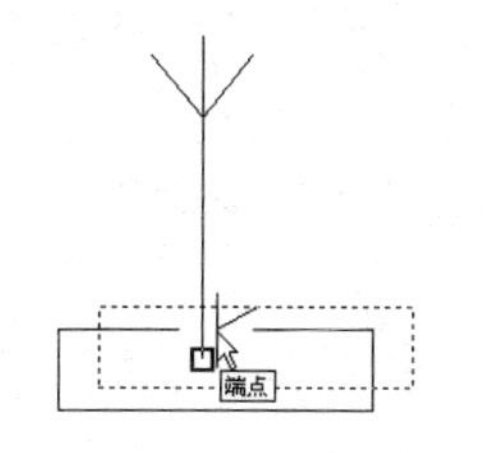

图 6-170　捕捉端点

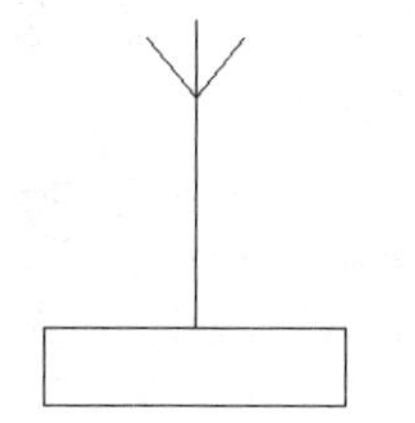
图 6-171　移动矩形

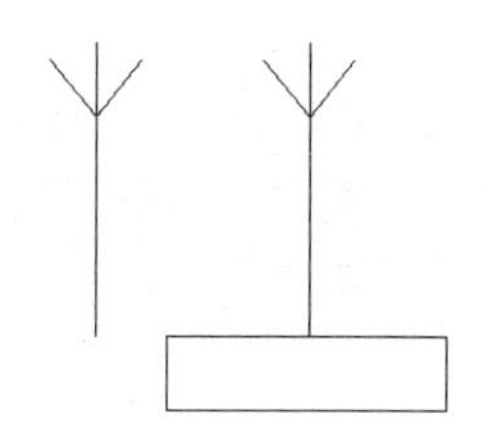
图 6-172　复制天线头部

（7）单击“绘图”面板中的“直线”命令按钮，绘制起点在如图 6-173 所示的最近点，垂直向上并向左，以如图 6-174 所示垂足为终点的折线，效果如图 6-175 所示。

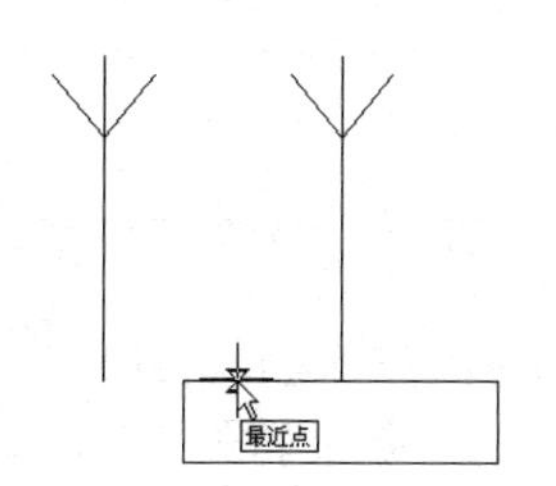

图 6-173　捕捉最近点

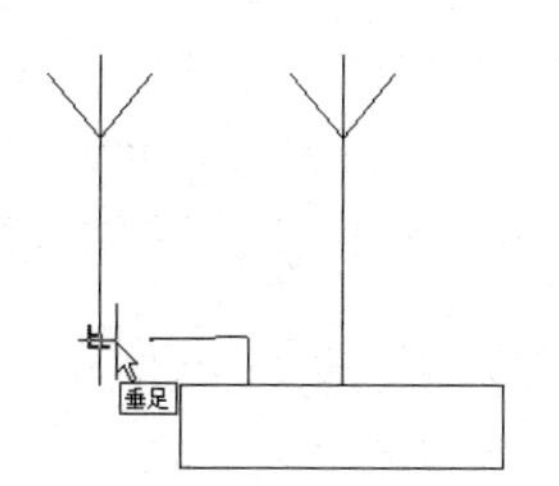

图 6-174　捕捉垂足

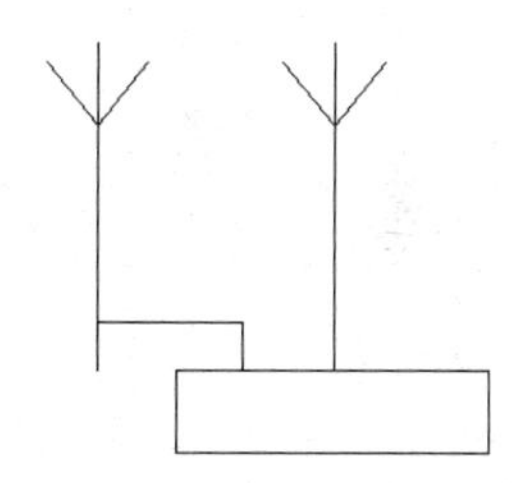
图 6-175　绘制折线

（8）单击“修改”面板中的“圆角”命令按钮，把如图 6-176 光标所示直线和虚线之间执行圆角操作，圆角半径为 0，使其连接起来，效果如图 6-177 所示。

（9）绘制表示信号走向的三角形。单击“绘图”面板中的“正多边形”命令按钮，以如图 6-178 所示中点为中心，绘制外接圆半径为 3 的等边三角形，效果如图 6-179 所示。

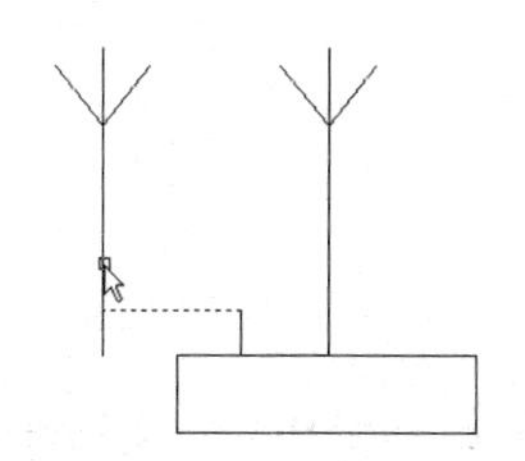
图 6-176　捕捉线头

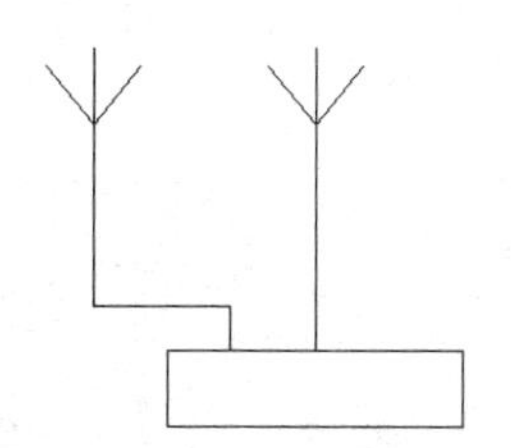
图 6-177　连接天线

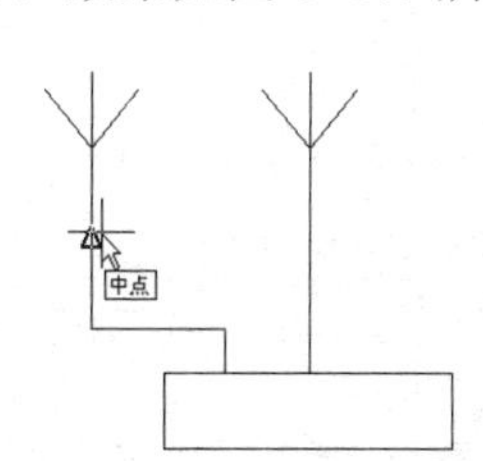

图 6-178　捕捉中点

（10）单击“修改”面板中的“镜像”命令按钮，以等边三角形底边为对称轴，把它对称复制一份，注意删除源对象，效果如图 6-180 所示。

（11）单击“修改”面板中的“复制”命令按钮，以等边三角形的下顶点为复制基准点，以如图 6-181 所示垂足为目标点复制等边三角形，效果如图 6-182 所示。

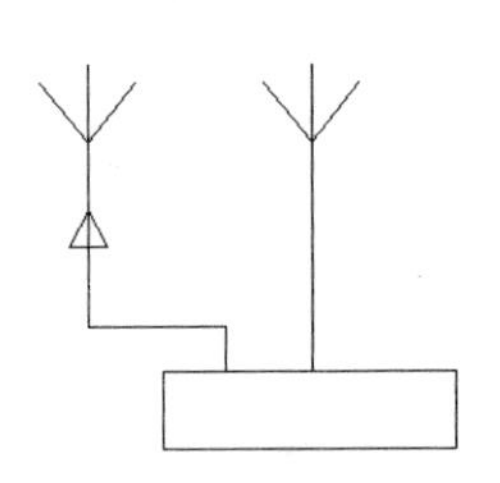

图 6-179　绘制等边三角形

图 6-180　对称复制等边三角形

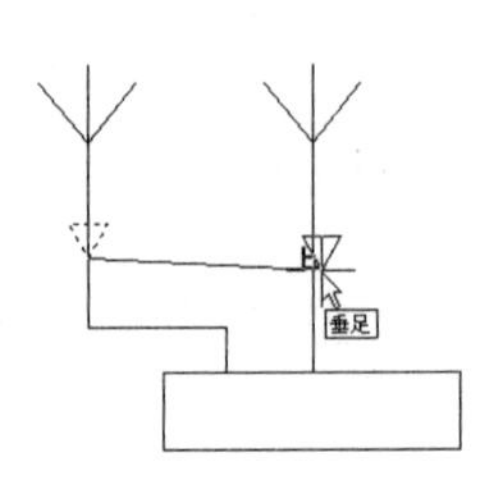

图 6-181　捕捉垂足

（12）单击“修改”面板中的“修剪”命令按钮，以两个等边三角形为修剪边，修剪掉它们里边的线头，结果如图 6-183 所示。

（13）单击“修改”面板中的“镜像”命令按钮，以中间天线的中线为对称轴，把左边天线对称复制一份，效果如图 6-184 所示。

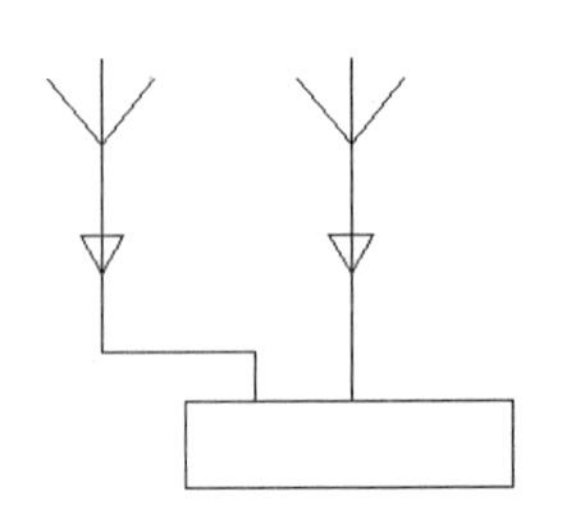

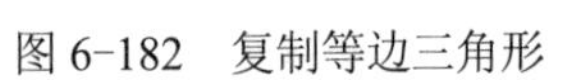

图 6-182　复制等边三角形

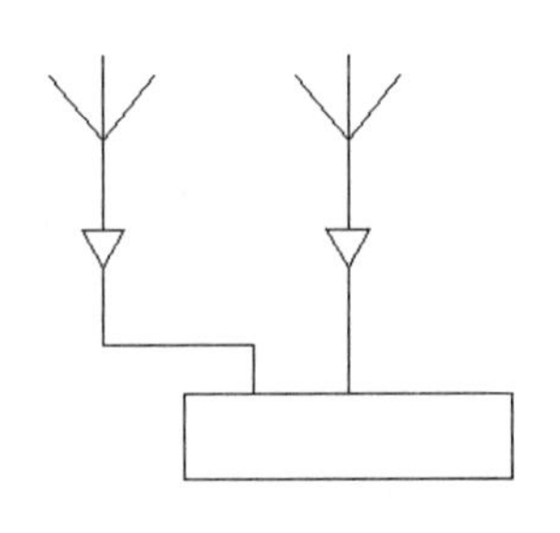

图 6-183　修剪线头

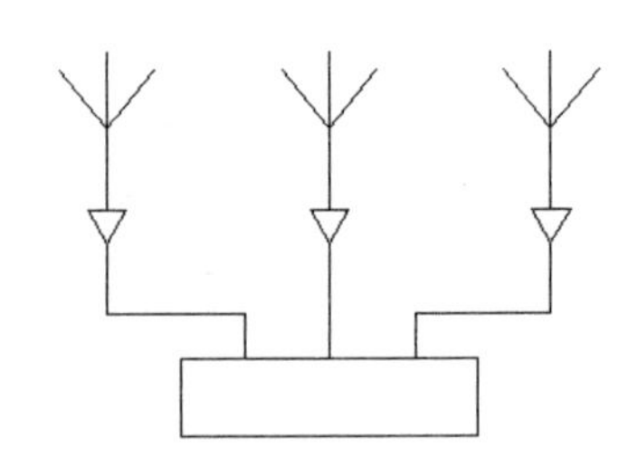

图 6-184　对称复制左边天线

（14）单击“修改”面板中的“复制”命令按钮，以如图 6-185 所示端点为复制基准点，以矩形下边中点为复制目标点，把虚线所示图形向下复制一份，效果如图 6-186 所示。

（15）绘制闭路电视信号的引入线。单击“绘图”面板中的“直线”命令按钮，绘制起点在如图 6-187 所示中点，水平向右的直线，效果如图 6-188 所示。

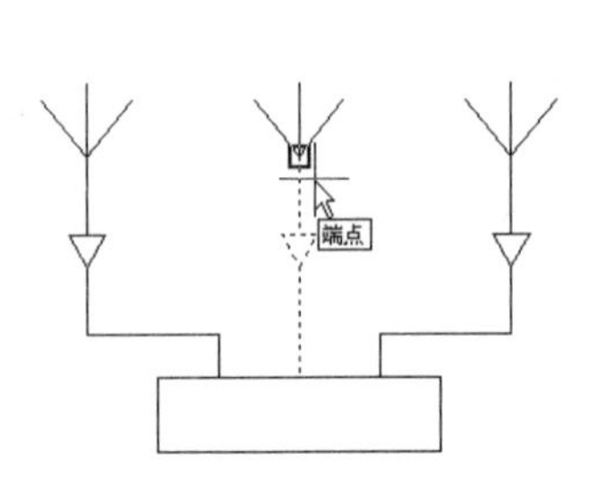

图 6-185　捕捉端点

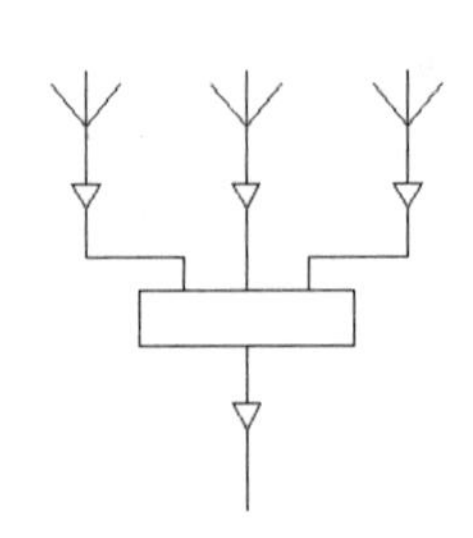

图 6-186　复制图形

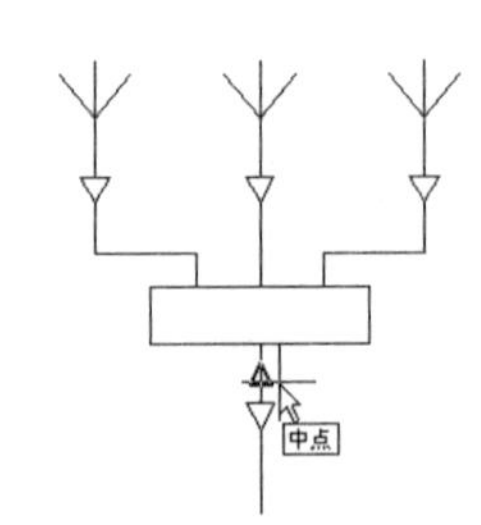

图 6-187　捕捉中点

（16）单击“绘图”面板中的“多段线”命令按钮，在如图 6-189 所示的最近点位置绘制箭头，效果如图 6-190 所示。

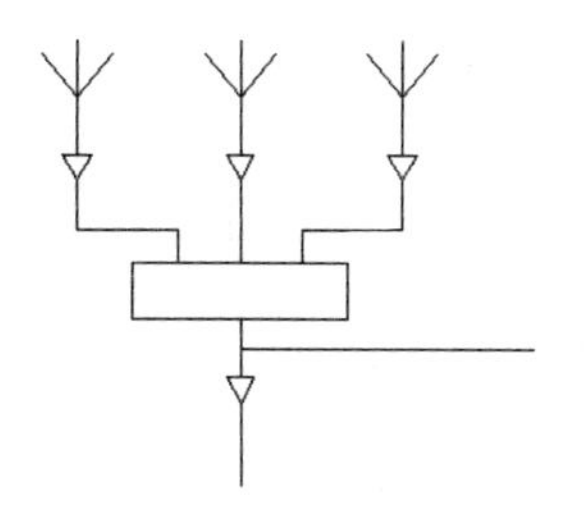

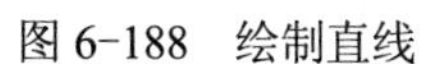

图 6-188 绘制直线

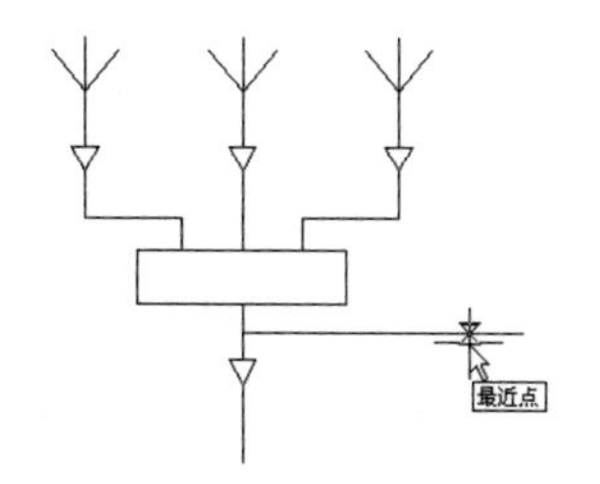

图 6-189 捕捉最近点

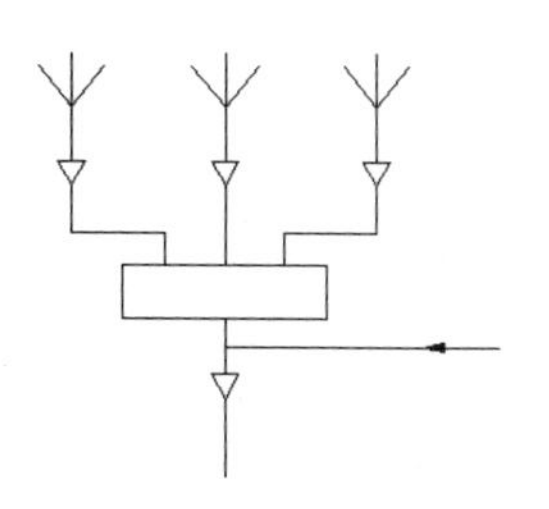

图 6-190 绘制箭头

6.2.2 绘制支线

绘制步骤如下。

（1）绘制分配器符号。单击“绘图”面板中的“圆”命令按钮，绘制圆心在如图 6-191 所示端点的ϕ15 圆，效果如图 6-192 所示。

（2）单击“绘图”面板中的“直线”命令按钮，绘制ϕ15 圆的水平直径，效果如图 6-193 所示。

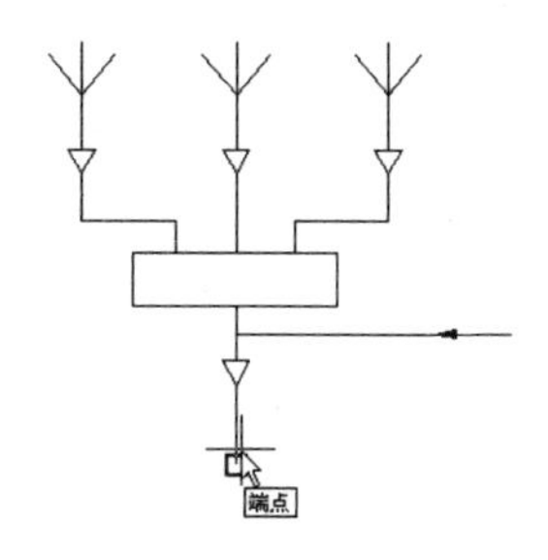

图 6-191 捕捉端点

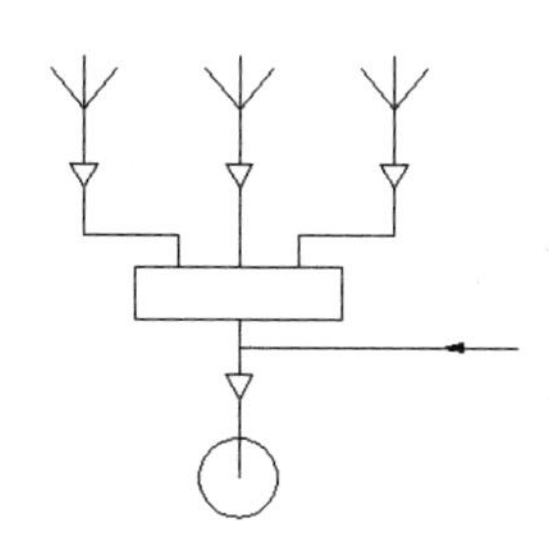

图 6-192 绘制圆

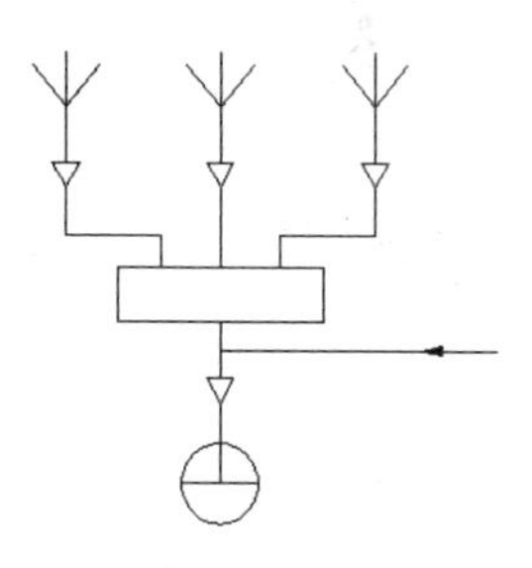

图 6-193 绘制直径

（3）单击“修改”面板中的“修剪”命令按钮，以ϕ15 圆的直径为修剪边，修剪掉它上边的圆弧，结果如图 6-194 所示。

（4）绘制二级支线。单击“绘图”面板中的“直线”命令按钮，绘制起点在如图 6-195 所示端点，方向水平向左，然后向下的折线，效果如图 6-196 所示。

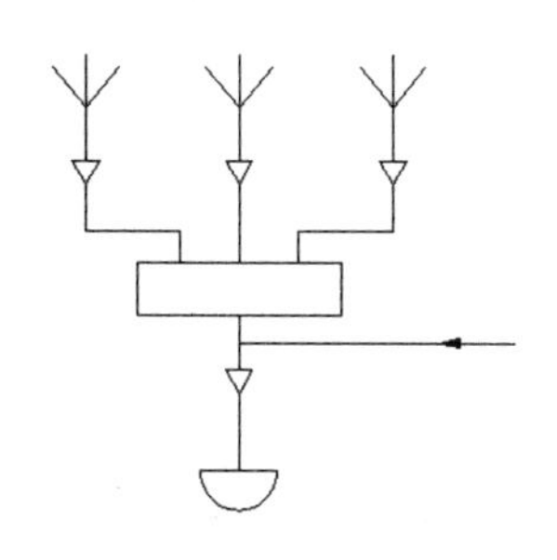

图 6-194 修剪圆弧

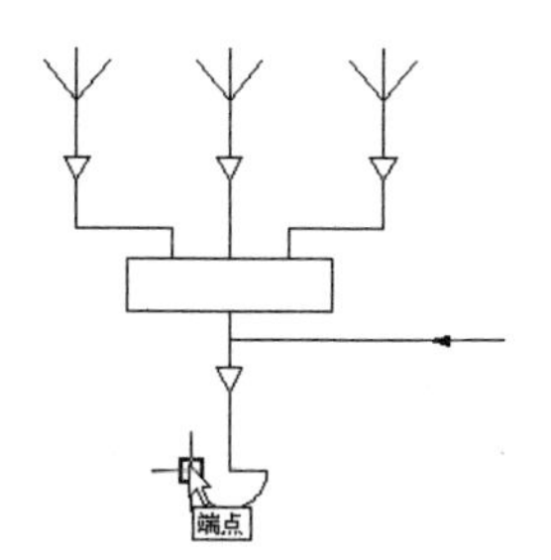

图 6-195 捕捉端点

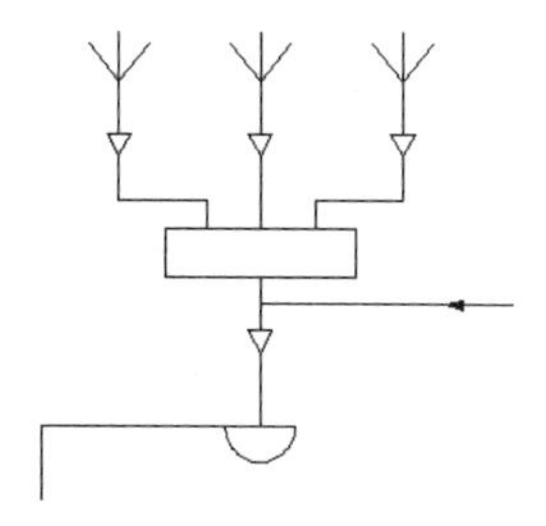

图 6-196 绘制折线

（5）单击“修改”面板中的“复制”命令按钮，以如图 6-197 所示端点为复制基准点，以如图 6-198 所示端点为复制目标点，把半圆复制一份，效果如图 6-199 所示。

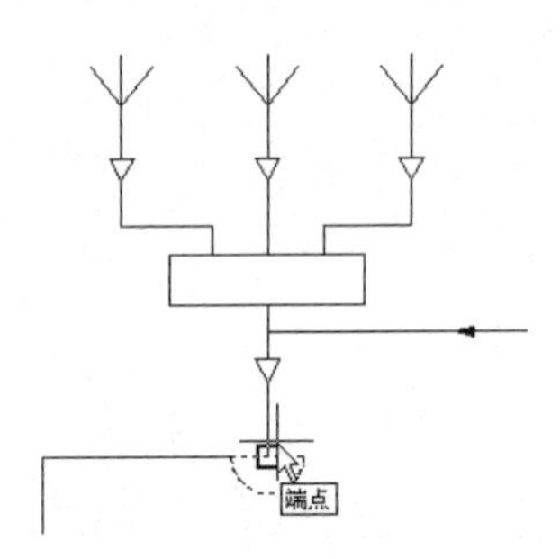

图 6-197　捕捉复制基准点

图 6-198　捕捉复制目标点

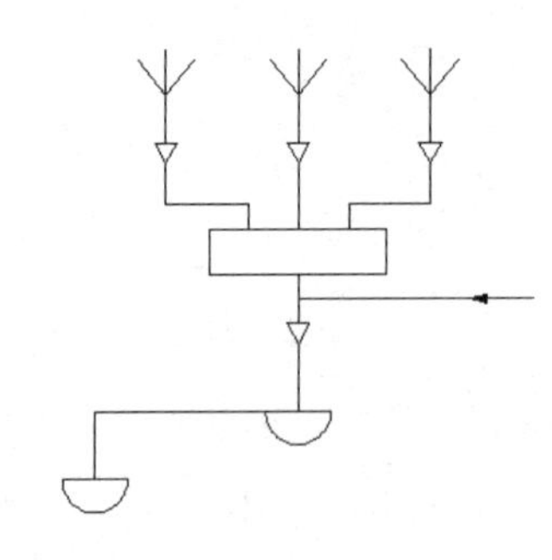
图 6-199　复制图形

（6）单击“修改”面板中的“缩放”命令按钮，以如图 6-200 所示端点为中心，把半圆图形缩小一半，效果如图 6-201 所示。

（7）绘制三级支线。单击“绘图”面板中的“直线”命令按钮，在左边支路下方绘制长度为 5 的水平直线，效果如图 6-202 所示。

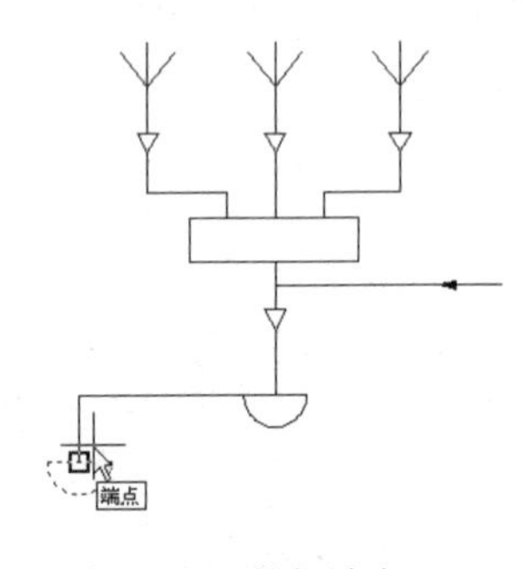

图 6-200　捕捉端点

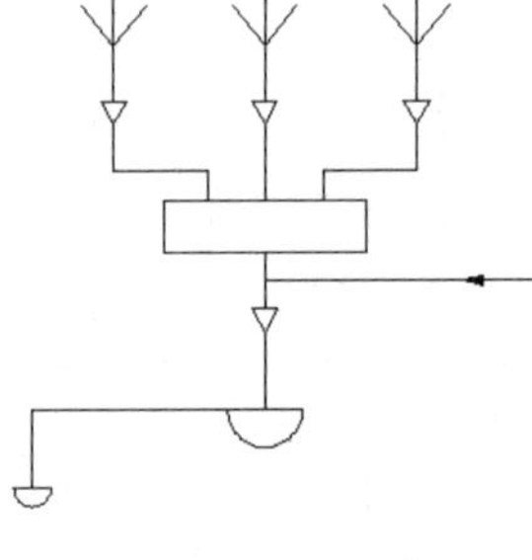
图 6-201　缩小图形

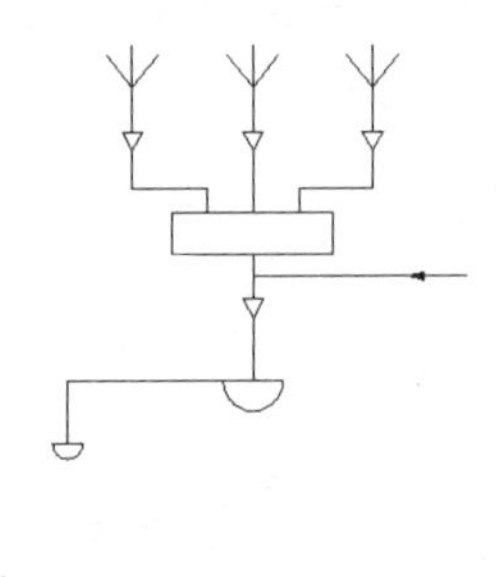
图 6-202　绘制水平直线

（8）单击“绘图”面板中的“直线”命令按钮，绘制起点在水平直线中点，方向垂直向上的一段直线，效果如图 6-203 所示。

（9）单击“修改”面板中的“移动”命令按钮，把虚线所示图形以其上端点为移动基准点，以如图 6-204 所示象限点为移动目标点进行移动，效果如图 6-205 所示。

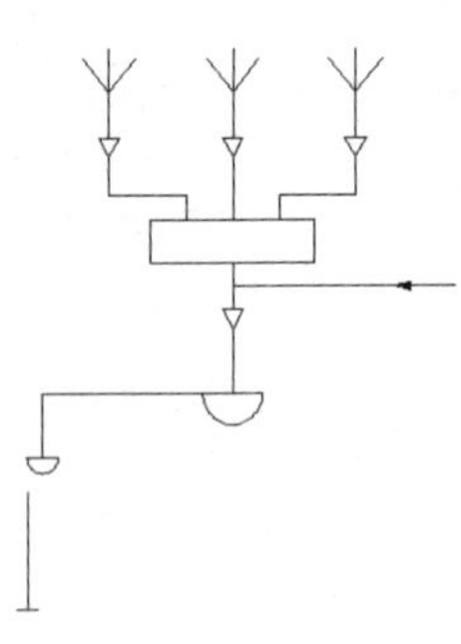

图 6-203　绘制垂直直线

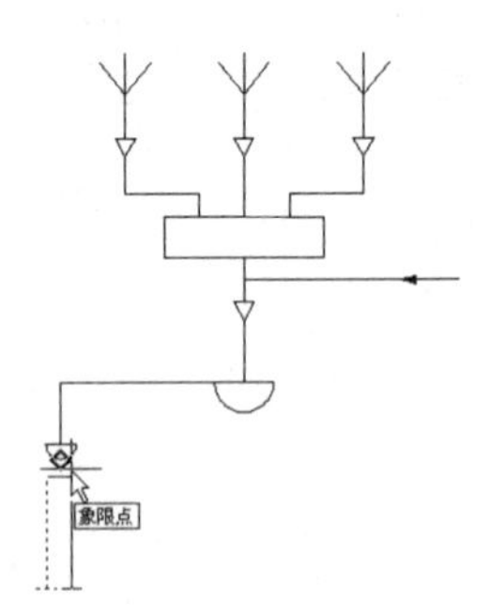

图 6-204　捕捉象限点

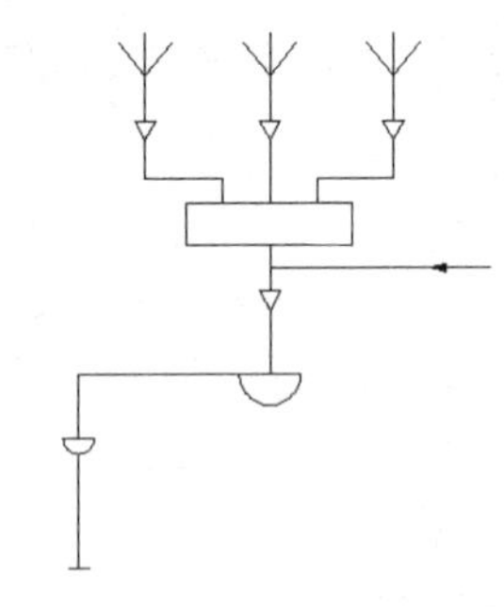
图 6-205　移动图形

（10）在菜单栏中选择“视图”→“缩放”→“窗口”命令，局部放大支路，预备下一步操作，效果如图 6-206 所示。

（11）绘制闭路信号插座符号。单击“绘图”面板中的“圆”命令按钮，绘制圆心在

如图 6-207 所示最近点的ϕ4 圆，效果如图 6-208 所示。

（12）单击“绘图”面板中的“圆”命令按钮，绘制ϕ2 圆，效果如图 6-209 所示。

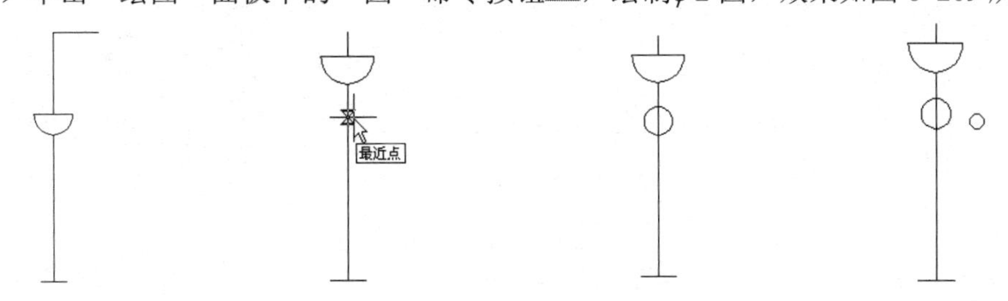

图 6-206　局部放大　　图 6-207　捕捉最近点　　图 6-208　绘制圆　　图 6-209　绘制圆

（13）单击“修改”面板中的“移动”命令按钮，把ϕ2 圆以其左边象限点为移动基准点，以ϕ4 圆右边象限点为移动目标点进行移动，效果如图 6-210 所示。

（14）单击“修改”面板中的“镜像”命令按钮，以支路中线为对称轴，把ϕ2 圆对称复制一份，效果如图 6-211 所示。

（15）单击“修改”面板中的“复制”命令按钮，把ϕ4 圆和两个ϕ2 圆向下连续复制 4 份，效果如图 6-212 所示。

图 6-210　移动圆　　图 6-211　对称复制圆　　图 6-212　复制图形

（16）单击“绘图”面板中的“矩形”命令按钮，绘制尺寸为 4×8 的矩形作为阻抗平衡器符号，效果如图 6-213 所示。

（17）单击“修改”面板中的“移动”命令按钮，把矩形 4×8 以其上边中点为移动基准点，以如图 6-214 所示最近点为移动目标点进行移动，效果如图 6-215 所示。

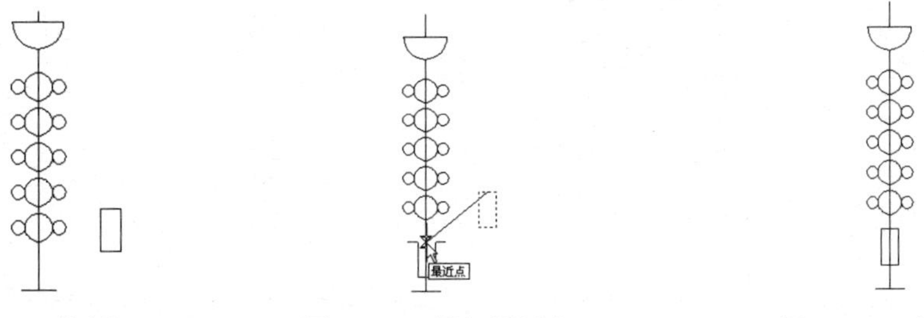

图 6-213　绘制矩形　　图 6-214　捕捉最近点　　图 6-215　移动矩形

（18）单击“修改”面板中的“修剪”命令按钮，以矩形 4×8 为修剪边，修剪掉它里边的线头，结果如图 6-216 所示。

（19）单击“修改”面板中的“移动”命令按钮，把支路向左适当移动，效果如图 6-217 所示。

（20）单击“修改”面板中的“复制”命令按钮，把支路向左复制一份，效果如图 6-218 所示。

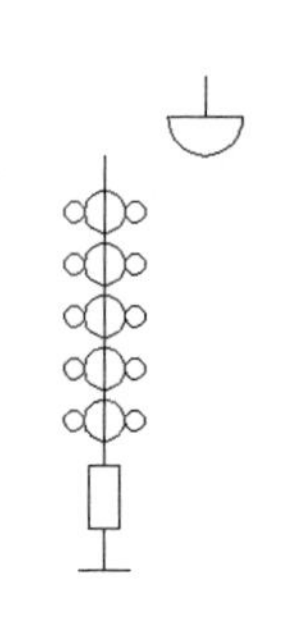

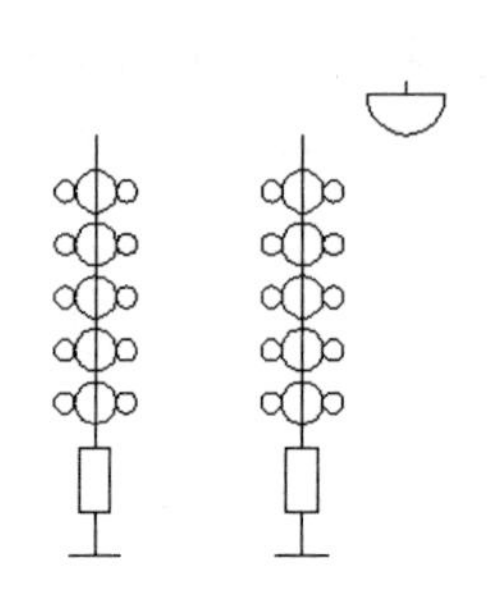

图 6-216　修剪线头　　图 6-217　移动支路　　图 6-218　复制支路

（21）单击“绘图”面板中的“直线”命令按钮，绘制起点在右边支路上端点，终点在如图 6-219 所示最近点的连线，效果如图 6-220 所示。

（22）单击“绘图”面板中的“直线”命令按钮，绘制起点在如图 6-221 所示最近点，端点在如图 6-222 所示垂足处的直线，效果如图 6-223 所示。

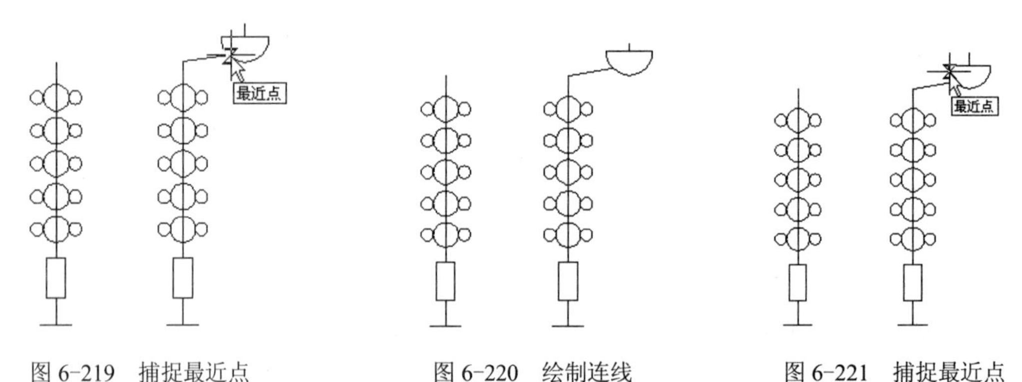

图 6-219　捕捉最近点　　图 6-220　绘制连线　　图 6-221　捕捉最近点

（23）单击“修改”面板中的“圆角”命令按钮，把如图 6-224 光标所示直线和虚线之间相互执行圆角操作，圆角半径为 0，使其连接起来，效果如图 6-225 所示。

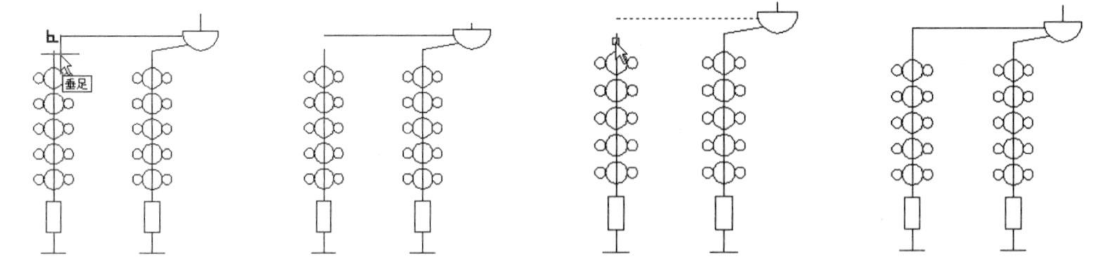

图 6-222　捕捉垂足　　图 6-223　绘制直线　　图 6-224　捕捉线头　　图 6-225　连接线路

（24）单击“修改”面板中的“镜像”命令按钮，以过图 6-226 所示端点的垂直直线为对称轴，把两条支路对称复制一份，效果如图 6-227 所示。

（25）在菜单栏中选择“视图”→“三维视图”→“俯视”命令，显示全部图形，预备下一步操作，效果如图 6-228 所示。

（26）单击“修改”面板中的“拉伸”命令按钮，把如图 6-229 所示选择的图形向左适当拉长，效果如图 6-230 所示。

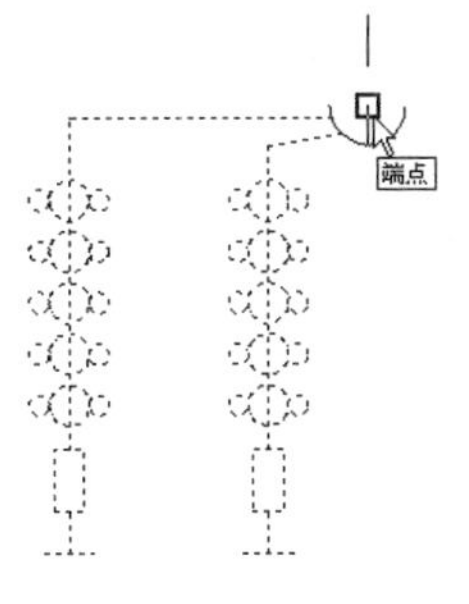

图 6-226　捕捉端点

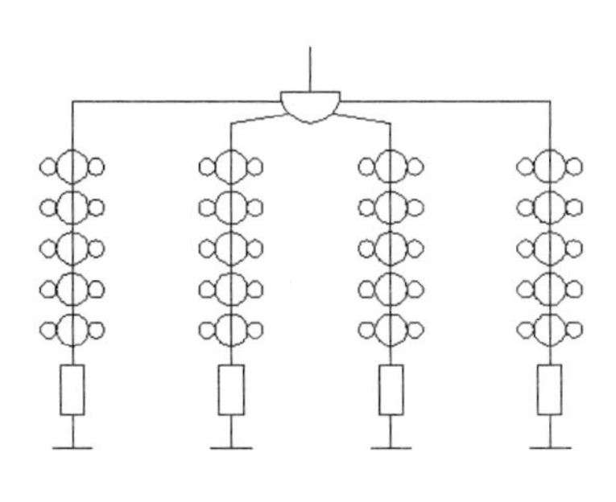

图 6-227　对称复制两条支路

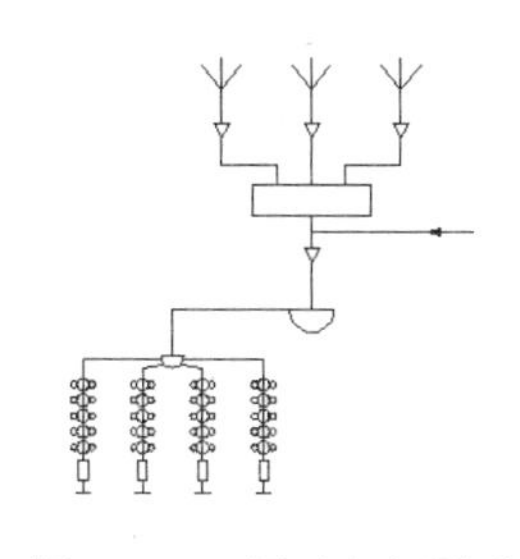

图 6-228　显示全部图形

（27）绘制其他三级支线。单击“修改”面板中的“复制”命令按钮，把天线支路组向右复制一份，效果如图 6-231 所示。

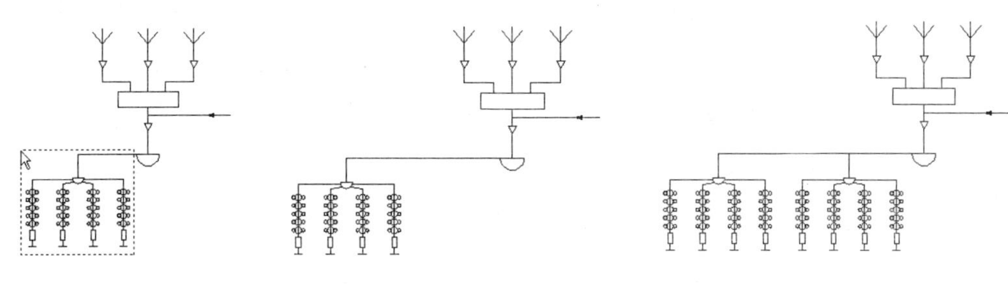

图 6-229　向左适当拉长图形　　图 6-230　拉长图形　　图 6-231　复制图形

（28）单击“修改”面板中的“复制”命令按钮，把水平的支路总线条向下复制一份，效果如图 6-232 所示。

（29）单击“修改”面板中的“延伸”命令按钮，以如图 6-233 虚线所示圆弧为延伸边界线，延伸刚才复制的直线，效果如图 6-234 所示。

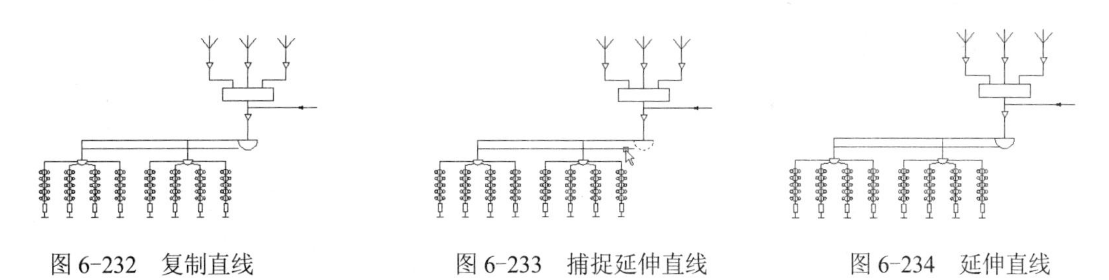

图 6-232　复制直线　　图 6-233　捕捉延伸直线　　图 6-234　延伸直线

（30）单击“修改”面板中的“圆角”命令按钮，把如图 6-235 光标所示直线和虚线之间相互执行圆角操作，圆角半径为 0，使其连接起来，效果如图 6-236 所示。

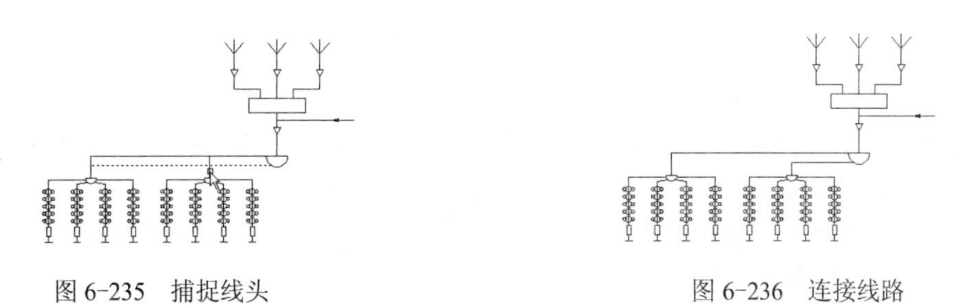

图 6-235　捕捉线头　　图 6-236　连接线路

（31）单击“修改”面板中的“镜像”命令按钮，以过图 6-237 所示端点的垂直直线为对称轴，把两条支路对称复制一份，效果如图 6-238 所示。

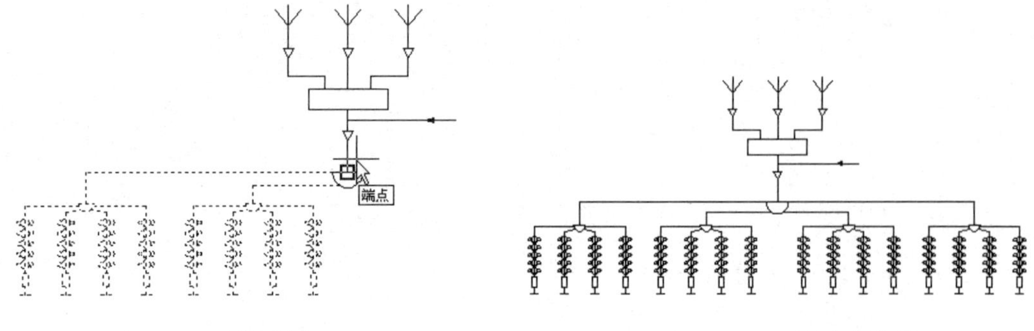

图 6-237　捕捉端点　　　　图 6-238　对称复制线路

（32）单击“修改”面板中的“拉伸”命令按钮，把如图 6-239 所示选择的图形向下适当拉长，效果如图 6-240 所示。

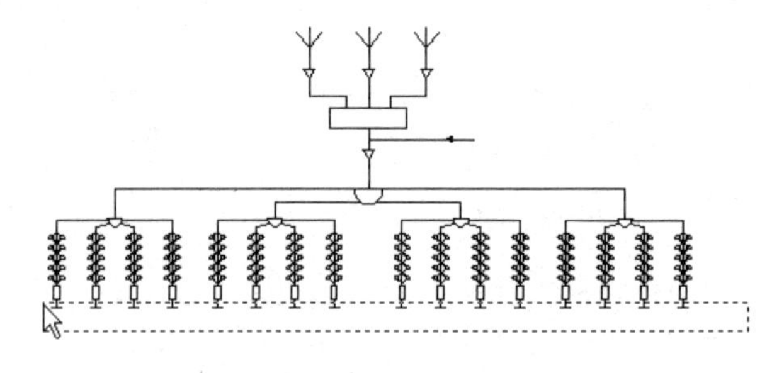

图 6-239　捕捉图形

（33）单击“修改”面板中的“拉伸”命令按钮，把图形中的其他元素向下适当拉长，调整图形，效果如图 6-241 所示。

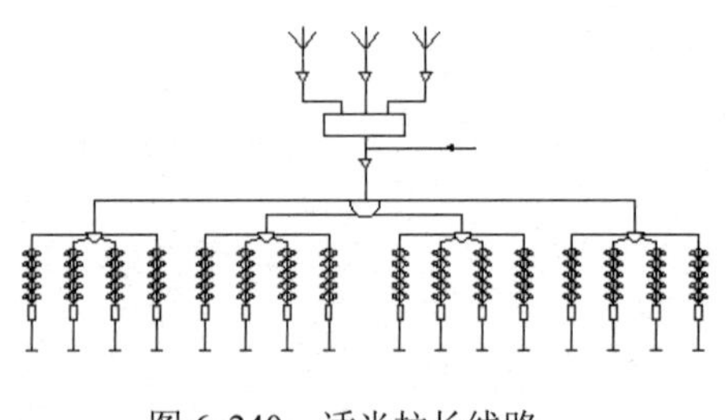

图 6-240　适当拉长线路

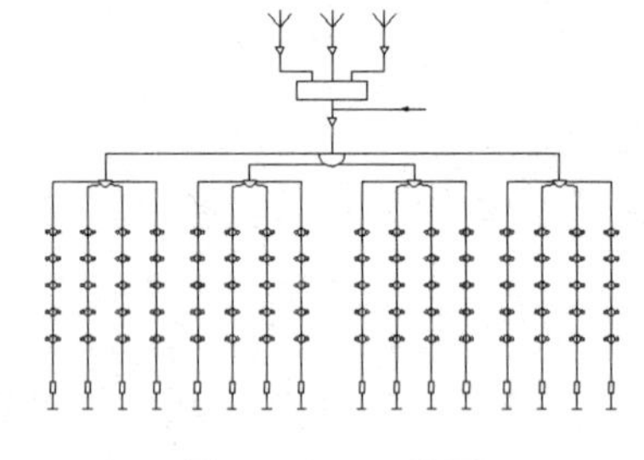

图 6-241　调整图形

6.2.3　标注文字

线路绘制完毕后应该进行必要的标注。但是天线系统有自己的特殊性，需要采用不同的标注方法。绘制步骤如下。

（1）单击“绘图”面板中的“圆”命令按钮，绘制圆心在如图 6-242 所示端点的$\phi 10$圆，效果如图 6-243 所示。

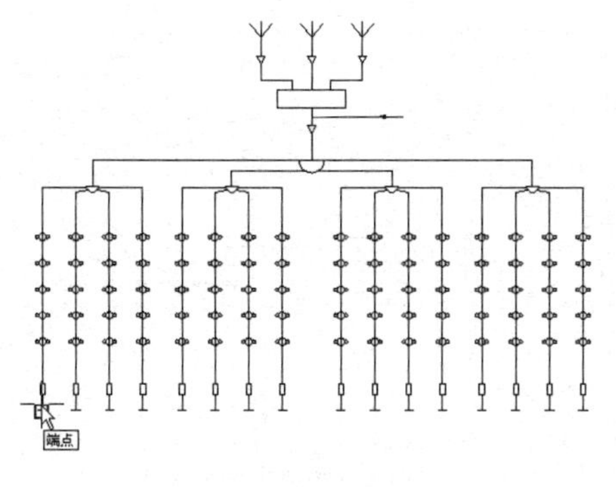

图 6-242　捕捉端点

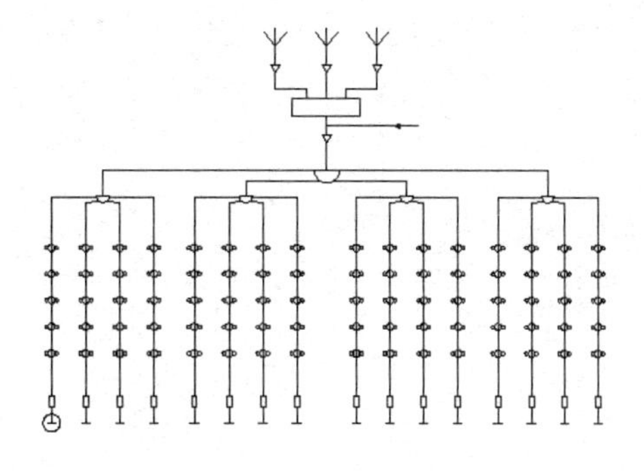

图 6-243　绘制圆

（2）单击“修改”面板中的“移动”命令按钮，把ϕ10 圆向下适当移动，效果如图 6-244 所示。

（3）单击“注释”面板中的“多行文字”命令按钮，在ϕ10 圆中标注文字“1”，表示第一条天线支路，结果如图 6-245 所示。

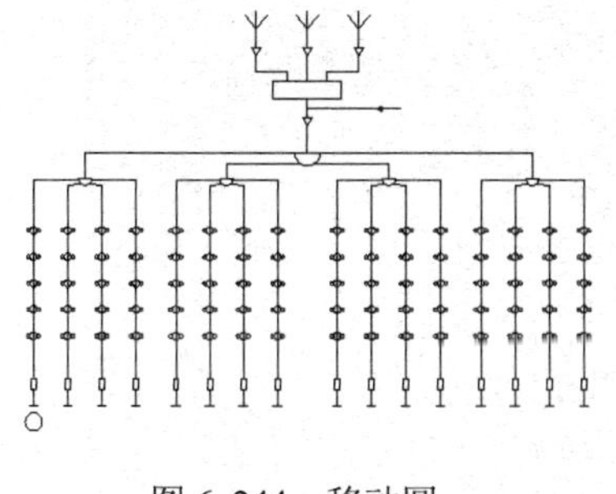

图 6-244　移动圆

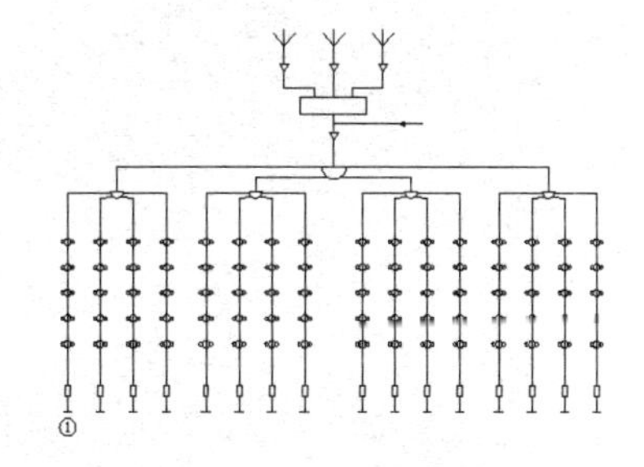

图 6-245　标注支路代号“1”

（4）单击“修改”面板中的“复制”命令按钮，把支路代号“1”向右复制到其他支路下方，效果如图 6-246 所示。

（5）双击中间的文字，在出现的“多行文字编辑器”中把支路代号“1”改成其他支路代号，效果如图 6-247 所示。

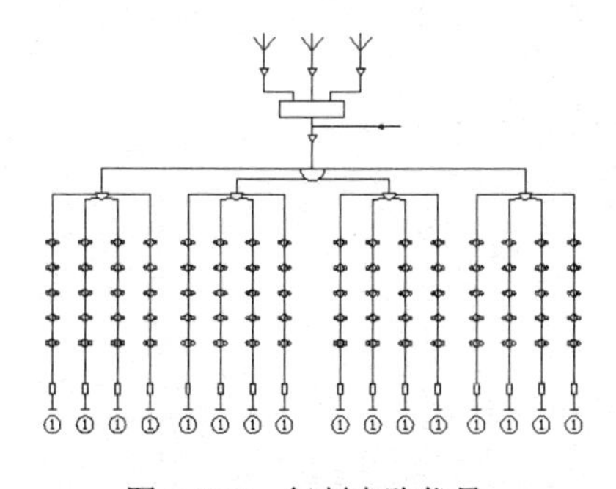

图 6-246　复制支路代号

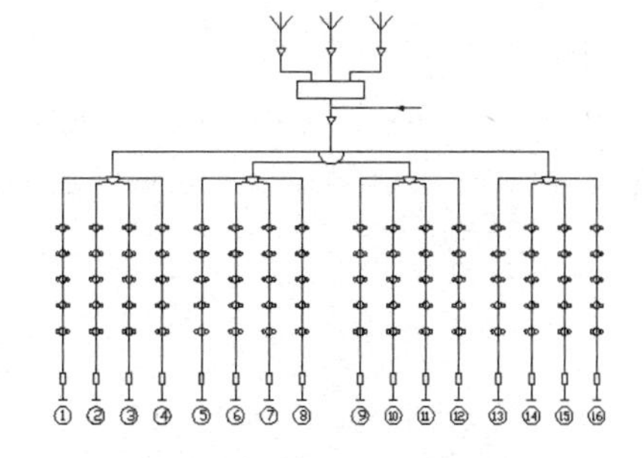

图 6-247　修改支路代号

（6）单击“修改”面板中的“复制”命令按钮，把“2、3、4、5、6、9、10、11、12、13、14、15、16”支路中的一排端子向下复制一份，效果如图 6-248 所示。

（7）单击“修改”面板中的“复制”命令按钮，把“10、11、12、13、14、15、16”

支路中的一排端子向上复制一份，效果如图 6-249 所示。

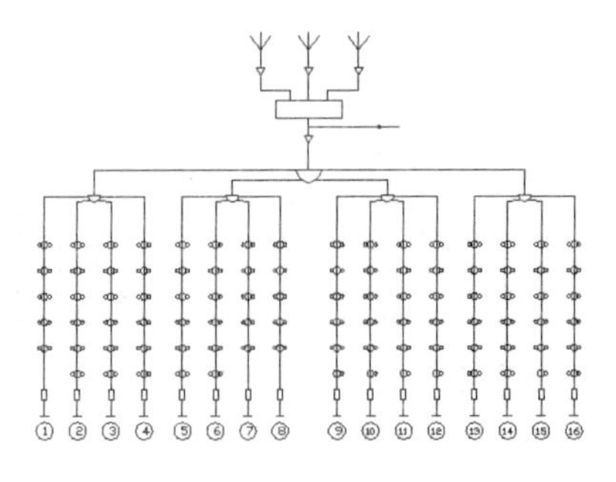

图 6-248　向下复制一排端子

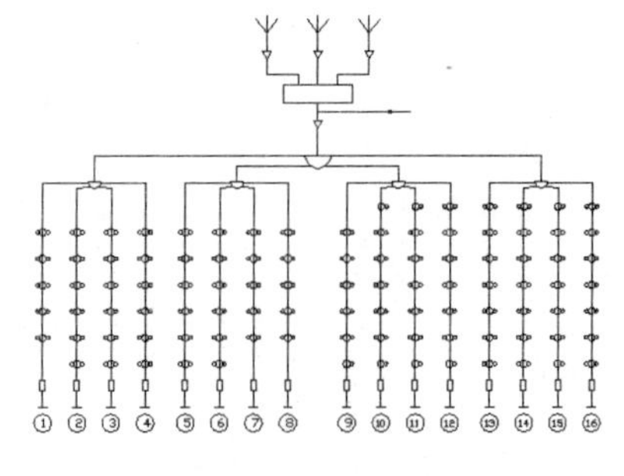

图 6-249　向上复制一排端子

（8）在“图层”面板中单击“图层特性”命令按钮，设置使用绿色虚线的“线框”图层，使用棕色直线的“文字”图层，并单击“置为当前”按钮，将“线框”图层置为当前图层，如图 6-250 所示。

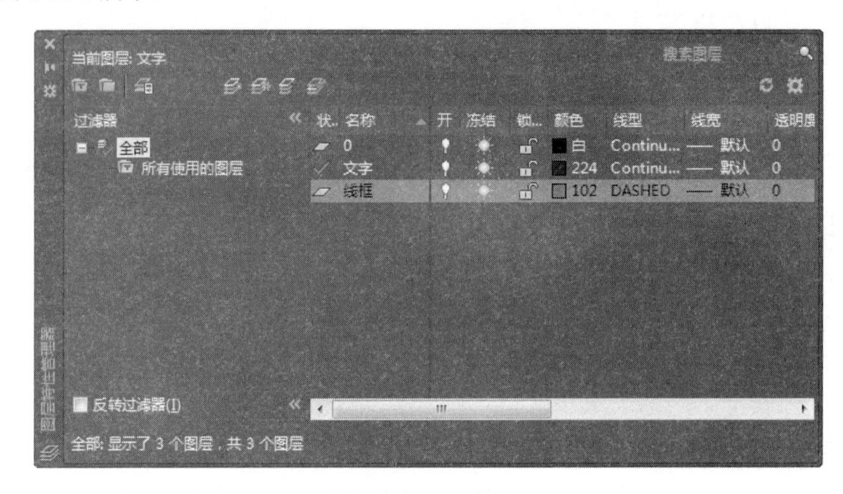

图 6-250　设置图层

（9）单击“绘图”面板中的“矩形”命令按钮，绘制包含第一组支路汇流节点的矩形，效果如图 6-251 所示。

（10）单击“修改”面板中的“复制”命令按钮，以如图 6-252 所示圆心为复制基准点，以其他支路类似圆心为复制目标点，把矩形向右复制 3 份，效果如图 6-253 所示。

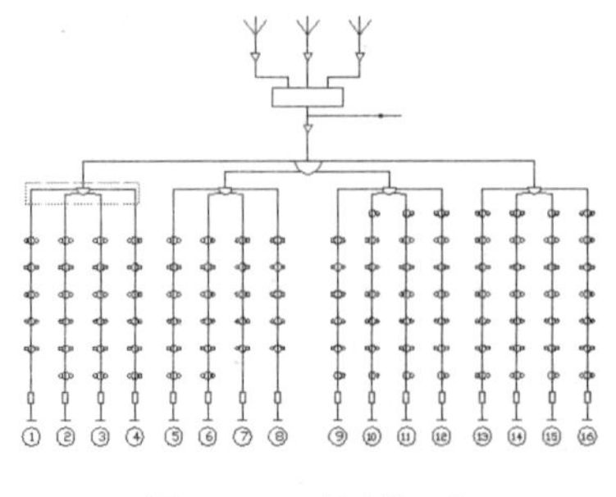

图 6-251　绘制矩形

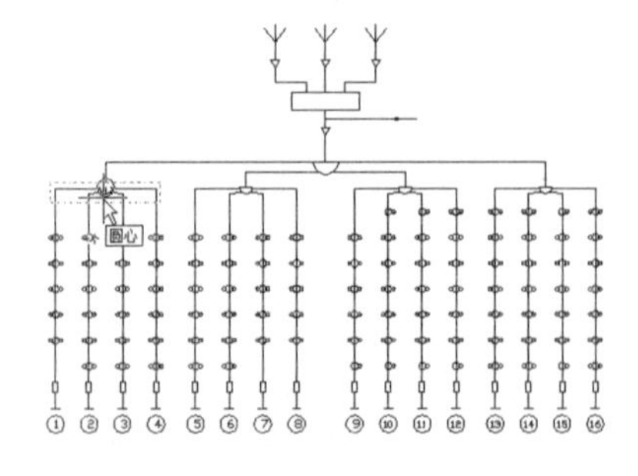

图 6-252　捕捉圆心

（11）单击“绘图”面板中的“矩形”命令按钮，绘制起点在如图 6-254 所示最近点，包含总节点的矩形，效果如图 6-255 所示。

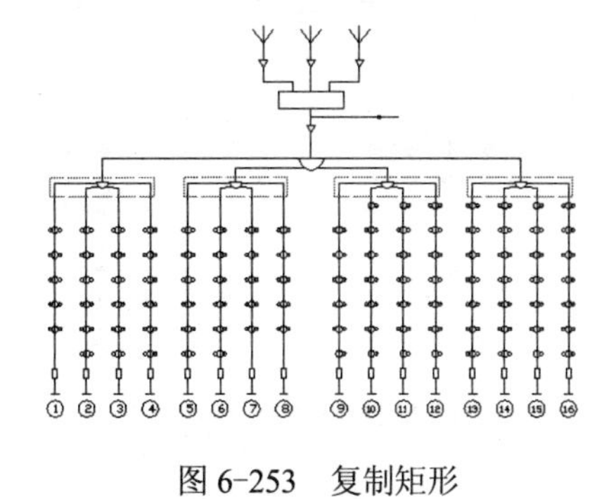
图 6-253　复制矩形

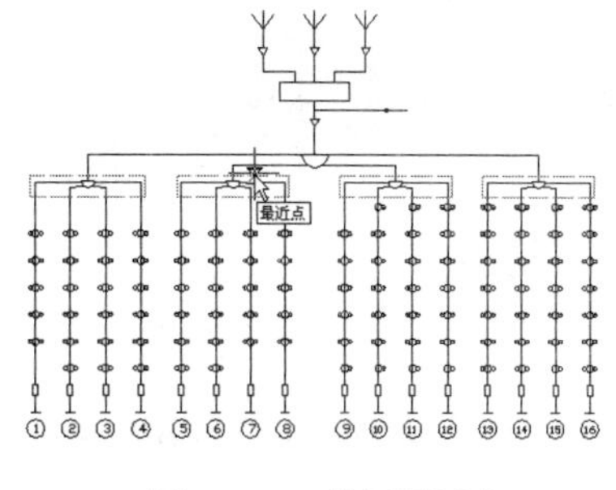

图 6-254　捕捉最近点

（12）单击“修改”面板中的“删除”命令按钮，删除中间一排，效果如图 6-256 所示。

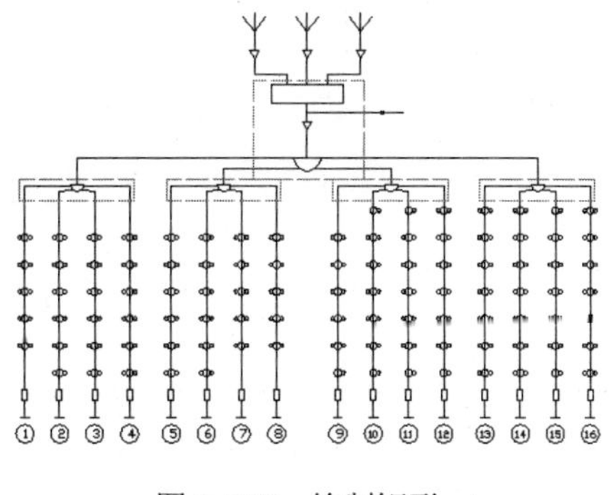
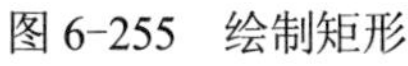
图 6-255　绘制矩形

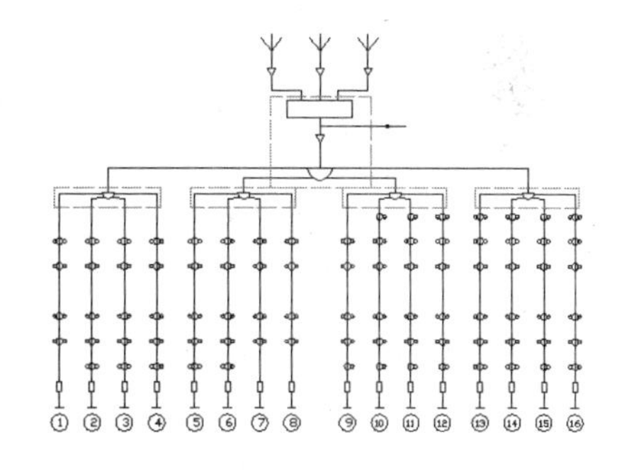
图 6-256　删除端子

（13）单击“修改”面板中的“拉伸”命令按钮，适当调整图形之间的位置，效果如图 6-257 所示。

（14）在“图层”面板中的“图层控制”下拉列表框中选择“0”图层，如图 6-258 所示，将其置为当前图层。

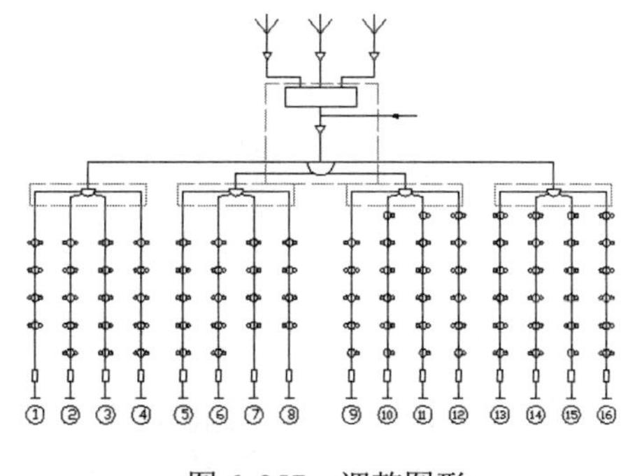
图 6-257　调整图形

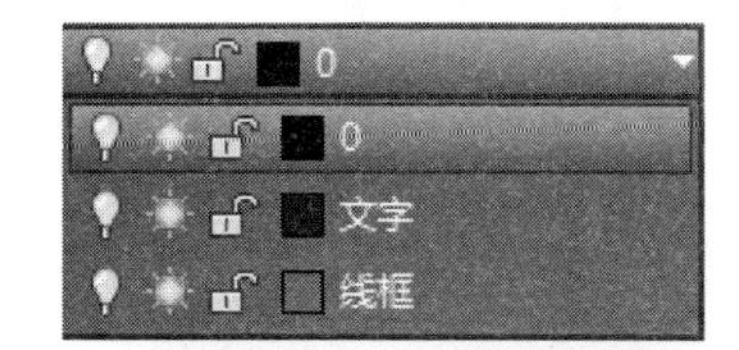

图 6-258　选择“0”图层

（15）单击“绘图”面板中的“直线”命令按钮，绘制起点在如图 6-259 光标所示位置，水平向右的直线，长度适当即可，效果如图 6-260 所示。

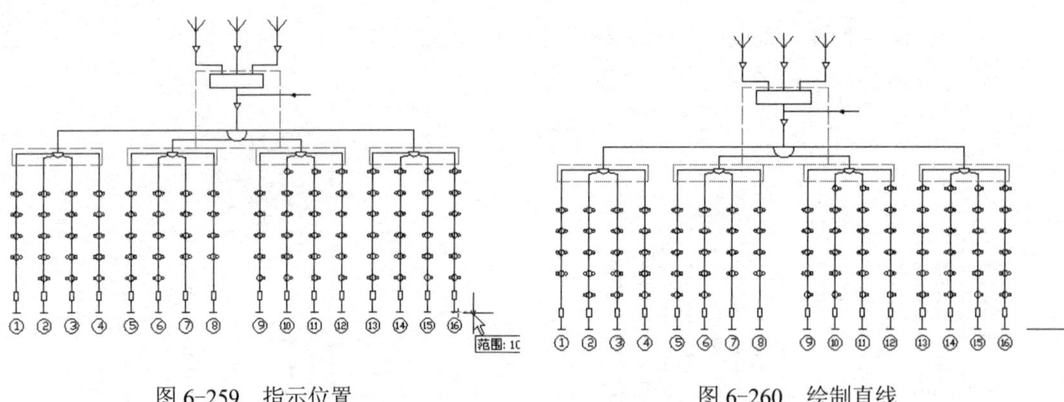

图 6-259　指示位置　　　　图 6-260　绘制直线

（16）单击“修改”面板中的“复制”命令按钮，把刚才绘制的直线向上复制 6 份，位置如图 6-261 所示。

（17）单击“绘图”面板中的“直线”命令按钮，绘制如图 6-262 所示的直线。

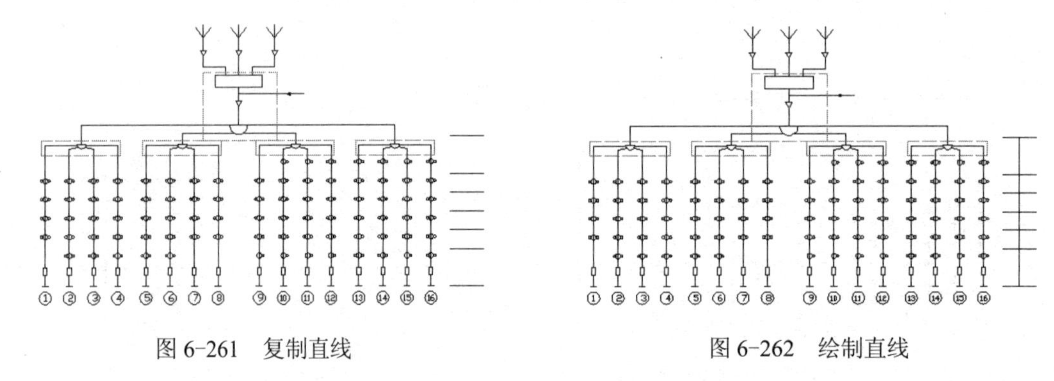

图 6-261　复制直线　　　　图 6-262　绘制直线

（18）单击“绘图”面板中的“直线”命令按钮，绘制如图 6-263 所示的短斜线。

（19）单击“修改”面板中的“复制”命令按钮，把刚才绘制的短斜线向上复制 6 份，位置如图 6-264 所示。

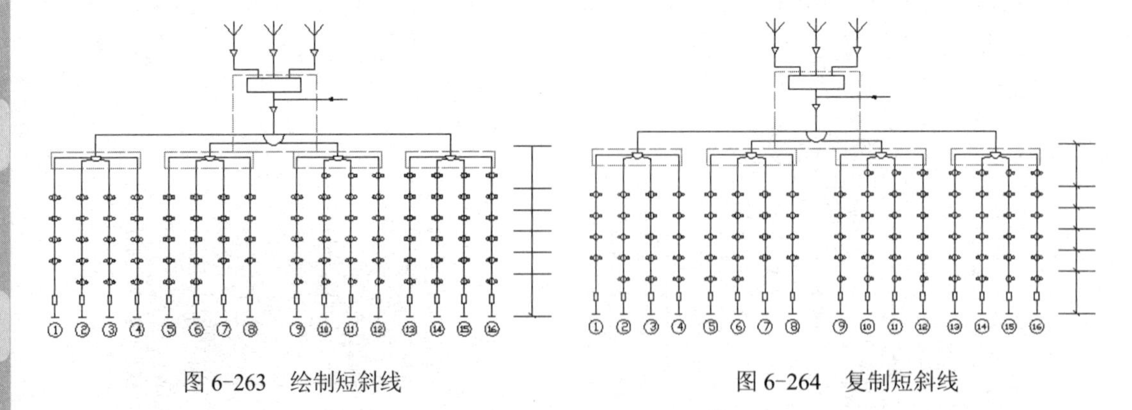

图 6-263　绘制短斜线　　　　图 6-264　复制短斜线

（20）单击“注释”面板中的“多行文字”命令按钮，根据命令行的提示操作，在屏幕出现的“多行文字编辑器”面板中书写所属楼层号，效果如图 6-265 所示。

（21）单击“修改”面板中的“复制”命令按钮，把刚才标注的文字向上复制 5 份，

位置如图 6-266 所示。

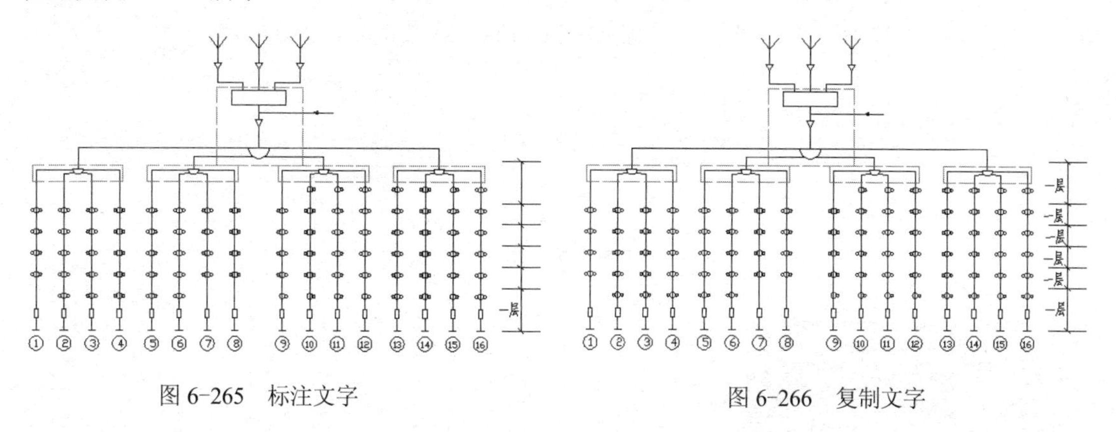

图 6-265　标注文字　　　　图 6-266　复制文字

（22）双击复制的文字，打开“多行文字编辑器”，把刚才复制的文字修改成如图 6-267 所示的文字。

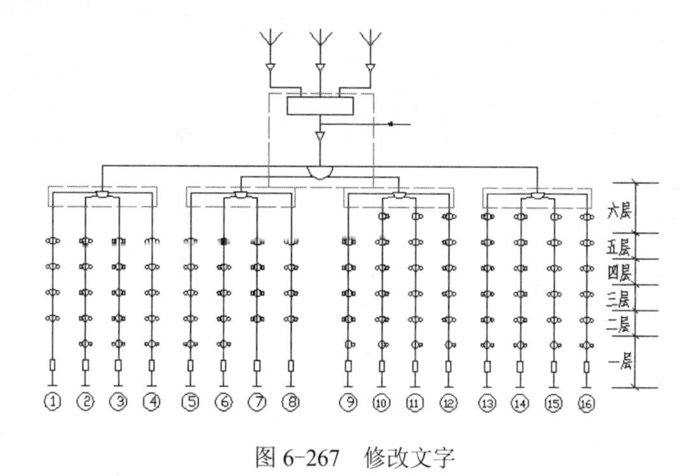

图 6-267　修改文字

（23）单击“修改”面板中的“移动”命令按钮，把修改的文字适当调整对齐，效果如图 6-268 所示。

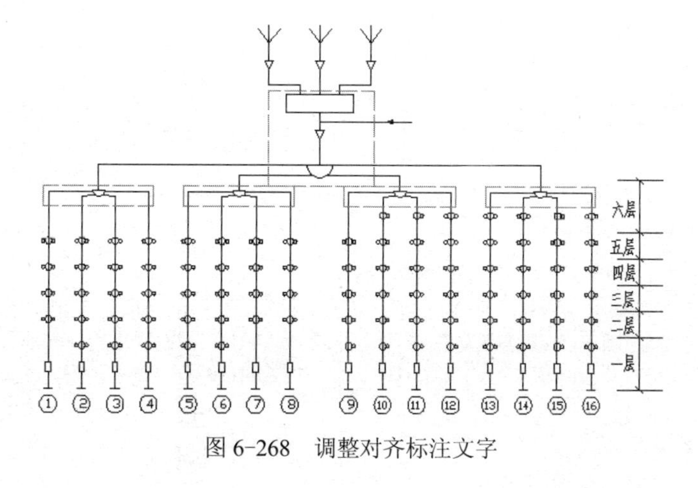

图 6-268　调整对齐标注文字

（24）选择系统图中的标号和文字，在“图层”面板中的“图层控制”下拉列表框中选择“文字”图层，如图 6-269 所示，转换文字的颜色，效果如图 6-270 所示。

图 6-269 选择“文字”图层

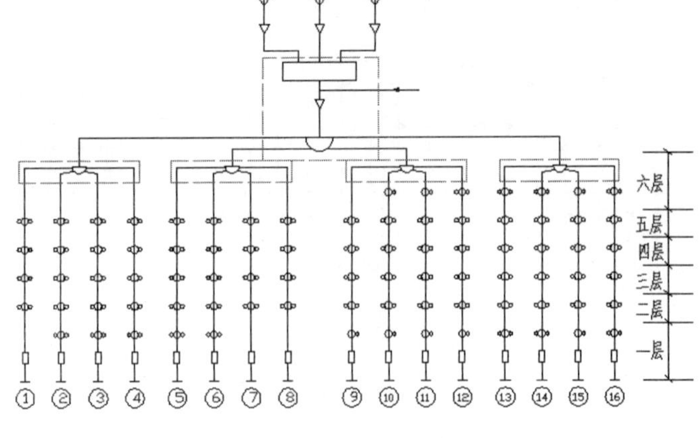

图 6-270 转换文字颜色的效果

▷▷ 6.3 多层住宅电话系统图

制作思路

和前面的天线系统类似，本例绘制一层中有 4 户的六层住宅楼电话系统图。先绘制主线图，然后绘制分线图，最后标注文字。

▷▷▷ 6.3.1 绘制主线

绘制步骤如下。

（1）绘制主接线图。单击“绘图”面板中的“矩形”命令按钮，绘制一个矩形，效果如图 6-271 所示。

图 6-271 绘制的矩形

（2）单击“绘图”面板中的“多段线”命令按钮，按命令行的提示绘制多段线，完成进户线的绘制。

```
命令: _pline
指定起点: （捕捉矩形底边的一个点）
当前线宽为 0.0000
指定下一个点或 [圆弧(A)/半宽(H)/长度(L)/放弃(U)/宽度(W)]: w
指定起点宽度 <0.0000>: 0.3
指定端点宽度 <0.3000>: （按〈Enter〉键）
指定下一个点或 [圆弧(A)/半宽(H)/长度(L)/放弃(U)/宽度(W)]:（捕捉合适的一点）
指定下一点或 [圆弧(A)/闭合(C)/半宽(H)/长度(L)/放弃(U)/宽度(W)]:（继续捕捉点）
指定下一点或 [圆弧(A)/闭合(C)/半宽(H)/长度(L)/放弃(U)/宽度(W)]:（按〈Enter〉键）
```

效果如图 6-272 所示。

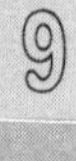

（3）单击“绘图”面板中的“多段线”命令按钮，按前面相同的方法继续绘制多段线，使电话线可以分到其他单元，效果如图 6-273 所示。

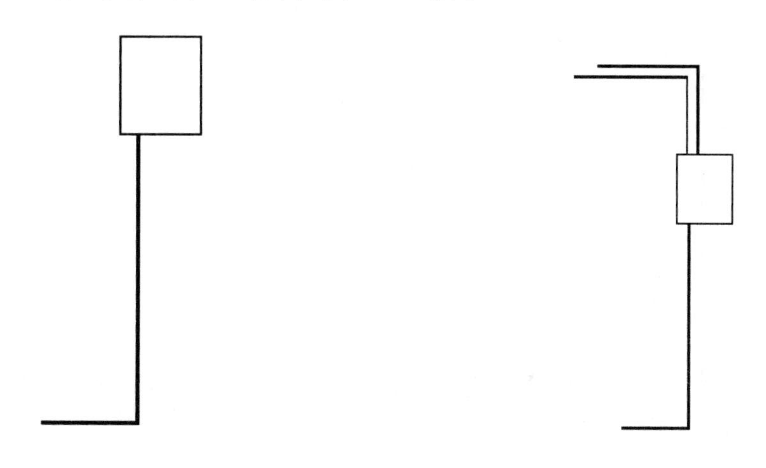

图 6-272 绘制的进户线

图 6-273 绘制进其他单元的电话线

（4）单击“绘图”面板中的“多段线”命令按钮，按前面相同的方法绘制多段线，以用于分线的绘制，效果如图 6-274 所示。

（5）单击“修改”面板中的“拉伸”命令按钮，把绘制的图形适当缩短，效果如图 6-275 所示，这样就完成了主线的绘制。

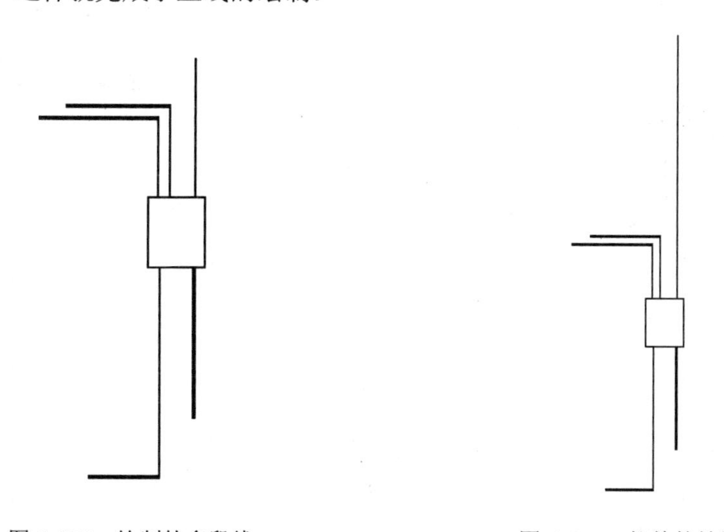

图 6-274 绘制的多段线

图 6-275 拉伸的效果

6.3.2 绘制分线

绘制步骤如下。

（1）绘制楼层住户符号。单击“绘图”面板中的“矩形”命令按钮，绘制一个矩形代表一户住户，效果如图 6-276 所示。

（2）单击“绘图”面板中的“直线”命令按钮，绘制矩形的中心直线，分成两个房间，效果如图 6-277 所示。

（3）单击“注释”面板中的“多行文字”命令按钮A，标注每个房间的数字，效果如图 6-278 所示。

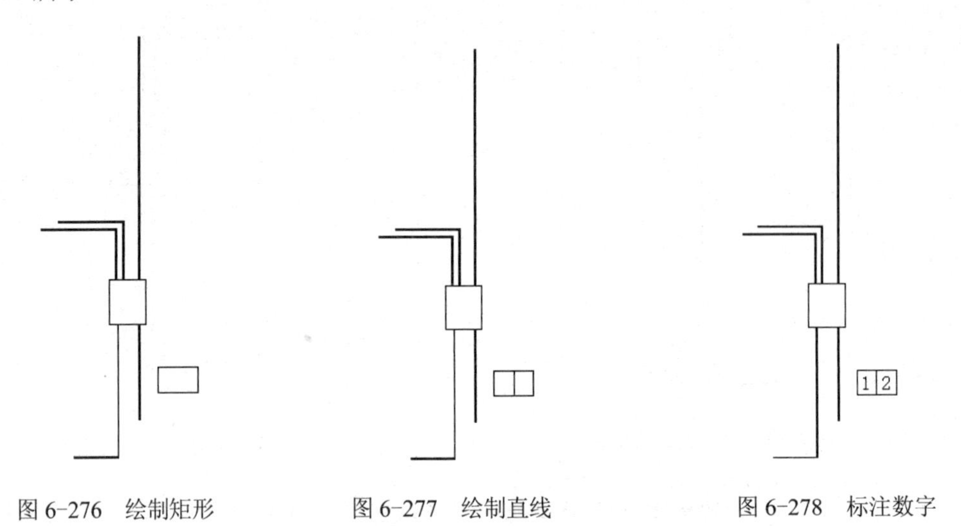

图 6-276 绘制矩形　　图 6-277 绘制直线　　图 6-278 标注数字

（4）绘制分线盒。单击“绘图”面板中的“圆弧”命令按钮，绘制一个圆弧作为分线盒，效果如图 6-279 所示。

（5）单击“修改”面板中的“移动”命令按钮，把绘制的房间符号向上移动，效果如图 6-280 所示。

（6）单击“绘图”面板中的“多段线”命令按钮，绘制多段线表示分线盒到房间的进线，效果如图 6-281 所示。

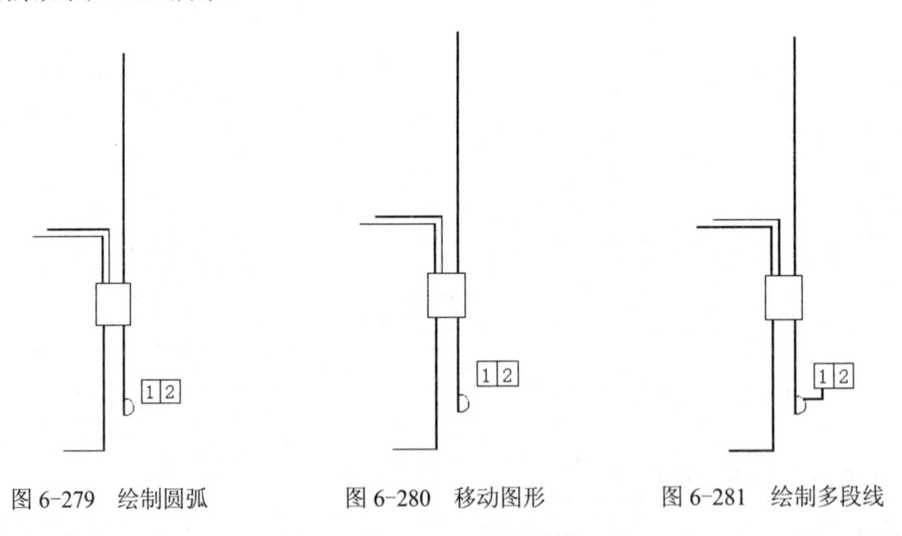

图 6-279 绘制圆弧　　图 6-280 移动图形　　图 6-281 绘制多段线

（7）单击“绘图”面板中的“多段线”命令按钮，绘制多段线表示房间到房间的进线，效果如图 6-282 所示。

（8）单击“修改”面板中的“复制”命令按钮，把如图 6-283 虚线所示的图形分别向右复制 3 份，复制距离分别为 20、40 和 60，代表有 4 个住户，效果如图 6-284 所示。

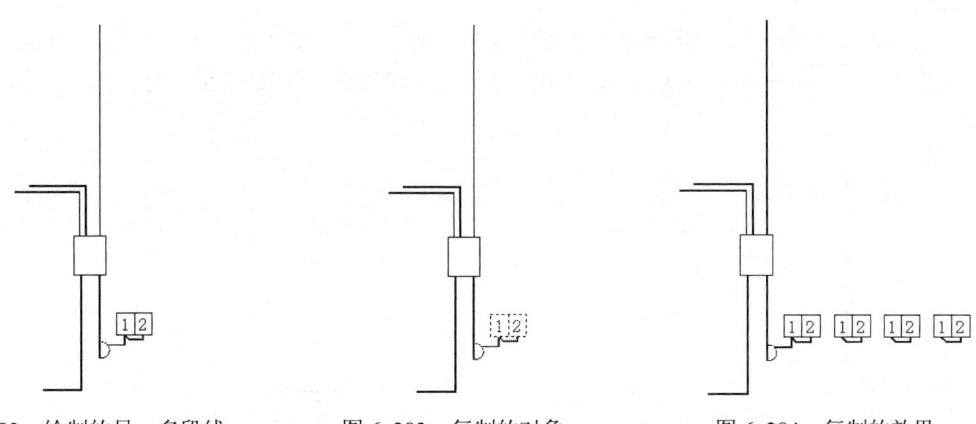

图 6-282 绘制的另一多段线　　图 6-283 复制的对象　　图 6-284 复制的效果

（9）单击“绘图”面板中的“多段线”命令按钮，继续绘制多段线，绘制其他住户从分线盒到房间的进线，效果如图 6-285 所示。

（10）单击“修改”面板中的“移动”命令按钮，移动与分线盒连接的多段线，效果如图 6-286 所示。

（11）单击“修改”面板中的“修剪”命令按钮，以如图 6-287 虚线所示圆弧为修剪边，修剪掉圆弧里面不需要的线头，效果如图 6-288 所示。

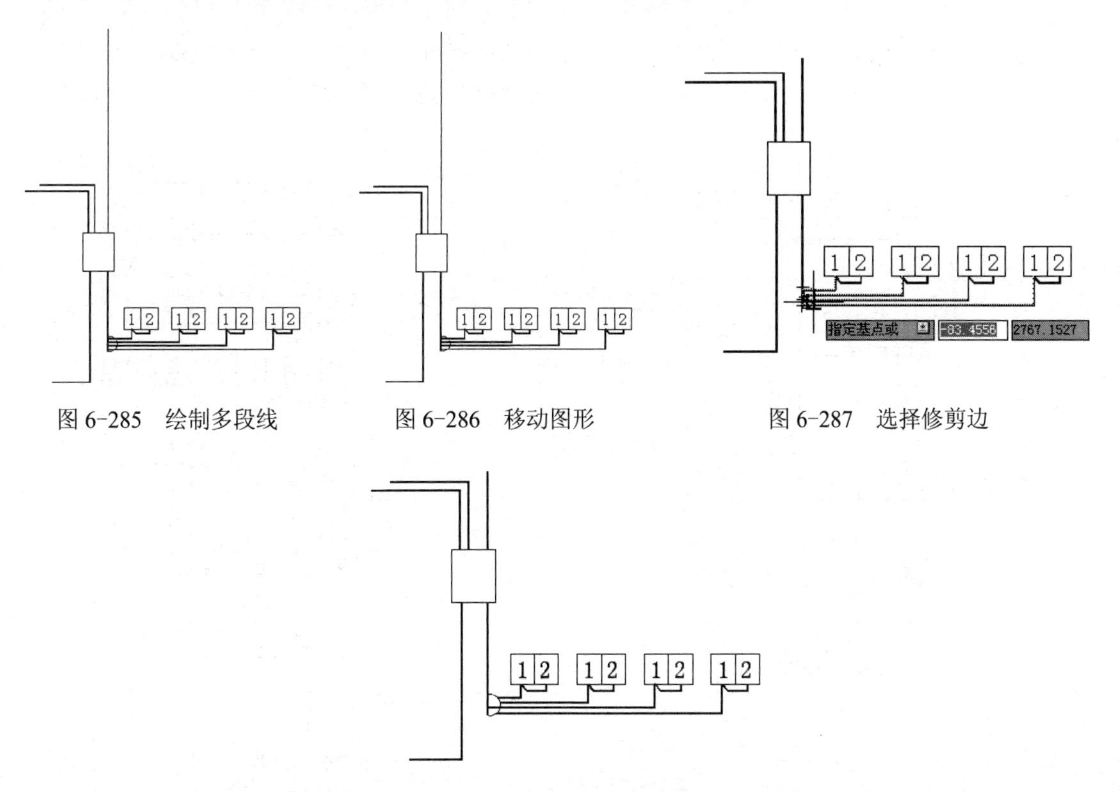

图 6-285 绘制多段线　　图 6-286 移动图形　　图 6-287 选择修剪边

图 6-288 修剪、延伸的效果

（12）单击“修改”面板中的“拉伸”命令按钮，把图形适当的拉伸调整，效果如图 6-289 所示。

（13）单击“修改”面板中的“复制”命令按钮，把如图 6-290 虚线所示的图形分别向上复制 5 份，复制距离分别为 25、50、75、100 和 125，代表有 6 层楼，效果如图 6-291 所示。

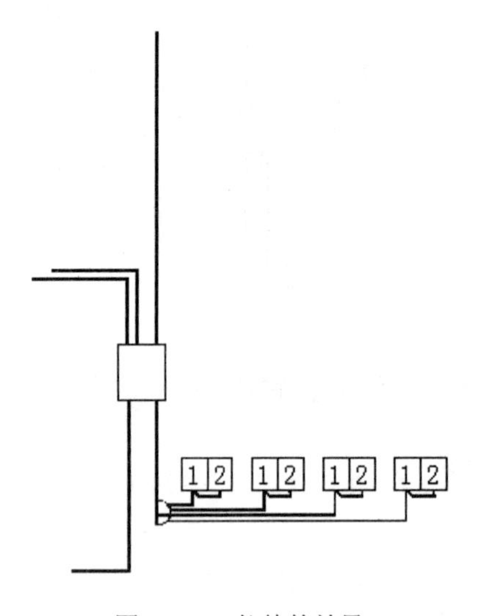

图 6-289 拉伸的效果

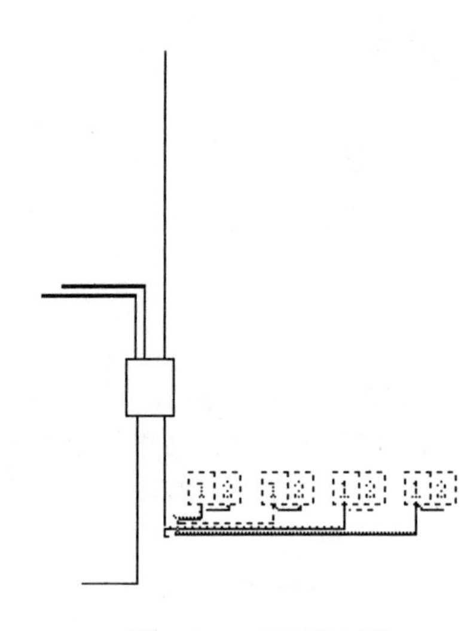

图 6-290 复制的对象

（14）单击“修改”面板中的“拉伸”命令按钮和“移动”命令按钮，把图形适当拉伸并移动，调整效果如图 6-292 所示，至此就完成电话系统图的绘制。下面进行文字标注。

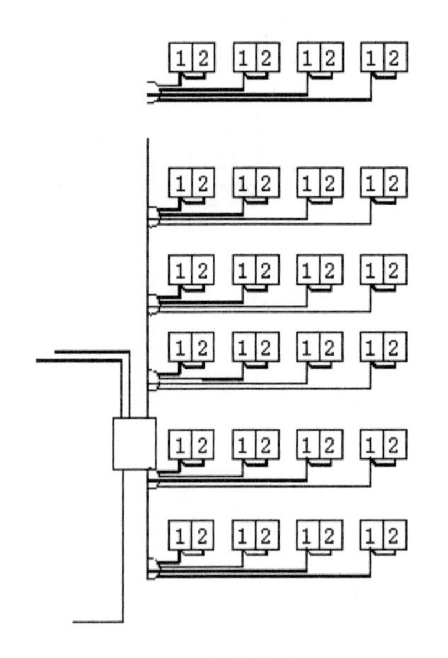

图 6-291 复制的效果

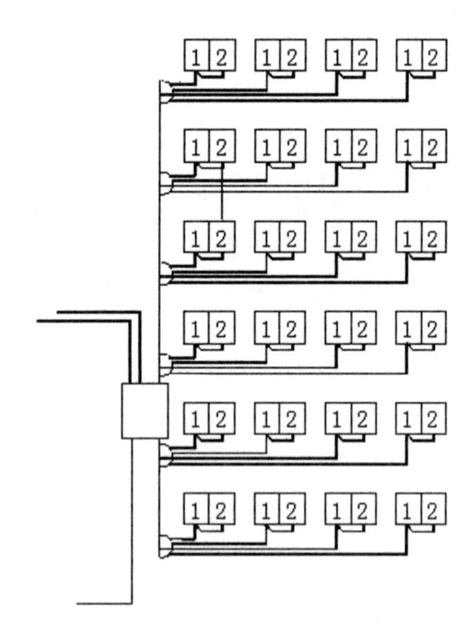

图 6-292 拉伸、移动效果

6.3.3 标注文字

绘制步骤如下。

（1）单击“注释”面板中的“多行文字”命令按钮，标注进户线的标准，结果如图 6-293 所示。

（2）单击“绘图”面板中的“直线”命令按钮，绘制一条直线作为进户线的文字标注引线，效果如图 6-294 所示。

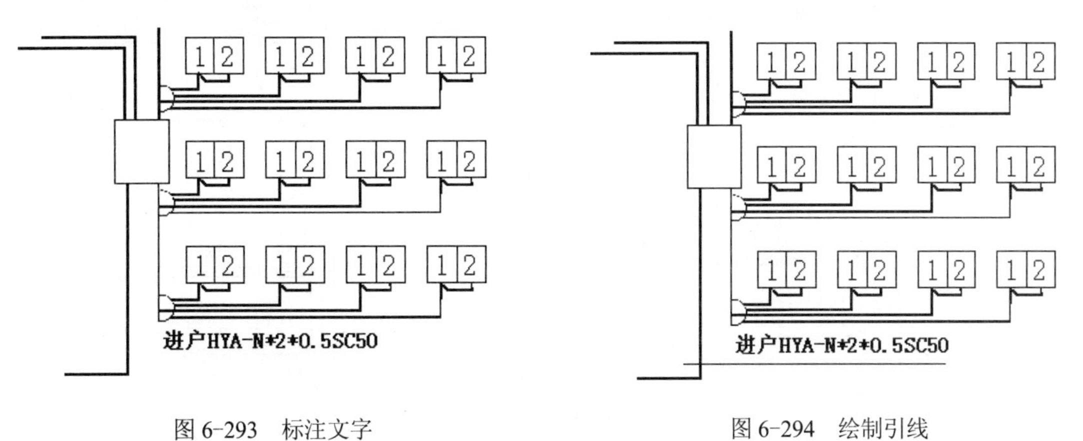

图 6-293 标注文字　　图 6-294 绘制引线

（3）单击“注释”面板中的“多行文字”命令按钮，标注至其他单元的进线标准，效果如图 6-295 所示。

（4）单击“修改”面板中的“移动”命令按钮，把刚刚标注的文字适当移动位置，效果如图 6-296 所示。

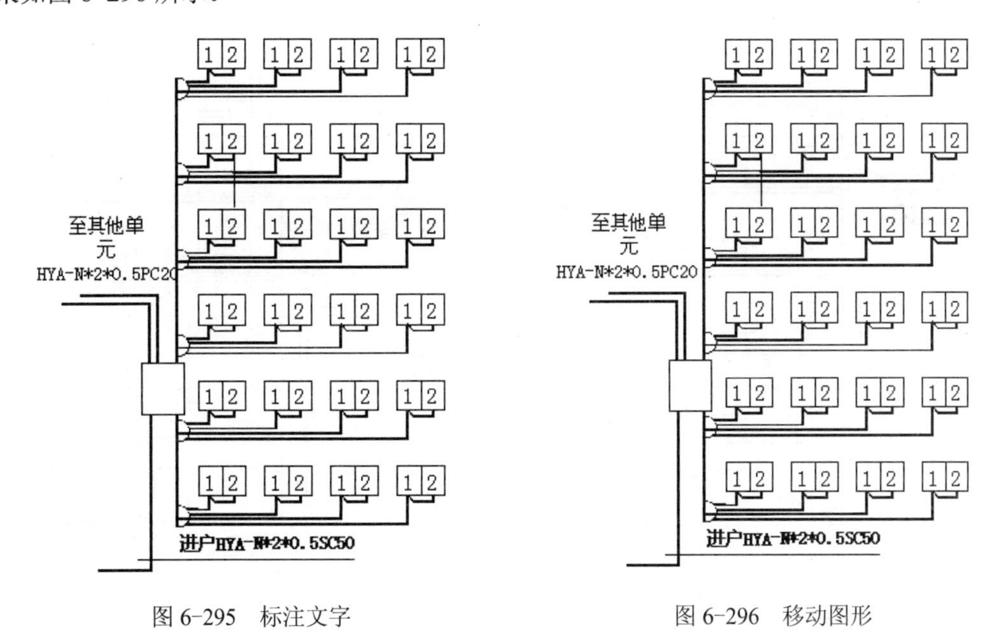

图 6-295 标注文字　　图 6-296 移动图形

（5）单击“绘图”面板中的“直线”命令按钮，绘制直线作为至其他单元进线的文字标注引线，效果如图 6-297 所示。

（6）单击“注释”面板中的“多行文字”命令按钮，标注至分线盒的进线标准，效果如图 6-298 所示。

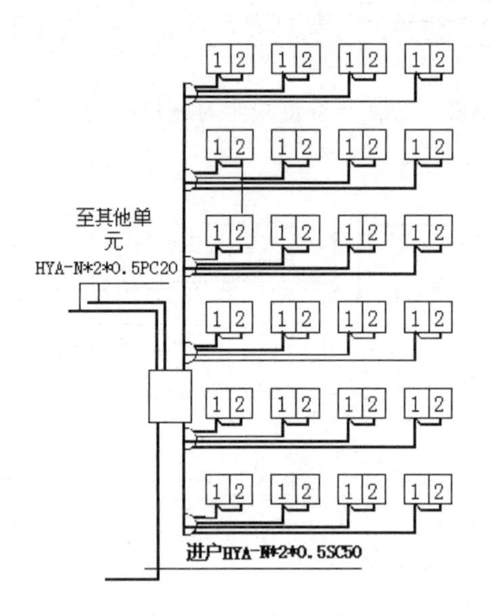

图 6-297　绘制引线

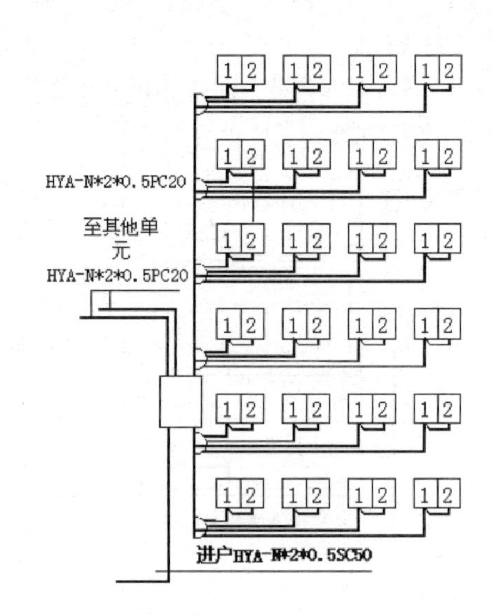

图 6-298　标注文字

（7）单击“绘图”面板中的“直线”命令按钮，绘制直线作为至分线盒进线的文字标注引线，效果如图 6-299 所示。

（8）单击“注释”面板中的“多行文字”命令按钮，标注分线盒到住户的进线标准，效果如图 6-300 所示。

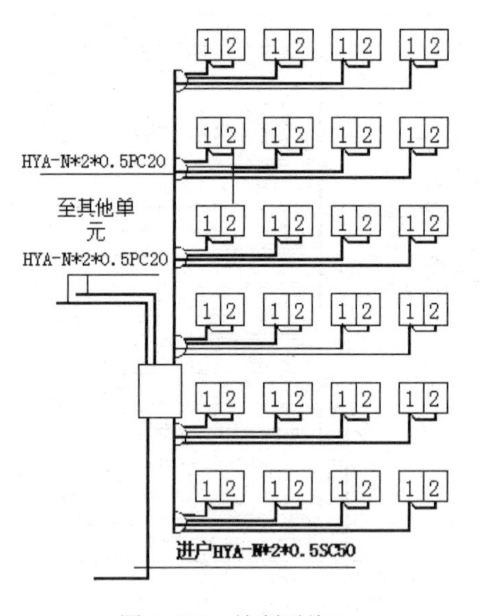

图 6-299　绘制引线

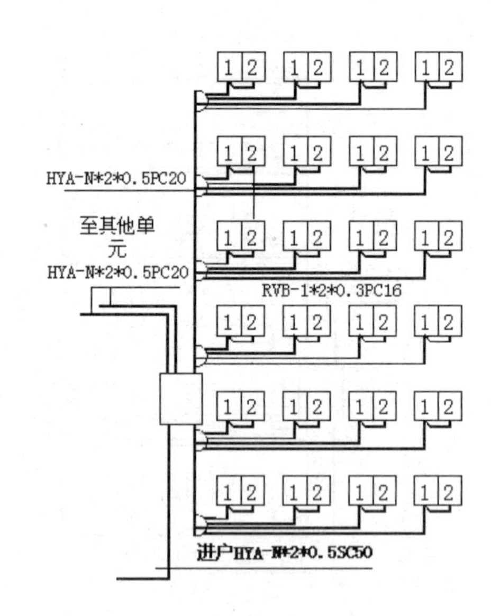

图 6-300　标注文字

（9）单击“绘图”面板中的“直线”命令按钮，绘制直线作为分线盒到住户进线的文字标注引线，效果如图 6-301 所示。

（10）单击“注释”面板中的“多行文字”命令按钮，标注文字“分线盒”，效果如图 6-302 所示。

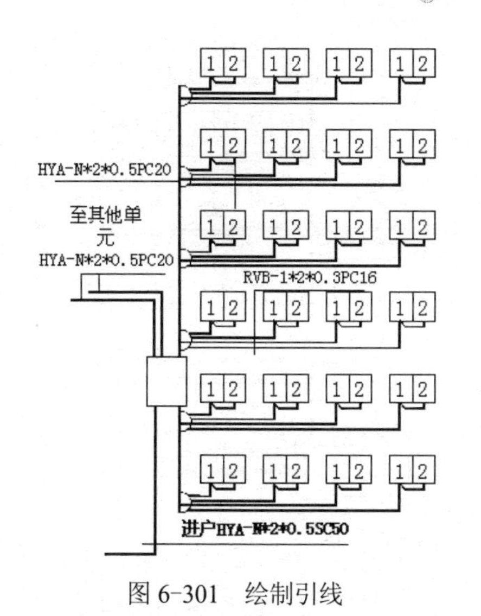

图 6-301　绘制引线

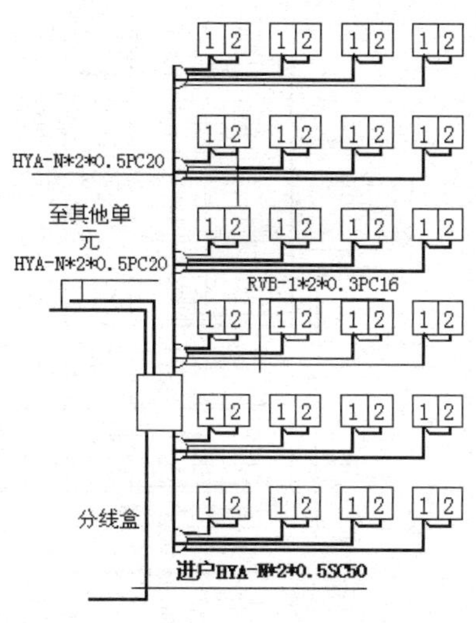

图 6-302　标注文字

（11）单击“绘图”面板中的“直线”命令按钮，绘制直线作为分线盒的文字标注引线，效果如图 6-303 所示。

（12）单击“注释”面板中的“多行文字”命令按钮，标注文字“连接到房间中的终端插座”，表示进线最终连接的地方，效果如图 6-304 所示。

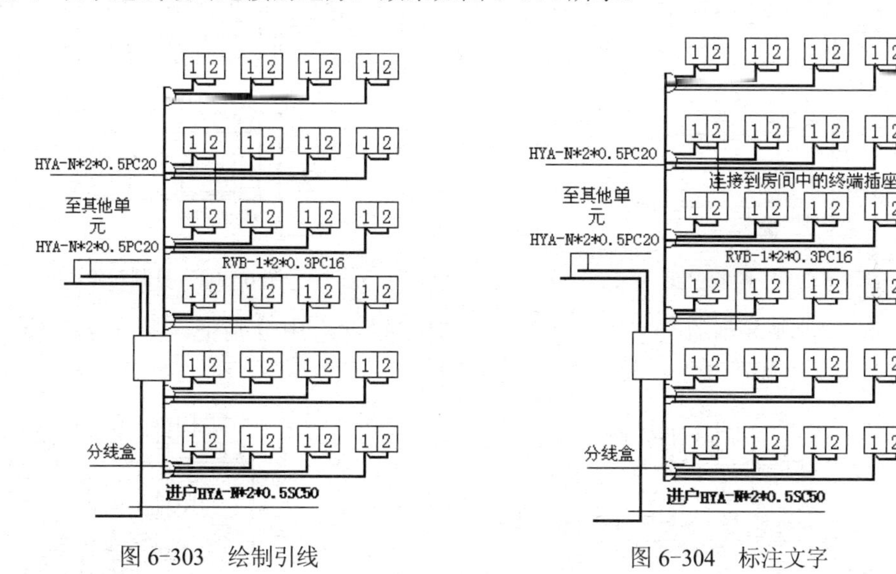

图 6-303　绘制引线　　　　图 6-304　标注文字

（13）单击“绘图”面板中的“直线”命令按钮，绘制直线作为刚刚输入标注文字的引线，效果如图 6-305 所示。

（14）单击“注释”面板中的“多行文字”命令按钮，标注文字“1F”，表示 1 层，效果如图 6-306 所示。

（15）单击“绘图”面板中的“直线”命令按钮，绘制直线作为文字“1F”的文字标注引线，效果如图 6-307 所示。

（16）单击“修改”面板中的“复制”命令按钮，把如图 6-308 虚线所示的图形分别向上复制 5 份，复制距离分别为 25、50、75、100 和 125，效果如图 6-309 所示。

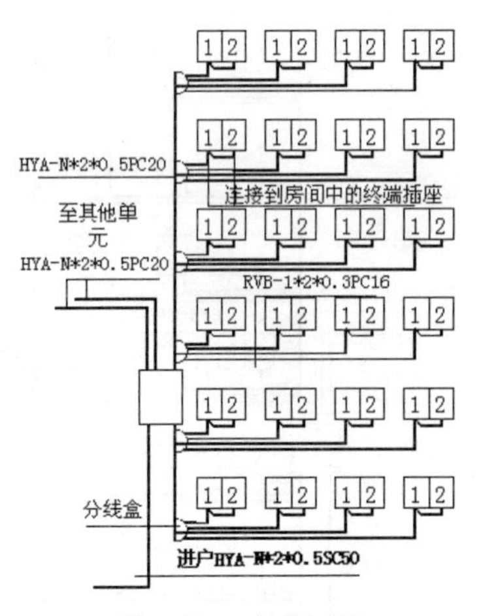

图 6-305　绘制引线

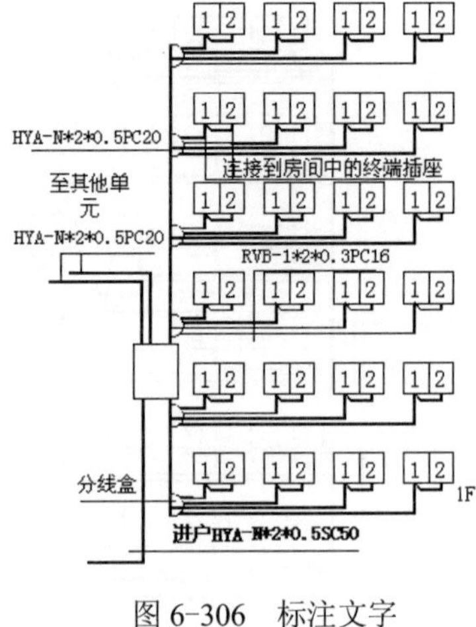

图 6-306　标注文字

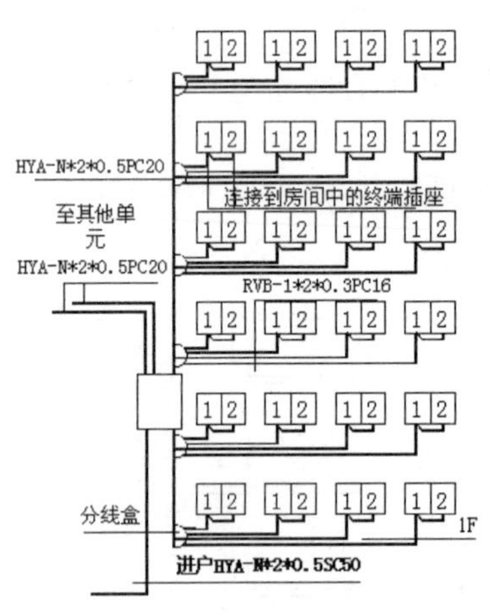

图 6-307　绘制引线

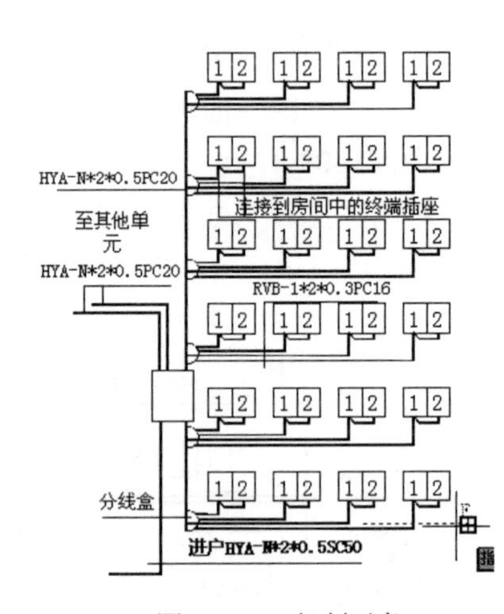

图 6-308　复制对象

（17）双击刚刚复制的文字，在“多行文字编辑器”中分别把这些文字改成“2F”“3F”“4F”“5F”和“6F”，效果如图 6-310 所示。

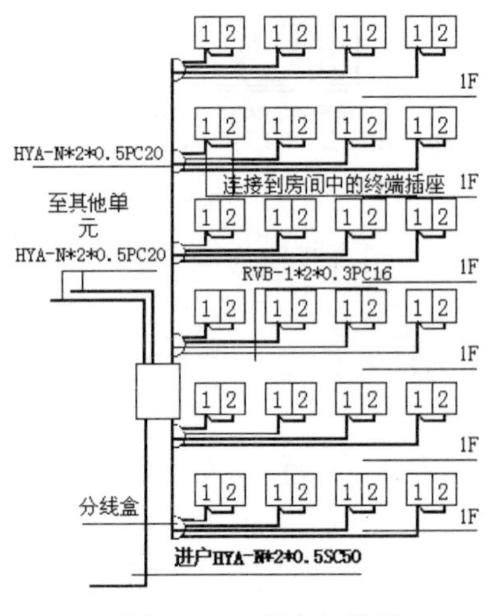

图 6-309　复制的效果

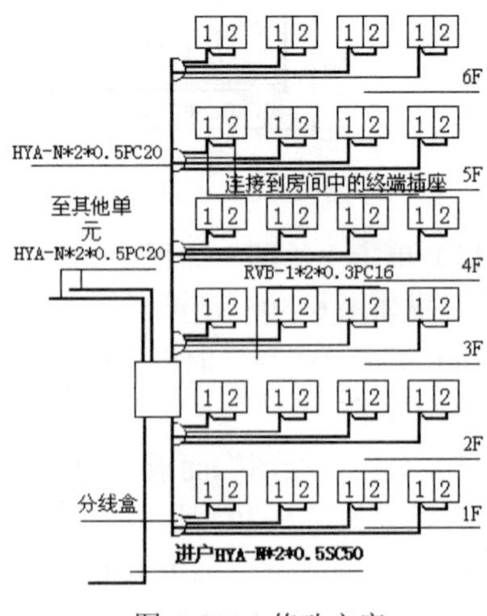

图 6-310　修改文字

（18）单击“修改”面板中的“拉伸”命令按钮和“移动”命令按钮，适当调整图形位置，使图形紧凑美观，最终效果如图 6-311 所示。

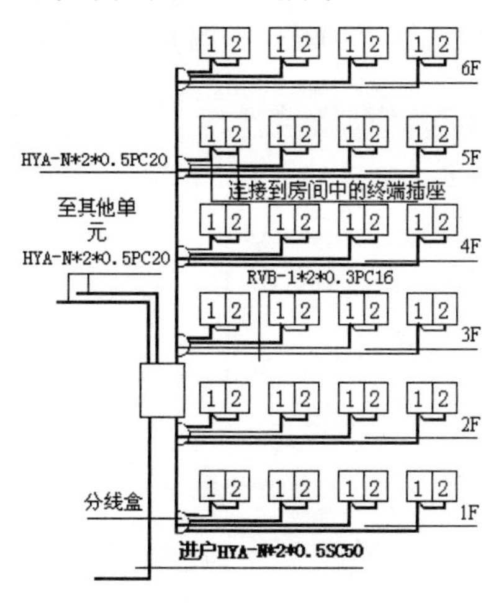

图 6-311 最终的效果

6.4 车间动力平面布置图

制作思路

动力线进入车间后，一般是沿墙壁布置线路，再输送给各台机床使用。因此应该在车间建筑平面图中绘制车间动力平面布置图。本例先简单绘制建筑平面图，然后绘制电气图，最后标注电气图。

6.4.1 绘制轴线与墙线

绘制步骤如下。

（1）绘制轴线。单击“绘图”面板中的“直线”命令按钮，绘制长度为 60 的水平直线，然后单击“修改”面板中的“偏移”命令按钮，把该直线向上边偏移复制两份，偏移距离分别为 90 和 190，效果如图 6-312 所示。

（2）单击“绘图”面板中的“直线”命令按钮，绘制长度为 40 的垂直直线，效果如图 6-313 所示。

（3）单击“修改”面板中的“偏移”命令按钮，把垂直直线向左边偏移复制 3 份，偏移距离分别为 80、400 和 480，效果如图 6-314 所示。

图 6-312 绘制并偏移水平直线

图 6-313 绘制垂直直线

图 6-314 偏移垂直直线

（4）选择“格式”→“标注样式”菜单命令，打开“标注样式管理器”对话框，单击“修改”按钮，弹出“修改标注样式：ISO–25”对话框，单击“主单位”标签，在“主单位”选项卡中把“比例因子”修改为“100”，如图 6–315 所示。

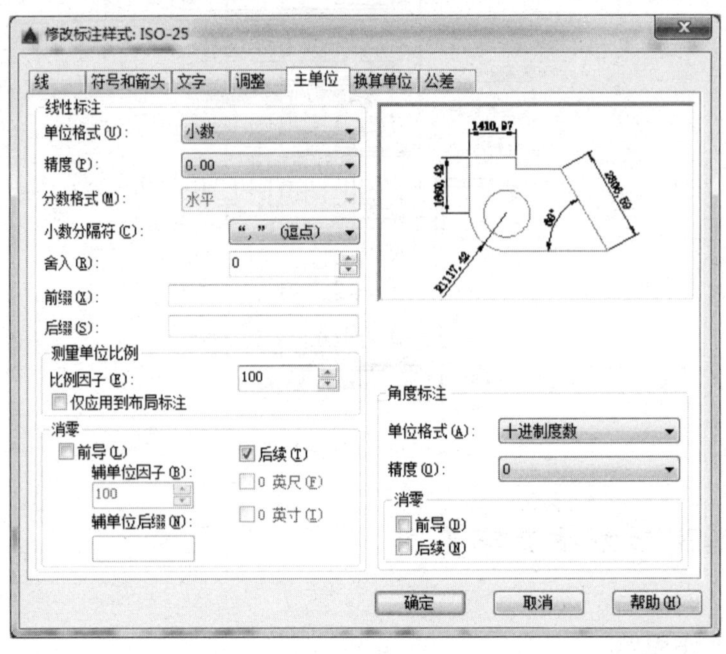

图 6–315　修改标注比例

（5）单击“注释”面板中的“线性”标注命令按钮，标注轴线之间的距离，效果如图 6–316 所示。

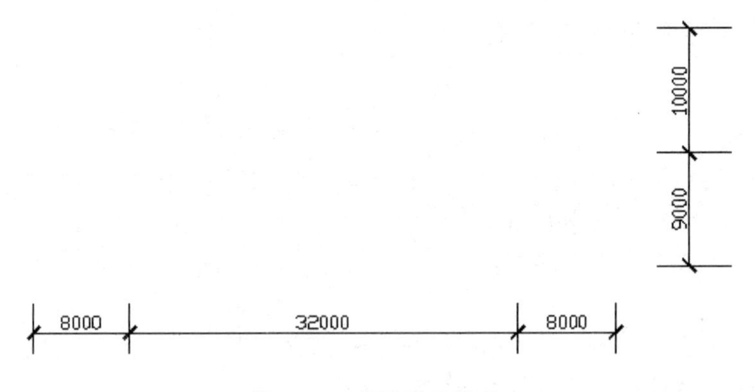

图 6–316　标注轴线距离

（6）绘制外墙线。单击“绘图”面板中的“矩形”命令按钮，绘制起点在最左边垂直轴线和最上边水平轴线的交点，终点在右边第 2 条垂直轴线和最下边水平轴线的交点的矩形，效果如图 6–317 所示。

（7）单击“修改”面板中的“偏移”命令按钮，把矩形向里边偏移复制一份，偏移距离为 5，效果如图 6–318 所示。

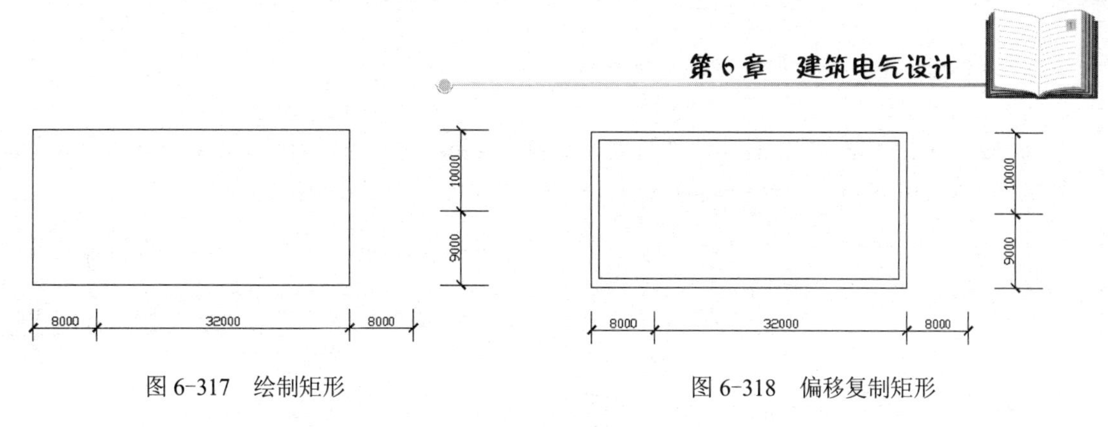

图 6-317 绘制矩形　　图 6-318 偏移复制矩形

（8）单击“绘图”面板中的“矩形”命令按钮，绘制起点在如图 6-319 所示交点，终点在最右边垂直轴线和中间水平轴线的交点的矩形，效果如图 6-320 所示。

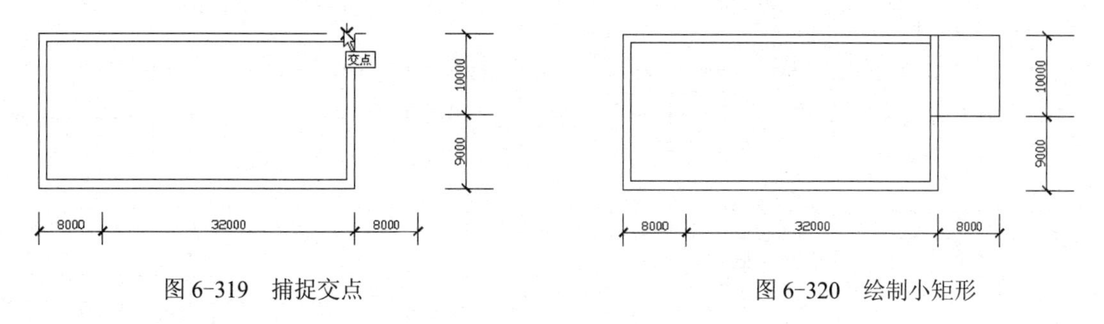

图 6-319 捕捉交点　　图 6-320 绘制小矩形

（9）单击“修改”面板中的“偏移”命令按钮，把矩形向里边偏移复制一份，偏移距离为 5，效果如图 6-321 所示。

（10）单击“绘图”面板中的“矩形”命令按钮，绘制起点在如图 6-322 所示左边第 2 根垂直轴线与矩形交点处，尺寸为-5×190 的矩形，效果如图 6-323 所示。

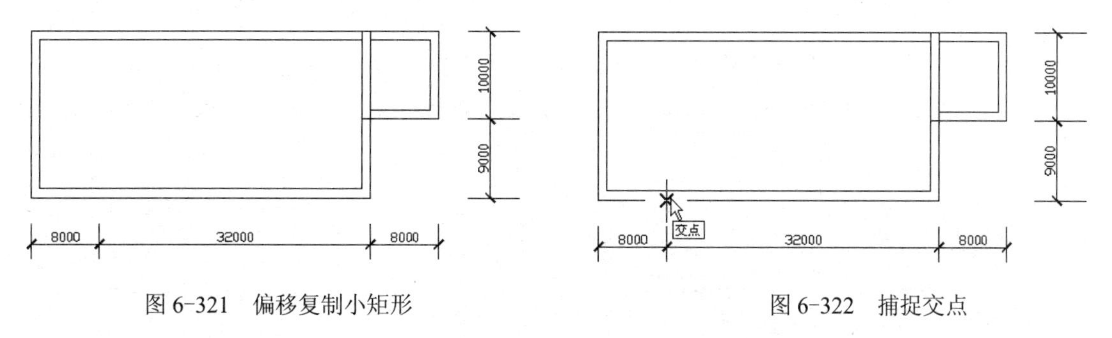

图 6-321 偏移复制小矩形　　图 6-322 捕捉交点

（11）绘制门洞。单击“绘图”面板中的“矩形”命令按钮，绘制尺寸为 30×20 的矩形，效果如图 6-324 所示。

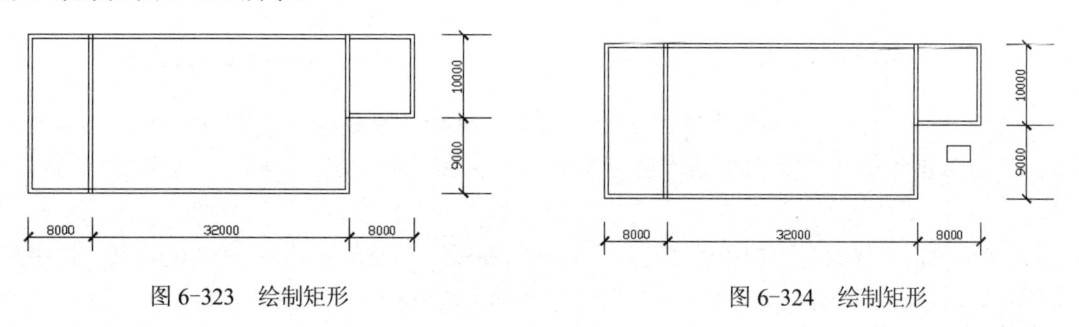

图 6-323 绘制矩形　　图 6-324 绘制矩形

（12）单击“修改”面板中的“移动”命令按钮，把矩形 30×20 以其下边中点为移动基准点，以如图 6-325 所示中点为移动目标点进行移动，效果如图 6-326 所示。

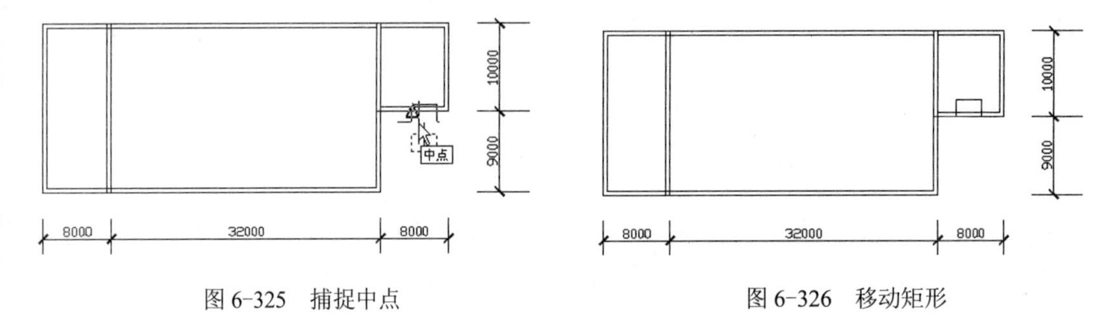

图 6-325　捕捉中点　　　　图 6-326　移动矩形

（13）单击“修改”面板中的“复制”命令按钮，以矩形下边中点为复制基准点，以如图 6-327 光标所示的中点为复制目标点，把矩形 30×20 向左复制一份，效果如图 6-328 所示。

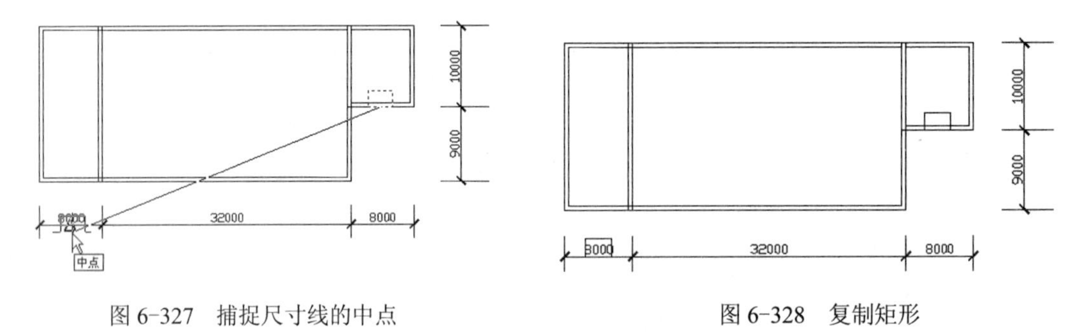

图 6-327　捕捉尺寸线的中点　　　　图 6-328　复制矩形

（14）单击“修改”面板中的“移动”命令按钮，把左边的矩形 30×20 以其下边中点为移动基准点，以如图 6-329 所示垂足为移动目标点进行移动，效果如图 6-330 所示。

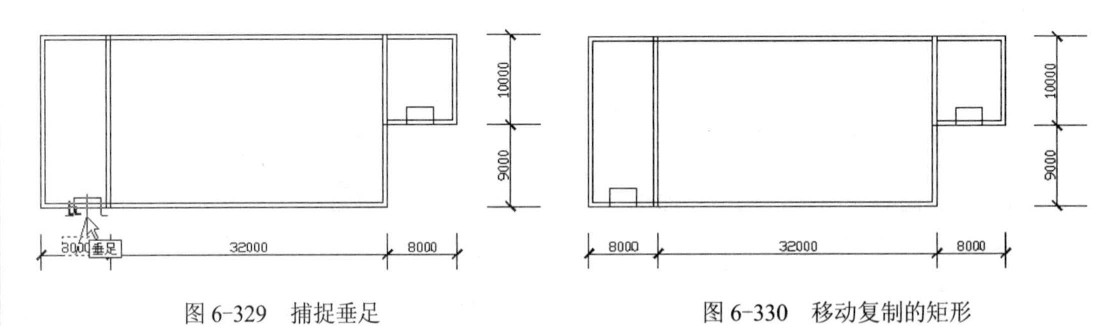

图 6-329　捕捉垂足　　　　图 6-330　移动复制的矩形

（15）单击“修改”面板中的“复制”命令按钮，把右边的矩形 30×20 向上复制一份，然后单击“修改”面板中的“旋转”命令按钮，把它旋转 90°，效果如图 6-331 所示。

（16）单击“修改”面板中的“移动”命令按钮，把旋转的矩形 30×20 以其右边中点为移动基准点，以如图 6-332 所示中点为移动目标点进行移动，效果如图 6-333 所示。

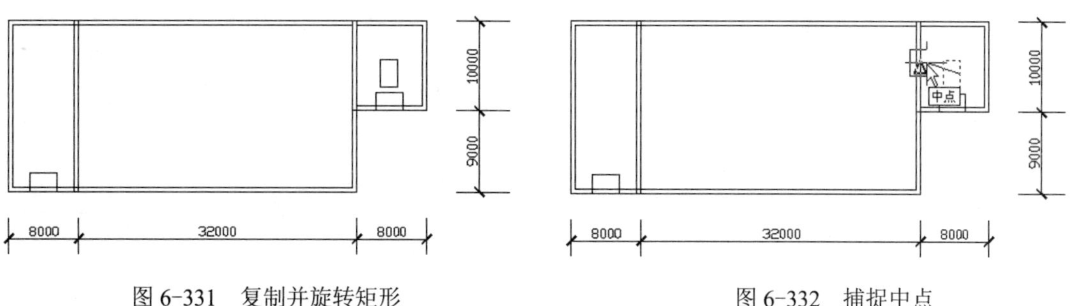

图 6-331　复制并旋转矩形　　　　图 6-332　捕捉中点

（17）单击“修改”面板中的“修剪”命令按钮，以墙线为被修剪边，以 3 个矩形 30×20 为修剪边修剪出门洞，结果如图 6-334 所示。

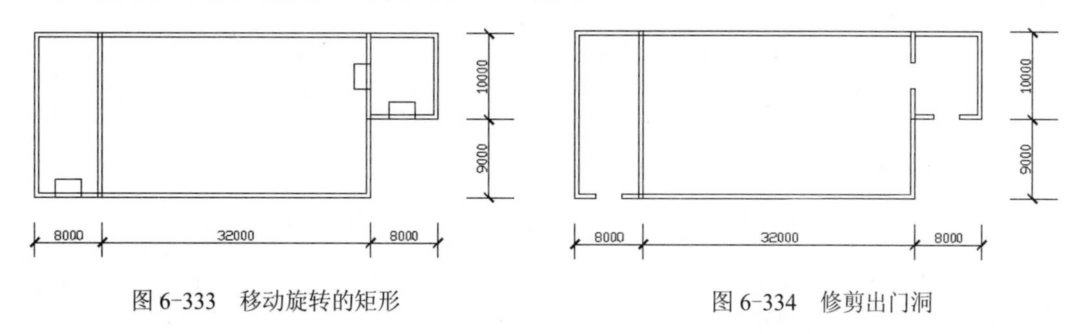

图 6-333　移动旋转的矩形　　　　图 6-334　修剪出门洞

（18）单击“修改”面板中的“修剪”命令按钮，以墙线本身为被修剪边，修剪掉墙线内的线头，结果如图 6-335 所示。

（19）绘制窗洞。单击“修改”面板中的“分解”命令按钮，把墙线分解成直线。

（20）单击“绘图”面板中的“矩形”命令按钮，绘制尺寸为 60×5 的矩形，效果如图 6-336 所示。

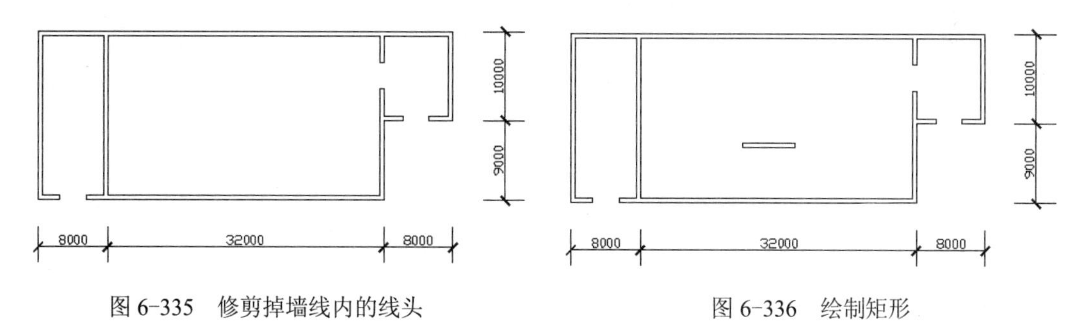

图 6-335　修剪掉墙线内的线头　　　　图 6-336　绘制矩形

（21）单击“绘图”面板中的“直线”命令按钮，绘制矩形 60×5 的左右两边中点的连线，效果如图 6-337 所示。

（22）单击“修改”面板中的“移动”命令按钮，把矩形 60×5 和刚才绘制的中线以矩形 60×5 底边中点为移动基准点，以如图 6-338 所示中点为移动目标点进行移动，效果如图 6-339 所示。

（23）单击“修改”面板中的“复制”命令按钮，把矩形 60×5 和中线向右复制一份，复制距离为 100，效果如图 6-340 所示。

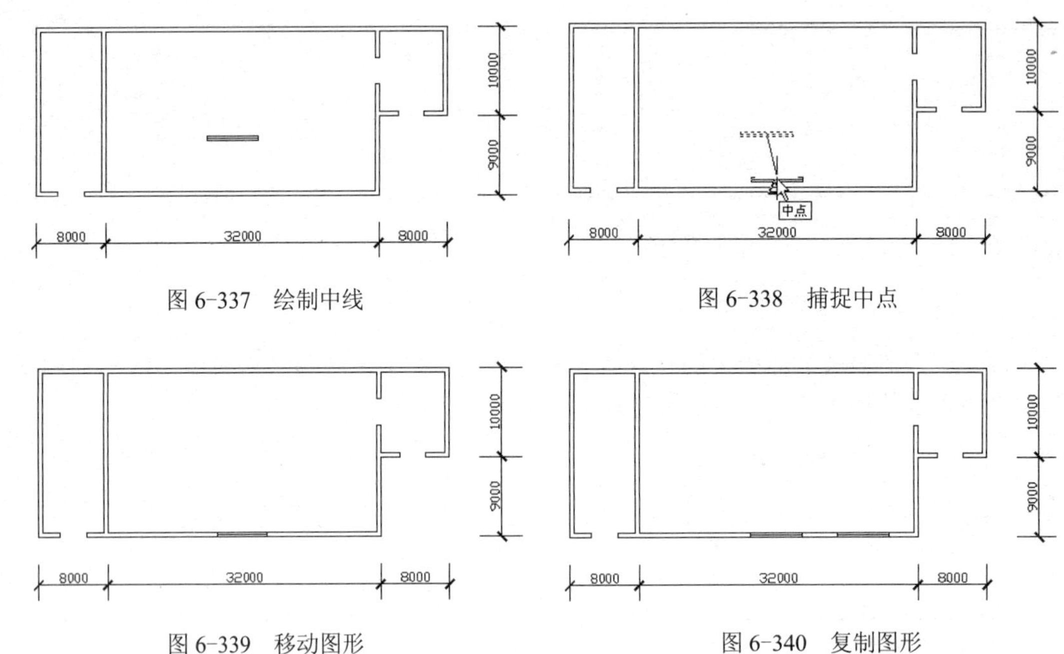

图 6-337　绘制中线

图 6-338　捕捉中点

图 6-339　移动图形

图 6-340　复制图形

（24）单击“修改”面板中的“复制”命令按钮，把中间的窗洞图形向左复制一份，复制距离为 100，效果如图 6-341 所示。

（25）单击“修改”面板中的“复制”命令按钮，以如图 6-342 所示中点为复制基准点，以如图 6-343 所示的中点为复制目标点，把 3 个窗洞图形向上复制一份，效果如图 6-344 所示。

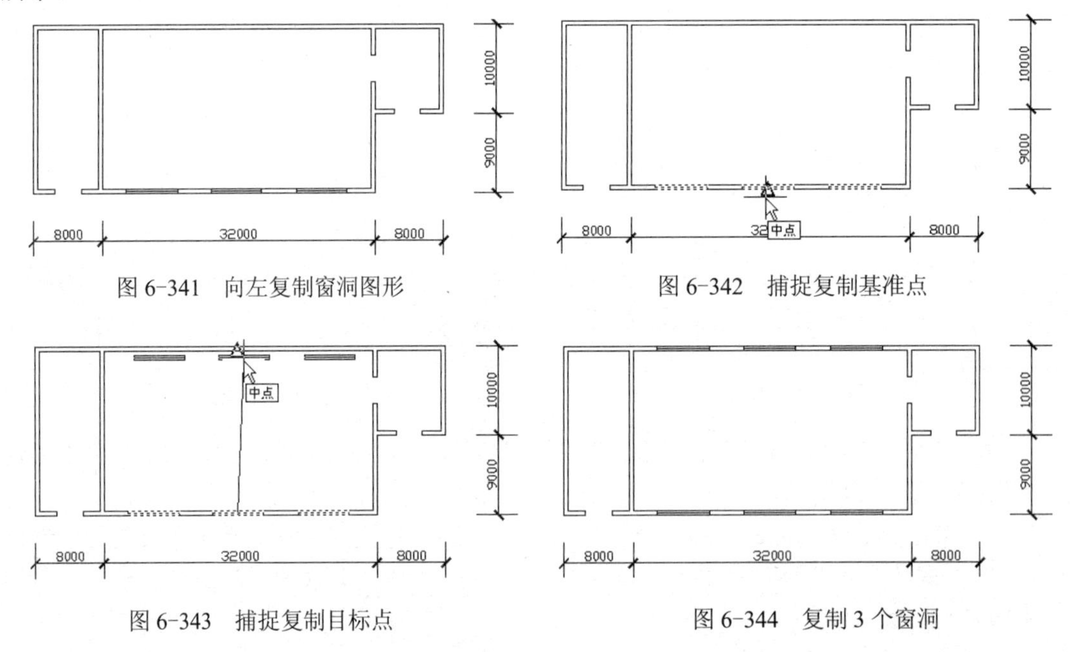

图 6-341　向左复制窗洞图形

图 6-342　捕捉复制基准点

图 6-343　捕捉复制目标点

图 6-344　复制 3 个窗洞

（26）单击“修改”面板中的“复制”命令按钮，以左下角窗洞下边中点为复制基准点，以如图 6-345 和图 6-346 所示的中点为复制目标点，把该窗洞图形向上复制两份，效果

如图 6-347 所示。

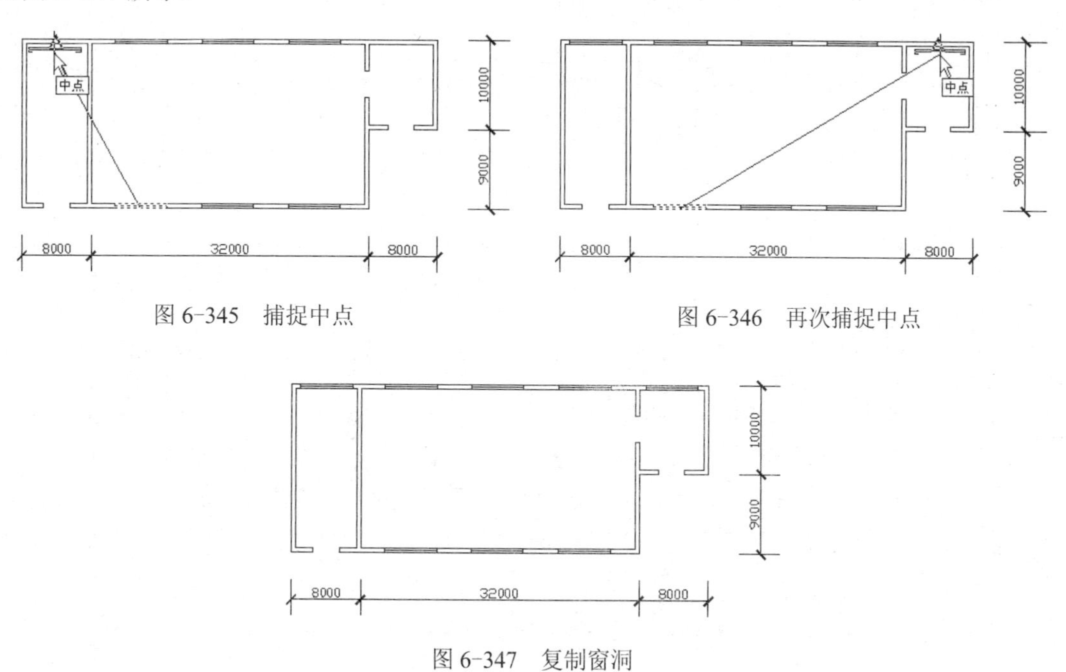

图 6-345　捕捉中点　　　　图 6-346　再次捕捉中点

图 6-347　复制窗洞

6.4.2　配电设计

绘制步骤如下。

（1）在“图层”面板中单击“图层特性”命令按钮，设置如图 6-348 所示使用蓝色直线的“电气”图层，并单击“置为当前”按钮，将它置为当前图层。

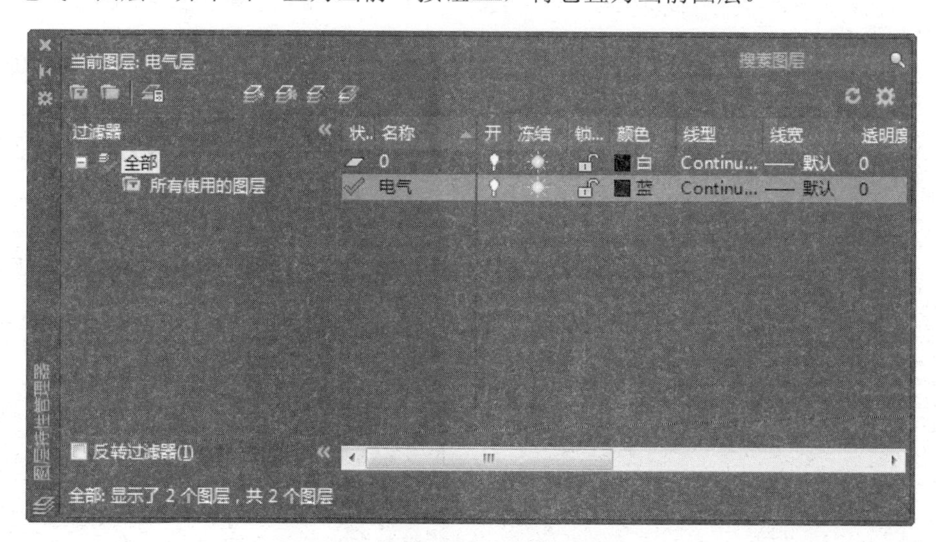

图 6-348　设置“电气”图层

（2）从以前绘制过的图形中粘贴一个配电箱图形进来，并把它设置在如图 6-349 所示的位置上。

（3）单击“修改”面板中的“复制”命令按钮，把配电箱图形向右复制两份，效果如图 6-350 所示。

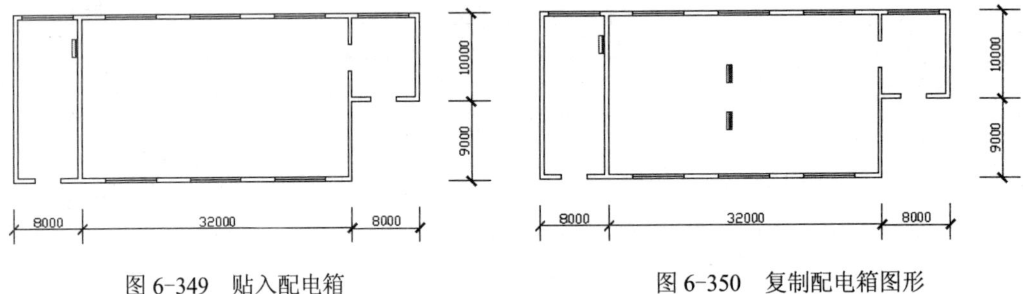

图 6-349　贴入配电箱　　　　图 6-350　复制配电箱图形

（4）单击“修改”面板中的“旋转”命令按钮，把复制得到的上边配电箱图形旋转 90°，下边配电箱图形旋转-90°，效果如图 6-351 所示。

（5）单击“修改”面板中的“复制”命令按钮，把旋转后的配电箱图形复制一份。然后单击“修改”面板中的“移动”命令按钮，把配电箱图形分别移动到上、下墙边，效果如图 6-352 所示。

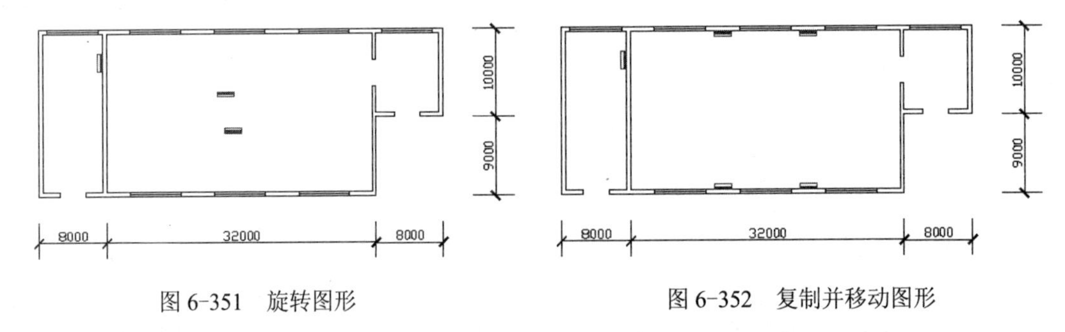

图 6-351　旋转图形　　　　图 6-352　复制并移动图形

（6）绘制配电柜。单击“绘图”面板中的“矩形”命令按钮，绘制尺寸为 10×20 的矩形，效果如图 6-353 所示。

（7）单击“修改”面板中的“移动”命令按钮，把矩形 10×20 以其左边中点为移动基准点，以如图 6-354 所示中点为移动目标点进行移动，效果如图 6-355 所示。

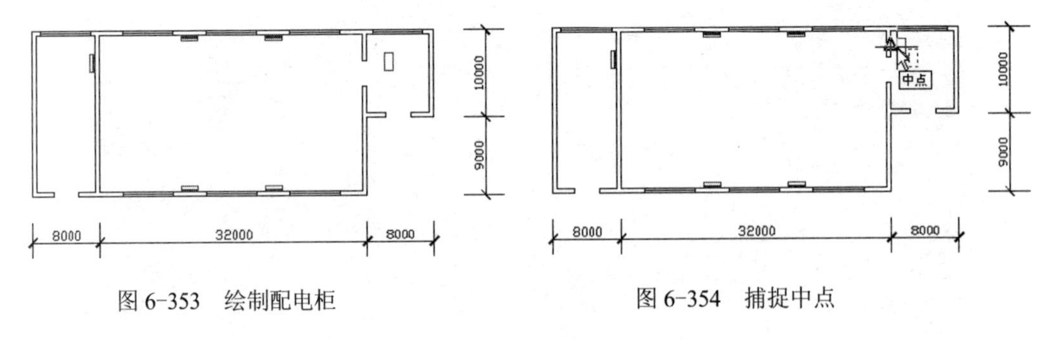

图 6-353　绘制配电柜　　　　图 6-354　捕捉中点

（8）单击“绘图”面板中的“圆”命令按钮，如图 6-356 所示绘制 15 个ϕ8 圆作为电动机符号。

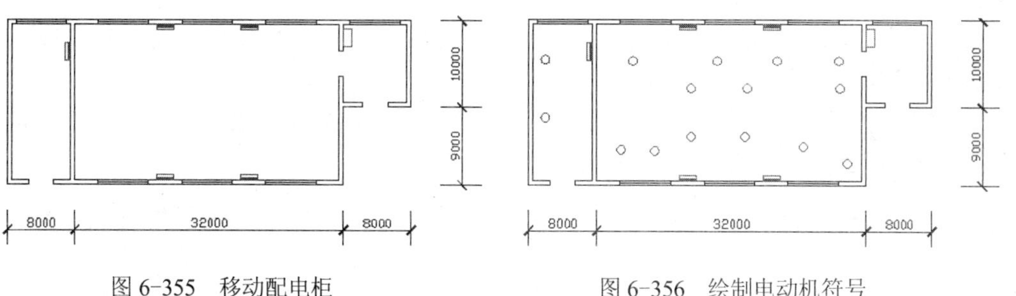

图 6-355　移动配电柜　　　　图 6-356　绘制电动机符号

（9）单击“绘图”面板中的“直线”命令按钮，绘制配电柜与配电箱之间、各个配电箱与电动机之间的连线，效果如图 6-357 所示。

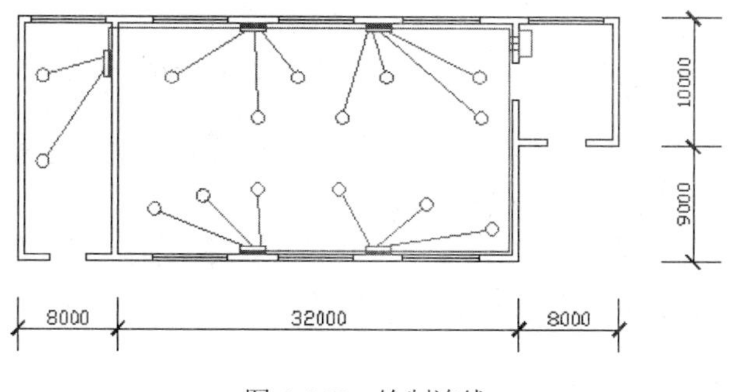

图 6-357　绘制连线

6.4.3　标注代号与型号

绘制步骤如下。

（1）在“图层”面板中单击“图层特性”命令按钮，设置如图 6-358 所示使用暗红色直线的“文字”图层，并单击“置为当前”按钮，将它置为当前图层。

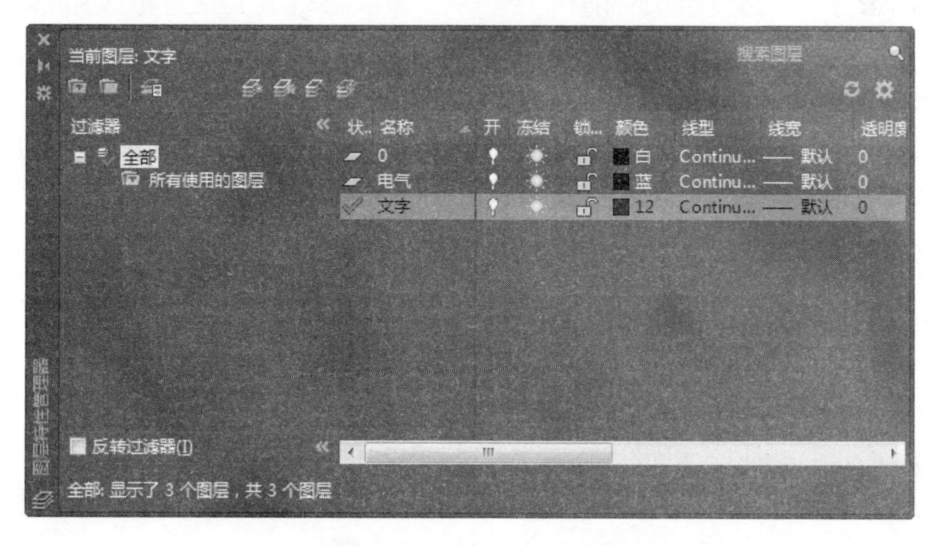

图 6-358　设置“文字”图层

（2）单击“注释”面板中的“多行文字”命令按钮A，标注配电箱和配电柜的编号，效果如图 6-359 所示。

（3）单击“注释”面板中的“多行文字”命令按钮A，标注左边工具间内两个电动机的编号“14Y/75”和“15Y/30”，效果如图 6-360 所示。

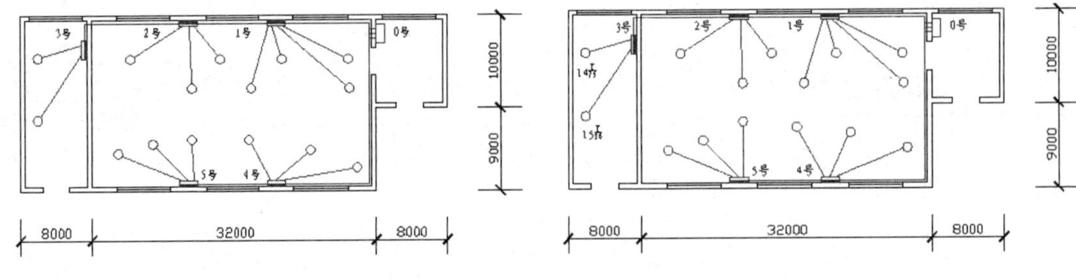

图 6-359　标注配电箱和配电柜的编号　　图 6-360　标注左边电动机的编号

（4）单击“注释”面板中的“多行文字”命令按钮A，标注 2 号配电箱所属电动机的编号“7Y/5.5”“6Y/4”和“5Y/4”，效果如图 6-361 所示。

（5）单击“注释”面板中的“多行文字”命令按钮A，标注 1 号配电箱所属电动机的编号“4YR/40”“3Y/4”“2Y/4”和“1Y/5.5”，效果如图 6-362 所示。

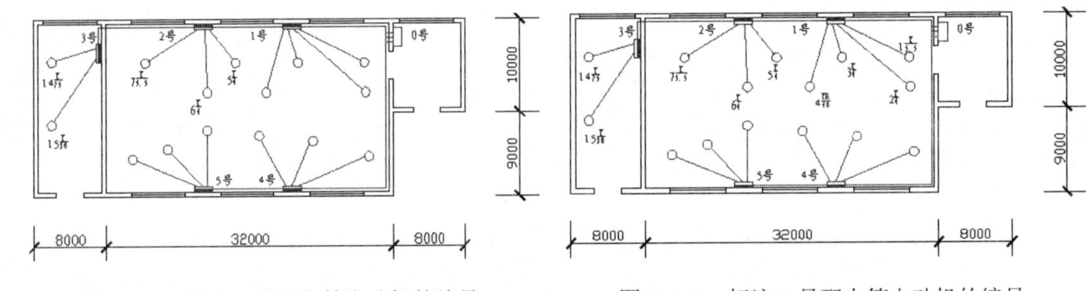

图 6-361　标注 2 号配电箱电动机的编号　　图 6-362　标注 1 号配电箱电动机的编号

（6）单击“注释”面板中的“多行文字”命令按钮A，标注 5 号配电箱所属电动机的编号“13Y/3”“12Y/10”和“11Y/55”，效果如图 6-363 所示。

（7）单击“注释”面板中的“多行文字”命令按钮A，标注 4 号配电箱所属电动机的编号“10Y/55”“9Y/4”和“8YR/30”，效果如图 6-364 所示。

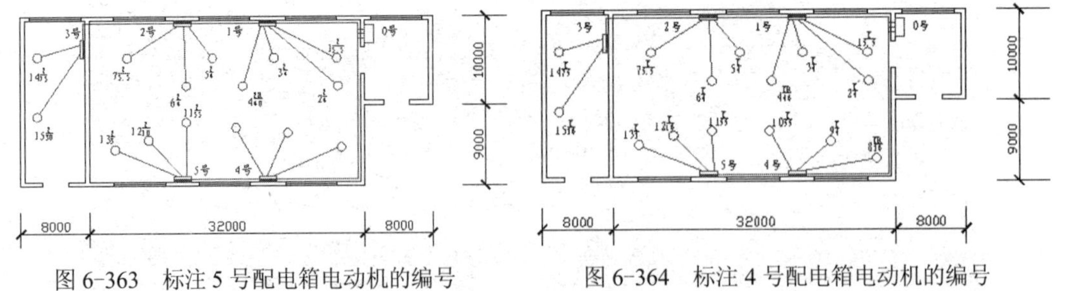

图 6-363　标注 5 号配电箱电动机的编号　　图 6-364　标注 4 号配电箱电动机的编号

（8）单击“注释”面板中的“多行文字”命令按钮A，标注配电柜入线的型号“0-VLV 3×185+1×70”，效果如图 6-365 所示。

（9）在菜单栏中选择“视图”→“缩放”→“窗口”命令，局部放大图形的右上角，预备下一步操作，效果如图 6-366 所示。

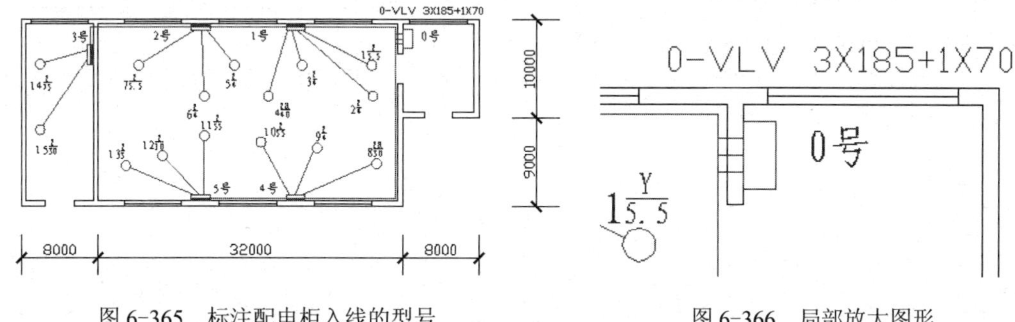

图 6-365 标注配电柜入线的型号　　　　图 6-366 局部放大图形

（10）单击“绘图”面板中的“直线”命令按钮，绘制指向电缆的直线，效果如图 6-367 所示。

（11）单击“绘图”面板中的“直线”命令按钮，绘制如图 6-368 所示的短直线。

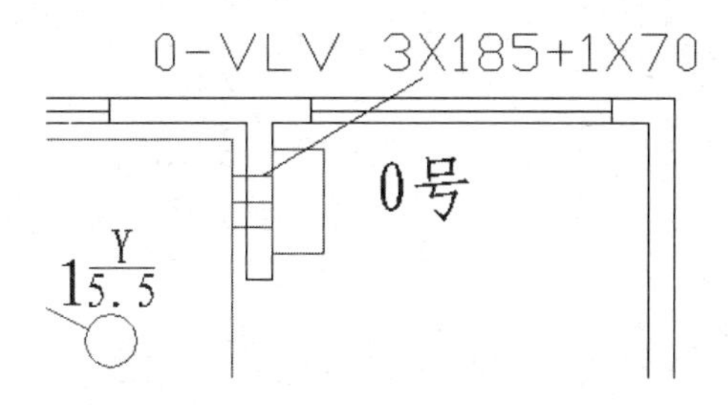

图 6-367 绘制指向电缆的直线

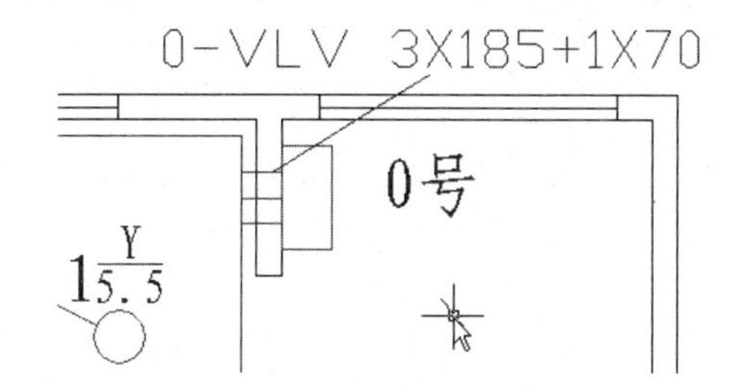

图 6-368 绘制短直线

（12）单击“修改”面板中的“移动”命令按钮，把短直线以其中点为移动基准点，以如图 6-369 所示端点为移动目标点进行移动，形成箭头，效果如图 6-370 所示。

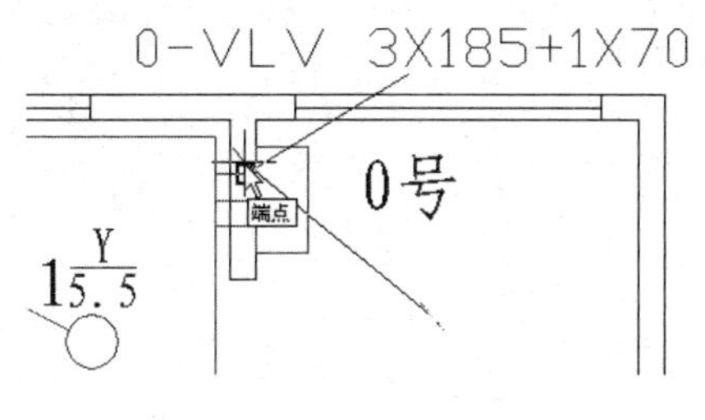

图 6-369 捕捉端点

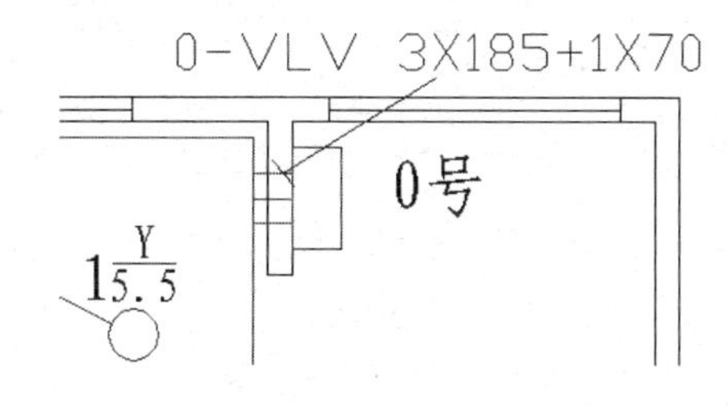

图 6-370 移动短直线

（13）在菜单栏中选择“视图”→“平移”→“实时”命令，把图形向右边移动，预备下一步操作，结果如图 6-371 所示。

（14）单击“注释”面板中的“多行文字”命令按钮，标注 1 号配电箱出线的型号“1–BLX–3×70+1×35–K”。结果如图 6-372 所示。

（15）参照上面绘制箭头的方法，绘制指向 1 号配电箱出线的箭头，结果如图 6-373 所示。

（16）单击“注释”面板中的“多行文字”命令按钮，标注 2 号配电箱出线的型号，结果如图 6-374 所示。

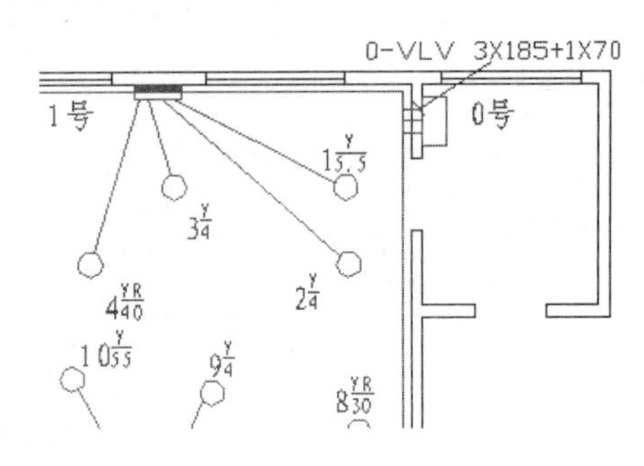

图 6-371　移动图形

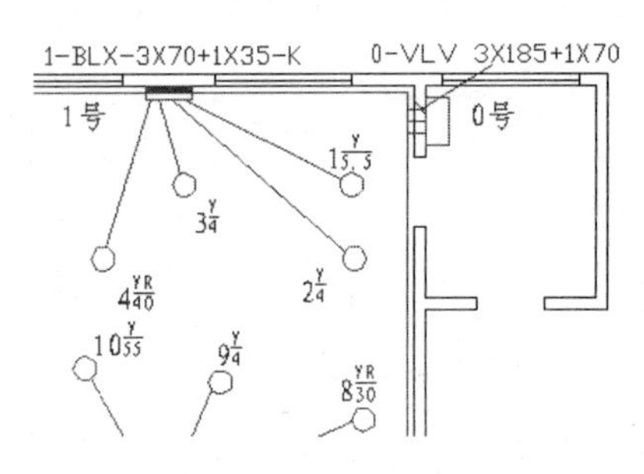

图 6-372　标注 1 号配电箱出线的型号

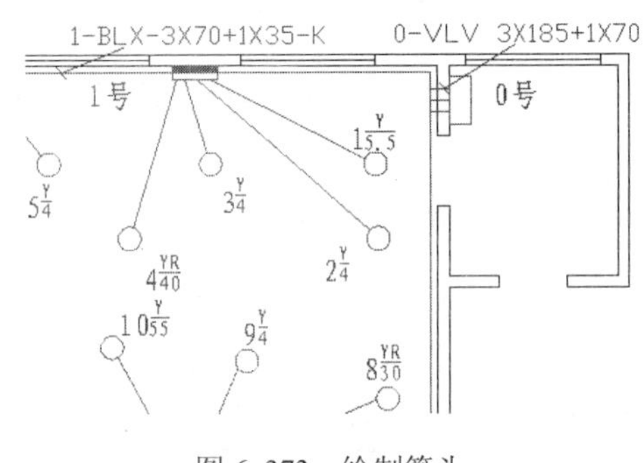

图 6-373　绘制箭头

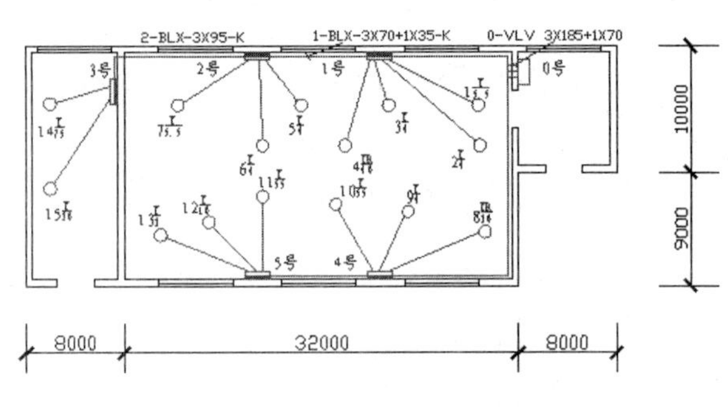

图 6-374　标注 2 号配电箱出线的型号

（17）参照上面绘制箭头的方法，绘制指向 2 号配电箱出线的箭头，结果如图 6-375 所示。

（18）参照上面标注电缆型号的方法和绘制箭头的方法，绘制指向 4 号配电箱出线的型号“3–BLX–3×120+1×50–K”和箭头，结果如图 6-376 所示。

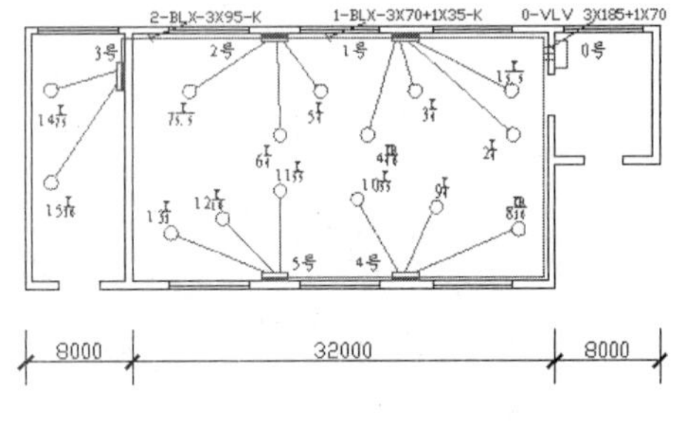

图 6-375　绘制 2 号配电箱出线的箭头

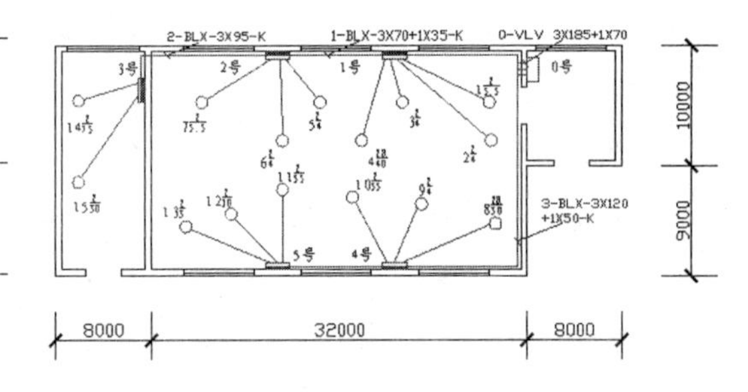

图 6-376　标注 4 号配电箱出线的型号和箭头

（19）单击“注释”面板中的“多行文字”命令按钮，标注 3 号配电箱与上边电动机连线的型号“BLX–3×70 SC50–FC”，然后使用“旋转”命令按钮和“移动”命令按钮使文字与连线方向一致，结果如图 6-377 所示。

（20）单击“注释”面板中的“多行文字”命令按钮，标注 3 号配电箱与下边电动机连线的型号“BLX–3×25SC32–FC”，然后使用“旋转”命令按钮和“移动”命令按钮，使文字与连线方向一致，结果如图 6-378 所示。

（21）单击“注释”面板中的“多行文字”命令按钮，标注 1 号配电箱与左边第一个

电动机连线的型号“BV–3×35 SC32–FC”，然后使用“旋转”命令按钮和“移动”命令按钮使文字与连线方向一致，结果如图 6–379 所示。

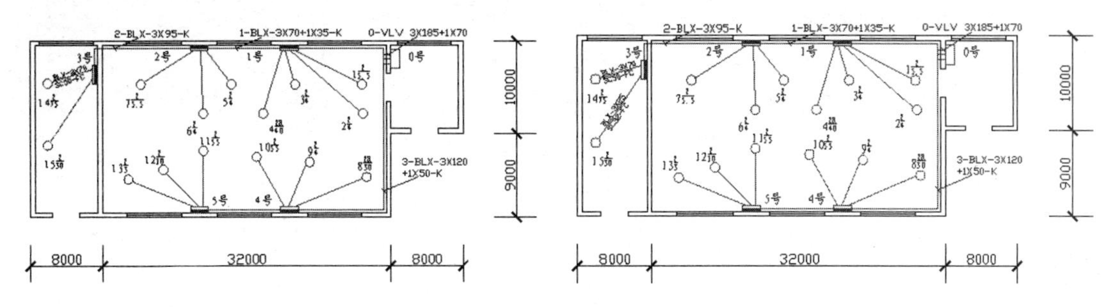

图 6–377 标注 3 号配电箱与上边电动机连线的型号　　图 6–378 标注 3 号配电箱与下边电动机连线的型号

（22）单击“注释”面板中的“多行文字”命令按钮，标注 5 号配电箱与右边第一个电动机连线的型号“BLX–3×50 SC40–FC”，然后使用“旋转”命令按钮和“移动”命令按钮使文字与连线方向一致，结果如图 6–380 所示。

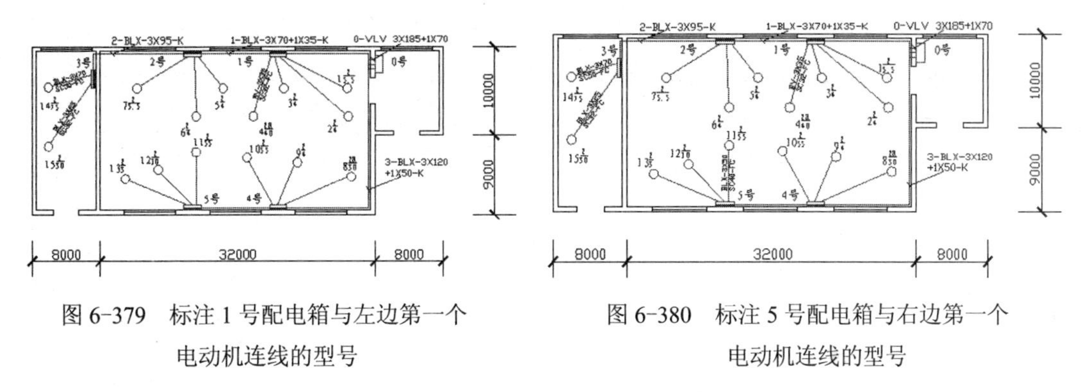

图 6–379 标注 1 号配电箱与左边第一个电动机连线的型号　　图 6–380 标注 5 号配电箱与右边第一个电动机连线的型号

（23）单击“注释”面板中的“多行文字”命令按钮，标注 4 号配电箱与左边第一个电动机连线的型号“BLX–3×50 SC40–FC”，然后使用“旋转”命令按钮和“移动”命令按钮使文字与连线方向一致，结果如图 6–381 所示。

（24）单击“注释”面板中的“多行文字”命令按钮，标注 4 号配电箱与右边第一个电机连线的型号“BLX–3×25 SC32–FC”，然后使用“旋转”命令按钮和“移动”命令按钮使文字与连线方向一致，结果如图 6–382 所示。

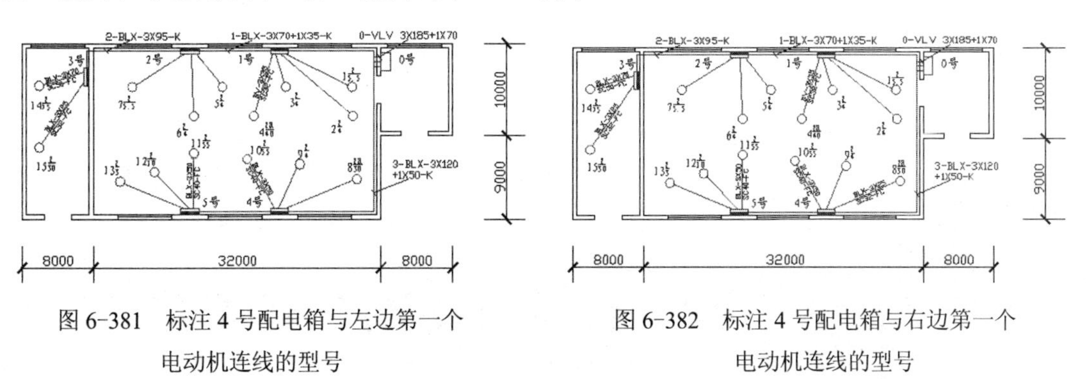

图 6–381 标注 4 号配电箱与左边第一个电动机连线的型号　　图 6–382 标注 4 号配电箱与右边第一个电动机连线的型号

（25）如图 6-383 所示，在“图层”面板中的“图层控制”下拉列表框中选择“0”图层，将其置为当前图层。

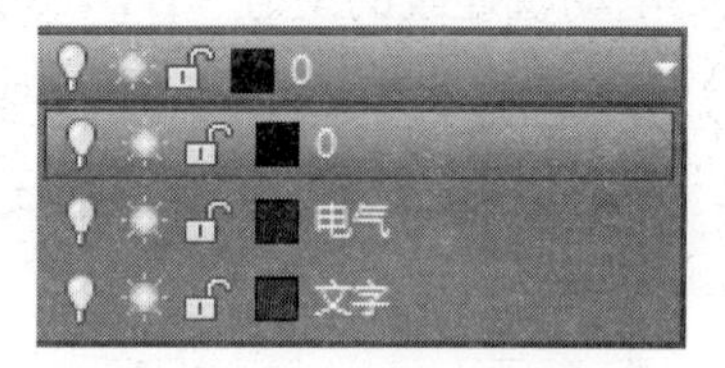

图 6-383　选择图层

（26）单击“绘图”面板中的“矩形”命令按钮，绘制尺寸为 30×30 的矩形，效果如图 6-384 所示。

（27）单击“修改”面板中的“移动”命令按钮，把矩形 30×30 以其左边中点为移动基准点，以如图 6-385 所示中点为移动目标点进行移动，效果如图 6-386 所示。

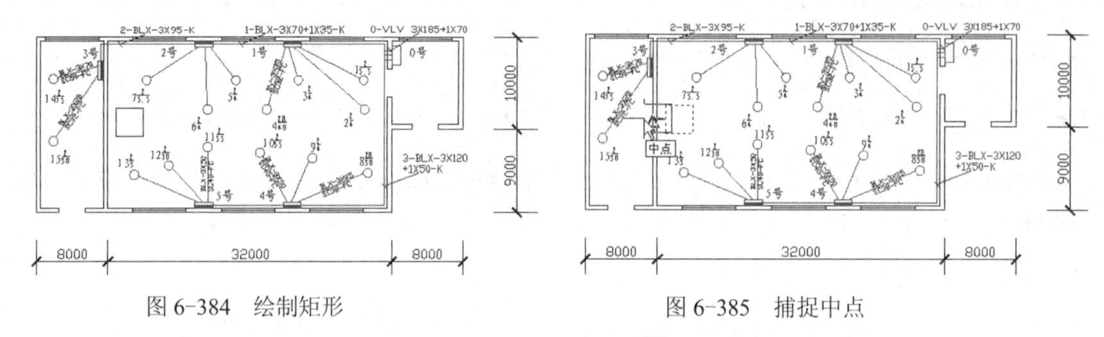

图 6-384　绘制矩形　　　　图 6-385　捕捉中点

（28）单击“修改”面板中的“修剪”命令按钮，使用矩形 30×30 修剪出里面的门洞，结果如图 6-387 所示。至此，车间动力平面布置图绘制完成。

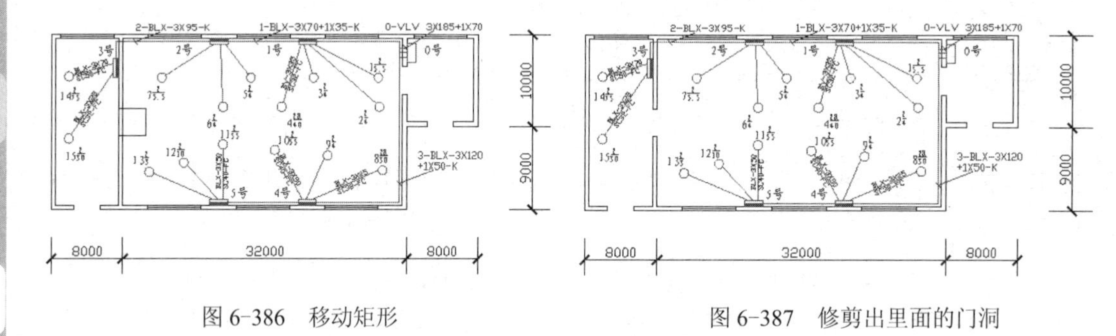

图 6-386　移动矩形　　　　图 6-387　修剪出里面的门洞

第7章　数字信号电路设计

知识导引

由电气元件配合布线组成的数字信号电路系统，可以完成多种数字电路的信号接收或转换任务，如数字接收机和收音机的电路系统。本章先介绍一种数字接收机电路绘制方法，然后介绍一种收音机电路绘制方法，最后介绍对称数字信号电路图和表格的绘制，供读者学习参考。

7.1　数字接收机电路图

制作思路

本节介绍的数字接收机电路图，由超外差接收机、解码器、控制和显示等部分组成，它从基站发射的寻呼信号和干扰中选择出所需接收的有用信号，恢复成原来的基带信号，并产生音响（或振动）和显示数字（或字母、汉字）消息。

7.1.1　绘制电容等元件

绘制步骤如下。

（1）单击“绘图”面板中的“直线”命令按钮，绘制如图7-1所示的电容。

（2）单击“修改”面板中的“复制”命令按钮，复制多个电容，如图7-2所示。

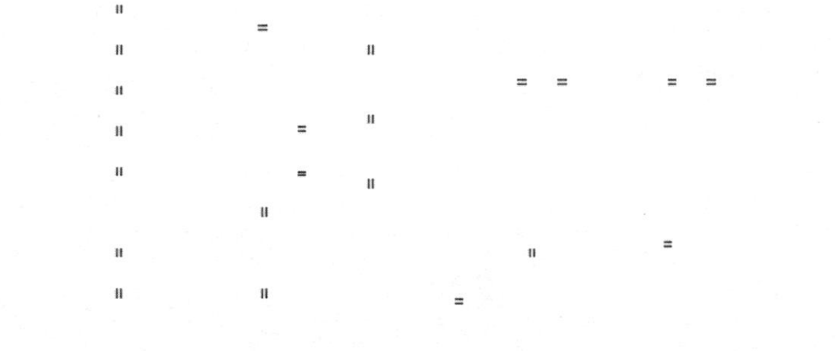

图7-1　绘制电容　　图7-2　复制多个电容

（3）单击“绘图”面板中的“直线”命令按钮，绘制如图7-3所示的开关。

（4）单击“修改”面板中的“复制”命令按钮，复制多个开关，如图7-4所示。

图 7-3　绘制开关　　　　图 7-4　复制多个开关

7.1.2　绘制 PLC 元件

绘制步骤如下。

（1）单击“绘图”面板中的“矩形”命令按钮，绘制如图 7-5 所示的 PLC。

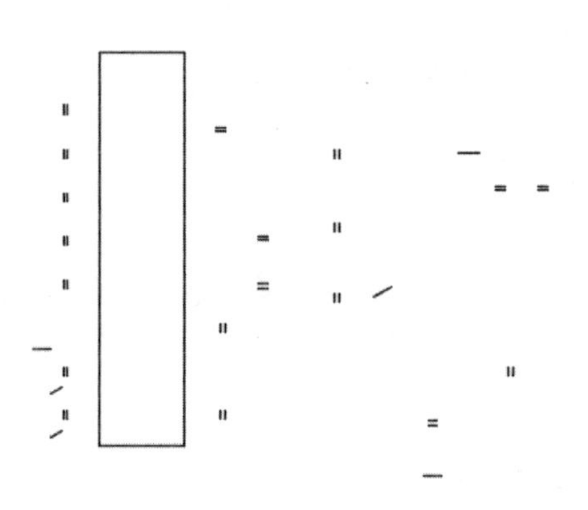

图 7-5　绘制 PLC

（2）单击 “绘图”面板中的“圆弧”命令按钮，绘制圆弧线圈并进行复制，如图 7-6 所示。

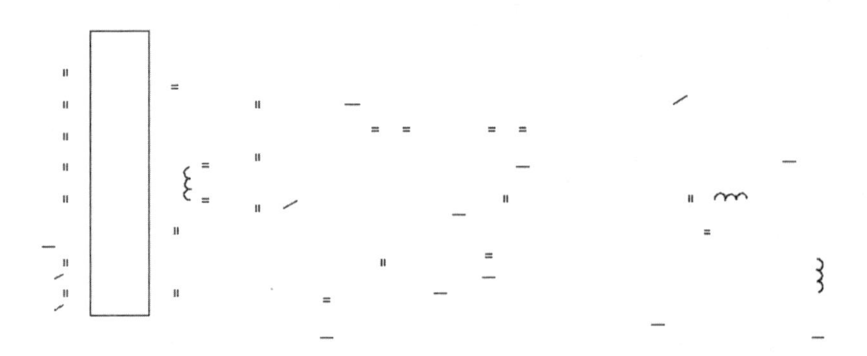

图 7-6　绘制圆弧线圈并复制

（3）单击“绘图”面板中的“矩形”命令按钮，绘制多个电阻，如图 7-7 所示。

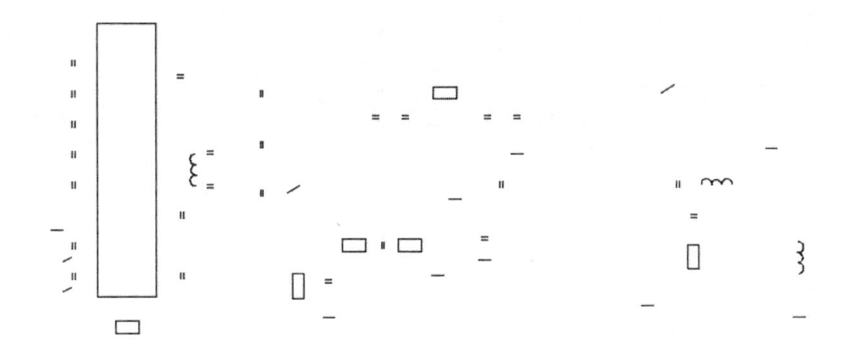

图 7-7　绘制多个电阻

（4）单击“绘图”面板中的“直线”命令按钮，绘制如图 7-8 所示的二极管。

（5）单击“绘图”面板中的“矩形”命令按钮，绘制如图 7-9 所示的右侧矩形。

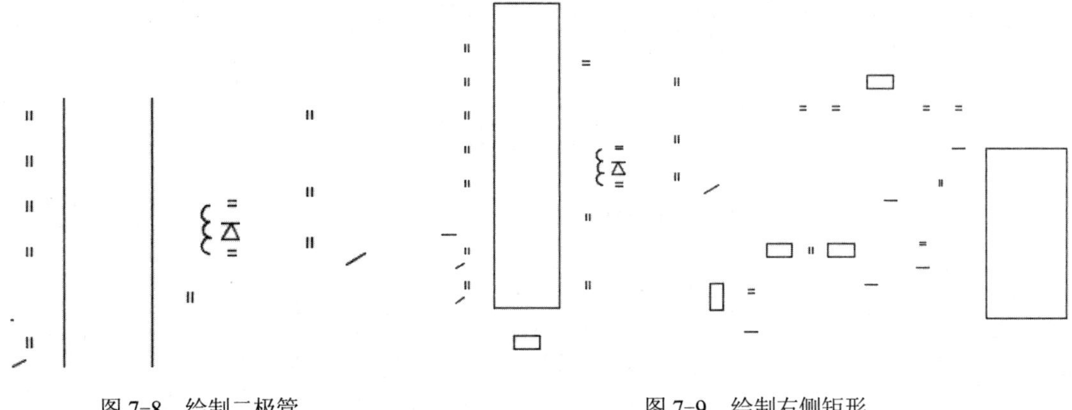

图 7-8　绘制二极管　　　　图 7-9　绘制右侧矩形

（6）选择虚线图层。单击“绘图”面板中的“圆”命令按钮，绘制如图 7-10 所示的两个圆。

（7）单击“绘图”面板中的“圆弧”命令按钮，绘制圆弧，并单击“矩形”命令按钮，绘制右侧的电阻，如图 7-11 所示。

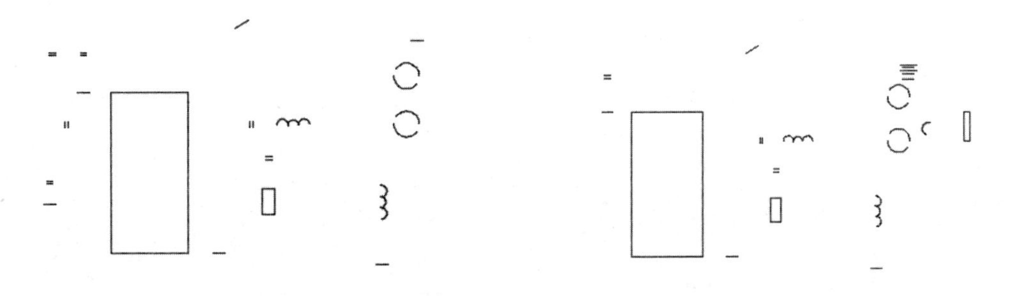

图 7-10　绘制两个圆　　　　图 7-11　绘制圆弧和右侧电阻

7.1.3　绘制线路

绘制步骤如下。

（1）单击“绘图”面板中的“直线”命令按钮，绘制如图 7-12 所示的 PLC 左侧线路。

（2）单击“绘图”面板中的“直线”命令按钮，绘制如图 7-13 所示的 PLC 右侧线路。

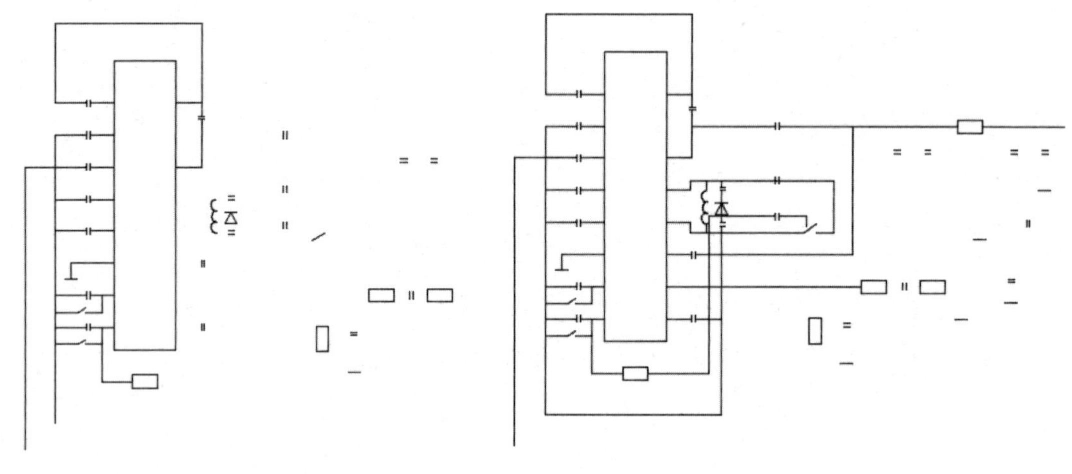

图 7-12　绘制 PLC 左侧线路　　　　图 7-13　绘制 PLC 右侧线路

（3）单击“绘图”面板中的“直线”命令按钮，绘制如图 7-14 所示的中间线路。

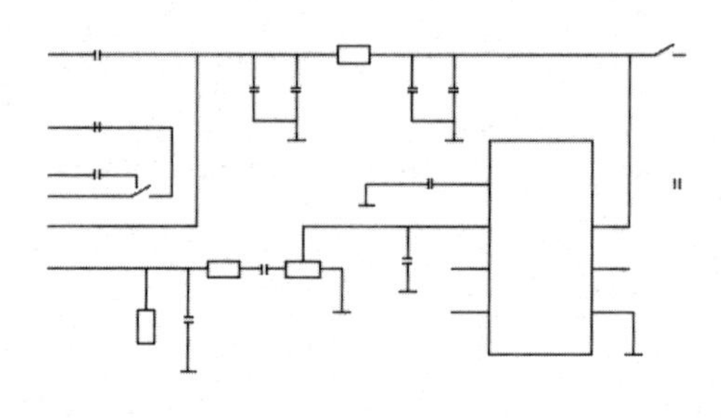

图 7-14　绘制中间线路

（4）单击“绘图”面板中的“直线”命令按钮，绘制如图 7-15 所示的右侧线路。

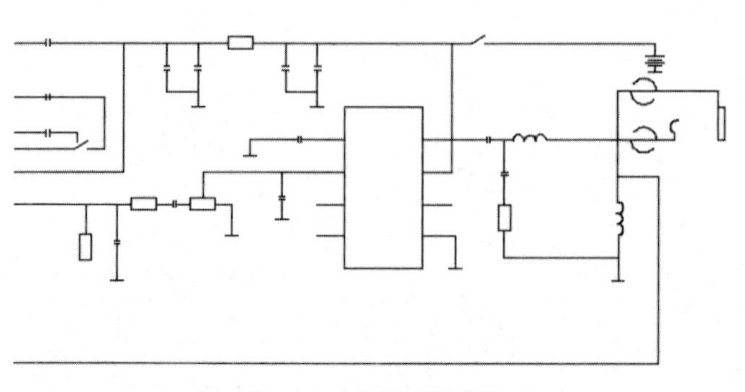

图 7-15　绘制右侧线路

（5）单击“绘图”面板中的“圆”命令按钮，绘制如图 7-16 所示的节点圆。

（6）单击“绘图”面板中的“图案填充”命令按钮，完成如图 7-17 所示的圆形填充。

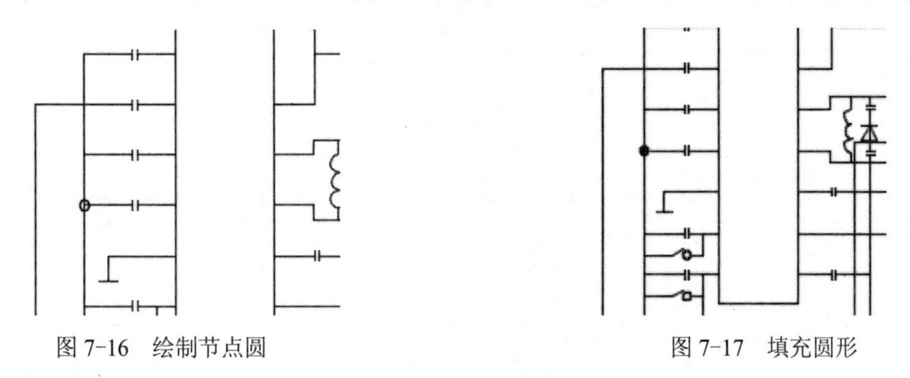

图 7-16　绘制节点圆　　　　图 7-17　填充圆形

（7）单击“修改”面板中的“复制”命令按钮，复制节点圆，如图 7-18 所示，完成线路的绘制。

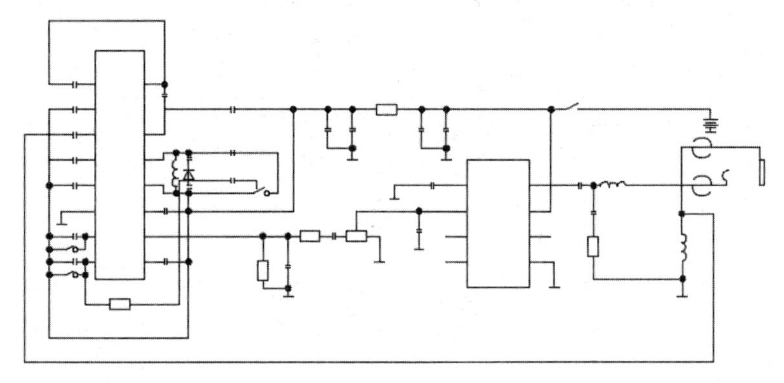

图 7-18　复制节点圆

（8）单击“注释”面板中的“多行文字”命令按钮，绘制如图 7-19 所示的 PLC 左侧文字。

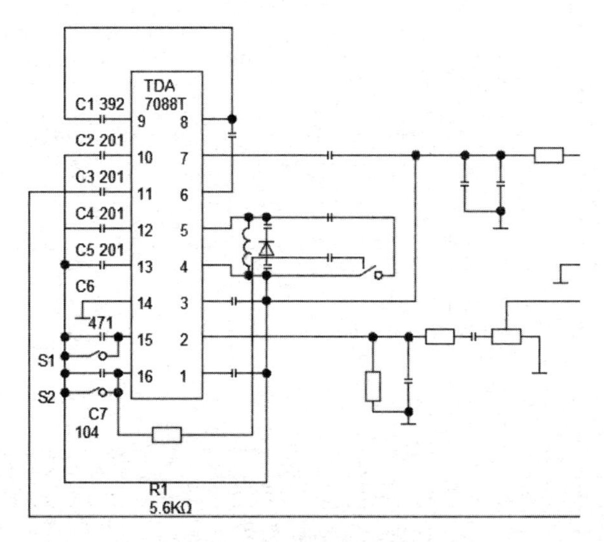

图 7-19　添加 PLC 左侧文字

（9）单击“注释”面板中的“多行文字”命令按钮A，绘制如图 7-20 所示的 PLC 右侧文字。

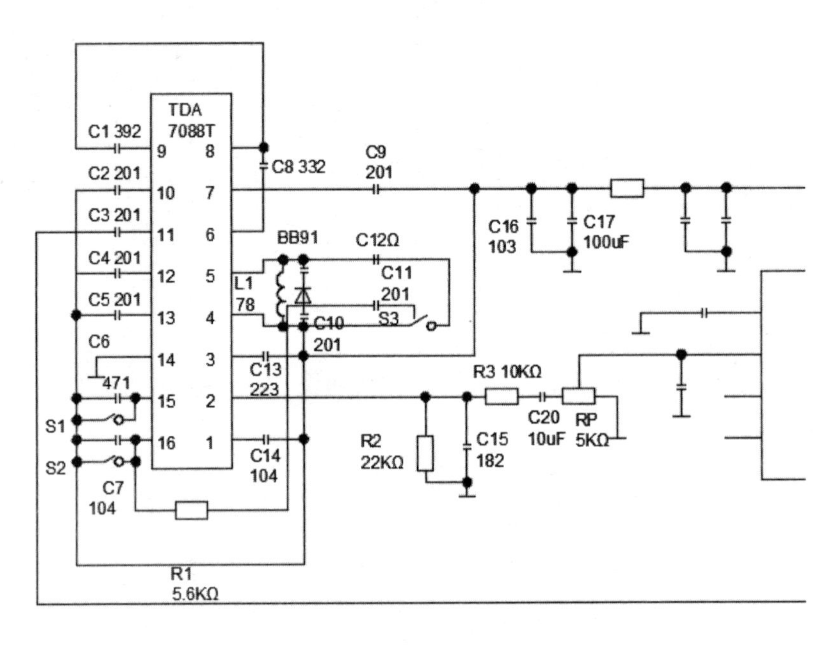

图 7-20　添加 PLC 右侧文字

（10）单击“注释”面板中的“多行文字”命令按钮A，绘制如图 7-21 所示的线路中间文字。

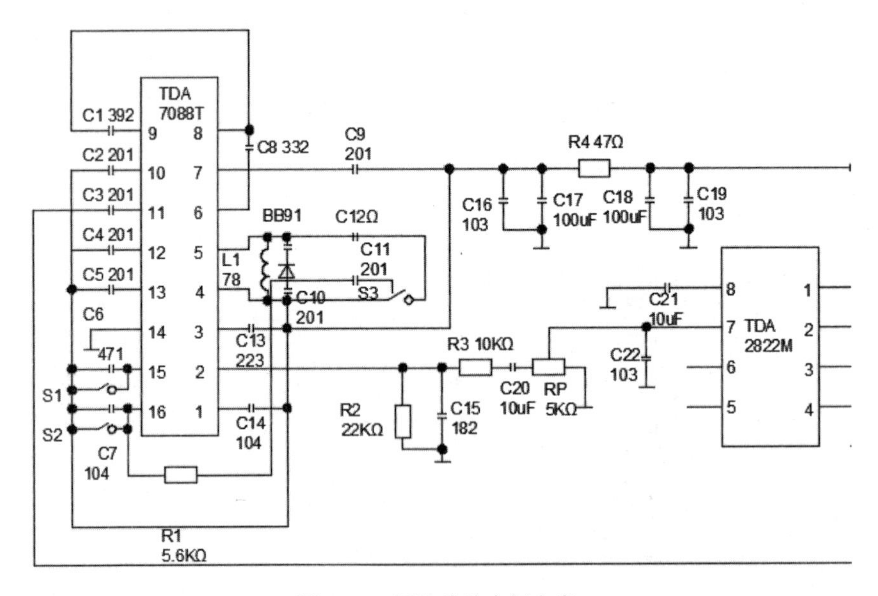

图 7-21　添加线路中间文字

（11）单击“注释”面板中的“多行文字”命令按钮A，绘制如图 7-22 所示的线路右侧文字。至此完成数字接收机原理图的绘制，如图 7-23 所示。

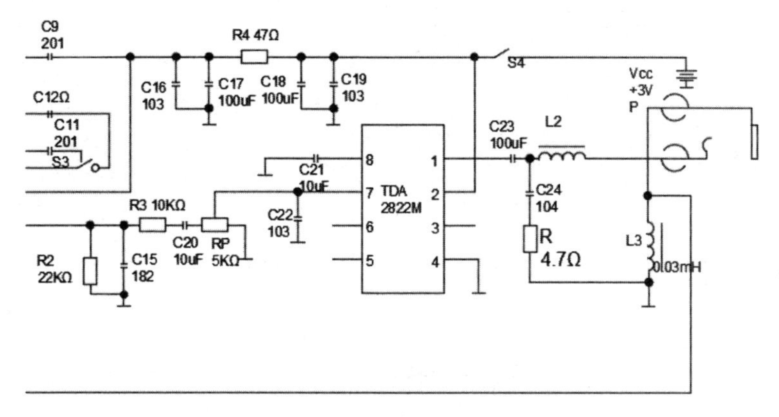

图 7-22　添加线路右侧文字

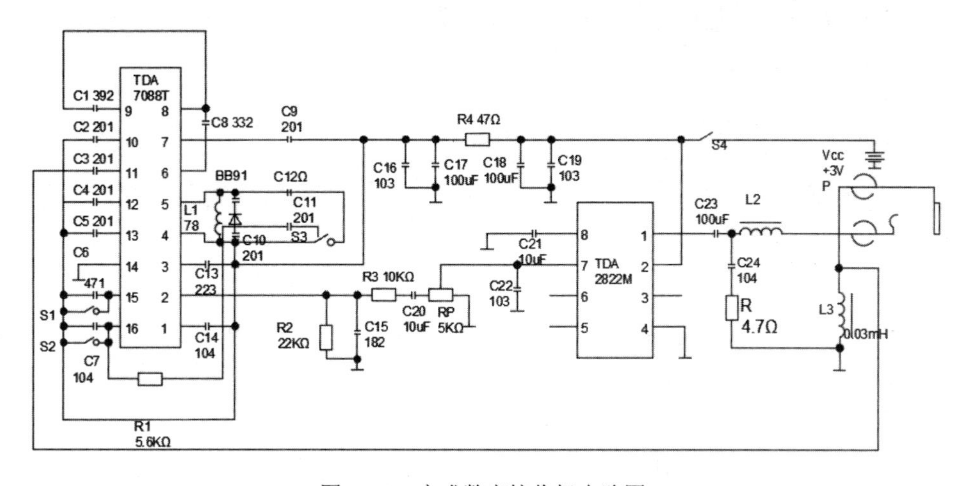

图 7-23　完成数字接收机电路图

7.2　收音机电路图

制作思路

收音机由机械器件、电子器件、磁铁等构造而成，用电能将电波信号转换并能收听广播电台发射的音频信号。本例介绍收音机电路图的绘制，绘制按照从左向右的顺序，先绘制元件，再绘制线路添加文字，快捷方便地绘制图样。

7.2.1　绘制所有元件

绘制步骤如下。

（1）单击“绘图”面板中的“直线”命令按钮，绘制如图 7-24 所示的电容。

（2）单击“绘图”面板中的“圆弧”命令按钮，绘制如图 7-25 所示的圆弧线圈。

（3）选择虚线图层。单击“绘图”面板中的“直线”命令按钮，绘制如图 7-26 所示的虚线。

图 7-24　绘制电容 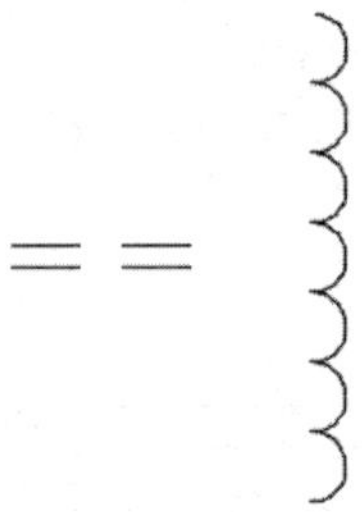　　图 7-25　绘制圆弧线圈 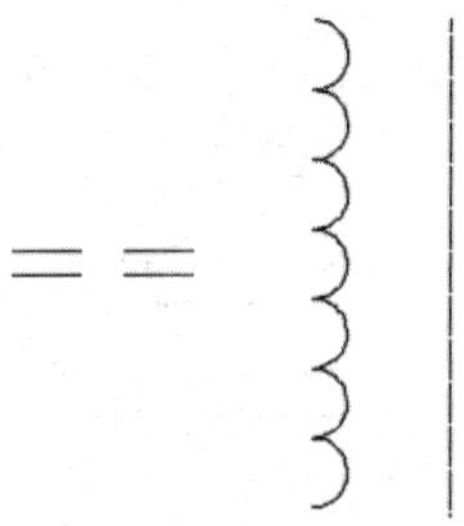　　图 7-26　绘制虚线

（4）单击“修改”面板中的“复制”命令按钮，复制线圈，如图 7-27 所示。

（5）单击“绘图”面板中的“矩形”命令按钮，绘制如图 7-28 所示的电阻。

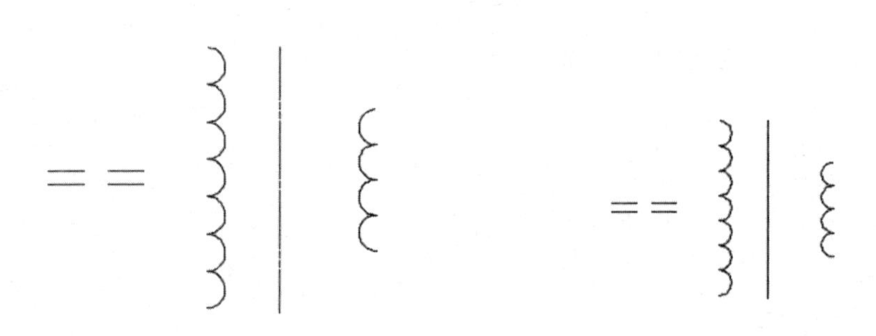

图 7-27　复制线圈　　图 7-28　绘制电阻

（6）单击“修改”面板中的“复制”命令按钮，复制电容，如图 7-29 所示。

（7）单击“绘图”面板中的“圆”命令按钮，绘制圆，并单击“直线”命令按钮，绘制出晶体管，如图 7-30 所示。

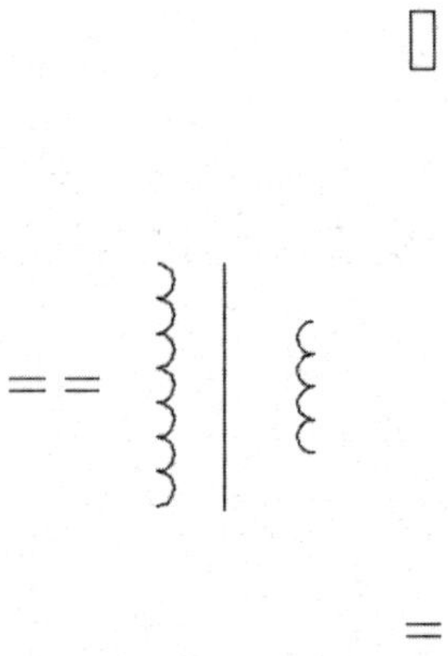

图 7-29　复制电容 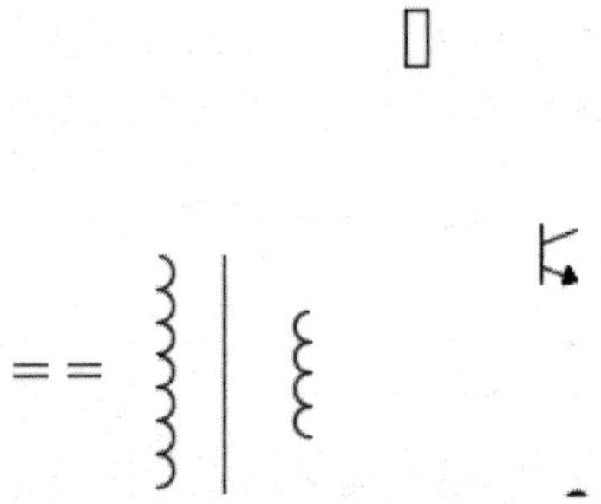　　图 7-30　绘制晶体管

（8）单击“修改”面板中的“复制”命令按钮，复制两个线圈，如图7-31所示。

（9）选择虚线图层。单击“绘图”面板中的“矩形”命令按钮，绘制如图7-32所示的大的矩形。

（10）单击“修改”面板中的“复制”命令按钮，复制矩形和线圈并缩放，如图7-33所示。

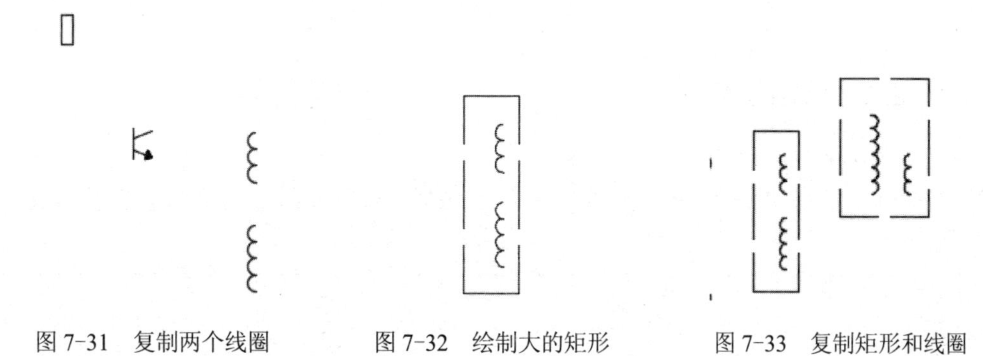

图7-31　复制两个线圈　　图7-32　绘制大的矩形　　图7-33　复制矩形和线圈

（11）单击“修改”面板中的“复制”命令按钮，复制最右侧的矩形和线圈，如图7-34所示。

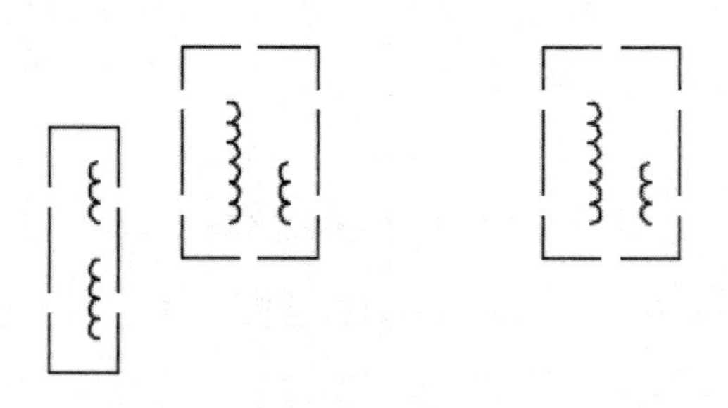

图7-34　复制最右侧的矩形和线圈

（12）单击“修改”面板中的“复制”命令按钮，复制粘贴线路元件，如图7-35所示。

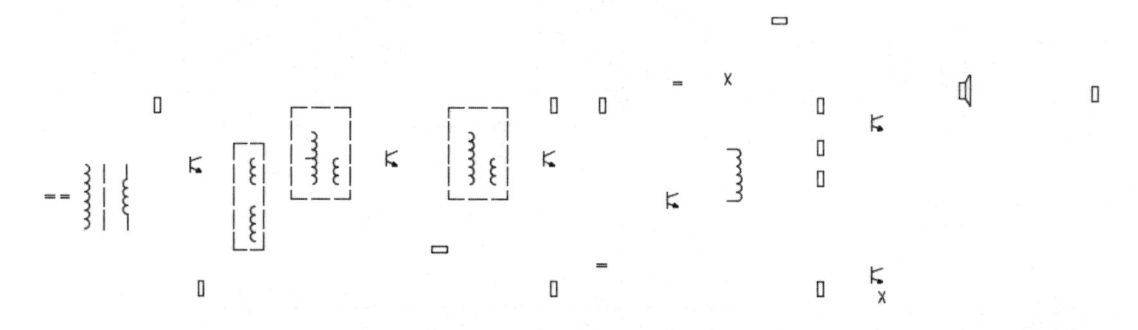

图7-35　复制粘贴线路元件

（13）单击“绘图”面板中的“直线”命令按钮，绘制如图7-36所示的电源。

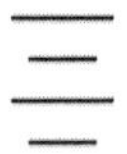

图 7-36　绘制电源

7.2.2　绘制线路

绘制步骤如下。

（1）单击“绘图”面板中的“直线”命令按钮，绘制如图 7-37 所示的外围线路。

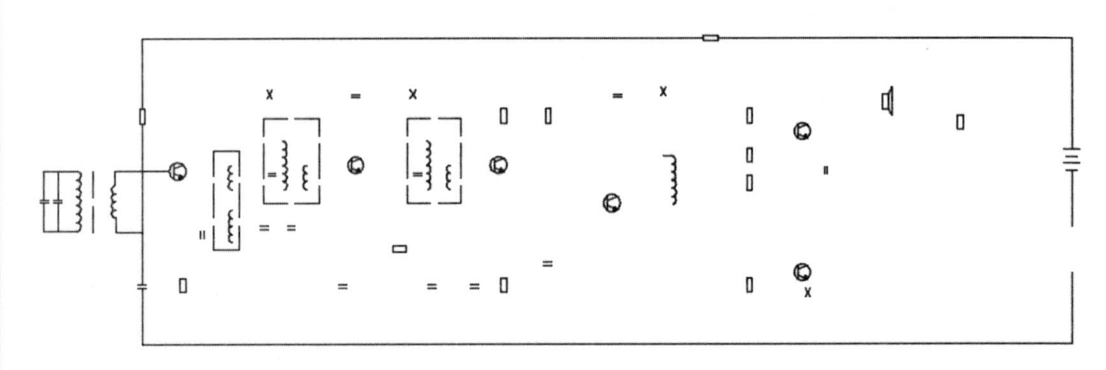

图 7-37　绘制外围线路

（2）单击“绘图”面板中的“直线”命令按钮，绘制如图 7-38 所示的 4 条支路。

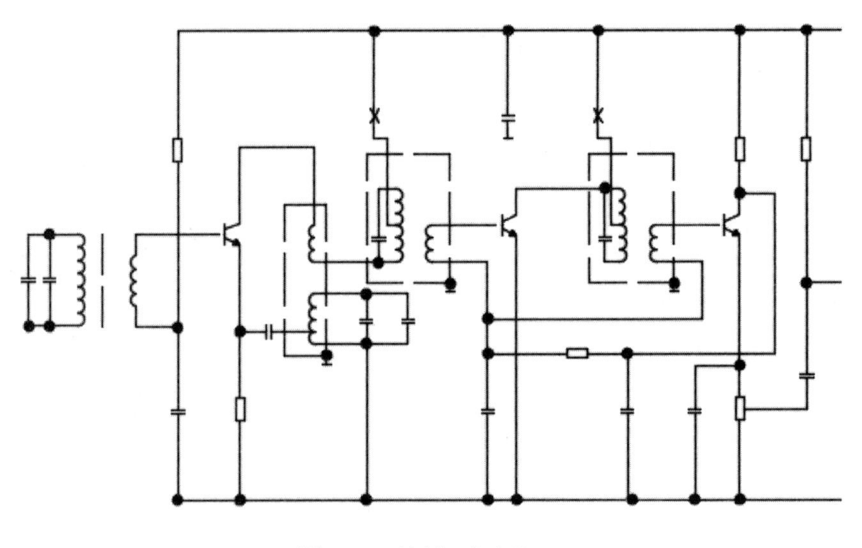

图 7-38　绘制 4 条支路

（3）单击“绘图”面板中的“直线”命令按钮，绘制如图 7-39 所示的 3 条支路。

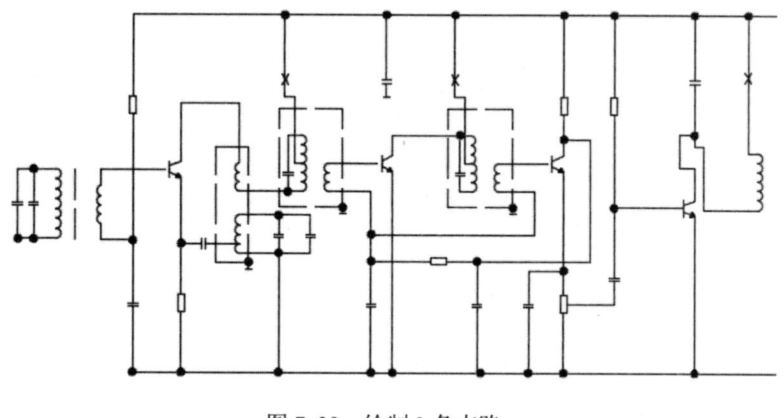

图 7-39　绘制 3 条支路

（4）单击“绘图”面板中的“直线”命令按钮，绘制如图 7-40 所示的电源线路。

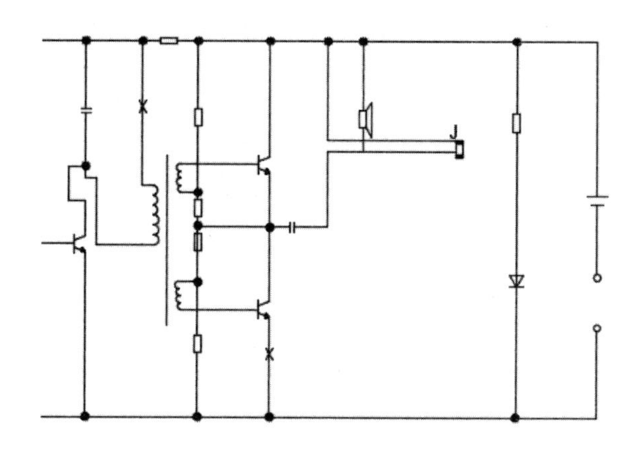

图 7-40　绘制电源线路

（5）单击“绘图”面板中的“直线”命令按钮，绘制如图 7-41 所示的二极管线路。

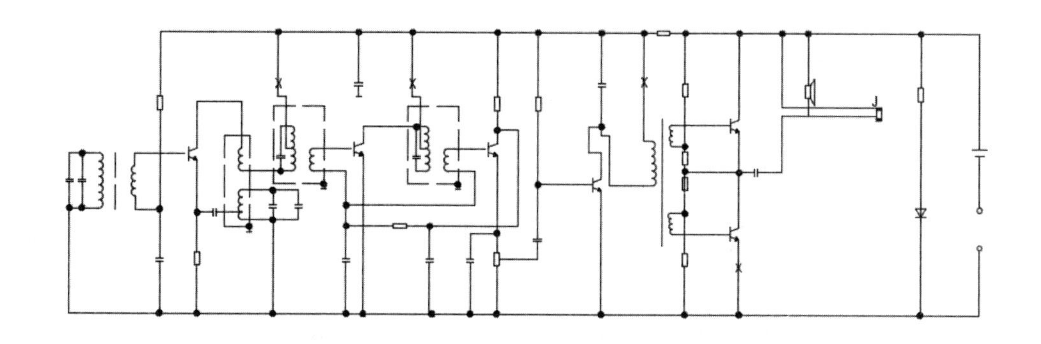

图 7-41　绘制二极管线路

（6）单击“绘图”面板中的“圆”命令按钮，绘制如图 7-42 所示的两个节点圆。

（7）单击“绘图”面板中的“圆”命令按钮，绘制如图 7-43 所示的 1 个节点圆。

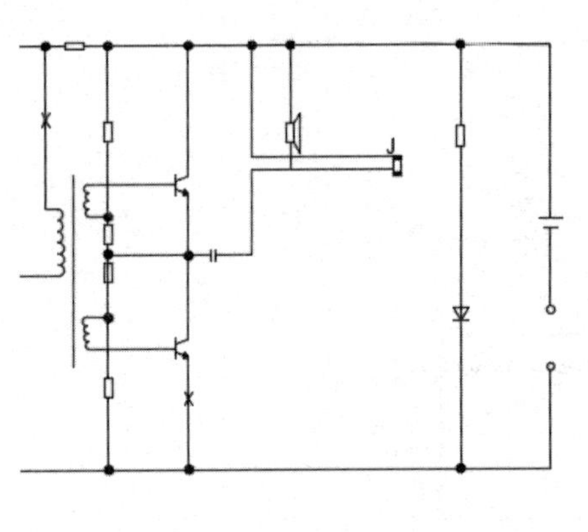

图 7-42 绘制两个节点圆

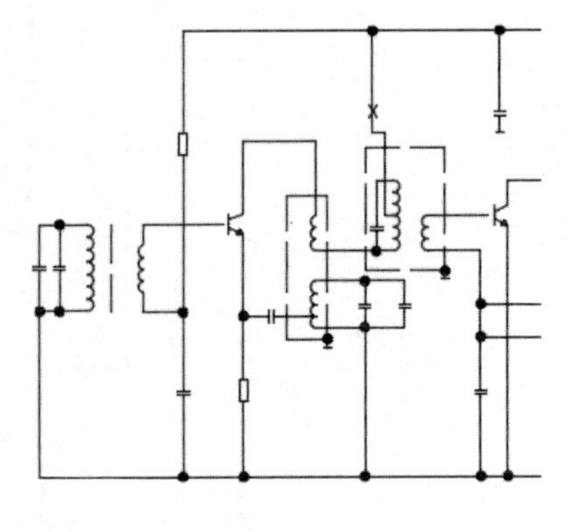

图 7-43 绘制 1 个节点圆

（8）单击“绘图”面板中的“图案填充”命令按钮，完成如图 7-44 所示的圆形填充。

（9）单击“修改”面板中的“复制”命令按钮，复制线路左侧的节点圆，如图 7-45 所示。

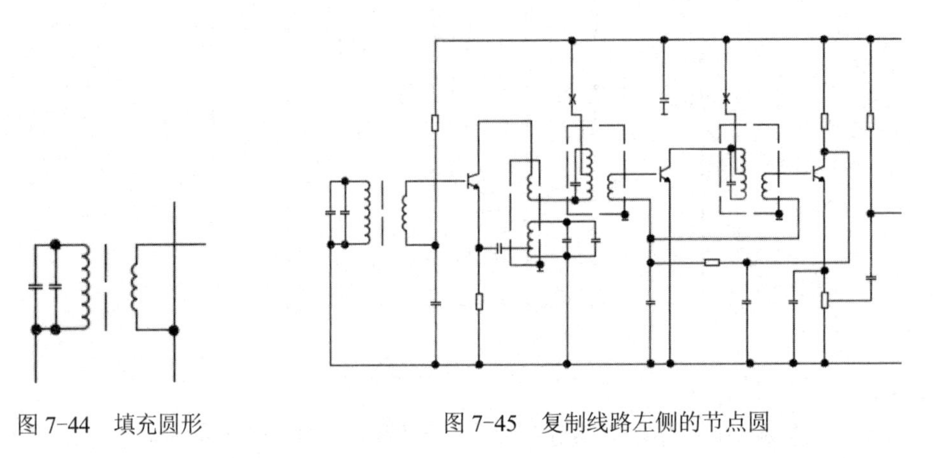

图 7-44 填充圆形　　图 7-45 复制线路左侧的节点圆

（10）单击“修改”面板中的“复制”命令按钮，复制线路右侧的节点圆，如图 7-46 所示，完成线路的绘制。

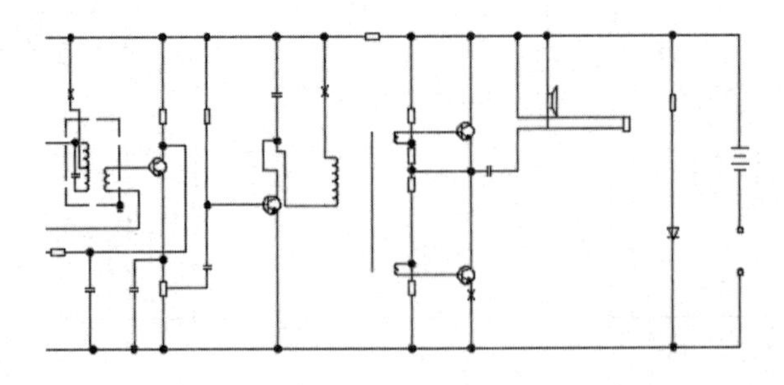

图 7-46 复制线路右侧的节点圆

（11）单击“注释”面板中的“多行文字”命令按钮，绘制如图 7-47 所示的线路左侧文字。

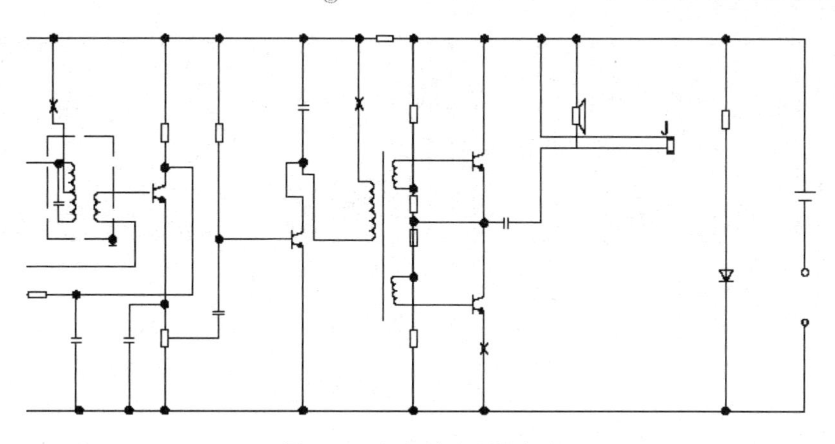

图 7-47　添加线路左侧文字

（12）单击“注释”面板中的“多行文字”命令按钮A，绘制如图 7-48 所示的线路中间文字。

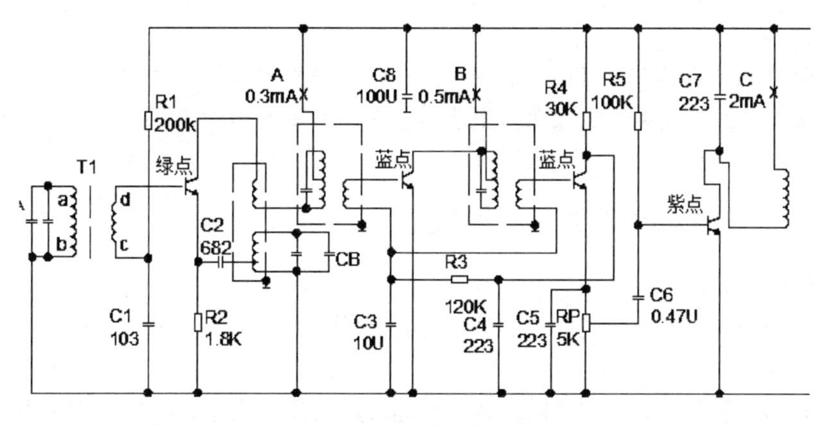

图 7-48　添加线路中间文字

（13）单击“注释”面板中的“多行文字”命令按钮A，绘制如图 7-49 所示的线路右侧文字。至此完成收音机电路原理图的绘制，如图 7-50 所示。

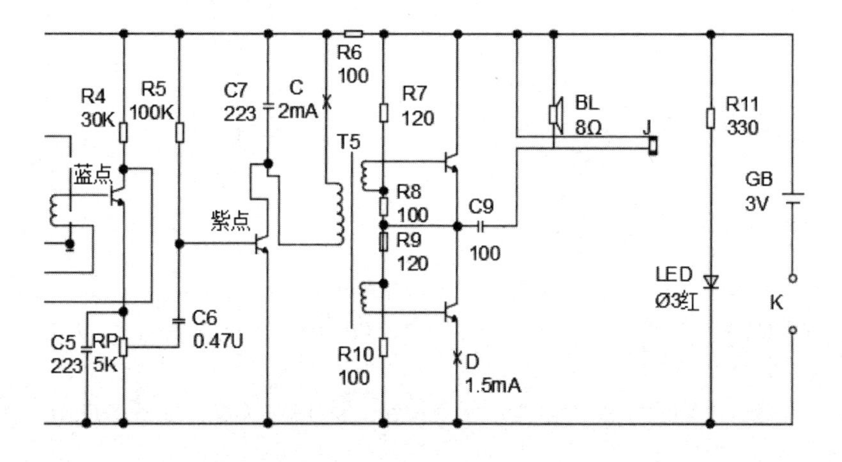

图 7-49　添加线路右侧文字

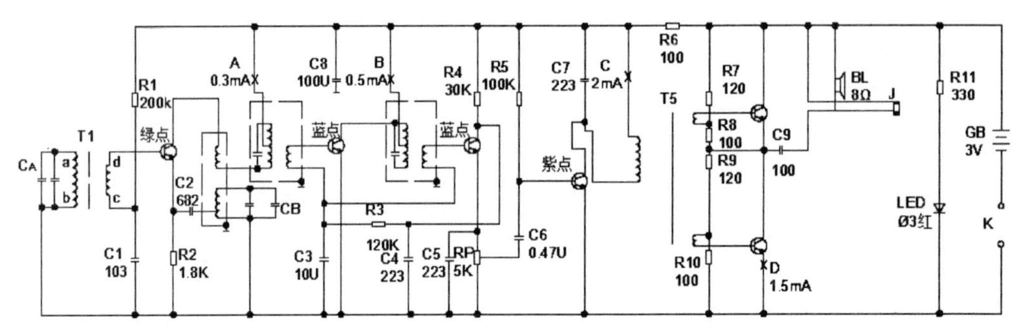

图 7-50　完成收音机电路原理图

7.3　对称数字信号电路图和表格

制作思路

本例绘制对称数字信号电路图，此电路是典型的对称电路，使用“复制”和“镜像”命令可以快速完成绘制，然后绘制该电路图表格，用于对电路进行文字说明，或者对元件进行说明，是电路图的有效补充。

7.3.1　绘制对称数字信号电路图

绘制步骤如下。

（1）单击“绘图”面板中的“直线”命令按钮，绘制竖直边长为 10 的等腰三角形，如图 7-51 所示。

（2）单击 “绘图”面板中的“圆”命令按钮，绘制半径为 0.4 的圆，如图 7-52 所示。

（3）单击“修改”面板中的“复制”命令按钮，复制圆，如图 7-53 所示。

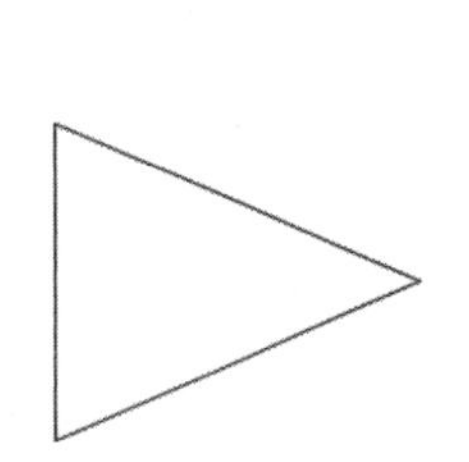

图 7-51　绘制等腰三角形

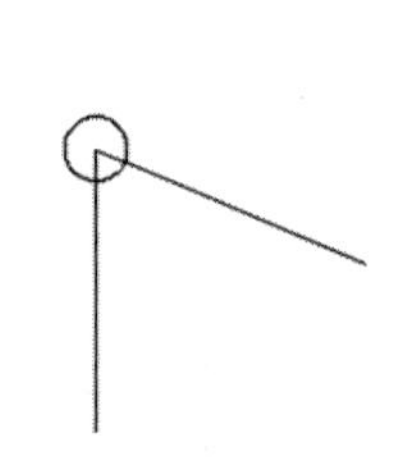

图 7-52　绘制圆

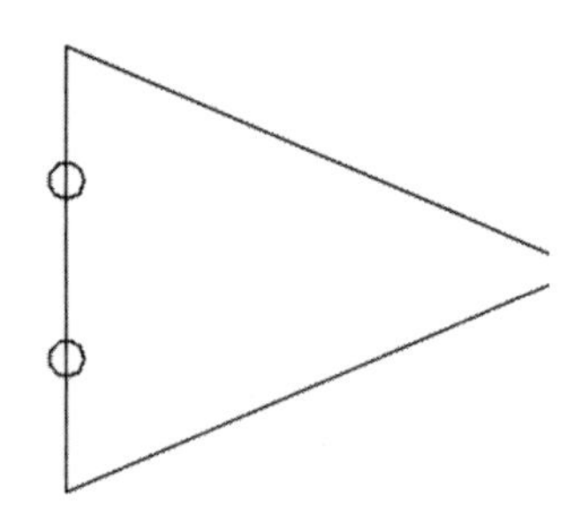

图 7-53　复制圆

（4）单击“修改”面板中的“复制”命令按钮，复制右侧圆形，如图 7-54 所示。

（5）单击“修改”面板中的“路径阵列”命令按钮，创建阵列距离为 3.5 的圆 4 个，如图 7-55 所示。

（6）单击“修改”面板中的“镜像”命令按钮，镜像圆形，完成 STK461 元件绘制，如图 7-56 所示。

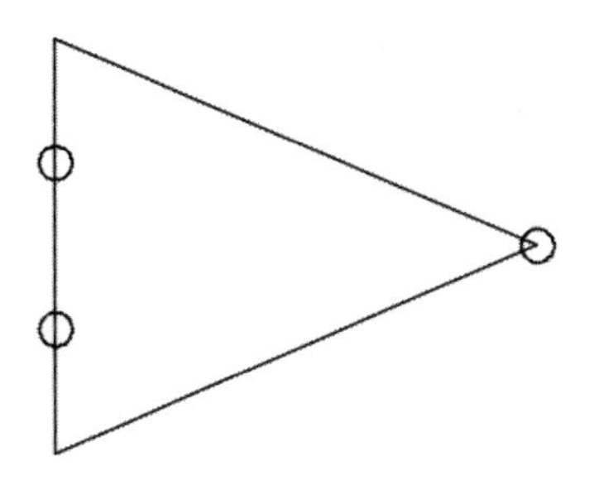

图 7-54　复制右侧圆形

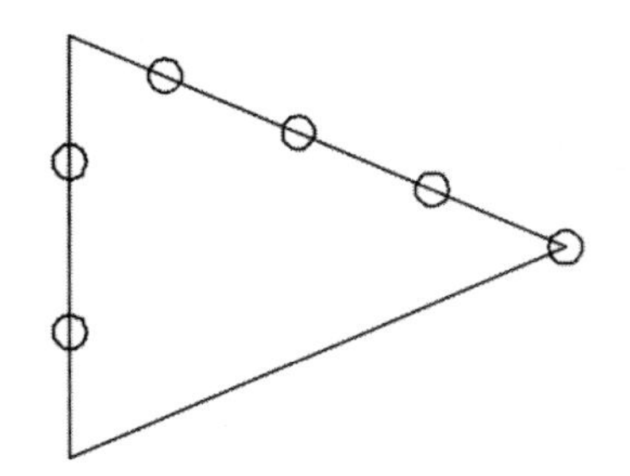

图 7-55　阵列圆

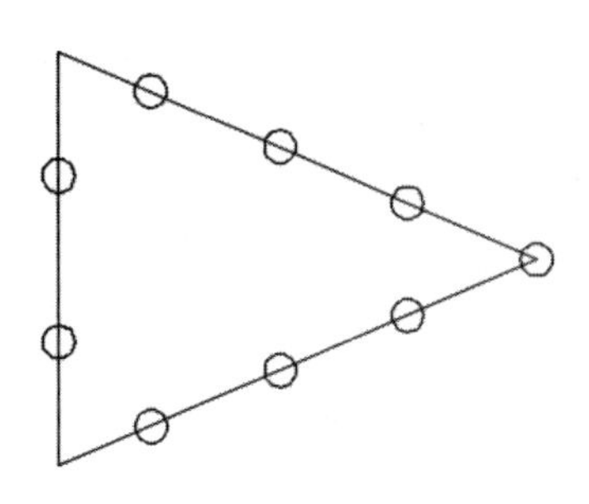

图 7-56　镜像圆形

（7）单击“绘图”面板中的“矩形”命令按钮，绘制尺寸为 1×2 的矩形表示电阻，如图 7-57 所示。

（8）单击“修改”面板中的“复制”命令按钮，复制矩形，如图 7-58 所示。

（9）单击“绘图”面板中的“直线”命令按钮，绘制长度为 2 的平行线表示电容，如图 7-59 所示段。

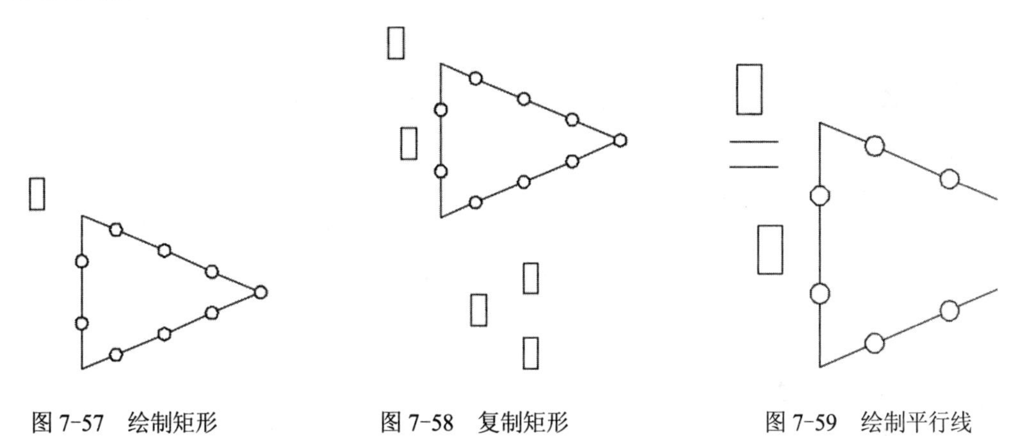

图 7-57　绘制矩形　　图 7-58　复制矩形　　图 7-59　绘制平行线

（10）单击“修改”面板中的“复制”命令按钮，复制电容，如图 7-60 所示。

（11）单击“绘图”面板中的“直线”命令按钮，绘制如图 7-61 所示的线路。

（12）单击“绘图”面板中的“直线”命令按钮，绘制如图 7-62 所示的接地线路。

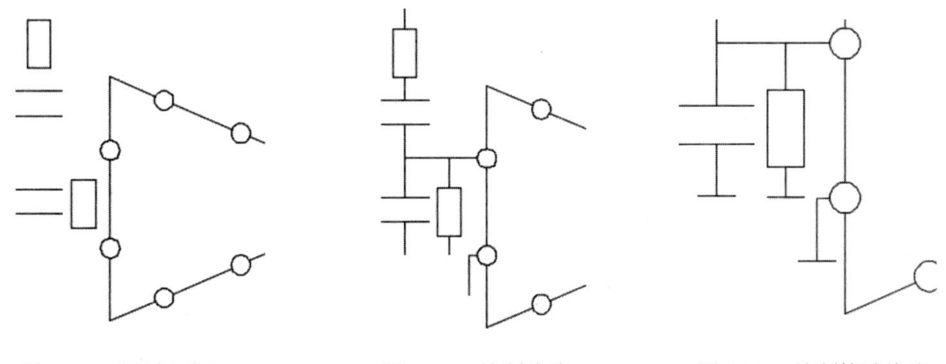

图 7-60　复制电容　　图 7-61　绘制线路　　图 7-62　绘制接地线路

（13）单击“修改”面板中的“复制”命令按钮，复制矩形，如图 7-63 所示。

（14）单击“修改”面板中的“复制”命令按钮，复制电容，如图7-64所示。

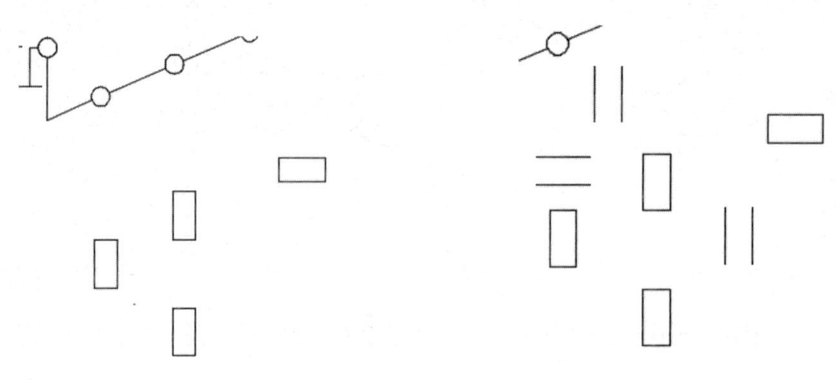

图7-63　复制矩形　　　　图7-64　复制电容

（15）单击“绘图”面板中的“直线”命令按钮，绘制如图7-65所示的线路。

（16）单击“修改”面板中的“复制”命令按钮，复制电阻，如图7-66所示。

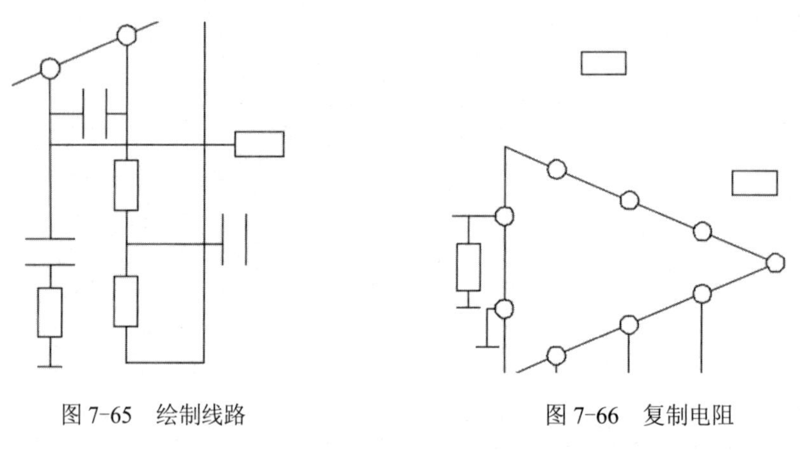

图7-65　绘制线路　　　　图7-66　复制电阻

（17）单击“修改”面板中的“复制”命令按钮，复制电容，如图7-67所示。

（18）单击“绘图”面板中的“直线”命令按钮，绘制如图7-68所示的右侧线路。

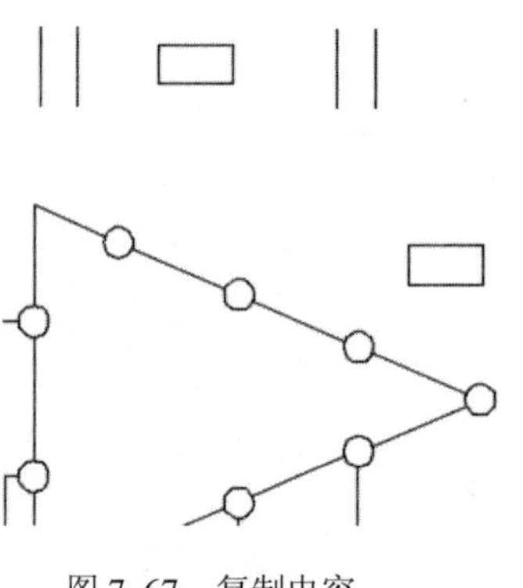

图7-67　复制电容

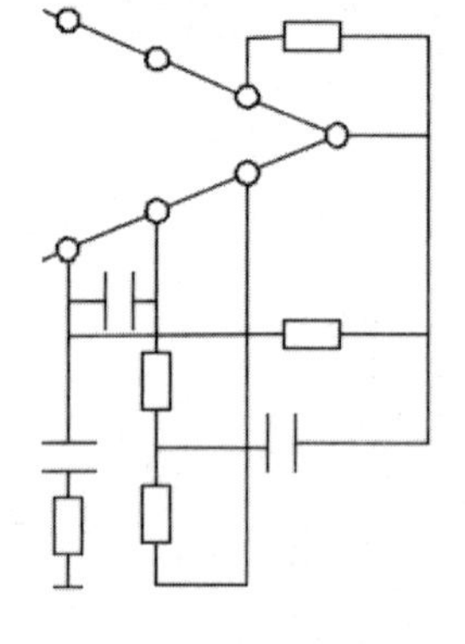

图7-68　绘制右侧线路

（19）单击“绘图”面板中的“直线”命令按钮，绘制如图7-69所示的上部线路。

（20）单击“修改”面板中的“复制”命令按钮，复制电容和电阻，如图 7-70 所示。

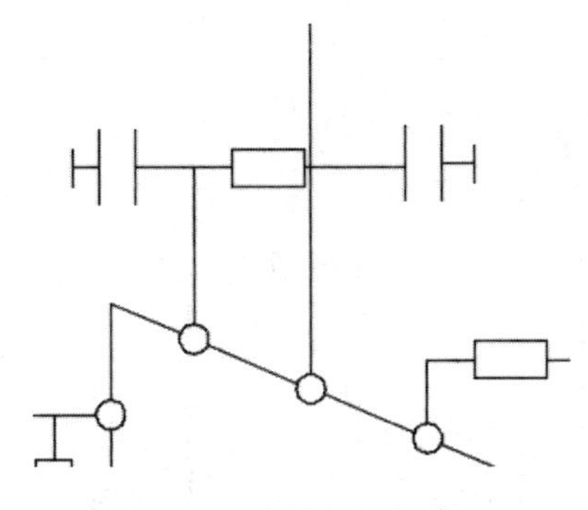

图 7-69 绘制上部线路

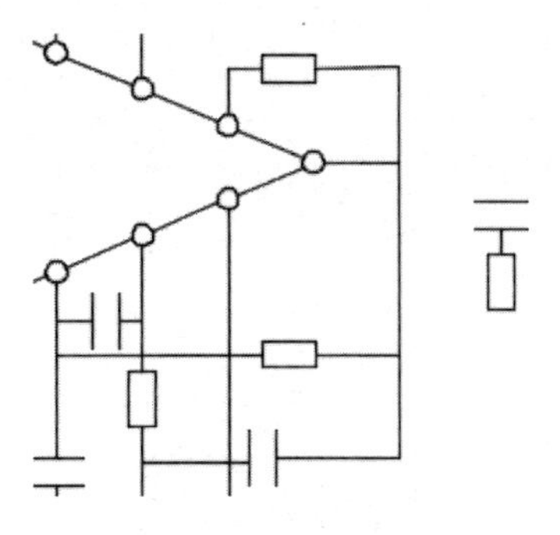

图 7-70 复制电容和电阻

（21）单击“绘图”面板中的“直线”命令按钮，绘制如图 7-71 所示的线路。

（22）单击“绘图”面板中的“矩形”命令按钮，绘制尺寸为 1×1.5 的矩形，如图 7-72 所示。

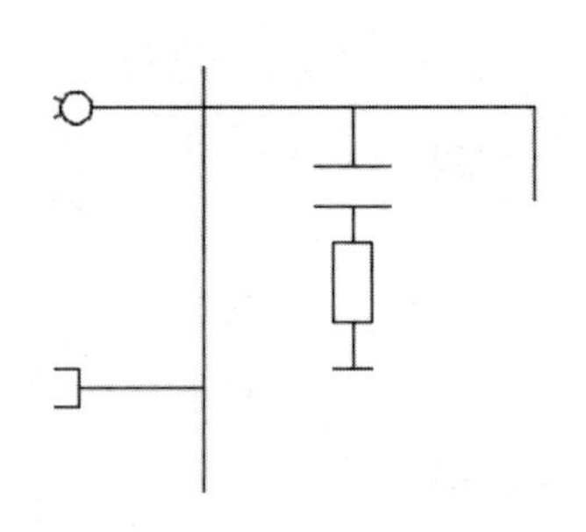

图 7-71 绘制线路

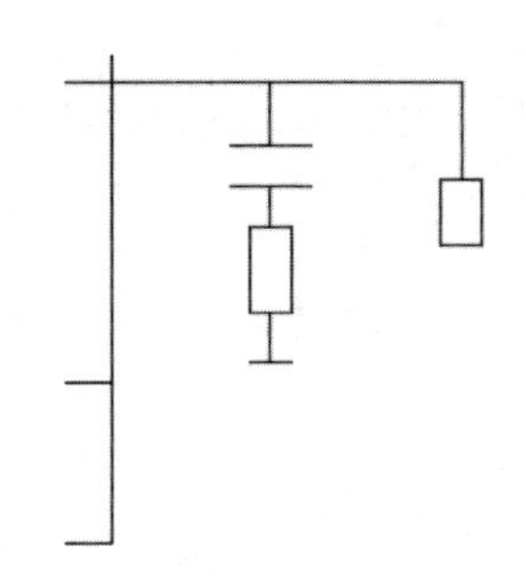

图 7-72 绘制尺寸为 1×1.5 的矩形

（23）单击“绘图”面板中的“直线”命令按钮，绘制如图 7-73 所示的扬声器。

（24）单击“绘图”面板中的“圆”命令按钮，绘制半径为 0.2 的圆，如图 7-74 所示。

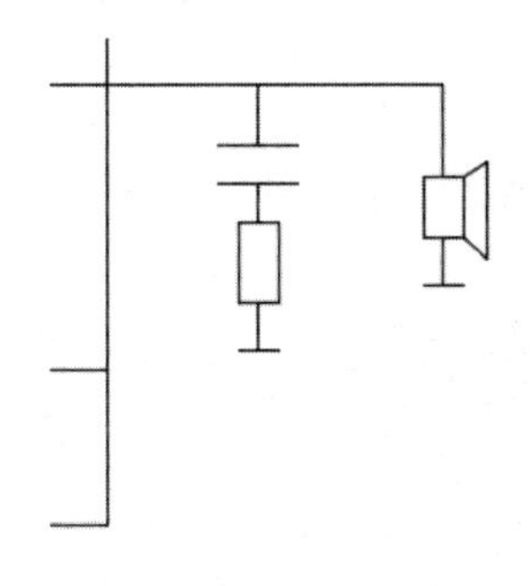

图 7-73 绘制扬声器

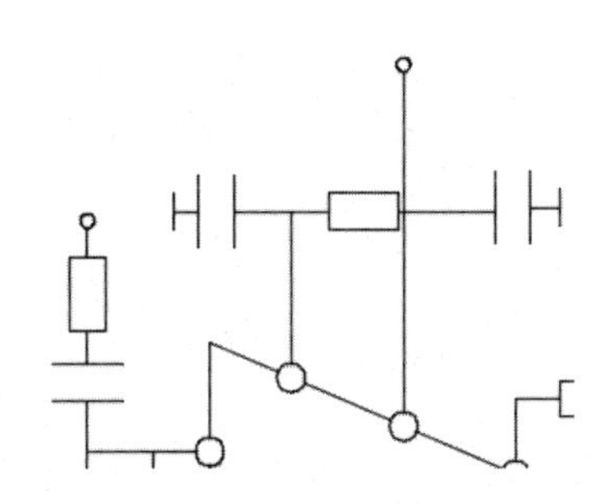

图 7-74 绘制半径为 0.2 的圆

（25）单击“绘图”面板中的“圆”命令按钮，绘制半径为 0.1 的圆，并进行填充，如图 7-75 所示。

（26）单击“修改”面板中的“复制”命令按钮，复制节点圆，如图 7-76 所示。

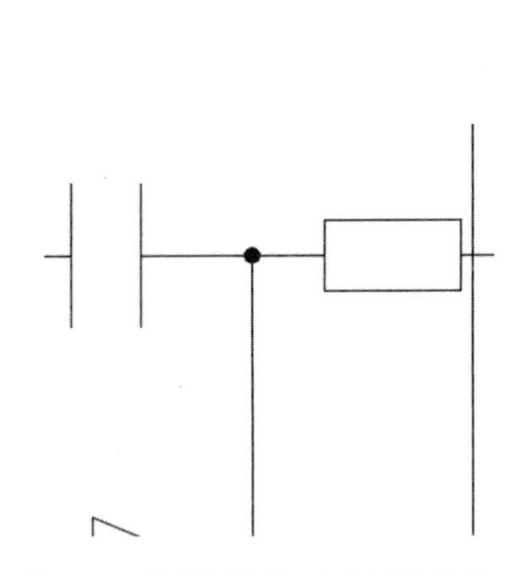

图 7-75　绘制半径为 0.1 的圆并填充

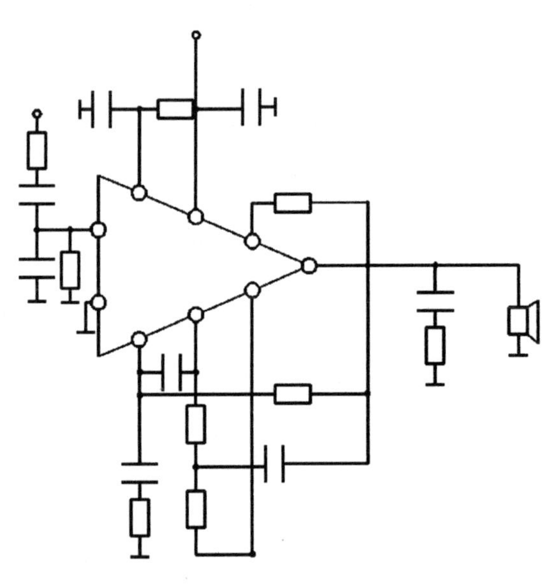

图 7-76　复制节点圆

（27）单击“注释”面板中的“多行文字”命令按钮，绘制如图 7-77 所示的线路上部文字。

（28）单击“注释”面板中的“多行文字”命令按钮，绘制如图 7-78 所示的 STK 元件文字。

（29）单击“注释”面板中的“多行文字”命令按钮，绘制如图 7-79 所示的线路下部文字。

（30）单击“修改”面板中的“镜像”命令按钮，镜像如图 7-80 所示的图形。

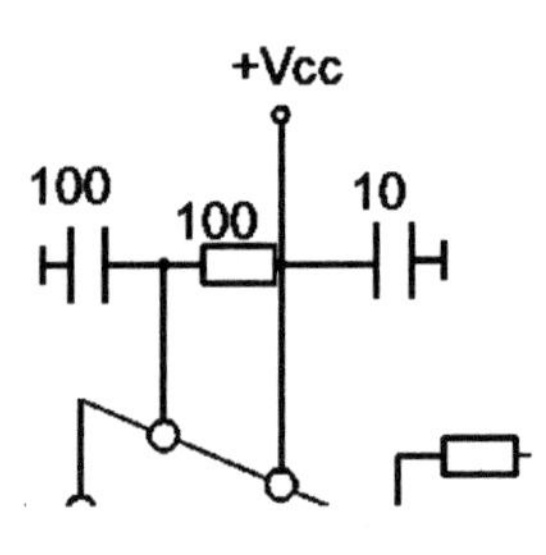

图 7-77　添加线路上部文字

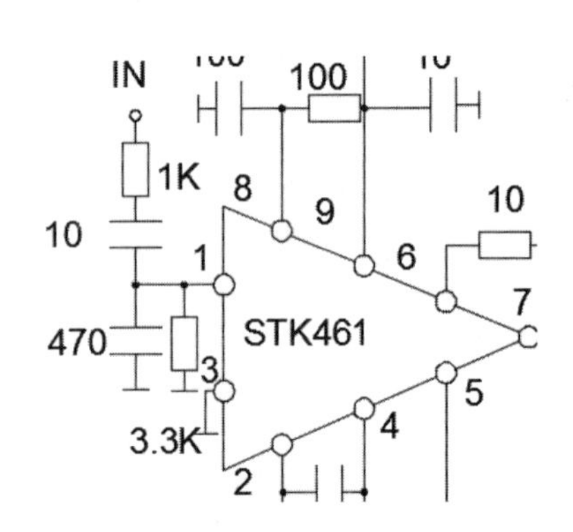

图 7-78　添加 STK 元件文字

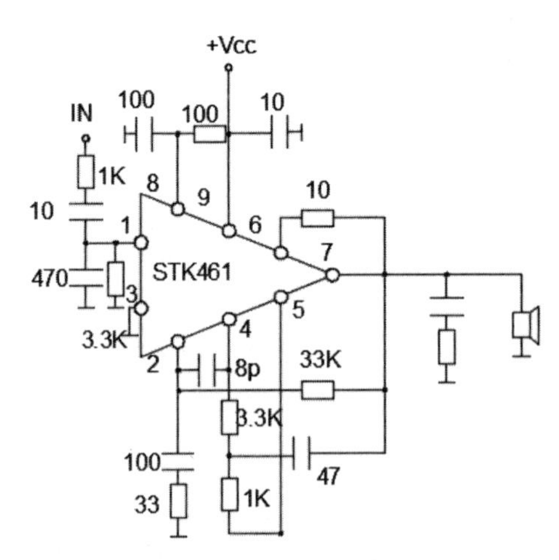

图 7-79　添加线路下部文字

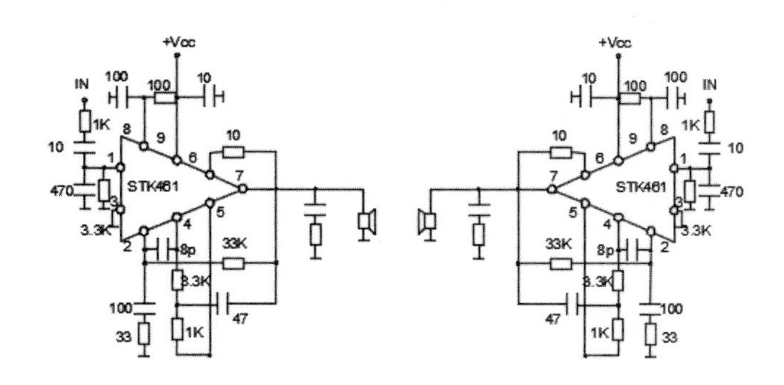

图 7-80　镜像图形

（31）单击“绘图”面板中的“直线”命令按钮，绘制如图 7-81 所示的连接线路。

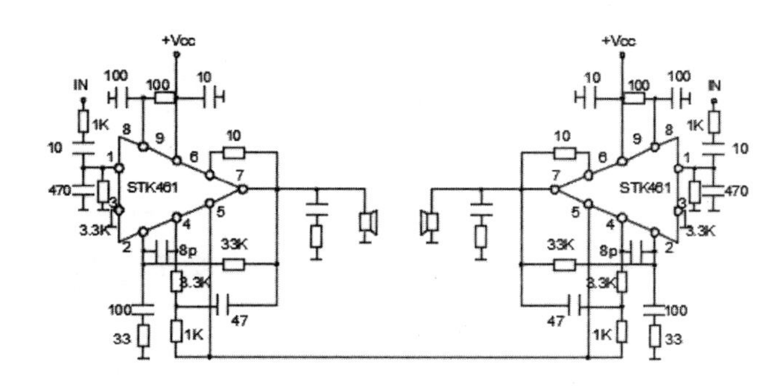

图 7-81　绘制连接线路

（32）单击“修改”面板中的“复制”命令按钮，复制电容元件，完成对称数字信号电路图，如图 7-82 所示。

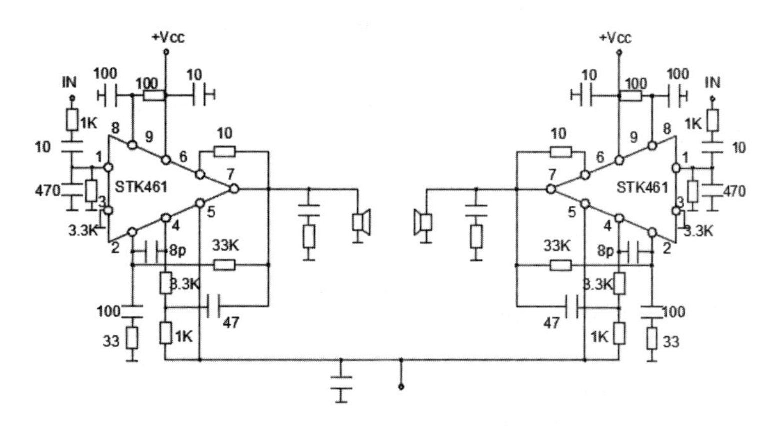

图 7-82　完成对称数字信号电路图

7.3.2　绘制电路图表格

绘制步骤如下。

（1）单击“绘图”面板中的“矩形”命令按钮，绘制如图 7-83 所示的矩形。

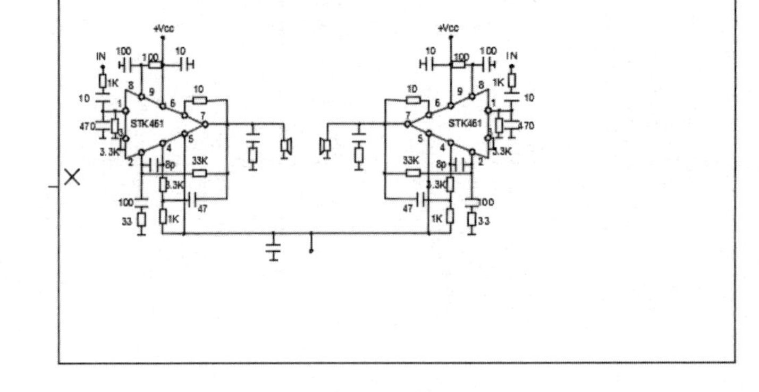

图 7-83　绘制矩形

（2）单击“绘图”面板中的“直线”命令按钮，绘制如图 7-84 所示的两个矩形。

（3）单击“注释”面板中的“多行文字”命令按钮，绘制如图 7-85 所示的图样名称文字。

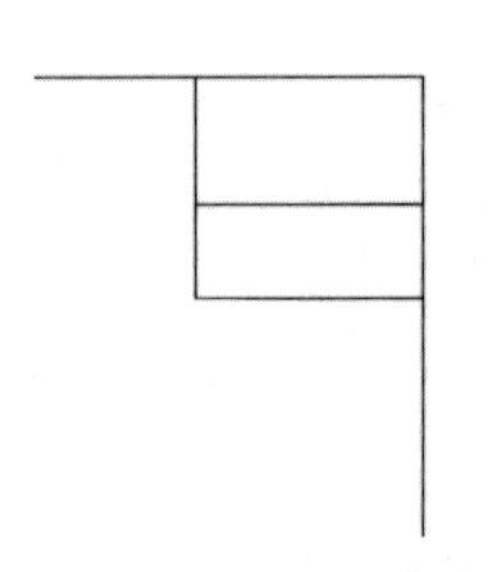
图 7-84　绘制两个矩形

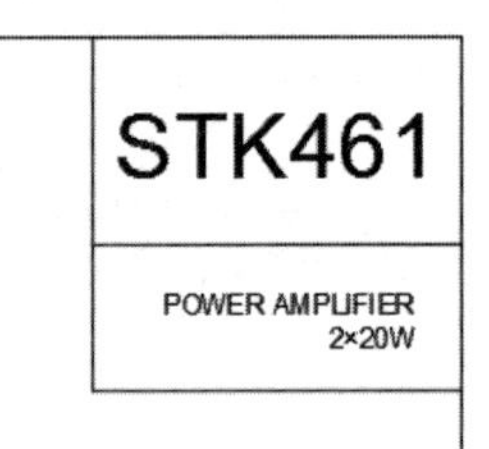

图 7-85　添加图样名称文字

（4）单击“注释”面板中的“表格”命令按钮，弹出“插入表格”对话框，设置参数后，单击“确定”按钮，如图 7-86 所示。

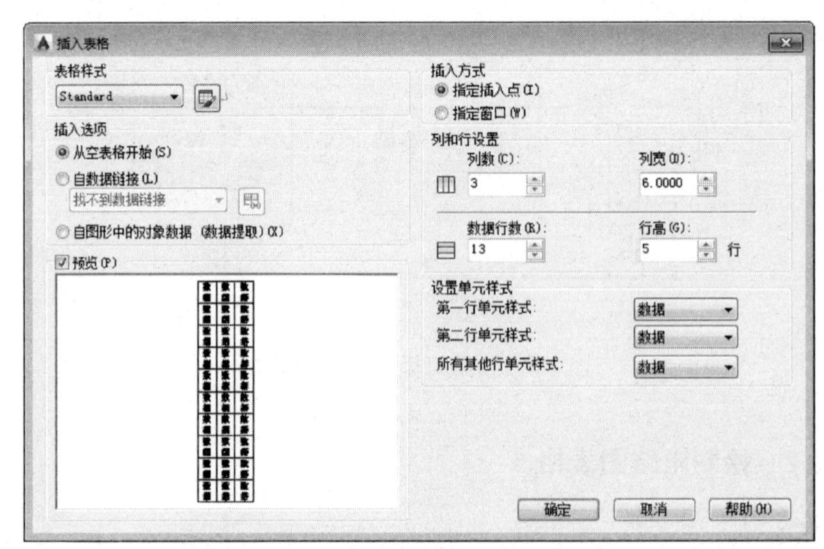

图 7-86　“插入表格”对话框

1
2
3
4
5
6
第 7 章
8
9

（5）在绘图区单击放置表格，如图 7-87 所示。

（6）双击表格，依次添加如图 7-88 所示的第一列文字。

（7）双击表格，依次添加如图 7-89 所示的第二和第三列文字。至此完成对称数字信号电路图表格的绘制，如图 7-90 所示。

图 7-87　放置表格

Vcc MAX		
Vcc TYP		
P0		
RL		
TDH		
Icco TYP		
Icco MAX		
Rin		
Gain		
Noise		
CASE		

图 7-88　添加第一列文字

Vcc MAX	±33V	
Vcc TYP	±23V	±21v
P0	2×20W	2×25W
RL	80hm	40hm
TDH	0.08%	
Icco TYP	40ma	
Icco MAX	120ma	
Rin	32k	
Gain	40db	
Noise	1.2mv	
CASE		

图 7-89　添加第二和第三列文字

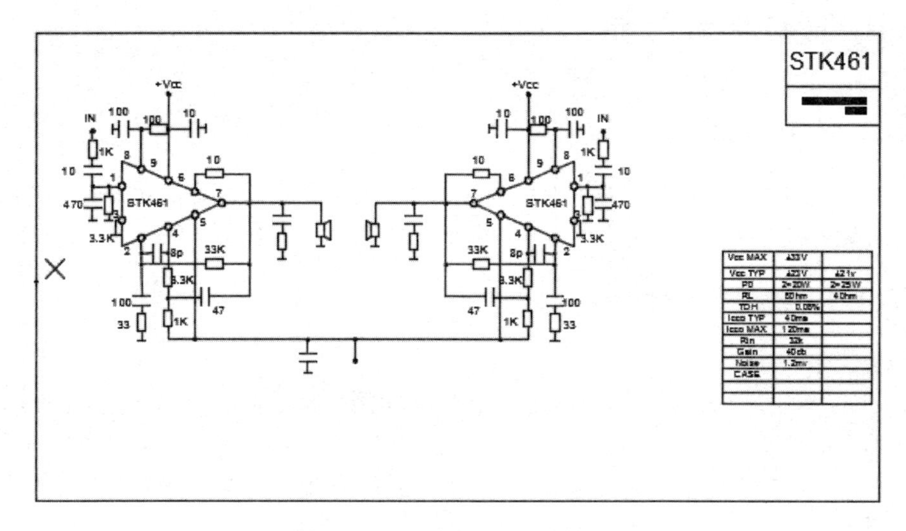

图 7-90　完成对称数字信号电路图表格

1
2
3
4
5
6
7
第8章
9

第8章　车辆、机床电气设计

知识导引

车辆、机床都可以看作机器产品，其电气设计有共同特点，即它们的电路都可以看作是主电路和控制电路的结合。主电路一般是比较简单的，但是控制电路却十分复杂。控制电路执行着复杂的电气逻辑功能，用于控制、保护主电路。

8.1　电动车电气图

制作思路

电动车电气图主要由控制部分和电机部分组成，其中的控制器是示意表示。本例通过线路将电气元件进行连接，先绘制元件，如控制器、电机等，之后进行布线，最后添加文字。

8.1.1　绘制控制部分

绘制步骤如下。

（1）单击“绘图”面板中的“直线”命令按钮，绘制长度为 3 的斜线表示开关，如图 8-1 所示。

（2）单击“绘图”面板中的“矩形”命令按钮，绘制尺寸为 2×5 的矩形作为电阻，如图 8-2 所示。

（3）单击“绘图”面板中的“直线”命令按钮，绘制长度为 6 和 4 的直线表示电源，如图 8-3 所示。

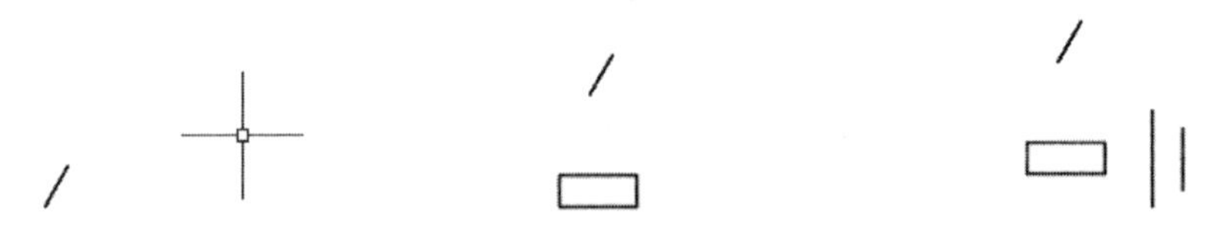

图 8-1　绘制开关　　图 8-2　绘制电阻　　图 8-3　绘制电源

（4）单击“绘图”面板中的“矩形”命令按钮，绘制尺寸为 1×4 的矩形，如图 8-4 所示。

（5）单击“绘图”面板中的“圆”命令按钮，绘制半径为 0.5 的圆，如图 8-5 所示。

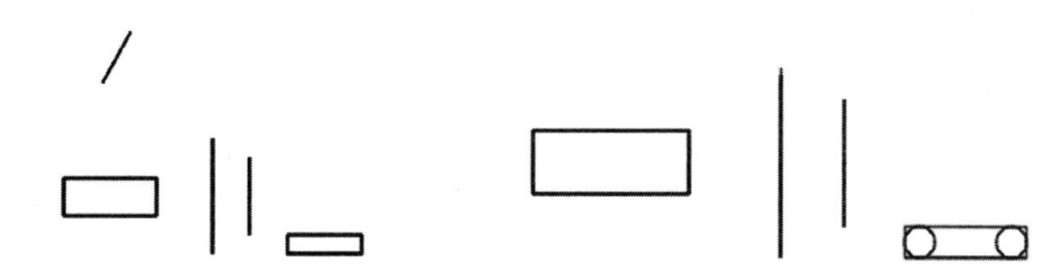

图 8-4　绘制尺寸为 1×4 的矩形　　　　图 8-5　绘制半径为 0.5 的圆

（6）单击“修改”面板中的“修剪”命令按钮，快速修剪图形，如图 8-6 所示。

（7）单击“绘图”面板中的“圆”命令按钮，绘制半径为 3.5 的圆表示电机，如图 8-7 所示。

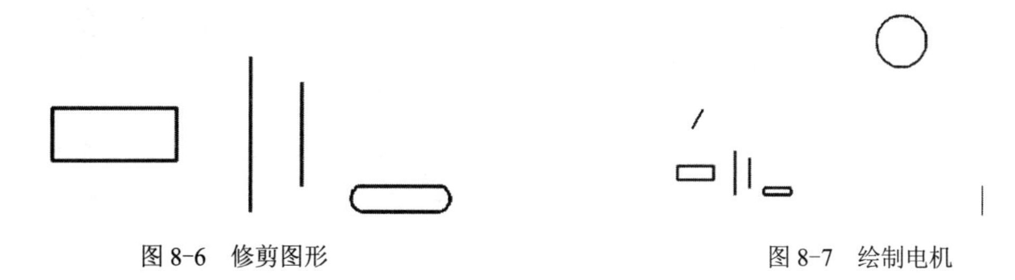

图 8-6　修剪图形　　　　图 8-7　绘制电机

（8）单击“绘图”面板中的“矩形”命令按钮，绘制尺寸为 10×20 的矩形作为控制器，如图 8-8 所示。

（9）单击“绘图”面板中的“矩形”命令按钮，绘制尺寸为 0.5×6 的矩形，如图 8-9 所示。

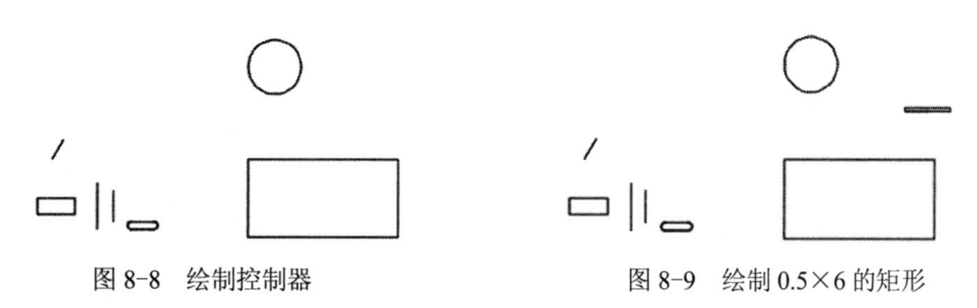

图 8-8　绘制控制器　　　　图 8-9　绘制 0.5×6 的矩形

（10）单击“绘图”面板中的“矩形”命令按钮，绘制尺寸为 0.6×1、1.5×0.8 和 1×3 的多个矩形，如图 8-10 所示。

（11）单击“绘图”面板中的“直线”命令按钮，绘制长度为 3 的斜线作为开关，如图 8-11 所示。

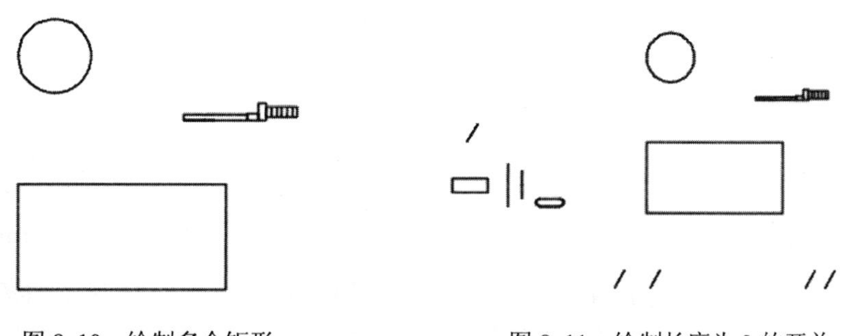

图 8-10　绘制多个矩形　　　　图 8-11　绘制长度为 3 的开关

（12）单击“绘图”面板中的“矩形”命令按钮，绘制尺寸为 2×4 的矩形表示电阻，如图 8-12 所示。

（13）单击“绘图”面板中的“直线”命令按钮，绘制如图 8-13 所示的二极管。

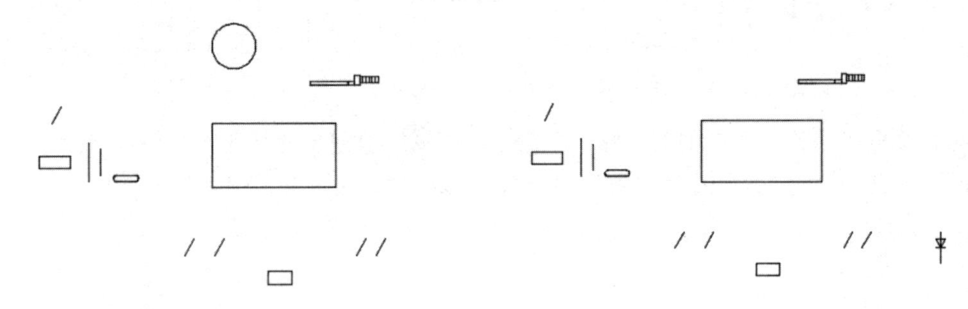

图 8-12　绘制尺寸为 2×4 的电阻　　　图 8-13　绘制二极管

（14）单击“绘图”面板中的“圆”命令按钮，绘制半径为 2 的圆，如图 8-14 所示。

（15）单击“绘图”面板中的“直线”命令按钮，绘制完成如图 8-15 所示的指示灯。

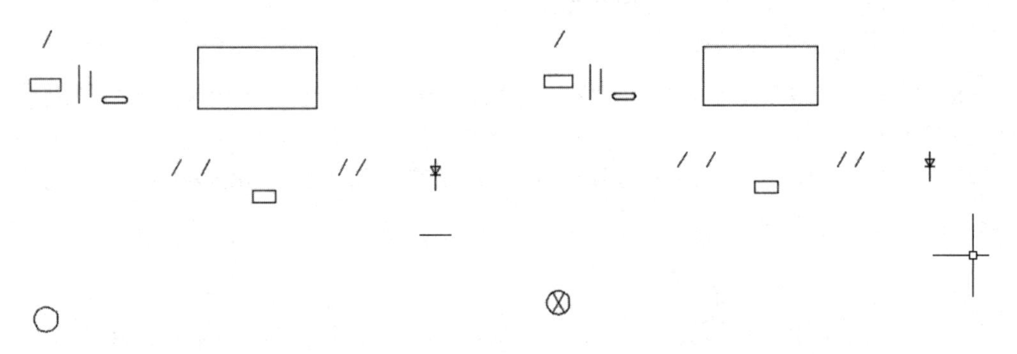

图 8-14　绘制半径为 2 的圆　　　图 8-15　绘制指示灯

（16）单击“修改”面板中的“复制”命令按钮，选择指示灯进行复制，如图 8-16 所示。

（17）单击“绘图”面板中的“矩形”命令按钮，绘制尺寸为 4×1 的矩形，如图 8-17 所示。

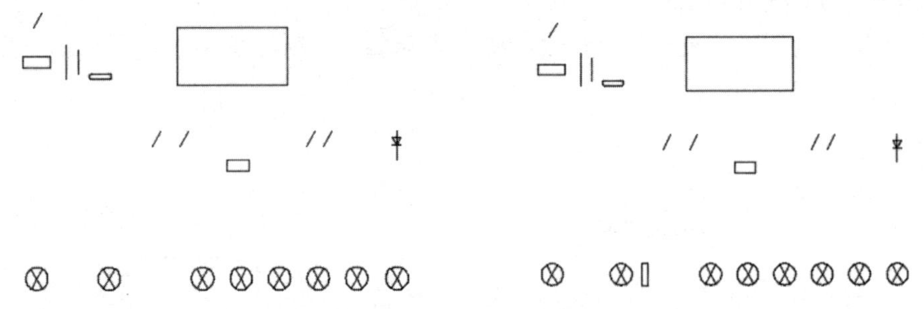

图 8-16　复制指示灯　　　图 8-17　绘制尺寸为 4×1 的矩形

（18）单击“绘图”面板中的“直线”命令按钮，绘制如图 8-18 所示的扬声器。

（19）单击“绘图”面板中的“直线”命令按钮，绘制如图 8-19 所示的四周线路。

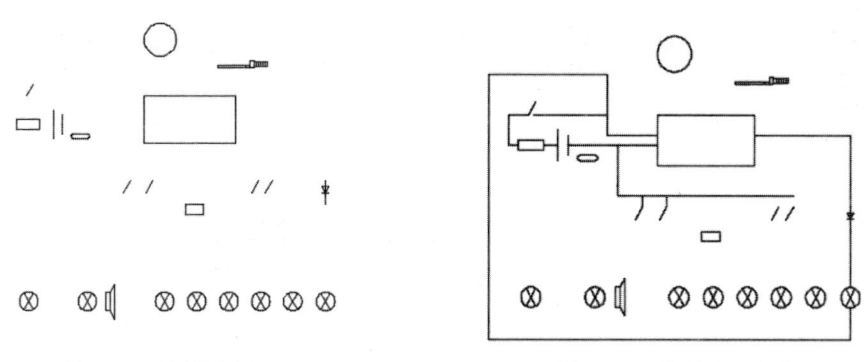

图 8-18　绘制扬声器　　　　图 8-19　绘制四周线路

（20）单击“绘图”面板中的“直线”命令按钮，绘制如图 8-20 所示的内部线路，完成控制部分电路。

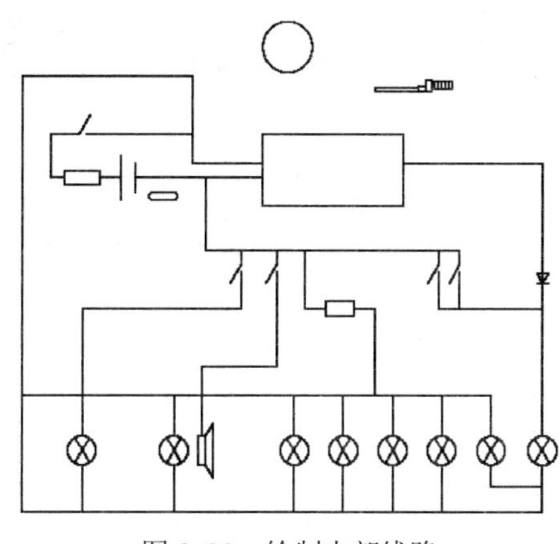

图 8-20　绘制内部线路

8.1.2　绘制电机电路

绘制步骤如下。

（1）单击“绘图”面板中的“直线”命令按钮，绘制如图 8-21 所示的电机线路。

（2）单击“绘图”面板中的“图案填充”命令按钮，完成如图 8-22 所示的图案填充。

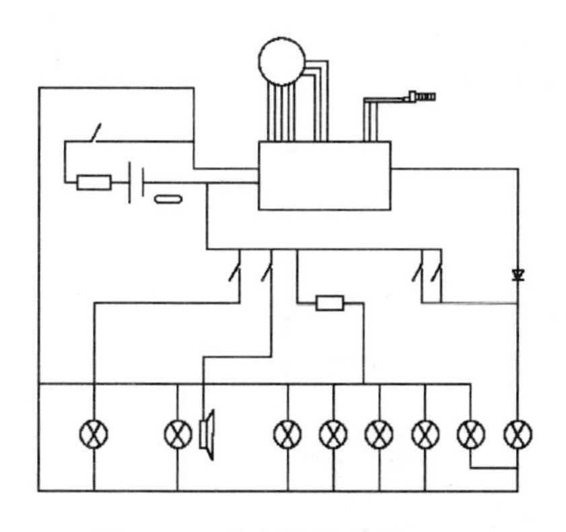

图 8-21　绘制电机线路

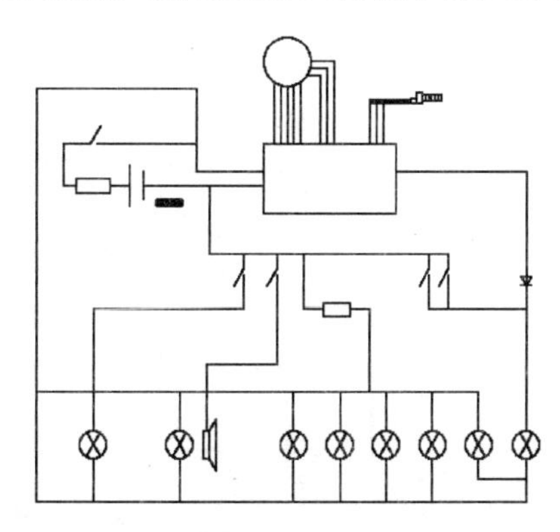

图 8-22　填充图案

（3）单击“注释”面板中的“多行文字”命令按钮A，绘制如图 8-23 所示的上部文字。

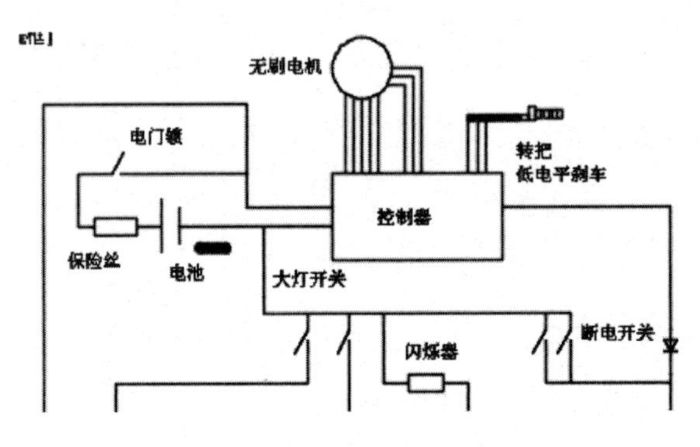

图 8-23　添加上部文字

（4）单击“注释”面板中的“多行文字”命令按钮A，绘制如图 8-24 所示的下部文字。

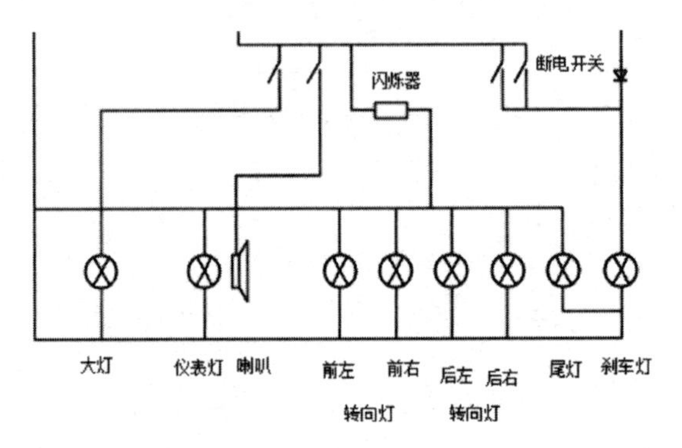

图 8-24　添加下部文字

（5）单击“注释”面板中的“多行文字”命令按钮A，绘制如图 8-25 所示的文字“刹车线”。

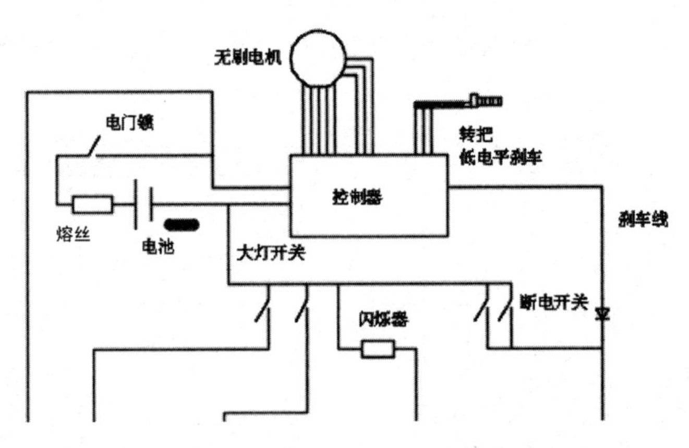

图 8-25　添加文字“刹车线”

（6）至此完成电动车电气原理图的绘制，如图 8-26 所示。

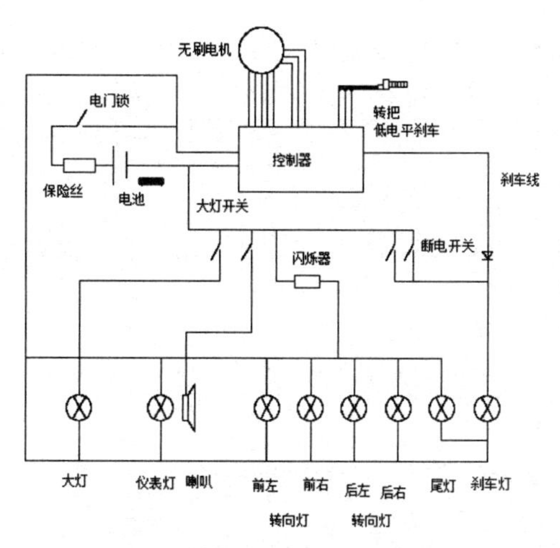

图 8-26　完成电动车电气图

8.2　空压机电气图

制作思路

空压机的作用是压缩空气，本例增加了一个 PLC 控制电路，可以对空压机电机进行控制，绘制顺序是从绘制电机电路开始，最后绘制 PLC 控制器。

8.2.1　绘制主电机电路

绘制步骤如下。

（1）单击“绘图”面板中的“直线”命令按钮，绘制如图 8-27 所示的交叉线。

（2）单击“修改”面板中的“复制”命令按钮，复制交叉线图形，如图 8-28 所示。

图 8-27　绘制交叉线

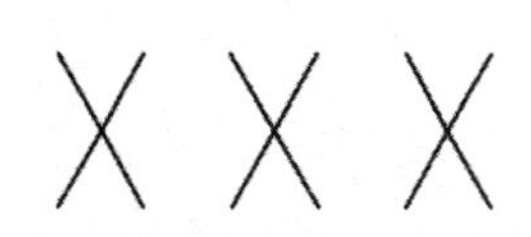

图 8-28　复制交叉线图形

（3）单击“绘图”面板中的“直线”命令按钮，绘制如图 8-29 所示的直线。

（4）单击“修改”面板中的“复制”命令按钮，复制直线，如图 8-30 所示。

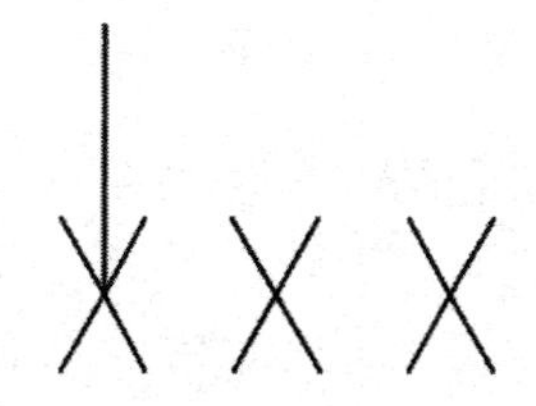

图 8-29　绘制直线

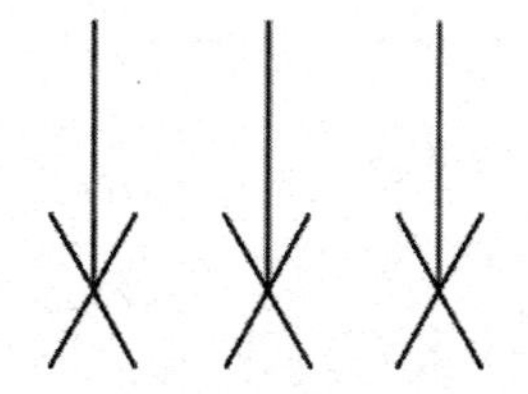

图 8-30　复制直线

（5）单击“绘图”面板中的“圆”命令按钮，绘制半径为 0.3 的圆，如图 8-31 所示。

（6）单击“修改”面板中的“复制”命令按钮，复制节点圆，如图 8-32 所示。

（7）单击“绘图”面板中的“直线”命令按钮，绘制如图 8-33 所示的开关。

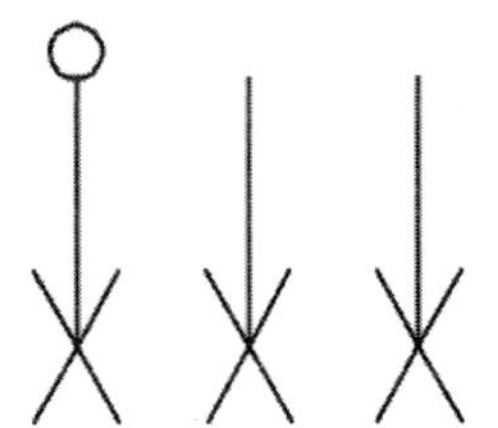

图 8-31　绘制半径为 0.3 的圆

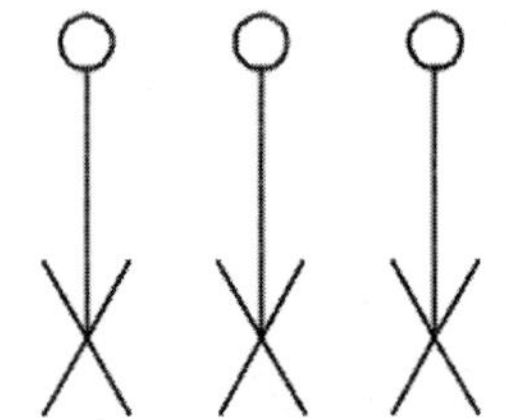
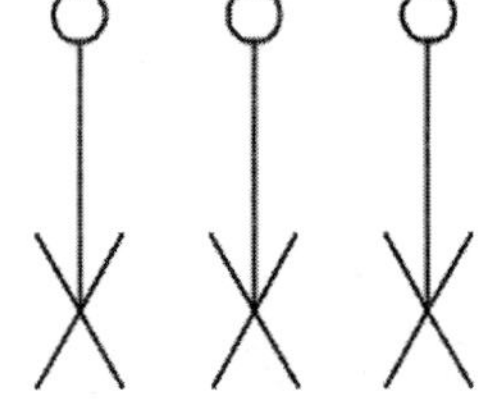

图 8-32　复制节点圆

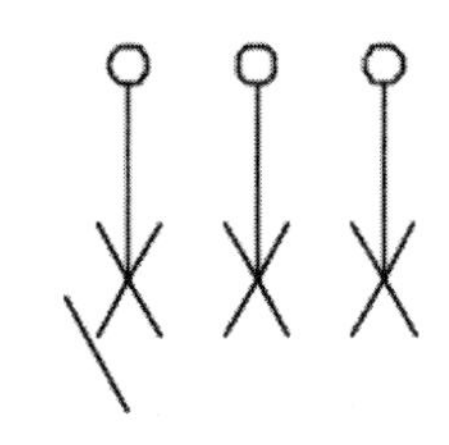

图 8-33　绘制开关

（8）单击“修改”面板中的“复制”命令按钮，复制开关，如图 8-34 所示。

（9）单击“绘图”面板中的“直线”命令按钮，绘制如图 8-35 所示的开关线路。

（10）单击“绘图”面板中的“圆”命令按钮，绘制半径为 0.3 的圆，如图 8-36 所示。

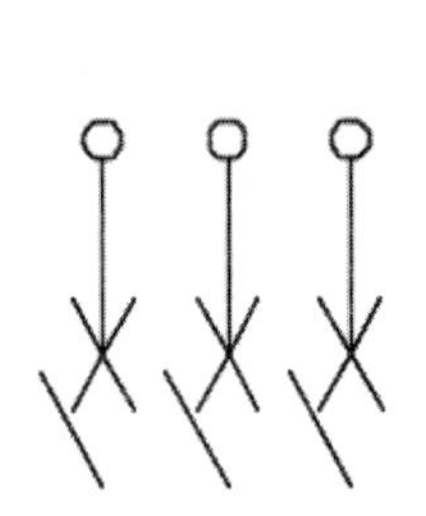

图 8-34　复制开关

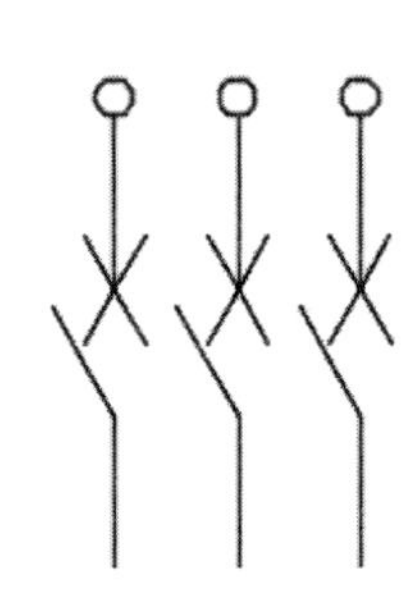

图 8-35　绘制开关线路

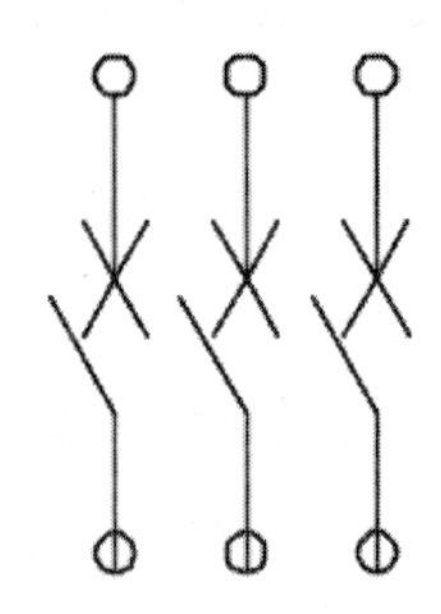

图 8-36　绘制半径为 0.3 的圆

（11）单击“修改”面板中的“修剪”命令按钮，快速修剪节点圆，如图 8-37 所示。

（12）选择虚线图层。单击“绘图”面板中的“直线”命令按钮，绘制虚线，如图 8-38 所示。

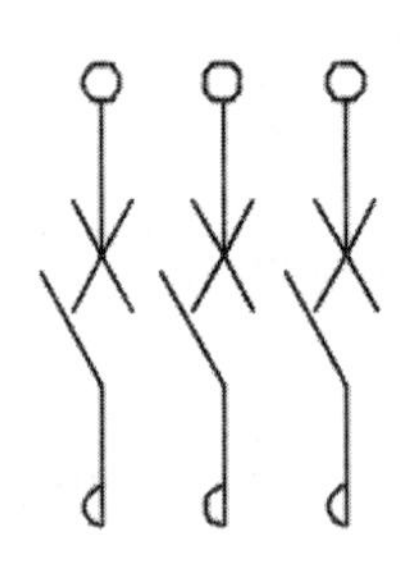

图 8-37　修剪节点圆

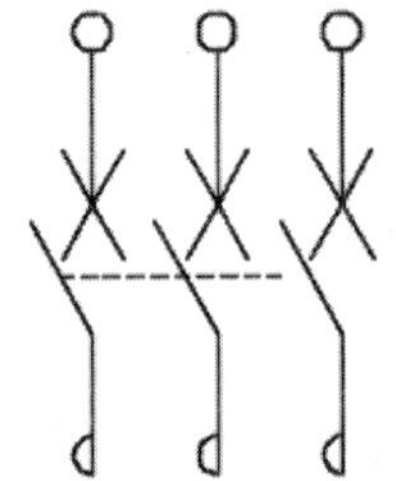

图 8-38　绘制虚线

（13）单击“注释”面板中的“多行文字”命令按钮，绘制如图 8-39 所示的文字“QF”。

（14）修改图层设置。单击“绘图”面板中的“直线”命令按钮，绘制水平虚线，如图 8-40 所示。

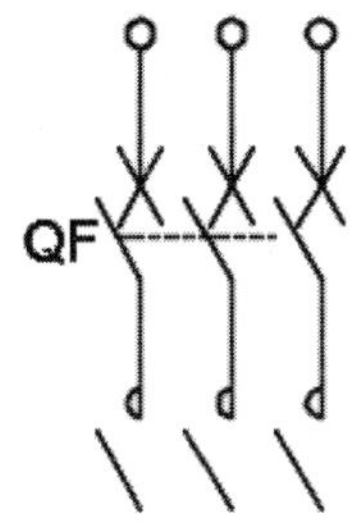

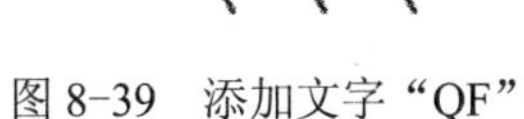

图 8-39　添加文字“QF”

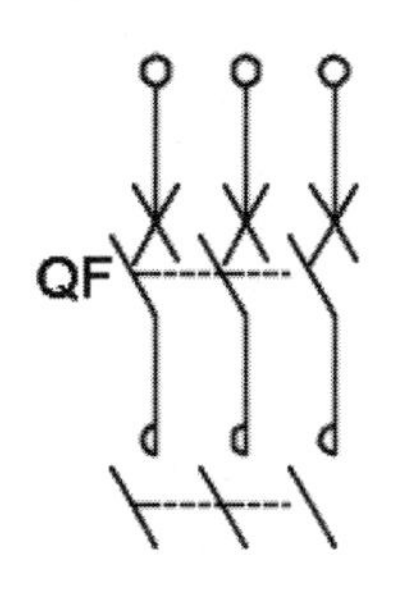

图 8-40　绘制水平虚线

（15）单击“绘图”面板中的“矩形”命令按钮，绘制尺寸为 2×6 的矩形，如图 8-41 所示。

（16）单击“绘图”面板中的“直线”命令按钮，绘制如图 8-42 所示的矩形内图形。

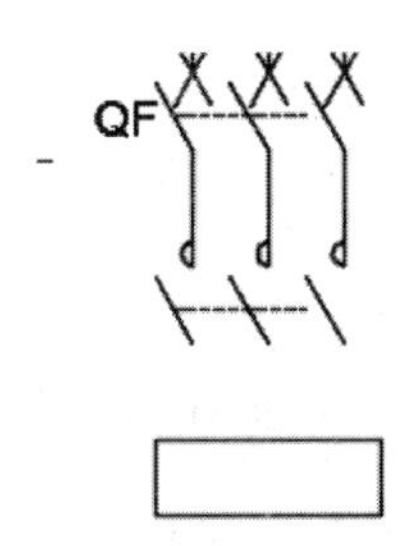

图 8-41　绘制 2×6 的矩形

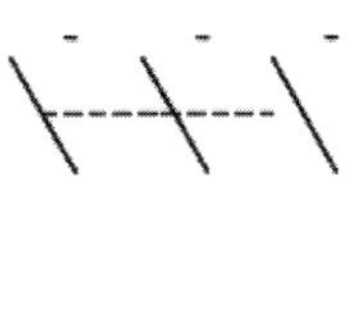

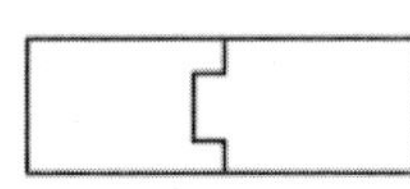

图 8-42　绘制矩形内图形

（17）单击“绘图”面板中的“直线”命令按钮，绘制如图 8-43 所示的开关线路。

（18）单击“绘图”面板中的“直线”命令按钮，绘制如图 8-44 所示的电机线路。

（19）单击“绘图”面板中的“圆”命令按钮，绘制半径为 2 的圆作为电机，如图 8-45 所示。

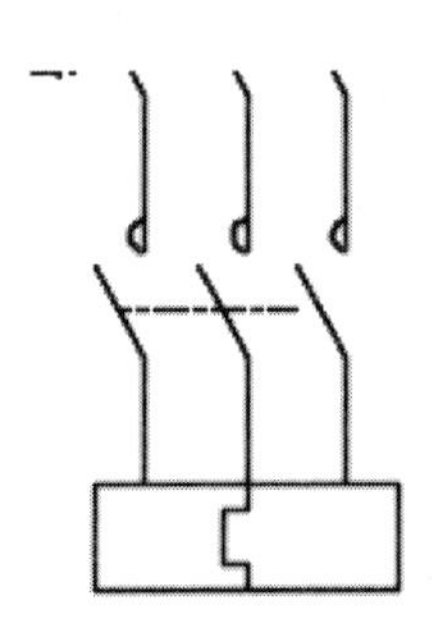

图 8-43　绘制开关线路

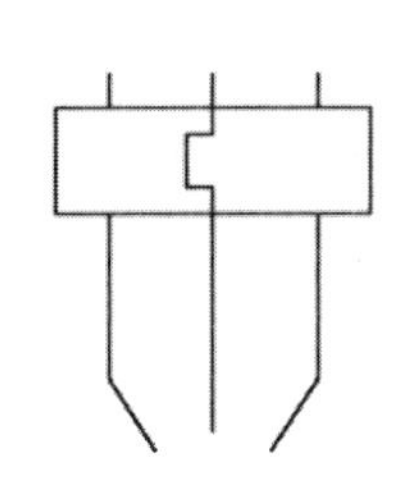

图 8-44　绘制电机线路

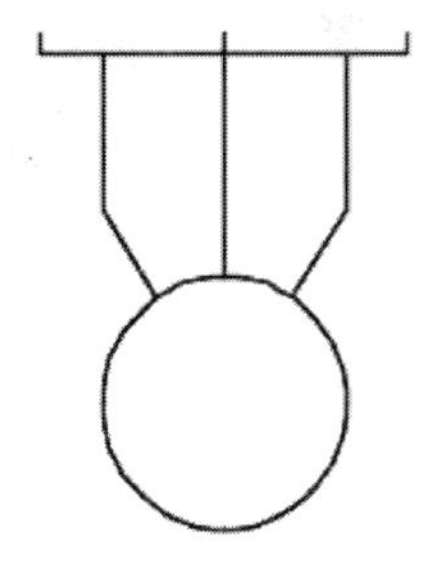

图 8-45　绘制电机

（20）单击“注释”面板中的“多行文字”命令按钮，绘制如图 8-46 所示的文字“U1、V1、W1”“M”“~”，完成电机支路绘制。

（21）单击“修改”面板中的“复制”命令按钮，以圆形的水平直径为镜像轴，镜像电机线路（保留源图形），如图 8-47 所示。

（22）单击“绘图”面板中的“圆”命令按钮，绘制半径为 0.3 的节点圆，如图 8-48 所示。

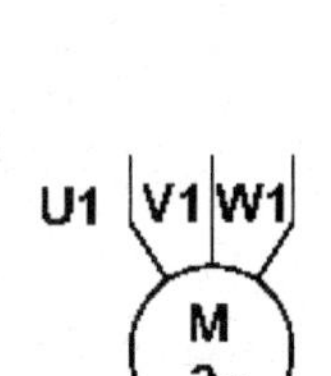

图 8-46 添加文字“U1、V1、W1”

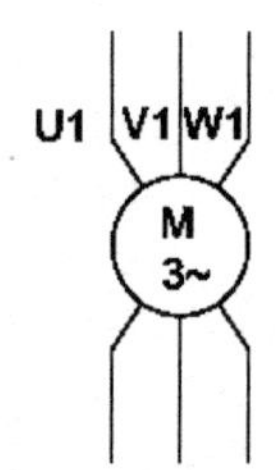
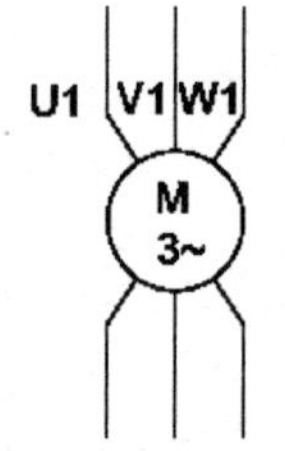

图 8-47 镜像电机线路

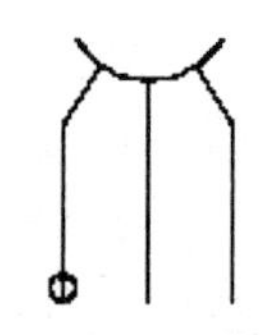

图 8-48 绘制节点圆

（23）单击“修改”面板中的“复制”命令按钮，复制节点圆，如图 8-49 所示。

（24）单击“修改”面板中的“修剪”命令按钮，快速修剪节点圆，如图 8-50 所示。

（25）单击“注释”面板中的“多行文字”命令按钮，绘制如图 8-51 所示的文字“W2、U2、V2”。

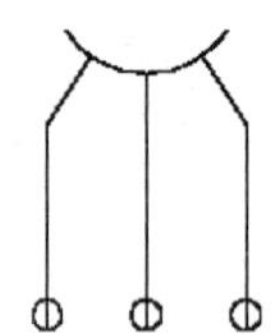

图 8-49 复制节点圆

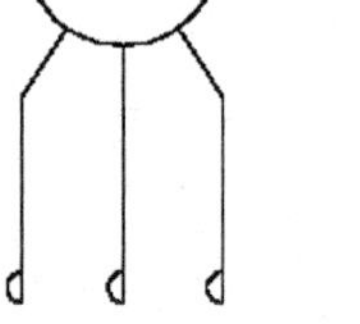

图 8-50 修剪节点圆

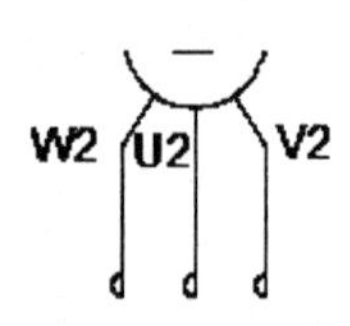

图 8-51 添加文字“W2、U2、V2”

（26）单击“绘图”面板中的“直线”命令按钮，绘制如图 8-52 所示的斜线。

（27）选择虚线图层。单击“绘图”面板中的“直线”命令按钮，绘制虚线，如图 8-53 所示。

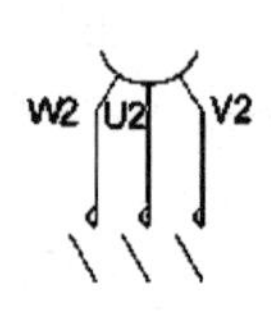

图 8-52 绘制斜线

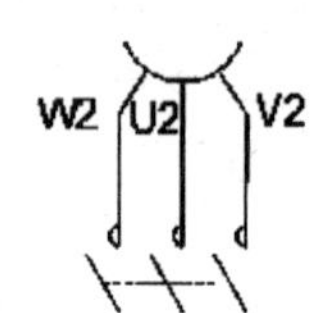

图 8-53 绘制虚线

（28）单击“绘图”面板中的“直线”命令按钮，绘制如图 8-54 所示的开关线路。

（29）至此完成电机支路图形绘制，如图 8-55 所示。

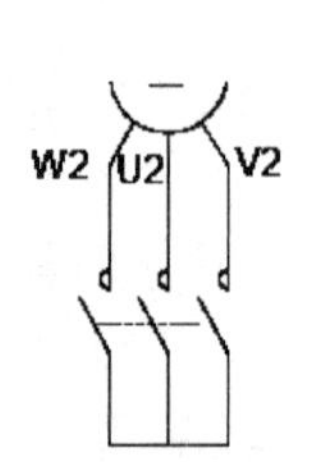

图 8-54 绘制开关线路

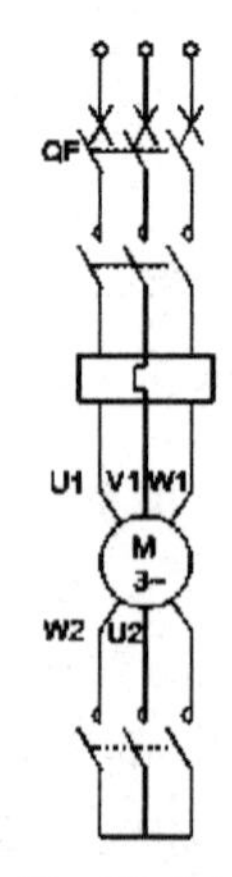

图 8-55 完成电机支路

8.2.2 绘制散热风机支路

绘制步骤如下。

（1）单击“绘图”中的“直线”命令按钮，绘制如图8-56所示的3条线路。

（2）单击“绘图”面板中的“圆”命令按钮，绘制半径为0.3的节点圆，如图8-57所示。

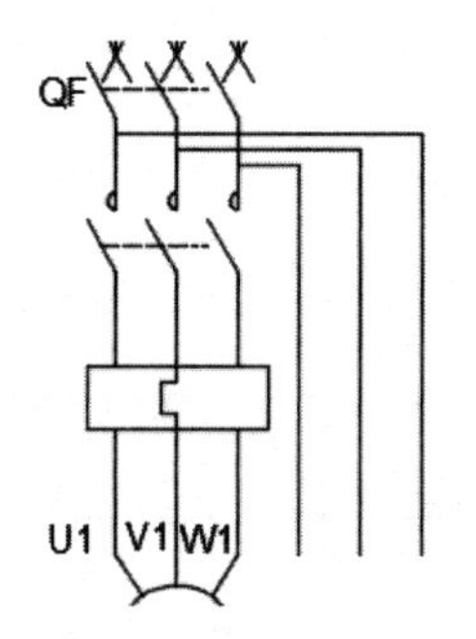

图8-56 绘制3条线路

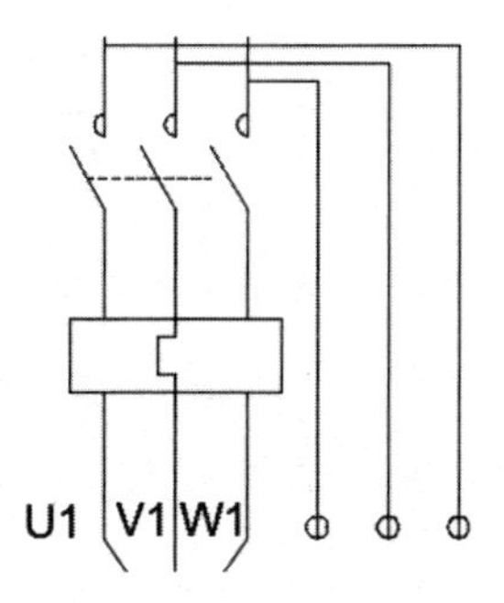

图8-57 绘制节点圆

（3）单击“修改”面板中的“修剪”命令按钮，快速修剪节点圆，如图8-58所示。

（4）单击“绘图”面板中的“直线”命令按钮，绘制如图8-59所示的3条斜线。

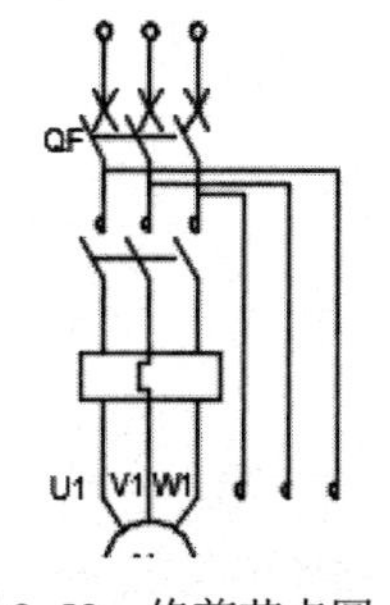

图8-58 修剪节点圆

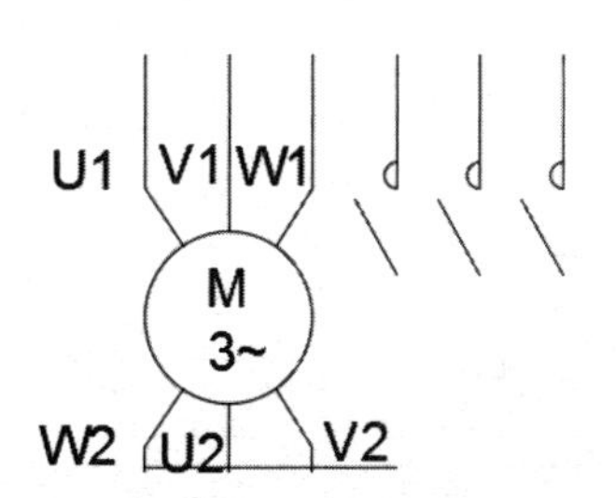

图8-59 绘制3条斜线

（5）选择虚线图层。单击“绘图”面板中的“直线”命令按钮，绘制虚线，如图8-60所示。

（6）单击“绘图”面板中的“直线”命令按钮，绘制如图8-61所示的开关线路。

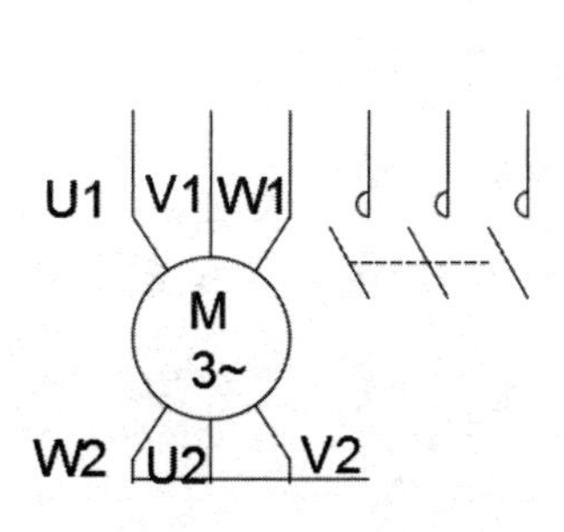

图8-60 绘制虚线

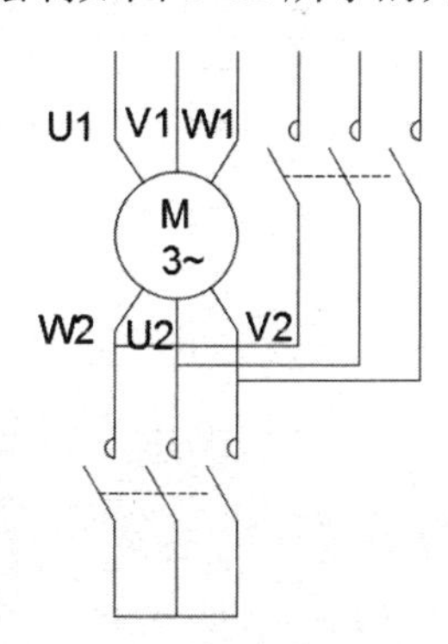

图8-61 绘制开关线路

（7）单击“绘图”面板中的“矩形”命令按钮，绘制尺寸为 2×6 的矩形，如图 8-62 所示。

（8）单击“绘图”面板中的“直线”命令按钮，绘制如图 8-63 所示的矩形内图形。

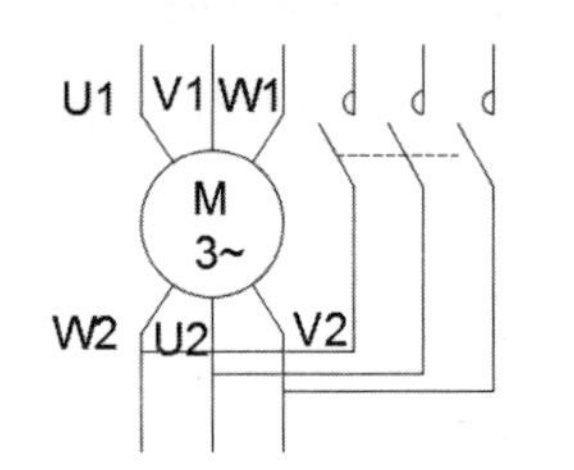

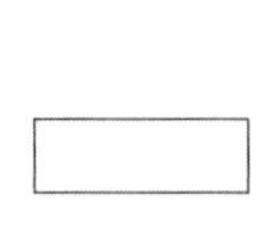

图 8-62　绘制尺寸为 2×6 的矩形

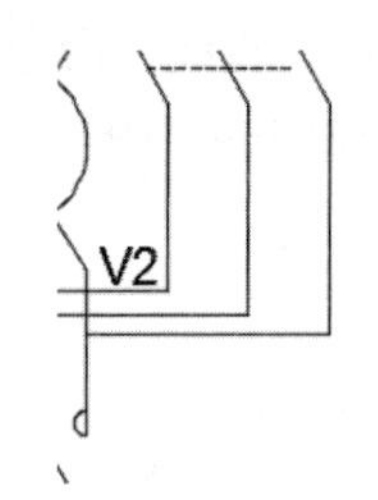

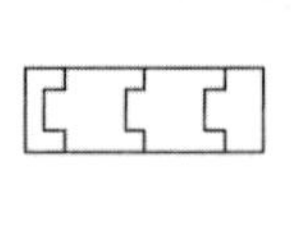

图 8-63　绘制矩形内图形

（9）单击“绘图”面板中的“圆”命令按钮，绘制半径为 3 的圆，如图 8-64 所示。

（10）单击“注释”面板中的“多行文字”命令按钮，绘制如图 8-65 所示的文字“散热风机”。

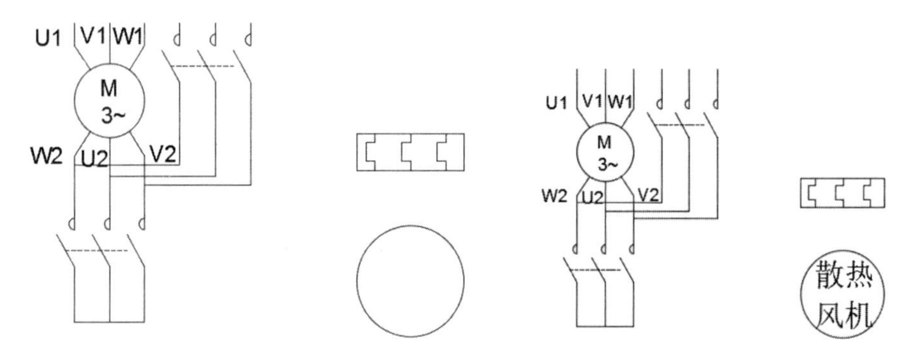

图 8-64　绘制半径为 3 的圆

图 8-65　添加文字“散热风机”

（11）单击“绘图”面板中的“直线”命令按钮，绘制如图 8-66 所示的风机线路。

（12）单击“注释”面板中的“多行文字”命令按钮，绘制如图 8-67 所示的文字“KM2、FR2”，完成散热风机电路绘制。

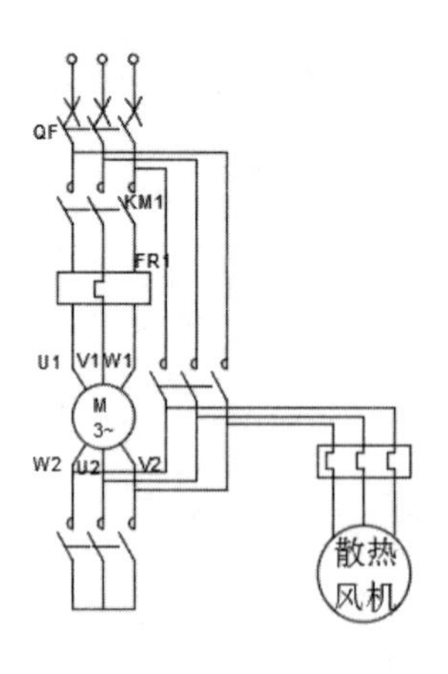

图 8-66　绘制风机线路

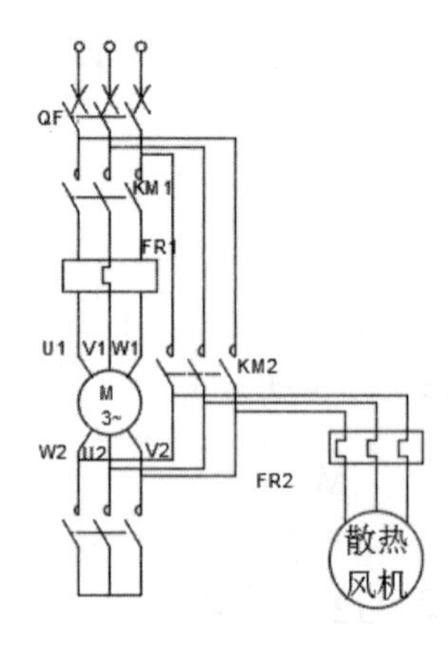

图 8-67　添加文字“KM2、FR2”

8.2.3　绘制PLC电路

绘制步骤如下。

（1）单击“绘图”面板中的“直线”命令按钮，绘制如图8-68所示的斜线。

（2）单击“绘图”面板中的“矩形”命令按钮，绘制尺寸为1×3的矩形，如图8-69所示。

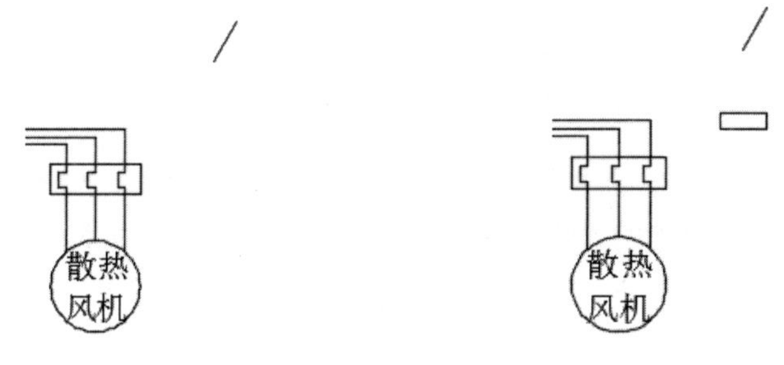

图8-68　绘制斜线　　　　图8-69　绘制尺寸为1×3的矩形

（3）单击“修改”面板中的“复制”命令按钮，复制斜线，如图8-70所示。

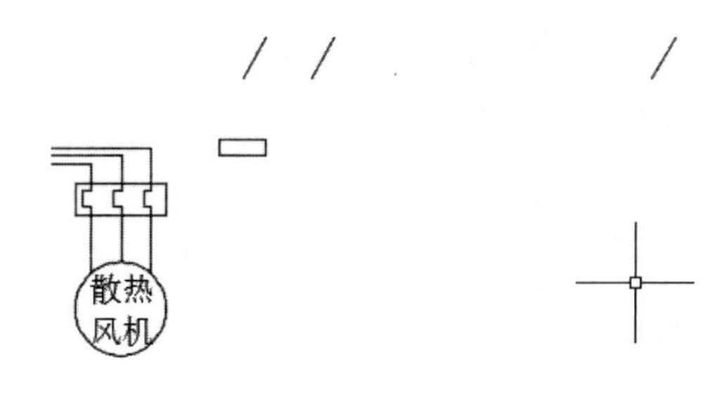

图8-70　复制斜线

（4）单击“绘图”面板中的“直线”命令按钮，绘制如图8-71所示的开关图形。

（5）单击“修改”面板中的“复制”命令按钮，复制开关，如图8-72所示。

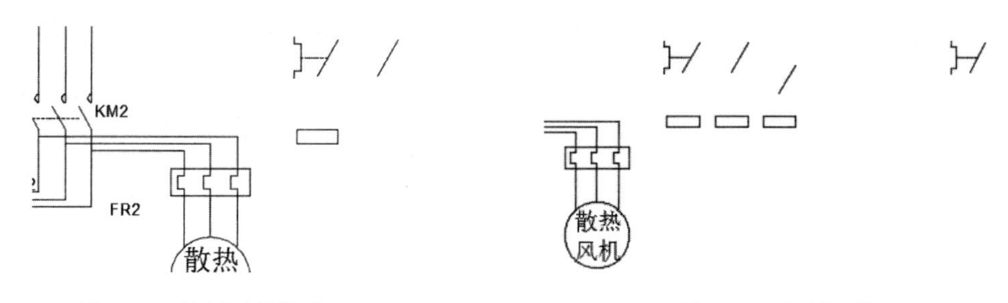

图8-71　绘制开关图形　　　　图8-72　复制开关

（6）单击“绘图”面板中的“圆”命令按钮，绘制半径为1.5的圆，如图8-73所示。

（7）单击“绘图”面板中的“直线”命令按钮，绘制如图8-74所示的交叉直线，完成灯泡绘制。

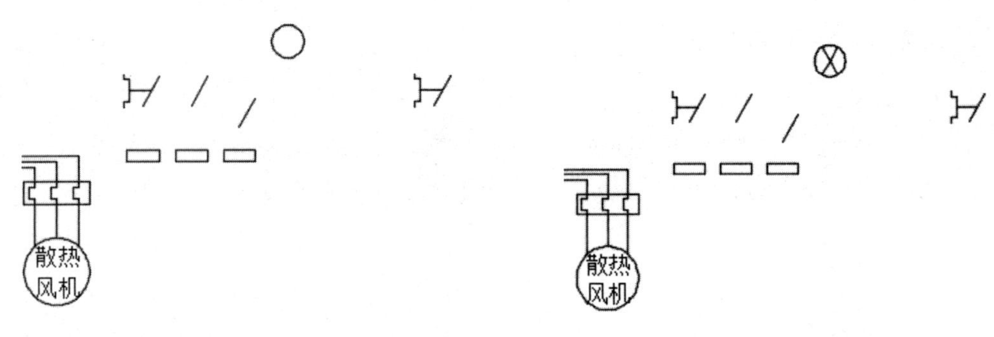

图 8-73　绘制半径为 1.5 的圆　　　　图 8-74　绘制交叉直线

（8）单击“修改”面板中的“复制”命令按钮，复制灯泡，如图 8-75 所示。

（9）单击“绘图”面板中的“矩形”命令按钮，绘制尺寸为 5×33 的矩形，如图 8-76 所示。

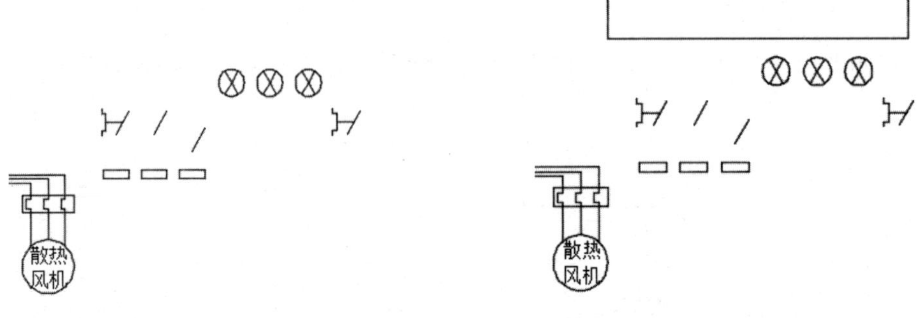

图 8-75　复制灯泡　　　　图 8-76　绘制尺寸为 5×33 的矩形

（10）单击“绘图”面板中的“直线”命令按钮，绘制如图 8-77 所示的左侧线路。

（11）单击“绘图”面板中的“直线”命令按钮，绘制如图 8-78 所示的右侧线路。

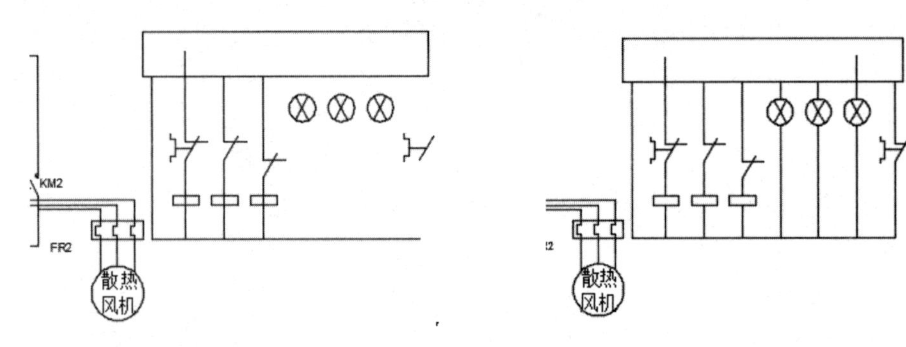

图 8-77　绘制左侧线路　　　　图 8-78　绘制右侧线路

（12）单击“绘图”面板中的“直线”命令按钮，绘制如图 8-79 所示的箭头。

（13）单击“绘图”面板中的“图案填充”命令按钮，完成如图 8-80 所示的图案填充，完成 PLC 电路。

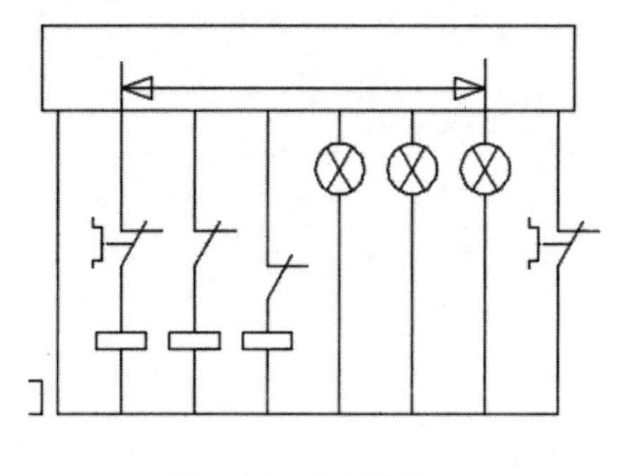

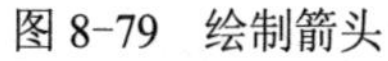
图 8-79 绘制箭头

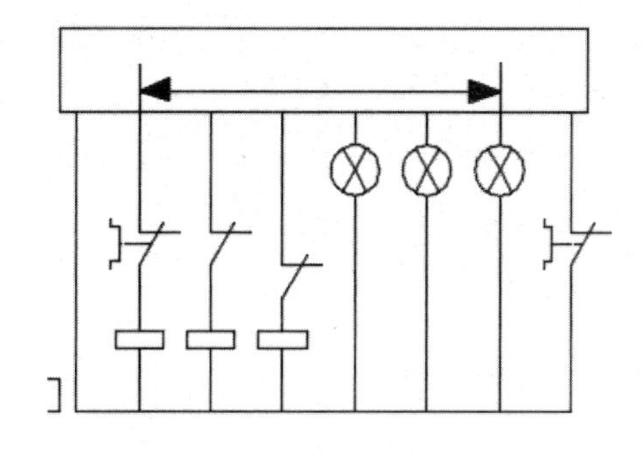

图 8-80 图案填充

（14）单击“注释”面板中的“多行文字”命令按钮A，绘制如图 8-81 所示的控制线路文字。

（15）至此完成空压机电气原理图的绘制，如图 8-82 所示。

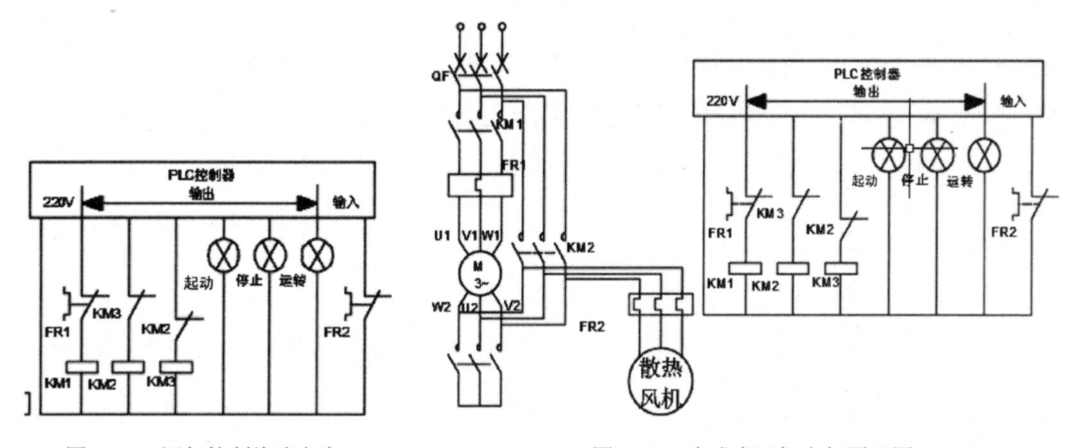

图 8-81 添加控制线路文字　　　图 8-82 完成空压机电气原理图

8.3 钻床电气主电路图

制作思路

钻床指主要用钻头在工件上加工孔的机床，通常钻头旋转为主运动，钻头轴向移动为进给运动。本例是绘制某型钻床的主电路图，钻床上有 4 台电动机，因此它的主电路就是如何给这 4 台电动机供电。首先绘制 1、2 两台电动机的电路，然后绘制 3、4 两台电动机的电路。

8.3.1 绘制第 1、2 个电动机接线

绘制步骤如下。

（1）首先单击“绘图”面板中的“直线”命令按钮和“圆”命令按钮，绘制如图 8-83 所示的电气元器件，然后单击“注释”面板中的“多行文字”命令按钮A，在电动机中写上文字“M”。

（2）双击中间的文字“M”，在屏幕出现的“多行文字编辑器”面板中把文字“M”改成“M4 3~”，效果如图 8-84 所示。

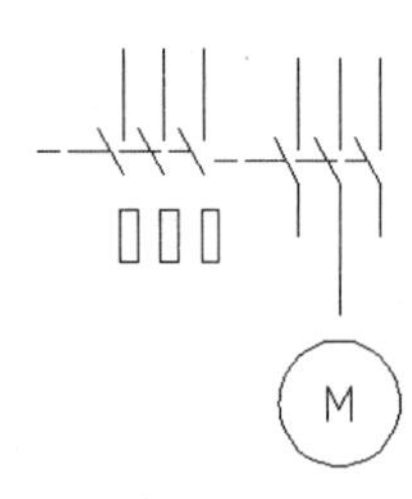

图 8-83　绘制元器件

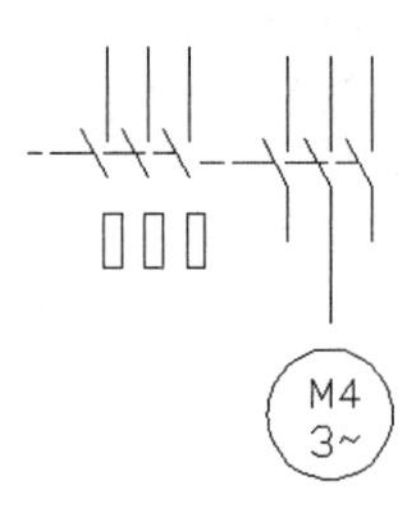

图 8-84　修改文字

（3）单击“修改”面板中的“移动”命令按钮，修整图形之间的位置，形成三相电路，效果如图 8-85 所示。

（4）单击“修改”面板中的“修剪”命令按钮，以圆为修剪边，修剪掉它里边的线头，效果如图 8-86 所示。

（5）单击“修改”面板中的“修剪”命令按钮，以图 8-87 虚线所示斜线为修剪边，修剪掉光标所示的线头，效果如图 8-88 所示。

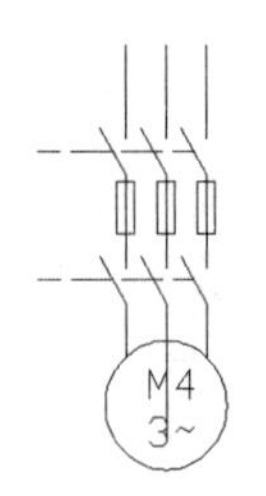

图 8-85　修整图形

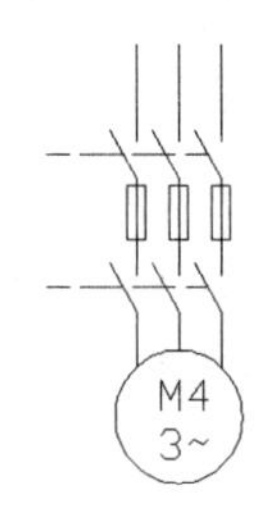

图 8-86　修剪线头

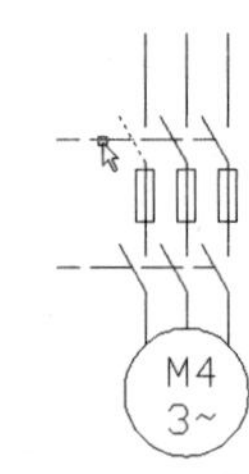

图 8-87　指示线头

（6）单击“绘图”面板中的“直线”命令按钮，绘制一条垂直的短直线。然后单击“修改”面板中的“移动”命令按钮，把短直线以其中点为移动基准点，以图 8-89 所示端点为移动目标点进行移动，效果如图 8-90 所示。

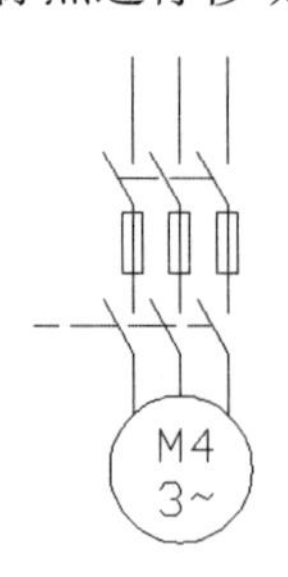

图 8-88　修剪线头

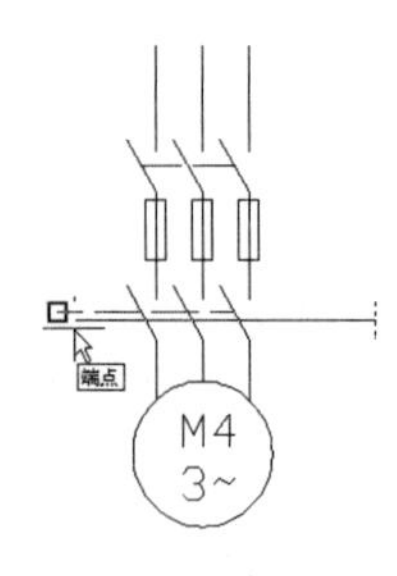

图 8-89　捕捉端点

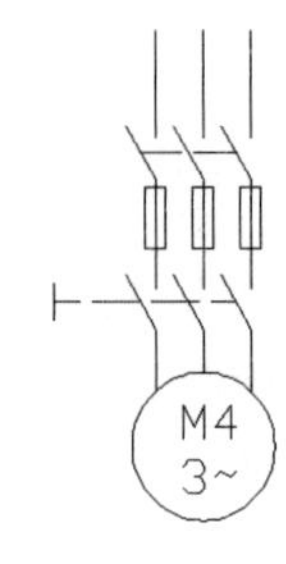

图 8-90　移动直线

（7）单击“修改”面板中的“拉伸”命令按钮，适当调整图形之间的位置，效果如图 8-91 所示。

（8）单击“绘图”面板中的“圆”命令按钮，绘制圆心在如图 8-92 所示端点的小圆圈作为接线头，效果如图 8-93 所示。

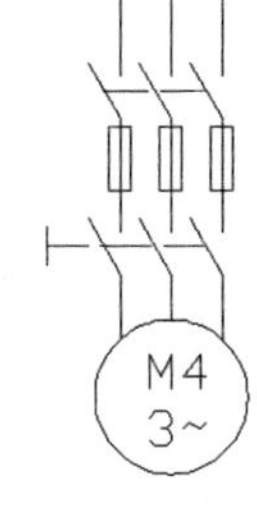
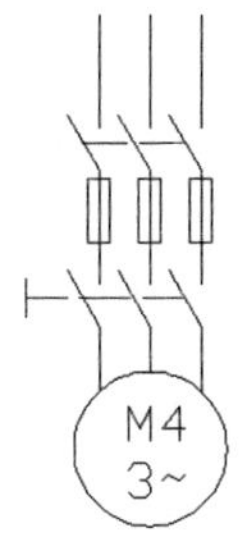

图 8-91　调整图形　　图 8-92　捕捉端点

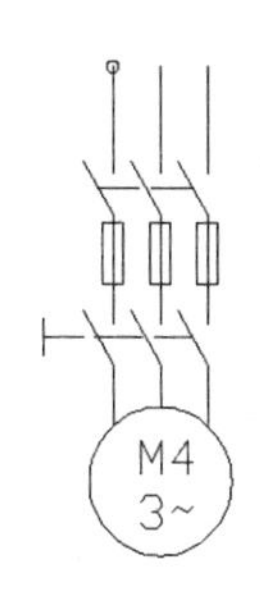

图 8-93　绘制接线头

（9）单击“绘图”面板中的“直线”命令按钮，绘制一条斜直线。然后单击“修改”面板中的“移动”命令按钮，把斜直线以其中点为移动基准点，以圆圈的圆心为移动目标点进行移动，效果如图 8-94 所示。

（10）单击“修改”面板中的“复制”命令按钮，以接线头的圆心为复制基准点，以主电路上其他端点为复制目标点，把接线头连同斜直线向右复制两份，效果如图 8-95 所示。

（11）单击“修改”面板中的“修剪”命令按钮，以接线头的小圆圈为修剪边，修剪掉它内部的线头，效果如图 8-96 所示。

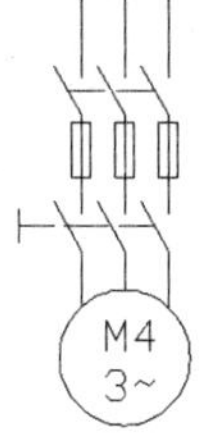
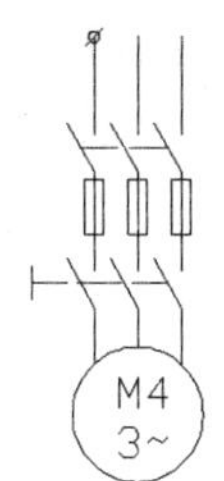

图 8-94　绘制斜直线

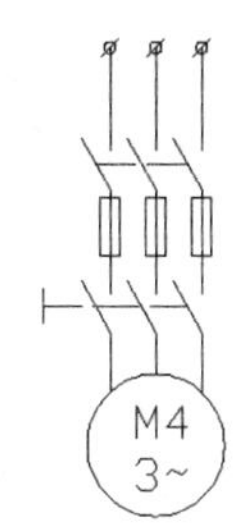

图 8-95　复制接线头

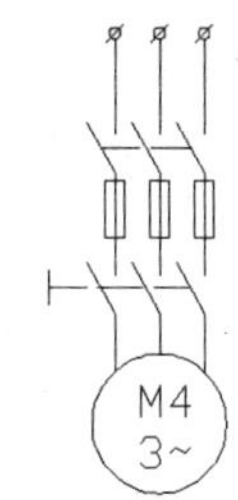

图 8-96　修剪线头

（12）从以前绘制的中间和左边的图形中复制如图 8-97 所示电气元器件（注意，此热继电器符号中的虚线仅供作图参考使用），准备绘制另一条电路。

（13）双击中间的文字“M4 3~”，在屏幕出现的“多行文字编辑器”面板中把文字改成“M1 3～”，效果如图 8-98 所示。

（14）单击“修改”面板中的“移动”命令按钮，以右边线路中间一条线在如图 8-99 所示交点为移动基准点，以电动机上中间一条线的上端点为移动目标点，把虚线所示图形向左移动，效果如图 8-100 所示。

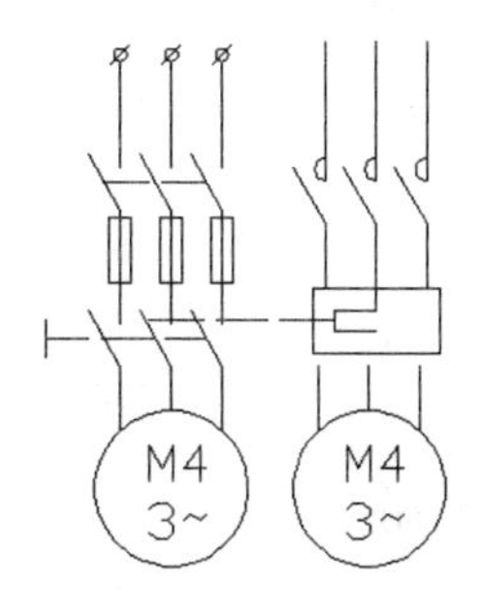

图 8-97　复制电气元器件

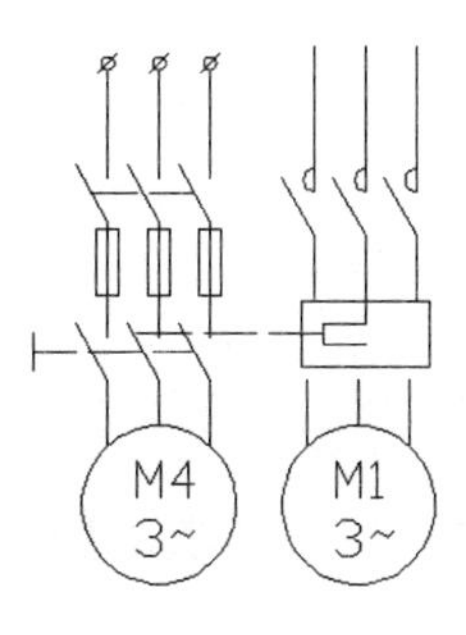

图 8-98　修改文字

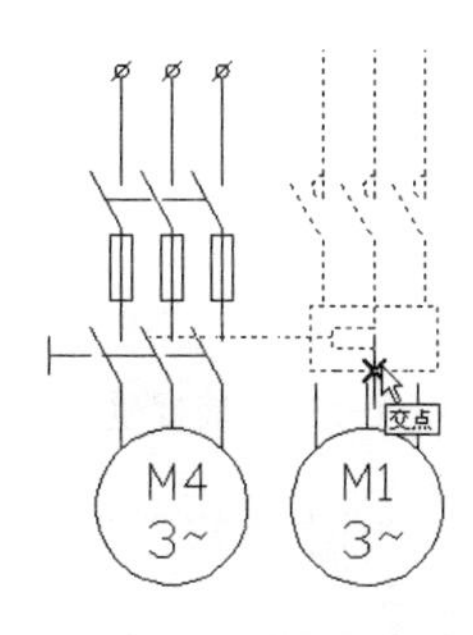

图 8-99　捕捉交点

(15）单击“修改”面板中的“镜像”命令按钮，以右边线路的中间一条线为对称轴，把如图 8-101 虚线所示的图形对称复制一份，注意删除原图形，效果如图 8-102 所示。

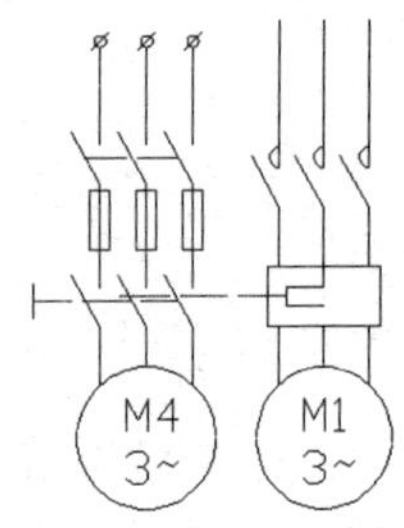

图 8-100　移动图形

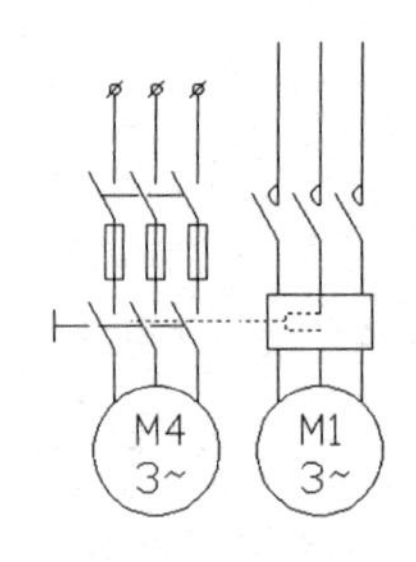

图 8-101　选择图形

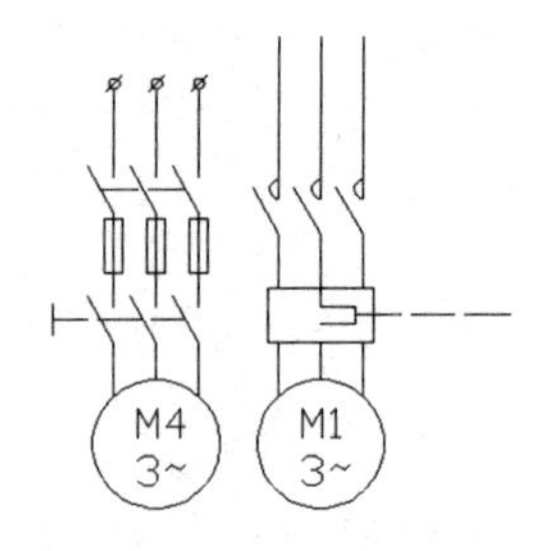

图 8-102　对称复制图形

(16）单击“修改”面板中的“拉伸”命令按钮，把如图 8-103 所示图形向左适当缩短，效果如图 8-104 所示。

(17）单击“修改”面板中的“拉伸”命令按钮，把热继电器右边虚线所示图形向左适当缩短。

(18）单击“修改”面板中的“复制”命令按钮，以图 8-105 所示端点为复制基准点，以图 8-106 和图 8-107 所示垂足为复制目标点，把虚线所示图形复制两份，效果如图 8-108 所示。

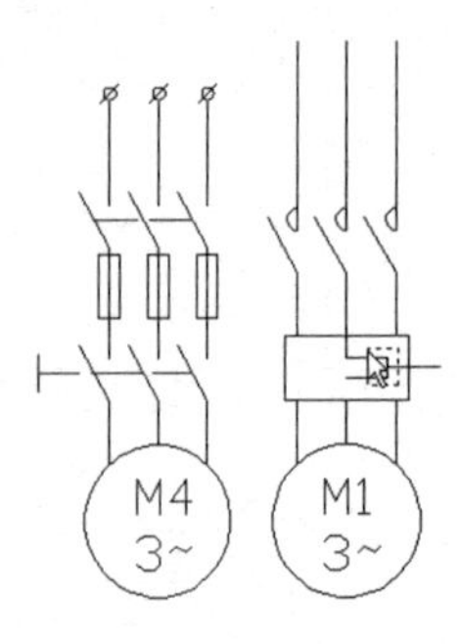

图 8-103　框选图形

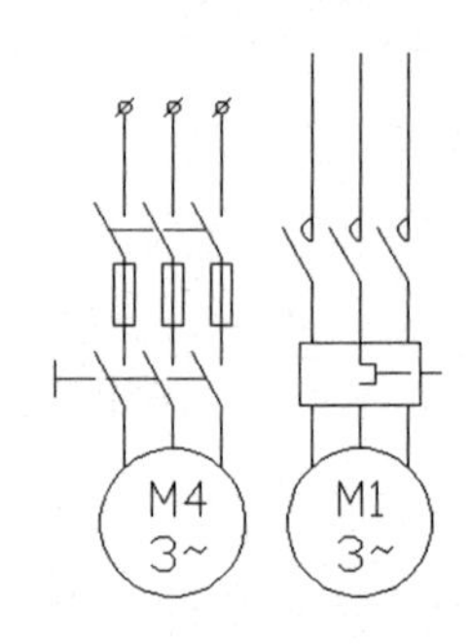

图 8-104　缩短图形

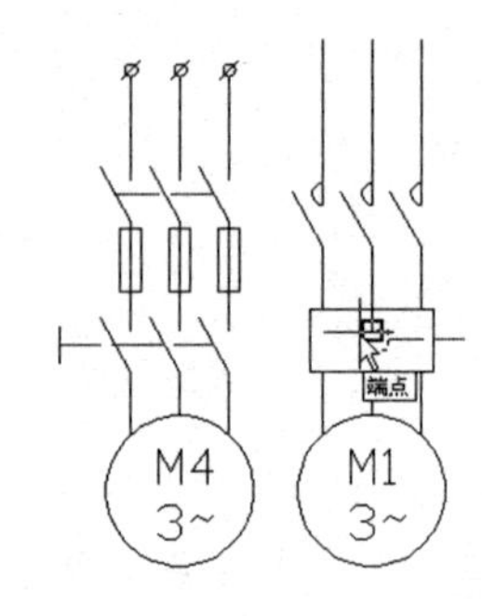

图 8-105　捕捉端点

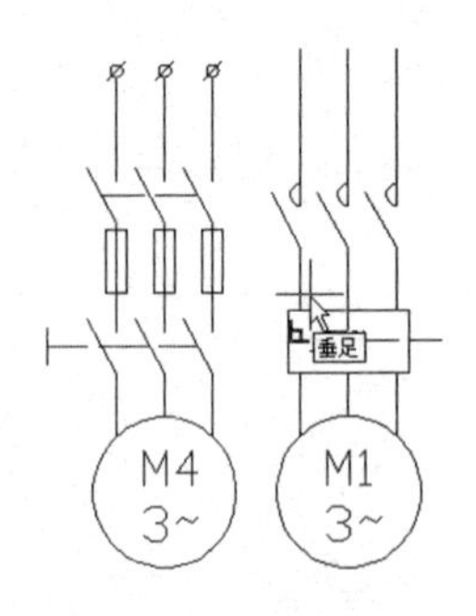

图 8-106　捕捉垂足

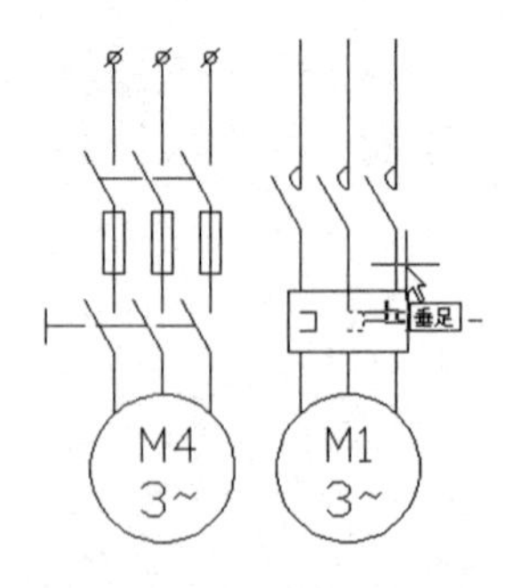

图 8-107　捕捉另一个垂足

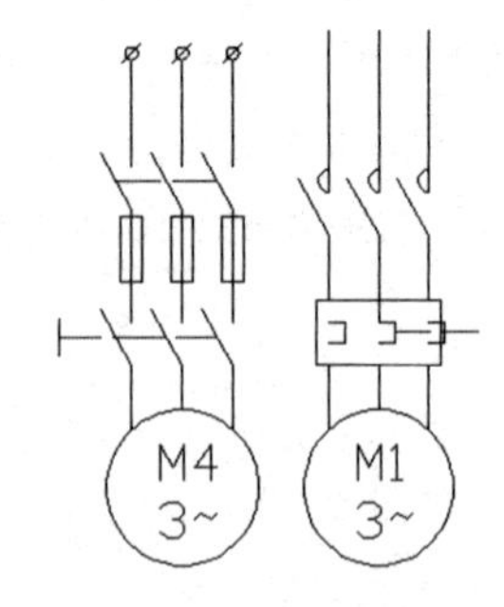

图 8-108　复制图形

(19）单击“修改”面板中的“拉伸”命令按钮，把如图 8-109 所示框选的图形适当拉长，效果如图 8-110 所示。

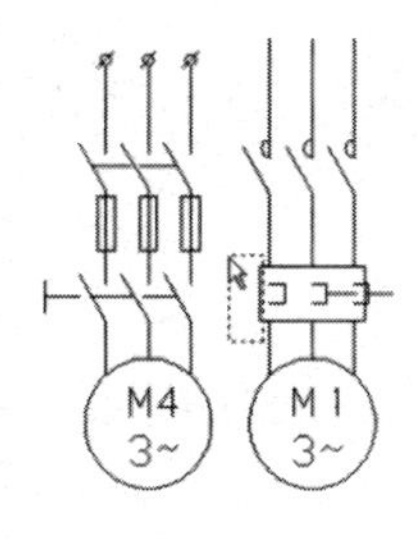

图 8-109　框选图形

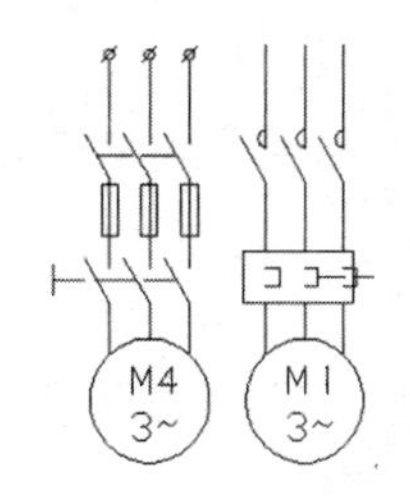

图 8-110　拉长图形

（20）单击“修改”面板中的“延伸”命令按钮，以图 8-111 虚线所示图形为延伸边界线，延伸光标所示的直线，效果如图 8-112 所示。

（21）单击“修改”面板中的“修剪”命令按钮，以热继电器图形的矩形框为修剪边，修剪掉它右面的线头，结果如图 8-113 所示。

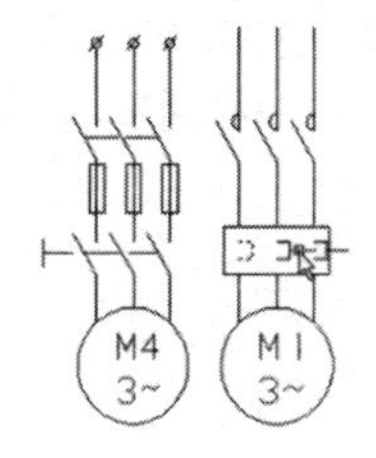

图 8-111　选择图形

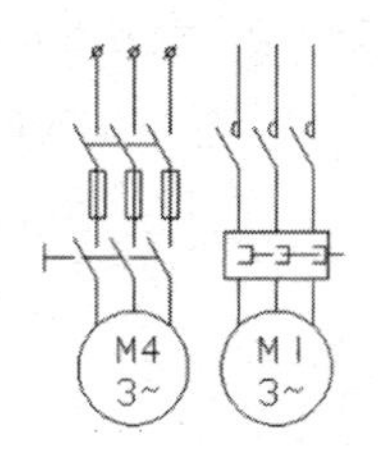

图 8-112　延伸图形

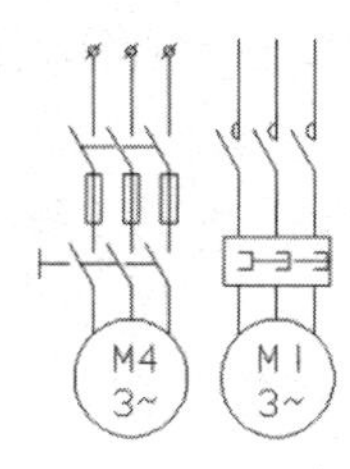

图 8-113　修剪线头

（22）单击“修改”面板中的“拉伸”命令按钮，把如图 8-114 所示图形向下适当拉长，结果如图 8-115 所示。

（23）单击“修改”面板中的“拉伸”命令按钮，把如图 8-116 所示图形向上适当拉长，结果如图 8-117 所示。

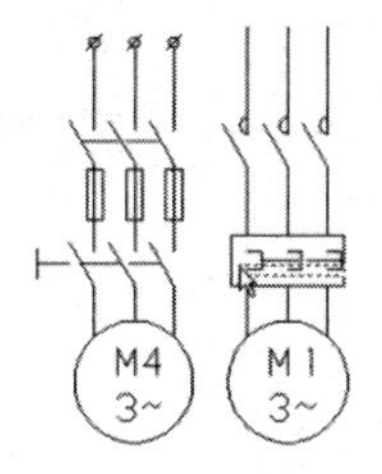

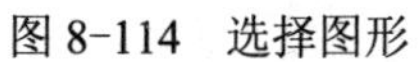
图 8-114　选择图形

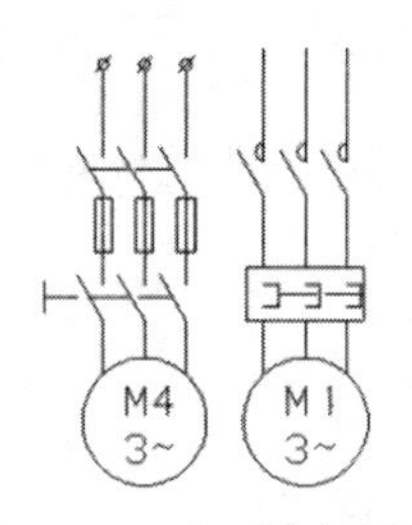

图 8-115　向下拉长图形

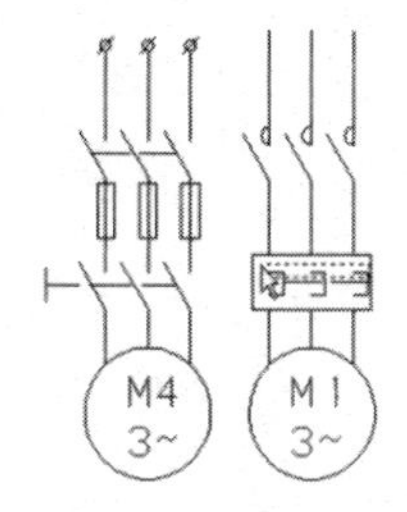

图 8-116　选择图形

（24）单击“修改”面板中的“延伸”命令按钮，以图 8-118 虚线所示图形为延伸边界线，延伸光标所示的上下边线头，效果如图 8-119 所示。

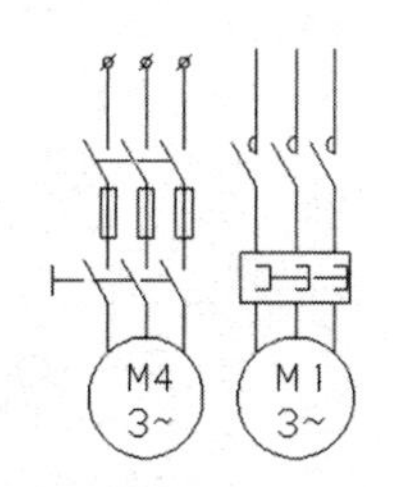

图 8-117　向上拉长图形

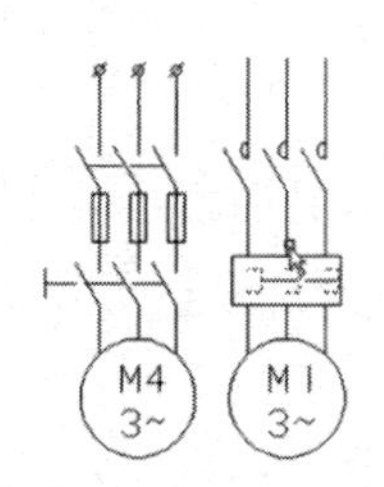

图 8-118　选择图形

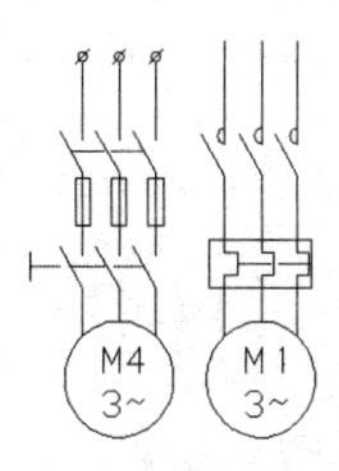

图 8-119　延伸线头

（25）单击“绘图”面板中的“直线”命令按钮，绘制如图 8-120 和图 8-121 所示两个中点的连线，说明这是三键联动的开关，效果如图 8-122 所示。

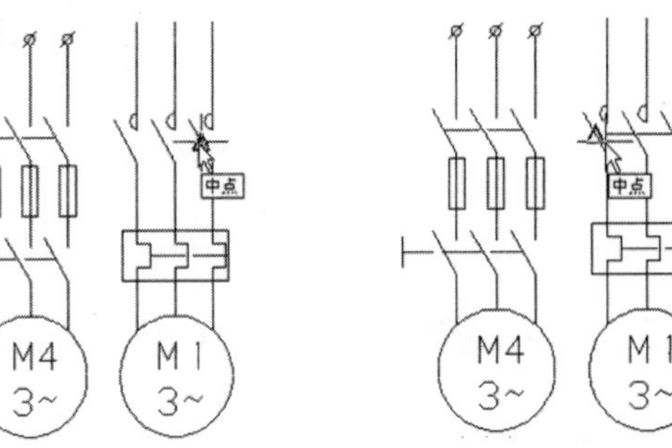

图 8-120 捕捉起点

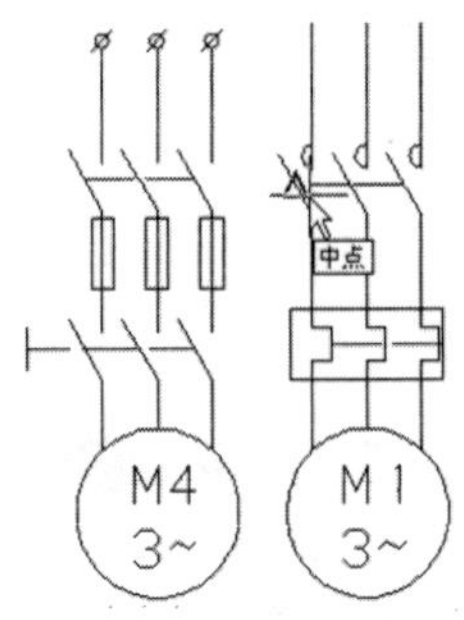

图 8-121 捕捉中点

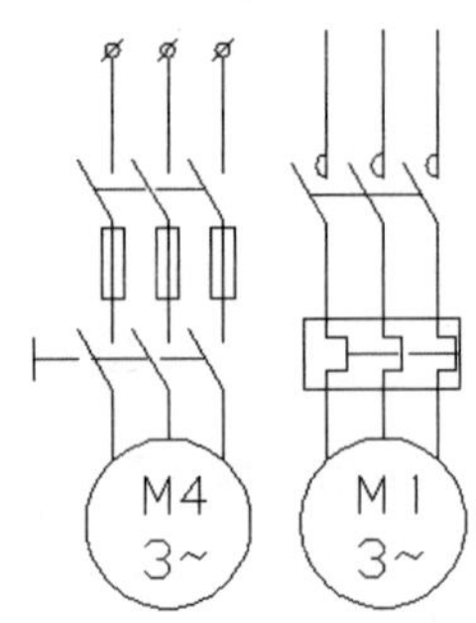

图 8-122 绘制直线

（26）把步骤（25）绘制的直线转换成蓝色虚线，效果如图 8-123 所示。

（27）单击“修改”面板中的“拉伸”命令按钮，把如图 8-124 虚线所示图形向上适当拉长，效果如图 8-125 所示。

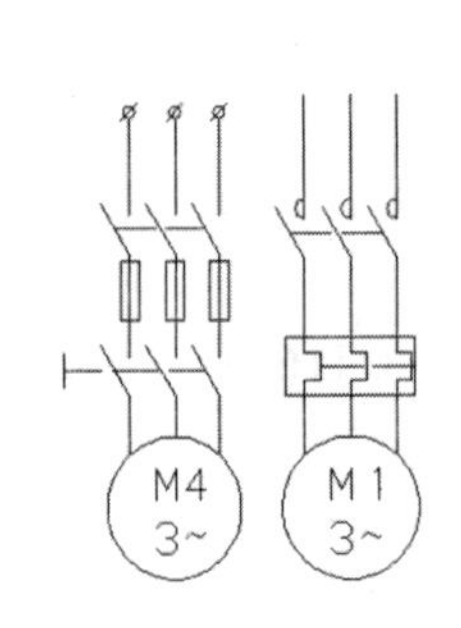

图 8-123 转换线型

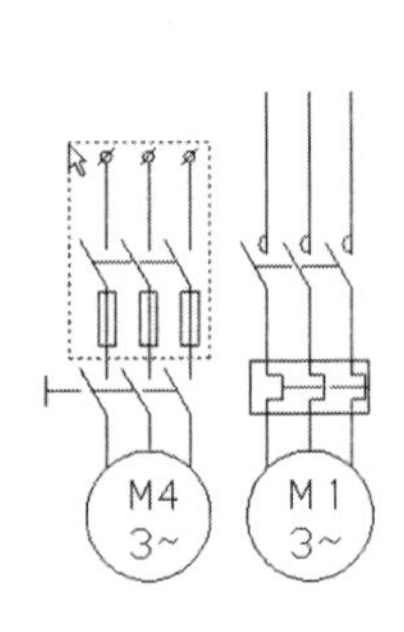

图 8-124 选择图形

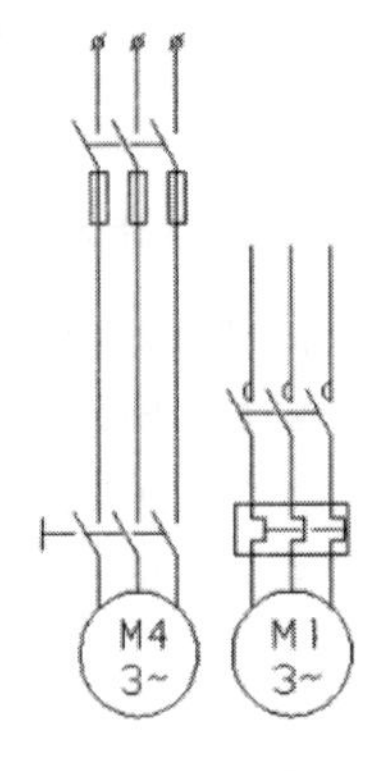

图 8-125 拉伸图形

（28）连接主线路。单击“绘图”面板中的“直线”命令按钮，绘制如图 8-126 所示端点和如图 8-127 所示垂足的连线，效果如图 8-128 所示。

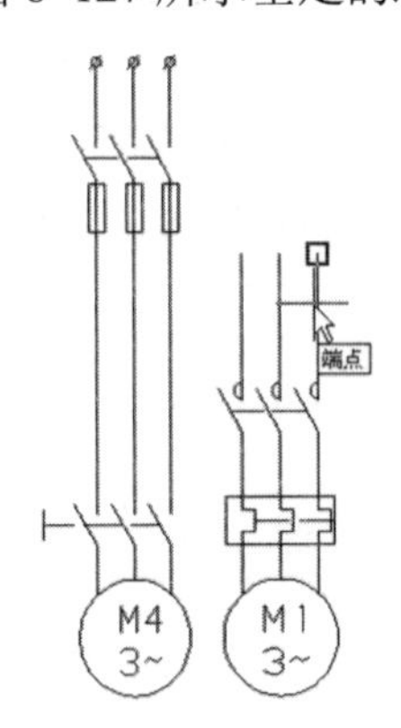

图 8-126 捕捉端点

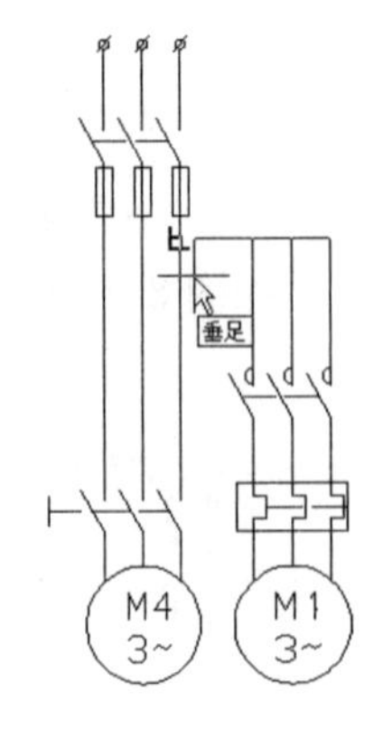

图 8-127 捕捉垂足

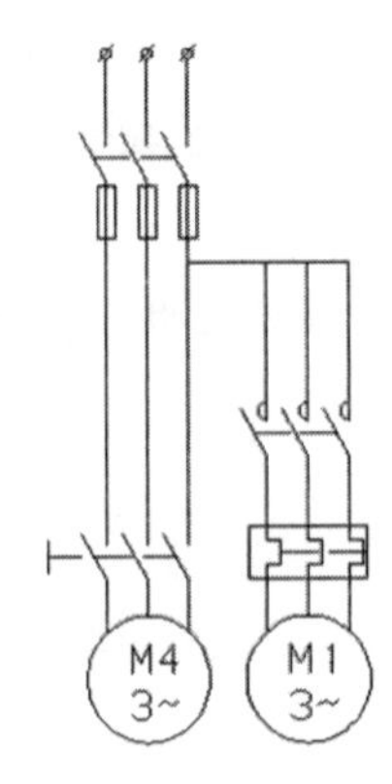

图 8-128 绘制直线

（29）单击“修改”面板中的“复制”命令按钮，把刚才绘制的线条向下复制两份，效果如图 8-129 所示。

（30）单击“修改”面板中的“延伸”命令按钮，以图 8-130 虚线所示直线为延伸边界线，延伸刚才复制的直线，效果如图 8-131 所示。

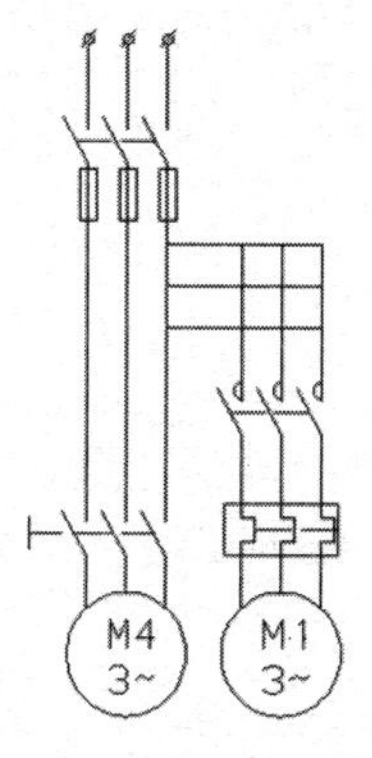
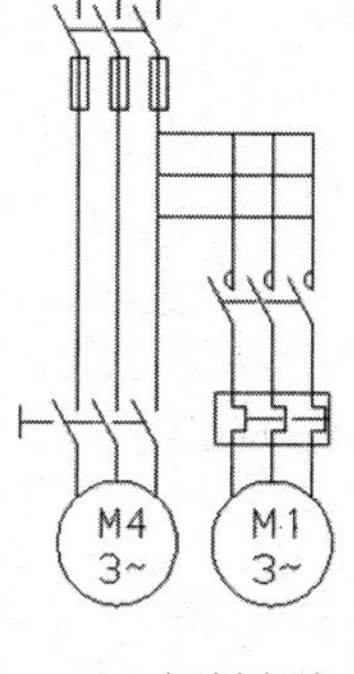

图 8-129　复制直线

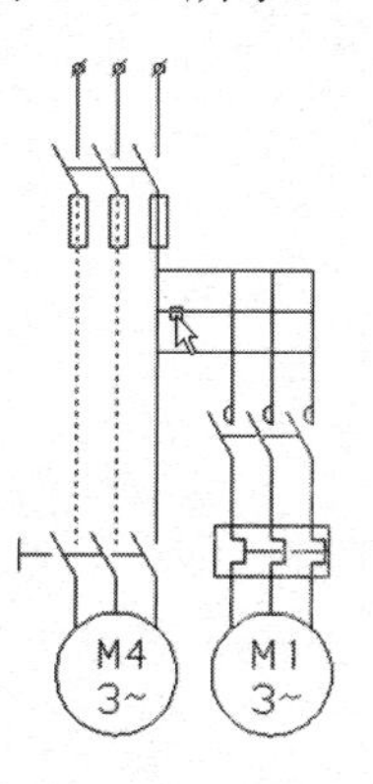

图 8-130　选择直线

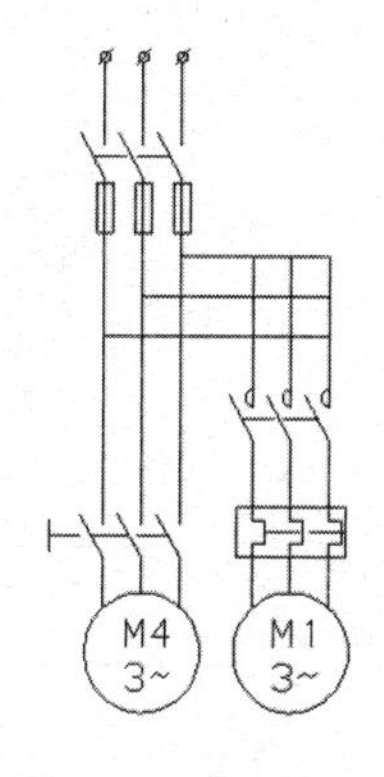

图 8-131　延伸直线

（31）单击“修改”面板中的“圆角”命令按钮，把如图 8-132 虚线和光标所示直线之间相互进行圆角处理，圆角半径为 0，效果如图 8-133 所示。

（32）参照上面的操作，单击“修改”面板中的“圆角”命令按钮，绘制第 2 台电动机上的另外两条接线，效果如图 8-134 所示。

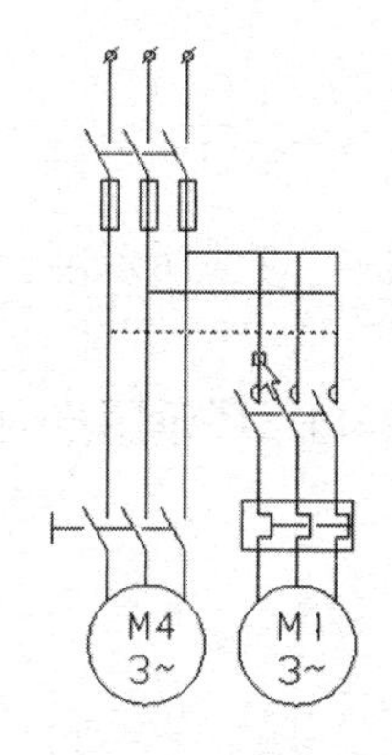

图 8-132　选择直线

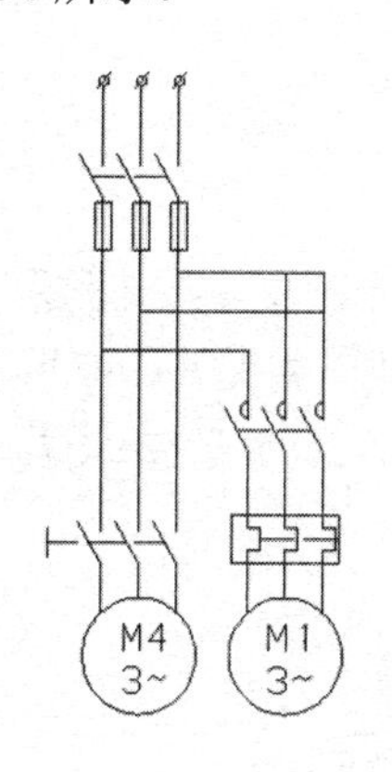

图 8-133　圆角处理直线

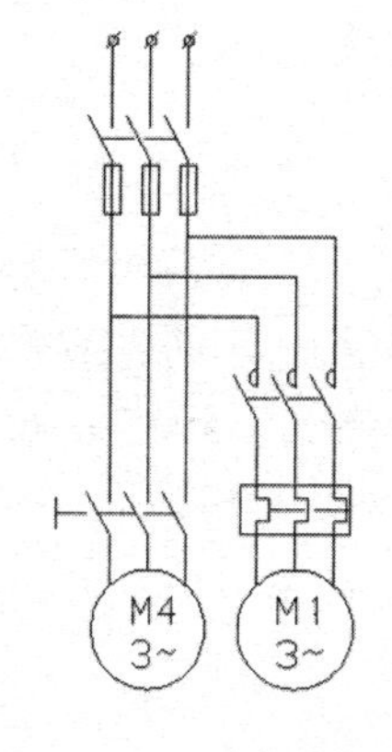

图 8-134　连接其他导线

8.3.2　绘制第 3、4 个电动机接线

绘制步骤如下。

（1）单击“修改”面板中的“复制”命令按钮，把如图 8-135 虚线所示图形向右复制一份，准备绘制第 3 台电动机，效果如图 8-136 所示。

（2）单击“修改”面板中的“复制”命令按钮，把所复制的上边图形向左复制一份，效果如图 8-137 所示。

（3）双击中间的文字“M1 3~”，在屏幕出现的“多行文字编辑器”面板中把文字“M1 3~”改成“M23~”，效果如图 8-138 所示。

图 8-135　选择图形

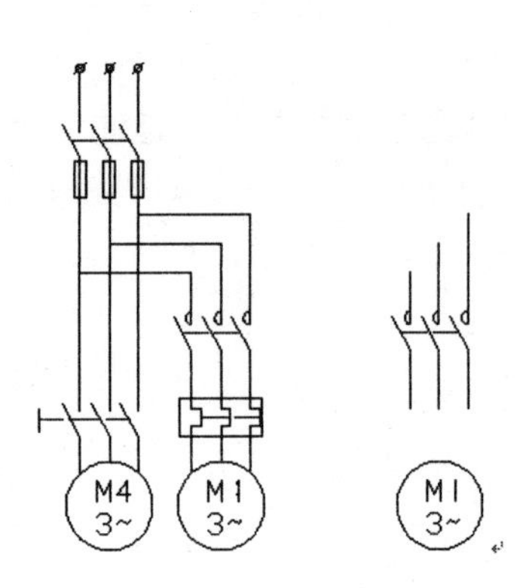

图 8-136　复制图形

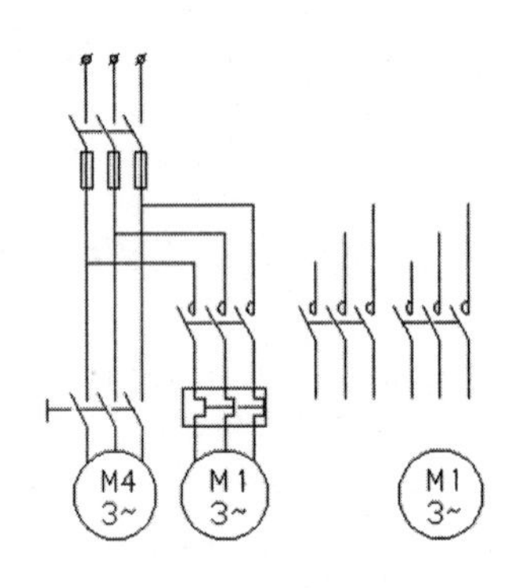

图 8-137　复制接线

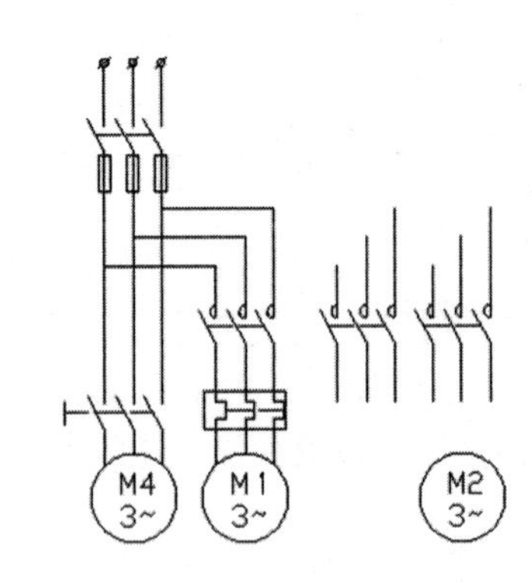

图 8-138　修改文字

（4）单击“修改”面板中的“延伸”命令按钮，以图 8-139 虚线所示圆为延伸边界线，延伸光标所示的 3 条垂直直线，效果如图 8-140 所示。

（5）单击“修改”面板中的“拉伸”命令按钮，把如图 8-141 所示图形向上适当拉长，效果如图 8-142 所示。

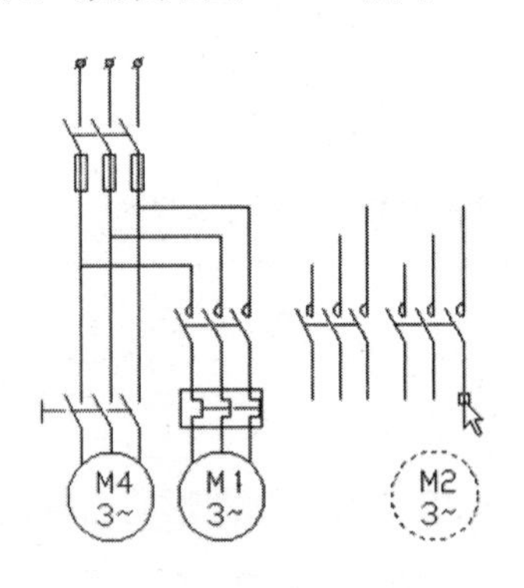

图 8-139　选择图形

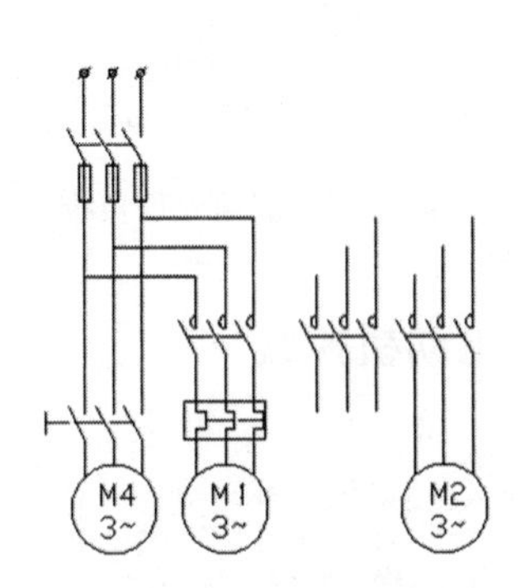

图 8-140　延伸图形

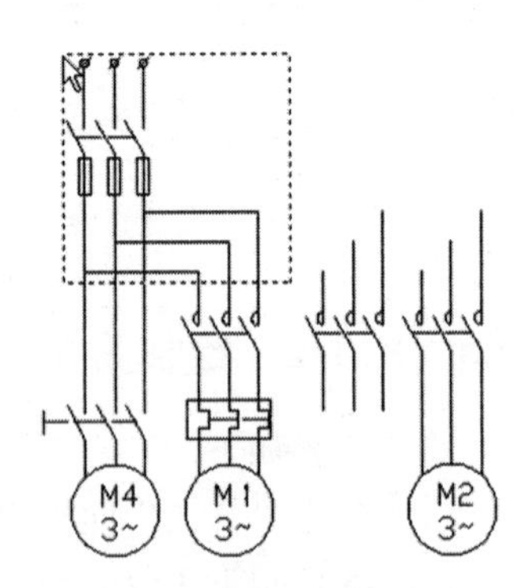

图 8-141　选择图形

（6）单击“修改”面板中的“拉伸”命令按钮，把如图 8-143 所示图形向上适当拉动，效果如图 8-144 所示。

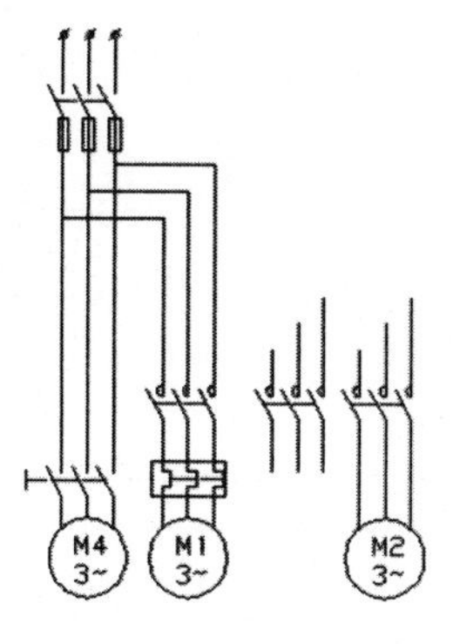

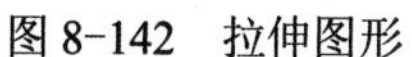
图 8-142 拉伸图形

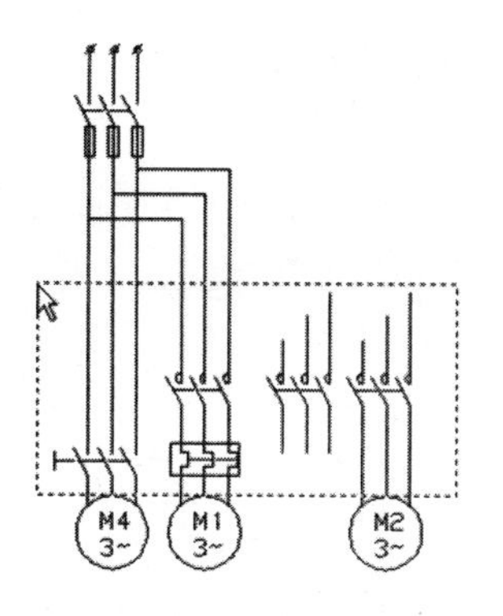

图 8-143 选择图形

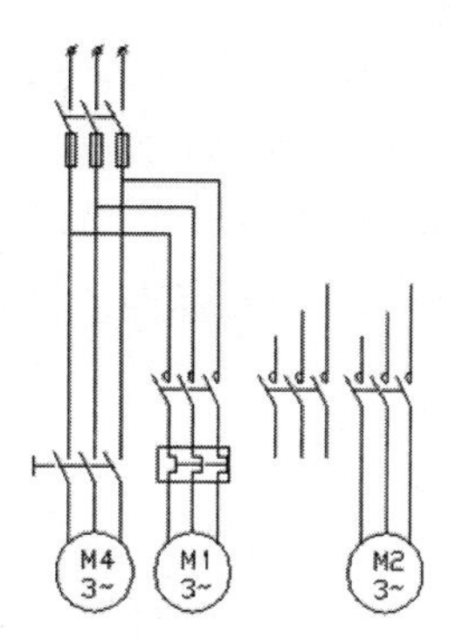

图 8-144 拉动图形

（7）单击“修改”面板中的“圆角”命令按钮，把如图 8-145 虚线和光标所示直线之间相互进行圆角处理，圆角半径为 0，连接导线，效果如图 8-146 所示。

（8）参照上面的操作，单击“修改”面板中的“圆角”命令按钮，绘制第 3 台电动机上的另外两条接线，效果如图 8-147 所示。

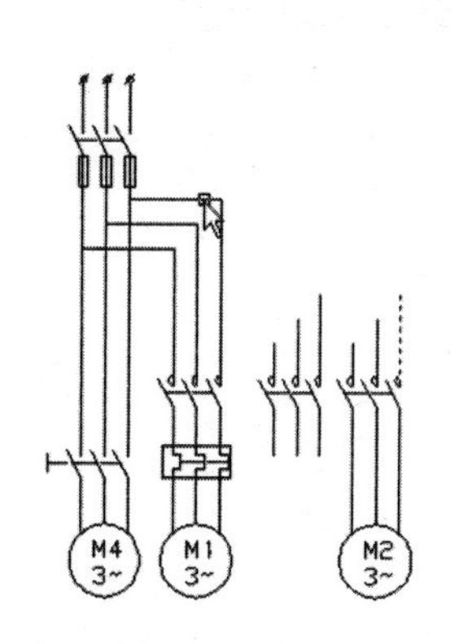

图 8-145 选择线头

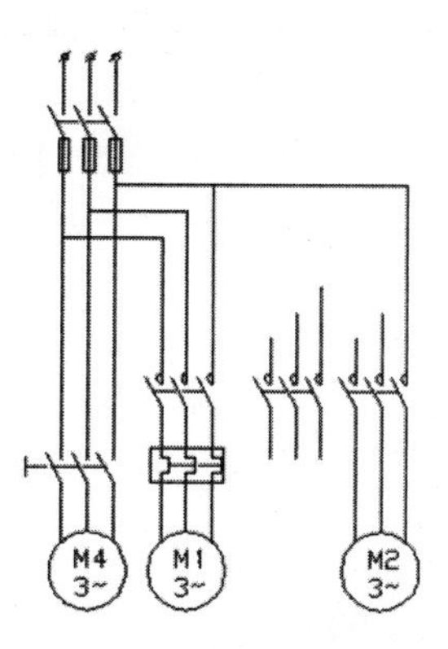

图 8-146 连接导线

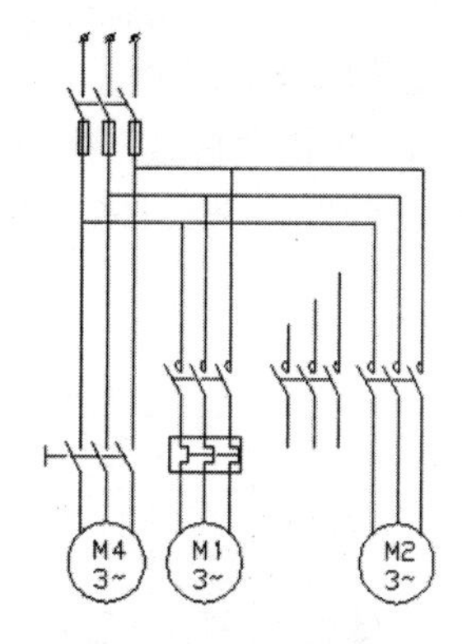

图 8-147 连接其他接线

（9）单击“修改”面板中的“复制”命令按钮，把横向导线向下复制两份，效果如图 8-148 所示。

（10）单击“修改”面板中的“圆角”命令按钮，把如图 8-149 虚线和光标所示直线之间相互进行圆角处理，圆角半径为 0，连接导线，效果如图 8-150 所示。

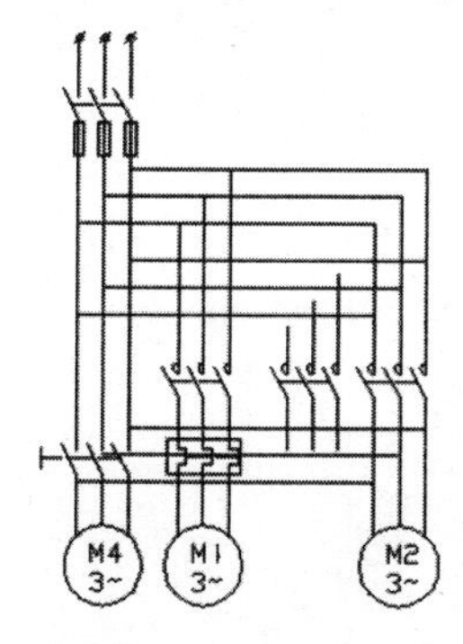

图 8-148 复制导线

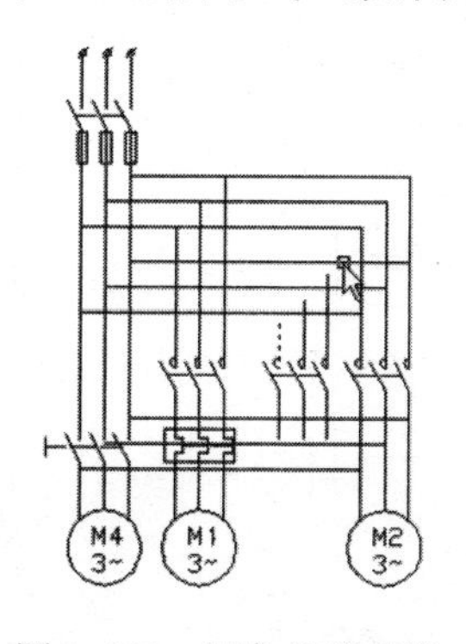

图 8-149 圆角处理直线

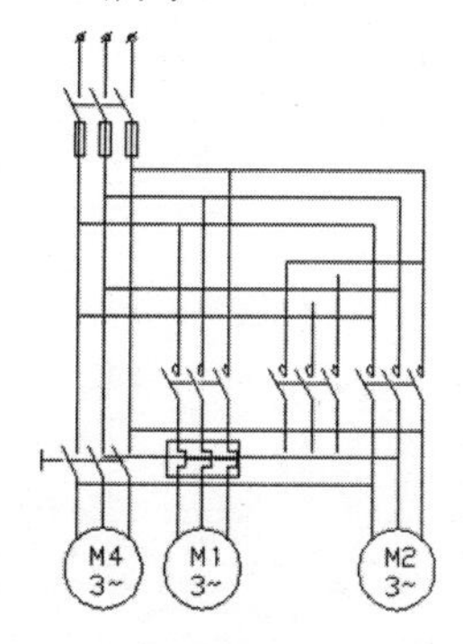

图 8-150 连接一条导线

（11）参照上面的操作，单击“修改”面板中的“圆角”命令按钮，绘制另外两条接线，效果如图 8-151 所示。

（12）单击“修改”面板中的“圆角”命令按钮，把如图 8-152 虚线和光标所示直线之间相互进行圆角处理，圆角半径为 0，连接导线，效果如图 8-153 所示。

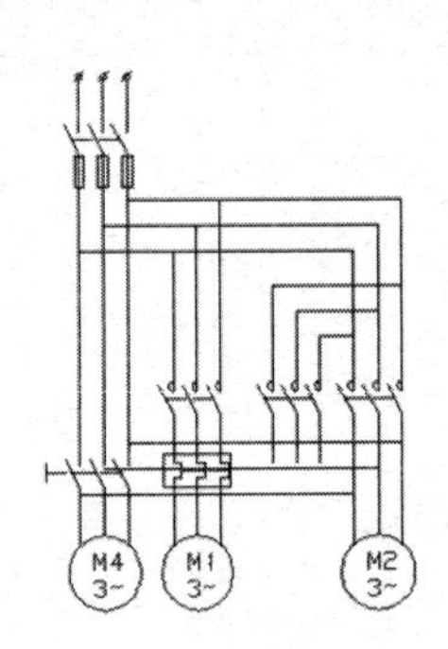

图 8-151　连接其他导线

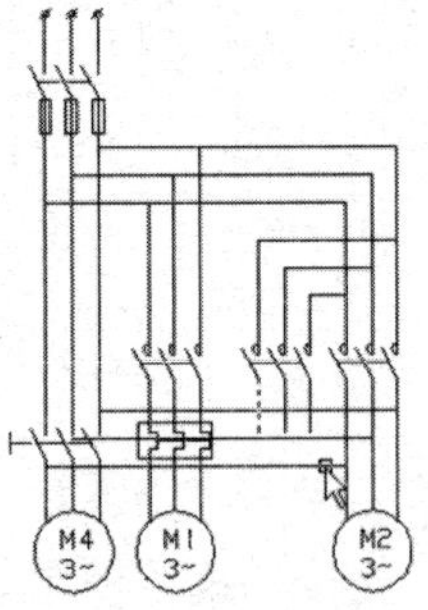

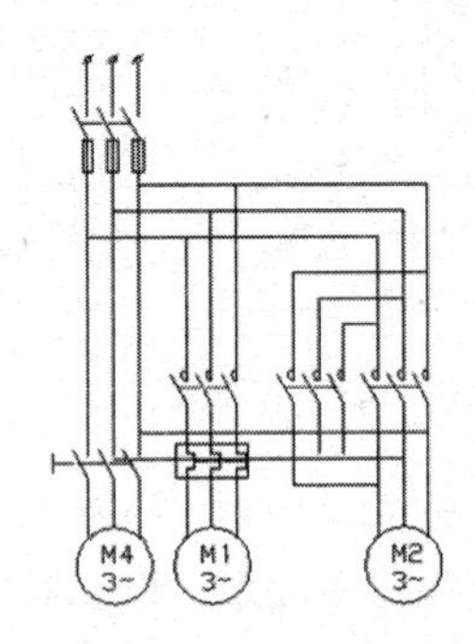

图 8-152　圆角处理连接导线

图 8-153　连接一条导线

（13）参照上面的操作，单击“修改”面板中的“圆角”命令按钮，绘制另外两条接线，效果如图 8-154 所示。

（14）单击“修改”面板中的“复制”命令按钮，把如图 8-155 虚线所示图形向右复制一份，效果如图 8-156 所示。

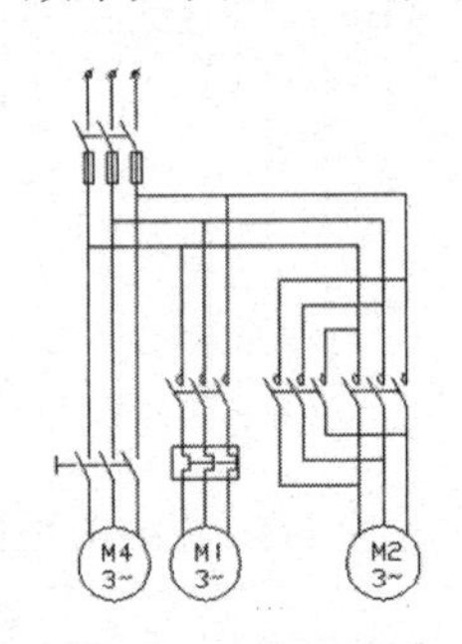

图 8-154　连接其他导线

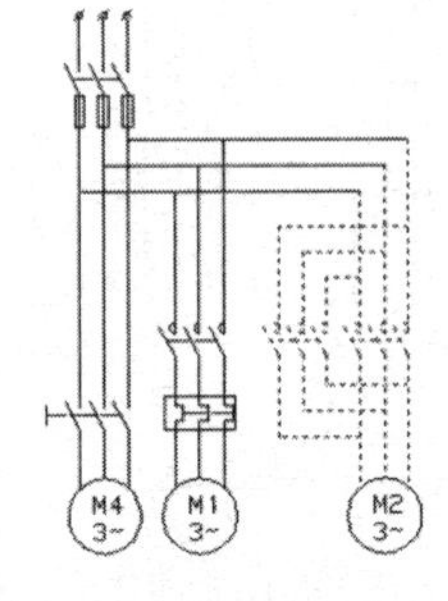

图 8-155　选择图形

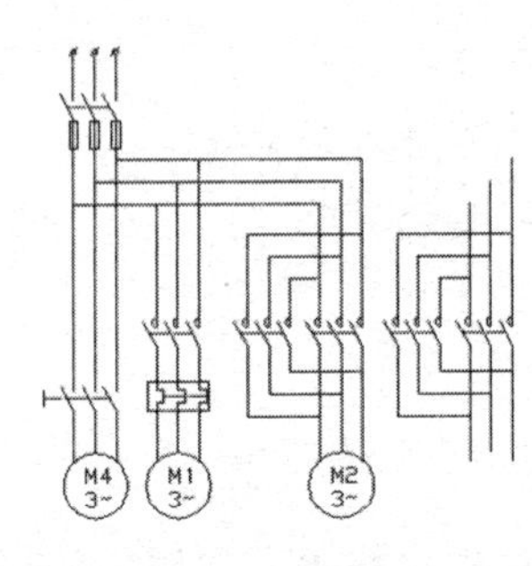

图 8-156　复制图形

（15）单击“修改”面板中的“拉伸”命令按钮，把如图 8-157 所示图形向下适当拉长，效果如图 8-158 所示。

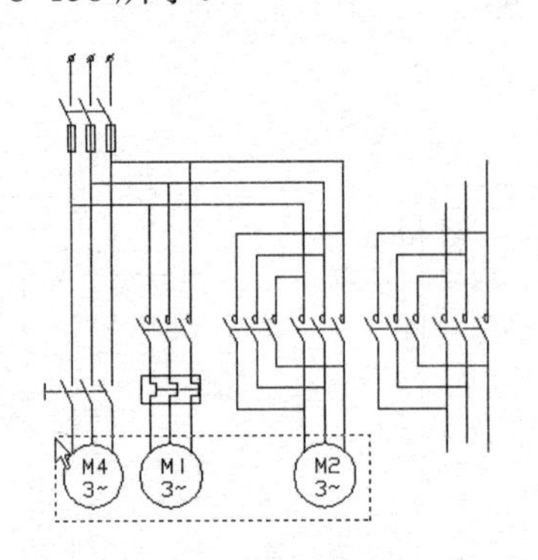

图 8-157　选择图形

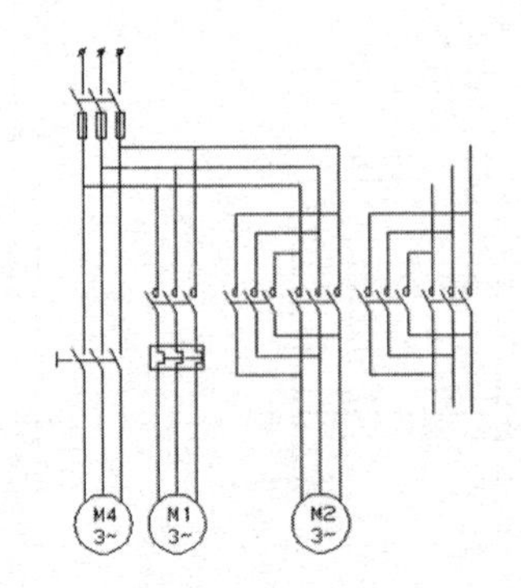

图 8-158　拉伸图形

（16）单击“修改”面板中的“拉伸”命令按钮，把如图 8-159 所示图形适当向下拉动，效果如图 8-160 所示。

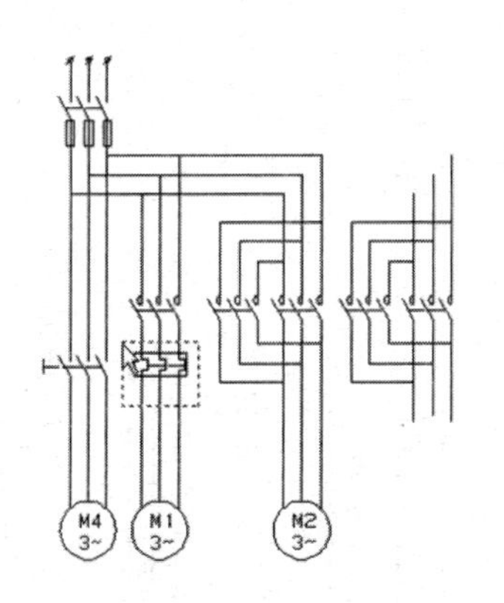

图 8-159　选择图形

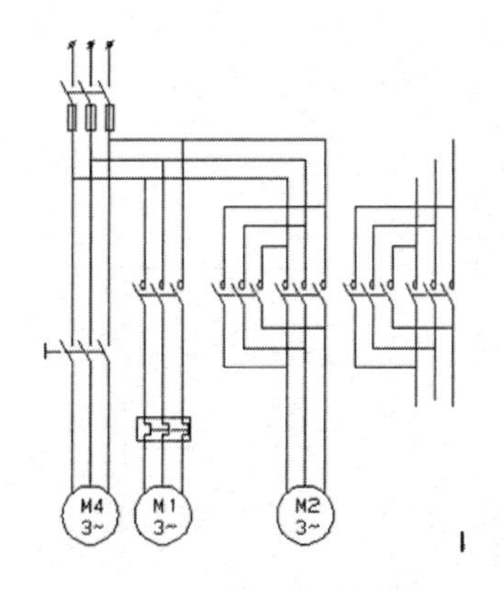

图 8-160　拉动图形

（17）单击“修改”面板中的“复制”命令按钮，以图 8-161 所示交点为复制基准点，以图 8-162 所示垂足为复制目标点，把虚线所示图形向右复制一份，效果如图 8-163 所示。

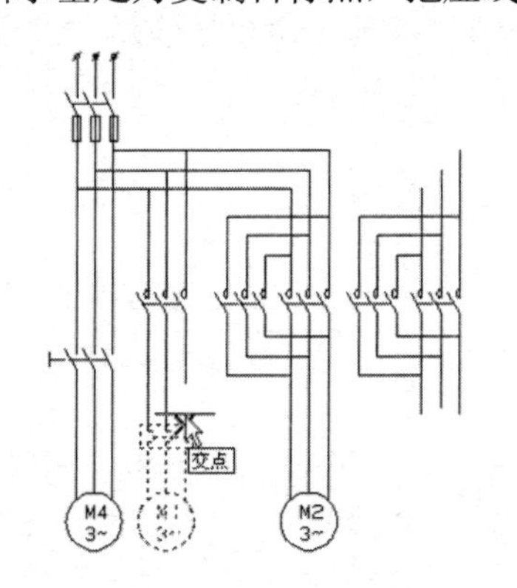

图 8-161　捕捉复制基准点

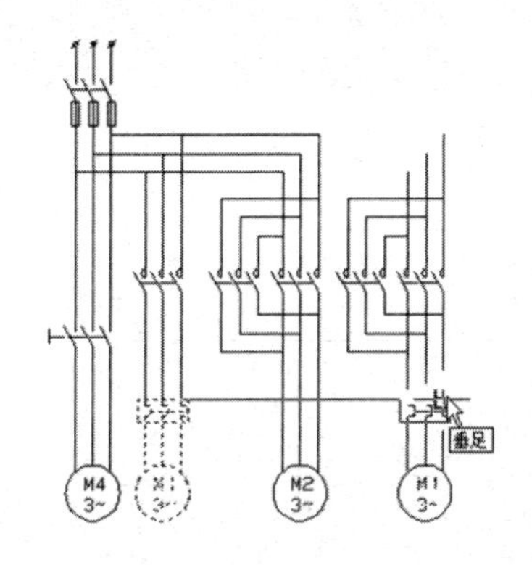

图 8-162　捕捉复制目标点

（18）单击“修改”面板中的“延伸”命令按钮，以图 8-164 虚线所示图形为延伸边界线，延伸光标所示的 3 条垂直直线，效果如图 8-165 所示。

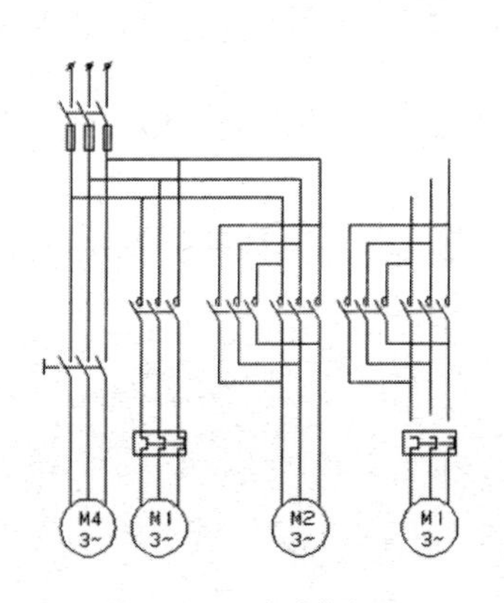

图 8-163　复制图形

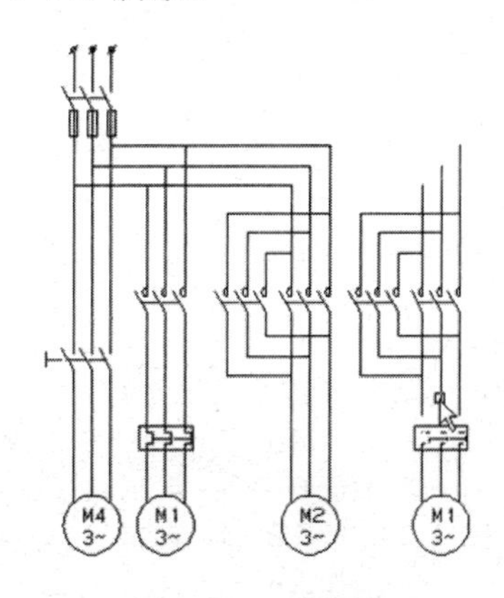

图 8-164　选择图形

（19）单击“修改”面板中的“圆角”命令按钮，把如图 8-166 虚线和光标所示直线之间相互进行圆角处理，圆角半径为 0，连接导线，效果如图 8-167 所示。

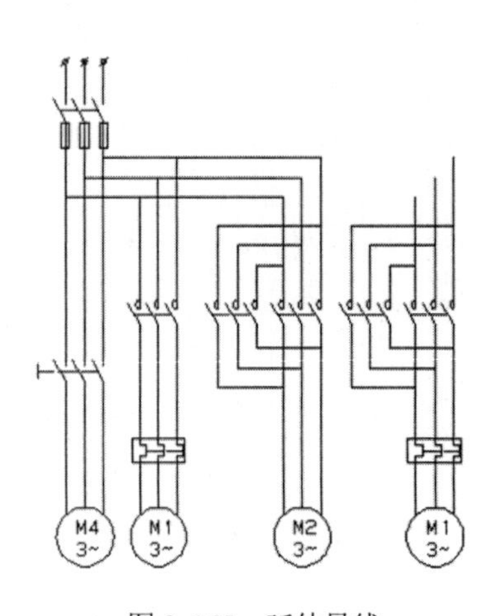

图 8-165　延伸导线

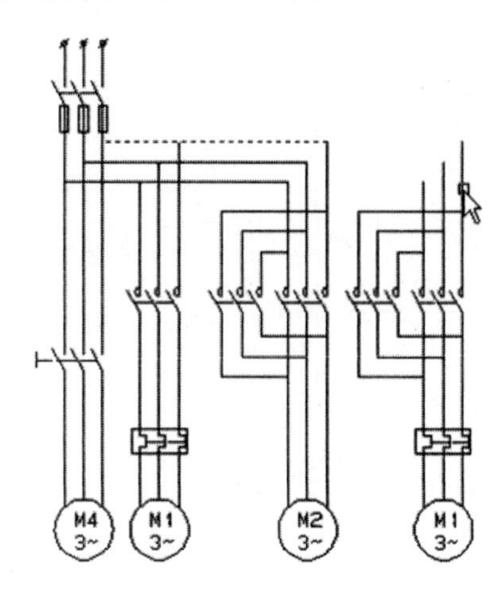

图 8-166　选择线头

（20）参照上面的操作，单击“修改”面板中的“圆角”命令按钮，绘制另外两条接线，效果如图 8-168 所示。

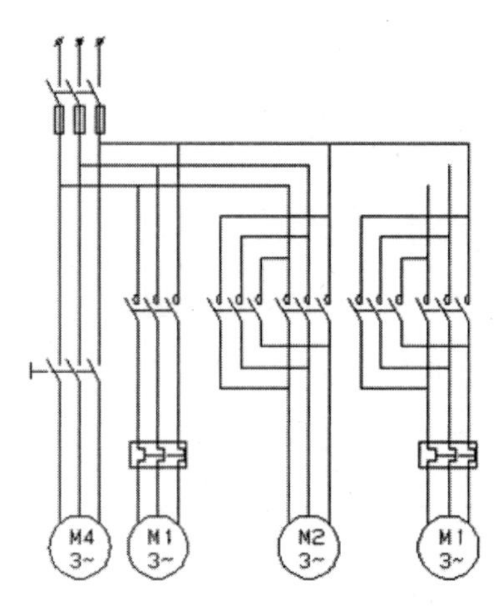

图 8-167　连接一条导线

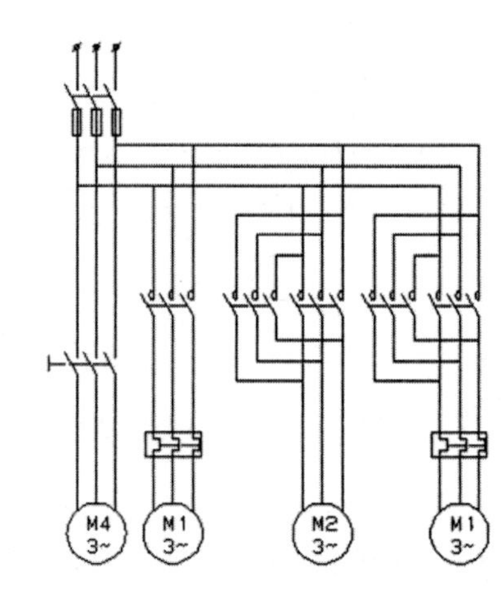

图 8-168　连接其他导线

（21）单击“修改”面板中的“拉伸”命令按钮，适当调整图形，使其整齐紧凑，效果如图 8-169 所示。

（22）单击“绘图”面板中的“直线”命令按钮，按命令行的提示绘制直线。

```
命令: _line
指定第一点:（捕捉如图 8-170 所示象限点）
指定下一点或 [放弃(U)]: @-10,0
指定下一点或 [放弃(U)]: @0, -30
指定下一点或 [闭合(C)/放弃(U)]: @-200,0
指定下一点或 [闭合(C)/放弃(U)]:
```

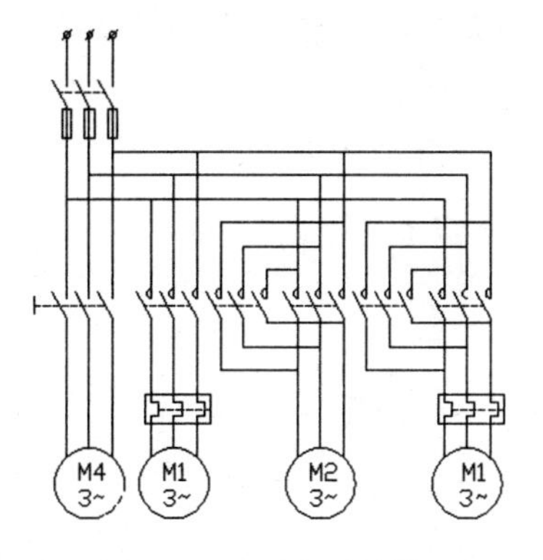

图 8-169 适当调整图形

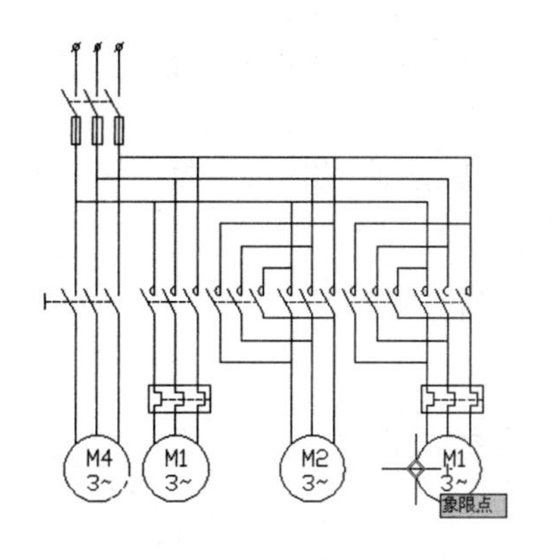

图 8-170 捕捉象限点

效果如图 8-171 所示。

（23）单击“修改”面板中的“复制”命令按钮，以图 8-172 所示象限点为复制基准点，以其他 3 台电动机的左象限点为复制目标点，把虚线所示的图形向左复制 3 份，效果如图 8-173 所示。

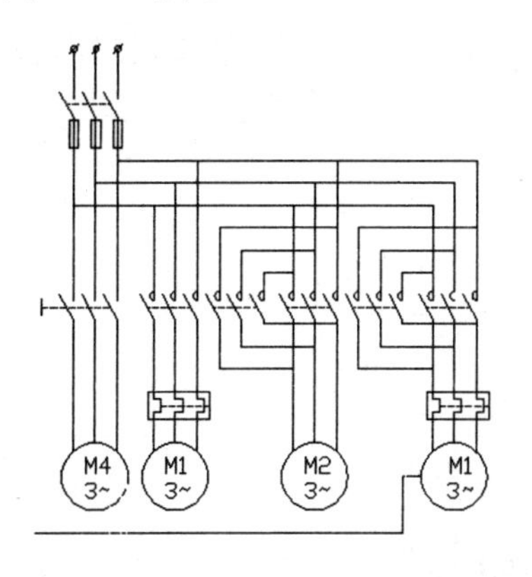

图 8-171 绘制接地线

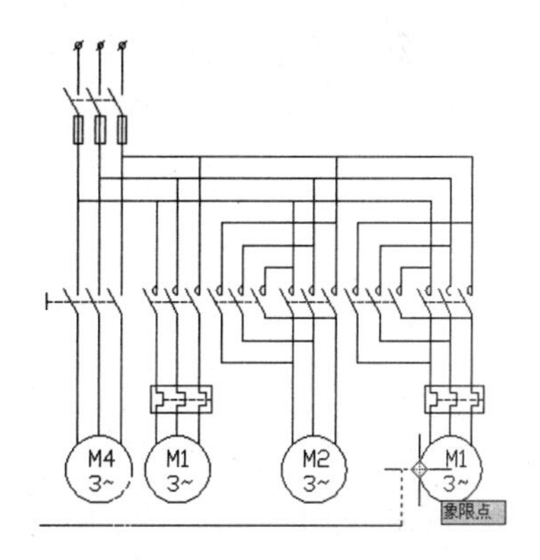

图 8-172 捕捉复制基准点

（24）单击“修改”面板中的“镜像”命令按钮，以第 2 台电动机的中间一条线为对称轴，把接地线对称复制一份，注意删除源对象，效果如图 8-174 所示。

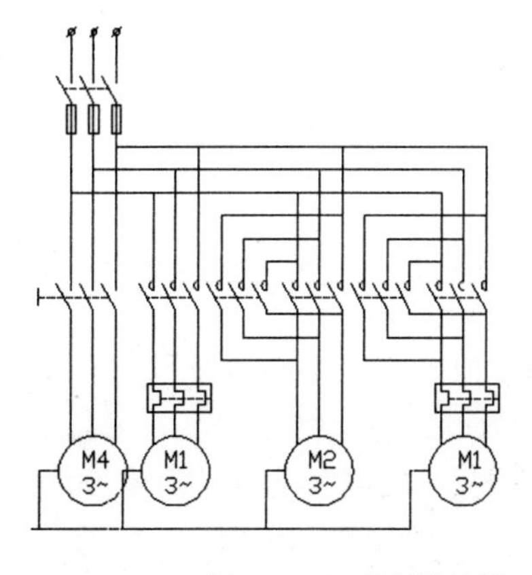

图 8-173 复制接地线

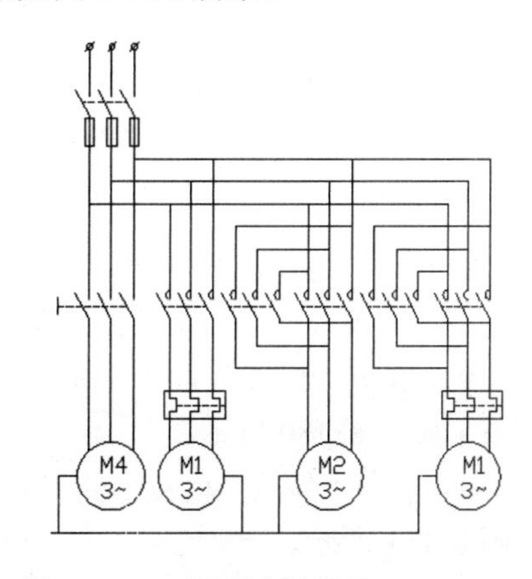

图 8-174 对称复制接地线

（25）选择热继电器中的虚线，单击“修改”面板中的“删除”命令按钮，将虚线删除，如图 8-175 所示。

（26）从以前绘制的图形中复制接地元器件，如图 8-176 所示。

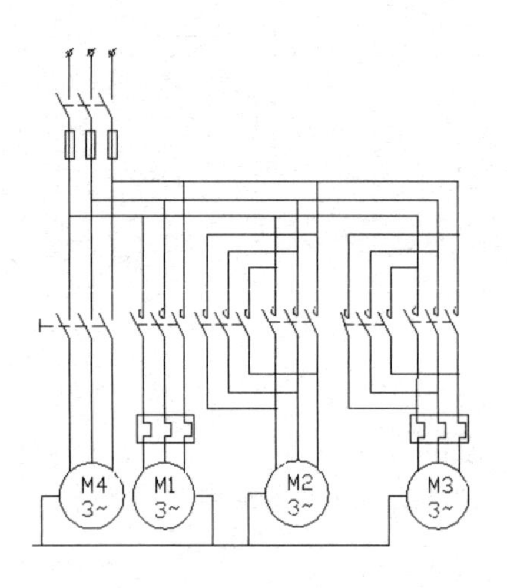

图 8-175　删除虚线图

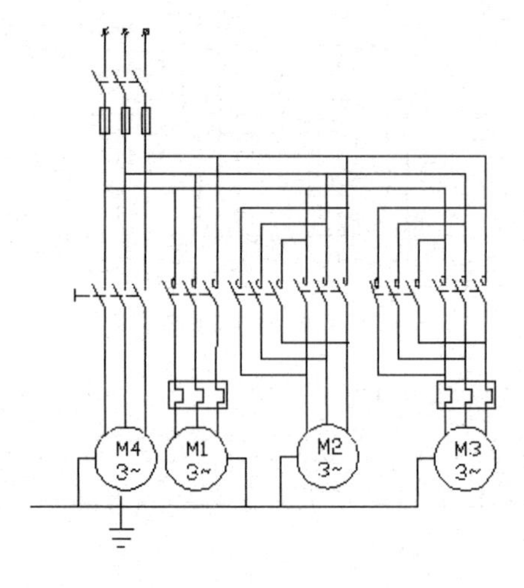

图 8-176　复制接地元器件

（27）单击“修改”面板中的“移动”命令按钮，把接地符号向左适当移动，效果如图 8-177 所示。

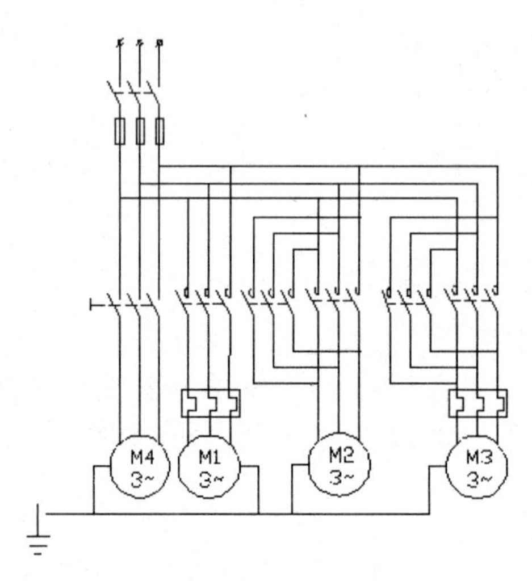

图 8-177　移动接地符号

（28）单击“修改”面板中的“圆角”命令按钮，把图 8-178 虚线、光标所示直线之间相互进行圆角处理，圆角半径为 0，连接导线，效果如图 8-179 所示。

（29）单击“修改”面板中的“复制”命令按钮，把主线上熔断器符号向右复制一份，效果如图 8-180 所示。

（30）单击“修改”面板中的“旋转”命令按钮，把复制的熔断器符号旋转 90°，效果如图 8-181 所示。

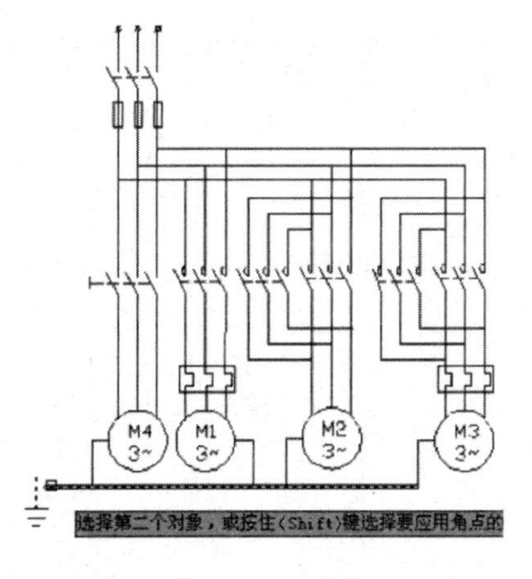

图 8-178　捕捉线头

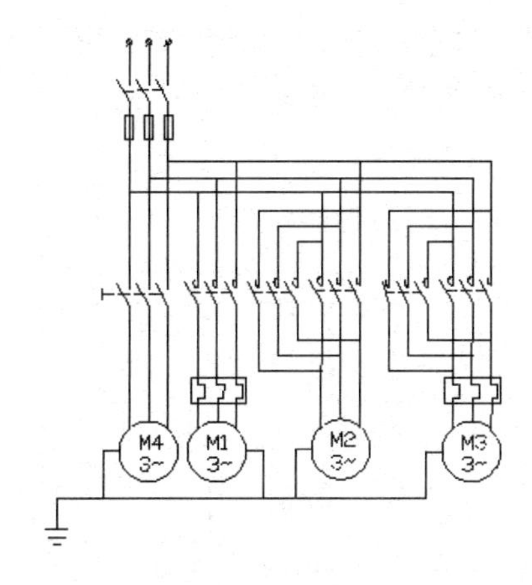

图 8-179　连接接地符号

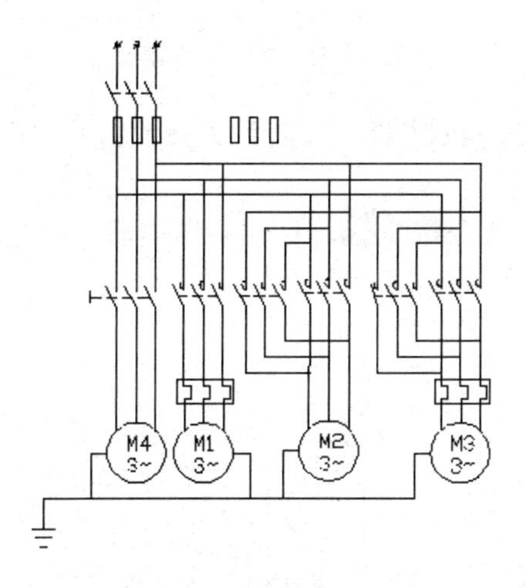

图 8-180　复制熔断器符号

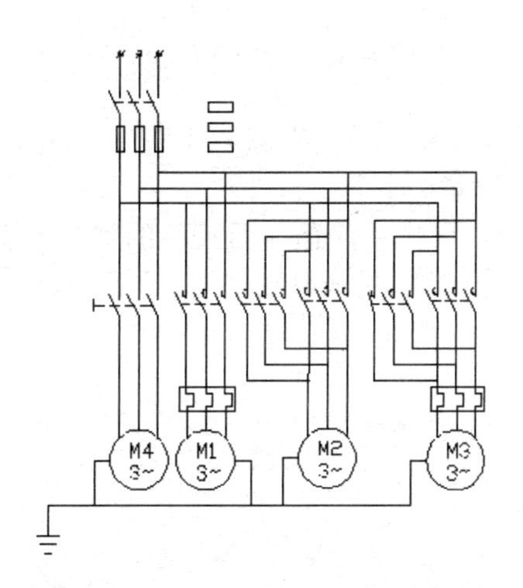

图 8-181　旋转熔断器符号

（31）单击“修改”面板中的“移动”命令按钮，把旋转的熔断器符号以图 8-182 所示中点为移动基准点，以图 8-183 所示垂足为移动目标点进行移动，效果如图 8-184 所示。

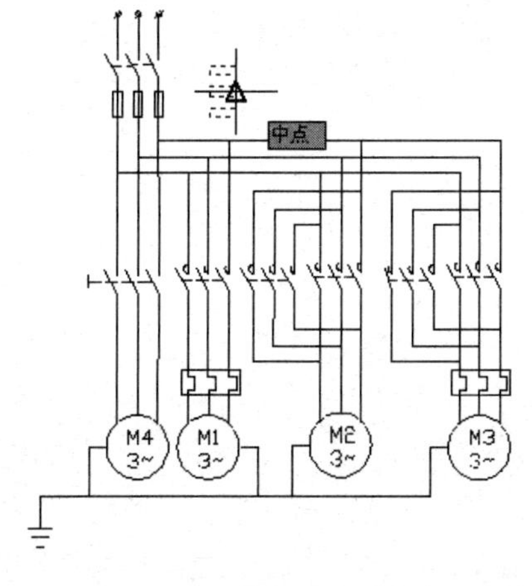

图 8-182　捕捉移动基准点

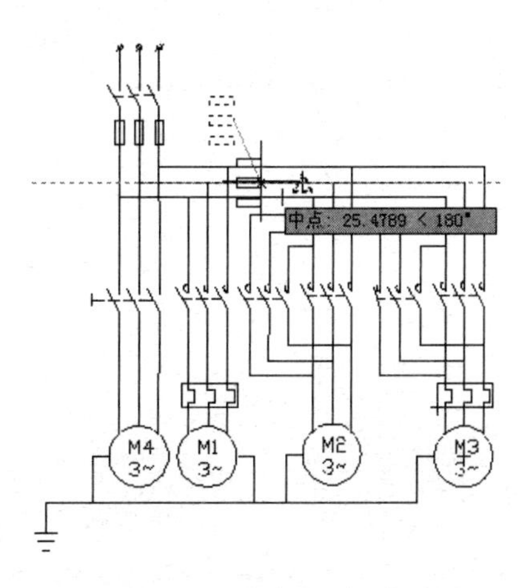

图 8-183　捕捉移动目标点

（32）单击“注释”面板中的“多行文字”命令按钮A，在两组熔断器符号旁边标注代号，结果如图 8-185 所示。

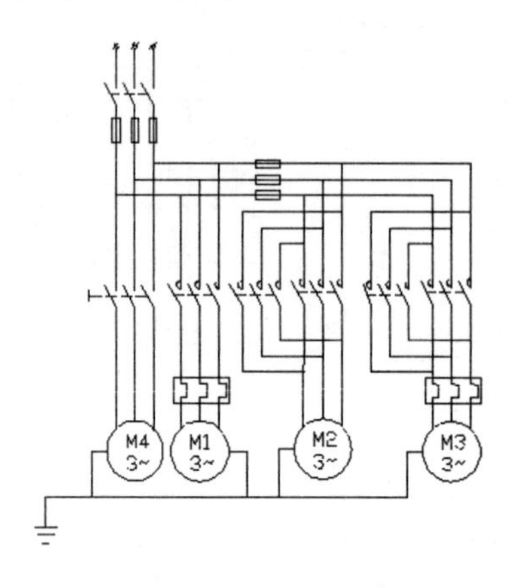

图 8-184　放置熔断器符号

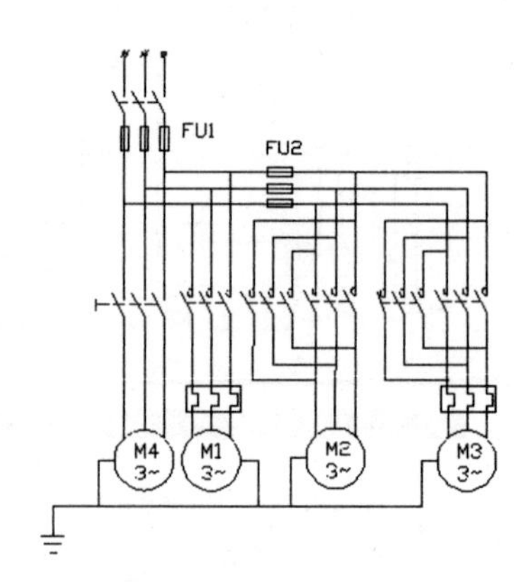

图 8-185　标注熔断器代号

（33）单击“注释”面板中的“多行文字”命令按钮A，标注第 2 排元器件的代号，效果图 8-186 所示。

（34）单击“注释”面板中的“多行文字”命令按钮A，标注热继电器和接地线的代号，致此，完成钻床电气主电路图绘制，效果如图 8-187 所示。

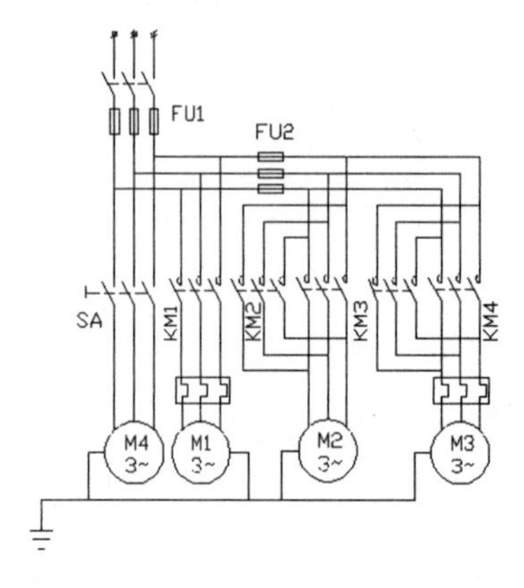

图 8-186　标注开关代号

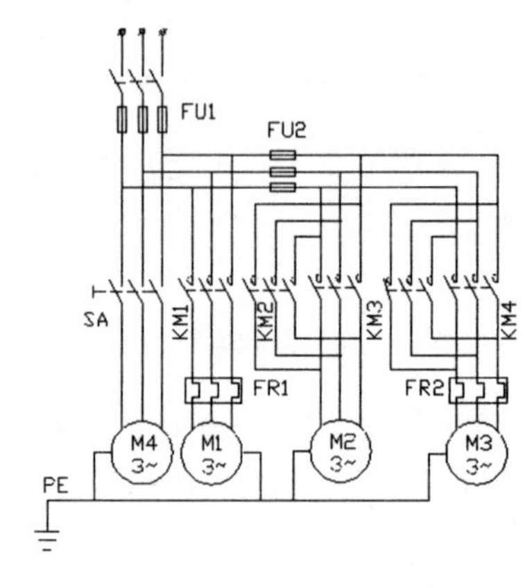

图 8-187　钻床电气主电路图

第9章　通用电机和电动机控制设计

知识导引

在日常的生产、生活中，绝大部分的电能都是由各种电机和电动机消耗的。如果没有电动机进行这种能量形式的转化，将会给生产、生活带来极大不便。鉴于电机和电动机的地位如此重要，所以把电机和电动机控制的CAD制图单独列为一章，并结合AutoCAD 2016的强大绘图功能，使读者可以快速掌握电机和电动机控制CAD绘图的一般应用。又因为在电动机的两大类型之中，尤以交流电动机的数量为多，远远超过直流电动机的数量，并且交流电动机是未来电动机控制的发展方向，所以本章所绘图样皆以交流电动机的控制为主。应用到直流电动机时，控制原理不变，只需改变供电方式即可。本章将从最基本的电动机控制方式的Auto CAD 2016图样绘制开始，步步深入，直到完成当今流行的变频控制原理图的绘制。

9.1　车床控制电路图

制作思路

本例介绍的车床控制电路图，是交流电动机控制图样的基础，学好本例将为后面的学习打下良好的基础。本例将首先绘制电机电路，电机电路由三个电机组成，之后绘制控制电路和低压控制电路，最后添加文字。

9.1.1　电机电路绘制

绘制步骤如下。

（1）单击“绘图”面板中的“矩形”命令按钮，绘制如图9-1所示的矩形。

（2）单击“绘图”面板中的“图案填充”命令按钮，填充矩形，如图9-2所示。

（3）单击“修改”面板中的“复制”命令按钮，复制矩形，如图9-3所示。

图9-1　绘制矩形　　图9-2　填充矩形　　图9-3　复制矩形

（4）单击“绘图”面板中的“直线”命令按钮，绘制如图 9-4 所示的斜线。

（5）选择虚线图层。单击“绘图”面板中的“直线”命令按钮，绘制如图 9-5 所示的虚线。

（6）单击“绘图”面板中的“矩形”命令按钮，绘制矩形，并填充，完成如图 9-6 所示的开关绘制。

（7）单击“绘图”面板中的“矩形”命令按钮，绘制如图 9-7 所示的电阻。

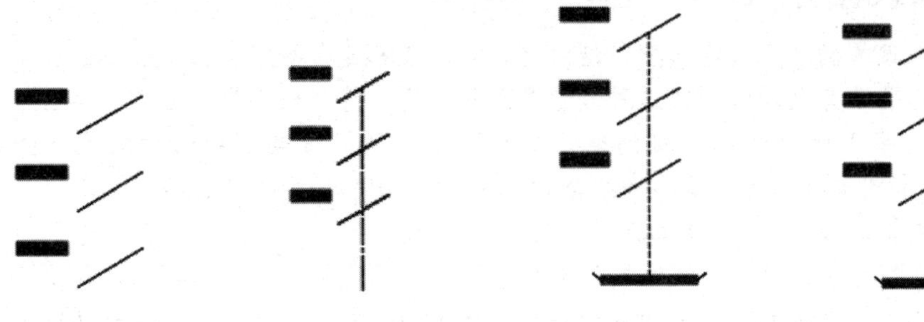

图 9-4　绘制斜线　　图 9-5　绘制虚线　　图 9-6　完成绘制开关　　图 9-7　绘制电阻

（8）单击“修改”面板中的“复制”命令按钮，复制电阻，如图 9-8 所示。

（9）单击“绘图”面板中的“直线”命令按钮，绘制如图 9-9 所示的线路。

（10）单击“绘图”面板中的“圆”命令按钮，绘制如图 9-10 所示的节点圆。

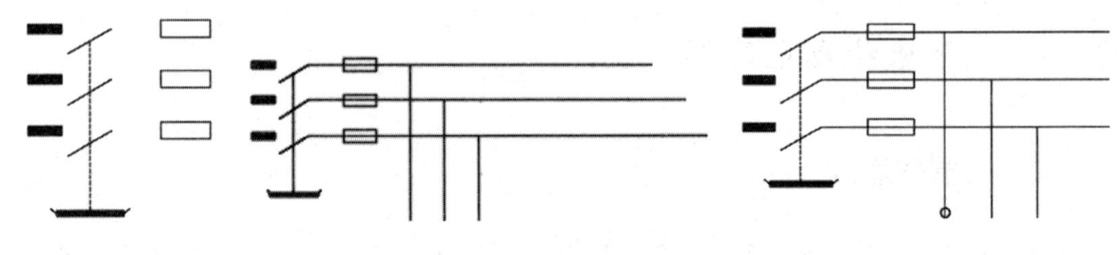

图 9-8　复制电阻　　图 9-9　绘制线路　　图 9-10　绘制节点圆

（11）单击“修改”面板中的“复制”命令按钮，复制节点圆，如图 9-11 所示。

（12）单击“修改”面板中的“修剪”命令按钮，快速修剪圆形，如图 9-12 所示。

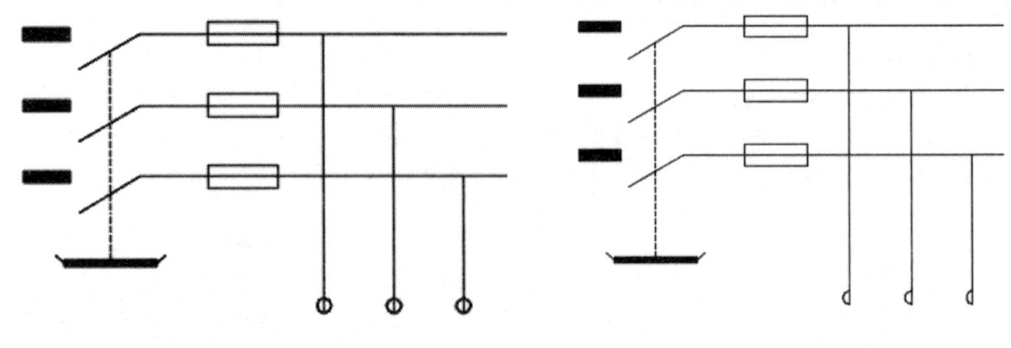

图 9-11　复制节点圆　　图 9-12　修剪圆形

（13）单击“修改”面板中的“复制”命令按钮，复制节点圆弧，如图 9-13 所示。

（14）单击“绘图”面板中的“直线”命令按钮，绘制如图9-14所示的斜线。

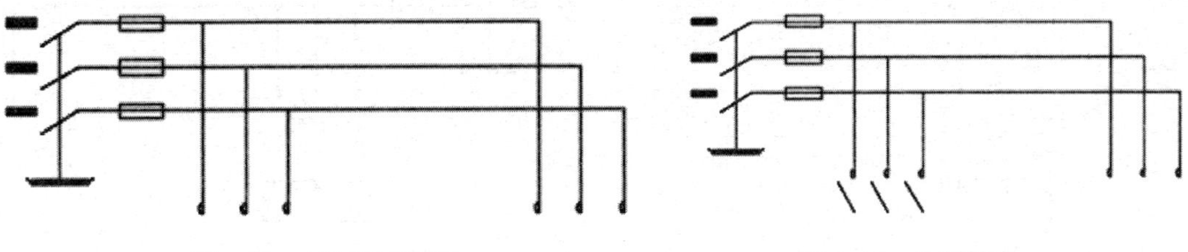

图9-13　复制节点圆弧　　　　图9-14　绘制斜线

（15）选择虚线图层。单击“绘图”面板中的“直线”命令按钮，绘制如图9-15所示的水平虚线。

（16）单击“绘图”面板中的“矩形”命令按钮，绘制如图9-16所示的矩形。

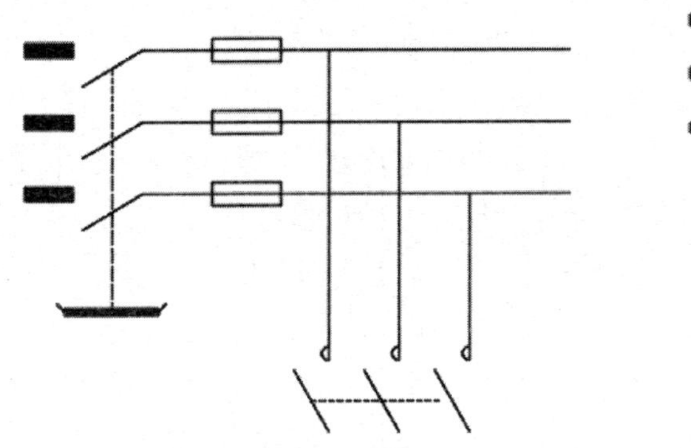

图9-15　绘制水平虚线

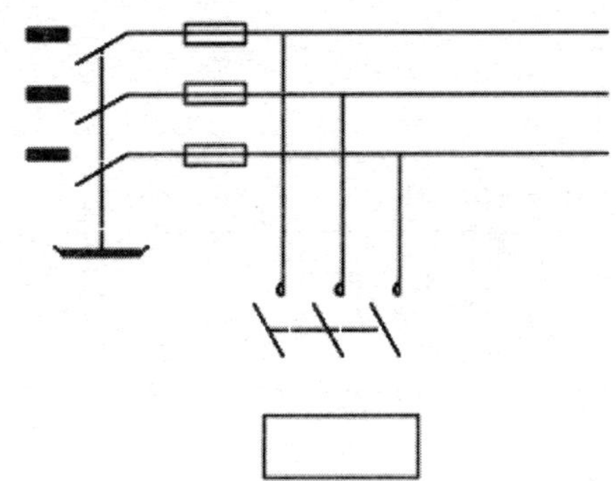

图9-16　绘制矩形

（17）单击“绘图”面板中的“直线”命令按钮，绘制如图9-17所示的直线图形。

（18）单击“修改”面板中的“复制”命令按钮，复制直线图形，如图9-18所示。

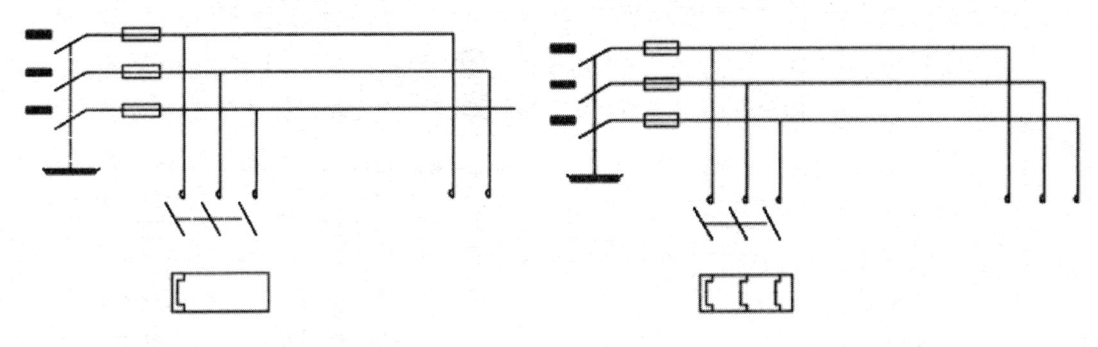

图9-17　绘制直线图形　　　　图9-18　复制直线图形

（19）单击“绘图”面板中的“圆”命令按钮，绘制如图9-19所示的表示电机的圆形。

（20）单击“注释”面板中的“多行文字”命令按钮，绘制如图9-20所示的文字“M3～”。

（21）单击“绘图”面板中的“直线”命令按钮，绘制如图9-21所示的电机线路。

（22）单击 “修改”面板中的“复制”命令按钮，复制电机，如图9-22所示。

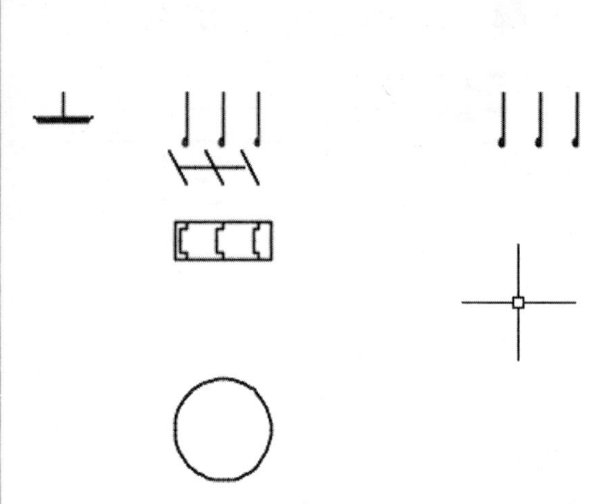

图 9-19　绘制电机圆形

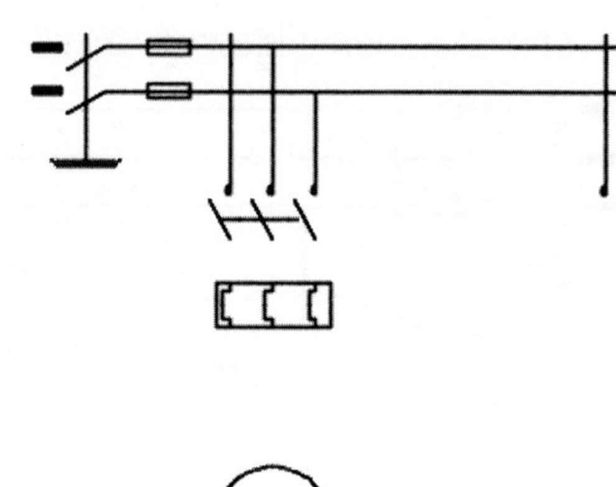

图 9-20　添加文字“M3～”

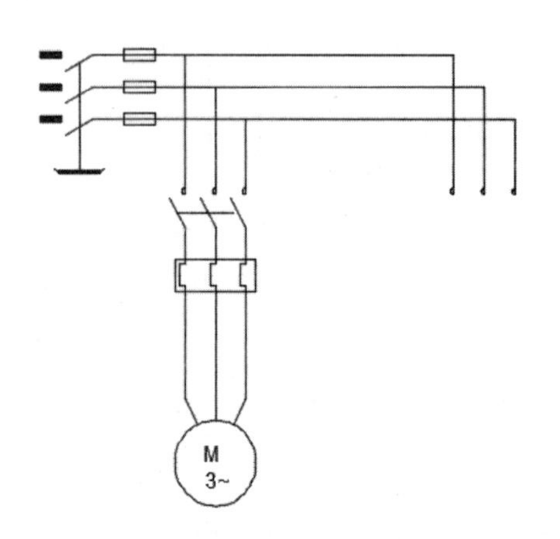

图 9-21　绘制电机线路

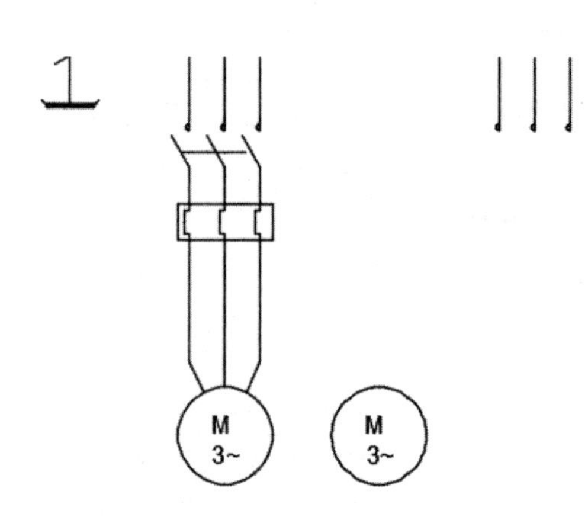

图 9-22　复制电机

（23）单击“绘图”面板中的“直线”命令按钮，绘制如图 9-23 所示的电机线路。

（24）单击“修改”面板中的“复制”命令按钮，复制支路，如图 9-24 所示。

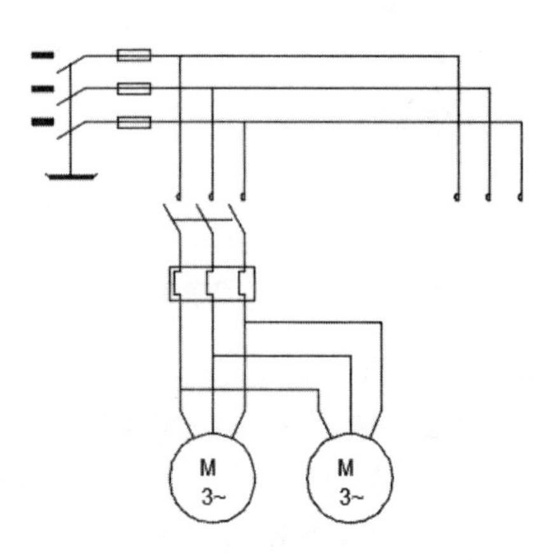

图 9-23　绘制电机线路

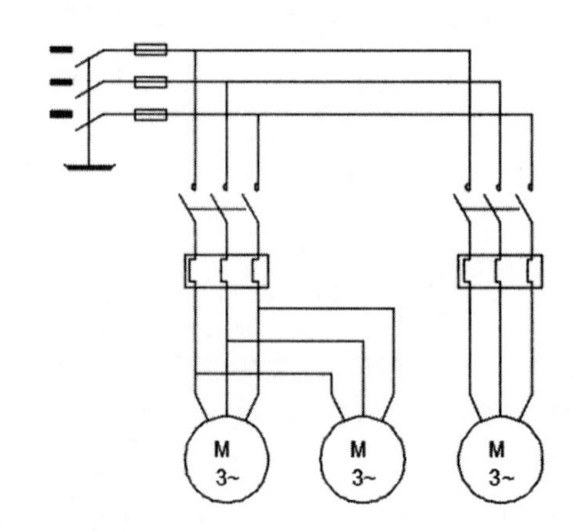

图 9-24　复制支路

（25）单击“绘图”面板中的“直线”命令按钮，绘制如图 9-25 所示的连接线路，完成电机电路。

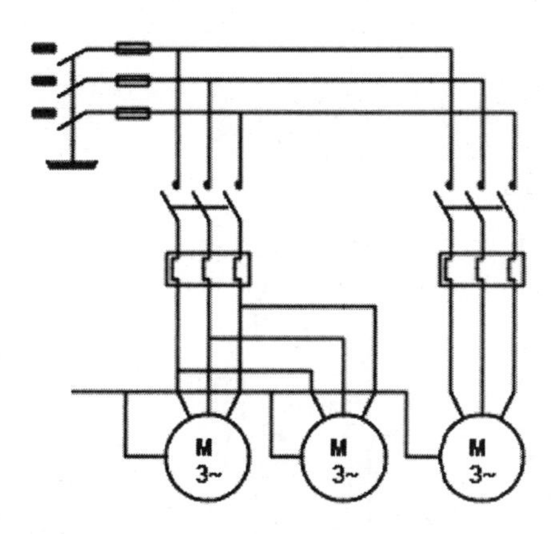

图 9-25　绘制连接线路

9.1.2　控制电路绘制

绘制步骤如下。

（1）单击“绘图”面板中的“直线”命令按钮，绘制如图 9-26 所示的开关和矩形。

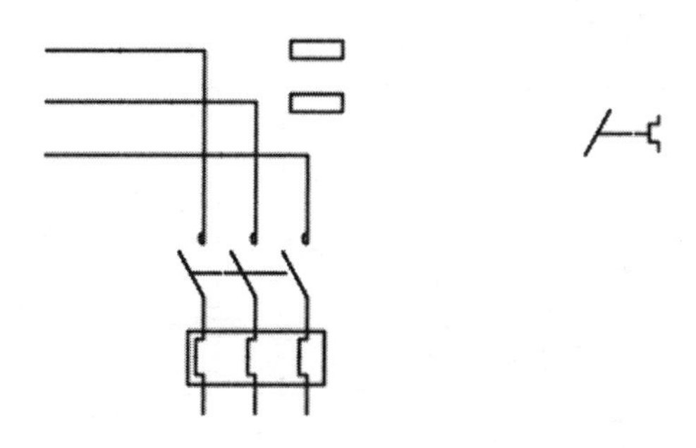

图 9-26　绘制开关和矩形

（2）单击“修改”面板中的“复制”命令按钮，复制开关和矩形，如图 9-27 所示。

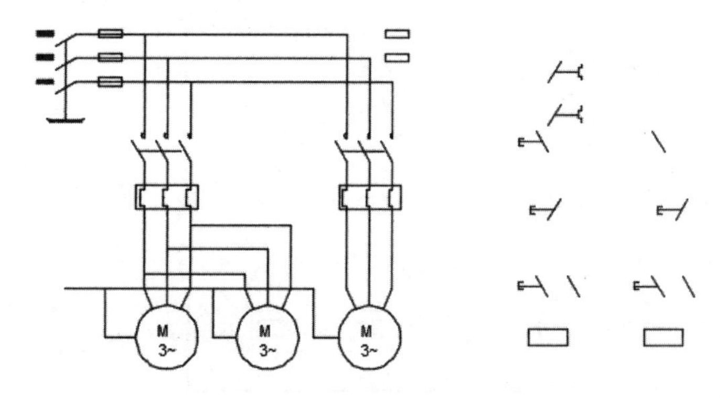

图 9-27　复制开关和矩形

（3）单击“绘图”面板中的“直线”命令按钮，绘制如图 9-28 所示的支路线路。

（4）单击“绘图”面板中的“圆弧”命令按钮，绘制如图 9-29 所示的圆弧线圈，完成控制电路。

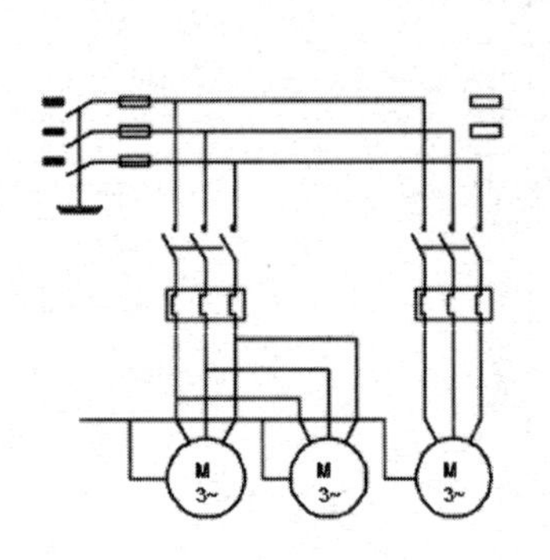

图 9-28　绘制支路线路

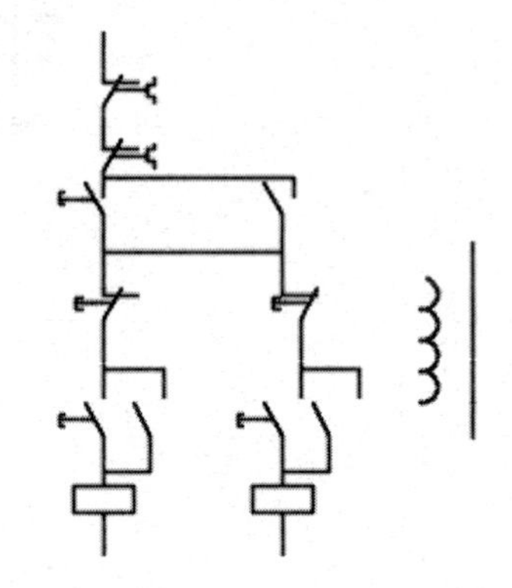

图 9-29　绘制圆弧线圈

9.1.3　低压控制电路绘制

（1）单击“绘图”面板中的“直线”命令按钮，绘制如图 9-30 所示的支路线路。

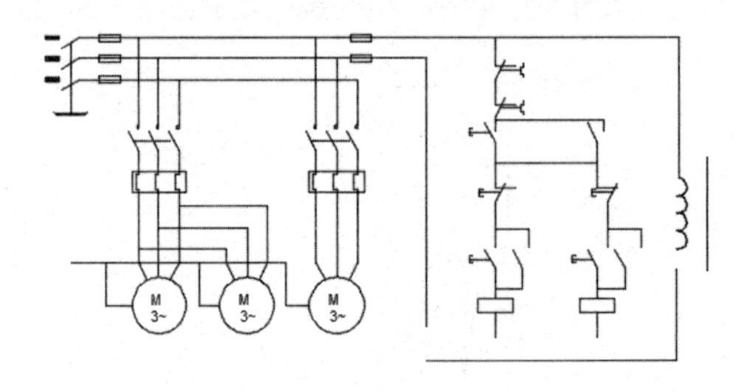

图 9-30　绘制支路线路

（2）单击“修改”面板中的“复制”命令按钮，复制线圈，如图 9-31 所示。

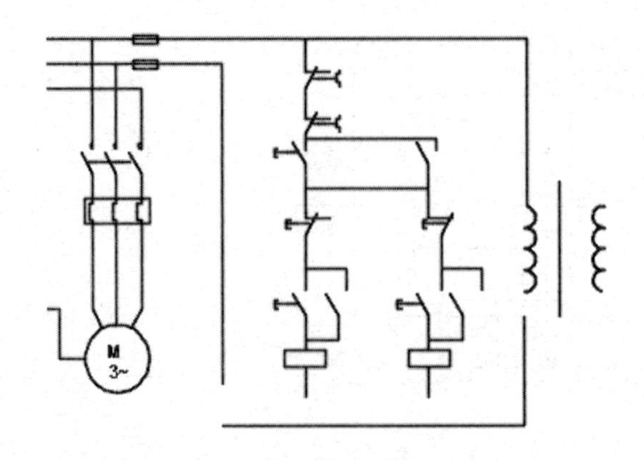

图 9-31　复制线圈

（3）单击“绘图”面板中的“矩形”命令按钮和“直线”命令按钮，绘制多个元件，如图 9-32 所示。

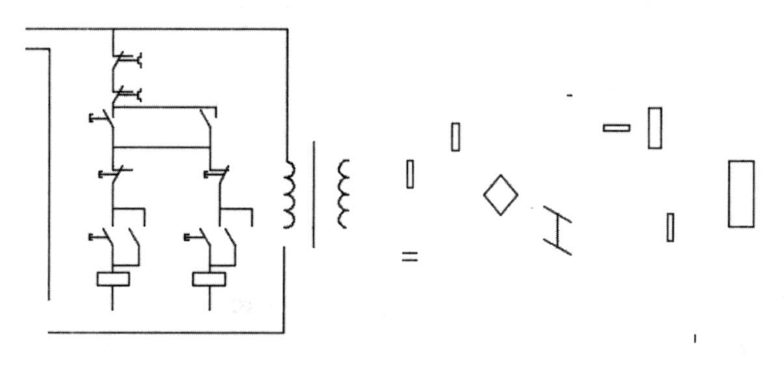

图 9-32　绘制多个元件

（4）单击“绘图”面板中的“直线”命令按钮，绘制如图 9-33 所示的元件图形。

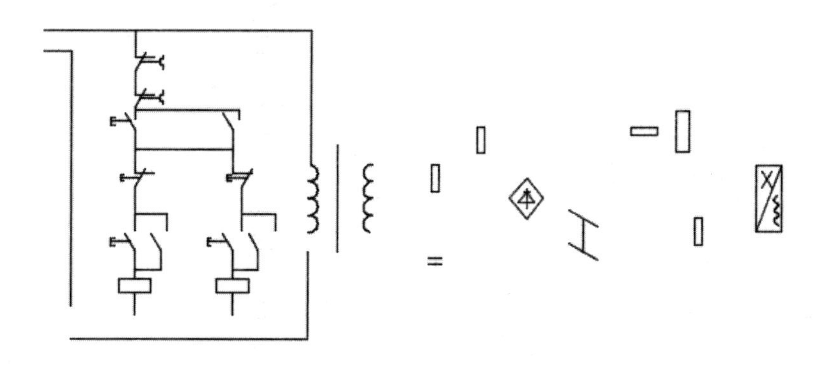

图 9-33　绘制元件图形

（5）单击“绘图”面板中的“直线”命令按钮，绘制如图 9-34 所示的低压线路，完成低压控制电路的绘制。

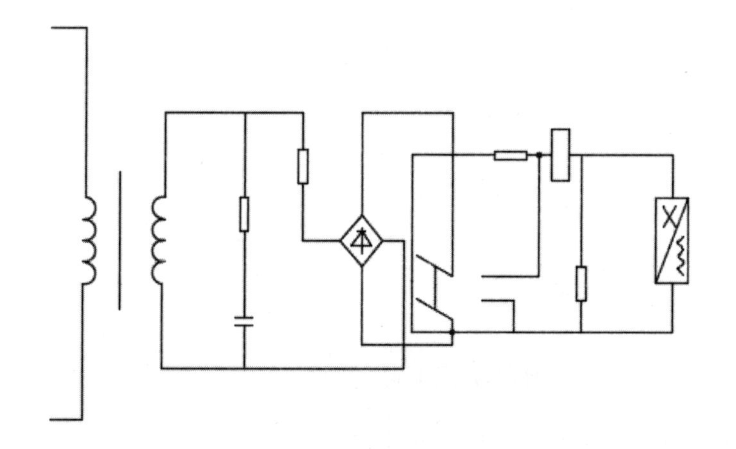

图 9-34　绘制低压线路

▷▷▷ 9.1.4　标注文字符号

（1）单击“注释”面板中的“多行文字”命令按钮A，绘制如图 9-35 所示的电机电路文字。

（2）单击“注释”面板中的“多行文字”命令按钮A，绘制如图 9-36 所示的控制线路文字。

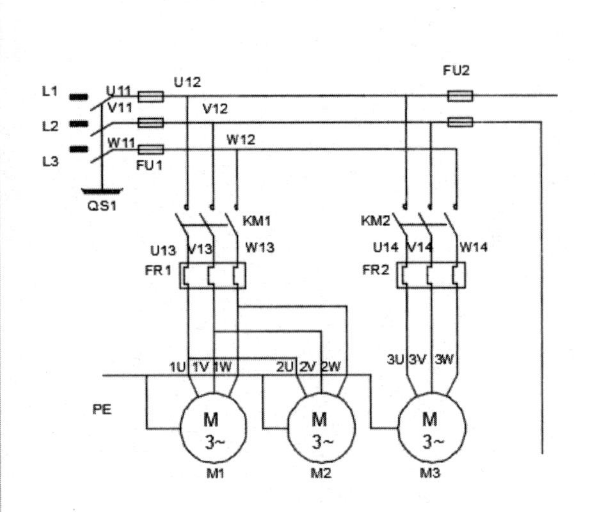

图 9-35　添加电机电路文字

图 9-36　添加控制线路文字

（3）单击“注释”面板中的“多行文字”命令按钮A，绘制如图 9-37 所示的低压控制线路文字。

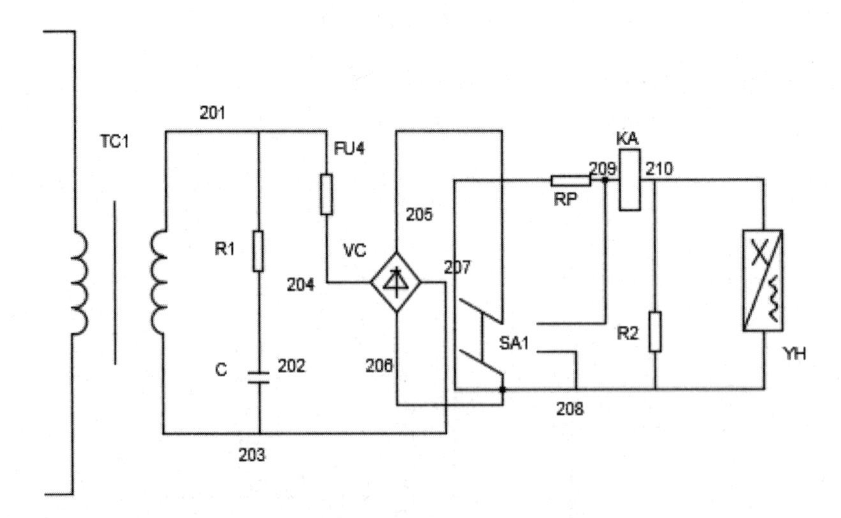

图 9-37　添加低压控制线路文字

（4）至此完成车床控制电路的绘制，如图 9-38 所示。

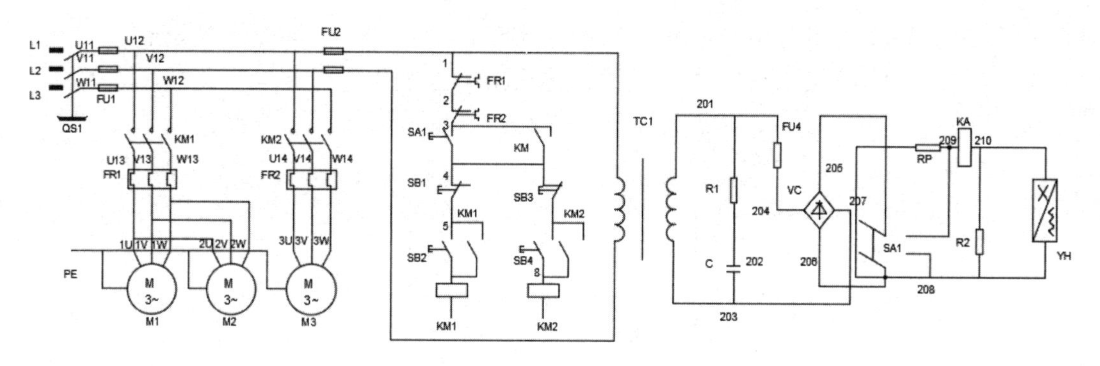

图 9-38 完成车床控制电路

9.2 电动机变频控制电路图

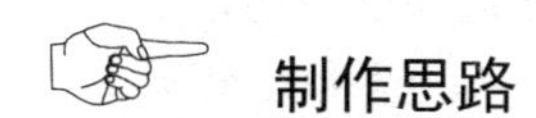

制作思路

本例是创建电动机变频控制电路。很多由变频器控制的电动机正反转调速电路，通常都利用交流接触器来实现其正转、反转、停止，以及外接信号的控制，其优点是动作可靠、线路简单。变频控制电路分为两个部分，首先绘制左侧的主变频器电路，之后绘制辅变频器电路，最后添加文字。

9.2.1 主变频器电路绘制

绘制步骤如下。

（1）单击“绘图”面板中的“直线”命令按钮，绘制如图 9-39 所示的 3 条直线。

（2）单击“绘图”面板中的“圆”命令按钮，绘制如图 9-40 所示的节点圆。

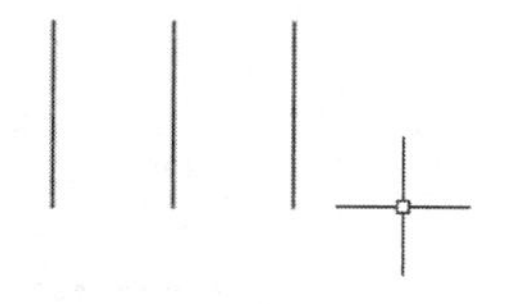

图 9-39 绘制 3 条直线

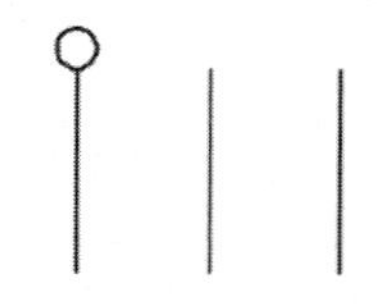

图 9-40 绘制节点圆

（3）单击“修改”面板中的“复制”命令按钮，复制节点圆，如图 9-41 所示。

（4）单击“绘图”面板中的“直线”命令按钮，绘制如图 9-42 所示的斜线。

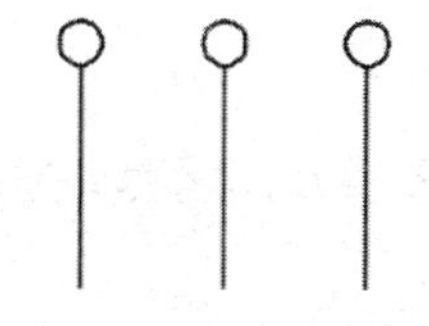

图 9-41 复制节点圆

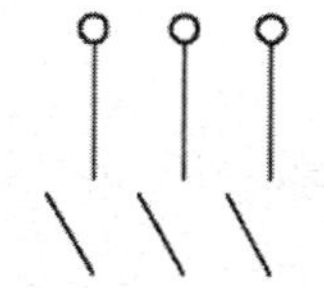

图 9-42 绘制斜线

（5）单击“绘图”面板中的“矩形”命令按钮，绘制如图9-43所示的矩形。

（6）单击“绘图”面板中的“直线”命令按钮，绘制如图9-44所示的开关线路。

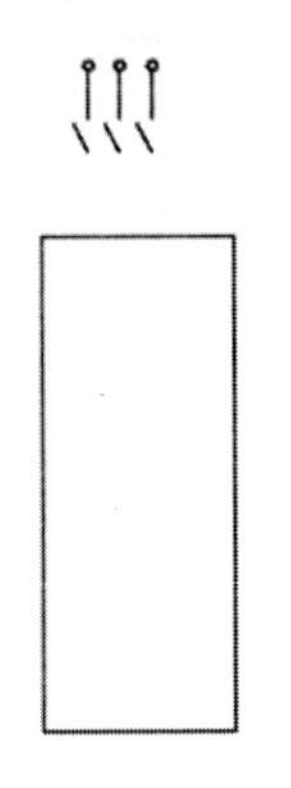

图9-43　绘制矩形

图9-44　绘制开关线路

（7）单击“绘图”面板中的“圆”命令按钮，绘制如图9-45所示的节点圆。

（8）单击“修改”面板中的“复制”命令按钮，复制节点圆，如图9-46所示。

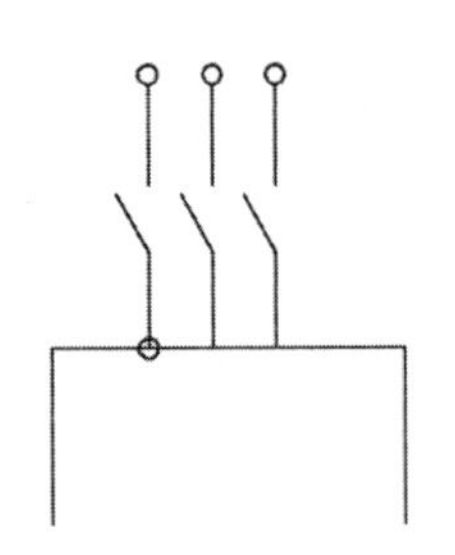

图9-45　绘制节点圆

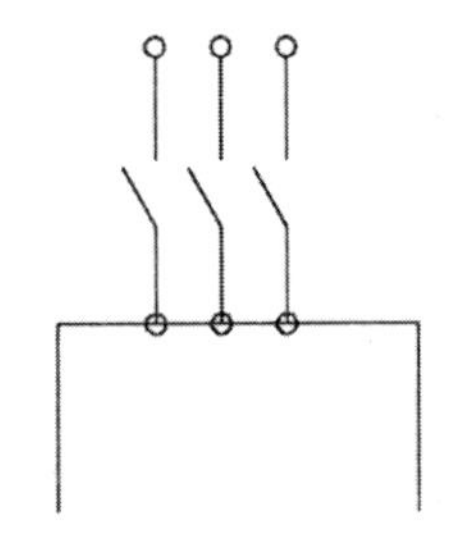

图9-46　复制节点圆

（9）单击“修改”面板中的“修剪”命令按钮，快速修剪圆形，如图9-47所示。

（10）单击“绘图”面板中的“矩形”命令按钮，绘制如图9-48所示的3个矩形表示电阻和显示器。

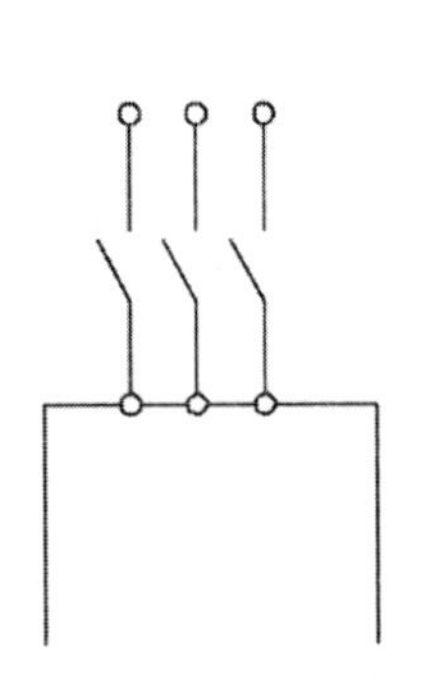

图9-47　修剪圆形

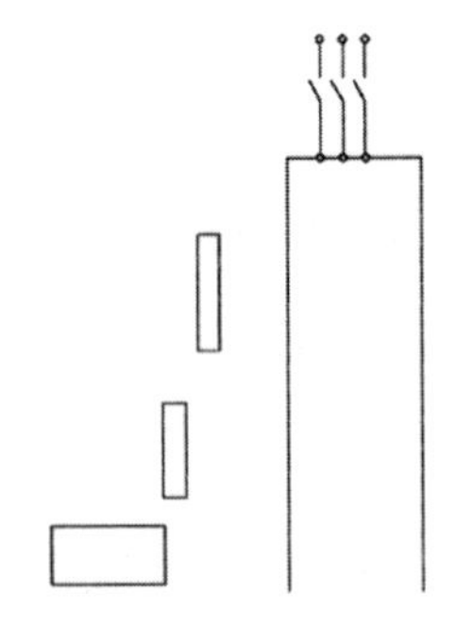

图9-48　绘制3个矩形

（11）单击“绘图”面板中的“直线”命令按钮，绘制如图9-49所示的电阻线路。

（12）单击“绘图”面板中的“直线”命令按钮，绘制如图9-50所示的显示器线路。

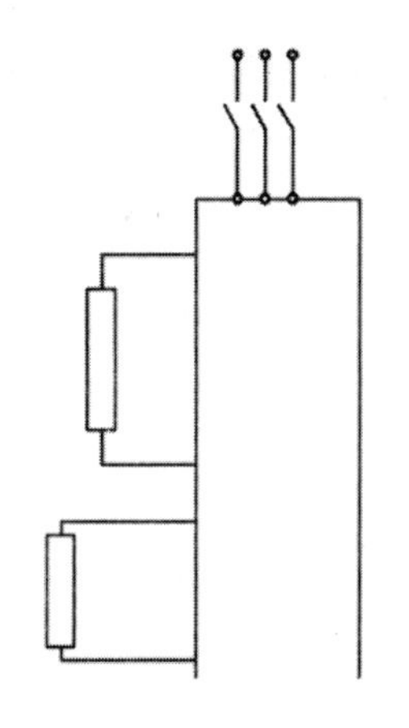

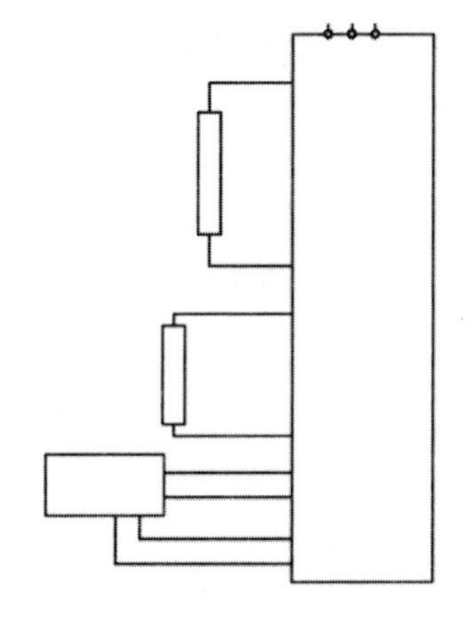

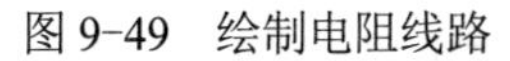

图 9-49　绘制电阻线路

图 9-50　绘制显示器线路

（13）单击“修改”面板中的“复制”命令按钮，复制节点圆，如图 9-51 所示。

（14）单击“修改”面板中的“修剪”命令按钮，快速修剪圆形，如图 9-52 所示。

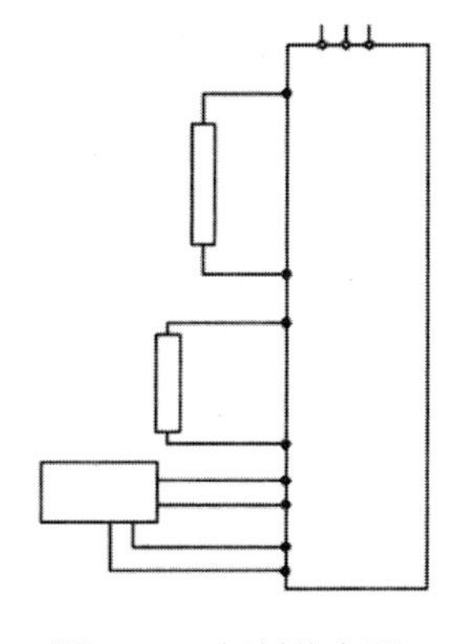

图 9-51　复制节点圆

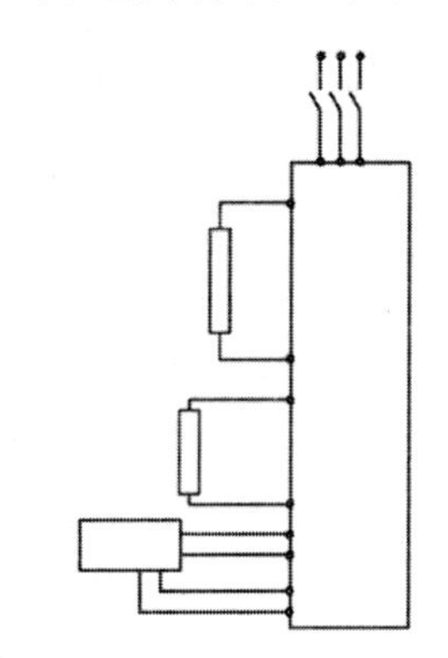

图 9-52　修剪圆形

（15）单击“绘图”面板中的“圆”命令按钮，绘制如图 9-53 所示的表示电机的圆形。

（16）单击“绘图”面板中的“直线”命令按钮，绘制如图 9-54 所示的电机线路。

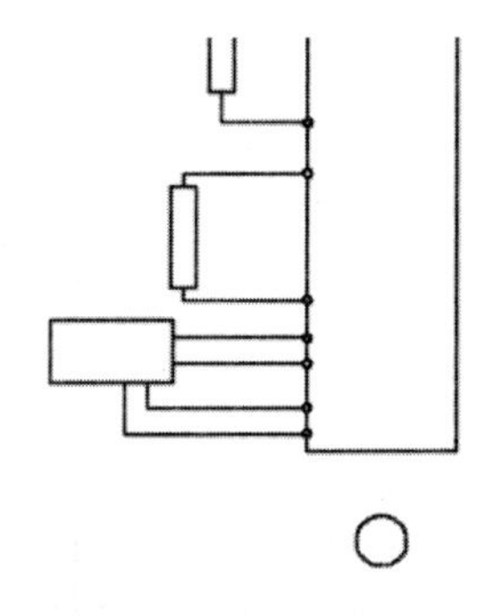

图 9-53　绘制电机圆形

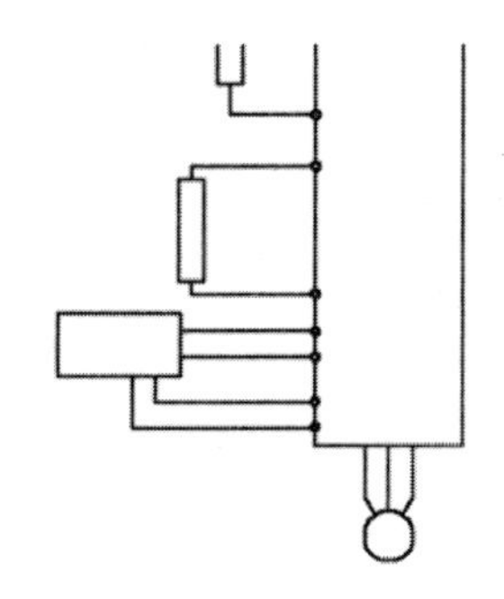

图 9-54　绘制电机线路

（17）单击“注释”面板中的“多行文字”命令按钮，绘制如图 9-55 所示的开关线路文字。

（18）单击“注释”面板中的“多行文字”命令按钮A，绘制如图 9-56 所示的电阻线路文字。

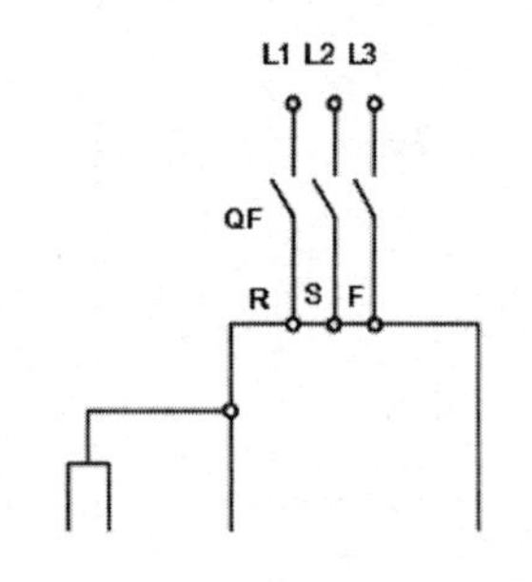

图 9-55 添加开关线路文字

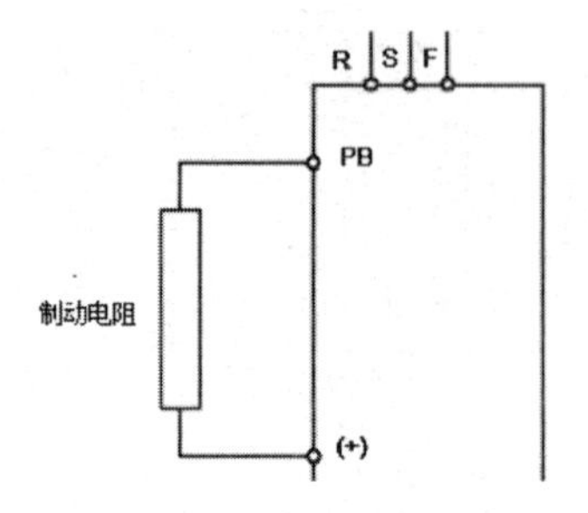

图 9-56 添加电阻线路文字

（19）单击“注释”面板中的“多行文字”命令按钮A，绘制如图 9-57 所示的显示器线路文字。

（20）单击“注释”面板中的“多行文字”命令按钮A，绘制如图 9-58 所示的电机文字。

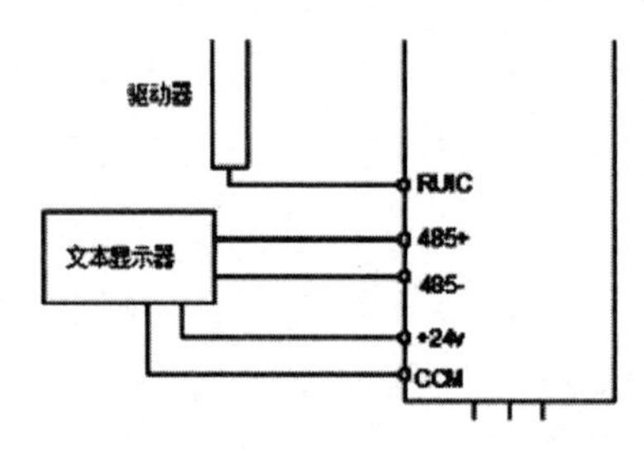

图 9-57 添加显示器线路文字

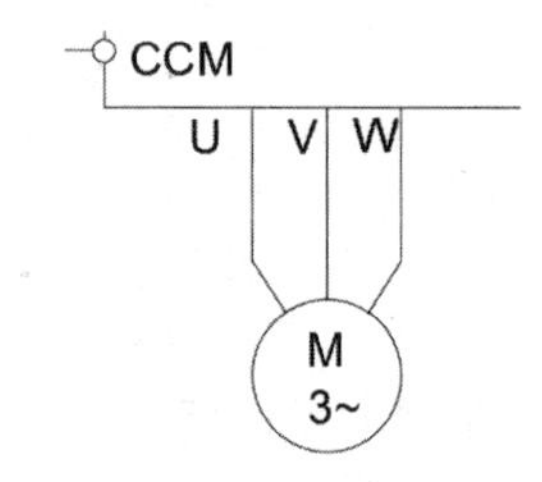

图 9-58 添加电机文字

（21）单击“注释”面板中的“多行文字”命令按钮A，绘制如图 9-59 所示的文字“主变频器、丝杠电机”。

（22）单击“绘图”面板中的“直线”命令按钮，绘制如图 9-60 所示的开关。

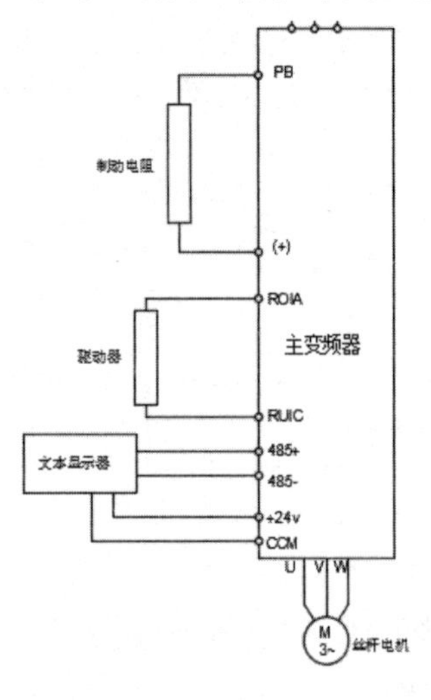

图 9-59 添加文字“主变频器、丝杠电机”

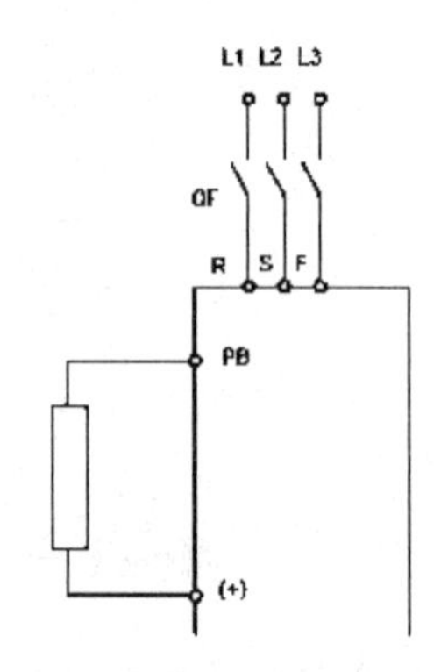

图 9-60 绘制开关

（23）单击“修改”面板中的“复制”命令按钮，复制开关，如图 9-61 所示，完成主变频器电路。

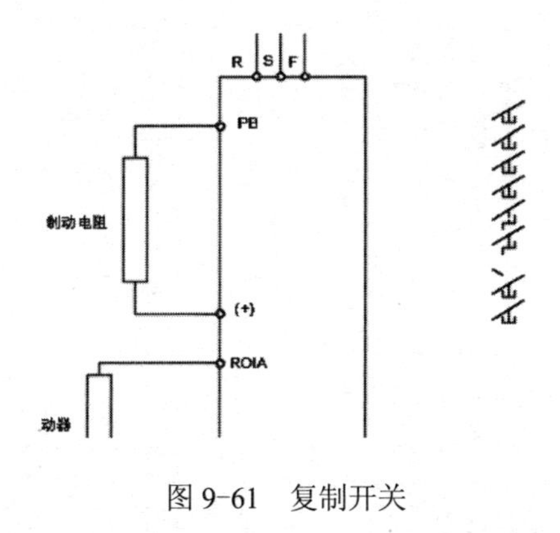

图 9-61　复制开关

9.2.2　辅变频器电路绘制

（1）单击“绘图”面板中的“矩形”命令按钮，绘制如图 9-62 所示的矩形。

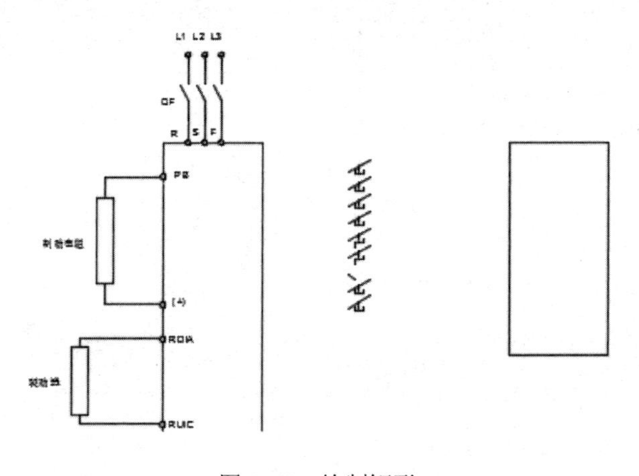

图 9-62　绘制矩形

（2）单击“注释”面板中的“多行文字”命令按钮，绘制如图 9-63 所示的文字“变频器”。

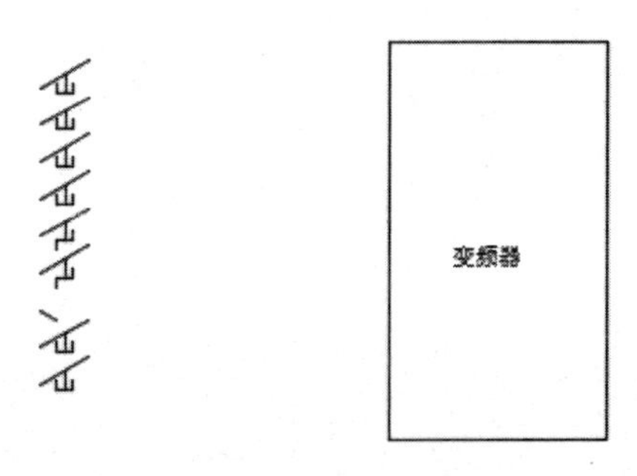

图 9-63　添加文字“变频器”

（3）单击“绘图”面板中的“圆”命令按钮，绘制如图 9-64 所示的圆形。

（4）单击“注释”面板中的“多行文字”命令按钮A，绘制如图 9-65 所示的文字“行程开关”。

图 9-64 绘制圆形　　　　图 9-65 添加文字“行程开关”

（5）单击“绘图”面板中的“圆”命令按钮，绘制如图 9-66 所示的圆形。

（6）单击“注释”面板中的“多行文字”命令按钮A，绘制如图 9-67 所示的文字“M”。

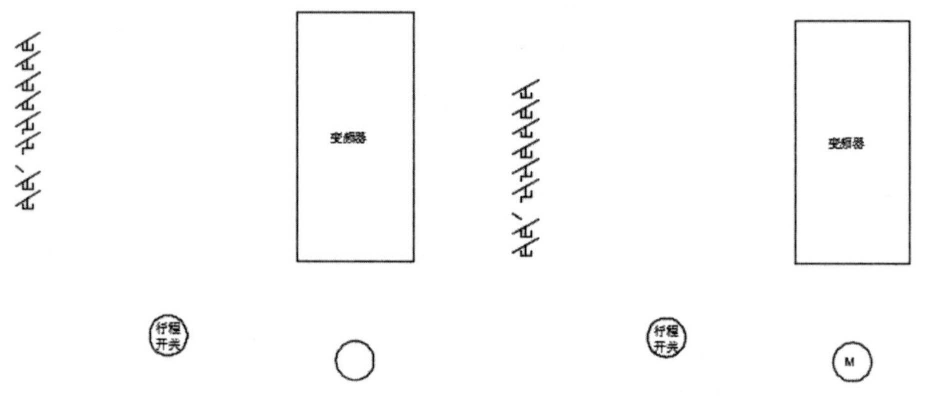

图 9-66 绘制圆形　　　　图 9-67 添加文字“M”

（7）单击“绘图”面板中的“直线”命令按钮，绘制如图 9-68 所示的电机线路。

（8）单击“绘图”面板中的“圆”命令按钮，绘制如图 9-69 所示的节点圆。

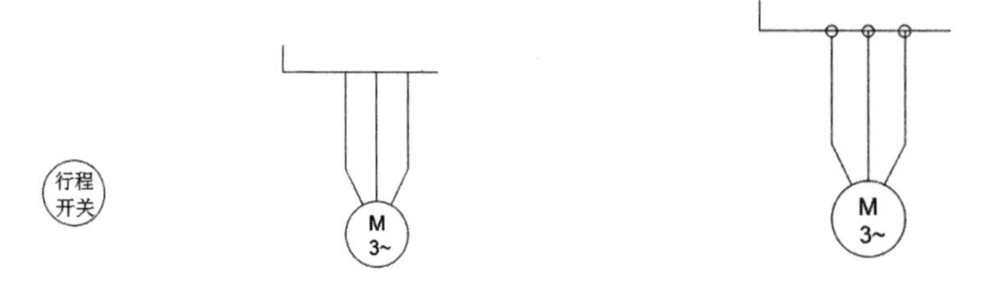

图 9-68 绘制电机线路　　　　图 9-69 绘制节点圆

（9）单击“修改”面板中的“修剪”命令按钮，快速修剪圆形，如图 9-70 所示。

（10）单击“绘图”面板中的“圆”命令按钮，绘制如图 9-71 所示的圆形。

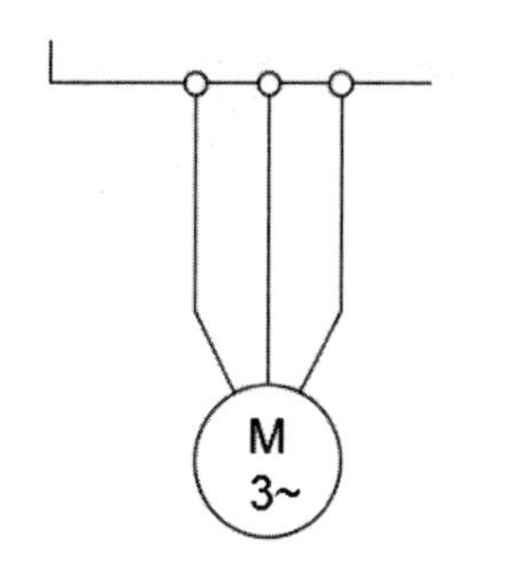

图 9-70　修剪圆形

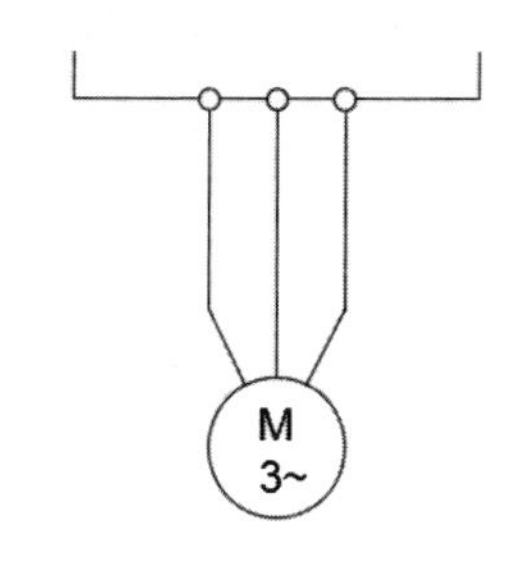

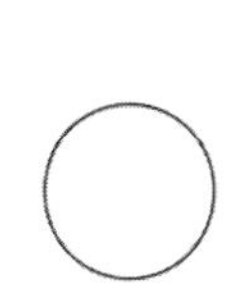

图 9-71　绘制圆形

（11）单击“注释”面板中的“多行文字”命令按钮A，绘制如图 9-72 所示的文字“发电开关”。

（12）单击“绘图”面板中的“圆”命令按钮，绘制如图 9-73 所示的圆形。

图 9-72　添加文字“发电开关”

图 9-73　绘制圆形

（13）单击“注释”面板中的“多行文字”命令按钮A，绘制如图 9-74 所示的文字“编码器”。

（14）单击“绘图”面板中的“圆”命令按钮，并单击“直线”命令按钮，绘制如图 9-75 所示的接地图形。

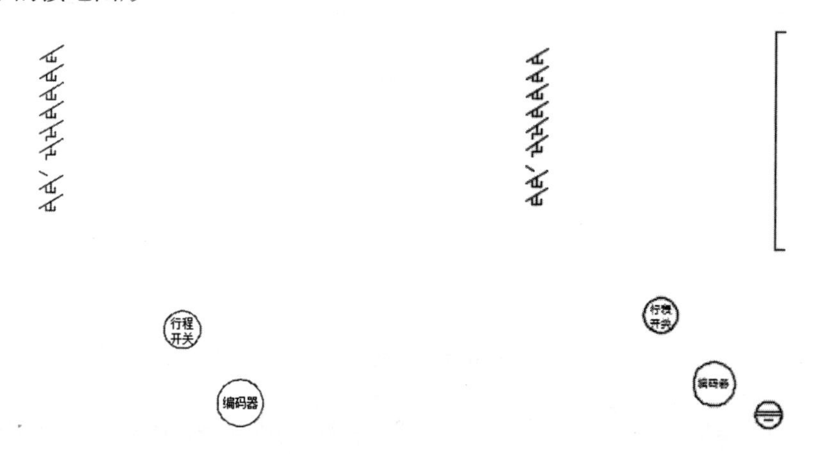

图 9-74　添加文字“编码器”

图 9-75　绘制接地图形

（15）单击“绘图”面板中的“直线”命令按钮，绘制如图 9-76 所示的 3 条线路。

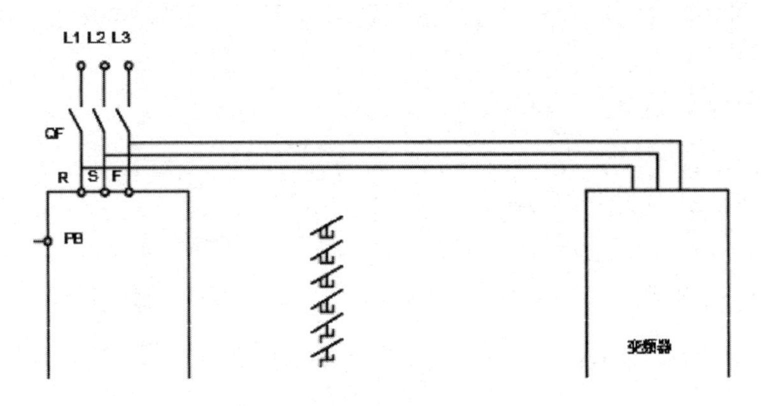

图 9-76　绘制 3 条线路

（16）单击“修改”面板中的“复制”命令按钮，选择复制图形，完成复制节点圆，如图 9-77 所示。

（17）单击“绘图”面板中的“图案填充”命令按钮，完成如图 9-78 所示的节点圆填充。

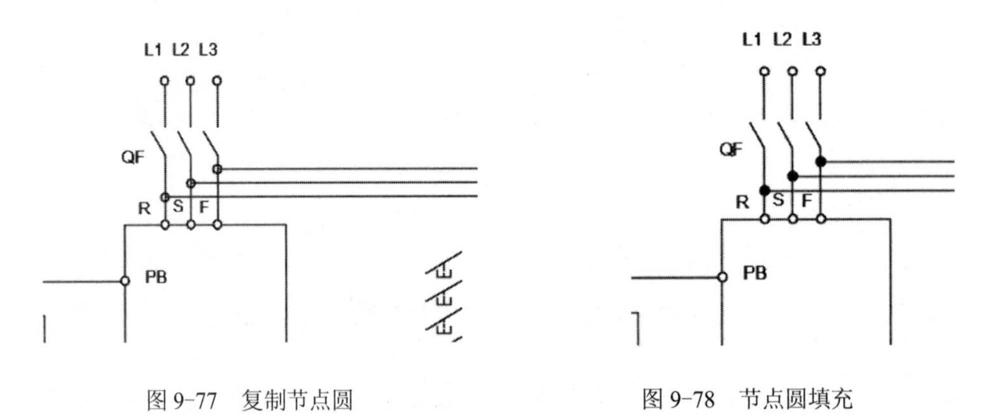

图 9-77　复制节点圆　　　　图 9-78　节点圆填充

（18）单击“修改”面板中的“复制”命令按钮，复制节点圆，如图 9-79 所示。

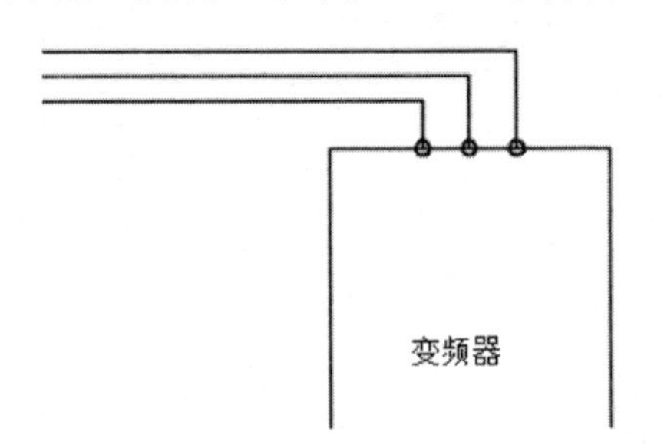

图 9-79　复制节点圆

（19）单击“修改”面板中的“修剪”命令按钮，快速修剪圆形，如图 9-80 所示。

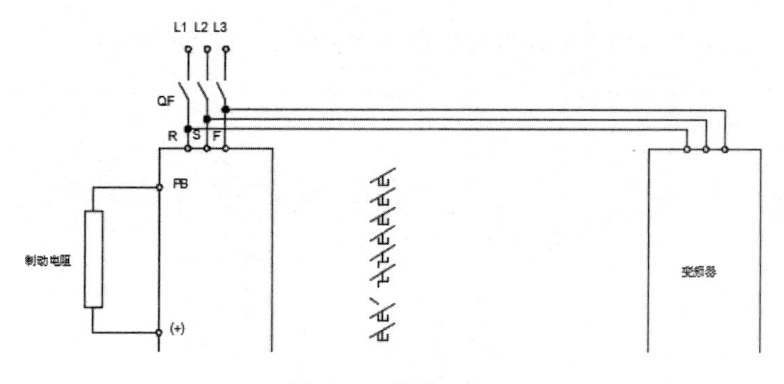

图 9-80　修剪圆形

（20）单击“绘图”面板中的“直线”命令按钮，绘制如图 9-81 所示的开关线路。

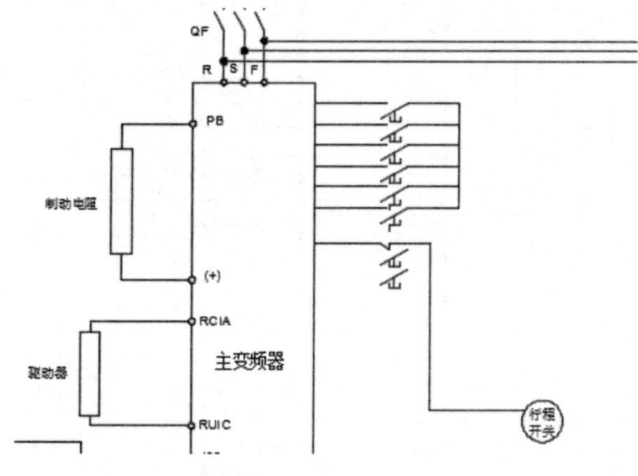

图 9-81　绘制开关线路

（21）单击“绘图”面板中的“直线”命令按钮，绘制如图 9-82 所示的编码器线路。

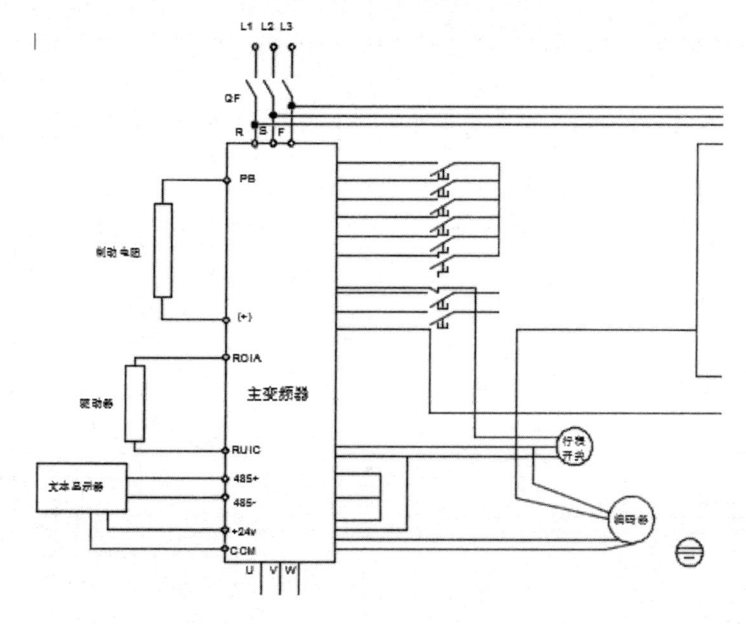

图 9-82　绘制编码器线路

（22）单击“绘图”面板中的“直线”命令按钮，绘制如图 9-83 所示的接地符号。

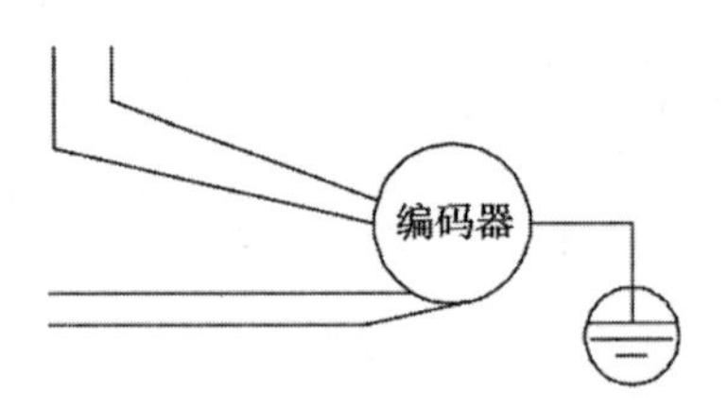

图 9-83　绘制接地符号

（23）单击“修改”面板中的“复制”命令按钮，复制主变频器上的节点圆，如图 9-84 所示。

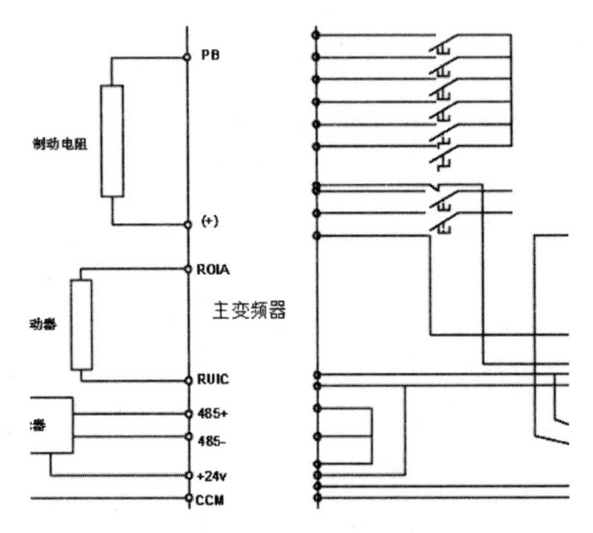

图 9-84　复制主变频器上的节点圆

（24）单击“修改”面板中的“复制”命令按钮，复制编码器线路上的节点圆，如图 9-85 所示。

（25）单击“修改”面板中的“复制”命令按钮，复制变频器线路上的节点圆，如图 9-86 所示。

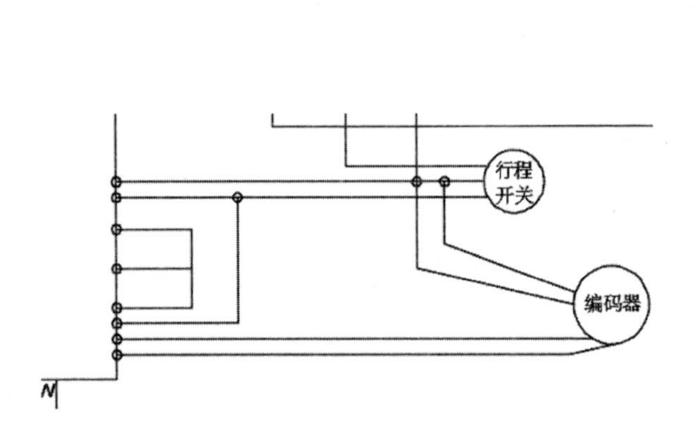

图 9-85　复制编码器线路上的节点圆

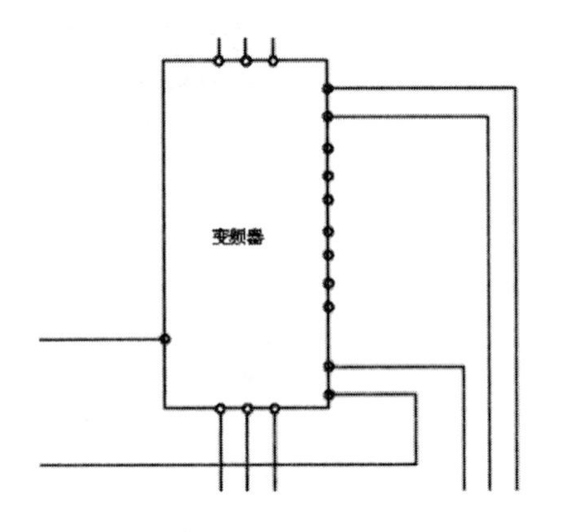

图 9-86　复制变频器线路上的节点圆

（26）单击“修改”面板中的“修剪”命令按钮，快速修剪主变频器上的圆形，如图 9-87 所示。

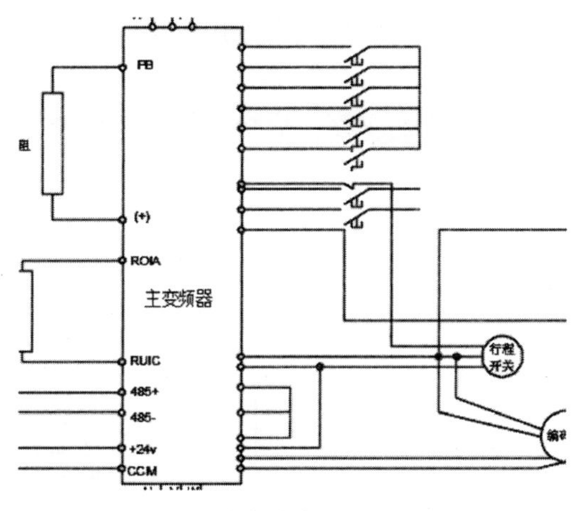

图 9-87　修剪主变频器上的圆形

（27）单击“修改”面板中的“修剪”命令按钮，快速修剪线路上的圆形，如图 9-88 所示。

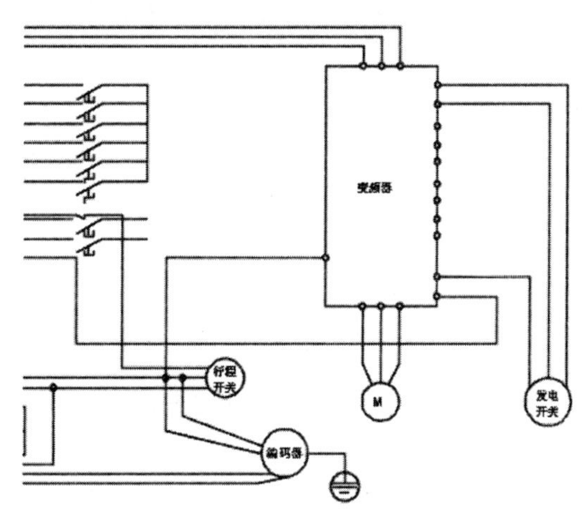

图 9-88　修剪线路上的圆形

（28）单击“绘图”面板中的“图案填充”命令按钮，完成如图 9-89 所示的圆形填充，完成辅变频器电路绘制。

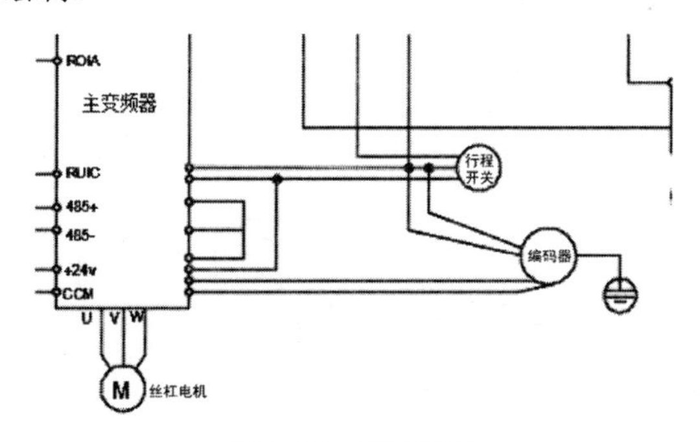

图 9-89　圆形填充

9.2.3　标注文字符号

（1）单击“注释”面板中的“多行文字”命令按钮A，绘制如图 9-90 所示的开关线路文字。

（2）单击“注释”面板中的“多行文字”命令按钮A，绘制如图 9-91 所示的行程开关线路文字。

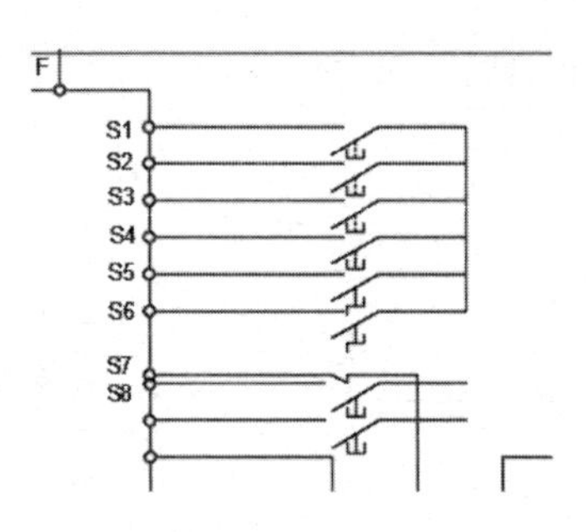

图 9-90　添加开关线路文字

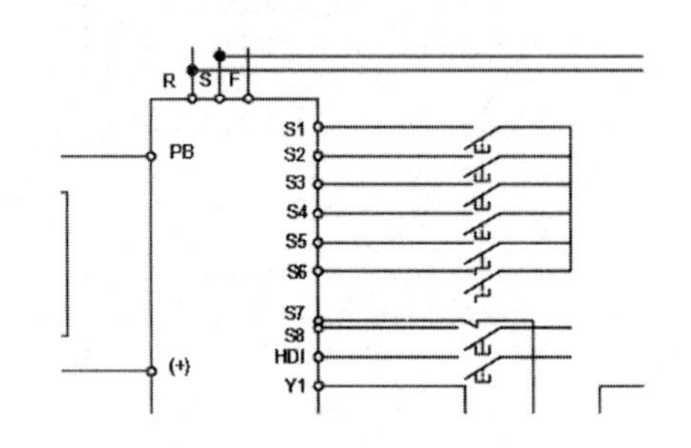

图 9-91　添加行程开关线路文字

（3）单击“注释”面板中的“多行文字”命令按钮A，绘制如图 9-92 所示的主变频器文字。

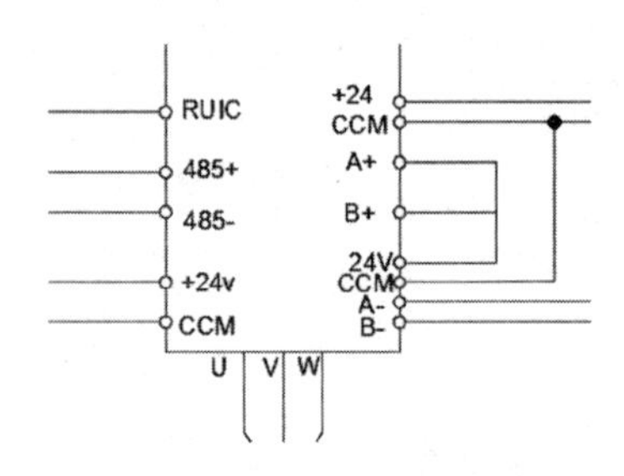

图 9-92　添加主变频器文字

（4）单击“注释”面板中的“多行文字”命令按钮A，绘制如图 9-93 所示的线路注释文字。

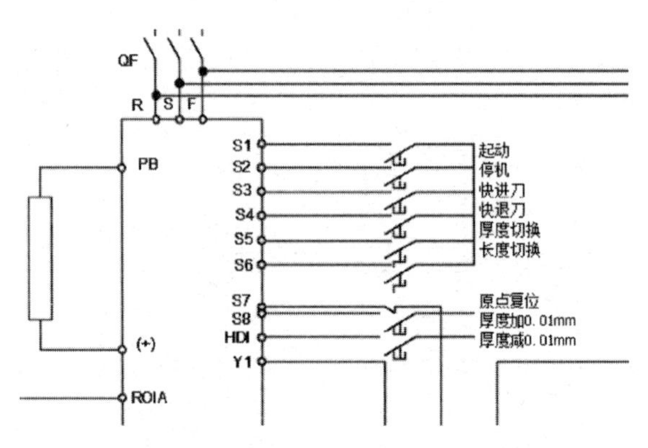

图 9-93　添加线路注释文字

（5）单击“注释”面板中的“多行文字”命令按钮A，绘制如图9-94所示的支路文字。

（6）单击“注释”面板中的“多行文字”命令按钮A，绘制如图9-95所示的变频器文字。

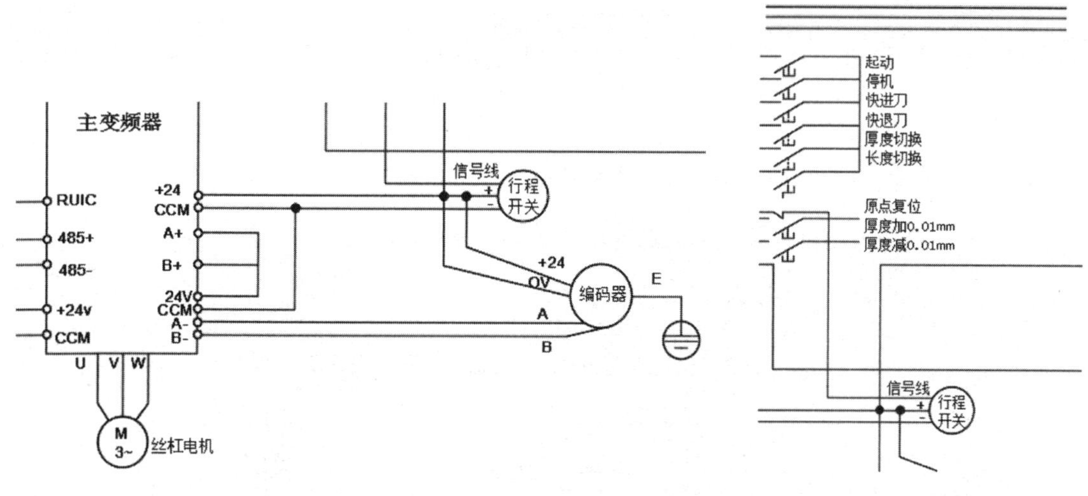

图9-94　添加支路文字　　　　图9-95　添加变频器文字

（7）单击“注释”面板中的“多行文字”命令按钮A，绘制如图9-96所示的文字“切刀电机”。

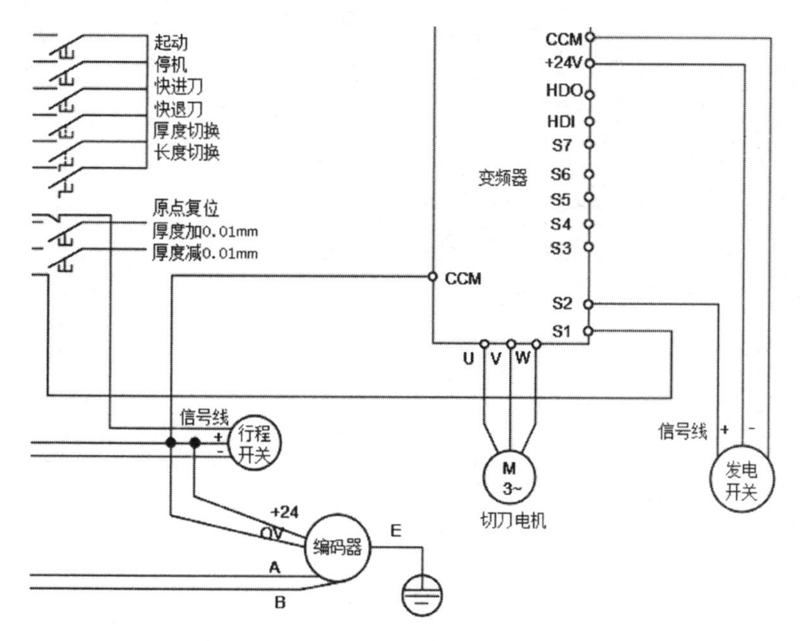

图9-96　添加文字“切刀电机”

（8）单击“注释”面板中的“多行文字”命令按钮A，绘制如图9-97所示的文字“起动、停机”。

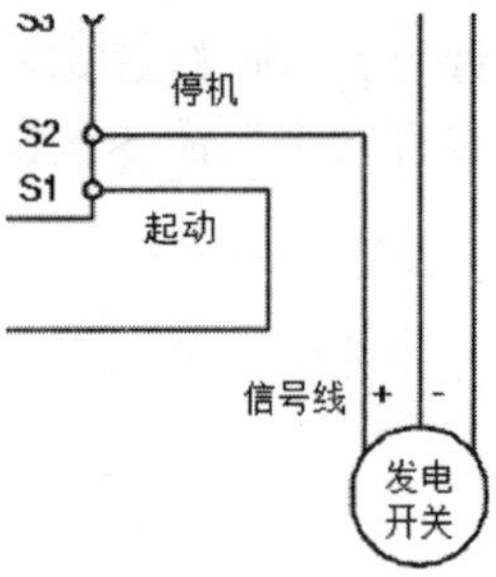

图 9-97　添加文字“起动、停机”

（9）至此完成电动机变频控制电路的绘制，如图 9-98 所示。

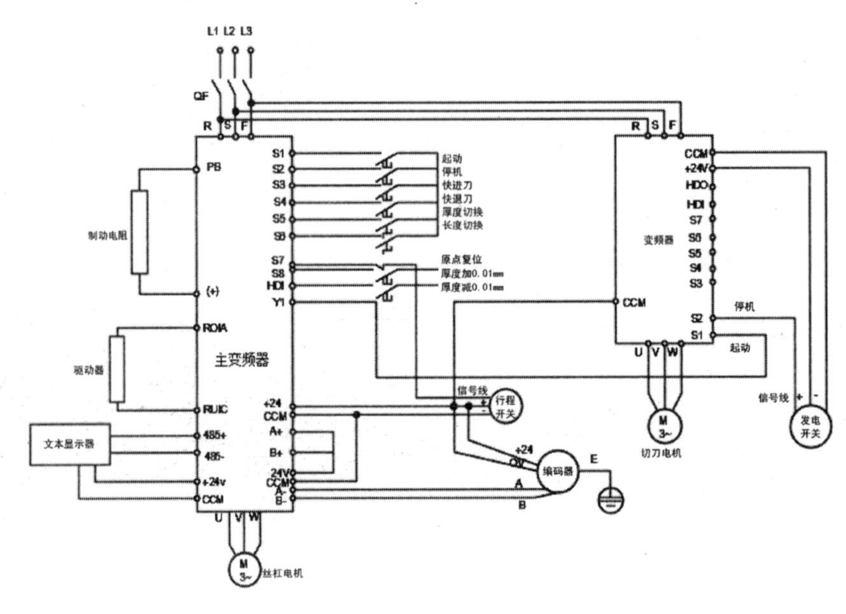

图 9-98　完成电动机变频控制电路